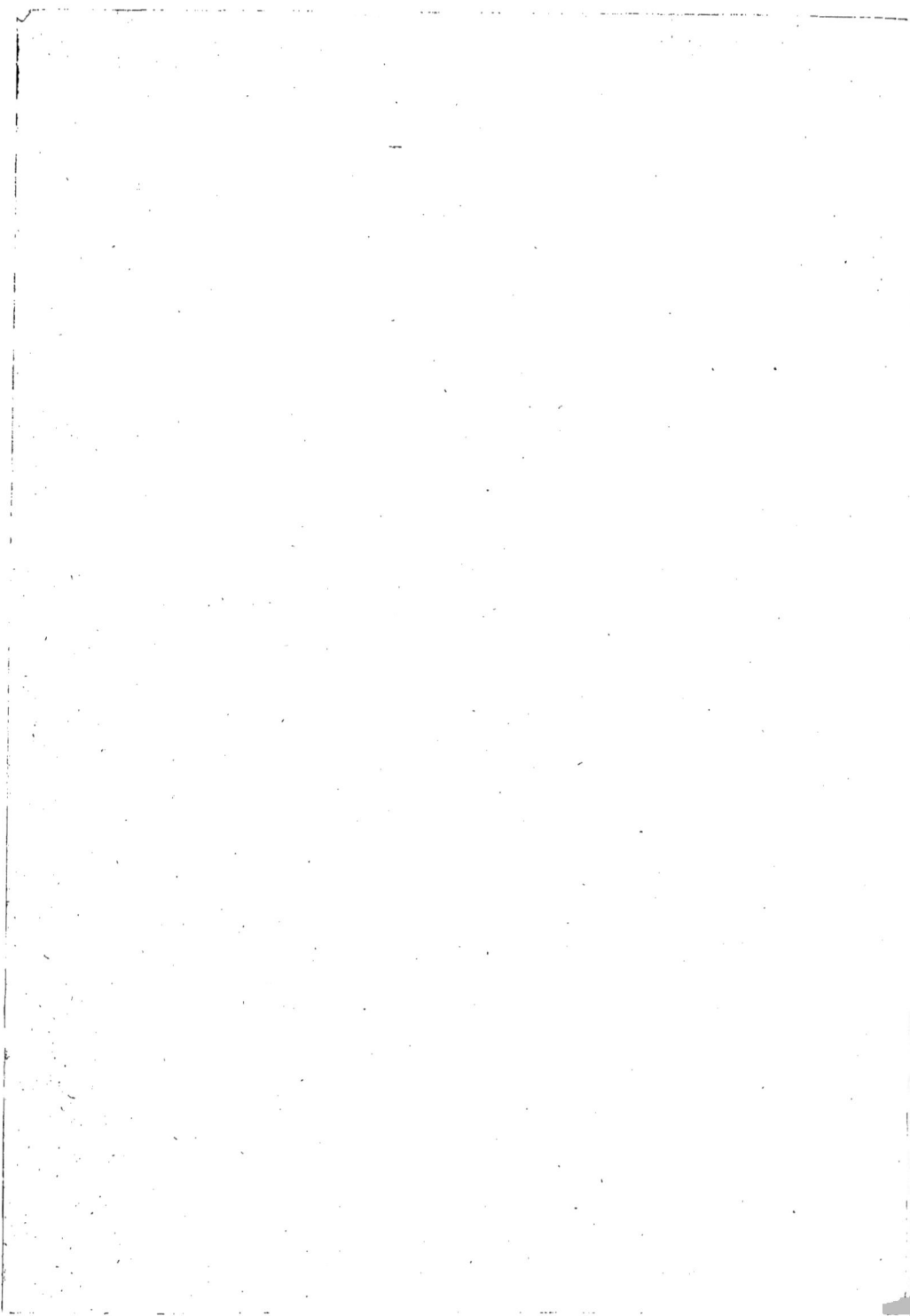

COURS COMPLET

D'AGRICULTURE

THÉORIQUE, PRATIQUE, ÉCONOMIQUE,
ET DE MÉDECINE RURALE ET VÉTÉRINAIRE.

Avec des Planches en Taille - douce.

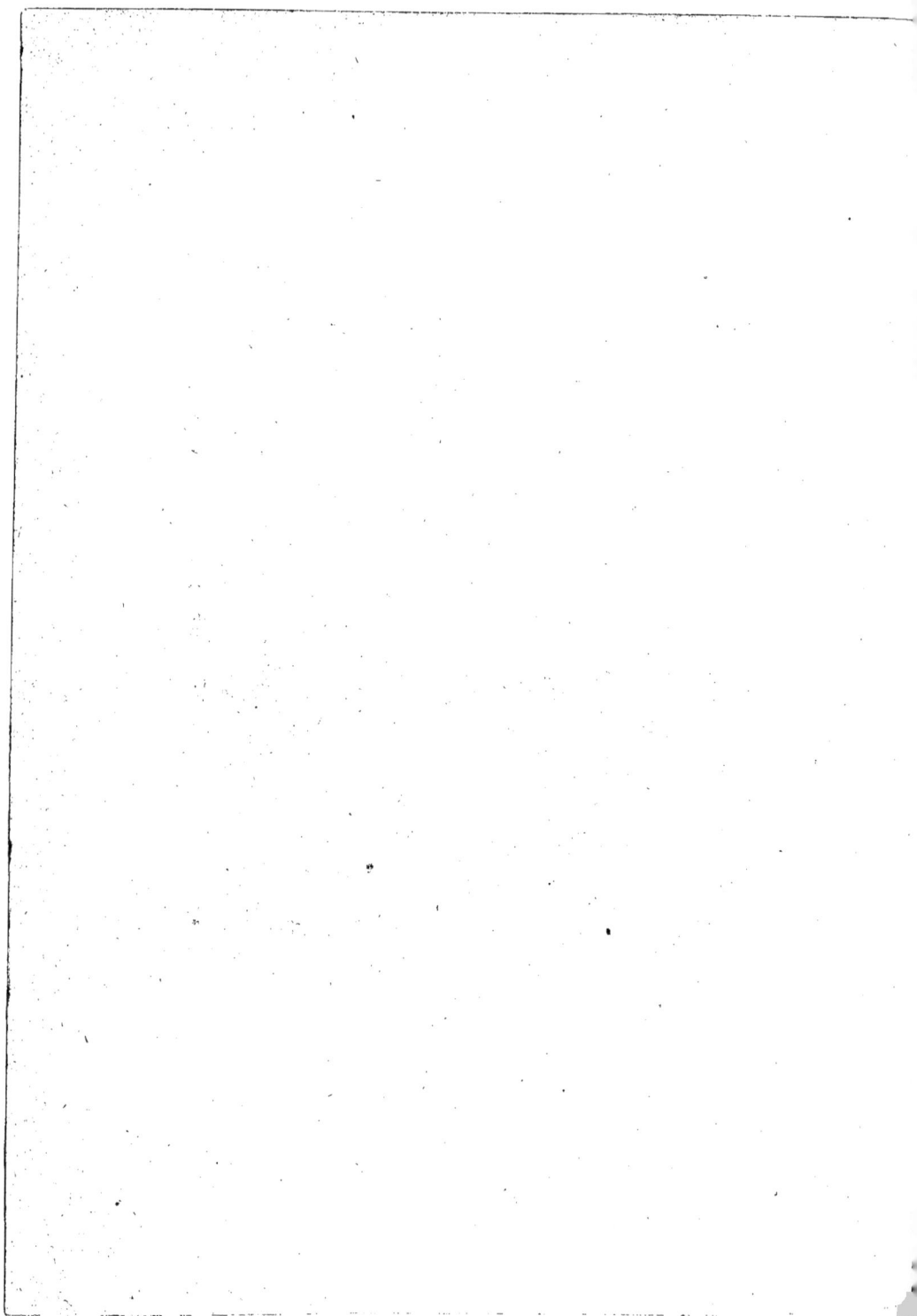

COURS COMPLET

D'AGRICULTURE

THÉORIQUE, PRATIQUE, ÉCONOMIQUE,
ET DE MÉDECINE RURALE ET VÉTÉRINAIRE,

SUIVI d'une Méthode pour étudier l'Agriculture
par Principes.

O U

DICTIONNAIRE UNIVERSEL

D'AGRICULTURE;

PAR une Société d'Agriculteurs, & rédigé par M. L'ABBÉ ROZIER, Prieur Commendataire de Nanteuil-le-Haudouin, Seigneur de Chevreville, Membre de plusieurs Académies, &c.

TOME TROISIÈME.

A PARIS,

RUE ET HÔTEL SERPENTE.

M. DCC. LXXXIII.

AVEC APPROBATION ET PRIVILÉGE DU ROI.

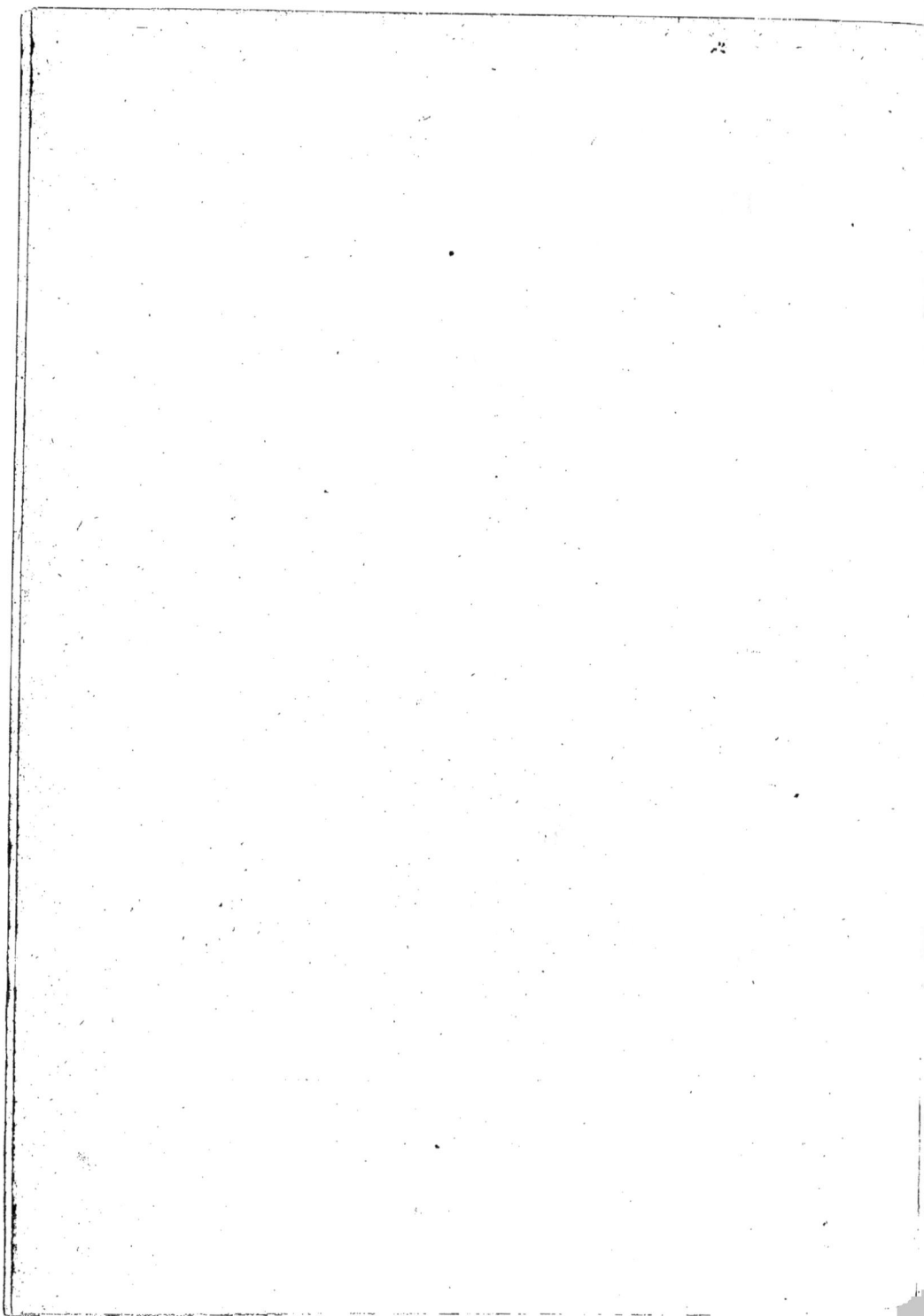

AVIS DU RÉDACTEUR.

LA multiplicité de Lettres qui me font adreffées par MM. les Soufcripteurs du Cours d'Agriculture, eft un garant de la confiance que j'ai eu le bonheur de leur infpirer : je tâcherai de la mériter de plus en plus. Cependant je les prie de confidérer que je ne puis tout dire fous un feul Mot, ni devancer l'ordre des Matières. La rédaction de deux Volumes in-4°. par an, eft une tâche bien pénible, & abforbe tous mes momens. S'ils ont la bonté de fe mettre pour un inftant à ma place, ils verront que, feul, ifolé dans une campagne, & avec la meilleure volonté, il ne m'eft pas poffible de répondre à toutes leurs queftions ; fouvent elles exigent des Traités entiers. MM. les Soufcripteurs trouveront les éclairciffemens néceffaires à mefure que les Volumes paroîtront, & je n'oublierai rien pour fatisfaire à leurs demandes. Quoiqu'il me foit impoffible de répondre, je les invite à continuer d'indiquer les Objets fur lefquels ils défirent des éclairciffemens. Lorfque je traiterai ces Articles, j'entrerai dans tous les détails que la nature de cet Ouvrage peut permettre.

J'ai oublié de décrire, dans ce Volume, la manière dont une *Brûlerie* doit être conftruite, pour convertir commodément le vin en efprit ardent. (*Voyez* le mot DISTILLATION) J'ai également, dans ce même Volume, oublié de parler de la Plante appelée *Cameline*, dont les Franc-Comtois, les Artéfiens, les Flamands & les Normands, &c. tirent une huile par expreffion de la graine. (*Voyez* le mot MYAGRUM)

Le mot CERF, omis dans le fecond Volume, eft à la fin de celui-ci.

ERRATA DU TROISIÈME VOLUME.

Pag. 196, colonne Ire. à l'Article CHELIDOINE *Pl. 9* ; lisez *Pl. 6*.

Pag. 518, colonne IIme. ligne dern. compſition ; *liſez* compoſition.

Pag. 556, colonne IIme. ligne 5, exceptions ; *liſez* acceptions.

Nota. *A la fin de ce Volume , on trouvera en Supplément pluſieurs Articles omis dans le cours de l'impreſſion des Tomes II & III.*

COURS

COURS COMPLET

D'AGRICULTURE

Théorique, Pratique et Économique,
et de Médecine Rurale et Vétérinaire.

CHANVRE male & femelle. M. Tournefort le place dans la sixième fection de la quinzième claffe, qui comprend les arbres à fleurs apétales, à étamines ordinairement féparées des fruits fur des pieds différens, & il le nomme *cannabis fativa*. M. von Linné lui conferve la même dénomination, & le claffe dans la diœcie pentandrie.

On a tort d'appeler *mâle* la plante qui porte la graine, & *femelle* celle qui ne fournit que des fleurs ; cependant c'eft l'acception prefque généralement adoptée dans toutes les campagnes.

Tom. III.

TABLEAU du travail fur l'article CHANVRE.

CHAPITRE PREMIER.

Defcription de la Plante.

Fleurs apétales, mâles ou femelles fur des pieds différens ; les mâles font compofées de cinq étamines dans un

A

calice divifé en cinq folioles oblongues, aiguës, obtufes, concaves;
les femelles font compofées d'un piftil
renfermé dans un calice d'une feule
pièce, oblong & aigu.

Fruit. La fleur femelle produit une
femence ronde, s'ouvrant en deux
parties, renfermant un amande ; &
la graine eft contenue dans le calice.

Feuilles, portées par des pétioles,
découpées en cinq folioles fur la plante
mâle ; les trois fupérieures font en
forme de fer de lance, dentées ; les
deux inférieures très-entières & plus
petites. La plante femelle a fes folioles
plus petites & dentées.

Racine, ligneufe, en forme de fufeau, fibreufe, blanche.

Port. La tige s'élève, fuivant les
terreins & les faifons, depuis quatre
jufqu'à huit pieds ; elle eft rude au
toucher, velue, quarrée, creufe.
Les fleurs naiffent au fommet des
aiffelles des feuilles ; les femelles
raffemblées, les mâles difpofées en
efpèce de grappe. Les feuilles font
placées alternativement.

Lieu, originaire des Indes ; la
plante eft annuelle.

Propriétés médicinales. Les feuilles
ont une odeur forte, pénétrante,
femblable à celle de l'opium ; elles
font amères & âcres au goût. La femence eft prefque infipide ; la plante
eft narcotique, adouciffante, apéritive, réfolutive. Avec les feuilles &
les femences écrafées, on compofe
des cataplafmes très-réfolutifs. Dans
les Indes Orientales, on prépare avec
les feuilles pilées & bouillies dans
l'eau, une liqueur qui enivre.

CHAPITRE II.
De la culture du Chanvre.

La guerre actuelle & toutes les
guerres maritimes font fentir combien il feroit important de favorifer,
par des récompenfes ou par des dimi-
nutions de droits, la culture du
chanvre. Le nord rend le royaume
de France fon tributaire pour des
fommes immenfes, qu'on pourroit
facilement diminuer de moitié fi on
exemptoit de taille, de dîme &
autres impofitions, les champs cultivés en chanvre. On croira peut-
être au premier coup d'œil, que pour
fe fouftraire à la pefanteur de l'impôt,
chaque particulier convertira fes
champs en chenevière. Il eft permis
à ceux qui ne connoiffent pas la nature
de la plante dont il s'agit, de penfer
ainfi : elle aime la chaleur, mais pas
trop forte, un terrein bon & léger, &
humide en même-temps. Or ces
trois qualités font rarement réunies.
On connoît beaucoup de provinces
en France où cette culture eft entié-
rement ignorée. (C'eft à MM. les Intendans & les Curés à l'y introduire,
ceux-ci par l'exemple, & ceux-là en
donnant des gratifications. La guerre
fe termine, les befoins urgens ceffent,
& on ne penfe plus à la difette paffée.)

I. *Du choix de la graine.* Une
qualité indifpenfable eft qu'elle n'ait
qu'un an, parce que la graine de
chanvre a une tendance finguliè̀re à
rancir. Pour fe convaincre de fa
qualité, il convient de prendre fans
choix quelques graines dans le monceau ; & avec les dents de devant,
d'écrafer la coque, fans la mâcher,
& d'en féparer la petite amande qu'elle
contient ; enfin, de mâcher cette
amande qui doit être douce & avoir
le goût de noifette. La coque ou enveloppe contient une huile effentielle,
âcre, qui communique fon goût & fon
odeur à l'amande, fi on les mâche

enfemble. Si la graine eſt bonne , l'amande fera douce ; ſi elle a déjà ranci, la graine ne germera pas.

Toute graine dont l'écorce eſt de couleur blanche ou vert pâle eſt vide en dedans , & l'amande eſt mal nourrie : ſi l'écorce eſt luiſante & ſa couleur tirant ſur le brun , il eſt à préſumer que la coque eſt pleine & la graine bonne à femer : ſi en la froiſfant légérement entre la paume des mains, elle ne ſe caſſe & ne ſe briſe pas, ſi l'écorce devient plus nette, plus luiſante, c'eſt bon ſigne.

J'inſiſte ſur le choix de la ſemence, parce que, ſans ces attentions préliminaires, on ſe trouve dans la dure poſition d'avoir perdu du temps, du travail, & il faut reſſemer de nouveau.

II. *Du terrein propre à une chenevière.*
La racine du chanvre eſt faite en forme de fuſeau : donc ſa loi de végétation eſt qu'elle pivote; & plus elle pivotera profondément, plus la tige s'élèvera. D'après cette idée générale, qui peut ſervir de baſe à toutes cultures en ſe conformant à la manière d'être des racines, on doit conclure néceſſairement que le chanvre demande un terrein léger, bien meuble, mais bien ſubſtantiel pour nourrir une plante qui s'élève beaucoup & dans très-peu de temps, proportion gardée ; c'eſt-à-dire qu'il lui faut beaucoup de *terre végétale* ou *humus.* (*Voyez* ces mots). Auſſi, le chanvre ne vient jamais plus beau que ſur les défrichemens des prés & ſur-tout des forêts, parce qu'il a fallu travailler profondément la terre, afin de déraciner les ſouches; & les débris des herbes de la prairie & des feuilles des arbres ont formé, depuis longues années, des couches & une ample proviſion de terre végétale.

III. *De la préparation du terrein.* Elle ſe réduit aux engrais & aux labours.

Si on s'en rapporte à M. Hall, Anglois, qui a publié l'ouvrage intitulé, *le Gentilhomme cultivateur*, il ne faut point enrichir le ſol de fumier ; mais ſi on étudie la culture du chanvre en France, en Suiſſe, en Allemagne, on verra que le fumier eſt néceſſaire, & cependant M. Hall n'a pas tort. Le fumier tel qu'il ſort de l'écurie, & jetté en terre peu de jours avant de ſemer, ne produit aucun effet, parce que pendant la courte durée de la végétation du chanvre, il n'a pas le temps de ſe décompoſer & de combiner ſes parties graiſſeuſes & huileuſes avec le ſel contenu dans la terre, pour les convertir en ſubſtances ſavonneuſes ; (*voyez* les mots AMENDEMENT, ENGRAIS) mais ſi le fumier eſt bien conſommé, ſans cependant être réduit à la qualité de ſimple terreau, il eſt conſtant qu'il produira le plus grand effet. Il ſera encore plus conſidérable, ſi on le répand avant l'hiver ſur le terrein deſtiné à la chenevière, & ſi auſſi-tôt il eſt enterré par un fort labour : la combinaiſon ſavonneuſe a le temps de ſe préparer & de s'achever avant que cette ſaiſon ſoit venue.

De fréquens & profonds labours ſont indiſpenſables, afin de rendre, autant qu'il eſt poſſible, la terre douce & profondément meuble. Combien de labours doit-on donner ? c'eſt la nature du ſol qui l'indique. Ceſſez de labourer, lorſque toutes les mottes & les grumeaux ne ſubſiſtent plus.

IV. *Quand & comment faut-il ſemer ?* Voici une règle générale. Sous quelque climat du Royaume que l'on habite, il faut ſemer dès que l'on ne craint plus l'effet des gelées. Je ne parle pas de ces gelées tardives qui portent la désolation dans l'ame des malheureux cultivateurs de vignes; celles-là sont fortuites : dans les femailles faites de bonne heure, la graine n'est pas trop pressée par la chaleur; d'ailleurs elle profite & aime les pluies assez ordinaires à la fin de l'hiver & à l'équinoxe du printemps. Le cultivateur prudent tient en réserve la même quantité de graines qu'il en a jettée en terre, dans la crainte des gelées tardives, parce qu'alors on ne trouve plus à en acheter, sinon à un prix exorbitant. Cette graine, très-souvent surabondante, ne sera point perdue; elle servira pour la nourriture des jeunes poulets, des pigeonneaux, & il suffira pour cela de l'écraser légérement. Chaque pays a ses usages; & la fête d'un saint marque toujours le moment des femailles. Cette manière de voir, en général, n'est pas à condamner, parce qu'elle est fondée sur l'expérience du canton, & ne conviendroit pas à un canton différent ou éloigné; mais choisir opiniâtrément le Vendredi Saint pour époque, c'est une ridiculité impardonnable, puisque ce jour peut se trouver un mois plutôt ou un mois plus tard.

Comment faut-il femer ? Cela dépend de l'emploi auquel on destine le chanvre. Si c'est pour les cordages de la marine, femez clair & très-clair; si au contraire le produit doit servir à fabriquer des toiles, femez épais. Dans le premier cas, la tige est double de hauteur & de grosseur, l'écorce est grossière & donne de longs brins; dans le second, l'écorce est plus fine, la filasse

plus fine, plus douce, plus soyeuse & prend mieux le blanc. Malgré cela, un brin de filasse de ce dernier est aussi fort, proportion gardée, que celui du chanvre destiné pour la marine.

La graine ne lève pas & pourrit si elle est trop enterrée; elle demande à être simplement couverte d'une légère couche de terre. Si après la femaille il survient une pluie légère ou de fortes rosées, elle lèvera promptement. Dans le cas de féchereffe, si on a la facilité d'arroser, ou par irrigation ou avec des arrosoirs, le produit dédommagera de la peine.

Tous les oiseaux à bec court & droit sont friands à l'excès de cette graine. Les pigeons & les moineaux sur-tout en font un dégât affreux. Employez tous les moyens connus afin de les écarter. Le meilleur est de multiplier les fantômes, de les changer chaque jour de place, & de renouveler leur habillement. *Voyez* à l'article MOINEAU, ses ruses & son effronterie.

V. *Des soins à donner aux jeunes plantes.* Dès qu'elles sortiront de terre ne laissez pas gagner les mauvaises herbes, parce que leur végétation dans une terre si bien préparée est prodigieuse. Faites sarcler ; c'est l'ouvrage des femmes & des enfans. Dès que les tiges du chanvre s'élèvent au-dessus de celles des mauvaises herbes, elles les font promptement périr, parce qu'elles leur interceptent l'air; la mauvaise plante s'étiole, languit, blanchit & meurt.

Lorsque le chanvre est parvenu à trois ou quatre pouces de hauteur, c'est le moment de le dégarnir, s'il a été femé trop épais. Il convient de donner à celui destiné aux usages de la marine, 8 à 10 pouces d'intervalle entre chaque pied ; quant à l'autre, la distance de 3 ou 4 pouces suffit.

Le point essentiel, en arrachant les plantes surnuméraires, est de ne point déchausser les voisines. A cet effet la femme ou l'enfant employé à cette opération, appuiera une main contre terre ; &, les doigts écartés, fixera les plantes à conserver, tandis que la main droite sera occupée à tirer les autres de terre.

VI. *Du temps d'arracher le chanvre.* Cette opération se fait en deux fois : la première pour le chanvre mâle, & la seconde pour le chanvre femelle. Nous avons dit que les fleurs mâles étoient portées sur des pieds différens de ceux des fleurs femelles. Lorsque le temps de la fleuraison est passé, c'est-à-dire, lorsque les fleurs mâles ont répandu leur poussière séminale sur les fleurs femelles, les mâles ont alors rempli leur destination ; aussi ils ne tardent pas à se dessécher, le haut de la tige jaunit, la tige blanchit vers la racine, il ne monte presque plus de sucs nourriciers ; enfin la plante demande à être arrachée de terre, mise en petits faisceaux, & portée au-delà du champ.

La plante femelle, devenue dépositaire de la graine qui doit la reproduire & perpétuer son espèce, a besoin d'un plus long espace de temps, & son existence est prolongée jusqu'à ce que la semence ait acquis sa parfaite maturité. Alors les feuilles se dessèchent, la tige jaunit, &c. & tout annonce que le vœu de la nature est accompli. Cette différence de durée des mâles & des femelles est quelquefois depuis trois jusqu'à six

semaines, suivant la saison & le climat.

Dans plusieurs cantons du royaume & des pays étrangers, on arrache indistinctement le chanvre mâle & le chanvre femelle tout à la fois. Pourquoi contrarier ainsi l'ordre établi par la nature, puisque la tige du chanvre femelle n'a pas encore acquis sa perfection ? le brin ou filasse qu'on en retirera par la suite n'aura jamais autant de force, autant de nerf que si la plante étoit parvenue à sa perfection ; d'ailleurs on perd en entier la récolte de la graine, objet précieux, soit pour nourrir la volaille, soit à cause de l'huile qu'elle contient & qui est d'une grande ressource.

Je sais que pour suppléer à cette récolte perdue de semences, on a coutume de laisser sur la lisière du champ une bordure de plantes femelles, afin de se procurer la graine suffisante pour la semaille prochaine. On ne fait pas attention qu'un seul coup de vent qui fait plier & couder les tiges, détruit toute espérance ; que la graine mûrit mal ; qu'au moment qu'elle approche de sa maturité, une armée innombrable d'oiseaux de toute espèce se jette sur ces tiges isolées, & n'y laisse pas seulement la graine la moins mûre : ces raisons devroient bien engager le cultivateur à renoncer à une méthode aussi défectueuse.

VII. *De la manière d'arracher le chanvre, & d'en retirer la graine.* On a déjà dit que la plante mâle étoit plutôt mûre que la plante femelle, & que la couleur jaune & l'inclinaison de la feuille annonçoient sa maturité. Les hommes ou les femmes occupés à ce travail, auront la plus grande attention de ne point endommager les plantes femelles, d'arracher fans fecouffe, s'il eft poffible, de ne point renverfer ou incliner leur tête ; & lorfqu'ils auront raffemblé une certaine quantité de tiges, ils les porteront hors de la chenevière : alors leur fommité fera étendue fur des draps dans le champ même, ou bien la charrette deftinée à voiturer la récolte au logis, fera environnée de draps. Je fais que la graine ne fe fépare pas facilement du calice qui la renferme; mais comme la maturité des graines eft en raifon de la manière dont la plante fleuri, il eft conftant qu'une certaine maffe de graine eft près de tomber & tombe facilement, tandis que l'autre partie eft encore fortement enveloppée dans les calices. La petite précaution que j'indique coûte fi peu, que c'eft une pure négligence fi on ne la prend pas ; au furplus, c'eft le feul moyen pour ne rien perdre.

Dans certains endroits on pratique une foffe circulaire, & on range tout autour les gerbes de chanvre, de manière que la tête des tiges couvre la foffe. Lorfque tout le chanvre eft ainfi rangé fur une ou plufieurs foffes, fuivant la quantité de gerbes, on recouvre avec la terre tirée de la foffe, la partie des gerbes qui la bouchent : l'eau de végétation encore contenue dans la plante, échauffée par le foleil, entre en fermentation ; le calice s'ouvre & laiffe échapper la graine ; enfin elle fe précipite dans la foffe. Cette méthode eft à la vérité affez expéditive, mais elle n'eft pas fans inconvénient. Si les gerbes reftent ainfi plus longtemps qu'il ne convient, la fermentation augmente beaucoup, la maffe s'échauffe, l'efprit recteur agit fur

l'amande contenue dans la coque; l'amande rancit & ne peut reproduire une tige lorfqu'on la sème enfuite. Cette opération fuppofe encore qu'on eft affuré de la conftance du temps ; car fi des pluies un peu abondantes furviennent, la foffe fe remplit d'eau, & la fermentation commencée amène promptement la pourriture.

Je préfère la méthode de faire faner les tiges contre un mur, expofées au gros foleil, & de les fecouer enfuite avec une petite baguette fur un drap étendu & deftiné à recevoir la graine lorfqu'elle tombe.

Dans le *Journal Economique* du mois de Mars 1759, on propofe la méthode fuivante pour fe procurer de la belle graine pour les femailles. L'auteur confeille de femer une certaine quantité de graine dans un champ deftiné à la culture des haricots, & par conféquent de femer ces graines fort clair. Le chanvre, en grandiffant, tiendra lieu de rames aux haricots : voilà déjà une économie ; & comme ceux-ci ont befoin d'être travaillés de temps à autre, le chanvre profitera de ces petits labours. Comme je n'ai pas répété cette expérience, je n'ofe prononcer. En l'admettant pour fûre, d'après l'auteur anonyme, il refte un doute : l'odeur du chanvre, très-forte & très-défagréable, ne fe communiquera-t-elle pas aux haricots ? Si l'eau dont la plante de chanvre fera imbibée & chargée par une pluie, tombe fur le haricot encor tendre, ne s'appropriera-t-il pas le mauvais goût de cette eau ? on eft porté à le croire, puifque l'ariftoloche qui fe marie à un cep de vigne, imprègne le raifin de fon mauvais goût ; & le raifin d'une vigne où la plante de souci croît en abondance, donne un vin qui sent le souci.

Après que la graine est recueillie, il faut la vanner afin de la dépouiller de tous les débris de la plante, & sur-tout des calices qui se sont mêlés avec elle; la porter dans un lieu non humide & exposé à un grand courant d'air; l'étendre sur un plancher, la remuer & la changer de place; enfin, lorsqu'elle a perdu toute humidité surabondante, on l'amoncèle : sans ces petits soins la fermentation s'y établira, & si on n'y remédie à temps, tout sera perdu.

CHAPITRE III.

Des préparations du Chanvre lorsqu'on l'a tiré de terre.

I. *De la manière de le faire rouir.* Le rouissage est une opération qui facilite la séparation de l'écorce de dessus la tige; & la tige séparée de son écorce se nomme *chenevotte.* L'endroit où l'on met rouir le chanvre s'appelle *routoir.* Dans le chanvre, ainsi que dans toutes les plantes, l'écorce fait corps avec la tige tant qu'elle est sèche, & s'en détache dès qu'elle a séjourné dans l'eau pendant un temps proportionné; de sorte qu'il est possible de tirer du fil de toutes les plantes à tiges droites, sans nœuds, sans rameaux, & des jeunes tiges & bourgeons de presque tous les arbres : il y aura cependant beaucoup de différence entre la beauté & la qualité des fils. Ce sujet mériteroit d'être pris en considération par un homme instruit & qui se livrât à des expériences dont il peut résulter le plus grand avantage pour la société; car il ne faut pas croire que la nature ait assigné seulement au chanvre, au

lin & à l'ortie la propriété d'avoir une écorce propre à fournir du fil. Je citerois beaucoup d'exemples du contraire; mais ce seroit m'écarter de mon sujet. L'eau de végétation du chanvre forme le gluten qui unit son écorce à la tige, & c'est ce gluten qu'il faut dissoudre pour l'en séparer : on y parvient par le rouissage qui s'exécute de deux manières.

1°. *Du rouissage à sec.* La disette d'eau, l'éloignement des rivières, des ruisseaux, ont réveillé l'industrie de l'homme. Il s'est fait une méthode qui équivaut en partie à la seconde; peut-être est-elle la première dont l'homme se soit servi, puisqu'elle est plus simple que l'autre.

Le chanvre mâle, arraché de terre ainsi qu'il a été dit, est porté par faisceaux ou contre un mur, ou contre des haies, ou enfin il est tout uniment étendu sur terre, de manière qu'un pied ne touche pas le pied son voisin. Le soleil, les rosées, les pluies rouissent à la longue le chanvre ainsi disposé. La moins défectueuse des trois manières est de le placer contre un mur, parce qu'il reçoit plus directement l'impression & la réflection des rayons du soleil : contre un buisson le courant d'air est plus fort, il est plutôt desséché & non pas roui; couché sur terre, s'il survient de longues pluies, elles font resauter la terre, & cette terre s'unit à l'écorce & communique au fil une couleur désagréable dont on le dépouille difficilement. Le chanvre disposé d'après l'une de ces trois manières, demande à être retourné chaque jour, afin que l'effet des météores agisse successivement sur toutes ses parties, & l'opération de retourner les plantes

eft, comme on le voit, plus aifée lorfque le chanvre eft placé contre un
mur, que dans les autres pofitions.

Combien de temps doit-on le laiffer
rouir? il eft impoffible de le déterminer. La nature du terrein fur lequel le chanvre a végété, le plus ou
moins de pluie, le plus ou moins
de féchereffe & de chaleur que la
plante a éprouvées dans fa végétation;
enfin la conftitution de l'air pendant
le rouiffage, font autant de caufes
qui font varier l'époque du rouiffage
parfait. C'eft au cultivateur à s'en
affurer en caffant de temps en temps
des tiges, & en examinant fi l'écorce
fe fépare facilement & net d'un bout
à l'autre de la chenevotte.

Ceux qui font forcés de rouir au
fec, doivent étendre le chanvre mâle
auffi-tôt après l'avoir récolté, parce
qu'il fera prêt à être renfermé avant
que le chanvre femelle foit arraché.
Alors il faudra moins d'abris & il y
aura moins de chanvre à retourner
à la fois. Quoique cette opération
foit l'apanage des enfans & des
femmes, il vaut mieux qu'elle dure
plus long-temps que d'être trop
confidérable; l'ouvrage fera mieux
fait & le chanvre mieux roui: quelques foins qu'on donne, ce rouiffage
n'équivaudra jamais à l'eau, à moins
qu'on ne prenne la précaution que
je vais indiquer.

Elle confifte à choifir pour routoir, le terrein d'une prairie dont on
a coupé le premier foin. On étend
par-deffus les pieds de chanvre à
mefure qu'on les arrache de terre, &
on aura foin auparavant de leur
couper la partie branchue & la racine.
Ce chanvre doit refter fur la prairie
pendant la nuit feulement; & dès que
le foleil paroît, & même avant qu'il

ait diffipé la rofée, on l'enlève complétement & on l'amoncèle dans
un même tas qui eft auffi-tôt entié-
rement recouvert avec de la paille.
Dès que le foleil va fe coucher, le
chanvre eft étendu fur la prairie, le
lendemain relevé; & ainfi de même
jufqu'à ce qu'il foit parfaitement roui.

Il eft conftant que les prairies font
plus furchargées de rofée que les
terres labourées, parce qu'il faut
compter pour beaucoup l'eau qui
s'échappe des plantes par leur tranfpiration. (Voyez le mot TRANSPIRA-
TION) D'ailleurs les plantes ferrées
les unes près des autres confervent
plus long-temps l'humidité: cette eau
de tranfpiration contribue beaucoup
au blanchîment du chanvre, puifqu'il
eft prouvé que la cire étendue fur
des toiles, par exemple, placées dans
une allée de jardin, blanchit moins
promptement que fi la toile qui la
porte eft fufpendue fur une prairie.
Il eft encore prouvé que fi cette toile
eft trop élevée au-deffus de l'herbe,
elle blanchit moins vîte; que du fil
forti des leffives qu'on lui fait éprouver, eft dans le même cas, fi l'herbe
fur laquelle on l'étend eft trop grande.
Auffi dans les blanchifferies on a le
plus grand foin de tenir l'herbe
courte,

Lorfque chaque jour au foleil levant, on raffemble le chanvre en
monceau, il eft pénétré de la rofée
& de l'eau de tranfpiration des plantes.
Sa fubftance mucilagineufe fermente
pendant le jour. Quoique le monceau
foit recouvert de paille, la chaleur du
foleil n'en produit pas moins fon
effet, la fubftance mucilagineufe du
chanvre entre en fermentation, &
c'eft cette fermentation qui détruit
l'adhéfion & la cohérence du gluten,

&

& détache enfin l'écorce de la chenevotte. Ce procédé donne un peu plus
de peine que le précédent, mais il
dédommage amplement des frais par
la beauté du fil qu'on en retire.

2°. *Du rouissage à l'eau*. L'expérience a démontré, 1°. que le chanvre
qu'on met à l'eau auffi-tôt qu'on l'arrache, vaut mieux que celui qu'on
laisse sécher quelques jours & quelques semaines avant de le mettre
rouir. Il est donc inutile d'attendre
que la récolte du chanvre femelle
soit faite pour rouir le chanvre
mâle.

2°. Qu'il est avantageux de couper
les racines & la sommité des tiges.

3°. Que le chanvre est plutôt roui
dans une eau dormante que dans une
eau claire.

4°. Que plus la saison est chaude
& l'eau par conséquent, plutôt le
chanvre a acquis son complet rouis-
fage.

5°. Que l'accélération de cette seconde méthode de rouir dépend, ainsi
qu'il a été dit pour la première, de la
sécheresse ou de l'humidité que la
plante a éprouvée sur pied, & de la
qualité du terrein ou plus sec, ou
plus léger, ou plus tenace. Si la chaleur a été trop active, il y aura eu
moins d'eau de végétation, & par
conséquent le gluten aura été plus
rapproché, plus épais, &c. : l'humidité
au contraire le délaye, la végétation
est plus active, & l'écorce moins
adhérente à la tige.

Doit-on faire rouir dans l'eau cou-
rante ou dans l'eau dormante, dans
l'eau claire ou dans l'eau trouble ? ces
problêmes ne sont pas encore résolus.
Leur importance devroit engager les
Sociétés d'Agriculture & même les
Académies à les proposer pour sujets
Tom. III.

de prix. Il ne s'agiroit pas d'établir
des théories dans les Mémoires que
l'on enverroit au concours, mais
des points de faits & des comparai-
sons dont les résultats seroient fondés
sur une suite d'expériences. La Société
d'Agriculture de Bretagne avoit commencé cette belle entreprise ; il est
fâcheux que les troubles qui survinrent dans cette province aient
mis fin aux expériences de cette
société.

M. Duhamel, dont l'autorité est
d'un si grand poids en agriculture,
paroît donner la préférence au rouis-
fage dans l'eau croupissante, parce
que, dit-il, la filasse en devient plus
douce. M. Marcandier, à qui l'on doit
un bon traité sur la culture du
chanvre, préfère l'eau la plus belle
& la plus claire ; celle des rivières,
parce que ce chanvre est plus blanc,
mieux conditionné, qu'il donne
moins de déchet, enfin qu'il en sort
moins de poussière au battage. On
sait que cette poussière affecte cruel-
lement les ouvriers occupés à ce
genre de travail, & qu'elle leur abîme
la poitrine ; il suffit d'entrer dans un
moulin de battage pour s'en convaincre : cette poussière prend auffitôt à la gorge, & on est obligé de
sortir fatigué par une toux cruelle &
opiniâtre. Lorsque cette poussière est
aspirée, elle tapisse les bords de la
trachée-artère lorsque la glotte s'élève
pour l'inspiration, & y cause une irritation qui provoque la toux. Voici
à quoi se réduisent les expériences
de la Société de Bretagne, & je copie
la partie de ce Mémoire.

» Il est encore indécis si l'on doit
» rouir le chanvre dans les eaux cou-
» rantes ou dans les eaux dormantes.
» Un associé du Bureau de Rennes

» a pensé que cette diverfité d'opi-
» nions & d'ufages, pouvoit venir
» de ce qu'en effet les eaux courantes
» font toujours préférables dans cer-
» tains cas, & de ce que, dans d'autres
» cas, ce font toujours les eaux dor-
» mantes qui méritent la préférence.
» Dans les années froides & plu-
» vieufes, la plante doit être foible
» & plus herbacée. Dans les années
» de féchereffe, le chanvre doit être
» plus fort, mais en même-temps
» plus dur & plus ligneux. Pourquoi
» fe flatter que les mêmes eaux appli-
» quées à des productions fi diffé-
» rentes, produiront un effet auffi
» avantageux fur les unes que fur
» les autres ? »

» Pour écarter toute incertitude
» à cet égard, on a fait arracher du
» chanvre dans différens endroits de
» la province, & on l'a pris en diffé-
» rens états. L'un avoit été recueilli
» avant la maturité, l'autre dans le
» temps de la maturité même, & le
» troifième, plufieurs jours après.
» Chacun des paquets de ces trois
» efpèces de chanvre fut divifé en
» deux parties égales, dont l'une fut
» mife rouir dans l'eau courante &
» l'autre dans l'eau dormante. Ils
» furent enfuite peignés avec très-
» grand foin, & examinés avec la
» plus fcrupuleufe attention par une
» perfonne qui connoît parfaitement
» les défauts & les bonnes qualités
» de cette matière. »

» 1°. On a remarqué une différence
» fenfible entre le chanvre arraché
» dans les trois états dont on a parlé.
» 2°. Tous ceux qui ont été rouis
» dans des eaux courantes, font fans
» comparaifon plus blancs que ceux
» de même qualité qu'on a rouis dans
» des eaux dormantes. 3°. Les pa-

» quets arrachés avant la maturité
» font ceux qui ont acquis le plus
» haut degré de blancheur. 4°. Les
» chanvres les plus blancs, ont
» donné moins de déchet total, en
» raffemblant celui de chaque prépa-
» ration en particulier ; mais ceux
» qui avoient roui dans des eaux
» dormantes, ont fourni une plus
» grande quantité du premier brin,
» & les grands déchets n'ont portés
» que fur les préparations inférieures.
» 5°. Les chanvres qu'on avoit jugés
» les meilleurs avant d'être peignés,
» ne fe font pas toujours foutenus
» dans la préparation du peigneur.
» Ceux qu'on avoit d'abord regardés
» comme médiocres & même infé-
» rieurs, fe font trouvés les plus
» beaux & les meilleurs après avoir
» été peignés. Cette obfervation eft
» importante fur-tout pour la cor-
» derie. »

La Société devroit pouffer plus
loin fes expériences & faire fabriquer
des toiles avec les fils féparés & tirés
de ces différens chanvres : on auroit
alors un réfultat complet, & on fauroit définitivement à quoi s'en tenir.

Pour rouir le chanvre à l'eau, foit
dormante, foit courante, il doit auparavant avoir été javelé ou botelé, &
chaque javelle affujettie par deux
liens, l'un placé près de l'endroit des
racines, & l'autre aux deux tiers de
la longueur de la javelle : quelques
brins de chanvre forment les ligatures. Dans beaucoup d'endroits, on
fe contente d'un feul lien placé dans
le milieu de la javelle ; mais fouvent
il fe détache, foit en la plaçant dans
l'eau, foit en la retirant, & l'on perd
du temps à la renouer ou à débarraffer les tiges mêlées dans les autres
javelles.

Du rouissage à l'eau dormante. Plus la mare sera petite, proportion gardée avec la masse de chanvre qui doit y entrer, c'est-à-dire, moins elle contiendra un grand volume d'eau, & plus promptement le rouissage sera achevé, en observant toujours la masse de chaleur de la saison & la qualité du chanvre. Lorsque toutes les javelles sont rangées les unes sur les autres dans l'eau, il faut couvrir la masse avec de la paille & la charger de pierres pour que l'eau ne la soulève pas, & de manière que l'eau la recouvre de six à huit pouces. Si on a la facilité d'avoir une mare dans laquelle on conduise l'eau à volonté, il est plus expéditif de ranger les javelles à sec, & elles en feront mieux. Lorsque tout le chanvre sera disposé, alors on donnera l'eau.

On doit observer dans ce genre de rouissage, que les javelles de la partie supérieure sont plutôt rouies que les inférieures. L'eau la plus chaude est toujours celle qui approche le plus de la surface, parce que, plus légère que l'eau froide, elle la surnage. D'ailleurs, la chaleur du soleil agit plus directement sur les couches supérieures que sur les inférieures. Il en résulte donc que le rouissage des javelles supérieures est achevé lorsque celui des inférieures ne l'est pas. On devroit alors tirer le chanvre de l'eau à plusieurs reprises.

Du rouissage à l'eau courante. On ne craint pas ici le même inconvénient, si l'eau est abondante comme dans les grandes rivières, parce qu'elle se renouvelle sans cesse, & parce que l'intensité de la chaleur de cette eau est à peu près la même à une certaine profondeur qu'à sa sur-face. Dans les grandes rivières on a un danger à craindre qu'il est moralement impossible d'éviter lorsqu'elles grossissent; tout le chanvre est entraîné. On a eu beau planter des piquets tout autour de la masse du chanvre, mettre des pièces de bois en travers & liées aux piquets, les charger de pierres, &c., le courant soulève la masse & entraîne les piquets & le chanvre. Que d'exemples on pourroit citer d'un pareil événement! cependant lorsqu'on n'a pas d'autres moyens, on est forcé de l'employer; mais un maître vigilant ne s'en rapporte pas à ses valets : il voit commencer & faire l'opération sous ses yeux; elle est bien faite, & il faut un grand événement pour qu'il soit frustré de sa récolte.

On a le même inconvénient dans les ruisseaux qui tout à coup se changent en torrens affreux, cependant moins que dans les grandes rivières, parce que la masse du chanvre bien soutenue par des piquets & par de fortes ligatures, est plutôt ensevelie sous le sable qu'emportée. Lorsqu'un pareil malheur arrive, il faut se hâter d'enlever le sable & les terres dès que les eaux se sont retirées; si on tarde trop long-temps, il pourrit.

On connoît que le chanvre est roui au point nécessaire, lorsque le brin mis à sécher & sec, & ensuite plié en arc, se rompt, & l'écorce ou filasse se détache d'elle-même.

II. *Du séchage.* Aussi-tôt qu'on a retiré le chanvre de l'eau, soit dormante, soit courante, il convient de l'exposer aussi-tôt au soleil pendant quelques jours, afin de le dessécher complétement; à cet effet on délie les javelles & on les divife en petits paquets. Parvenu à ce point, on peut le porter dans les greniers ou dans le endroits expofés à un courant d'air, où il reftera jufqu'au moment de le *teiller* ou de le *férancer*.

Dans quelques-unes de nos provinces on fabrique des *féchoirs* fur lefquels on expofe le chanvre lorfqu'on le fort de l'eau. On doit conclure de cette opération, que la récolte du chanvre a été tardive, comparée à celle des autres provinces, & que la chaleur du climat n'étant pas affez forte pour fa defficcation à l'air libre, on eft obligé d'avoir recours à l'art.

Les féchoirs varient pour leur ftructure, fuivant les lieux & fuivant la quantité de chanvre qui doit fécher. Les propriétaires attentifs à leurs intérêts, les font en maçonnerie; ils élèvent des murs parallèles de dix à douze pieds de longueur, & l'intervalle entre deux eft de cinq pieds. A quatre pieds au-deffus du foyer, on pratique d'efpace en efpace des trous pour y placer, chaque année, des perches de bois vert, fur lefquelles on place le chanvre qu'on a foin de retourner fréquemment, afin que tous les brins sèchent également. On choifit, pour placer un pareil féchoir, un endroit abrité des vents du nord: ceux qui font moins économes les conftruifent chaque année avec des perches, & fe fervent de mauvaifes planches pour les revêtir; d'autres enfin font fécher le chanvre dans un four; mais il eft très-rare qu'il n'y brûle. Il n'eft pas douteux que la première méthode de le fécher eft la meilleure, & qu'on doit la préférer lorfque la circonftance le permet.

CHAPITRE IV.
Des préparations du Chanvre, lorfqu'il a été roui & féché.

Toutes les opérations que l'on vient de décrire, ont en général été faites par les hommes. Ici commence le travail des femmes & des enfans; il s'agit de *teiller* ou de *férancer* le chanvre. Par *teiller* on entend rompre les brins de chanvre, & féparer les chenevottes de l'écorce qu'on doit convertir en fil; par *teille*, c'eft l'écorce lorfqu'elle eft détachée de la chenevotte. Le *féran* eft un inftrument de bois au moyen duquel on brife la chenevotte & on la fépare de fon écorce. Nous ferons connoître cet inftrument à l'article LIN; il eft nommé *féran* ou *férançoir*. Il ne faut pas le confondre avec un autre inftrument, armé de dents, dont fe fervent les peigneurs de chanvre; c'eft une opération particulière à cet art, & non à l'Agriculture, à moins que le propriétaire aime mieux vendre fon chanvre peigné que de le vendre brut. Dans plufieurs de nos provinces on teille tout le chanvre. Si on y introduifoit l'ufage du férançoir, l'ouvrage feroit beaucoup plutôt expédié, mais on priveroit les femmes & les enfans d'un grand plaifir. En effet à quoi s'occuper dans les longues nuits d'hiver! Toutes les filles & les enfans du village fe raffemblent à la veillée, tantôt dans une maifon, tantôt dans une autre, & fe rangent circulairement autour de la cheminée, ayant chacune derrière elle un paquet de chanvre. Celle qui reçoit la compagnie fournit la première les chenevottes pour allumer le feu; celle qui reçoit le lendemain l'entretient après elle, & fucceffivement toutes celles de l'affemblée. C'eſt à la clarté de ce feu paſſager, mais actif, que chacun travaille, chante ſa chanſon, ou fait des contes pour amuſer l'affemblée où la gaiété eſt ſouvent affiſe à côté de la plus grande miſère. Là, elles oublient leurs maux, & le férançoir n'en diffiperoit pas le ſouvenir. Je conviens cependant que le féran a de grands avantages, il accélère l'ouvrage & commence à enlever cette pouffière fi terrible & fi funeſte à la poitrine. Par cette raiſon, le chanvre férancé pèſe beaucoup moins que le chanvre teillé. C'eſt une obſervation à faire lorſqu'on achète le chanvre brut.

A meſure qu'on teille ou férance le chanvre, on fait des paquets de deux à trois livres des écorces détachées des chenevottes, en obſervant de ne point mêlanger les fils; on les tord & on les lie, pour qu'ils ne ſe détordent pas. Dans quelques endroits on a la louable coutume de tremper ces treffes dans l'eau; & lorſqu'elles en ſont bien imbibées, on les met rang par rang dans un cuvier ou dans une foſſe que l'on remplit d'eau. Ces treffes y ſéjournent pendant quelque temps, afin que l'eau diffolve la matière glutineuſe qui étoit reſtée adhérente à l'écorce. Si ces treffes ſéjournent pluſieurs jours de ſuite dans cette eau, fi la chaleur de la ſaiſon ou du lieu eſt aſſez confidérable, il s'établira une fermentation dans le cuvier, & la matière glutineuſe en ſera mieux diffoute. Cette fermentation doit être prolongée à un certain point ſeulement, autrement elle agiroit ſur le nerf du fil. Lorſqu'on retire les treffes, on les bat ſur un billot incliné, avec un battoir femblable à

celui des lavandières, on les tord de temps en temps, on les bat de nouveau, & ainſi tour à tour, juſqu'à ce que la treffe ſoit, autant qu'il eſt poffible dans cette opération, purgée de l'eau dans laquelle elle a fermenté.

La treffe eſt enſuite détordue, déliée ſans mêler ſes brins, & lavée à pluſieurs repriſes dans une eau courante & nette, ou dans un cuvier percé à ſon fond, fi on eſt éloigné d'une rivière ou d'une fontaine. Ce procédé n'équivaut jamais au courant de la rivière, parce que le brin eſt bien mieux lavé & le point important eſt qu'il le ſoit parfaitement.

J'ai vu dans d'autres endroits placer des treffes dans un cuvier, les couvrir d'un drap, charger ce drap avec de la cendre, & enfin couler une leffive en tout femblable à celle du linge. Les treffes enlevées enſuite du cuvier ſont lavées à l'eau courante, ainſi qu'il a été dit. Ce procédé me paroît mériter la plus grande attention. Les treffes, après leur exficcation, ſont très-blanches, & la partie glutineuſe preſque entièrement détruite.

M. le Prince de Saint Sévere, fi connu par ſon goût & ſes travaux en chymie, propoſa il y a pluſieurs années un procédé pour faire le chanvre auffi beau, auffi fin que celui de Perſe. Voici en quoi il confiſte.

Pour chaque livre de chanvre, prenez fix livres d'eau, demi-livre de ſoude pulvériſée ou de cendres, un quart de livre de chaux fleurie ou en poudre.

Il faut prendre du chanvre le plus court, le paffer par un peigne à dégroffir pour rompre les têtes & en ôter les ordures. On le lie par paquets d'environ trois onces avec une ficelle, & l'on joint enfemble une dizaine de ces paquets avec une petite corde, pour pouvoir les laver commodément ; enfuite on les met dans une petite cuve de bois ou de terre cuite, ayant foin de placer toujours au fond le chanvre le plus gros, & on le couvre d'une toile pour recevoir les cendres de la leffive.

On fait infufer la foude & la chaux pendant vingt-quatre heures, dans la quantité d'eau dont on a parlé, les remuant de temps en temps. Enfuite on met la leffive fur le feu pendant quatre heures, la faifant bouillir pendant la dernière demi-heure ; & on la jette toute bouillante fur le chanvre qui eft dans la cuve ; puis on couvre la cuve afin qu'elle maintienne fa chaleur. Au bout de fix heures, on examine fi le chanvre fe divife en petits fila-mens comme la toile d'araignée & alots on le retire. S'il n'eft pas affez fait, on tire par un trou fait au bas de la cuve, ce qui peut fortir de leffive ; on la fait bien chauffer, on la rejette deffus, & on peut encore la laiffer pendant une heure.

Enfuite on lave bien le chanvre dans l'eau claire. Après cette opé-ration, on prend une once & demie de favon par livre de chanvre, dont on enduit tous les paquets ; on les remet dans la cuve, & l'on jette deffus de l'eau bouillante, autant qu'il en faut pour qu'il foit bien imbibé & pas davantage, & on le laiffe ainfi pendant vingt-quatre heures. En-fuite on le lave bien jufqu'à ce que l'eau forte claire, & on le fait fécher à l'ombre. Avant de le peigner, il faut le battre avec une fpatule de

bois, afin qu'il rompe moins lorf-qu'on le peigne.

On le peigne de la même façon que le lin le plus fin, en petits pa-quets. Pour cet effet, il faut le paffer par trois peignes plus fins les uns que les autres. Il faut mettre à part celui du premier tirage & celui qui eft du fecond, parce que le premier étant plus fort & plus long eft meil-leur pour l'ourdiffure, & l'autre pour remplir. Enfuite on fait paffer les étoupes ou filaffes par des cardes à foie, & l'on en tire le plus fin. Lorf-que le fil eft fait, il ne faut point le paffer à la leffive pour le blanchir, mais feulement le laver avec de l'eau chaude & du favon, & ainfi on le met en œuvre : fur quoi, il eft à remarquer que le fil fait de ce chanvre ne diminue tout au plus que d'une once par livre en blanchiffant. Je réponds, d'après ma propre expé-rience, de la bonté du procédé du Prince de St. Sévère.

L'art de peigner le chanvre n'étant pas de la compétence de l'agriculteur, ce n'eft pas le cas d'en parler.

CHAPELET. (*Voyez* PUITS A ROUE)

CHAPITEAU. (*Voyez* ALAMBIC)

CHAPON, CHAPONNER. Le chapon eft un jeune coq auquel on a ôté les tefticules. Cette opération fait acquérir beaucoup d'embon-point à cet oifeau, il s'engraiffe faci-lement & rend fa chair plus dé-licate.

L'opération confifte à faire une incifion près des parties de la géné-ration de l'animal, d'y introduire le doigt index, d'enlever les tefticules, & de recoudre la bleffure. L'habitude généralement fuivie , confifte à frotter tout de fuite la partie couturée avec du beurre frais, & cette habitude eft mauvaife, puifque le beurre fait beaucoup de mal & ne favorife pas la reprife des chairs. (*Voyez* au mot ONGUENT l'effet du beurre fur les plaies). La gangrène eft fouvent la fuite de cette imprudente coutume. Après l'opération on laiffe le chaponneau avec le refte de la volaille. Il eft trifte pendant quelques jours, & bientôt il oublie la perte qu'il vient de faire.

Ces malheureufes victimes de la fenfualité de l'homme, n'ont pas dans cet état effuyé tous les maux qu'il leur prépare ; il faut encore qu'il change l'ordre de la nature & qu'il les charge du foin d'élever les pouffins. A cet effet il choifit les chapons les plus vigoureux, leur plume le ventre, frotte la partie piquée avec des orties, enivre l'animal avec du pain trempé dans le vin,& après avoir réitéré cette barbare opération pendant deux ou trois jours de fuite, il met fous une cage l'animal avec deux ou trois poulets un peu grands ; ces poulets lui paffant fous le ventre, adouciffent la cuiffon de ces piqûres, & ce foulagement l'habitue à les recevoir : bientôt il s'y attache, les aime, les conduit ; & alors on lui en donne un plus grand nombre fur lefquels il veille plus long-temps que la mère n'auroit fait.

Il ne faut pas que les poulets aient plus de trois mois pour être chaponnés. La bonne faifon pour nos provinces du nord eft dans le mois de Juin, & en Mai dans nos provinces méridionales.

CHAR. (*Voyez* VOITURE)

CHARANÇON.

ARTICLE PREMIER.

Defcription des Charançons.

Le charançon eft un petit fcarabée ou coléoptère, d'une ligne & démie environ de longueur, fur une demi-ligne de largeur. (On verra la figure de celui du blé & de la vigne dans la gravure du mot *infecte* ; celle des autres individus de cette famille eft moins néceffaire à connoître). Sa couleur varie felon fon âge, & fes différentes efpèces. Celui des grains, qui nous paroît communément noir, eft couleur de paille au moment qu'il fort de fa dépouille de chryfalide ; à mefure qu'il vieillit il devient brun & noir. Son corps eft compofé de trois parties ; la tête, le corfelet & le ventre. On obferve fur la tête, parfemée de points peu apparens, deux yeux placés de côté ; une trompe longue, effilée, pointue, égale en groffeur dans toute fa longueur, & ronde depuis fon origine jufqu'à fon bout ; elle eft terminée par deux ferres noires, dont l'infecte fe fert pour percer les grains, & détacher la fubftance farineufe. Cette trompe compofée de plufieurs anneaux, eft une efpèce de bras, que l'infecte allonge, raccourcit & porte où il veut à fon gré. Le deffous de cette trompe eft pourvu au milieu, d'un dard très-délié & fort aigu, qui, felon toute apparence, perce les grains, afin que les deux ferres, qui font au bout, puiffent plus aifément travailler à faire un paffage à l'infeête dans le grain où il fe loge. M. le Fuel, Curé de Jamméricourt dans le Vexin, qui a concouru au Prix propofé par la Société Royale d'Agriculture de Limoges en 1768, fur la manière de détruire les charançons, a obfervé la pointe ou le dard dont nous venons de parler.

Les antennes, au nombre de deux, font placées de chaque côté de la trompe ; elles font divifées en deux parties & coudées dans le milieu ; elles font compofées de plufieurs articles, dont le plus grand eft celui qui eft attaché à la trompe : leur bout eft terminé par une groffeur aplatie en forme de houlette. Quoique ces antennes nous paroiffent devoir être incommodes à l'infeête logé dans un grain de blé, il eft probable qu'elles lui font de quelque utilité, mais que nous ne pouvons connoître. Ce qui eft certain, c'eft qu'elles fuivent la direction de la trompe, & qu'elles fe portent en différens fens.

Le corfelet paroit cannelé & couvert de petits points ; il eft uni à la tête, par un étranglement fi court, & recouvert encore par les écailles, tant de la tête que du corfelet, que ces deux parties femblent n'en faire qu'une. C'eft au corfelet que les trois paires de jambes font attachées ; elles font formées de quatre articles terminés par un crochet très-aigu, qui fert à faire tenir l'infeête fur les plans très-polis & renverfés. Quand on touche le charançon, ou qu'il fait froid, il replie fa trompe fur elle-même, & ramène fes antennes & fes pattes au-deffous de fon corps, qui

paroît alors pointu fur le devant & arrondi fur le derrière. Quoique la dernière partie de fon corps foit recouverte par deux étuis, dont la deftination femble être de mettre à couvert les ailes, comme dans la plupart des fcarabées, cependant le charançon n'en a point. Ces deux étuis font adhérens à la membrane du deffus du ventre, qui exigeoit cette efpèce de couverture à caufe de fon extrême délicateffe.

Le charançon ne fort point de fon œuf fous la forme de fcarabée ; il ne parvient à cet état qu'après avoir paffé par ceux de larve & de chryfalide. Au fortir de fa coque le charançon eft une très-petite larve fort blanche, qui a la forme d'un ver allongé & mol, dont le corps eft formé de neuf anneaux faillans & arrondis, fans y comprendre la tête & l'anus. Cette larve, longue à peu près d'une ligne, a une tête arrondie, jaune, écailleufe, & munie des organes propres à ronger la fubftance du grain : elle a fix pattes écailleufes en devant, le refte de fon corps en eft dépourvu. La nourriture de ces larves eft relative à leurs efpèces. Les femelles qui connoiffent les grains ou les plantes propres à la fubfiftance de leurs familles, ont foin de dépofer leurs œufs, de manière que la larve qui en fort, foit à portée des alimens qui lui conviennent pour vivre.

L'efpèce de charançon qu'on redoute le plus, eft celle qui s'introduit dans les grains de blé : c'eft-là qu'elle établit fon domicile, pour manger la fubftance farineufe du grain où elle eft logée. Ces infeêtes font quelquefois en fi grand nombre dans un monceau de blé, qu'ils gâtent tout, & ne laiffent exactement que le fon, c'eft-à-dire, c'eſt-à-dire, l'enveloppe du grain. Une larve eſt toujours ſeule dans un grain de blé ; c'eſt dans cette loge qu'elle prend ſon accroiſſement aux dépens de la farine dont elle ſe nourrit : à meſure qu'elle mange, elle agrandit ſon logement, afin qu'il ſoit aſſez ſpacieux pour la contenir ſous la forme de chryſalide.

Lorſque la larve a mangé toute la farine, & qu'elle eſt parvenue à ſa groſſeur, elle reſte dans l'enveloppe du grain, où elle ſe métamorphoſe en chryſalide, d'un blanc clair & tranſparent. On diſtingue ſous ſon enveloppe, la trompe, les antennes qui ſont ramenées en avant, & les ſix pattes. Dans cet état le charançon ne prend point de nourriture ; il ne donne aucun ſigne de vie, que par la partie inférieure de la chryſalide, capable de quelques mouvemens quand on l'agite. Huit ou dix jours après cette première métamorphoſe, l'inſecte rompt l'enveloppe qui le tenoit emmailloté, il perce la peau du grain, pour ſe pratiquer une ouverture afin de ſortir de ſa priſon : le charançon paroît alors ſous la forme de ſcarabée, qui eſt ſa dernière métamorphoſe. Ce qui ſervoit de nourriture à la plupart des inſectes, dans leur état de larve ou de chenille, ne leur convient plus dans celui de papillon ou de mouche : il n'en eſt pas ainſi du charançon : comme larve il vit de la ſubſtance farineuſe du grain, & comme ſcarabée, elle eſt encore l'aliment qui lui convient. A peine eſt-il ſorti de ſon état de chryſalide, qu'il perce l'enveloppe des grains pour s'y loger de nouveau & ſe nourrir de leur farine.

Quelques Naturaliſtes ont prétendu que le charançon, dans ſon

Tom. III.

état d'inſecte parfait, ne ſe nourriſſoit de la farine du blé, que quand il ne trouvoit pas mieux ; que s'il paroiſſoit rechercher les tas de blé, c'étoit pour y dépoſer ſes œufs. Cependant c'eſt un fait dont il eſt facile de ſe convaincre, que le charançon ſe loge dans le grain pour en manger la farine. Qu'on viſite des monceaux de blé ou de légumes attaqués par les charançons, on trouvera l'inſecte logé dans l'intérieur du grain qu'il ronge pour vivre : ſa couleur noire n'annoncera point que le charançon ſort ſeulement de ſon enveloppe de chryſalide, puiſqu'il eſt couleur de paille dès qu'il vient de quitter ſon fourreau.

ARTICLE II.

Des différentes eſpèces de Charançons.

Le genre des charançons renferme un très-grand nombre d'eſpèces, qui ſont toutes remarquables par des différences caractériſtiques. Pour ne pas les confondre, M. Geoffroy les a diſtribuées en deux claſſes ou familles. La première comprend les charançons à cuiſſes ſimples ou unies ; la ſeconde ceux qui ont les cuiſſes dentelées. Ce genre eſt ſi fécond en eſpèces, que M. Geoffroy en a diſtingué trente-trois dans la première famille, & vingt dans la ſeconde. Toutes ces eſpèces ne ſont point également nuiſibles à nos récoltes ; il n'y a que celle qui attaque les grains, que nous ayions ſujet de redouter. Il y a des larves de charançons qui ſont logées dans les féves, les pois, les lentilles, & autres légumes de cette ſorte. Elles reſtent dans ces grains, de même que celles qui attaquent le blé, juſqu'à leur

C

état d'infecte parfait. Cette efpèce de charançon eft très-noire, fort dure : lorfqu'on l'écrafe avec le pied, on éprouve de la réfiftance à brifer les écailles dont fon corps eft couvert. A peine eft-elle fortie du grain où elle eft née, qu'elle y rentre pour faire fa ponte & pour fe nourrir.

Une autre efpèce de charançon loge fes œufs dans l'intérieur des plantes : on trouve leurs larves dans les têtes d'artichauts, de chardons, d'où l'infecte ne fort qu'après avoir fubi toutes fes métamorphofes. Ce charançon, bien plus grand que les autres, eft d'une couleur cendrée en deffous ; fa tête eft noire, fa trompe large & courte ; fon corfelet eft tacheté de points noirs, & les côtés font d'un gris cendré.

Il y a une petite efpèce de charançons qui fe loge à l'extrêmité des feuilles d'orme, qu'elle perce & ronge de façon à ne laiffer que les pellicules inférieures & fupérieures de la feuille. On voit quelquefois prefque toutes les feuilles d'un orme qui font jaunes & comme mortes vers une de leurs extrémités, tandis que le refte de la feuille eft vert. Quand on examine de près ces feuilles, on apperçoit à l'endroit qui paroiffoit mort, une efpèce de fac ou véficule. Les deux pellicules de la feuille, tant en deffus qu'en deffous, font entières, mais éloignées & féparées l'une de l'autre : on voit pour lors que le parenchyme qui eft entre-elles, a été rongé par les larves de cette efpèce de charançons qui fe font formé l'habitation dans laquelle on les trouve. Lorfque la chryfalide s'eft défait de fon enveloppe, l'infecte perce le véficule où il étoit enfermé, & on voit un petit

charançon brun, qui faute avec tant d'agilité, qu'il eft difficile de l'attraper. Sa tête, fa trompe, font d'une couleur noire, ainfi que le deffous de fon corps : le deffus & les pattes font fauves.

Le charançon de la fcrofulaire, eft remarquable par la fingularité de fon travail : lorfque la larve de cette efpèce eft parvenue à fa groffeur, avant de fe métamorphofer en chryfalide, elle forme au fommet des tiges de cette plante, une veffie à moitié tranfparente, où elle fubit fa métamorphofe. Cette veffie, ronde & dure, paroît produite par une humeur vifqueufe dont la larve eft couverte. Ces veffies font de la groffeur des coques qui contiennent les graines de la fcrofulaire ; elles font mêlées affez fouvent avec elles, mais leur tranfparence, la rondeur de leur figure, les font aifément diftinguer du fruit de la fcrofulaire qui eft pointu.

A R T I C L E I I I.

De la manière dont les charançons reproduifent les individus de leur efpèce.

Le charançon eft un infecte ovipare, qui pond des œufs d'une petiteffe extrême : il fort de chaque œuf un petit ver, qui, après avoir pris fon accroiffement, fe change en chryfalide, d'où fort l'infecte parfait connu fous le nom de *charançon*. Ce n'eft que fous cette dernière forme qu'il s'accouple pour reproduire fon efpèce, en mettant au jour une nombreufe famille qui vit aux dépens des grains, & nous caufe de fi grands dégâts. Pendant long-temps on a cru qu'un monceau de blé échauffé, ou des grains germés par l'humidité, engendroient des charançons. Quelques naturaliftes qui, fans doute, s'étoient peu appliqués à obferver cette efpèce d'infecte, ont affuré que le charançon pondoit fes œufs fur les épis, lorfque le grain étoit encore en lait, & qu'il étoit tranfporté avec le blé dans les greniers. Des obfervations plus exactes, fur l'économie animale des charançons, ont détruit toutes ces erreurs que l'ignorance avoit accréditées.

Le charançon n'eft pas plutôt forti de fon enveloppe de chryfalide, qu'il eft en état de s'accoupler, comme la plupart des infectes, pour reproduire fon efpèce. Son accouplement eft toujours relatif à un certain degré de chaleur : quand elle va au dixième ou douzième, elle fuffit pour donner aux charançons l'activité néceffaire pour cet acte réproductif des individus de leur efpèce : quand la chaleur eft au-deffous de huit ou neuf degrés, ces infectes n'ont pas affez de vigueur pour chercher à s'accoupler ; ils vivent dans un état de repos & même d'engourdiffement : s'il fait froid, ils font alors incapables de nuire, parce qu'ils ne peuvent prendre aucune nourriture. On peut donc affigner le commencement de leur accouplement, au retour du printemps, fur-tout dans les pays où cette faifon eft affez favorable pour que la chaleur aille au dixième degré. Tant qu'il fait chaud, ces infectes s'accouplent très-fouvent ; ils reftent unis long-temps dans cet acte ; on peut les balayer, les tranfporter fans qu'ils fe défuniffent. La femelle fait par conféquent fa ponte dans tous les mois où la chaleur eft à un degré convenable : dès qu'il commence à

faire froid le matin, elle ceffe de pondre. Depuis le moment de l'accouplement, jufqu'à celui où l'infecte paroît fous la forme de charançon, il s'écoule environ quarante ou quarante-cinq jours : on voit par-là qu'il y a, dans une année, plufieurs générations de ces infectes, qui multiplient encore davantage dans les pays fort chauds.

Dès que la femelle du charançon a été fécondée, elle s'enfonce dans les tas de blé, pour y dépofer fes œufs : pour qu'ils foient en fûreté, elle fait à un grain de blé, un trou qu'elle dirige obliquement, dans lequel elle place un œuf ; elle n'en met jamais qu'un à chaque grain. Cet œuf ne tarde pas à éclore : au bout de quelques jours, il en fort une petite larve qui fe loge dans l'intérieur du grain, pour y prendre fon accroiffement en rongeant la fubftance farineufe.

ARTICLE IV.

Manière de vivre des charançons.

C'eft dans les tas de blé qu'on trouve ordinairement les charançons, à quelques pouces de profondeur, & non pas à la furface, à moins qu'on ne les ait troublé dans leur retraite, & qu'ils cherchent à s'enfuir : c'eft-là qu'ils vivent, qu'ils s'accouplent affez communément, & que les femelles font leur ponte. En obfervant un monceau de blé, on ne peut guère connoître, en voyant les grains, quels font ceux qui font attaqués par ces infectes, parce qu'ils rongent toujours au milieu du grain en épargnant l'enveloppe ; de forte que les grains dans lefquels ils font logés, ont la même forme, la même

C ij

apparence, ils paroiffent enfin auffi gros, auffi pleins que ceux qui ne font point attaqués. On peut connoître au poids, les grains dont l'intérieur a été rongé par les charançons ; on fçait combien doit pefer une mefure de blé à une ou deux livres près : lorfqu'il y a une différence confidérable pour le poids, c'eft-à-dire, qu'il eft moindre qu'il ne devroit être, c'eft une marque affurée que les charançons ont dévoré la fubftance farineufe des grains, à moins que le blé foit d'une fi mauvaife qualité, que les grains en foient ridés : tout cela eft aifé à connoître à la vue & au maniement. La marque la moins équivoque, c'eft lorfqu'on jette plufieurs poignées de grains dans l'eau ; ceux qui paroiffent beaux & qui furnagent ; annoncent qu'ils ont perdu une partie de leur fubftance farineufe, par les dégâts des charançons.

Tant qu'il fait chaud, les charançons ne quittent point le tas de blé dont ils fe font emparés, à moins qu'on ne les oblige à en déloger & à l'abandonner, en le remuant avec des pelles ou en le paffant au crible. Dès que les matinées commencent à devenir fraîches, tous les charançons, jeunes & vieux, abandonnent les monceaux de blé, qui ne font plus une retraite affez chaude pour eux : ils fe retirent dans les fentes des murs, dans les gerçures des bois des planchers ; on en trouve quelquefois derrière les tapifferies, dans les cheminées ; enfin par-tout où ils peuvent trouver une retraite affurée, qui les garantiffe du froid qui les fait fuir des greniers. Ceux qui naiffent quand il commence à faire froid, périffent ordinairement avant

d'avoir gagné un afyle où ils puiffent braver la rigueur de la faifon. Au retour du printemps, ils fortent de leurs retraites pour aller chercher les tas de blé qu'ils ont abandonnés pendant l'hiver : cette faifon eft ordinairement celle où ils font les plus grands dégâts, parce que leur ponte va commencer, & qu'il femble qu'ils veulent fe dédommager du temps qu'ils ont perdu lorfqu'il faifoit froid.

Lorfque la femelle fait fa ponte, elle ne choifit pas les grains qui font les plus gros, parce que la larve qui ronge toujours devant elle, s'enfonceroit trop en avant : après fa métamorphofe, elle auroit beaucoup de peine à fortir. C'eft pour cette raifon, qu'elles choififfent, dans un grenier, le blé qu'elles préfèrent aux autres grains d'un volume plus confidérable. Une larve, logée dans un grain, eft parfaitement à l'abri des injures de l'air ; parce que les excrémens qu'elle fait, fervent à fermer l'ouverture par où elle eft entrée dans le grain : de forte qu'on a beau remuer le blé, elle n'eft point incommodée des différentes fecouffes qu'elle éprouve. Après fa dernière métamorphofe, le charançon fe trouve mal à fon aife dans le grain où il eft né, & où il a vécu pendant fon état de ver : fon premier foin, dès qu'il a quitté fon fourreau de chryfalide, eft de fortir du domicile qu'il a habité pendant fon enfance ; il fait donc ufage des ferres qui font au bout de fa trompe, pour ronger l'enveloppe du grain, afin de faire une ouverture affez grande pour fortir de fa prifon.

Les charançons aiment paffionnément les ténèbres & la tranquillité :

dès qu'ils font au grand jour, ils fuient pour se cacher : si on en met sous des verres, ils courent de tous côtés pour s'échapper; quand on y a mis quelques poignées de grains, ils cherchent tout de suite à s'y enfoncer. Quand on remue les monceaux de blé où ils se sont retirés, ils les abandonnent pour chercher une retraite dans les fentes des murs, dans les gerçures des bois où ils ne soient point inquiétés. Ils craignent encore plus le froid que la lumière : pendant tout l'hiver, ils sont engourdis, ils ne prennent aucune nourriture. Souvent ils périssent en grande partie lorsque cette saison est très-rigoureuse.

ARTICLE V.

Moyens employés pour détruire les charançons.

Tous les procédés qu'on a annoncés pour détruire les charançons, ont eu jusqu'à présent si peu de succès, qu'on ne doit point craindre de faire tort à ceux qui les ont inventés, en avouant que ce sont des recettes inutiles. La plupart de ces moyens, qu'on trouve consignés dans les Journaux d'agriculture, consistent dans des fumigations & décoctions composées d'herbes d'une odeur forte & désagréable. Le résultat de tous ces procédés a été de communiquer au blé une odeur fétide & dégoûtante, sans nuire aux charançons, qui, enfoncés dans les tas de grains, ne pouvoient point en être incommodés. M. Duhamel a fait une expérience qui prouve évidemment que toutes les odeurs qui nous paroissent si désagréables, ne nuisent point aux charançons de façon à les faire périr.

Il renferma du blé où ces insectes s'étoient établis, dans une caisse vernissée d'huile essentielle de térébenthine, sans qu'ils en aient souffert. Quand même toutes les odeurs si vantées seroient capables de leur nuire, il est difficile qu'elles parviennent jusqu'à eux, quand ils sont enfoncés dans un monceau de blé : ceux qui se trouveroient à la surface, s'enfonceroient tout de suite, ou abandonneroient le grenier pour revenir quand la mauvaise odeur seroit dissipée. La fumée de soufre, si active pour rompre l'élasticité de l'air, est sans succès pour suffoquer & faire mourir les charançons, qui n'ont pas besoin, pour respirer, d'une aussi grande quantité d'air que les grands animaux. D'ailleurs, cet insecte est attentif à éviter les dangers qui menacent sa vie ; il s'enfonce dans les tas de blé, au moindre signe du péril qui le menace ; c'est-là qu'à l'abri des moyens que nous employons pour le détruire, il brave nos efforts qu'il rend inutiles. Toutes ces fumigations sont encore plus infructueuses pour détruire les larves de ces insectes ; ce sont elles qui font les plus grands dégâts : calfeutrées dans le grain dont elles rongent la substance farineuse, les odeurs ni la fumée n'arrivent jamais jusqu'à elles.

Quelques économistes ont pensé que pour garantir le blé des charançons, il suffisoit de le mettre dans des caves boisées, ou de le cribler en hiver. 1°. En mettant le blé dans des caves, il seroit difficile de le préserver de l'humidité qui le feroit germer & pourrir. 2°. Les charançons se trouveroient très-bien d'une habitation paisible & obscure ; ils seroient donc tous leurs ravages avec la plus grande sûreté. 3°. Le criblage est très-inutile en hiver, parce que dès qu'il fait froid, les charançons quittent les tas de blé : ce moyen est très-infructueux pour détacher les œufs, qui sont si bien collés & si adhérens au grain, qu'il est impossible de les en séparer en le criblant, ou en le remuant à la pelle. D'ailleurs, il est très-rare qu'il y ait des œufs pendant cette saison, à moins que le froid n'ait devancé l'hiver de beaucoup. Le froid suffit donc pour éloigner les charançons du blé & des greniers : cependant, si l'on doutoit qu'ils se fussent enfoncés dans les monceaux de grains, pour braver la rigueur de la saison, en les remuant & les agitant, on les verroit sortir pour fuir & aller chercher des asyles plus tranquilles & plus chauds.

En 1768, la Société royale d'Agriculture de Limoges proposa, au concours, la manière de détruire les charançons. Parmi les mémoires qui lui furent présentés, celui de M. Joyeuse remporta le prix ; l'*accessit* fut accordé à ceux de M. le Fuel, curé de Jammericourt, dans le Vexin, & de M. Lottinger, docteur en médecine, pensionnaire de la ville de Sarbourg. Nous allons rapporter les procédés de ces trois mémoires, qui nous ont paru les plus efficaces de tous ceux qui ont été proposés jusqu'à présent pour détruire les charançons.

M. Joyeuse assure dans son mémoire qu'une chaleur subite de dix-neuf degrés, est suffisante pour faire périr les charançons sans les brûler : ils restent sans mouvement, ils meurent étouffés dans un air subitement raréfié par une chaleur de dix-neuf

degrés. Ce fait est constaté par les expériences qu'il a faites à ce sujet. Il observe cependant que ce degré de chaleur, qui doit être occasionné promptement, afin que le passage subit du froid au chaud les fasse périr, ne suffit point pour suffoquer ces insectes, lorsqu'ils sont enfoncés dans un monceau de blé. M. Duhamel avoit observé qu'il falloit une chaleur de soixante à soixante-dix degrés, pour faire mourir les charançons dans l'étuve ; mais cette chaleur excessive est capable de trop dessécher le blé , & même de le calciner : il est vrai qu'elle a l'avantage de faire périr les œufs, de faire mourir les larves renfermées dans le grain. Quoique le blé ait été étuvé , cette opération fait, il est vrai, mourir les charançons, mais elle ne les préserve pas de ceux qui sont restés dans les greniers, qui vont l'attaquer s'ils n'en ont pas d'autre.

Parmi les moyens de détruire les charançons, M. Joyeuse préfère le froid à la chaleur, 1°. parce que ces insectes sont incapables de nuire pendant l'hiver, étant engourdis & sans mouvement ; 2°. parce qu'ils cessent de manger & de se multiplier dans cette saison. Il est donc démontré qu'en les tenant dans un air dont la température ne seroit point suffisante pour leur donner de l'activité, ils périroient à la suite du temps, si l'on prolongeoit cet état d'engourdissement que leur occasionne le froid. En conséquence , M. Joyeuse propose de substituer au feu, un ventilateur, dont l'effet seroit d'entretenir dans un grenier un air assez froid, pour que ces insectes fussent réduits à ne faire aucune des fonctions nécessaires pour conserver leur exis-

tence & multiplier. Si le besoin les
pressoit de prendre de la nourriture,
ils s'éloigneroient nécessairement d'un
endroit où,saisis par un air trop froid,
ils ne pourroient pas pourvoir à la
conservation de leur existence. M.
Joyeuse, chargé du détail des vivres
de la marine, mit en pratique l'idée
qu'il avoit conçue ; il fit usage du
ventilateur de Hales: sur cinq pouces
cubes de blé qu'il tria , il trouva
trois cens quinze charançons morts,
deux cens quatre-vingt-six vivans,
après avoir ventilé ce blé pendant
six jours. Il conclut de cette épreuve, qu'en continuant l'action de ce
ventilateur pendant tout l'été , on
entretiendroit assez de fraîcheur dans
un grenier, pour obliger les charançons à en déloger, ou pour les en-
gourdir assez pour qu'ils fussent incapables de multiplier & de ronger
le blé. Cette méthode est d'autant
plus efficace, qu'elle est fondée sur
la manière de vivre de ces insectes.
Cette idée avoit été mise en exécution par M. Duhamel : après avoir
employé le ventilateur dans un de
ses greniers, où il y avoit beaucoup
de charançons , l'année suivante il
n'y en trouva pas un. (Voyez VEN-
TILATEUR)

Les moyens que M. Le Fuel indique
dans son mémoire, pour prévenir
les dégâts des charançons, se réduisent à deux : 1°. Il suppose que
les œufs pondus par ces insectes, n'é-
closent qu'au mois d'Août; que cette
nouvelle génération n'est en état d'en
produire une seconde , que l'année
suivante: il croit, en conséquence de
ces faits, que le moyen le plus efficace de se défaire des charançons ,
est de vider les greniers avant ce
temps, en faisant moudre les grains,

où en les vendant. 2°. M. Le Fuel
suppose que les charançons restent
pendant l'hiver dans les monceaux
de blé où ils s'enfoncent , & où ils
sont engourdis , tant qu'il fait froid,
jusqu'au retour du printemps. Dans
cette supposition, il assure qu'il suffit
de remuer & cribler le grain , pour
détruire ces insectes, soit en hiver,
soit aussi lorsque la chaleur commence à se faire sentir.

Le premier moyen, indiqué par
M. Le Fuel, est établi sur une supposition qui n'est point vraie en général : il peut y avoir des pays assez
froids, où l'accouplement & la ponte
de ces insectes n'aient lieu qu'en Juillet ; mais dans d'autres ils s'accouplent beaucoup plutôt, quelquefois
même au retour du printemps, lorsque la saison est assez favorable. Ce
moyen d'ailleurs n'est praticable
que pour le particulier qui a peu de
blé. On ne peut point en faire
usage pour les approvisionnemens
considérables, à cause des inconvéniens qu'il y a d'avoir des amas de
farine sujette à s'échauffer & à fermenter.

Le second moyen est inutile &
en pure perte pendant l'hiver, puisqu'il a été démontré qu'il est très-
rare qu'il reste quelques charançons
dans les tas de blé, pendant cette
saison. Au retour du printemps, il
est plus efficace , parce qu'en remuant ou criblant le bled , on in-
terrompt la ponte de ces insectes,
qui va commencer , on les trouble
dans leur asyle, où l'amour du repos & de la tranquillité les retiennent ; de sorte qu'on les oblige à
fuir pour s'éloigner d'un endroit
qui n'est plus de leur goût dès qu'ils
y sont inquiétés.

Les moyens indiqués dans le mémoire de M. Lottinger, confiftent, 1°. à troubler ces infectes dans le temps qu'ils fe difpofent à s'accoupler & à faire leur ponte, en criblant ou remuant le blé pour les forcer à s'en éloigner ; 2°. à les exterminer & les faire mourir par l'eau bouillante qu'on verfe fur eux. Le premier moyen eft le même que celui de M. Le Fuel, dont nous venons de rendre compte. Voici quels font les procédés du fecond.

Lorfqu'on s'apperçoit, au retour du printemps, que les charançons font répandus dans les monceaux de blé qui ont paffé l'hiver dans les greniers, il faut, dit M. Lotinger, en former un petit tas de cinq ou fix mefures, qu'on place à une diftance convenable du tas principal : on remue alors avec la pelle le blé du principal monceau où ces infectes fe font établis : les charançons qui aiment fingulièrement la tranquillité, étant troublés par ce mouvement dans leur afyle, cherchent à fuir pour s'échapper du danger qui les menace. Voyant un autre tas de blé à côté de celui d'où on les force de s'éloigner, ils courent s'y réfugier, efpérant qu'on ne les inquiétera point dans cette retraite. Il eft rare qu'ils cherchent les murs pour fe fauver, quand ils voient un monceau de blé à leur portée, qui leur offre un afyle où ils peuvent fe retirer. Cependant, s'il y en a qui cherchent à gagner les murs pour échapper à la mort qui les attend, les perfonnes qui veillent à leur fuite ont foin de les raffembler avec un balai qu'elles doivent avoir à la main, vers le tas où les autres fe retirent, ou de les écrafer avec le pied : cela eft

d'autant plus facile, que cet infecte ne bouge plus ; il contrefait le mort dès qu'on le touche. On peut donc le conduire où l'on veut avec le balai, fans craindre qu'il cherche à fuir ; il ne fe réveille de fon état de mort apparent, pour fe fauver, que quand on ne l'inquiéte plus, & qu'il s'apperçoit qu'on ne fonge plus à lui. Si on l'a ramené près du petit monceau de blé mis en réferve, il cherchera tout de fuite à y entrer & à s'y enfoncer, dès qu'on ne l'inquiétera plus avec le balai.

Lorfqu'on a raffemblé tous les charançons dans ce tas de blé qu'on a formé à côté du monceau principal, on apporte de l'eau bouillante dans un chaudron, on la verfe fur le blé qu'on remue en même-temps avec une pelle, afin que l'eau pénètre par-tout avant de fe refroidir : tous ces infectes meurent brûlés & étouffés dans le moment. On étend enfuite le blé pour qu'il puiffe fécher ; après quoi il eft facile, en le criblant, d'en féparer les charançons morts. Il faut obferver qu'il eft effentiel de faire cette opération au commencement du printemps, afin de prévenir la ponte de ces infectes : fi on la faifoit trop tard, ce moyen feroit infructueux, parce que les œufs dépofés & collés aux grains, dont ils ne fe féparent point quoiqu'on l'agite avec violence, donneroient une génération de charançons, qui détruiroit tout le blé qu'on veut conferver. La génération qui exifte n'eft dangereufe qu'en donnant naiffance à celle qui lui fuccède : c'eft donc celle-là qu'il faut prévenir, en détruifant celle qui lui donneroit l'exiftence.

Ce procédé de M. Lottinger, auffi
fimple

simple qu'il eſt peu diſpendieux, mérite l'attention de ceux qui s'intéreſſent à la conſervation des grains. Il peut être exécuté en grand, comme en petit, ſans occaſionner une dépenſe conſidérable, qui eſt ſouvent la cauſe que les projets reſtent ſans exécution, parce qu'on eſt effrayé des frais qu'ils néceſſitent. M. D. L. L.

Je crois devoir ajouter quelques obſervations au travail de M. D. L. L. Le charançon, cet animal ſi redoutable pour les grains, eſt connu dans nos provinces ſous des noms différens ; ici on l'appelle *cadelle*, là *calandre*, ailleurs la *chatte peleuſe*, *coſſon*, *coſſan*, *gond*, &c. Je ne crois pas que *cadelle* ſoit ſynonyme avec *charançon*, du moins ce qu'on nomme *cadelle* dans le bas Languedoc, ne me paroît avoir aucun rapport avec lui. Le charançon, dans ſon état de ver, ne ſort pas de l'intérieur du grain où il eſt né, & dans lequel ſon œuf a été dépoſé ; la cadelle, au contraire, dans ſon état de ver, eſt ſouvent plus groſſe que le grain même, & du double plus, lorſque le ver a acquis ſa groſſeur. Le charançon travaille comme un mineur dans l'intérieur du grain ; la cadelle, au contraire, attaque l'écorce par un des bouts & pénètre dans la cavité du grain, où elle ne ſauroit & ne pourroit ſe loger. J'ai fait deſſiner cet inſecte dans ſon état de ver, j'en conſerve un grand nombre pour attendre leur métamorphoſe en inſecte parfait, & je repréſenterai l'un & l'autre à la gravure du mot INSECTE.

Le lecteur verra ſans doute avec plaiſir comment s'exécute la multiplication prodigieuſe du charançon ; on doit ces détails & ces obſerva-

Tome III.

tions à M. Joyeuſe. Suivant la ſaiſon & le pays, la ponte commence plutôt ou plus tard ainſi qu'il a été dit. Le mois d'Avril ſert d'époque pour nos provinces méridionales, & elle s'y propage ſouvent juſqu'à la fin d'Août : ainſi le dégât dans les grains eſt beaucoup plus affreux dans ces provinces que dans celles du nord.

La femelle dépoſe & cache ſes œufs immédiatement ſous la peau des grains. Pour cela elle y fait une piqûre qui la tient un peu ſoulevée en cet endroit, & y forme une petite élévation peu ſenſible à la vérité. Ces trous ne ſont pas perpendiculaires à la ſurface des grains, mais obliques ou mêmes parallèles, & bouchés d'une eſpèce de gluten de la couleur du blé. Il paroît, d'après l'obſervation de M. Le Fuel, que ces inſectes commencent à enfoncer, entre la peau & la ſubſtance du grain, le petit dard caché ſous la partie inférieure de la trompe, 1°. parce que l'orifice du trou eſt viſiblement plus droit que ne ſeroit celui d'un pareil trou fait avec la trompe, plus groſſe que le trou ; 2°. parce que l'extrémité de la trompe eſt mouſſe & arrondie.

Il réſulte de la table donnée par M. Joyeuſe, qu'une ſeule paire pond un œuf par jour pendant tout le temps des chaleurs ; que dans 546 journées de multiplication de différentes paires de charançons, il y en a eu 282 d'engendrés, ce qui revient au même que ſi une ſeule paire, dans ce même temps, avoit produit ce nombre. La ponte ceſſe lorſque la chaleur du matin eſt au huitième degré, & les œufs pondus en Mai & Juin reſtent moins à éclore que ceux pondus dans les mois ſuivans.

Des charançons ſortis au milieu de

D

Juillet du blé où ils avoient pris naiffance, l'abandonnèrent, mais ils y laiffèrent une nouvelle ponte qui fut à terme le 27 Septembre. Le nombre des charançons de cette feconde ponte fut prodigieux. Les jeunes charançons pondent prefque en fortant du grain, c'eft-à-dire, 12 ou 15 jours après, & il ne fe paffe pas deux mois, à compter depuis leur fortie, fans voir paroître une nouvelle génération. M. Le Fuel avance au contraire que les charançons ne font aucune peuplade dans la même année; il a fans doute raifon pour le Vexin, dans lequel il écrit, parce que la chaleur eft moins forte que dans la Provence; mais comme l'été dernier 1781 j'ai vérifié le fait dans le bas Languedoc, je fuis entièrement de l'avis de M. Joyeufe; mes obferva-tions font conformes aux fiennes.

On pourroit fupputer dans le midi de la France, quelle feroit la pofté-rité d'une feule paire de charançons qui pondroit pendant 150 jours. La première génération feroit de 150 charançons ou 75 paires: il y en aura 45, c'eft-à-dire, celles pondues depuis le 15 Avril jufqu'au 15 Juillet, qui feront en état de multiplier & qui pondront depuis le 15 Juin juf-qu'au 15 Septembre; c'eft-à-dire, que la première paire ou la plus ancienne pondra pendant cet inter-valle 90 charançons; la feconde 88; la troifième 86; enfin les productions de ces 45 paires formeront une pro-greffion arithmétique de 45 termes, dont le premier fera 1, le fecond 2, & le dernier 90; l'expofant 2, & la fomme totale 2071. Il y aura donc 2071 charançons provenus de la fe-conde génération.

De ces 2071 charançons provenus de la feconde génération, il y en aura qui feront en état de multiplier depuis le 15 Avril jufqu'au 13 Septembre, & cette troifième génération fera de 3825. Si à préfent on ajoute enfemble le nombre des charançons de chaque génération, 150, 2070, 3825, on aura la fomme totale de 6045 cha-rançons provenans d'une feule paire pendant un été, c'eft-à-dire, pendant 5 mois à dater du 15 Avril au 15 Septembre que la liqueur fe foutient dans le thermomètre au-deffus de 15 degrés, & ne defcend jamais guère plus bas dans nos provinces méridionales. Après cela, doit-on être étonné fi des monceaux énormes de blé font fi promptement dé-vorés?

Aux efpèces de charançons décrites par M. D. L. L., il eft effentiel d'ajou-ter celle du *charançon rouleur* à caufe du mal qui apporte aux vignes, par le dégât qu'il fait de leurs feuilles, dans un temps où elles ont le plus grand befoin de cet organe de leur refpiration. A la gravure du mot INSECTE, ce charançon fera repré-fenté dans fon état de ver & d'infecte parfait. M. von Linné le nomme *Curculio Bacchus*.

Ce charançon, comme tous les infectes de cette famille, eft armé d'antennes coudées dans le milieu. La partie qui tient à la trompe eft for-mée d'une feule articulation, & l'in-férieure eft en maffe. La trompe noire un peu élargie à fon extrémité anté-rieure eft de la longueur du corcelet. La couleur du corcelet & des étuis des charançons femelles eft d'un beau vert rougeâtre, tirant un peu fur le rouge; celle du mâle eft d'une couleur bleue tirant fur le brun; le deffous du corps & du corcelet eft noir. La longueur de la larve ou ver est de six lignes environ, son épaisseur, d'une ligne ; la peau de son corps est blanche & lisse, & celle qui recouvre la tête est jaune.

Le rouleur paroît dans le temps que la vigne commence à pousser ses pampres & ses feuilles. Il se nourrit des feuilles les plus tendres, & par conféquent nuit beaucoup à la végétation du sarment qui s'alonge. Lorsque le temps de sa ponte, qui se fait dans le courant de Juin, est arrivé, il choisit la feuille la plus ample, la mieux nourrie & la plus saine pour y dépofer ses œufs. On se rappelle que les feuilles de vigne sont communément découpées en cinq lobes, & que la queue de la feuille se divise en cinq nervures principales, dont chacune occupe le milieu de chaque section de la feuille. Le rouleur commence par ronger ou cerner dans le milieu de la longueur, la queue ou pétiole de la fleur, ce qui occasionne une extravasion de séve. Cette séve ne se portant plus aux ramifications de la feuille, la feuille devient molle & se flétrit après quelques jours. Aussi-tôt que le rouleur a fait cette première opération, il va la renouveler sur chacune des nervures de la feuille. Il pique la nervure du petit lobe extérieur, il y dépofe ses œufs & les y fixe par une espèce de gluten ; alors ce lobe se roule sur lui-même en forme de spirale. Dès que le premier lobe est roulé, l'infecte attaque la nervure du second, mais en sens contraire, c'est-à-dire, en dessous ; de sorte que l'endroit de la division du lobe où finit la première spirale, est le principe d'une nouvelle spirale en sens contraire. Lorsque toute l'opération est finie,

on trouve deux lobes, dont la spirale commence de droite à gauche, & deux de gauche à droite ; enfin la cinquième sert de recouvrement à toutes les quatre. Chaque spirale renferme des œufs, & il faut cinq ou six jours pour que la feuille soit entièrement roulée. Alors elle est parfaitement deſſéchée, & reſte pendante. Les œufs y sont en sureté & à l'abri de toutes les variations de l'air ; la pluie même la plus abondante ne sauroit pénétrer jusqu'à l'endroit du dépôt, parce que chaque spirale de la feuille joint exactement la partie voisine. L'œuf reſte huit à dix jours sans éclore & après ce temps il en sort une petite larve ou petit ver qui cerne tout autour de lui la feuille deſſéchée dont il s'alimente, puisqu'on trouve auprès de lui, des excrémens, & on ne voit aucune ouverture par où il ait pu paſſer pour aller chercher sa nourriture. Il en sort infecte parfait ou vrai charançon. Heureusement pour les vignes, sa multiplication se borne à une seule génération, puisque l'époque dont on a parlé, est la seule où l'on trouve des feuilles de vigne roulées en spirale.

CHARBON ou ANTHRAX,

MÉDECINE RURALE. Le charbon est une tumeur rouge, dure, ronde, élevée ou plate, & qui fait reſſentir une douleur brûlante au malade : on remarque à son sommet une ou plusieurs petites vessies qui deviennent promptement noires & cendrées.

Le charbon naît sur toutes les parties du corps, dans la peau seulement. On en diſtingue trois : le simple, le compliqué, & le peſtilentiel.

Le charbon a son siége dans les

glandes de la peau : le *simple* eſt le produit des ſueurs rentrées indiſcrétement & qui s'altèrent dans les glandes de la peau ; le *compliqué* vient avec les fièvres malignes. Dans ce dernier on remarque des cercles violets & noirs autour de la tumeur, & la gangrène ne tarde pas à s'en emparer. (*Voyez* PESTE, pour le *charbon peſtilentiel*).

Le charbon ſimple eſt toujours une maladie qui exige de prompts ſecours à l'extérieur & à l'intérieur.

A l'*intérieur ;* il faut faire boire abondamment au malade de l'eau de bourrache & de veau, le faire ſaigner du pied, proportionner ces moyens à la force de la fièvre & des douleurs, le faire vomir pour débarraſſer l'eſtomac des matières corrompues qui alimentent le foyer du charbon.

A l'*extérieur ;* il faut ſans tarder, après l'emploi de ces moyens, toucher le ſommet de la tumeur avec la pierre à cautère, afin de brûler cette partie & occaſionner une eſcarre ; panſer enſuite avec un digeſtif ordinaire, le baume d'arceus, le baume vert & la poudre de térébenthine pour cicatriſer la plaie. (*Voyez* FIÈVRE MALIGNE, pour le *charbon compliqué,* & PESTE, pour le *charbon peſtilentiel.*) M. B.

CHARBON, *Médecine vétérinaire.* L'inflammation la plus vive & la plus prompte à dégénérer en abcès de mauvaiſe qualité ou en gangrène, conſtitue le caractère eſſentiel des tumeurs inflammatoires auxquelles nous donnons le nom de *charbon,* ſans doute à cauſe de la vive chaleur dont elles ſont accompagnées.

Le bœuf y eſt beaucoup plus expoſé que le cheval.

Nous en diſtinguons de deux eſpèces : le charbon ſimple, & le charbon malin ou peſtilentiel.

Une élévation ſenſible & prompte ſur la peau de l'animal, accompagnée d'une grande chaleur, caractériſe le commencement du charbon ſimple ; peu de temps après, le milieu de la tumeur s'affaiſſe, devient moins ſenſible & douloureux, & ſe remplit d'une humeur plus ou moins ſanieuſe, enſuite la gangrène s'y manifeſte ſi l'on n'y remédie, & les bords de la partie gangrenée reſtent durs & enflammés pendant quelque temps. Pendant tout le cours de la maladie, les fonctions vitales languiſſent un peu, ſans que les fonctions de l'eſtomac ſouffrent une altération bien marquée, car le bœuf rumine & mange ; mais nous avons obſervé que le cheval paroît un peu plus affecté, puiſqu'il eſt dégoûté, & qu'il refuſe même toute eſpèce d'alimens.

Le charbon ſimple ne ſe communique pas communément d'un bœuf qui en eſt attaqué, à un bœuf ſain, & encore moins d'un bœuf affecté, à un cheval, à un âne ou à un mouton qui jouiſſent d'une bonne ſanté.

Le trop long ſéjour dans des étables ou des écuries mal-propres & mal conſtruites, les mauvaiſes qualités des eaux & des alimens, la trop grande chaleur de l'atmoſphère, & la diſpoſition particulière de l'animal, font les principes ordinaires du charbon ſimple.

Douze heures après l'apparition de la tumeur, il faut faire le poil & appliquer ſur la partie un onguent fait avec demi-once de mouches cantharides, & autant d'euphorbe, incorporées dans trois onces d'onguent de laurier : ce remède est-il sans effet, on doit alors pratiquer dans différens endroits de la tumeur, de profondes scarifications, & appliquer de nouveau les véficatoires, en ayant soin de les faire entrer dans les incifions, & augmenter l'action de l'onguent, en préfentant à la partie une pelle chauffée au point de rougir. L'efcarre étant tombée, on panfe l'ulcère avec le digeftif animé avec l'eau-de-vie camphrée, jufqu'à parfaite guérifon.

Le charbon de la feconde efpèce, c'eft-à-dire, le charbon peftilentiel, s'annonce par le dégoût, la perte d'appétit, le tremblement, l'abattement des forces mufculaires, la fièvre, & par une chaleur affez manifefte aux oreilles, aux cornes, au front, aux extrémités, qui précède l'éruption, & qui perfifte quelquefois après l'éruption. D'autre fois, cette chaleur ne fe manifefte que dans l'endroit où la tumeur doit fe montrer, par l'inflammation de la membrane pituitaire, fi la tumeur doit fe former fur la mâchoire antérieure ; par la chaleur interne de la bouche, fi, au contraire, elle établit fon fiége fous la ganache ; en un mot, la feule partie du corps qui fe montre le plus chaude, eft en général & toujours le fiége de la tumeur. Elle eft dans peu fi fortement engorgée, tendue & tuméfiée par l'abord & l'affluence de l'humeur, que tout paffage eft interdit au fang & aux efprits, de manière que la mortification s'empare promptement de la partie, ce qui arrive quelquefois au bout de vingt-quatre heures. Quoi qu'il en foit, toutes ces variations, tous ces changemens, tous ces efforts doivent être regar-

dés comme des mouvemens & des reffources que la nature emploie pour fe débarraffer de l'ennemi qui l'opprime ; mais fouvent trop foible, elle ne peut triompher de la furcharge, & cette foibleffe indique alors au vétérinaire la marche qu'il a à tenir, pour feconder fon action & fes vues.

Dès l'apparition de la tumeur, il faut procéder fur le champ à l'amputation : c'eft le vrai moyen d'enlever la matière morbifique, & de ne fe point mettre dans le cas de voir difparoître le charbon, comme nous l'avons vu arriver affez fouvent, pour fe montrer fur d'autres parties du corps, tant internes qu'externes : la fuppuration qui fe forme alors eft louable, & produit très-rarement la deftruction des parties voifines. L'amputation faite, on doit toucher les taches, qui font des taches de gangrène, au moyen du cautère actuel, autrement dit le feu ; laiffer féjourner le fer chaud fur la partie, jufqu'à ce que les particules ignées aient atteint les parties vives ; panfer enfuite l'ulcère avec un onguent antiputride de deux onces de ftirax, de deux drachmes effence de térébenthine, & d'une drachme de quinquina en poudre. Ce traitement extérieur étant fait, on paffe au traitement interne. Celui-ci eft dicté par l'état des parties extérieures : ainfi, la tumeur tend-elle à fuppurer, ou l'ulcère fuppure-t-il, les breuvages d'une once de thériaque, de demi-livre de décoction d'ofeille, & de demi-once de camphre diffous dans l'eau-de-vie ou l'efprit-de-vin, fuffifent pour entretenir la détermination de la matière du centre à la circonférence. La fuppuration eft-elle imparfaite ; le pus eft-il fanguinolent ;

eft-il diffous & fétide, il convient alors d'avoir recours aux breuvages d'affa-fœtida, de gomme ammoniac, à la dofe de demi-once de chaque, bouillie dans une livre de bon vinaigre. La mortification fait-elle des progrès, malgré tous ces remèdes, les anti-gangreneux, tels que le quinquina, l'hipécacuanha, le camphre dans une décoction de baies de genièvre macérées dans le vinaigre, doivent être adminiftrés. Séparée des parties faines & vives, la plaie demande d'être panfée avec le digeftif plus ou moins animé, fuivant les cas & les circonftances, & cela jufqu'à parfaite cicatrifation : les defficcatifs font profcrits. L'ulcère cicatrifé, on achève la cure par la médecine fuivante : une once de feuilles de féné, fur laquelle on jette une livre d'eau bouillante, & à laquelle on ajoute une once d'aloës & deux drachmes de camphre, afin d'entraîner au dehors un refte d'humeur, qui peut avoir été apporté dans le fang par les vaiffeaux abforbans de l'ulcère.

Ce qui caractérife effentiellement cette efpèce de charbon, c'eft qu'il eft épizootique, & qu'il fe tranfmet facilement à un animal fain. Si un bœuf, qui en eft atteint, communique avec un troupeau de bœufs ou de vaches, auffi-tôt la contagion gagne, & la plupart de ces animaux font infectés, quoiqu'ils habitent un ciel pur, qu'ils mangent d'excellens fourrages, qu'ils boivent de la bonne eau, & qu'ils habitent des étables propres. L'homme contracte également le charbon, pour avoir touché feulement un animal femblable. En 1776, un payfan d'une paroiffe de notre département, après avoir tué un bœuf atteint de ce mal, & dont le foie & les poumons fe trouvoient viciés, fut attaqué d'un charbon au bras droit, accompagné d'une fièvre aiguë, avec vomiffement & diarrhée putride, qui lui donna la mort dans trois jours ; un autre & deux chiens moururent le fecond jour, pour avoir mangé de fa chair. Tous ces exemples ne devroient-ils pas bien rendre les habitans de la campagne un peu plus attentifs aux dangers de la contagion ? M. T.

CHARBON A LA LANGUE, *Médecine vétérinaire*. Cette maladie fe manifefte par une veffie à la langue, qui en occupe tantôt le deffous, tantôt le deffus, & quelquefois les côtés. Elle eft d'abord blanche, enfuite rouge, & en très-peu de temps elle devient livide & noire. Elle augmente confidérablement en groffeur, & dégénère en ulcère chancreux, qui ronge toute l'épaiffeur de la langue, ce qui conduit l'animal à la mort ; le mal eft fi prompt, qu'en moins de vingt-quatre heures, on voit quelquefois le commencement, les progrès & la fin de la maladie. Aucun figne extérieur ne l'annonce, il n'y a que l'infpection de la langue qui la faffe connoître ; ce qu'il y a de furprenant, c'eft que l'animal mange, boit, fait toutes fes fonctions comme à l'ordinaire, jufqu'à ce que la langue foit tombée par pièces & par lambeaux.

Ce mal attaque les ânes, les mulets, les chevaux & les bœufs. Il fe communique non-feulement par le contact immédiat de l'humeur qui fort de la plaie, mais encore par les inftrumens dont on fe fert pour la panfer. Comme il eft épizootique &

très-contagieux, le premier soin est de s'occuper d'abord d'administrer aux animaux sains, les remèdes préservatifs. Dans cette intention, la saignée à la veine jugulaire est indiquée. Cette opération doit être suivie des lotions fréquentes à la langue, de boissons acidules nitrées & de parfums. Ces lotions consistent dans du vinaigre, du poivre, du sel, de l'assa-fœtida concassé, dont on frotte la langue & toutes les parties de la bouche. Quelquefois il est bon d'ajouter à chaque lotion, une demi-once de sel ammoniac, suivant les circonstances. Les boissons doivent être de l'eau blanchie, suivant la méthode que nous avons prescrite (*Voyez* Boisson), à laquelle on ajoute une once de cristal minéral, & du fort vinaigre, jusqu'à une certaine acidité. Les parfums ne sont autre chose, que l'évaporation du vinaigre sur des charbons ardens, dans les écuries, ou bien de trois poignées de baies de genièvre macérées dans le vinaigre, & exposées sur un réchaud.

Dans les lieux où la contagion est extrême, les breuvages composés de deux poignées de rue infusées dans demi-pinte de bon vin, auquel il faut ajouter quelques gousses d'ail, des baies de genièvre, & trois drachmes de camphre pour chaque breuvage, ne doivent point être oubliés.

Quant aux animaux malades, le traitement est différent ; la saignée est proscrite ; les mêmes parfums sont indiqués : & en ce qui concerne le charbon, nous croyons qu'il est préférable & plus sûr de l'emporter avec le bistouri ou des ciseaux, que de le ratisser simplement, ainsi qu'on le pratique ordi-

nairement. La tumeur emportée, on étuve cinq à six fois par jour, la partie & la langue entière, avec de la teinture de myrrhe ou d'aloës, ou avec de l'eau-de-vie chargée de sel ammoniac & de camphre, à la dose de demi-once de l'un & de l'autre, sur demi-livre de cette même eau. Le camphre s'y dissout insensiblement, en triturant peu à peu dans un mortier, & en augmentant la dose d'eau-de-vie, à mesure que la dissolution se fait. Du reste, des lotions faites avec le vinaigre, dans lequel on a délayé de la thériaque, & ajouté un peu d'eau-de-vie camphrée, sont aussi très-bien indiquées. Il est même nécessaire d'en faire avaler à l'animal un demi-verre chaque fois qu'on le panse, car nous ne saurions nous persuader que, dans la circonstance d'une maladie dont les effets sont si rapides & si cruels, puisque la langue des animaux peut être rongée & tombée en moins de vingt-quatre heures, il suffise de la traiter par des remèdes extérieurs : aussi trouvons-nous à propos de prescrire des breuvages à donner à l'animal, dans le cours de la maladie, lesquels consistent à prendre deux onces de racine d'angélique, de la faire bouillir dans deux livres de bon vinaigre, jusqu'à diminution d'un tiers, d'ajouter à la colature deux onces de thériaque, de partager ce breuvage en deux doses, dont une est donnée le matin à jeun, & l'autre le soir, ayant soin de bien couvrir les malades pendant l'effet du remède : par ce moyen, on n'a point à redouter que le mal ait des retours, quelquefois d'autant plus funestes qu'il se présente ensuite sur d'autres parties, & sous une forme différente, ainsi que nous en avons été convaincus par l'expérience. Il importe, au surplus, de bien panser & de bien étriller les animaux, tant sains que malades, d'en visiter plusieurs fois le jour la bouche, pour juger de son état ; car cette espèce de charbon, nous le répétons, ne s'annonce par d'autres signes extérieurs, que par la seule inspection de la langue. M. T.

CHARBON MUSARAIGNE, *Médecine vétérinaire.* Cette espèce de charbon est particulière au cheval & au mulet. Il commence par une petite tumeur non circonscrite, qui a son siége à la place du bubon, c'est-à-dire, aux glandes inguinales, à la partie supérieure & interne de la cuisse, lequel dégénère en gangrène si l'on n'y remédie promptement. Il diffère du vrai bubon & des autres abcès, en ce qu'il ne suppure point. Les vaisseaux lymphatiques de la partie sont très-gonflés, & le tissu cellulaire est plein d'une humeur lymphatique épaisse, grumeleuse & noirâtre ; la jambe & la cuisse sont souvent enflées : cet état est accompagné de dégoût, de tristesse, d'abattement & de frissons.

Le plus sûr moyen de remédier à ce mal est de scarifier promptement & profondément, de répandre d'abord dans les scarifications, de l'essence de térébenthine, & de panser ensuite la plaie avec le digestif animé. Si, en scarifiant, il arrive que l'on coupe une artère ou une veine considérable, il faut appliquer sur l'ouverture du vaisseau, de l'amadou, ou bien une pointe de feu, pour se rendre maître du sang ; fomenter la jambe, si elle est enflée, avec une

décoction de feuilles de sauge & de sureau ; donner pour toute nourriture & pour boisson de l'eau blanche nitreuse ; ensuite administrer par degrés insensibles, du son, de la paille & du foin ; faire prendre, les quatre premiers jours de la maladie, deux breuvages, l'un le matin, l'autre le soir, composé de deux onces de nitre, demi-once de camphre, de deux onces de miel, dans environ une livre de décoction d'oseille, & tenir le malade dans une écurie sèche, ni trop chaude, ni trop fraîche.

Les accidens du charbon musaraigne sont si rapides, que les maréchaux l'attribuent à la morsure d'une bête venimeuse, qu'ils soupçonnent être la musaraigne. Cet animal ressemble plus à la taupe qu'à la souris ; son nez est plus alongé que ses mâchoires ; ses yeux sont cachés & plus petits que ceux de la souris ; ses pieds sont munis de cinq doigts ; sa queue, ses jambes, & sur-tout les jambes de derrière, sont plus courtes que celles de la souris : d'ailleurs il a les oreilles & les dents de la taupe ; la grandeur de sa bouche, la situation, la figure de ses dents, le mettent dans l'impossibilité de mordre le cheval & le mulet ; il est donc faux que la musaraigne soit dangereuse. M. la Fosse en a eu la preuve contraire dans la dernière guerre de Westphalie : la quantité de ces animaux étoit si prodigieuse, que le soldat sous la tente ne pouvoit dormir : on les voyoit passer & repasser à tout moment sous les chevaux, sans qu'il en arrivât le moindre mal, & sans même que l'on fît attention à ce prétendu danger. Les principes les plus communs de cette maladie doivent, au contraire,

contraire, être rapportés à la dépravation des humeurs, aux mauvaises qualités de l'air, des alimens & de la boisson, aux exercices outrés, au trop grand repos, & au long séjour dans les écuries mal-saines & mal construites. M. T.

CHARBON DES MOUTONS, *Médecine vétérinaire.* Cette maladie est enzootique, & paroît particulière aux moutons & aux brebis de certaines provinces, telles que la Provence, le Languedoc & le Roussillon. Elle est quelquefois compliquée avec la *clavelée*, (*Voyez* ce mot) ce qui la rend presque toujours mortelle. Elle se manifeste d'abord sur ces animaux, aux parties dénuées de laine, telles que le ventre, l'intérieur des cuisses, des épaules, au col & sur les mamelles, par un gros bouton dur & âpre, dont le centre est noir, qui fait bientôt des progrès sensibles, & parvient à la grandeur d'un écu de six livres, & même plus. Vers le milieu, & tout autour de cette tumeur enflammée, il s'élève des vessies remplies d'une sérosité âcre, caustique, qui, en coulant, fait l'effet d'un corrosif sur les tégumens, & communique le mal aux parties voisines : quelquefois les environs de cette tumeur sont de couleur livide, & donnent des marques visibles de la gangrène. Ce mal est toujours contagieux parmi les moutons, & rarement il en est sans fièvre ; le plus souvent il en est accompagné, & lorsque cela arrive, l'animal est abattu, dégoûté, ne rumine plus, & meurt quelquefois le second jour ; la mort arrive surtout lorsque le charbon s'affaisse tout à coup, ou qu'il fait des

Tome III.

ravages dans l'intérieur de l'animal.

Le danger de ce mal est relatif à l'intensité des symptômes, sur-tout de la fièvre, & à la partie qui en est attaquée. Plus le charbon est éloigné du centre ou des parties essentielles à la vie, moins il est dangereux.

Le peuple des environs de Perpignan attribue la cause de cette maladie à l'usage des eaux dans lesquelles les perdrix ont bu, & s'imagine que lorsque les moutons vont boire après elles dans quelque fosse où l'eau a séjourné quelque temps, c'est alors qu'on l'observe dans les troupeaux. Cette opinion est un préjugé populaire sans fondement ; mais il y a apparence que la vraie cause de ce mal existe ou dans les eaux corrompues, ou dans les herbes chargées de quelque principe vénéneux.

Lorsque le charbon se manifeste, il faut le scarifier avec un bistouri ou un canif, pour le faire dégorger & empêcher les progrès de la gangrène ; le cerner ensuite avec l'esprit de vitriol, ou le beurre d'antimoine, & étuver la partie avec de l'eau-de-vie camphrée, ou bien avec une décoction de rue ou de quinquina, ou une infusion de sabine, & de sauge saturée de sel ammoniac, dans du bon vin ; toucher toutes les parties livides avec l'esprit de vitriol, faciliter la chûte de l'escarre avec du beurre ; & l'escarre tombée, panser la plaie avec le digestif ordinaire ; laver toujours la plaie à chaque pansement avec du vin chaud ; donner dans le cours de la maladie, si la fièvre n'est pas forte, des breuvages de deux drachmes d'extrait de genièvre, dans un verre de vin, & terminer la cure par un purgatif de

E

deux drachmes de feuilles de féné, de pulpe de tamarin, & de fel de nitre, fur lefquels on verfe environ demi-livre d'eau bouillante. On peut encore fubftituer aux fcarifications, la méthode que nous avons indiquée pour le charbon peftilentiel des bœufs, c'eft-à-dire, l'amputation de la tumeur : elle nous paroît même préférable, parce qu'elle n'eft point fujette aux inconvéniens des remèdes efcarrotiques, & que d'ailleurs le délabrement & la douleur qui réfultent de l'amputation, ne font rien en comparaifon du danger & des progrès qu'entraîne ordinairement avec lui un charbon qui rentre dans l'intérieur. M. T.

CHARBON, *Agriculture.* (*Voyez* le mot FROMENT, où il en fera parlé dans le chapitre de fes *maladies.*)

On ne s'occupera pas ici de l'art de convertir le bois en *charbon*, ni de la manière d'extraire le *charbon* de terre de fa mine : ces deux arts font étrangers à l'Agriculture.

CHARBON DE TERRE. (*Hift. Natur. Écon. Rur.*) Le charbon de terre, connu dans les provinces feptentrionales de France fous le nom de *houille*, eft une fubftance inflammable que l'on trouve dans le fein de la terre à différentes profondeurs, & dont l'induftrie humaine qui ne connoît prefque rien d'inutile dans la nature, a fu tirer le plus grand parti. Cette fubftance répandue affez généralement en France, offre de tous côtés des reffources d'autant plus précieufes, qu'elles peuvent fuppléer à l'ufage du bois à brûler dans prefque toutes les opérations où on l'emploie. La métallurgie, les arts, les manufactures, le chauffage qui, depuis quelque temps, fe plaignent avec tant de raifon de la difette du bois, voient tous les jours s'étendre les moyens de fe fervir du charbon de terre. Si l'entrepreneur eft intéreffé à bien connoître cette production minérale, l'agriculteur ne l'eft pas moins. Souvent il trace de pénibles fillons au-deffus d'une mine qui renferme cette richeffe ; fouvent les entreprifes économiques, comme les brûleries, les opérations de la foie, les ufines &c., demandent l'emploi le moins difpendieux des fubftances propres à chauffer. Dans tous les cas, une connoiffance au moins générale de tout ce qui peut devenir entre fes mains principe d'économie, fource de richeffe, ou moyen de fimplifier & de perfectionner fes travaux, peut lui être du plus grand fecours. Une notice exacte du charbon de terre & des ufages dont il peut être, entre donc abfolument dans les vues que nous nous fommes propofées. Être utile à tous en général, & à chacun en particulier, en les mettant à même de tirer le plus grand parti de tous les objets que la nature offre ; tel a toujours été notre plan ; heureux fi l'habitant de la campagne profite de nos veilles, de quelque manière que ce foit ! Pour remplir cet objet, après avoir donné une defcription exacte du charbon de terre, nous examinerons fes variétés & les caractères qui l'empêchent d'être confondu avec le charbon de bois foffile & quelques autres fubftances ; enfuite nous verrons les principes qui le compofent, & nous dirons un mot fur fa formation. De-là, après avoir parlé des mines que l'on trouve dans les différentes Provinces du Royaume, nous entrerons dans de plus grands détails sur ses usages, ses propriétés, l'emploi dont il peut être pour les engrais en agriculture, pour le chauffage, les arts & les manufactures.

Description du Charbon de terre. Le charbon de terre est une substance minérale susceptible de s'enflammer, de conserver le feu plus long-temps & de produire une chaleur plus vive qu'aucune autre substance connue. Sa couleur est noire en général ; il est plus ou moins sec, & plus ou moins friable, quelquefois assez compacte, quelquefois feuilleté, mais toujours imprégné d'une matière bitumineuse abondante. Si vous brisez un morceau de charbon de terre, les grains paroissent toujours anguleux, d'un noir de différentes nuances depuis le brillant jusqu'au mat. Sa solidité varie aussi. Certaines veines de charbon de terre en fournissent d'assez dur pour que l'on soit obligé de se servir d'une masse de fer pour le briser. C'est pour cette raison que dans quelques provinces de France on le nomme *charbon de pierre*. D'autres fois il est friable & presque terreux. Souvent la même veine produit ces deux espèces. Le charbon de terre exposé à l'air pendant quelque temps subit des altérations assez variées, qui dépendent des principes qui le composent, il se délite & se brise de lui-même, il tombe en efflorescence, il se recouvre d'une poussière rougeâtre ferrugineuse. Dans les grandes chaleurs l'ardeur du soleil fait quelquefois suinter l'huile tenace & le bitume dont il est imprégné : en un mot, d'après l'observation constante de ceux qui en font usage, les charbons

de terre trop long-temps exposés à l'air, deviennent moins propres à entretenir le feu ; très-peu de charbon y reste intact & solide. Tels sont les caractères extérieurs du charbon de terre, qui l'empêchent d'être confondu avec les bitumes proprement dits, le charbon de bois fossile, & les tourbes.

Quoiqu'il soit une vraie concrétion bitumineuse, la grossièreté des parties qui le composent, & la manière dont il se comporte au feu, empêcheront toujours de le confondre avec les bitumes solides, tels que le jayet, l'asphalte, & les terres bitumineuses tels que l'ampélite. Le système, que le charbon de terre étoit dû à la décomposition de vastes forêts ensévelies dans la terre par de grandes révolutions, & l'empreinte des plantes qu'il porte souvent, a conduit nécessairement quelques Auteurs à le confondre avec le charbon de bois fossile que l'on rencontre quelquefois dans la terre ; mais la nature même de ce dernier, qui a encore tous les caractères d'un vrai bois brûlé & pyriteux, établit entr'eux une grande différence ; enfin, le tissu fibreux des branches, les racines, les parties végétales entrelacées les unes dans les autres, dont la tourbe n'est que le résultat, son peu de solidité, sa forme même s'opposeront toujours à ce qu'on la confonde avec le charbon de terre.

Espèce de charbon de terre. De cette confusion même que l'on a mise entre ces différentes substances, on doit en conclure, qu'il règne une très-grande variété dans les charbons de terre pour l'apparence extérieure. En général on peut en distinguer deux espèces principales, dont toutes les autres ne font que des variétés ou plutôt des paffages. 1°. Le charbon de terre compacte, dur, gras au toucher, noirciffant les doigts, d'un noir luifant comme le jayet; fa pefanteur eft affez confidérable, c'eft celui que Zimmerman nommoit *charbon de poix* ou charbon de forge. Il ne fe rencontre que très-enfoncé dans la terre & contient une portion de bitume très - confidérable; quelquefois il eft affez dur pour pouvoir être poli & travaillé au tour, comme celui de Lincoln en Angleterre & dont on fait des boîtes & des tabatières. 2°. Le charbon de terre tendre, friable, fe décompofant très-facilement à l'air, plus léger que le premier, eft moins bitumineux que lui. La texture caffante & lamelleufe lui a fait donner le nom de *charbon d'ardoife*. La plus grande différence eft fur-tout dans la manière dont ils fe comportent au feu & dans leurs ufages. Le premier ne s'enflamme pas trop ardemment à la vérité, mais une fois allumé il produit une flamme claire & brillante, une fumée épaiffe & une chaleur plus vive & plus durable; auffi l'emploie-t-on beaucoup plus, fur-tout dans les travaux en grand, que la feconde efpèce qui s'allume affez facilement, mais ne donne qu'une flamme paffagère & de peu de durée. Sa chaleur plus douce & plus modérée fuffit pour les befoins ordinaires du ménage & pour échauffer les poêles & les cheminées des appartemens.

Analyfe du charbon de terre. Si l'on examine plus particulièrement la nature du charbon de terre, & qu'à l'aide de la chimie on veuille découvrir les principes qui le compofent, on trouvera de l'eau ou phlegme qui

paffe par la diftillation à la chaleur de l'eau bouillante, à un degré fupérieur de l'efprit alcali volatil : en augmentant infenfiblement le feu, il paffe une huile plus ou moins épaiffe qui eft un vrai bitume, & il ne refte plus qu'un charbon poreux & léger, que les Anglois ont nommé *coaks*, dont nous parlerons plus bas. Ainfi cette fubftance n'eft que de l'eau, un peu d'efprit alcali volatil, une huile bitumineufe & de la terre.

Origine du charbon de terre. Il femble que l'analyfe chimique du charbon de terre, devoit naturellement conduire à connoître fon origine, & par quel accident on en trouve des mines plus ou moins abondantes dans différentes parties du globe. Cette production fingulière qui femble s'éloigner de la nature de toutes les autres, & tenir le milieu entre le règne végétal & le minéral, qui en paroît être le réfultat, a été attribuée à la décompofition des végétaux. On a imaginé que de très-vaftes forêts avoient été enfévelies dans la terre par des révolutions particulières du globe; que là elles s'étoient détruites, qu'elles avoient fermenté, & que le produit de cette grande décompofition étoit les bitumes tant fluides que folides (*Voyez* le mot BITUME); que ces bitumes, en fe folidifiant, étoient devenus charbon de terre. D'autres ont penfé que les veines, les couches, les mines de charbon avoient été formées en même-temps que le globe, & étoient auffi anciennes que les autres fubftances minérales. M. le Camus enfin a propofé dans le *Journal de Phyfique* (1779, T. 13) un fyftême particulier & qui rend facilement raifon de tous les phénomènes & de tous les accidens qui accompagnent les charbons de terre. D'accord avec tous les naturaliftes fur la formation première du bitume en général, il croit que quelques courans de bitume ont pénétré en différens temps, différentes efpèces de terre, ou de pierre qui fe font trouvées, à raifon de leur dureté, plus ou moins imprégnées des qualités bitumineufes, ce qui a dû néceffairement former ces différences que nous remarquons dans la houille ou charbon de terre. Ainfi dans ce fyftême il n'eft plus une efpèce particulière de bitume, mais une terre pénétrée & minéralifée par le bitume. Ce fyftême fi fimple, explique affez facilement tout ce qui accompagne le charbon de terre. Ce courant de bitume vient-il à rencontrer une couche argileufe & à la pénétrer, on aura du charbon de terre argileux ; il fera au contraire calcaire, fi la couche où le bitume fe fixe n'eft remplie que de terre calcaire & de coquilles, &c. &c.

Mines de charbon de terre. Ces courans, ces dépôts de bitume, quand ils font d'une certaine étendue, deviennent des mines de charbon de terre plus ou moins propre aux arts, & que l'on exploite en grand. Il n'eft pas de notre reffort de détailler ici l'exploitation d'une mine ; ce genre de connoiffance eft hors de la fphère à laquelle nous nous fommes aftreints & nous mèneroit trop loin. C'eft aux Auteurs qui en parlent, & qui ont écrit de grands traités fur cet objet, que le cultivateur doit avoir recours, fi par hafard il eft dans le cas d'en avoir befoin pour exploiter quelque mine qui fe rencontreroit dans fes poffeffions.

Cependant, comme il eft on ne peut plus intéreffant de connoître les richeffes du pays que l'on habite, ou celles des pays voifins, dont on peut tirer parti pour différens objets, nous croyons néceffaire d'indiquer ici les principales mines de charbon de terre répandues dans toute l'étendue de la France. Nous les diftribuerons par provinces.

Hainaut François. Frefnes, Anzin près Valenciennes ; près Notre-Dame du Saint-Cordon, les Houillères du Vieux-Condé, Carnières.

Lorraine. Hargarthen, Grife-Borne, Dipenviller, Dothweiller.

Artois. Pernes-fur-la-Clarence, Bienvillers entre Arras & Dourleux.

Haute-Alface. Val de Villers à deux lieues de Scheleftat, Saint-Hippolyte à une lieue de la même ville.

Franche-Comté. Champagné, prévôté de Faucogney ; Lure, Saint-Hippolyte, Sainte-Agnès, Salins.

Bourgogne. Nole, entre Autun & Beaune ; Meillonaz, Montbar, Épinac, Geurfe, Montcenis, Châtelaine, Blanzi, Toulon-fur-l'Arroux, Martenet, Saint-Berain, Saint-Eugène, Charmoy, Saint-Nizier-fous-Charmoy, Morey.

Lyonnois. Sainte-Foix-l'Argentière, Saint-Genis-Terre noire, Saint-Martin-la-Plaine, Saint-Paul-en-Jareft, Rive de Giez, Saint-Chaumont-fur-le-Giez, la Varicelle, le Grand-Floin, ou les Grandes-Flèches, Saint-Genis-les-Ollières, Dargoire-fur-le-Giez, la Catonnière, Tartaras, Mouillou, Gravenaut. (Cette dernière eft abandonnée, ainfi que plufieurs autres, dont le feu brifou ou moffettes, & les eaux ont empêché l'exploitation.)

Forez. Saint-Etienne, Montfalfon,

Treuil, Monthieu, Terre noire, Saint-Jean de Bonnefonds, Villars, Bois-Montfier, Roche-la-Molière, la Beraudiere, la Rica-Marie, Chambon, Firmini, Saint-Germain-l'Erpt, Cremeaux, Sorbières, Fouilloufe, Foffe, Clapier, le Clufel, Saint-Didier, à une lieue de Beaujeu, près Roanne.

Beaujolois. Lay, Saint-Symphorien.

Dauphiné. Près Briançon, entre Cezanne & Seftriches; Ternay, Laval à quatre lieues de Grenoble, la Ferrière, diftrict d'Allevard; la Montagne des Soyères; Val des charbonniers, près Saint-Laurent du Pont; Pommiers près la mine précédente, Montmaur à trois lieues de Gap.

Provence. Pepin, route de Marfeille; Peynier, à une lieue d'Oriole; Piolène dans la principauté d'Orange, entre Orange & Mormas; Venafque à deux lieues de Carpentras, Laffecour, près de Bagnols; Mauzangues, Laroque.

Languedoc. Les environs d'Alais & du château Defportes, Vigan, Nefiez près Pézenas, Bouffage, Saint-Bolis dans le Quercy, près de Montauban; Craufac dans le Rouergue, Albin, Firmi, Severac-le-Caftel, Mas de Bonac.

Périgord. Saint-Lazare.

Limofin. Lapmais, paroiffe de Bofmoreau, Argental, Meymac, Varetz, près de Brives.

Auvergne. Lampres, paroiffe de Champagnat; Sauxillanges, Ste. Fleurine, Lande-fur-Alagnon, Frugères Anzon, Bofgros, Gros-Mefnil, Foffe, Laroche, Braffager, les Lacqs & quatre autres mines voifines, Mechecote & quatre autres tout auprès,

Auzat, Grande Combelle & cinq voifines.

Bourbonnois. Fins, près de Chatillon; Noyant près de Moulins.

Nivernois. Decize, Druy.

Touraine, Anjou & Maine. Saint-George-de-Chatelaifon, dans le Saumurois; Concourfon, Doué, Montreuil-Bellay, Saint-Aubin-de-Luignié, Chaudefonds, Chalonne, Montjean-fur-Loire, Noulis.

Bretagne. Nord, près Saffri; Vieille-Vigne, Montrelais, ou mines d'Ingrande.

Normandie. Littry.

Picardie. Ardingheim, proche Boulogne; Rethi, Gaulancourt, Beuvraines; entre Fremiches & Libermont.

Ifle de France. Noyon, près des Chartreux, Candor, Fretoy.

Telles font toutes les mines de charbon de terre de France en exploitation à préfent, ou qui l'ont été autrefois, & que des accidens locaux ont fait abandonner. En jetant un coup d'œil fur cette table, on voit facilement que prefque toute la France poffède, dans fes différentes régions, des dépôts d'une fubftance dont les arts tirent le plus grand avantage. Si l'on en excepte la Champagne & la Guienne, toutes les provinces en renferment affez, non-feulement pour leur confommation, mais encore pour pouvoir en fournir celles qui en manquent, ainfi que la capitale qui en abforbe une fi grande quantité. Les rivières & les canaux qui traverfent ce grand Royaume, & qui entretiennent une circulation perpétuelle, donnent la facilité de pouvoir tranfporter aifément cette matière fi pefante par elle-même. La médiocrité ordinaire de fon prix, la commodité de fon emploi, la grande chaleur qu'elle produit, la font préférer à l'ufage du bois dans les forges, les manufactures, & même pour le chauffage. Des provinces & des Royaumes entiers où le bois eft rare & fort cher, n'emploient pas d'autres fubftances combuftibles ; heureux fi en France l'on n'eft pas obligé quelque jour d'y avoir recours uniquement pour tous les ufages où le bois eft employé! Les manufactures y gagneront beaucoup & le chauffage peu. Parcourons les meilleurs moyens de fe fervir du charbon de terre pour l'agriculture, pour les arts & le chauffage.

Ufage du Charbon de terre dans l'Agriculture. Il eft très-peu d'objets dans la nature qu'un agriculteur intelligent ne fache convertir à fon ufage, & duquel il ne puiffe tirer du profit, fur-tout quand il en connoît bien la nature & les principes. Rien n'eft inutile, & tout devient un fonds de richeffes ou de reffource quand on l'emploie à propos. L'efpèce de glaife bleue ou noire que l'on rencontre ordinairement à l'ouverture d'une mine de charbon de terre, & que l'on doit regarder comme un charbon imparfait, répandue fur les prés & dans les terres fortes, eft très-utile. Les fels vitrioliques & alumineux qu'elle contient-fe développent par les pluies & les rofées qui pénètrent la terre, & forment dans fon fein, avec des fucs qu'ils rencontrent, des combinaifons nouvelles très-propres à hâter & fortifier la végétation. (*Voyez* le mot AMPÉLITE) Toutes les cendres en général font regardées à jufte titre comme d'excellens engrais ; celles du charbon de terre, qui, à la vérité, peuvent n'être confidérées que comme de la terre

brûlée, ne font pas pour cela fans propriétés, & les agriculteurs qui les emploient conviennent qu'elles fourniffent un très-bon amendement dans les terres labourables. L'exemple des payfans des environs de Saint-Etienne, démontre cette vérité de pratique. Ils s'en fervent, mêlées avec du fumier de bœuf & de vache, pour engraiffer leurs prairies & leurs terres à blé. M. de Genfane dit qu'en les employant avec modération à l'engrais des mûriers, elles corrigeroient la trop grande tenacité de la féve fans être préjudiciables à la feuille & de-là aux vers à foie. C'eft à l'expérience à faire valoir cette idée ou à la faire rejeter. En Angleterre, ces cendres font du plus grand ufage dans l'Agriculture ; mais on a très-grand foin de les choifir & de les approprier à la nature des terreins. La cendre de houille graffe eft très-bonne pour l'engrais des marais, des potagers & autres terreins où l'on cultive les légumes ; celle de houille maigre eft très-propre à fertilifer les prairies. De tous les produits de la combuftion du charbon de terre, la fuie eft préférable pour l'engrais ; elle eft excellente pour le foin & pour le grain. Dans le pays de Liège on l'emploie non-feulement pour fertilifer ce qu'ils appellent des terreins froids, mais encore en la répandant au pied des houblons, on fait périr une efpèce d'infecte qui dévore toutes les années une grande quantité de feuilles de cette plante. En Angleterre on a la coutume d'en répandre quarante boiffeaux par acre de terre (cent-foixante perches). Quelques terres en demandent davantage. Cet engrais produit un foin très-gras & très-doux, détruit les vers & toutes les mauvaifes herbes. Si l'on emploie cette fuie pour les terres à blé, il faut attendre le mois de Février ou au moins le retour de la belle faifon, pour que les pluies & les neiges ne la diffolvent pas trop vîte : il ne faut pas non-plus différer trop tard, parce qu'il feroit à craindre que la féchereffe ne ladef-féchant trop, l'empêchât d'être diffou-te, & de pénétrer ainfi la terre. (*V.* au mot ENGRAIS, l'ufage que l'on peut faire de la houille & de fes cendres.)

Dans la Maçonnerie. Le charbon de terre brut, ou en cendres, peut entrer dans la compofition du ciment & des mortiers. Pour les baffins & les canaux où l'on veut retenir l'eau, on prépare un mortier que l'on fait en prenant une partie de briques pi-lées & paffées au fas, deux parties de fable fin de rivière, de la chaux vieille éteinte, en quantité fuffifante, & paffée à la claie; le tout étant bien broyé, on y ajoute de la poudre de charbon de terre & de la poudre de charbon de bois ; comme ces deux dernières fubftances s'imbibent faci-lement de l'eau du mélange, il faut l'employer fur le champ, de peur que le ciment ne sèche trop vîte. En Suède, on emploie le charbon de terre dans le crépiffage des caves voûtées. La cendrée de *Tournay,* qui n'eft qu'un mélange de cendres de charbon de terre qui a fervi à cuire de la chaux, & de petits morceaux de cette même chaux, qui ont tombé au fond du four avec la cendre, fait d'excellent mortier & ciment, pro-pres pour tous les ouvrages dans l'eau. Ce ciment & ce mortier font très-longs à faire ; la patience & le travail en viennent à bout: combien n'eft-on pas récompenfé de fes peines

par la durée & la folidité des ou-vrages que l'on a conftruits. Voici un procédé fimple pour le faire. Mettez dans le fond d'un baffin pavé de pierres plates & unies, de la cen-drée de Tournay, que l'on peut mê-ler avec un fixième de tuileau pilé ; faites couler fur cette cendrée de la chaux éteinte dans une fuffifante quantité d'eau ; battez le tout en-femble pendant dix à douze jours confécutifs, & à différentes reprifes, avec une demoifelle ou cylindre de bois ferré par deffous, du poids d'environ trente livres, jufqu'à ce qu'il faffe une pâte bien groffe ou bien fine. On peut employer ce mor-tier fur le champ, ou le conferver pendant plufieurs mois de fuite, fans qu'il perde fa qualité, pourvu que l'on ait foin de le couvrir & de le mettre à l'abri du foleil & de la pluie. La cendre de charbon de terre fait, dans ce mor-tier, le même effet que la pouzzolane.

M. Belidor, dans fon *Architecture hydraulique* (t. 4, p. 186), dit qu'un mélange de douze parties de cendrée de Tournay, ou fimplement de mâ-chefer contre une de chaux, a formé un ciment fi bon, qu'après deux mois de féjour dans la mer, la mâ-çonnerie qui en étoit liée, compo-foit un corps fi dur, qu'on trouva plus de difficultés à féparer fes par-ties, que celles d'un bloc de la meil-leure pierre. A Toulon, on a fait entrer, avec le plus grand fuccès, du mâchefer concaffé dans un béton qui eft devenu de la plus grande folidité.

Dans les Arts. Dans la principauté de Naffau, à Sultzbach, on fe fert de la fuie de charbon de terre en place du noir d'ivoire, dans la com-pofition de l'encre d'Imprimerie. On en extrait une huile, un cam-bouis

bouis, en faisant bouillir le charbon de terre dans l'eau, & le remuant sans cesse. A Sultzbach, on retire le bitume du charbon de terre par une espèce de distillation. Après cette opération, il est dans l'état de braise ou de coaks, comme les Anglois le nomment, & il est alors du plus grand usage pour les fontes de mines.

On peut, avec très-grand avantage, employer le charbon de terre non préparé, dans toutes les manufactures où il s'agit d'appliquer seulement le feu à une chaudière ou bouilloire : en général, il chauffe bien, assez vîte, & sur-tout long-temps ; la dépense est infiniment moindre que celle du bois. Mais lorsqu'on a besoin d'un feu de grande flamme, le charbon de terre ne vaut plus rien.

Dans les provinces abondantes en charbon de terre, on l'emploie avec succès & un très-grand bénéfice, dans les fours à chaux pour calciner les pierres : aussi dans quelques-unes lui a-t-on donné le nom de *champline*. Les fours à briques, à tuiles, à poteries ; beaucoup de verreries, quelques glaceries, le trouvent d'un très-bon usage. Les brasseurs, les teinturiers, les distillateurs, les raffineurs, les brûleurs d'eau-de-vie trouvent une très-grande économie à ne se servir que de ce charbon. (*Voyez* ALAMBIC)

Dans les forges & en métallurgie. Un des plus anciens & des plus grands emplois du charbon de terre est, sans contredit, les forges ; mais toute espèce de charbon n'est pas également propre ; le meilleur est celui qui, au feu, dure long-temps, produit de la flamme, répand beaucoup de chaleur, qui s'élève de lui-

Tom. III.

même en forme de voûte au-dessus du morceau de fer qui est à la forge, sur-tout lorsque cette espèce de croûte a de la consistance, de la fermeté, & qu'elle se conserve long-temps : enfin, qui produit moins de mâchefer.

Dans les fontes des mines, les parties huileuses & bitumineuses, celles sulfureuses même qui se produisent pendant sa combustion, attaquent les métaux, & sur-tout le fer qui est exposé directement au feu de ce charbon. On a donc été obligé de lui donner une préparation préliminaire, par laquelle on le dépouille de toutes ces parties nuisibles. Ce dépouillement se fait, ou par la distillation, comme à Sultzbach, ou par un premier grillage qu'on lui fait subir, & qui le réduit à l'état de braise. Pour avoir une idée juste de cette opération, que l'on se représente celle par laquelle on convertit le bois en charbon. Ces braises ou coaks donnent une chaleur qui surpasse en vivacité & en durée, non-seulement celle du charbon de terre ordinaire, mais même celle du charbon de bois. Avec ces braises, on peut griller & rôtir les mines, les fondre dans les hauts fourneaux, dans les fourneaux à vent ; traiter, forger & fendre le fer, chauffer & perfectionner l'acier. Tous les travaux du cuivre, du plomb, & même des demi-métaux, peuvent s'exécuter avec le charbon de terre, préparé ou non préparé, ou mélangé avec une certaine quantité de charbon de bois ordinaire, suivant les circonstances & les formes des différens fourneaux.

Il est donc très-peu d'arts qui ne puissent employer le charbon de

F

terre, d'une façon ou d'une autre, dans presque toutes les opérations ; mais où son grand avantage paroît le plus généralement, c'est dans le chauffage économique, en le substituant au charbon ordinaire & au bois qui, de jour en jour, devient & plus rare & plus cher.

Dans le chauffage. Les pays principaux où l'on ne consomme que du charbon de terre pour le chauffage & les usages de la cuisine, sont le Liégeois & toute l'Angleterre. Mais la nécessité y conduira bientôt beaucoup d'autres provinces, par la disette du bois. En effet, les usages économiques & journaliers du bois de charpente, celui des cuisines, celui du chauffage pendant une partie de l'année, rendent de jour en jour, cet objet le plus difficile à se procurer, comme le plus dispendieux. Il seroit donc économique de n'employer que du charbon de terre, sur-tout dans les provinces où il abonde. On y trouveroit un avantage très-considérable, non-seulement pour la dépense, mais encore pour la chaleur & la durée de cette chaleur. Tous les produits du charbon de terre peuvent être utiles comme ceux du charbon de bois; la suie & les cendres peuvent devenir de très-bon engrais, comme nous l'avons vu plus haut, & les cendres de ce charbon sont bien plus abondantes que celles du bois. On emploie le charbon de terre de différentes façons pour le chauffage, ou simplement en gros morceaux, tels qu'ils sortent de la mine, ou réduits en petits morceaux, corroyés avec une terre grasse & réduits en forme de pelotes & de gâteaux, connus, dans le pays de Liège, sous le nom de *hochets.* Dans une cheminée ordinaire, on met une espèce de cage, ou grille de fer assez forte pour résister au poids du charbon & à l'activité du feu ; c'est dans cette grille que l'on arrange un lit de charbon, un lit de menu bois recouvert d'un autre lit de charbon. On y met le feu qui s'y conserve très-long-temps. (*Voyez* au mot CHEMINÉE, la forme & le dessein d'une cheminée économique où l'on brûle du charbon de terre.)

On a craint en France que la vapeur & la fumée, qui s'exhalent du charbon de terre non préparé, pendant sa combustion, soient dangereuses & incommodent les personnes qui en font usage, & l'on a proposé d'y substituer l'usage des braises ou coaks. Quoiqu'il n'y ait aucun danger à se servir du charbon de terre ordinaire, sur-tout quand la cheminée tire bien, & que la fumée a une libre circulation, cependant le coaks est préférable quand on peut s'en procurer facilement ; il a l'avantage de former un feu plus clair & plus agréable, de répandre une chaleur plus vive, & de ne pas exhaler une odeur aussi pénétrante. M. M.

CHARDON BÉNIT. (*Voyez Planche XXIII du second Volume, page 630.*) M. Tournefort le place dans la seconde section de la douzième classe, qui comprend les herbes à fleurs à fleurons dont les semences sont aigrettées, & il l'appelle *cnicus silvestris, hirsutior, sivè carduus benedictus.* M. von Linné le nomme *cnicus benedictus,* & le classe dans la singénésie polygamie frustranée.

Fleur. Amas de fleurons hermaphrodites jaunes, rassemblés dans un calice B, en forme de poire,

Pl. I. P.

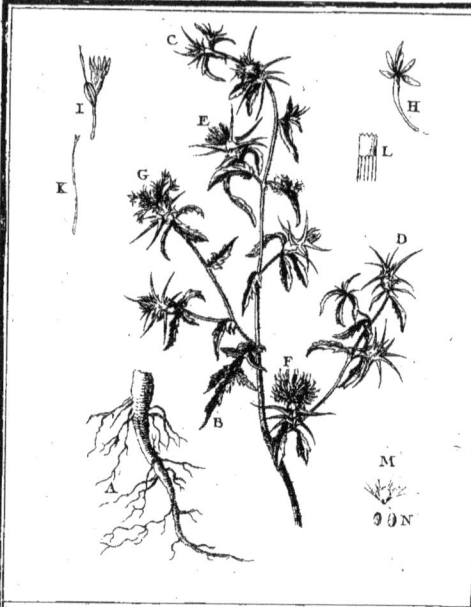

Chardon étoilé.

Chardon Hemorroïdal.

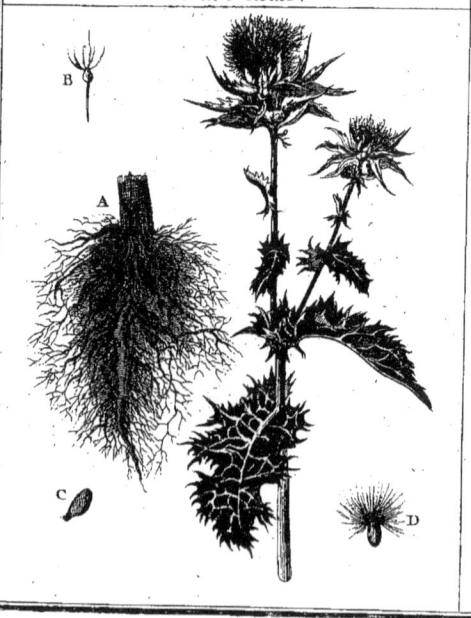

Chardon Marie.

Voyez à la fin du Volume, la description de cette Plante.

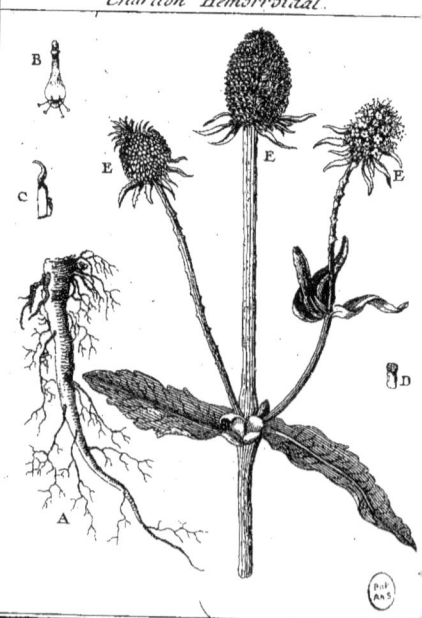

Chardon à foulon

compofé d'écailles ovales, terminées vers le fommet du calice par des épines rameufes. Le fleuron C eft un tube prefque égal dans fa longueur, & fon extrémité eft divifée en cinq fegmens, & elle n'eft pas évafée.

Fruit. Le piftil D produit la graine E, couronnée par une aigrette foyeufe : les graines font cannelées, jaunâtres, placées fur un réceptacle plane & velu.

Feuilles, finuées, dentées, velues, terminées par des épines courtes & molles.

Racine A, en forme de fufeau, rameufe, avec des fibres blanches.

Port. Tige d'un pied & demi environ de hauteur, velue, cannelée, branchue ; les fleurs naiffent au fommet, & les feuilles font alternativement placées fur des tiges.

Lieu. Les champs des provinces méridionales de France ; il y fleurit en Mai & en Juin : la plante eft annuelle.

Propriétés. Toute la plante eft amère, les racines le font moins. Les fleurs, les femences font toniques, fudorifiques, fébrifuges, apéritives. Elles augmentent fenfiblement la fécrétion & l'excrétion des urines. Cette plante cueillie en été eft vulnéraire & antiulcéreufe.

Ufages. Le fuc exprimé des feuilles, fe donne depuis une once jufqu'à cinq onces, les feuilles sèches depuis une drachme jufqu'à une once en infufion dans fix onces d'eau. Pour les animaux, on donne la plante en décoction à la dofe de deux poignées fur deux livres d'eau. L'eau diftillée de cette plante, & qu'on conferve dans les boutiques, eft inutile.

CHARDON ÉTOILÉ *ou* CHAUSSE-

TRAPE. (*Voyez Planche I.*) M. Tournefort le nomme *carduus ftellatus, fivè calcitrapa.* M. von Linné l'appelle *centaurea calcitrapa* & tous deux le placent dans la claffe du précédent.

Fleur. Les fleurs s'annoncent long-temps avant la fleuraifon, par quelques épines C, qui, par leurs différens degrés d'accroiffement, offrent d'abord l'enveloppe entière D. Les fruits commencent à paroître comme dans la Figure E & s'épanouiffent enfin comme en F. Les fleurons font hermaphrodites dans le difque, & ceux de la circonférence font femelles. Ces derniers font plus longs que les premiers G. En H on voit un des fleurons féparés ; en I la corolle eft repréfentée ouverte pour laiffer appercevoir la fituation du piftil ; les étamines font raffemblées fous la forme d'un tube K par une membrane repréfentée ouverte en L.

Fruit. Les femences N font luifantes, petites, oblongues, aigrettées M, contenues par le calice armé de deux rangs d'épines jaunâtres, & portées fur un réceptale couvert d'un duvet foyeux.

Feuilles adhérentes aux tiges ; celles de côté font linéaires, étroites, quelquefois ailées comme en B, dentées, terminées en pointe.

Racine A, blanche, longue, fucculente.

Port. Les tiges rameufes, épineufes, s'élèvent à la hauteur d'un pied, les fleurs naiffent de leurs aiffelles, & les feuilles font placées alternativement fur les tiges.

Lieu. Les champs, les bords des chemins ; fleurit en Juin & Juillet : la plante eft annuelle.

Propriétés. La faveur des feuilles eft

amère, celle des racines eft douce. Toute la plante eft diurétique, vulnéraire, fébrifuge. L'expérience a prouvé que la racine provoquoit le cours des urines, entraînoit fouvent les graviers contenus dans les reins ou dans la veffie. Elle eft indiquée dans la colique néphrétique occafionnée par des graviers; dans la jauniffe, par l'embarras des vaiffeaux biliaires; dans l'intempérie froide du foie, dans le gonflement du même vifcère lorfqu'il n'eft pas fuivi d'inflammation ni de vive douleur.

Ufages. On exprime le fuc des feuilles & on le donne à la dofe de quatre à fix onces. On doit préférer la racine; & lorfqu'elle eft sèche, on la prefcrit depuis demi-once jufqu'à une once en décoction dans fix onces d'eau.

On donne aux animaux la décoction de la racine à la dofe d'une à deux livres; les femences macérées à la dofe de demi-once dans huit onces de vin blanc. Il vaut mieux employer la racine.

CHARDON A FOULON *ou* A BONNETIER. (*Voyez Pl. I, page 43*) M. Tournefort le place dans la cinquième fection de la douzième claffe, qui comprend les herbes à fleurs flofculeufes, dont les fleurons font portés chacun dans un calice particulier, & il l'appelle *dipfacus fativus* M. von Linné le place dans la tetrandrie monogynie & le nomme *dipfacus fullonum.* Ce n'eft point un chardon; on le place ici à caufe de fa dénomination françoife.

Fleurs, compofées de fleurons portés fur un réceptacle commun, mais féparés par des cloifons. La fleur B eft un tube menu prefque égal dans

fa longueur; les étamines font au nombre de quatre & un feul piftil qui n'en eft pas entouré comme celui des fleurons des chardons. La corolle repofe dans le calice C en forme de tube terminé par une lame recourbée en deffous. A la bafe ou réceptacle général eft un calice E formé par des découpures linéaires pointues, dentées, épineufes.

Fruit. Les femences D font placées en forme de colonne, couronnées par le rebord du calice propre dont on vient de parler.

Feuilles, adhérentes à la tige qui les traverfe à leur bafe, dentées, épineufes en leurs bords, avec une côte dans le milieu, armée en deffus d'épines dures.

Racine A, en forme de fufeau, fibreufe, unie, blanche & pivotante.

Port. Tige de trois ou quatre pieds de haut & fouvent plus lorfqu'elle eft cultivée dans un fol qui lui convient; roide, creufe, cannelée, hériffée de quelques épines; les fleurs naiffent au fommet difpofées en tête longue; les feuilles oppofées.

Lieu. Cultivée dans les champs; elle naît au bord des chemins, fleurit en Mai, Juin & Juillet: la plante eft bifannuelle.

Propriétés. La racine eft inodore, d'une faveur amère. Elle eft fudorifique, diurétique. C'eft un urinaire affez actif pour chaffer les graviers contenus dans les reins & dans la veffie; elle favorife la curation de la jauniffe par obftruction des vaiffeaux biliaires. Elle ne convient point aux phthifiques, & on lui a attribué fans preuve fuffifante la propriété de guérir la fièvre quarte & la fièvre tierce.

Ufage. On tire de toute la plante une eau diftillée qu'on dit ophtalmique & qui eft affez inutile. La racine sèche fe donne depuis demi-once jufqu'à une once, dans une décoction de fix onces d'eau.

Culture & ufages économiques. Aucune fubftance n'a pu, jufqu'à ce jour, fuppléer à cette efpèce de chardon, foit pour le fervice des bonnetiers, des drapiers, &c. Le chardon qui vient naturellement, ne forme pas des *pignes* ou des *pommes*, ou des *boffes* affez fortes. Par ces mots, on défigne, dans différentes provinces, l'amas des calices E, en forme de tête, après que la fleur en eft tombée. La France ne confomme pas tout le chardon qu'elle récolte ; elle en exporte beaucoup en Hollande & dans les pays des manufactures de draps. Le chardon fe vend à une mefure qu'on nomme *balle*. Elle eft compofée de 200 poignées, & chaque poignée de 50 têtes ou *pommes*, ou *boffes*, ou *pignes*, ce qui fait 10000 têtes. Les groffes têtes font appelées *mâles*, & font communément réfervées pour les bonnetiers; les moyennes & les petites font pour la draperie. Les pointes ou clochets du chardon fauvage, ne font pas en général affez fortes ni affez dures ; il faut donc, de toute néceffité, recourir à celles du chardon cultivé.

La meilleure terre pour la culture du chardon eft, fans contredit, celle qui convient au chanvre. Si on ne veut pas faire ce facrifice, on pourra fe contenter d'une terre inférieure en qualité ; & il eft même prouvé que les fols argileux & crayeux donnent des récoltes paffables. Ces généralités fur la nature du fol doivent

néceffairement être fubordonnées à la manière d'être du climat dans lequel on travaille. Par exemple, dans la Flandre, dans la Normandie, dans l'Artois, &c. où cette culture eft en recommandation, le chardon réuffit dans les terreins argileux, parce que les pluies y font fréquentes ; mais fi on le cultivoit ainfi dans les provinces où l'eau eft rare, les féchereffes longues, & la chaleur vive & foutenue, il eft conftant que la production feroit maigre & chétive, parce que les racines ne fauroient pivoter dans un pareil fol, & la terre durcie particulièrement à la furface, étrangleroit le collet de la plante. C'eft donc à chaque particulier à étudier la terre qui lui convient, & à ne jamais perdre de vue la loi de la nature, qui indique que toute plante dont la racine eft deftinée à pivoter, doit avoir un fol où elle puiffe pivoter à fon aife. Or, comme la racine du chardon eft en même temps pivotante & fibreufe, elle exige donc un fol bien meuble & profondément défoncé. Je conviens que ce que je viens de dire ne s'accorde pas exactement avec le fentiment de quelques auteurs, qui difent qu'un ou deux labours fuffifent à cette plante. Si on met les deux cultures en comparaifon, on en verra la différence. Etudiez la manière d'être de la racine d'une plante, & elle vous indiquera l'efpèce de culture &. les terreins qui lui conviennent.

Quand faut-il femer ? Les auteurs ne font point encore d'accord fur ce point, parce que chacun a écrit pour fon canton, fe perfuadant que le refte du royaume devoit fuivre la même loi. La nature indique elle-même le moment de femer. La plante eft en pleine fleur en Mai, Juin, Juillet, fuivant les climats, & mûre un mois après. Si on ne coupe pas fes têtes, les graines s'en dé-tachent, tombent à terre, y germent, donnent de grandes feuilles ; la plante brave la rigueur du froid pendant l'hiver, enfin élance fa tige au retour de la chaleur, fleurit & mûrit, &c. voilà la loi de cette plante, dictée par la nature. L'homme, que doit-il donc faire ? La fuivre, & ne pas la contrarier.

Quelques auteurs confeillent de femer la graine au printemps. Dès-lors la plante eft obligée de faire en quelques mois, ce que l'autre opère dans une année, car cette dernière, femée, mûrit feulement un mois plus tard que les autres, & par confé-quent elle n'a pas eu le temps de fe fortifier & de prendre le même em-bonpoint, ni la même vigueur que la première. Suivons donc la marche de la nature, quand elle l'indique d'une manière fi positive.

Je conviens que par cette feconde méthode, on a moins à farcler ; mais cette légère dépenfe eft complète-ment couverte par le produit.

La manière d'être de la racine, la largeur des feuilles, la hauteur que la tige acquiert dans un bon ter-rein, indiquent que meilleure eft la terre, plus la plante profite ; qu'elle exige beaucoup de nourriture, & par conféquent qu'on ne doit pas ménager les engrais ; que plus le fu-mier fera confommé, meilleur il fera ; que les fumiers longs & pail-leux font plus utiles que les autres dans les terres argileufes, parce qu'ils tiennent leurs parties plus long-temps féparées & foulevées. Le fumier de mouton, bien pourri, y produira de

bons effets, parce qu'il contient beau-coup de fubftances graiffeufes, hui-leufes & falines, qui fe combinent avec ces efpèces de terre. (*Voyez* le mot AMENDEMENT.)

Plufieurs auteurs ont confeillé de femer le chardon dans le même temps que les jardiniers sèment le cardon, c'eft-à-dire, vers la fin de Février ou en Mars, ou au commencement d'Avril, fuivant le climat. C'eft la loi du jar-dinier, mais ce n'eft pas celle de la nature. Je préférerois cependant cette méthode à celle de femer en Sep-tembre ou en Octobre dans les pays froids & pluvieux, & je préfère celle-ci pour les provinces méri-dionales du royaume. Il eft aifé d'en fentir les raifons.

Comment faut-il femer ? L'ufage varie. Les uns fement à la volée, & herfent enfuite ; d'autres, après que le terrein eft bien labouré, font des trous d'un pouce de profondeur, y jettent trois ou quatre grains, & les recouvrent de terre. Quelques uns laiffent entre ces trous un efpace d'un pied en tout fens, & d'autres un pied & demi. Il eft plus avantageux, quoique plus long, de planter que de femer, & je préfère la diftance d'un pied & demi ; la plante a, par ce moyen, la facilité d'étendre & de multiplier fes branches, & par conféquent fes têtes.

Pour tirer parti du terrein laiffé entre chaque rangée, des cultiva-teurs sèment des navets, des panais, des carottes, &c. Sans approuver cette méthode, elle eft utile fi on a foin d'arracher ces racines aussi-tôt après l'hiver ; ce travail fera avanta-geux pour les chardons, & par la même opération on détruira les mau-vaifes herbes.

Parmi ceux qui sèment dans des trous, il y en a qui difposent le ter-rein en tables de fix à dix pieds de largeur. Ce travail eft furnuméraire, fi on ne craint pas l'effet de la trop grande humidité ou de la fubmer-fion ; mais, dans l'un ou l'autre cas, il eft indifpenfable, parce que la ri-gueur du froid, jointe à l'aquofité, fait périr fouvent les plantes.

Dès que les grains ont germé, dès que la plante a pris une certaine con-fiftance, c'eft le cas, dans les deux méthodes, d'arracher les plantes furnuméraires les moins bien ve-nues, fans cependant déchauffer ou attaquer les racines des plantes qui doivent refter fur pied. Il ne feroit pas prudent d'exécuter rigoureufe-ment ce farclage; il convient de le répéter à la fin de l'hiver, & alors de laiffer feulement les pieds qui doivent produire. Les plantes arra-chées à cette époque, ferviront à remplacer celles qui auront péri par une caufe quelconque. Je le ré-pète, ce chardon ne craint pas le froid le plus rigoureux de France, s'il n'eft pas planté dans un fol qui retient l'eau.

Des foins à donner à la plante. Il eft important de farcler fouvent ; la plante profite de ce petit travail, & fa fubftance n'eft pas dévorée par les mauvaifes herbes. Dès que fes feuilles font affez grandes, le far-clage devient inutile, elles étouffent les plantes qui naiffent à leur pied. Dans les pays méridionaux, fi on peut, lorfque le befoin l'exige, ar-rofer les plantations, on fera affuré d'avoir une récolte abondante.

La récolte des têtes eft longue, parce qu'elles ne mûriffent pas toutes en même-temps. L'époque de cette récolte eft indiquée par la chute des fleurs qui fe détachent de leur ca-lice. Ainfi, tous les deux jours, il faut parcourir la chardonnière, cou-per la tige, qui foutient la *pomme*, à la longueur d'un pied, ranger dans la main & par paquets ces tiges coupées, & mettre cinquante tiges au paquet; lier chaque poignée avec de l'ofier, les expofer fur le champ au gros fo-leil, fuivant quelques-uns ; & fi on craint la pluie, les porter fous des hangars. On fufpend ces paquets, & on les attache, les têtes en bas, à des cordes, afin qu'un libre courant d'air, les defsèche plus vîte. Lorfque la defficcation eft complète, les pa-quets font fecoués fur des plan-chers bien nets, afin d'en recueillir la graine. Ces procédés ne font pas fans défauts.

1°. Lorfque la pomme eft deffé-chée par le foleil, elle jaunit, elle rougit, & les piquans ou crochets deviennent trop roides. 2°. Cette graine n'eft jamais bien mûre, & il faut en femer le double en pure perte. Il vaut mieux laiffer fur pied le nombre de tiges proportionné à la quantité de femences dont on a befoin, &, de temps à autre, par-courir la chardonnière ; fecouer fur un paillaffon, ou fur tel autre récep-tacle, les pommes qui paroiffent bien mûres, & on fera affuré de n'avoir que des graines bien nour-ries.

Lorfque tous les paquets font com-plétement defféchés, il faut les por-ter dans un lieu où l'on ne craigne pas les effets de l'humidité, & les mettre en monceaux, afin qu'ils tiennent moins de place.

Les pommes de chardon les plus eftimées, font celles dont la forme eft parfaitement cylindrique, alongée, & dont les crochets font fins & roides.

Les poffeffeurs d'un grand nombre de ruches à miel, feront très-bien de multiplier cette plante autour de leur habitation ; l'abeille aime beaucoup fes fleurs, & elle trouve dans un petit efpace, une récolte très-abondante, puifqu'une feule pomme contient plus de fix cens fleurs féparées les unes des autres, & dont le fond du calice eft rempli de la fubftance fucrée dont elle compofe fon miel.

CHARDON HÉMORROÏDAL, *ou* CHARDON DES VIGNES. (*Voyez* *Planche I, page* 43) M. Tournefort le place dans la feconde feƈion de la douzième claffe, qui comprend les herbes à fleur & à fleuron, dont la femence eft aigrettée, & il l'appelle *circium arvenfe, fonchi folio, radice repente, caule tuberofo.* M. Von Linné l'appelle *ferratula arvenfis*, & le claffe dans la fingénéfie polygamie égale.

Fleur, compofée de fleurons hermaphrodites dans le difque & à la circonférence, rangés fur un réceptacle commun, au fond du calice formé par quatre rangs de feuilles écailleufes. Le fleuron B eft un tube court, alongé, divifé à fon extrémité en cinq dentelures profondes. Le piftil C eft entouré des étamines qui fe réuniffent au fommet. La fleur eft d'un violet clair.

Fruit. Les graines font enveloppées par le calice jufqu'à leur maturité ; leurs aigrettes D forment une efpèce de houppe, qui permet au vent de les tranfporter fort loin.

Feuilles, en forme de fer de lance,

dentées, épineufes, imitant par leur forme celles du *laitron*, plus étroites, plus dures, & d'un vert plus foncé.

Racine A, en forme de fufeau, & rampante.

Port. Tige de douze à dix-huit pouces de hauteur, herbacée, cannelée, rameufe ; les fleurs naiffent au fommet, & les feuilles font placées alternativement.

Lieu. Elle infeƈte les champs, les vignes, &c. la plante eft vivace.

Propriétés. La plante eft apéritive, réfolutive, & anti-hémorroïdale, d'où lui eft venu fon nom.

Ufage. On s'en fert en décoƈtion.

CHARGE, MÉDECINE VÉTÉRINAIRE. C'eft un épithème d'une plus grande confiftance que le cataplafme, qu'on emploie à l'extérieur des animaux, pour différens ufages.

Voici la compofition d'une charge réfolutive & fortifiante, pour les efforts des reins ou de cuiffe du bœuf & du cheval.

Prenez poix réfine, poix graffe, poix noire, térébenthine, miel, vieux-oing, huile de laurier, trois onces de chaque : faites cuire, retirez du feu, ajoutez-y efprit de térébenthine, ou bien huile d'afpic, trois onces ; mêlez pour une charge, & appliquez fur les reins ou la cuiffe de l'animal, après en avoir rafé le poil. M. T.

CHARGER. Un arbre eft trop chargé de fruits, ou trop chargé de bois ; deux défauts qui accufent l'ignorance du jardinier. Trop de bois au-delà de fes forces épuife l'arbre ; s'il porte trop de fruits, ces fruits reftent petits & mal nourris. Le fecond défaut ne fait tort qu'aux fruits, & le premier ruine l'arbre.

CHARRIOT.

CHARRIOT. (*Voyez* Voiture)

CHARME, CHARMILLE. Tant
que l'arbre reste forestier, on l'appelle *charme* ; & *charmille* lorsqu'il
est élevé en palissade. M. Tournefort
le place dans la première section de
la dix-neuvième classe, qui comprend les arbres & les arbrisseaux
à fleurs à chatons séparés sur le
même pied, & dont le fruit est une
semence osseuse ; & il le nomme,
d'après Bauhin, *ostrya ulmo similis,
fructu in umbilicis foliaceis.* M. von
Linné le classe dans la monœcie poliandrie, & l'appelle *carpinus betulus.*
Cet arbre est commun aux deux hémisphères ; on le trouve également
en Europe & au Canada.

Fleurs, mâles, séparées des fleurs
femelles, mais sur le même pied ;
les fleurs mâles attachées sur un
filet commun, en forme de chatons, & ces chatons sont composés
d'écailles qui recouvrent les étamines fort courtes, souvent au
nombre de vingt & plus. Les fleurs
femelles sont placées comme sur un
épi écailleux, & sous chaque écaille
paroît le pistil divisé en deux.

Fruit ; espèce de noyau ovale anguleux, dans lequel est une amande.

Feuilles, ovales terminées en pointes, dentelées sur les bords, plissées
avant leur développement, d'un vert
foncé en dessus, & d'un vert blanchâtre, légérement cotonneux, en
dessous. Elles ne tombent qu'au printemps, quoiqu'elles soient sèches depuis les premières gelées.

Racine, brune, ligneuse.

Port. Sa hauteur le met au second
rang des arbres de nos forêts ; son
tronc est rarement bien arrondi ;
son écorce est unie, blanchâtre &

marbrée ; son bois est excellent à brûler, & attendu sa dureté, les ouvriers
s'en servent pour faire des masses,
des maillets, des manches d'outils,
&c. Dans la fabrique à poudre de
Berne, & qui est si estimée, on se
sert par préférence du charbon de
charme.

Lieu. Les grandes forêts.

De ses espèces. On en compte plusieurs espèces ou variétés. La première est le charme, dont les écailles
des chatons sont planes, & c'est
l'arbre qu'on vient de décrire.

La seconde, dont les écailles des
chatons sont enflées. Elle quitte ses
feuilles avant l'hiver, & croît plus
vîte que la précédente.

La troisième, le charme à feuilles
ovales, dentelées & en forme de fer
de lance ; ses chatons sont courts. Il
ne s'élève guère au-dessus de dix à
douze pieds.

La quatrième, le charme à feuilles
en forme de lance, terminées en
pointes, & à très-longs chatons. Son
bois est plus dur que celui des deux
seconds, & aussi dur que celui du
premier.

De sa multiplication. Aucun arbre
ne se prête plus facilement aux fantaisies des décorateurs des jardins,
soit pour former des palissades, des
haies, des portiques de colonnades ;
en un mot, toutes les décorations
en verdure. Il supporte la tonte en
été comme en hiver ; enfin, sous les
mains exercées d'un jardinier, il
prend toutes les formes qu'on veut
lui donner.

La nature prend soin de son éducation dans nos forêts ; la graine
qui tombe après sa maturité, le reproduit ; & c'est de ces semis naturels qu'on tire, pour l'ordinaire, les

fujets deftinés aux paliffades, &c.; mais comme ces fujets ont fouvent leurs racines écourtées ou mutilées lorfqu'on les arrache, il en périt beaucoup dans la tranfplantation : pour éviter cet inconvénient, on a eu recours aux femis, pépinières, &c.

Du femis. On recueille la graine au temps de fa maturité, à peu près dans le mois d'Octobre, & on la sème auffi-tôt dans un terrein frais & à l'ombre. Quelques graines germeront au printemps fuivant, & la totalité à la feconde année. Le feul foin que demandent ces femis, confifte à les arrofer au befoin, pour tenir la terre fraîche, & à les farcler fouvent.

Des pépinières. Un ou deux ans après que la plante a germé, que la tige a acquis une certaine confiftance, on commence par défoncer la terre d'un côté, jufqu'au deffous des racines; & fucceffivement en défonçant toujours, on tire de terre tous les plants fans endommager les racines. C'eft dans cet état, & fans étêter les jeunes plants, qu'on les tranfporte dans les petites foffes préparées pour la pépinière, où ils font plantés à dix à douze pouces de diftance. Sarclez fouvent ces pépinières, travaillez-les deux fois l'année, & arrofez au befoin. A la fixième ou feptième année, les plants auront fait de belles tiges, & feront en état d'être tranfplantés; de cette manière on eft affuré de voir réuffir à merveille les plantations de paliffades, de bofquets, &c. fur-tout fi le terrein a été bien défoncé, & fi, dans les deux premières années, on ne leur laiffe pas éprouver les rigueurs de la féchereffe.

Le temps de tranfplanter la char-mille eft marqué par le defféchement des feuilles; alors la sève ne monte plus des racines aux branches, le bouton à bois eft bien formé. Les pluies de l'hiver ont le temps de joindre exactement les parcelles de terre contre la racine. Dans les provinces méridionales, elles travaillent un peu pendant cet efpace de temps: enfin, au printemps la végétation de la plante hâte fon développement. Si la tranfplantation a lieu après l'hiver, la reprife fera moins affurée, & beaucoup plus tardive. Il arrive cependant quelquefois que les fortes gelées font périr les tiges jufqu'au niveau de terre, fur-tout dans les terreins humides; mais c'eft un mal léger, puifqu'en coupant cette tige defféchée, de nouvelles branches fortiront du pied.

Si on veut jouir promptement, & fi le terrein eft bon, on peut planter des charmilles de douze à quinze pieds de hauteur, & de huit à dix dans un fol de médiocre qualité. La diftance entre l'un & l'autre doit être de dix-huit pouces. On aura foin de couper toutes les branches de la tige, & de laiffer un chicot de deux à trois pouces à la naiffance de chaque branche. Ce chicot retient la sève, pouffe des bourgeons, & ces bourgeons garniffent bientôt l'efpace qui fe trouve vide; de forte qu'à la feconde année, la paliffade eft toute formée. Si les charmilles qu'on a arrachées dans les bois font d'une belle venue, bien faines, bien vigoureufes, & fur-tout bien enracinées, elles fuppléeront les charmilles élevées dans les pépinières. Une précaution à prendre avant de les replanter, c'eft de les laiffer tremper dans l'eau pendant vingt-quatre heures.

Après la plantation, l'alignement, &c. il convient de ficher en terre de forts piquets, & de retenir des deux côtés les charmilles, par des perches tranfverfales, afin d'empêcher que les coups de vent ne dérangent leur direction.

La taille s'exécute au croiffant & aux cifeaux, avant le renouvellement de la sève du printemps & du mois d'Août : l'épaiffeur qu'on doit donner à la paliffade dépend de fa longueur ; mais il eft toujours prudent de tailler & de raccourcir les branches vers le tronc, parce que les feuilles pouffent feulement à l'extérieur des rameaux. A quoi fert donc alors une épaiffeur de fix à huit pieds ?

Outre l'agrément inappréciable que procure cette charmante verdure, la charmille réunit encore l'avantage de parer les coups de vent, d'en garantir les vergers, les potagers, &c.

CHARRETIER, & non pas CHARTIER. La fignification propre du mot défigne le conducteur d'une charrette, d'un charriot, &c. mais, en Agriculture, fon acception eft beaucoup plus étendue. Le charretier eft le valet de la ferme, qui a foin des chevaux, des mulets, &c. & qui conduit la charrette, le charriot, le tombereau, &c. C'eft, à mon avis, l'homme le plus important de la ferme, &, pour fe procurer, on ne doit pas mettre de la parcimonie dans les gages ; mais combien de qualités & de talens ne doit pas avoir un bon charretier ! il eft rare d'en trouver un de cette efpèce.

Pour fe procurer un charretier, il faut faire les mêmes perquifitions que lorfqu'il s'agit de prendre un fermier. (*Voyez* page 126 du tome fecond, au mot BAIL A FERME.) C'eft de cet homme précieux que dépend la fanté de vos bêtes de charge, l'économie des fourrages, des avoines, & la multiplication des engrais.

Un charretier doit être doux, actif, vigilant, fobre, patient & fort. S'il eft brufque, s'il bat les animaux, renvoyez-le auffi-tôt ; ils doivent obéir à fa voix, & non à fon fouet. Bientôt ils deviendront entre fes mains, rétifs, mutins & méchans. Tout animal fe foumet par la douceur, & toute contrainte l'irrite. Un bon charretier ne penfe qu'à fes chevaux, & n'eft content que lorfqu'il fait qu'il ne leur manque rien.

Le maître charretier doit favoir labourer, femer, herfer, charger & décharger une voiture ; le tout avec promptitude & dextérité. (*Voyez* le mot BOUVIER, pour les occupations qui leur font relatives.)

CHARRETTE. (*Voyez* le mot VOITURE.)

CHARRUE.

PLAN du travail fur les charrues.

Par M. D. L. L.

PREMIÈRE PARTIE.

DES CHARRUES.

Des notions effentielles pour la conftruction des charrues, & de leurs différentes efpèces.

CHAPITRE PREMIER. *Obfervations préliminaires fur l'utilité & la qualité des charrues en général, relativement aux effets qu'elles doivent produire,* page 53.

G 2

PREMIÈRE PARTIE.

DES NOTIONS ESSENTIELLES POUR LA CONSTRUCTION DES CHARRUES, ET DE LEURS DIF-FÉRENTES ESPÈCES.

CHAPITRE PREMIER.

Observations préliminaires sur l'utilité & la qualité des charrues en général, relativement aux effets qu'elles doivent produire.

La charrue est l'instrument le plus utile à l'Agriculture, & celui dont l'usage est le plus commun pour cultiver les terres. Quoique les avantages qu'on en retire soient connus depuis long-temps, cependant ce n'est que de nos jours qu'on s'est occupé à le perfectionner, & à le rendre encore plus utile, en proportionnant la forme de sa construction, relativement à sa solidité, à sa légéreté, & à l'aisance de sa marche, aux différentes qualités de terreins qu'on veut cultiver. Si l'on pouvoit faire autant d'ouvrage avec la bêche qu'on en fait avec la charrue, il n'y a pas de doute qu'on ne dût préférer ce premier instrument de culture à tout autre, parce qu'il n'y en a point qui remue aussi parfaitement la terre en la renversant sens dessus-dessous, ce qui est une opération que le verfoir de la charrue n'exécute jamais aussi bien. S'il pouvoit être employé dans des terreins étendus avec la même utilité, le même avantage qu'on en retire dans les jardins, la charrue deviendroit fort inutile. Mais ayant beaucoup de terres à cultiver, & peu d'hommes eu égard à l'étendue immense des terres labourables, la plus

grande partie resteroit sans culture. La charrue à coutres, comme on le verra, supplée en quelque sorte assez bien à la bêche, elle fouille & remue la terre à une très-grande profondeur, l'ameublit, la divise assez parfaitement ; outre cela, elle a l'avantage de faire infiniment plus d'ouvrage que la bêche.

En considérant la bêche comme l'instrument le plus parfait dont nous fassions usage pour remuer & ameublir la terre, nous devons donc nous occuper à construire des charrues qui soient propres, autant qu'il est possible, à produire ces effets ; sans cela nous remplaçons un très-bon instrument, par un mauvais, dont le seul avantage sera de faire beaucoup d'ouvrage ; mais étant mal fait, nous n'en retirerons aucune sorte d'utilité. Si la charrue ne remuoit la terre qu'en dessous sans la renverser, loin de détruire les mauvaises plantes, on donneroit à leurs racines la facilité de s'étendre en ameublissant la terre qui les environne ; pour lors la semence qu'on y jeteroit germeroit difficilement, parce qu'elle seroit étouffée en grande partie par les racines des mauvaises herbes qui seroient restées dans les sillons.

L'effet de la charrue doit donc être de couper, diviser, renverser & ameublir la terre : cet effet dépend particulièrement des coutres qui coupent la terre verticalement, du soc qui la fend horizontalement & la divise, & du verfoir qui la jette dans le sillon précédemment formé. Les différentes espèces de charrues que nous connoissons, ne sont point toutes également propres à produire ces effets : le choix qu'il y a à faire de cet instrument de culture dépend absolument de la nature & de la qualité du terrein qu'on veut entreprendre de cultiver ; le laboureur doit bien le connoître avant d'y mettre la charrue. Dans une terre forte, tenace, une charrue d'une construction solide, dont le sep est armé d'un soc assez large, qui est précédé d'un ou deux coutres, ouvrira un profond & large sillon, en renversant la terre sur le côté : au contraire, si on y employoit une charrue légère, dont le soc peu aigu ne seroit point précédé par un coutre, à peine pourroit-il entrer pour fendre la terre. Quand le terrein est léger, sablonneux, friable, une forte charrue devient un instrument inutile ; si on s'en sert, on ne donne pas à ce terrein la culture qui lui est propre : au lieu d'être ameublie, la terre est trop battue, & la semence a bien de la peine à germer.

Tous les terreins ne se prêtent pas aux mêmes méthodes de culture. Telle manière de préparer la terre pour la rendre propre à faire germer les grains qu'on y jette, & à féconder les plantes qui en proviennent, ne convient pas à toutes sortes de sols. Il y a une très-grande différence entre un sable léger, une terre friable & une glaise tenace. La manière de les cultiver ne peut donc point être la même, puisque leur nature, leurs qualités diffèrent si essentiellement : le même instrument ne peut point convenir à donner la culture qui est propre à ces diverses espèces de terreins. Quel labour feroit dans une glaise tenace, une charrue légère qui cultive merveilleusement un sol sablonneux ou friable ? Outre qu'il faut avoir égard à la qualité des terres, dans le choix des charrues,

on doit encore considérer la quantité de bonne terre que peut avoir un sol : il y en a qui n'ont que six ou huit pouces de bonne terre, au dessous de laquelle on trouve du gravier, de la craie, ou du tuf. Une charrue forte qui prendroit trop d'entrure, ramèneroit à la surface ces mauvaises qualités de terres, qui se mêleroient avec les bonnes. Une charrue légère à laquelle on fait prendre aussi-peu d'entrure qu'on veut, est donc l'instrument de culture qu'on doit employer dans ces sortes de terreins.

Anciennement on ne faisoit aucune observation sur la nature & la qualité de la terre, relativement aux instrumens qu'on vouloit employer pour la cultiver. Quelle que fût une charrue, on s'en servoit indifféremment dans un terrein fort ou léger ; aussi l'Agriculture étoit dans un état très-médiocre, & fort inférieur à celui dont elle jouit aujourd'hui : on n'imaginoit pas qu'une charrue légère ne pouvoit donner qu'un mauvais labour dans un terrein fort & tenace ; qu'un soc très-aigu & bien tranchant ne devoit servir qu'à ouvrir les terres fortes & compactes, & qu'il étoit inutile qu'il fut si acéré pour les terreins pierreux, & graveleux.

Dans sa *Maison Rustique*, M. Liébaut ne traite de la charrue, que pour dire qu'il faut la laisser telle qu'elle est, sans entrer dans aucun détail touchant sa construction. M. de La Salle, dans son *Manuel d'Agriculture*, est du même sentiment, puisqu'il dit aussi qu'il faut laisser au laboureur son soc, comme l'établit Olivier de Serres d'après Caton. Je dis au contraire, qu'il ne faut point laisser au laboureur sa charrue, quand on peut lui en procurer une plus convenable à la qualité du sol qu'il a à cultiver. Qu'importe, dit M. Liébaut, comme soit le couteau, pourvu qu'il coupe le pain ; voulant dire que la forme de la charrue est indifférente pourvu qu'elle cultive la terre. Je dirai aussi à son exemple, qu'on doit peu s'occuper de la forme de la charrue, pourvu qu'elle fouille, remue & divise la terre comme il faut. Mais encore une fois toutes les charrues ne sont point propres à produire ces effets.

Il y a tout lieu de croire que du temps de Virgile, l'Agriculture romaine ne connoissoit qu'une espèce de charrue que nous pouvons comparer, d'après ce qu'il en dit dans son premier livre des Géorgiques, à l'araire de Provence, que connoissent presque tous les agriculteurs. Cette charrue, trop légère pour des terreins forts, exigeoit un attelage considérable, encore ne pouvoit-elle donner qu'une culture imparfaite à un sol qui ne demande qu'à être médiocrement cultivé pour produire les moissons les plus abondantes. Pline le naturaliste ne s'explique pas mieux que Virgile au sujet de la charrue : le détail qu'il fait des pièces dont elle est composée se rapproche absolument de ce qu'en dit Virgile : il eût pu nous faire connoître la charrue égyptienne & athénienne, qui, selon toute apparence, différoit peu de la charrue latine. Dans bien des cantons de l'Italie, & sur-tout dans la Campagne de Rome, cet instrument de culture est encore aujourd'hui très-imparfait : ce n'est presque qu'à la fertilité & à la bonté du terrein qu'on est redevable des récoltes abondantes qu'il produit.

Le coutre que nous adaptons à nos fortes charrues étoit connu anciennement ; Virgile n'en fait aucune mention dans le détail qu'il donne des instrumens de labourage. Pline le naturaliste en parle & le nomme un second soc, en disant qu'il doit précéder le premier pour fendre la terre devant lui, afin qu'il ait moins de peine à ouvrir le sillon. Il est d'un usage essentiel & indispensable pour fendre & couper la terre devant le soc, quand est elle forte & tenace. Dans les terreins légers, sablonneux, friables, il devient inutile, parce que le soc n'éprouve pas assez de résistance pour être précédé d'un coutre qui facilite son entrure en ouvrant la terre devant lui. Dans les terres fortes il est indispensable, sur-tout pour les premiers labours ; la terre n'ayant point encore été remuée, le soc l'ouvriroit difficilement, & il n'y parviendroit qu'en enlevant de larges mottes, qu'on seroit obligé de briser ensuite. Il est rare que les charrues légères soient formées de coutres : étant destinées pour la culture des terres légères, ils sont inutiles. Les charrues fortes dont on se sert pour la culture des terres compactes tenaces, doivent avoir un ou plusieurs coutres ; sans cela, le soc éprouveroit une résistance trop considérable, à cause de la cohésion des particules de la terre : ne pouvant la vaincre qu'avec beaucoup de peine, on feroit difficilement un labour égal, auquel on emploieroit plus de temps, parce que la marche de la charrue seroit fort retardée.

L'emplacement des coutres à l'âge ou à la flèche de la charrue, ne doit point être à volonté ; il faut observer que leur destination est de fendre la terre devant le foc, afin qu'il entre aifément fans éprouver une trop grande réfiftance, qui retarderoit la marche de la charrue : il ne fuffit donc point qu'ils précèdent le foc, mais il faut encore qu'ils foient placés devant la partie du foc qui a le plus d'obftacles à furmonter en raifon des frottemens. C'eft une obfervation que Pline eût faite, fi le foc de la feule charrue qu'il connoiffoit avoit eu une forme femblable à celle qu'on donne aux focs de nos fortes charrues. Il n'eft pas poffible de donner une règle fixe & invariable pour la pofition du coutre à l'âge de la charrue ; elle dépend de quantité de circonftances qu'on rencontre dans la pratique, qu'il eft difficile de prévoir : c'eft au cultivateur intelligent à le placer de façon qu'il rempliffe l'objet de fa deftination. En général, quand la pointe du foc n'eft pas affez inclinée à l'horizon, le coutre doit être placé plus en arrière, afin que le foc ait plus de prife. Si le foc au contraire eft trop tourné en bas, ou qu'il foit trop long, la pointe du coutre doit fe trouver un peu en avant de celle du foc, afin qu'il ne s'enfonce point trop. Quand la pointe du foc n'eft pas affez tournée à gauche, il faut tourner le coutre de ce côté, afin qu'il ouvre la terre, & que le foc ne foit point renvoyé en éprouvant trop de réfiftance.

Par la pofition qu'il faut donner au coutre, on connoît fi une charrue eft bien conftruite. Lorfqu'elle eft faite felon les règles, elle travaille parfaitement, quand le coutre eft prefque dans le plan vertical de fon mouvement progreffif, & que fa pointe eft tant foit peu au-deffus de celle du foc.

Quand le foc d'une forte charrue eft à double aile, le premier coutre doit être placé devant la pointe du foc, les deux autres à gauche & à droite en devant de l'aile du foc, un peu plus en arrière que le premier. L'âge n'ayant pas toujours affez de largeur pour qu'on puiffe placer les coutres à des diftances convenables, on eft obligé d'y ajouter de chaque côté un morceau de bois qu'on attache fortement avec des vis & des écrous aux deux côtés de l'âge, dans lequel on pratique une mortoife pour recevoir le coutre.

Communément le foc des fortes charrues n'a qu'une aile à droite, qui eft le côté du verfoir ; dans ce cas il faut placer les coutres vers la droite, parce que c'eft la partie du foc qui éprouve toute la réfiftance ; fi on ne facilitoit pas fon entrure dans le fillon par le moyen des coutres, la charrue courroit rifque de renverfer à gauche, ne pouvant vaincre les obftacles qui s'oppofent à fa marche, principalement dans les terreins qui font compactes & tenaces. On place donc le premier coutre devant la pointe du foc, & les autres à fa droite, à des diftances convenables & relatives à la largeur de fon aile : par ce moyen le foc ouvre & foulève, en traçant fon fillon, une terre déjà fendue par les coutres ; le verfoir la jette fur le côté affez bien divifée, ou au moins en plus petites mottes que fi la charrue n'avoit point de coutres.

Quand on donne un premier labour à une terre en jachère, les coutres deviennent indifpenfables pour l'effet de la charrue, quoique la terre ne foit pas extrêmement forte, parce que les ronces, les mauvaifes herbes ont

ont eu le temps de jeter de profondes racines, & de s'étendre au loin : si le soc n'étoit pas précédé des coutres, qui coupent en partie toutes ces racines, sa direction changeroit à tout instant eu égard aux obstacles qu'il rencontreroit ; sa marche seroit donc considérablement retardée, & le laboureur fatigueroit beaucoup pour gouverner sa charrue qu'il auroit bien de la peine à tenir dans sa direction. Les coutres, au contraire, ayant fendu la terre, coupé le gazon, les racines des ronces, celles des mauvaises plantes, le soc ouvre & soulève la terre aisément, en suivant la direction que lui donne le laboureur dans le cours de son fillon, qu'il trace à la profondeur qu'il juge convenable. Quand on veut labourer un terrein en friche pour le mettre en culture, on conçoit toute l'utilité des coutres, sans lesquels la plus forte charrue ne feroit qu'un travail très-imparfait, qu'on feroit forcé de recommencer à plusieurs reprises.

CHAPITRE II.

DE LA CONSTRUCTION DES CHARRUES.

SECTION PREMIÈRE.

De la principale propriété de la charrue, dépendante de sa construction.

La marche d'une charrue, son entrure dans le fillon, l'égalité du labour qu'elle fait, la facilité de la conduire, de la gouverner ; toutes ces propriétés dépendent presque uniquement de la forme & de la perfection de sa construction : l'ouvrier doit par conséquent être très-exact à lui donner toutes les proportions

Tom. III.

qu'elle doit avoir, & observer soigneusement toutes les dimensions qui conviennent à l'espèce de charrue qu'il construit. Dans la description particulière de chaque espèce de charrue, nous entrerons dans le détail des proportions qui lui sont propres, en indiquant autant qu'il sera possible les dimensions sur lesquelles il faut se régler pour les construire.

La principale & la plus essentielle propriété de la charrue, consiste à piquer selon la volonté du conducteur, c'est-à-dire, à tracer un fillon plus ou moins profond ; c'est ce qu'on appelle donner l'entrure. Cette profondeur plus ou moins grande du fillon, ou l'entrure du soc dans le terrein, dépend principalement de l'ouverture de l'angle que forment l'âge ou la flèche avec le sep par leur assemblage : l'évaluation commune de cet angle est depuis dix-huit jusqu'à vingt-quatre degrés au plus ; voilà la mesure sur laquelle l'ouvrier doit se régler dans l'assemblage des pièces qui composent sa charrue. Dans la pratique, c'est-à-dire, quand la charrue ouvre les fillons, son entrure dans le terrein est toujours relative à l'ouverture de cet angle. Quand on veut avoir un fillon profond, on en diminue l'ouverture, & on l'augmente si l'on veut qu'il soit moins profond : pour lors on détermine son ouverture par la ligne horizontale du terrein, & par celle de l'âge ou de la flèche ; ce qui est absolument la même chose, parce que le sep est toujours parallèle à la ligne horizontale du terrein. Si la charrue est mal faite, si l'angle que forment l'âge & le sep est hors des proportions indiquées, le laboureur ne peut point la gouverner de façon à lui donner

H

l'entrure convenable à l'espèce de culture qu'exige le terrein qu'il laboure; il aura beau appuyer sur les manches en dirigeant son effort en avant ou en arrière selon les circonstances, l'entrure du soc n'en sera guère, ni plus ni moins considérable.

De quelque espèce que soit la charrue qu'on fait construire, le charron doit toujours ménager au laboureur une très-grande facilité de donner l'ouverture qu'il desire à l'angle que fait l'âge avec le sep, afin qu'il puisse aisément l'augmenter ou la diminuer, selon qu'il convient de donner plus ou moins d'entrure à sa charrue. Avec celles qui sont à avant-train, l'âge étant portée sur la sellette qui repose sur la traverse qui couvre l'essieu des roues, il est très-facile de donner plus ou moins d'ouverture à cet angle, en avançant ou reculant l'extrémité de la flèche sur la sellette. On n'a pas la même facilité avec celles qui n'ont point d'avant-train, & dont l'âge repose sur le joug des bœufs. C'est par l'assemblage du sep & de l'âge qu'on augmente ou diminue l'ouverture de l'angle qu'ils forment : pour cet effet, il est nécessaire que le charron ait l'attention de tenir la mortoise qu'il fait au manche ou au sep, assez large, afin qu'en dessus & en dessous on puisse aisément y glisser des coins qu'on enfonce à volonté, pour rendre l'ouverture de l'angle telle qu'elle doit être, selon l'espèce de culture qu'il veut donner au terrein qu'il laboure.

Quand on ne s'est point ménagé dans la construction d'une charrue la facilité de donner plus ou moins d'ouverture à l'angle que forment le sep & l'âge, il est impossible que sa marche soit uniforme, quelque adroit & intelligent que soit le laboureur à la conduire & à la gouverner. L'effort qu'il est obligé de faire en appuyant sur les manches pour faire prendre beaucoup d'entrure au soc, ou pour qu'il en prenne moins, le fatigue considérablement, encore est-il rare qu'il y réussisse : cet effort ne pouvant point être continuel, parce qu'il est pénible, le labour est très-imparfait, le même sillon n'a point une profondeur égale dans toute sa longueur. Une pièce de terre labourée avec une telle charrue est fort mal cultivée, parce qu'elle n'est point remuée par-tout à la même profondeur.

On ne peut suppléer à ce défaut de construction qu'en donnant plus de longueur aux manches. Dans quelques charrues légères qui ne sont point faites selon les dimensions indiquées, on a brisé les manches au milieu afin de les alonger ou raccourcir quand les circonstances l'exigent; ce levier étant plus long, le conducteur de la charrue fatigue moins par l'effort qu'il fait en appuyant sur les manches : il est vrai que l'ouvrage n'est point fait aussi promptement, parce que la marche de la charrue est nécessairement retardée par l'effort continuel du charretier sur les manches.

Section II.

Du choix des bois propres à la construction des charrues, & de la meilleure forme qu'on doit donner aux pièces qui la composent, afin d'éviter les frottemens.

On ne doit point employer indifféremment toutes sortes de bois à la construction des charrues ; le choix qu'il y a à faire est relatif aux diverses pièces dont elle est composée : telle espèce de bois, par exemple, convient pour une pièce, qui ne seroit point propre pour une autre. Le sep demande un bois dur & compacte, susceptible d'un extrême poli, afin qu'éprouvant peu de frottement dans le sillon, sa marche n'en soit point retardée. Le poirier, le prunier, le sorbier, &c. sont les meilleurs bois pour faire les seps des charrues ; leur dureté, & l'extrême poli qu'il est aisé de leur donner, les rendent très-propres à former cette pièce essentielle, qui est plus dans le cas de s'user que tout autre, à cause des continuels frottemens qu'elle éprouve dans le sillon. Quoiqu'on ne puisse point donner au chêne un poli aussi parfait qu'aux bois indiqués ci-dessus, il peut très-bien les remplacer quand on ne peut point s'en procurer ; il est assez compacte, & sa qualité le fait résister long-temps à l'humidité qui pourrit les autres bois.

Dans la construction de cette pièce essentielle de la charrue, l'ouvrier doit faire attention que le centre de la résistance que la charrue a à surmonter, est moins au bout du soc, qui, étant aigu & tranchant, coupe aisément la terre, qu'aux faces latérales & inférieures du sep. La résistance de la terre ne provient pas tant de sa propre pesanteur, que de la cohésion de ses particules, qui forment une masse assez solide, & opposent leur résistance au-devant de la charrue selon la ligne du tirage. Le centre de résistance ou de percussion n'étant par conséquent pas tout-à-fait à la pointe du soc, mais au contraire sur le plan des faces latérales & inférieures du sep, l'ouvrier doit donc tenir

cette pièce extrêmement polie, afin qu'en diminuant les frottemens, les obstacles soient moins considérables.

La surface verticale gauche & l'inférieure horizontale du sep ou coin triangulaire, dont le corps de chaque charrue est composé, ne doivent point être tout-à-fait plates, mais un peu concaves, afin de donner plus d'assiette à la charrue dans le labour. Si elles étoient absolument plates, les extrémités deviendroient convexes par les frottemens, parce que ce sont les parties qui en éprouvent de plus considérables : le sep tendroit alors à sortir de la direction qu'on lui auroit fait prendre ; dans cette circonstance le conducteur seroit obligé de faire des efforts extraordinaires, & d'appuyer fortement sur les manches, en dirigeant son action tantôt à droite, tantôt à gauche, pour diriger & gouverner sa charrue, comme elle doit l'être, s'il veut faire un labour uniforme. Au contraire, lorsque le sep a ses faces latérales, & l'horizontale inférieure un peu concave, après l'action du soc, il n'y a que le bout du talon qui touche le fond du sillon dans le plan horizontal, de même dans le plan vertical du côté gauche, il n'y a que le bout latéral du talon qui éprouve des frottemens contre le terrein. De cette manière on diminue beaucoup les frottemens qu'éprouveroit sans cela le sep dans le sillon ; la résistance qui provient plus de la cohésion des particules de la terre, que de la difficulté du soc à l'ouvrir, est considérablement diminuée ; l'attelage fatigue peu, ayant de moindres obstacles à surmonter.

Pour diminuer encore plus les obstacles qui proviennent des frottemens que le sep éprouve dans le sillon ; pour rendre en même temps la marche de la charrue plus aifée, dans certains cantons de l'Angleterre on eſt dans l'uſage d'adapter au talon du ſep deux roulettes très-baſſes, ſur l'eſſieu deſquelles il eſt porté, ou une ſeule qu'on place au milieu du ſep dans une mortoiſe pratiquée à cet effet, où elle eſt fixée par un axe qui traverſe l'épaiſſeur latérale du ſep. Le mouvement progreſſif de rotation de ces roulettes, quand la charrue eſt tirée, rend la marche du ſep dans le ſillon très-aiſée, parce qu'il n'a plus que des frottemens latéraux à éprouver, qui ſont bien moins conſidérables qu'ils ne le ſeroient ſans le ſecours des roulettes. C'eſt de la marche aiſée de la charrue, que dépend l'égalité du labour, qui conſtitue une bonne culture. Quand une charrue va avec aiſance, l'attelage fatigue fort peu, il n'eſt point néceſſaire qu'il ſoit auſſi nombreux comme quand elle va difficilement & que ſa marche eſt pénible. Le conducteur alors eſt abſolument maître de ſa charrue, il la gouverne à ſa volonté, ſans preſque ſe fatiguer ni ſe gêner. Je ſuis perſuadé que dans les terres extrêmement fortes & tenaces, on tireroit un grand avantage des deux roulettes adaptées au talon du ſep : outre qu'elles faciliteroient ſa marche, elles le conſerveroient en lui épargnant les frottemens continuels qui l'uſent peu à peu. Ces roulettes ſont très-baſſes, leur diamètre eſt d'environ cinq à ſix pouces, ce qui n'élève le ſep que de trois pouces au-deſſus du terrein, à l'endroit où elles ſont placées : elles contribuent encore à donner plus d'entrure au ſoc, parce que le talon du ſep étant élevé, la pointe du ſoc pique plus avant.

L'âge ou la flèche eſt exactement le *régulateur* de la charrue : ſa marche uniforme, l'entrure du ſoc dans le ſillon dépendent de ſa poſition ſur la ſellette de l'avant-train. Si cette pièce étoit toujours beaucoup en arrière, que le bout ſeul portât ſur la ſellette ; quoiqu'elle fût fort longue ſon poids ne ſeroit pas un fardeau conſidérable pour l'attelage : mais ſouvent on eſt obligé de l'avancer ſur la ſellette, quand on veut que la charrue pique moins ; alors ſon poids devient une charge pour les chevaux de traits. Si elle étoit faite d'un bois dur & peſant, comme elle a ſouvent huit à dix pieds de longueur, ſur cinq à ſix pouces d'équarriſſage, les chevaux auroient beaucoup de peine à tirer la charrue : il faut par conſéquent choiſir un bois léger, afin de ne point faire de ce *régulateur* un poids énorme qui fatigueroit conſidérablement les animaux qui ſont à l'attelage. Le hêtre, le frêne, le tilleul, ſont des bois très-propres pour l'âge ou la flèche des charrues, à plus forte raiſon pour le joug que portent les bœufs.

La forme de la flèche n'eſt pas abſolument indifférente : dans la plupart des charrues elle eſt droite d'un bout à l'autre ; alors s'il y a pluſieurs coutres, les derniers doivent être plus longs que les premiers, afin qu'ils puiſſent arriver ſur la terre pour la fendre. Cette longueur des derniers coutres, n'eſt point du tout favorable à leur action ; ils ne ſont point auſſi ſolidement dans la mortoiſe où on les place, & l'effort qu'ils font pour ouvrir la terre leur fait ſouvent perdre la poſition qu'ils doivent avoir : d'ailleurs le point d'appui ſe trouvant trop éloigné de la réſiſtance, leur action est moindre. La meilleure forme qu'on puisse donner à la flèche est la droite & la courbe tout à la fois, c'est-à-dire, droite depuis le tenon par lequel elle l'assemble au sep, jusqu'après la mortoise du dernier coutre où elle est continuée en ligne courbe, pour aller reposer sur la sellette. Cette forme est la meilleure qu'on puisse lui donner pour l'action des coutres, parce que la pointe du dernier se trouve aussi près du terrein que celle du premier, leurs longueurs étant égales. Cependant, comme on est souvent obligé d'avancer la flèche sur la sellette, & que cet avancement élève plus au-dessus du terrein coutre la partie où est placé le dernier coutre que celle où se trouve le premier, il est bon que le dernier soit toujours d'un ou deux pouces plus long que les autres.

Pour les versoirs, ou oreilles des charrues, on choisit un bois dur, auquel on puisse donner tout le poli qu'exigent ces pièces, en raison des résistances qu'elles éprouvent. On doit, autant qu'il est possible, chercher à diminuer les frottemens; ce sont des obstacles qui retardent la marche de la charrue, & rendent son action plus lente : on y parvient par l'extrême poli qu'on donne à ces pièces. Tous les bois n'en étant pas également susceptibles, il y a par conséquent du choix à faire. Le versoir est fait ordinairement du même bois que le sep; lorsqu'il est bien uni, la terre, quoique humide, ne s'y attache pas aisément.

La forme du versoir contribue beaucoup à accélérer ou retarder la marche de la charrue, & à l'effet qu'elle doit produire, qui est de bien renverser la terre sur le côté.

La plupart des ouvriers imaginent qu'une planche quelconque, pourvu qu'elle soit un peu contournée, est un versoir qu'ils peuvent adapter à une charrue, sans faire attention à prévenir les frottemens qu'il est dans le cas d'éprouver quand il avance dans la terre. Cependant l'expérience démontre que le versoir éprouve presqu'autant de frottement que le sep, puisque le laboureur est continuellement obligé d'appuyer sur les manches du côté du versoir, autrement sa charrue seroit bientôt renversée sur le côté opposé, à cause des obstacles que rencontre le versoir de la part de la cohésion des particules de la terre, dans la marche de la charrue. Un ouvrier intelligent doit donc chercher à lui donner la forme la plus convenable pour diminuer les frottemens, afin que les obstacles à surmonter étant moindres, la marche de la charrue ne soit point retardée. Le laboureur ayant alors moins de peine à la tenir dans l'assiette qu'elle doit avoir au fond du sillon, & la gouvernant avec aisance, le labour sera très-uniforme.

Plusieurs ouvriers donnent au versoir la forme d'un coin prismatique, dont le tranchant est vertical; d'autres font son plan extérieur convexe dans le haut, & concave en bas; d'autres enfin, & c'est assez l'ordinaire pour les charrues légères, lui donnent une forme absolument plate; de sorte que ce n'est exactement qu'une planche très-unie, avec une bande de fer appliquée au côté inférieur, qui entre dans la terre, pour empêcher qu'elle ne s'use trop vîte par les frottemens.

M. Arbuthnot, membre de la Société royale de Londres, dans un mémoire qui a été communiqué à l'Académie royale des Sciences de Paris, & qu'on trouve dans le *Journal de Physique*, au mois d'Octobre 1774, nous apprend qu'il a trouvé par expérience, que la forme d'un coin prismatique qu'on donne assez communément aux versoirs, n'est pas la plus favorable à diminuer les frottemens, pour rendre la marche de la charrue plus aisée. Il a observé que la terre s'y attache dans l'angle formé par le soc & le versoir; de façon que la nature même du labourage semble indiquer que cette surface doit être courbe. Il a pensé que la semi-cycloïde étoit apparemment celle qui opposeroit le moins de résistance dans son opération pour ouvrir la terre. En effet, cette courbe descend si doucement, tandis que la pointe du cercle générateur est au-dessus de son axe, qu'en la renversant pour former la pente depuis le sommet du versoir jusqu'à la pointe du soc, il s'attendoit à un effet le plus avantageux pour la pratique. Il fit donc exécuter son projet, en donnant un diamètre de seize pouces au cercle générateur; il eut la satisfaction de voir que sa nouvelle charrue alloit beaucoup mieux qu'aucune autre, sans avoir besoin d'une aussi grande puissance à l'attelage pour labourer: il observa cependant qu'en labourant dans une terre légère & friable, sa charrue ne déchargeoit pas assez vîte la terre de côté; au lieu de la semi-cycloïde, il adopta la courbure de la moitié d'une demi-ellipse pour sa charrue, en la formant avec une sémi-transverse de la même hauteur de seize

pouces, dont les foyers étoient à une pareille distance du centre commun. Celle-ci labouroit mieux que la première, dans une terre friable & légère; mais l'autre, formée avec la semi-cycloïde, la surpassoit de beaucoup dans les terres fortes, & faisoit encore mieux quand les sillons étoient profonds. Dans un cas pareil, il est bien aisé d'en juger par la forme de sa courbure, qui doit tendre à surmonter plus aisément la résistance du terrein, dont le seul obstacle est toujours plus grand que tous les autres réunis.

La courbure dont il vient d'être parlé, ne regarde précisément que la forme du devant du versoir: elle est formée par l'extrémité des coupes horizontales de sa solidité, mais dont la surface totale qui en résulte, est concavo-convexe. M. Arbuthnot avoue qu'il n'est point parvenu à la configurer de la sorte par aucune discussion théorique, mais par la simple expérience accompagnée d'une observation assidue, sur la manière avec laquelle la terre rencontre le versoir; comment elle s'y attache ou détache en différentes circonstances; comment elle tombe & est plus ou moins renversée; ayant égard aux endroits qui s'usent les premiers dans différentes charrues: ce qui montre où est le plus grand frottement, ou la plus grande résistance à surmonter.

Les manches des charrues ne doivent point être faits avec un bois trop léger: on doit considérer le manche de la charrue comme une espèce de levier, qui sert de gouvernail au conducteur, dont la pesanteur doit entrer en balance avec celle du fep : il faut donc choifir un bois dur pour en faire des manches, tel que le chêne ou autre femblable, afin qu'ils foient en état de réfifter aux efforts réitérés que le charretier eft fouvent obligé de faire fur eux, fur-tout quand la charrue eft d'une conftruction défectueufe.

La plupart des charrues légères qu'on emploie pour la culture des terres fablonneufes, n'ont qu'un manche fimple un peu recourbé en arrière. Comme le conducteur a peu d'effort à faire pour gouverner fa charrue dans un terrein qui n'oppofe aucune réfiftance, ce manche fimple fuffit ; mais dans les terres fortes, où le conducteur eft fans ceffe occupé à bien tenir le fep dans fon affiette au fond du fillon, à caufe des obftacles qu'il rencontre à tout inftant, & qui tendent à faire tourner la charrue ; il lui feroit difficile de la tenir dans un parfait équilibre, fans le fecours du double manche, qui, divifant fa puiffance, en porte une partie à droite, & l'autre à gauche ; de forte que fi le fep tend à tourner à gauche, fa main appuyant auffi-tôt vers la droite, il eft remis en place fur le champ.

Ce double manche, qu'on eft, avec raifon, dans l'ufage d'adapter aux charrues qu'on emploie pour cultiver les terres fortes, eft fourchu à fon extrémité, c'eft-à-dire, à la poignée. Souvent c'eft un bois qui a naturellement cette forme ; d'autres fois elle provient de fon affemblage : il eft toujours un peu courbé en arrière, afin que le conducteur ait plus d'aifance pour appuyer deffus quand il eft néceffaire. S'il n'eft pas courbé par la coupe du bois, on lui donne alors un peu plus d'inclinaifon en arrière, afin d'y fuppléer. Il faut avoir attention qu'il n'ait pas trop de hauteur, pour que le laboureur, en appuyant deffus, puiffe agir comme il faut. Cette proportion dépend beaucoup de la taille du conducteur : auffi, il y a des charrues dont le manche eft brifé ; par ce moyen, on peut toujours le mettre en proportion de la taille de celui qui doit conduire la charrue. Cette méthode eft affez bonne quand on peut arrêter ces manches d'une manière bien folide, parce que tous les laboureurs n'ont pas la même taille : cependant il eft néceffaire que la hauteur des manches entre en proportion avec elle, afin que le conducteur puiffe agir librement & avec facilité.

L'avant-train des charrues doit être confidéré comme un fecours qui vient à l'aide des chevaux de trait, lequel rendant la marche de la charrue plus aifée dans le fillon, doit par conféquent épargner beaucoup de peine à l'attelage. Pour que la deftination de l'avant-train ait pleinement fon effet, il doit être peu pefant, & conftruit cependant d'une manière folide : s'il étoit trop pefant, il fatigueroit confidérablement l'attelage, parce que fon propre poids l'enfonceroit dans le fillon, la charrue n'en iroit pas mieux, & les chevaux auroient beaucoup de peine à la tirer. On doit faire en forte, autant qu'on le peut, que la puiffance des chevaux qui font à l'attelage, n'agiffe que pour vaincre la réfiftance qu'éprouve le coin qui ouvre la terre : fi l'avant-train étoit trop lourd, ce feroit un fecond obftacle qu'on oppoferoit à leurs efforts.

Tous les bois qui entrent dans la

conftruction de l'avant-train doivent être légers : fa folidité ne doit dépendre que de l'affemblage des différentes pièces qui le compofent, lefquelles doivent être parfaitement affemblées. Si le tétard, le patron, le limonier, les traverfes étoient en chêne, toutes ces pièces formeroient une maffe énorme, que fon propre poids, joint à celui de la flèche dont le bout porte fur l'avant-train, enfonceroit dans la terre. Il eft donc bien effentiel de n'employer que du bois léger, afin d'épargner une peine inutile à l'attelage qui retarderoit la marche de la charrue.

Dans quelques endroits on eft dans l'habitude de faire en fer les deux roues fur lefquelles porte l'avant-train : cette méthode eft défectueufe, parce que, pour les rendre moins pefantes, on donne peu de furface à la circonférence. Alors les roues entrent facilement dans la terre ; l'avant-train fe trouvant trop bas, l'attelage a beaucoup de peine à tirer la charrue : le conducteur ne peut plus la gouverner à volonté, le foc prend, malgré lui, plus d'entrure qu'il ne convient fouvent au labour qu'il fait. Au contraire, quand les roues font en bois, l'avant-train ne s'enfonce pas fi aifément ; les jantes des roues étant plus larges, elles prennent une plus grande furface fur le terrein.

On fait ordinairement le moyeu des roues avec le frêne, qui eft un bois dans lequel on peut pratiquer les mortoifes qui reçoivent les tenons des rayons, fans craindre qu'il fe fende : les jantes font faites avec le même bois, ou avec le hêtre. On choifit du chêne pour les rayons,

fa dureté le rend fufceptible d'être aminci, fans qu'il perde de la folidité qu'il doit avoir : quand le frêne eft bon, il peut être employé à cet effet ; mais il faut avoir attention de prendre des morceaux refendus d'une groffe pièce, parce qu'ils font plus folides.

On ne doit pas toujours s'en rapporter aux charrons, pour la qualité du bois qu'ils emploient ; il eft effentiel de la connoître foi-même, afin de ne pas courir les rifques d'être trompé par ces fortes d'ouvriers ; l'appât du gain les entraîne fouvent à employer des bois qui ne conviennent point pour les ouvrages qu'on leur ordonne de faire.

La qualité du bois dépend beaucoup des endroits où il croît : les lieux aquatiques, ceux qui n'ont que le foleil couchant, produifent des bois d'une qualité bien inférieure à ceux qui croiffent dans des endroits fecs, pierreux & expofés au foleil levant. Quand on a le choix, il faut employer ces derniers par préférence aux autres.

De quelqu'efpèce ou qualité que foit le bois qu'on emploie, il faut qu'il foit extrêmement fec ; quand il ne l'eft point parfaitement, l'humidité de la terre, la pluie à laquelle il refte fouvent expofé, le font gercer & fendre. Pour ne courir aucun rifque à cet égard, on peut le laiffer quelques heures dans un four, à plufieurs reprifes, lorfque la chaleur eft affez modérée pour qu'il n'y noirciffe point en fe calcinant. Il faut avoir attention de ne point l'y mettre, lorfqu'il eft nouvellement coupé, parce qu'étant encore frais, la chaleur fubite qu'il éprouveroit, dilateroit trop fes pores pour

donner

donner paſſage à l'eau, ce qui le feroit fendre tout de ſuite.

SECTION II.

De la forme des ſocs & des coutres.

Les diverſes figures des ſocs des
charrues peuvent ſe réduire à trois.
Les uns ont la forme d'un triangle
iſocèle, dont l'angle, qui fait la
pointe du ſoc, eſt très-aigu ; les
deux autres ſont repliés en deſſous,
pour former une eſpèce de douille
où entre le ſep. Les autres qui reſſemblent à un fer de lance, ont entre
les deux ailes un manche rond en
forme de douille, pour recevoir la
pointe du ſep. Les troiſièmes enfin
ſont terminés du côté gauche, en
ligne droite, depuis la pointe juſqu'à
l'extrémité de la douille ; du côté
droit ils ont une aile tranchante, qui
commence à la pointe du ſoc, & qui
vient ſe terminer après avoir fait un
angle vis-à-vis la naiſſance de la
douille, à la jonction de la douille
même avec le ſoc.

Toutes ces différentes figures des
ſocs ſont relatives à l'eſpèce de charrue à laquelle ils ſont adaptés. Ceux
de la première forme ſont propres
aux charrues les plus légères, comme
l'araire & autres de cette ſorte. Ceux
de la ſeconde ſont employés aux
charrues appelées communément
tourne-oreille, parce que le verſoir
eſt amovible, & qu'on le change
de côté toutes les fois qu'on eſt au
bout d'un ſillon, & qu'on va en
commencer un autre. Ceux de la
troiſième ne conviennent qu'aux
charrues dont le verſoir eſt fixé au
côté droit ; c'eſt pour cette raiſon
qu'il n'a qu'une aile aſſez large de
Tom. III.

ce côté ; s'il en avoit une pareille à
l'oppoſé, la terre qu'il ſouleveroit,
retomberoit dans le ſillon. Les ailes
du ſoc qu'on adapte aux charrues
dont le verſoir eſt amovible, & qu'on
change de côté au bout de chaque
ſillon, ſont peu larges, autrement
celle qui ne ſeroit point ſurmontée
du verſoir remueroit une trop grande
quantité de terre, qui ne ſeroit point
retournée ſur le côté, mais qui retomberoit dans le ſillon.

Toutes ces formes ſont également
bonnes, ſelon l'eſpèce de charrue à
laquelle ces ſocs ſont adaptés.

Quelle que ſoit l'eſpèce & la figure
des ſocs, leur pointe, ainſi que le
tranchant de leurs ailes, doivent être
proportionnés à la qualité du terrein
dans lequel ils entrent. Dans un ſol
pierreux, un ſoc dont la pointe ſeroit très-aiguë, & les ailes bien tranchantes, ſeroit d'abord uſé : il eſt
donc néceſſaire, dans ces circonſtances, que ces parties, parfaitement
trempées, aient peu de pointe & de
tranchant : ces qualités d'ailleurs ſont
très-inutiles dans un terrein qu'il eſt
ſi aiſé d'ouvrir. Dans les terres graſſes
& compactes, un ſoc bien aigu, à
ailes bien tranchantes, entre avec
beaucoup de facilité, parce qu'il
coupe aiſément une terre compacte ;
il ne s'uſe preſque pas, parce qu'il
ne rencontre point des pierres qui
l'émouſſent. Si ſa pointe, au contraire, n'étoit point aiguë, ni ſes
ailes affilées, il éprouveroit de
grandes réſiſtances pour ouvrir une
terre qui, s'oppoſant continuellement
à ſon action, ſeroit battue au lieu
d'être ameublie.

Le fer des ſocs doit être d'une
bonne qualité, afin qu'il réſiſte aux
efforts qu'il fait pour ouvrir la terre ;

I

& fa pointe d'un très-bon acier, de même que les ailes.

La charrue fait une bonne culture, quand le foc a une largeur convenable, parce qu'elle remue la terre dans une plus grande furface, ce qui avance extrêmement l'ouvrage. Lorfque le foc eft affez large, il coupe entièrement la bafe du parallélipipède du fillon ; il réfifte moins au corps du verfoir, qui ne laiffe point de petites maffes de terre en entier au-deffous, comme il arrive ordinairement quand il eft étroit. S'il étoit moins large que le corps du fep, on conçoit aifément combien ce dernier auroit d'obftacles à furmonter, pour fuivre le foc dans le fillon qu'il traceroit : étant trop étroit, fa marche feroit fort lente, & retardée en raifon des obftacles que lui oppoferoit la ténacité du terrein qu'il ouvriroit. Au contraire, lorfque le foc eft plus large que le fep, celui-ci a peu d'obftacles à furmonter pour le fuivre dans fa marche, principalement quand on rend fa furface gauche latérale, & l'inférieure concave.

Le coutre eft une efpèce de couteau à longue lame, qu'on adapte en avant du foc, à la flèche de la charrue, pour fendre la terre, couper les racines & le gazon. Sa figure, qui eft affez généralement uniforme, reffemble à un couteau à gaine, dont la lame ne fe replie point pour entrer dans le manche. La lame & le manche du coutre font en fer ; par ce moyen on les defcend à mefure qu'ils s'ufent par le bout.

Le tranchant du coutre eft proportionné à la qualité de la terre qu'il coupe. Si elle eft forte & compacte, la lame du coutre doit être affilée, afin qu'il puiffe aifément couper la terre, fans éprouver de trop grandes réfiftances, qui feroient varier fa pofition. Quand le terrein, au contraire, eft pierreux, la lame du coutre doit avoir peu de tranchant, autrement elle feroit bientôt ufée : dans de pareils terreins, leur office, quand on s'en fert, eft plutôt d'entraîner les racines des herbes, afin qu'elles ne viennent pas s'embarraffer dans la charrue, que d'ouvrir la furface de la terre.

Il y a des charrues en Angleterre, qui, au lieu de coutres, portent un cercle de fer plein, dont la circonférence eft très-affilée. Ce cercle qui eft fufpendu à la flèche par une tringle de fer affez forte, au bout de laquelle il eft arrêté par un bouton plat, vient defcendre fur la pointe du foc, où il entre dans la terre : en tournant fur fon axe, quand la charrue eft tirée, il coupe toutes les racines des plantes qu'il rencontre dans la largeur de fa furface.

SECTION IV.

Des proportions qu'il faut obferver dans la conftruction des Charrues.

Les proportions qu'il faut fuivre dans la conftruction des charrues, dépendent de tant de circonftances, qu'il eft impoffible de donner une règle fixe, & des principes invariables à ce fujet. Premièrement, il faut avoir égard à la qualité du terrein, quelle que foit la charrue qu'on veut y employer : felon fa légéreté, ou fa ténacité, il exige une charrue plus ou moins forte. 2°. A l'efpèce de culture pour laquelle on deftine la charrue : on conçoit que pour des premiers labours de terres en jachère, ou pour des défrichemens, il faut une charrue d'une espèce différente de celle qu'on emploie pour les seconds labours, ou pour travailler des terres qui sont en bonne culture. 3°. A la force du conducteur, qui souvent n'est pas en état de gouverner toutes sortes de charrues; à la puissance de l'attelage qu'il faut bien connoître, afin d'en tirer le meilleur parti, sans cependant la détruire faute de ménagement. 4°. A l'espèce de charrue que l'on veut faire construire, parce que chacune a ses dimensions qui lui sont propres.

Ce détail de proportion étant relatif aux principes sur lesquels on construit les différentes espèces de charrues qui sont en usage, nous nous proposons d'en parler dans les différentes descriptions que nous en donnerons. Nous n'indiquerons ici que les principes généraux qu'on peut appliquer dans la pratique, quand on est guidé par l'expérience & les circonstances: ils pourront être de quelque utilité aux cultivateurs qui désireroient de guider les ouvriers peu intelligens qu'ils sont souvent obligés d'employer.

Une des choses les plus essentielles à la perfection de la charrue, consiste à bien déterminer l'angle que forment l'âge & le sep, par leur assemblage. Il a été dit que l'ouverture de cet angle pouvoit être depuis dix-huit jusqu'à vingt-quatre degrés. L'ouvrier doit ménager au laboureur la facilité de l'augmenter & la diminuer, selon qu'il le juge convenable à l'espèce de culture qu'il veut donner à une pièce de terre. Pour cet effet, il tient aux charrues légères, la mortoise qu'il pratique

au manche ou au sep, pour recevoir le tenon de l'âge, assez large pour qu'on puisse glisser un coin en dessous & dessus, qu'on enfonce à volonté pour élever ou abaisser l'âge.

Le sep, dans les charrues à avanttrain, a assez communément vingt-sept à vingt-huit pouces de longueur, en y comprenant la pointe qui entre dans la douille du soc, sur six pouces de largeur au talon, & trois pouces d'épaisseur. Je ne détermine sa largeur qu'au talon, parce que les surfaces latérales doivent être un peu concaves, comme il a été dit en parlant de la meilleure forme qu'on pouvoit lui donner, pour qu'il parvînt à vaincre plus aisément les obstacles qui s'opposent à sa marche dans le sillon. Pour les charrues légères, un sep de cette longueur seroit trop pesant dans une terre sablonneuse & friable, pour lesquelles on emploie un attelage de deux chevaux seulement: en le faisant de dix-huit à vingt pouces de longueur jusqu'à la douille du soc, avec la même largeur & épaisseur, il produira un meilleur effet.

Le soc, dans sa plus grande largeur, doit toujours avoir deux pouces à peu près de plus que celle du sep, sans cela il ouvriroit un sillon trop étroit, le sep éprouveroit des frottemens considérables, qui ralentiroient la marche de la charrue; l'attelage & le conducteur fatigueroient beaucoup: sa longueur, sans y comprendre la douille où entre le sep, est de douze à treize pouces.

La longueur des manches, depuis le sep jusqu'à leur extrémité, est de trois pieds neuf pouces: quand le manche est double ou fourchu, l'ouverture des cornes, prife à leur extrémité, doit être de quinze pouces environ, afin que le conducteur ait toute la facilité, en s'appuyant, de tenir le fep dans fon affiette au fond du fillon. Leur largeur, dans prefque toute leur longueur, eft de trois pouces fur un d'épaiffeur. Cette longueur, quoique déterminée, ne doit point être conftante, elle dépend de la taille du conducteur : fi les manches font trop hauts ou trop bas, il gouvernera mal à fon aife fa charrue.

La longueur de la flèche ou de l'âge, eft relative à l'efpèce de charrue qu'on veut conftruire, & à la qualité du terrain qu'on a à labourer. Comme fa longueur rend la marche de la charrue plus aifée, & que l'attelage a moins de peine à tirer quand la flèche eft longue, que fi elle étoit courte, on comprend qu'il eft néceffaire qu'elle foit plus longue pour un terrain fort, que pour un terrain léger. Quoique l'ouvrier doive principalement fe régler fur la qualité du fol, pour donner à la flèche une longueur convenable, il peut cependant faire ufage du principe que je vais indiquer pour déterminer fa longueur : il peut être appliqué affez généralement, fans craindre qu'il en réfulte des erreurs effentielles dans la pratique.

Pour déterminer la longueur de la flèche, on prend une ligne horizontale indéfinie, fur laquelle on élève une perpendiculaire de douze pouces : à la diftance de huit pieds de cette première perpendiculaire, on en élève une feconde de quarante-quatre ou quarante-cinq pouces : la diagonale qui rafera ces deux perpendiculaires jufqu'à couper l'hori-

zontale, marquera, par fon interfection, l'endroit où doit être la pointe du foc ; celle de la première perpendiculaire, l'endroit du bout de la flèche. Par ce principe, on a la longueur de la flèche, depuis la pointe du foc jufqu'à fon extrémité : le refte de fa longueur, c'eft-à-dire, depuis la pointe du foc, jufqu'à fon affemblage avec le fep ou les manches, ne dépend plus que de la diftance qu'il y a entre le talon du fep & la pointe du foc, & de la proportion de la force moyenne du laboureur, pour la tendance du plan incliné de la charrue vers l'horizon, ce qui doit déterminer les deux parties de la flèche.

Dans la longueur de la flèche, il faut avoir encore égard à la hauteur des roues, parce que leur diamètre étant hors des proportions ordinaires, la flèche feroit trop élevée fur la fellette, fi elle n'avoit que la longueur commune, qui eft de fix à fept pieds : le foc alors, dans bien des circonftances, ne pourroit pas prendre affez d'entrure.

La flèche des charrues légères ou fans avant-train, n'a communément que fix pieds de longueur, qui eft à peu près le double de celle que doivent avoir le fep & le foc réunis.

Le diamètre qu'on donne aux roues de l'avant-train, pris en deffous des jantes, eft communément de vingt-deux à vingt-quatre pouces : pour les rendre plus légères, on réduit la longueur de la partie du moyeu qui eft en dedans à deux pouces ; par ce moyen on donne plus de longueur à la traverfe percée qui reçoit leur effieu, & qui fupporte la fellette. Dans la plupart des charrues à avant-train, les deux roues ne font pas d'un diamètre égal ; celle qui est à droite est plus grande que celle qui est à gauche, parce qu'elle va dans le sillon ; ce qui la met à peu près au niveau de l'autre qui est plus petite. Cette inégalité des roues empêche la charrue de verser : si elles étoient égales, l'une tournant dans le sillon, l'autre sur la surface de la terre, la charrue pencheroit nécessairement du côté de la roue qui est dans le sillon, & souvent tout l'effort du conducteur, ne pourroit empêcher la charrue de se renverser. La différence de leur diamètre est le plus communément de six à sept pouces.

Cette inégalité des roues ne doit jamais avoir lieu quand le versoir est amovible, parce que la charrue culbuteroit nécessairement lorsque le versoir se trouveroit du côté de la plus petite. Dans les terreins absolument plats elle est assez inutile ; l'une des roues n'est jamais si fort élevée au-dessus de l'autre, pour craindre que la charrue soit renversée. Lorsque le versoir est fixé au côté droit de la charrue, comme à celle de Champagne, & que les terres qu'on laboure sont divisées par billons, la roue à droite, ou du côté du versoir, doit être nécessairement d'un diamètre plus grand que celle qui est à gauche, parce que la manière de labourer ces pièces de terre est de commencer à gauche, & d'aller ensuite à droite ; de sorte qu'on entame un billon des deux côtés, & on le termine par le milieu. La roue à gauche, outre qu'elle se trouve plus basse que celle qui est à droite, à cause de la position du terrein, a encore son mouvement de rotation dans le sillon, tandis que l'autre l'a

sur la surface du sol ; si le diamètre des roues étoit égal, celle qui est à gauche ne résisteroit point à l'action du versoir qui fait effort pour renverser la terre sur le côté, la charrue par conséquent seroit culbutée à gauche, parce que le conducteur ne seroit point assez fort pour maintenir l'équilibre.

Le patron, ou la traverse percée, dans laquelle passe l'essieu des roues, est de dix à onze pouces de longueur, sur quatre pouces & demi, ou cinq d'équarrissage, ce qui détermine la longueur de l'essieu des roues, parce que le patron arrive exactement jusqu'aux moyeux des deux roues. Il n'est guère possible de réduire cette longueur, les roues seroient alors trop rapprochées, la charrue par conséquent ne seroit point dans une position solide quand elle marcheroit. M. Duhamel du Monceau a réduit la longueur du patron jusqu'à huit pouces ; la distance des roues ne devoit point être assez considérable pour que la charrue fût ferme dans sa marche. M. Tull, au contraire, l'a portée jusqu'à deux pieds ; il est vrai que sa charrue est extrêmement forte, & que sans cette longueur du patron, qui décide de la distance des roues, elle auroit risqué de culbuter à tout instant. La distance d'une roue à l'autre doit toujours être au moins de dix-huit à vingt pouces : ce n'est point trop de deux pieds pour les charrues de la première force.

La sellette placée sur le patron, pour recevoir & supporter l'extrémité de l'âge ou de la flèche, a communément douze à treize pouces de hauteur, & deux pouces & demi d'épaisseur ; sa largeur est de même proportion que la longueur du patron, à peu de chose près : il n'y auroit aucun inconvénient quand elle ne seroit point aussi large que le patron est long.

Le têtard ou limonier doit avoir au moins vingt-cinq pouces, depuis le patron jusqu'à son extrémité. Quant la charrue est extrêmement forte, on peut lui donner trois à quatre pouces de longueur, afin de donner plus d'aisance à l'attelage pour tirer. Son équarrissage est de trois pouces.

L'éparts ou la traverse qu'on passe dans la mortoise pratiquée à l'extrémité du têtard, pour attacher à chaque bout les palonniers qui reçoivent les traits des chevaux, a trente pouces de longueur, trois pouces de largeur, & un pouce & demi d'épaisseur ; ces proportions sont assez constantes pour toutes sortes de charrues.

Les deux palonniers ont chacun vingt-un pouces de longueur, & elle suffit pour tenir les traits à la distance qui est nécessaire, afin qu'ils ne frottent point trop contre les cuisses des chevaux. Quand on veut labourer avec un seul cheval, ou qu'on veut en mettre plusieurs à la queue les uns des autres, on supprime l'éparts, pour mettre un seul palonnier au bout du têtard ; si on veut constamment mettre les animaux de tirage à la file les uns des autres, on peut absolument supprimer le têtard, & le remplacer par deux limons qu'on cloue sur le patron : leur longueur ne doit pas excéder les épaules du cheval limonier ; il est bon qu'ils soient courbés en dehors, afin que dans la marche de la charrue ils ne battent point contre les flancs du limonier,

CHAPITRE III.

Des différentes espèces de Charrues.

Toutes les charrues, relativement à la différence des principes de leur construction, peuvent se réduire à deux espèces : les autres, quoique connues sous diverses dénominations, sont renfermées dans la classe de l'une de ces deux espèces, à cause de l'analogie de leur construction, qui est fondée sur les mêmes principes. La première espèce comprend les charrues simples ; elles sont ainsi appelées, parce que la forme de leur construction, est un assemblage moins composé ; ce qui les rend un instrument de culture assez léger.

La seconde espèce renferme les charrues à avant-train : dans cette classe sont comprises toutes les charrues, dont le soc est précédé de deux roues, sur l'axe desquelles la flèche de l'arrière-train est portée. D'une charrue simple on peut donc en faire une charrue composée ou à avanttrain, en faisant porter la flèche sur deux roues : de même toute charrue composée peut devenir une charrue simple, en supprimant l'avanttrain qui porte la flèche.

De quelque sorte que soient les charrues, elles doivent donc être comprises dans l'une de ces deux espèces ; qu'elles soient à tourneoreille, à double oreille, à versoir fixe, à soc pointu, à soc en fer de lance, à soc à double aile, ou aile simple, &c. &c. ; que leur construction soit simple ou composée ; les principes étant les mêmes, elles seront toujours des charrues de l'une de ces deux espèces ; c'est-à-dire, des charrues avec avant-train, ou fans avant-train.

Quoique toutes les charrues ne compofent que deux efpèces, fondées fur la différence des principes de leur conftruction; afin de mettre de l'ordre dans la defcription que nous allons donner des charrues les plus connues, à caufe de l'utilité qu'on en retire pour la culture des terres, felon les différentes qualités de leur nature, nous ajouterons une troifième efpèce qui formera une claffe féparée des deux autres, non point par rapport aux principes de fa conftruction, puifqu'ils font les mêmes; mais par rapport à fon ufage qui eft différent, dans la culture, de celui des charrues des deux premières efpèces. Nous nommerons cette troifième *un cultivateur*: enfin nous en établirons une quatrième, dont les principes femblent un peu s'éloigner de ceux fur lefquels les autres font conftruites. Cependant ce fera toujours moins fur la différence des principes, que fur fa vraie deftination, qui n'étant point du tout la même, demande d'être mife dans une claffe féparée; cette efpèce fera appellée celle des *charrues à défricher*.

DEUXIÈME PARTIE.

CHAPITRE PREMIER.

DES CHARRUES SIMPLES.

La charrue fimple eft le plus ancien inftrument de labourage que nous connoiffions: c'eft de cette efpèce de charrue dont parle Virgile dans fon premier livre des *Géorgiques*, où il donne le détail des inftrumens propres à l'Agriculture. Pline le naturalifte ne parle auffi que d'une feule efpèce de charrue, qui n'avoit point d'avant-train, mais dont l'âge étoit portée fur le joug des bœufs, comme on le pratique encore aujourd'hui dans l'attelage de l'araire dont on fe fert en Provence, en Languedoc & en Dauphiné. Il y a tout lieu de préfumer que les anciens n'en connoiffoient pas d'autre, & qu'avec cette feule efpèce de charrue, ils labouroient indifféremment toutes fortes de terres. Il eft très-probable que cette charrue d'une conftruction fi fimple, eft le premier inftrument de labourage qui ait été inventé; ce qui confirme cette opinion, c'eft qu'elle reffemble beaucoup à la charrue égyptienne que les romains avoient adoptée.

A mefure que l'Agriculture a fait des progrès, ou pour mieux dire, lorfque les hommes ont eu affez de courage pour s'élever au-deffus du préjugé honteux qui leur faifoit regarder les occupations champêtres comme indignes d'eux, ils fe font occupés à perfectionner les inftrumens dont ils fe fervoient pour ouvrir le fein de la terre. La charrue fimple, jufqu'alors en ufage, parce qu'on n'en connoiffoit pas de meilleure, n'a plus paru propre à cultiver indifféremment toutes fortes de terreins. Les obftacles produits par les frottemens confidérables qu'elle éprouvoit dans les terres fortes, demandoient un attelage plus nombreux que quand il falloit cultiver des terres légères où le foc, éprouvant peu de réfiftance, entroit aifément pour ouvrir de larges & profonds fillons. Pour vaincre les frottemens, & afin que l'attelage tirât avec plus de facilité la charrue, on a imaginé de fubftituer au joug un avant-train composé de deux roues, qui, en supportant le poids de l'âge, donnoit encore l'aisance de tirer avec beaucoup moins de peine. De sorte que les chevaux ou les bœufs qui étoient obligés de porter l'âge en même temps qu'ils tiroient la charrue, étant débarrassés de ce fardeau, n'avoient plus d'autre peine que celle de tirer. La peine étant moindre, on pouvoit sans inconvénient diminuer l'attelage, ce qui rendoit l'Agriculture moins dispendieuse. De cette manière l'industrie a fait une charrue composée ou à avant-train, d'une charrue très-simple dans le principe, mais peu propre à la culture de toutes sortes de terres, sans distinction des différentes qualités de leur nature.

L'invention de la charrue à avant-train n'a point proscrit l'usage de la charrue simple : l'Agriculture a conservé cet instrument dont elle se sert encore avec avantage pour la culture des terres légères, qu'elle fouille & remue assez bien. Dans le Dauphiné, dans la Provence, où la plupart des terres sont assez légères & friables, c'est l'instrument de labourage le plus commun ; il n'y a que dans les cantons où les terres sont fortes & grasses qu'on emploie la charrue à deux roues. C'est un très-bon instrument d'Agriculture ; il ne s'agit que de le mettre dans des mains habiles, qui s'en serviront dans la plupart des terres labourables avec le plus grand avantage.

Tout le méchanisme de la charrue simple, consiste dans deux leviers l'un de la première, l'autre de la seconde espèce, qui ont un point d'appui commun, & agissent en même temps pour vaincre la résistance commune que le soc oppose à leur action ;

de sorte que sa direction dépend de tous deux. Le premier levier est le manche assemblé avec le sep ; la puissance qui le fait agir, ce sont les mains du laboureur appliquées à l'extrémité du manche pour conduire la charrue ; son point d'appui est au talon du sep & sa résistance première à la pointe du soc : celles qui proviennent des frottemens du sep dans le sillon, ne sont que secondaires, parce qu'elles sont une suite du premier obstacle qu'éprouve le soc en fendant la terre.

L'âge ou la flèche, est le second levier ; il est de la deuxième espèce : la force des animaux, appliquée à l'extrémité, est la puissance qui le fait agir : son point d'appui étant le même que celui du premier levier, il se trouve par conséquent au talon du sep, auquel il est assemblé, s'il ne l'est pas avec le manche : la résistance se trouve aussi à la pointe du soc, puisqu'elle est commune à tous deux.

Le sep & le soc qui ouvrent le sillon, doivent être considérés comme le coin que ces deux leviers soutiennent & mettent en mouvement par l'action réciproque de leurs puissances qui agissent en même temps. Lorsque ces deux leviers sont en mouvement, leurs puissances faisant effort en même temps, le coin surmonte l'obstacle que lui oppose la pression de la terre qui est fendue & ouverte par le soc, soulevée & renversée de côté par le plan de la surface du versoir.

SECTION PREMIÈRE.

Description de l'araire de Provence.

Nous commençons la description des charrues légères par celle qui est d'un usage assez commun dans les provinces

Pl. II. Pag.

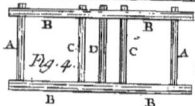

Fig. 3.

Fig. 4.

Fig. 1.

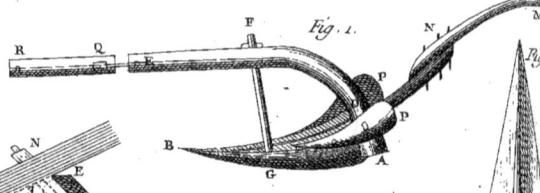

Fig. 7.

Fig. 6.

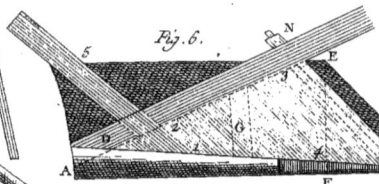

Fig. 8.

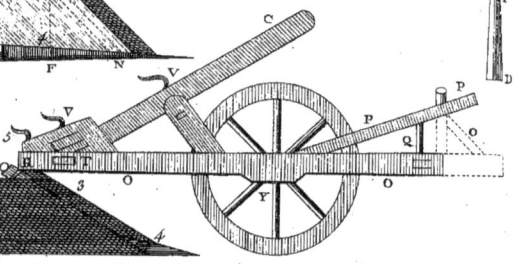

Fig. 9.

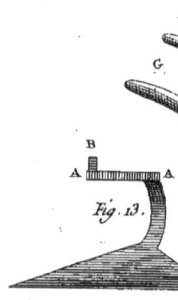

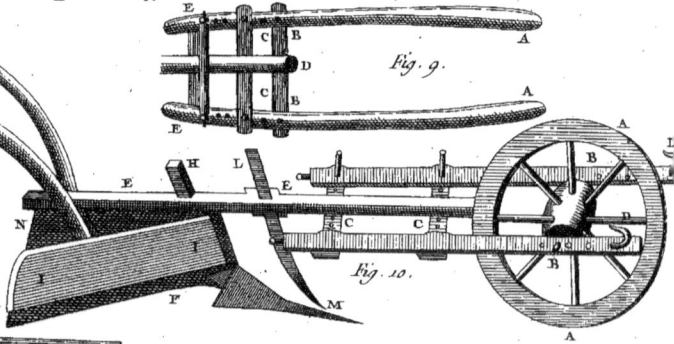

Fig. 10.

Fig. 13.

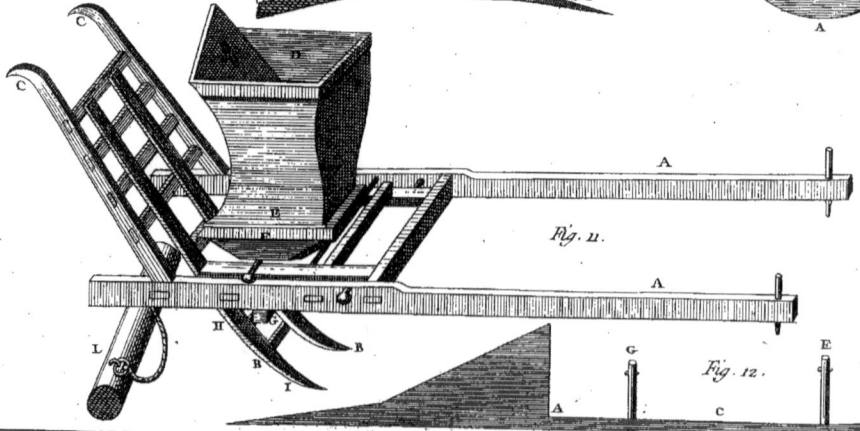

Fig. 11.

Fig. 12.

provinces méridionales de la France, comme la Provence, le Languedoc, le Dauphiné, où elle est connue sous le nom d'*araire*, parce que c'est la plus ancienne charrue légère connue dans l'Agriculture, & celle qui a un rapport plus immédiat avec la charrue égyptienne, & la charrue romaine, comme il est aisé de s'en convaincre, en comparant la description que nous en donnons avec ce que Virgile dit des charrues latines dans son premier livre des *Géorgiques*.

La charrue légère, nommée communément araire; (*Fig. 1, Planche 2*), est composée du sep A B, lequel a ordinairement trois à quatre pieds de longueur : la partie qui est en avant, ou le bout antérieur, est terminé en pointe. Le dessous du sep, ou la surface inférieure qui pose sur le terrein quand la charrue est en mouvement, n'est point plat, il forme une courbe peu sensible dans toute sa longueur.

Le talon ou l'extrémité postérieure du sep, est terminé par un fort tenon qui est reçu dans la mortoise pratiquée à l'extrémité de l'âge D E, avec laquelle il s'assemble : pour contribuer à la solidité de son assemblage, il est encore uni à l'âge par deux montans de fer F G, qui sont clavetés sur l'âge comme on le voit en F. Entre l'âge & le sep, c'est-à-dire, de F à G il y a environ quinze pouces de distance. Au lieu de ces montans en fer, on met quelquefois à leur place un morceau de bois ou de fer tranchant, qui peut servir de coutre quand on lui donne l'inclinaison convenable pour cet effet : on peut dire cependant qu'il ne remplit pas sa destination, puisqu'il n'est

pas placé de manière à pouvoir ouvrir la terre devant le soc. Toute l'utilité qui peut en résulter, consiste à arrêter les mauvaises herbes & les racines qui viendroient s'embarrasser & s'amonceler contre les oreilles ou le sep.

Le soc de cette charrue, fait en forme de fer de lance ou de dard, qu'on voit représenté par la *Figure 2* est fort long : il est placé sur le sep, de manière que son manche D I, entre dans la même mortoise qui est pratiquée à l'extrémité de l'âge, où le tenon du sep est entré. Les ailes K L du soc sont appuyées contre les montans F G de la première *Figure*. Ce soc, sans être uni au sep, est cependant placé assez solidement pour que son action ne tende pas à lui faire quitter sa position : ces deux ailes étant appuyées contre les montans F G, l'effort qu'il fait pour ouvrir la terre contribue à le maintenir dans la position où il doit être pour agir.

Le manche M, (*Fig. 1*), est terminé au bout comme une espèce de crosse, dont l'extrémité a un tenon qui entre, de même que celui du sep & le manche du soc, dans la grande mortoise qui est pratiquée à l'extrémité de l'âge, & qui leur est commune. Le manche, ainsi que les deux autres pièces, est assujetti dans cette mortoise, par des coins qu'on enfonce à coups de maillet, pour rendre cet assemblage très-solide. On a attention qu'il y ait toujours un coin en haut & l'autre en bas, afin de pouvoir donner plus ou moins d'enture à la charrue quand il est nécessaire : si la mortoise étoit trop large vers les côtés, on seroit obligé d'y glisser de petits coins, afin que les pièces qui y font affemblées ne varient point quand la charrue eft tirée. Le manche eft quelquefois brifé vers fon milieu comme on le voit en N, afin qu'il foit aifé de l'alonger ou de le raccourcir, felon que l'exige la hauteur de la taille du laboureur.

Les coins qui affujettiffent le fep, le foc, les manches dans la mortoife qui eft à l'extrémité de l'âge, ont encore une autre deftination, qui eft de faire piquer plus ou moins la charrue, c'eft-à-dire, de la faire entrer plus ou moins profondément dans la terre, à mefure qu'on les lâche ou qu'on les enfonce : c'eft pourquoi il a été dit, qu'il falloit avoir attention que la mortoife fût affez large pour qu'on pût mettre un coin en deffus & l'autre en deffous. La profondeur du fillon, comme il a été démontré au Chapitre de la conftruction des charrues, dépend de l'ouverture de l'angle que forment l'âge & le fep affemblés ; fi cet angle eft bien ouvert, la charrue pique peu, ou prend peu d'entrure, parce que l'attelage tire l'âge trop élevée. Dans cette circonftance, le conducteur dont les mains appuient continuellement fur les manches, fatigue beaucoup pour diriger la charrue, afin que le foc prenne une entrure convenable. Au contraire, quand l'angle eft peu ouvert, l'attelage, il eft vrai, a plus de peine, parce que l'âge étant plus baffe, le foc prend plus d'entrure & fouille la terre à une plus grande profondeur ; mais auffi le laboureur eft difpenfé d'appuyer fur le manche ; il lui fuffit de gouverner fimplement fa charrue afin que le foc trace un fillon droit, Pour que cet angle foit peu ouvert, on enfonce fortement le coin fupé-

rieur, tandis qu'on enfonce peu celui qui eft en deffous. Quand au contraire on veut lui donner plus d'ouverture, afin que le foc pique moins, c'eft le coin en deffous qu'il faut enfoncer fortement, lequel doit toujours être entre le fep & l'âge : s'il étoit au-deffous de l'âge, foit qu'on enfonçât celui d'en haut ou d'en bas, l'effet feroit toujours le même, qui eft de rapprocher ces deux pièces, c'eft-à-dire, l'âge & le fep, parce que c'eft de leur plus grande ou moindre diftance que dépend l'ouverture de l'angle.

À la partie poftérieure du fep, il y a deux petits verfoirs P P, qu'on appelle auffi oreilles ou oreillons, qui renverfent à droite & à gauche la terre coupée & foulevée par le foc. Ces deux verfoirs font fixés contre le fep par une forte cheville de bois, qui paffe dans tous les deux à leur extrémité & dans le fep : ils font encore affujettis contre l'âge par une autre cheville. Pour que le tranfport de la terre foit fait du côté où elle a déjà été travaillée, il eft à propos que le laboureur, en appuyant fur le manche de fa charrue, la faffe un peu incliner du côté des fillons déjà formés, afin que la plus grande partie de la terre y foit verfée.

L'âge D F E, formée d'une feule pièce de bois courbée du côté du fep, a huit & quelquefois dix pieds de longueur. Elle a à fon extrémité un étrier de fer qui entre aifément dans la mortoife pratiquée au bout de la pièce de bois Q R, qui a quatre ou cinq pieds de longueur ; elle paffe entre les bœufs & va fe repofer fur le joug où elle eft attachée par une cheville qui paffe dans un trou qui y eft pratiqué, & dans celui qui eft au milieu du joug. Quand on veut n'employer qu'un seul cheval au tirage, ou qu'on veut en mettre plusieurs à la queue les uns des autres, on enlève la pièce de bois QR, pour lui substituer un brancard qu'on attache au bout de l'âge par l'étrier, où la boucle de fer qui est toujours passée dans le trou qu'il a à son extrémité.

Cette charrue est très-commode pour labourer entre des sillons de vignes & entre des arbres, parce qu'on peut en approcher assez pour leur donner la culture qui leur est nécessaire, sans craindre de les endommager.

L'araire de Provence est tirée communément par deux bœufs qu'on met sous le joug : quand on la fait tirer par des mulets ou des chevaux on les attèle différemment. La *Fig. 3* représente le joug qu'on met sur le front des bœufs : on l'attache à leurs cornes avec des bandes d'un cuir très-pliant, qui ont un pouce & demi environ de largeur. Lorsque le joug est attaché sur leur tête où repose en A, la pièce de bois Q R, qui tient à l'âge par un étrier de fer, on passe une forte cheville dans le trou qui est à son extrémité, qui entre en même temps dans celui pratiqué au milieu du joug. Si l'on met une seconde paire de bœufs devant la première, on l'attache à un autre joug, qui porte une pièce de bois semblable à celle de la première paire : cette pièce de bois a un étrier à son extrémité, dans lequel on passe une corde qu'on attache à un anneau placé à l'âge, à quelques pouces de distance du montant. La manière d'atteler les bœufs varie selon les coutumes locales des diffé-

rens endroits où l'on se sert de l'araire pour labourer les terres.

Quand on se sert de chevaux ou de mulets, on passe à leur col le chassis représenté par la *Figure 4*. Pour cet effet on tire en haut les chevilles A A, & quand le col du cheval qui est déjà garni d'un collier afin que le chassis n'appuie point contre ses épaules quand il tire, est passé, on abaisse les chevilles ; on place la pièce de bois Q R, qui tient par un étrier au bout de l'âge, entre les deux montans C C, de la *Figure 4*, qui sont assemblés avec les deux traverses B B ; on lève la cheville D, & on la laisse retomber dans le trou qui est au bout de la pièce de bois Q R, d'où elle passe dans celui qui est à la traverse d'en bas.

SECTION II.

De l'aran de l'Angoumois, & d'une autre espèce de charrue qui y a quelque rapport.

La charrue dont on se sert dans l'Angoumois, qu'on nomme *aran*, a beaucoup de rapport à l'araire de Provence qui vient d'être décrite : les principes de sa construction sont les mêmes, avec cette différence, que son manche est double, & qu'on n'adapte point de coutre à l'âge. Au lieu de soc, l'aran d'Angoumois a un barreau de fer engagé entre deux pièces de même matière qui s'évasent en arrière : il n'a qu'un versoir, que le laboureur change de côté quand il est au bout du sillon.

Dans quelques provinces on emploie pour labourer les terres, des charrues construites, d'une manière très-défectueuse, sur le modèle des araires. Elles consistent dans un gros bloc de bois formé de plufieurs pièces affemblées fur le fep, qui eft fort long, & dont le deffous, ou la partie qui repofe fur la terre, eft abfolument plate. Ce bloc qui forme les deux verfoirs de cette charrue, fait avec le fep un gros coin, armé à fon bout antérieur d'une pointe de fer qui tient lieu de foc : on a la facilité de l'alonger à mefure qu'il s'ufe, en frappant fur un barreau qui eft entre le fep & le bloc qui répond à cette pointe. L'âge qui ne diffère point de celle de l'araire, entre dans une mortoife pratiquée à l'extrémité poftérieure du bloc, dans lequel on fait auffi entrer un long levier qui fert de manche.

Cette charrue a deux défauts effentiels qui doivent en faire profcrire l'ufage.

1°. Elle fatigue confidérablement le laboureur, parce que fon effet en ouvrant la terre étant celui d'un coin, la partie poftérieure du fep tend à s'élever & à fortir du fillon à mefure que le tirage fait effort pour faire entrer la pointe du foc : le laboureur eft donc obligé d'appuyer continuellement fur les manches, afin que le fep ne s'élève point trop pour fortir du fillon. Il eft par conféquent très-difficile de gouverner cette charrue de manière à faire un labour uniforme & de tracer des raies bien droites.

2°. Cette charrue n'ayant point de coutres, fon foc n'étant qu'une pointe de fer fans tranchant, elle doit néceffairement éprouver de grandes difficultés à pénétrer dans la terre, en raifon des frottemens confidérables que le fep éprouve : l'attelage doit avoir une peine infinie à tirer la charrue pour lui faire tracer des fillons

à une profondeur convenable. Si le terrein qu'on veut cultiver eft fort, pour peu qu'il foit fec, cette charrue aura beaucoup de peine à l'entamer, à moins d'une force confidérable pour vaincre la réfiftance qu'elle éprouvera, ce qui exige un attelage fort nombreux : fi ce terrein qu'on fuppofe être fort fe trouve affez humecté & détrempé par la pluie, la charrue entrera d'abord aifément ; mais que de difficultés n'éprouvera pas le fep pour pénétrer dans une terre qui n'eft pas affez ouverte par le foc ? Au lieu d'être divifée, la terre fera pétrie & le fecond fillon deviendra plus difficile à ouvrir que le premier, parce que la terre aura été battue fur les côtés.

SECTION III.

Defcription d'une charrue légère, inventée en 1754.

Cette charrue, dont le *Journal Économique* du mois d'Avril 1754 donne la defcription, n'offre qu'un inftrument d'Agriculture capable d'exciter la curiofité à caufe de fa nouveauté ; mais l'utilité qu'on auroit lieu d'en attendre eft bien éloignée de répondre au zèle qu'on doit fuppofer à fon Auteur.

Cette charrue confifte dans un foc emmanché comme le font les pattes d'oyes du cultivateur de M. Châteauvieux, dont nous donnerons la defcription dans la fuite de ce traité. Il a treize pouces de hauteur depuis la flèche à laquelle il eft attaché jufqu'au fond du fillon. Sa figure eft courbe, & fon côté convexe fe trouve en arrière ; il eft terminé à peu près comme le tranchant d'une hache à la partie qui entre dans la terre. Son manche de quinze pouces de longueur est parallèle à la surface du terrein, & vient en avant au-dessus du soc : il est emmanché avec l'âge par deux cercles de fer : avec des coins qu'on glisse entre les cercles & l'âge, on fait plus ou moins piquer le soc, à proportion de ce qu'on les enfonce, parce qu'on donne l'ouverture qu'on desire à l'angle que forment l'âge & le soc.

Au-devant du soc il y a un petit coutre d'une figure courbe, qui est placé dans le même sens que le soc ; son manche est dans la mortoise pratiquée à l'âge à côté du talon du manche du soc : on ne voit pas de quelle utilité il peut être étant ainsi placé.

Un autre grand coutre de deux pieds & demi de long, de deux pouces de largeur, & d'un demi-pouce d'épaisseur par le dos, dont la forme est courbe, est placé dans une mortoise pratiquée vers le milieu de l'âge : sa courbure est en avant, & sa pointe vient s'unir au soc en passant dans le trou pratiqué, à cet effet, à son extrémité, dans lequel il est assez solidement fixé, & ne peut point descendre.

L'âge a neuf pieds de longueur pour pouvoir être attelée au joug des bœufs : quand on se sert de chevaux pour tirer cette charrue, on soutient l'âge à leurs colliers ; & avec des éparts ou palons fixés vers le milieu de l'âge, on attache les traits.

L'âge est jointe au manche de la charrue par un étrier ; deux autres unissent le manche avec le soc. Le versoir fixé à la droite est placé entre le petit coutre & le soc : on voit par conséquent que c'est une charrue sans sep.

Cet instrument de culture, qu'on doit plutôt regarder comme un cultivateur que comme une vraie charrue, n'offre point tous les avantages que son auteur s'étoit promis d'en retirer. C'est une imitation défectueuse de l'araire de Provence, peu propre à ouvrir & à diviser la terre par l'assemblage des parties qui doivent opérer ces effets. L'inventeur à beau louer l'avantage qu'il a sur les autres charrues dans les terres fortes, il y entrera avec plus de peine, & jamais il n'ouvrira un sillon aussi profond que l'araire qui est une des charrues les plus légères qu'on connoisse. Cet instrument doit bien retarder l'ouvrage dans la culture des terres, parce qu'il ouvre un sillon trop étroit. Je pense que la description que je viens de donner de cette espèce de charrue suffit pour la faire connoître, sans qu'il soit nécessaire d'en tracer le dessin : elle peut en même temps désabuser les cultivateurs de sa prétendue utilité, sur-tout quand ils n'ont pas assez d'expérience pour se tenir en garde & se méfier des nouveautés qu'on leur offre avec une apparence d'avantage, & dont ils ne sont détrompés assez souvent, qu'après en avoir fait des épreuves qui n'ont servi qu'à les constituer en dépense.

S E C T I O N   I V.

Charrue légère qu'on emploie pour labourer les semis de bois, & pour travailler la terre entre les rangées de froment.

Cette charrue très-simple a beaucoup de rapport avec celles qui sont à versoir, & dont on se sert dans le Gâtinois : l'arrière-train est à peu près le même, excepté qu'il est beaucoup plus léger.

L'âge de cette charrue est rond jusqu'à l'endroit où est placé le coutre ; le reste qui va s'unir au sep est octogone. Le double manche est uni au sep par son tenon qui est reçu dans la mortoise pratiquée à cinq ou six pouces du talon du sep : l'âge traverse le double manche au-dessous de la fourche, & elle va s'assembler au talon du sep, où son tenon est reçu dans la mortoise pratiquée à cet effet. L'âge, dont la courbure est peu considérable, est encore unie au sep par la scie dont les deux tenons sont reçus dans les mortoises pratiquées à l'âge & au sep ; sa figure est courbe & elle est placée de manière que son côté convexe est tourné vers le talon du sep. A l'endroit où l'âge est traversée par le coutre, il est fortifié par deux cercles de fer qui empêchent le bois de se fendre quand on enfonce les coins pour assujettir le coutre en place.

Le sep se termine en pointe, pour recevoir le soc qui garnit son extrémité antérieure.

Au-dessus du sep sont placés les coigneaux ; ils sont faits d'un morceau d'orme en forme de fourche, dont les deux branches s'assemblent sur le sep au moyen d'une cheville de bois ou de fer. La partie où les deux branches de coigneaux se réunissent, couvre le soc qui passe exactement entre le sep & les coigneaux.

L'oreille ou le versoir de cette charrue, est une planche contournée en aile de moulin, placée au côté droit de la charrue pour renverser la terre ouverte par le coutre, & coupée par le soc qui la suit. Ce versoir est chevillé à l'extrémité antérieure du sep ; son autre bout est assujetti

contre l'âge en dehors, par une forte cheville. Quand il n'est pas attaché à l'âge, on met sur le sep un morceau de bois incliné & appuyé contre les manches, afin de le soutenir & d'empêcher que la pression de la terre le renverse sur le sep.

La surface inférieure du sep qui glisse sur la terre, est garnie d'une bande de fer, qu'on nomme la happe à talon, afin qu'il ne s'use point par les frottemens ; ce qui arriveroit sans cette précaution.

Les charrues à versoir peuvent tenir lieu de celle-ci, qu'on peut se dispenser de faire construire, pourvu qu'on ait des limons selon le modèle qu'on va donner, auxquels on pourra aisément adapter l'arrière-train des charrues à versoir qui sont en usage dans différentes provinces.

Cette espèce de petit avant-train consiste dans les deux limons A A, (*Fig. 9. Pl. 2, p. 73.*) assujettis par l'entre-toise B B, qui est à une distance convenable, pour qu'un cheval puisse aisément y être attelé. L'é-parts C C, est une traverse qui repose sur les limons ; elle y est fixée par deux chevilles de fer : c'est sur elle que repose le bout de l'âge D. En changeant la position de l'éparts, on force la charrue à piquer plus ou moins : en l'approchant de l'entre-toise, la charrue pique davantage dans le terrein, parce que la pointe de l'âge baisse ; en l'éloignant elle pique moins, parce que l'âge se trouve plus élevée. Il est très-facile de changer cette position de l'éparts, en l'avançant ou le reculant à son gré, ce qu'on exécute en l'arrêtant où l'on desire, par le moyen des chevilles qu'on met dans les différens trous pratiqués sur les limons.

Le collet E E, est formé de deux morceaux de bois demi-cylindriques, qui sont pressés l'un contre l'autre par deux tourillons à vis ; deux autres tourillons assujettissent le collet formé des deux demi-cylindres au bout des limons. C'est le collet qui reçoit l'âge dans un trou rond qui lui permet de tourner à droite ou à gauche. L'âge ne peut point sortir du collet, parce qu'elle y est arrêtée par une cheville de fer qui repose sur une hirondelle.

Le collet cylindrique pouvant tourner sur les tourillons qui sont à ses bouts, l'âge par conséquent peut prendre diverses inclinaisons pour faire piquer plus ou moins le soc dans la terre. On peut aussi incliner la charrue à droite ou à gauche, selon qu'il est nécessaire, parce que l'âge tourne aisément dans son collet.

Cette charrue, aussi légère qu'elle est simple, est très-propre à donner une culture à la terre qu'on veut travailler tout auprès des jeunes bois nouvellement semés. Elle est encore très-utile pour travailler les planches entre les rangées de froment.

SECTION V.

Charrue légère, inventée par M. Tull.

Nous ne donnerons point la description de l'arrière-train de cette charrue, parce qu'il est le même que celui de la charrue à quatre coutres que M. Tull a aussi inventée, & dont il sera parlé à l'article des charrues à avant-train ; il suffit de faire remarquer ici la différence des proportions des mêmes pièces. 1°. Le soc n'est point aussi long, puisqu'il n'a que deux pieds onze pouces & demi.

2°. La flèche est très-raccourcie, puisque sa longueur n'est que de quatre pieds dix pouces : sa largeur & son épaisseur sont telles, qu'elle doit être aussi légère qu'il est possible sans plier.

La tête de cette charrue, qu'on ne peut point nommer avant-train, parce qu'il n'a point de roues, comprend 1°. une planche longue de deux pieds sept pouces & demi sur neuf pouces de largeur, & deux & demi d'épaisseur.

2°. Deux limons attachés aux extrémités de la longueur de la planche : ils ont depuis le bout qui est en avant jusqu'à la barre qui entre dans des mortoises pour les tenir solidement unis, quatre pieds dix pouces de longueur; depuis la barre jusqu'à la planche sur laquelle ils sont cloués, dix pouces. A la barre, leur équarissage est de trois pouces & demi : il est moins considérable à mesure qu'on avance vers leur bout antérieur.

3°. Un palonnier avec une entaillure à chaque extrémité pour recevoir les traits des chevaux qui tirent. Sa longueur n'est pas déterminée ; on peut la varier selon les circonstances, en le faisant aussi court qu'il puisse l'être, sans que les traits écorchent les jambes des chevaux qui tirent, quand on laboure entre deux rangs de plantes déjà élevées.

La flèche ne devant jamais porter qu'un coutre, on est par conséquent dispensé d'y ajouter une pièce à la droite, qui seroit absolument inutile. Elle n'a point de courbure à son extrémité, mais une au milieu qui est très-peu sensible ; de sorte que d'un bout à l'autre, elle fait une courbe qui peut tout au plus avoir un pouce & demi dans son milieu qui est son plus grand éloignement de la ligne droite qui reposeroit sur ses extrémités. La partie convexe se trouve toujours en haut, quand la charrue est placée sur le terrein.

C'est par la planche sur laquelle sont cloués les limons, que la queue ou l'arrière-train de la charrue est joint à la tête. Cette planche a vers son milieu deux trous en ligne droite de sa largeur, qui répondent à des trous pareils pratiqués à l'extrémité antérieure de la flèche : deux vis qui entrent dans ces trous, & deux écrous attachent très-solidement la planche sur la flèche.

Les deux limons arrêtés par deux vis & leurs écrous, aux extrémités de la longueur de la planche, doivent avoir leurs surfaces inférieures parallèles dans toute leur longueur, à la planche & à la surface supérieure de l'extrémité de la flèche, afin que les surfaces inférieure & supérieure de la planche, le soient aussi avec le soc : il est essentiel de faire cette observation, parce que sans ce parallélisme, le soc ne marcheroit point uniformément lorsque la charrue seroit tirée. Sans ce parallélisme, il pourroit aussi arriver que la charrue piqueroit trop ; alors la force des chevaux ne suffiroit point pour la tirer ; ou bien la pointe du soc s'élèveroit trop, & le sillon seroit très-peu profond. A dix pouces de la planche, on place une traverse dans les mortaises pratiquées aux limons ; elle contribue à les tenir assemblés solidement à la distance qui est nécessaire pour la place du limonier. Le palonnier se trouve entre la barre ou la traverse & la planche ; il est

attaché à son milieu par une chaîne qui passe au-dessous de l'extrémité antérieure de la flèche ; une vis à écrou, qui est entre les deux autres qui attachent la planche sur la flèche, le fixe d'une manière très-solide.

Depuis leur extrémité, qui est clouée sur la planche, ces deux limons se courbent en dehors jusqu'à un pied à peu près de la chaîne qui sert de dossière, laquelle n'est éloignée de l'autre bout que d'un pied environ : à l'endroit où la dossière est attachée, ces deux limons se courbent un peu en dedans, de sorte que leurs bouts qui vont absolument en dehors, ne peuvent point frotter contre les épaules du limonier, ni le blesser.

Cette dossière est une chaîne qui peut être alongée & raccourcie, selon qu'il est nécessaire, par un crochet qui entre dans les anneaux de la chaîne. Quand elle est placée sur le dos du cheval, on la raccourcit si la charrue baisse trop, & on l'alonge quand elle est trop élevée. Les traits du cheval limonier attachés à son collier, sont placés dans les entaillures du palonnier, de même que ceux des autres chevaux qui tirent devant lui.

Cette courbure en dehors des deux limons, est absolument nécessaire, parce que la direction du cheval limonier est rarement dans le milieu de la planche clouée sur l'extrémité de la flèche ; s'ils n'étoient pas courbés en dehors ; ils battroient continuellement contre les flancs du cheval : par la même raison ils doivent être courbés en dedans à l'endroit où la dossière est attachée, afin que les bouts étant en dehors ne viennent point blesser le poitrail

du

du cheval. Leur force & leur roideur doivent être affez confidérables, afin qu'ils ne plient point entre leurs bouts : s'ils étoient foibles, ils céderoient trop aifément à la puiffance qui agit fur les manches de la charrue, pour faire piquer le foc à une profondeur convenable dans le fillon ; la pointe du foc s'enfonceroit trop, tandis que la queue s'éleveroit ; pour lors les chevaux auroient beaucoup de peine à tirer ; la charrue par conféquent iròit trèsmal. Pourvu qu'il y ait une place fuffifante devant la barre ou la traverfe, pour le cheval limonier, les limons feront affez longs. A groffeur égale, plus ils font courts, plus ils font forts & roides.

La profondeur du fillon dépend de la doffière qui élève ou abaiffe les limons : quand on raccourcit la chaîne ou la doffière, en avançant le crochet dans un des anneaux, on élève les limons ; étant cloués fur la planche, qui l'eft elle-même fur l'extrémité de la flèche, ils foulèvent par conféquent le foc, qui ne pénètre plus fi profondément dans le fillon ; les chevaux pour lors tirent plus aifément, parce qu'ils n'ont pas à vaincre une force fi confidérable. Quand on alonge, au contraire, la doffière, en retirant le crochet des anneaux, les limons baiffent davantage ; le foc qui n'eft point foulevé, & dont la direction n'eft point contrariée, s'enfonce à une plus grande profondeur dans la terre.

M. Tull ayant imaginé cette charrue légère pour labourer les femis de bois, pour travailler la terre à côté des blés, fans qu'ils fuffent endommagés par les pieds des chevaux, il falloit trouver un moyen de faire aller le foc auffi près des plantes qu'il fût poffible, fans qu'elles fuffent expofées à être foulées par les chevaux qui tirent. Pour y réuffir, il chercha à donner au foc une direction différente de celle du cheval : il y parvint, en pratiquant des trous à la planche, fur la même ligne que ceux qui y étoient déjà, dans lefquels entroit une vis pour la fixer folidement fur l'extrémité de la flèche. Il en fit encore plufieurs fur la même ligne que celui qui recevoit une vis pour attacher la chaîne du palonnier, afin de changer fa pofition, quand celle de la planche le feroit fur le bout de la flèche.

Au moyen de ces trous faits à la planche, il étoit facile de l'ajufter fur la flèche, de manière que le pas du cheval ne fût plus dans la même direction que celle du foc. Quand il eft néceffaire que le foc s'approche de la gauche, on pouffe la planche à droite, & on la fixe fur la flèche, avec les vis qui entrent dans les trous qu'on y a pratiqués : dans cette pofition, le cheval tire à la droite ; fon pas n'a plus la même direction que celle du foc, qui vient à gauche fillonner la terre auffi près des plantes qu'on le défire ; tandis que le cheval qui marche à la droite fur une ligne prefque parallèle à celle que trace le foc, ne peut point endommager les plantes, dont il eft affez éloigné pour qu'elles foient hors d'atteinte d'être foulées & brifées par fes pieds.

SECTION VI.

Charrue chinoife, avec laquelle on sème en même temps qu'on laboure.

La charrue chinoife (*Voyez Fig. 11*)

Pl.2, pag.73.) est composée des deux brancards A A, aux bouts desquels font deux chevilles pour arrêter la dossière du cheval limonier. Ils doivent être assez distans l'un de l'autre, pour qu'on puisse aisément y attacher un cheval. Si on vouloit faire usage de cette charrue, il faudroit mettre aux limons des crochets pour les traits du cheval : ils manquent dans la figure que nous donnons, parce que nous avons cru ne devoir rien changer au modèle que le Père d'Incarville a envoyé de la Chine, & sur lequel la présente figure est dessinée.

Quand la charrue est tirée, les deux socs BB, tracent ensemble deux sillons ; ils sont unis, comme on le voit, à deux montans, fortifiés dans le bas par deux traverses : celles du double manche ont des entailles qui reçoivent ces montans, dont les tenons, qui sont à leur extrémité, vont entrer dans les mortoises pratiquées à la traverse supérieure des manches.

Les deux manches CC, assemblés & soutenus par quatre traverses, entrent par leurs tenons dans les mortoises pratiquées à l'extrémité des brancards. C'est par ces manches que le laboureur conduit & dirige la charrue. Il faut observer qu'ils doivent avoir un peu plus de longueur que ne le montre le dessin, & qu'ils doivent aussi être un peu plus inclinés.

La caisse D, qui est assujettie sur des traverses, contient la semence. Maintenant, qu'on suppose la charrue attelée d'un cheval, & qu'elle avance : les socs ouvriront deux petits sillons, la semence contenue dans la caisse tombera par l'ouver-

ture qui est à son fond vers E, dans l'auge F, au fond de laquelle il y a deux trous, dont un communique au conduit G, qui répond au tuyau creusé dans la pièce de bois H, & va aboutir au trou qui est derrière le soc I. L'autre trou est destiné à fournir la semence au soc qui est à droite, par des tuyaux pareils à ceux qu'on vient de décrire, qui sont disposés de la même manière.

Il est aisé de concevoir que la semence contenue dans la caisse, qui tombe dans l'auge à mesure que la charrue avance, continue, par le même mouvement, à descendre dans les tuyaux qui la conduisent jusqu'aux socs, d'où elle s'échappe à mesure qu'ils tracent les sillons dans lesquels elle tombe. Le rouleau L, qu'on voit derrière la charrue, a deux anneaux auxquels sont passées deux cordes qui sont attachées à l'extrémité postérieure des brancards ; lorsque la charrue est tirée, il vient par derrière le laboureur, pour enterrer la semence en comblant les sillons.

Cette charrue, d'une invention très-ingénieuse, a cependant des inconvéniens qui sont cause qu'elle n'est point aussi parfaite qu'elle auroit pu l'être. 1°. Elle n'a point de modérateur qui règle la sortie de la semence : on ne peut donc point semer plus ou moins épais, selon qu'on le voudroit & qu'il peut être nécessaire. Si l'on fait trop large l'ouverture par laquelle elle tombe, ainsi que celle des tuyaux qui la distribuent, elle tombera trop abondamment : si les conduits sont étroits, ils s'engorgeront, & la semence ne pourra point tomber. Un modérateur auroit prévenu ces in-

Pl. III.

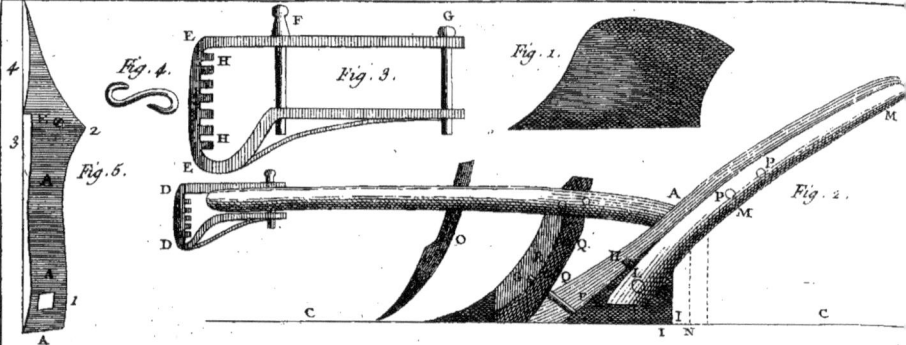

Fig. 4. Fig. 5. Fig. 3. Fig. 1. Fig. 2.

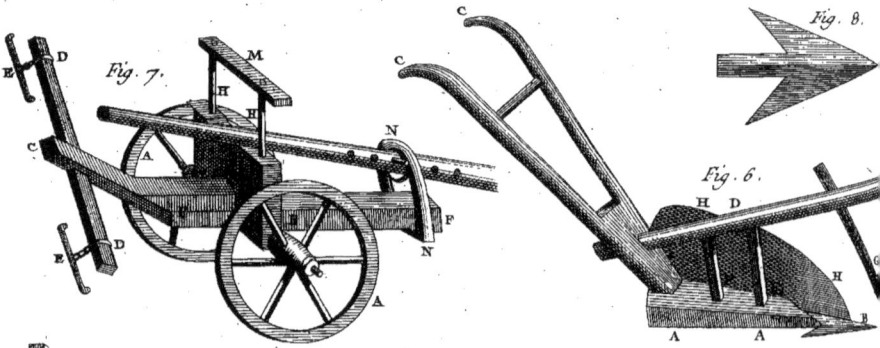

Fig. 7. Fig. 8. Fig. 6.

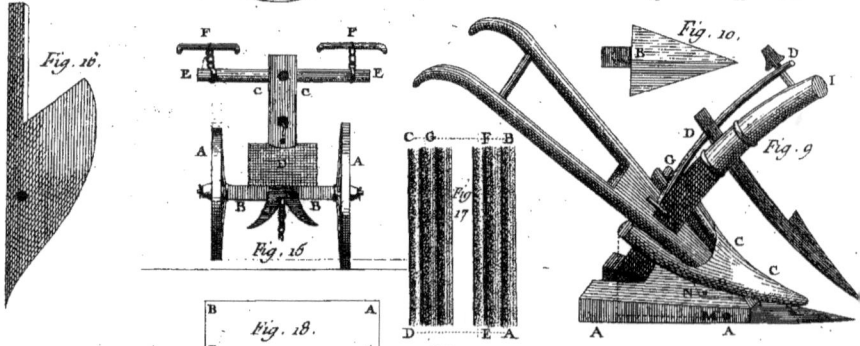

Fig. 10. Fig. 9. Fig. 16. Fig. 17. Fig. 11. Fig. 12. Fig. 18. Fig. 14. Fig. 13.

convéniens qui font inévitables dans l'état où eft actuellement cette machine.

2°. Les deux focs ne font point affez rapprochés l'un de l'autre, ils laiffent une diftance trop confidérable entre les deux fillons qu'ils tracent en même temps : il eft vrai qu'après avoir fait un trait avec cette charrue, on peut commencer le fecond, en plaçant un des focs entre les deux fillons qu'on a déjà tracés : en continuant le labour de cette manière, les fillons feront plus rapprochés.

Les Chinois fe fervent de cette charrue pour la culture du riz. M. Duhamel prétend que felon les principes de notre Agriculture, on ne pourroit pas s'en fervir avec avantage pour travailler & enfemencer nos terres; je ne vois point fur quelles raifons il peut être fondé.

Il me femble qu'avec quelques changemens qui préviendroient les inconvéniens que j'ai fait obferver, on pourroit en tirer parti pour enfemencer le farrafin ou blé noir, dans les pays où l'on cultive cette efpèce de grain. Dès que la moiffon eft faite, on donne un labour à la terre qui a produit du froment ou tout autre grain ; on y fème tout de fuite du farrafin, qu'on enterre en y paffant la herfe. On pourroit donc, pour cette culture, employer la charrue chinoife ; elle épargneroit une quantité confidérable de femence qui refte fur la terre, qui devient la proie des oifeaux & de la volaille des fermes voifines. Pour employer cette charrue avec avantage, il faudroit, comme il a été dit, rapprocher les focs, afin que les raies fuffent moins diftantes les unes des autres : cette opération feroit peu

difficile, puifque leur affemblage eft indépendant du train de la charrue: il faudroit encore trouver un modérateur, afin que la femence fût bien diftribuée. Le rouleau qui vient par derrière, pourroit auffi être réduit à une longueur proportionnée à la diftance des fillons ; en ne roulant que fur eux pour enterrer la femence, il ne battroit point la terre qu'on veut cultiver. Pour le faire rouler de manière à peu fatiguer les chevaux de tirage, on le perceroit d'un bout à l'autre, pour y paffer une verge de fer qui lui ferviroit d'effieu.

SECTION VII.

Charrue de M. Arbuthnot, Anglois.

L'affemblage de cette charrue vue fans le verfoir, eft repréfenté par la *Figure 2 de la Planche 3*. A B eft la flèche qui a fix pieds de longueur ; il faut obferver que le pied anglois, dont il ici eft queftion, & qui eft la mefure fur laquelle l'auteur s'eft réglé pour les proportions de fa charrue, a un feizième environ de moins que le pied françois ; c'eft-à-dire, qu'il faut feize pieds anglois pour faire quinze pieds françois. Si l'on vouloit une proportion plus rigoureufe, on n'auroit qu'à divifer le pied anglois en 100000 parties ; le pied françois en auroit 106575. L'élévation perpendiculaire des deux bouts de la flèche fur la ligne horizontale CC, eft de quatorze pouces. Elle porte à fon extrémité la tête DD, qu'on voit mieux repréfentée par la *Figure 3*. Cette tête avance de trois pouces au-delà du bout de la flèche ; elle a huit pouces du haut en bas, c'eft-à-dire, depuis E jufqu'à E;

L 2

cette tête est en fer, garnie des deux boulons à vis F G, qui servent à l'attacher solidement à l'extrémité de la flèche. Le boulon G sert encore à donner à la tête de la flèche, l'inclinaison nécessaire dans le sens horizontal, afin que la charrue entre plus ou moins latéralement dans la terre, selon qu'il est plus ou moins serré. Les dentelures H H, servent à faire entrer plus ou moins profondément le soc dans le sillon, selon que l'anneau du tirage, qu'on voit représenté par la *Figure 4*, y est mis à une plus grande ou moindre hauteur verticale.

Le soc qu'on voit tout entier dans la *Figure 5*, a trois pieds de longueur: il est composé de deux pièces; la première qui est marquée par 1, 2, 3, 4, est de fer fondu: l'autre est faite d'acier; elle a une grainure qui reçoit la pointe & le côté de la première, qui y est retenue & bien raffermie par deux vis à tête rase. Cette pièce pouvant être séparée de la première, on a l'avantage de la faire raccommoder, à mesure qu'elle s'use, sans toucher à la figure de l'autre. La partie 2 est pliée en dessous, pour recevoir & tenir ferme le bout de la pièce E, *Figure 2*, qui forme le front du versoir, sur laquelle le soc est attaché par la vis à tête plate, marquée E, *Figure 5*. La queue AAA, forme le dessous du talon, ce qui donne beaucoup de fermeté dans le labour, en conservant le corps de la charrue dans la direction du sillon.

La pièce E de la *Figure 2*, a sept pouces de largeur; elle fait le front du versoir, & entre par un de ses bouts dans le soc, & l'autre dans la mortoise pratiquée à la flèche à dix-huit

pouces de A, qui est le point de son assemblage avec le manche.

Le bout inférieur du manche gauche F est attaché à la pièce E, par la cheville G. Ce manche reçoit le bout de la flèche dans la mortoise A. La pièce triangulaire II est de bois, & forme le talon de la charrue; elle tient au manche gauche par la cheville H. Le manche droit MM est attaché à la pièce de bois II, & au versoir par une forte cheville qui passe en L.

Les bouts des manches sont parallèles à l'horizon, à la hauteur de trois pieds, & à la distance de quatre pieds deux pouces du bout de la flèche A; la perpendiculaire qui tomberoit de A, sur la ligne CC, la couperoit en N, à six pouces en arrière du talon II. On voit sur les manches les deux trous PP, où passent les traverses horizontales qui servent à lier ensemble, & à tenir fermes les deux manches. Le coutre O passe dans une mortoise carrée faite à la flèche; elle est garnie de fer, afin que l'effort des coins, qui l'arrêtent dans la position qu'il doit avoir, ne fassent point fendre le bois.

La *Figure 1* représente le corps du versoir, placé à la droite de la charrue, à laquelle il est attaché par des chevilles, dont une entre dans le manche en L, & deux autres dans la pièce E, qui sert de front au versoir, par les trous qui y sont marqués QQ.

M. Arbuthnot; après bien des considérations sur les différentes espèces d'instrumens de culture, ne balance point à donner la préférence à cette charrue simple de son invention, pour le labourage ordinaire en général. Le seul inconvénient qu'il

trouve dans la pratique, eft de rencontrer des laboureurs qui veuillent s'accoutumer à obferver le jufte équilibre qu'elle demande dans fon opération: toute la manœuvre dépendant de
leur intelligence, plus encore de leur
bonne volonté, il eft certain qu'elle
peut très-bien réuffir, s'ils veulent
prendre la peine de la bien gouverner.

TROISIÈME PARTIE.

CHAPITRE PREMIER.

DES CHARRUES COMPOSÉES, OU AUTREMENT APPELÉES A AVANT-TRAIN.

La charrue à avant-train eft préférable à toute autre, lorfque les
circonftances permettent de l'employer. 1°. On peut la conftruire
de manière qu'on n'ait pas befoin
d'une fi grande force de la part des
chevaux, comme dans la charrue
fimple, parce que la ligne de direction n'étant point tirée de la pointe
du foc, comme dans la charrue
fimple, mais de l'axe des roues de
l'avant-train jufqu'aux épaules des
chevaux, il n'y a pas de doute
qu'en augmentant l'axe des roues
jufqu'à un certain point, on aura
l'avantage d'employer un levier plus
long, qui fera la flèche, dont la longueur doit toujours être proportionnée à la hauteur des roues, contre
les mêmes obftacles; & de fe fervir
de l'angle du tirage le plus favorable
pour la force de l'attelage. La charrue à avant-train eft donc la plus
propre pour les labours difficiles des
terres dures & fortes, ou pleines de
racines & de pierres.

2°. Malgré l'addition de l'avant-
train, qui, au premier coup d'œil,
femble rendre cet inftrument de labourage fort pefant, il fatigue moins
les chevaux & le laboureur, que la
charrue fimple, parce que la flèche
qui repofe fur l'avant-train, eft un
régulateur fixe, abfolument indépen-
dant de l'attelage, qui ne permet
au foc de s'enfoncer qu'à la profondeur donnée, laquelle ne peut plus
varier, tant que la flèche demeure à
la même hauteur fur l'avant-train.
Par cette raifon, le labour de cette
charrue eft plus régulier, plus uniforme que celui de la fimple. Outre
cela, la flèche étant pofée fur l'avant-
train, elle fait un feul levier avec les
manches, & fert à enfoncer le foc
quand on les preffe; au contraire,
en les foulevant, on le fait fortir du
fillon. Il n'en eft pas ainfi de la charrue fimple, elle entre plus dans la
terre en foulevant les manches, &
quand on les preffe elle s'enfonce
moins; ce qui provient du point
d'appui, qui, dans la charrue fimple,
eft dans le talon & dans l'autre fur
l'avant-train.

3°. La charrue à avant-train eft
beaucoup plus ferme que la charrue
fimple, parce que la profondeur du
fillon eft toujours réglée par l'avant-
train fur lequel pofe la flèche: d'ailleurs l'axe des roues étant le point
d'appui de la flèche qui y eft fixée
folidement, l'arrière-train eft bien
moins fujet à verfer à droite ou à
gauche, que quand la flèche n'eft
pas fixée fur un point d'appui folide, tel que celui des charrues fimples. Cette conftruction épargne les
efforts extraordinaires qui font
quelquefois requis de la part de l'attelage, ainfi que du conducteur, en
bien des circonftances, lorfqu'on
laboure avec la charrue fimple,

particulièrement si le laboureur ne fait point garder l'équilibre entre les deux leviers dont la charrue simple est composée, ou quand la variété du sol, la résistance des racines, les trop grandes pressions latérales qu'éprouve le sep, s'y opposent. La résistance perpendiculaire des obstacles enfonce la pointe du soc tout d'un coup, & exige un effort proportionnel pour le soulever. La charrue à avant-train, au contraire, est constamment soutenue dans le même angle de tirage avec le sillon; par conséquent c'est alors la seule partie du mouvement progressif, parallèle à la ligne horizontale, qui exige la force de l'attelage.

Il est des circonstances dans le labourage, où la charrue à avant-train est d'un usage défavantageux, qui provient à la vérité de la position du terrein, & non point de la charrue elle-même: par exemple, quand on laboure en billons ou planches trop hautes & étroites, afin de prévenir les inconvéniens que la surabondance des eaux cause dans les terres fortes. Dans une pareille circonstance, l'inégalité de la surface fait changer fréquemment de position horizontale les roues de l'avant-train; pour lors la charrue sort du plan vertical, & elle est cause que le soc coupe de côté avec des irrégularités fort considérables dans le fond du sillon: ces irrégularités, dans le labour, sont très-défavantageuses aux terres fortes, parce que les eaux s'arrêtent dans le fond de ces sillons irréguliers battus par le soc, & ne peuvent plus avoir leur écoulement: les labours suivans sont beaucoup plus difficiles, parce que l'eau s'étant

évaporée, la terre qui a été pour ainsi dire pétrie, reste extrêmement dure. Un laboureur intelligent pourroit obvier à ces inconvéniens par la manière de conduire sa charrue; mais la meilleure qualité d'un instrument doit être celle de pouvoir être employée indifféremment par toutes sortes d'ouvriers.

Le seul moyen de parer à ces inconvéniens, seroit de former des billons ou planches de trente à quarante pieds de largeur, en leur donnant une convexité régulière, de façon que le milieu des planches tombât de dix-huit à vingt-quatre pouces de hauteur: c'est ce qu'on pratique dans quelques provinces de l'Angleterre, & assez généralement dans toute la Flandre françoise. Par la convexité de ces billons ou planches, les eaux s'écoulent & se déchargent dans les rigoles qui sont au bas de chaque billon: en pratiquant cette méthode, la terre devient plus friable, elle est moins sujette aux effets de la grande sécheresse & de la grande humidité: il n'y a pas de doute qu'une terre forte qui a été long-temps sous l'eau, se pétrit & devient extrêmement dure quand l'eau s'est évaporée; c'est ce qu'on éprouve dans toutes les manufactures de briques.

Lorsque les billons sont étroits, que leur convexité est trop considérable, comme les roues de l'avant-train changeroient fréquemment de position horizontale, & que la charrue seroit jetée à tout instant hors du plan vertical, on est absolument obligé, pour corriger cette irrégularité, de faire les roues de l'avant-train d'un diamètre inégal, pour que la plus haute se trouve toujours dans l'endroit le plus bas du billon, afin de conferver l'équilibre. Dans cette circonftance on eft obligé d'entamer un billon des deux côtés, c'eft-à-dire, par la droite, & enfuite par la gauche pour revenir à la droite, afin que la roue la plus haute fe trouve toujours du côté le plus bas. Cette inégalité des roues eft indifpenfable, quand les billons font étroits & fort élevés dans le milieu.

L'avant-train des charrues compofées n'eft pas conftamment formé de deux roues : des agriculteurs ingénieux, inftruits par la pratique, ont imaginé, pour rendre la charrue plus légère, de ne mettre qu'une feule roue à l'avant-train. Nous allons commencer par la defcription de celles dont l'avant-train eft formé de deux roues, enfuite nous donnerons celles dont l'avant-train n'a qu'une roue.

CHAPITRE II.

DES CHARRUES DONT L'AVANT-TRAIN EST COMPOSÉ DE DEUX ROUES.

SECTION PREMIÈRE.

Defcription de la Charrue ordinaire à avant-train, avec les changemens que M. Duhamel y a faits pour la perfectionner.

Cette charrue avoit des défauts effentiels, que M. Duhamel a tâché de réformer en partie, pour la rendre plus propre à l'Agriculture. La voie des roues étoit beaucoup trop large; en diminuant leur effieu, il a aufli raccourci leur moyeu en dedans ; par ce moyen, leur voie a été bien moindre qu'auparavant : l'avant-

train a donc acquis une folidité qu'il n'avoit pas. Le forceau étoit prolongé affez loin derrière la fellette pour recevoir le collet ; c'étoit par conféquent une furabondance de bois qui rendoit cet avant-train fort lourd, & qui étoit caufe que le coutre & le foc fe trouvoient entre les deux roues.

L'arrière-train de cette charrue, repréfenté par la *Fig. 6, Pl. 3, pag. 83,* eft compofé du fep AA, il eft plat en deffous, afin qu'il puiffe aifément couler fur le terrein : il a vingt-fept à vingt-huit pouces de longueur ; fa largeur à fa partie poftérieure où l'âge eft affemblée, eft de fix pouces, & fon épaiffeur de trois : il diminue infenfiblement jufqu'à fa pointe qui entre dans le foc. Le côté oppofé au verfoir eft garni d'une bande de fer, afin qu'il ne s'ufe point trop vite par les frottemens. Son bout antérieur eft garni d'un foc plat B, qui eft acéré & tranchant : il a quatre pouces un quart de largeur à l'endroit où il embraffe le fep, & huit dans fa plus grande largeur ; fa longueur eft de treize pouces & demi; il fe termine en pointe pour entrer plus aifément dans la terre. On le voit repréfenté par la *Fig. 8.*

Le double manche CC entre dans une mortoife pratiquée au bout poftérieur du fep, où il eft enfoncé très-folidement: depuis le fep jufqu'à fon extrémité, il a trois pieds neuf pouces de longueur ; fa plus grande largeur eft de trois pouces fur un pouce & un quart d'épaiffeur : la plus grande ouverture de ces deux manches, qui eft à leur extrémité, eft de quinze pouces; ils font foutenus dans le haut par une traverfe qui rend leur affemblage plus folide, quand même ils ne font faits que d'une feule pièce de bois.

L'âge DD paffe, de toute fon épaiffeur, dans un trou pratiqué au bas des manches, qui eft rond ou carré, felon la forme de l'âge qui eft affez indifférente : pour rendre l'affemblage de l'arrière-train plus folide, l'âge eft foutenue par la fcie E, & l'attelier F : ce font deux pièces de bois qui ont à chaque extrémité un tenon qui entre dans les mortoifes pratiquées au fep & à l'âge. De cette manière, ces trois pièces effentielles qui forment l'arrière-train de la charrue, c'eft-à-dire le fep, l'âge & le double manche, font affemblées très-folidement. La longueur de l'âge eft de fix pieds environ ; fon diamètre, au bout qui eft affemblé avec les manches, eft de trois pouces & demi ou quatre pouces ; le bout qui repofe fur la fellette, eft beaucoup plus mince ; à peine fon diamètre eft-il de deux pouces.

A quelque diftance de la fcie, on pratique à l'âge une mortoife pour recevoir le coutre qu'on affujettit avec des coins, en lui donnant une direction inclinée, de manière que fa pointe foit toujours devant le foc, auquel il doit ouvrir la terre. Pour qu'il ait l'inclinaifon néceffaire à fa marche, la mortoife qui le reçoit doit être pratiquée obliquement; de forte que les coins doivent plutôt contribuer à la tenir en place, qu'à lui donner l'inclinaifon qu'il doit avoir.

Le coutre G, qui eft une efpèce de couteau de fer à long manche, doit être bien fixé dans fa mortoife par les coins qu'on met de côté & d'autre, afin qu'il ouvre la terre

dans la direction du foc, & que la réfiftance qu'il éprouve ne change point fa marche.

L'arrière-train de la charrue eft terminé par le verfoir HH, qui doit toujours être proportionné à la grandeur du foc : fa forme eft affez indifférente, pourvu qu'elle foit telle que la terre foit renverfée dans le fillon précédemment formé. Il n'en eft pas de même de fa grandeur, qui doit toujours être proportionnée à la largeur du foc, parce que, quand il ouvre un large fillon, fi le verfoir étoit trop étroit, il ne foulèveroit qu'en partie la terre divifée; une plus grande quantité retomberoit fur le fep, & de-là dans le fillon : elle ne feroit donc point parfaitement renverfée fens deffus deffous. Lorfque le foc eft large, le verfoir doit donc l'être à proportion, afin qu'il puiffe foutenir toute la terre que le foc foulève, & la renverfer dans le fillon qui eft à côté.

M. Duhamel n'a point affez fait attention aux frottemens que le verfoir éprouve par la cohéfion des particules de la terre ; c'eft pourquoi il regarde la forme qu'on lui donne, comme indifférente, pourvu qu'il renverfe la terre fur le côté. Dans le chapitre où il a été traité de la conftruction des charrues, nous croyons avoir fuffifamment démontré que la forme, tant du verfoir que du fep, eft très-effentielle à la perfection de la charrue, puifqu'elle contribue à rendre fa marche plus aifée.

L'avant-train de cette charrue, repréfenté par la *Fig. 7 de la Pl. 3*, eft compofé, 1°. des deux roues AA, d'une égale grandeur, qui ont vingt ou vingt-deux pouces de diamètre : elles

elles font en bois. Pour rendre leur affemblage plus folide, & d'une plus longue durée, on met fur le contour extérieur des bandes de tôle, qui les rendent peu pefantes, & qu'on cloue comme aux roues des charrettes. La partie du moyeu, qui eft en dedans, a deux pouces un quart environ de longueur ; elle eft entourée, ainfi que la partie extérieure, d'un cercle de fer très-mince.

2°. Du patron B, qui eft une pièce de bois carrée de quatre pouces d'équarriffage, & de dix pouces & demi de longueur ; elle reçoit l'effieu de fer qui paffe dans les moyeux des roues qu'il recouvre, dans toute fa longueur, au moyen d'une rainure qui eft pratiquée en deffous : il eft fortifié à fes bouts par deux frettes de fer plates.

3°. Du tétard C, qui eft une pièce de bois un peu courbée & relevant fur le devant ; elle eft appuyée fur le patron, où elle eft fixée par une ou deux fortes chevilles : depuis le patron jufqu'à fon extrémité, le tétard a vingt-cinq pouces fix lignes de longueur ; fon équarriffage eft de trois pouces.

4°. D'une pommelle DD, qu'on nomme *l'éparts*, qui paffe dans une mortoife pratiquée à l'extrémité antérieure du tétard : cet éparts a trente pouces de longueur fur deux pouces trois lignes de largeur, & un pouce trois lignes d'épaiffeur.

5°. De deux palonniers EE, qui font attachés par deux chaînettes aux deux bouts de l'éparts ; ils fervent à mettre les traits des chevaux qui tirent : ils ont vingt-un pouces de longueur ; leur groffeur eft affez confidérable, pour qu'ils ne cèdent point aux efforts de l'attelage qui tire,

Tome III.

6°. Du forceau FF, qui eft placé fur le patron à côté du tétard : depuis le patron jufqu'à fon bout antérieur il eft entaillé, afin d'occuper moins de place au-deffus de l'effieu ; il s'étend affez loin derrière la fellette, pour recevoir l'extrémité inférieure du collet. Depuis fon bout antérieur jufqu'au bord de l'entaille qui reçoit la fellette, il a feize pouces & demi, & autant fur le derrière ; fa face horizontale eft de deux pouces trois lignes, & la perpendiculaire de trois pouces neuf lignes.

7°. De la fellette G qui s'élève fur le patron ; elle eft formée de plufieurs planches couchées les unes fur les autres, de deux pouces & demi d'épaiffeur ; la plus élevée fait une faillie, parce qu'elle eft un peu plus longue que les autres. Ces planches font retenues les unes fur les autres par les deux chevilles de bois ou de fer HH, qui traverfent toute la hauteur de la fellette, & entrent dans le patron : elles font jointes en haut par la traverfe M. Au milieu de la fellette, il y a une échancrure en arc de cercle où l'âge repofe : quoiqu'elle foit affujettie par le collet, elle peut encore l'être par la traverfe des chevilles qu'on peut baiffer & faire appuyer par-deffus. Cette fellette a communément un pied neuf lignes d'élévation, dix pouces & demi de largeur, & deux pouces & demi d'épaiffeur : au lieu de la faire de plufieurs planches, on pourroit la conftruire avec une feule pièce de bois qui auroit toutes les proportions qui font requifes.

Le collet N N qui embraffe l'âge & le forceau, unit l'avant-train à l'arrière-train ; fa hauteur depuis N jufqu'à N, eft de dix-fept pouces

M

Par le moyen d'une cheville qui peut entrer dans les différens trous pratiqués à l'âge, on avance ou on recule le collet à volonté, pour donner à l'angle que forme l'âge avec le sep, l'ouverture qui est nécessaire pour que la charrue pique plus ou moins. Ce collet peut glisser sur l'âge tant qu'on veut; mais s'il n'étoit point retenu par une cheville qui entre dans un trou fait à l'extrémité du forceau en F, il quitteroit le forceau. Tout l'effort de l'attelage porte donc sur ces deux chevilles, qui doivent être assez fortes pour résister à la puissance qui agit sur elles.

Le grand avantage de cette charrue, qui lui est commun avec celles qui ont un avant-train, consiste à faire piquer plus ou moins le soc; c'est-à-dire, à tracer un sillon plus ou moins profond, selon la sorte de culture qu'il convient de donner à la terre qu'on laboure. La profondeur du sillon, comme on fait, est toujours proportionnée à l'ouverture de l'angle que forment le sep & l'âge; de sorte que le soc s'enfonce dans le sillon à une plus grande profondeur, quand cet angle est peu ouvert, que lorsqu'il l'est beaucoup: à mesure qu'on élève l'âge sur la sellette, le soc s'élève en même proportion; par conséquent il s'enfonce moins, tandis que la partie postérieure du sep s'abaisse, ce qui donne un angle d'une plus grande ouverture. Au contraire, en abaissant l'extrémité de l'âge sur la sellette, la partie postérieure du sep s'élève, tandis que le soc s'enfonce pour entrer plus profondément dans le terrein. Or rien n'est plus aisé que d'élever ou de baisser l'âge, en faisant glisser en avant ou en arrière le collet que l'on

fixe où l'on désire, par le moyen des chevilles.

Lorsqu'une puissance fait effort à l'extrémité de l'âge pour tirer la charrue, qu'en outre il y a une résistance à vaincre au bout du soc, il est évident que le bout de l'âge tend à baisser, tandis que le talon du sep tend à s'élever; tous ces mouvemens auroient lieu, si la direction de la force qui est au bout de l'âge ne s'y opposoit continuellement, ainsi que celle du charretier, qui appuie sur les manches, afin que le talon du sep ne s'élève point. C'est pour cette raison qu'on élève le tirage des charrues qui n'ont point d'avant-train, afin que les chevaux de trait fatiguent moins. En donnant beaucoup de longueur à l'âge, pour qu'elle puisse aisément être élevée, on fait aussi les manches de la charrue fort longs; par ce moyen, le charretier a plus de puissance pour arrêter l'effort du talon du sep, qui tend toujours à s'élever: le sep de ces sortes de charrues est ordinairement fort long; il est plus aisé alors de le tenir dans son assiette au fond du sillon. Dans les terreins légers, on parvient à surmonter les efforts du soc; mais il est très-difficile de le gouverner comme il faut dans les terres fortes. Si le talon du sep s'élève trop, le soc entre plus profondément dans la terre qu'il ne convient; s'il baisse, il n'entre pas assez. Le charretier continuellement occupé d'un travail forcé, ne peut point conduire le soc comme il conviendroit: il pique donc trop, ou pas assez; le labour par conséquent est inégal, puisque le versoir retourne tantôt de petites mottes, tantôt de grandes.

Les charrues à avant-train, en

général, ne font point fujettes à ces inconvéniens, qui font d'un grand préjudice à l'agriculture : l'âge, par fa pofition fur la fellette, détermi- nant toujours l'entrure du foc dans la terre, il eft certain qu'en l'abaif- fant à la hauteur qu'on juge conve- nable pour faire piquer la charrue, l'effort qu'elle feroit pour s'enfoncer davantage feroit inutile, puifqu'il eft fupporté par un point fixe, qui eft la fellette. Au moyen de ce point conftant & déterminé, l'angle que forme l'âge avec la ligne horizontale du terrein, ne peut point varier ; la charrue par conféquent pique tou- jours de la même quantité. On doit donc confidérer la fellette de l'avant- train comme un *régulateur* exact & immobile, qui eft d'une très-grande utilité, pour faire un labour felon la forte de culture qu'il convient de donner à une terre quelconque.

Lorfqu'une charrue à avant-train eft bien conftruite, que le charretier, fans être bien intelligent, fait cepen- dant difpofer l'arrière-train avec l'a- vant-train, de manière que l'angle que fait l'âge avec la ligne horizon- tale, foit d'une ouverture conve- nable pour faire piquer la charrue de la quantité qu'il défire, il eft maître alors d'entamer la terre de la quantité qu'il juge à propos, de labourer exactement à la profondeur qu'il veut, & de tracer des fillons très-droits.

Il feroit à défirer que le verfoir des charrues à avant-train fût amo- vible, de forte qu'on pût le chan- ger de côté quand on eft au bout du fillon. Lorfqu'il eft fixé à la droite de la charrue, le laboureur eft obligé d'entamer une pièce de terre par deux côtés oppofés, pour la travail-

ler : outre la perte du temps qu'em- ploie le charretier pour aller d'un côté à l'autre tracer fon fillon, quand il eft arrivé au milieu de la pièce de terre, il y a toujours néceffairement un très-grand fillon qui n'eft point comblé. Il n'eft pas poffible d'ob- vier à cet inconvénient quand le verfoir eft fixe, parce que le labou- reur ne peut pas fe difpenfer d'enta- mer un fillon des deux côtés oppo- fés : s'il conduifoit fon labour du même côté, le verfoir qui auroit d'abord jeté la terre à la droite, en retournant la jeteroit à la gauche ; il y auroit donc entre ces deux fillons, un vide qui équivaudroit deux fois à la largeur du foc ; ce qui feroit un très-mauvais labour : afin de préve- nir cet inconvénient, il eft obligé, après avoir commencé d'un côté, d'aller enfuite à l'oppofé, afin qu'en revenant à fon premier fillon, qu'il a laiffé découvert, le verfoir le com- ble à mefure que la charrue en trace un fecond. Un verfoir amovible re- médieroit à tout cela, & procure- roit un petit foulagement à l'atte- lage, qui reprendroit haleine au bout de chaque raie, tandis qu'on tranfporteroit le verfoir d'un côté à l'autre ; au lieu qu'il eft forcé de marcher continuellement.

SECTION II.

De la Charrue à tourne-oreille.

La charrue à tourne-oreille diffère peu de la charrue à verfoir, dont on vient de voir la defcription. Dans la *Figure 9 de la Planche 3*, elle eft repréfentée fans avant-train, parce que celui qui lui eft propre eft le même qu'on a vu pour la charrue à verfoir. Dans bien des pays, on en fait une charrue légère, en supprimant l'avant-train; alors l'âge est portée par le joug des bœufs, ou soutenue au collier des chevaux, comme l'araire de Provence.

Le sep AA, l'âge II font des pièces absolument semblables à celles de la charrue à versoir, excepté qu'elles font moins fortes, parce que la charrue à tourne-oreille n'est employée que pour travailler les terres qui font en bon état de culture. Les manches, qui font construits dans les mêmes proportions, font plus inclinés sur le sep auquel ils font assemblés vers sa partie antérieure. L'âge, après avoir traversé le manche, vient s'emboîter dans le talon du sep. La scie G passe dans une mortoise pratiquée à l'âge, & vient entrer dans une autre qui est au bout antérieur du sep, pour unir solidement ces deux pièces. Le soc B, *Fig. 10*, est à deux tranchans symétriques, terminés par une douille dans laquelle entre la pointe du sep; aussi cette charrue renverse la terre tantôt d'un côté, tantôt de l'autre, selon la position de son versoir qu'on change au bout de chaque raie : ce déplacement successif du versoir exige que le soc ait cette forme; s'il n'avoit qu'un tranchant, quand il seroit placé au côté opposé, il n'auroit point de terre à soulever, & celle de l'autre retomberoit toujours dans la raie.

Le fourchet de bois CC, qu'on nomme le *coyau*, fait presque l'office de versoir, dont il pourroit absolument tenir lieu : son extrémité est appuyée sur la douille du soc, son angle repose sur la scie G, & les deux branches de la fourche qu'il forme, font en l'air : ce coyau est fixé

sur le sep par deux fortes chevilles qui le traversent de chaque côté, & qui entrent dans le sep. Son principal office est d'écarter la terre qui a été coupée par le coutre & le soc, & de la verser sur les côtés, afin qu'elle ne tombe pas dans le sillon.

La *Figure 11* représente l'oreille de la charrue, dans la position où elle est quand elle est en place. La *Fig. 12* la montre à plat avec les chevilles qui servent à l'attacher. Cette oreille, qu'on doit considérer comme un versoir amovible, est une espèce de triangle de bois, dont le plus petit angle est garni d'une douille de fer terminée en crochet. Au milieu de cette douille, on voit une cheville à talon, qui y est fortement enfoncée; à l'autre extrémité de l'oreille, il y en a une autre courte & grosse, qui est enfoncée solidement dans le trou pratiqué à cet effet.

Pour attacher l'oreille à un des côtés de la charrue, on passe le crochet, qui est au bout de la douille, à un crampon placé en M, au bas de chaque côté du sep; on enfonce la cheville à talon dans le trou du sep qu'on voit en N, jusqu'à ce que le talon touche l'ouverture du trou; l'autre cheville va appuyer sur les manches ou contre l'extrémité de l'âge. La ligne ponctuée marque le contour de l'oreille mise en place, sur un des côtés de la charrue.

La charrue à tourne-oreille n'a ordinairement qu'un seul coutre, qui est placé dans une mortoise pratiquée à l'âge, autour de laquelle on met deux cercles de fer. Sa position est oblique, sa direction est devant le soc auquel il ouvre la terre, ainsi qu'aux autres charrues qui en font fournies. La pointe du coutre doit toujours être inclinée du côté opposé à l'oreille : comme on est obligé de la changer de place à tous les tours de charrue, c'est-à-dire, de la mettre tantôt à droite, tantôt à gauche, il faut aussi changer l'inclinaison du coutre, afin que sa pointe soit toujours du côté opposé à l'oreille.

Pour changer la position du coutre à volonté, il faut qu'il soit à l'aise dans la mortoise où il est placé, sans y être assujetti par des coins, mais par la seule disposition du ployon D D. Supposons que l'oreille est placée du côté gauche, on pose alors le bout du ployon contre la face gauche de la cheville de fer qui est enfoncée dans l'âge près des manches, le milieu du ployon vient passer derrière le coutre, & se reposer sur son côté droit ; ensuite on fait effort pour le courber, afin que son extrémité antérieure vienne passer & s'appuyer à la gauche de la cheville qui est sur l'âge devant le coutre. La pression du ployon contre le coutre, l'assujettit solidement dans sa mortoise ; mais cette mortoise étant large, la force du ployon qui agit sur la droite du coutre, porte son manche à gauche, tandis que son tranchant s'incline vers la droite qui est le côté opposé à l'oreille. Quand on transporte l'oreille du côté droit, on change absolument la disposition du ployon, afin que sa pression agisse de manière à porter la pointe du coutre vers la gauche : pour cet effet on a une seconde cheville de fer, qui est dans l'âge, à côté de celle qu'on voit près des manches, de sorte qu'à cet endroit, le bout du ployon est toujours entre deux chevilles : lorsqu'on veut

changer sa position, relativement à celle que doit avoir le coutre, on sort de son trou la cheville qui est en avant du coutre, qui, pour cet effet, y doit être à l'aise, afin qu'on puisse la tirer avec facilité ; alors on dispose le ployon comme il doit l'être, & on remet la cheville en place pour l'assujettir. C'est une petite manœuvre qu'on est obligé de faire toutes les fois qu'on change l'oreille de côté, ce qui arrive au bout de chaque raie.

La charrue à tourne-oreille est un des meilleurs instrumens d'agriculture, sur-tout pour les labours en terrein plat : il est vrai que pour cultiver les terres qui sont en pente, elle est moins avantageuse, parce que son sep est très-large, & que le charretier fatigueroit beaucoup pour le retenir dans son assiette. Dans toutes sortes de terres légères, on peut l'employer avec succès : dans les terres fortes, elle avanceroit moins l'ouvrage, parce que la forme de son sep doit lui faire éprouver des frottemens considérables, qui doivent beaucoup retarder sa marche dans le sillon. On peut considérer le coyau qui repose sur le sep, comme un double versoir arrondi, qui est d'un usage merveilleux pour empêcher que la terre ne retombe sur le sep, & pour écarter les racines des plantes qui viendroient s'embarrasser dans les manches & à l'extrémité de l'âge : sa forme arrondie le rend bien plus utile que le gendarme qui n'offre qu'une petite surface, peu capable de produire les mêmes effets que le coyau : il seroit à désirer que son angle fût plus rapproché de l'âge, afin de prévenir la chute de la terre sur le sep.

En confervant la forme de conftruction de cette charrue, & fans toucher à l'affemblage de ces pièces, on pourroit la rendre propre à cultiver toute forte de terreins indifféremment ; il ne faudroit pour cela que travailler le fep, qui eft d'une forme très-défectueufe, felon les principes de conftruction dont il a été parlé dans la deuxième fection du deuxième Chapitre fur la *conftruction des charrues* : ce changement peu confidérable, la rendroit propre à entamer toute efpèce de terrein, au lieu que telle qu'elle eft, il eft très-difficile qu'on puiffe l'employer dans les terres extrêmement fortes & compactes, parce que le talon du fep étant plus large que le foc, il doit éprouver des frottemens très-grands en deffous & latéralement, en proportion de la cohéfion des particules de la terre & de leur ténacité.

Malgré ce défaut, elle eft préférable, pour la culture d'un terrein léger, à la charrue à verfoir, parce que le laboureur qui entame une pièce de terre, continue fon labour du même côté, en ayant attention, lorfqu'il eft au bout de la raie, de changer l'oreille de place, afin qu'elle renverfe la terre dans la raie précédemment formée : de cette manière, il n'eft point obligé, comme avec la charrue à verfoir fixe, de labourer d'un côté, & d'aller enfuite tracer un autre fillon au côté oppofé, pour revenir enfuite au premier. Il n'y a donc que le dernier fillon qui refte à vide ; ce qui eft indifpenfable, à moins qu'on n'entame la pièce voifine pour le combler. Quant au fecond labour, on ne change pas la direction des raies ; il fert d'enréa-

geure, & on le remplit en traçant la première raie.

SECTION III.
De la Charrue à double oreille.

La charrue à double oreille, dont on fe fert en Anjou, & dans plufieurs autres provinces où l'on laboure les terres en billons, eft plus ou moins grande, plus ou moins large, en divers endroits, felon la profondeur & la force des terres. Le fep, qui eft femblable à celui des charrues à verfoir, eft armé à fa pointe d'un foc de fer à deux oreilles, tel qu'on le voit repréfenté par la *Figure 13 de la Planche 3*, ce qui eft caufe qu'on nomme cette inftrument de labourage, une *charrue à double oreille*. Ce foc eft plus ou moins large & fort, fa pointe plus ou moins longue, felon la qualité des terres pour lefquelles il eft employé : affez ordinairement d'une oreille à l'autre, c'eft-à-dire de A à B, il eft plus large que le fep, afin qu'il ouvre un fillon plus large que le talon du fep, autrement il éprouveroit trop d'obftacles dans le manche. C'eft dans fa douille C qu'on fait entrer de force la pointe du fep ; ce foc à double aile ou double oreille, eft quelquefois accompagné d'un coutre de fer ; d'autres fois on n'en met point ; cela dépend de la qualité du terrein qu'on laboure : s'il eft léger, le coutre eft fort inutile, au contraire s'il eft fort, & rempli de mauvaifes herbes, il devient abfolument néceffaire : pour le retenir, on y place une bande plate de fer qu'on appelle le *coutriau*, qui fe termine par un bout en crochet qui entre dans un trou fitué vers le milieu du foc ; l'autre bout de cette bande est percé de plusieurs trous, elle passe au travers de l'âge de la charrue percée également pour cet usage; on la retient à l'âge avec un clou passé dans l'un de ses trous, ou avec des coins de bois qu'on ôte aisément quand on veut.

Cette charrue, qui renverse la terre des deux côtés, a deux épaules de bois, façonnées exprès par un ouvrier, en forme de planches, envoilées des deux côtés en dehors, par le haut, pour mieux renverser la terre: ces planches ou épaules, qu'on pourroit appeler des *versoirs*, sont plus ou moins épaisses, longues & hautes, selon la force de la charrue, qui est toujours proportionnée à la qualité du terrein pour lequel on l'emploie. Le manche de cette charrue, & son âge ou sa flèche, qui porte sur des roues dont l'essieu est en fer, & qui est emboîté dans une traverse de bois creusée pour cet effet, sont dans les mêmes proportions que celles qui sont propres aux charrues à versoir. La flèche est posée sur des encochures, ou entre de grosses chevilles de bois, placées sur la traverse qui emboîte l'essieu, afin de la faire aller ou à droite ou à gauche, selon qu'il est nécessaire pour l'espèce de culture qu'on donne à une terre, sur-tout si elle est bordée de plantes qu'on veut ménager: elle est attachée à l'avant-train par un grand anneau de fer dans lequel elle passe, & qui est au bout d'une grosse & courte chaîne de fer qu'on attache à l'avant-train. La flèche a plusieurs trous, dans lesquels on passe une forte cheville de fer qu'on appelle *iauge*, pour l'assujettir avec l'anneau, & lui donner plus ou moins de jeu & d'aisance, selon qu'il est nécessaire,

c'est-à-dire, pour l'avancer ou la reculer sur l'avant-train, afin de faire piquer le soc plus ou moins, & de la quantité qu'on désire.

Enfin, cette charrue à double oreille, est construite & montée comme les charrues à versoir, aux différences près qu'on vient de faire remarquer, qui consistent dans le soc à double oreille, & dans les épaules de bois en forme de versoir, dont elles tiennent lieu.

Dans l'Anjou, où la charrue à double oreille est d'un fréquent usage, on ne l'emploie que pour ensemencer les terres; tous les autres labours qui précèdent sont faits, ou avec la charrue à versoir, ou avec celle qu'on nomme *tourne-oreille*: lorsque la terre a été bien préparée par plusieurs labours, on étend les engrais sur toute la surface, ensuite on jette la semence, qu'on enterre d'abord avec la charrue à double oreille, qui n'est employée que dans cette circonstance.

SECTION IV.

De la Charrue Champenoise.

Cette charrue, qui est une des meilleures dont l'agriculture fasse usage, & une des plus parfaites que nous connoissions pour le labour des terres fortes, est composée d'un avant-train beaucoup plus simple que celui des charrues ordinaires à versoir, & d'un arrière-train à peu près semblable au leur, & presque disposé de la même façon.

L'arrière-train, représenté par la *Figure 14 de la Pl. 3*, consiste dans un soc A, dont le côté gauche est en ligne droite avec le sep, parce que le versoir étant fixé à la droite, le foc ne doit point avoir d'aile au côté oppofé, afin qu'il ne foulève point la terre qui retomberoit enfuite dans le fillon. L'autre côté forme une aile tranchante, qui eft plus en dehors que le verfoir qui eft au-deffus. Il a une douille à fon extrémité, formée par le fer replié en deffous, dans laquelle on fait entrer le fep. A quatre ou cinq pouces de fa pointe, il eft percé en B, d'un trou rond, dans lequel la pointe du gendarme C eft reçue. On voit le foc repréfenté en entier dans la *Fig. 16*.

Ce gendarme eft une pièce de fer de quatre pouces de largeur, à peu près, repliée à angle aigu, dont la pointe, qui eft à fon bout, entre dans le trou pratiqué au foc; fon côté gauche, plus élevé que le droit, eft percé d'un trou à fon extrémité, auquel on paffe un clou à vis, qui l'attache, d'une manière folide, à la flèche; l'autre côté, un peu moins élevé, paffe deffous la flèche. La deftination du gendarme eft d'arrêter les herbes, les brouffailles qui iroient s'embarraffer dans les jambettes qui foutiennent l'âge ou la flèche fur le fep.

Le double manche D porte à fon extrémité inférieure un tenon, qui eft chevillé dans la mortoife pratiquée au bout poftérieur du fep, pour le recevoir: il eft formé d'une feule pièce de bois fourchu, ou de deux pièces affemblées folidement, comme aux autres charrues dont on a déjà vu la defcription. On met entre les cornes de ce double manche, une traverfe affez forte, qui les foutient & les empêche de fe brifer, comme il pourroit arriver lorfque le conducteur eft obligé d'appuyer fur le côté pour tourner la charrue.

La flèche E eft bien plus longue que celle des charrues ordinaires; elle a, affez communément, neuf ou dix pieds de longueur. Cette charrue eft employée à la culture des terres fortes, & à ouvrir de profonds fillons, malgré la grande inclinaifon de fa flèche fur le fep, qui forme un angle très-aigu, & prefque au-deffous des proportions données: cette extrême longueur étoit néceffaire, afin qu'en donnant beaucoup d'entrure au foc, l'attelage ne fût point autant fatigué qu'il le feroit fi la flèche étoit plus courte; ce qui auroit eu lieu, fi le point de réfiftance eût été plus rapproché de la puiffance qui agit pour le vaincre. Depuis le coutre jufqu'aux manches, la flèche eft carrée avec les arrêtes abattues; elle eft ronde dans le refte de fa longueur: cette différence n'eft point du tout effentielle; la figure ronde ou carrée ne contribue en rien à fa folidité, pourvu que la partie qui repofe fur l'échancrure de la fellette, foit ronde, on peut tenir le refte comme on voudra. La flèche porte à fon extrémité poftérieure un tenon, qui, après avoir traverfé la mortoife qui eft au bout du double manche, va aboutir dans l'entaille qui eft pratiquée à l'extrémité du fep, au-deffous & derrière le double manche.

Le verfoir F, placé à la droite de la charrue, eft une longue pièce de bois un peu convexe en dehors, au-deffus de l'aile du foc, & concave en dedans; la furface extérieure au-deffus de l'aile du foc, a une convexité plus faillante que celle qui eft plus éloignée du foc: la furface intérieure eft concave, excepté la partie oppofée à celle qui eft au-deffus de

l'aile

l'aile du foc, laquelle eft tout-à-fait pleine. L'extrémité de ce verfoir qui eft très-folidement uni au fep, eft placée dans l'angle intérieur du gendarme ; il eft foutenu par les trois jambettes GGG, dont une fe trouve directement fous la flèche, & entre dans la furface fupérieure du fep ; les deux autres, placées en arc-boutant, prennent dans la furface intérieure du verfoir, & viennent entrer dans les trous à la furface latérale du fep, à fa droite. Sa largeur n'eft point égale d'un bout à l'autre ; la partie antérieure, c'eft-à-dire, celle qui entre dans l'angle intérieur du gendarme, eft plus large que la partie poftérieure qui fe trouve un peu plus étroite : dans le haut, il eft terminé en ligne droite, ce n'eft que par le bas que fa largeur diminue infenfiblement.

Cet arrière-train eft conftruit très-folidement ; toutes les pièces parfaitement affemblées fe foutiennent mutuellement. Par cette forme de conftruction, la flèche fe trouve foutenue au-deffus du fep, avec lequel il fait un angle affez aigu, 1°. par le gendarme fur lequel elle appuie, & dont un côté eft cloué fur elle-même ; 2°. par le verfoir dont le bout antérieur paffe en deffous, pour entrer dans l'angle du gendarme qui fe trouve précifément au milieu de la flèche ; 3°. par l'attelier H, qui eft une efpèce de jambette, ou forte cheville qui paffe dans un trou de la flèche, & vient aboutir dans un autre pratiqué à la furface fupérieure du fep ; 4°. par le double manche dans la mortoife duquel elle entre, & qui eft lui-même affemblé folidement avec le fep ; 5°. par le fep même, dont l'entaille,

Tom. III.

qui eft à fon extrémité poftérieure, reçoit fon tenon au fortir de la mortoife du double manche.

Cette charrue n'a qu'un feul coutre I I, dont le manche eft percé de plufieurs trous, afin de l'élever ou de l'abaiffer, felon que les circonftances l'exigent. Ce coutre, placé dans la mortoife qui eft à la flèche en avant du foc, y eft affujetti par deux petits coins de bois, dont un de côté, & l'autre en avant, qui fert à lui donner l'inclinaifon qu'on défire, en l'enfonçant plus ou moins dans la mortoife. Une cheville en fer, paffée dans un de fes trous, le tient à la hauteur néceffaire, & l'empêche en même temps de varier, parce qu'il y a fur la flèche, de chaque côté du coutre, deux anneaux qui y font fixés, dans lefquels on paffe la cheville.

L'avant-train de la charrue champenoife, qu'on voit repréfenté dans la *Figure 15 de la Planche 3*, confifte dans deux roues AA d'inégale grandeur ; le diamètre de celle qui eft à gauche, a trois ou quatre pouces de moins que celui de la roue à droite : leur effieu, qui eft en fer, paffe dans une traverfe carrée, qui eft percée, pour cet effet, d'un bout à l'autre, & qu'on voit défignée par BB.

Le tétard CC eft une pièce de bois fourchue, dont les deux cornes font clouées à vis fur la traverfe dans laquelle paffe l'effieu des roues.

La fellette D s'élève, au-deffus du tétard, de dix à douze pouces ; elle eft affujettie immédiatement fur fes deux cornes, par deux fortes chevilles qui l'y clouent d'une manière fort folide, qui ne lui permet aucun mouvement quand la charrue eft tirée : elle n'eft point tout-à-fait auffi

N

longue que la traverfe qui couvre l'effieu des roues. Dans fon milieu elle eft échancrée en demi-cercle, pour recevoir, dans cet endroit, la flèche qu'elle doit porter.

A l'extrémité antérieure du tétard, il y a une mortoife latérale dans laquelle paffe la traverfe EE, qui doit porter les palonniers: elle eft fixée folidement en place par une forte cheville qui traverfe d'une furface à l'autre.

Les deux palonniers FF, auxquels on attache les traits des chevaux, pendent par une petite chaîne de chaque bout de la traverfe. Quand on veut fupprimer la chaîne, on met un morceau de fer plat & terminé en crochet, à chaque bout de la traverfe, auquel on paffe un fimple anneau qui pend de chaque palonnier.

L'arrière-train & l'avant-train de la charrue champenoife, font joints enfemble par deux chaînes. La première a un anneau, à un de fes bouts, plus grand que les autres, dans lequel on paffe la flèche; il eft retenu par une cheville qui l'empêche de gliffer; c'eft ce qu'on voit en E, à l'extrémité de la flèche. L'autre bout de cette chaîne eft terminé par un crochet, qui prend dans un anneau qui eft fixé au-deffous du tétard vers fon milieu. Cette feule chaîne fuffiroit pour joindre enfemble l'arrière-train & l'avant-train: mais pour mieux fixer la flèche dans l'échancrure de la fellette, & afin de tenir le tétard au niveau de la traverfe, pour que l'attelage n'ait point fon poids à fupporter, on met une feconde chaîne, affez courte, qui eft attachée, par un de fes bouts, à la furface fupérieure du tétard, affez près de la traverfe qui recouvre l'effieu des roues; fon autre bout

porté un grand anneau, dans lequel on paffe la flèche, & qu'on arrête, comme le premier, par une cheville qui entre dans un des trous pratiqués dans la longueur de la flèche.

Par le moyen de cette feconde chaîne, la flèche qui eft retenue & fixée dans l'échancrure pratiquée au milieu de la fellette, ne peut point tomber fur les roues, ni d'un côté ni de l'autre; outre cela, le tétard eft foutenu dans un plan parallèle à celui de la traverfe qui recouvre l'effieu des roues: de cette manière, les chevaux tirent fans avoir à fupporter une partie de l'avant-train de la charrue, & une partie du poids de la flèche, qui feroient pour eux un furcroît de peine & de fatigue. Le tirage de cette charrue eft donc peu pénible pour les chevaux, puifque tout le poids de l'avant-train, & une partie de l'arrière-train portent fur l'effieu des roues, par le moyen de la traverfe qui le recouvre.

Le laboureur peut auffi très-aifément donner à fa charrue l'entrure qu'il juge à propos en faifant exactement piquer le foc de la quantité qu'il défire: il n'a qu'à avancer ou reculer la flèche fur la fellette, & la fixer à la hauteur qu'il veut, par le moyen de la cheville qui retient l'anneau: étant ainfi fixée, la charrue continuera le labour en piquant toujours de la même quantité, jufqu'à ce qu'on change la pofition de la flèche fur la fellette.

L'inégalité que nous avons remarquée dans les roues eft indifpenfable, à caufe de la pofition du terrein. Toutes les pièces de terre étant arrangées en billons, ou en planches fort élevées dans le milieu, fi les roues étoient d'un diamètre égal, celle qui fe trouve à la droite où eft le verfoir fixe, étant toujours dans l'endroit le plus bas, & au fond du fillon, tandis que l'autre feroit élevée, auroit tout le poids de la charrue à fupporter, & néceffairement elle culbuteroit en entraînant la charrue dans fa chute, parce que quelque fort que fût le charretier, il ne le feroit point affez pour la retenir : il feroit obligé de diriger fon effort à la gauche, & précifément c'eft à la droite qu'il doit le plus appuyer, afin que le tranchant du foc ouvre un fillon affez large.

Par l'arrangement des terres en billons fort élevés dans le milieu, pour procurer un prompt écoulement aux eaux, la charrue champenoife eft exactement ce qu'elle doit être pour la culture de ces terres ainfi difpofées. Si on s'en fervoit dans un terrein plat, l'inégalité des roues feroit affez inutile : quoiqu'il y en ait une qui foit toujours plus enfoncée que l'autre, cette différence, dans le parallélifme, n'eft point affez confidérable pour qu'on doive craindre que la charrue foit renverfée fur le côté : d'ailleurs le plus petit effort, de la part du conducteur qui appuie un peu fur les manches, du côté oppofé à celui où il craint que la chute ait lieu, fuffit pour la remettre.

Quand on laboure avec cette charrue, il faut entamer une pièce de terre quelconque, par le côté droit, & aller enfuite à la gauche tracer le fecond fillon, pour revenir à la droite où l'on a commencé. La Fig. 17, Pl. 3, repréfente un billon à labourer avec la charrue champenoife; le charretier doit commencer en A le premier fillon; arrivé en B: il fou-

lève la charrue, & va par la ligne ponctuée en C, où il donne l'entrure à la charrue pour ouvrir le fillon C D; arrivé en D, il tranfporte encore la charrue en E, pour ouvrir le fillon EF, afin de combler celui qu'il avoit précédemment tracé, & qui étoit refté ouvert; de-là il retourne en G, & fucceffivement jufqu'à ce qu'il foit arrivé au milieu du billon où il finit fon labour. Le verfoir étant fixé à la droite de la charrue, cette manœuvre eft indifpenfable, autrement les raies ou les fillons refteroient à découvert.

Le verfoir étant toujours fixé à la droite, c'eft par conféquent de ce côté que le foc doit pénétrer plus avant dans la terre, afin de la remuer, & de la foulever pour que le verfoir la jette fur le côté; c'eft pour cette raifon que le foc n'a qu'une aile tranchante à la droite, tandis qu'à la gauche il fe termine en ligne droite avec le fep : un tranchant feroit donc inutile de ce côté, puifqu'il n'y a point de verfoir pour jeter la terre qu'il fouleveroit. Afin que le foc ouvre un large fillon, le conducteur doit appuyer continuellement fur les manches, en dirigeant fa puiffance à droite : alors l'aile du foc coupera la terre dans une plus grande furface; le fillon fera par conféquent plus large, & le labour d'une pièce de terre fera plutôt fini & mieux fait, que s'il laiffoit aller la charrue fans la gouverner de cette manière, après lui avoir donné l'entrure qu'il juge à propos.

Section V.

De la Charrue à quatre coutres, de M. Tull.

La Figure 1, de la Planche 4, repréfente la charrue à quatre coutres, que M. Tull, qui l'a inventée, regarde comme la meilleure pour toutes fortes de terres, excepté celles qui font glaifes & bourbeufes, parce qu'elles s'attachent aux roues, & les embarraffent tellement, qu'elles tournent enfuite difficilement. Pour remédier à cet inconvénient, il confeille d'entourer les cercles de fer & les raies des roues avec des cordes de paille d'un pouce d'épaiffeur : les roues preffant la terre, les cordes s'applatiffent & s'écartent des deux côtés, pour repouffer la boue & l'empêcher de s'attacher aux roues.

L'avant-train de cette charrue confifte dans les deux roues AA, unies par un effieu de fer qui paffe dans la traverfe fixe B, qui eft percée, pour cet effet, dans toute fa longueur ; il tourne par conféquent dans la traverfe comme dans le moyeu des roues. Ces deux roues font d'une grandeur inégale ; celle qui eft à droite a deux pieds trois pouces de diamètre, & celle de la gauche vingt pouces feulement. (1) La diftance de l'une à l'autre, prife à leur circonférence, eft de deux pieds cinq pouces & demi.

Les deux montans CC tombent perpendiculairement fur la traverfe fixe, qui recouvre l'effieu des roues; ils y font joints par le tenon qui eft à leur bout, & qui entre dans la mortoife pratiquée pour les recevoir. Leur hauteur, depuis cette première traverfe jufqu'à celle qui les affemble à leur bout fupérieur, eft de vingt-trois pouces, & la diftance de l'un à l'autre, prife intérieurement,

de dix pouces & demi. Chacun de ces montans eft garni, depuis la traverfe qui recouvre l'effieu des roues, jufqu'à la traverfe d'affemblage EE, d'un rang de trous parallèles, pour recevoir les chevilles qui fixent la traverfe mobile D, afin de tenir la flèche à la hauteur qu'on défire : de forte qu'en élevant ou abaiffant la traverfe mobile, on élève ou on abaiffe la flèche, felon qu'il eft néceffaire de donner plus ou moins d'entrure à la charrue, afin que le foc trace un fillon plus ou moins profond, en le faifant piquer exactement de la quantité qu'on veut.

La traverfe d'affemblage EE eft reçue dans les mortoifes pratiquées aux bouts des montans, où elle eft chevillée d'une manière folide : on a foin de la tenir affez longue, afin qu'elle déborde, de deux pouces à peu près, les montans de droite & de gauche, pour qu'on puiffe y paffer le grand anneau qui eft au bout de la chaîne, & l'y arrêter.

Le châffis F, qu'on voit repréfenté en entier dans la *Figure 2*, fert pour attacher le palonnier qui eft au bout des traits des chevaux : comme il ne feroit point affez folide en bois, on le fait en fer. La jambe gauche A, & la barre où font les entaillures pour recevoir les crochets, ne font qu'une même pièce ; cette dernière paffe dans la jambe droite, où elle eft fixée dans un trou pratiqué pour la recevoir. Les jambes de ce châffis traverfent la caiffe G, qui eft une efpèce de fellette clouée fur la traverfe qui recouvre l'effieu; elles font arrêtées derrière la caiffe avec deux

---

(1) Dans la *Planche 4*, *Figure 1*, la grande roue doit fe trouver à la place de la petite.

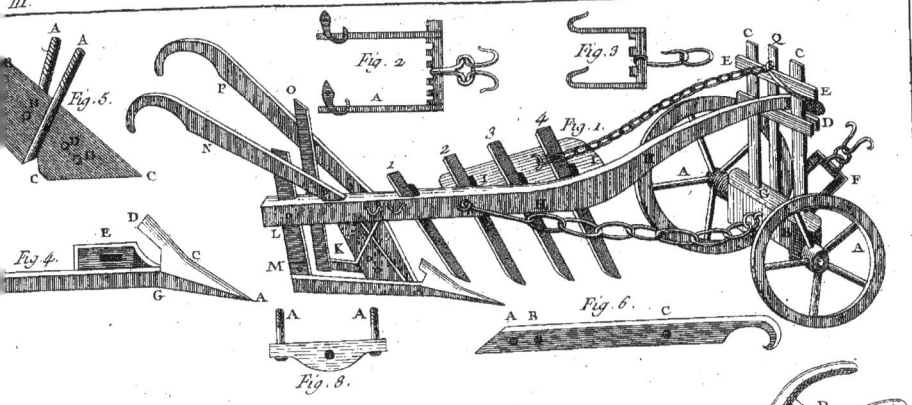

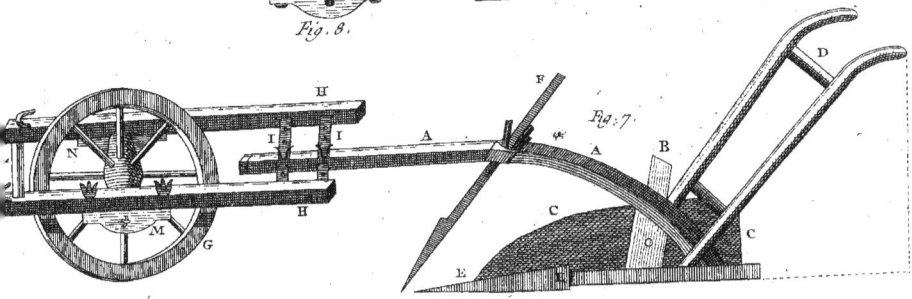

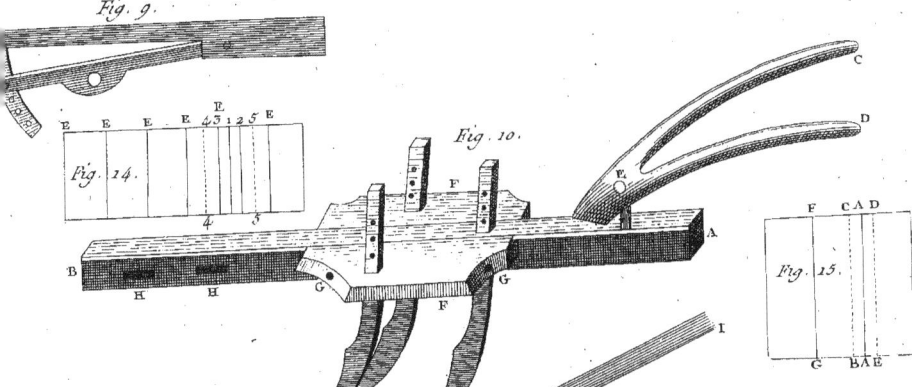

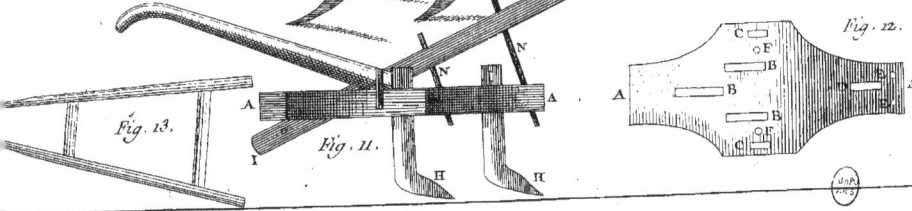

Pl. IV Pag. 100.

Fig. 2.

Fig. 3.

Fig. 1.

Fig. 5.

Fig. 4.

Fig. 6.

Fig. 8.

Fig. 7.

Fig. 9.

Fig. 10.

Fig. 14.

Fig. 15.

Fig. 12.

Fig. 13.

Fig. 11.

er Sculp.

clous en forme de crochet, tels qu'on les voit dans la *Figure* 2. Afin que le haut des montans ne penche point en arrière quand la charrue est tirée, il est nécessaire que la partie antérieure du châssis où sont les entaillures, soit plus élevée que les jambes qui entrent dans la caisse : pour cet effet il faut avoir soin que les trous qu'on pratique à la caisse, pour les faire passer, ne soient point à angle droit avec elle, mais qu'ils biaisent en haut, pour que le châssis ait à peu près la position qu'on a cherché à lui donner dans la *Figure* 1, où il est en place.

Les entaillures qu'on a faites à la barre du châssis, ne sont point destinées seulement à arrêter où l'on veut, les crochets & les chaînons qui servent au tirage de la charrue ; c'est encore pour faire tracer au soc un sillon plus large ou plus étroit. En mettant les chaînons du côté droit, les roues vont à gauche, le soc alors ouvre un sillon assez large, parce que le soc porte de toute sa largeur sur le terrein : quand on les met, au contraire, du côté gauche, les roues vont plus à droite ; le sillon par conséquent est plus étroit, parce que le soc ne porte point parfaitement à plat sur le terrein.

On a soin de tenir la barre & les jambes du châssis assez fortes, pour qu'elles résistent à la puissance des chevaux. Les chaînons qui servent à tirer, doivent être placés dans les entaillures éloignées les unes des autres, afin que les roues avancent en même temps, & qu'elles marchent sur la même ligne ; ce qui n'auroit point lieu, si elles étoient placées trop près, ou dans la même entaillure, à moins que ce ne fût

à celle du milieu : mais la marche de la charrue sera toujours plus uniforme, quand les chaînons seront placés dans des entaillures éloignées, & qu'ils seront également distans des jambes du châssis. Ces chaînons ont six pouces & demi de longueur. La distance qu'il y a entre les jambes du châssis, est de huit pouces.

L'arrière-train de la charrue de M. Tull, est composé de la flèche HH, dont la longueur est de dix pieds quatre pouces. Sa dimension, soit en épaisseur & en largeur, n'est point constante ; elle varie selon la nature du sol qu'on doit labourer. On conçoit qu'il est nécessaire que la flèche ait en épaisseur, de même qu'en largeur, une plus grande dimension quand la terre est forte que quand elle est légère. Celle qu'on voit représentée dans la *Figure* 1 a cinq pouces d'épaisseur au trou du premier coutre, & quatre de largeur. Elle est faite assez communément de bois de frêne, qui est fort léger, ou de chêne, parce que c'est un bois propre à durer long-temps ; quand elle est en chêne, on ne lui donne point autant d'épaisseur que si elle étoit d'un bois léger ; elle seroit trop pesante en ayant la même proportion.

Cette flèche pourroit être droite, comme celle des charrues ordinaires ; mais il faut observer qu'elle est beaucoup trop élevée au-dessus de l'essieu des roues, pour qu'elle puisse avoir cette forme, qui seroit peu favorable pour donner l'entrure à la charrue, & faire piquer le soc à une grande profondeur : en la faisant absolument droite, il faudroit aussi qu'elle fût plus longue ; elle deviendroit donc un poids énorme, & la charrue seroit embarrassante quand il faudroit tourner au bout du fillon. Il eſt donc beaucoup plus avantageux de lui donner une courbure, depuis le quatrième coutre juſqu'à ſon extremité: étant moins élevée au-deſſus du ſol, on obvie non-ſeulement à l'inconvénient dont il vient d'être parlé, mais on en évite encore un autre, qui feroit la trop grande longueur des derniers coutres, qui eſt néceſſaire quand la flèche eſt trop élevée. Quand les coutres ſont fort longs, & que les pointes qui fendent la terre ſont fort éloignées de l'emboîture des manches, ils ſont expoſés à ſe fauſſer, à moins qu'ils ne ſoient fort épais, & alors ils rendroient la charrue très-peſante: d'ailleurs, en ſuppoſant qu'ils ne ſe fauſſent point par l'effort qu'ils ſont pour ouvrir la terre, il eſt toujours à craindre que la réſiſtance qu'ils éprouvent, ne les déplace, parce que la pointe étant à une trop grande diſtance de l'emboîture du manche, il y a une force preſque inſurmontable, pour lâcher & faire échapper les coins qui le tiennent aſſujetti.

Les coutres 1, 2, 3, 4, ſervent à ouvrir la terre, à couper le gazon & les racines des mauvaiſes plantes, afin que le ſoc de la charrue, ne trouvant point ces obſtacles dans ſa direction, puiſſe entrer avec plus de facilité dans la terre pour la bien diviſer. Ces coutres en fer ſont ſemblables à un couteau à gaine, dont la lame ne ſe replie point pour entrer dans le manche. Leur longueur, quand ils ſont neufs, eſt de deux pieds huit pouces; laquelle eſt diviſée en deux parties égales pour le manche & la lame, qui ont par conſéquent ſeize pouces. La largeur du manche eſt d'un pouce & ſept huitièmes; ſon

épaiſſeur de ſept huitièmes de pouce dans toute ſa longueur: la lame eſt à peu près d'un tiers plus large que le manche.

En faiſant les mortoiſes pour placer le coutre dans la flèche, il faut obſerver que les plans imaginaires que leurs tranchans ſont cenſés décrire lorſque la charrue eſt tirée, doivent tous être parallèles les uns aux autres, au moins à peu près, afin qu'ils entrent tous enſemble en même temps dans la terre: pour cet effet, on fait la mortoiſe du ſecond coutre, deux pouces & demi plus à la droite que la première, de même celle du troiſième & du quatrième, conformément aux quatre inciſions qu'ils doivent faire pour ouvrir un ſillon de dix pouces de largeur.

Pour placer les coutres à cette diſtance meſurée les uns des autres, la flèche n'eſt point aſſez large; c'eſt pourquoi on eſt obligé d'ajouter à la droite, la pièce de bois II, telle qu'on la voit dans la *Figure*: elle eſt attachée ſolidement à la flèche par trois vis & leurs écrous. La mortoiſe du premier coutre eſt taillée entièrement au milieu de la largeur de la flèche; celle du ſecond, en partie dans la flèche & dans la pièce ajoutée; celles du troiſième & du quatrième ſont tout-à-fait dans la pièce ajoutée.

La diſtance de deux pouces & demi, à laquelle les coutres doivent être placés plus à la droite les uns des autres, doit être comptée du milieu d'une mortoiſe au milieu de l'autre: chacune doit avoir un pouce & un quart de largeur, & les côtés oppoſés parallèles: elles doivent être taillées obliquement dans la longueur de la flèche, afin de déterminer la position du coutre qui y est enchâssé avec le coin.

La position oblique des coutres ne doit point être uniforme : le second doit moins s'éloigner de la perpendiculaire que le premier ; le troisième que le second, & le quatrième que le troisième. Les mortoises doivent donc être taillées obliquement, en proportion de l'inclinaison du coutre qui y est enchâssé. Il faut qu'ils ne soient jamais aussi bas que le soc. Ils sont fixés dans les mortoises par trois coins, dont un devant, un autre à la gauche, & le troisième à la droite.

Le soc de la charrue représenté séparément par la *Figure 4*, doit être d'un acier fort dur en bas : il a trois pieds neuf pouces de longueur depuis la pointe A, jusqu'au talon B ; la pointe A, jusqu'à l'angle C, a environ trois pouces & demi de longueur ; elle est plate en dessous & ronde en dessus. L'aileron D & la pointe A, forment un angle en C, qui ne doit jamais être plus petit que celui qu'on voit dans la *Figure*. La douille E, est une mortoise, d'environ un pied de long à la partie supérieure, ayant à peu près deux pouces de profondeur ; son extrémité antérieure doit être oblique, comme l'est celle de la planche qui y entre.

Le côté AB du soc doit être parfaitement droit : la surface inférieure qui repose sur le terrein, doit être un peu creuse en G ; mais jamais plus d'un demi-pouce, & même d'un quart dans la charrue à quatre coutres. Quand le soc est posé sur son fond, il ne doit toucher une surface unie que par trois endroits, c'est-à-dire, à la pointe A, au talon

B, & au-dessous du coin de l'aileron en G. Depuis la pointe A, jusqu'au bout de l'aileron, le soc représente une surface arrondie, qui est creuse au-dessous de l'aileron jusqu'à l'angle C ; cette cavité de l'aileron doit être proportionnée à la qualité du terrein ; elle doit être plus considérable pour un terrein pierreux, que pour un autre qui ne l'est pas du tout, ou qui l'est moins.

On voit au talon du soc la plaque F, elle est en fer assez mince ; c'est par cette plaque rivée au bout du soc, que son talon est attaché à l'étançon, par le moyen d'une petite cheville de fer qui a une vis au bout avec son écrou, lequel est monté du côté droit à l'étançon.

La planche K, qu'on voit dans la *Fig. 1*, est représentée par la *Fig. 5*, telle qu'elle est avant d'être mise en place : elle a sept pouces de largeur, on y voit les deux tenons de fer à vis A A, qui la tiennent attachée à la flèche par le moyen de leurs écrous, quand une fois elle est assemblée dans la mortoise, où elle est encore assujettie par des chevilles qui passent dans les trous B B : son extrémité C C, est reçue dans la douille du soc, qui par cet effet, doit être oblique sur le devant. Les tenons de fer qui l'assujettissent dans la flèche, servent encore à lui donner l'inclinaison qu'il est nécessaire qu'elle ait sur le soc ; pour cela, il suffit de dévisser leurs écrous, quand on veut qu'elle soit plus inclinée, ou les visser fortement, si elle l'étoit trop. Il y a un juste milieu duquel il ne faut pas s'écarter pour que la charrue aille bien ; il consiste à placer la planche de façon que son côté postérieur, incliné vers le talon du foc, forme avec le plan supérieur du foc un angle de quarante-deux ou quarante-trois degrés au plus. Si cet angle étoit plus ouvert que le quarante-cinquième, la charrue iroit certainement mal.

L'angle B C C, de la *Figure 5.*, formé par la coupe même de la planche, peut donner la mesure exacte de celui qu'elle doit faire avec le foc, quand elle est assemblée avec la flèche; parce que la ligne C C, supposée parallèle avec celle qui est au fond de la douille du foc dans laquelle on la place, venant à se toucher dans toute leur longueur, elles formeront nécessairement l'angle selon l'ouverture requise, de forte qu'il suffira de visser les tenons, de cheviller la planche dans la mortoise de la flèche, pour l'assujettir en place. Les trois trous DDD, servent à passer des chevilles, qui vont entrer dans les trous qui sont vis-à-vis dans le manche qui est à sa droite, afin que ces deux pièces soient mutuellement soutenues.

L'étançon L (*Figure 1*) est attaché au talon du foc, par une cheville qui entre dans un trou pratiqué à son extrémité, & dans celui qui est à la plaque M; il passe ensuite dans la mortoise pratiquée à l'extrémité de la flèche, où il est fixé par une autre cheville : il sort à une hauteur convenable au-dessus de la flèche, pour que le manche de la charrue puisse appuyer contre lui.

Le manche N, qu'on voit sans être en place dans la *Figure 6*, est attaché au bas de la planche par deux chevilles qui passent dans les trous A B, il traverse la flèche par la même mortoise de la planche, &

l'autre trou C reçoit une cheville qui sert à le tenir appuyé fortement contre l'étançon L. Il a, comme on voit, peu d'épaisseur, eu égard à sa largeur; c'est pourquoi il étoit nécessaire qu'il fût bien soutenu en haut & en bas.

Le montant O, qu'on peut considérer comme un second étançon, appartient au côté droit du talon du foc : attaché au foc d'une manière aussi solide que l'est l'étançon L, il vient s'appuyer sur le côté droit de la flèche, vis-à-vis l'étançon; pour rendre son assemblage solide, il est chevillé contre la flèche; outre cela, deux chevilles, dont une en dessous, l'autre en dessus de la flèche, le tiennent uni à l'étançon.

Le second manche P, semblable au premier, est attaché au montant par une cheville, & par une autre assez forte, à la flèche; son extrémité est reçue dans la même douille que la planche; d'autres fois elle est clouée contre le côté droit du foc, quand on a ménagé un trou à vis pour cet effet.

La *Figure 6*, représente le manche absolument droit, parce que souvent on ne lui donne l'inclinaison qu'il doit avoir, que par la manière dont on le place, & en sciant obliquement son extrémité. La *Figure 1*, où on le voit assemblé au corps de la charrue, le montre oblique par la coupe du bois au sortir de la flèche; il est assez ordinaire de lui donner cette forme avant de l'assembler au corps de la charrue.

L'avant-train & l'arrière-train de la charrue de M. Tull, sont unis par deux chaînes de fer, l'une en dessus, l'autre en dessous de la flèche. Pour attacher celle qui est en dessous, on

met

met au côté droit & au côté gauche de la flèche, entre le premier & le second coutre, un anneau de fer, auquel on accroche un châffis en fer, femblable à peu près à celui que nous avons décrit pour le tirage, excepté que les jambes fe terminent en crochets, pour entrer dans les anneaux fixés de chaque côté de la flèche; on le voit repréfenté dans la *Figure 3*, avec le crochet qui eft dans une des entaillures. La caiffe qui repofe fur la traverfe fixe, eft percée pour laiffer paffer un des anneaux de la chaîne qui fe trouve en devant, entre les jambes du châffis pour le tirage. La tringle Q, appuyée en dedans contre la traverfe d'affemblage des montans & la traverfe mobile, paffe dans l'anneau au fortir de la caiffe, & retient par ce moyen la chaîne qui refortiroit fans cela.

La feconde chaîne a fon premier anneau paffé dans un crochet, enfoncé dans le morceau de bois ajouté au côté droit de la flèche entre le troifième & le quatrième coutre; elle porte à fon extrémité un grand anneau long, qui va embraffer l'extrémité fupérieure de la tringle, celle du montant gauche & de la traverfe d'affemblage. Quelquefois un feul & gros anneau, auquel la flèche eft paffée, & qui eft arrêté à la diftance qu'on défire, par une forte cheville de fer, fuffit pour attacher les deux chaînes qui, pour lors, font terminées par un crochet, dont l'un prend l'anneau en deffous de la flèche, & l'autre en deffus. Le châffis, (*Figure 3*), devient alors inutile.

M. Tull donne la defcription d'une autre charrue également de fon invention, qui ne diffère de celle-ci que par la forme de la flèche, qui eft

Tom. III.

abfolument droite & ronde, & qui n'a qu'un feul coutre devant le foc: toutes les autres pièces y exiftent avec les mêmes diménfions.

M. Tull affure qu'avec la charrue à quatre coutres, on remue la terre à dix, douze & quatorze pouces de profondeur, ce qui eft un très-grand avantage; parce qu'en faifant de profonds fillons, & des billons fort élevés, la terre eft bien plus en état de profiter des influences de l'air. Les quatre coutres placés devant le foc, coupent la terre, qu'il doit ouvrir, en bandes de deux pouces de largeur, puifqu'ils font placés à cette diftance les uns des autres vers la droite de la charrue. Le foc ouvrant un fillon de fept à huit pouces de largeur, la terre eft jetée fur le côté bien divifée; elle ne forme donc plus ces groffes mottes plates, comme il arrive avec les charrues ordinaires. Quand on donne un fecond labour, le foc de la charrue entre alors dans une terre meuble & bien divifée, fans rencontrer ces mottes & ces gazons, qui font auffi difficiles à divifer au fecond labour, qu'ils l'avoient été au premier.

M. Tull veut qu'on n'emploie la charrue à quatre coutres, que pour les principaux labours; c'eft-à-dire, pour donner une bonne culture aux terres qu'on n'a pas travaillées depuis long-temps, ou qui ont été mal cultivées, ou pour défricher les terreins qu'on veut mettre en état de culture. Quoique cette charrue corroie & aglutine moins les terres fortes que les charrues ordinaires, puifque le foc renverfe, fans pétrir, une terre déjà coupée par les coutres, il eft bon cependant de ne l'employer dans les terres qui font bien tra-

O

vaillées, c'est-à-dire, dans un bon état de culture, que quand elles ne sont pas trop humides; dans cette circonstance même, il faut avoir soin de mettre les chevaux à la file les uns des autres, afin que, marchant tous dans le même sillon, ils ne pétrissent pas tant la terre : au contraire, quand on emploie cette charrue dans une terre en friche, ou qui n'a pas été labourée depuis long-temps, il faut qu'elle soit bien détrempée par la pluie, sur-tout si elle est forte, autrement la charrue éprouveroit de très-grands obstacles & ne pourroit point ouvrir des sillons à la profondeur qu'on désire.

On peut considérer la charrue de M. Tull, comme un de ces instrumens dont l'invention prouve l'intelligence & le zèle de l'auteur, sans cependant procurer tous les avantages qu'on espéroit en recueillir. La position des coutres est certainement bien entendue, mais leur nombre exige une flèche fort large, qui, étant très-longue, devient un poids énorme, avec la pièce qu'on est obligé d'ajouter au côté droit pour l'emplacement des coutres. Il est impossible que cette charrue renverse, aussi parfaitement que l'assure M. Tull, la terre sur le côté; ce renversement ne peut s'effectuer que par l'aileron du soc; outre qu'il n'est pas assez élevé pour cette opération, sa forme n'est pas absolument propre à produire cet effet : la planche qui soutient l'assemblage du soc & de la flèche, ne peut tout au plus que repousser la terre qui vient tomber sur elle en très-petite partie, de même que le côté droit du soc, qui, d'ailleurs étant au fond du sillon, ne peut point produire cet

effet. On ne peut donc point concevoir qu'une charrue qui n'a point de versoir, & qui ouvre un sillon de douze à quatorze pouces de profondeur, puisse parfaitement renverser une terre remuée par le soc.

La marche de cette charrue doit être extrêmement lente dans le sillon, 1°. parce qu'un soc selon les dimensions de celui-ci qui est tout en fer, devient un poids très-considérable ; 2°. parce que l'assemblage de toutes les pièces qui composent l'arrière-train, n'est point disposé de façon à diminuer les frottemens qu'elles font dans le cas d'éprouver.

Cette charrue n'ayant point de sep en bois comme les charrues ordinaires, mais un soc de trois pieds neuf pouces de longueur, portant une flèche de dix pieds de longueur sur quatre à cinq pouces d'équarrissage, on conçoit que quatre coutres de deux pieds huit pouces de longueur, sur une épaisseur proportionnée, doit être un poids énorme qui exige un attelage très-considérable, pour le tirer dans des terres fortes & tenaces. Le conducteur, obligé de soulever & de porter l'arrière-train de la charrue, quand il faut tourner au bout du sillon, doit avoir une force peu commune pour en venir à bout.

CHAPITRE III.

DES CHARRUES DONT L'AVANT-TRAIN N'A QU'UNE ROUE, QU'ON APPELLE AUTREMENT DES CULTIVATEURS.

Toutes les charrues dont il a été parlé dans les articles précédens, sont destinées pour les principaux labours ; soit pour préparer la terre à recevoir la semence, soit aussi pour la couvrir quand elle a été répandue fur toute la furface du terrein qu'on vouloit enfemencer. Celles dont nous allons maintenant donner la defcription, n'ont qu'une roue à l'avant-train ; on les nomme des *cultivateurs*, parce que dans leur invention, on n'a eu en vue qu'un inftrument propre à donner une culture aux plantes, fans les endommager ; ce qui étoit difficile à exécuter avec les charrues ordinaires, qui n'approchoient point affez des plantes, & qui les froiffoient ou les brifoient, quand on les conduifoit trop près. La nouvelle manière de cultiver les terres, & de les enfemencer par planches ou bandes étroites, à introduit le cultivateur dans l'Agriculture. M. Tull, qui a pratiqué cette méthode, & qui, au lieu de cultivateur, fe fervoit d'une charrue légère, dont nous avons donné la defcription dans la première Partie, prétend que les récoltes qu'il a faites en fuivant fes procédés, ont été beaucoup plus abondantes qu'elles ne l'avoient été précédemment.

Quoique la charrue à une feule roue, ne foit deftinée que pour donner aux plantes une culture qui eft néceffaire à leur végétation & à leur prompt accroiffement, on peut cependant s'en fervir & l'employer pour les principaux labours, dans les terreins légers, où elle fera d'auffi bonnes cultures que les autres charrues légères, qui n'ont point d'avant-train ; dans ceux qui n'ont qu'un fond de terre peu confidérable, par exemple, de quatre, cinq ou fix pouces : comme le foc du cultivateur ne fouille la terre qu'à cette profondeur, cette charrue eft très-propre pour cultiver ces fortes de terreins, dans lefquels il feroit dangereux de faire de profonds fillons, parce qu'on s'expoferoit à ramener à la furface, la mauvaife qualité de terre qui fe trouve en deffous.

Cet inftrument propre à remuer la terre à peu de profondeur, qui, dans le principe, n'étoit qu'un fimple cultivateur, a été perfectionné au point qu'on en a fait exactement un inftrument de labourage, dont on peut retirer la même utilité que des charrues ordinaires, pour donner les premiers labours aux terres, & les préparer à recevoir la femence. M. de la Levrie a fait des labours avec la charrue à une feule roue, qu'il a inventée, dont les fillons étoient auffi profonds que ceux qu'auroit tracé la meilleure charrue. Nous allons faire connoître fon cultivateur ou fa charrue à une feule roue, par la defcription qu'il en envoya lui-même, dans le temps, à M. Duhamel du Monceau.

SECTION PREMIÈRE.

Defcription de la charrue à une feule roue, imaginée par M. de la Levrie.

La *Figure 5, Planche 1*, repréfente la charrue de M. de la Levrie, affemblée de toutes fes pièces. Le fep A a quatre pouces de largeur, trois d'épaiffeur, deux pieds fept ou huit pouces de longueur ; en forte qu'il y ait du talon du fep à la pointe du foc en place, trois pieds ou trois pieds un pouce : on aura foin que le deffous du fep foit creux dans fa longueur, depuis le talon jufqu'à la pointe du foc, d'environ un pouce dans fon milieu, en diminuant la

O 2

cavité de côté & d'autre, à mesure qu'on s'approche des extrémités.

Le foc eft fait comme celui des autres charrues de même efpèce, c'eft-à-dire, comme ceux des charrues légères ; il a douze à treize pouces de longueur, huit pouces de largeur, de la pointe de l'aile au côté gauche ; il n'a qu'environ deux pouces de hauteur de ce côté, à l'endroit de la douille où il eft un peu creux en deffous.

Le côté gauche du fep, depuis le foc jufqu'au talon, eft garni d'une bande de fer de quinze lignes de largeur, fur deux lignes d'épaiffeur, encaftré de fon épaiffeur dans le bord inférieur, & arrêté avec des clous à tête rafée.

L'âge ou la flèche C, de cinq pieds de longueur, fur deux pouces & demi d'équarriffage, eft affemblée avec le fep & la fouche des manches, comme à l'ordinaire ; c'eft-à-dire, qu'après avoir paffé dans la mortoife des manches, fon tenon va entrer dans celle qui eft au talon du fep. L'angle du fep & de l'âge doit être de trente degrés juftes, autant qu'il eft poffible : s'il s'y trouve quelque erreur, il vaut mieux qu'elle foit en plus qu'en moins. Un grand nombre d'ouvriers ne fachant point ce que c'eft qu'un angle de tant de degrés, voici la manière dont ils s'y prendront pour le faire jufte.

On prendra deux fois l'épaiffeur du fep, qui eft de trois pouces, ce qui donnera par conféquent fix pouces : on portera cette mefure de fix pouces, depuis l'angle inférieur du fep A, (*Figure 6*) jufqu'au bord fupérieur D : de A à D, on tirera un trait fur le côté, fur la pente duquel on fera la mortoife ; il ne fera

plus difficile de tracer le tenon de l'âge fur ce trait ; mais comme il n'a pas de longueur, peu de chofe pourroit occafionner de l'erreur. Voici comment on la corrigera.

On mettra l'âge en place, on tirera un trait à l'angle inférieur d'un de fes côtés, à une diftance connue de l'angle du talon : de l'extrémité inférieure de ce trait, on prendra la longueur d'une ligne, qui foit d'équerre avec le deffous du fep fuppofé n'être point creufé ; cette longueur doit être la moitié de la première, prife fur l'âge. La longueur prife fur l'âge de A en E, eft de deux pieds, & la ligne ponctuée d'équerre avec le deffous du fep F a un pied. Ces deux pièces étant ajuftées dans cette fituation, on marquera la place, l'inclinaifon, & la longueur de la fcie G, dont le côté droit fera arrafé au même côté de l'âge, pour foutenir la joue.

On tracera de même l'affemblage des manches, fuivant le deffin de la *Figure 7*, ou autrement, fi l'on veut ; M. de la Levrie ne prefcrit rien là-deffus, mais il détermine à deux pieds au moins la diftance A H, (*Fig. 5*) du talon du fep, à la perpendiculaire de l'extrémité des poignées ; & la hauteur H I, au-deffus du terrein, à vingt-huit pouces, ayant remarqué qu'un grand homme a moins de peine à fe plier, pour appuyer fur les manches quand ils font bas, qu'un petit homme n'en a à porter la charrue, lorfqu'il faut tourner, quand ils font trop hauts pour fa taille.

A gauche, on applique une planche de neuf lignes d'épaiffeur, nommée *la joue*, qui couvre tout l'affemblage du fep & de l'âge, elle porte fur le bout du fep, & d'une

partie du foc auxquels elle eſt arra-
ſée ; elle eſt arrêtée contre l'âge &
la ſcie avec des clous. Sa forme eſt
compriſe entre les angles cotés 1, 2,
3, 4, 5, (*Fig. 6.*)

Le verſoir eſt à gauche, il ſe termine derrière à la longueur du ſep,
où il y a dix pouces d'ouverture
entre lui & le talon ; il ſe termine
devant à trois pouces de la pointe
du foc, en ſuivant le bord de l'aile,
à peu près à la même diſtance, d'où il
remonte en gorge creuſe. A deux ou
trois pouces de l'aile du foc, il reprend l'aplomb juſqu'à ſon extrémité
poſtérieure ; il eſt ſeulement arrondi
vers le haut. Par devant il fait un
angle fort aigu avec la joue, juſqu'à
quelques pouces près de l'âge, autour
de laquelle il tourne pour ſe joindre
à la joue ; ce qui rend l'angle moins
aigu à cet endroit ; mais on y aide
un peu, en écartant l'angle de l'âge
dans ſon épaiſſeur.

L'angle que le verſoir fait avec la
joue, eſt recouvert avec une bande
de fer mince, pliée à angle vif de
deux pouces de largeur de chaque
côté, arrêtée avec des clous à tête
raſée, 3, 4, (*Fig. 5*) Pour le mieux,
cet angle devroit être acéré ; mais
cela deviendroit une pièce de forge
qui pourroit être coûteuſe : il en
coûtera moins à la campagne de la
faire en fer, & de la renouveler
quand elle ſera uſée.

Lorſque la charrue eſt droite, le
verſoir doit porter de toute ſa longueur ſur le terrein ; on y met une
bande de fer en deſſous, pour empêcher que le frottement ne l'uſe : on
peut, ſi l'on veut, la mettre à côté
comme un ſep. Le verſoir a onze pouces de hauteur perpendiculaire par
devant, & douze pouces par derrière.

Dans l'angle intérieur du verſoir
& de la joue, on paſſe une tringle
de fer de ſix ou ſept lignes de diamètre N N, (*Figure 6*) qui traverſe
le ſep, le foc & l'âge ; elle a une
tête encaſtrée ſous le bout du ſep,
& à l'autre bout un écrou ſur pla-
tine, ſerrée ſur l'âge pour empêcher
l'écartement de ces deux pièces, ce
qui en fait la ſolidité. On la voit en
ligne ponctuée, à la *Figure 6*, N N,
ainſi que toutes les parties des pièces
qui ſont couvertes par la joue.

L'avant-train eſt compoſé de deux
brancards O O, (*Figure 5*) de quatre
pieds quatre pouces de longueur,
deux pouces & demi de hauteur ſur
champ, & d'un pouce & demi d'é-
paiſſeur ; ils ſont allongés & relevés
du devant par les deux pièces P P,
& ſoutenus par la jambette Q ; ils
ont une pomette au bout pour attacher les traits. On peut encore les
relever comme l'indiquent les lignes
ponctuées O P Q ; on choiſira des
deux façons, quand on ne voudra
pas les faire avec des bois courbes.

Ces brancards ſont aſſemblés à
dix-huit pouces de diſtance intérieurement, par une traverſe au-devant,
à trois ou quatre pouces de la roue ;
derrière par une traverſe, dont la
face poſtérieure eſt à ſix pouces du
bout : la face ſupérieure inclinée,
faiſant, avec la ligne de deſſous des
brancards, le même angle que l'âge
avec le ſep. Comme les brancards
doivent toujours être parallèles à la
terre quand on laboure, il n'eſt pas
plus difficile de tracer l'inclinaiſon
de cette traverſe, que celle de l'âge.

Sur chaque bout de derrière des
brancards, on aſſemble ſolidement
avec des clefs & une cheville à
écrou R, (*Fig. 5*) un taſſeau marqué 5,

dont on ne donne ni la figure ni les dimenfions, parce qu'on peut les prendre fur les deffins. On y affemble une traverfe parallèlement à celle qui eft déjà en deffous à la mortoifeT, & à telle diftance que l'âge puiffe couler librement entre deux.

A un pied en avant on met un autre taffeau V, de bois de bout, mortoifé & chevillé dans les brancards, au haut duquel oñ affemble une autre traverfe, dont la face fupérieure doit être, fur la ligne, prolongée du plan incliné de la première : ces traverfes ont deux pouces & demi de largeur, fur vingt-deux lignes d'épaiffeur. Il y a un pied du bord fupérieur de devant de la première traverfe, au bord fupérieur de devant de cette dernière, qui par conféquent eft à fix pouces de diftance perpendiculaire du deffus des brancards.

Ces traverfes fervent à unir l'avant-train à l'arrière-train, par le moyen des deux trempoirs V V ; celle de devant tient lieu de fellette ; la fupérieure de derrière fait l'office du collet des charrues ordinaires.

Ces trois traverfes font percées dans le milieu de leur largeur, de fept trous d'un demi-pouce, dont un précifément dans le milieu de leur longueur, les autres à droite & à gauche de celui du milieu, à des diftances égales les uns des autres, pour pouvoir mettre à droite l'âge, quand on veut, ce qui eft fort rare, ou à gauche, ce qui eft bien plus ordinaire. Comme il faut que les trous de l'âge répondent à ceux des traverfes de devant & de derrière, il faut mettre l'âge en place, la roue & le fep portant fur un terrein fuppofé uni, comme on le voit dans la *Figure 5*, on entretiendra les bran-

cards parallèles à la terre ; dans cette fituation on marquera la place d'un trou par-deffus la traverfe de derrière ; un autre par-deffous celle de de devant, où l'on fera un trait qu'on tournera pour l'avoir deffus : il doit y avoir un pied entre ces deux marques ; on divifera cet intervalle en fix, pour avoir les trous à deux pouces l'un de l'autre : il fuffira d'en faire cinq ou fix au-deffus de la traverfe de devant, & deux au-deffous de celle de derrière ; en mettant les trempoirs, ces deux trains n'en feront plus qu'un tout d'une pièce.

On trouvera fans doute affez fingulier qu'une feule roue foit placée de côté plutôt que dans le milieu : quand on voudra elle fera au milieu, il eft même à propos qu'elle y foit quelquefois, comme lorfque l'âge y eft auffi : mais on fe fert plus fouvent de cette charrue, l'âge étant plus ou moins placée à gauche ; alors la charrue eft plus folide, elle s'entretient plus aifément droite, elle eft plus facile à gouverner, la roue étant à droite : il eft vrai qu'il eft plus difficile de la foutenir levée, lorfqu'on veut tourner ; mais un laboureur adroit, en levant le manche de la main gauche plus que celui de la droite, la met fur fon aplomb, & en fait tout ce qu'il veut.

Cette roue a deux pieds de diamètre ; le moyeu, les jantes, les rayons, ont les mêmes dimenfions du va-vient, dont il fera parlé à l'article des femoirs, & un bandage tout-à-fait femblable. On la fait écouer pour deux raifons, 1°. parce que les charrons trouvent plus de difficulté à faire les roues droites, & les vendent plus cher ; 2°. parce que le bout du moyeu à droite étant fort court, il lui reste plus de force en faisant la roue écouée : le moyeu doit avoir treize pouces de longueur, dont il y en a trois & un quart ou trois & demi, à droite du plan de la roue au petit bout.

Du côté gauche on met la flotte X, (*Figure 8*) sur l'essieu ; elle est de deux pièces creusées en goutière ronde, unies ensemble par une courroie à boucle qui y est clouée pour la retenir sur l'essieu ; si l'on veut mettre la roue au milieu, on la fait couler le long de l'essieu, & on met la flotte de l'autre côté.

L'essieu passe tout au travers du moyeu ; ce n'est qu'une broche ronde sans tête, de huit ou neuf lignes de diamètre tout au plus : il a vingt pouces de long ; on fait la place de ses bouts sous les brancards, dans le petit tasseau Y, (*Figure 5*) qu'on a épargné en les faisant de la même épaisseur que le diamètre de l'essieu : on l'arrête dessous de la même façon qu'il sera expliqué dans le va-vient : en creusant la place de l'essieu, il faut laisser une joue en dehors de chaque brancard, pour l'empêcher de sortir.

Si l'on veut avoir un cultivateur, on fera un arrière-train semblable à celui de la charrue à versoir, dont on supprimera la joue & le versoir ; on y ajoutera le soc à deux ailes, que tout le monde connoît à présent, & les deux oreilles, sur la jonction desquelles on mettra la bande de fer pliée à vive-arrête, comme à la charrue à versoir, & le même avant-train servira.

Toutes les charrues ont cela de commun, qu'à quelque profondeur qu'elles entrent en terre, le sep doit porter de toute sa longueur dans le fond de la raie, & être par conséquent parallèle à la superficie de la terre. Il en est de même de celle-ci ; mais on doit s'appercevoir, que dans la situation où on la voit dans le dessin, elle ne pourroit faire aucun effet dans un terrein qui ne seroit point encore entamé ; il faut donc, pour l'entamer faire couler l'âge en arrière, ce qui fera descendre l'arrière-train du nombre de pouces dont on voudra que le sillon soit profond.

Ce nombre est toujours connu par celui des trous dont on recule l'âge ; car la perpendiculaire de l'angle, que l'âge fait avec le sep, est la moitié de la diagonale. De même l'intervalle qui est entre deux trous de l'âge, étant de deux pouces, on ne peut le reculer de cette distance, que tout l'arrière-train ne descende d'un pouce, ou de plus, à proportion du nombre de trous dont on la tirera en arrière.

Il n'est donc question que d'ajuster la charrue suivant l'ouvrage qu'on veut faire : ce n'est pas une nouveauté, puisqu'on en use de même avec les autres charrues.

Je suppose, par exemple, qu'on veuille commencer un labour à plat, on mettra la roue & l'âge dans le milieu du châssis ; on tirera l'âge en arrière de trois trous, qui feront six pouces, pour faire un sillon de trois pouces de profondeur : ce qui suffit, si la charrue n'est attelée que d'un cheval : si la terre est un peu dure, on fera quelques premiers traits dans la largeur de la pièce, à quelque distance l'un de l'autre, sur lesquels on passera une seconde fois, si l'on veut que les autres soient plus profonds.

Ces premiers traits étant faits on

mettra la roue à droite, & l'âge à gauche, plus ou moins loin du milieu, à proportion de la dureté du terrein, & de la largeur de la bande de terre qu'on veut prendre, ce qui dépend de la profondeur dont on veut faire le labour, & de la force qu'on applique à la charrue. On comprend bien qu'un seul cheval, n'enlèvera pas une quantité de terre aussi pesante que le feroient deux chevaux.

Tout le reste du labour se fera, le cheval & la roue étant dans le fond du sillon dernier fait : mais si on laisse l'arrière-train dans la situation où il étoit pour les premiers traits, on aura une plus grande épaisseur de terre, qui augmentera toujours à chaque trait ; ce qui deviendroit bientôt impossible : il faut donc relever l'arrière-train, afin que tous les sillons soient d'une profondeur uniforme.

Si l'on veut former des planches, on en usera de même : en les commençant à la place où doit être leur sommet, on aura une enrayure entre deux planches, ou un large sillon qu'on approfondira tant qu'on voudra par la suite.

Si l'on forme des planches sur un labour à plat, le laboureur se conduira par le nombre des rayes qu'il lui faudra pour la largeur de ses planches ; ce qui lui donnera une grande facilité. Pour les avoir bien relevées, ce qui est un avantage, il convient de les faire par deux labours, en les reprenant au second par le sommet, principalement quand on les fera à la même place où étoit auparavant une plate-bande.

Pour les labours de culture, il n'y a point de difficulté ; on a toujours,

pour commencer ces labours, ou le grand sillon du milieu, ou un de chaque côté le long des bords des planches : c'est au laboureur intelligent à s'arranger suivant les circonstances.

M. de la Levrie a mis cette charrue à une seule roue, à toutes sortes d'ouvrages, avec beaucoup de succès : il a fait labourer des terres qui étoient en repos depuis un an, avec deux chevaux seulement attelés l'un devant l'autre ; les sillons avoient neuf à dix pouces de profondeur. Dans une friche assez dure, qui étoit le long d'une rangée d'arbres, il a ouvert des sillons à la même profondeur, sa charrue n'étant attelée que de deux chevaux.

Section II.

Charrue à une seule roue, de M. de Châteauvieux.

Cette charrue à laquelle on peut donner autant de légéreté que la qualité du terrein peut le permettre, est composée de l'avant-train, & de l'arrière-train qui porte le coutre & le soc : elle est représentée dans la *Fig. 10* de la *Pl. 2, p. 73.* L'avant-train comprend la roue A A, dont le diamètre ne doit jamais excéder trente-quatre pouces, ni être au-dessous de trente, à cause des inconvéniens qui en résulteroient. On a attention de la faire très-légere, quand on veut la ferrer de bandes, ou d'un cercle de fer, qui doit être très-mince.

Cette roue est placée entre les deux limons BB, dont la distance de l'un à l'autre, prise en dedans, est de dix-huit pouces, laquelle déterminé détermine la longueur du moyeu de la roue. Ces limons qui ont quatre pieds huit pouces de longueur, peuvent être réduits à quatre pieds quatre pouces, en diminuant leur longueur par le bout antérieur : on a soin d'abattre les arrêtes de ces limons : leur équarriſſage eſt de deux pouces un quart.

Ces deux limons ſont aſſemblés par les deux traverſes CC, de deux pouces & demi de largeur, ſur un pouce environ d'épaiſſeur ; elles ſont fixées par des chevilles au limon qui eſt à droite : de l'autre côté il faut qu'on puiſſe démonter le limon, pour enfiler aux traverſes, l'âge ou la flèche de la charrue ; après quoi, on met en place le limon, en faiſant entrer les traverſes dans les mortoiſes qui y ſont pratiquées, & qu'on arrête avec des chevilles mobiles de fer.

On introduit la roue entre les limons ; ſon moyeu eſt percé dans ſon centre, d'un trou proportionné à la groſſeur de l'eſſieu de fer, dont le diamètre eſt d'environ huit lignes. L'eſſieu ne doit point excéder les montans ou les limons en dehors, afin qu'il n'accroche point les plantes, lorſqu'on en approche pour les cultiver.

Au bout antérieur de chaque limon on poſe ſur la ſurface ſupérieure les deux crochets DD, où doivent être attachés les traits des chevaux : à leur bout poſtérieur on place deux anneaux, dont on verra l'uſage dans la ſuite.

Les deux limons ſont percés de quatre ou cinq trous, afin de pouvoir avancer ou reculer la roue, pour faire piquer plus ou moins la charrue, ſelon la profondeur qu'on veut donner au ſillon.

Tome III.

L'arrière-train eſt compoſé des pièces ſuivantes, qui ſont, la flèche ou l'âge EE, le ſep F, les manches G, l'attelier H, l'oreille II, le coutre L, & le ſoc M. *La Figure* 10 repréſente la charrue aſſemblée de toutes ſes pièces, vue du côté droit, afin qu'on puiſſe mieux juger de la poſition de l'oreille, qu'on n'appercevroit pas ſans cela.

L'âge ou la flèche a quatre pieds huit pouces de longueur, ſans y comprendre la partie qui entre dans le double manche & le traverſe. Sa groſſeur, la partie la plus épaiſſe qui eſt du côté du manche, eſt de trois pouces un quart d'équarriſſage, le reſte va en diminuant un peu d'épaiſſeur. On a ſoin de pratiquer les mortoiſes où doivent paſſer les traverſes, aſſez juſtes pour qu'il n'y ait point de ballottement ; il faut cependant qu'elles ſoient telles, que la flèche puiſſe gliſſer ſur les traverſes, lorſqu'on veut la placer entre les limons, ou à la gauche ou à la droite, ſelon qu'il eſt néceſſaire. On peut fixer la flèche par un de ces deux moyens : 1°. avec des clefs qu'on met à la flèche & qu'on ſerre contre les traverſes. 2°. Par deux chevilles de fer, dont une eſt miſe à gauche dans un des trous pratiqués à la première traverſe, & l'autre à droite, dans un des trous pratiqués à la ſeconde : par ce moyen il eſt impoſſible que la flèche change de poſition, lorſque la charrue eſt en mouvement.

On a ſoin dans la taille du bois, tant des limons que de la flèche, de tenir l'endroit où doivent être les mortoiſes, un peu plus épais que dans le reſte de leur longueur, afin qu'en creuſant les mortoiſes, le

P

bois foit moins expofé à fe fendre.

Le fep a vingt-deux ou vingt-trois pouces de longueur, fans y comprendre la partie qui entre dans le foc : fa groffeur eft de trois pouces ou trois pouces & demi en quarré : fon extrémité du côté du foc doit avancer de fix à fept pouces par-deffous : on l'ajufte de manière que le foc porte fur ce bout du fep. Pour diminuer les frottemens que le fep eft dans le cas d'éprouver au fond du fillon, il faut avoir attention de lui donner un peu de concavité en deffous, quand on le taille.

La flèche & le fep font affemblés par l'attelier & le manche. Ce manche à deux branches, entre dans une mortoife taillée à l'extrémité poftérieure du fep, affez près de fon talon, où il eft fixé par deux boutons ou chevilles de fer. La flèche paffe dans la mortoife pratiquée au-deffous de la fourche du manche, où elle eft affujettie par deux coins, dont un en deffus & l'autre en deffous. L'attelier traverfe la flèche, en paffant dans une mortoife qui y eft pratiquée ; elle vient enfuite entrer dans une autre, qui eft à la partie antérieure du fep, prefque à la naiffance du foc.

Pour faire le double manche, il eft bon d'avoir du bois naturellement fourchu, afin qu'il foit d'une feule pièce. On difpofe ce manche de façon qu'un tiers du vide qui fe trouve entre les deux cornes, foit du côté gauche & les deux autres tiers du côté droit : par ce moyen on facilite la marche du laboureur dans le fillon. Quand on n'a pas de bois fourchu, on peut faire ce double manche avec deux pièces folidement affemblées, que l'on difpofe comme il vient d'être dit.

L'attelier ne doit point être affemblé à angle droit avec la flèche & le fep : en lui donnant un peu d'inclinaifon fur le fep, on contribue à rendre plus folide l'affemblage de l'arrière-train de la charrue. Le tenon de l'attelier qui entre dans la mortoife oblique, pratiquée fur le fep, doit avoir environ deux pouces & demi de largeur & un bon pouce d'épaiffeur. La mortoife de la flèche dans laquelle il paffe, doit être taillée dans le même fens oblique que celle du fep.

Le verfoir ou oreille, a environ trente-un pouces de longueur, fur dix de hauteur ou de largeur. Il doit être placé de façon qu'il faffe un angle aigu à fa jonction à l'aile du foc où il aboutit. Son autre extrémité doit être un peu prolongée au-delà du talon du fep, contre lequel il doit incliner, de manière qu'en fuppofant le fep auffi prolongé que lui, il s'y trouve douze à treize pouces de diftance, à compter de la face latérale extérieure de l'un à la face latérale extérieure de l'autre : le verfoir ainfi placé, formera la largeur du fillon à chaque trait de charrue. L'extrémité du verfoir, c'eft-à-dire, la partie oppofée au foc, doit être chantournée, ainfi qu'elle eft repréfentée dans la *Figure* ; il doit être un peu concave en dehors & convexe en dedans : pour lui donner cette forme, on prend un bois de trois pouces d'épaiffeur ; on l'allège en dehors pour lui donner la concavité néceffaire, & en dedans on amincit les bords afin qu'il foit convexe dans le milieu.

On arrête le verfoir d'une manière folide contre le double manche, afin qu'il ne foit point déplacé par la réfistance des terres : pour cet effet on pratique un trou à son extrémité, dans lequel on fait paffer une forte cheville, qui va aboutir dans le trou qui eft pratiqué vis-à-vis dans le double manche, ce qui le foutient puiffamment. On met fous le côté du verfoir qui frotte contre la terre une bande de fer affez mince, qui le conferve, fans laquelle il feroit ufé très-promptement.

Le coutre doit être de bon fer bien acéré, & ne pefer au plus que fix livres de dix-huit onces ; quand même il ne pèferoit que trois à quatre livres, il pourroit fervir. Le manche eft percé de plufieurs trous qui fervent à le monter & à le defcendre felon qu'il eft néceffaire. Il eft placé dans une mortoife pratiquée à la flèche, à peu près à un pied de l'attelier : on fait un trou rond fur le côté de la flèche qui traverfe la mortoife, auquel on paffe un boulon de fer à tête quarrée & perdue dans la flèche ; fon autre bout eft à vis pour recevoir un écrou au moyen duquel on ferre fortement le coutre dans fa mortoife. On peut faire mettre à l'écrou le manche qui fert pour le tourner, & qui porte la clef avec laquelle on pofe les écrous des boulons qui tiennent le foc ; de cette manière on a toujours la clef des écrous quand même on eft à l'ouvrage.

L'effort continuel du coutre, quand la charrue eft en action, uferoit bientôt par les frottemens le bois de la flèche, contre lequel il eft appuyé lorfqu'il eft placé dans fa mortoife : pour prévenir cet inconvénient il eft à propos de pofer dans l'intérieur de la mortoife qui reçoit le coutre,

en devant & derrière, deux petites pièces de fer, de deux à trois lignes d'épaiffeur, & de les attacher avec des vis : outre que ces plaques de fer confervent le bois de la flèche, elles empêchent auffi le coutre de varier dans fa pofition. On a attention, en plaçant le coutre, que fa pointe foit d'un pouce environ, hors de l'alignement du foc.

On peut confidérer le foc comme étant compofé de deux parties, qui font la pointe & la partie poftérieure par laquelle il eft attaché au fep : le talon ou la partie poftérieure a vingt-deux pouces de longueur depuis B, jufqu'à A, (*Voyez la Figure 12 de la Planche 2*) où le foc eft vu en fon entier & féparé du corps de la charrue. Depuis A, jufqu'à la pointe, il a environ quinze pouces. La partie A C doit être de bon acier ; le refte de bon fer, qui ne foit point trop doux ni trop aigre, afin de n'être point fujet à caffer ou à plier. La queue A B doit être plus épaiffe depuis A, jufqu'à C, parce que c'eft la partie du foc qui fupporte le plus grand effort ; elle diminue enfuite d'épaiffeur jufqu'en B, pour pouvoir attacher plus aifément le foc au fep.

La queue du foc eft percée de deux trous ronds en F & D ; on y paffe les boulons de fer EG, à tête quarrée & perdue, qui traverfent le fep ; on les arrête à fa furface fupérieure avec des écrous. Avant de faire ces trous à la queue du foc, il faut prendre les dimenfions de manière que les boulons de fer ne traverfent pas les ténons de l'attelier ni du manche, ce qui affoibliroit leur affemblage.

Quoique les frottemens que le

foc éprouve dans la terre ; ufent moins fa pointe qui eft d'un bon acier, qu'avec les autres charrues, on eft obligé, malgré cela, de porter le foc de temps en temps à la forge, pour rétablir la pointe : il faut alors faire attention de la battre de façon qu'elle foit toujours un peu inclinée contre la terre, afin que le foc ne touche point, de toute la longueur de fa furface, fur le terrein, pour que les frottemens foient moins confidérables.

Du côté oppofé au verfoir on applique une planche affez mince N, (*Fig. 10*) qui vient joindre le verfoir au-deffus du foc à l'extrémité antérieure du fep ; fon autre bout appuie contre la flèche : cette planche empêche la terre de tomber entre le foc & le verfoir.

L'arrière-train ainfi formé eft uni à l'avant-train, en enfilant les traverfes dans les mortoifes pratiquées à la flèche, & qu'on fixe folidement comme il a été dit. On attèle les chevaux en faifant prendre les traits du premier aux crochets qui font aux bouts des limons : les traits du fecond cheval prennent aux crochets : quand ils font fort longs, on a foin de les foutenir dans leur milieu au collier du premier cheval : fi on ajoute un troifième cheval, fes traits prendront à ceux du fecond.

L'oreille étant toujours du même côté de la charrue, elle renverfe par conféquent la terre du même côté, qui eft la droite du laboureur. Il faut donc labourer avec cette charrue, comme avec celles dont le verfoir eft fixé à la droite.

Pour bien labourer avec cette charrue, il ne faut point prendre une bande de terre trop large : on

doit proportionner fa largeur à la qualité du terrein, & à fon état actuel d'humidité ou de féchereffe. Pour ce qui eft de la profondeur du fillon, on a foin de gouverner la charrue, pour le faire tel qu'on défire. Quand on veut tracer un fillon d'un pied de profondeur, il faut prendre la bande de terre peu large, afin de proportionner la réfiftance à la force des chevaux ; pour lors ce travail ne leur eft pas plus pénible que fi le fillon n'avoit que fix pouces de profondeur & que la bande de terre fût plus large.

Dès qu'on a fait le premier trait de charrue, on eft en état de la conduire : ainfi, pour ouvrir le premier fillon on place la roue au dernier trou de l'extrémité antérieure des limons, le foc incline contre la terre, la charrue pique profondément pour ouvrir le fillon. Si l'on veut éviter la peine de changer la roue de place, il faut, en commençant le premier fillon, pencher les manches de la charrue à droite ou à gauche ; la charrue étant penchée vers un de ces côtés, elle prendra l'entrure fans qu'on foit obligé de déplacer la roue, & le foc piquera très-bien pour ouvrir le premier fillon. En ayant ouvert trois ou quatre, en différentes places, le laboureur connoîtra parfaitement ce qu'il doit faire pour y réuffir. Le premier trait de charrue étant fait, on continuera les fuivans avec la plus grande facilité ; alors on tiendra la charrue droite ; fi le terrein exige qu'elle foit penchée, on appuiera très-peu fur les manches pour la faire pencher ou à droite ou à gauche.

La charrue pique plus ou moins, à proportion que la roue eft avancée ou reculée. En la reculant, elle pique moins ; en l'avançant, elle pique davantage. Quand on veut que le foc entre plus ou moins dans la terre, que ce que peut produire le changement de place de la roue, on y réuffit de cette manière, qui eft de defferrer le coin de deffus qui entre dans la mortoife pratiquée au manche pour recevoir la flèche, tandis qu'on enfonce celui qui eft en deffous ; la charrue piquera moins après cette opération, parce qu'on aura élevé la flèche : au contraire elle piquera davantage, fi on defferre le coin qui eft en deffous, & qu'on ferre en même temps celui qui eft en deffus.

Les deux anneaux qui font aux bouts poftérieurs des limons, font placés pour faciliter le tranfport de la charrue aux champs : on a pour cet effet un petit train de tranfport compofé d'un effieu de bois, de deux roues de vingt-un à vingt-quatre pouces de diamètre, diftantes l'une de l'autre de trois pieds fix pouces, & même quatre pieds fi l'on veut ; elles doivent être fort légères parce que le fardeau qu'elles ont à porter eft peu confidérable. L'effieu porte deux pièces de bois clouées fur lui à angle droit par un de leurs bouts, à une diftance égale à celle des limons affemblés ; leur autre bout eft terminé par un crochet qu'on paffe aux anneaux qui font à l'extrémité poftérieure des limons. Le fep de la charrue portant fur l'effieu des deux roues, on conduit aifément la charrue où l'on veut.

SECTION III.

Autre Charrue à une feule roue, de M. de Châteauvieux, appellée un Cultivateur.

Cette charrue ou cultivateur ne diffère de la précédente que par l'arrière-train : nous n'en donnons point de deffin, parce que celui de la première fuffit pour comprendre parfaitement celle-ci. L'avant-train étant abfolument le même, il n'en fera point parlé.

L'arrière-train de ce cultivateur eft compofé d'une flèche qui a trois pieds & demi ou quatre pieds de longueur, fur trois pouces d'équarriffage au plus ; les angles en font abattus. On y pratique des mortoifes pour pouvoir l'adapter à l'avant-train de la charrue précédente, qu'on voit repréfentée par la *Figure 10, Planche 2*, auquel elle eft affujettie par des clefs ou des chevilles pofées en fens contraire, ainfi qu'il a été dit.

Le double manche qui doit être plus léger que le précédent, eft placé dans le milieu de la largeur de la flèche, à un pied à peu près de fon extrémité poftérieure ; en forte que le vide qui eft entre fes deux cornes, fe trouve également partagé, & qu'il n'y en ait pas plus d'un côté de la flèche que de l'autre. Ce double manche eft affemblé avec la flèche par fon tenon taillé obliquement, & reçu dans la mortoife de la flèche qui eft creufée de même en fens oblique. Son inclinaifon fur l'extrémité poftérieure de la flèche, forme avec elle un angle, plus petit d'un cinquième au moins, que dans les charrues ordinaires ; il doit être ainsi, parce que le manche étant plus élevé, le laboureur auroit de la peine à gouverner la charrue, s'il n'avoit pas plus d'inclinaison que dans les charrues ordinaires. Son assemblage avec la flèche est fortifié par une jambette placée dans un trou au bout de la flèche, d'où il va dans celui qui est au-dessous de la fourche du manche.

Le soc qu'on voit représenté par la *Figure 13, Planche 2*, est très-aplati en dessous à son extrémité ; ses deux ailes sont aussi aplaties ; son manche est un peu recourbé, & très-angulaire en devant, pour tenir lieu de coutre. Au bout de la courbure, le manche est continué par un autre à angle droit, de la longueur de quatre pouces & demi, à l'extrémité duquel s'élève un petit pivot d'un pouce & demi. La hauteur du soc, en y comprenant son pivot, est de neuf à dix pouces environ ; sa longueur, depuis l'angle que forme le manche avec l'aile jusqu'à sa pointe, de quinze à seize pouces.

Ce soc est placé sous la flèche, dans une entaille de la longueur du manche A A, *Fig. 13*, pratiquée pour cet effet : à son extrémité, du côté de l'avant-train, on y fait un trou où entre le pivot B du manche : il est fixé & arrêté à la flèche par une seule virole ou cercle de fer, qu'on empêche de glisser par de petits coins de bois qu'on met entre la virole & la flèche. Si le soc pique trop dans le terrein, on le modère par le changement de la roue, comme on fait à la charrue précédente. On peut encore mettre un petit coin entre le manche du soc & la flèche, qui

dispense de changer la roue de place, quand on veut faire piquer plus ou moins la charrue. Si le soc ne pique pas autant qu'on voudroit, on met le coin entre la flèche & le manche du soc du côté de l'avant-train ; s'il pique trop, on le met du côté de l'arrière-train : par ce moyen, qui est assez simple, on est dispensé de changer la roue de place, & le soc pique exactement de la quantité qu'on désire, ce qui est toujours proportionné à la manière dont on enfonce le coin.

Pour se servir de cette charrue, il ne faut que l'adapter à l'avant-train de la précédente, en enfilant la flèche par ses mortoises dans les traverses des limons. Cette charrue est très-aisée à conduire ; le laboureur la tient droite ou penchée du côté qu'il veut, & qu'il juge nécessaire pour la culture du terrein qu'il laboure. Si l'on veut donner une culture profonde, le soc & son manche sont absolument dans la terre, & la partie postérieure de la flèche glisse sur le terrein.

Quelque petit que soit ce soc, il remue cependant la terre dans une surface d'un pied de largeur : sa pointe, qu'il faut tenir inclinée vers la terre quand on la forge, doit être d'un très-bon acier. Quoique cette charrue ne renverse point la terre, puisqu'elle retombe à la même place, après avoir été soulevée par le soc, elle la divise cependant, & l'ameublit assez bien, en l'entretenant légère & friable ; les racines des plantes qu'on cultive, peuvent donc aisément la pénétrer & s'étendre, pour trouver les sucs qui sont propres à leur végétation. Cette charrue est par conséquent comme un mineur qui fouille la terre en deffous, qui la divife, & l'ameublit en la coupant.

Cette charrue n'étant point deftinée à faire les gros labours, pour préparer les terres à être enfemencées, mais feulement à donner une culture aux plantes pour difpofer la terre à recevoir les influences de l'air, il fuffit de l'atteler d'un feul cheval, qui aura peu de peine à la tirer.

SECTION IV.

Defcription du double Cultivateur de M. de Châteauvieux, qu'il nomme les Pattes d'oies.

Cette charrue eft un cultivateur à deux focs, femblables à celui qu'on voit repréfenté dans la *Figure 13 de la Planche* 2. Nous n'en donnons point le deffin, parce que la gravure du premier cultivateur qu'on voit dans la *Figure 10, Planche* 2, & le foc, *Figure 13*, fuffifent pour comprendre la conftruction de celui-ci, dont l'avant-train eft toujours le même.

La flèche de ce double cultivateur a douze ou quinze pouces de longueur de plus que celle du cultivateur fimple. Le manche des mêmes dimenfions eft affemblé avec la flèche, comme dans l'autre cultivateur : à un pied environ de la mortoife qui reçoit le tenon du double manche, on fait une mortoife latérale à la flèche, & une feconde diftante de la première de huit ou dix pouces, pour recevoir deux traverfes comme celles qui affemblent les limons. On a des morceaux de bois de vingt à vingt-quatre pouces de long, & d'une épaiffeur un peu

moindre que celle de la flèche, auxquels on fait des mortoifes qui répondent à celles de la flèche. Lorfqu'on a placé les deux traverfes dans les mortoifes de la flèche, on les y attache folidement, en les chevillant de manière qu'elles ne puiffent point remuer en place quand la charrue eft en mouvement : on enfile enfuite, de chaque côté de la flèche, les deux morceaux de bois dont il vient d'être parlé, qu'on peut regarder comme les manches des focs, ou deux petites flèches latérales : elles doivent être mobiles dans les traverfes, où elles ne font arrêtées que par des clefs ou des boulons tournans & mobiles : par ce moyen on augmente ou l'on diminue, à fa volonté, la diftance d'un foc à l'autre, en avançant ou reculant ces deux morceaux de bois fur les traverfes.

On fait une entaille à chaque extrémité poftérieure de ces flèches latérales pour y placer le manche du foc, en obfervant d'y faire un trou où puiffe entrer le pivot qui eft au bout du manche du foc, qu'on arrête & qu'on fixe comme au cultivateur fimple.

Pour fe fervir de ce double cultivateur, il faut l'adapter, comme le cultivateur fimple, à l'avant-train à une roue, qu'on voit repréfenté dans la *Figure 10 de la Planche* 2.

Avec ce double cultivateur on fait une très-bonne culture & beaucoup d'ouvrage en très-peu de temps. Chaque foc ayant environ quinze pouces de largeur d'un bout de l'aile à l'autre; la diftance du bout intérieur d'une aile à l'autre étant de fix pouces à peu près; à chaque trait que font ces deux focs on cultive environ deux pieds de terre en largeur tout au moins , principalement quand ils font enfoncés dans la terre jufqu'à la flèche.

On ne peut point fe difpenfer d'atteler deux chevaux à ce double cultivateur : la réfiftance étant une fois plus grande que celle qu'éprouve le cultivateur fimple, il faut donc une puiffance double pour la vaincre.

On doit fe reffouvenir qu'il ne faut point trop charger l'épaiffeur des bois, en faifant les pièces plus fortes qu'elles ne doivent être felon les dimenfions données, parce que plus cette charrue fera légère, moins les chevaux auront de la peine à la tirer.

SECTION V.

Charrue à une feule roue, de M. Du-hamel du Monceau.

La charrue repréfentée par la *Figure 7* de la *Planche 4*, eft celle que M. Duhamel a fait conftruire, après avoir connu celle de M. Châteauvieux dont nous avons donné la defcription : on diroit que l'une & l'autre ont été faites prefque fur le même modèle.

L'âge AA, eft courbée depuis l'emplacement du coutre jufqu'à fon affemblage avec le double manche : l'âge, au contraire, de la charrue de M. de Châteauvieux eft droite dans toute fa longueur, ainfi qu'on l'a vu dans le deffin qui en a été donné. Cette courbure de l'âge rend l'arrière-train de la charrue de M. Du-hamel extrêmement folide, puifqu'après avoir paffé dans la mortoife pratiquée au double manche, il entre dans une autre qui eft à la partie poftérieure ou au talon du

fep : de même la fcie B, qui eft affez large, après avoir traverfé la mortoife qui eft à l'âge, tout auprès de l'affemblage du double manche, vient s'unir au fep par une autre mortoife qui reçoit fon tenon. Dans la charrue, au contraire, de M. de Châteauvieux, l'âge n'eft point unie au fep directement; ce n'eft que par l'affemblage des manches, de la fcie & de l'attelier.

Le verfoir CC, eft beaucoup plus léger, parce que le bois dont il eft fait a beaucoup moins d'épaiffeur, il n'eft point contourné à fon extrémité, mais il eft terminé en ligne droite, comme on le voit au-deffus du talon du fep. Sa forme qu'on peut varier à fon gré n'eft pas d'une grande conféquence, & ne contribue point à la perfection d'une charrue qu'on n'emploie point aux premiers & principaux labours, mais feulement à cultiver des plantes. Pourvu qu'il verfe affez bien la terre fur le côté, voilà le point effentiel.

Le double manche, qui doit fa forme à la taille du bois, ou à l'affemblage de deux pièces, a fon extrémité également éloignée de la ligne prolongée du fep, comme on peut s'en affurer par la perpendiculaire. Les deux branches de ce manche font foutenues à leur bout par une traverfe chevillée dans fa mortoife.

Le foc CC eft plus court & plus étroit que celui de la charrue de M. de Châteauvieux, parce que M. Duhamel eft perfuadé qu'un foc qui trace un fillon étroit, fait un meilleur labour que quand il ouvre des fillons très-larges.

Le coutre F paffe dans la mortoife pratiquée à l'âge, à la naif-
fance

fance de la courbure : afin que les coins qu'on enfonce pour l'affujettir, ne faffent point fendre le bois, l'âge eft fortifiée à cet endroit par deux cercles de fer qui l'entourent.

M. Duhamel préfère l'arrière-train de la charrue pour les terres légères, à l'arrière-train de la charrue de M. de Châteauvieux : il convient cependant que dans un terrein fort, fa charrue ne fera point d'auffi bon labour que celle de M. de Châteauvieux, qui eft plus propre à bien verfer la terre fur le côté.

L'arrière-train compofé de la feule roue G, & des deux limons HH, eft uni à l'avant-train par les deux traverfes II qui enfilent l'âge, en paffant dans les mortoifés qui y font pratiquées pour cet effet : des vis & des écrous la fixent aux traverfes.

Les limons font affermis en avant par la traverfe L qui contribue infiniment à rendre l'avant-train plus folide. C'eft un avantage que M. de Châteauvieux n'a point pu donner à fa charrue, 1°. parce que la roue eft trop grande, & qu'une traverfe l'auroit empêché de tourner; 2°. parce qu'elle n'eft pas toujours fixée à la même place, puifqu'il y a des circonftances où il faut l'avancer ou la reculer, pour faire piquer plus ou moins la charrue.

Quoique la roue foit plus petite, les limons font cependant auffi élevés que ceux de la charrue de M. de Châteauvieux, parce que l'effieu ne paffe point dans l'épaiffeur des limons, mais il eft reçu dans les chantignoles MM qui font au-deffous : elles y font attachées par des boulons de fer à vis & à écrou. La roue étant plus petite, il eft évident que la charrue doit fe tenir droite plus

aifément, & qu'elle eft par conféquent moins fujette à *déverfer* : l'avant-train en eft plus folide, parce qu'on peut faire les limons plus courts, & mettre une traverfe d'affemblage à leur extrémité antérieure ; au lieu que quand il faut déplacer la roue, on eft néceffairement obligé de fupprimer la traverfe, & d'avoir des limons affez longs.

Les chantignoles font un morceau de bois taillé, felon qu'il eft repréfenté par la *Figure 8 ;* il doit être de la même épaiffeur que les limons, auxquels on fait des trous ronds qui répondent à ceux des chantignoles, pour y faire paffer les boulons AA qui font à vis : lorfque la chantignole eft placée au-deffous du limon, & que les boulons fortent par les trous qu'on leur a fait, on les viffe avec les écrous pour les tenir folidement en place. La chantignole a un trou au milieu, proportionné au diamètre de l'effieu qui doit y paffer.

Pour faire piquer la charrue plus ou moins, il ne faut que viffer ou déviffer les écrous des chantignoles : par exemple, quand on veut que le foc ouvre le fillon à peu de profondeur, on déviffe les écrous, & on met des cales de bois plus ou moins épaiffes entre les limons & les chantignoles : de cette manière on élève l'âge, fans toucher à la roue qui a toujours la même hauteur fur le terrein; l'élévation de l'âge entraîne celle du foc qui alors pique moins que quand il n'y a point de cale entre les limons & les chantignoles : on peut donc par ce procédé élever l'avant-train autant qu'il eft néceffaire, afin que le foc ne prenne exactement que l'entrure qu'on veut lui donner. Cette manœuvre affez fimple, eft plus prompte que celle de changer la roue de place, en faifant paffer fon effieu dans d'autres trous ; ce qu'on ne peut point exécuter fans démonter l'affemblage de l'avant-train en partie, à moins que l'effieu ne fût point arrêté à fes extrémités.

M. Duhamel a encore imaginé, pour élever l'avant-train, de faux limons à charnière, qu'on voit repréfentés dans la *Figure 9* ; on cloue à demeure ces faux limons fous ceux de l'avant-train ; comme ils portent la chantignole qui eft mobile, c'eft-à-dire, qu'on peut abaiffer ou élever comme on veut, on élève ou on abaiffe l'avant-train à fon gré, en arrêtant la chantignole avec une cheville, qu'on paffe dans les trous pratiqués à la pièce qui eft à fon extrémité.

Quand on veut donner plus ou moins d'entrure au foc, il faut faire gliffer l'âge plus ou moins à droite ; ce qu'on exécute en déviffant les boulons qui la fixent à un endroit déterminé des traverfes. Comme il y a plufieurs trous fur ces mêmes traverfes, on l'arrête où on juge à propos. Il eft certain qu'en portant l'âge à la droite, le foc prendra plus d'entrure, parce que la roue paffera dans le fillon précédemment formé, ce qui produira le même effet que fi on avoit abaiffé l'âge.

Les chevaux font attelés par leurs traits qu'on paffe dans les crochets qui font aux bouts antérieurs des limons.

SECTION VI.
Cultivateur à verfoir, de M. Duhamel du Monceau.

Le cultivateur à verfoir de M.

Duhamel, ne diffère du cultivateur fimple de M. de Châteauvieux, que par le double verfoir qu'il y a ajouté. Pour concevoir cet inftrument, il faut fe reffouvenir de la defcription que nous avons donnée du cultivateur fimple.

Pour faire un cultivateur à verfoir, il faut avoir exactement, felon les proportions requifes, l'arrière-train du cultivateur fimple de M. de Châteauvieux, auquel on ajoute un verfoir de chaque côté du foc, qu'il nomme la *patte d'oie*.

Ces deux verfoirs font conftruits avec des plaques de tôle, de fonte, ou de fer battu, de l'épaiffeur d'une ligne, laquelle fuffit pour réfifter à la preffion de la terre : fi ces verfoirs étoient plus épais, ils appéfantiroient trop le foc, & la charrue n'iroit point auffi bien.

Ces deux verfoirs font joints l'un à l'autre en recouvrement d'un pouce, qui forme au point de leur réunion, un angle de quatre-vingt dix degrés, qui eft fuffifamment aigu pour tenir lieu de coutre. L'angle de ce double verfoir eft appuyé contre le manche du foc, de manière que les ailes viennent en arrière. Ces deux verfoirs font un peu convexes en dedans, & ils renverfent la terre par leur furface concave extérieure. Pour que la terre remuée par le foc foit bien retournée, ils doivent defcendre au-deffous, ou tout au moins à fleur de l'aile du foc, dont ils fuivent la direction.

Ces deux verfoirs font arrêtés & foutenus en arrière, par une bride dont la courbure doit être exactement femblable à celle qu'on donne aux verfoirs, fur laquelle ils font folidement rivés ; ils font foutenus

par une autre, près du manche du
foc, qui prend deux pouces au-
deffous de leur ligne fupérieure; elle
eft également rivée, & fortifie
leur affemblage. La principale deftination de cette bride, eft d'empêcher que les verfoirs ne s'élèvent,
lorfque la terre les preffe fortement
à leur extrémité, c'eft-à-dire, au
bout de leurs ailes : fi cela arrivoit,
leur angle de réunion feroit chaffé
en avant & le foc feroit dérangé.
Cette feconde bride empêche que cet
accident n'ait lieu, parce que fi le
double verfoir s'élève, elle l'arrête
contre le manche du foc, ou contre
la flèche; de forte que l'angle de leur
réunion, quoi qu'il arrive, ne peut
pas être pouffé affez en avant pour
déranger l'affemblage de ces pièces.

L'éloignement des ailes des deux
verfoirs dépend de l'angle qu'ils
forment au point de leur réunion :
en donnant à cet angle quatre-vingt-
dix degrés, comme il a été dit,
il y aura la diftance convenable
d'une aile à l'autre des deux verfoirs.
Si l'angle étoit plus grand, le fillon
refteroit trop à découvert, parce
que la terre feroit renverfée plus
loin du foc qu'il ne conviendroit :
fi cet angle, au contraire, étoit plus
petit, une partie de la terre retomberoit dans le fillon & le combleroit.

L'extrémité des ailes des verfoirs,
c'eft-à-dire, la partie oppofée à leur
angle de réunion, doit être échancrée
prefqu'en portion de cercle, parce
que cette forme contribue à opérer
une plus grande divifion des terres,
qui eft l'objet qu'on doit fe propofer
dans la culture.

Ces verfoirs ont à peu près quinze
pouces de longueur, fur quatorze
de hauteur ou de largeur, prife dans
le milieu. Leur grandeur & leur courbure doivent être relatives au terrein qu'on veut cultiver : pour les
terres légères, on peut leur donner
un peu moins de courbure, & ne
les pas faire tout-à-fait fi grands
que pour les terres fortes.

Le foc, avec fon double verfoir,
eft adapté à la flèche du cultivateur
fimple dont nous avons donné la
defcription.

Quand on fe fert du cultivateur
à verfoir dans les terres qui ne font
pas bien ameublies, il eft bon de
mettre un coutre en avant du foc:
quand on a fait plufieurs labours
avec cette forte de charrue, le
coutre devient inutile, parce qu'elle
divife la terre affez parfaitement.

Le cultivateur à double verfoir
eft principalement deftiné pour travailler les plates-bandes qui font entre
les rangées de froment : on a attention de n'approcher des plantes que
de fix pouces, afin que le fillon étant
fait à cette diftance, les racines ne
foient point découvertes ; ce qui
nuiroit beaucoup aux plantes qui
deffécheroient vifiblement.

SECTION VII.

Autre Cultivateur de M. Duhamel du Monceau.

Ce cultivateur fans avant-train,
ainfi que les précédens, parce qu'on
l'adapte à un avant-train à une roue,
tel qu'il a été décrit, eft compofé
d'un fep abfolument plat, taillé felon
les proportions qu'on obferve pour
ceux des charrues légères. La flèche
faite avec les mêmes dimenfions que
celles des précédens cultivateurs,
s'élève, au-deffus du fep, de quatorze
à quinze pouces. Elle eft affemblée

Q 2

avec le double manche, en entrant dans la mortoife qui y eft pratiquée & où elle eft chevillée ; de ce premier point d'affemblage elle s'élève peu à peu pour aller porter fon extrémité fur la fellette de l'avant-train d'une charrue ordinaire, ou pour être enfilée aux traverfes de l'avant-train à une roue d'un cultivateur : dans cette dernière circonftance, c'eft-à-dire, fi elle eft arrangée pour être enfilée aux traverfes d'un avant-train à une feule roue, fa direction, ou fon alignement eft prefque parallèle au fep ; elle eft foutenue au-deffus du fep par l'attelier & la fcie, dont les tenons qui font à leurs extrémités, font reçus dans les mortoifes qui font au fep & à la flèche.

Le foc, femblable à celui de la charrue à double oreille, a une douille à la partie oppofée à fa pointe, dans laquelle entre celle du fep : à trois ou quatre pouces de fa pointe, le foc eft percé d'un feul trou pour y attacher une pièce de fer plat d'un pouce & demi ou deux de largeur : l'autre bout de cette pièce de fer eft attaché vers le milieu de la hauteur de la fcie, au côté droit. Cette pièce qu'on nomme le *gendarme*, tient lieu de coutre ; fon affemblage forme un angle, dont elle feule fait un des côtés ; l'autre eft fait en partie par le foc & par le fep. Le vide de cet angle qui refte entre le fep & le gendarme, eft rempli par une pièce de bois triangulaire qui embraffe la fcie à droite & à gauche, & n'excède point la largeur du fep : elle eft en arrière de la fcie, de deux pouces à peu près, pour qu'elle puiffe embraffer la fcie, & appuyer contre elle, afin d'être affemblée folidement. Cette pièce

de bois eft échancrée de la largeur de la fcie, au côté oppofé à fon plus petit angle, qui eft placé dans celui que forme le foc avec la pièce de fer qui eft clouée près de fa pointe. Cette pièce de bois triangulaire, ainfi placée, recouvre parfaitement la douille du foc, & elle fe termine en arrête au gendarme.

Le foc, depuis fa pointe jufqu'à fon extrémité oppofée où fe trouve la douille, a treize à quatorze pouces de longueur : la diftance d'un angle à l'autre de fes ailes eft de huit ou neuf pouces feulement. Ce foc, quoique femblable à celui de la charrue à double oreille, eft bien plus petit, puifque fa grande largeur n'eft que de huit pouces à peu près ; auffi leurs deftinations font très-différentes : l'un fouille la terre pour les principaux labours ; il doit, par conféquent, ouvrir de larges fillons : l'autre, au contraire, ne doit remuer la terre que légérement pour lui donner une fimple culture, qui la difpofe à recevoir les influences de l'air néceffaires à la végétation des plantes qu'on cultive.

Le double manche de ce cultivateur a les mêmes proportions que ceux dont il a été parlé ; il eft uni au fep par le tenon qu'il porte à fon extrémité inférieure, qui eft placé & chevillé dans la mortoife qui eft au talon du fep.

Ce cultivateur fouille & remue la terre fans la renverfer ; il peut être d'un ufage utile & commode pour donner des labours de culture, entre les rangées de luzerne, de trèfle & autres plantes. Si l'on veut qu'il renverfe la terre, il eft très-aifé d'y adapter un petit verfoir qu'on peut rendre mobile.

Quand on est dans l'usage de fe fervir de la charrue à tourne-oreille, on ne peut fe dispenser d'avoir des cultivateurs, parce qu'en retranchant l'oreille à cette forte de charrue, on a un cultivateur tout formé.

CHAPITRE IV.

DES CHARRUES SANS SOC.

Quoique la charrue à coutres fans foc, paroisse, au premier coup d'œil, d'une qualité différente de celle des autres charrues dont il a été parlé, il est cependant vrai que la forme de fa construction doit la faire placer dans la classe des charrues de la seconde espèce : elle n'a point, il est vrai, de foc, mais les coutres dont la flèche est fournie, en tiennent lieu & en font l'office, puisqu'ils ouvrent & fendent la terre ainsi que le fait un foc ; fa flèche est portée sur un avant-train, à une ou deux roues indifféremment, de même que les charrues de la seconde espèce. Sa destination est absolument différente : les charrues ordinaires ne font employées que pour les principaux labours où il s'agit de renverfer la terre fens deffus deffous, pour la difpofer à recevoir la femence, ou fimplement à des travaux de culture pour faire profiter les plantes des influences de l'air : la charrue fans foc, au contraire, ne pourroit point du tout remplir ces objets, puif-qu'elle fend feulement la terre fans la fouiller ni la renverfer : elle n'est donc point propre pour ces différentes fortes de cultures ; mais aussi elle a un genre d'utilité qui lui est propre, qui ne peut point du tout convenir aux charrues ordinaires.

Ce genre d'utilité confifte à défri-cher les terres incultes, à couper les gazons d'une prairie qu'on veut re-nouveler, parce qu'elle est trop vieille, ou abonde en mouffe qui étouffe l'herbe. Dans ces différentes circonftances la charrue ordinaire ne peut point rendre de grands fer-vices : qu'on la mette dans une terre remplie de bruyères ; quelque fort & nombreux que foit l'attelage qui la tire, à tout inftant elle fera ar-rêtée par les racines que le foc aura bien de la peine à couper : fi l'on force l'attelage à tirer malgré la réfiftance qu'éprouve le foc, on court rifque de le faire caffer & de rompre une partie des pièces qui compofent l'ar-rière-train. Dans une prairie, elle fera moins expofée à fe brifer, parce qu'elle ne rencontrera pas des obfta-cles aussi confidérables que dans une terre en friche ; mais fa marche fera bien plus lente, & le foc foulèvera difficilement les larges gazons ; il ne fera exactement que fillonner, en renverfant un gazon fur le côté qui ne fera coupé qu'en longueur & non point en largeur. Si les racines des plantes forment un gazon extrême-ment ferré, il oppofera une réfiftance affez grande au foc, pour qu'il y ait du danger qu'il caffe fi l'on force l'attelage à tirer.

La difficulté de défricher avec la charrue ordinaire, quelque forte & bien conftruite qu'elle foit, a été connue de tout-temps : outre les rifques qu'on court de la brifer, il est certain qu'elle ne peut point faire ce genre de culture avec avantage, parce que le foc ne peut point fouiller ni renverfer une terre en friche, comme il fouille & renverfe une terre qui est en bonne culture, & dans

laquelle il ne rencontre que des obftacles qui proviennent de la ténacité du
terrein, ou de fa dureté lorfqu'il a
éprouvé une trop grande fécherefle.
Auffi faut-il convenir que les bons
agriculteurs, perfuadés de la difficulté
de défricher des terres incultes, &
de renouveler des prairies avec la
charrue ordinaire, avoient recours
à la bêche pour ces fortes de cultures. La bêche eft fans doute préférable à tout autre inftrument pour
défricher; aucune charrue, quelque
parfaite qu'elle foit, ne peut la remplacer avec tous fes avantages; mais
il faut avouer que fi elle fait l'ouvrage affez parfaitement, il faut auffi
y employer beaucoup plus de temps
qu'avec la charrue à coutres. Cet
inconvénient qui, dans la pratique,
exige qu'on y faffe attention, parce
qu'il n'eft pas toujours aifé de fe
procurer autant de bras qu'il feroit
néceffaire pour exploiter de vaftes
prairies, ou de grandes terres en
friche, eft caufe qu'on a imaginé la
charrue à coutres fans foc, qui fupplée en partie à la bêche, mais qui
demande moins de bras, & fait beaucoup plus d'ouvrage en très-peu de
temps. Lorfqu'on a une affez grande
étendue de terrein à défricher, on
ne peut guère fe difpenfer d'employer, pour cette opération, la
charrue à coutres, autrement l'ouvrage traîneroit en longueur. Au
contraire, quand on n'a qu'une très-
petite étendue à défricher, il vaut
beaucoup mieux fe fervir de la bêche, parce qu'il n'eft pas difficile de
fe procurer des ouvriers quand on a
peu de travail à faire: d'ailleurs l'ouvrage eft toujours mieux fait.

SECTION PREMIÈRE.

*Charrue à coutres fans foc, inventée
par M. de Châteauvieux.*

Nous ne donnons que la defcription de l'arrière-train de la charrue
à coutres fans foc, parce qu'on y
adapte l'avant-train des autres charrues. La *Figure 10 de la Planche 4*,
repréfente l'arrière-train de la charrue à coutres, tel qu'il eft difpofé
pour être joint à l'avant-train de la
charrue à une feule roue, que M. de
Châteauvieux a imaginée, & dont
nous avons donné la defcription.
Quand on veut faire porter la flèche
fur un avant-train à deux roues, il
eft inutile de pratiquer des mortoifes à fon extrémité; pour lors
on la fait felon les dimenfions que
doivent avoir celles deftinées pour
les charrues dont l'avant-train a
deux roues, qui font un peu plus
longues, & plus minces au bout qui
porte fur la fellette. Etant portée fur
un avant-train à deux roues, la
charrue fera beaucoup plus folide,
& les obftacles qu'elle rencontrera
dans fa marche, ne la feront point
tourner fi facilement, comme il
peut arriver avec un avant-train à
une feule roue, fur-tout quand on
tourne, ou qu'on veut faire prendre
l'entrure aux coutres.

L'arrière-train de cette charrue,
(*Fig. 10*) eft compofé de la flèche AB,
du double manche CD, dont le tenon, qui eft à fon bout inférieur,
entre dans une mortoife pratiquée
à l'extrémité de la flèche, pour le
recevoir. Outre que le tenon du
manche eft chevillé dans la flèche,
il eft encore foutenu par la petite

jambette E, qui le traverfe, & va entrer dans un trou qu'on fait à la flèche pour cet effet. Il eft effentiel que cet affemblage foit très-folide, à caufe des fecouffes continuelles qu'éprouve le manche, quand il eft empoigné fortement par le conduc-teur, & que la charrue rencontre quelque grand obftacle.

Les trois coutres ne pouvant point être placés à la flèche, à la diftance les uns des autres, à laquelle il eft néceffaire qu'ils foient, parce qu'elle eft trop étroite; on eft obligé d'y ajouter de chaque côté les deux pièces de bois FF, qu'on y attache folidement par les boulons à vis, qu'on voit en GG; on peut en mettre un troifième au milieu, fi l'on craint que les deux qui font de chaque côté ne fuffifent pas. Ces deux pièces de bois & la flèche font percées d'au-tant de mortoifes qu'on veut y placer de coutres : on a foin, en faifant les mortoifes, de les tenir très-juftes à la mefure des coutres qui doivent y être placés, afin qu'il foit fort aifé de les affujettir.

Pour couper les gazons par bandes égales, on efpace les coutres à telle diftance que leurs pointes foient écar-tées parallèlement les unes des autres de trois pouces, ou trois pouces & demi; ce qui donnera la largeur des bandes du gazon coupé par les coutres.

On n'a mis que trois coutres dans le deffin de l'arrière-train de la char-rue fans foc, afin d'éviter la con-fufion de plufieurs pièces dans une gravure, qui fouvent eft caufe qu'on ne la comprend point : cependant fi l'on fait conftruire une charrue fur ce modèle, il eft à propos d'y mettre cinq coutres, pour expédier plus

promptement la culture qu'on fe propofe : pour lors on conçoit qu'il eft néceffaire que les pièces de bois ajoutées de chaque côté de la flèche, foient plus larges, afin que les cinq coutres puiffent y être placés à la diftance les uns des autres, qui eft défignée. Les trois coutres qu'on voit placés dans la *Figure*, font abfo-lument femblables; quand on en ajoute deux, ils doivent auffi être pareils aux autres : leur lame qu'on doit tenir fort mince, fera d'une étoffe d'acier bien corroyée.

Pour élever & abaiffer les coutres felon qu'on le juge à propos, ou qu'il eft néceffaire pour la culture, on perce leurs manches de plufieurs trous, auxquels on paffe un boulon de fer en deffus & en deffous de la flèche, qui les arrête à la hauteur qu'on défire, fans qu'ils puiffent s'é-lever ou s'abaiffer plus qu'il ne con-vient ; ce qui ne manqueroit pas d'arriver fans cette précaution, parce que la preffion de la terre les porte-roit à remonter dans leurs mortoifes. Il faut auffi obferver qu'ils foient tous d'une longueur égale au-deffus de la flèche, afin qu'ils coupent la terre à une égale profondeur.

M. de Châteauvieux, faifant porter la flèche de cette charrue à coutres fur l'avant-train de fa charrue à une feule roue, a fait pratiquer deux mortoifes à l'extrémité de la flèche qu'on voit en HH, qui fervent à l'enfiler aux traverfes de l'avant-train. On l'arrête comme l'arrière-train de la charrue ordinaire.

SECTION II.

Charrue à coutres pour défricher, in-ventée par M. de la Levrie.

M. de la Levrie ne jugeant pas

que la charrue à coutres fans foc, de M. de Châteauvieux, fût propre à couper & à arracher les racines des bruyères des terres en friche, en fit conftruire une felon le modèle qu'il avoit imaginé lui-même. La *Figure 11* montre l'arrière-train de cette charrue affemblé de toutes fes pièces. La *Figure 12* repréfente la table qui fupporte tout l'attirail de l'arrière-train ; la *Figure 13* fait voir le double manche foutenu & affemblé par deux traverfes. La pofition de la flèche, telle qu'on la voit dans la *Figure 11* indique que l'avant - train de cette charrue eft le même que celui de la charrue à une feule roue, de M. de la Levrie, dont nous avons donné la defcription : il ne feroit pas difficile de la faire fupporter par un avant-train à deux roues ; il faudroit feulement avoir attention, en l'affemblant dans fa mortoife, de faire en forte que fon extrémité antérieure fût moins élevée, afin qu'elle pût porter fur la fellette d'un avant-train à deux roues, de façon qu'on pût l'élever & l'abaiffer à volonté.

La table qui fupporte l'attirail de l'arrière-train, n'eft difpofée que pour recevoir trois coutres : la flèche, au contraire, de la charrue de M. de Châteauvieux, par le moyen des deux pièces de bois qu'on met de chaque côté, de la grandeur qu'on juge convenable, peut en porter jufqu'à cinq. Les coutres qu'on voit dans la *Figure 11* font beaucoup plus forts que ceux des charrues ordinaires, & même que ceux de la charrue de M. de Châteauvieux. L'extrémité qui entre dans les mortoifes de la table, eft forgée en forme de tenon, de forte que le coutre ne peut point remon-

ter. Ce-tenon eft percé pour recevoir un boulon qui, en le fixant fur la table, l'empêche en même temps de defcendre. Il n'eft donc point poffible d'élever & d'abaiffer les coutres pour leur donner plus ou moins d'entrure ; cette manœuvre dépend de la flèche qu'on élève ou qu'on abaiffe fur l'avant-train, felon qu'on le juge à propos.

La forme felon laquelle M. de la Levrie a fait forger les coutres de fa charrue, lui a paru plus propre que tout autre à remplir fon objet, qui étoit de bien couper les racines qui fe trouvent dans une terre en friche : ils doivent en effet éprouver moins de réfiftance en coupant des racines, que s'ils avoient la forme d'une lame de couteau, comme l'ont les coutres ordinaires, parce que la racine eft coupée en gliffant fur le tranchant du coutre.

Dans les *Figures 11* & *12*, AA eft la table qui fupporte toutes les pièces qui compofent l'arrière-train de la charrue pour défricher : B B B (*Figure 12*) font les mortoifes où paffent les tenons des coutres HH, (*Fig. 11.*) CC font les deux mortoifes qui reçoivent le double manche qu'on voit dans la *Figure 13.* D eft une grande mortoife dans laquelle on fait paffer le bout de la flèche II (*Figure 11.*) EE font des trous ronds dans lefquels on met les boulons NN (*Figure 11*) pour affujettir la flèche folidement fur la table qui fupporte tout l'attirail. FF font deux autres trous qui reçoivent les étriers qui foutiennent les manches, & fortifient leur affemblage avec la table.

Avec cette charrue à trois coutres que M. de Villefavin fit conftruire fur le modèle qu'il avoit reçu

de

de M. de la Levrie, il affure que l'ayant attelée de fix paires de bœufs il eft parvenu à défricher une terre remplie de bruyères, dont les racines étoient très-groffes, & qu'après ce premier labour on avoit donné aifément les autres avec les charrues ordinaires.

S E C T I O N   I I I.

Des différens ufages auxquels font employées les charrues à coutres fans foc, & de la manière de s'en fervir.

La charrue à coutres fans foc, eft un inftrument tout nouveau, dont l'agriculture ne fait ufage que pour préparer les terres à la culture qu'on fait avec les charrues ordinaires. Elle eft employée 1°. à défricher les terres qu'on veut mettre en état de culture. 2°. A couper les gazons des prairies qu'on veut renouveler. 3°. A donner une culture aux prés, afin de détruire la mouffe en partie, & de faciliter le paffage des engrais jufqu'aux racines des plantes.

Quand on fe fert de la charrue à coutres pour une terre en friche, on ne doit point s'en tenir à un premier labour, parce qu'il peut refter dans la diftance d'un coutre à l'autre des racines qui ne foient point coupées, furtout fi leur direction eft parallèle à celle que fuivent les coutres : il faut dans un fecond labour, fait avec la même charrue, croifer les raies qu'on a faites au premier : de cette manière il fera difficile qu'il y ait quelques racines qui ne foient point coupées par les coutres. Après cette double opération, qui eft néceffaire dans un terrein rempli de bruyères, on

Tom. III.

ramaffe toutes les plantes & les racines que les coutres ont ramenées à la furface ; enfuite on donne un troifième labour avec la charrue ordinaire. La terre étant bien divifée & coupée dans tous les fens, il eft très-aifé de la renverfer fens deffus deffous avec la charrue ordinaire, qui exécutera ce labour avec autant de facilité & de fuccès que dans un terrein qui eft en bon état de culture, puifqu'elle ne rencontrera aucun des obftacles qui auroient rendu fon travail infructueux.

Si l'on veut mettre une prairie en terre labourable, la charrue à coutres eft très-utile pour cet effet, parce que tous les traits qu'elle fait font parallèles les uns aux autres : on réduit donc, par cette opération, toute la furface du terrein en bandes de gazons de trois pouces de largeur, qui eft la diftance d'un coutre à l'autre. Le gazon eft entièrement coupé dans toute fa longueur, parce que les coutres entrent dans la terre à cinq ou fix pouces de profondeur, ce qui fuffit pour la divifer abfolument. Cette culture, qui n'exige que deux chevaux d'attelage, parce que la charrue ne fait que couper la terre fans la foulever, eft faite affez promptement, puifque chaque trait de charrue divife en bandes, au moins quinze pouces de terrein. Quoiqu'une prairie oppofe de moindres obftacles à la charrue, qu'une terre en friche remplie de bruyères, il ne feroit cependant pas à propos de donner un fecond labour avec la charrue ordinaire, en croifant les premières raies, parce que les coutres ont coupé, il eft vrai, le gazon, mais feulement en longueur, de forte que la charrue ordinaire qui viendroit

R

croiſer ces premiers traits, éprouveroit encore beaucoup de réſiſtance
pour entrer & ſoulever le gazon. Il
eſt donc à propos de croiſer les
premiers traits par d'autres qui
ſoient faits avec la charrue à coutres. Après avoir coupé le gazon
dans ſa longueur & largeur, la charrue ordinaire ſoulève aiſément &
renverſe ſens deſſus deſſous, un gazon diviſé en petites mottes. Pour
bien diviſer la terre, on a ſoin au
troiſième labour qu'on fait avec la
charrue ordinaire, de ne prendre
que ſix pouces de largeur à chaque
ſillon; de cette manière toute la
prairie ſera réduite en très-petites
pièces de gazon.

Lorſqu'on fait ces défrichemens
avant l'hiver, qui eſt le temps le
plus propre pour cette ſorte de culture, toutes les pièces de gazon,
humectées par la pluie ou la neige,
& frappées enſuite par la gelée, ſont
bien diviſées, & preſque réduites en
pouſſière après l'hiver: après cette
ſaiſon, on peut travailler ces terres
avec la charrue ordinaire, comme
celles qui ſont dans le meilleur état
de culture.

La charrue à coutres ſans ſoc eſt
préférable, pour défricher les terres
incultes, ou les prairies, à celle de
M. Tull, dont nous avons donné
la deſcription: 1°. parce qu'elle eſt
infiniment plus légère, & qu'il faut
par conſéquent moins de chevaux
pour la tirer; 2°. parce que les
coutres ne ſont point diſpoſés de
manière à couper le gazon à ſix
pouces de profondeur, comme le
ſont ceux de la charrue à coutres
ſans ſoc. Celle de M. Tull peut à
peine labourer des terres moins
fortes que des prairies.

La charrue à coutres ſans ſoc n'eſt
pas deſtinée uniquement à défricher
les terres qu'on veut rendre labourables & mettre en état de culture;
elle eſt encore très-utile pour bonifier les prairies, pour rétablir celles
qui ſont en mauvais état, ou étouffées par une trop grande quantité
de mouſſe. Les fumiers qu'on répand
ſur les prairies, ne ſont pas d'un
grand ſecours pour multiplier les
fourrages; ils ſont croître l'herbe
en plus grande abondance, à moins
que ce ſoit de la cendre ou du fumier de colombier: les autres, principalement quand ils ſont mal divi-
ſés, étouffent les plantes: les parties humides, qui ſeules peuvent
contribuer à la végétation quand
elles parviennent aux racines des
plantes, s'évaporent, parce qu'elles
ne peuvent point entrer dans la terre,
étant retenues à la ſurface par les
gazons.

Pour ne point rendre ces engrais inutiles aux prairies, & empêcher même qu'ils ne leur ſoient
nuiſibles en étouffant le gazon par
un trop long ſéjour, on ouvre,
avec la charrue à coutres ſans ſoc,
toute leur ſurface, qu'on fend en
bandes de trois pouces. On fait
cette opération dans les mois de
Novembre ou Décembre, & après
on tranſporte les fumiers qu'on étend
avec ſoin par-tout, en obſervant de
ne point laiſſer de ces petits tas qui
étouffent l'herbe. Il réſulte de cette
opération trois effets très-avantageux
à la végétation des plantes: 1°. Le
paſſage des coutres, qui coupent
toute la ſurface d'une prairie en bandes, détachent & arrachent en même
temps beaucoup de mouſſe, dont
les anciens prés ſont ordinairement

très-fournis; 2°. les coutres en entrant dans la terre à cinq ou six pouces de profondeur, coupent nécessairement beaucoup de racines, ce qui leur en fait produire de nouvelles qui pouffent avec plus de vigueur que les anciennes; 3°. la partie humide des fumiers trouve des ouvertures pour s'insinuer dans la terre, & aller porter aux plantes des sucs qui rendent leur végétation plus abondante. Il n'y a plus d'évaporation à craindre, parce que l'eau de la pluie ou de la neige qui délave le fumier, ne reste plus sur le gazon, mais elle entre dans la terre par les fentes qu'on y a faites en passant la charrue à coutres sans soc.

QUATRIÈME PARTIE.

DE L'ATTELAGE DES CHARRUES; MANIÈRE DE LES CONDUIRE ET D'EXÉCUTER LES DIFFÉRENS LABOURS POUR LESQUELS ON LES EMPLOIE, &c. &c.

CHAPITRE PREMIER.

Quels sont les animaux qu'on emploie le plus ordinairement à l'attelage des Charrues ? Quels sont ceux qui peuvent être plus utiles, & quelle est la meilleure manière de les atteler ?

L'attelage des charrues, selon les différentes coutumes locales, est composé, assez ordinairement, de chevaux ou de bœufs, ou de mulets. Dans les pays où la terre est sablonneuse, friable, une charrue très-légère n'est souvent tirée que par deux ânes. Cette sorte d'attelage est fort commune dans la Calabre & la Sicile; mais il faut convenir que les ânes y sont aussi forts que nos bons mulets d'une taille moyenne : d'ailleurs le terrein est si fertile dans ces contrées, qu'il a besoin de peu de culture pour produire d'abondantes récoltes.

Dans plusieurs endroits de la Campagne de Rome, la plus grande partie des terres est labourée par des buffles : quand on parvient à les dompter & à les accoutumer au joug, il n'y a pas d'attelage dont on puisse retirer autant de service pour donner une bonne culture aux terres: un travail pénible & difficile ne les rebute point; jamais ils ne refusent de tirer, à moins que les obstacles qu'ils ont à surmonter ne soient au-dessus de leurs forces. On les conduit avec des rênes attachées à un anneau qui pince la séparation de leurs narines. C'est aussi de cette manière qu'on conduit les bœufs, soit à l'attelage, soit au tirage des charrettes.

Anciennement on n'employoit point les chevaux à la culture des terres; on faisoit tous les labours & tous les travaux relatifs à l'agriculture, avec des bœufs. Cette méthode est encore en usage dans une grande partie de l'Italie; mais dans nos provinces, il y en a où il seroit difficile de trouver un ou deux attelages de bœufs. Les chevaux & les mulets font l'ouvrage plus promptement; c'est, sans doute, ce qui les a fait préférer pour les travaux de la campagne : le bœuf, au contraire, dont la marche est plus lente, n'expédie pas aussi vîte le travail qu'on lui impose; mais aussi son labour est plus uniforme, & cet avantage dédommage bien du temps qu'il emploie de plus : la lenteur de sa marche permet au laboureur de guider sa charrue comme il veut, sans beaucoup se fatiguer ; de sorte que le soc fouille la terre à la profondeur qu'il désire, sans qu'il soit obligé d'être continuellement attentif à examiner si la raie est droite, ou si elle est continuée à la même profondeur, comme il doit y faire attention lorsque la charrue est tirée par des chevaux ou des mulets, parce que la vîtesse de leur marche, souvent peu mesurée, donne des secousses à l'arrière-train de la charrue, qui dérangent la direction du soc, en le faisant aller de côté, ou en le soulevant, ce qui diminue son entrure.

Dans les terreins forts, difficiles, inégaux, un attelage de bœufs est préférable à un attelage de chevaux, parce que le bœuf est plus propre à résister à un travail pénible, que le cheval qui seroit bien plutôt fatigué. L'espèce de culture qu'exigent ces sortes de terres, est plus aisée à faire avec des bœufs, parce que, à nombre égal, outre qu'ils sont plus forts au tirage que les chevaux, ils sont plus patients dans le travail, quelque pénible qu'il soit : d'ailleurs la lenteur de leur marche rend le conducteur absolument maître de gouverner sa charrue d'une manière propre à faire un labour uniforme ; il ouvre des sillons à la profondeur qu'il désire, en leur donnant une largeur proportionnée. Les chevaux, beaucoup plutôt fatigués, ne tirent plus que par secousses ; le conducteur doit donc avoir de la peine à gouverner sa charrue de façon que le soc ait toujours autant d'entrure dans la même direction, pour que le labour soit égal. Quand une terre est bien

friable, & que les résistances qu'elle oppose sont uniformes à peu près, le cheval tire assez bien sans se dégoûter ; mais s'il est dans une terre argileuse, pour peu qu'elle soit glissante, ses pas ne sont point assurés ; il ne tire plus alors qu'avec négligence & par secousses. Il en est de même des mulets, qu'on ne gouverne pas toujours comme on désire, sur-tout quand on en rencontre de vicieux & rétifs, comme il arrive quelquefois. Dans les pays de coteaux ou de montagnes, la difficulté de cultiver les terres, ne rend point les chevaux fort propres à être mis au tirage des charrues ; ils ne résisteroient pas long-temps à un genre de travail qui épuiseroit leurs forces, & les mettroit dans peu hors de service. Les mulets supporteroient mieux la fatigue qu'ils auroient à tirer dans de tels pays, & ils ne seroient pas sitôt hors d'état de servir. Cependant on préfère encore les bœufs avec raison, parce qu'ils rendent la culture plus aisée, & qu'ils résistent plus long-temps aux différens travaux qu'on exige d'eux.

Les accidens qu'il y a à craindre pour les animaux qu'on emploie à la culture des terres ; la plus grande ou moindre facilité de les nourrir ; le parti qu'on peut en tirer lorsqu'ils sont hors de service ; toutes ces considérations doivent influer dans le choix qu'on veut faire, parce qu'elles peuvent diminuer les frais d'agriculture. L'attelage de deux ânes est, sans contredit, le moins dispendieux qu'on puisse choisir ; celui dont l'entretien & la nourriture soient moins à charge au cultivateur, & pour lequel il y ait peu d'accidens à craindre : mais on ne peut point s'en servir pour exploiter indifféremment toutes sortes de terreins : il n'est guère possible de les employer que dans les terres sablonneuses ; par-tout ailleurs ils ne feroient qu'effleurer la superficie de la terre : nous n'avons pas cette bonne espèce qui laboure une partie des terres de la Calabre & de la Sicile, & qui rend les mêmes services à l'agriculture, que peuvent rendre les mulets d'une taille moyenne que nous employons au labourage. Nous ne pouvons donc point les compter parmi les animaux dont nous ayons le choix pour l'attelage des charrues.

Un attelage de bœufs est plus avantageux pour un agriculteur, qu'un attelage de chevaux ou de mulets. 1°. Les bœufs ne sont point aussi sujets à être malades que les chevaux & les mulets, qu'une journée un peu forcée peut mettre hors de service pour le lendemain ; 2°. leur entretien est moins onéreux au laboureur, qui ne les nourrit la plupart du temps qu'avec la mêlée faite avec de la paille & du foin, encore souvent n'est-ce que le second, dans les pays où l'on fauche les prairies plusieurs fois : rarement il est nourri avec du foin sans être mêlé, à moins que ce ne soit dans des temps où il a beaucoup de peine. Les chevaux & les mulets ne se trouveroient pas bien d'une nourriture aussi simple ; outre qu'ils veulent du bon fourrage, de temps en temps il faut leur donner de l'avoine ou de l'orge ; 3°. quand le bœuf n'est plus en état de servir, on peut l'engraisser dans une ferme, & le vendre ensuite presque pour le même prix qu'on l'a acheté : le cheval & le mulet, au

contraire, dès qu'ils sont incapables de nous rendre service, on ne peut plus en tirer aucun parti. Les fermiers qui entendent bien leurs intérêts à cet égard, ont soin de changer leurs attelages en chevaux ou en mulets, tous les trois ou quatre ans, afin de prévenir la perte entière du prix qu'ils auroient coûté, s'ils les gardoient tant qu'ils peuvent encore servir au labourage.

La manière d'atteler les bêtes de tirage à la charrue, n'est point la même par-tout ; on se règle à cet égard sur la pratique locale, sans considérer si elle est bonne ou mauvaise. Dans certains pays on attèle les chevaux, les mulets, à la file les uns des autres ; dans d'autres on les attèle deux à deux : quand on n'a que trois bêtes de tirage, si elles ne sont point à la file, on en met deux de front, la troisième est en flèche devant les deux autres qui sont au timon.

Assez communément les bœufs sont attelés deux à deux, parce qu'on les fait tirer par la tête ; alors l'âge repose sur le joug qui est attaché à leurs cornes au-dessus de leur tête. Dans quelques endroits on les fait tirer l'un devant l'autre ; le joug étant alors inutile, on passe un collier à leur col auquel on attache les traits du timon ou du palonnier. Quoiqu'on les fasse tirer deux à deux, on ne les met pas toujours pour cela sous le joug : en Italie, on les fait presque tous tirer à la manière des chevaux, c'est-à-dire, par les épaules de devant, en leur mettant un collier pour attacher les traits.

Dans la manière d'atteler les bêtes de tirage aux charrues, il faut les disposer de façon qu'elles tirent toutes également autant qu'il est possible. Quand l'effort qu'il faut faire est bien partagé, il est moindre pour chaque bête; au contraire s'il tombe plus sur l'une que sur l'autre, celle qui a plus de peine, fatigue par conséquent davantage, & elle n'est point capable de soutenir le travail aussi long-temps. En attelant les bêtes de tirage deux à deux, il faut nécessairement qu'elles tirent avec égalité & en même temps, si elles sont de la même force; quand même il y en a une plus foible, elle tire autant qu'elle peut, & plus que si elle étoit en avant, parce qu'elle est forcée de suivre sa compagne. Quand elles sont, au contraire, à la queue les unes des autres; celle qui est au timon fait toujours un plus grand effort, elle fatigue continuellement, tandis que les autres tirent avec négligence, & ne donnent quelques coups de collier que de temps en temps, quand elles sont excitées par le fouet de celui qui les conduit.

Quand l'attelage d'une charrue est de quatre chevaux, par exemple, il faut avoir soin de mettre au timon, dans l'après-dîner, ceux qui ont été devant dans la matinée: de cette manière la peine sera partagée également, & ils ne fatigueront pas plus les uns que les autres. Pour pouvoir faire cela, il est nécessaire, quand on commence à les mettre au tirage, de les accoutumer à être tantôt au timon & tantôt devant, afin qu'ils ne prennent point de fantaisies en contractant l'habitude d'être toujours attelés de la même manière. Cette précaution est sur-tout essentielle pour

les mulets, dont l'humeur rétive ne se prête pas toujours à ce qu'on exige d'eux. Si dans un attelage de quatre chevaux, il y en a deux qui soient jeunes & pleins de vigueur; afin de les dompter un peu on doit les mettre dans la première demi-journée au timon: si on les atteloit devant quand ils sont tout frais & bien reposés, pour peu qu'ils fussent excités, ils se livreroient à leur ardeur & ceux du timon auroient bien de la peine à les retenir: le labour ne seroit point égal, parce que le conducteur gouverneroit difficilement sa charrue.

Quand les bêtes d'attelage sont bien exercées au tirage de la charrue, un laboureur en conduit aisément quatre attelées deux à deux: les deux premières, averties par un coup de fouet, avançent & tournent sans peine quand elles sont arrivées au bout de la raie. Si elles ne sont pas bien exercées, on ne peut point se dispenser de mettre deux hommes pour conduire une charrue, dont l'un doit tenir les manches pour la gouverner, & l'autre marcher à côté des deux premières, pour les exciter & les faire tourner à propos.

Dans un attelage nombreux, toutes les bêtes ne sont pas également exercées à tirer la charrue; il y en a qui sont fort jeunes & qui ont beaucoup de vivacité; il seroit dangereux par cette raison de les atteler toutes seules. C'est une attention qu'il faut avoir, de ne point composer l'attelage d'une charrue avec des bêtes trop jeunes: sans être trop excitées elles se laisseroient entraîner à une ardeur fougueuse qu'on auroit de la peine à modérer;

il feroit alors difficile de gouverner la charrue comme il faut : le labour feroit inégal, étant fait avec trop de précipitation. Quand on veut exercer de jeunes chevaux ou de jeunes mulets ou de jeunes bœufs, au labourage, on les attele avec d'autres qui font bien accoutumés à tirer la charrue : ceux-ci qui font faits au tirage, modèrent, par leur marche réglée, la trop grande vivacité des autres, qu'il feroit difficile de retenir s'ils étoient attelés avec d'autres de la même humeur.

Il y a plus d'avantage à faire tirer les bêtes d'attelage deux à deux, que de les faire tirer à la queue les unes des autres, non-feulement pour mettre à profit tout l'effort qu'elles peuvent faire, relativement à la réfiftance qu'il faut vaincre, mais encore par rapport au conducteur, & à la perfection du labour. 1°. Quand les chevaux tirent deux à deux, le conducteur fatigue moins à gouverner fa charrue, parce que l'attelage tirant également, il n'y a pas de ces fecouffes qui dérangent la direction du foc, & diminuent ou augmentent l'entrure. 2°. Quand l'attelage eft bien exercé, un feul charretier peut conduire quatre bêtes attelées deux à deux : étant toutes fous fa main, le moindre figne les fait avancer & tourner quand il faut : il n'a pas befoin d'un fecond qui marche à côté des premières bêtes pour les exciter & les faire tourner; ce qui eft abfolument néceffaire quand elles font à la queue les unes des autres, les premières fe trouvant trop éloignées de celui qui gouverne la charrue. 3°. La culture eft plus uniforme, toutes les raies font égale-

ment larges & profondes, parce que l'entrure du foc continue à être uniforme à caufe de l'égalité du tirage.

Quand on attèle plufieurs bêtes à la queue les unes des autres; outre qu'il faut employer deux hommes à chaque charrue, ce qui eft un objet de dépenfe; il eft plus difficile de les faire tourner quand on eft arrivé au bout de la raie : il eft rare que les terres limitrophes de celle qu'on laboure, ne foient endommagées, fi elles font enfemencées, par les pieds des chevaux, qu'on ne peut fe difpenfer d'y faire paffer quand l'attelage eft trop long : d'ailleurs, l'effort qu'il faut faire pour vaincre la réfiftance qu'oppofe la preffion de la terre à la charrue, eft toujours peu fupporté par les premières bêtes du tirage; celle qui eft au timon a prefque le double de peine, en raifon de la négligence des autres. Cette manière d'atteler les chevaux à la fuite les uns des autres, ne convient que dans la culture des terres qu'on eft obligé de labourer quand elles font bien détrempées par la pluie; dans cette circonftance la terre eft moins pétrie & battue quand l'attelage eft en file. Si l'on veut cultiver la terre qui eft entre des rangées de plantes, afin d'en approcher davantage on met les bêtes de tirage à la queue les unes des autres; c'eft affez l'ufage dans les pays où la vigne eft en treillage, féparée par des bandes de terre; fans cette méthode on n'approcheroit point affez de la vigne pour remuer la terre autour des feps.

CHAPITRE II.

DE LA MANIÈRE DE CONDUIRE LA CHARRUE POUR LABOURER LES TERRES.

L'égalité du labour, la profondeur du fillon, le renverfement de la terre fens deffus deffous, dépendent de la manière de conduire & de gouverner la charrue. On fait un labour égal, lorfque toutes les raies que trace le foc, font parallèles & qu'elles ont la même profondeur. Quand la terre eft bien remuée, que la fuperficie eft renverfée parfaitement, le labour a ce degré de perfection qu'exige l'agriculture.

Le laboureur doit connoître l'efpèce de charrue dont il fe fert, & la qualité des terres qu'il cultive. Cette connoiffance eft néceffaire pour gouverner la charrue, de façon à donner à un terrein la culture qui lui convient. Avant d'entamer une pièce de terre, il arrange fa charrue, comme elle doit être pour prendre une entrure convenable à la qualité du terrein qu'il veut labourer : pour cet effet, il place l'âge fur l'avant-train à la hauteur où il faut qu'elle foit pour donner au foc l'entrure qu'on défire : c'eft-à-dire, que s'il veut que fon labour foit profond, l'âge doit être peu avancée fur l'avant-train, parce que l'ouverture de l'angle que forme l'âge avec la fuperficie du terrein étant plus petite, le foc prend plus d'entrure ou s'enfonce plus avant. Au contraire, s'il ne veut faire qu'un labour peu profond, il avance l'âge fur l'avant-train; l'angle étant plus ouvert, le foc ne fouille point la

terre à autant de profondeur que quand il l'eft moins, parce que en élevant l'âge, on élève auffi le foc. A mefure qu'on trace la première raie, on s'apperçoit fi on a trop élevé l'âge, ou pas affez. Lorfque la charrue n'a point d'avant-train, on élève ou on abaiffe l'âge en enfonçant dans la mortoife où entre fon tenon, les coins qui l'affujettiffent : pour l'élever on donne quelques coups de maillet fur le coin qui eft en deffous, laiffant celui de deffus fans être ferré; pour l'abaiffer au contraire, on frappe celui de deffus pour l'enfoncer affez avant afin de ramener l'âge en bas.

Cette difpofition étant faite, le laboureur entame fa pièce de terre, & commence la première raie en foulevant, & appuyant en même temps fur les manches, de manière que l'effort qu'il fait foit dirigé en avant, afin de forcer le foc à piquer. Dès qu'il eft entré, à mefure que la charrue avance, il juge s'il fouille la terre à la profondeur qu'il veut; s'il n'eft point entré affez avant, il arrête fa charrue pour lui faire prendre plus d'entrure, en reculant l'âge de deffus l'avant-train; de même qu'il l'avance, fi l'entrure eft trop forte. Lorfque la charrue pique de la quantité qu'il défire, il ceffe d'appuyer; il s'occupe alors à diriger le foc en droite ligne, en tenant toujours le manche de la charrue, afin qu'il ne s'écarte ni à droite ni à gauche, en raifon des obftacles qu'il peut rencontrer, qui le détourneroient néceffairement, s'il n'étoit point affujetti dans fa direction par cette efpèce de gouvernail.

Quoique la charrue ait bien pris l'entrure,

l'entrure, & que le foc fuive la direction qu'on lui a donnée, le conducteur ne doit point ceffer d'appuyer fur les manches, mais plus
légèrement qu'il n'avoit fait d'abord
pour entamer le terrein, en dirigeant fon effort fur le côté du verfoir,
afin qu'il renverfe la terre comme
il faut fens deffus deffous. Quand
le foc n'a qu'une aile du côté du
verfoir, c'eft-à-dire, à la droite,
l'action du conducteur qui appuie
fur les manches, eft d'autant plus
néceffaire, que c'eft le moyen le
plus certain d'ouvrir une raie fort
large, & de bien fouiller la terre
pour la divifer & l'ameublir.

Quand le laboureur s'apperçoit,
dans le cours de fon travail, que
la charrue pique trop ou pas affez,
c'eft-à-dire, que le foc s'enfonce
plus qu'il ne devroit, ou qu'il ne
fouille pas la terre à la profondeur
qu'il défire, ce qui peut arriver,
quoiqu'il ait dans le commencement
difpofé fa charrue comme elle devoit être; il doit tout de fuite y remédier en enfonçant les coins qui fe
font lâchés, ou en remettant l'âge
fur l'avant-train à la hauteur qu'il
convient, afin de donner à l'angle
que fait l'âge avec la fuperficie du
terrein, l'ouverture qu'il doit avoir
pour que la charrue pique de la
quantité convenable. Cet expédient
eft le feul qu'il doive employer
pour faire un labour égal. La plupart des laboureurs négligent ce
foin, par la pareffe d'arrêter un
inftant leur charrue : ils fe contentent d'appuyer fur les manches,
en dirigeant leur effort en avant,
s'il faut donner plus d'entrure au
foc, ou d'appuyer fur l'extrémité
des manches, en portant l'effort en

Tom. III.

arrière, afin de foulever le foc pour
qu'il prenne moins d'entrure. Cette
méthode fupplée, il eft vrai, à la
première pour un inftant ; mais
comme cet effort de la part du charretier ne peut pas être continu,
parce qu'il fe fatigue d'appuyer
toujours de la même manière, le
labour qu'il fait eft néceffairement
inégal, cette puiffance n'étant point
un *régulateur* fixe comme le premier. Dans la même raie il y aura
donc des inégalités dans la profondeur du labour ; la terre ne fera
point par conféquent fouillée &
remuée par-tout à la même profondeur. Outre que cette méthode
rend le labour inégal, elle retarde
& rallentit la marche de la charrue ;
l'attelage a beaucoup plus de peine,
par ce qu'il a plus d'effort à faire
pour vaincre les réfiftances qu'on
oppofe à fa puiffance.

Pour donner plus ou moins d'entrure à la charrue, le laboureur doit
fe régler fur la qualité du terrein
qu'il entreprend de cultiver. Il eft
des terres qu'on peut fouiller plus
profondément que d'autres : dans
celles qui ont un fonds confidérable, on ne doit point craindre
de donner beaucoup d'entrure à la
charrue, pour qu'elle ouvre un
fillon de dix, douze & même quatorze pouces de profondeur. Celles
au contraire, qui ont à quelques
pouces de leur furface, des couches
graveleufes, des tufs, des craies,
des terres rouges, &c., il eft bon
de connoître à quelle diftance de la
furface elles font placées, afin que
le foc ne les entame point, & ne
mêle pas la bonne terre avec le
cailloutage, ou la craie, &c. Dans
ces fortes de terreins, il faut bien

S

avoir attention de donner à la charrue une entrure proportionnée à la quantité de bonne terre qui s'y trouve : quelquefois il suffit que la charrue pique de cinq ou six pouces au plus.

Quelle que soit l'espèce de charrue dont un laboureur se sert, au bout de chaque raie, avant de prendre l'enrayure pour en tracer une autre, il doit 1°. détacher la terre qui s'est attachée au versoir & au sep ; pour cet effet, il a un curon à la main, qui est une espèce de ratissoire de fer au bout d'un bâton ; il débarrasse de même les roues & les pièces d'assemblage de l'arrière - train, des racines, des herbes ou des broussailles qui souvent s'y arrêtent. 2°. Si le versoir de la charrue est amovible, il le change de côté, afin qu'en traçant une autre raie, la terre soit renversée dans la précédente qui est restée ouverte. 3°. Il examine si la charrue, dans le cours du travail, ne s'est point dérangée ; un coup d'œil suffit à cet examen quand on tourne pour commencer une autre raie : quand on s'apperçoit qu'elle est bien disposée pour piquer de la quantité qu'on désire, on continue le labour sans y toucher. 4°. Il ramène la pointe des coutres du côté du versoir, afin que leur action ne soit point inutile, mais au contraire, qu'elle serve à couper la terre, pour que le soc éprouve moins de résistance à la soulever.

CHAPITRE III.

DE LA MANIÈRE D'EXÉCUTER LES DIFFÉRENS LABOURS, DANS LES TERRES QUI SONT EN ÉTAT DE CULTURE.

La manière de labourer varie,

1°. selon l'espèce de charrue qu'on emploie ; 2°. selon la qualité du terrein : cependant le but est toujours le même, parce que la culture de la terre consiste à la mettre en état de recevoir la semence.

Les charrues dont on se sert pour labourer les terres, sont ou à tourne-oreille, c'est-à-dire, que la planche, qu'on nomme le versoir, est amovible, parce qu'on la met tantôt à la-droite, tantôt à la gauche de la charrue ; ou à versoir fixe, parce qu'il est toujours à la droite. Avec la charrue à tourne-oreille, on entame une pièce de terre du côté qu'on désire, & on finit toujours par celui qui lui est opposé. Je suppose qu'on veuille labourer avec la charrue à tourne-oreille la pièce de terre AA, BB, (*Fig. 18*, *Pl. 3*, *pag. 83*) on commence la première raie en prenant l'enrayure en A A ; on continue les autres toujours du même côté & on pourroit de même commencer par AB, à droite, & finir par AB, à gauche. Lorsqu'on commence un labour, la première raie est découverte, parce que le versoir a jetté la terre de côté : en traçant la seconde raie, il faut remplir la première ; on y réussit en plaçant le versoir qui étoit à droite pour la première raie, à la gauche pour tracer la seconde : par ce moyen, la terre que soulève le versoir, à mesure que le soc trace une seconde raie, est jettée dans la première : en changeant l'oreille de côté au bout de chaque raie, elles sont successivement toutes comblées, il n'y a que la dernière qui ne l'est point, parce qu'il faudroit prendre sur la terre voisine : mais elle peut servir d'enréageure pour un second labour ; c'eſt-à-dire, qu'en commençant par le côté où l'on a fini la première fois, on comble, en ouvrant la première raie, celle qui étoit reſtée à découvert ; c'eſt ce qu'on appelle ſervir d'enréageure. L'*enréageure* eſt donc une raie profonde, dans laquelle on verſe la terre de la raie qu'on forme actuellement, d'où vient le mot de *réage*, qui ſignifie la longueur d'une pièce ſuivant la direction des raies. Ainſi quand on dit *au bout du réage*, cela ſignifie au bout de la pièce : quand on dit *un long réage*, cela s'entend d'une pièce de terre qui eſt longue dans le ſens des raies.

Quand on veut labourer avec la charrue à verſoir fixe, il faut labourer ſucceſſivement les deux rives d'une pièce de terre ; c'eſt-à-dire, qu'après avoir fait une raie d'un côté, on va tout de ſuite en tracer une autre au côté oppoſé : ſi on continuoit les raies à la même rive où l'on a commencé la première, celle-ci reſteroit ſans être comblée ; le verſoir étant toujours à la droite, à meſure qu'on traceroit la ſeconde, la terre ſeroit renverſée par conſéquent à droite, & la première ne feroit point comblée : la ſeconde le feroit par la troiſième raie. Ainſi, ſur trois il y en auroit toujours une qui feroit vide. Avec cette eſpèce de charrue, le laboureur commence ſa première raie à la rive droite d'une pièce de terre ; il va enſuite tracer la ſeconde à la rive gauche, pour revenir après à la droite. Je ſuppoſe qu'on veuille labourer la pièce de terre A B C D, (*Fig. 17 Planc. 3.*) Le laboureur prend l'enréageure en A, pour faire la raie AB : quand il eſt au bout, il

appuie ſur les manches de la charrue pour ſoulever le ſoc, & il dirige l'attelage en C, pour tracer la raie CD : arrivé au bout, il vient en E, pour tracer la raie EF, d'où il va enſuite en G ; il continue le labour de cette façon, en traçant une raie d'un côté, enſuite une autre au côté oppoſé : il finit ſon labour au milieu de la pièce de terre, où il y a néceſſairement une raie qui n'eſt point comblée : quand elle ſe trouve parfaitement au milieu, elle peut, ſi l'on veut, ſervir d'enréageure au ſecond labour.

Le réage, ou la direction des raies, dépend de la poſition du terrein. Quand une pièce de terre eſt en plaine, on donne au labour le réage qu'on veut, c'eſt-à-dire, on commence les raies, ou en longueur ou en largeur de la pièce de terre ; mais ſi elle eſt ſituée ſur la pente d'un coteau, le laboureur n'eſt plus libre de prendre le réage ſelon ſa fantaiſie ; il faut qu'il ſe conforme néceſſairement à la poſition du terrein. Dans cette circonſtance il n'entame jamais une pièce de terre du haut en bas, il ne viendroit pas à bout de la labourer, pour peu que la pente fût conſidérable : l'attelage auroit une peine infinie à remonter ; l'ouvrage demanderoit beaucoup plus de temps, & les bêtes courroient des riſques continuels par les efforts qu'elles feroient obligées de faire pour vaincre les trop grandes réſiſtances qu'elles trouveroient dans un travail de cette eſpèce. Dans la ſuppoſition qu'on parvînt à labourer une pièce de terre en pente, en prenant le réage de bas en haut, on feroit une culture au détriment du ſol : l'eau des pluies ne feroit point retenue dans les fillons; ils feroient au contraire autant de conduits pour fon écoulement; elle entraîneroit les engrais en bas, & la terre même, fi elle étoit bien ameublie.

Quand une pièce de terre eft fituée fur la pente d'un coteau, il n'eft guère poffible de la labourer avec la charrue à verfoir fixe : de quelque côté qu'on commençât le réage, il feroit toujours très-difficile d'aller à la rive oppofée pour continuer le labour. On ne peut donc labourer ces fortes de terreins qu'avec les charrues à tourne-oreille, ou à verfoir amovible, parce qu'en changeant le verfoir de côté au bout de chaque raie, on continue à labourer une pièce de terre par la rive où l'on a commencé, & on finit par celle qui lui eft oppofée.

Puifqu'il y a des charrues de plufieurs efpèces, & qu'elles ne font pas toutes également propres pour les différentes fortes de cultures, on peut donc dire que toutes les terres ne doivent point être labourées de la même façon. L'uniformité de culture fuppoferoit tous les terreins d'une égale qualité : or, il eft certain que la nature, la qualité, le degré de profondeur des terres font extrêmement variés.

1°. Il y a des terres maigres & légères, qui n'ont prefque point de fond, c'eft-à-dire, qu'à quatre ou cinq pouces de profondeur, on trouve des couches graveleufes, des tufs, des craies, quelquefois même le rocher. Quoiqu'on ne puiffe pas efpérer que ces fortes de terres produifent beaucoup, cependant on les cultive, on les enfemence; & quand on n'épargne point

les engrais, elles dédommagent un peu de la peine & des frais de culture. Or toutes fortes de charrues ne conviennent pas pour cultiver ces terres, qu'on ne doit point labourer comme celles qui ont beaucoup de fond. Le laboureur, en fe fervant d'une charrue fort légère à laquelle il attèle un cheval ou deux feulement, doit fe contenter de labourer la fuperficie, afin de ne point ramener à la furface la mauvaife terre qui eft en deffous. S'il employoit une forte charrue, il ne feroit point maître de l'entrure qu'il ne pourroit pas toujours donner de la quantité qu'il voudroit, parce que la feule pefanteur du fep & du foc, fuffiroit pour enfoncer la charrue plus avant qu'il ne faut, de forte qu'elle piqueroit trop, relativement à la qualité du terrein.

2°. Il y a des terreins qui n'ont que fix ou fept pouces de fond, après lefquels on trouve des couches d'une terre rouge ftérile : malgré cela, ces terreins font très-propres pour produire du blé; mais pour profiter de la bonne qualité de terre qui eft au-deffus d'une autre terre ftérile, il faut donner peu d'entrure à la charrue, afin qu'elle ne pique exactement que dans le fond de la bonne terre : comme ces fortes de terreins ne font pas difficiles à cultiver, puifqu'il ne faut point les fouiller à une grande profondeur, il eft bon de ne fe fervir que des charrues légères : la charrue à tourne-oreille, par exemple, eft très-utile pour cette culture; on peut encore fe fervir, avec avantage, des cultivateurs dont nous avons donné la defcription, parce qu'ils n'ouvrent pas la terre à une grande profondeur.

3°. Les terres fortes & argileuses, ou dont la qualité est un sable gras, doivent être labourées le plus profondément qu'il est possible. Comme elles ont un fond de terre considérable, on peut faire les sillons à la profondeur qu'on désire ; par conséquent on peut donner douze ou quatorze pouces d'entrure à la charrue. La terre n'étant féconde qu'autant qu'elle est bien remuée & ameublie, il est donc essentiel de la fouiller à une profondeur considérable, lorsque rien ne s'y oppose, afin de la diviser, de la retourner, pour que toutes les parties qui doivent contribuer à la végétation des plantes, reçoivent les influences de l'air. Le labour qu'exigent ces sortes de terres, seroit impossible à exécuter avec des charrues légères : outre qu'on ne pourroit point leur faire prendre assez d'entrure pour tracer des raies assez profondes, la ténacité du terrein, la cohésion de ses parties seroient des obstacles insurmontables pour des charrues légères, quand même l'attelage seroit assez fort : une charrue à versoir, ou tout autre de cette espèce, armée de bons coutres pour couper la terre verticalement, est le seul instrument de labourage qui puisse faire une bonne culture dans ces sortes de terreins. On a soin de proportionner l'attelage à la difficulté du labour, qui est relative à la résistance qu'éprouve le soc dans une terre plus ou moins tenace.

Enfin, pour exécuter toutes sortes de labours, & dans toutes sortes de terreins, il ne faut jamais perdre de vue ce principe, qui est que le laboureur doit connoître la qualité du terrein qu'il veut entreprendre de cultiver, afin de savoir l'espèce de culture qu'on peut lui donner, & avec quelle sorte de charrue il peut le labourer.

L'expérience du laboureur, relativement aux différentes sortes de terreins qu'il cultive, ne doit pas se borner simplement à connoître la qualité & le plus ou moins de profondeur de terre, afin de savoir l'espèce de charrue qu'il doit employer, & de quelle manière il doit la gouverner pour faire un labour convenable : il faut encore qu'il connoisse les terres qui boivent ou qui retiennent l'eau. Il y en a qui sont de vraies éponges, où l'eau est filtrée à travers leurs molécules, de façon qu'il n'en reste jamais à la surface : d'autres, au contraire, étant argileuses retiennent l'eau. Il ne suffit pas d'entourer de fossés ces sortes de terreins pour procurer l'écoulement des eaux, il faut encore que le réage & le labour soient faits de manière que l'eau trouve assez de pente pour s'écouler dans les fossés.

Pour procurer l'écoulement des eaux, dont le séjour est nuisible à la semence & aux plantes, il y a deux manières de labourer les terres, 1°. en planches ; 2°. en billons. Le labour à plat ne leur convient point, il n'est propre que pour les terres spongieuses, dans lesquelles l'eau ne séjourne point à la surface. Si une terre argileuse ou qui retient l'eau, a un peu de pente, on se dispense de la labourer en planches ou en billons, en conduisant le réage selon la pente, parce qu'alors toutes les raies font autant de sillons par lesquels l'eau s'écoule dans les fossés qui entourent la pièce de terre. Quand il y a beaucoup d'inégalités, il feroit difficile de former des planches ou des billons : dans ce cas on laboure à plat, enfuite on profite des inégalités pour former des fillons qui reçoivent l'eau des raies, & la conduifent dans les foffés. Quand une pièce de terre eft entièrement en plaine, il n'y a point de reffource pour l'écoulement des eaux, il faut néceffairement la labourer en planches ou en billons.

Je fuppofe qu'on veuille labourer en planches la pièce de terre repréfentée par la *Fig.14, de la Pl.3, pag.100*, & qu'on veuille placer les fillons en E E E E, le laboureur ouvre la raie marquée 1, enfuite il ouvre celle marquée 2, qui remplit la première. Il revient faire la raie marquée 3, en renverfant toujours la terre du côté de la première raie ; il forme, par ce moyen, le milieu de la planche qui fe trouve plus élevé, ayant reçu la terre des deux raies adjacentes. Il continue à labourer en traçant la raie 5 5, enfuite 4 4, jufqu'à ce qu'il ait formé fa planche de la largeur qu'il juge convenable pour l'écoulement des eaux ; il finit de chaque côté par un grand fillon qui borde la planche, & dans lequel les eaux s'écoulent. Quand les terres ne font pas extrêmement fujettes à être inondées, on fait les fillons qui bordent les planches à une plus grande diftance les uns des autres ; quelquefois ils font à cinq toifes, d'autres fois à fix ou fept.

Souvent on ne diftribue en planches une pièce de terre qu'après l'avoir labourée à plat : quand elle eft enfemencée & herfée, l'on fait de diftance en diftance des fillons, felon la largeur qu'on veut donner aux planches. Cette méthode eft moins

bonne que celle que nous venons d'indiquer, parce que les planches fe trouvent abfolument plates, outre qu'elles font bordées d'une petite élévation, par la terre qu'on a jetée en formant le fillon. Par la première méthode on donne affez de pente aux eaux pour leur écoulement dans le fillon qui borde les planches, parce qu'en traçant la première raie au milieu de la planche, celles qu'on fait enfuite à côté, ramenant la terre dans le milieu, & ayant foin, dans un fecond labour, de bien creufer les premières raies, on peut aifément donner à une planche toute la pente qui eft néceffaire.

Quand on laboure par billons, on commence par ouvrir un grand fillon AA, (*Fig. 15, Planche 4*) enfuite on va de B en C, & de D en E : de cette manière on remplit le premier fillon, en formant une éminence qu'on nomme *le billon*. On fait la même chofe en FG, la pièce alors eft labourée en billons : on a foin de tenir le réage, c'eft-à-dire, de diriger les fillons fuivant la pente du terrein qu'on laboure, afin que l'eau puiffe plus aifément & plus promptement s'écouler.

C H A P I T R E IV.

DU LABOUR DES TERRES EN FRICHE, ET DES ESPÈCES DE CHARRUES PROPRES A CET EFFET.

Sous la dénomination de terres en friche, on comprend toutes celles qui ne font point en état de culture ordinaire, & qu'on veut labourer pour les mettre en valeur, ou pour les enfemencer. Telles font, 1°. les terres couvertes de bois qu'on veut détruire ; 2°. les landes ; 3°. les prairies & les terres ensemencées de sain foin , de luzerne, de trèfle ; 4°. les terres qui sont en jachères depuis long-temps. On conçoit qu'il n'est point possible de cultiver ces sortes de terreins, pour la première fois , comme ceux qu'on laboure régulièrement tous les ans.

1°. Quoique les bois d'une terre qu'on veut cultiver soient coupés ou brûlés, on ne peut point y passer la charrue, qu'on n'ait auparavant arraché les souches & les racines: s'il n'y a pas de broussailles, on est dispensé d'avoir recours à la charrue à coutres sans soc , même pour le premier labour. Les fouilles qu'on est obligé de faire, retournent & remuent assez bien la terre, pour qu'on soit dispensé de la couper avec la charrue à coutres, avant d'y mettre la charrue ordinaire. Quand toutes les fouilles sont faites, on égalise , autant qu'il est possible, le terrein ; ensuite on y donne un labour avec la charrue à verfoir ; quelque léger que soit le terrein , on ne doit point le travailler, pour la première fois, avec une charrue légère, parce qu'elle ne fouille point la terre à une profondeur aussi considérable que la charrue à verfoir , ou tout autre de même espèce , n'étant pas possible de lui faire prendre autant d'entrure qu'à une forte charrue : d'ailleurs, quelque exactitude qu'on ait mise à arracher toutes les souches & les racines , il est possible que quelques-unes soient restées , sur-tout celles qui sont cachées entre deux terres, & qu'on n'apperçoit pas pour cette raison : elles seroient donc un obstacle très-grand pour une charrue

légère qui les rencontreroit dans le cours de sa marche ; le conducteur ne connoissant point toute la résistance qu'elles peuvent opposer , forceroit l'attelage de tirer , & la charrue n'étant point assez forte se briseroit.

2°. On appelle des *landes* , des terres qui sont couvertes de genêts, de joncs marins, de fougère, de bruyères, de ronces, de genièvre & de quelques broussailles que ce soient. Dans cet état de friche où sont les terres, il est impossible d'y mettre aucune espèce de charrue : quelque considérable que fût l'attelage , il parviendroit difficilement à tirer, & on courroit risque de tout briser. Avant l'opération de la charrue, il faut donc ou brûler ou arracher. Quand les plantes ne sont pas fortes, comme la fougère, le jonc marin & de jeunes bruyères, on peut simplement y passer la faux : cependant le meilleur expédient est celui de brûler, parce qu'on détruit par le feu la semence qui germeroit l'année suivante.

Après avoir brûlé toute la superficie d'une lande, ou coupé toutes les plantes, on ne passe point la charrue, qu'on n'ait auparavant arraché les principales & grosses racines à la pioche ; telles, par exemple , que celles des genièvres, des houx, des buis, des épines & des autres arbustes. Quand cette opération est faite, on passe la charrue à coutres sans soc, lorsque le terrein a été un peu détrempé par la pluie: en la passant une seconde fois, on croise les premières raies, afin de couper exactement toutes les racines. Toute la superficie du terrein étant bien coupée par les coutres, la charrue l'entamera aifément, elle n'aura prefque pas plus d'obftacles à furmonter que dans une terre en état de culture. Quoique ce terrein foit affez bien défriché par cette première opération de la charrue à coutres fans foc, quelque léger qu'il foit, les premiers labours doivent être faits à grands fillons, bien ouverts & affez profonds, parce qu'il faut bien divifer la terre, & renverfer en deffous la fuperficie qui a été long-temps expofée aux influences de l'air. La charrue à verfoir, ou tout autre de cette efpèce, eft le feul inftrument qui convienne pour cette forte de culture qui eft toujours difficile dans les premiers labours. Avec une charrue légère on ne fouilleroit pas la terre à une profondeur affez confidérable ; on ne la renverferoit point auffi parfaitement qu'elle doit l'être après avoir été fi long-temps inculte ; les fillons n'auroient ni la largeur ni la profondeur requifes, pour bien divifer & ameublir une terre qui doit former de groffes mottes, attendu fon état de friche.

3°. Quand on veut réduire en état de culture des terreins qui font en prés naturels ou artificiels, & qu'on ne veut point leur donner la première culture à la bêche, parce qu'il faudroit employer à cet ouvrage beaucoup de temps, on les laboure avec une forte charrue tirée par un bon attelage. Ces terres ayant demeuré long-temps en repos, le premier labour doit être très-difficile, & former de groffes mottes, quoiqu'il foit fait après un temps de pluie. On évite beaucoup de peine, & la culture en eft meilleure, quand on commence par paffer deux fois, la charrue à coutres fans foc, en croi-

fant les premiers traits la feconde fois, le terrein étant bien coupé, une forte charrue prend plus d'entrure, & ne traverfe que de petites mottes. Le labour exécuté de cette manière, c'eft-à-dire, en premier lieu avec la charrue à coutres fans foc, & en fecond lieu avec une forte charrue, en eft beaucoup mieux fait : quoique cette multiplicité d'opérations femble exiger bien des journées, il eft certain qu'on emploie moins de temps, parce qu'étant peu difficiles, l'ouvrage va affez vîte.

4°. Les terres qui font en jachères depuis plufieurs années, font quelquefois plus difficiles pour les premiers labours que les anciennes prairies, fur-tout fi elles ont fervi de chemin. Quoiqu'on ait attendu qu'elles fuffent bien détrempées par la pluie, on rifque fouvent de brifer les plus fortes charrues en les labourant pour la première fois : c'eft pourquoi il eft effentiel de n'y paffer la charrue ordinaire, c'eft-à-dire, la charrue à verfoir, ou tout autre de cette efpèce, qu'après avoir bien coupé la terre avec la charrue à coutres fans foc. M. D. L. L.

CHASSELAS. (*Voyez* RAISIN)

CHÂSSIS, *jardinage.* (*Voyez* Planche 5) Se dit en général d'un bâti de bois peint à l'huile, & garni de panneaux de vitres : ceux qui défirent ne pas revenir fouvent à fa conftruction, font les panneaux en fer. Après ce métal, le bois de chêne eft à préférer, celui de châtaignier vient enfuite. On doit choifir des bois parfaitement fecs, fans quoi la chaleur humide des couches, unie à l'action du foleil, fait tourmenter & déjeter

le

Pl. V. Pag. 144.

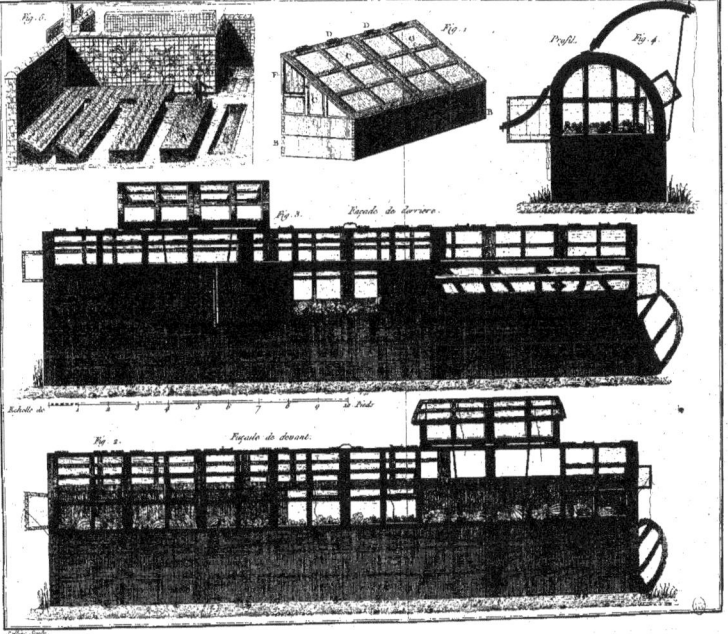

Fig. 5.

Fig. 1.

Profil.

Fig. 4.

Fig. 3.

Façade de derrière.

Echelle de   10 Pieds

Fig. 2.

Façade de devant.

J. Aliet Sculp.

le bois ; les verres ne pouvant fuivre leurs différentes courbures, fe fendent & éclatent. Le châtaignier, une fois bien fec, n'a pas le défaut de fe déjeter. *Voyez* au mot CAISSE, la manière de préparer & de paſſer les bois en couleur.

Les Hollandois, amateurs de tous les genres de végétaux utiles & curieux, & fingulièrement attentifs à perfectionner les individus, ont imaginé cette efpèce de ferre chaude ; les Anglois les ont imité, & le refte de l'Europe s'eft modelé fur leur exemple. Ces deux nations ont à combattre contre une humidité prefque perpétuelle : la chaleur de l'été, dans leur climat, n'étant pas affez active pour répondre à leurs foins, ils ont été obligés de chercher les moyens de concentrer, de retenir la chaleur, & de fouftraire les plantes précieufes à l'humidité furabondante qui commence par les faire jaunir, & les conduit infenfiblement à la pourriture.

De la manière de conftruire les châſſis. Ils font compofés de la caiſſe & des panneaux à vitres.

De la caiſſe. La longueur eft indéterminée, & doit être proportionnée aux befoins. Il n'en eft pas de même pour la largeur : le jardinier placé devant la caiſſe A, *Fig. 1*, doit toucher facilement avec la main, le côté oppofé. Ainfi la largeur fera de trois pieds & demi, & quatre pieds au plus ; la hauteur depuis trois jufqu'à quatre pieds fur le devant, & cinq pieds ou cinq pieds & demi fur le derrière. Je conviens que ces proportions ne font pas généralement adoptées, & que pour l'ordinaire, ces caiſſes font tenues plus baſſes, parce que l'on creufe en terre pour donner

de la profondeur, & la foſſe eft remplie de fumier. Cette méthode, quoique la plus ufitée, a les inconvéniens dont je parlerai.

Tous les bois qui concourent à former la caiſſe doivent avoir au moins deux pouces d'épaiſſeur ; chaque planche doit être emboîtée à rainures BBB fur toute fa longueur, & à queue d'aronde dans fes extrémités. Ces précautions font de rigueur, parce que la chaleur & l'humidité font fingulièrement travailler le bois. Les perfonnes prudentes font encore garnir les angles avec des bandes de fer fortement clouées.

Des vitraux. On multiplie les panneaux CCC fuivant la longueur de la caiſſe. Ces panneaux ou châſſis ne doivent pas avoir plus de trois pieds & demi de largeur ; à quatre pieds ils commencent à être embarraſſans & lourds à foulever, à moins qu'on ne fixe une corde en E, & que paſſant enfuite par une poulie attachée contre un mur, ou un pied droit, on ne foulève le châſſis à l'aide de cette corde. Si chaque carreau de vitre avoit fon cadre en bois, comme dans les châſſis de nos fenêtres, l'eau des pluies s'écouleroit difficilement, & pénétreroit dans la couche. Pour éviter cet inconvénient, les liteaux qui foutiennent les vitres, font placés fur la longueur du châſſis de haut en bas : garnis d'une rainure, ils reçoivent la vitre & la fupportent, de manière que l'extrémité inférieure de chaque vitre eft placée en recouvrement fur la vitre qui vient après, de la même façon que les ardoifes ou les tuiles plates font placées fur nos toits.

Il y a deux manières de retenir & de fixer ces vitres. La première confifte à enfoncer des pointes dans les bois du cadre à chaque bout de la vitre, & de remplir la rainure avec du maftic de vitrier. Ce maftic eft compofé avec du blanc de cérufe, paffé au tamis de foie, & pétri avec de l'huile de lin ou de noix, ou de navette. Elle doit auparavant avoir été cuite, & rendue plus fécative par un nouet de litharge, fufpendu au milieu de l'huile pendant la cuiffon. Comme la cérufe eft fort pefante, & coûte beaucoup plus cher que la craie connue fous les noms de *blanc de Troye*, *blanc d'Efpagne*, &c. les vitriers la fubftituent au blanc de cérufe ; alors le maftic fe gerce, s'écaille & fe détache par lambeaux. Il ne faut pas oublier de garnir de maftic les deux endroits où fe terminent les carreaux de vitre placés en recouvrement. Ce maftic produit deux effets : il empêche l'introduction de l'air extérieur dans l'intérieur ; & comme de l'intérieur il s'élève beaucoup d'humidité de la couche, cette vapeur fe condenfe contre le verre, & s'infinue dans l'endroit du recouvrement, en occupe tout l'efpace ; de forte que fi le froid eft rigoureux, l'eau fe glace, occupe un plus grand volume, & fait éclater la vitre la plus foible.

La feconde manière confifte, après que les vitres font placées, clouées & maftiquées, de couvrir les bords du châffis avec des planches minces, de même largeur qu'eux, & de les retenir par des clous à vis. Cette précaution eft affez inutile fi les rainures font bien faites & bien entretenues de maftic, fuivant le befoin.

On doit foulever ces châffis de bas en haut. En bas eft la manette E deftinée à cet ufage, & en D font les

éparres garnies de leur gond, ou des ferrures à charnières, qui facilitent le hauffement ou l'abaiffement.

Plufieurs perfonnes ne placent point de panneaux fur les côtés, & continuent le maffif de la caiffe jufqu'en haut, pour foutenir les châffis. L'expérience m'a prouvé leur utilité. Dès qu'il paroît un rayon de foleil, ou lorfque le temps eft doux, on ouvre le petit châffis F ; on ouvre également celui qui lui correfpond à la partie oppofée, & ces deux ouvertures renouvellent l'air de la couche, & par le courant qui s'établit, entraînent les vapeurs humides.

On eft dans la mauvaife habitude de placer ces caiffes contre des murs. Il faut moins de bois il eft vrai, mais on ne fait pas attention que la pierre eft un très-bon conducteur de la chaleur, & par conféquent que celle que le mur abforbe eft une privation pour la couche. Ceux qui entendent mieux leurs intérêts, plafonnent avec des planches le fond de la couche, parce que le bois eft moins conducteur de la chaleur que la pierre, & l'effet de l'augmentation de cette petite dépenfe, dédommage amplement par une plus grande confervation de la chaleur. Veut-on fe convaincre, par une expérience bien fimple, de la différence des effets des conducteurs de la chaleur ? Suppofons que le froid foit de cinq degrés. Placez à l'extérieur de votre appartement, par exemple fur la fenêtre, une planche. On ne difconviendra que la planche & la pierre qui, pendant plufieurs heures, auront été expofées à la rigueur du froid ne foient au même degré. Que l'on place actuellement une partie de la main fur la planche, & l'autre partie fur la pierre, &

même l'extrémité de la main fur du fer, on éprouvera plus de froid dans la partie de la main qui couvre le fer, un peu moins fur la pierre, & beaucoup moins fur le bois.

Le thermomètre appliqué fur ces trois corps indiquera le même degré de froid. D'où vient donc la différence que nous éprouvons ? C'est que la *chaleur* de notre main (*Voyez* le mot CHALEUR) est d'environ vingt-huit à trente degrés de chaleur : dès-lors ces trois corps paroissent froids, chacun à leur manière, parce qu'ils absorbent notre chaleur & se l'approprient ; mais le fer, comme meilleur conducteur de la chaleur, se l'approprie davantage & plus promptement que la pierre & que le bois. Ce que nous éprouvons s'applique à la couche dont il est question. La pierre, meilleur conducteur de la chaleur que le bois, nuit à la couche. C'est encore cette raison qui m'engage à rejeter les couches faites dans des fosses, parce que la terre absorbe la chaleur du fumier au détriment des plantes. Il résulte de ce qui vient d'être dit, que c'est une erreur de construire en pierre le corps de la caisse qui doit supporter les châssis : il faut du bois, & rien de plus. La caisse doit être isolée, parce que cet isolement facilite les *réchauds*, suivant l'exigence des cas. On ne peut en donner si la caisse est toute en pierre, & ils produiront peu d'effet si la caisse est adossée contre un mur. En parlant des *couches* (*Voyez* ce mot) on expliquera ce que signifie le mot *réchaud*. Le fond de la caisse garni en bois, garantit la couche & les racines, par conséquent, des dents & des ciseaux des insectes, puisqu'il leur est impossible de s'y introduire. Com-

bien de couches détruites par les seules *taupes-grillons* ! (*Voyez* ce mot)

Le Hollandois, toujours économe, simplifie, autant qu'il le peut, les objets. Le climat qu'il habite le nécessite à recourir aux châssis pour les semis de tabac. A la place des vitres, il se sert de papier collé fur le cadre ; mais comme ce papier seroit détrempé, & ensuite diffous par la pluie, il a le soin de l'imbiber de graisse, & l'eau coule s'en l'endommager. Voici son procédé. Le papier collé fur son cadre, il le présente fur un réchaud garni de charbons allumés ; lorsque le papier est bien chaud sans être roux, il passe légèrement par-dessus du sain-doux, & la chaleur du papier le fait fondre. Il fait la même chose à tous les carreaux. Cette opération rend le papier plus diaphane, & la clarté sous le châssis, lorsque le soleil ne donne pas, est plus douce, plus forte que celle produite par la vitre.

Les châssis en plan incliné, & tels qu'on vient de les décrire, avoient été regardés comme les meilleurs. Le sieur Mallet, jardinier, demeurant à Paris, au-dessus de la barrière de Reuilly, fauxbourg de Saint-Antoine, fit, en 1778, connoître des châssis de nouvelle forme, qui méritent la préférence, à tous égards, fur les premiers ; ils équivalent à des serres chaudes. Il les a nommés *châssis physiques*. L'auteur va parler.

« La découverte de mes châssis » physiques est le fruit d'une longue » suite d'observations & d'expé- » riences que j'ai faites fur la fer- » mentation des fumiers, & fur la » raréfaction de la lumière qui tra- » verse des verres bombés. On n'ob- » tient des châssis plats, dont on fait

» uſage par-tout, que des choſes
» communes & imparfaites, parce
» que les plantes y éprouvent alter-
» nativement de grands contraſtes de
» température, & qu'elles ſont pri-
» vées de l'air quand elles ſont fermées.

» Les *baches* hollandoiſes (ce ſont
» les châſſis dont on vient de parler)
» ne ſervent ordinairement que pen-
» dant l'été, pour les ananas & pour
» les petits pois de primeur ; mais
» l'air étouffé que ces plantes y reſ-
» pirent, l'humidité & la moiſiſſure
» inévitable des murailles ſont cauſe
» que les fruits des ananas conſervent
» toujours plus d'acide, & ne ſont
» jamais parfaitement mûrs.

» Les ſerres chaudes n'ont d'autre
» mérite que d'y conſerver les plantes
» exotiques dans l'hiver : leur entre-
» tien eſt très-coûteux, & tout ce
» que l'on fait venir par l'artifice a
» beaucoup moins de ſaveur & d'o-
» deur.

» Au contraire, mes châſſis phy-
» ſiques ſont très-économiques, en
» ce qu'ils n'exigent point de feu. Le
» degré de chaleur naturelle de Saint-
» Domingue, qu'on y obtient conſ-
» tamment & ſans peine pendant
» l'été, la quantité d'air libre & pur
» qui s'y raréfie, donnent aux fruits
» une qualité ſupérieure, quoique
» étrangère à notre climat.

» La longueur des châſſis eſt arbi-
» traire, elle dépend de la volonté
» des perſonnes ou des terreins où
» on veut les placer. La *Planche 5*,
» *Figure 2*, repréſente la façade de
» devant du châſſis, avec un des
» châſſis ouvert, ainſi qu'un des pan-
» neaux de derrière. La *Figure 3* re-
» préſente la façade vue par derrière,
» & la *Figure 4* le profil.

» La longueur du châſſis, dont on

» parle, eſt de vingt pieds ; ſa largeur
» de quatre pieds, & il a cinq pieds
» de hauteur, dont deux pieds ſix
» pouces forment la couche ; les deux
» autres pieds ſix pouces ſervent pour
» le vitrage bombé.

» Le vitrage eſt compoſé de ſeize
» panneaux, huit ſur le devant, les
» huit autres ſur le derrière formant
» le demi-ceintre. Il ne s'en trouve
» que quatre ſur le deſſin, c'eſt un
» défaut que je corrige. A chaque
» panneau de devant, il y a un va-
» giſtas au ſecond rang de vitre ; aux
» deux côtés, il s'en trouve un pour
» établir un courant d'air quand il eſt
» à propos. Les panneaux de derrière
» ſont auſſi des vagiſtas qu'on ouvre
» dans l'été, ſoit pour établir le cou-
» rant d'air, ſoit pour diminuer la
» trop grande chaleur.

» Au-deſſus du niveau de la caiſſe,
» ſur le derrière, juſqu'aux vitraux,
» il y a un eſpace en bois de vingt
» pouces, de même épaiſſeur de la
» caiſſe, qui eſt la cauſe de la réper-
» cuſſion de la lumière & de la raré-
» faction de l'air qui ſe fait dans le
» châſſis.

» Sur un châſſis de vingt pieds, il
» doit y avoir trois portes de der-
» rière pour faire aiſément des arro-
» ſemens, & pour différens travaux.

» Chaque panneau, de deux pieds
» ſix pouces de large, eſt ſoutenu
» ſur les côtés par cinq courbes, en
» comptant les deux extrémités. Ces
» courbes formant le demi-ceintre,
» doivent avoir ſix pieds, ſur un
» châſſis de quatre de large ; leur
» diamètre ſera de quatre pouces
» carrés ſur la couronne du châſſis ;
» dans le milieu, il y a quatre tra-
» verſes de même épaiſſeur, qui ſou-
» tiennent tous les panneaux. Afin

» que le châssis soit plus solide, on
» fait entrer les traverses dans les
» courbes ; & comme les courbes
» & les traverses n'empêchent pas
» de faire les couches, on les assu-
» jettit ensemble avec des bandes de
» fer d'un pouce de large, qu'on
» attache à demeure.

» Les panneaux de devant sont
» soutenus par des charnières à clef,
» afin qu'on puisse les ôter aisément
» chaque fois qu'on fait une couche
» nouvelle. Au bas de chaque pan-
» neau de devant, il y a une verge
» de fer avec des crans de douze en
» douze pouces, pour donner de
» l'air au châssis dans les grandes
» chaleurs.

» Quant à la caisse, elle ne sau-
» roit être trop solide ; c'est pour-
» quoi je conseille d'employer des
» planches de chêne de vingt pieds
» de longueur, de la plus grande
» épaisseur, pour faire en deux ou
» trois planches les deux pieds six
» pouces de hauteur, & deux pouces
» d'épaisseur, en y joignant en sus
» des barres à queue, distantes de
» quatre en quatre pieds. -- Je con-
» seille en outre de border l'extré-
» mité de la caisse en dedans, d'une
» barre de fer de six lignes d'épaisseur,
» sur un pouce de large, afin qu'elle
» ne se déjette point par l'action du
» soleil. On empêche l'écartement
» de la caisse dans le milieu, par
» trois bandes de fer d'un pouce
» carré. Le châssis étant monté sur
» une petite muraille, ou assise de
» pierres de taille jusqu'au niveau
» de la terre, creusée en goutière
» large pour recevoir l'eau, il faut
» avoir une grande justesse, afin qu'il
» ne reste point de passage pour l'air,
» entre le bois & la pierre qui doit

» le porter. Il est encore essentiel de
» faire peindre le bois & le fer de ce
» châssis à l'huile en dedans & en de-
» hors, & de leur donner une nou-
» velle couche chaque année au prin-
» temps, après qu'on a enlevé les
» réchauds.

» Les personnes qui veulent culti-
» ver tout à la fois des figues, des
» ananas, des melons, des fraises,
» des petits pois, &c. doivent se
» procurer une certaine quantité de
» châssis. Pour lors mes trois châssis
» doivent être mis en usage : chaque
» espèce de plante réussit mieux, cul-
» tivée séparément dans un châssis
» que dans un autre, par rapport
» aux différens degrés de chaleur
» que chaque forme de ceintre
» procure. Par exemple, mon châssis
» de vingt pieds est excellent pour
» faire des melons, des fraises,
» des haricots, des roses, des lilas
» de Perse, des hyacintes, & pour
» y soutenir des ananas pendant
» l'hiver.

» Le ceintre aux deux tiers est
» parfait pour y obtenir de beaux
» fruits d'ananas pendant l'été, &
» pour y avoir beaucoup de petits
» pois.

» Le ceintre de huit pieds, sur
» une caisse de cinq pieds de large,
» est supérieur pour une figuerie,
» pour de grands lilas, & pour y
» faire passer différens seps de rai-
» sin muscat qui réussit admirable-
» ment bien. On pratique en de-
» dans un treillage, sur les courbes, à
» un pied du vitrage. Le raisin qu'on
» fait en serre chaude est beaucoup
» moins bon que celui-ci.

» On sera peut-être étonné que
» la différence de ceintre en fasse
» une de six degrés entre le

» petit & le grand ; dans la même
» position, l'obliquité des réflexions
» du soleil sur les vitrages, produit
» cet effet ; & comme le châssis aux
» deux tiers de ceintre, a six pieds
» de hauteur, & que le ceintre plein
» en a sept, la plus grande quantité
» d'air peut encore y contribuer. »

Si l'on compare actuellement les
châssis du sieur Mallet avec les anciens, on reconnoîtra aisément leur
supériorité qui tient seulement à la
courbure du vitrage. Sur les châssis
en plan incliné, les rayons du soleil,
depuis son lever jusqu'à son coucher,
tombent perpendiculairement sur le
verre, tout au plus pendant quelques minutes, au lieu que sur les
châssis ceintrés, les rayons sont presque toujours perpendiculaires depuis
neuf heures du matin jusqu'à trois.
On n'ignore pas que c'est à cette per-
pendicularité des rayons qu'est due
la plus ou moins grande chaleur. En
hiver le soleil est plus près de nous
qu'en été, mais en hiver ses rayons
sont plus obliques ; voilà la cause
de leur peu de chaleur.

Tous les châssis quelconques tiennent plus au luxe qu'au besoin, excepté les châssis à papier des Hollandois, que nos jardiniers ordinaires
devroient adopter. Ils leur servi-
roient à semer les plantes printa-
nières, & les mettroient à l'abri des
rosées froides, ou des gelées tardives des mois de Mars & d'Avril ;
presque par-tout ils font des couches, & la chaleur rend les jeunes
plantes qui poussent, beaucoup plus
susceptibles des impressions de l'atmosphère.

CHAT-BRULÉ. *Poire,* (*Voyez* ce
mot)

CHAT. (*Hist. Natur. Econom.
Rur.*) Cet animal si joli, si vif, si
turbulent quand il est jeune ; si pa-
telin, si adroit, si rusé quand il désire quelque chose ; si fier, si libre
dans les fers même de la domesticité ; si traître dans ses vengeances ;
cet animal, dis-je, qui semble réunir
tous les extrêmes, que l'on craint
pour sa perfidie, que l'on souffre par
besoin, que l'on chérit quelquefois
par foiblesse, est d'une utilité trop
grande à la campagne, pour que
nous le passions sous silence. La
guerre continuelle qu'il fait pour
son seul & unique intérêt, purge
nos habitations d'un ennemi impor-
tun, dont les dégâts multipliés produisent, à la longue, de très-grandes
pertes. Il faut donc bien traiter &
récompenser, par nos soins, un domestique infidèle qui nous est si utile,
tout en ne travaillant que pour lui-
même. Les animaux auxquels le chat
fait la guerre, & qu'il détruit souvent, plus par le plaisir de nuire que
par besoin, sont indistinctement tous
les animaux foibles, & qui ne peuvent échapper ou à sa force ou à son
adresse ; les oiseaux, les rats, les
souris, les levreaux, les jeunes lapins, les mulots, les taupes, les
crapauds, les grenouilles, les lézards,
les serpens, les chauves-souris, &c.
deviennent sa proie ou son jouet. Ce
qu'il ne peut ravir de haute-lutte,
il le guette & l'épie avec une patience inconcevable. Tapi au bord
d'un trou, rassemblé dans le moindre
espace possible, les yeux fermés en
apparence, mais assez ouverts pour
distinguer sa proie ; & l'oreille au
guet, il affecte un sommeil perfide,
pour tromper l'animal dont il médite
la mort. A peine est-il hors de son

trou, qu'il l'attaque & le faifit ; s'il a fur lui un avantage confidérable du côté de la force, il s'en joue & s'en amufe pendant quelque temps pour infulter à fon malheur. Le jeu commence-t-il à l'ennuyer, d'un coup de dent il le tue, fouvent fans néceffité, lors même qu'il eft le plus délicatement nourri. Ce caractère méchant fans avantage direct, in-docile & deftructeur par caprice, feront toujours du chat un traître dont on profite fans l'aimer. Le trai-tement le plus doux, les foins les plus marqués ne peuvent le fixer & détruire en lui ce naturel indépen-dant & à demi-fauvage ; l'éducation même, perpétuée de race en race, ne l'a point altéré ; & le chat feul, de tous les animaux que l'homme a réduits à l'efclavage, a confervé cette fierté & cet amour de la liberté qu'il avoit au milieu des forêts. Dans l'en-ceinte même de nos murs, ce font les greniers, les toits, les endroits déferts & retirés qui font fon féjour ordinaire. Habite-t-il une maifon des champs, la vue de la campagne ra-nime bientôt dans fon cœur le goût de la chaffe, l'amour de la guerre ; il part feul ou quelquefois avec un compagnon de rapine, & portent de tous côtés le ravage & la défo-lation. Tantôt grimpé fur un arbre, il enlève du nid les petits oifeaux, & caché par quelques branchages, il attrape la mère qui venoit appor-ter de la nourriture à fes petits in-fortunés. Tantôt pénétrant dans les retraites des lapins, il les pourfuit jufqu'au fond de leurs terriers. Une garenne qu'il affectionne eft bientôt ravagée & dépeuplée. Souvent il arrive que ces fuccès enflamment fon courage, & lui rendent totalement

fon efprit d'indépendance ; alors il abandonne les habitations, vit au fond des bois, redevient fauvage ; & la génération fuivante reprend in-fenfiblement tous les premiers carac-tères du chat fauvage.

Le chat fauvage, quoiqu'il foit d'une feule & même efpèce que le chat domeftique, & qu'il produife avec lui, a des caractères qui le font diftinguer. Il a le col un peu plus long, & le front plus convexe, d'une taille toujours avantageufe, fon air eft plus fier ; il femble porter fur toute fa figure cette empreinte ori-ginale de nobleffe & de fierté que la fociété n'a point altéré. Son poil eft plus long & plus doux que celui des chats qui vivent dans nos climats depuis plufieurs générations ; car le poil du chat d'Angora eft plus long que celui du chat fauvage. Sa cou-leur eft un mélange de feutre, de noir & de gris blanchâtre ; il a quelques anneaux noirs autour de la queue & fur les jambes ; le tour de la bouche eft blanc, mais les lèvres & la plante des pieds font noirs.

On diftingue en général trois va-riétés principales parmi les chats do-meftiques, les chats d'Efpagne, dont la couleur rouffe, vive & foncée eft le principal caractère qui les diftin-gue ; ils ont auffi des taches blanches & des taches noires diftribuées irré-gulièrement. On prétend, avec vé-rité, que le chat d'Efpagne mâle n'a jamais les trois couleurs, & qu'il n'a que du blanc ou du noir avec le roux ; les femelles, au contraire, ont toujours les trois, ce qui rend leur peau plus belle & plus recher-chée. La feconde variété eft le chat chartreux, dont la couleur eft d'un gris cendré, mêlé d'une nuance bleuâtre. Enfin, la troifième eft le chat d'Angora, qui eft plus gros que le chat domeftique & le chat fauvage; fon poil eft beaucoup plus long & plus foyeux, le plus communément blanc, quelquefois de couleur fauve, rayée de brun.

La forme extérieure du chat eft en général jolie & agréable; fes proportions font bien prifes, & fa phyfionomie fur-tout exprime un air de fineffe qui eft encore relevé par la forme du front, de la tête entière, & par la pofition des oreilles. Mais entre-t-il en fureur, cette mine fi douce & fi fine fe change tout d'un coup; fa bouche s'ouvre, fes yeux s'enflamment, ils étincellent; il tourne fes oreilles de côté, & les abaiffe; fon poil fe hériffe fur le dos & fur tout le corps; toute fa phyfionomie décompofée n'offre plus qu'un air féroce & furieux; fes cris font effrayans, fes mouvemens rapides, fes griffes fortent de leurs gaines, il eft prêt à tout déchirer; alors rien ne l'épouvante, un animal plus fort ne l'intimide pas, il s'élance, fe jette fur lui, le mord ou le déchire d'un coup de griffe, & non moins lefte que hardi, à peine a-t-il frappé qu'il s'échappe & évite les atteintes de fon ennemi.

La chatte entre en chaleur deux fois par an, dans le printemps & dans l'automne; elle eft beaucoup plus ardente que le mâle, elle le cherche, le pourfuit, l'appelle; les hauts cris & les roulemens qu'elle pouffe alors annoncent la vivacité de fes défirs, ou plutôt l'état douloureux où fes befoins la réduifent, & que l'approche feule du mâle peut foulager. Les chattes portent cinquante-cinq à cin-

quante-fix jours, & mettent bas ordinairement quatre, cinq ou fix petits qu'elles ont foin de cacher & de tranfporter dans des trous, lorfqu'elles craignent que les mâles ne les dévorent, ce qui arrive quelquefois. Elles les allaitent pendant trois à quatre femaines, & puis vont à la chaffe pour eux, & leur rapportent des rats, des fouris, de petits oifeaux. Mais bientôt elles inftruifent leurs petits dans le même art de la rapine, & finiffent par leur laiffer le foin de veiller à leur fubfiftance, en leur apprenant, par l'exemple, que tout moyen eft bon & légitime, la rufe ou la force, pourvu qu'il réuffiffe. A quinze ou dix-huit mois, ils ont pris tout leur accroiffement, peuvent engendrer avant l'âge d'un an, & vivent environ neuf à dix ans.

Le chat a quatre propriétés affez fingulières, & qu'il partage avec très-peu d'animaux. 1°. Une efpèce de râlement qu'il produit à volonté, & qui annonce prefque toujours fon contentement, & dont on n'a pu jufqu'à préfent donner de bonnes caufes; ce feroit à l'anatomie à éclaircir ce phénomène animal : 2°. la conformation particulière de fon œil; dans les animaux, comme dans l'homme, la paupière peut fe contracter & fe dilater, elle s'élargit dans l'obfcurité, lorfque la lumière manque; elle fe retrécit, au contraire, dans le grand jour, lorfqu'elle devient trop vive; mais cette dilatation & cette contraction fe fait fuivant la figure de la pupille, c'eft-à-dire en rond, au lieu que dans le chat & dans les oifeaux de nuit, elle peut fe faire fuivant la ligne verticale, de façon que la
pupille

pupille qui, dans l'obfcurité, eft ronde & large, devient, au grand jour, longue & étroite comme une ligne ; la prunelle alors fe ferme fi exactement qu'elle n'admet, pour ainfi dire, qu'un feul rayon de lumière. Le chat voit donc très-peu le jour, &, au contraire, beaucoup la nuit, parce que fa pupille dilatée extrêmement, recueille une très-grande quantité de rayons lumineux qui, quoique foibles, ifolés, réfinis tous enfemble, lui donnent la facilité de pouvoir diftinguer & furprendre fa proie. La multiplicité des rayons fupplée à la force qui leur manque. 3°. Le chat a un goût décidé pour les odeurs; il aime les parfums, & flatte volontiers les perfonnes qui en portent. Il recherche avidement les plantes qui ont une odeur forte ; il fe frotte contre leurs tiges, & à force de paffer & de repaffer deffus, il la fait bientôt périr. De toutes les plantes, celles qu'il affectionne le plus paroît être *l'herbe aux chats*, ou *cataria nepeta vulgaris*, & le *teucrium marum*, qu'on eft obligé de conferver fous un treillage fermé, fi on veut les cultiver dans les jardins.

4°. La dernière propriété que le chat poffède éminemment, c'eft la faculté d'être électrique, c'eft-à-dire, de donner des étincelles électriques, lorfqu'on le frotte avec la main. Quoiqu'il partage cet avantage avec beaucoup d'animaux, comme le cheval, la vache, le veau, &c. cependant il l'emporte fur eux par la multiplicité & la vivacité des étincelles électriques que fon poil laiffe échapper. (*Voyez* ÉLECTRICITÉ)

Nous n'avons pas fait un tableau bien flatteur du chat ; fon caractère

Tom. *III.*

à demi-fauvage, indocile, voleur & traître, ne pouvoit pas fournir des couleurs agréables. Mais la néceffité nous force d'avoir recours à cet animal ; nous en avons befoin perpétuellement ; pardonnons-lui donc fes défauts en faveur de fes fervices. Ne comptons fur fon attachement qu'autant que nous le traiterons bien, que nous fouffrirons fes caprices, que nous lui laifferons l'ufage entier de fa liberté. Vivons avec lui comme avec un voleur adroit & déterminé, & fermons avec foin tout ce qui peut le tenter. Accufons notre négligence de fes dégâts : nous connoiffons fon amour pour la rapine ; c'eft donc à nous à nous en garantir. Mais que les greniers, les granges, les celliers, les fruitiers, les jardins lui foient ouverts, & nous verrons bientôt diminuer le nombre de ces petits animaux malfaifans qui vivent à nos dépens. Pour le forcer à une guerre continuelle, ne lui donnez à manger que rarement ; le befoin & la faim l'empêcheront de s'abandonner à cet état de pareffe & d'indolence, où l'abondance de tout conduit néceffairement & les animaux & l'homme. Si vous aimez la chaffe, & que vous ayez près de vous une garenne, ou des prés qui renferment des nids de perdrix, tuez impitoyablement tous les chats maraudeurs, fans quoi vous verrez bientôt votre garenne dépeuplée, & l'efpérance de vos plaifirs abfolument détruite. M. M.

CHAT PUTOIS. (*Econom. Rur.*) Animal carnaffier & dangereux, plus connu fous le nom de *putois*. (*Voyez* ce mot) M. M.

V

CHÂTAIGNE, CHÂTAIGNIER.

M. Tournefort place le châtaignier dans la seconde section de la dix-neuvième classe, qui comprend les arbres & les arbrisseaux à fleurs à chaton, dont les fleurs mâles sont séparées des fleurs femelles, mais sur le même pied, & dont les fruits ont une enveloppe coriacée; & il l'appelle *fagus silvestris quæ peculiariter castanea.* M. von Linné le classe dans la monoecie polyandrie, le réunit au genre du *hêtre, fau* ou *fayard,* & il le nomme *fagus castanea.*

PLAN du travail sur le Châtaignier.

CHAPITRE PREMIER.

Description du Châtaignier en général.

Fleurs à chatons, mâles ou femelles sur le même pied, mais séparées. Les fleurs mâles sont composées d'une douzaine d'étamines, & d'un calice en forme de cloche, découpé en cinq. Ces fleurs sont rassemblées sur un réceptacle en forme de chaton cylindrique. Les fleurs femelles sont composées de trois pistils, placés dans un calice d'une seule pièce, à quatre découpures droites & aiguës.

Fruit, ovale à trois côtés obtus, recouvert d'épines, renfermant une ou deux, & même jusqu'à trois amandes qu'on nomme *châtaignes,* qui sont à l'intérieur recouvertes d'une espèce de duvet, & à l'extérieur d'une peau coriacée & brune. Ordinairement une ou deux des trois amandes avortent.

Feuilles, soutenues par des pétioles simples, en forme de fer de lance, dentées en manière de scie, fermes, vertes & luisantes.

Port, grand arbre dont l'écorce est lisse, noirâtre, tachetée; les fleurs naissent des aisselles des feuilles; les chatons des fleurs mâles sont alongés, cylindriques; les fruits très-épineux en dehors, & d'une couleur verdâtre; les feuilles sont alternativement placées sur les branches.

Lieu. Les forêts, les champs, les bois; fleurit en Juin & Juillet. L'odeur de sa fleur est désagréable.

CHAPITRE II.

Des espèces de Châtaignier.

Il n'est pas possible de spécifier toutes les variétés de châtaignes que chaque espèce a produites. Il en est ainsi de tous les arbres & arbustes que l'homme, pressé par le besoin, ou aiguillonné par la sensualité, a soumis à une culture réglée. La multiplicité des soins, la surabondance de nourriture, enfin une végétation vigoureuse, & plus active que celle acquise naturellement, ont produit & produisent chaque jour de nouvelles *espèces* jardinières. (*Voyez* le mot ESPÈCE, pour connoître la différence que nous faiſons des eſpèces *naturelles* , & des eſpèces *jardinières*.)

I. *Châtaignier ſauvage ou des bois* , déſigné ainſi par Bauhin. *Caſtanea ſilveſtris* , *quæ peculiariter* CAST ANEA. Cette eſpèce ſauvage ne ſeroit-elle pas le type de toutes les eſpèces jardinières, cultivées en Europe ? Il y a tout lieu de le préſumer.

II. De cette eſpèce dérive le châtaignier à feuilles en forme de lance, à dentelures aiguës, unies par deſſous ; & c'eſt le *châtaignier commun*. *Caſtanea foliis lanceolatis acuminato ſerratis, ſubtus nudis*. Miller.

III. *Châtaignier* à feuilles ovales, en forme de lance, à dentelures aiguës, velues par deſſous, & à chatons minces & noueux. *Caſtanea foliis lanceolato - ovatis acutè ſerratis, ſubtus tomentoſis, amentis filiformibus nodoſis*. Miller.

IV. *Châtaignier* à feuilles ovales, oblongues, à très-gros fruits ronds & épineux. *Caſtanea foliis oblongo-ovatis, ſerratis fructu rotundo maximo echinato*. Miller.

V. *Petit châtaignier* à grappes. *Caſtanea humilis racemoſa*. Bauhin. Il eſt aſſez inutile de cultiver cette eſpèce, ſon bois ſert tout au plus à brûler ; ſon fruit eſt de la groſſeur d'une noiſette, & d'un goût peu agréable.

VI. *Châtaignier* à feuilles panachées. Plus du reſſort des amateurs que des cultivateurs. L'origine de la panachure tient à une maladie de l'arbre qui a toujours l'air languiſſant, & ne végète pas auſſi bien que les autres. La rareté ou l'air de ſin-

gularité fait tout ſon mérite, ſi c'en eſt un aux yeux de celui qui aime la ſimple nature, que d'avoir un air ſouffrant. On multiplie cette variété par la greffe.

Le *châtaignier* de Virginie, ou le *chinkapin*. Je copie cet article & le ſuivant du *Dictionnaire Encyclopédique*, où l'on rapporte ce que Miller dit dans ſon Dictionnaire, parce que je n'ai jamais vu les deux arbres dont il eſt queſtion.

« Le chinkapin, quoique très-
» commun en Amérique, eſt encore
» fort rare, même en Angleterre, où
» cependant on eſt ſi curieux de faire
» des collections d'arbres étrangers.
» Ce n'eſt pas que cet arbriſſeau ſoit
» délicat, ou abſolument difficile à
» élever, mais ſa rareté vient du dé-
» faut de précautions dans l'envoi de
» ſes graines qu'on néglige de mettre
» dans du ſable, pour les conſerver
» pendant le tranſport. Le chinkapin
» s'élève rarement en Amérique à plus
» de ſeize pieds, & pour l'ordinaire
» il n'en a que huit ou dix ; il prend
» par proportion plus de groſſeur
» que d'élévation : on en voit ſou-
» vent qui ont plus de deux pieds de
» tour. Il croît d'une façon fort irré-
» gulière ; ſon écorce eſt raboteuſe
» & écaillée ; ſes feuilles d'un verd
» foncé en deſſus, blanchâtre en deſ-
» ſous, ſont dentelées & placées al-
» ternativement; elles ſont beaucoup
» plus petites que celles de notre
» châtaignier ; ſes châtaignes ſont
» d'une figure conique, de la groſ-
» ſeur des noiſettes, de la même cou-
» leur & conſiſtance que les autres
» châtaignes. L'arbriſſeau les porte
» par bouquets de cinq ou ſix, qui
» pendent enſemble, & qui ont cha-
» cune leur enveloppe particulière,

» Elles mûriffent au mois de Sep-
» tembre, elles font douces & de
» meilleur goût que nos châtaignes.
» Les Indiens qui en font grand ufage,
» les ramaffent pour leur provifion
» pendant l'hiver. Le chinkapin eft fi
» robufte qu'il réfifte, en Angleterre,
» aux plus grands hivers en pleine
» terre ; il craint, au contraire, les
» grandes chaleurs qui le font périr,
» fur-tout s'il fe trouve dans un ter-
» rein fort fec ; il fe plaît dans celui
» qui eft médiocrement humide ; car
» fi l'eau y féjournoit long-temps
» pendant l'hiver, cela pourroit le
» faire périr. Il n'eft guère poffible
» de le multiplier autrement que de
» femences, qu'il faut mettre en terre
» auffi-tôt qu'elles font arrivées ; &
» fi l'hiver qui fuivra eft rigoureux,
» il fera à propos de couvrir la terre
» avec des feuilles, & pour empê-
» cher la gelée d'y pénétrer au point
» de gâter les femences. On a effayé
» de le greffer en approche fur le
» châtaignier ordinaire ; mais il réuffit
» rarement par ce moyen. »

VII. Le *châtaignier* d'Amérique
à larges feuilles & à gros fruit. La
découverte de cet arbre eft due
au Père Plumier, qui l'a trouvé
dans les établiffemens françois de
l'Amérique. Cet arbre n'eft pas commun en Angleterre. M. Miller dit
n'en avoir vu encore que trois ou
quatre jeunes plants, dont les progrès étoient médiocres. Il diffère du
châtaignier ordinaire, parce qu'il a
quatre châtaignes renfermées dans
chaque bourfe, & l'efpèce commune n'en a que trois. L'enveloppe
extérieure eft très-groffe, & fi épineufe, qu'elle eft auffi incommode
à manier que la peau d'un hériffon.
Ses châtaignes font très-douces, fort

faines, mais pas fi groffes que les
nôtres. Il faut le femer comme le
chinkapin.

VIII. Il me refte à parler du *marronnier*. Je ne le regarde point comme
une efpèce *naturelle*, mais comme
une efpèce *jardinière*, c'eft-à-dire,
produite accidentellement par la culture, & non pas par la greffe. La
greffe, il eft vrai, l'a perfectionnée.
Le marronnier a donné plufieurs efpèces particulières, & le *roiffilat* du
Limofin eft très-différent du marron
du *Brefil*, paroiffe de *Loire*, près de
Lyon, & tous deux ne reffemblent
point à ceux du Vivarais, du Bas-
Languedoc, de Provence, de Dauphiné. On peut dire, s'il eft permis
de s'exprimer ainfi, que ces fruits
ont une phyfionomie qui leur eft
particulière, qu'il en eft de leurs
formes comme de celles du blé.
Il faut une habitude journalière de
comparaifon pour faifir ces nuances,
& ne pas fe tromper. Je n'infifterai
point fur les noms particuliers donnés dans les différens cantons, aux
marrons & aux châtaignes. Cette
nomenclature cauferoit plus de mé-
prifes qu'elle ne feroit inftructive.
En effet, fi je parlois à un Poitevin
de la châtaigne *ozillarde* de Touraine,
il fe figureroit qu'il s'agit de la groffe
châtaigne qu'il cultive fous ce nom,
tandis qu'il feroit queftion d'une châtaigne fauvage, petite, quoique très-
bonne à manger, &c. Les poffeffeurs
des marronniers de la chaîne des montagnes de Languedoc, de Dauphiné,
ne reconnoîtroient pas mieux les efpèces de châtaignes, l'*exhalade* & la
verte du Limofin, qui rapprochent
fi fort du marron.

CHAPITRE III.

Observations générales sur le Châtaignier & le Marronnier.

Je suis persuadé que le châtaignier & le marronnier ne peuvent pas complétement réussir dans toutes les positions, & même qu'il en est peu qui leur conviennent. Cette assertion paroîtra peut-être un paradoxe, puisque ces arbres croissent naturellement en Angleterre, le long du Rhin, dans le canton de Lucerne, sur les montagnes du Jura en Franche-Comté, dans le pays de Gex, le long du lac de Genève, dans la Savoye, le Dauphiné, la Provence, le Languedoc, sur les Pyrénées, les Apennins, dans la Corse, le Vivarais, le Lyonnois, le Limosin, l'Angoumois, la Saintonge, &c. mais partout où ce fruit jouit de quelque réputation, j'ai observé que ces arbres étoient plantés à une certaine hauteur, & dans des endroits froids. En effet, ceux des climats plus tempérés produisent des fruits moins savoureux, & même dans plusieurs, on se contente de semer des châtaigniers pour avoir des taillis & des bois destinés à faire des échalas ou des cerceaux. J'ai encore observé que cet arbre ne craint pas les plus fortes gelées, qu'il est très-lent à pousser; mais qu'il exige, dès que sa végétation est commencée, presque jusqu'au moment de la maturité du fruit, une chaleur assez forte. En effet, dans les pays montagneux, la réverbération des rayons du soleil rend son activité plus énergique; & plus son action est soutenue, plus le goût du fruit est parfumé. Si la saison

de l'été & du commencement de l'automne est pluvieuse & au-dessous du degré de chaleur qu'elle doit avoir, le fruit aura moins de goût, & se conservera difficilement.

Le châtaignier & le marronnier aiment les croupes des montagnes fraîches, mais non pas trop humides. Les auteurs s'accordent à dire que le terrein léger & friable leur convient mieux que tout autre; cependant j'ai vu de superbes marronniers sur des montagnes, dont le terrein est fort & compacte. Les marronniers qui donnent le plus de fruits, & qui prospèrent le mieux, sont ceux dont les racines sont assez heureuses pour s'insinuer dans les gerçures & dans les crevasses des rochers. Il s'y rassemble un amas de terre végétale, dont les pluies les remplissent, & c'est, sans doute, à la fertilité de cette terre précieuse qu'est due la végétation surprenante de ces beaux arbres. Il n'est pas aisé de décider si les rochers calcaires leur sont plus avantageux que les autres, puisque j'en ai vu de prodigieux par le tronc & par l'étendue des branches, sur des montagnes dont la nature de la pierre étoit diamétralement opposée. Dans la vallée de Baigorri, le sol est ferrugineux, semé de pierrailles & de rochers.

Le châtaignier ou le marronnier ne donnent, en général, des fruits supérieurs en qualité, que lorsqu'ils végètent sur les montagnes du troisième ordre. J'entends par *montagne* (*Voyez* ce mot) du *troisième ordre*, celles qui, par leur élévation ou *position* septentrionale, n'éprouvent pas une chaleur assez active pour la maturité complète du raisin. Cette loi générale peut, j'en conviens, souffrir quelques exceptions ; mais ces exceptions ne la détruisent pas, & on verra bientôt la preuve de ce que j'avance.

Pourquoi ne trouve-t-on plus aujourd'hui des châtaigniers ou des marronniers, dont la tige soit très-longue ? Les charpentes de presque toutes les anciennes églises font, dit-on, construites avec leurs poutres, & la longueur de leur portée étonne. On diroit que ces arbres, aujourd'hui, prennent en diamètre de leur tronc, en étendue de leurs branches, ce qu'ils ont perdu en hauteur. Est-ce le froid ou la sécheresse qui ont fait périr ces arbres d'une si belle venue ? Mais comment l'effet de ces météores auroit-il agi également fur les Pyrénées, fur les Alpes, fur les montagnes de Corse, & fur les endroits élevés de l'intérieur du royaume, &c. ? Le froid n'est jamais général, celui de 1709 ne le fut pas, & il en est ainsi de la sécheresse. Il y a lieu de douter que ces poutres énormes soient effectivement de châtaignier. Le bois du chêne blanc, après un grand nombre d'années, acquiert le grain & le coup d'œil du bois de châtaignier. C'est ce que M. de Buffon a parfaitement démontré.

Le châtaignier est un arbre forestier, tel que le chêne, le hêtre, & nous avons en France des forêts où il en existoit sûrement du temps des Druides. Si nous parcourons le pays des montagnes du troisième ordre, nous trouverons dans les Vosges des marrons excellens; à Aubonne, fur la chaîne des Monts-Jura en Franche-Comté, des marrons estimés, & dont il se fait un gros commerce; les montagnes du Bugey offrent les mêmes

productions. Dans le Dauphiné, les marrons y acquièrent une grosseur surprenante; ils descendent par bateau fur l'Isère, remontent le Rhône & arrivent à Lyon, qui en devient l'entrepôt pour Paris, &c. En continuant à suivre la chaîne orientale des montagnes de France, on trouve dans la Provence, les *Maures* qui font un embranchement des Alpes, lequel va se précipiter dans la mer entre Toulon & Frejus. (*Voyez* la carte des bassins du royaume, au mot AGRICULTURE) Le lieu particulier, nommé la *Garde de Frainet*, fur les Maures, fournit les fameux marrons *du Luc*, si renommés en Provence ; le Luc leur sert d'entrepôt. Actuellement en remontant du midi au nord du royaume, par une semblable parallèle, les montagnes de la partie du fud de Languedoc, & celles qui bordent le cours du Rhône, donneront les marrons renommés de Saint-Pons, du Vivarais & du Lyonnois. Lyon est l'entrepôt des marrons du Vivarais & du Dauphiné, & plusieurs auteurs ont parlà, été induits en erreur, & ont avancé que le Lyonnois ne fournissoit pas des marrons. Au contraire, c'est ceux du territoire du *Bréfil*, paroisse de *Loire*, à quatre lieues de Lyon, qui ont donné la célébrité aux autres qu'on vend à Paris sous le nom de *marrons de Lyon*. Ils font plus petits, plus ronds que ceux du Vivarais & du Dauphiné, mais il n'y a aucune comparaison à faire entr'eux pour la finesse du goût. Quoique plus petits, ils font toujours beaucoup plus chers que les gros. Dans ce lieu d'entrepôt, on fait trois classes des marrons qu'on y apporte. La première est pour les plus gros;

la féconde pour les marrons d'une moindre groffeur ; la troifième fe confomme dans la ville, mais les marrons dè Loire font toujours claffés à part. La chaîne des montagnes qui partage la Bourgogne du nord au fud, fournit encore de très-bons marrons, & ici fe terminent les bonnes productions, en ce genre, de cette feconde parallèle.

Commençant une troifième parallèle, on trouvera ceux des Pyrénées, ceux de Rodez, d'Auvergne, du Périgord, du Limofin, du Poitou, &c. & il faudra reprendre une quatrième parallèle pour avoir ceux de la Navarre, & en particulier les excellens marrons de la vallée de Baigorri.

D'après l'infpection des lieux cités, on voit que les pays élevés jufqu'à un certain point, fourniffent feuls des marrons & des châtaignes de bonne qualité, & que cet arbre, qui brave les hivers, exige de temps à autre d'avoir des coups de foleil actifs, afin de paffer alternativement pendant l'été, de la fraîcheur du matin & du foir, à la chaleur du jour, & ainfi tour à tour. C'eft, je crois, la raifon pour laquelle les châtaignes des environs de Paris & des plaines, n'ont jamais un goût relevé.

CHAPITRE IV.

Du femis de châtaignes.

Il y a deux efpèces de femis. Le premier a pour objet la formation des taillis ou des forêts, & on l'appelle *femis à demeure;* le fecond s'exécute en pépinières, d'où l'on tire les fujets, afin de les tranfporter ailleurs.

Plufieurs auteurs agronomes ont avancé que les petites châtaignes étoient auffi bonnes à femer que les groffes, pour produire de grands arbres. C'eft une erreur qui tire à conféquence. Je ne crains pas d'avancer, au contraire, qu'on doit choifir les meilleures châtaignes & les plus groffes, & même que, dans la vallée de Baigorri, fi les châtaignes ont été *bien choifies*, il eft inutile, dans la fuite, de greffer l'arbre. On ne manquera pas d'objecter *la coutume ;* mais il fuffira de répondre : Faites deux femis dans le même terrein, de groffes & de petites châtaignes, & l'expérience démontrera l'abus de la coutume. On préfère le beau blé au blé de médiocre qualité, lorfqu'on veut enfemencer fes terres. Les pépiniériftes en arbres fruitiers confervent les noyaux des pêches les plus groffes, les pepins des plus belles poires, des plus belles pommes ; le jardinier, les femences des melons, des choux, &c. les plus parfaites. Le châtaignier feul formeroit-il donc une claffe à part ! Il eft abfurde de le penfer. Les habitans des Pyrénées, & fur-tout de la vallée de Baigorri, choififfent les châtaignes une à une, & confient à la terre ce qu'ils ont de plus précieux en ce genre.

I. *Des femis des taillis.* Si le terrein eft inculte, il fera convenable de couper toute efpèce de brouffailles, d'arracher les racines, de labourer profondément la terre, & par ce travail d'enfevelir les herbes. Cette opération doit fe faire dans le temps à peu près que la majeure partie des plantes qui couvrent la furface du terrein eft en pleine fleur, & l'on n'attendra pas que la fleur ait passé à l'état de graine, afin d'éviter, dans l'année suivante, la germination des mauvaises graines. Ces herbes enfouies en terre y pourriront, & augmentent le volume de terre végétale, dont les terreins en friche ont le plus grand besoin. Quelques personnes lèvent par couches & par tranches la superficie du terrein, en forment de petits fourneaux ; en un mot *écobuent* (*Voyez* ce mot) le sol destiné au semis. Sans désapprouver l'écobuage qui vaut mieux qu'un simple labour, l'expérience prouve qu'une pluie un peu forte délave les sels qui en résultent, & que l'argent dépensé pour cette opération est fort au-dessus du produit réel. Je préfère donc la conservation de la terre végétale. Si on doit semer après l'hiver, il convient, dans les beaux jours d'Octobre, de donner un second labour qui croisera le premier, afin que les pluies, la neige & les gelées aient le temps & la facilité d'ameublir, de pénétrer & de préparer la terre.

Il y a deux époques pour semer, ou aussi-tôt que la châtaigne est tombée de l'arbre, & c'est la meilleure, quoiqu'elle ne soit pas sans inconvénient; ou de semer dès qu'on ne craint plus les plus fortes gelées.

Je préfère la première époque, puisque c'est celle qui se rapproche le plus de la méthode de la nature, tandis que la seconde doit beaucoup à l'art. Pour semer avant l'hiver, la terre aura été, comme je l'ai déjà dit, labourée au printemps précédent, & on lui donnera deux profonds labours, l'un en Septembre, & le dernier à la fin d'Octobre : enfin on choisira, s'il est possible, le moment où la terre ne sera pas trop

humectée, parce que toutes châtaignes qui se trouvent ensevelies sous une motte de terre, & dont tous les points de sa superficie ne sont pas couverts immédiatement par la terre, commencent par moisir, pourrissent ensuite, & sont hors d'état de végéter au renouvellement de la belle saison. Il est donc essentiel d'ameublir la terre le plus qu'il est possible.

Il y a trois manières de semer les châtaignes, ou suivant la direction des sillons, ou à la volée, ou sur les bords de petites fosses. La première a l'avantage de conserver l'alignement, & par conséquent de préparer la distance uniforme qui se trouvera, dans la suite, entre chaque cépée, ce qui facilite les moyens de regarnir les places vides, ou par des provins, ou par de jeunes plants ; mais on doit craindre que si les mulots, les taupes, & autres animaux très-friands des châtaignes, gagnent un sillon, ils le suivront d'un bout à l'autre, de manière que le sillon restera vide. En semant à la volée, on ne craint pas le même inconvénient.

On n'est pas d'accord sur la distance à garder dans le semis. Quelques auteurs exigent six pieds, d'autres plus, d'autres moins. La méthode de six pieds seroit excellente, si l'on étoit assuré de la réussite de tous les germes. Il vaut cependant mieux semer de trois sillons, un, ce qui forme à peu près trois pieds de distance, & on conservera le même éloignement en tout sens.

Quant au semis à la volée, la distance n'est pas si bien observée, & cette méthode est plus expéditive que la première, puisqu'il faut semer les châtaignes les unes après les autres, & toujours deux à la fois.

Le

Le femis du troifième fillon offre l'avantage d'avoir beaucoup de plants furnuméraires, qu'on enlève à la feconde ou troifième année, foit afin de débarraffer le terrein, foit afin de remplacer l'endroit où les germes ont péri. Ces jeunes plants font excellens ; ils font déjà accoutumés à la terre, leurs racines ont peu d'étendue, & n'ont pas befoin d'être mutilées lorfqu'on enlève le fujet : enfin, elles n'ont pas le temps de fouffrir & de fe deffécher jufqu'au moment de la tranfplantation.

Que l'on ait femé à la volée ou à la raie, la herfe doit paffer plufieurs fois de fuite fur tout le terrein, afin que la terre des bords retombe dans le fond, & recouvre exactement les châtaignes.

La troifième méthode, préférable aux deux premières, confifte à défoncer la terre, ainfi qu'il a été dit, & à la herfer au moment de la plantation : alors, avec un cordeau, ou au moyen de quelques piquets d'alignement, on fixe des raies égales pour la diftance, & tous les fix pieds on ouvre une petite foffe de huit à dix pouces de profondeur fur autant de largeur.

La terre fortie de la foffe & relevée fur les bords, fert à enfevelir la châtaigne. On en place une à chacun des quatre coins, de manière que les quatre châtaignes foient difpofées en croix. Comme la terre de deffus eft bien ameublie, le fruit germe aifément, perce la fuperficie fans peine, & la radicule a la plus grande facilité pour pivoter. La petite foffe reftée ouverte, a l'avantage de conferver l'humidité, & de retenir la terre végétale entraînée par l'eau des pluies & la pouffière fine, & les

feuilles chaffées par les vents ; en un mot, c'eft un dépôt de terre végétale. Lorfque les germes feront bien affurés, lorfque les arbres auront pris de la confiftance pendant une année, on laiffera fubfifter celui qui promettra le plus, & les autres feront tirés de terre, en obfervant de ne point endommager les racines de celui deftiné à refter en place.

Si les circonftances néceffitent à femer après l'hiver, & que l'on veuille fuivre la première ou la troifième méthode, il eft indifpenfable de faire germer les châtaignes. Dès que la châtaigne eft tombée de l'arbre, féparée de fon hériffon, on la porte fur un plancher, dans un lieu expofé à un courant d'air ; étendue fur ce plancher, elle y refte plufieurs jours, afin que fon eau furabondante de végétation ait le temps de s'évaporer. On les place enfuite dans des mannequins, ou dans de grandes caiffes, ou enfin fur ce même plancher, & on fait un lit de fable & un lit de châtaignes, & ainfi fucceffivement jufqu'à ce que la caiffe foit pleine. Si le plancher fert d'entrepôt, il fuffira de faire une efpèce de caiffe avec des planches, afin de retenir le fable. Il eft prudent de ne pas appuyer le fable & les châtaignes contre les murs de l'appartement : la pierre attire, pendant l'hiver, l'humidité de l'atmofphère, la communique au fable, celui-ci à la châtaigne, & la châtaigne moifit. Cette précaution coûte peu à prendre. Il eft effentiel que la gelée ne pénètre pas jufqu'aux châtaignes : fi l'on prévoit fes effets funeftes, on fera très-bien de recouvrir le tout avec une quantité fuffifante de paille. Le fruit germe pendant 'hiver, pouffe fa radicule, & dès que la faifon le permet, on le tire du fable avec précaution, afin de ne point endommager cette radicule; & avec la même précaution, on le place dans des panniers ou fur des claies, afin de le tranfporter vers le fol préparé pour le recevoir. Quoique cette précaution femble affurer la reprife & la végétation, il eft prudent de placer deux châtaignes enfemble, afin que fi l'une manque par une caufe quelconque, l'autre la fupplée, fauf à arracher un des deux plants, fi le befoin l'exige; & on laiffe toujours le meilleur.

Je préfère la méthode que je viens de décrire, à la même qui s'exécute en plein air. Elle confifte à former une ftratification fur un terrein fec, avec de la terre meuble, fur une épaiffeur de trois pouces pour chaque lit: enfin, le tout recouvert par un lit de terre de fix pouces, & fuivant le befoin, garanti avec de la paille. Ce dernier expédient empêche rarement l'humidité de pénétrer la maffe; dès-lors la moififfure & la corruption des germes, quoiqu'on ait eu la précaution de faire fuer les châtaignes pendant trois femaines ou un mois avant de les ftratifier.

II. *Des femis pour les forêts de châtaigniers.* Il feroit abfurde de défricher une étendue confidérable de terrein, dans la feule vue de planter des châtaigniers à vingt, trente ou quarante pieds les uns des autres. Les trois méthodes indiquées des femis donnent les moyens d'établir des forêts, par les feuls pieds qu'on y laiffe, fourniffent une maffe confidérable de jolis fujets à replanter ailleurs; enfin, permettent le choix

des plus beaux & des mieux venus, deftinés à créer la forêt.

Dans la première méthode, on peut, après la troifième ou quatrième année, fupprimer le rang intermédiaire que j'ai dit être éloigné de trois pieds de fon voifin; dès-lors ce rang voifin fera diftant de l'autre de fix pieds, efpace fuffifant à l'extenfion des racines. A la huitième année, on fupprimera encore un rang; & fi les racines font bien ménagées, chaque pied fera dans le cas d'être planté de nouveau. Par cette fuppreffion, voilà un efpace de douze pieds, bien fuffifant & proportionné au volume de l'arbre & à l'accroiffement que doivent prendre les racines. Si on ne veut pas replanter les arbres arrachés, ils feront de bons échalas ou des cerceaux; dès-lors le terrein n'aura pas été employé inutilement, & le produit dédommagera amplement des premières dépenfes. Dès que les branches des arbres laiffés fur pied commenceront à fe rapprocher & à fe toucher, c'eft le cas de fupprimer encore un arbre à chaque rangée, & ceux qui refteront en place fe trouveront éloignés les uns des autres de vingt-quatre pieds; enfin, le temps venu, on les efpacera de quarante-huit pieds, & l'arbre acquerra la plus grande force. Si l'abatis fait après la douzième année donne déjà un bénéfice réel, que ne doit-on donc pas attendre du produit des abatis fuivans!

III. *Des pépinières.* Ce que j'ai dit des femis de la première & de la troifième méthode, donne, en général, l'idée de la pépinière, & dans le befoin, on pourroit les regarder comme tels; cependant la pépinière exige plus de foin, & il faut que de chaque châtaigne il en forte un arbre, fur-tout lorfqu'on ne fe propofe pas de grandes plantations ; malgré cela on peut faire des pépinières en grand.

Elles doivent être établies fur un terrein meuble, frais, fitué, s'il eft poffible, au bord des ruiffeaux ou des rivières, un peu à couvert des vents par des haies vives, ou par des arbres placés à certaine diftance, & on eft fûr d'avoir de belles productions. Après avoir bien préparé le terrein, l'avoir bien ameubli, on le difpofe en planches, on plante les châtaignes fur des raies droites, à fix pouces les unes des autres, & on les enterre à trois pouces de profondeur, au commencement de novembre. Si la terre a de la confiftance, il vaudra mieux attendre la fin de février ou le commencement de mars, parce que les pluies d'hiver la refferreroient, au point que le germe ne pourroit fe faire jour à travers une terre devenue trop compacte.

Il faut bien fe garder d'amender la terre de la pépinière ; je conviens que la végétation du jeune arbre feroit plus forte, plus vigoureufe ; mais comme il eft deftiné à être un jour planté dans un terrein maigre, & ne trouvant plus alors cette première nourriture, fa reprife feroit difficile, & fa végétation languiffante. Il faut laiffer la reffource perfide des amendemens aux marchands d'arbres, à qui il importe fort peu que, dans la fuite, l'arbre réuffiffe ou non, pourvu qu'ils le vendent & en retirent de l'argent. Les feuls foins que la pépinière exige, font de la tenir très-propre, de la débarraffer

de toute plante parafite ; & dans le cas d'une féchereffe, de lui accorder, à la rigueur, quelques légers arrofemens.

Après la première année, tous les plants font levés de terre fans endommager, châtrer ni mutiler les racines, & portés enfuite dans des foffes ouvertes depuis un mois ou deux, & même plus. Il s'agit, au moment de la tranfplantation, de retirer de la foffe la terre qui y eft tombée, & d'en travailler le fond par un coup de bêche. Pendant ce temps, la terre jetée fur les bords, & celle de la foffe fe font imprégnées des eaux des pluies, l'action du foleil y a excité la fermentation ; enfin tous les météores les ont imprégné de leurs heureufes influences. (*Voyez* le mot AMENDEMENT) Chaque arbre doit être éloigné de trois pieds de fon voifin. (*Voyez* au mot RACINE les foins qu'on doit en avoir) Si on veut s'épargner les frais de cette feconde pépinière, on peut femer dans des raies diftantes de trois pieds l'une de l'autre, & laiffant un pied & demi d'intervalle entre chaque arbre, fur l'alignement du fillon. L'arbre reftera ainfi en pépinière jufqu'à la quatrième ou cinquième année. Pendant cet intervalle, les branches latérales feront fupprimées avant le renouvellement de la fève du printemps ; la tige s'élèvera alors perpendiculairement, & l'arbre fe trouvera en état d'être tranfplanté à demeure. Il n'eft pas befoin de dire que chaque année, le terrein de l'une ou de l'autre pépinière doit être travaillé au moins deux fois ; fans ces précautions, la végétation feroit prefque nulle.

Il eft inutile d'entrer ici dans les

X 2

détails néceffaires à l'entretien & à la conduite des taillis de châtaigniers; ce feroit faire un double emploi, & répéter ce qui fera dit au mot TAIL-LIS. (*Voyez* ce mot)

CHAPITRE V.

De la Tranfplantation & des foins d'une Châtaigneraie.

Après quatre ou cinq ans, fuivant la force ou la foibleffe de l'arbre, il eft temps de fonger à le tirer de la pépinière, & de l'établir à demeure. Avant la tranfplantation, il eft effentiel que les trous foient faits pour recevoir les arbres. C'eft ici que toute petite économie fe change en une léfine dangereufe, lorfqu'on n'ouvre pas les foffes fur une grandeur convenable. Que les trous aient au moins cinq & même fix pieds de largeur, fur une profondeur de deux à trois, fuivant le fond du fol, & que ces trous aient été ouverts plufieurs mois d'avance, & réparés ainfi qu'il a été dit.

Avant d'enlever les arbres de la pépinière, il faut ouvrir à l'un des bouts une tranchée de deux ou trois pieds de profondeur, fur toute la longueur de cette partie de la pépinière, en pouffant toujours la terre derrière foi. On fouille ainfi jufque au-deffous des racines, & par ce moyen on les détache de la terre fans les endommager : la terre de la fuperficie n'étant plus foutenue à fa bafe, tombe dans la tranchée, & elle eft, ainfi que l'autre, pouffée derrière le travailleur : enfin, on continue à miner ainfi tout le terrein de la pépinière, & on en tire chaque arbre fans endommager les racines.

Je fais que l'opération que je propofe trouvera beaucoup de contradicteurs : l'un m'objectera la coutume, l'autre l'expérience ; & je leur demanderai à mon tour, de juger mon affertion par une expérience comparée. En effet, pourquoi, lorfqu'il s'agit d'une tranfplantation un peu confidérable, périt-il un fi grand nombre d'arbres ? La raifon en eft fimple. On a mutilé les racines, & par-là on a privé l'arbre des feules reffources fournies par la nature, & qui affurent fa reprife. Je conviens que ces racines ainfi châtrées, pouffent à la longue de nouvelles radicules, qui rendent la vie à l'arbre affamé ; mais jufqu'à cette époque l'arbre a fouffert. (*Voyez* le mot RACINE)

Je préfère les tranfplantations faites auffi-tôt après la chûte des feuilles, à celles qui s'exécutent en février ou en mars. 1°. A la première époque, on a le choix du jour, & par conféquent on faifit l'inftant où la terre n'eft ni trop mouillée ni trop fèche ; 2°. l'affaiffement naturel de la terre fait que, pendant l'hiver, elle fe colle & s'unit aux racines, de manière qu'il ne refte point de vide ; 3°. l'eau des pluies, des neiges, filtrée par la terre remuée, pénètre plus profondément dans le fol au-deffous des racines de l'arbre, & y maintient une humidité précieufe, fur-tout fi le printemps ou l'été n'eft pas pluvieux, &c. : au contraire, dans la tranfplantation après l'hiver, l'humidité s'échappe facilement d'une terre nouvellement remuée, & s'il ne furvient pas des pluies, il refte des vides entre les molécules de la terre & les racines, & dès-lors les racines s'y chanciffent : enfin, ces racines ne tirent de la terre aucune fubftance, jufqu'à ce qu'elles y foient intimément unies. Ce n'eft pas tout; fi les mois de février ou de mars font extrêmement fecs ou pluvieux, comme cela arrive fouvent, alors le terrein léger n'a plus de confiftance s'il eft fec, & le fol compacte fe lève par mottes, s'il eft mouillé; il fe pétrit & devient plus compacte encore : la faifon avance, on eft forcé à planter, quelque temps qu'il faffe, & fouvent l'opération eft manquée. On ne court aucun rifque de planter avant l'hiver, de très-bonne heure, & beaucoup fi on attend la ceffation du froid. (*Voyez* la manière de tranfplanter les arbres, au mot TRANSPLANTATION.)

Lorfque l'arbre a été mis en terre, il exige des foins. Le premier & le plus effentiel eft de revêtir les tiges avec de la paille & de la recouvrir d'épines : cette paille eft inutile, & même feroit nuifible pendant l'hiver, puifqu'elle entretiendroit contre la tige une humidité fuperflue, que le froid convertiroit en glace, & la glace envelopperoit alors la tige de toutes parts. La paille, au contraire, la doit maintenir fraîche au printemps, & fouftraire fon écorce à l'action trop directe du foleil pendant le printemps & pendant l'été. Les épines, dont le tout eft recouvert, empêchent les beftiaux de venir fe frotter contre les arbres, qu'ils couchent & déracinent fouvent par la pefanteur de leur maffe. La paille a encore l'avantage d'empêcher le tronc de bourgeonner, & la fève ne trouvant pas des iffues eft forcée de monter au fommet de la tige, d'y former & nourrir les branches nouvelles. Les agronomes

prudens, qui ne font rien à la hâte, mais avec poids, mefure & difcernement, ont la précaution, dès que les chaleurs fe font fentir, de couvrir toute la fuperficie de la terre remuée au pied de l'arbre, avec des fagots de bruyères ou autres herbes, afin d'empêcher la trop facile évaporation de l'humidité de cette terre ameublie, & par conféquent d'y maintenir cette fraîcheur falutaire, qui affure la reprife & la végétation de l'arbre. Peu à peu ces herbes pourriffent & deviennent un nouvel engrais. On fera encore mieux fi on recouvre ces herbes avec fix pouces de terre. Un particulier, dans la vallée de Baigorri, a porté l'attention jufqu'à faire chauffer le pied de fes jeunes arbres pendant les cinq ou fix premières années, non-feulement avec la fougère dont on vient de parler, après leur avoir fait donner un labour fur un diamètre de fix à fept pieds, mais encore avec de la terre, relevée de tout le pourtour de l'arbre. Ce travail donnoit plus de folidité au pied de l'arbre, & le fortifioit contre les coups de vents, ménageoit, dans toute la circonférence du terrein travaillé, une efpèce de petit réfervoir aux eaux pluviales. Il eft réfulté de ces fages précautions que ces châtaigniers ont fait des progrès fi rapides, que dans l'efpace de treize à quatorze ans, à compter du temps de leur tranfplantation dans la châtaigneraie, ils avoient, au-deffus du talon trois pieds de circonférence, & qu'ils avoient produit du fruit depuis plufieurs années.

Dès que la tige a produit des branches d'une groffeur convenable, il faut greffer l'arbre en flûte. Je n'entrerai

pas ici dans le détail de cette opération, parce qu'elle fera décrite très-
au long au mot GREFFE. L'opération
fe fait en Mai de l'année fuivante.

Tout le monde fait que le châtaignier porte fon fruit à l'extrémité de
fes branches ; que la partie des
branches couvertes par celles des
arbres voifins, n'en produit plus. D'a-
près cette loi de la nature, on doit
fe régler, pour la conduite de cet
arbre, foit qu'on le deftine à donner des récoltes abondantes en châtaignes, foit qu'on fe propofe de
l'élever comme arbre de charpente.
Ceci exige quelques détails.

La beauté d'une châtaigneraie eft
d'être peuplée d'arbres, dont la difpofition des branches forme une
houppe régulière dans fa forme. L'arbre prend naturellement cette difpofition fur les endroits élevés. L'art
doit cependant venir au fecours de
la nature, s'il pouffe des branches
tortueufes ou mal placées. Le grand
point, dans les premières années,
eft de faire prendre & conferver
aux branches la direction de l'angle
de quarante-cinq degrés. Elles ne la
perdront que trop tôt, par la pefanteur & le nombre de leurs fruits, qui
les abaiffent fucceffivement à l'angle
de cinquante, foixante, &c. (*Voyez*
ce que j'ai dit au mot ARBRE, *t. 1*,
p. 630, fur la caufe de l'inclinaifon
des branches.) Ainfi, dans les endroits élevés, il n'eft pas néceffaire
d'élever beaucoup la tige des arbres,
puifqu'un libre courant d'air & la
lumière du foleii environnent de
toutes parts la circonférence des
branches, Il n'en eft pas ainfi dans
les endroits bas ; l'arbre ne fe coiffe
plus de la même manière que le premier, & au lieu d'y former la houpe,

fa tête s'alonge en pyramide, parce
qu'il eft forcé d'aller chercher le
courant d'air & le contact immédiat
des rayons du foleil. C'eft donc le
cas de faire filer la tige, en l'élagant
de fes branches latérales, jufqu'à ce
que fon fommet, parvenu à la
hauteur requife, puiffe étendre fes
branches en liberté, refpirer fans
peine, & jouir amplement de l'influence du foleil.

Le châtaignier eft fujet à produire
beaucoup de branches gourmandes,
qui affament les voifines.

Le mal provient de ce que
les mères-branches s'écartent trop
promptement de l'angle de quarante-cinq degrés. Dès-lors la force
de végétation, l'abondance des fucs
qui affluent aux branches inclinées,
les contraint à produire des gourmands qui pouffent fur une ligne
perpendiculaire, ou prefque perpendiculaire ; mais fi à la fin de la faifon
vous tirez un rayon du fommet de
ce gourmand vers le tronc de l'arbre, vous trouverez un angle de
quarante-cinq degrés, à moins qu'il
n'ait pouffé immédiatement près du
tronc. Cette loi eft invariable, elle
tient à la nature, & la naiffance de
ce gourmand démontre que la nature
cherche toujours à reprendre fes
droits, tant que la fève monte librement dans fes canaux. S'ils font en
grand nombre, & difpofés régulièrement dans le pourtour des branches, n'héfitez pas à facrifier la partie des branches au-delà des gourmands, vous renouvellerez l'arbre ;
mais fi, au contraire, vous facri-
fiez les gourmands, il en pouffera
perpétuellement de nouveaux, jufqu'à ce que l'arbre foit épuifé.

Le châtaignier fournit encore beaucoup de branches chiffonnes. On doit les abattre, elles abſorbent une nourriture dont les branches à fruit ont le plus grand beſoin. Quant à celles qui ſurviennent dans l'intérieur de l'arbre, elles tirent moins à conſéquence : étouffées par les ſupérieures, il eſt rare qu'elles végètent après la ſeconde année : une ſève trop abondante les a fait naître.

La châtaigneraie bien établie exige chaque année au moins un labour croiſé, & deux pour le mieux ; le premier en Mars, avant le développement des bourgeons, & le ſecond en Juin. Si, malgré les labours, les mauvaiſes herbes gagnent en trop grande abondance, il convient de les couper à la faux, & de les amonceler au pied de l'arbre, afin qu'elles y pourriſſent. On ne ſauroit trop blâmer ceux qui ſe contentent d'un léger labour ſeulement autour du tronc : l'expérience journalière démontre qu'un châtaigner planté dans une terre à grain, porte au double & au triple plus de fruits que celui planté dans une terre en friche. Il ne reſte donc plus au propriétaire, qu'à calculer ſi la dépenſe de culture n'eſt pas couverte par l'excédent du produit.

Dans ce qui me reſte à dire ſur la culture du châtaigner, je ne parlerai pas d'après mon expérience, mais d'après l'analogie & la réflexion. Je ne ſuis plus à même de l'entreprendre ni de l'obſerver par la nature du ſol & du climat que j'habite. Je veux parler de la culture du châtaigner, relativement aux bois de charpente.

Les pins & les ſapins iſolés, c'eſt-à-dire, qui ne ſont pas réunis en maſſe, & plantés près à près, pouſſent beau-

coup de branches latérales, & leur tronc s'élève à une hauteur médiocre, tandis que, ſi ces arbres ſont multipliés & ſerrés les uns près des autres, la tige s'élève perpendiculairement, & à une hauteur prodigieuſe. On ſait encore que ſi, dans le milieu d'une forêt de pins ou de ſapins, la foudre, par exemple, ou une trombe de vent vient à frapper quelques arbres, ou à les déraciner, ce qui forme un vuide, alors tous les arbres de la circonférence de cette clarière, pouſſent des branches latérales, preſque juſqu'au niveau de terre, tandis qu'auparavant la tige en étoit dépouillée preſque juſqu'au ſommet. Ces nouvelles branches détournent la ſève & l'empêchent de ſe porter avec la même force vers le ſommet, & la progreſſion de la tige n'eſt plus auſſi rapide que celle des pins voiſins, mais plus éloignés de la clarière ; enfin, on peut dire que les tiges extérieures ne croiſſent plus, & qu'elles ſe contentent ſeulement de groſſir. Il en eſt ainſi dans les forêts de chêne venues de brins. La cauſe de cette aſcenſion des tiges eſt, 1°. la proximité des pieds ; 2°. l'eſpèce de voûte que les branches ſupérieures forment par leur rapprochement les unes avec les autres, de manière que pour jouir mutuellement du bénéfice de l'air & du ſoleil, la tige eſt forcée de s'allonger ; 3°. parce que les branches inférieures étouffées par les ſupérieures, puiſqu'elles les dérobent au contact immédiat de l'air & du ſoleil, doivent néceſſairement périr ; mais la maſſe de ſève qui étoit deſtinée à leur entretien, ne pouvant plus leur être utile, eſt obligée de ſuivre le torrent d'attraction, & par

conféquent de fe porter au fommet, &c.

Ne feroit-il donc pas poffible d'obtenir du châtaignier, ce que l'on obtient des pins, fapins & chênes, &
de fe procurer par-là ces châtaigniers
de portée immenfe que l'on trouve
encore dans la charpente des anciennes églifes?

En fuivant la première ou la troifième méthode des femis indiqués
dans le Chapitre précédent, on aura
la facilité de faire croître les arbres
près à près, & de les éclaircir fuivant le befoin & en proportion des
befoins; il fuffiroit feulement d'élaguer les branches inférieures à mefure que la tige s'élève, & que les
fupérieures gagnent de l'étendue. Je
crois même que cette opération feroit inutile, puifque les pins, fapins
& chênes favent parfaitement fe dépouiller de ces branches, fans le fecours de la main de l'homme. Elles
meurent, elles tombent, il n'en refte
plus le tronc le moindre veftige,
l'écorce recouvre la plaie, tandis
que le recouvrement eft plus pénible
& plus laborieux, lorfque ces branches ont été enlevées par le fer.

Pour fe procurer de telles forêts,
il faudroit choifir les châtaignes à
femer fur les efpèces dont les arbres
s'élèvent naturellement à la plus
grande hauteur, & ne pas les greffer. Car la greffe empêche & inter-
rompt la vigoureufe pouffée de la
tige. Il ne s'agit pas ici de fe procurer
une récolte de châtaignes, mais des
arbres de belle venue, & à quilles
droites & proportionnées.

D'après ces idées d'analogie & de
comparaifon, je trouve dans l'avidité
de l'homme, la raifon pour laquelle
il n'exifte plus de châtaigniers à

tiges élevées comme autrefois, &
de la plus grande portée. Il a voulu
avoir une récolte en châtaignes, &
il a négligé d'élever cet arbre en
arbre foreftier. Je prie ceux entre
les mains de qui cet Ouvrage parviendra, de planter une petite forêt de châtaigniers à l'inftar de celles
de chênes, pins, fapins, hêtres, &c.
Cette expérience tient à un objet
trop important pour que de riches
particuliers ne faffent pas un léger
facrifice. Le tronc de cet arbre acquiert feulement dans quatre-vingts
à cent ans, fon état de perfection;
cette lenteur détournera peut-être
l'homme avide de cette entreprife:
mais à quel état ferions-nous actuellement réduits, fi nos pères avoient
penfé ainfi? Il faudroit donc renoncer à toute idée de plantation. D'ailleurs, comme on fubftitue aujour-
d'hui une terre, une maifon, &c.,
on fubftitueroit la forêt de châtaigniers, avec la condition & défenfe
expreffe de l'abattre avant une certaine époque. De cette manière, celui qui l'auroit plantée ne feroit pas
dans le cas de craindre que l'avidité
de fes fucceffeurs privât le public du
réfultat d'un effai de la plus grande
importance. Nous avons eu la fureur
de défricher nos bois, nos forêts; &
la France fera bientôt réduite à ne
plus brûler que du charbon de terre,
& à payer des fommes immenfes les
bois de charpente. Un jour viendra
que la voix impérieufe des befoins
fera taire celle de l'avidité mal entendue, & de la jouiffance momentanée!

CHAPITRE VII

CHAPITRE VI.

De la récolte des Châtaignes & des Marrons.

La récolte de ce fruit eſt abondante de deux années l'une, très-rarement deux années de ſuite, à moins que la ſaiſon n'ait été très-favorable. Pluſieurs arbres ſont dans le même cas, tels que l'olivier, le pommier à cidre, & peut-être un beaucoup plus grand nombre, ſi on les obſervoit attentivement; & je penſe que tout arbre qui donne des fruits ſeulement ſur le bois de l'année précédente, eſt dans ce cas. Cette loi cependant n'eſt pas conſtante dans toutes les provinces, puiſqu'on a obſervé pluſieurs bonnes récoltes conſécutives. Ce phénomène ne dépendroit-il pas de la manière d'être des ſaiſons, & ne pourroit-on pas dire que toutes les fleurs ont *aoûté*, (*voyez* ce mot) & ſont venues à bien ? Ne pourroit-on pas encore dire que la nature, prudente & ſage, a multiplié les fleurs en raiſon de la maſſe des dangers qu'elles ont à craindre, ainſi que les fruits qui leur ſuccèdent, comme elle a multiplié le nombre des inſectes qui doivent ſervir de nourriture à un grand nombre d'animaux, la mouche par exemple ? En effet, ſi on conſidère la quantité de fruits qui tombent avant la maturité, on conviendra qu'il étoit néceſſaire que le nombre de fleurs fût prodigieux. Ainſi, cette loi d'alternative, que pluſieurs auteurs regardent comme abſurde ou comme incertaine, ne l'eſt pas autant qu'ils le penſent, & l'expérience prouve que la quantité de fruits

n'eſt jamais égale dans l'année qui ſuit celle d'abondance. L'arbre paroît épuiſé, ſemble prendre du repos, & raſſembler des forces néceſſaires à l'abondance de l'année qui ſuccède.

La récolte des châtaignes ou des marrons eſt fort caſuelle : des pluies ou des roſées froides, dans le temps de la fleur, la font couler ; un ſoleil ardent, après une forte roſée, détruit & brûle la fleur. Un brouillard, ou les cauſes dont on vient de parler, produiſent le même effet lorſque le fruit eſt noué, & le brouillard, ſur-tout dans le mois d'août. Il n'en eſt pas ainſi de ceux du mois d'octobre : le proverbe dit qu'ils *engraiſſent la châtaigne*. Si le mois d'octobre eſt pluvieux, ſi celui de novembre l'eſt également pendant que la châtaigne ſue amoncée dans ſon hériſſon, le fruit pourrit, & celui qui reſte intact ſe conſerve peu.

Auſſitôt que la châtaigne eſt tombée de l'arbre, il faut l'enlever de deſſus la terre. Si cet enlèvement ſe fait à la roſée, & par un temps de brouillard, le fruit ſe conſerve mieux. Les méthodes varient ſuivant les provinces. Dans les unes, on a des foſſes où l'on jette le hériſſon qui renferme la châtaigne ou le marron ; ſouvent ces foſſes ſe rempliſſent d'eau : dans les autres, on amoncèle en plein air les hériſſons, & ils reſtent dans cet état juſqu'à ce qu'ils s'ouvrent, & que le fruit s'en détache. L'une & l'autre me paroiſſent défectueuſes : avantageuſes, il eſt vrai, au vendeur, & préjudiciables à l'acheteur.

Ces monceaux fermentent, la chaleur s'y excite, elle pénètre dans l'intérieur du fruit, y concentre l'humidité qui ne peut s'échapper à travers l'écorce ; & enfin, dispose le germe à se développer. Le temps est venu de vendre le fruit : on le sépare du hérisson, il est beau, bien renflé, un moindre nombre remplit le boisseau, & l'acheteur est trompé, parce que dès que le fruit est chez lui, le volume diminue ; & l'eau surabondante de végétation qui s'est échauffée, n'ayant pu s'évaporer auparavant, s'échappe enfin par la dessiccation, & le fruit est déjà moisi dans son intérieur. Ne vaudroit-il pas mieux, aussitôt après la cueillette, porter le hérisson sous des hangars exposés à un libre courant d'air, & faire le lit peu épais ? Le hérisson se dessécheroit plus vîte ; il est vrai que dans les fosses ou dans les monceaux exposés successivement à la rosée, à la pluie, au soleil, &c. &c. leur dessiccation suivroit une marche progressive & non interrompue, & le fruit perdroit peu à peu cette eau surabondante de végétation qui le fait moisir. En effet, combien ne voit-on pas de châtaignes germées avant d'être débarrassées de leur hérisson, lorsqu'on les sort de la fosse ou du monceau ? La germination a détruit la partie sucrée du fruit, & les rats, si friands de ce fruit, le dédaignent lorsqu'il a été dans cet état.

La méthode de rassembler la châtaigne avec le brou ou hérisson, a été imaginée par ceux qui se hâtent pour vendre leur récolte, & par conséquent ils ont été obligés d'abattre le fruit de l'arbre avant sa maturité ; il n'est donc pas surprenant que ce fruit ne se conserve pas dans la suite. La nature indique la maturité du fruit par sa chûte ; & presque toujours le hérisson en tombant sur terre, s'ouvre & le fruit en sort. Le propriétaire vigilant enverra au moins tous les deux jours & de grand matin faire la cueillette du fruit tombé, & ses gens presseront doucement avec le pied le hérisson qui ne sera pas ouvert, afin d'en faire sortir le fruit. Ce que j'ai dit plus haut s'applique également aux grands monceaux formés par la réunion des marrons ou des châtaignes : on dit alors qu'ils *suent*. Cette méthode est aussi destructive que les autres. En un mot, si on veut mettre le fruit dans le cas de se conserver pendant long-temps, sa dessiccation doit être lente, uniforme & soutenue ; enfin, on doit remuer de temps à autre les châtaignes à la pelle, afin que celles de dessous se dessèchent aussi également que celles de dessus. Si en enfonçant la main dans le monceau, on sent de la chaleur, c'est une preuve de la négligence du propriétaire, que la fermentation s'y est établie, & le signe plus certain du peu de durée de la châtaigne dans un état sain. Dans cet état les châtaignes conservent les noms de *vertes* ou de *fraîches* ; c'est-à-dire, qu'elles ont seulement perdu leur eau surabondante de végétation.

Afin d'empêcher une nouvelle fermentation, lorsqu'on les amoncèle après cette première dessiccation, on se sert de divers intermèdes. Par exemple, entre chaque lit peu épais, on place des feuilles sèches de bruyères, des tiges de fougère, de la petite paille ; ou bien l'on stratifie les marrons avec du son, du sable, de la cendre ; &, ce dernier est le meilleur si la dessiccation est à son point ; mais pour prévenir tout événement, je préfère l'intermède du fable très-fec, peu fujet à attirer l'humidité de l'atmofphère & qui laiffe à l'humidité des fruits les moyens de s'échapper avec facilité. Règle générale, il faut tenir les châtaignes & les marrons dans des lieux très-fecs, très-expofés à un courant d'air non humide ou trop froid ; la gelée fait périr le marron.

Il exifte encore une autre méthode publiée par M. Parmentier, dans fon excellent *Traité de la Châtaigne*, imprimé en 1780. Voici comment il s'explique : « Les châtaignes & les » marrons, ramaffés au grand foleil, » expofés enfuite à l'action de cet aftre » pendant fept ou huit jours fur des » claies que l'on retire tous les foirs, » & que l'on pofe les unes fur les » autres dans l'endroit de la maifon » le plus chaud, acquièrent la pro- » priété de fe conferver très-long- » temps, & même de fupporter les » plus longs trajets fans rien perdre » de leur faveur agréable & de leur » faculté réproductive ; mais cette » méthode dont la bonté eft connue, » ne peut être pratiquée par nos mar- » chands, parce que les fruits ainfi » féchés au foleil, ont perdu un peu » de leur volume, & leur furface » extérieure, au lieu d'être liffe, eft » ridée ; ce qui feroit un obftacle au » débit de la denrée qui a befoin, » comme beaucoup d'autres, du » coup-d'œil. »

M. Parmentier propofe encore une recette pour manger la châtaigne verte pendant toute l'année. « Elle » confifte à faire bouillir ce fruit pen- » dant quinze à vingt minutes dans » l'eau, & l'expofer enfuite à la cha- » leur d'un four ordinaire, une heure

» après que le pain en a été tiré. Par » cette double opération, la châtaigne » acquiert un degré de cuiffon & de » defficcation propre à la conferver » très-long-temps, pourvu qu'on la » tienne dans un lieu extrêmement » fec. On peut s'en fervir enfuite en » la mettant réchauffer au bain-marie » ou de vapeur. Ceux qui préfèrent » de la manger froide, n'ont befoin » que de la laiffer renfler à l'humi- » dité pendant l'efpace d'un ou deux » jours. »

Après la première defficcation, fi on défire faire des envois de châtaignes ou de marrons, il faut féparer tous les fruits meurtris : dès que la peau brune qui les recouvre eft entamée, le fruit pourrit. S'ils fouffrent des cahos, des chocs violens dans la route, ils fe confervent peu, & beaucoup moins s'ils font humectés par la pluie & que le trajet foit long. Comme ils font amoncelés & ferrés les uns contre les autres dans le ballot, cette eau réagit fur la châtaigne, excite une nouvelle fermentation, & le fruit fe renfle. On ne doit donc plus être furpris, lorfqu'on déballe les marrons, de les voir quelques jours après fe rider, l'écorce brune fe féparer, pour ainfi dire, du fruit, & le fruit balotter en dedans. Soyez affuré qu'avant l'efpace d'un mois, plus de la moitié fera pourrie. Le dégât fera plus confidérable encore, fi le marchand, de mauvaife foi, & qui vend d'après la mefure, a expédié des marrons encore trop humides. L'acquéreur fera des plaintes, & il lui répondra : *cette année eft mauvaife, les marrons ne fe confervent pas* ; mais il n'ajoutera pas que c'eft prefque toujours à caufe de fa négligence ou de fa friponnerie.

Y 2

CHAPITRE VII.

De la Deſſiccation complette des Châtaignes.

La méthode pratiquée dans les Cévennes paroît la meilleure, & nous allons la donner telle qu'elle eſt décrite par M. Parmentier, *pag.* 47 dans l'Ouvrage déjà cité, & auparavant par M. Deſmarets, de l'Académie royale des Sciences, dans le *Journal de Phyſique*, année 1771, tom. 1er pag. 437, & Janvier 1772, pag. 512. « La claie des Cévennes, dit cet Auteur reſpectable & ce citoyen zélé, dont tous les travaux ſont dirigés vers l'utilité publique, eſt un bâtiment qui a quatre faces, & dont les deux oppoſées ſont parallèles. Pour conſtruire une claie, on choiſit un angle du bâtiment, afin d'éviter en partie la dépenſe des murs ou des cloiſons. On établit, à la hauteur de ſix pieds neuf pouces du rez-de-chauſſée, un plancher compoſé de ſix fortes poutres à des diſtances égales, & bien miſes de niveau; on attache deſſus ces poutres des morceaux de bois d'égale longueur, aplatis par-deſſus & aux deux bouts : le deſſous eſt un dos d'âne, afin qu'ils reçoivent mieux la fumée. Ces morceaux de bois ſont cloués à chacune de leur extrémité ſur le milieu des poutres & à la diſtance d'un tuyau de groſſe plume; cet aſſemblage forme ce qu'on appelle la *ſétonnade.* »

« On donne à cette claie ordinairement deux toiſes & demie en quarré, hors d'œuvre : l'on peut placer deſſus juſqu'à trois pans de châtaignes fraîches, & le pan de châtaignes sèches doit rendre environ

cent vingt-huit ſeptiers, peſant cent vingt-quatre livres chacun, poids de table, qui diffère de vingt pour cent du poids de marc. »

« Le bâtiment qui renferme la claie, eſt ordinairement de trois toiſes de hauteur. On le place, autant qu'il eſt poſſible, à couvert du mauvais vent. Vis-à-vis la porte d'entrée, on pratique au rez-de-chauſſée, une ouverture d'un demi-pied de large & d'un pied de hauteur. Elle ſert à éclairer & à donner au feu l'activité néceſſaire. On fait, outre cela, une porte au-deſſus de la claie, & dans le milieu d'une des faces du carré, & de chaque côté de la porte, une ouverture d'environ huit pouces de large ſur quinze pouces de haut. Dans la face oppoſée, à environ trois pieds au-deſſus de la grille, on pratique trois ouvertures; ſavoir, deux qui correſpondent à celle de la face où eſt la porte, & une troiſième vis-à-vis la porte, deux pieds plus haut que les autres, & à trois pieds au-deſſus de la grille ou claie. »

« Enfin, on fait près du toit & dans chacune des quatre faces, une ouverture d'un demi-pied en quarré pour donner iſſue à la fumée qui perce le lit de châtaignes étendues ſur la claie, & qui les sèche. Ces ouvertures doivent être pratiquées les unes vis-à-vis des autres, dans les faces oppoſées. Le toit ne doit point être de planches jointes, toute planche peut ſervir à cette deſtination : on y pratique de chaque côté deux lucarnes de grandeur médiocre. On voit bien que toutes les différentes ouvertures ménagées dans la partie ſupérieure de la claie, ſont deſtinées à donner un libre cours à la fumée, à meſure qu'elle s'élève;

fans cela elle fe rabattroit fur les châtaignes, & par fon féjour les rouffiroit & leur donneroit un goût de fumée. On place toutes les autres ouvertures en oppofition, afin que le vent trouve une iffue qui foit dans fa direction, & qu'il entraîne & chaffe fans obftacle la fumée. Si on plaçoit la claie dans une cage de murs, qui ne pourroit pas avoir des ouvertures aux quatre faces, il ne faudroit en pratiquer que fur les faces libres & oppofées, & en augmenter le nombre. »

« Lorfque l'on veut fe fervir de la claie conftruite avec toutes ces précautions, on a foin que les fétons ou bâtons de grille foient bien nets, tant par-deffus que par-deffous, avant qu'on y place les châtaignes. Dès qu'elles y font, l'homme prépofé à la conduite du féchoir, doit avoir la plus grande attention de balayer chaque jour le deffous des poutres du plancher, afin d'enlever la fuie & la pouffière qui prendroient feu. »

« L'on place les châtaignes par lit fur la claie, & dès qu'on en a mis trois ou quatre facs, on allume le feu par-deffous, ainfi qu'on le dira. On les fait fuer d'abord, & dès qu'elles ont fué, on fufpend le feu pendant une demi-journée, pour laiffer refroidir les châtaignes; alors on les met de côté, & l'on couvre les parties dégarnies des châtaignes qui ont fué, de nouvelles châtaignes fraîches, en obfervant de mettre les châtaignes qui ont fué par-deffus les châtaignes fraîches, & l'on continue le feu pour faire fuer celles-ci. Lorfque toute la claie eft garnie de châtaignes qui ont également fué, on entretient un feu doux pendant deux à trois jours, & on l'augmente enfuite par degrés.

Cet inftant eft le plus critique pour le fuccès de l'opération. La graduation du feu eft une chofe effentielle. Après neuf ou dix jours de feu continuel qu'on a augmenté par degrés, on retourne les châtaignes avec une pelle : l'on continue enfuite à gouverner le feu de la même manière qu'auparavant, jufqu'à ce qu'on foit affuré que les châtaignes font fuffifamment fèches. On le reconnoît en en faifant battre un boiffeau ; fi elles font fèches, elles fe dépouilleront de leur peau intérieure. »

« On fait le feu avec de groffes buches de châtaignier, couvertes tout autour de pouffier de châtaignes, & à fon défaut, de celui de la fciure de bois : on évite, par cet arrangement, que le feu ne faffe de la flamme, parce qu'on veut qu'il produife beaucoup de fumée. On ne lui donne qu'une petite ouverture au milieu, pour lui procurer de l'air. On obferve outre cela, de placer toujours le feu fous une des poutres de la claie, & de le changer de place de temps en temps, afin de faire fécher également par-tout les châtaignes, fi la claie en eft entièrement couverte. »

« Lorfque les châtaignes font bien fèches, on les tire de deffus la claie, & on les bat pour les dépouiller de leur peau. Pour cette opération, qui s'exécute tout de fuite après que les châtaignes ont été enlevées de deffus la claie, il eft néceffaire d'avoir un banc très-fort, dont la furface fupérieure foit unie, & dont la largeur foit proportionnée à la quantité de châtaignes qu'on fe propofe de battre. On bat ordinairement vingt feptiers de châtaignes à la fois, & ce travail occupe deux hommes. Pour renfermer ces vingt septiers, on forme un sac d'une bonne toile grise, qui est ouvert par les deux bouts : avant que d'y mettre les châtaignes sèches, on fait tremper ce sac dans l'eau, où l'on a fait bouillir du son ; afin de donner à la toile plus de souplesse. »

« L'un des deux hommes tient le sac par un bout, pendant que l'autre le remplit de châtaignes sèches, avec une mesure connue. On le lie par les deux extrémités, & après l'avoir placé sur le banc, ils frappent tous deux avec des bâtons, cinquante ou soixante coups. Ils brisent ainsi l'écorce extérieure, & détachent en même temps la peau intérieure qui mettoit à couvert la substance farineuse de la châtaigne. Un des hommes ouvre le sac, tire les châtaignes battues, & les met dans un van que l'autre présente. Il les agite & les vanne, & par cette opération il sépare celles qui ne sont pas encore dépouillées de leur peau d'avec celles qui en ont le moins retenu : on remet les premières dans le sac pour être battues de nouveau. Il est nécessaire de tremper, de temps à autre, le sac dans l'eau, sans quoi il seroit déchiré par les battages. »

« On laisse quelques jours en tas les châtaignes, après qu'elles ont été dépouillées de leur peau ; ensuite on les remet dans le sac : enfin on les vanne, on les trie, & on met à part celles qui sont marchandes. »

« Comme il tombe une certaine quantité de châtaignes dans la poussière formée des débris de l'écorce extérieure & de la pellicule, on a soin de les en tirer. Cette poussière se nomme *brisat*. Ce brisat sert à engraisser les bestiaux, parce qu'outre la pellicule, il contient des morceaux de la substance des châtaignes. »

« Une claie ou batille, telle qu'on l'a décrite, est très-propre à l'éducation des vers à soie qu'on place sur la grille, lorsqu'ils sont sortis de la troisième mue ou même de la seconde. En faisant un feu convenable par-dessus, on parvient à donner à tout l'intérieur du bâtiment, une chaleur qui va jusqu'au dix-huitième & vingtième degré du thermomètre de Réaumur. »

« Quoiqu'on ait l'habitude de faire sécher une certaine quantité de châtaignes dans les principaux domaines du Limosin, cependant il manque à cette pratique tant de circonstances essentielles, qu'on est bien éloigné d'en tirer tout ce qu'il seroit possible d'en attendre, puisque toute la pratique des habitans de cette contrée se réduit à étendre sur une claie fort grossière, des châtaignes, à les exposer à l'action de la fumée, & à les garder lorsqu'elles sont sèches avec leur écorce & leur pellicule. »

« Les châtaignes, ainsi gardées, acquièrent une couleur noirâtre, & deviennent mollasses lorsqu'on les fait cuire ; la plupart ont un goût d'empyreume très-marqué, au lieu que ce fruit, préparé suivant les procédés des Cévennes, se conserve très-ferme ; & après la cuisson, il a un petit goût sucré assez agréable, & presqu'aussi bon que celui dont on vient de faire la récolte. »

« La châtaigne, dans l'état de parfaite dessiccation où la méthode des Cévennes l'a amenée, peut se conserver non-seulement pendant tout l'hiver, mais encore d'une année à l'autre, sans rien perdre de sa bonté.

CHAPITRE VIII.

De la Préparation des Châtaignes.

La châtaigne fait une des principales reffources pour la nourriture des habitans des montagnes pendant plufieurs mois de l'année, & fouvènt leur unique nourriture.

On les prépare, foit vertes, foit fèches, en les faifant cuire fimplement dans l'eau, quelquefois un peu falée, quelquefois avec des feuilles de céleri, de fauge, &c. fuivant le goût des particuliers. Les vertes font cuites ainfi, foit enveloppées de leur écorce, foit lorfqu'elles en font dépouillées. La feconde manière eft de les rôtir à la flamme dans une poêle de fer ou de terre percée de trous ; la troifième, fous la cendre chaude ; la quatrième, dans un moulin à rôtir le café ; mais, dans ces trois cas, l'écorce de chaque châtaigne doit avoir été légèrement coupée avec un couteau, & il faut que la coupure pénètre jufqu'à la fubftance blanche du fruit. On court rifque, fans cette précaution, de les voir éclater avec force, & la fubftance de la châtaigne diffipée avec les cendres & les charbons allumés, que l'explofion entraîne au loin. Lorfqu'on fe fert du moulin à café, elles cuifent plus également, leur goût eft moins altéré, & il faut avoir le foin d'y laiffer une châtaigne entière, dont l'écorce ne foit pas coupée comme les autres : dès que celle-ci éclate, elle annonce que les autres font cuites, qu'il eft temps de retirer du feu le tambour du moulin, & d'en fortir les châtaignes.

Dans plufieurs provinces, foit du royaume, foit de l'étranger, la châtaigne féchée fur les claies eft portée au moulin à blé, & réduite en farine. On l'entaffe dans des pots de terre bien bouchés, & elle s'y conferve pendant plufieurs années. C'eft avec cette farine qu'on prépare des efpèces de galettes que les Corfes, nomment la *polenta*, c'eft-à-dire, la farine de la châtaigne cuite dans l'eau, & continuellement remuée jufqu'à ce que le tout ait acquis une confiftance tenace qui ne s'attache plus au doigt. Quelques-uns fubftituent le lait à l'eau, pour varier les affaifonnemens. Le défir de fatisfaire le goût par la diverfité des apprêts, a fait imaginer, en Limofin, une préparation, au moyen de laquelle le fruit acquiert un goût & une faveur très-agréables. Elle eft fondée fur les principes d'une phyfique toujours admirable dans les procédés les plus communs : on en doit la defcription au même M. Defmarets. »

« On commence par peler les châtaignes, en ôtant la peau extérieure: cette opération fe fait dès la veille du jour où l'on fe propofe de faire cuire les châtaignes. Les domeftiques dans les maifons des particuliers, & les ouvriers dans les métairies, s'occupent de ce foin pendant la veillée. »

»Ils détachent affez facilement, avec un couteau, la peau extérieure par partie ; mais il n'en eft pas de même de la pellicule intérieure qui eft adhérente à la fubftance de la châtaigne, & qui eft comme collée par-deffus, parce qu'elle s'infinue dans les finus profonds de ce fruit, & en revêt les parois. Voici les procédés employés pour dépouiller la châtaigne de cette pellicule, appelée *tan* en Limofin. »

« On met pour cela de l'eau dans

un pot de fonte de fer. (Il n'y a pas de ménage, dans cette province, qui n'ait ce meuble de cuisine si nécessaire.) On emplit ce pot à peu près à la moitié ; & lorsque l'eau est bouillante, on y met, avec une écumoire, les châtaignes pelées dès la veille. On ménage l'eau, comme nous l'avons observé, parce que si elle excédoit la surface des châtaignes, elle gêneroit dans l'opération du *déboiradour*. On laisse le pot sur le feu, & on remue les châtaignes avec une écumoire, jusqu'à ce que l'eau chaude ait pénétré la substance du tan, & ait produit un gonflement qui détruit son adhérence au corps de la châtaigne. On s'assure de ce point précis, en tirant du pot quelques châtaignes, & en les comprimant sous les doigts. Lorsqu'elles s'échappent par la compression, en se dépouillant de tout leur tan sans autre effort, on retire bien vîte le pot du feu, & l'on procède à l'opération du déboiradour. »

« Cet instrument est composé de deux barres de bois attachées, en forme de croix de S. André, au milieu de leur longueur, par une cheville, autour de laquelle les bras des barres mobiles peuvent s'ouvrir en s'éloignant, ou se fermer en se rapprochant. On a pratiqué le long des deux bras qui sont destinés à entrer dans le pot, plusieurs coches entamées sur leurs quatre arrêtes ; car ils ont une forme carrée. »

« On enfonce ces deux bras de barres un peu écartés dans le pot, au milieu des châtaignes ; & avec les deux autres bras on tourne en ouvrant & fermant. Par cette action réitérée, les châtaignes s'en échappent, glissent entre les parois du pot

& les deux bras des leviers ; alors elles se dépouillent du tan qui les couvroit, & qui obéit au moindre frottement, au moyen de l'état de ramollissement qu'il a éprouvé dans l'eau, à mesure qu'on tourne le déboiradour. On suit des yeux le progrès du dépouillement de la pellicule, & l'on voit le *tan* s'élever à la surface des châtaignes, s'accumuler le long des parois intérieures du pot, tout autour des bords : enfin, les châtaignes paroissent toutes *blanchies* : c'est le terme dont on se sert pour exprimer le résultat du dépouillement de la pellicule. »

« On les retire en cet état du pot avec une écumoire, & on en met une certaine quantité sur un *grelou* ou *greloir* : c'est une espèce de crible à large voie, dont le tissu est formé par deux rangées de lattes fort minces, de bois de châtaignier ; elles sont entrelacées les unes dans les autres à angle droit, en forme de natte, & placées à une distance de quatre à cinq lignes, qui est la largeur des trous qu'on y a ménagés. A chaque fois qu'on met des châtaignes sur le grelou, on les agite en tournant, pour achever de les dépouiller du tan qui les abandonne, ou en s'attachant aux inégalités du grelou, ou en passant à travers les vides. On verse les châtaignes dans un plat ; on secoue le grelou pour emporter le tan qui s'est engagé dans les inégalités ; on y remet d'autres châtaignes, & l'on réitère les mêmes opérations, jusqu'à ce que toutes les châtaignes aient passé successivement sur le grelou. »

« Après toutes ces manipulations, les châtaignes sont blanchies, mais elles ne sont pas cuites ; on a même eu l'attention de ménager la chaleur

de

de l'eau pour que le tan fût feulement ramolli : car l'action du déboiradour, & celle du grelou fur les
châtaignes qui auroient éprouvé un
commencement de cuiffon, les réduiroit en petits grumeaux qui s'é-
chapperoient par les trous du grelou ; ce qui produiroit, fur la totalité, un déchet fort confidérable. «

» On procède enfuite à la cuiffon
des châtaignes ; pour cela on jette
l'eau qui eft dans le pot, & qui dans
le peu de temps que les châtaignes
y ont féjourné, s'eft chargée d'une
partie extractive, dont l'amertume
eft infupportable. On verfe de l'eau
froide fur les châtaignes blanchies ;
on les lave pour emporter le refte du
tan, & peut-être celui de l'eau amère
qu'elles pourroient avoir confervé :
enfin, on les remet dans le pot de fer
qu'on a bien lavé ; & où on a mis de
l'eau dans laquelle on a fait fondre
un peu de fel. Quelques perfonnes
emploient l'eau chaude, d'autres fe
contentent de l'eau froide. On varie beaucoup pour la quantité d'eau,
mais je penfe qu'il vaut mieux employer l'eau chaude pour cette feconde opération, & en ménager la
quantité. «

» Lorfque le pot a été rempli de
châtaignes, avec toutes ces attentions, on le place fur le feu, & on
le fait bouillir pendant quelques minutes : cela fuffit pour donner aux
châtaignes le degré de cuiffon convenable, & achever d'extraire la
partie amère dont elles font imprégnées ; pour lors on verfe l'eau par
inclinaifon, en retenant les châtaignes avec le couvercle du pot. Cette
eau eft fort colorée & très-amère ;
cependant, comme elle eft falée, certaines perfonnes la mettent à part par

économie, & la confervent pour fervir, avec une petite addition de fel,
à l'opération du lendemain. «

» On achève la cuiffon des châtaignes, en plaçant, fur un feu doux,
le pot où il n'eft refté que les châtaignes fans eau ; on facilite cet effet
en garniffant le couvercle avec un
gros linge qui concentre la chaleur ;
on retourne le pot pour qu'il préfente fes différens côtés à l'action du
feu, afin que la chaleur fe diftribue
également dans toute la maffe des
châtaignes. «

» Par ces attentions, les châtaignes
perdent l'eau extractive & furabondante qui les pénétroit, & à mefure
qu'elles s'effuient & fe cuifent, elles
acquièrent alors un goût, une faveur
que n'ont point celles qui ont été
cuites à l'eau avec toutes leurs peaux,
& même celles qu'on a fait cuire fous
la cendre. «

» On les retire du pot après un certain temps, & on a foin d'éviter
qu'elles ne contractent un goût de
brûlé, en s'attachant trop aux parois
intérieures du pot. Celles qui touchent à ces parois, font les plus re-
cherchées par les friands, parce
qu'elles font plus riffolées & plus
privées de leur eau extractive ; &
par une raifon contraire, celles qui
font au centre du pot font moins
bonnes, fe grumèlent, parce qu'elles
n'ont pas acquis une certaine confiftance. On met les unes & les autres
fur un petit panier plat ; on les
couvre d'un linge plié en trois ou
quatre doubles, & on laiffe d'un
côté une légère ouverture, pour
qu'on puiffe en prendre à mefure
qu'on les mange. «

» Ce mets eft deftiné pour le déjeûné,
& c'eft un fpectacle foit agréable de

voir les ouvriers d'une métairie, rassemblés autour d'un panier couvert de linge ; le filence qui règne parmi eux, l'attention avec laquelle chacun tire les châtaignes de deffous le linge, en choififfant toujours les plus rondes, parce qu'ils les regardent comme les meilleures, forment un tableau amufant. «

» Cette préparation a deux avantages, outre celui de développer la faveur fucrée des châtaignes. Le premier confifte à préfenter les châtaignes dégagées de leurs peaux, & dans un état où il eft beaucoup plus aifé de les manger : le déjeûné, dont on a parlé, fervi en châtaignes cuites & recouvertes de leurs peaux, dureroit une heure & demie ou deux, au lieu qu'il eft terminé en un quart-d'heure. En fecond lieu, fi on mangeoit les châtaignes cuites avec leurs peaux, on auroit beaucoup de déchet ; car la partie de la châtaigne qui tient à la peau, feroit une perte. On conçoit à préfent les raifons qui ont fait adopter généralement cette méthode, dans un pays où la confommation des châtaignes eft fi confidérable. «

» Quoique l'eau dans laquelle on a préparé les châtaignes foit amère, cependant on la réferve avec le tan & quelques petits débris de la fubftance farineufe de la châtaigne, qui s'en détachent lors des opérations du déboiradour & du grelou, & on la donne aux cochons qu'on engraiffe. Ils en font friands, & l'on prétend que le lard des cochons auxquels on en donne régulièrement pendant quelques mois, acquiert un très-bon goût, fur-tout lorfqu'on ajoute une petite quantité de châtaignes. «

Plufieurs auteurs, après s'être copiés les uns & les autres, affirment d'un ton tranchant, que dans l'Auvergne, le Limofin, la Corfe, on fait du pain de châtaignes. Nous avons décrit les différentes manières de les préparer dans ces provinces ; & M. Parmentier, fans ceffe occupé de l'examen des fubftances qui peuvent fervir de nourriture aux peuples, dit qu'il eft de la dernière impoffibilité de faire réellement du pain avec la farine de châtaigne ou de marron.

CHAPITRE IX.

Des propriétés alimenteufes & médicamenteufes de la Châtaigne & du Marron.

Dans le nombre des efpèces, plufieurs font deftinées, par la nature, à être mangées vertes, & d'autres à fubir la defficcation. La *bori*, par exemple, la moins fucrée de toutes, en vert, eft la meilleure étant féchée ; & les marrons ont bien plus de goût étant féchés au foleil.

On a conclu très-mal à propos, de ce que la châtaigne fait la nourriture d'une très-grande partie des habitans de nos montagnes, qu'ils faifoient du pain avec fa farine feule, ou mêlée avec la farine des graminées. L'impoffibilité eft démontrée par les obfervations & les expériences de M. Parmentier. D'ailleurs fi on parcourt les pays à châtaignes, on fe convaincra qu'on n'en fait pas du pain. Il eft conftant que fi la chofe avoit été poffible, elle auroit eu lieu, parce que la farine réduite en pain eft la nourriture la plus faine, la plus économique, & la préparation qui fe conferve le plus facilement.

Les châtaignes fraîches fur-tout, & les châtaignes vertes font beaucoup plus venteufes que les fèches ; elles contiennent une fi grande quantité d'air, qu'on eft forcé d'entailler la peau avant de les faire rôtir. Les marrons bouillis fe digèrent plus facilement que les marrons rôtis. La meilleure manière de les manger, & la plus faine, eft à la Limofine ; autrement elles confervent cette eau amère & aftringente dont on a parlé, toujours nuifible aux perfonnes fujettes aux calculs des reins, à l'engorgement des vifcères, aux coliques ; elles conftipent, oppreffent, &c. ; dépouillées de leurs peaux, ainfi qu'il a été dit, elles calment l'irritation des bronches, la toux effentielle, la toux catarrale ; elles font très-propres à rétablir les convalefcens des maladies d'automne, & fur-tout les enfans qui reftent bouffis, pâles, maigres, avec un gros ventre, peu d'appétit, &c. La châtaigne pilée & broyée avec du vinaigre & de la farine d'orge, amollit les duretés des mamelles, & diffipe le lait qui s'y eft grumelé.

La volaille engraiffée avec les châtaignes, acquiert une chair ferme & de bon goût.

CHATAIGNE, *Médecine vétérinaire.* Efpèce de corne molle & fpongieufe, dénuée de poils, qui fe trouve placée dans les extrémités antérieures du cheval, au-deffus de l'articulation du genou, tandis que dans les extrémités poftérieures, elle occupe le deffous de l'articulation du jarret.

Le volume de la châtaigne eft médiocre dans les jambes fèches & peu chargées de poils & d'humeurs, &

plus confidérable dans celles où les liqueurs abondent.

Sa confiftance augmente en dureté à mefure que le cheval vieillit, parce que les vaiffeaux s'oblitérant alors peu à peu, toutes les parties fe deffèchent.

Loin d'arracher la châtaigne, comme on le pratique affez fouvent à la campagne, lorfqu'elle eft confidérable, on doit, au contraire, la couper, dans la crainte d'occafionner une plaie. M. T.

CHATE PELEUSE. (*Voyez* CHARANÇON)

CHATON, BOTANIQUE. Parmi les différentes efpèces de calices, ou plutôt parmi les réceptacles qui renferment les parties de la fructification des plantes, on eft convenu de donner le nom de *chaton* à celui qui formant un axe ou un poinçon, porte, dans toute fa longueur, des amas de petites fleurs ordinairement unies entr'elles. Comme cette forme approche en quelque façon de celle de la queue d'un chat, on lui en a donné le nom. Le chaton eft rarement garni de corolle ou de calice, mais à leur place les étamines font défendues par des écailles. La difpofition de ce genre de fleurs eft trop intéreffante à connoître, pour que nous n'en faffions pas ici le développement, partie par partie. Prenons pour exemple le chaton du noifetier. Sur un noifetier vigoureux & dans fon plein rapport, le chaton (*Fig.* 1, *Planche* du mot CoQUE) a entre trois & quatre pouces de longueur, & environ quatre lignes de diamètre. Le nombre de petites fleurs mâles qui font implantées fur le filet,

Z 2

eft prodigieux. Si l'on pénètre dans l'intérieur de ce chaton, l'on diftingue d'abord une écaille plus ou moins bombée, (A & B) au bas de laquelle font implantées les étamines. Ces écailles & ces étamines font quelquefois tellement multipliées & groupées, que l'on ne diftingue point le filet qui les porte. Dans les fleurs amentacées ou à chaton, les fleurs mâles fe trouvent féparées des fleurs femelles, c'eft-à-dire, que les étamines font fur un endroit de l'arbre, & les piftils fur l'autre. Ainfi, dans le noifetier, le noyer, &c. les fleurs mâles font raffemblées dans un chaton, (*Fig.* 1 & 2) tandis que les fleurs femelles exiftent fur d'autres branches avec une forme différente. Cependant, dans plufieurs arbres, les fleurs femelles, comme les mâles, font groupées en chaton comme dans le fapin, le mélèze, &c.

Quand on étudie avec foin la nature, on trouve fouvent une efpèce de régularité, même dans fa variété. Si l'on jette un coup d'œil léger fur tous les chatons des différens arbres, on croit, au premier coup d'œil, qu'ils font tous les mêmes, & qu'ils ne diffèrent entr'eux que parce que chaque fleur du chaton eft plus ou moins rapprochée. Si on les confidère plus attentivement, & qu'on les analyfe, on croira bientôt qu'ils n'ont aucun rapport entr'eux; cependant il eft facile d'établir un ordre affez exact, & une divifion affez générale entre tous les chatons. On en remarque d'abord de trois efpèces bien diftinctes. Les chatons longs & pendans, comme ceux du noifetier, du bouleau, du chêne, &c. (*Fig.* 4) Les chatons courts

& droits, comme ceux du fapin, du mélèze, du pin, &c. (*Fig.* 5, A le chaton, B une bourfe d'étamine, C la même ouverte) Enfin les chatons ronds, comme ceux du hêtre, du platane, &c. (*Fig.* 6, A le chaton, B la fleur du chaton.) Les chatons pendans doivent cette fituation à leur longueur, au poids des étamines & des écailles dont ils font garnis; enfin à la foibleffe du pédicule qui les attache à la branche. Le filet des chatons ronds eft fort court, mais ordinairement plus gros & plus fort que celui des chatons pendans. Les fleurs font groupées tout autour de fon fommet en forme de boule. Cette divifion ne peut convenir qu'à la forme extérieure; il y en a une autre naturelle, plus diftincte encore: la pofition des étamines, la préfence ou l'abfence du calice, de la corolle, des pétales, fervent à l'établir. La nature femble alors les diftribuer en quatre claffes. Dans la première feront renfermés tous les chatons, dont les étamines font raffemblées dans un calice ou une corolle, foit découpées, foit non découpées, comme le chêne, l'ilex, le châtaignier, l'aune (*Fig.* 2, A repréfente fon chaton, B une fleur du chaton vue en deffus, on y diftingue quatre étamines; C la fleur vue en deffous) & le mûrier. Dans la feconde claffe, les chatons dont les étamines font fans calice ni corolle proprement dite, mais qui, fous la forme d'un corps rond, ou d'une bourfe à deux loges, contiennent une très-grande quantité de pouffière fécondante, comme les chatons du fapin, (*Fig.* 3. A le chaton, B la petite bourfe de l'étamine, C la même s'entr'ouvrant pour laiffer échapper la pouffière,

D la même vue à la loupe) le pin, le mélèze, le cyprès; le cèdre & le genevrier. La troifième claffe renferme les chatons, dont les étamines portées par des filets, font adhérentes à des écailles dentelées, comme dans le noyer, (*Figure 4*, A le chaton, B un paquet d'étamines adhérentes, par leur filet, à une écaille dentelée, vue en dedans, C la même vue par-derrière, D une étamine) le bouleau, le peuplier. Enfin, dans la quatrième claffe feront rangés les chatons, dont les étamines portées par des filets adhérens à des écailles non dentelées, comme ceux du noifetier, (*Fig. 1*.) du charme, du faule. M. M.

CHÂTRER. (*Voyez* CASTRATION**)**

CHÂTRER, *Jardinage*. Mot groffier par lequel on défigne l'action de diminuer le nombre & l'étendue des racines d'une plante, d'un arbre, &c. qu'on cultive dans un pot, dans une caiffe.

CHAUDIÈRE. (*Voyez* ALAMBIC**)**

CHAULÁGE, CHAULER LES BLÉS. Opération par laquelle on prépare les grains qu'on veut femer, dans une leffive *alcaline*. (*Voyez* ALCALI)

Faut-il échauler les blés? comment faut-il les échauler ? Je l'examinerai dans la première fection ; & pour préfenter, fous un même point de vue, ce qui eft relatif à la préparation du grain, je décrirai dans la feconde fection, les fubftances fèches, ou les eaux connues fous la dénomination de *prolifiques*.

SECTION PREMIÈRE.

Du Chaulage des Blés.

Si le grain eft bien net, bien propre, exempt de toute *carie* ou *nielle*, ou *charbon* ou *charbucle*, &c. le chaulage eft inutile & très-inutile. Il en eft de cette opération pour le grain, comme d'une médecine ou d'une faignée de précaution lorfqu'on fe porte bien ; mais fi le grain eft carié, charbonné, &c. le chaulage eft indifpenfable, à moins qu'on ne fe décide de gaieté de cœur à perdre la moitié de fa récolte, & à avoir dans l'autre moitié un grain mal fain & dangereux pour la fanté. Au mot *froment*, on trouvera les détails néceffaires fur cette affreufe maladie du grain.

Les fuites terribles de la maladie du blé charbonné fixèrent l'attention du gouvernement, & M. Tillet, de l'Académie royale des Sciences de Paris, fut chargé d'en examiner la caufe & de découvrir un moyen de la prévenir. Les expériences de ce citoyen auffi éclairé que zélé, furent couronnées du plus brillant fuccès, & le gouvernement fit diftribuer dans les provinces, le mémoire de M. Tillet, dont voici le précis, quant à ce qui concerne le chaulage.

Si le grain eft foupçonné, quoique fans moucheture noire, il fuffira de le laver dans la leffive ci-après décrite : fi, au contraire, ce grain eft taché de noir, il faut le laver plufieurs fois dans l'eau de pluie ou de rivière, & ne le paffer dans la leffive que quand il n'aura plus de noir.

Pour faire cette leffive, on prendra

des cendres de bois neuf, c'est-à-
dire, qui n'ait point été flotté, ou
tel qu'il sort de la forêt ; on en
emplira un cuvier aux trois quarts,
on y versera une suffisante quantité
d'eau : celle de la lessive destinée
pour le grain doit être de deux pintes, mesure de Paris, ou quatre
livres d'eau pour une livre de cendre : cette proportion donnera une
lessive assez forte : lorsqu'elle sera
coulée, on la fera chauffer, & on
y fera infuser ou dissoudre assez de
chaux-vive, pour qu'elle prenne un
blanc de lait.

Cent livres de cendres & deux
cents pintes d'eau donneront cent-
vingt pintes de lessive, auxquelles
on ajoutera quinze livres de chaux :
cette quantité de lessive ainsi préparée, suffit pour soixante boisseaux de
froment, mesure de Paris. (*Voyez* le
mot BOISSEAU) Cette quantité de
lessive revient au plus à 40 sols ; ce qui
fait huit deniers pour chaque boisseau.

On attendra, pour faire usage de
cette lessive chauffée, que sa chaleur
soit diminuée au point qu'on puisse
y tenir la main ; alors on versera le
froment déjà lavé dans une corbeille
d'un tissu peu serré, & qui ait deux
anses relevées., & on la plongera à
plusieurs reprises dans cette lessive
blanche : on y remuera le grain avec
la main, ou avec une palette de bois,
pour qu'il soit également mouillé ;
on soulèvera la corbeille, pour la
laisser égoutter sur le cuvier, puis
on égouttera ce grain sur des char-
riers ou sur des tables, pour le faire
sécher promptement ; on remplira
la corbeille de nouveaux grains, &
on la trempera, comme ci-dessus,
dans le cuvier, dont on aura remué
le fond avec un bâton, jusqu'à ce

qu'on ait fait passer les soixante boisseaux.

Cette méthode a été admise dans
toutes nos provinces, par les
cultivateurs intelligens. Comment
l'exemple, toujours persuasif lorsqu'il s'agit d'intérêt, ne l'a-t-il pas
encore fait adopter universellement ?
Le paysan est naturellement pares-
seux, il est toujours arriéré dans
son travail ; la saison presse, & il
se contente de penser que peut-être
sa récolte ne sera pas charbonnée si
l'année est bonne. Le germe porte
en lui celui de la corruption, &
quand le paysan auroit à son com-
mandement la pluie & la chaleur, la
récolte n'en seroit pas moins viciée.

On croit que le chaulage a été
fait avec exactitude ; c'est pourquoi
on est très-étonné, au moment de
la récolte, de voir encore quelques
épis charbonnés, & dès-lors on
conclut que le chaulage est une opération inutile. Est-ce la faute de l'o-
pération ou de l'opérateur ? C'est
toujours la faute de ce dernier. Si
tous les grains ont été exactement
lavés à grande eau, & bien chau-
lés, il est démontré qu'il n'existera
plus de carie ; mais voici d'où provient le mal. On apporte le blé
dans des sacs ou dans des corbeilles,
&c., la poudre noire s'attache à l'un
& à l'autre : on vide le grain, & la
poussière reste colée contre leurs
parois. Le grain, après avoir séché
au soleil, est remis dans ces mêmes
sacs & corbeilles ; il se charge de
nouveau de la poussière cariée. La
prudence exige donc que les sacs &
les corbeilles qui ont servi à cette
opération, soient lavés à grande eau
courante, & passés à la même lessive
que le grain. Les sacs doivent être

retournés & lavés, foit en dedans, foit en dehors ; en un mot, le plus petit manque de précaution tire à conféquence.

Je ne confeille point de faire le chaulage à l'époque des femailles, on eft fouvent dans le cas d'avoir un temps couvert, peu de chaleur, peut-être de la pluie, &c. Dans ces circonftances, le grain chaulé a beaucoup de peine à fe deffécher, à perdre cette eau furabondante communiquée, foit par les lavages réitérés, foit par le féjour dans l'eau de chaux. Si le grain refte ainfi humeẻé, il eft dans le cas de germer, & ce germe d'être brifé dans le tranfport du grain, ou lorfqu'on le fème. S'il refte trop long-temps amoncelé, il s'échauffe, la fermentation s'y établit, & le grain fe corrompt. Il vaut donc bien mieux choifir quelques beaux jours dans le mois de feptembre, ou au plus tard au commencement d'octobre. Le foleil a de la force, & on eft affuré que le grain fera parfaitement deffé-ché avant de le fermer dans le grenier. Ce lieu doit être très-fec, expofé à un libre courant d'air, parce que le grain, une fois leffivé, eft plus fufceptible d'attirer l'humidité de l'atmofphère, que celui qui ne l'a pas été ; on fera auffi très-bien de le remuer à la pelle de temps à autre, & on aura foin fur-tout de ne pas mettre le grain dans un endroit où il y aura eu auparavant du blé carié, quoiqu'il ait été balayé.

SECTION II.

Des Subftances sèches, ou des Liqueurs nommées prolifiques.

Ce fut au commencement de ce fiècle que l'idée des liqueurs proli-fiques prit naiffance ; & on doit la première, fi je ne me trompe, à l'abbé *Le Lorain*, plus connu fous le nom de l'abbé *de Vallemont* dans fon ouvrage intitulé : *Curiofités de la Nature*, &c. Cette liqueur devoit avoir la propriété de développer les germes & de leur faire produire d'abondantes récoltes. Cette idée finguliére fit alors une fi grande fen-fation, qu'on ne parloit plus que de la liqueur prolifique ; plufieurs auteurs en ont imaginé d'autres, & toutes appréciées felon leur véritable valeur, elles font aujourd'hui oubliées. Le célèbre M. Duhamel a eu raifon de remarquer que *l'on goûte volontiers le merveilleux, quand il annonce des chofes fort utiles.* En effet, quoi de plus utile que d'obtenir d'abondantes récoltes, fans fumer les terres, & en ne leur donnant que de très-légers labours ! On peut dire avec la Fontaine :

La montagne en travail enfante une fouris.

La combinaifon de toutes les liqueurs prolifiques fi vantées dans le temps, fe réduifent, à peu de chofe près, aux préparations fuivantes. Une des plus vantées, c'eft celle de M. de la Jutais, & il la nommoit la *vraie pierre philofophale.* Il faifoit fondre du nitre dans un vafe de fer ; lorfqu'il étoit affez chaud pour brûler les fubftances qu'on y mettoit, il projettoit dans ce vafe une petite quantité de la femence qu'il devoit femer ; elle fe réduifoit en charbon, fufoit avec le nitre, & la liqueur étoit faite lorfqu'on diffolvoit ce nitre dans l'eau.

Chaque auteur a voulu renchérir fur cette compofition : l'un a pro-pofé le jus de fumier de cheval ;

l'autre de pigeon, de poule &c. ; mêlé à l'urine humaine ; celui-ci a fait un mêlange de tous ces fumiers pour en avoir le jus ; & celui-là, afin de renchérir sur tous les autres, y a ajouté de l'eau-de-vie, du sel marin ou de cuisine, du nitre, &c. L'homme qui ignore la nature des principes constituans des corps qu'il emploie, qui agit à l'aveugle, part d'après de faux raisonnemens, son esprit se monte, son imagination s'exhalte ; il fait des expériences, il sème son grain à dix ou douze pouces l'un de l'autre dans une planche de jardin : les arrosemens, les légers labours ne sont pas épargnés au besoin, la plante germe à merveille, talle beaucoup, le grain est magnifique ; on crie au miracle, on se persuade que ce prétendu miracle est opéré par la vertu de la liqueur prolifique ; il faut enrichir le public de cette belle découverte, les papiers publics l'annoncent : enfin les gens crédules sont trompés, parce qu'on a eu grand soin de ne pas leur apprendre que l'expérience a été faite dans un jardin. Que conclure de tout ceci ? Que l'agriculture à ses charlatans comme la médecine a les siens.

Labourez vos terres dans la saison convenable, & profondément ; n'épargnez pas les engrais, *alternez* (*voyez* ce mot) si les engrais ne sont pas abondans, travaillez à créer la terre végétale ou *humus* ; *amendez* (*voyez* ce mot) vos champs : voilà la meilleure liqueur prolifique.

Comment un homme de bon sens peut-il se persuader qu'un grain pénétré de sel ou d'une eau imprégnée de sel, quoiqu'il soit d'une qualité médiocre, produira plus & germera mieux qu'un bon grain tel que la nature le donne ? Ne sait-on pas que la surabondance de sel dessèche, racornit & corrode les chairs ? L'effet est le même sur le végétal, sur-tout si on sème par un temps sec. La terre attire l'humidité du grain, & le sel reste dans son intérieur. Si la pluie survient aussitôt après la semaille, le sel est dissous, entraîné, parce qu'il est en trop petite quantité relativement à l'espace du terrein & à l'abondance de l'eau pluviale. *Voyez* les belles expériences de M. l'abbé Poncelet, sur le développement du germe & de toute la plante, rapportées au mot BLÉ, & vous conclurez que ces préparations, même en leur supposant quelques vertus, n'ont plus aucune action sur la plante dès que le germe s'est métamorphosé en racines, époque à laquelle les deux lobes qui l'enveloppoient ne lui sont plus d'aucune utilité. Est-ce pour mieux faire germer le grain, pour qu'il se développe plus promptement ? L'expérience le décidera. Prenez un grain, passez-le par la liqueur prolifique ; prenez-en un autre en tout semblable, qui ait resté dans l'eau simple, & qui soit autant humecté que le premier ; semez-les tous les deux dans la même terre & au même moment, & vous verrez combien les raisonnemens sont peu concluans contre l'expérience. Suivez la végétation de ces grains jusqu'à leur terme, & vous conclurez que la nature conduit chaque chose à son terme, & qu'elle n'a pas besoin de pareils secours. Columelle dit : *que des gens doublent d'une peau d'hyenne un semoir, & qu'ils y laissent séjourner le grain quelque temps avant de le semer, afin qu'il vienne à bien.*

bien. Cette peau d'hyenne vaut tout autant que les liqueurs prolifiques.

CHAUME, Botanique. On exprime par ce mot générique, l'espèce de tige qui est propre aux plantes graminées, & que l'on désigne quelquefois sous le nom de *chalumeau*. Cette tige est fistuleuse communément ; quelquefois cependant pleine d'une moelle légère, sur-tout vers l'extrémité, près de la fleur : différens nœuds la coupent en quatre ou cinq endroits. Les feuilles de la tige font une prolongation de l'écorce du chaume, & l'enveloppent comme un collet. Toute espèce de tige, en général, est composée d'un épiderme, d'une écorce & d'une substance ligneuse ou herbacée, qui en tient lieu. Dans le chaume, on retrouve l'épiderme, la substance corticale, & à la place du bois, l'intérieur de la cavité est tapissé d'une multitude incroyable de vaisseaux de toute espèce, qui montent le long de la tige ; plusieurs ont leurs orifices dans l'intérieur. Si l'on coupe une tranche horizontale d'un chaume, & qu'on l'expose à la lentille d'un fort microscope, on distingue facilement les orifices d'une multitude prodigieuse de vaisseaux qui en composent les différentes substances. (*Voyez* au mot B L É l'analyse du chaume de ce graminée, avec la gravure, par M. l'abbé Poncelet) M. M.

Pour mieux saisir la description qu'on vient de lire, il faut consulter la gravure de la p. 187 du tom. 2, qui représente tous les développemens du chaume, & leur description au mot BLÉ.

Les cultivateurs ne font point

Tom. III.

d'accord sur l'emploi du chaume ; les uns les arrachent pour brûler dans leurs maisons, les autres pour faire pourrir dans les étables, dans les bergeries ; quelques - uns les brûlent sur place ; d'autres enfin les enterrent par un coup de charrue. De toutes ces méthodes, je préfère la dernière. La première est la plus absurde, à moins qu'on ne soit dans une disette extrême de bois de chauffage. Il semble que l'on craint la formation de la terre végétale ou *humus* : (*voyez* ce qui en a été dit au mot AMENDEMENT.) La seconde est une opération faite en pure perte, puisque la paille du seigle récolté, suffit à la fourniture de la litière : mais on aime mieux conduire cette paille à la ville pour la vendre ; elle procure de l'argent comptant au fermier, à qui il importe peu que la terre s'épuise. Les propriétaires attentifs doivent établir cette clause expresse dans l'acte d'arrentement ou bail : que toutes les pailles quelconques feront consommées dans la métairie, & que le fermier ne pourra point en vendre, à moins d'un dédommagement fixé. A quoi servira cette clause, si le propriétaire n'a pas les yeux sans cesse ouverts sur son fermier, surtout si son domaine est près d'une grande ville, ou situé dans un pays de vignobles, où l'on a adopté la méthode de lier les seps & les sarmens à des échalas ? Brûler les chaumes sur la place, est une amélioration momentanée, de peu d'utilité, puisque la flamme en dissipe presque tous les principes.

Je dis qu'il vaut beaucoup mieux, aussitôt après la récolte, faire donner un labour avec la charrue à verfoir :

A a

il en réfulte deux avantages : 1°. le chaume eft encore rempli de tous les principes conftituans de fa végétation, & la chaleur du foleil n'a pas eu le temps de les diffiper ; parconféquent, dans cet état, il fournira plus de terre végétale ; 2°. c'eft le moyen le plus prompt pour détruire les mauvaifes herbes. A cette époque, les unes ont leurs graines mûres, & les autres ne le font pas encore : ce labour fait périr les dernières en terre. Les premières végètent ; mais un fecond labour, donné à l'entrée de l'hiver, les déracine, les enfevelit & les fait pourrir : c'eft ainfi que peu à peu on parvient à détruire les mauvaifes herbes. Il y a plus, le chaume ainfi enterré, tient la terre foulevée pendant un affez long efpace de temps, & l'action de la chaleur du foleil & des autres météores, la pénètre d'une manière plus vive & plus uniforme. (*Voyez* le mot AMENDEMENT) Si on fe contente de retourner le chaume à l'entrée de l'hiver, c'eft une opération manquée.

CHAUSSÉE. (*Voyez* ETANG)

CHAUSSE-TRAPE. (*Voyez* CHARDON ÉTOILÉ)

CHAUX. Pierre *calcaire* (*voyez* ce mot) réduite à l'état de chaux par l'action foutenue du feu, & par la calcination qui en eft la fuite. On doit confidérer la chaux, foit relativement à l'agriculture, foit à l'action de bâtir, foit enfin à caufe de fes propriétés médicinales.

CHAPITRE PREMIER.

De la Chaux, relativement à l'Agriculture.

Plufieurs écrivains élèvent jufques aux nues l'ufage de la chaux ; d'autres, au contraire, le regardent comme très-préjudiciable : à qui donc croire ? La fureur de généralifer chaque pratique d'agriculture, & de regarder le petit coin dans lequel on écrit, comme l'univers entier, font la caufe de cette diverfité d'opinions ; mais en ajoutant quelques modifications, il me paroît que les deux partis oppofés ont raifon. Si on veut décider fagement de l'application & des effets de la chaux, il eft donc effentiel de connoître fes principes & leur manière d'agir ; alors chacun en tirera des conféquences applicables au terrein qu'il poffède.

SECTION PREMIÈRE.

Des Principes de la Chaux.

La chaux, la craie, la marne, ont les mêmes principes, c'eft-à-dire, qu'ils ont pour bafe une fubftance *calcaire* ou *alcaline*. *Voyez* les mots ALCALI & CALCAIRE) La pierre propre à faire la chaux eft compacte ; & plus elle eft dure, meilleure elle eft. La *craie* a peu de confiftance, & eft moins active que la chaux ; & la *marne* l'eft beaucoup plus que ces deux premières. (*Voyez* ces mots) Je regarde la marne comme le débris de la fubftance animale , ou l'enveloppe de l'animal , la plus atténuée , la plus divifée , & qui a le mieux confervé la maffe de fes principes , par fon union avec l'argile. La craie en a perdu une partie confidérable ; ils ont été plus délavés par la maffe énorme d'eau qui l'a voiturée, charriée & accumulée , au point d'en former des montagnes, & des bancs de près de cent lieues de longueur. (Au mot AGRICULTURE, *voyez* ce qui eft dit, en parlant du baffin de la Seine) Quant à la pierre propre à être convertie en chaux , elle s'éloigne plus que la marne du principe alcalin ; 1° en ce qu'elle a abforbé une plus grande quantité d'*air fixe* , (*voyez* ce mot) qui fait plus des deux tiers de fon poids , & qui fert de ciment ou de lien d'adhéfion à fes parties; 2°. il eft rare que fes parties foient pures, qu'elles ne contiennent pas des corps étrangers difféminés entr'elles. De ces généralités , paffons à ce qui concerne fpécialement la chaux.

1°. Tout le monde connoît l'expérience de l'eau verfée fur la chaux ; l'on fait qu'elle l'abforbe , & que cette eau la pénètre promptement; enfin qu'elle reprend la portion d'eau que la calcination avoit fait évaporer avec la majeure partie de l'air fixe ; mais ce dernier n'eft réintégré avec

la chaux réduite en bouillie , qu'autant qu'elle eft enfuite mêlée avec le fable , la brique pilée , &c. & réduite en mortier. A mefure que le mortier , en fe féchant , laiffe évaporer l'eau furabondante , il fe criftallife , devient un corps dur , folide , & fe lie enfin à ceux qu'il enveloppe. Quoique fous une forme & fous une combinaifon nouvelle de celle qu'il avoit auparavant , ne pourroit-on pas dire que s'il criftallife , c'eft par l'afpiration de l'air fixe répandu dans l'atmofphère , ou qui s'échappe des corps voifins ; car je crois que l'air fixe eft la bafe ou la caufe efficiente de toutes les criftallifations & de la folidité des corps.

2°. On fait encore que l'eau de chaux a la faculté fingulière de diffoudre les corps graiffeux , huileux ; de s'unir avec eux , & par leurs combinaifons , de former un véritable favon.

3°. Que cette eau de chaux , unie avec des acides , entre en grande fermentation , abforbe leur acidité , & enfuite attire fortement l'humidité de l'air.

SECTION II.

Des effets de la Chaux fur les terres.

1°. Les auteurs difent que tout fol fablonneux , graveleux ou pierreux , eft amendé par la chaux ; cela eft vrai , en ce que la chaux réduite en pouffière , & mêlée avec les particules terreufes , fans adhéfion entr'elles , leur en donne , les réunit en corps plus ou moins confidérable , après que la pluie l'a pénétrée. Il réfulte par conféquent de ce mélange, que ce terrein eft fufceptible de retenir une portion plus confidérable d'eau qu'auparavant, & que cette eau doit contribuer à une meilleure végétation. Je pense, au contraire, que, dans les provinces méridionales, où la chaleur est long-temps foutenue, & très - rarement modérée par les pluies, l'amendement fuppofé par la chaux eft plus nuifible qu'avantageux, parce que la chaux ne pouvant fe décompofer, & s'unir que très - imparfaitement au fable, agit alors d'une manière trop directe fur les racines des jeunes plantes, & qu'elle les vicie. L'efficacité de la chaux dépend donc de la localité & des circonftances. Si le pays, au contraire, eft fujet à la pluie, le fel de la chaux devient un engrais pour la plante qui le trouve tenu en diffolution dans l'eau pompée par fes racines.

Il ne faut jamais perdre de vue que la manière d'agir d'une fubftance fur une autre, eft purement mécanique, parce qu'aucune fubftance ne jouit d'une propriété exclufive, & encore moins d'une vertu occulte. Ainfi, outre le premier acte mécanique dont on vient de parler, il en exifte un fecond : c'eft celui de l'union des fubftances animales, huileufes, graiffeufes, répandues entre les molécules terreufes, avec le fel alcali de la chaux, d'où réfulte la *fubftance favoneufe* qui conftitue la fève; (*voyez* le mot Amendement) d'ailleurs, la chaux attire l'humidité de l'air, & retient fortement la chaleur, d'où il réfulte une fermentation plus vive dans les parties terreufes, falines & huileufes.

Il eft conftant que fur un terrein fablonneux, graveleux, &c. la végétation fera maigre, pauvre & languiffante ; que les plantes y feront en petit nombre & rachitiques ; dès - lors elles nourriront peu d'infectes, d'animaux, &c. : par leur chétive décompofition, il s'y formera peu de fubftance graiffeufe ; de manière que le principe falin dominera, & que la végétation y deviendra encore plus languiffante, à moins que des pluies fréquentes ne modèrent l'activité des fels.

Il réfulte du chaudage des terreins fablonneux, que fi les circonftances font favorables, on verra quelques récoltes paffables (proportions gardées) fe fuccéder ; mais enfuite l'alcali ne trouvant plus de fubftances animales à tranfmuer en favon, parce qu'elles ont été épuifées par la production des épis, le terrein fe trouvera appauvri, & il faudra enfin le laiffer en repos pendant un plus long efpace de temps que celui de fon état productif ; de-là eft venu le proverbe, *que les terres engraiffées avec la chaux, ne peuvent enrichir que les vieillards.* Pour peu que le climat foit fec & naturellement chaud, le chaudage des terres fablonneufes, graveleufes, &c. eft pernicieux : ceux qui ne fe trouvent pas dans le même cas, par exemple, que les Irlandois, les habitans de Normandie, près de Bayeux ; de Bretagne, près de Nantes, &c. doivent envier leur fort, & ne pas imiter leurs exemples.

Les mêmes auteurs, partifans du chaudage des terres fablonneufes, blâment beaucoup celui des terres compactes, fortes, argileufes, &c.; mais fi un habitant, par exemple, des environs de Saint-Etienne-en-Forez avoit écrit fur le même fujet, il auroit blâmé le premier ufage,

& fort applaudi au fecond, parce que l'expérience a démontré que la chaux répandue fur les terres froides de ces pays montagneux, y fait des merveilles. On ne doit donc pas conclure d'un pays par un autre, à moins que le grain de terre & toutes les circonftances ne foient égales. C'eft au propriétaire intelligent, à bien examiner, bien réfléchir avant d'opérer ; enfuite à faire des effais en petit : fi le fuccès les couronne, de réfléchir encore, parce que la belle végétation de cette année d'épreuve, aura peut-être été plutôt due à la faifon, qu'à l'effet de la chaux : enfin, après plufieurs expériences fucceffives & foutenues, il fe déterminera à travailler en grand. Il n'y a pas de milieu, le chaudage eft très-avantageux ou très-nuifible ; très-avantageux, fi les fubftances graiffeufes font abondantes dans la terre ; très-nuifible, fi le terrein fablonneux n'eft pas fouvent humeété. Ce que je dis de la chaux, s'applique également aux cendres de *tourbes* pyriteufes qui s'enflamment à l'air : telles font celles de Picardie. (*Voyez* le mot TOURBE)

L'expérience a prouvé que la chaux produifoit le plus grand effet fur les prairies aquatiques, marécageufes, chargées de mouffe, de joncs, &c. ; qu'elle les faifoit périr, & qu'une bonne herbe les remplaçoit. Il vaut donc bien mieux employer la chaux que les *cendres*, (*voyez* ce mot) elle eft moins chère, & fon aftion eft plus forte ; mais fi la chaux agit fi vivement fur les plantes d'un fol naturellement trop humide, que ne doit-on pas craindre fi on l'emploie fur un terrein fec, fablonneux, & qui ne fauroit retenir

l'eau ? On va voir quelles font les précautions à prendre, même pour les terres fortes.

SECTION III.

En quel temps faut-il chauder, & comment faut-il chauder ?

1°. *Du temps de chauder.* Ce qui vient d'être dit l'indique naturellement, puifque fi on emploie la chaux après la faifon des pluies, on court les plus grands rifques de voir la récolte perdue : la fin de l'automne pour les pays pluvieux, la fin du mois de novembre pour les pays fecs, font les époques les plus fûres.

2°. *Comment faut-il chauder ?* Les méthodes varient fuivant les pays, ou plutôt la nature du climat les y a déterminées : voici celle rapportée par M. Mill, célèbre agriculteur anglois, d'après les inftruftions remifes à la fociété d'Edimbourg, par M. Lummis.

Au mois d'oftobre, on met fur la furface du terrein trois ou quatre groffes pierres de chaux, fi la terre eft une argile forte, ou bien autant de petites qu'il en faut pour équivaloir à ces trois ou quatre ; de forte que foixante-dix ou quatre-vingts tas, qui font deux cents quatre-vingts ou trois cents boiffeaux, peuvent fuffire pour une *acre*. (*Voyez* ce mot) S'il tombe de la pluie, la chaux fond auffitôt, finon elle fe fondra ou s'éteindra en deux jours ou moins, fuivant l'humidité de l'air. On l'étend enfuite direftement, fans en laiffer aucune portion à l'endroit même où les pierres ont été placées. Cela fait, on laiffe repofer le tout un an entier, ou depuis le mois d'oftobre, jufqu'en novembre de l'année suivante; après cette époque, la chaux est enfouie & laissée dans la terre en cet état tout l'hiver, pendant lequel la gelée & les pluies ameublissent & préparent la terre pour le prochain labour du printemps, & la rendent propre à recevoir de l'orge.

Cette méthode est préférée à celle de répandre la chaux en poudre, parce que de cette dernière façon elle est sujette à être emportée par le vent, au grand détriment des hommes & des chevaux.

La chaux étant placée au mois d'octobre sur une forte terre labourable qui a été quelques années en herbage, & continuant à s'y étendre pendant environ douze mois avant que d'être enfouie, on a trouvé qu'elle *changeoit l'herbe* en beau trèfle naturel; qu'en y mettant paître des brebis ou du gros bétail, la terre avoit payé, dès la première année, la dépense par le produit de l'herbe: le bétail aime mieux paître sur ce terrein que sur un autre, & y devient plus gras.

Je ne pense pas que M. Lummis croie à la transformation d'une plante en une autre, par le moyen de la semence; l'expression du traducteur est impropre; l'auteur a surement voulu dire, que la chaux faisoit périr les plantes, que nous appelons mauvaises herbes, & qu'elle favorisoit la germination & la végétation des trèfles; ce qui suppose un climat naturellement humide, & non pas sec comme celui des provinces méridionales de France, de l'Espagne, de l'Italie, &c.

Si le terrein est léger, d'un grain peu serré, on peut, s'il a été semé en chaux en octobre, le labourer au mois de mars suivant: d'après l'une ou l'autre manière, elle améliore si bien le terrein & son gazon, que l'on peut en attendre les meilleures récoltes pendant trois ou quatre ans; & en y mettant un peu de fumier la quatrième ou cinquième année, on pourra obtenir deux ou trois récoltes de plus; après quoi le terrein se trouvera en très-bon état, pour y semer de la graine de foin.

M. Duhamel du Monceau, que je me fais un devoir de citer souvent, décrit, dans son *Traité de la culture des terres*, la méthode usitée dans les environs de Bayeux en Normandie. C'est lui qui parle:

« Quand on se propose de semer du sarrazin, on a coutume de défricher les pâturages au mois de mars ou d'avril, ou de briser la terre qui est restée en pâture depuis trois ou quatre ans. »

» Comme la terre est alors très-raffermie, on enfonce modérément la charrue: peu de temps après, on porte la chaux dans le champ; car il est bon d'être averti, que dans une partie de la Normandie, on fertilise les terres avec la chaux, & qu'elle y tient lieu de fumier. «

» On fait voiturer la chaux vive en pierre, sortant du fourneau, dans le champ qui a été brisé ou défriché, & il en faut mettre quarante boisseaux par chaque vergée; (mesure de terre de quarante perches quarrés, & la perche a vingt-deux pieds de longueur; le boisseau de froment pèse environ cinquante livres, mais celui de la chaux en pèse cent;) ainsi, chaque perche doit contenir en tas un boisseau de chaux, & chaque tas est placé à une distance à peu près égale. On relève enfuite de la terre tout autour des tas, pour former comme autant de baffins; & cette terre qui forme les côtés, doit avoir un pied d'épaiffeur; enfin, on recouvre le tas de chaux avec un demi-pied épais de terre, en forme de dôme : la chaux s'ufe fous cette terre ; elle s'éteint, fe réduit en pouffière; elle augmente de volume, & la couverture fe fend. Si on laiffoit fubfifter ces fentes fans les réparer, la pluie qui s'infinueroit dedans, réduiroit la chaux en pâte, & alors elle fe mêleroit mal avec la terre, ou elle formeroit une efpèce de mortier, qui ne feroit plus propre au deffein qu'on fe propofe. Les fermiers ont donc un grand foin de vifiter de temps en temps les tas de chaux, pour faire refermer ces fentes: il y en a qui fe contentent de comprimer le deffus des tas avec le dos d'une pelle; mais cette pratique eft fujette à un inconvénient, car fi la chaux eft en pâte dans l'intérieur des tas, on la corroie par cette opération, & on la rend moins propre à être mêlée avec la terre; c'eft pour cela qu'il eft mieux de fermer les fentes avec de nouvelle terre que l'on prend autour des tas, & que l'on jette fur le fommet. «

» Lorfque la chaux eft bien éteinte, & qu'elle eft réduite en poudre, on la recoupe avec des pelles; on la mêle le mieux qu'il eft poffible avec la terre qui la recouvroit; & enfin on la raffemble en tas, pour la laiffer expofée à l'air pendant fix femaines ou deux mois; car alors les pluies ne lui font point de tort. «

» Vers le milieu de juin, on répand ce mélange de chaux & de terre, fur les terres défrichées ou brifées:

on la prend par pellées que l'on diftribue en petits tas dans toute l'étendue de chaque perche, & l'on remarque que ces petites maffes excitent plus favorablement la végétation, que fi l'on répandoit ce mélange uniquement dans chaque champ, & l'on ne s'embarraffe pas qu'il fe trouve de petits intervalles entre chaque pellée. On laboure enfuite à demeure, en piquant beaucoup, c'eft-à-dire, que c'eft le dernier labour donné avant d'enfemencer; puis, vers la fin de juin, on répand la femence, & on l'enterre à la herfe; alors, s'il refte encore des mottes, on les brife avec la herfe.«

» La chaux feule employée dans la quantité dont on vient de parler, eft difpendieufe; car trente-deux boiffeaux de chaux coûtent en-baffe-Normandie vingt livres fur le fourneau : il faut ajouter à cette dépenfe, les frais de voiture. On prétend qu'il feroit dangereux de mettre deux fois de fuite de la chaux toute pure dans une même terre; ainfi, quand un champ a été amélioré avec de la chaux, on mêle la chaux avec le fumier. Après la première préparation, le champ eft deftiné à recevoir le froment pour l'année fuivante. «

D'après les méthodes fuivies, foit en Normandie, foit ailleurs, on voit qu'il faut de grands préparatifs & de fages précautions, avant d'employer la chaux; & fi j'étois dans le cas d'adopter l'une des deux méthodes ci-deffus décrites, je préférerois celle des environs de Bayeux, quoique la main-d'œuvre foit plus forte. Que faut-il donc penfer de ces faifeurs de livres, qui, fans reftriction aucune, vantent l'ufage de la chaux, comme du meilleur des engrais; qui se livrent à des calculs imaginaires, sur le peu de frais du transport, comparés à ceux du fumier, & sur les produits étonnans qui résultent de cet engrais? La conclusion en est simple. Ils n'ont jamais manipulé par eux - mêmes; leur science consiste dans les livres qu'ils ont lus, & les produits sont dans leur imagination. Je le répète, l'art de chauder est très - difficile, & on ne doit chauder que dans les pays pluvieux & naturellement froids, c'est-à-dire, ceux où la chaleur n'est pas assez forte pour mûrir complétement le raisin : quoique cette règle soit générale, elle souffre bien peu d'exceptions.

Quoiqu'habitant & cultivateur dans une province méridionale, je me sers utilement de la chaux. Lorsque l'on vide le creux à fumier, je fais couvrir le fond avec de la chaux, & le fumier de litière est ensuite jeté par-dessus à la hauteur d'un pied, & le tout est récouvert de quelques pouces de terre : on fait ensuite successivement un lit de fumier, de terre & de chaux; & de temps à autre, je fais couler l'eau dans ce creux; de manière que la base est toujours fortement imbibée d'eau, & non pas noyée. La chaleur attire cette eau vers le sommet, la réduit en vapeurs; elle traverse la masse, & la tient toujours suffisamment humectée, sans quoi le fumier prendroit le blanc. Au mot engrais on trouvera de plus grands détails.

Par ce procédé, la combinaison est faite avant qu'on porte le fumier sur les terres ; & dès qu'il y est enfoui, s'il survient une petite pluie, elle divise & dissout la matière sa-

vonneuse ; la terre en est pénétrée, les racines des jeunes plantes trouvent une nourriture analogue à leurs besoins; enfin, la végétation est prompte, soutenue, &c. C'est donc seulement comme corps auxiliaire, comme corps salin, que j'emploie la chaux, afin de réduire plus promptement les parties graisseuses, huileuses & animales, à l'état savonneux; mais si le fumier devoit rester à sec, je me garderois bien d'y ajouter la chaux, parce que la combinaison n'auroit pas lieu, & la chaux abymeroit le fumier. Si, au contraire, le fumier est noyé par une trop grande quantité d'eau, s'il y baigne continuellement, comme c'est l'usage en Flandre, en Picardie, l'eau sera chargée de tous les principes, & le corps du fumier en retiendra bien peu.

CHAPITRE II.

De la Chaux employée dans les bâtimens.

La manière de cuire la pierre à chaux n'a aucun rapport à notre objet, c'est un art à part; ceux qui désireront le connoître, peuvent lire l'article *Chaufournier*, inséré dans le *Dictionnaire Encyclopédique ;* ou ce même art, publié en 1766 par M. Fourcroy de Ramecourt, & inséré dans la collection de l'Académie royale des Sciences de Paris. C'est donc son emploi, & non sa fabrication qui doit nous occuper.

SECTION PREMIÈRE.

De la qualité de la Chaux.

La meilleure pierre à chaux est celle qui est remplie de pierres coquillières;

coquilières; le ciment qui les unit est également calcaire, le marbre vient enfuite, & les autres pierres calcaires, fuivant leurs différens degrés de pureté. On a vu au mot CALCAIRE, que les fubftances de cette claffe font effervefcence avec les acides. Lors donc qu'on voudra reconnoître fi une pierre eft propre à faire de la chaux, on en lavera un morceau dans l'eau; on la laiffera fécher, & l'on verfera enfuite par-deffus cette pierre quelques gouttes de bon vinaigre, ou de l'eau-forte, ou tel autre acide qu'on aura fous la main. Si l'effervefcence eft vive, prompte, tumultueufe, on aura trouvé la qualité de pierre qu'on défire : plus cette pierre fera pefante, fon grain fin & ferré, meilleure elle fera pour faire de la chaux. Toutes les coquilles, foit de mer, foit d'eau douce, quoique dans leur état naturel, & non pétrifiées, font également de la chaux, mais non pas auffi bonne que celle fournie par les pierres dont on parle.

Tout propriétaire qui veut bâtir, ou qui fe trouve forcé à de grandes réparations, doit faire conftruire un four à chaux fur fon terrein, & le plus près poffible de l'endroit où elle doit être confommée. L'économie eft réelle, & la chaux en vaudra mieux, parce qu'il ne léfinera pas, à l'exemple des chaufourniers, fur le charbon de pierre, ou fur le bois, ou fur la tourbe néceffaire à une parfaite calcination. Par-tout où il pourra fuppléer le plâtre par la chaux, quand même il feroit moins coûteux, qu'il préfère la chaux; la maçonnerie fera plus folide & plus durable. (Voyez le mot PLATRE.) En effet, dans toutes les démolitions

des murs bien faits & très-anciens, conftruits à chaux, on voit, & on éprouve que la pince & le marteau deviennent infuffifans, & que la réunion de la chaux aux moellons eft fi intime, que par les efforts de la mine, ils caffent plutôt que de fe féparer du mortier : la pince, au contraire, foulève, renverfe, fans obftacle, la pierre noyée dans le plâtre le plus ancien.

Plus la chaux eft cuite ou calcinée, plus elle exige d'être promptement éteinte, parce qu'elle attire l'humidité de l'air, en raifon de fa ficcité : cette attraction de l'humidité eft la meilleure preuve de fa bonne qualité.

SECTION II.

De la manière d'éteindre la Chaux.

Si on éteint la chaux avec une trop petite quantité d'eau, on la brûle, & la chaleur qu'elle contracte fait diffiper en trop grande partie l'air fixe qu'elle contenoit, peut-être celle de l'eau, ou du moins fon air de combinaifon qui devoit fervir dans la fuite à la criftallifation du mortier.

Si, au contraire, on éteint la chaux à trop grande eau, on la délave; elle ne criftallife plus auffi parfaitement.

On ne connoît pas encore affez exactement quels font les principes de la chaux; cependant on peut dire que, lorfqu'on l'éteint, on lui rend la portion d'eau enlevée par la calcination, & que, réduite à l'état de mortier, elle fe criftallife à mefure que l'eau furabondante fe diffipe, & que l'air fixe s'unit plus intimément à fes molécules pendant la criftallifation.

Tom. III.   B b

Il y a plufieurs manières d'éteindre la chaux : la plus commune eft de former une efpèce de baffin avec du fable, proportionné à la quantité de chaux à éteindre. On y jette la chaux pellées par pellées, & de l'eau en proportion, de manière que la chaux foit perpétuellement environnée d'eau : un ouvrier, armé d'un broyon, remue & agite, de temps à autre, afin que la maffe foit bien divifée, bien pénétrée par l'eau, & afin d'en retirer les pierres qui n'ont pas été calcinées, qui ne peuvent s'éteindre. Lorfque le baffin eft rempli, on couvre le tout avec du fable, jufqu'à ce qu'il ne refte plus de chaleur à la maffe.

Au mot BLETON on trouvera la defcription d'une autre manière d'éteindre la chaux.

Le lait de chaux, ou la chaux coulée, fe fait de la manière fuivante. On a un grand baffin de bois ou de pierre &c. placé au-deffus de la foffe qui doit recevoir le lait de chaux. On jette la chaux vive dans ce baffin & de l'eau continuellement, de manière que le lait de chaux coule continuellement dans la foffe. Un manœuvre tient un long manche dont le bout eft garni d'une planche mife de champ, & agite fans ceffe la matière délayée dans le baffin, de forte que les corps étrangers ou non éteints reftent au fond de ce baffin & ne fe mêlent pas avec le lait de chaux de la foffe, qui forme ce qu'on appelle la chaux graffe. Quoique cette méthode foit celle dont on fe fert pour les grandes entreprifes, je préfère la première, parce qu'on eft maître de ne donner que la quantité d'eau convenable, au lieu que celle-ci exige une

furabondance d'eau extraordinaire.

D'autres font des monceaux de chaux vive, qu'ils recouvrent avec du fable, & enfuite arrofent ce fable jufqu'à ce que l'eau ait pénétré toute la maffe de chaux ; ce que l'on connoît en y enfonçant à divers endroits un bâton. Si on fent de la réfiftance, on ajoute de nouvelle eau. Le fable empêche la fumée de s'échapper & d'entraîner avec elle les principes conftituans de la chaux. Cette méthode mérite qu'on y faffe la plus grande attention. La chaux exigera beaucoup plus d'eau pour être convertie en mortier, & ce mortier fe durcira plus promptement que celui des deux premières méthodes. On l'appelle *chaux étouffée.*

M. de la Faye, qui s'eft beaucoup occupé de la recherche des préparations que les romains donnoient à la chaux, indique la manière fuivante pour l'éteindre ... Vous vous procurerez de la chaux de pierre dure & qui fera nouvellement cuite ; vous la ferez couvrir en route, afin que l'humidité de la pluie ne puiffe la pénétrer. Vous ferez dépofer cette chaux fur un plancher balayé, dans un endroit fec & couvert : vous aurez dans le même lieu des tonneaux fecs, & un grand baquet rempli jufqu'aux trois quarts d'eau de rivière ou d'une eau qui ne foit ni crue ni minérale.

Il fuffira d'employer deux ouvriers pour l'opération, l'un, avec une hachette, brifera les pierres de chaux, jufqu'à ce qu'elles foient toutes réduites à peu près à la groffeur d'un œuf ; l'autre prendra avec une pelle, cette chaux brifée & en remplira à ras feulement un panier plat & à claire voie, tel que les maçons en ont pour passer le plâtre. Il enfoncera ce panier dans l'eau & l'y maintiendra jusqu'à ce que toute la superficie de l'eau commence à bouillonner; alors il retirera ce panier, le laissera égoutter un instant, & renversera cette chaux trempée, dans un tonneau. Il répétera sans relâche cette opération, jusqu'à ce que toute la chaux ait été trempée & mise dans des tonneaux qu'il remplira à deux ou trois doigts des bords. Alors cette chaux s'échauffera considérablement, rejettera en fumée la plus grande partie de l'eau dont elle est abreuvée, ouvrira ses pores en tombant en poudre, & perdra enfin sa chaleur.

L'âcreté de cette fumée exige que l'opération soit faite dans un lieu où l'air passe librement, afin que les ouvriers puissent se placer de manière à n'en point être incommodés.

Aussi-tôt que la chaux cessera de fumer, on couvrira les tonneaux avec une grosse toile ou des paillassons. Au mot MORTIER nous donnerons tous les détails sur sa préparation pour les constructions ordinaires, pour les cimens, enduits, &c. & nous ferons connoître le résultat des expériences de MM. Loriot, la Faye, &c.

CHAPITRE III.

De la Chaux considérée relativement à ses usages en médecine.

L'eau de chaux augmente sensiblement le cours des urines, sans beaucoup irriter les voies urinaires; elle échauffe, altère, cause souvent des coliques passagères; elle favorise l'expulsion des graviers contenus dans la vessie & dans les reins; elle semble même attaquer les calculs friables; elle tend à déterger les ulcères de l'urètre & de la vessie; elle convient dans l'ischurie causée par des humeurs pituiteuses; elle s'oppose à l'acidité des humeurs renfermées dans les premières voies; quelquefois elle contribue à rendre la digestion du lait plus facile. Pendant quelque temps on a conseillé l'eau de chaux dans les maladies de poitrine, le succès n'a pas répondu à l'attente, sur-tout dans les ulcères des poumons, à cause de l'irritation qu'elle porte dans les bronches pulmonaires. En lotion, elle a quelquefois enlevé les dartres simples & rebelles à d'autres topiques.

On distingue deux espèces d'eau de chaux, eau de chaux première & seconde.

Pour obtenir la première, prenez huit onces de chaux vive, versez par-dessus de l'eau de rivière, six livres; après l'effervescence laissez déposer la chaux, décantez l'eau & filtrez. Sa dose est depuis demi-once jusqu'à quatre onces, édulcorée avec suffisante quantité de sirop de capillaire, ou mêlée avec cinq onces de fluide mucilagineux, ou avec cinq onces de lait.

Pour l'eau seconde, mêlez parties égales d'eau de chaux première avec l'eau de rivière filtrée: cette dernière est préférable à la première.

Avant de terminer cet article, il est bon de combattre une erreur trop accréditée. On a coutume de jeter de la chaux dans les fosses que l'on fait pour enfouir les hommes & les animaux, sur-tout dans le temps des maladies épidémiques ou épizootiques. Il est vrai que la chaux possède la propriété de décomposer

promptement les fubftances animales ; mais en accélérant la décompofition, elle augmente & développe,
d'une manière furprenante, les exhalaifons putrides, en s'uniffant avec
l'acide animal. Alors l'alcali volatil,
devenant plus libre, entraîne avec lui
la fétidité des vapeurs, & la répand
dans l'atmofphère. Il vaut beaucoup
mieux, dans ces circonftances, allumer des feux à flamme claire & légère, on obtient l'effet défiré & plus
promptement & plus furement. Au
mot MÉPHITISME nous entrerons
dans de plus grands détails.

Si on unit à dofe égale, dans un
flacon ou tel autre vaiffeau fermé,
de la chaux vive & du fel ammoniac, tous deux en poudre, on obtient, après une légère agitation, un
efprit alcali volatil très - pénétrant,
très - fubtil, dont l'activité égale
prefque celle des gouttes d'Angleterre, & elle ne fe conferve pas
auffi long - temps ; mais comme ce
mêlange eft auffi prompt que facile
à faire, ceux qui aiment ces efprits,
peuvent avoir chez eux de la chaux
vive dans un flacon, & du fel ammoniac dans l'autre. Au befoin, on
mêle ces deux fubftances, & on s'en
fert dans le moment même. Ces
efprits font utiles dans les fyncopes,
dans les défaillances de cœur ; on
les fait refpirer au malade : j'aime
mieux, dans ces cas, faire refpirer du
vinaigre bien fpiritueux. —

CHELIDOINE ou L'ÉCLAIRE.
(Voyez Pl. 9) M. Tournefort la place
dans la fixiéme fection de la claffe
cinquième, qui comprend les herbes
à fleur de plufieurs pièces difpofées
en croix, dont le piftil devient une
filique à une feule loge, & il l'appelle

chelidonium majus vulgare ; M. von
Linné la nomme chelidonium majus,
& la claffe dans la polyandrie monogynie.

Fleur, en croix, compofée de
quatre pétales B, obronds, planes,
ouverts, plus étroits à leur bafe.
Le calice eft divifé en deux folioles
ovales, concaves, qui tombent avec
les pétales. Du centre de la fleur
s'élève une trentaine d'étamines C,
& le piftil D.

Fruit, filique cylindrique, repréfentée ouverte en E, à deux valves,
féparées par une cloifon membraneufe, qui fait l'office de placenta ;
elle eft bordée de deux nervures
auxquelles s'attachent alternativement les graines F.

Feuilles ; elles embraffent les
tiges par leur bafe, elles font prefque
toujours à trois, ou à cinq découpures, quelquefois entières & à
dentelures arrondies fur leurs bords ;
les découpures, ou lobes fupérieurs
de la feuille, font ordinairement plus
grands que les intérieurs.

Racine A, en forme de fufeau,
fibreufe, chevelue.

Port. Les tiges s'élèvent au milieu des feuilles ; leurs fleurs naiffent
au fommet, difpofées en manière
d'ombelles ; les fruits font jaunes, &
le fuc de la plante l'eft également.

Lieu. Les terreins incultes, les
vieux murs ; la plante eft vivace
& elle fleurit pendant tout le printemps.

Propriétés. Le fuc eft âcre, piquant, un peu amer, ainfi que toute
la plante. L'herbe & la racine font
regardées comme réfolutives, apéritives, purgatives & fébrifuges.
Les feuilles échauffent, augmentent
médiocrement le cours des urines,

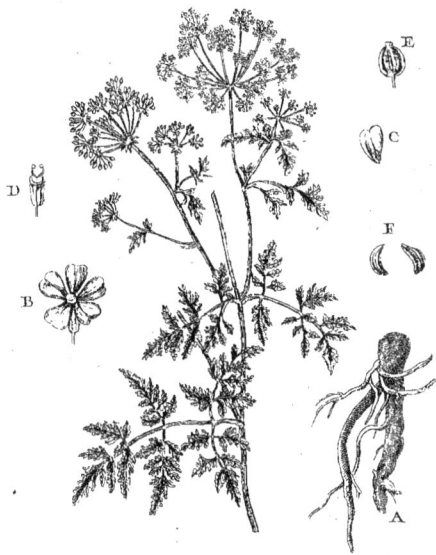

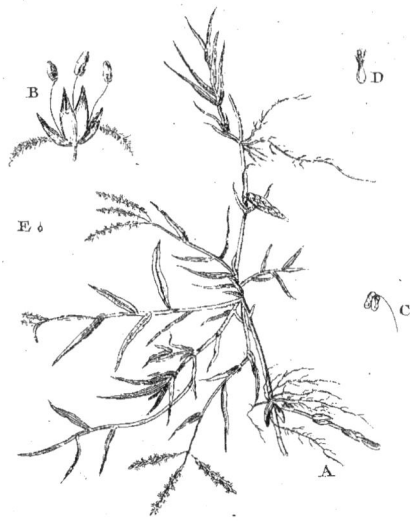

Ciguë grande.

Chiendent.

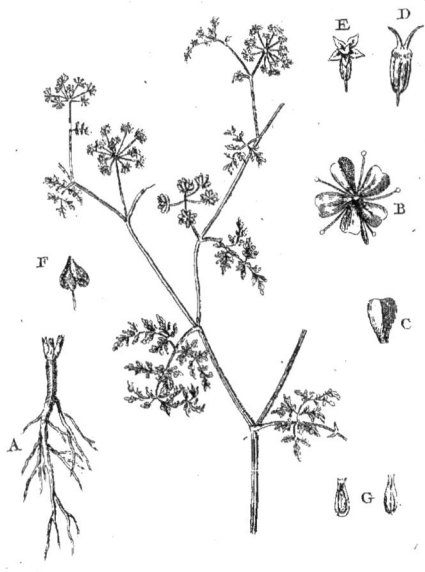

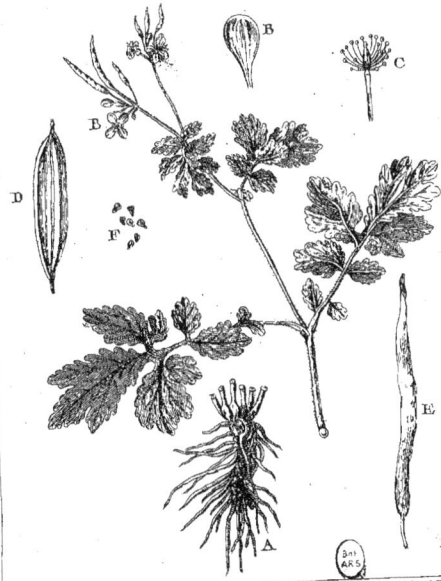

Ciguë aquatique

Chelidoine.

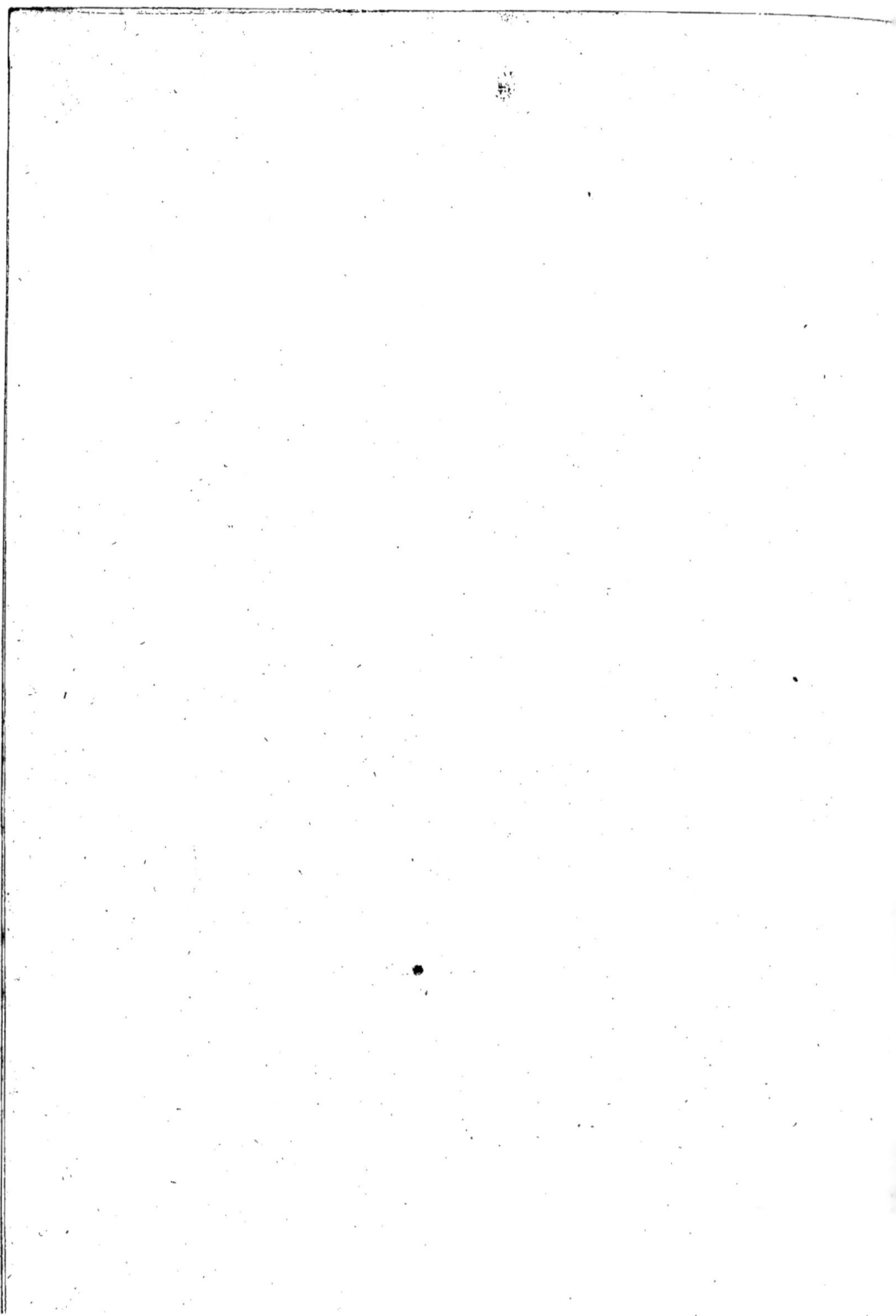

caufent fouvent des coliques, maintiennent le ventre libre & purgent quelquefois. Elles font utiles dans l'hydropifie, par léfion du foie, & dans l'obftruction récente du foie. Le fuc exprimé des feuilles, fous forme d'injection ou de fomentation, favorife affez fouvent la déterfion des ulcères peu fenfibles, fanieux & calleux. On lui a attribué la propriété de détruire les verrues excoriées, ce qui ne réuffit pas fouvent. L'ufage de la racine, dans la colique néphrétique occafionnée par des graviers, n'eft pas toujours accompagné d'un fuccès heureux, fur-tout s'il excite fpafme ou difpofition inflammatoire. Il faut beaucoup de prudence lorfqu'on adminiftre l'eau diftillée de la plante pour les maladies des yeux, & encore plus, fi on fe fert de fon fuc exprimé.

Ufages. Les feuilles récentes fe prefcrivent depuis une demi-dragme jufqu'à une once dans huit onces d'eau; la racine sèche depuis une demi-dragme jufqu'à demi-once dans cinq onces d'eau. On donne aux animaux la poudre de la racine à la dofe de demi-once, ou bien infufée dans du vinaigre à la dofe d'une once fur huit onces de vinaigre, pour être prife en deux fois.

CHEMINÉE, PHYSIQUE, ÉCONOMIE DOMESTIQUE. Il eft peu d'incommodité auffi cruelle, auffi fatigante qu'une cheminée qui fume. Autant une bonne cheminée eft avantageufe, autant une mauvaife eft défagréable: elle n'échauffe point l'appartement, parce qu'on eft obligé d'y laiffer traverfer un courant d'air extérieur, toujours froid; elle tourmente plus

qu'elle ne fert à ceux qui veulent s'y chauffer. La fumée, ce fléau terrible par fa nature, pour les yeux délicats, dégrade bientôt tous les objets fur lefquels elle s'attache, elle les ternit & les enduit d'une efpèce de vernis brun, que rien ne peut enlever. Comme elle n'eft que le réfultat de la décompofition du corps qui brûle, & qu'elle eft un mélange des parties aqueufes, huileufes, terreufes & falines qui fe diffipent, fes effets, foit fur nos yeux, foit dans nos appartemens, ne doivent point étonner. Dans la conftruction des cheminées de nos maifons de la ville, les foins & les dépenfes que l'on multiplie pour les empêcher de fumer, réuffiffent quelquefois, mais le plus fouvent le fuccès n'eft pas heureux; & la cheminée une fois conftruite, fi elle fume naturellement, il fera prefque toujours très-difficile, pour ne pas dire impoffible, de remédier à cette incommodité. A la campagne, où les maçons font plus ignorans, plus mal-adroits, le mal eft bien encore plus grand; il eft peu de cheminées qui ne fument, furtout dans les maifons des payfans. L'habitude où ils font, dès leur naiffance, de vivre dans une atmofphère éternelle de fumée, fait qu'elle ne les incommode prefque point; mais eft-ce une raifon pour ne pas effayer de les préferver de cette incommodité? Quelquefois le pouvoir de l'habitude, le mal qu'elle nous fait trouver léger, n'en eft pas moins un vrai mal. Tâchons de le prévenir, & par quelques principes fûrs, effayons de guider le manœuvre qui veut conftruire une bonne cheminée, ou celui qui cherche à corriger les défauts d'une mauvaife.

Le tuyau d'une cheminée eſt un canal dans lequel doit s'écouler la fumée d'un corps qui brûle. Deux cauſes principales déterminent la fumée à s'élever dans ce canal : 1°. ſa légèreté plus grande que celle de l'air de l'atmoſphère ; 2°. le mouvement que lui a imprimé le feu, & qui eſt perpétuellement augmenté par la raréfaction de la colonne d'air renfermée dans la cheminée, & dilatée par le feu qui eſt à ſa baſe. Tant que la fumée ſera plus légère qu'un pareil volume d'air, elle s'élèvera d'elle-même & ſans effort ; tant que la colonne d'air ſera dilatée, elle cherchera à monter, & entraînera avec elle la fumée ; enfin, tant qu'une nouvelle colonne d'air remplacera, par l'ouverture inférieure de la cheminée, celle qui s'échappe par l'orifice ſupérieur, la fumée ne pourra redeſcendre & rentrer dans l'appartement. Qui ne ſeroit pas perſuadé qu'après des principes ſi ſimples & ſi clairs, on ne pût être ſûr d'empêcher toute cheminée de fumer ? Cependant, rien de ſi difficile. Il y a tant de cauſes, tant de circonſtances intérieures & extérieures, prochaines & éloignées qui font fumer, qu'il eſt preſque impoſſible de les détruire toutes à la fois. Nous allons en parcourir quelques-unes, afin que les connoiſſant, on puiſſe y remédier juſqu'à un certain point.

1°. Un des grands défauts d'une cheminée, c'eſt *le parallélisme de ſes parois ;* les quatre côtés ou les quatre murs s'élevant toujours également, gardent entr'eux une même diſtance, ou s'ils ſe rapprochent, c'eſt de ſi peu, qu'on doit compter ce rapprochement pour rien. Cette conſtruc-

tion vicieuſe retarde l'aſcenſion de la fumée, & accélère ſa chûte, parce que, dans les angles, il ſe forme naturellement un *remoux* par lequel une partie de la fumée redeſcend vers le foyer, le long des parois, tandis que l'autre remonte par le centre. Le remède à ce défaut eſt de conſtruire, 1°. le tuyau circulaire, & non pas carré ; 2°. de rétrécir l'âtre de la cheminée, par deux corps de maçonnerie, juſqu'à quelques pouces au-deſſus du chambranle. Alors la fumée, en redeſcendant dans les angles, rencontre ces deux corps, ſe trouve arrêtée dans ſa route, reflue ſur elle-même, & ſe mêlant avec le courant de fumée du milieu, elle s'élève avec lui. Si le tuyau circulaire va en rétréciſſant vers le haut de la cheminée, alors cette colonne de fumée, diminuant toujours de groſſeur, ſe reſſerre avec le tuyau, acquiert de la force, gagne de la vélocité en perdant de l'eſpace, comme une rivière dont le lit va en rétréciſſant ; & ſon effort étant égal en tout ſens, elle s'élève tout à la fois.

2°. *La diſproportion de l'orifice ſupérieur de la cheminée, avec ſon ouverture inférieure.* S'il eſt beaucoup trop petit, relativement à l'intérieur & au feu qu'on veut y faire habituellement, la fumée n'a plus aſſez d'eſpace pour s'exhaler, & le tourbillon, qui reflue alors dans l'appartement, ne redeſcend pas, mais n'a pu monter. Au contraire, ſi l'ouverture ſupérieure ſe trouve trop large, comme il arrive aux cheminées de cabinet, qui ſe dévoient dans de grands tuyaux ; dans ce cas, la petite colonne d'air, parvenue à l'eſpace plus large, s'étend, ſe diviſe, prend une ſurface plus grande par fa force expanfive naturelle, perd par conféquent de fa vélocité, & de fon reffort néceffaire pour fupporter la fumée ; alors la colonne intérieure oppofe une réfiftance difficile à furmonter. La feule expofition de ces deux défauts indique affez les remèdes néceffaires.

3°. *La fituation extérieure de la cheminée, par rapport aux bâtimens qui peuvent la commander.* Il eft très-difficile de pouvoir obvier à cet inconvénient ; il faut tout l'art d'un fumifte, plus phyficien que maçon, pour le faire difparoître. Le vent arrêté, réfléchi, répercuté par les toits des maifons, prend toutes fortes de directions, quelquefois même une perpendiculaire à la cheminée, & par-là contrarie néceffairement le tourbillon de fumée qui s'exhale, & le fait refluer dans l'appartement. Si l'on peut élever la cheminée de façon qu'elle domine de tous côtés, on évitera certainement ce défaut ; mais fouvent cet expédient n'eft pas poffible ; il n'y a pas d'autre moyen que de rétrécir l'âtre de la cheminée, ce qui donnera plus de force au courant de fumée. Cela n'empêchera pas que fouvent l'impétuofité du vent ne faffe fumer de temps en temps.

4°. *La fituation intérieure de la cheminée.* Elle peut être vicieufe par elle-même, fur-tout fi elle fe trouve en face d'une porte ou d'une croifée ; car, à chaque fois que l'on ouvre ou que l'on ferme la porte, il fe fait néceffairement un bouleverfement dans la colonne d'air de la cheminée, fa direction fe dérange, & la fumée perd pour l'inftant la force qui la faifoit monter. Une grande cheminée dans un petit appartement fume prefque toujours. Elle abforbe

trop d'air, & la maffe qui circule dans cet efpace étroit, ne fuffit pas pour donner à la fumée fa vivacité ordinaire. Quand on allume du feu dans deux appartemens contigus, la cheminée où il y en a le moins, fume, parce que le plus grand feu attire une plus grande quantité d'air, par conféquent le courant fe dirige vers celui-ci, & l'autre n'en a pas affez pour élever & foutenir la fumée dans la cheminée.

5°. *La température de la difpofition de l'atmofphère.* On fait que l'*air* (*voyez* ce mot) peut tenir en diffolution une certaine quantité d'eau. Dans les temps humides il eft furchargé ; c'eft pourquoi la fumée alors a tant de peine à s'élever : bien loin de s'exhaler, elle femble retomber par fon propre poids, & refluer dans les appartemens ; l'air, embarraffé par les particules aqueufes, femble émouffer la pointe du feu ; le feu lui-même ne jouit plus de fon reffort & de fon activité. La fumée montant avec lenteur, rencontre au fortir de la cheminée, un air épais & lourd qu'elle n'a pas la force de déplacer. Au contraire, dans les temps fecs, dans les jours de gelée, l'air eft libre, pur, léger, la fumée le pénètre facilement, parce qu'il oppofe une foible réfiftance.

6°. La dernière caufe principale à laquelle on peut attribuer la fumée, c'eft *la direction du foleil au-deffus de la cheminée.* Cet effet arrive ordinairement dans les beaux jours d'hiver, vers le midi, lorfque les rayons lumineux frappant perpendiculairement, ou prefque perpendiculairement l'orifice fupérieur de la cheminée, preffent au-deffus, empêchent la fumée de fortir, &

occasionnent en même temps son reflux.

Telles sont, en peu de mots, les causes principales de la fumée dans nos appartemens. Il y en a beaucoup d'autres particulières & moindres, qui dépendent des premières, & qui ne sont que passagères, comme lorsque l'on souffle le feu, lorsque l'on commence à l'allumer, lorsqu'une personne se place devant le chambranle, &c. &c. L'explication de toutes ces causes accidentelles, & leurs remèdes sont trop visibles pour nous arrêter plus longtemps.

Voici les conditions générales dans la construction d'une cheminée pour qu'elle ne fume pas. 1°. Il faut faire en sorte qu'elle ne soit pas dominée par les bâtimens voisins; 2°. que son orifice supérieur, moins large que l'inférieur, y soit cependant proportionné; 3°. que sa largeur intérieure soit en raison & du feu que l'on y doit faire habituellement, & de l'appartement qu'elle doit échauffer; 4°. qu'elle soit placée dans l'endroit le plus avantageux de l'appartement, & comme au centre, & s'il se peut en face d'un mur, & non d'une fenêtre ni d'une porte; 5°. si l'appartement ne fournit pas assez d'air à la cheminée, on peut lui en fournir de dehors, par des ventouses qui s'ouvrent dans la cheminée à la hauteur du chambranle; 6°. enfin, si malgré ces précautions la cheminée fume encore, on peut rétrécir intérieurement sa capacité, par le moyen de planches de plâtre qui, la diminuant, augmenteront la rapidité du courant de la fumée.

Une cheminée est destinée à chauffer simplement un appartement, ou à la préparation des alimens. Dans le premier cas, les chambranles peuvent avoir quatre pieds & demi ou cinq de largeur, sur trois pieds & demi ou trois pieds huit pouces. Dans les grands sallons, les galeries, les salles d'assemblées, on doit leur donner plus de hauteur & de largeur, mais toujours proportionnellement à la largeur des appartemens. Dans le second cas, on ne craint pas de leur donner une grande largeur, parce que le service de la cuisine demande un feu étendu; il en résulte une plus grande commodité, & il est beaucoup plus facile de faire cuire plusieurs choses à la fois.

Si l'on ne chauffe la cheminée qu'avec du bois, l'âtre doit être de niveau avec la chambre. Deux chenets suffisent pour élever le bois, & laisser circuler l'air tout autour. Si on la chauffe avec du *charbon de terre*, (*voyez* ce mot) alors on la garnit d'une grille ou cage de fer, dans laquelle on met le charbon de terre. Ordinairement cette grille est placée entre deux maçonneries qui servent à supporter les vases où l'on veut faire cuire quelque chose. Le feu du charbon de terre est plus durable que celui du bois, & infiniment moins dispendieux.

Le manteau de la cheminée peut être construit en briques ou en pierres; mais il faut avoir la plus grande attention d'éviter de l'appuyer contre quelque mur foible & sujet à se fendre à la chaleur, d'y laisser pénétrer des poutres ou des soliveaux: ces pièces de bois desséchées par la chaleur continuelle qu'elles éprouvent, prennent feu à la fin, & causent d'affreux incendies. M. M.

CHÊNE.

CHÊNE. M. Tournefort le place dans la première section de la dix-neuvième classe, qui comprend les arbres & arbrisseaux à fleur à chaton, dont les fleurs mâles sont séparées des fleurs femelles, & dont les fruits ont une enveloppe coriacée. Il désigne, sous le nom de *quercus*, les chênes dont les feuilles tombent pendant ou après l'hiver; *ilex*, les chênes dont les feuilles restent toujours vertes, & *suber*, les chênes-liége. M. Linné réunit toutes ces espèces de chênes sous la dénomination de *quercus*, & n'en fait, avec raison, qu'un seul & même genre.

PLAN du travail sur le CHÊNE.

CHAPITRE PREMIER. *Description du genre.*
CHAP. II. *Description des espèces.*
CHAP. III. *Des semis & de leur conduite.*
CHAP. IV. *De la transplantation.*
CHAP. V. *Des avantages qu'on retire des bois de Chêne, & du temps de les abattre.*
CHAP. VI. *Des usages médicinaux du Chêne.*
CHAP. VII. *Recueil d'observations qui m'ont été communiquées.*

CHAPITRE PREMIER.

Description du Genre.

Les fleurs mâles, ainsi qu'il a été dit, sont séparées des fleurs femelles, quoique sur le même arbre, & leur forme est bien différente.

Les fleurs mâles sont portées par un péduncule commun, & leur assemblage forme ce qu'on appelle le *chaton*; (*voyez* ce mot) les fleurs sont un peu éloignées les unes des autres.

Le calice de chaque fleur mâle est d'une seule pièce, divisé en quatre ou cinq découpures aiguës, & souvent chaque découpure est encore divisée en deux.

Tom. III.

La fleur, sans pétale, est formée par des étamines courtes, quelquefois au nombre de cinq, de huit ou de dix.

Le calice des fleurs femelles est d'une seule pièce dure, coriace, raboteuse, en forme de coupe; il est à peine visible pendant le temps de la fleuraison; le pistil est plus long que le calice, les stiles au nombre de deux ou de cinq, & comme des fils de soie.

Le fruit qu'on nomme *gland* est ovale, divisé en deux lobes, recouvert d'une croute coriacée, d'une seule pièce lisse unie, sous la forme d'une coupe ou *cupule*.

Règle générale, les feuilles des chênes qui les perdent après chaque hiver, sont sinueuses & à dentelures arrondies; celles des chênes verts sont ou armées d'épines, ou à dentelures aiguës; enfin, les chênes-liéges ont une écorce légère, que l'art sépare aisément du tronc de l'arbre.

CHAPITRE II.

Description des Espèces.

M. von Linné compte quatorze espèces de chêne, en enclavant sous plusieurs espèces, des individus qu'il appelle des variétés. M. Duhamel admet vingt-trois espèces sous la dénomination de *chêne*, huit sous celle de chêne verd ou *ilex*, & deux sous celle de *liége*. L'auteur du mot *chêne*, dans le *Dictionnaire Encyclopédique*, admet quarante espèces; & M. le Baron de Tschoudi, dans le *supplément de ce Dictionnaire*, en admet vingt espèces d'après le célèbre Miller, anglois.

Dans le nombre des espèces qui vont être décrites, ils en trouve beaucoup que je n'ai jamais vues; mais

C c

comme M. le Baron de Tfchoudi s'eft férieufement occupé des arbres foreftiers, j'avoue avec plaifir que je vais le prendre pour guide ; d'ailleurs il eft impoffible de décrire toutes les variétés de chaque efpèce, puifqu'on ne trouvera jamais deux chênes qui fe reffemblent exactement.

N°. 1. *Chêne commun. Quercus robur.* LIN. Les feuilles de cet arbre qui a produit un fi grand nombre de variétés, tombent après l'hiver. On les appelle feuilles *vernales*, elles font oblongues, foutenues par des pétioles plus larges vers le bout, à dentelures aiguës, à angles obtus, & les glands font affis fur les branches. Il croît dans toute l'Europe, mais non pas au-delà de Suede, en allant vers le pôle. L'épithète de *robur*, donnée par M. Linné, caractérife admirablement bien la force de cet arbre.

N°. 2. *Chêne à feuilles vernales*, oblongues, obtufes, échancrées en ailes, à pétioles très - courts & à glands attachés à des péduncules fort longs. *Quercus foliis deciduis, oblongis, obtufis, pinnato - finuatis, petiolis breviffimis, pediculis glandorum longiffimis.* MILL. On le trouve en Angleterre & en France, & fon bois paffe pour être meilleur que celui du premier.

N°. 3. *Chêne à feuilles hivernales*, oblongues, échancrées & obtufes, à glands portés par de longs péduncules. *Quercus foliis oblongis, finuatis, obtufis perennantibus, pediculis glandorum longiffimis.* MILL. On le trouve fur les montagnes de l'Apennin, en Suabe & en Portugal; les feuilles font fort larges, & les glands naiffent quelquefois trois à trois.

N°. 4. *Chêne* à feuilles oblongues, fans pétiole, à dentelures obtufes,

terminées par des filets pointus & à gros glands. *Quercus foliis oblongis obtufè - finuatis, fetaceo - mucronatis, glandibus majoribus.* MILL. Cette efpèce fe rencontre dans plufieurs provinces de France. C'eft un grand & bel arbre dont les glands font plus gros que ceux des efpèces précédentes.

N°. 5. *Chêne à feuilles oblongues,* échancrées en aile, velues pardeffous, à glands dont la coupe eft velue & adhérente aux branches. *Quercus foliis oblongis, pinnato-finuatis, fubtùs tomentofis ; glandibus feffilibus, calicibus tomentofis.* MILL. Arbre naturel à l'Italie & au midi de la France. Ses feuilles font plus courtes & plus larges que celles du chêne commun ; les glands font raffemblés par bouquets.

N°. 6. *Chêne nain*, à feuilles oblongues, à dentelures obtufes, à fruits adhérens aux branches, & en trochets. *Quercus humilis, foliis oblongis, obtufe-dentatis ; fructibus feffilibus conglomeratis.*

N°. 7. *Chêne de Bourgogne,* à feuilles oblongues, échancrées en ailes en forme de lyre, à échancrures tranfverfales & aiguës, légèrement velues par-deffous : c'eft le *quercus cerris* de M. Linné. Cette efpèce eft naturelle en Bourgogne, d'où elle a pris fon nom. Les glands font petits, la coupe eft épineufe, & la forme de fa feuille le diftingue des autres chênes.

N°. 8. *Chêne à feuilles échancrées en ailes, à fruits adhérens aux branches.* C'eft le *quercus efculus* de M. von Linné. Il eft commun en Italie & en Efpagne ; les jeunes branches font rougeâtres ; la coupe, qui renferme le gland, eft un peu hériffée, & les glands font alongés & menus.

Cet arbre mériteroit d'être multiplié, parce que son fruit est doux, & qu'il peut servir de nourriture aux hommes comme aux troupeaux.

N°. 9. *Chêne villani*, à feuilles oblongues, ovales, unies, à dentelures renversées. C'est le *quercus ægilops* de M. von Linné. Cet arbre est un des plus beaux du monde ; il étend au loin ses branches, & s'élève aussi haut que le chêne commun. Ses feuilles oblongues & épaisses, sont d'un vert pâle par-dessus & un peu cotonneuses par-dessous. Son écorce est grise, marquée de taches brunes. Les glands sont presqu'entièrement recouverts par des coupes écailleuses ; quelques-uns sont aussi gros qu'une pomme moyenne. Les Grecs modernes le nomment *villani*, & ils se servent de ses glands pour la teinture.

N°. 10. *Chêne rouge*, à feuilles échancrées & obtuses, terminées par des filets aigus. *Quercus foliis obtusè-sinuatis, setaceo-mucronatis*. MILL. C'est le *quercus rubra* de M. Linné. Il forme un très-grand arbre en Virginie & dans l'Amérique septentrionale. Son écorce est grise & polie, celle des jeunes branches est d'une couleur plus obscure. Ses feuilles longues & larges, sont d'un vert brillant ; elles ne tombent souvent que vers Noël, & elles changent seulement de couleur peu de temps avant leur chute. Les glands en sont un peu longs, mais pas si larges que ceux du chêne commun.

N°. 11. *Chêne à feuilles de châtaignier*, à feuilles presqu'ovales, pointues par les deux bouts, à sinuosités découpées en dentelures rondes & égales. C'est le *quercus prinus* de Linné. Il a été découvert dans l'Amé-

rique septentrionale : on croit qu'il y en a deux variétés. L'une produit un arbre de moyenne taille, & l'autre est le plus grand chêne qui croisse dans cette partie du nouveau monde : son bois n'est pas d'un grain fin, mais il est de bon service. L'écorce en est grise & écailleuse ; ses feuilles ressemblent à celles du châtaignier, & sont d'un vert pâle ; les glands sont gros & leur coupe fort petite.

N°. 12. *Chêne noir d'Amérique*, à feuilles en forme de coin, dont les anciennes ont trois lobes. *Quercus nigra* LIN. Il couvre les terres ingrates de la plupart des contrées de l'Amérique septentrionale. Ses feuilles sont fort larges au bout, où elles sont échancrées en trois lobes ; elles s'étrécissent vers le pétiole qui est court ; elles sont polies & d'un vert luisant. Cet arbre ne devient jamais grand & sert seulement au chauffage.

N°. 13. *Chêne rouge de Virginie*, à feuilles obtuses, dont les angles sont aigus, terminés par des pointes, & dont les bords sont entiers. M. Linné le regarde comme une variété du précédent, & il le désigne par cette phrase : *quercus foliorum sinubus obtusis, angulis acutis seta terminatis, margine integerrimo*. Il croît dans l'Amérique septentrionale, & il a pris son nom du rouge éclatant dont ses feuilles se colorent avant de tomber. Son bois est doux, spongieux & de nulle durée.

N°. 14. *Chêne blanc de Virginie*. C'est le *quercus alba* de M. Linné. Ses feuilles sont découpées en ailes obliques, à plusieurs échancrures, dont les sinuosités & les angles sont pointus. Cet arbre est originaire de l'Amérique septentrionale, & de tous les bois de charpente de ce pays, c'eft le plus durable & le meilleur. L'écorce en eft grifâtre ; les feuilles, d'un vert gai, font longues & larges. Ses glands reffemblent à ceux du chêne commun.

N°. 15. *Chéne à feuilles de faule*, étroites, terminées en lance, entières & unies. *Quercus foliis lineari-lanceolatis integerrimis glabris.* MILL. Il croît également dans l'Amérique feptentrionale. On en diftingue deux efpèces : l'une fe nomme le *chêne à feuilles de faule de montagne ;* il vient dans les terres maigres ; fes glands font petits & ont de larges coupes. L'autre efpèce croît dans les fols riches & humides, fes feuilles font plus longues & plus étroites.

N°. 16. *Ilex* ou *yeufe*, ou *Chéne vert à feuilles étroites*, ovales, entières, velues par-deffous. *Quercus foliis oblongo-ovatis, fubtùs tomentofis, integerrimis.* Il varie fingulièrement par fa femence.

N°. 17. *Chéne vert à feuilles de houx.* C'eft le *quercus gramuntia* de M. Linné, très-commun dans nos provinces méridionales. Ses feuilles font ovales, oblongues, à finuofités épineufes, velues par-deffous, fes glands font portés par des péduncules.

N°. 18. *Kermès à feuilles ovales*, indivifées & unies, à dentelures épineufes. *Quercus foliis ovatis indivifis fpinofo dentatis glabris.* C'eft le *quercus coccifera* de M. Linné, arbre très-commun en Provence & en Languedoc, fur lequel on recueille le *kermès*, (*voyez* ce mot) ou grain d'écarlate, fi utile pour les teintures. Il ne s'élève jamais bien haut.

N°. 19. *Chéne de vie d'Amérique*, *toujours vert*, à feuilles ovales, terminées en lance & attachées à des pédicules. *Quercus foliis lanceolato-ovatis, integerrimis, petiolatis, femper virentibus.* MILL. Arbre originaire de la Caroline & de la Virginie. Il s'élève, dans fon pays natal, à la hauteur de quarante pieds ; fes feuilles font d'un vert obfcur & d'une confiftance épaiffe, elles confervent leur verdure toute l'année ; fes glands, minces, alongés, ont de petites coupes, ils font très-doux : les habitans les ramaffent pour les manger pendant l'hiver. Le bois en eft dur, groffier & raboteux.

N°. 20. *Chéne-liége*, à feuilles ovales, oblongues, indivifées, dentelées, velues par-deffous, à écorce gercée & fongueufe. C'eft le *quercus fuber* de M. von Linné. Les deux principales variétés de cet arbre font à feuilles larges, & l'autre à feuilles étroites ; toutes deux confervent leurs feuilles. Il a d'autres variétés qui fe dépouillent en automne. Au mot LIÉGE je décrirai la manière d'enlever cette écorce.

CHAPITRE III.

Des Semis de Chênes.

Il faut un fiècle pour former une forêt, & dans un clin d'œil elle eft, pour ainfi dire, abattue. Le voyageur étonné cherche avec furprife l'ombre délicieufe qui le garantiffoit, l'année précédente, de l'ardeur du foleil, & il ne trouve plus un feul arbre fur pied. On veut jouir, le moment préfent feul affecte ; le luxe entraîne à des dépenfes au-delà des revenus ; il faut payer des dettes : les forêts refpectées par le temps ne le font plus par le propriétaire obéré. Elles lui préfentent une reffource prompte

& précieufe; il les abat & ne les replante pas. C'eſt ainſi que peu à peu elles ont été détruites. Des provinces entières touchent preſqu'au moment de ne plus avoir de bois pour les uſages journaliers. Depuis dix ans la conſommation du bois a ſextuplé dans la capitale, & les reſſources, loin de ſe multiplier, diminuent. La fureur des défrichemens a duré environ vingt-cinq ans, les croupes & les ſommets des montagnes ont été convertis en guérèts; & la terre végétale, qui s'y étoit accumulée avec peine pendant l'eſpace d'un ſiècle, après avoir produit une ou deux récoltes, a été entraînée par les pluies; enfin, le tuf eſt reſté à nud. Il étoit dans l'ordre de s'oppoſer à de pareils défrichemens. Quoique tout propriétaire ſoit le maître de diſpoſer de ſon terrein ainſi qu'il lui plaît, s'il eſt imbécile ou fou, il a beſoin d'un curateur. Il auroit peut-être été de la ſageſſe du gouvernement de défendre le défrichement des pentes des montagnes, à moins que les cultivateurs n'euſſent été obligés de planter en bois les ſommets juſqu'à une certaine diſtance. Si on avoit pris de ſemblables précautions, on ne verroit pas des chaînes entières ſèches, arides, décharnées juſqu'au vif: ces bois, il eſt vrai, n'auroient pas été d'une élévation ſemblable à celle des forêts de Bourgogne, de Franche-Comté, de Champagne &c., mais au moins ils auroient revêtu le terrein; ils en auroient fourni aux parties inférieures de la montagne; leurs feuilles auroient procuré une nourriture d'hiver abondante pour les troupeaux,& une abondance pour le bois de chauffage; au lieu que le mouton rencontre à peine aujourd'hui une herbe coriace où ceux des deux derniers ſiècles trouvoient une nourriture abondante. Pères de familles, qui aimez vos enfans, ſemez en bois quelconques tous vos terreins incultes; plantez la plus grande quantité d'arbres que vous pourrez, ſoit fruitiers, ſoit foreſtiers, & vous doublerez peu à peu la valeur de vos domaines. Que l'exemple des ſeigneurs de la capitale n'influe pas ſur vous. Plus ils abattront de forêts, plus les vôtres deviendront précieuſes. Le ſeul moyen capable de prévenir la diſette extrême, qui commence à ſe faire ſentir dans ce royaume, conſiſte dans les ſemis.

Le chêne ſe multiplie par ſemences & par la tranſplantation. Avant de ramaſſer les glands, laiſſez tomber les premiers, faites-les enlever & mettre à part. Il en eſt des glands comme de tous les fruits; ceux qui mûriſſent avant les autres & devancent le temps ordinaire de la maturité, ſont à coup ſûr piqués des vers. Si on les ſème, leur production ſera défectueuſe. Il faut donc attendre le moment de la pleine maturité, & par conſéquent, de la chute la plus forte. Il en eſt des derniers glands comme des premiers, ils ne ſont pas piqués des vers, il eſt vrai, mais ils ſont chétifs & retraits. Sur la maſſe des glands tombés ſuivant la loi de la nature, il eſt important de choiſir les plus gros & les mieux nourris, & de rejeter tous les autres: la prudence exige encore de choiſir les glands des arbres les plus forts, les mieux venans, & ſur-tout ceux dont la feuille large, épaiſſe & luiſante, annonce un état *de vigueur*.

I. Il y a deux ſortes de ſemis, ou

à demeure ou *en pépinière*. Le *femis à demeure* eft préférable à tout autre opération, fur-tout fi on veut fe procurer de grandes forêts, autrement la dé penfe feroit exceffive.

Il y a deux manières de préparer le terrein deftiné au femis; ou avec la charrue, ou à force de bras en fe fervant ou de la bêche ou de la pioche. Cette dernière méthode eft beaucoup plus difpendieufe, mais plus profitable.

La nature a impofé la loi au chêne de pivoter profondément; l'intérêt de l'homme exige donc de ne pas la contrarier. Le travail fait à la pioche, facilite plus l'alongement de ce pivot précieux, que la charrue. Celle-ci divife feulement la fuperficie du terrein; & par fon poids & par la réfiftance qu'elle éprouve fur les côtés, elle refferre de plus en plus la terre fur laquelle elle paffe.

On fême le gland, ou à la volée comme le blé, ou en fuivant la direction des fillons. On doit femer fort épais; plufieurs glands feront détruits par les mulots, & plufieurs autres ne feront pas affez enterrés; la grande quantité de femence à répandre ne doit point étonner. Plus il germera de glands, & moins les mauvaifes herbes auront de quoi végéter. D'ailleurs, les plus vigoureux détruiront par la fuite leurs voifins les plus foibles.

Le temps de femer eft marqué par la nature; c'eft celui de la chute du fruit ou peu de jours après, fi la faifon le permet, c'eft-à-dire, fi la terre eft en état de recevoir la herfe & de n'être pas pétrie par les pieds des animaux employés au labourage. Pour ne pas perdre entièrement les avances occafionnées par le défrichement ou par le labourage, on peut femer du grain relatif à la qualité du fol, fur le femis du gland. La récolte qu'on en retirera ne nuira pas au femis.

Si des circonftances quelconques s'oppofent au femis d'automne, on peut attendre la fin de l'hiver, & femer le gland dans la terre bien préparée, & par-deffus de l'avoine. Il y a des précautions à prendre afin de conferver le gland jufqu'à cette époque. Auffitôt qu'il eft recueilli, on le dépofe dans un lieu fec & frais, mêlé lit par lit avec de la terre sèche ou du fable. Lorfque le moment de le confier à la terre eft venu, on enlève légèrement le lit de fable, enfuite celui de glands que l'on pofe doucement dans des corbeilles, afin de ne point rompre la radicule de ceux qui l'ont pouffée. On tranfporte ainfi les glands fur le champ, & enfin on les place l'un après l'autre, ou dans les raies tracées par la charrue, ou dans les foffes ouvertes avec la pioche. A mefure que l'opération s'exécute, la herfe recouvre le femis. Si le fol a de la profondeur, il eft très-effentiel de ménager avec le plus grand foin cette radicule, qui, dans la fuite formera le pivot, parce qu'il s'y enfoncera auffi profondément qu'il trouvera de la terre. Si, au contraire, la bafe du fol eft, à deux ou trois pieds de profondeur, un rocher formé par couches, la précaution eft moins néceffaire ou prefque inutile, puifque le pivot, ne pouvant pénétrer cette maffe folide, eft obligé de pouffer des racines latérales, & le pivot lui-même, de fuivre le banc de pierre; mais dans ce cas le pivot ne s'alonge pas beaucoup.

Toutes les fois que la radicule ou pivot eft rompue, elle pouffe latéralement des chevelus qui conftituent enfuite les maîtreffes racines. Tant que la radicule fubfifte intacte & qu'elle trouve un bon fond, elle s'enfonce perpendiculairement, de forte qu'il en proviendra un jour *un arbre, dont la tête*, en me fervant de l'expreffion de la Fontaine, *au ciel fera voifine, dont les pieds toucheront à l'empire des morts.*

Faut-il farcler les femis de leurs mauvaifes herbes, les faut-il travailler? Le pour & le contre eft foutenu par différens auteurs. Les mauvaifes herbes couvrent de leur ombre les jeunes plants, & les défendent de la trop forte activité du foleil; je conviens de ce fait. Si les mauvaifes herbes n'ont que des racines chevelues, & par conféquent peu profondes, elles nuiront moins que les plantes à racines pivotantes; les premières abforbent feulement les fucs de la fuperficie de la terre, tandis que les autres pouffent & végètent en grande partie aux dépens des fucs de la couche inférieure, & ces fucs font précifément ceux dont le pivot du gland a le plus grand befoin. Un chêneau de fix pouces de hauteur a fouvent un pivot de dix-huit à vingt-quatre, fuivant la nature du fol. Je fais encore que dans certains endroits on fème du tremble & autres bois blancs parmi le gland, afin de le conferver pendant les premières années. Quant à moi, fi ma pofition me permettoit de femer une forêt, je fuivrois la méthode indiquée en parlant du *châtaignier*. (*Voyez* ce mot) Elle facilite le labourage de temps à autre, & il en

réfulte une différence étonnante entre une *chênaie* livrée à elle-même après le femis, & celle travaillée pendant les cinq ou fix premières années. C'eft de cette époque que dépend la beauté de chaque pied. Comme on a femé fort épais & par rangées, la charrue ne déracine & ne meurtrit pas les jeunes plants; la couche de terre ameublie, reçoit & abforbe les précieufes & falutaires influences de tous les météores; (*voyez* le mot AMENDEMENT.) enfin, la végétation eft prompte & rapide. Les jeunes tiges étant rapprochées, elles s'élancent avec force en ligne perpendiculaire, & on a la facilité d'arracher, de temps à autre, les furnuméraires, fans nuire aux tiges voifines. Enfin, on a la liberté de former une forêt plus ou moins fourrée & garnie d'arbres, & de proportionner leur nombre en raifon de la force nourricière du grain de terre.

Si, au lieu d'une forêt, on fe propofe la formation des taillis, cette méthode eft la plus avantageufe, puifque l'on peut, à volonté, difpofer les *cépées*. (*Voyez* ce mot)

II. *Du Semis en Pépinière.* Pour éviter des répétitions inutiles, *voyez* ce qui a été dit aux mots ABRICOTIER, AMANDIER.

Il eft conftant que fi le terrein en eft bien préparé, bien fumé, on aura de très-beaux fujets pour replanter; mais eft-ce là le feul but à fe propofer? La furabondance des foins, de nourriture, &c. leur fera préjudiciable lorfqu'ils feront livrés à eux, après la tranfplantation dans un terrein peut-être maigre, de médiocre qualité. Cette délicateffe d'éducation les rendra languiffans pendant plufieurs années, & je doute qu'ils faffent jamais de beaux arbres. Afin d'éviter cet inconvénient, la terre de pépinière doit être de qualité paffable, c'eft-à-dire, qu'elle tienne le milieu entre la bonne & la terre médiocre.

Si vous avez à peupler un fol qui ait peu de fond, placez votre pépinière fur une couche dure de cailloux ou de rocher, pourvu que la terre ait deux pieds de profondeur : alors le pivot, ne pouvant s'enfoncer, pouffera des chevelus en grand nombre, & c'eft ce qu'il faut pour replanter avec fuccès. D'ailleurs, cette précaution vous évitera la peine de faire de profondes fouilles, afin de déraciner le pivot de l'arbre; & le creux deftiné à le recevoir, n'exigera pas tant de profondeur que fi l'arbre étoit garni de fon pivot.

CHAPITRE IV.

De la Tranfplantation.

On voit rarement réuffir cette opération : eft-ce la faute de l'arbre, des faifons, ou de la manière de tranfplanter ? Tous trois y concourent du plus au moins; mais le planteur eft fouvent le plus coupable. La nature a donné aux arbres des racines, non-feulement pour leur procurer une partie de leur nourriture, mais encore pour les défendre contre les attaques impétueufes, & les fecouffes violentes que les vents leur font éprouver : elles font autant de liens qui les tiennent affujettis à la terre, & le tronc caffera plutôt, que de voir l'arbre déraciné, s'il eft garni de fon pivot. Le nombre de fes racines eft proportionné à celui des branches, & y correfpond

par la groffeur; de forte qu'on peut dire que, dans l'arbre parfait de la nature, & qui ne doit point fon éducation à la main de l'homme, il y a une correfpondance, une harmonie exacte entre les racines & le fommet de l'arbre. Que de conféquences à tirer de ce principe!

Si vous tirez vos arbres de la pépinière, ouvrez un profond foffé à l'une de fes extrémités, jufqu'à ce que vous parveniez au-deffous des racines : alors détachez le tronc de la terre, fans en caffer ni mutiler aucune, & fur-tout ménagez le pivot avec le plus grand foin. Les trous deftinés à recevoir les arbres, ne doivent donc pas être faits tous du même diamètre, de la même profondeur; la groffeur, la grandeur & l'extenfion des racines doivent en décider.

On me dira que ces foins font minutieux, difpendieux, &c.; que la reprife de l'arbre s'exécute fans eux; enfin, qu'une expérience de trente & de quarante années a prouvé le contraire. Si la durée d'un chêne étoit proportionnée à celle d'un pêcher, par exemple, qui, dans certaines provinces, ne fubfifte que huit à dix ans, je pafferois peut-être condamnation; mais qu'on fe rappelle qu'il faut un fiècle pour former un chêne, & qu'un chêne mal venant ne produit prefque aucun profit. Il vaut donc mieux dépenfer un peu plus en le plantant, & avoir un bel arbre, que de dépenfer moins, & avoir un arbre de médiocre qualité: on fait tout à la hâte, on va à l'économie, dès-lors mauvais travail.

Veut-on une preuve, fans replique, de la néceffité de ménager les racines & le pivot quand on le peut;

il suffira de jeter les yeux sur la transplantation des chênes tirés des forêts ; il est rare de la voir réussir, parce que, ou on achète ces arbres à tant la pièce, ou parce qu'on confie à des journaliers sans intelligence le soin de les tirer de terre. La fosse qu'ils ouvrent est trop étroite, pas assez profonde ; les racines sont coupées près du tronc, les chevelus abymés : ils ont beaucoup enlevé d'arbres ; ils paroissent avoir beaucoup travaillé : il étoit inutile de tant & tant se hâter, pour faire un mauvais travail. Si ces arbres à racines écourtées veulent attirer la sève, ils sont obligés à pousser de nouveaux chevelus, de nouvelles racines ; il valoit bien autant leur laisser celles qu'ils avoient déjà, les nouvelles auroient été une surabondance, & l'arbre n'auroit pas souffert jusqu'au moment où il a vécu aux dépends de ses nouveaux suçoirs. En un mot, je ne cesserai de le répéter, la nature n'a rien fait en vain ; elle n'a pas donné des racines aux arbres, pour être mutilées par la main de l'homme. Je prie les personnes les plus entêtées pour la suppression du pivot & le raccourcissement des racines & des chevelus, de juger ce que je dis par l'expérience ; de planter un arbre suivant la manière ordinaire, & d'en planter un autre avec son pivot & toutes ses racines, dans un trou proportionné à leur nombre & à leur volume : il faudra qu'ils portent le pyrrhonisme bien-loin, s'ils s'obstinent à se refuser à l'expérience.

Le progrès des lumières est sensible de jour en jour : on commence à revenir de ces avenues immenses en ormeaux ; le plus bel arbre de cette espèce ne supporte jamais le parallèle d'un beau chêne. Une *avenue* (*voyez* ce mot) plantée en beaux chênes & dans un bon terrein, produit à mes yeux le plus beau des spectacles ; & je n'ai pas l'idée affligeante de penser que leurs racines iront à vingt & trente toises au-delà affamer la récolte des grains, surtout si on a ménagé le pivot. Quelle fraîcheur on respire dans ces allées ! Comme les branches se courbent agréablement en ceintre, pour cacher la lumière du soleil, & pour me soustraire à l'ardeur de ses rayons !

Non, je ne connois point d'arbre aussi majestueux, & qui se prête plus aisément à mes désirs. La lenteur de la croissance du chêne lui a fait préférer l'ormeau : l'on veut jouir, ce sentiment est naturel ; mais pour l'homme qui pense, combien est douce la jouissance dans l'avenir ! Son idée lui représente les objets tels qu'ils seront un jour ; il jouit par anticipation : cette jouissance est pour moi plus délicieuse que celle de possession, qui ne me laisse plus rien à désirer.

C'est à l'homme qui plante ces avenues, que je demande s'il doit craindre une dépense un peu plus forte, en suivant le plan que j'indique ? C'est ici le cas de ne rien épargner. Dans une forêt, un arbre de plus ou de moins est peu de chose ; mais dans une avenue, il n'en est pas ainsi. Je mets en fait que, dans les plantations ordinaires, il en périt un tiers dans la première année ; que le second tiers est languissant pendant plusieurs années consécutives, & que l'autre tiers, qui a prospéré, nuira essentiellement aux plantations de remplacement, parce que les racines des arbres vigoureux iront

affamer la terre nouvellement remuée des arbres replantés, & peu
à peu elles occuperont tout l'espace.
On économise peu à mal faire, &
on perd considérablement par la suite.
Ou faites bien, ou ne faites rien.

*Quand, & à quel âge faut - il
transplanter les chênes ?* Il vaut infiniment mieux planter plutôt que
plus tard; la reprise est plus assurée,
les frais moins considérables, les
soins plus faciles, & l'arbre profite
beaucoup plus. L'année de transplantation est presqu'une année perdue.
Un chêne de deux ans de pépinière est
en état d'être transplanté; un de trois
est plus fort, & ses racines plus difficiles à ménager. Si on attend que le
tronc ait huit à dix pieds de hauteur,
c'est par la même raison attendre trop
tard : voilà pourquoi les semis à
demeure ont toujours un grand avantage sur les transplantations.

Il convient beaucoup plus de transplanter avant qu'après l'hiver : les
pluies, les neiges de cette saison,
pénètrent la terre, collent plus intimément ses molécules contre les
racines; l'humidité les tient fraîches,
& elles n'ont plus besoin que de
chaleur pour végéter. Tant que la
chaleur de l'intérieur de la terre
n'est pas dissipée par le froid, les
racines travaillent, se disposent à
ouvrir leurs suçoirs; leur écorce
s'attendrit, la pointe des chevelus
se développe; & si le froid survient, l'action végétative est simplement suspendue : au contraire, dans
toute transplantation faite après l'hiver, on court le risque d'avoir un
printemps sec, peut-être des chaleurs prématurées, de voir dissiper
l'humidité de la terre de la fosse ou
du trou; & si une pluie secourable

ne survient pas à temps, l'arbre
périt.

Doit-on receper ou abattre les
branches de l'arbre que l'on replante ? Les auteurs ne sont pas
d'accord sur ce point : la solution
du problême me paroît simple.

Il ne s'agit pas ici de l'arbre es-
clave, & qui sera à l'avenir soumis
à la serpette de son maître; c'est
bien assez que sa naissance, & les
premiers jours de son éducation
aient été forcés, sans vouloir encore étendre un impérieux despo-
tisme sur son existence, après qu'il
a recouvré sa liberté; enfin, il ne
s'agit pas ici d'un arbre dont le fruit
fera les délices de nos tables, & le
plus bel ornement de nos potagers:
tout recepage dérange la première
organisation de la tige. A l'endroit
recepé, l'écorce recouvre successivement la plaie; si l'amputation a
été bien faite, & près du sommet,
il se forme de nouveaux jets. Il faut
détruire tous ces nouveaux jets, à
l'exception d'un seul qui représen-
tera la tige première; ainsi, la suppression de cette tige première, &
de ses nouveaux jets, font des plaies
faites à l'arbre, qui subsisteront toujours, quoique recouvertes par l'é-
corce. Les racines, il est vrai, se
fortifieront par le recepage; mais
si on a planté l'arbre, ainsi que je l'ai
dit, avec ses racines bien ménagées,
ainsi que son pivot, ce recepage est
plus qu'inutile, puisque la tête de
l'arbre & les racines étoient en proportions exactes. Quant aux arbres
à racines écourtées, le recepage est
avantageux: en effet, il faut qu'il en
pousse de nouvelles pour la nourriture du tronc avant celle des branches; ce qui prouve évidemment

la néceffité de conferver & de ménager toutes les racines, & à cet
effet, de ne pas planter l'arbre trop
gros. Il n'en eft pas tout-à-fait ainfi
des branches à laiffer fur la tige ; fi
on les coupoit ras du tronc, il faudroit que les bourgeons à naître,
parfemés dans tout le tiffu de l'é-
corce, la perçaffent, pour produire
de nouvelles branches ; mais fi les
racines ont été mutilées, fi l'arbre
a été planté à la fin de l'hiver,
l'écorce ne contient plus cette humidité qui permettoit fon extenfion
& le développement du germe de
fes bourgeons : il faut fouvent attendre les effets de la fève du mois
d'août, avant de les voir paroître.
Dans les arbres plantés, ainfi que je
l'ai prefcrit, il eft très-rare que ces
bourgeons ne fe développent au
printemps ; mais fans chercher inutilement la formation des nouveaux
bourgeons, pourquoi ne pas laiffer
fur cette tige toutes fes jeunes branches, & élaguer modérément celles
qui font trop bas : je dis *modérément*,
parce que l'expérience m'a prouvé
que ces jeunes branches font autant
de fuçoirs ou de fiphons qui attirent fucceffivement la fève du bas
vers le fommet, & facilitent fon
afcenfion ; enfin, elles maintiennent
l'équilibre des fluides, entr'elles &
les racines.

Si ces tranfplantations ont lieu
pour la formation des forêts ou des
bofquets, l'amputation des branches
inférieures eft inutile, puifque le
bas de chaque arbre s'élaguera de
lui-même, étant planté près à près,
à mefure qu'il grandira : on doit
également les ménager pour les arbres de bordure de bois, ou pour
ceux des avenues. Relativement à

ces derniers, il fera temps de les
élaguer à la feconde année, afin que
la tige talle & s'élève. Quant aux
autres, ces branches inférieures in-
tercepteront l'air & la lumière aux
arbres de l'intérieur ; & afin d'en
jouir, leur tige s'élancera au-deffus
de celles de la circonférence ; &
celles de la circonférence refteront
toujours plus baffes que celles de
l'intérieur, parce que, n'étant pas
gênées de ce côté, elles pofferont
latéralement de fortes & de nombreufes branches, tandis que les
autres feront forcées à s'élancer pour
jouir du bénéfice de l'air, de la lumière, &c. Un feul coup - d'œil
fur les arbres de l'intérieur, & fur
ceux de la ceinture d'une forêt,
prouve ce que j'avance. (*Voyez* ce
que j'ai dit au mot BALIVEAU)

Si vous défirez que les chênes
plantés en avenues ou en bofquets,
ou en forêts, profpèrent, n'épargnez
pas les labours pendant les premières
années : c'eft une dépenfe, il eft
vrai, mais vous en ferez bien dé-
dommagé par la forte végétation
de vos arbres ; les plantes parafites
leur font beaucoup de tort.

Si dans les chênes tranfplantés il
s'en trouve quelques-uns à petites
feuilles, ou de ceux qu'on reconnoît ne pas donner beaucoup de
glands, on peut *les greffer par approche,* (*voyez* le mot GREFFE) avec
une efpèce à belle feuille ou à beaux
fruits : on fent que cette opération
fuppofe que les arbres ont été plantés près à près. Les autres manières
de greffer réuffiffent rarement ; dans
le cas de fuccès, on doit être attentif
à émonder l'arbre au-deffous de la
greffe, toutes les fois que le befoin
le requiert.

CHAPITRE V.

Des avantages qu'on retire des Bois de Chêne, & du temps indiqué par la nature pour en abattre les forêts.

De tous les bois d'Europe, il n'en existe aucun comparable à celui-ci, soit pour la solidité & pour la durée ; il devient, pour ainsi dire, immortel s'il est employé dans l'eau, & s'il en est toujours recouvert : il change de couleur, & parvient insensiblement à celle du noir d'ébène ; prend le plus beau poli, & je ne connois pas le terme de sa durée dans cet état.

La durée des chênes ordinaires dépend de leur tissu, plus ou moins serré. Le bois du chêne à larges feuilles de l'Angoumois, est moins compacte que celui du chêne commun : plus doux au ciseau, plus docile à la main de l'ouvrier, il est préférable à tout autre pour la menuiserie, la sculpture. L'artiste devroit donc connoître les différentes espèces de chêne, afin de s'en servir suivant les ouvrages auxquels elles conviennent.

Les chênes du midi du royaume sont à préférer, pour la durée, à ceux du nord. Le bois de ceux qui croissent dans les bas-fonds, dans les endroits humides, sur les revers de montagnes exposés au nord, sont plus spongieux que ceux qui végètent dans les lieux secs & exposés au midi.

Je préférerois, pour les ouvrages destinés à être exposés continuellement à l'air, le bois des chênes verts : ces arbres ont peu d'élévation dans nos provinces méridionales ; mais

en Corse, mais en Espagne, &c. on trouve des forêts entières de cet arbre précieux, & dont les quilles droites & unies ont souvent plus de quarante pieds de hauteur. Leur diamètre, il est vrai, n'est pas à comparer à celui des chênes majestueux de nos climats ; on a plus souvent besoin d'une pièce longue & droite, que d'une pièce épaisse. Tout le train de l'artillerie espagnole est fait avec ce bois, & il brave la chaleur excessive du soleil de ce pays : je conviens que les affûts, &c. sont plus lourds que ceux de l'artillerie de France, ce qui est fort indifférent pour des affûts de rempart.

Tout propriétaire qui veut abattre des chênes, & qui les destine à la charpente de sa maison, doit, une année d'avance, les faire écorcer sur pied, & pendant la plus grande sève. Par cette opération, toute la partie de l'*aubier* se change & se convertit en bois parfait, & le bois parfait lui-même acquiert une plus grande solidité. (*Voyez* les belles expériences de M. de Buffon, rapportées au mot Aubier.) Les jeunes arbres écorcés meurent dès la première année, les gros végètent encore deux ou trois ans.

Si on néglige d'écorcer l'arbre sur pied, il convient de le faire aussitôt qu'il est abattu ; de ne pas laisser le tronc couché par terre, mais de l'assujettir en ligne presque perpendiculaire, en buttant plusieurs troncs les uns contre les autres, & laissant un espace entre chacun, afin que le courant d'air agisse sur toutes les parties de ces troncs. Il est démontré, par l'expérience la plus décisive, que le bois abattu, & dont

on a confervé l'écorce, ne fe deffèche pas plus dans un an, que le fait
en onze jours le bois écorcé; enfin,
ce dernier eft moins fujet à la piqûre des vers, & le bois écorcé fur
pied ne l'eft jamais. Cette opération
eft avantageufe pour tous les bois
en général, & plus particulièrement
pour ceux qui ont végété dans un
terrein bas & humide.

On diroit que la nature s'eft plu
à réunir dans cet arbre l'utile
& l'agréable, & qu'elle a voulu
dédommager l'homme de l'âcreté
de fon fruit, par les reffources qu'il
lui offre. L'écorce des jeunes chênes
fournit le *tan*, fi utile aux préparations des cuirs; les *noix de galle*,
productions des infectes, & la bafe
de nos teintures; enfin, le *kermès*,
infecte précieux, qui fupplée à la
cochenille. (*Voyez* ces mots)

Dans les temps défaftreux, dans
les temps de famine, les glands ont
été la reffource unique des habitans
de plufieurs de nos provinces: ils
les mangeoient tels que la nature
les produifoit; mais ce gland leffivé
avec de la cendre, & la leffive un
peu aiguifée par la chaux, auroit
perdu la plus grande partie de fon
amertume & de fon acrimonie: je
ne fuis jamais parvenu à la faire
difparoître complétement; je ne
doute pas que d'autres n'y réuffiffent;
ce que je puis affurer, eft que ces
glands n'avoient rien de trop rebutant au goût, après qu'ils eurent
refté cinq jours dans la leffive, qui
fut changée deux fois dans cet efpace
de temps, & après les avoir enfuite
lavés à grande eau. Puiffe le génie
tutélaire de la France, ne réduire
jamais fes habitans à de pareilles
extrémités!

Tous les glands ne font pas également amers & âcres; ceux des
arbres plantés en lieux fecs & au
midi, le font beaucoup moins,
& ce goût défagréable varie encore fuivant les efpèces & l'époque
de leur récolte. Plus le fruit eft
cueilli fec, moins il eft rebutant au
goût.

Je crois qu'on pourroit multiplier,
au moins dans nos provinces méridionales, le chêne n°. 8; peut-être
que de proche en proche, par les
femis, on parviendroit à le natura-
lifer dans les provinces plus feptentrionales. Le mûrier, originaire de
Chine, n'eft-il pas aujourd'hui natu-
ralifé en Pruffe, quoiqu'originaire
de Chine! On objectera la différence
du produit. Aux yeux d'un gouvernement fage & qui encourage, la
confervation de l'homme l'emporte
fur la fabrique d'un habit de luxe:
planter ou femer des chênes, il vaut
autant femer ceux qui font le plus
utiles; au moins dans les cas extrêmes on peut y avoir recours.

Perfonne n'ignore que le gland
eft la principale nourriture des pour-
ceaux, des dindes, &c. & que ces
objets forment des branches de commerce affez confidérables dans plufieurs de nos provinces, dont le
prix fuit la plus ou moins forte
abondance du gland. On a dit, en
décrivant la fleur du chêne, que la
fleur mâle étoit féparée de la fleur
femelle, mais fur le même pied:
cette fleur mâle eft un long chaton
chargé d'étamines ou pouffiere féminale lancée avec force, lorfque s'ouvrent les capfules qui la renferment
avant eur épanouiffement. Si d'une
manière ou d'autre cette pouffiere n'eft pas portée fur la fleur

femelle pour la féconder, elle reste nulle : or, si dans le temps de la fleuraison il survient des pluies, cette poussière reste collée sur le chaton, ou est entraînée par l'eau, & la fleur femelle *coule* ; (*voyez* COULURE) dès-lors, il y a peu ou point de glands : des jours froids, & des nuits plus froides encore produisent le même effet. L'abondance de toutes les productions de la nature dépend de l'époque de la fleuraison ; les chênes isolés donnent des glands presque toutes les années, par la raison que l'humidité, nuisible à la fleuraison, est dissipée par le courant d'air qui les environne. Il n'en est pas ainsi dans les grands bosquets, ni dans les forêts. Le premier qui tombe & devance la maturité ordinaire, est attaqué par le ver ; c'est le cas de le donner aussitôt aux cochons ; & celui qui tombe ensuite par une maturité non forcée, est le meilleur : les derniers mûrs doivent être mangés sur place. Si le paysan étoit plus attentif, plus prévoyant, il recueilleroit dans les années de fertilité, & les conserveroit pour celles de disette. J'ai vu des cochons manger avec autant d'avidité des glands desséchés depuis trois ans, que des glands de la dernière récolte ; ils les faisoient craquer entre leurs dents, & sembloient ne pouvoir s'en rassasier. On pourroit, si on le vouloit, les mettre tremper dans l'eau pendant quelques jours avant de les leur donner.

La manière la plus simple de conserver les glands, est de les ramasser aussi-tôt après qu'ils sont tombés, pendant le plus fort du soleil ; de les étendre ensuite dans un lieu sec & très-exposé à un grand courant d'air, de les remuer souvent en les changeant de place, &c. Le gland bien desséché se conserve pendant plusieurs années, si on le tient dans un lieu très-sec. On pourroit même, à la fin de la dessiccation, le faire passer à un four dont la chaleur seroit modérée : une pareille précaution, prise dans une année de grande abondance, seroit ensuite très-profitable au propriétaire, puisque le prix du gland est souvent au triple de sa valeur ordinaire.

Le gland sec & pulvérisé, mêlé avec le son ou telle autre substance, sert de nourriture à la volaille, sans être réduit en poudre ; mais frais, on le donne aux bêtes à laine, en petite quantité, & une fois par jour : sans cette précaution, il les altère & leur donne le dévoiement.

Les branches de chêne, coupées au mois d'août, sont une nourriture d'hiver très-précieuse pour les troupeaux, & qui économise singulièrement le fourrage. Celles de toutes les espèces de chêne vert ou chêne liége ont le même avantage.

Le chêne fournit le meilleur bois pour les *cuves*, les *cerceaux*, les *douves des tonneaux*. (*Voyez* ces mots) Je donnerai au mot CUVE la manière de faire disparoître son âpreté naturelle ; & au mot LANDE, la manière de tirer parti des landes avec les chênes.

L'Académie de Bordeaux a proposé pour sujet de prix, d'indiquer *l'époque à laquelle il étoit le plus avantageux d'abattre les forêts de chêne, soit pour l'usage de la marine, soit pour les usages économiques.* Comme je n'ai pas son programme sous les yeux, je ne réponds pas que ce soient précisément les expressions dont elle s'est fervie, mais c'eſt au moins le ſens & le but de la queſtion, autant qu'il m'en ſouvient. Je ne connois pas les ouvrages qui ont concouru, & ne ſais pas ſi le prix a été décerné à l'un d'eux; mais je crois avoir donné la ſolution du problême au mot ARBRE, tome Ier, page 630. Il eſt inutile de le répéter ici.

CHAPITRE VI.

Des uſages médicinaux du Chêne.

Les feuilles ſont inodores, amères, gluantes, très-ſtiptiques; le gland eſt inodore, d'une ſaveur auſtère, ainſi que ſon calice; les feuilles, le gland, ſon calice, l'écorce de l'arbre ſont aſtringens : la noix de gale eſt d'une ſaveur très-auſtère.

Quoi que j'aie dit ſur la nourriture fournie par le gland, on ne doit y recourir que dans les beſoins preſſans, parce qu'elle fatigue l'eſtomac & conſtipe, ſur-tout ſi on ne l'a pas préparée. On a conſeillé les différentes parties du chêne dans les diarrhées occaſionnées par foibleſſe, ainſi que la pouſſière du tan & de la noix de gale. L'uſage de cette dernière, ſurtout, n'eſt pas ſans inconvéniens : elle eſt plus utile dans les hémorragies par pléthore ou par bleſſure, dans la dyſurie, le piſſement de ſang, le flux hémorroïdal par pléthore, la lienterie par foibleſſe des inteſtins. On ſe ſert de ces différentes ſubſtances en gargariſme, dans le relâchement des gencives, dans l'angine inflammatoire, légère, récente, dans les aphtes. Extérieurement elles arrêtent le ſang qui s'écoule d'une veine ou d'une petite artère; elles tendent

à maintenir dans leur ſituation naturelle l'inteſtin rectum, le vagin & les hernies réduites, principalement lorſque le déplacement eſt produit par le relâchement des parties contenantes.

Le ſuc exprimé des feuilles ſe donne depuis demi-once juſqu'à quatre onces; les feuilles récentes, depuis demi-once juſqu'à trois onces en infuſion dans cinq onces d'eau; le calice pulvériſé, depuis demie juſqu'à deux drachmes, incorporées avec ſuffſante quantité de ſirop, ou délayé dans quatre onces d'eau; l'écorce du bois, comme du calice; le tan réduit en pouſſière, & ſous forme d'une pelotte moins conſidérable que l'ouverture par où a paſſé l'hernie réduite, & qu'il faut maintenir par un bandage imbu de vin, où l'on aura fait macérer de la pouſſière de tan. Changez de pelotte & de bandage toutes les vingt-quatre heures, pendant quinze jours conſécutifs; noix de gale, comme le calice; & pour cataplaſmes, pulvériſées & broyées avec ſuffſante quantité d'eau ou de vin. C'eſt ainſi que M. Vitet s'exprime dans ſa *Pharmacopée*, au ſujet des propriétés du chêne.

CHAPITRE VII.

Recueil d'Obſervations qui m'ont été communiquées.

I. On eſt très-embarraſſé aujourd'hui de trouver des bois de chêne propres à la marine. Plus nous irons, plus l'embarras augmentera, ainſi que la valeur intrinſèque du bois. Sur les bords du lac de Genève, dans le pays de Vaud, il exiſte une ſuperbe forêt appartenante à M. le Baron de

Coppet, de laquelle on tireroit au moins quatre mille pieds d'arbres capables de faire des quilles pour des frégates.

II. Outre les belles forêts des cantons de Zurich & de Schaffouse, il y a beaucoup de chênes dans les haies, dont le gland est rebuté par les cochons. Dans la haute Alsace, on y connoît un chêne de haie, qui ne vient jamais que petit & tortu, dont le gland est presqu'entièrement renfermé dans son calice, & est très-amer; mais ces vilains arbres ont un bois dont les fibres sont croisées dans tous les sens comme celles des ormes tortillards; (*voyez* leur origine indiquée au mot BUIS) & dans beaucoup d'ouvrages, ce bois est préférable à celui des chênes ordinaires, comme étant plus dur. Plusieurs de ces chênes restent nains, d'autres s'élèvent assez pour faire de très-bonnes courbes pour les vaisseaux. Son extérieur peu agréable, a sans doute rebuté l'observateur: il seroit essentiel cependant d'examiner sur quelle espèce de sol il vient mieux, & le multiplier à cause du prix excessif des bois destinés aux courbes. On l'appelle, dans la haute Alsace, *haye-rehen*, ou *kleiberchen*: n'est-ce pas celui décrit au N° 6?

III. En Flandre, dans le Brabant, dans la Normandie, &c. on voit de superbes avenues de chênes, & des plantations de cet arbre disposées en quinconces. Les arbres isolés n'ont jamais une quille d'une aussi grande portée que celle des arbres des forêts; ils gagnent en largeur, en extension de leurs branches, ce que les autres gagnent en hauteur. Ce sont les seuls arbres capables de fournir les excellentes courbes pour la ma-

rine, & qu'on ne peut trouver dans les forêts que sur les rives des bois.

IV. Dans la plaine de Sisteron dans la haute Provence, on voit des chênes espacés au milieu des champs. Ceux qui existent sont conservés, parce qu'il est défendu aux propriétaires de les abattre. On n'en plante plus dans ce pays, afin de ne pas être sujet à l'inspection de la marine de Toulon, qui envoie les marques. Le prix fixé pour ces sortes d'arbres est sans doute trop modique, puisqu'il fait renoncer à leur plantation & à leur culture.

V. Dans le Brabant, on fait des *haies* croisées avec les chênes. (*Voyez* le mot HAIE où je donne la description de la manière de faire ces haies.)

VI. Le *taussin* est une espèce de chêne blanc qui fournit le meilleur tan dans la basse Navarre. On prétend que cette écorce seroit d'un grand produit pour la province, si les bois, où cet arbre est commun, n'étoient pas si mal exploités. Quoique cet arbre soit employé à être écorcé, on le laisse quelquefois élever, & alors il devient aussi haut que les autres chênes. Ce chêne pousse six semaines plus tard que le chêne commun, & conserve ses feuilles également six semaines plus tard. C'est un avantage, parce qu'il est moins endommagé par les animaux, que les autres chênes, ses bourgeons paroissant dans une saison où ils trouvent d'autres pâtures. Il donne moins de fruits que les autres espèces.

• Le chêne *arraya*, nom en langue basque, ou *encena* en espagnol, est beaucoup moins commun dans la basse Navarre que le taussin. Est-ce le chêne décrit, N° 1? Il a la feuille un peu plus petite que le chêne *ordinaire;*

ordinaire : il vient prefqu'auffi haut, & fon bois eft beaucoup plus dur que celui du chêne commun. (Cette qualité ne proviendroit-elle pas de la nature du fol, de l'expofition, &c ?) Il a la propriété de réuffir dans les terreins fecs, pierreux, & qui n'ont prefque point de fond. On le trouve plus communément dans la haute Navarre que dans la baffe : cependant on en voit affez fréquemment dans la communauté de *Lantabat*, près Saint-Jean-Pié-de-Port. Ce bois feroit excellent pour faire des chevilles deftinées à la marine.

CHÊNE. (Petit) *Voyez* GERMAN-DRÉE.

CHENILLE. Comme ce *Cours d'Agriculture* n'eft pas un *Cours d'Hiftoire Naturelle*, on pourra, fi on défire de plus grands détails, confulter les ouvrages de MM. de Réaumur, Lyonet, le *Dictionnaire de M. Valmont de Bomare*, Malpighi, Swamerdam, Bonnet, Géer, &c. On répéteroit ici inutilement ce qui fera dit de la métamorphofe de la chenille en chryfalide, & de chryfalide en papillon, puifqu'il faudra entrer dans ces détails à l'article VER A SOIE. La loi de la nature eft, en général, la même pour les infectes de cette immenfe famille. Nous ne parlerons donc ici que de celles qui font nuifibles à l'agriculture.

PLAN du travail fur la CHENILLE.

Tom. III.

CHAPITRE PREMIER.

DES CARACTÈRES DISTINCTIFS DE LA CHENILLE.

Le caractère diftinctif de la chenille eft d'avoir un corps alongé, compofé de douze parties qu'on nomme des *anneaux* ; d'une tête écailleufe, garnie de deux dents ; de feize jambes au plus, & jamais moins de huit, dont les fix premières ou antérieures, qui font écailleufes, font incapables de s'alonger ou de fe raccourcir d'une manière fenfible. Les autres jambes, dont le nombre eft relatif aux différentes efpèces, font membraneufes ; l'infecte les alonge, les raccourcit à fon gré, felon les circonftances. Toutes les chenilles ont généralement fix jambes écailleufes ; elles font placées par paires aux trois premiers anneaux de leurs corps. Elles n'ont pas toutes le même nombre de jambes membraneufes ; il y en a qui n'en ont que deux, placées au dernier anneau de leur corps ; d'autres en ont quatre, fix, huit, dix. Le genre des chenilles renferme un nombre prodigieux d'efpèces, qui font toutes extrêmement variées, foit pour la grandeur, la couleur & la figure : il y en a qui font rafes ; d'autres font plus ou

E e

moins velues : le corps de plufieurs efpèces eft garni de pointes pareilles à des épines ; il y en a quelques-unes où le poil eft diftribué de manière qu'il forme des aigrettes, des broffes, des houppes : d'autres ont la peau raboteufe ou chagrinée : quelques-unes ont une corne recourbée vers l'extrémité de leur corps. Toutes les chenilles, qui ont depuis huit jufqu'à feize jambes, fubiffent une métamorphofe qui les change en papillons : celles qui ont plus de feize jambes fe changent en mouches : on les appelle pour cet effet *fauffes chenilles.*

La manière de vivre des chenilles en eft prefque auffi variée que leurs efpèces. Il y en a qui aiment à vivre feules dans la retraite qu'elles choififfent ; d'autres fe plaifent enfemble & forment des fociétés. On trouve des efpèces qui vivent dans la terre, dans l'intérieur des plantes, dans les troncs d'arbres, dans leurs racines. Le plus grand nombre fe plaît fur les feuilles, les arbres, les plantes : à portée des alimens qui leur font néceffaires, elles n'ont d'autres précautions pour fe garantir des injures du mauvais temps, que de fe cacher fous les feuilles, fous les branches, jufqu'à ce qu'elles puiffent reparoître fans danger. Quelques-unes, pour fe mettre en fureté, roulent des feuilles pour fe retirer dans la cavité formée par les plis ; d'autres, d'une très-petite efpèce, habitent & vivent dans l'intérieur même des feuilles, où elles ne font point apperçues des ennemis qu'elles ont à craindre. Il y en a qui, pour mieux tromper leurs ennemis, fe forment exactement une maifonnette en forme de tuyau, qui les rend invifibles, & les accompagne par-tout.

CHAPITRE II.

DE QUELQUES ESPÈCES DE CHE-NILLES QU'IL EST IMPORTANT DE CONNOITRE, A CAUSE DES RAVAGES QU'ELLES FONT.

ARTICLE PREMIER.

Chenille commune.

La chenille commune eft une de celles qui vivent en fociété, & qui, par cette raifon, fait les plus grands ravages aux arbres fur lefquels elle vit. On lui a donné le nom de *commune*, parce que c'eft une efpèce qui paroît prefque tous les ans en affez grand nombre. Elle multiplie tellement, que chaque année on peut en voir deux générations, lorfqu'on néglige de les détruire. Chaque papillon femelle pond jufqu'à trois ou quatre cents œufs, d'où fortent autant de chenilles, qui multiplient dans la même progreffion ; de forte qu'une feule peut être dans une année la mère de plus d'un million d'individus de fon efpèce. Cette prodigieufe fécondité prouve la néceffité de veiller à la deftruction de ces infectes, capables de ravager tous nos arbres. On fera peut-être étonné de cette prodigieufe fécondité, & on demandera à quoi elle fert. Si l'Auteur de la nature n'avoit confidéré que l'homme dans la formation de l'univers, il eft conftant que les chenilles auroient été fuperflues dans la création ; mais on doit obferver que le nombre de chaque infecte eft proportionné à celui des individus qu'il doit nourrir. La chenille, la mouche ne font donc pas inutiles, puifqu'elles fervent d'aliment à tous les oifeaux qui ont le bec pointu. Cette chenille, de grandeur médiocre & velue, a feize jambes. A la vue fimple, on ne diftingue point l'arrangement de fes poils, qui font roux. La couleur de fon corps eft brune. On apperçoit de chaque côté, à une diftance égale de l'origine de fes jambes & du milieu de fon dos, deux lignes de taches blanches, formées par des poils courts. Sur le milieu du dos, on remarque de petites taches rougeâtres. Sur l'anneau auquel eft attachée la dernière paire des jambes membraneufes, & fur le fuivant, on obferve au milieu un mammelon rouge.

Le papillon, qui pond les œufs d'où naiffent ces efpèces de chenilles, eft blanc, & d'une grandeur moyenne. La femelle fait fa ponte quinze jours ou trois femaines après qu'elle a quitté fa dépouille de chryfalide, parce qu'elle eft fécondée par le mâle prefqu'auffi-tôt qu'elle fort de fa prifon. Elle dépofe fes œufs fur des feuilles, & les enveloppe d'une efpèce de foie jaune, formée des poils qui font à l'extrémité de fon corps. Dès que les chenilles font éclofes, elles fe mettent à manger & à filer, pour conftruire un nid, où elles fe retirent pendant la nuit, & & qui doit auffi leur fervir de retraite pendant l'hiver. Elles fupportent la rigueur de cette faifon fans périr, en attendant le retour du printemps, pour fortir de leur folitude & aller ronger les feuilles naiffantes. On voit en automne beaucoup de ces nids fur les arbres fruitiers, qui paroiffent encore mieux en hiver, lorfque les arbres font dépouillés de leurs feuilles. On apperçoit alors de gros paquets de foie blanche, qui

enveloppent quelques feuilles à l'extrémité des branches. A mefure que les jeunes chenilles prennent leur accroiffement, leur logement devient plus vafte, parce qu'elles filent toujours extérieurement, en rompant les fils intérieurs, afin d'avoir plus d'efpace.

La chenille commune eft regardée avec raifon comme l'infecte le plus deftructeur, parce que les feuilles de différentes efpèces d'arbres & d'arbriffeaux font également de fon goût. Dans les vergers, elle attaque furtout les poiriers, les pommiers, les pruniers; elle ne dédaigne pas les feuilles de rofiers & de quantité d'autres arbuftes. Dans la campagne, elle s'établit fur les chênes, les ormes, l'aubépine, &c. Les jeunes fruits font auffi de fon goût; fouvent elle ronge les jeunes poires, les jeunes abricots, quand même elle a des feuilles à fa difpofition. Le nid des chenilles, où nous avons dit qu'elles fe retirent, eft pour elles un afyle affuré, qui les met à couvert de toutes les injures du temps. La pluie ne peut point y entrer, parce que toutes les iffues font en-bas; de forte qu'elles gliffent fans pénétrer le tiffu foyeux dont il eft conftruit. Quand il pleut, elles s'y retirent, de même que lorfque le foleil eft trop ardent. Quand elles veulent changer de peau, c'eft encore dans ce nid qu'elles vont quitter leurs dépouilles: auffi eft-il fort ordinaire de l'en trouver rempli, lorfqu'on le prend après que les chenilles en font délogées. Dès que l'hiver approche, quelquefois même à la fin de feptembre, lorfqu'il commence à faire froid, elles fe retirent dans leur nid, pour y paffer la mauvaife faifon. Dans cette retraite, elles font immobiles, paroiſſent mortes tant que le froid continue. Dans le mois de mars, lorſqu'il commence à faire un peu chaud, elles en ſortent pour ſe répandre ſur l'arbre, afin de ronger les jeunes feuilles à meſure qu'elles vont paroître. Si la chaleur continue, elles prennent promptement leur accroiſſement ; on a bien de la peine alors à les détruire, parce qu'elles ſont répandues par-tout : on n'a plus d'eſpérance que dans les pluies froides qui les font mourir, & dans les oiſeaux qui en dévorent beaucoup.

A R T I C L E I I.

Chenilles arpenteuſes.

Il y a deux claſſes de chenilles arpenteuſes, qu'on diſtingue ſur-tout par le nombre de leurs jambes membraneuſes, & par la variété de leurs couleurs. La première claſſe eſt de celles qui ont dix jambes ; ſix écailleuſes, deux poſtérieures, deux intermédiaires. La ſeconde comprend celles qui ont douze jambes; ſix écailleuſes, quatre intermédiaires, & deux poſtérieures. Le corps de ces eſpèces de chenilles eſt long, effilé, d'une couleur verte, plus ou moins foncée, ſelon l'âge de l'inſecte, ou l'époque où il doit changer de peau. Les arpenteuſes à douze jambes ont quatre raies citron, qui règnent dans toute la longueur de leur corps. On ne s'apperçoit pas toujours des dégâts qu'elles ſont capables de faire, & qu'elles font réellement ; parce qu'aſſez communément elles habitent les forêts. Il y a cependant des années où elles ſont répandues partout, & dévorent toutes les feuilles des arbres & des plantes. Le prin

temps eſt la ſaiſon où ces eſpèces de chenilles ſont très-communes : vers la fin du mois de mai, elles diſparoiſſent pour aller ſe métamorphoſer en chryſalide dans les trous des murs, ou dans le creux des arbres. Le papillon qui ſort de la chryſalide des chenilles de cette eſpèce, eſt de la ſeconde claſſe des nocturnes. La couleur de ſon corps & du deſſous de ſes ailes, eſt d'un gris plus brun que le cendré, ainſi que le deſſus des ailes inférieures : le deſſus des autres eſt nuancé de rouge, de jaune, de gris & de brun. On apperçoit ſur ces mêmes ailes une tache d'un jaune brillant, qui a preſque la figure d'un Y. La femelle de ces papillons pond des œufs en forme de bouton, qu'elle place de côté & d'autre, où elle ſe trouve ; ce qui met dans l'impoſſibilité de les détruire, par la difficulté de les découvrir. On a chaque année au moins deux générations de ces inſectes : la dernière fait ſa ponte au mois d'août ; au mois de mai de l'année ſuivante, elle eſt en état de produire d'autres individus de ſon eſpèce, qui pondront comme elle au mois d'août.

M. de Réaumur, dans le huitième mémoire du ſecond volume de l'*Histoire des Inſectes*, rapporte tous les dégâts que firent les arpenteuſes à douze jambes, en 1735. Il en parut une quantité étonnante aux environs de Paris, & dans pluſieurs provinces de la France, qui attaquèrent les légumes, les plantes potagères, qu'elles dévorèrent tellement, qu'on ne voyoit plus que la tige & les côtes des feuilles. Tous les jardins furent dévaſtés, de même que les campagnes ſemées de haricots & de pois. Il étoit fort ordinaire de trouver des quantités de ces chenilles diftribuées par troupes, qui traverfoient les chemins, pour aller dévafter un champ femé de légumes, après avoir tout dévoré dans celui qu'elles abandonnoient. Elles attaquent indifféremment toutes fortes de plantes : quand elles n'ont pas à leur difpofition des légumes, des plantes potagères, qu'elles préfèrent, elles vont manger les feuilles de la renouée, du trèfle, du gramen, des chardons, de la bardanne, de la fauge, de l'abfinthe. Elles aiment paffionnément les feuilles de chanvre, celles des avoines, & ne dédaignent pas celles du tabac, dont il femble que l'amertume devroit les éloigner. Quand le chanvre eft jeune, elles en rongent l'extrémité, ce qui l'empêche de croître & de donner de la graine.

ARTICLE III.

Chenille furnommée la Livrée.

La chenille à livrée eft ainfi nommée, à caufe des bandes longitudinales de diverfes couleurs, qui parent fon corps, & lui donnent quelque reffemblance à un ruban. Il règne au milieu de fon dos, dans toute la longueur, un petit filet blanc, accompagné de chaque côté d'une bande bleue, bordée de part & d'autre d'un cordonnet rougeâtre : fa tête & fa partie poftérieure font bleuâtres. Cette chenille eft très-commune dans les jardins & les vergers. Les feuilles des arbres à fruit, & celles de plufieurs autres font de fon goût. Il y a des années où elle eft fi commune, qu'elle fait les plus grands dégâts, qu'elle dépouille de leurs feuilles tous les arbres fruitiers fur lefquels elle s'établit.

Pour fe métamorphofer en chryfalide, la chenille à livrée file une foie prefque blanche, dont elle conftruit une coque à peu près femblable à celle du ver à foie. Cette coque, d'un tiffu très-fin, feroit tranfparente, fi elle n'étoit poudrée intérieurement d'une pouffière jaune, qui la rend opaque, & lui donne une couleur citron, fans laquelle elle feroit blanche. A peine la coque eft-elle finie, que la chenille jette par l'anus une matière jaune & liquide, qu'elle étend avec fa tête contre les parois intérieures de fa coque. Cette matière, ainfi diftribuée & appliquée, donne à la coque en féchant promptement, cette couleur jaune qu'elle a. Lorfqu'on froiffe ces coques avec les doigts, il s'en détache une pouffière, qui n'eft autre chofe que la matière liquide que la chenille a jetée par l'anus, qui s'eft deffléchée tout de fuite. Au bout d'un mois environ, il fort de ces coques des papillons, dont les ailes font en partie d'un clair tirant fur l'agate, en partie ifabelle. On diftingue le mâle à fa couleur, qui eft plus claire, & à fon activité : la femelle ne fait point ufage de fes ailes pour aller trouver le mâle ; elle attend qu'il vienne la féconder.

Il feroit fans doute très-intéreffant de détruire les couvées de ces fortes d'infectes, fi nuifibles par leur voracité ; mais l'induftrie des femelles les dérobe fouvent à nos yeux & à nos recherches. Pour peu qu'on ait été curieux d'obferver dans la campagne où les femelles des papillons ont dépofé leurs œufs, il eft rare qu'on n'ait point remarqué, autour des jeunes branches d'arbres, des anneaux de cinq ou fix lignes de largeur, formés par de petits grains, qui font les œufs de cette espèce de chenille, que la femelle du papillon dépose & arrange en forme de spirale, quelquefois au nombre de deux ou trois cents. Ils passent ainsi l'hiver, sans que le froid fasse mourir le germe qu'ils contiennent. Quand les arbres sont à notre portée, on peut s'amuser à les chercher, pour les détruire : mais comment les voir sur des arbres très-élevés ?

Au retour du printemps, tous ces œufs éclosent ; il en sort des chenilles qui vivent en société pendant leur enfance : elles filent ensemble une toile qui leur sert de tente, sous laquelle elles ont soin de faire entrer quelques feuilles pour se nourrir. Dès que la provision est finie, la famille se transporte à un autre endroit de l'arbre, où elle peut trouver d'autres provisions : là elle s'établit, en formant avec sa toile une tente qui enveloppe les feuilles qui sont à sa portée. Dès que la provision est finie, elle déloge. Ce petit manège, qui dure tout le temps que les chenilles font jeunes, suffit pour dépouiller un arbre entièrement, quand il y a deux ou trois de ces familles qui sont assez nombreuses. A mesure qu'elles prennent leur accroissement, elles se dispersent de côté & d'autre. Si on ne connoît point la ruse ni l'industrie de ces insectes, on croit, en voyant tous les jours de nouveaux nids, que ce sont d'autres familles qu'on n'avoit pas apperçues : souvent c'est la même, qui voyage de côté & d'autre, à mesure qu'elle consomme les provisions des lieux qu'elle habite.

ARTICLE IV.

Chenille Processionnaire.

La chenille processionnaire, ou

évolutionnaire, est de la classe de celles qui ont seize jambes. Elle est de grandeur médiocre : sa couleur est un brun presque noir au-dessus du dos, blanchâtre sur les côtés & sous le ventre. Elle est couverte de poils très-blancs, & si longs, qu'ils egalent presque la longueur de leur corps : ils s'élèvent perpendiculairement jusqu'à très-peu de distance de leur bout, qui se termine en crochet, dont la pointe est dirigée en arrière.

Cette espèce de chenille multiplie prodigieusement : chaque couvée compose une famille de sept à huit cents individus, qui ne se séparent jamais, tant qu'ils vivent sous la forme de chenilles. Ces insectes changent de peau, & subissent leur métamorphose en chrysalide, dans le même nid où ils ont vécu en société. Dès que les papillons sont sortis de leur fourreau, ils se dispersent de côté & d'autre pour s'accoupler & pondre, afin de donner naissance à de nouvelles familles. Tant que ces espèces de chenilles sont jeunes, elles n'ont point d'établissement fixe ; les différentes familles vont tantôt dans un endroit, tantôt dans un autre, sur le même arbre où elles sont nées : elles filent ensemble pour former des nids qui leur servent d'asyle. A mesure qu'elles changent de peau, elles quittent leur ancien établissement, pour aller en former un autre ailleurs. Quand elles sont parvenues au terme de leur accroissement, qui n'est point éloigné de celui de leur métamorphose en chrysalide, l'habitation qu'elles choisissent alors est fixe ; elles y subissent leur métamorphose, & n'en sortent plus que sous la forme de papillons.

Les nids propres à contenir des

familles fi nombreufes font affez confidérables ; il y en a qui ont jufqu'à
dix-huit à vingt pouces de longueur,
fur fix à fept de largeur. Ils forment
une efpèce de poche, dont l'ouverture, qui leur fert d'entrée, eft contre
le tronc, ou quelque branche principale de l'arbre fous lequel il eft
placé. C'eft ordinairement fur les
chênes qu'elles habitent : ce nid eft
leur retraite pendant le jour ; elles
en fortent pendant la nuit, pour aller
ronger les feuilles qui leur fervent
de nourriture. La foie dont ces nids
font faits, eft d'un blanc grisâtre. Il
eft rare d'en trouver dans le milieu
des forêts ; c'eft ordinairement fur
les lifières qu'on rencontre ces fortes
de républiques.

Quand ces infectes quittent leur
logement pour aller s'établir ailleurs,
leur marche eft faite avec un ordre
affez fingulier, pour mériter d'être
remarqué. Au moment qu'ils fortent
de leur habitation, une chenille va
la première, & ouvre la marche ; les
autres la fuivent à la file, en formant
une efpèce de cordon. La première
eft toujours feule ; les autres font
quelquefois deux, trois, quatre de
front : elles obfervent un alignement
fi parfait, que la tête de l'une ne
paffe pas celle de l'autre. Quand la
conductrice s'arrête, la troupe qui la
fuit, n'avance point ; elle attend que
celle qui eft à la tête, fe détermine
à marcher, pour la fuivre. C'eft dans
cet ordre qu'on les voit fouvent traverfer les chemins, ou paffer d'un
arbre à l'autre, quand elles ne trouvent plus de quoi vivre fur celui
qu'elles abandonnent. Elles obfervent l'ordre de cette marche, même
pendant la nuit, lorfqu'elles fortent
de leur nid pour aller prendre leur

repas. A la pointe du jour, elles fe
rendent dans leur habitation, en obfervant toujours la même marche.
Quelquefois on en voit, pendant le
jour, hors de leur nid, pour prendre
le frais, s'il fait trop chaud : elles
font alors collées contre le tronc ou
quelque branche de l'arbre, à la file
les unes des autres, fans faire aucun
mouvement, à peu de diftance de
leur afyle.

Quand on veut détruire, ou qu'on
eft fimplement curieux d'examiner
les nids de la chenille proceffion-
naire, il faut les toucher avec beaucoup de précautions, à caufe des démangeaifons violentes, fuivies d'en-
flures, qu'ils font capables de caufer.
Nous avons obfervé que ces chenilles fe retirent dans leurs nids pour
changer de peau : toutes ces dépouilles & les poils dont elles font
couvertes, fe brifent pour fe réduire
en pouffière très-fine. Quand on
touche ces nids, les poils brifés s'é-
lèvent en forme de pouffière qui
s'attache aux mains, au vifage,
comme les piquans des orties que
l'on touche : cette pouffière caufe
fur la peau des démangeaifons très-
cuifantes, accompagnées d'inflammation qui dure quatre ou cinq
jours, pour peu qu'on ait la peau
délicate. Les plus dangereux font
ceux d'où les papillons font fortis,
parce que leurs dépouilles ont eu le
temps de fe brifer en féchant, & de
fe réduire en pouffière très-fine. Ils
ne font point auffi à craindre quand
ils font habités par les chenilles. Les
plus vieux font par conféquent ceux
qu'il faut toucher avec une plus grande
précaution, afin de ne pas s'expofer
aux démangeaifons qui en font la
fuite.

Les papillons qui proviennent de ces espèces de chenilles, sont des phalènes sans trompe, à antennes barbues. Leurs ailes, en forme de toit, sont d'une couleur grise, noire, disposée par ondes & par taches. Le mâle & la femelle n'ont point entre eux une différence qui soit bien remarquable.

ARTICLE V.

Chenille du pin.

La chenille du pin ne doit point être rangée dans la classe de celles dont nous avons à nous plaindre. Les dégâts qu'elle fait ne peuvent ni exciter, ni mériter notre vengeance : peu nous importe qu'elle ronge les feuilles étroites & pointues du pin, qui est le seul arbre qu'elle attaque. Loin de nous nuire, elle construit des cocons avec la soie qu'elle file, qui pourroient être d'une grande utilité, si on prenoit les soins nécessaires pour les préparer & les mettre en état d'être cardés. Cette chenille, très - commune dans les endroits incultes, où croissent les pins, est de grandeur médiocre ; c'est - à - dire, de douze à quinze lignes, & de la classe de celles qui ont seize jambes. Sa peau, noire en dessus, est très-velue ; en dessous elle est de couleur de feuilles mortes : sa tête est ronde & noire. Ces chenilles vivent en société dans un nid que toute la famille a contribué à construire, par son industrie & ses talens : elles s'y retirent pendant la nuit ; dès qu'il fait jour, elles en sortent pour se répandre sur l'arbre où elles vont ronger les feuilles pour vivre. Leur marche, quand elles sortent & rentrent dans leur

nid, est dans le même ordre que celle des processionnaires. Quand cette espèce de chenille touche au moment de sa métamorphose, elle se retire dans la terre pour la subir. Le papillon qui sort de sa chrysalide, n'a pas des couleurs propres à le faire remarquer ; ses ailes sont d'un gris - blanc cendré, avec des raies brunes transversales ; le dessous est tout gris. La femelle de ce papillon fait sa ponte en juin ou juillet, de sorte que les chenilles sont écloses au mois d'août ; elles ont par conséquent le temps de croître assez pour passer, sans danger, l'hiver dans leur nid.

La chenille du pin file en commun des cocons de la grosseur des melons ordinaires, qui lui servent de nid. La soie, qui en forme le tissu, exigeroit peut-être peu de soins pour pouvoir être mise en œuvre. Quelques expériences faites par divers naturalistes, semblent indiquer qu'on pourroit en tirer une bonne soie. M. Valmont de Bomare rapporte, dans son *Dictionnaire d'Histoire Naturelle,* qu'on fit, il y a quelques années, de très-bons bas avec cette soie, arrangée seulement à la main, & filée sans autre préparation. M. Raoul, conseiller au parlement de Bordeaux, ne fut point aussi heureux dans l'essai qu'il fit pour envoyer à M. de Réaumur, parce qu'il avoit mis cette soie dans de l'eau bouillante de savon. Les premières expériences n'indiquent pas toujours les procédés qu'il faut suivre : ce n'est qu'à force de les répéter qu'on peut espérer quelque succès, & qu'on peut apprendre le procédé convenable qui échappe souvent, parce qu'il est très-simple.

ARTICLE VI.

Article VI.

Chenille à oreilles.

La chenille à oreilles est ainsi surnommée à cause de deux tubercules éminens, placés de chaque côté de la tête, en forme d'oreilles. Elle est de moyenne grandeur, demi-velue, chargée de tubercules d'où partent des touffes de poils noirs & hérissés. Elle file une coque en forme de réseau, dans laquelle s'opère sa métamorphose en chrysalide. Le papillon qui en sort a les ailes couleurs d'agate : la femelle, plus grosse, a ses ailes d'un blanc sale, & elle ne s'en sert point pour voler. Elle dépose ses œufs autour des jeunes branches d'arbres en forme de spirale. Heureusement que cette espèce n'est pas toujours bien commune; il est même rare qu'elle multiplie beaucoup. Cependant il y a des années où les couvées sont si abondantes & réussissent si bien, que les pommiers, qui sont les arbres qu'elles préfèrent, sont dépouillés de leurs feuilles par les ravages de ces insectes.

Article VII.

Chenille du chou.

Cette espèce de chenille est la plus redoutable dans les jardins potagers, à cause des dégâts qu'elle y fait. Il est peu d'années qu'on n'en voie paroître un assez grand nombre, toujours trop considérable, par rapport aux dommages qu'elle fait aux plantes potagères. Elle est surnommée *chenille du chou*, parce qu'elle attaque cette plante préférablement à toute autre. Elle est de moyenne grandeur ; la longueur de son corps

est ornée de trois raies d'un jaune-citron ; l'espace qui est entre ces raies, est d'un blanc pâle, quelquefois un peu noir. Le papillon qui sort de sa chrysalide, est de la classe des diurnes : ses ailes, couleur de citron clair, sont piquées de points noirs. Ces papillons sont très-fréquens dans les jardins, pendant toute la belle saison : la femelle ne fait point sa ponte tout de suite, comme la plupart des autres papillons ; elle voltige continuellement d'une fleur à une autre, qu'elle quitte à tout instant pour aller pondre deux ou trois œufs sur une feuille de chou : c'est là qu'elle établit sa famille, afin qu'au moment de sa naissance, elle trouve les alimens qui sont propres à la faire subsister. Les œufs qu'elle pond sont dispersés de tous côtés sur les feuilles du chou ; on ne les trouve point rassemblés en tas, comme ceux des autres espèces ; de sorte que de deux ou trois cents œufs qu'une femelle pond, souvent on n'en trouve pas six qui soient réunis.

Si cette chenille vivoit comme la plupart des autres espèces, on auroit peu de peine à la détruire : il suffiroit de permettre à la volaille, qui en est très-avide, de se répandre dans un jardin ; dans une demi-journée, elle en détruiroit considérablement. Mais cette espèce de chenille ne se montre & ne fait ses plus grands ravages que pendant la nuit : c'est alors qu'elle sort de sa retraite, pour dévorer tout ce qui s'offre à son appétit. Pendant le jour elle se tient cachée dans l'intérieur du chou, ou en dessous de ses feuilles, de sorte qu'il est impossible de l'appercevoir. Quand on veut la détruire, il faut donc lui déclarer la guerre, & la pourfuivre la lanterne à la main pendant la nuit. Cet infecte eft fi vorace, qu'il mange, pendant une nuit, deux fois plus pefant qu'elle de feuilles de choux. On conçoit que pendant plufieurs nuits d'un fi grand appétit, lorfque cette efpèce eft bien multipliée, elle doit faire une confommation étonnante, & dévafter entièrement un jardin.

ARTICLE VIII.

Chenille des Grains.

La chenille des grains, quoique très-petite, eft cependant l'ennemi le plus redoutable & le plus dangereux pour nos moiffons. Ses œufs dépofés dans les épis ou fur les grains, donnent naiffance à un très-petit infecte, qui perce un grain de blé pour s'y loger, & y vivre aux dépens de la fubftance farineufe du grain, qui eft fon aliment. C'eft-là qu'il habite pendant tout le cours de fa vie, qu'il fe transforme en chryfalide, d'où fort un papillon qui fe répand dans la campagne, pour faire fa ponte fur les épis de blé. Cette petite chenille eft blanche & abfolument rafe, fa tête eft un peu brune; elle eft dans la claffe de celles qui ont feize jambes. Elle fe loge dans un grain de blé, qui contient la jufte mefure des alimens qui lui font néceffaires pour prendre fon accroiffement, jufqu'au moment de fa métamorphofe. Quand ce temps eft arrivé, toute la fubftance du grain eft confommée; l'infecte file alors une coque de foie blanche, qui eft foutenue par l'écorce même du grain, dont il a mangé la fubftance farineufe : c'eft dans cette coque qu'il paffe de l'état de chenille à celui de

chryfalide; il ne fort du grain que fous la forme du papillon, par un petit trou percé fur un des côtés. Ce petit papillon eft de la feconde claffe des phalènes : fes antennes & fa trompe font à filets grainés; fes ailes font étroites, relativement à leur longueur; en deffus, leur couleur eft un canelle très-clair & luifant; en deffous elles font grifes, de même que le deffus & le deffous des ailes inférieures. A peine ces papillons font fortis de leur fourreau de chryfalide, qu'ils s'accouplent : les femelles fe répandent enfuite dans la campagne, ou fur les tas de blé d'où elles font forties, pour y dépofer leurs œufs.

Les œufs pondus par les femelles font enduits d'une liqueur vifqueufe, qui les rend adhérens aux corps fur lefquels elle les place. Huit jours environ après qu'ils ont été pondus, il en fort une chenille qu'on ne peut appercevoir fans le fecours de la loupe; elle fe gliffe dans la rainure qui fépare les deux lobes du grain : par le moyen de fes dents, elle déchire l'enveloppe du grain qui retombe fur le trou qu'elle s'eft pratiqué pour y pénétrer, de forte qu'on ne fe douteroit pas qu'il foit percé. Une chenille n'attaque jamais plufieurs grains, un feul fuffit pour la nourrir tant qu'elle vivra dans l'état de chenille. La vie de ces infectes eft d'une courte durée; mais auffi on en voit plufieurs générations dans la même année : dans vingt-neuf à trente jours, une génération eft accomplie.

Dans l'article qui aura pour objet la confervation des grains, on trouvera les moyens qu'on emploie pour détruire ces infectes fi dangereux pour les blés : il fuffit de dire maintenant qu'une chaleur de foixante degrés, foutenue pendant dix heures, eft capable de deffécher les chenilles, les chryfalides, les papillons, au point non-feulement de les faire mourir, mais de les rendre friables, fans que le blé perde, par cette chaleur exceffive, la faculté de germer. Quand on a lieu de craindre que les blés foient attaqués des chenilles, il ne faut pas attendre long-temps pour les mettre dans le four, autrement on éprouveroit une perte confidérable.

CHAPITRE III.

DÉGATS DES CHENILLES, DE LEURS ENNEMIS, ET COMMENT ON PEUT PARVENIR A LES DÉTRUIRE.

ARTICLE PREMIER.

Des dommages que les Chenilles caufent aux arbres & aux plantes.

La chenille eft l'infecte le plus deftructeur que nous connoiffions; elle eft le fléau des jardins, des vergers, des forêts. Il y a très-peu d'arbres & de plantes que les chenilles n'attaquent, & ne dépouillent de leurs feuilles, quand elles font en grand nombre. Elles font fi communes pendant certaines années, que très-peu de plantes échappent aux dégâts qu'elles font. En rongeant les feuilles des arbres, elles les réduifent dans un état fi trifte, qu'il ne diffère point de celui où nous les voyons en hiver; avec cette différence, que la perte de leurs feuilles, dans cette faifon, ne leur caufe aucun dommage, ne nuit point à leur végétation; au-lieu qu'au printemps, en été, ils languiffent, & fouffrent d'en

être dépouillés. Quand les chenilles ont dévoré la verdure d'un arbre, elles ne l'abandonnent pas toujours, quoiqu'il femble ne plus leur offrir de quoi vivre; elles attendent la feconde pouffée, pour ronger les bourgeons. Il y a des efpèces qui l'abandonnent, pour aller chercher de quoi vivre ailleurs. Un arbre attaqué par les chenilles, en eft tellement fatigué, que fouvent il arrive qu'il meurt l'année fuivante.

Parmi les animaux de la plus grande efpèce, on n'a pas d'exemple d'une voracité qu'on puiffe comparer à celle des chenilles. Il n'en eft aucune qui ne mange, dans l'efpace de vingt-quatre heures, plus pefant de feuilles qu'elle; quelques-unes mangent au-delà du double de leur poids. Quand elles approchent du terme de leur métamorphofe en chryfalide, il femble qu'elles fe préparent à fupporter la diète qu'elles feront obligées de faire, en redoublant de voracité; il eft étonnant combien elles mangent alors. Le ver à foie, par exemple, a un fi grand appétit avant de faire fon cocon, qu'on a bien de la peine à lui fournir de la feuille; on ne lui en a pas plutôt donné qu'il faut recommencer.

Quoique toutes les chenilles, en général, foient le fléau des végétaux, il faut cependant avouer qu'elles ne font pas toutes également nuifibles aux arbres & aux plantes: il y a des efpèces fi peu multipliées, que l'on peut regarder comme nuls les dégâts qu'elles font; d'autres vivent fur certaines plantes que nous fommes peu intéreffés à conferver; mais malheureufement il y a des efpèces dont nous avons fi fort à nous plaindre, & qui caufent tant de dommages aux plantes qui nous intéreffent , que notre haine pour elles s'étend à tout ce qui porte le nom de chenilles. Les dégâts dont nous avons à nous plaindre , excitent tellement notre vengeance envers ces infectes def-tructeurs , que nous ne défirons les connoître , qu'afin de les détruire , pour nous venger de tout le mal qu'ils nous ont fait.

Les ravages que font les chenilles, n'ont pas été le feul motif qui nous ait prévenu contr'elles : pendant long-temps , on a cru que cet infecte étoit venimeux. C'eft une erreur qui n'a d'autre fondement que le préjugé & l'horreur qu'excitent ces infectes à quantité de perfonnes qui les crai-gnent. Les volatiles dévorent les che-nilles ; ils en font de très-bons repas : on a vu des enfans manger des vers à foie , fans en être incommodés ; ceux même qu'on donne à la vo-laille , parce qu'ils font malades , ne lui caufent aucun mal. Quoiqu'il y ait de groffes chenilles, dont l'attou-chement fait naître des boutons fur la peau , qui excitent des déman-geaifons , il n'y a cependant jamais d'effets dangereux à craindre. Ces boutons font dûs à leurs poils, qui s'implantent dans les pores de notre peau, & y produifent la même fen-fation , les mêmes élévations que celles occafionnées par l'attou-chement de l'ortie. Jamais che-nille rafe n'a produit de femblables effets.

ARTICLE II.

Des Ennemis des Chenilles.

Quoique les chenilles aient beau-coup d'ennemis qui leur déclarent la guerre, on a du regret que le nom-bre n'en foit pas plus grand , lorf-qu'on confidère tout le mal qu'elles peuvent faire. Leurs dégâts feroient bien plus confidérables , fi les fortes gelées d'hiver , & fur-tout les pluies froides du printemps , n'en faifoient pas mourir une partie. Celles qui font logées dans des nids où elles peuvent braver la rigueur de la faifon , n'é-chappent fouvent à ces deux fléaux, que pour devenir la proie de leurs ennemis, qui comptent fur elles pour vivre & nourrir leur famille pen-dant la belle faifon. Les chenilles , au contraire , dont la chryfalide eft ifolée, (par exemple celles du chou) fervent d'aliment aux oifeaux à bec pointu , qui paffent leur hiver dans nos climats. Dans les efpèces de fon genre , la chenille a des ennemis acharnés à la détruire. On ne croi-roit pas qu'un infecte , qui ne femble deftiné qu'à ronger les feuilles , foit un animal carnaffier , qui dévore les individus de fon efpèce. M. de Réau-mur , qui a fait cette découverte, n'a pu obferver que cette efpèce de chenilles qui vivent fur le chêne. Il avoit mis une vingtaine de ces chenilles fous un poudrier , avec des feuilles de chêne , qu'on renouvel-loit dès qu'elles étoient fanées ou rongées en partie. Tous les jours il remarquoit que le nombre de ces chenilles diminuoit ; cependant il leur étoit impoffible de fortir de deffous le poudrier ; d'un autre côté, on ne voyoit point le cadavre de celles qui manquoient. Cette première ob-fervation le rendit plus attentif à examiner ce qui fe paffoit parmi ces infectes renfermés : il s'apperçut que lorfque quelques-unes d'entr'elles fe rencontroient , la plus forte tâchoit de faifir la plus foible avec les dents , pour lui faire quelque blessure vers les premiers anneaux. Affoiblie par cette blessure, elle devenoit la proie de sa meurtrière, qui la suçoit & la mangeoit tranquillement. De ces vingt chenilles, il n'en resta qu'une seule, que M. de Réaumur fit dessiner, pendant qu'elle mangeoit la dernière de ses camarades.

Il faut observer que la chenille de cette espèce, quoiqu'elle vive sur le chêne, n'est pas de celles qu'on nomme processionnaires ou évolutionnaires, qui vivent en société. Des goûts & des inclinations aussi barbares ne peuvent point régner dans une famille qui ne se sépare jamais. Cette chenille carnassière, dont nous parlons, est de la classe de celles qui ont seize jambes : elle n'est point velue comme la processionnaire ; son corps est entièrement ras. Le fond de sa couleur est un brun noir ; elle a une raie d'un très-beau jaune tout le long de son dos ; une pareille de chaque côté, au-dessus des stigmates. Si toutes les chenilles avoient ces inclinations carnassières, on pourroit se reposer sur elles du soin de leur destruction, qui diminueroit considérablement leur nombre. Malheureusement il n'en est pas ainsi ; presque toutes les chenilles vivent entr'elles d'un bon accord, quoiqu'elles ne soient pas de la même famille, ni de la même espèce.

Les chenilles ont des ennemis qu'il ne nous est guère possible de connoître sans un cours d'observations très-exactes. Telle chenille qui nous paroît en bon état, est souvent rongée toute vive par des vers qui se nourrissent, & croissent aux dépens de sa propre substance. Il y a de ces vers qui se tiennent sur le corps de la chenille, qu'ils percent pour le sucer ; d'autres sont si bien cachés dans son intérieur, qu'on ne se douteroit pas qu'elle en ait un, quoique son corps en soit tout farci. C'est un fait dont il est facile de se convaincre : on n'a qu'à prendre des chenilles de chou, & les enfermer sous un poudrier ; on ne tarde pas à voir s'élever sur leur peau de petits tubercules blancs, qui sont les vers qui sortent de l'intérieur de la chenille. Les œufs qui contiennent les germes de ces petits vers, sont pondus par une petite mouche d'un beau verd doré, qui se promène sur la chenille du chou, pour enfoncer dans sa peau un aiguillon dont la partie postérieure de son corps est pourvue. Cet aiguillon, presque aussi long qu'elle, fait une ouverture assez profonde dans le corps de la chenille, où elle dépose un œuf qui glisse par le canal de l'aiguillon même. Ces œufs sont placés à une telle profondeur, qu'ils sont toujours à l'abri, quoique la chenille vienne à changer de peau. On comprend que les vers qui naissent de ces œufs, ne peuvent ni vivre, ni arriver au terme de leur accroissement, qu'aux dépens de la chenille qui meurt en les nourrissant. Quand ces vers ont pris tout leur accroissement, ils sortent du corps de la chenille, par des trous qu'ils font à sa peau, de côté & d'autre ; ils subissent ensuite une métamorphose en nymphes, d'où sortent de petites mouches d'un beau verd doré, qui vont ensuite se promener sur les chenilles pour y déposer les œufs de la génération qui doit leur succéder. Ces vers n'ont pas toujours le temps de prendre leur accroissement : s'ils sont déposés peu de temps avant la métamorphofe de la chenille en chryfalide, ils meurent avant d'arriver à l'état qui est néceffaire pour qu'ils fe changent en nymphes ; parce que, dans l'état de chryfalide, la chenille ne prend pas la nourriture qui feroit néceffaire pour réparer fa fubftance dévorée par ces infectes. Il y a très-peu de chenilles du chou, dans le corps defquelles on ne trouve quantité de ces vers rongeurs.

Cette efpèce de chenille n'eft pas la feule qui nourriffe dans fon intérieur des vers qui la dévorent : plufieurs autres, quoique en moindre quantité, font l'aliment de ces infectes carnaffiers. Les mouches n'ont pas la même facilité de dépofer leurs œufs dans le corps de celles qui font velues, comme dans celui de ces efpèces qui font rafes. Quelquefois on eft furpris de voir des chryfalides d'une belle apparence, qui tombent en pouffière lorfqu'on les touche ; le papillon n'en eft certainement point forti ; elle a été réduite dans cet état par les vers qu'elle a nourris, & qui ont dévoré fa fubftance. Tant que la chenille ronge les feuilles ; elle répare par de nouveaux alimens ce que les vers mangent dans fon corps ; mais après fa métamorphofe en chryfalide, elle fuccombe fous leurs dents meurtrières.

Les chenilles ont d'autres ennemis extérieurs, qui leur font une guerre auffi cruelle que les intérieurs, & qui finit par une mort plus prompte. Les punaifes des bois & des jardins font armées d'une longue trompe qu'on ne voit point, quand elles n'en font pas ufage, parce qu'elle eft appliquée contre leur ventre : elles la redreffent pour l'enfoncer dans le corps des plus

groffes chenilles, qu'elles fucent tranquillement, malgré tous leurs efforts pour s'en débarraffer. Un autre ennemi, bien plus redoutable pour elles, eft un ver à onze anneaux, fans comprendre la partie poftérieure & fa tête : il eft plus long qu'une chenille de médiocre grandeur ; il eft noir ; il n'a que fix jambes écailleufes, attachées aux trois premiers anneaux. Le devant de fa tête eft armé de deux pinces écailleufes, dont il perce le ventre des chenilles qu'il attaque. La plus groffe chenille, qui fuffit à peine pour le nourrir pendant un jour, ne peut éviter fes pourfuites ; dès qu'elle eft percée au ventre, il ne la quitte plus qu'il ne l'ait entièrement dévorée. Ces infectes ont foin de fe loger à portée de leur proie : on les trouve ordinairement dans les nids des proceffionnaires, dont la nombreufe famille fournit abondamment de quoi raffafier leur appétit, & fatisfaire leur gloutonnerie. La guêpe folitaire eft encore un des ennemis des chenilles : quand elles font petites, elle les emporte dans fon nid, pour nourrir fes larves. MM. de Réaumur & de Géer ont donné deux mémoires fur les ennemis des chenilles, dans lefquels on voit que ces favans naturaliftes ont obfervé qu'il y avoit plufieurs efpèces de chenilles qui étoient la pâture ordinaire des vers, qui les rongent intérieurement & extérieurement.

Les oifeaux leur font continuellement la guerre ; ils en détruifent des quantités prodigieufes, quand elles font jeunes : ces infectes font un mets friand pour le roffignol, la fauvette, le pinçon, &c. Le moineau, tant décrié à caufe de fa voracité, en détruit un très-grand nombre.

pendant fes nichées ; quand il ne trouve plus de chenilles , il vole après les papillons pour les prendre & les emporter dans fon nid. La guerre trop meurtrière qu'on dé-clare à ces fortes d'oifeaux qu'on tue ou qu'on prend dans le nid, eft peut-être la caufe que les che-nilles font fi multipliées dans certai-nes années : il eft évident, qu'en dé-truifant les efpèces qui les dévorent, nous veillons à la fureté de nos ennemis, fans nous en douter.

ARTICLE III.

Des moyens qu'on peut employer pour détruire les Chenilles.

Lorfque nous obfervons les ar-bres de nos jardins, de nos vergers, dépouillés de leurs feuilles par les chenilles, qui les ont réduit dans un état languiffant, qui nous fait craindre de les perdre ; lorfque nous voyons les campagnes dévaftées par leurs dégâts , nous voudrions que le nombre des ennemis de ces infectes fût encore plus grand , afin qu'ils fuccombaffent entièrement à leurs attaques. En conjurant leur perte, nous fouhaitons de pouvoir anéan-tir leur efpèce ; mais comme il y a toujours une compenfation dans l'or-dre de la nature, on ne peut détruire une efpèce fans qu'une autre, fou-vent plus défaftreufe, ne fe multi-plie : détruifez les renards, les mu-lots abymeront vos terres. Il faut avouer qu'il y a des années où les chenilles font de fi grands ravages, qu'elles nous privent des plus beaux fruits, de l'agrément de voir une belle verdure, de nous mettre fous fon ombre dans une faifon où on la recherche avec plaifir, & où on en

jouit avec délices : tous ces traits font bien propres à exciter notre courroux & notre vengeance con-tr'elles. Pour venir à bout de nos deffeins deftructeurs, il faut attaquer ces fortes d'ennemis dans leur ber-ceau : fi nous attendons que l'âge les ait affranchis des entraves de leur enfance, tous nos efforts feront inutiles ; malgré nous, ils feront le mal dont ils font capables.

Dans le détail des efpèces de che-nilles les plus communes & les plus à craindre, nous avons indiqué la manière dont les papillons femelles font leur ponte : cette connoiffance eft néceffaire pour pouvoir diftin-guer les nids des jeunes chenilles. Nous avons vu qu'il y en avoit qui for-moient des nids en filant une efpèce de coque, dans laquelle elles fe re-tirent pendant la nuit, lorfqu'il fait froid ou qu'il pleut : voilà donc le berceau où naiffent, où vivent les ennemis que nous fommes fi in-téreffés à détruire. Pour y réuffir d'une manière efficace, il faut cou-per les extrémités des branches, fur lefquelles ces nids font placés, & les jetter au feu tout de fuite ; parce que, fi on les laiffoit à terre, les jeunes chenilles qui ont été fecouées, fortiroient & fe répandroient par-tout. Ces nids ne font pas toujours à la portée de notre main, quel-ques-uns font placés à l'extrémité des branches des arbres très-élevés : dans ces circonftances, on fe pour-voit d'une longue perche, au bout de laquelle on attache des cifeaux, nommés échenilloirs : (voyez la gra-vure des inftrumens d'agriculture & du jardinage, au mot OUTILS.) Le temps le plus propre pour échenil-ler, eft lorfqu'il fait froid ; parce qu'alors toutes les jeunes chenilles font rassemblées dans leur nid. Si on n'a pas eu la précaution d'écheniller pendant l'hiver, on ne peut plus le faire qu'immédiatement après une forte pluie, qui a fait rentrer toutes les chenilles dans leur domicile : cette méthode de les détruire, est la meilleure & la plus efficace de toutes celles qu'on peut indiquer. Les autres n'attaquent que quelques individus ; mais celle-ci tend à la destruction générale de l'espèce, en faisant mourir de monstrueuses familles, qui auroient des générations à l'infini si on les laissoit subsister.

Il ne suffit pas d'attaquer les chenilles sur les arbres fruitiers, il faut encore les chercher dans les haies voisines des vergers & des jardins : si on n'avoit point cette précaution, après qu'elles auroient ravagé les arbustes sur lesquels elles naissent, on les verroit bientôt se mettre en route, pour arriver sur les arbres qui leur offriroient de quoi vivre. Cet insecte, comme nous l'avons observé, se répand par-tout où il peut nous nuire : ainsi, quoiqu'on ait bien pris la peine d'écheniller chez soi, si les voisins n'ont point eu les mêmes précautions, après que les chenilles auront tout ravagé chez eux, qu'elles ne trouveront plus dequoi y vivre, elles viendront dépouiller les arbres de celui qui aura pris les plus grands soins pour se mettre à l'abri de leurs dégâts. Il seroit à désirer qu'il y eût une loi qui ordonnât, à tous les propriétaires, d'écheniller les arbres & les haies de leurs possessions. Pour veiller à ce que tout le monde se conformât à la loi, on feroit des visites très-exactes, pour s'assu-

rer si elle est observée : une amende contre les réfractaires, les obligeroit à veiller à leurs propres intérêts.

Quand on craint qu'un arbre ne soit attaqué par les chenilles répandues dans le voisinage, on peut enduire tout le tour du tronc, à la largeur de deux pouces, avec du miel, ou avec toute autre matière gluante & visqueuse ; lorsqu'elles veulent traverser cette barrière, leurs pattes s'y attachent, & elles ne peuvent plus avancer : alors, il faut avoir soin de visiter l'arbre de temps en temps, afin d'ôter les chenilles qui sont prises aux pièges qu'on leur a tendus, pour les écraser : si on les laissoit, leur corps serviroit de planche à d'autres, pour traverser la barrière sans s'engluer. Quelquefois on réussit à faire tomber les chenilles d'un arbre qui en est couvert, en brûlant au bas de la paille mouillée, ou celle de la litière des chevaux, qui occasionne une fumée très-épaisse, qui les étourdit : lorsqu'on mêle à ce feu un peu de souffre, la fumée est bien plus propre à les étourdir. On ne doit point leur donner le temps de revenir de cette sorte de convulsion ; il faut, au contraire, les écraser tout de suite à mesure qu'elles tombent ; autrement, dès qu'elles seroient revenues de cet état de convulsion, elles regagneroient les arbres.

Dans le *Journal Economique* du mois de juillet 1760, on y trouve un moyen pour les détruire, dont l'auteur assure avoir fait usage avec le plus grand succès. Ce remède, dont l'efficacité est démontrée par les effets, si nous en croyons son auteur, consiste dans une eau de savon, avec laquelle on arrose les
plantes

plantes qui font couvertes de chenilles. Dans une grande chaudronnée
d'eau, on fait fondre fur le feu deux
livres de favon très-commun; quand
cette eau eft refroidie, on s'en fert
pour afperger les plantes potagères,
comme les choux, les pois, &c.
& même les arbuftes fur lefquels
les chenilles fe font établies. On
conçoit la difficulté qu'il y auroit
d'employer ce moyen pour les
grands arbres, quelque fuccès qu'on
pût en attendre : pour lors, on peut
avoir recours au foufre ; quoique
ce moyen foit peu affuré, l'odeur de
ce minéral eft fi contraire aux chenilles, que non-feulement elle les
fait tomber en convulfion, quand
elles y font expofées, mais encore
elle fuffit pour les éloigner : la vapeur qui s'en élève, lorfqu'on le
brûle, entre dans les conduits de
leur refpiration, l'arrête, les fuf-
foque, & les fait tomber fans vie.
On prend, pour cet effet, un réchaud de charbons bien allumés,
qu'on promène fous les branches
d'un arbre, où les chenilles fe font
établies, en y jetant quelques pincées de foufre en poudre : on tient
le réchaud à une diftance fuffifante,
pour que la flamme, qui s'élève
quand on y jette le foufre, n'endommage point les feuilles; l'odeur
feule qui en refte à l'arbre, fuffit
pour empêcher les chenilles voifines
d'en approcher. Avec une livre de
foufre, on peut faire mourir les
chenilles d'un verger de plufieurs
arpens. Tel eft l'avis de plufieurs
auteurs. D'après leurs témoignages,
j'ai effayé cette fumigation fur des
planches de jeunes choux : j'ai détruit, il eft vrai, les chenilles, mais
j'ai abymé les feuilles, de manière
Tome III.

qu'il ne reftoit plus que le tronc. Si
la vapeur a peu d'intenfité, elle ne
produit aucun effet; ainfi, ce moyen
nuit autant aux feuilles qu'aux chenilles; & les feuilles qui ont pouffé
après cette fumigation, n'en ont pas
moins été dévorées à leur tour.

On peut tenter tous ces moyens,
quand il n'eft plus poffible d'attaquer les chenilles dans leur retraite,
pour détruire la famille entière. Cependant il faut obferver, qu'il eft
plus prudent d'écheniller pendant
l'hiver, au lieu d'attendre la belle
faifon, pour faire ufage des remèdes
que nous venons d'indiquer : quelques efficaces qu'ils paroiffent être
au fimple coup-d'œil, ils n'attaquent
que quelques individus ; une très-
grande partie eft toujours à couvert
des pièges qu'on lui tend, foit par les
feuilles & les branches de l'arbre,
qui empêchent la fumée & la vapeur
d'arriver jufqu'à elles. M. D. L. L.

CHEPTEL *ou* CHETEL, CHETEIL,
CHAPTAL, CHATAL. Efpèce de bail,
par lequel on donne à nourrir des
bœufs, des vaches, moutons, brebis, agneaux, chèvres, cochons,
& le tout à moitié profit. L'arrêt
du confeil de 1690, l'édit du mois
d'octobre 1713, ont ordonné que
de tels baux doivent être paffés par-
devant notaire, pour éviter toute
fraude.

Les conditions de ce bail, ou de
l'acte fous feing-privé, font en général, (car elles varient fuivant les
provinces) 1°. que le bailleur a droit
de revendiquer le bétail qu'il a donné
à cheptel, dans le cas de faifie chez
le preneur; 2°. que fi le bétail vient
à périr par cas fortuit, la perte eft
fupportée par le bailleur & par le

Gg

preneur ; 3°. que s'il périt par la faute du preneur, il en supporte la perte ; 4°. que le lait, le fumier, & le travail du gros bétail, appartiendront au preneur, & que le bailleur aura droit seulement sur la laine, & sur la multiplication des animaux. Ces loix générales sont susceptibles de beaucoup d'autres conventions, au gré des contractans.

On distingue deux sortes de cheptel, le *simple* & celui de *métairie*.

Le cheptel *simple* a lieu lorsque le propriétaire des bestiaux les donne à un particulier qui n'est point son fermier ou métayer, pour faire valoir les héritages qui appartiennent à ce particulier, ou qu'il tient d'ailleurs, soit à titre de loyer, soit à ferme.

Le cheptel de *métairie* est, lorsque le maître d'un domaine donne à son métayer des bestiaux, à la charge de prendre soin de leur nourriture, pour les garder pendant le bail, & s'en servir pour la culture & amélioration des héritages.

Le bail peut être à moitié, si le bailleur & le preneur fournissent chacun moitié des bestiaux, qui sont gardés par le preneur, à condition de partager par moitié les animaux survenus, & la moitié de la laine.

Le bailleur peut donner à son fermier les bestiaux par estimation, à la charge que le preneur en percevra tout le profit, & il augmente en proportion le prix du bail. Le preneur est obligé de rendre à la fin du bail, des bestiaux de même valeur que ceux qui lui ont été remis lors de la passation du bail, & suivant l'estimation.

Plusieurs de nos provinces ont des loix ou *coutumes* expresses sur cet objet ; ce seroit nous écarter de notre objet, en faisant ici l'énumération de ce qu'elles ordonnent.

CHERADAME. *Poire.* (*Voyez* ce mot)

CHERANÇOIR *du Lin, du Chanvre.* (*Voyez* SÉRANCER, SÉRANÇOIR)

CHERVI. M. Tournefort le place dans la première section de la septième classe, qui comprend les herbes à fleur en rose & en ombelle, dont le calice devient un fruit composé de deux petites semences cannelées, & il l'appelle *sisarum germanorum* ; M. von Linné le nomme *sium sisarum*, & le classe dans la pentandrie digynie.

Fleur, en rose, en ombelle, composée de cinq pétales blancs égaux ; le nombre des rayons varie dans les ombelles ; la partielle est plane, étendue ; l'enveloppe générale a plusieurs folioles en forme de lance, plus courtes que l'ombelle.

Fruit, ovale, presque rond, petit, cannelé, se divisant en deux semences convexes d'un côté & cannelées & planes de l'autre ; elles sont d'un blanc grisâtre.

Feuilles. Elles embrassent la tige par leur base ; elles sont ailées, terminées par une impaire, souvent en forme de cœur ; les folioles simples sont entières.

Racine, tubéreuse, ridée, fibreuse, blanche en dedans, roussâtre en dehors ; les tubercules tiennent tous à un collet, en manière de tête.

Port. La tige s'élève communément à la hauteur de deux ou trois pieds dans la première année, & de quatre à six dans la seconde : cette tige est noueuse, cannelée ;

l'ombelle naît au fommet, & les feuilles naiffent alternativement fur la tige.

Lieu. Cultivée dans les jardins, où elle eft vivace ; on la croit originaire de Chine, & elle croît naturellement dans les prés de la haute Provence.

De fa culture. La racine indique l'efpèce de terre qui convient à la plante : cette racine pivote, il lui faut un fol bien défoncé & léger.

Dans les provinces méridionales, le chervi demande a être femé dans le mois de février ; en mars, dans celles de l'intérieur du royaume, & au commencement d'avril dans celles du nord.

On fème de deux manières, ou à la volée ou par rayons : je préfère cette dernière, parce qu'elle facilite le ferfouage, qui, donné à propos, & affez fouvent, fait fingulièrement profiter la racine. Il faut fouvent arrofer ; cette plante aime l'eau, mais non pas le marécage. Je ne fuis point de l'avis de certains auteurs, qui prétendent que les mauvaifes herbes font utiles aux plants, jufqu'à ce qu'ils aient acquis de la force ; parce que ces herbes fervent de pâture aux infectes, & ils ne touchent pas à la plante : cette affertion eft un peu hafardée ; j'ai vu les infectes choifir de préférence ce qu'ils aimoient le plus, & par conféquent les chervis.

Quoiqu'on puiffe les replanter, il vaut mieux les laiffer dans leurs fillons, & éclaircir fuivant le befoin. Cependant la tranfplantation offre un grand avantage ; elle a lieu communément en avril ou en mai, fuivant les provinces. Du collet de la plante, il fort plufieurs tubercules qu'on

fépare, qu'on plante, & de chacun il pouffe une tige nouvelle : ces filleules devancent les plants venus de femence. Ce que je dis ici paroît contradictoire avec ce que je viens d'avancer ; mais l'expérience m'a prouvé que les chervis non replantés produifoient des racines plus fortes & mieux nourries. On peut, fans inconvénient, replanter les chervis furnuméraires qu'on arrache de terre.

Cette plante, ainfi que je l'ai déjà dit, monte en tige dès la première année ; il convient de couper cette tige, afin de faire groffir les racines : ces tiges font agréables aux chèvres, aux moutons, aux bœufs, &c.

Pendant les grandes chaleurs, arrofez fouvent ; la plante graine dans le mois de feptembre pour les pays méridionaux, & par conféquent plus tard en Flandre. La graine de la première année ne vaut pas celle de la feconde ; & autant qu'il eft poffible, on ne doit femer que celle-là. Après l'avoir cueillie, on l'expofe pendant quelques jours au foleil, pour la renfermer enfuite dans un lieu fec, après l'avoir débarraffée de toute immondice : cette graine fe conferve pendant trois ans.

Quelques auteurs confeillent de tirer de terre la quantité de chervis qu'on doit confommer dans l'hiver, & de les enterrer dans la ferre : cette précaution me paroît fuperflue, à moins qu'on ne veuille abfolument en manger lorfque la terre eft couverte de neige, ou refferrée par la gelée.

Qualités. Les racines ont une douceur fade qui les fait dédaigner par plufieurs : on les regarde comme apéritives & vulnéraires, & elles font rarement employées en médecine.

CHEVAL. Le cheval est sans doute la conquête la plus utile que l'homme ait faite sur les animaux ; on pourroit même dire celle qui fait le plus d'honneur à son industrie. Ce fier animal partage avec lui les fatigues de la guerre & la gloire des combats ; voit le péril & l'affronte, se plaît parmi le sang & le carnage : le bruit des armes n'est qu'un nouvel aiguillon qui excite de plus en plus son intrépidité. Après avoir ainsi contribué aux victoires de son maître, le cheval vient jouir avec lui des fruits du repos : à la ville il partage ses plaisirs ; il le traîne avec docilité dans tous les lieux où sa présence est utile, agréable ou nécessaire. Soumis à la main qui le guide, il obéit toujours aux pressions qu'il en reçoit, se précipite, se modère & s'arrête. Il ne semble exister, dit M. de Buffon, que pour obéir à l'homme ; il fait prévenir ses ordres, par la promptitude & la précision de ses mouvemens, il s'excède & meut, afin de mieux obéir.

Destiné aux travaux de l'agriculture, le cheval fait la richesse du cultivateur ; c'est lui qui transporte les denrées de toute espèce, & les fait circuler ; c'est lui qui alimente les villes, les enrichit des productions de nos campagnes, ou des fruits du commerce & de l'industrie.

La domesticité du cheval est si ancienne, qu'on ne trouve plus de chevaux sauvages dans aucune partie de l'Europe ; peut-être même sont-ils très-rares dans les autres contrées du monde connu : ceux que l'on voit dans l'île de St. Domingue, y furent transportés par les espagnols. Ces chevaux ont beaucoup multiplié en Amérique : on en voit quelquefois des troupeaux nombreux ; ils sont légers à la course, robustes, & plus forts même que la plupart de nos chevaux, mais ils sont moins beaux. Ces animaux sont sauvages, sans être féroces ; prennent de l'attachement les uns pour les autres, vivent dans la plus grande intimité, parce que leurs appétits sont simples, & qu'ils ont assez pour ne rien s'envier.

Les manières douces, & les qualités sociales de nos jeunes chevaux, ne s'observent, pour l'ordinaire, que lorsqu'ils vivent en troupe : leur force & leur ardeur ne se manifestent le plus souvent, que par des signes d'émulation ; ils cherchent à se devancer à la course, à s'animer au péril, & même jusqu'à le désirer à passer une rivière, sauter une haie ou un fossé. Ceux qui, dans les exercices naturels, donnent l'exemple en marchant les premiers, sont les plus généreux, les meilleurs, & souvent les plus souples & les plus dociles, lorsqu'ils sont domptés ; en un mot, l'attachement de ces animaux les uns pour les autres est si grand, que l'on rapporte qu'un vieux cheval de cavalerie ne pouvant broyer sa paille, ni son avoine, les deux chevaux, placés habituellement à côté de lui, les broyoient, & les jetoient devant cet animal, qui ne subsistoit que par leurs soins pleins de compassion. Cette tendresse ne suppose-t-elle pas une force d'instinct qui étonne la raison ?

Le cheval est, de tous les animaux, celui qui, avec une grande taille, a le plus de proportion & d'élégance dans les parties du corps : en le comparant avec l'âne & le bœuf, nous trouverons que le premier eſt mal fait, & que le ſecond a la jambe trop menue, relativement à ſon corps.

Nous allons traiter au long de cet animal.

PLAN du travail ſur le CHEVAL.

PREMIÈRE PARTIE.

238 **CHE**

CHE

DEUXIÈME PARTIE.

Des Maladies auxquelles le Cheval est sujet.

PREMIÈRE PARTIE.

CHAPITRE PREMIER.

DE LA VARIÉTÉ DES POILS OU DE LA ROBE DU CHEVAL ; DES MARQUES, DE LA DIVISION DE SON CORPS ; DE SES PROPORTIONS GÉOMÉTRALES, ET DE SES ALLURES.

SECTION PREMIÈRE.

De la variété des Poils, ou de la Robe.

Le cheval est revêtu de poils partout son corps, à l'exception du fourreau, des mamelles, du raphé & de l'anus : ce sont de petits filets plus ou moins tenus & plus ou moins déliés, qui forment la robe ; ceux de la queue sont infiniment plus longs & plus gros ; ils constituent, ainsi que ceux qui sont à la partie supérieure de l'encolure, ce que nous nommons les *crins* : ceux qui occupent le dessus de la fosse orbitaire, sont distingués par le nom de *four-*

cils ; ceux qui bordent la paupière supérieure, plus considérables que ces derniers, sont appelés *cils ;* ceux qui sont épars çà & là, près du menton, forment la *barbe ;* ceux qui garnissent la partie postérieure du boulet, forment le *fanon.*

Les poils paroissent plus clairs dans les poulains, & les crins s'y montrent comme des cordes mal filées ; ils varient en couleurs.

Cette variété n'est qu'un jeu de la nature ; & ne sauroit être un indice de la bonne ou mauvaise organisation du cheval : toutes les conséquences qu'on en tire encore aujourd'hui à la ville & à la campagne, sont fausses, & démenties par l'expérience, puisque de tous poils & de toutes marques, il est de bons & de mauvais chevaux.

Nous divisons les poils du cheval, en *poils simples* & en *poils composés.*

Les *poils simples* sont 1°. le noir ; il est le plus commun. Dans le noir, nous distinguons le noir de jais & le noir mal teint : nous appelons *poil noir mal teint,* le noir qui n'est pas foncé. Parmi les chevaux noirs, nous en voyons de pommelés ou miroités, à cause des nuances lisses & polies, plus claires en certains endroits que dans d'autres : elles forment un bel effet, & sont plus agréables à la vue sur les chevaux noirs, que sur les bais.

2°. Le bai, c'est-à-dire, celui dont la couleur est rougeâtre : il est plus ou moins clair, plus ou moins obscur ou foncé, & de ces nuances dérivent en partie les bais suivans : tout cheval bai a, au surplus, les crins & le fonds des extrémités, c'est-à-dire, dés quatre jambes, noires, autrement il ne seroit pas bai, mais alezan.

3°. Le bai châtain : celui-ci approche le plus de celui que nous venons de définir ; sa couleur ressemble à celle de la châtaigne.

4°. Le bai doré : il tire sur le jaune.

5°. Le bai brun : il est presque noir, & a communément les flancs, le bout du nez & les fesses d'un roux éclatant, quoiqu'obscur ; alors le cheval est dit *marqué de feu*. Si cette espèce de poil jaune est au contraire mort, éteint & blanchâtre, nous disons que le cheval est bai brun, fesses lavées.

6°. Le bai à miroir ou miroité : nous y observons des marques plus brunes ou plus claires, qui rendent la croupe pommelée, & qui la différencient en général du fond total de la robe.

7°. L'alezan : il naît en partie du fonds de divers poils bais, & a comme lui diverses nuances ; mais les extrémités n'en sont pas noires. L'alezan clair est blond ou doré ; lorsque les crins en sont blancs, le cheval est dit poil de vache : quant à l'alezan brûlé, il est extrêmement brun, obscur & foncé.

8°. Le poil blanc : nous reconnoissons bien un blanc pâle & un blanc luisant ; mais nous ne croyons pas qu'il y ait des chevaux véritablement blancs : les gris deviennent tels en vieillissant. Du reste, tout cheval noir ou bai, ou alezan sur la robe, & dont les flancs sont semés çà & là, est dit *cheval rubican*.

Les *poils composés*, sont 1°. le poil gris ; le fond en est blanc, mêlé de noir. En général, la variété naît du plus ou du moins de noir, ou de la différence des places que cette dernière couleur occupe.

2°. Le gris sale : le poil noir y domine ; si les crins de l'animal sont blancs, nous disons que la robe en est d'autant plus belle.

3°. Le gris brun : le noir y est en moindre quantité que dans le gris sale ; mais cette couleur l'emporte encore sur le blanc.

4°. Le gris sanguin ou rouge, ou vineux, est un gris mêlé de bai dans tout le poil.

5°. Le gris argenté : cette robe présente un gris vif, peu chargé de noir ; mais dont le fond blanc est entièrement brillant.

6°. Le gris pommelé : on le reconnoît à des marques assez grandes, de couleur blanche & noire, parsemées à distances assez égales, soit sur le corps, soit sur la croupe & les hanches.

7°. Le gris tisonné ou charbonné : la robe en est chargée de taches irrégulièrement éparses de côté & d'autre, comme si le poil eût été noirci avec un tison.

8°. Le gris tourdille : il forme un gris sale, qui approche de la couleur d'une grive.

9°. Le gris étourneau : nous le nommons ainsi par sa ressemblance à la couleur du plumage de cet oiseau.

10°. Le gris truité, ou le tigre : le fond blanc en est mêlé, ou d'alezan, ou de noir semé par petites taches assez également répandues sur tout le corps. Cette robe est encore nommée gris moucheté.

11°. Le gris de souris : il est semblable à la couleur du poil de cet animal ; quelquefois les jambes & les jarrets sont tachés de plusieurs raies noires, quelquefois il y en a une sur le dos. Quelques-uns de ces chevaux ont les crins d'une couleur claire ;

les autres les ont noirs, ainſi que la queue.

12°. Le rouan ordinaire : il eſt mêlé de blanc, de gris & de bai.

13°. Le rouan vineux : ce poil eſt mêlé d'alezan, ou de bai doré.

14°. Le rouan cap ou caveſſé de more : c'eſt une robe rouan ; mais cette diſtinction n'a lieu que lorſque le cheval a la tête & les extrémités noires.

15°. L'iſabelle : le jaune & le blanc compoſent cette robe ; mais la première couleur y domine. Les nuances ſont telles qu'il en eſt de plus clair, de plus doré, de plus foncé. Quelquefois les crins & les extrémités ſont noires ; ſouvent la raie du mulet s'y rencontre.

16°. Le louvet, ou le poil de loup : ce poil eſt un iſabelle foncé, mêlé d'iſabelle roux, le tout approchant de la couleur du poil d'un loup. Souvent ces ſortes de chevaux ont la raie noire ou du mulet ſur le dos, avec les extrémités noires ; pluſieurs cependant n'ont pas ces différentes marques.

17°. Le ſoupe de lait : il eſt d'un jaune clair & blanc ; cette couleur y domine. Nous en voyons avec les crins & les extrémités noires ; mais ces ſortes de poils, ainſi accompagnés, ſont rares. La plupart des chevaux ſoupe de lait ont la peau très-délicate, & le plus communément ils ont du ladre, c'eſt-à-dire, que les environs de leurs yeux & de leurs naſeaux, ſéparément ou enſemble, ſont dépourvus de poils. On n'y voit à leur place qu'une chair rouge ou fade, mêlée ſouvent, dans des chevaux de tout autre robe, qui ont auſſi du ladre, de quelques taches plus ou moins obſcures.

18°. Le poil de cerf ou le poil fauve : il tire ſon nom de la couleur du pelage du cerf. Pluſieurs chevaux de ce poil ont la raie noire, ainſi que les crins & les extrémités.

19°. Le pie : il eſt coupé par des grandes taches d'un poil totalement différent, ſur-tout à l'épaule & à ſa croupe. Si les taches ſont noires, ce cheval eſt pie-noir ; ſi elles ſont alezanes, ce cheval eſt pie-alezan ; ſi elles ſont baies, il eſt pie-bai.

20°. L'auber, le mille-fleurs, ou fleurs de pêcher : c'eſt un mêlange aſſez confus de blanc, d'alezan & de bai, le tout reſſemblant à la fleur de pêcher.

21°. Le porcelaine : c'eſt un gris mêlé des taches de couleur bleuâtre d'ardoiſe. Ce poil n'eſt pas commun.

SECTION II.

Des Marques.

Nous appellons du nom général de *marques*, diverſes particularités que l'on obſerve dans les robes du cheval. Telles ſont :

1°. Les balzanes. (*Voyez* BALZANES)

2°. L'étoile ou la pelotte, qui n'eſt autre choſe qu'un épi ou rebrouſſement de poils blancs. Les chevaux en qui cette marque exiſte, ſont dits marqués en tête : ceux en qui elle n'exiſte pas, ſont appellés zains, pourvu néanmoins qu'ils n'aient pas des poils blancs ſur aucune partie du corps. Il eſt des peuples qui font le plus grand cas des chevaux zains, & d'autres chez leſquels ils ſont mépris. Nous voyons encore de nos jours à la ville, & ſur-tout à la campagne, bien des perſonnes qui penſent que les chevaux zains doivent

être

être vicieux, & c'est sans doute à cause de ce préjugé que les marchands de chevaux ou les maquignons imaginent d'imiter la nature, en pratiquant artificiellement une étoile au milieu du front, au moyen d'une plaie faite par un instrument en cet endroit; mais il est facile de distinguer cette marque factice de celle qui est naturelle, en ce qu'au milieu de la première, il y a un espace sans poils, & en ce que les poils blancs qui la forment, ne sont jamais égaux aux autres. Si l'étoile descend un peu, on l'appelle *étoile prolongée ;* si elle se propage le long du chanfrein, ou si, ensuite de cette marque, le chanfrein est couvert de poils blancs, l'animal est dit *belle face.* Si la lèvre antérieure est noyée dans le blanc, on dit que *le cheval boit dans son blanc ;* si le bout du nez est seulement taché d'une bande de poils blancs fort étroite, cette bande est dénommée *lisse ;* & en signalant le cheval, on ajoute *lisse au bout du nez.*

3°. Les épis: ces marques naissent, selon quelques-uns, d'une espèce de frisure naturelle du poil, & qui, se relevant sur un poil couché, forme une marque approchante de la figure d'un épi de blé : d'autres ne les envisagent que comme un retour ou un rebroussement de poil. Notre sentiment sur les marques est, qu'elles ne sont dues qu'à la configuration des pores qui criblent la peau du cheval. Il y en a d'ordinaires & d'extraornaires.

Les *épis ordinaires* sont ceux qui se trouvent indifféremment & indistinctement sur tous les chevaux.

Les *épis extraordinaires* sont ceux qui, n'étant pas communs, méritent, de la part des esprits foibles & cré-

Tome III.

dules, une attention particulière. Tels sont l'épée romaine, qui règne tout le long de l'encolure, près de la crinière, tantôt des deux côtés, tantôt d'un seul ; les trois épis séparés ou joints ensemble, que l'on voit quelquefois sur le front de l'animal, ainsi que le coup de lance, ou la cavité sans cicatrice, que l'on remarque quelquefois au-devant, quelquefois au bas du bras, & quelquefois à l'encolure. Elle est plus commune dans les chevaux turcs, dans les chevaux barbes & dans les chevaux d'Espagne, que dans les autres.

SECTION III.

De la division du corps du Cheval, & des parties extérieures qui le composent.

Nous divisons le cheval en trois parties; en *avant-main*, en *corps* proprement dit, & en *arrière-main*.

L'*avant-main* comprend la tête, le col ou l'encolure, le garrot, le poitrail, les épaules & les extrémités antérieures.

Le *corps* renferme le dos, les reins, les côtes, le ventre, les flancs, les testicules dans le cheval, & les mammelles dans la jument.

L'*arrière-main* est composée de la croupe, des hanches, des fesses, du graffet, des cuisses, du jarret, des extrémités postérieures, de l'anus ou du fondement, de la queue, & de la nature dans la jument.

Chacune de ces parties offre une subdivision particulière.

Dans la première partie, comprise dans l'*avant-main*, nous distinguons la tête, qui se divise en oreilles, toupet, front, salières, larmiers, sourcils, yeux, paupières, chanfrein,

H h

nafeaux, bouche, bout de nez, lèvres, menton, barbe & ganache.

Les oreilles font les deux parties cartilagineufes, qui font placées près du fommet de la tête, & qui forment un cône large & ouvert.

Le toupet eft cette portion de la crinière, paffant entre les deux oreilles, & tombant fur le front.

Le front eft fitué à la partie fupérieure & antérieure, qui eft au-deffus des falières, du chanfrein & des yeux.

Les larmiers répondent aux tempes de l'homme.

Les falières font les enfoncemens plus ou moins profonds, que l'on remarque au-deffus des fourcils.

Les fourcils font directement au-deffous des falières, & au-deffus des yeux.

La fituation des yeux eft affez connue.

Le chanfrein eft la partie antérieure, qui s'étend depuis les fourcils jufqu'aux nafeaux.

Les nafeaux répondent aux ouvertures que, dans l'homme, on appelle *narrines.*

Le bout du nez commence à l'endroit de la terminaifon du chanfrein, & finit à la lèvre antérieure, entre les deux nafeaux.

Les lèvres font les parties antérieures de la bouche : l'une eft antérieure, & l'autre poftérieure.

La barbe fe trouve fituée un peu fupérieurement à cette dernière partie, & directement à l'endroit de la fymphife de la mâchoire poftérieure.

Enfin, la ganache eft formée proprement par l'os de la mâchoire poftérieure. Il en réfulte, depuis le gofier jufques à la barbe, une efpèce de canal, que nous nommons l'*auge.*

Nous diftinguons dans la feconde partie, comprife dans l'*avant-main* ; c'eft-à-dire, dans l'encolure, deux portions ; la fupérieure, ou la crinière formée par les crins qui fe montrent depuis la nuque jufques au garrot ; & l'inférieure, vulgairement appelée le *gofier.*

Le garrot eft cette partie élevée, & plus ou moins tranchante, fituée au lieu de la fortie de la partie fupérieure de l'encolure. Il eft formé par les apophifes épineufes des fept ou huit premières vertèbres dorfales.

Le poitrail occupe la face antérieure de l'animal.

Les extrémités antérieures comprennent les épaules formées par un feul os nommé l'*omoplate.*

Le bras, qui réfulte de l'os connu fous le nom d'*humerus.*

L'avant-bras, formé par l'os appellé *cubitus,* placé au-deffous du bras, & fe terminant au genou.

Le coude, fitué à la partie fupérieure & poftérieure de l'avant-bras.

La châtaigne, ou cette efpèce de corne molle & fpongieufe, dénuée de poils, placée au-deffus de chaque genou, à la partie interne de l'extrémité inférieure de l'avant-bras.

Le genou, formant l'articulation de l'avant-bras & du canon.

Le tendon, qui en fait la partie poftérieure.

Le fanon ou le toupet de poil, qui fe trouve derrière le boulet.

L'ergot ou la corne, femblable à la châtaigne, mais dont le volume eft plus petit, & qui fe trouve couverte par le fanon.

La couronne, ou cette portion qui couronne la partie fupérieure du fabot.

Le fabot ou l'ongle, qui forme le

pied de l'animal. La partie supérieure en eft la couronne ; la partie inférieure, la fourchette & la fole ; la partie antérieure, la pince ; la partie poftérieure, le talon : enfin, les parties latérales, internes & externes font diftinguées par les noms de *quartier de devant* & de *quartier de dehors.*

La fourchette, ou cette corne qui forme dans la cavité du pied une efpèce de fourche, en s'avançant vers le talon.

La fole, tapiffant toute la partie cave du pied, qui n'eft pas occupée par la fourchette.

Dans la fubdivifion du *corps*, nous confidérons :

Le dos, fitué entre le garrot & les reins ;

Les reins, fitués directement à l'extrémité du dos, jufqu'à la croupe ;

Les côtes, communément au nombre de dix-huit de chaque côté ;

Le ventre ou l'abdomen, placé à la partie inférieure du corps, au bas & en arrière des côtes ;

Les flancs ou les parties latérales du ventre, bornés fupérieurement par les reins, antérieurement par les fauffes côtes, poftérieurement par les hanches ;

Les tefticules occupant la portion inférieure & poftérieure du ventre ;

Les mamelles dans la jument, fituées inférieurement, & à la partie la plus reculée du ventre.

Nous remarquons dans *l'arrièremain* :

La croupe, ou la partie fupérieure du train de derrière, qui s'étend depuis le lieu de la terminaifon des reins jufqu'à la queue ;

Les feffes, commençant directement à la queue, & defcendant de chaque côté jufqu'au pli apperçu à l'oppofite du graffet ;

Les hanches, proprement formées par les os des îles, & très-mal à propos confondues avec la cuiffe.

Les extrémités poftérieures comprennent :

La cuiffe, formée par le fémur, articulée fupérieurement avec les os des hanches, & inférieurement avec le tibia ;

La jambe, formée par l'os appelé le tibia ;

L'ars ou la veine faphène, paffant fur la portion latérale interne de cette partie ;

Le graffet ou cette partie placée directement à l'endroit de la rotule ;

Le jarret, fitué entre la jambe & le canon. La partie antérieure en forme le pli ; la poftérieure, la tête ou la pointe ; les parties latérales, les faces de dedans & de dehors ;

La châtaigne placée au-deffous de l'articulation du jarret, & de la même confiftance que celle des extrémités antérieures.

Le canon, le tendon, le boulet, le fanon, le paturon, la couronne, le fabot, la fourchette & la fole ne diffèrent en rien des parties dont nous avons parlé dans la fubdivifion des extrémités antérieures. Nous remarquons feulement qu'ici le canon a un peu plus d'épaiffeur & de longueur.

SECTION IV.

Des Proportions géométrales.

Ce n'eft pas affez d'avoir divifé le cheval, & d'avoir défigné la fituation de chaque partie en particulier ; il s'agit encore d'examiner le rapport que ces parties ont les unes avec les autres, ou plutôt le tout qui en réfulte. La beauté du cheval réfidant dans ce rapport, il faut, de toute néceffité, en obferver les dimenfions particulières & refpectives : mais, pour acquérir une parfaite connoiffance de ces proportions, nous devons fuppofer un genre de mefure qui puiffe être indiftinctement commune à tous les chevaux. La partie donc, qui peut fervir de règle de proportion à toutes les autres, eft la tête.

Mefurons - en la longueur entre deux lignes parallèles; l'une tangente à la nuque, ou à la fommité du toupet; l'autre tangente à l'extrémité de la lèvre antérieure : par une ligne perpendiculaire à ces deux parallèles, nous aurons fa longueur géométrale. Divifons cette longueur en trois portions, & affignons à ces trois portions un nom particulier, qui puiffe s'appliquer indéfiniment à toutes les têtes, comme par exemple, le nom de *prime*. Une tête quelconque, dans fa longueur géométrale, aura par conféquent toujours trois primes ; mais toutes ces parties que nous aurons à confidérer, foit dans leur longueur, foit dans leur hauteur, foit dans leur épaiffeur, ne pouvant pas avoir conftamment, ou une prime entière, ou une prime & demie, ou trois primes; fubdivifons donc chaque prime en trois parties égales, que nous nommerons *fecondes ;* & comme cette fubdivifion ne fuffiroit pas encore pour nous donner la mefure exacte de toutes les parties, fubdivifons de nouveau chaque feconde en vingt-quatre *points ;* en forte qu'une tête, divifée en trois primes, aura, par la première fubdivifion, neuf fecondes, & deux cent feize points

pour la dernière. Ainfi, lorfque nous dirons *une tête*, nous entendrons toujours fa longueur géométrale ; lorfque nous prononcerons le mot *prime*, nous entendrons un tiers de cette même longueur; lorfque nous proférerons celui de *feconde*, nous entendrons la neuvième partie : enfin lorfque nous dirons *un point*, ce point fignifiera la deux cent feizième partie de cette longueur géométrale.

Mais la tête peut pécher par un défaut de proportion ; c'eft-à-dire, qu'elle peut être trop courte ou trop longue, trop menue ou trop chargée, eu égard au corps du cheval. Dans ce cas, nous ne pourrons affeoir fur fa longueur géométrale les autres portions du corps : abandonnons donc cette mefure commune, compaffons la hauteur ou la longueur du corps, partageons la hauteur ou la longueur en cinq portions égales; prenons enfuite deux de ces portions, divifons - les par primes, fecondes & points, conformément aux divifions & fubdivifions que nous aurions faites de la tête, & nous aurons une mefure générale, telle que la tête nous l'auroit donnée, fi elle eût été proportionnée.

Sans nous arrêter aux dimenfions uniques, & à toutes celles qui ne concernent que les plus petites parties, voyons feulement en quoi confiftent toutes les proportions générales.

Trois longueurs géométrales de la tête donnent la hauteur entière du cheval, à compter du toupet au fol fur lequel il repofe, pourvu que la tête foit bien placée.

Deux têtes & demie égalent la hauteur du corps, du fommet du garrot à terre ; la longueur de ce même corps, celle de l'avant-main & de l'arrière-main, prises ensemble de la pointe du bras, à la pointe de la fesse inclusivement.

Une tête entière donne la longueur de l'encolure du sommet du garrot à la partie postérieure de la nuque; la hauteur des épaules, du sommet du coude au sommet du garrot; l'épaisseur du corps, du milieu du ventre au milieu du dos; sa largeur d'un côté à l'autre.

Une tête, mesurée du sommet du toupet à la commissure des lèvres, égale la longueur de la croupe, prise de la pointe supérieure de l'angle antérieur des os iléon; la largeur de la croupe ou des hanches, prise sur les pointes inférieures des angles des os iléon; la hauteur de la croupe vue latéralement, prise du sommet des angles postérieurs des os iléon, à la pointe de la rotule, la jambe étant dans l'état de repos; la longueur latérale des jambes postérieures de la pointe de la rotule à la partie saillante & latérale du jarret, à l'endroit de l'articulation du tibia avec la poulie; la distance du sommet du garrot à l'insertion de l'encolure dans le poitrail.

Deux fois cette dernière mesure donnent à peu près la distance du sommet du garrot à la pointe de la rotule; la distance de la pointe du coude, au sommet de la croupe.

Trois fois cette mesure, plus la demi-largeur du paturon; le tout équivalant à deux têtes & demie, donne la hauteur du corps, prise du sommet du garrot à terre; sa longueur, prise de la pointe du bras, à la pointe de la fesse inclusivement. Cette même mesure, plus la largeur entière du paturon, indique la lon-

gueur totale du corps, prise rigoureusement.

Deux tiers de la longueur de la tête égalent la largeur du poitrail, d'une pointe du bras à l'autre, de dehors en dehors; la longueur horizontale de la croupe, prise entre deux lignes verticales, dont l'une toucheroit à la fesse, & l'autre passeroit par le sommet de la croupe, & toucheroit à la pointe de la rotule; le tiers de la longueur de l'arrière-main & du corps, pris ensemble jusqu'à l'aplomb du garrot, touchant au coude; la longueur antérieure de la jambe de derrière, prise de la tubérosité du tibia au plis du jarret.

Une moitié de la longueur entière de la tête est la même que la distance horizontale de la pointe du bras à la verticale du sommet du garrot & du coude; la largeur de l'encolure vue latéralement, prise de son insertion dans l'auge, jusqu'à la racine des premiers crins de la crinière.

Un tiers de la longueur entière de la tête donne la hauteur de ses parties supérieures, depuis le sommet du toupet jusqu'à la ligne qui passeroit par les points les plus saillans des orbites; la largeur de la tête, au-dessous des paupières inférieures; la largeur latérale de l'avant-bras, prise de son origine, antérieurement à la pointe du coude.

Deux tiers de cette largeur latérale donnent l'abaissement du dos, par rapport au sommet du garrot; la largeur latérale des jambes postérieures, près des jarrets; la distance des avant-bras, d'un ars à l'autre.

Une moitié du tiers de la longueur entière de la tête égale l'épaisseur de l'avant-bras, vu de face à son origine; la largeur de la couronne des pieds antérieurs, foit d'un côté à l'autre, foit de l'avant à l'arrière ; la largeur de la couronne des pieds poftérieurs, d'un côté à l'autre feulement ; la largeur des boulets poftérieurs ; la largeur du genou vu de face ; l'épaiffeur des jarrets.

Un quart de ce même tiers de longueur de la tête donne l'épaiffeur du canon de l'avant-main.

La hauteur du coude au plis du genou, eft la même que la hauteur de ce même plis, jufqu'à terre ; la hauteur de la rotule au plis du jarret ; la hauteur du plis du jarret, jufqu'à la couronne.

L'intervalle des yeux du grand angle à l'autre, égale la largeur de la jambe de derrière, vue latéralement de la coupure de la feffe, à la partie inférieure de la tubérofité du tibia.

Une moitié de cette même mefure donne la largeur du canon poftérieur, vu latéralement ; la largeur du boulet de l'avant-main, vu latéralement de fon fommet à la naiffance de l'ergot ; enfin, la différence de la hauteur de la croupe, refpectivement au fommet du garrot.

SECTION V.

Explication des proportions géométrales du Cheval, vu dans fes trois principaux afpects.

La *Planche 7*, ci-jointe, préfente en trois figures tracées felon les loix du deffin géométral, les principaux contours d'un beau cheval, vu de face dans la première, vu latéralement dans la feconde, & vu poftérieurement dans la troifième.

Ces figures font traverfées en divers fens, & circonfcrites par une multitude de lignes droites. Parmi celles-ci, il en eft qui, par leur longueur relative, & par leur origine, expriment les mefures qu'il faut appliquer aux parties, pour en comparer les dimenfions au tout qu'elles forment, & démontrent les lieux & le fens qu'on doit obferver, en les appliquant à celles d'un cheval, qu'on prétend comparer au modèle. Il en eft d'autres qu'il faut confidérer comme autant de plans vus de profil, lefquels couperoient ces mêmes parties, ou les toucheroient feulement en leurs points les plus faillans. Or, toutes les lignes qui expriment des mefures, font cotées d'une lettre placée à peu près dans leur milieu, la même lettre défignant partout la même ligne de cette efpèce, par conféquent, la même mefure : & toutes celles qui ne font cotées d'aucune lettre qui leur foit propre, repréfentent les plans dont nous venons de parler.

La ligne qui termine inférieurement la planche, repréfente un fol plane, & parfaitement de niveau, fur lequel le cheval eft figuré nonfeulement arrêté, mais fixé dans une pofition régulière.

La première horizontale qui fe préfente en remontant de la ligne du fol, & qui, comme elle, traverfe toute la planche, eft un plan qu'on fuppofe parfaitement de niveau comme le premier, touchant au fommet du garrot, & coupant les parties fupérieures des figures.

La troifième horizontale, qui règne au-deffus de celles dont nous venons de parler, eft encore un plan parallèle aux deux premiers, lequel toucheroit au fommet du toupet.

Quant aux lignes verticales, celle

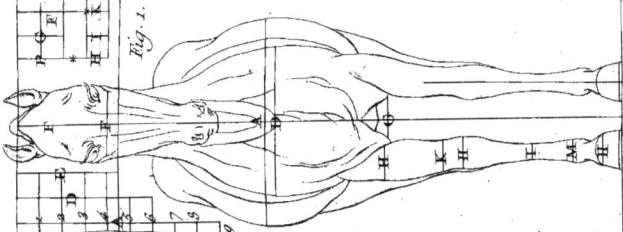

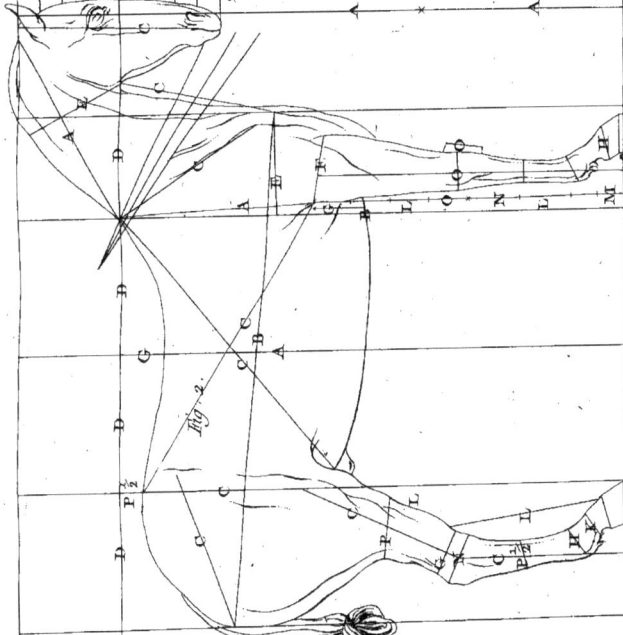

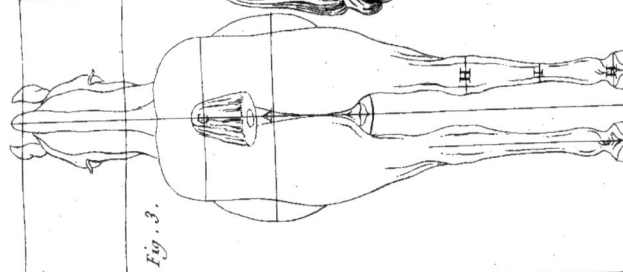

Fig. 1.

Fig. 2.

Fig. 3.

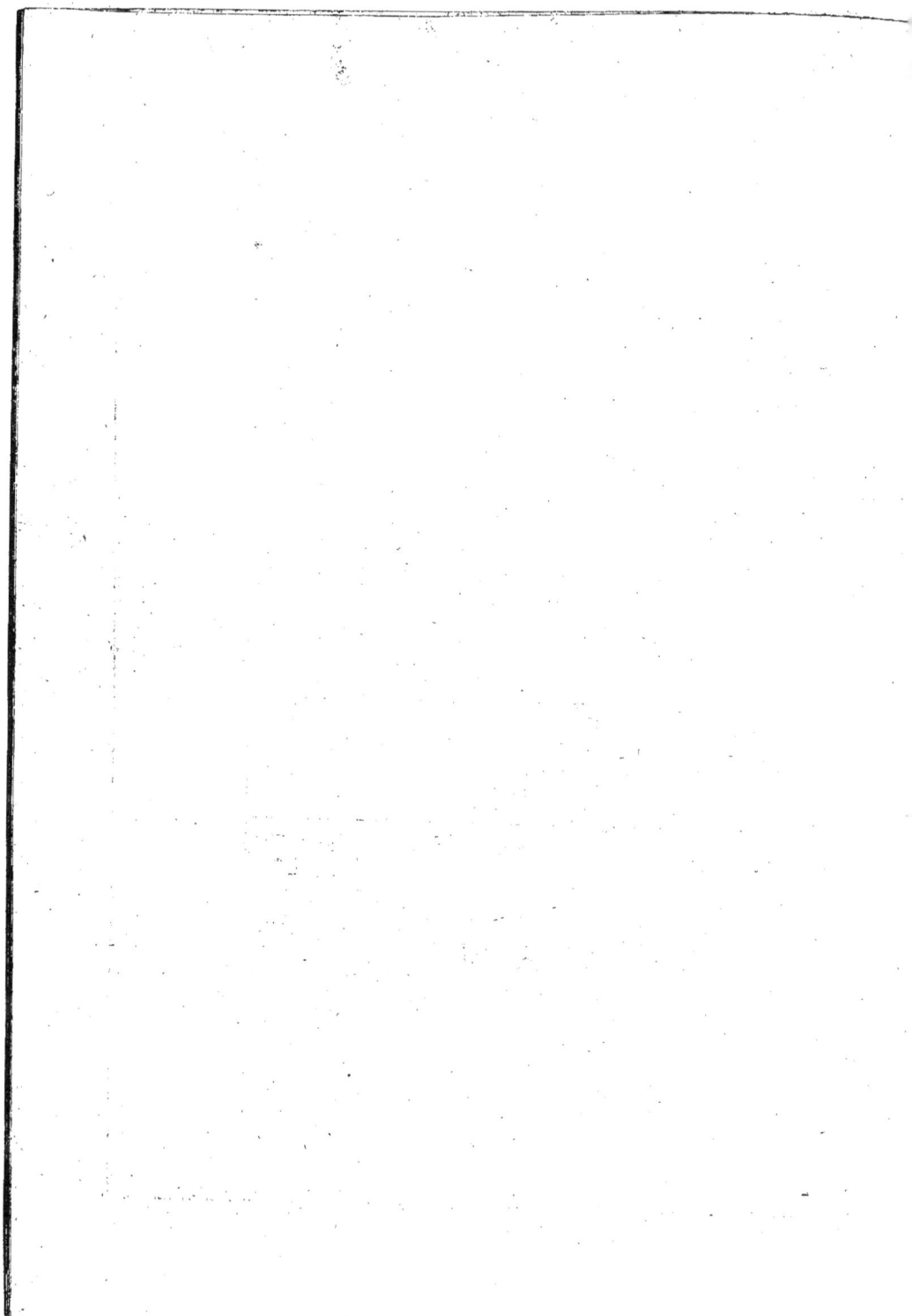

qui divife la *Figure 1* de face, en deux moitiés femblables, eft la repréfentation d'un plan qui couperoit tout le corps de l'animal, fuivant fon grand axe, & defcendroit du plan horizontal fupérieur, fur le fol : c'eft ce même plan qui repréfente la ligne qui coupe en deux parties égales & femblables, la *Figure 3*.

La verticale, qui paffe par l'œil & le nafeau dans la *Figure 2*, eft une ligne de mefure; mais celle qui la fuit, & touche la pointe du bras, doit être confidérée comme un plan qui coupe les premiers à angles droits, ainfi que la partie antérieure de l'avant-main, en touchant en même temps aux deux pointes du bras; les trois verticales fuivantes, ainfi que celle qui touche à la pointe de la feffe, font de même autant de plans verticaux, coupant les premiers à angles droits, fur-tout celui du grand axe du corps.

La petite verticale, *(Fig. 1)* chargée des chiffres 1, 2, 3, 4, &c. eft la longueur géométrale de la tête; elle eft cotée A. On doit comprendre que toutes les lignes des mefures qui font cotées de cette même lettre, & qu'on trouvera dans l'une des trois *Figures*, défignent que l'intervalle ou la ligne droite, tendue du point du contour où touche une de leurs extrémités, au point du même contour où touche leur autre extrémité, a la même longueur que la tête mefurée de la même manière, par une droite menée, de fon point le plus éminent, à fon point le plus inférieur. Ainfi :

A (*Figure 1* & *3*) nous montre que le coffre, mefuré géométralement d'un côté à l'autre, au plus faillant, a une tête de largeur. La même lettre (*Figure 2*) défigne les lieux où il faut appliquer les deux extrémités de cette mefure, en même temps qu'elle fait voir que la partie du plan vertical qu'elle intercepte, que ce même coffre eft auffi haut que large, dans le lieu où il eft le plus large & le plus haut; enfin, que ce lieu eft marqué par le plan vertical qui coupe le dos, paffant par fon milieu, qui en eft le plus rabaiffé.

La même lettre A défigne encore que la hauteur entre le fommet du coude, & le fommet du garrot, eft une tête, & que la longueur de l'encolure fe réduit à une tête, à la mefurer par une ligne droite, en forme de corde d'arc, entre le fommet du garrot, & le point poftérieur de la nuque, quand la tête de l'animal eft bien placée. Enfin, cette même ligne étant aboutie trois fois entre le plan horizontal fupérieur & le fol, indique que quand la tête du cheval eft bien placée, le fommet du toupet eft élevé de trois têtes au-deffus du point du fol qui lui répond verticalement.

B. Cette ligne a la valeur de deux fois & demie la ligne A; c'eft-à-dire, de deux têtes & demie, comme il eft facile de le voir par la *Figure 2*, puifque du fol elle s'élève jufqu'au plan horizontal, qui coupe la tête par la moitié de fa longueur, & qu'entre la partie inférieure de cette même tête & le fol, il s'en trouve deux longueurs entières.

C eft attribué à une ligne abaiffée (*Fig. 2*) du fommet de la tête, jufqu'auprès de la commiffure des lèvres. Cette mefure feroit trop longue, fi elle alloit jufqu'à la commiffure même, à moins que la bouche ne fût très-fendue. Or, on trouve dans la même *Figure* une ligne C, tendante de la pointe du bras à l'insertion de l'encolure dans l'auge ; une autre tendante du sommet du garrot à l'insertion de l'encolure dans le poitrail ; une troisième tendante de la pointe supérieure de l'angle antérieur de l'os ileon, qui soutient la hanche à la tubérosité de l'ischion, à la pointe de la fesse ; trois autres semblables, l'une tendante du sommet de la croupe, marqué par un des plans verticaux au haut du graffet ; l'autre, de ce point, à la partie saillante & latérale du jarret ; enfin, la troisième, de cette partie saillante & latérale au sol : d'où il faut conclure que toutes ces dimensions doivent être égales entr'elles. La même ligne (*Fig.* 3) annonce que le travers de la croupe du plus saillant d'une hanche, au plus saillant de l'autre, est égal aux précédentes dimensions. On trouve encore (*Fig.* 2) une ligne marquée C, tendante du sommet du garrot au graffet, & une autre semblable, tendante de la pointe du coude au sommet de la croupe : la valeur de chacune de ces lignes est deux fois celle de la ligne C ; d'où il suit que ces dimensions font chacune le double de la première.

D, (*Fig.* 1) parallèle voisine de la verticale A chargée de chiffres, vaut, comme on le voit par ces mêmes chiffres, deux tiers de A, ou de la tête : or, on voit, même *Figure*, que c'est-là la largeur du poitrail, mesurée d'une pointe de bras à l'autre inclusivement ; ce qui en fait la plus grande largeur.

E, autre parallèle & voisine de A, & qui en est la moitié, fait voir (*Fig.* 2) que l'encolure, vue latéra-

lement, a une demi-tête de largeur dans le lieu où elle en a le moins, c'est-à-dire, de son insertion dans l'auge à la crinière, la ligne de mesure faisant deux angles égaux avec le contour supérieur ; que la pointe du bras est à une demi-tête en avant du plan vertical, qui passe par le sommet du garrot, & qu'elle n'est pas le point le plus saillant du poitrail vu de profil.

F, parallèle à A, qu'on trouve dans l'angle de la planche, & qui est visiblement un tiers de cette ligne ou de la tête, se montre dans la *Figure 1*, tendante du sommet du toupet, au milieu d'une horizontale, qui passe par les points les plus saillants des orbites. On voit cette même ligne en travers au-dessous des yeux, parce que la tête, vue de face, a pour largeur, immédiatement sous les paupières inférieures, un tiers de sa longueur. Cette même ligne (*Fig.* 2) indique que le haut de l'avant-bras, vu latéralement, a pour largeur, du coude au contour antérieur, un tiers de tête, ou la largeur de la tête, mesurée sous les paupières inférieures.

G, voisine de F, & valant les deux tiers de cette ligne, ne surpasse que de fort peu la longueur de l'intervalle qui sépare les jambes antérieures l'une de l'autre à leur origine, autrement dit, aux ars (*Fig.* 1.)

Cette ligne (*Fig.* 2) est la mesure de l'intervalle qu'on trouve entre la pointe du coude, & le niveau du dessous du sternum ; de celui qu'on peut mesurer entre le milieu du dos, & le plan horizontal du garrot : elle est égale enfin à la largeur de l'extrémité postérieure, vue latéralement, & mesurée au lieu le plus étroit

étroit de la jambe, près du jarret.

H, voisine de la précédente, valant visiblement les trois quarts de G, ou la moitié de F, désigne, (*Fig. 1*) que le haut de l'avant-bras, vu de face, ainsi que le genou & la couronne, ont cette largeur.

Cette même ligne (*Fig. 2*) avertit que la couronne des pieds antérieurs est également large, soit qu'on la mesure d'un côté à l'autre, soit qu'on la mesure de l'arrière à l'avant, & que le boulet postérieur, vu latéralement, présente la même dimension : enfin, cette même ligne (*Fig. 3*) instruit que le jarret, vu postérieurement, & la couronne mesurée d'un côté à l'autre, & non de l'avant à l'arrière, présentent aussi cette dimension, un peu foible, à la vérité, pour le jarret.

I qu'on découvre entre K & H, dans l'angle de la gravure, & qui vaut les trois quarts de K, ou un quart de F, montre (*Fig. 1 & 3*) la largeur des canons vus antérieurement & postérieurement, prise dans le milieu de leur longueur où ils sont le moins épais ; mais les canons de l'arrière-main ont un peu plus d'épaisseur que cette mesure n'en donneroit.

K valant un tiers de F, ou les deux tiers de H, est la mesure de l'épaisseur des avant-bras vus de face, (*Figure 1*) & près du genou : celle du paturon postérieur, vu latéralement. (*Fig. 2*)

L, hauteur du plis du genou au coude, comme on le voit, (*Fig. 2*) se montre encore de ce pli à terre, parce que ces deux dimensions sont égales. On voit encore la même ligne tendante du graffet au pli du jarret, & de ce pli à la couronne.

Tome III.

M, sixième partie de L, comme on le voit entre le pli du genou & le sol, (*Fig. 2*) est la largeur latérale des canons antérieurs, prise au même milieu que leur épaisseur ; & la largeur des boulets vus de face.

N, tiers de cette même ligne, comme on le voit entre le genou & le sol, (*Fig. 2*) donne très-peu plus que la largeur du jarret vu latéralement, & mesuré de la pointe au pli.

O, quart de cette même ligne, comme on le voit (*Fig. 2*) entre le genou & le coude, donne la largeur latérale du genou, mesuré du contour antérieur au plus saillant du postérieur, & sa hauteur mesurée de l'éminence mitoyenne de l'os du canon, à celle de l'os de l'avant-bras ; éminences qu'on sent au tact, & qui doivent être comprises dans cette dimension.

P, intervalle des yeux d'un grand angle à l'autre, donne la largeur latérale des membres de l'arrière-main, vus latéralement ; (*Figure 2*) & mesurés au haut de la jambe, de la coupure de la fesse au point du contour antérieur, où finit inférieurement la tubérosité antérieure de l'os, lieu que la figure indique assez bien, & qu'on sent encore aisément par le tact.

½ P, moitié de l'intervalle qui sépare les yeux l'un de l'autre, est la largeur latérale du canon postérieur, (*Figure 2*) celle du boulet antérieur, mais un peu foible : enfin, la différence de la hauteur de la croupe, relativement à celle du garrot : cette différence seroit moindre d'un tiers de la ligne K, si le cheval avoit la pince dans la direction verticale du centre de mouvement de la cuisse,

& ne fléchissoit pas un peu chaque articulation de ce membre, comme l'exige la position dans laquelle il est figuré dans la planche.

SECTION VI.

Des Allures.

Nous distinguons deux sortes d'allures : les unes sont *naturelles*, les autres *artificielles*.

Le pas, le trot & le galop sont compris dans les premières. Nous en comptons une quatrième, qui est l'amble ; mais elle est défectueuse, & ne dérive de la nature, que dans un petit nombre de chevaux.

A l'égard de certains trains rompus & défunis, tels que l'entrepas, qui tient du pas & de l'amble, & de l'aubin, qui tient du trot & du galop, ils annoncent la foiblesse & la ruine de l'animal, & ne doivent pas être, par conséquent, mis au rang des allures naturelles.

Les allures que nous appelons *artificielles*, font ou près de terre, comme le passage, la galopade, la volte, le terre-à-terre, le mézair, le piaffer, la pirouette ; ou relevées comme la pesade, la courbette, la croupade, la balotade, la capriole & le faut.

CHAPITRE II.

CE QU'IL Y A A OBSERVER DANS LE CHOIX D'UN CHEVAL. CHOIX DU CHEVAL DE SELLE ET DE LABOURAGE.

SECTION PREMIÈRE.

Qu'y a-t-il à observer dans le choix d'un Cheval ?

Les parties les plus importantes à examiner dans le choix d'un cheval,

sont celles qui sont le fondement de la machine. Elles sont, par conséquent, les premières sur lesquelles nos regards doivent s'attacher. Il ne s'agit pas, dans ce moment, de connoître son âge ; on donnera des moyens sûrs au mot DENTITION.

Il faut d'abord considérer les pieds, & successivement toutes les parties des extrémités, en remontant jusqu'au garrot & jusqu'à la croupe, revenir au total de chacune, examiner ensuite toutes celles que présente le corps, passer enfin au reste de l'avant-main, comparer encore le tout ensemble, & finir par examiner le cheval dans l'action.

Le trot est communément l'allure à laquelle on doit soumettre un cheval qu'on veut acheter, après en avoir examiné & considéré toutes les parties. Nous exigeons que cette allure soit ferme & prompte, que les mouvemens des membres soient libres, sans cependant que l'action des épaules & des bras soit trop élevée, car toute séduisante qu'elle paroisse être, elle occasionne bientôt la ruine des jambes & des pieds ; que le derrière chasse le devant avec franchise ; que sa tête soit haute naturellement ; que les reins soient droits ; que les mouvemens de l'avant & de l'arrière-main soient uniformes, qu'il ne se berce point ; c'est-à-dire, ne balance pas alternativement à chaque temps qu'il embrasse proportionnément le terrein ; qu'il trotte devant lui sans forger, sans s'entre-tailler, sans s'attraper, sans billarder, ou sans jeter les jambes antérieures en dehors. Elles ne doivent pas en effet s'écarter de la ligne du corps ; il faut, au contraire, que les jambes postérieures les dérobent à l'œil de l'acheteur, qui doit être placé directement derrière le cheval.

Il est essentiel encore de rechercher s'il y a égalité dans l'action de chaque jambe. On ne peut y parvenir qu'en voyant le cheval de profil, parce que dès-lors chaque membre agissant à découvert, il est facile à l'acheteur d'en comparer l'élévation, la progression & la vîtesse. Ce n'est même que par cette voie que l'on peut appercevoir un défaut presque imperceptible de justesse, qui naît affez souvent plutôt de la foiblesse de l'un de ses membres, que d'un mal réel, & qui n'en est pas moins la cause d'une claudication légère, qui échappe toujours, quand on ne considère l'animal que de face, ainsi qu'il est d'usage.

Les yeux font encore plus aisément frappés de l'irrégularité ou de l'inégalité des mouvemens du cheval dans l'action du pas, parce que ces mêmes mouvemens font moins rapides. L'acheteur voit clairement si cette action est faite avec hardiesse & avec facilité, si le genou est suffisamment plié, si la jambe parvient à une élévation convenable; si, lorsqu'elle y est parvenue, elle s'y soutient un certain espace de temps; si l'action de chaque membre est en raison de celui qui lui correspond. Le pas est donc aussi l'allure qu'il faut exiger d'un cheval. L'acheteur peut se mettre plus souvent à l'abri de la fraude, en le montant lui-même, parce que le sentiment seroit joint alors aux différentes remarques qu'il auroit pu faire, soit dans le repos, soit dans l'action : en pareil cas, le cavalier ne débutera jamais par des aides propres à l'animer & à le

rechercher; il observera attentivement au moment du départ; il examinera si le premier mouvement est opéré librement & de bonne volonté, & fans aucune action désordonnée de la tête; il s'éloignera peu à peu du lieu où le maquignon le met en montre ; s'il témoigne de l'ardeur, il l'appaisera, il ne lui demandera rien, & ne le tiendra point; il le laissera marcher & cheminer quelque temps à son gré, & il verra insensiblement ensuite, en le renfermant & en l'attaquant par degrés, s'il demeure placé, s'il a de la franchise, de l'appui, s'il est libre à toutes mains : au moyen de toutes ces épreuves, on pourra porter un jugement certain du cheval dont on fait choix.

SECTION II.

Choix du Cheval de selle.

Parmi les chevaux de selle, il est des chevaux fins, & des chevaux communs.

Le cheval fin est proprement un cheval de maître pour le voyage. Il doit avoir quatre pieds huit à neuf pouces de hauteur, la bouche bonne & légère, la tête assurée, les hanches & les jambes musculeuses, le pied & la corne bonne, beaucoup d'allure, de la sensibilité à l'éperon, une action souple & douce, de l'obéissance, de la douceur, de la hardiesse, un grand pas & un estomac facile à digérer, même le foin de basse qualité.

Les chevaux de selle, que nous envisageons comme des chevaux communs, & qui peuvent être mis en opposition avec celui dont nous venons de parler, font le cheval de

domeſtique ou de ſuite, le cheval
de troupe & le cheval de piqueur.

Le premier doit être bien traverſé,
bien membré, bien gigoté, & avoir
la bouche bonne. Il ne faut pas trop
s'attacher au liant ou à la dureté de
ſes allures.

Le ſecond, c'eſt-à-dire, le cheval
de troupe, doit être plus ſuſceptible
d'obéiſſance, de ſoupleſſe & de légèreté, relativement aux manœuvres
auxquelles il eſt ſoumis, & qu'il ne
ſauroit exécuter, s'il étoit trop
jeune.

Le troiſième enfin, ou le cheval
de piqueur, demande d'être étoffé,
vigoureux, doué d'une grande haleine, & propre à réſiſter au travail
pénible auquel il eſt aſſujetti.

Quant aux bidets de poſte, on doit
plutôt conſidérer la bonté de leurs
jambes & de leurs pieds, que leur
figure & les qualités de leur bouche.
Leur galop doit être aiſé, & de manière que la dureté & la force de
leurs reins n'incommodent point le
cavalier. Trop de ſenſibilité feroit,
au ſurplus, dans ces chevaux, un défaut d'autant plus conſidérable, que
l'inquiétude qui réſulte des mouvemens déſordonnés des jambes des
différens cavaliers qui les montent,
& de l'approche indiſcrète & continuelle de l'éperon, les rend bientôt
rétifs ou ramingues.

SECTION III.

Choix du Cheval de labourage.

Le cheval deſtiné à cet uſage doit
avoir l'encolure un peu épaiſſe, les
épaules muſculeuſes, le poitrail large,
parce que plus le poitrail eſt large,
plus l'animal donne dans le collier;
les jambes plates, le tendon déta-

ché, le pied bien fait, le dos droit
& court, la croupe étoffée, le genou & le jarret ſouples & parfaitement ſains, & la taille de quatre
pieds dix pouces juſqu'à cinq pieds.
La ſeule allure que l'on en doive
exiger eſt le pas.

CHAPITRE III.

DES PAYS QUI FOURNISSENT DES CHEVAUX.

L'Europe entière & les autres parties du monde fourniſſent des chevaux, & il eſt prouvé que les climats
plus chauds que froids, & ſur-tout
les pays ſecs conviennent le mieux à
leur nature, & que leurs caractères
ou leurs qualités ſont produits par
l'influence des climats; ce qui les
fait diſtinguer en diverſes races. Nous
allons les décrire.

SECTION PREMIÈRE.

Des Chevaux Arabes.

L'Arabie contient les plus beaux
chevaux que l'on connoiſſe. Ils ſont
plus grands & plus étoffés que les
autres, & viennent des chevaux ſau-
vages des déſerts de ce pays, dont
on a fait très-anciennement des haras. L'Aſie & l'Afrique en renferment
un nombre infini. Les Arabes du dé-
ſert, & les peuples de Lybie élèvent
une grande quantité de ces chevaux
pour la chaſſe. Il ne s'en ſervent ni
pour voyager, ni pour combattre, &
les font paître lorſqu'il y a de l'herbe;
& lorſque l'herbe manque, ils ne les
nourriſſent que de dates & de lait
de chameau; ce qui les rend nerveux, légers & maigres. Les jumens
de ce pays ſont ſi ſenſibles que dès
qu'elles ſe ſentent chatouiller le flanc

avec le coin de l'étrier, ou pressées légèrement, elles partent subitement, vont d'une vîtesse incroyable, sautent les haies & les fossés aussi légèrement que les biches ; & si leur cavalier vient à tomber, elles sont si bien dressées, qu'elles s'arrêtent tout court, même dans le galop le plus rapide.

Section II.

Des Chevaux Barbes.

Les chevaux barbes ou de Barbarie, sont plus communs que les Arabes. Ils ont l'encolure fine, peu chargée de crins, & bien sortie du garrot ; la tête belle, & assez ordinairement moutonnée ; l'oreille belle & bien placée, les épaules larges & plates, les reins courts & droits, le flanc & les côtes ronds, sans trop de ventre ; la queue placée un peu haut ; les jambes belles, bien faites, sans poil ; le tendon bien détaché, le pied bien fait, mais souvent le paturon long. On en voit de tout poil, mais communément de gris ; ils sont fort légers & très-propres à la course ; leur taille ordinaire est de quatre pieds huit pouces ; mais il est confirmé par l'expérience, qu'en France, en Angleterre & dans plusieurs autres contrées, ils engendrent des poulains plus grands qu'eux. Ceux du royaume de Maroc sont les meilleurs, ensuite les barbes de montagne. Ceux du reste de la Mauritanie sont inférieurs, aussi bien que ceux de Turquie, de Perse & d'Arménie. Une autre qualité des chevaux barbes, est de ne s'abattre jamais, de se tenir tranquilles, lorsque le cavalier descend ou laisse tomber la bride. Leur pas est grand, & leur galop rapide.

Section III.

Des Chevaux d'Espagne.

Ceux-ci viennent après les barbes. Leur encolure est longue, épaisse, & chargée de beaucoup de crins ; la tête un peu grosse, & quelquefois moutonnée ; les oreilles longues, mais bien placées ; les yeux pleins de feu, l'air noble & fier ; les épaules épaisses, le poitrail large, le dos de mulet, les reins assez souvent un peu bas ; la côte ronde, les jambes belles & sans poil ; le tendon bien détaché, le paturon long ; le pied un peu alongé comme celui du mulet. Ceux de belle race sont épais, bien étoffés, bas de terre, ont beaucoup de mouvement dans leurs allures, beaucoup de souplesse, de feu & de fierté. Le poil le plus ordinaire est le bai-châtain. Leur nez & leurs jambes sont très-rarement blancs. Les chevaux espagnols sont marqués à la cuisse, hors le montoir, de la marque du haras dont ils sont sortis, & ne sont pas communément de grande taille. Elle n'est ordinairement que de quatre pieds neuf pouces. Ceux d'Andalousie passent pour être les meilleurs de tous. Ils ont du courage, de l'obéissance, de la grace, de la fierté, & plus de souplesse que les barbes ; c'est aussi par tous ces avantages qu'on les préfère à tous les autres chevaux pour la guerre, pour la pompe & pour le manège.

Section IV.

Des Chevaux Anglois.

L'Angleterre fournit aussi beaucoup de chevaux. Les plus beaux chevaux de ce royaume reſſemblent aſſez aux arabes ; ils ſont cependant plus grands, bien étoffés, vigoureux, hardis, capables d'une grande fatigue, excellens pour la chaſſe & la courſe ; mais ils ſont durs, & ont peu de liberté dans les épaules. Leur taille commune eſt de quatre pieds dix pouces. Ces chevaux l'emportent pour la courſe, & par conſéquent pour la chaſſe, ſur tous les autres chevaux de l'Europe : auſſi galopent-ils avec tant de viteſſe, qu'on en a vu parcourir l'eſpace d'une lieue & un quart, en douze minutes.

SECTION V.

Des Chevaux de France.

Nous avons pluſieurs provinces en France qui fourniſſent des chevaux. Ceux de Poitou ſont bons de corps & de jambes ; ils ne ſont ni beaux ni bien faits, mais ils ont de la force. Les bretons approchent de ceux-ci pour la taille & pour la fermeté du corps ; ils ſont courts & ramaſſés, ont la tête courte & charnue, les yeux d'une moyenne grandeur. On ſe ſert de ces chevaux pour le labourage & le tirage, & ſont peu propres à la courſe. Le Limoſin donne les meilleurs chevaux de ſelle; ils reſſemblent aſſez aux chevaux barbes, & ſont excellens pour la chaſſe. Leur accroiſſement étant fort lent, on ne les monte qu'à ſept ans. Les chevaux normands ſont à peu près de la même taille que les bretons. On fournit les haras de Normandie de jumens de Bretagne, & d'étalons d'Eſpagne. Ce mélange produit des chevaux trapus, vigoureux, propres au carroſſe, à la ca-

valerie & à toutes ſortes d'exercices. Ceux du Boulonois & de la Franche-Comté ſont auſſi trapus, & par conſéquent propres au tirage ; en un mot, les chevaux de France, en général, ont le défaut contraire aux chevaux barbes : ceux-ci ont les épaules ſerrées, tandis que ceux-là les ont trop groſſes.

SECTION VI.

Des Chevaux d'Italie.

L'Italie fourniſſoit autrefois des chevaux plus beaux qu'ils ne le ſont aujourd'hui, parce que depuis un certain temps on y a négligé les haras. Il s'y trouve encore de beaux chevaux napolitains, ſur-tout pour les attelages; mais, en général, ils ont la tête groſſe & l'encolure épaiſſe ; ils ſont indociles, & par conſéquent difficiles à dreſſer. Mais ces défauts ſe trouvent compenſés par la richeſſe de leur taille, par leur fierté & par la beauté de leurs mouvemens.

SECTION VII.

Des Chevaux Danois.

Les chevaux danois ou de Dannemarck, ſont de ſi belle taille & ſi bien étoffés, qu'on les préfère à tous les autres pour en faire des attelages & pour la guerre. Ils ſont bien faits, & leurs mouvemens ſont beaux. Les poils ſinguliers, tels que le pie & le tigre, ſe trouvent aſſez ſouvent dans ces chevaux.

SECTION VIII.

Des Chevaux Allemands.

Il y a en Allemagne de fort beaux

chevaux; mais, en général, pefans & ayant peu d'haleine; ils font par conféquent peu propres à la courfe. Ceux de Hongrie & de Tranfilvanie font, au contraire, légers & bons coureurs. Les hongrois leur fendent les nafeaux pour leur donner plus d'haleine, & pour les empêcher de hennir.

SECTION IX.

Des Chevaux de Hollande.

Les chevaux de Hollande font excellens pour le carroffe. Ce font ceux dont nous nous fervons le plus communément en France. Les meilleurs viennent de la province de Frife; il y en a auffi de fort beaux dans les pays de Bergues & de Juliers.

SECTION X.

Des Chevaux de Tartarie.

La Tartarie fournit des chevaux forts, hardis, fiers, ardens, légers, grands coureurs. Ils ont la corne du pied fort dure, mais trop étroite; la tête fort légère & roide, les jambes hautes; malgré tous ces défauts, ils font infatigables, & courent d'une vîteffe extrême. Les tartares vivent avec leurs chevaux, à peu près comme les arabes. Ces chevaux, qui font fi robuftes dans leur pays, dépériffent dès qu'on les tranfporte à la Chine, mais ils réuffiffent en Perfe & en Turquie.

SECTION XI.

Des Chevaux d'Iflande.

Les chevaux de ce pays font courts & petits, endurcis au climat, ils foutiennent des fatigues incroyables.

A l'approche de l'hiver, leur corps fe recouvre d'un crin extrêmement long, roide & épais.

Nous devons conclure, d'après tout ce que nous venons de dire fur les diverfes races des chevaux, que les arabes font les premiers chevaux du monde, tant pour la beauté que pour la bonté; que c'eft d'eux que l'on tire, foit médiatement, foit immédiatement par les barbes, les plus beaux chevaux d'Europe, d'Afie & d'Afrique; que l'Arabie eft peut-être le vrai climat de ces animaux, puifqu'au lieu d'y croifer les races par des races étrangères, on a foin de les conferver dans toute leur pureté. Que les climats plus chauds que froids conviennent mieux à leur nature; que le foin leur eft auffi néceffaire que la nourriture; que les chevaux des pays chauds ont les os, la corne, les mufcles plus durs que ceux des climats froids : qu'enfin leur habitude & leur naturel dépendent prefqu'en entier du climat, de la nourriture, de l'éducation, ou des foins qu'on en prend dans les haras.

CHAPITRE IV.

DES HARAS.

SECTION PREMIÈRE.

Qu'entend-on par Haras?

Nous entendons par haras, les chevaux de l'un & de l'autre fexe, deftinés à la propagation de l'efpèce; mais nous employons ordinairement ce mot pour défigner les lieux où les chevaux font établis, & uniquement employés à fe reproduire : tel eft, par exemple, le haras de Pompadour, dans le Limofin.

SECTION II.

Quel est le but de tout Haras?

Le but de tout haras est l'augmentation de l'espèce, ou la correction des défauts de la race dominante. La nature paroît avoir attaché à chaque pays, l'espèce & la race d'animal qui lui est propre, & la plus relative à ses besoins : un pays, par exemple, dont le sol est humide ou marécageux, sous un ciel triste, froid & nébuleux, qui ne produit qu'une herbe grossière & de mauvaise qualité, ne peut point donner des chevaux fins, vifs & légers, & de la qualité des chevaux arabes ou barbes. Ces races, quelques soutenues qu'elles pussent être, ne pourroient que dégénérer ; il en seroit de même si, dans l'Arabie ou dans la Barbarie, on vouloit y transporter des chevaux de voiture ou de labourage. La nature cependant nous indique, par elle-même, les moyens d'affoiblir & de corriger certains défauts attachés à quelques pays ou cantons : l'expérience prouve que si l'on donne à une jument, dont la tête est grosse, pesante & charnue, un étalon à tête fine, sèche & légère, le poulain qui naît de cette union, a cette partie moins grosse que celle de la mère, en approchant de celle du père ; mais que si ce défaut est attaché au pays, au canton, que si c'est le vice dominant de la race, il faut la combattre sans cesse, en se servant d'étalons étrangers. Sans cette précaution, la race retomberoit bientôt dans son premier état, par les influences perpétuellement agissantes du sol & du climat : de-là le principe fondamental de tout haras, le croisement de races, sans lequel il est bien possible d'augmenter le nombre des individus, mais jamais de les perfectionner.

SECTION III.

Des connoissances que l'on doit avoir dans l'établissement d'un Haras.

Dans l'établissement d'un haras, il est essentiel de connoître parfaitement la nature du terrein, & le climat du pays ou du canton où l'on forme cet établissement. Ce n'est que par la combinaison de l'un & de l'autre, que l'on peut déterminer la race des chevaux qui doit y réussir & se soutenir. Les climats chauds, les terreins secs, montagneux, fertiles en pâturages fins, produisent des chevaux de légère taille, qui ont de la finesse, du nerf & de la vivacité, des chevaux de selle, tandis que des climats froids, des prairies grasses, fraîches & abondantes, ne donnent que des chevaux de trait, plus ou moins étoffés, suivant les degrés de température ordinaire, & les qualités plus ou moins marquées du sol. L'étendue, la nature du terrein, le climat & la température ayant déterminé le nombre & la quantité d'étalons dont le haras doit être composé, il faut partager le sol en plusieurs enclos, fermés de haies ou d'autres barrières. L'un sera destiné pour les jumens qui n'ont pas été saillies ; l'autre pour celles qui allaitent, & le dernier ou le troisième, pour les poulains sevrés. Il est avantageux qu'un ruisseau traverse les parcs, & qu'il y ait des arbres pour que les chevaux puissent s'y abreuver, & se mettre à l'ombre ; qu'il y ait des hangars pour servir d'abri d'abri contre les chaleurs ou les grandes pluies.

CHAPITRE V.

DE LA GÉNÉRATION.

SECTION PREMIÈRE.

Des qualités de l'Etalon destiné à la propagation.

L'étalon doit réunir, autant qu'il est possible, toutes les qualités propres à son espèce, & être exempt de certains défauts qui la détériorent. Parmi ces défauts, il en est sur-tout qui doivent faire rejeter les étalons, parce qu'ils se perpétuent, se transmettent & sont héréditaires. De ce nombre sont tous les défauts de conformation dans les os, tels que le chanfrein renfoncé, la grosse ganache, la côte plate, la croupe avalée, les épaules serrées & chevillées ; le pied plat, les éparvins, les courbes, les jardons, les suros, & toujours le trop de volume des os ; la disproportion choquante des différentes parties, & tous les vices de méchanceté : un étalon naturellement hargneux, ombrageux, rétif, produit des poulains qui ont ce même naturel.

Parmi les bonnes qualités de l'étalon, nous exigeons donc qu'il soit grand, âgé de six ans, sain, relevé de devant, ayant la tête sèche, les oreilles déliées & bien situées, le front un peu convexe, les salières remplies, les yeux vifs, assez gros & à fleur de tête ; la ganache décharnée & peu épaisse ; les naseaux bien ouverts, la bouche médiocrement fendue, le garrot élevé & tran-

chant ; les épaules sèches & plates, le poitrail large, le dos uni, égal, les flancs pleins & courts, la croupe ronde & bien fournie, un bon poil ; le genou rond sur le devant, le jarret ample & bien évidé, les canons minces sur le devant, & larges sur les côtés ; le tendon bien détaché, le boulet menu, le fanon peu garni, le paturon gros, ni court ni long ; la couronne peu élevée, la corne noire, unie & luisante ; le sabot haut, les quartiers ronds, les talons larges & médiocrement élevés ; la fourchette menue & maigre, la sole épaisse & concave. Nous exigeons encore qu'il soit docile, ardent, agile, qu'il ait de la sensibilité dans la bouche, de la liberté dans les épaules, & de la souplesse dans les hanches.

SECTION II.

Qualités de la Jument.

Nous ne demandons point à la jument la perfection de l'étalon ; il suffit qu'elle ait de la beauté dans la tête, l'encolure & le poitrail ; qu'elle ait du corps & du ventre ; qu'elle soit bien coffrée, afin que le poulain soit logé à son aise, puisse profiter, croître & s'étoffer ; de l'âge de trois ans au moins ; si elle en avoit plus, son fruit seroit plus parfait, se trouvant mieux formée & plus vigoureuse. En général, la jument doit être plus basse que l'étalon, & lui être assortie le plus qu'il sera possible ; on n'oubliera pas sur-tout de changer les étalons tous les quatre ou cinq ans, pour croiser les races, & de n'en jamais prendre de ces mêmes races, pour servir d'étalon dans le même haras.

Tom. III.   K k

Section III.

De la Monte & de ses espèces.

La monte est l'opération de l'étalon, par laquelle il saute sur la jument. C'est de cette opération que dépendent la réussite & les progrès du haras. Mais, quoique l'étalon s'acquitte de toutes ses fonctions avec ardeur, la jument ne sera jamais fécondée, si elle n'est point en chaleur. Cet état s'annonce par la tuméfaction des parties naturelles, & par une humeur épaisse & blanchâtre, qui coule de ces mêmes parties. La jument entre en chaleur ordinairement au printemps, depuis le mois de mai jusqu'au mois de juin, quelquefois plutôt. La chaleur disparoît aussitôt qu'elle a été fécondée ; mais si la conception n'a pas lieu, la chaleur revient ; elle est si nécessaire à l'œuvre de la génération, que les jumens qui en sont exemptes, refusent absolument les approches de l'étalon.

Il y a deux espèces de monte : la monte en main, & la monte en liberté. Dans la première, on présente la jument qui est en chaleur, à l'étalon, lequel est dirigé & conduit par deux serviteurs, tenant deux longes attachées aux anneaux du caveçon, qui servent à le retenir ou à le laisser approcher, suivant qu'il est préparé. Lorsqu'il est en état, on lui permet de sauter sur la jument, qui doit être enchevêtrée & soutenue à la tête. Dans la monte en liberté, on abandonne l'étalon dans le parc qui renferme les jumens : alors il va de l'une à l'autre, les flaire, & saute enfin celle qui est le plus disposée à le recevoir, ou qui lui fait le plus de

plaisir. Si l'étalon monte plusieurs fois sur la jument, il faut parer à cet inconvénient en lui mettant des lunettes. Il s'use beaucoup par des jouissances réitérées : le vrai moyen de prévenir cet accident est d'avoir plusieurs étalons : aussitôt que ce premier a sauté une jument, on le retire du parc avec cette jument, en lui substituant un autre étalon que l'on retire de même avec sa jument, ainsi de suite jusqu'à ce que tous les étalons aient servi, ou que toutes les jumens aient été sautées. Par ce moyen, les étalons ont le temps de se reposer, sans que le service du haras en souffre. La monte dure deux à trois mois ; pendant tout ce temps, les étalons doivent être nourris abondamment, être pansés de la main ; ils n'en ont que plus d'ardeur. On ne doit pas surtout oublier de déferrer les jumens. Il en est quelquefois qui sont si chatouilleuses, qu'elles ruent ou se défendent aux premières approches.

Section IV.

Des signes qui font connoître que la Jument a été fécondée.

Les signes qui font reconnoître qu'une jument a été fécondée, sont très-incertains, & fort douteux dans les premiers mois de la conception. Le moins équivoque est la cessation de la chaleur, & lorsque la jument refuse l'étalon, en s'en défendant vigoureusement, & en ne souffrant pas même son voisinage. Il faut encore ajouter à ces signes, un embonpoint qui n'est pas ordinaire, plus de pesanteur après le sixième mois ; les secousses ou battemens du poulain que l'on éprouve alors en portant la main fur le côté du ventre, au bas du flanc, lorfque la jument vient de boire, qu'elle mange l'avoine, ou lorfqu'elle eft fatiguée; la tuméfaction des mamelles, qui fe manifefte & difparoît alternativement deux ou trois fois, pendant les deux derniers mois qu'elle porte.

SECTION V.

Des foins que l'on doit avoir de la Jument lorfqu'elle eft pleine.

On doit ménager la jument pendant tout le temps qu'elle porte, éviter, avec grand foin, tout ce qui pourroit la bleffer, ou lui occafionner quelque commotion forte, capable de la faire avorter, (*voyez* AVORTEMENT) la nourrir fuffifamment avec de bon foin, & l'eau blanchie avec la farine d'orge; il importe encore qu'elle ne foit point furchargée de graiffe, parce qu'un excès d'embonpoint devient ordinairement dangereux, en rendant l'accouchement laborieux & difficile.

SECTION VI.

De l'Accouchement & des moyens de le faire réuffir.

La jument met bas au commencement du douzième mois : le terme eft retardé ou avancé de quelques jours, fuivant que la mère & le poulain font vigoureux. La plupart des jumens reftent debout dans l'accouchement; & après quelques efforts, elles jettent leur poulain, qui, en tombant, rompt le cordon ombilical, & donne une fecouffe à l'arrière-faix, pour en faciliter la féparation & la fortie. Cette opération s'exécute fans effufion de fang; le cordon fe deffèche, & tombe par la fuite. Dans l'accouchement naturel, le poulain préfente la tête la première : s'il eft mal tourné, ou qu'il fe préfente par une autre partie, on le remet en fituation avec la main. Dans le cas où la mère manque de forces, ou fi le poulain eft mort, on le tire avec des cordes, après avoir fait entrer de l'huile dans la matrice, dans la vue de lubréfier le paffage, & faciliter la fortie.

SECTION VII.

Des foins que le Poulain exige depuis le moment de fa naiffance, jufqu'au temps du fevrage.

Auffitôt que le poulain eft né, il effaie de fe lever & de fe tenir debout; mais fes articulations, encore molles & mal affurées, ne pouvant le foutenir, il chancelle, & tombe fouvent fort lourdement. Dans un parc, les chutes n'ont aucune fuite fâcheufe; mais fi le poulain naît dans une écurie, on doit l'éloigner des murailles, & mettre autour de lui beaucoup de paille, afin d'amortir les heurts, toujours dangereux fur un corps auffi tendre. En naiffant, il a douze dents molaires, qui fe trouvent un peu ufées. (*Voyez* DENTITION) Deux jours après fa naiffance, il s'affermit affez pour pouvoir marcher. A fix mois ou un an, fuivant la vigueur de l'animal, ou la température de la faifon, le poil doux & très-long, dont fon corps étoit couvert, tombe, & découvre celui dont la couleur fera permanente.

Pour que le développement du poulain fe faffe promptement, il

K k 2

faut lui fournir un aliment sain & abondant, tel que le bon foin, un peu de luzerne, du sainfoin, de l'eau blanchie avec la farine d'orge & de froment. Cette nourriture convient même à la jument qui allaite : on ne doit point encore la faire travailler, comme on le pratique malheureusement à la campagne, parce que le travail, quelque petit qu'il soit, échauffe le lait, & diminue sa sécrétion. Il est donc essentiel de la laisser tranquille avec son poulain : celui-ci, en s'égayant, en courant & en bondissant dans le parc, se fortifie ; son accroissement en est plus prompt & plus parfait. Il s'habitue peu à peu aux alimens solides ; il tette moins fréquemment, & parvient insensiblement au point d'être sevré sans inconvénient.

SECTION VIII.

Du temps du Sevrage, & des moyens de l'opérer.

C'est à six mois qu'on sèvre le poulain. Un plus long usage de lait le rend mol & flasque : d'un autre côté, la jument, fatiguée d'avoir nourri pendant tout ce temps, dépérit considérablement, si le poulain continue à la teter. Il est quelquefois des accidens qui obligent de le sevrer au bout de trois mois ; mais il est toujours plus avantageux de ne le faire qu'à six, les poulains en étant plus forts, plus en état de supporter la rigueur de l'hiver, & le changement de nourriture, du vert au sec.

Dans les premiers jours du sevrage, on doit diminuer la nourriture de la mère, pour lui faire passer son lait ; la traiter, quant au

régime, avec l'eau blanche, une diète plus ou moins sévère, selon la quantité de lait, en observant surtout de la tenir bien chaudement : mais, quant aux poulains, il est à propos de placer dans les parcs des baquets remplis de la farine d'orge ou de petit lait. Rien ne contribue plus à les entretenir en bon état, & à leur faire prendre du corps ; mais il faut avoir soin de renouveler deux fois le jour cette boisson, sans quoi elle s'aigrit, & contracte des qualités mal-faisantes. On ne doit toucher les poulains que le moins qu'il est possible, depuis le moment de leur naissance jusqu'à l'âge de deux ans, parce que leur délicatesse en souffre. Il est bon aussi de les rendre familiers, sans les tourmenter. Dans la belle saison, c'est-à-dire, depuis le mois de mai jusqu'en septembre ou octobre, suivant les climats, on abandonne les poulains dans les parcs qui leur sont destinés, pourvu qu'ils soient garnis d'herbages, ou bien dans de gras pâturages, en les y laissant nuit & jour jusqu'à l'hiver, temps où ils doivent être retirés dans les écuries. Il doit y avoir, sous les hangars des parcs, des auges où l'on puisse mettre tous les jours quelques jointées d'orge concassé, ou quelque peu d'avoine cartellée. Les poulains retirés dans les écuries, on doit les nourrir avec le bon foin, l'orge cartellée & l'eau blanche ; les laisser en liberté sans les attacher, placer les auges & les râteliers à une certaine hauteur. Si les râteliers sont trop hauts, les poulains en contractent l'habitude de porter la tête relevée. Le fumier leur gâte les pieds : il convient donc de les tenir

proprement ; d'ailleurs les exhalaifons qui s'en élèvent font mal-faines.
Si l'on eft à portée d'une rivière, il
faut les faire baigner journellement,
pourvu toutefois que l'eau ne foit
pas trop froide. Nous obfervons que
les poulains élevés fur le bord des
rivières, obligés de paffer l'eau plufieurs fois le jour, font plus gais &
plus nerveux. A un an ou dix-huit
mois, il eft d'ufage de leur tondre
la queue, pour rendre leurs crins
plus forts & plus touffus. Nous ne
faurions approuver l'ufage où l'on
eft dans certains pays, de couper
tous les ans la crinière des poulains.
Les crins, par cette opération réitérée, devenant plus épais, & la craffe
s'amaffant dans les plis du col, il
en réfulte l'efpèce de gale, appelée
roux-vieux. (*Voyez* ROUX-VIEUX)

SECTION IX.

A quel âge doit-on féparer les Poulains
mâles d'avec les femelles ? Du temps
de châtrer les premiers & de les ferrer.

A deux ans, on fépare les poulains mâles des femelles de cet âge,
parce qu'ils commencent à fentir
leur fexe, fur-tout s'ils font bien
nourris ; & s'ils font vigoureux, ils
s'échauffent, s'énervent, & fatiguent inutilement les jumens pou-
liches.

Ceux qui font deftinés à être hon-
grés, ne doivent l'être qu'à deux
ans & demi. Le printemps & l'automne font les faifons les plus convenables à cette opération. (*Voyez*
CASTRATION) Le froid & la chaleur y font contraires.

Les fers n'étant inventés que pour
conferver la corne du fabot, & cette
corne ne s'éclatant que par les mar-

ches, & le travail, il eft inutile de
ferrer les poulains, tant qu'ils n'y
font point foumis. Les pieds en
liberté fe renforcent, & prennent
leur force naturelle. Nous voyons la
plupart des pieds devenus défectueux par une ferrure précoce, ou
par les défauts de la ferrure. (*Voyez*
FERRURE) Ainfi, les poulains peuvent refter jufqu'à trois ans, c'eft-
à-dire, jufqu'au temps où on commence à les dreffer.

SECTION X.

Manière de dreffer les Poulains.

On dreffe les poulains, en leur
mettant d'abord une felle légère &
aifée, en les accoutumant à recevoir un bridon dans la bouche, &
à fe laiffer lever les pieds. Tout cela
exige de la patience & de la douceur : un moment d'impatience, des
coups font fouvent capables de les
rendre indociles. S'ils font deftinés
à la felle ou au labour, on leur met
une felle ou un harnois, fans bride
ni pour les uns ni pour les autres ;
on les fait trotter à la longe, avec
un caveffon fur le nez, fur un terrein
uni, fans les monter, & feulement
avec la felle & le harnois fur le
corps. Lorfque le cheval de felle
tourne facilement, & vient volontiers auprès de celui qui tient la
longe, c'eft alors qu'il faut le monter & le defcendre à la même place,
fans le faire marcher, & cela jufqu'à
ce qu'il ait atteint l'âge de quatre
ans : c'eft feulement à cet âge qu'on
doit monter le cheval de felle, pour
le faire marcher au pas, au trot, &
toujours à petites reprifes.

Quant au cheval de labourage,
lorfqu'il eft accoutumé au harnois,

le laboureur doit l'attacher avec un autre cheval fait ; & pour peu d'adreſſe qu'il ait, il le dreſſera bientôt à la charrue, en lui apprenant ce que c'eſt que le *dia* ou le *hurhaut*. Il commencera à lui faire ſentir pluſieurs fois ſon fouet ; il l'intimidera plus dans la ſuite par le bruit que par les coups, & prendra garde de ne jamais le ſurcharger, ni de le trop pouſſer au travail ; ce ſeroit un vrai moyen de l'abattre, & de le rebuter.

SECTION XI.
Du temps de faire travailler les Poulains.

Le temps de faire travailler les poulains varie ſelon les différentes races. Les chevaux fins & de légère taille, ne ſont ordinairement formés qu'à cinq ou ſix ans, tandis que les gros chevaux le ſont à quatre. Si on les accoutume au travail avant ce temps, leurs membres ne peuvent point ſe fortifier, & contractent des défectuoſités. Nous en avons des exemples dans les poulains élevés en bas Languedoc, où ils ſont employés à fouler le blé, dès l'âge de deux ans. Ce genre de travail leur gâte tellement les pieds & les jambes, que ces animaux ſont ruinés à l'âge de cinq ans.

CHAPITRE VI.
DES ALIMENS SOLIDES PROPRES AU CHEVAL, DE LEURS BONNES ET MAUVAISES QUALITES, DE LEURS EFFETS.

Nous comptons, parmi ces alimens, le foin, la paille, l'avoine, le ſon, l'orge en grain, la luzerne,

le ſainfoin, le trèfle & l'orge en vert. Nous allons traiter de chacun de ces alimens en particulier.

SECTION PREMIÈRE.
Du Foin.

Le foin eſt la nourriture la plus univerſelle du cheval : il eſt plus ou moins bon, ſuivant le terrein qui le produit. La qualité de celui des bas prés eſt toujours plus inférieure à celle du foin cueilli dans les prés élevés. Celui qui eſt vaſé, qui eſt ſemé ou mêlé de joncs, ne vaut rien ; celui qui eſt très-fin, très-délicat & très-ſubſtantiel, a un inconvénient : les chevaux, qui y ont été accoutumés, refuſent tous autres foins qui leur ſont préſentés. On ne doit, au ſurplus, donner aux chevaux que le foin de la première récolte, le regain ne convenant qu'aux chevaux de vil prix. Le foin nouveau n'eſt bon, qu'autant qu'il a été renfermé trois ou quatre mois dans les fenils. Quand il n'a pas eu le temps de ſuer, il ſuſcite, à raiſon de la fermentation dans l'eſtomac, de très-violentes maladies. Un foin trop vieux n'a plus de ſubſtance, ni de goût ; un foin trop court ſe deſſèche trop promptement.

Les qualités du foin dépendent de celles des plantes qui lui ſont aſſociées. La pimprenelle des prés, les paquerettes, les chiendents, la ſarriette, le tuſſilage, la ſcabieuſe, le trèfle, le ſainfoin, la pédiculaire, la graffette, &c. ſont autant de plantes bienfaiſantes & appétiſſantes. Un foin ainſi compoſé, & fauché dans ſa juſte maturité, forme pour le cheval une nourriture très-ſalutaire. Toutes les eſpèces de tithymales, & les différentes renoncules, font autant de plantes qui, confondues avec les bonnes, détériorent totalement ce fourrage, & le changent en une nourriture très-nuifible & très - malfaifante. En un mot, le foin que l'on doit choifir, eft en général celui dont les parties fibreufes ou vafculaires, à peine altérées dans le conduit des alimens, ne font ni trop déliées ni trop fortes, dont la couleur n'offre point un noir ou brun, ou trop de blancheur, & dont l'odeur n'a rien de fétide, & eft agréable.

SECTION II.

De l'Avoine.

L'avoine donne de la force & de la vigueur au cheval. La meilleure eft celle qui eft noire, pefante, luifante, bien nourrie, & non mêlangée de mauvaifes graines que certaines plantes y dépofent, telles que le coquelicot, le fénevé, la nielle, &c. Celle qui n'eft pas parvenue à fon degré de maturité eft aqueufe, flatueufe, peu nourriffante. On doit encore faire attention qu'elle n'ait pas fouffert d'altération dans le champ ou dans le grenier. Dans le champ, fi, après avoir été moiffonnée, & y avoir été étendue, pour lui donner le temps de javeler, au moyen de la pluie ou de la rofée, elle a fouffert une pluie trop abondante & de longue durée, de façon qu'elle foit en partie pourrie, & en partie germée; dans le grenier, fi, par la négligence qu'on a eue de la remuer, elle a fermenté, & eft échauffée. Ses principes alors fe développent; une portion de fon fel volatil s'exhale, fon huile devient acide, rance,

fétide, & elle tombe dans une efpèce de putréfaction capable de donner au cheval, s'il la mangeoit, les maladies qui réfultent d'une nourriture corrompue.

SECTION III.

De la Paille.

La paille, & fur-tout celle de froment, eft un bon aliment, lorfqu'elle eft blanche, menue, fourrageufe, c'eft-à-dire, affociée à de certaines plantes, telles que la geffe, la fumeterre, la percepierre, &c. La paille blanche doit être préférée à celle qui eft groffière & noire, celle-ci étant plus dure, moins capable de réparer les déperditions animales, & affez fouvent ayant une odeur qui répugne au cheval. La paille contenant le corps fucré, il ne faut pas s'étonner qu'on puiffe nourrir les chevaux avec cette fubftance. C'eft ce qu'on obferve en Efpagne, où tous les végétaux en général font plus fucrés qu'en France, & par conféquent plus nourriffans. Quoiqu'en Provence & en Languedoc, la paille foit très-bonne, elle ne vaut point celle d'Efpagne; & en général, plus on approche du nord, & de tous les pays froids & humides, moins la paille a de corps doux, capable de nourrir. En Allemagne, on a foin de hacher la paille, & d'en faire la principale nourriture des chevaux. Aux heures de la diftribution de l'avoine, on la mêle avec ce grain, qui en devient moins échauffant, en ayant toujours la précaution de mouiller légèrement le tout, pour éviter que le cheval n'en perde pas par fon fouffle la plus grande partie. Pourquoi ne fuit-on pas en

France, du moins dans les provinces, dans les campagnes, où il y a difette de foin, l'exemple des Allemands ? Ne feroit-ce pas un moyen de nourrir les chevaux avec plus d'économie ? En faifant hacher une très-légère quantité de foin avec la paille, & en formant, par ce moyen, un mêlange admirable pour le bon entretien des chevaux, ces animaux montreroient-ils moins d'ardeur au travail, moins de vigueur, d'haleine & de légéreté ; & feroient-ils auffi fujets à la pouffe, & aux autres maladies que l'excès du foin leur procure ?

SECTION IV.

Du Son.

Le fon n'eft autre chofe que l'écorce du blé écrafé par la meule. Il eft d'un ufage très-familier dans la médecine vétérinaire, & dans le régime qu'elle prefcrit : il forme un aliment très-rafraîchiffant, & d'une très-facile digeftion. Nous le préfentons au cheval fain ou malade, fec ou mouillé, felon les cas. Cette nourriture, feule avec le fourrage, ne fuffit point au cheval de labourage. Il eft important de s'affurer que cet aliment ne foit point vieux, & d'une odeur fétide & dégoûtante. Dans ce cas, le cheval le refufe, ainfi que l'eau blanche qu'on fait avec cet aliment. (*Voyez* BOISSON)

SECTION. V.

De l'Orge en grain.

L'orge en grain fert auffi de nourriture : on doit préférer celui qui eft pur, compacte, pefant & plein. Il faut rejeter celui qui eft ridé, fpon-gieux, léger & petit, & n'en faire ufage que long-temps après la moiffon, afin de donner à l'humeur vifqueufe qu'il contient, le temps de s'atténuer ou de s'évaporer. Son écorce ou fa farine eft, en quelque forte, dénuée de la faculté de nourrir, & relâche au contraire le cheval. En Efpagne, on en fait un des principaux alimens : fans doute que cette plante a d'autres propriétés dans ce royaume qu'en France, où fa paille n'eft livrée qu'aux boeufs & aux vaches. Un françois, ne voulant admettre aucune diftinction relative aux divers pays, en ce qui concerne les plantes, & s'obftinant à nourrir un beau cheval efpagnol avec de l'orge, fous prétexte qu'il y étoit habitué, fe trouva forcé d'y renoncer, après avoir vu fon cheval attaqué d'une fourbure des plus violentes.

Le grain de froment produit la même maladie. Bien des gens de la campagne font dans l'ufage d'en donner tous les matins une jointée, avant de faire boire des chevaux dont l'eftomac eft affoibli : donné de cette manière, l'ufage ne doit pas en être condamné. Dans ce cas, un mêlange de féverolles n'eft pas moins efficace. Quant au grain de feigle, on l'emploie plutôt comme médicament, que comme aliment, & la paille de cette efpèce de blé eft confommée pour la litière.

SECTION VI.

De la Luzerne.

La luzerne fert encore à la nourriture du cheval, donnée en vert, feule, fans mêlange, fans difcrétion, avant l'épanouiffement des boutons à fleurs, à fleurs, couverte de rofée, ou mouillée par la pluie. Elle occafionne ordinairement de fortes indigeftions. Nous avons vu des chevaux & des bœufs enfler fur le champ ; les uns périr faute de fecours, & les autres, par le défaut de connoiffance des remèdes convenables. Ce n'eft qu'en effayant d'en donner d'abord en très-petite quantité, & en la mêlant avec la paille, qu'on parvient à la faire manger avec quelque fuccès, & fans danger. L'eftomac du cheval & du bœuf s'y habitue peu à peu.

Lorfqu'elle eft préfentée à l'animal fous la forme d'un fourrage fec, auffitôt après la fenaifon, elle produit des effets finiftres, fi on manque de la mêlanger avec une égale quantité de paille.

Une grande propriété de la luzerne eft d'augmenter le lait de la jument, de la vache, & de fervir au rétabliffement des chevaux de labour, qui, à la fuite d'un grand travail, tombent dans un amaigriffement total.

SECTION VII.

Du Sainfoin ou Efparcette.

Cette plante n'eft pas d'un ufage auffi périlleux : c'eft un aliment très-nourriffant & échauffant. Soit que les tiges en aient été fauchées avant l'épanouiffement des fleurs, foit enfin qu'elles l'aient été entre fleurs & graines, la ration n'en doit pas être cependant trop abondante : elle pourroit fufciter, comme nous l'avons vu plus d'une fois à Pézenas, des coliques avec convulfion, qui fe terminent par la gangrène des inteftins.

Tom. III.

SECTION VIII.

Du Trèfle.

Le trèfle ou triolet des prés eft très-propre à engraiffer le cheval. On le fait confommer en vert ou fec dans les écuries. S'il eft mouillé par la rofée ou par la pluie, ou par les brouillards, il fermente dans l'eftomac des animaux, & donne lieu à des indigeftions, & à des tranchées femblables à celles que l'on a à redouter de l'ufage de la luzerne. Le cheval en eft fi friand, qu'il le dévore, & que fa voracité, jointe à la quantité qu'il en mange, produifent des douleurs qu'il reffent : auffi ne doit-on lui en donner qu'avec modération.

Ce trèfle eft moins fucculent que le grand trèfle, autrement dit *trèfle de Hollande.* On adminiftre celui-ci à fec & en vert, de la même manière que le vert d'orge.

SECTION IX.

De l'Orge en vert.

Le vert d'orge eft auffi utile à de jeunes chevaux, qu'il eft contraire à des chevaux pouffifs, farcineux, morveux, & qui font vieux.

On le donne en vert pendant un mois ou fix femaines, & avant qu'il ait épié. Quand l'épi eft forti du fourreau, il provoque la fourbure. (*Voyez* FOURBURE) Il faut le couper avant que la rofée foit diffipée ; il eft certain qu'il n'en purge que mieux le cheval. On le lui diftribue continuellement poignée par poignée, en obfervant de tremper au même inftant chacune de ces poignées dans un feau d'eau. Quelques

L l

jours après l'ufage de cette nourriture, le cheval évacue copieufement par le fondement : infenfiblement cette évacuation ceffe, & n'a
plus lieu ; il engraiffe, le poil devient plus vif, le flux d'urine eft
abondant ; ce qui eft une preuve
certaine du mérite & de l'efficacité
de cet aliment.

A l'égard des herbages ordinaires,
dans lefquels les habitans de la campagne jettent leurs chevaux de labour ou de bât, ils ne font nullement convenables à ceux en qui la
lymphe eft épaiffe, dont l'habitude
du corps eft fpongieufe. En général,
les herbages rendent les liqueurs tenaces & vifqueufes ; ils relâchent les
fibres, & les affoibliffent. Les chevaux foumis à cette nourriture, en-
graiffent, à la vérité ; mais ils font
mols & pareffeux, & font difpofés
à beaucoup de maladies. Les herbages, felon nous, ne conviennent
qu'aux chevaux & aux bœufs fujets
à des embarras dans les reins, à des
ardeurs d'urine, & à certaines tranchées qui fuivent ces maladies, parce
que l'herbe a, dès les premiers momens de fa croiffance, un caractère
favonneux, qui la rend très-falutai-
re. C'eft pour cette raifon que les
bœufs nourris dans l'étable, & que
l'on tue dans l'hiver, ont fouvent
des pierres dans le foie, dans la véficule du fiel, dans la veffie & dans
le canal de l'urètre, tandis qu'il eft
rare d'en trouver dans ceux qui ont
été d'abord jeté dans les prairies.

SECTION X.

*Des confidérations qu'il faut avoir
dans la diftribution des alimens.*

L'unique but qu'on doive fe propofer en nourriffant un cheval, eft
de le maintenir en chair, & de le
rendre capable de fatisfaire au travail auquel il eft deftiné : il ne doit
donc être ni trop gras, ni trop maigre. Les chevaux voraces font toujours maigres, parce qu'ils mâchent
peu ; auffi l'eftomac & les inteftins,
dans ces fortes de chevaux, font
toujours farcis de crudités qui s'annoncent par des borborygmes ou
vents, (*Voyez* le mot VENT) ou
par des gonflemens, ou par des déjections fréquentes, ou fétides & fe-
mées de fourrages, & fur-tout de
grains mal digérés, ou par des maladies plus ou moins férieufes, &
plus ou moins funeftes.

L'âge, le tempérament, les faifons
& la taille font autant d'objets effentiels à confidérer pour la fixation
du régime.

1°. L'*âge :* on ne nourrira point
les poulains comme des chevaux
faits, parce qu'on n'exige d'eux aucun travail, & qu'ils ne font point
expofés à toutes les rigueurs du
temps. Les alimens qui fuccèdent au
lait bien conditionné, dont s'eft
nourri le poulain, font des alimens
tempérés & fubftantiels, tels que le
bon foin, un peu d'avoine, la farine
d'orge. Le cheval formé, & parvenu à fon accroiffement, doit être
différemment nourri qu'un cheval
vieux ou avancé en âge, foit par
rapport au travail auquel il eft affujetti, foit par rapport à la force de
fon eftomac.

2°. Le *tempérament* : le cheval fanguin doit être nourri modérément ;
le colérique, dont les fibres tenues
ont une grande rigidité, & en qui
la marche du fang eft impétueufe,
ne doit point être foumis à une

nourriture échauffante; il faut modérer les effets de l'avoine par un mêlange d'alimens tempérés, ne l'abreuver de temps en temps que de l'eau blanche, & n'user jamais de rigueur envers lui, tant il est toujours dangereux de l'irriter. Les alimens qui font le moins substantiels conviennent au cheval triste & mélancolique.

3°. La *taille :* on donne au cheval de selle dix livres de foin, autant de paille, & deux picotins d'avoine ; au cheval de labour ou de charrette, vingt livres de foin, dix de paille, & trois picotins d'avoine. Trente livres pesant d'un mêlange de paille & de luzerne, suffisent à la nourriture du cheval de labour ; encore faut-il que l'avoine lui soit retranchée dans le repos, la ration de ce grain lui devant seulement être accordée lors du travail. Vingt livres de ce mêlange nourrissent amplement des chevaux de selle & de bât, de la grande taille. L'expérience nous apprend que les habitans des campagnes, qui ne craignent pas de faire manger ce fourrage pur, au-dessus de trente livres par jour, à chaque cheval de labourage en repos, exposent cet animal à la *gale*, aux *eaux*, au *farcin*, à la *fourbure*; (*voyez* ces mots) & à tous les désordres que peut occasionner la pléthore, & dont la mort la plus prompte est le résultat ; en un mot, si les uns & les autres de ces chevaux jouissent d'un long repos, ou sont tenus à une fatigue plus forte. Dans le premier cas, il convient de diminuer la ration, & de l'augmenter dans le second. Les cultivateurs n'oublieront pas sur-tout, que la surabondance des alimens les plus convenables, est plus perni-

cieuse que leur mauvaise qualité ; ils proportionneront donc la ration toujours d'après l'observation de l'âge, du tempérament, de la taille, & de la somme du travail auquel ils soumettent leurs chevaux, ou sur la somme des déperditions qu'ils font.

CHAPITRE VII.
DES ALIMENS LIQUIDES.

SECTION PREMIÈRE.

De l'Eau.

L'eau est la boisson ordinaire du cheval : l'eau de la rivière est bonne & salubre, pourvu qu'on n'y mène pas le cheval dans le temps le plus âpre de l'hiver, & qu'on ait l'attention à son retour, non-seulement d'avaler l'eau, ainsi que nous devons l'indiquer à l'article du *pansement de la main*, mais de lui sécher parfaitement les pieds, en les essuyant. Si l'on est obligé, dans l'hiver, d'abreuver le cheval dans l'écurie, il faut avoir grand soin de faire boire l'eau sur le champ aussitôt qu'elle est tirée, & avant qu'elle ait acquis un degré de froid considérable. Il est possible de parer & d'obvier à la froideur de l'eau, & à sa trop grande crudité, en y trempant les mains, ou en y jetant du son, ou en y mêlant une certaine quantité d'eau chaude, ou bien en l'agitant avec une poignée de foin.

SECTION II.

De l'heure convenable pour abreuver le Cheval.

Le laboureur ne doit jamais, & dans aucune circonstance, faire boire ses chevaux, quand ils sont échauffés par le labourage, ou par un autre exercice pénible. L'heure la plus convenable pour les abreuver, est celle de huit ou neuf heures du matin, & de sept ou huit heures du soir. En été, il les abreuvera avec raison trois fois par jour, & alors la seconde sera fixée environ cinq heures après la première. Nous imaginons bien, qu'eu égard aux chevaux qui labourent, & à ceux qui voyagent, un pareil régime ne peut être exactement & constamment suivi : dans ce cas, on ne les fait boire qu'une heure ou deux après la fin du travail, c'est-à-dire, à sept heures du soir, & le matin avant de les faire travailler.

SECTION III.

Du temps pendant lequel le Cheval peut se passer de boire.

Aristote a fixé à quatre jours, le temps pendant lequel le cheval peut se passer de boire. Tout ce que nous savons là-dessus, c'est qu'il est des chevaux qui boivent naturellement moins les uns que les autres, & qu'il en est aussi qui boivent trop peu, comme par exemple, les chevaux étroits de boyaux : il en est encore que le dégoût & la fatigue empêchent de s'abreuver ; il s'agit alors de réveiller dans ceux-ci le désir de boire, par quelques poignées de bon foin.

CHAPITRE VIII.

Du Pansement de la Main.

SECTION PREMIÈRE.

Nécessité du Pansement de la Main.

De toutes les excrétions, la plus intéressante est celle qui se fait dans

toute la surface du corps, au moyen d'une infinité de pores dont la peau du cheval est criblée. Ces pores ne sont autre chose que les orifices des artérioles séreuses, qui se terminent au niveau du derme ; & cette excrétion est appelée du nom de *transpiration insensible*. Elle ne peut être que très-considérable, puisqu'elle s'exécute sur une superficie aussi étendue que l'est le tégument du cheval. Ses effets consistent à maintenir la peau de l'animal dans une souplesse nécessaire, d'unir le poil, de le vivifier, de dégager les humeurs d'une infinité de superfluités nuisibles, de les entretenir dans un mélange, une proportion, & une température qui constituent la santé du cheval.

La plupart des maladies que l'hippiatre observe dans cet individu, naissent de l'interruption, ou de la diminution de cette excrétion. Plus les solides chassent & déterminent les fluides à la circonférence, plus il est de ces parties qui sortent, & qui sont expulsées sous la forme d'une humidité vaporeuse, dont la plus grande partie prend corps, dès qu'elle est parvenue à l'habitude de la machine. Il en résulte la crasse, ou la poussière blanchâtre ou grisâtre que nous appercevons sur le tégument. Si cette crasse y séjourne, elle obstrue, bouche tous les orifices de la peau, prive de toute issue les liqueurs impures ; & ces liqueurs forcées, les unes de refluer dans le centre, les autres de s'arrêter à la circonférence, produisent des maladies graves & dangereuses.

Le pansement de la main n'est donc pas un soin indifférent, puisqu'il importe à la conservation du cheval, & à son existence. Si le laboureur étoit pénétré de tous ces avantages, resteroit-il des femaines entières sans étriller ses chevaux ?

SECTION II.

Des instrumens nécessaires au Pansement de la Main.

L'étrille, l'époussette, la brosse ronde, la brosse longue, l'éponge & le couteau de chaleur, font les instrumens nécessaires à ce pansement.

L'effet de l'étrille est de détacher la crasse résultante de l'évaporation, dont nous avons parlé dans la section précédente.

A l'étrille succède l'époussette : c'est ainsi que s'appelle une certaine étendue de serge ou de gros drap, destiné à enlever les corpuscules que l'étrille peut avoir élevées & laissées à la superficie des poils.

La brosse ronde achève d'enlever la crasse & l'ordure que l'époussette n'a pu ôter.

La brosse longue sert à nettoyer les jambes.

Quant à l'éponge & au couteau de chaleur, le premier de ces instrumens est destiné à laver les jambes & les crins, & le second à avaler l'eau ou la sueur.

SECTION III.

Manière de procéder au Pansement de la Main.

La première attention du valet d'écurie ou du laboureur, en entrant le matin dans l'écurie, est d'attacher à un des fuseaux du râtelier, une des doubles longes du licol du cheval qu'il veut étriller : c'est ce qu'on ne pratique jamais dans les campagnes.

Il doit ensuite nettoyer les auges avec un bouchon de paille, & distribuer à l'animal l'avoine ou le son, selon qu'il est ordonné. Aussitôt après que le cheval a mangé ce qu'on lui a donné, il faut remuer la litière avec une fourche de bois, & non de fer, la relever proprement, & mettre à l'écart les parties de cette même litière, qui se trouvent pourries par la fiente & par l'urine. Toutes ces précautions prises, le valet d'écurie, armé de l'étrille qu'il tient dans sa main droite, saisit la queue du cheval avec la main gauche ; il passe l'étrille sur le milieu & sur le côté de la croupe, à rebrousse poils, en allant & revenant pendant un certain espace de temps, avec vîtesse & avec légéreté, sur toutes les parties de ce côté, qu'il parcourt d'abord ainsi, en remontant jusqu'à l'oreille, en observant de ne porter jamais l'étrille ni sur le tronçon de la queue, ni sur les parties latérales de l'encolure, ni sur l'épine, ni sur le fourreau, & de la passer légèrement sur les jambes. Le cheval suffisamment étrillé sur le côté droit, il doit l'être sur la partie gauche : il s'agit alors de changer l'étrille de main, & de pratiquer sur cette face du corps du cheval, ce qui a été pratiqué sur l'autre. Cela fait, on prend l'époussette, qu'on tient par un des bouts, pour en frapper légèrement tout le corps de l'animal, & en nettoyer & frotter la tête, les oreilles, l'auge, & toutes les parties sur lesquelles l'étrille n'a pas dû être passée. Après l'époussette, vient la brosse, dont on frotte avec soin la tête en tout sens, en observant de ne pas offenser les yeux ; ensuite tout le côté droit du corps, en paffant à poil & à contre-poil. Toutes les parties du corps foigneufement broffées, & la broffe ne fe chargeant plus de pouffière, il faut paffer & repaffer fur tout le corps, entre les ars & dans toutes les articulations, un bouchon de paille ou de foin légèrement humecté, à l'effet d'unir exactement le poil. Il s'agit enfuite de laver les jambes, en fe muniffant de la broffe longue & de l'éponge. Les jambes étant lavées, on peigne & lave les crins, & on les démêle; l'huile d'olive eft excellente pour aider à les débrouiller; le favon, pour les décraffer. Le panfement fera terminé en lavant les feffes & le fondement, & en étuvant les tefticules & le fourreau.

Toutes les fois que le cheval vient de l'eau, il convient de la lui avaler des quatre jambes, & de les nettoyer de la boue dont elles font chargées, avec l'éponge & la broffe. Cette pratique ne fauroit être trop recommandée, fur-tout dans les villes, dont la boue eft toujours épaiffe, noire & cauftique.

Quant à l'habitude où font certains valets d'écurie, de faire paffer les chevaux à l'eau, après les avoir courus, elle eft très-préjudiciable, fi on ne prévient les fuites funeftes de cette habitude, d'une part en exigeant des chevaux une allure très-prompte & très-preffée dans leur retour à l'écurie, & de l'autre, en leur abattant l'eau avec le couteau de chaleur, dont on racle avec force toutes les parties du corps, & en les bouchonnant enfuite. (*Voyez* BOUCHONNER)

CHAPITRE IX.

DE L'EXERCICE, DU REPOS, DU SOMMEIL DU CHEVAL. DE LA DURÉE DE SA VIE.

SECTION PREMIÈRE.

De l'Exercice.

L'exercice borné à un mouvement modéré, aide à l'infenfible tranfpiration; il fubtilife les liqueurs, en entretient la fluidité, augmente la vélocité de la circulation, fortifie les parties folides, tient les cavités des petits vaiffeaux ouvertes, éloigne une foule de maladies qui dépendent de l'abondance des humeurs, de leur impureté, de l'engorgement & des obftructions des vifcères, rappelle l'appétit qui languit, & remédie aux vices de l'eftomac; & fes effets influent fur toute l'économie des mouvemens vitaux. Mais autant il importe au laboureur d'habituer le cheval, & de le foumettre à un travail proportionné à fon tempérament, autant il eft à craindre de le livrer à des exercices violens & fupérieurs à fes forces; ce qui n'arrive que trop fouvent à la campagne. On voit des laboureurs & des charretiers ufer de la plus grande violence envers leurs chevaux : non-feulement ils les accablent de fatigue & de coups, mais fouvent ils leur refufent la nourriture & le repos néceffaires pour maintenir leur vigueur naturelle. Qu'arrive-t-il de là ? Que les forces motrices fe confument, que les organes s'ufent & fe débilitent, & que l'animal devient incapable de fervice; ce qui s'annonce par la maigreur, le retrouffement, & fouvent l'altération du flanc, le terniffement du poil, le flageollement des jambes, leur courbure en forme d'arc, l'éloignement de tout aplomb, la foibleffe de leurs articulations; la lenteur, la moleffe, & la difficulté de leur action.

SECTION II.

Du Repos.

Le repos eft le remède à la laffitude : lorfqu'il eft trop long, il préjudicie abfolument au cheval, parce qu'une ceffation perpétuelle des mouvemens, & un régime abfolument oifif & fédentaire, rendent les fibres mufculeufes inhabiles à toute action, épaiffiffent la maffe, ralentiffent le cours de toutes les humeurs, les pervertiffent, les condenfent, & produifent, en un mot, tous les effets diamétralement contraires aux effets falutaires d'un exercice modéré : auffi voyons-nous que des chevaux, pour ainfi dire, abandonnés dans des écuries, font affectés de plufieurs maux, tels que le *refroidiffement d'épaule*, *l'enflure des jambes*, *l'obéfité*, le *grasfondu*, la *fourbure*, & diverfes *maladies cutanées*. (*Voyez* chacun de ces mots)

SECTION III.

Du Sommeil.

Le fommeil eft encore plus propre à la réparation des forces que le repos. Un fommeil inquiet & troublé, tel que celui pendant lequel le cheval, même en fanté, rêve, s'agite & hennit, n'eft point auffi confortatif, & même le fatigue fouvent, au lieu de le délaffer. Mais celui qui eft doux & paifible, lui rend fa vigueur & fon agilité; il difpofe, de nouveau, toutes les parties à l'exercice de leurs fonctions, favorife la digeftion, la tranfpiration & la nutrition.

Le cheval, de fa nature, ne dort pas fi long-temps que l'homme : quatre heures de fommeil fuffifent ordinairement à certains. Il en eft plufieurs auxquels il en faut moins ; les uns dorment couchés, & les autres communément debout. Si le fommeil de l'homme a plus de durée que celui du cheval, nous devons remarquer auffi que les inftans que l'homme emploie à dormir, font employés par le cheval à manger, & à fe renforcer d'une autre manière. Le moment du réveil eft marqué, dans tous les deux, par les mêmes actions, par le bâillement & par l'extenfion des membres, dont la langueur des fibres exige que l'animal y rappelle les efprits, & y accélère machinalement le cours du fang, au moyen des différentes contractions répétées.

SECTION IV.

De la durée de fa vie.

La durée de la vie commune du cheval eft de dix-huit ou vingt ans. Il en eft qui outre-paffent ce terme, & qui vivent jufqu'à vingt-cinq ou trente ans ; mais le nombre en eft médiocre. On a obfervé que les chevaux nourris dans des écuries, vivent beaucoup moins que ceux qui font en troupeaux. L'état d'efclavage & de domefticité eft bien fait pour opérer quelque différence ; il feroit effentiel d'obferver & d'examiner fi le terme de dix-huit ou vingt ans, que nous lui affignons, eft plus long ou plus court dans les pays élevés, où communément les hommes vieilliffent plus que dans les pays aquatiques. L'air & la nourriture étant différens dans les uns & dans les autres de ces lieux, nous pourrions alors juger du pouvoir & de l'influence des climats, ainfi que de la nourriture fur cet animal, & par conféquent de la durée de fa vie.

Après la mort du cheval, l'homme met à profit fa dépouille. Les tamis, les archets d'inftrumens, les fauteuils, les couffins, prouvent l'utilité de fon crin. Les felliers, les bourreliers font grand ufage de fon cuir tanné. On fait des peignes avec fa corne.

SECONDE PARTIE.

Des Maladies auxquelles le Cheval eft fujet.

CHAPITRE PREMIER.

Maladies Internes.

Nous les divifons en maladies inflammatoires, en fpafmodiques, en évacuatoires, en maladies de foibleffe & fébriles.

Section Première.

Maladies Inflammatoires.

Le vertigo, le mal de feu ou d'Efpagne, le mal de tête de contagion, l'étourdiffement, l'efquinancie, la pleuréfie, la péripneumonie, la courbature, la toux fèche; l'inflammation de l'eftomac, l'inflammation des inteftins, & les coliques.

Section II.

Maladies Spafmodiques.

Le tetanos, le mal de cerf, la fourbure, le rhumatifme, la faim-

valle, la crampe, le priapifme, le tremblement, l'épilepfie, la palpitation, le tic, l'ébrouement, & les différentes efpèces de pouffe.

Section III.

Maladies Evacuatoires.

La bave, le larmoiement, les diabetes, la diarrhée, le flux bilieux, la fuperpurgation, la grasfondure, l'hémorragie du nez, l'hémoptyfie, le piffement du fang, l'avortement, la dyffenterie, la gourme, la morve, la pulmonie, & le piffement du pus.

Section IV.

Maladies de Foibleffe.

La goutte fereine, la furdité, le dégoût, la paralyfie, l'épuifement, la fortraiture & les affeétions foporeufes, telles que l'affoupiffement & l'apoplexie.

Section V.

Maladies Fébriles.

La fièvre éphémère, les fièvres continues, la fièvre inflammatoire, la fièvre maligne, la fièvre putride, & la fièvre lente.

CHAPITRE II.

Des Maladies Externes.

Elles fe divifent en maladies de l'avant-main, du tronc ou du corps, & en celles de l'arrière-main.

Section Première.

Maladies de l'Avant-Main.

La taupe, l'enflure des paupières, la cataraéte, la fluxion lunatique,

les

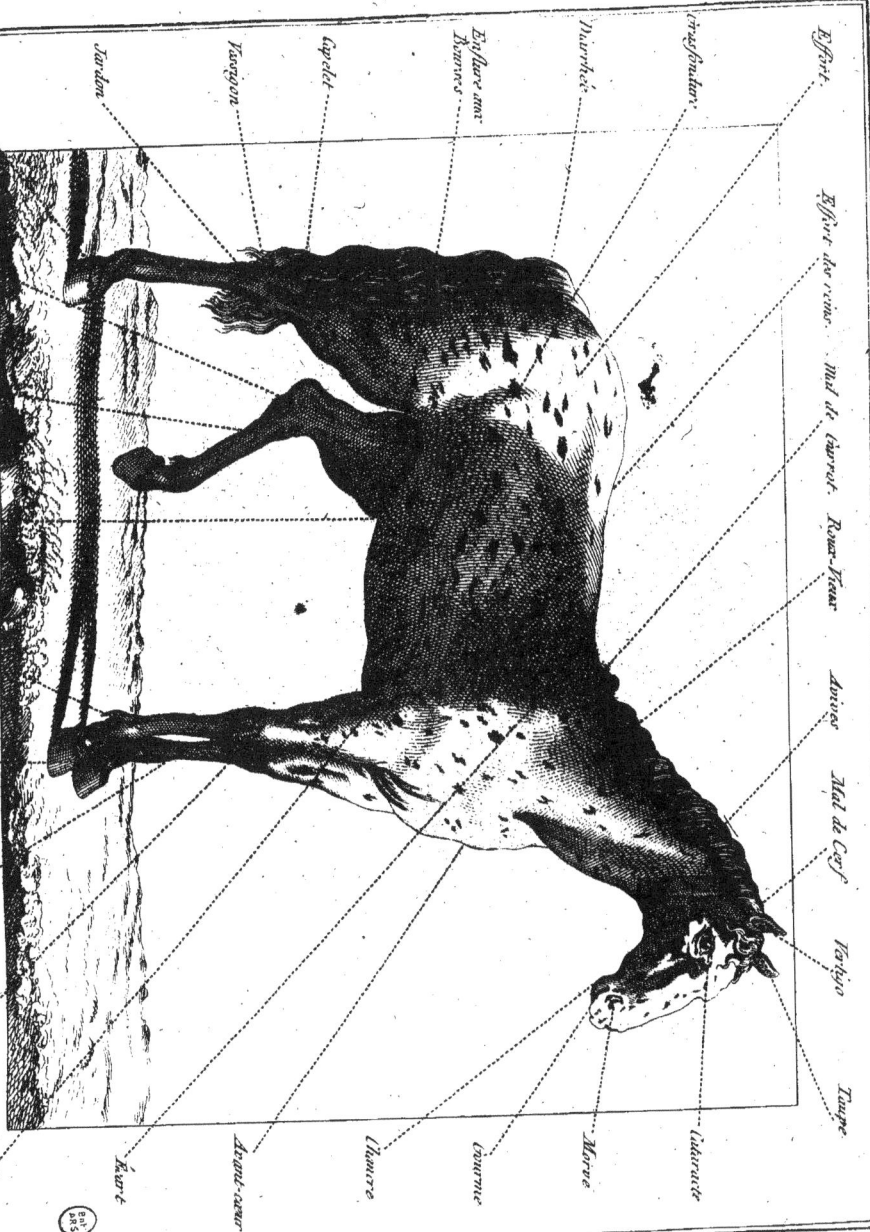

Pl. VIII. Pag. 273.

Effort

Effort des reins . Mal de taupe . Roua-Vieux . Avives . Mal de Cerf . Vertigo . Taupe

Inflammation

l'harehei

Effluure aux reins

Cupelet

Vessigon

Jardon

Grape . Formes . . Capelet . Malendre . Nerferure . Eparure .

Loupes . Lune . Avant-cœur . l'Ourere . tourner . Morve . Cataracte .

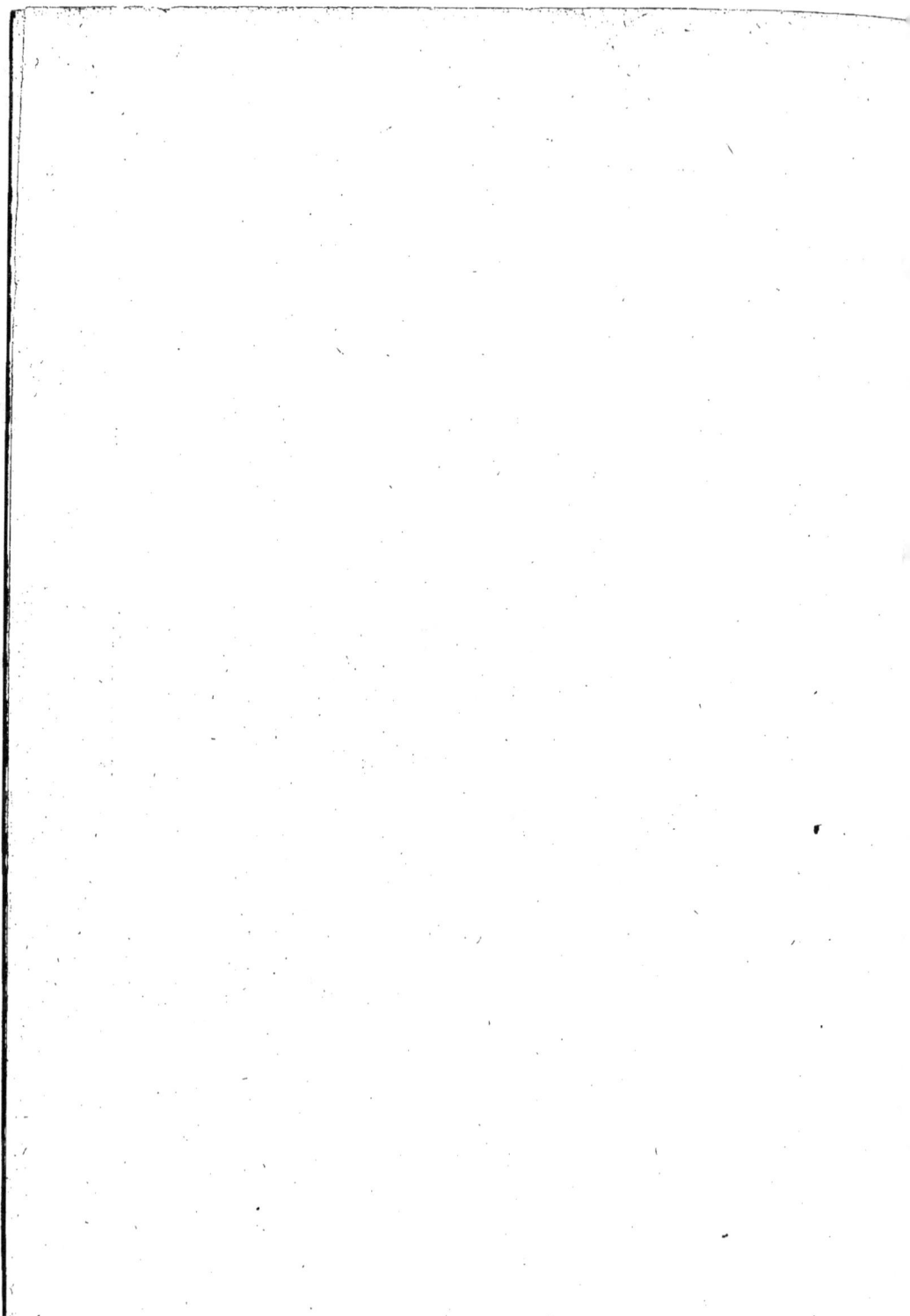

les aphtes, le chancre à la langue, la bleſſure des barres, le lampas, les avives, le mal de garrot, le roux-vieux, l'avant-cœur, l'écart, la loupe au coude, l'enflure du genou, la ner-ferure, les molettes, le furos, la malandre & la fourmillière.

SECTION II.

Maladie du Tronc ou du Corps.

Le durillon, l'effort des reins, la fracture des côtes, la hernie ven-trale, l'œdême ſous le ventre, la fiſ-tule & l'enflure des bourſes, les dar-tres, la gale & le farcin.

SECTION III.

Maladies de l'Arrière-Main.

L'effort de la cuiſſe, le charbon-muſaraigne, l'effort du graſſet, l'ef-fort du jarret, le veſſigon, le cape-let, la courbe, l'éparvin, les jardons, l'ankyloſe, l'enflure des jambes, le ganglion, les arrêtes ou queues de rat; les eaux aux jambes, les cre-vaſſes, la forme; les maladies du pied, telles que la piqûre, l'en-clouure, la brûlure de la ſole, ſa compreſſion, l'oignon, la bleime, le clou de rue, l'encaſtelure, la ſeime, l'avalure, le javart, la ceriſe, le fic ou crapaud.

La *Planche 8*, ci-jointe, indique les parties affectées par ces maladies, qui ſont décrites chacune ſous le mot qui les déſigne dans le corps de l'Ouvrage, avec le traitement qu'elles exigent; & au mot ÉCURIE on trouvera les détails néceſſaires ſur leur conſtruction. M. T.

CHEVELÉE, CHEVELU. Ces deux mots n'ont point la même ſigni-fication; mais comme on les con-

Tome III

fond dans pluſieurs de nos provin-ces, & qu'ils ſervent à exprimer la même choſe, je ſuis obligé de les accoupler ici. Le premier de ces mots déſigne les *boutures*, les *mar-cotes*, (*voyez* ces mots) garnies de leurs racines capillaires, autrement dites *chevelues*, à çauſe de leur reſ-ſemblance avec des chéveux. Dans pluſieurs provinces, le mot *chevelée* déſigne une *marcotte* ou *couchée* de vigne, lorſqu'elle eſt ſéparée du cep; & qu'elle eſt garnie de petites racines; & le chevelu proprement dit, eſt l'aſſemblage des petites ra-cines d'un arbre, d'un arbriſſeau, d'une plante.

Lorſqu'on replante un arbre ou une plante quelconque, faut-il con-ſerver ſon chevelu? Les auteurs ne ſont point d'accord ſur ce ſujet. Les jardiniers, d'après les préceptes de M. de la Quintinie & des anciens maî-tres, ne manquent jamais de ſupprimer en partie les chevelus, de les *ébarber*, de les raccourcir; enfin, de les mutiler. Les raiſonnemens les plus convain-cans n'ont aucune priſe ſur la routine & ſur le préjugé, il faut recourir à l'expérience. Que l'on plante donc, dans la vue de connoître la vérité, un arbre garni de toutes ſes racines, & ces racines garnies de leur chevelu, & un arbre dont les racines & les chevelus auront été bien & dûment écourtés, ſuivant la méthode géné-rale, & on verra une différence éton-nante entre la facile repriſe du pre-mier, & ſa forte végétation compa-rée à celle du ſecond. Je le répète, la nature n'a pas multiplié les raci-nes, les ſuçoirs, pour les ſoumettre à la ſerpette du jardinier. Au mot RACINE, j'entrerai dans le plus grand détail à ce ſujet.

M m

C H E

Sur toutes les plantes bulbeufes, formées par un affemblage d'écailles ou de tuniques, tels que les oignons de cuifine, les lis, les hyacinthes, &c., les filamens qui fortent de la bulbe, ne font pas des chevelus, mais de fimples parties fibreufes qu'on peut, à la rigueur, détruire lorfqu'on les replante, finon lorfqu'elles commencent à darder, parce que ces fibres délicates meurent fi elles font meurtries, & il en pouffe de nouvelles. Un feul coup d'œil fur la texture de ces fibres & fur les chevelus, découvrira la différence qui fe trouve entre les uns & les autres. La manière d'être des oignons eft bien différente de celle des arbres; plufieurs végétent fans être placés dans la terre, (la fquille) fleuriffent, & la graine fructifie s'ils font fufpendus dans un lieu dont l'atmofphère foit un peu humide. Ils n'ont donc pas, comme les arbres, un befoin effentiel de leurs fibres; auffi leur texture charnue fe pourrit pour peu qu'elle foit meurtrie : de-là on s'eft imaginé qu'il falloit les couper toutes. Donnons encore un exemple pour prouver la néceffité de conferver les chevelus. Une laitue va fournir cette preuve. Levez une laitue garnie de tous fes chevelus & de la terre qui les environne, replantez-la, & elle ne s'appercevra pas d'avoir été déplacée. A préfent faites tomber la terre qui environne ces chevelus, & plantez cette laitue, en obfervant de bien étendre fes chevelus, & de les bien ménager, & plantez une femblable laitue avec la cheville, fans endommager les chevelus : enfin, plantez encore une pareille laitue, après avoir fupprimé la majeure partie des chevelus, & vous verrez la différence frappante qu'il y aura dans leur reprife, dans leur retard & dans leur végétation. Cette expérience eft fimple, aifée à faire, & diffipera les doutes ou les préjugés des plus incrédules. La pareffe des jardiniers a été le principe de l'erreur générale; il a plutôt planté cent laitues ou oignons ébarbés, que quarante qui ne le font pas.

CHEVELURE, Botanique. Nous avons dit au mot BRACTÉE (*voyez* ce mot) que les feuilles florales ou bractées, étoient quelquefois placées au-deffus des fleurs, & que très-multipliées & très-divifées, elles formoient une touffe de feuilles; c'eft cette touffe que les botaniftes ont nommée *chevelure*. Cette chevelure ou couronne caractérife la couronne impériale, &c. &c. M. M.

CHEVILLE, CHEVILLER. Morceaux de bois long de fix pouces, gros de fix lignes à fa bafe, & de huit à dix à fon extrémité, dont on fe fert pour retenir les fonds d'une barrique, d'un tonneau, &c. ou fimplement la barre qui les traverfe.

Dans les provinces où l'on confomme des bois minces pour la fabrication des barriques, telles qu'en Bourgogne, en Beaujollois, &c. les deux fonds doivent être extérieurement traverfés par une barre, & cette barre eft maintenue par des chevilles. Voilà donc les fonds doublement foutenus, & par le jable ou rainure dans laquelle entre & font retenues les planches des fonds, & par les barres fortement chevillées. On eft forcé de recourir aux chevilles, parce que les douves trop minces de la barrique ou poinçon, ne permettent pas de faire le jable affez profond, & on laiffe, depuis la rainure du jable jufqu'à fon extrémité, environ douze à quinze lignes, afin de placer commodément les chevilles fur la barre, & laiffer affez de force au bois pour les tenir fortement appliquées contre la barre.

CHÈVRE, CHEVREAU. (*Voyez* BOUC)

CHÈVRE-FEUILLE. M. Tournefort le place dans la fixième feĉtion de la vingtième claffe, qui comprend les arbres & les arbriffeaux à fleur d'une feule pièce, dont le calice devient une baie, & il l'appelle *capri folium*. M. von Linné le nomme *lonicera*, & le claffe dans la pentandrie monogynie.

I. *Defcription du genre.* Le chèvrefeuille eft une plante farmenteufe, dont la fleur eft d'une feule pièce, fon tube très-alongé & courbé à fa partie inférieure; le fommet de la corolle eft divifé en cinq parties, dont une plus découpée que les autres; le calice eft également découpé en cinq; les étamines, au nombre de cinq, environnent le piftil. Le fruit eft une baie charnue, ordinairement rouge, contenant deux femences aplaties d'un côté, prefqu'ovales. En général, les feuilles font oppofées fur les branches, & prefque toutes embraffent la tige par leur bafe.

II. *Defcription des efpèces.* M. von Linné a réuni au genre des chèvrefeuilles, les chamœcérifiers, les xylofteons, les fymphoricarpos, les dierwilles. Il a eu raifon comme botanifte; nous ne parlerons cependant ici que

des chèvre-feuilles proprement dits, & des periclymenum, qui different feulement des chèvre-feuilles par leurs fleurs moins découpées, parce que notre but eft de faire connoître les feuls arbres vraiment utiles, ou d'un agrément bien décidé.

1. CHÈVRE-FEUILLE ÉCARLATE. La tige traverfe la feuille qui eft toujours verte; les fleurs naiffent au fommet des tiges, & plufieurs réunies en trochet : il eft encore connu fous la dénomination de *periclymenum* de *Virginie*, ou de chèvrefeuille de Virginie.

Ce periclymenum a deux variétés. La première, tranfportée de Virginie, donne des pouffes plus vigoureufes; fes feuilles font d'un vert plus clair; les bouquets de fes fleurs ont une couleur plus foncée que ceux de la feconde variété, originaire de la Caroline. Les feuilles de l'une & de l'autre font d'un vert brillant par-deffus, & d'un vert pâle en deffous. De longs tubes évafés à leur fommet, & découpés en cinq fegmens, de grandeur prefqu'égale, compofent la fleur. Ces *periclymenum* font le *lonicera fempervirens* de LIN.

2. CHÈVRE-FEUILLE D'ALLEMAGNE, à têtes écailleufes, ovales, placées au fommet des tiges, & dont toutes les feuilles font détachées. C'eft le *lonicera periclymenum* LIN. Les petioles des feuilles font très-courts; les fleurs naiffent en bouquet au fommet des branches, & de l'aiffelle de quelques feuilles, dont la réunion forme une tête écailleufe, ovale, quand les fleurs font tombées. Les fleurs font jaunâtres en dedans, rougeâtres en dehors, &

d'une odeur agréable. Cette efpèce offre plufieurs variétés.

3. CHÈVRE-FEUILLE D'ITALIE. C'eft le *lonicera caprifolium*. LIN. On le nomme encore *chèvre-feuille d'Italie*, parce qu'il eft commun dans les pays méridionaux de l'Europe. Il y varie fingulièrement, relativement au fol & aux pofitions où il végète. Une de ces variétés à *fleurs blanches* & très-odorante, fleurit en avril. Les fleurs naiffent tout autour de la tige, au fommet des rameaux, difpofées à peu près comme les rayons d'une roue, relativement au moyeu. Ce chèvre-feuille, très-agréable, parce qu'il eft printanier, pouffe des bouquets de feuilles au moment où la gelée ceffe; mais ces mêmes feuilles dépériffent bientôt après la chute de la fleur, & laiffent prefqu'à nud des tiges menues & verdâtres. Une autre variété remarquable eft le chèvre-feuille, proprement dit d'*Italie*; fes fleurs font jaunes, fes feuilles d'un vert plus foncé, & l'écorce de fes branches ou farmens également plus foncée en couleur.

4. CHÈVRE-FEUILLE DES BOIS, *periclymenum floribus corymbofis, terminalibus; foliis hirfutis, diftinctis, viminibus tenuioribus.* MILL. Ses fleurs font raffemblées en manière de grappe au fommet des rameaux; fes feuilles font velues & détachées; fes branches très-menues, & s'entortillent avec une facilité furprenante contre tous les fupports qu'elles rencontrent. De tous les chèvre-feuilles, c'eft le plus odorant. On en connoît plufieurs variétés; l'une à fleur de couleur jaune tirant fur le rouge, & l'autre blanche. Il y a encore des variétés,

soit à fleurs panachées de différente manières, foit à feuilles feftonnées.

5. CHÈVRE-FEUILLE TOUJOURS VERT. Je le crois une variété bien décidée du Nº. 3, quoiqu'on dife qu'il a été apporté de l'Amérique feptentrionale. Ses fleurs font difpofées tout autour du fommet des tiges. Elles font d'un rouge brillant en dehors, & d'un jaune vif en dedans. Leur odeur eft forte & agréable; la plante fleurit pendant tout l'été; l'écorce de fes branches eft de couleur rouge; les tiges traverfent les feuilles, & les feuilles reftent vertes pendant toute l'année.

6. CHÈVRE-FEUILLE DE LA JAMAÏQUE, ou BUISSON A BAIES DE NEIGE, à longues grappes de fleurs placées fur les côtés, oppofées & pendantes; les feuilles entières & en forme de lame; les fleurs font petites, d'un jaune verdâtre, remplacées par des baies d'un blanc éclatant.

7. CHÈVRE-FEUILLE A BOUQUET ARRONDI AU SOMMET, à feuilles ovales, difpofées tout autour de la tige, & foutenues par des pétioles. La fleur eft d'un rouge de corail foncé en dehors, & en dedans d'un rouge pâle. Il eft originaire des Indes orientales, & on le trouve encore à la Jamaïque.

8. CHÈVRE-FEUILLE DU CHILI. Le bouquet naît au fommet des tiges; les feuilles ont la forme d'un ovale alongé. Les fleurs font d'un rouge foncé, découpées fur les bords en quatre parties; des baies ovales leur fuccèdent; leur forme eft celle d'une olive.

III. *De leur culture.* Celle des cinq premières espèces n'exige pas beaucoup de soins; il suffit de les travailler au pied deux, ou trois fois par an, & de leur donner des tuteurs. Rien de plus agréable que les guirlandes de chèvre-feuille qui pendent d'un arbre à un autre; cette plante farmenteuse tapisse très-bien un mur & en peu de temps. Si on ne lui donne point de tuteur, & si on a soin d'arrêter ses flèches, alors ses branches touffues forment de jolis encaissemens au pied des arbres de décoration. Ces espèces se multiplient facilement par marcottes, & c'est la méthode la plus prompte & la plus sûre; la nature l'indique. On peut encore séparer de la tige commune, les drageons qui partent chaque année des racines. Le succès des semis est décidé, on obtient quelquefois de jolies variétés; mais ce procédé est bien lent, comparé aux deux premiers.

Les espèces 6, 7, 8 sont plus délicates, & leurs graines demandent à être semées dans un lieu très-chaud, ou sur couche. La graine est long-tems à lever; souvent elle ne germe qu'à la seconde année. Ces arbustes demandent la serre chaude au nord du royaume, & l'orangerie, vers son midi, jusqu'à ce qu'on les y ait naturalisés par des semis répétés d'année en année.

IV. *Des propriétés.* Les feuilles sont fades, styptiques, d'une odeur désagréable, ainsi que la racine; l'écorce est âcre, salée, styptique, puante; les feuilles, les fleurs & les baies sont diurétiques; leur suc est un vulnéraire détersif. L'infusion des fleurs a eu quelque succès contre les pertes blanches.

Les tiges du *chèvre-feuille du Chili* servent aux teintures noires.

CHEVREUSE. *Pêche.* (*Voyez* ce mot)

CHICON. (*Voyez* LAITUE)

CHICORACÉE. Terme de botanique qui désigne, en général, toutes les plantes dont la fleur ressemble à celle de la chicorée.

CHICORÉE. M. Tournefort la place dans la seconde section de la treizième classe, qui comprend les fleurs à demi-fleurons, dont les semences sont sans aigrettes, & il l'appelle *cichorium.* M. von Linné lui conserve la même dénomination, & la classe dans la syngénésie poligamie égale.

I. *Description du genre.* La fleur est composée d'une vingtaine de demi-fleurons rangés en rond, découpés en cinq dentelures profondes; ils sont rassemblés dans un calice cylindrique avant son développement. Le calice est composé de huit écailles en forme de lance étroite, & elles forment le cylindre: cinq écailles plus courtes retombent. Les semences sont solitaires, applaties, à angles aigus, couronnées d'un petit rebord à cinq dents, renfermées dans le calice, & posées sur un réceptacle garni de lames. Les feuilles sont plus ou moins larges, plus ou moins frisées, plus ou moins longues; celles de la chicorée amère sont les seules qui ne soient pas frisées, quoiqu'elles soient quelquefois échancrées.

M. von Linné ne compte que trois espèces de chicorée; celle que l'on connoît sous le nom de *chicorée fauvage*, l'*endive* ou *fcariole*, & la *chicorée épineufe*, dont il eft inutile de parler ici. Nous ne le prendrons pas ici pour guide , puifqu'il faut parler le langage des jardiniers , & non celui des botaniftes.

II. *Defcription des efpèces de chicorée, & des efpèces jardinières.* La *chicorée amère* fait bande à part, & conftitue le premier ordre ; la *chicorée fcariole* le fecond , & la *chicorée endive* le troifième.

Premier Ordre.

⁴ Chicorée amère , *ou* Chicorée sauvage. *Cichorium entibus.* Lin. Sa tige s'élève depuis un jufqu'à trois pieds, fuivant le local ; elle eft fimple, ferme, tortueufe, herbacée, rameufe ; les feuilles font placées alternativement fur ces tiges ; les fleurs naiffent au fommet des aiffelles des feuilles. La couleur des feuilles eft d'un vert foncé, elles font en forme de fer de lance, quelquefois dentées, finuées, & la nervure faillante qui la traverfe d'un bout à l'autre, eft ordinairement rougeâtre. En général, les feuilles ne font pas couchées fur terre comme celle des autres chicorées : fa racine eft en forme de fufeau, fibreufe, remplie d'un fuc laiteux. Cette plante, qu'on ne doit pas confondre avec le *piffenlit*, ou *dent de lion*, eft cultivée dans les jardins ; on la trouve fur les bords des chemins, des champs, &c. Elle fleurit en juin, juillet, août & feptembre, fuivant les climats ; la couleur de la fleur eft d'un bleu célefte. Il y a une variété dont les feuilles font panachées de rouge foncé.

Second Ordre.

Chicorée scariole. Je place celle-ci dans le fecond ordre, parce que je la regarde comme une efpèce *hybride*, c'eft-à-dire, formée par le mélange des *étamines*, ou pouffière fécondante de la chicorée fauvage & de la chicorée endive. (*Voyez* ces mots) Il y a deux efpèces de fcariole, la grande à feuilles entières, & la moins grande à feuilles moins découpées que celle des endives. La première fe rapproche de la chicorée fauvage par la forme de fa feuille entière, fans être découpée, ni frifée comme celle de l'endive. Elle eft étroite à fa bafe, s'élargit dans le milieu, & fe termine en pointe arrondie ; elle eft d'un vert plus pâle que celui de que la chicorée amère, & plus foncé celui de l'endive. Semblables à celles de la chicorée fauvage, fes feuilles fe tiennent droites, fur-tout celles du milieu, & celles des bords ne font jamais parfaitement étendues fur le fol. On pourroit la caractérifer par cette phrafe botanique : *cichorium hybridum, latifolium, integrum, finuatum.* C'eft vraiment une efpèce jardinière qui fe perpétue

Il exifte une feconde efpèce, dont les feuilles font moins amples, moins longues que celles de la première, & quelquefois elles font un peu découpées. Plufieurs jardiniers donnent le nom de *fcariole commune* à celle dont il eft queftion, & nomment l'autre *fcariole de Hollande*, prefque du double plus grande que la fcariole commune. Il eft conftant que la patience, les foins & le zèle des hollandois, pour perfectionner les efpèces, leur a procuré des plantes monftrueufes en groffeur. Il eft donc à préfumer que c'eft à ce peuple induftrieux que l'on doit la grande fcariole. Je la cultive depuis deux ans dans nos provinces méridionales, & à la seconde année elle est aussi belle qu'à la première. Se soutiendra-t-elle long-temps dans sa perfection ? L'expérience le décidera. Je la trouve plus tendre, plus délicate que la commune ; ce qui est tout l'opposé dans les environs de Paris. Cette différence est-elle due au climat, au sol, à la manière d'arroser, &c. ?

Troisième Ordre.

CHICORÉE ENDIVE. Il seroit essentiel, dans le jardinage comme dans la botanique, d'établir une nomenclature uniforme, & qui fût entendue d'un bout du royaume à l'autre. Les dénominations des endives varient d'une province à l'autre, & malgré tous les soins que j'ai pris, il m'a été impossible d'en former une concordance. Les endives diffèrent des deux premiers ordres, spécialement par leurs feuilles, complétement couchées sur la terre, & par leurs profondes découpures, qui sont encore découpées de nouveau, de manière qu'on pourroit dire que chaque feuille est ailée.

Endive de Meaux. Cichorium multo folio crispo, maximo Meldense. Cette endive, n'est presque pas encore connue dans les provinces éloignées de la capitale ; elle mérite cependant d'être décrite la première, à cause de sa grosseur & de sa vigoureuse végétation. On trouve dans le nouveau la Quintinie une très-exacte description de cette plante, & je l'adopte.

La grosse racine ou le pivot, est longue de sept à huit pouces, très-garnie de chevelus & laiteuse. Les feuilles sont nombreuses, d'un beau vert ; leur côte ou grosse nervure est large, aplatie, nue ou presque nue, jusqu'à un pouce ou dix-huit lignes de distance ; elles sont ailées ou découpées très-profondément ; les ailes ou les découpures sont dentelées ou découpées inégalement & profondément, & ces découpures se contournant en différens sens, rendent les bords de la feuille crépus, crispés ou frisés. Les premières ailes ou découpures ne sont que comme de petites appendices, les unes simples, les autres frangées ; elles sont plus grandes à mesure qu'elles s'éloignent de la naissance de la feuille, qui s'élargit aussi successivement, de sorte que vers son extrémité, elle a dix à quinze lignes, non compris les découpures ; la longueur des feuilles est de six jusqu'à neuf pouces ; mais leur longueur & leur largeur sont d'autant moindres, qu'elles naissent plus près du cœur de la plante. Toutes les feuilles prennent une direction horizontale, & se couchent sur la terre. Du centre de la plante s'élève à cinq ou six pieds, une tige assez grosse, creuse en dedans, cannelée, de laquelle sortent, dans un ordre alterne, des rameaux longs, souples, se soutenant mal, garnis de feuilles alternes, qui diminuent d'étendue à mesure qu'elles naissent plus près de l'extrémité de la tige ou des rameaux. De l'aisselle de ces feuilles sortent des fleurs bleues, auxquelles succède une graine menue, alongée, pointue par un bout, aplatie par l'autre, grise, dentelée, sans aigrette.

Endive frisée, grande espèce. Cichorium plurimo folio crispo majore. C'est l'espèce la plus répandue dans tout le royaume. Ses feuilles sont moins grandes que celles de la précédente; mais bien plus nombreuses, & elles font plus dures & plus amères; leurs dentelures font les mêmes.

La différence de grandeur dans les feuilles a conftitué plufieurs efpèces jardinières. De ce nombre eft :

L'*Endive célefine*, plus petite que l'autre, fes feuilles encore plus multipliées, douce & tendre. Elle lui eft préférable à tous égards, pour la falade, & la première lorfqu'elle eft cuite.

Endive fine ou *d'Italie*, à feuilles plus courtes & plus déliées.

Endive régence. Cichorium brevifolio crifpo, tenuiffimo. C'eft la plus petite de toutes les efpèces. Le diamètre de fes feuilles étendues n'excède pas cinq ou fix pouces. Ses feuilles font tellement fines, qu'à peine on en apperçoit les côtes. On ne trouve prefque plus cette efpèce précieufe que dans les potagers des particuliers; les maraîchers l'ont exclue des leurs à caufe de fa petiteffe. Cependant c'eft l'endive la plus douce, la plus tendre, la plus délicate, & la plus agréable à voir; fa couleur eft d'un blanc éblouiffant.

III. *De leur culture.* Toute terre bien travaillée leur convient. A Paris & dans fes environs, où le fumier eft en furabondance, on peut femer en janvier, fous des châffis, & repiquer le plant fur une autre couche dès qu'il a pouffé fes deux premières feuilles; en mars transporter ce plant dans une plate-bande fituée au midi, ou garantie des vents froids, par des abris faits en paille ou avec des joncs. Cette méthode eft fort bonne dans les environs de Paris, parce

que le prix des primeurs dédommage des peines & des foins; mais fi, dans les provinces, il falloit acheter le fumier pour monter les couches, la dépenfe excéderoit de beaucoup le produit.

On peut à la rigueur, dans les provinces méridionales, femer en février, dans un terrein bien abrité, les endives frifées, la régence, celle de Meaux; mais pour peu que le printemps foit chaud, on court les rifques de voir les plantes monter en graine. Je ne conçois pas la manie de primeurs. Ne vaut-il pas mieux manger chaque fruit, chaque légume dans fa faifon ? il a bien meilleur goût. Dans les provinces du nord, on craint beaucoup moins que les endives ne montent en graine, furtout fi on les arrofe beaucoup. Il n'en eft pas ainfi fous les climats méridionaux : dans ceux-ci, femez en mai toutes les endives. Semez également en juin, en juillet, en août, fur-tout celle de Meaux & de la régence, ainfi que les endives frifées; par ce moyen vous aurez des falades jufqu'au mois de mars fuivant. Dans le nord, on peut fuivre la même marche, en obfervant de femer un peu tard la groffe efpèce d'endive, ainfi que les deux efpèces de fcariole. Dans ces pays, la première à femer eft l'endive célefine, la feconde, la régence; enfuite la fine d'Italie, & les autres endives. Auffitôt qu'on s'appercevra que les pieds voudront monter, on peut les coucher pour les faire blanchir, ainfi que je le dirai bientôt. Cette plante ne fera pas à fon point, il eft vrai, mais on ne perdra pas tout.

De leur tranfplantation. Plus l'on fe hâte de tranfplanter, & plus facilement

facilement la plante monte en graine. On ne craint rien de la laisser dans le semis jusqu'aux mois de juillet & d'août, sur-tout dans les provinces méridionales. Dans celles du nord, on n'est pas autant sujet à ce désagrément. Au surplus, ceux qui aiment les primeurs peuvent essayer ; les circonstances les serviront peut-être à souhait. On peut encore replanter, dans les provinces du midi, aux mois de septembre & d'octobre, parce que les froids étant tardifs, & la chaleur se soutenant assez communément jusqu'en janvier, les pieds ont le temps de se fortifier. Toutes les fois qu'on a replanté, il convient aussitôt d'arroser fortement, & en général, les chicorées ne demandent pas beaucoup d'eau par la suite, à moins que la chaleur ne soit très-forte.

D'un bout du royaume à l'autre, tous les jardiniers ont la marotte de couper les feuilles par la moitié, & de mutiler les racines de la même manière. Je n'ai cessé jusqu'à présent de m'élever contre cet abus énorme, & je dirai sans cesse à ces mutileurs impitoyables : Plantez une chicorée telle que vous l'aurez doucement enlevée du lieu du semis, avec toutes ses racines & toutes ses feuilles, & plantez à côté une chicorée mutilée à votre manière, & vous jugerez alors de la différence entre la reprise & la végétation de l'une & de l'autre.

La distance à laisser d'un plant à un autre, dépend de l'espèce de chicorée & de la saison. L'endive de Meaux, la grande scariole de Hollande, ne sont pas trop éloignées à quinze pouces, si on transplante en juillet, parce que leurs feuilles s'é-

Tom. III.

tendent beaucoup. Les endives moins volumineuses exigent moins d'espace, & la régence est très-bien à une distance de sept à huit pouces au plus, même transplantée en mai ou juillet. C'est donc au jardinier à connoître ses espèces, afin de savoir de quelle manière il doit replanter.

La chicorée amère se sème en mars dans les provinces du midi, & en avril dans celles du nord, dru & à la volée, si on doit la consommer étant jeune ; clair ou par rayon, si elle doit passer l'année. On peut la replanter, soit en planches, soit en bordures. Si on veut l'avoir tendre & moins amère, il faut la couper souvent ; celle qui a passé l'hiver est d'une très-grande amertume, qu'on peut cependant lui faire perdre en la laissant tremper quelques heures dans l'eau, & en changeant cette eau jusqu'à deux ou trois fois.

De la conduite des Chicorées. Si on serfouit la planche, on est assuré de la voir prospérer. Si on l'arrose souvent & au soleil, la plante réussira mal, & sera couverte de rouille. Cette loi mérite cependant une exception pour les pays chauds, parce que l'irrigation doit être proportionnée à l'évaporation ; mais somme totale, la chicorée craint plus l'humidité surabondante qu'un peu de sécheresse. La meilleure irrigation est celle du soir.

De son blanchiment. Il y a deux manières principales de faire blanchir les chicorées, manières soumises à la saison. La première a lieu dans l'été, & la seconde, aux approches de l'hiver.

Du blanchiment d'été. Lorsque la plante a pris sa pleine croissance, ou si on n'attend pas cette époque

N ij

pendant l'été, il est prudent d'attendre que l'ardeur du soleil ait dissipé toute humidité. Le moment venu, d'une main on relève toutes les feuilles pour les presque réunir, sans trop les serrer ; & de l'autre, on passe un lien de paille humide, ou de jonc, autour du bas des feuilles de la plante, & on assujettit ce lien, de manière qu'elle ait la forme d'un cône peu évasé par le haut. Huit jours après, on en place un second dans le milieu de la hauteur, moins scellé que le premier. Pendant l'intervalle de la mise de ces deux liens, les feuilles du centre se sont alongées, & sont de la grandeur des feuilles extérieures. Si ce second lien est trop serré, la plante crèvera par le côté. Si l'espèce est d'une grande venue, elle exigera un troisième lien, qui réunira la partie supérieure des feuilles, de manière que la pluie ne puisse pénétrer dans le cœur. Si on se contente de deux liens, il faut avoir la même précaution que pour ce troisième. Suivant la chaleur de la saison, le blanchîment est plus précoce, & il a lieu de dix à quinze jours dans les pays méridionaux, & il lui faut près de trois semaines dans ceux du nord. Si, pendant cette époque, la chaleur est vive & soutenue, on arrosera, mais de manière que l'eau ne pénètre pas dans l'intérieur des feuilles.

Si on veut accélérer le blanchîment d'été, il y a encore deux manières, très-casuelles à la vérité. La première consiste à lier la plante, lorsqu'elle est chargée de la rosée, avant, ou peu après le lever du soleil, & la seconde, d'entourer le pied lié avec du fumier de litière. Souvent la plante s'approprie le goût &

l'odeur de fumier ; &, suivant l'autre méthode, elle est très-sujette à pourrir.

Du blanchîment d'hiver. Le soleil n'ayant plus la même activité, l'atmosphère étant moins échauffée, la végétation est aussi plus foible & plus languissante ; il faut donc recourir à des moyens plus énergiques. On lie chaque pied, ainsi qu'il a été dit ci-dessus ; & commençant par la tête de la planche ou du carreau, on ouvre une petite fosse au pied des plantes, dans laquelle on les couche l'une après l'autre, sans les arracher. La terre de la fosse pour le second rang, sert à recouvrir les plantes enterrées dans le premier, & ainsi de suite pour tous les autres rangs. Les soins à avoir, sont de les coucher horizontalement, & de laisser l'extrémité du fanage sortir un peu de terre, à moins qu'on ne soit dans le cas de vendre dans les marchés. Il ne faut enterrer que suivant la consommation qu'on doit en faire. Le temps nécessaire à ce blanchîment dépend de la constitution de l'atmosphère. Moins il est froid, plus prompt est le blanchîment.

Manière de conserver les Chicorées pendant l'hiver. Le plus grand point est de les garantir des effets des premières gelées, en les couvrant avec de la paille longue ; ou enfin des grandes pluies, avec des paillassons soutenus sur un plan incliné, que l'on enlève & l'on remet, suivant les circonstances.

La seconde méthode, qui doit être employée le plus tard qu'on le peut, est de les transplanter dans un lieu à l'abri du froid, c'est-à-dire, dans des endroits couverts, qu'on nomme *jardin d'hiver*, & qui ne soit ni trop chaud, ni trop humide. On les y enterre avec leur motte, l'une près de l'autre, en prenant garde de ne point froiffer, ni déchirer leurs feuilles, & après avoir enlevé celles qui fe trouvent pourries, ou avec la difpofition à pourrir. Ce feroit très-mal entendre fes intérêts, que de priver ce jardin d'hiver des bienfaits de l'air; autrement, la moififfure & la pourriture gagneroient peu à peu les chicorées. Le feul point, & l'unique à obferver, eft d'empêcher le froid d'y pénétrer.

Ces précautions font-elles d'une néceffité abfolue ? Oui, en général : voici cependant ce qui m'eft arrivé au mois de février 1782. Les eaux de la rivière d'Orbe, au commencement de décembre 1781, couvrirent tout mon jardin pendant près de trois jours. Les froids du mois de janvier furent très-modérés ; mais, dans le courant de février, le thermomètre fe foutint entre quatre & cinq degrés au-deffous de zéro, pendant plufieurs jours ; & le vent du nord foufflant avec une impétuofité extrême, le froid étoit plus fenfible ; cependant, malgré toutes ces circonftances défavorables, j'ai eu une planche d'endive frifée, de la grande efpèce, qui a très-bien fupporté les rigueurs de la faifon, & elle s'eft trouvée excellente, après avoir été enterrée. Il en a été ainfi des fcarioles, des endives frifées de Meaux, de la régence, que j'avois laiffées pour grainer, & elles ont très bien réuffi.

La chicorée amère fe blanchit de plufieurs manières. On l'arrache de terre depuis octobre jufqu'à la fin de décembre ; on la tranfporte dans une cave chaude, on l'y enterre par rayons fort ferrés, & on coupe tou-

tes fes feuilles ; ou bien on arrache tous les plants à la fois. Ils font raffemblés en petits tas, recouverts de fumier fec ; & à mefure qu'on veut les faire blanchir, on les plante dans une couche de fumier chaud, placé dans une cave. La troifième méthode confifte à avoir de grandes caiffes, criblées de trous faits avec la tarière, à douze à quinze lignes l'un de l'autre. On commence à remplir le fond avec de la terre, & on fait paffer la racine par un de ces trous, en fuivant ainfi tout le tour de la caiffe : cette couche de racines eft couverte de terre, & ainfi de fuite, couche par couche, jufqu'à ce que toute la caiffe foit pleine. Alors on coupe toutes les feuilles du dehors de la caiffe ; mais comme elle eft placée dans un lieu chaud, où la lumière du jour ne pénètre pas, ou pénètre peu, la végétation fe continue, les feuilles s'étiolent, (*voy.* le mot ÉTIOLEMENT) s'alongent, s'effilent, & reftent toujours blanches ; ce qui a fait appeler cette falade, *barbe du père éternel.* On peut la recouper plufieurs fois dans un hiver s'il y a trop de jour, les feuilles ne s'étioleront pas, & la racine pouffera les feuilles comme en plein air.

De la récolte de la graine. Il eft à préfumer qu'on aura choifi & laiffé les plus beaux pieds pour grainer : cette précaution eft effentielle. Aux environs de Paris, les pieds deftinés à donner la femence, font plantés vers des abris, & recouverts de paille pendant les gelées. On en met encore quelques pieds dans des vafes dépofés dans la ferre, fuivant les circonftances, & remis en terre au renouvellement de la belle faifon. D'une bonne graine, naît toujours une bonne plante. Dans nos provinces bien méridionales, à la fin du mois de juillet, ou au milieu d'août, la graine est mûre ; elle l'est en septembre dans celles moins échauffées par le soleil, & plus tard dans nos provinces du nord.

Lorsque les tiges ont changé de couleur, c'est le signe de la maturité de la graine, & on doit l'attendre. Elle est si adhérente au calice, que l'on est presqu'obligé de la battre au fléau. Quelques Auteurs recommandent de mouiller les tiges, & de les battre toutes mouillées. Sans doute que, par cette opération, les membranes du calice se distendent, se relâchent, & laissent à la graine une plus grande facilité pour s'en détacher. La précaution est excellente.

La semence de chicorée peut se conserver très-long-temps, pourvu qu'elle soit tenue dans un lieu sec. Après dix ou douze ans, elle est encore bonne à semer. Malgré cela, choisissez toujours la plus récente ; & au plus, celle de deux ans.

Des ennemis des Chicorées. La courtilière, le ver blanc ou ver du hanneton, le ver du scarabée, nommé le *moine* ou le *rhinocéros*, à cause de la corne placée sur sa tête. Sur la gravure qui accompagnera le mot INSECTE, on verra la représentation de ces animaux mal-faisans.

La courtilière, par la double scie en manière de ciseaux, dont chacune des deux pattes de devant est armée, coupe la racine entre deux terres, & elle est très-expéditive dans son opération nocturne. Le soleil du lendemain dessèche la plante. Le ver du hanneton & celui du moine coupent également la racine avec les deux crochets pointus, dont

le devant de leur bouche est armé, & ils se nourrissent de la substance de la racine, qui est fort de leur goût. On est sûr, en fouillant la terre, de les trouver. On peut les donner à manger aux poules, aux dindes & aux canards ; c'est un morceau friand pour eux. Il n'en est pas ainsi des courtilières, parce qu'elles coupent ce qui s'oppose à leur passage, & poursuivent leurs galeries souterreines. C'est donc au jardinier vigilant à visiter ses planches de chicorée ; & dès qu'il s'apperçoit du premier ravage, il doit chercher l'ennemi, jusqu'à ce qu'il l'ait trouvé, & l'exterminer, afin de conserver ce qui lui reste. Plus l'année aura été abondante en hannetons, plus il y aura de vers blancs ; ils font plus de dégâts à la seconde année, qu'à la première, parce qu'ils sont plus gros, & ont besoin de plus de nourriture.

Des propriétés des Chicorées .... De la Chicorée amère. Ses feuilles fortifient l'estomac, favorisent la digestion, diminuent la diarrhée par foiblesse d'estomac, la diarrhée bilieuse & la diarrhée séreuse. La racine détermine les urines à couler en plus grande quantité, sans échauffer ni irriter les voies urinaires ; mais son trop long usage dérange la digestion. Elle est indiquée dans la colique néphrétique, causée par des graviers, dans la jaunisse par obstruction des vaisseaux biliaires, dans l'œdème, l'hydropisie de matrice, l'hydropisie simple de poitrine, les obstructions des uretères par des matières visqueuses. Cette plante est laiteuse, amère, peu odorante. On donne le suc exprimé des feuilles, depuis deux jusqu'à six onces ; les feuilles récentes depuis une once jusqu'à quatre, infufées dans cinq onces d'eau; la racine sèche, depuis une once jufqu'à deux onces, en décoction dans dix onces d'eau. On tient dans les boutiques une eau diftillée de cette plante, dont les propriétés ne diffèrent en rien de celles de l'eau pure de rivière. On a tort de penfer que la chicorée amère foit rafraîchiffante: tout amer échauffe.

Des Endives. Leurs femences font mifes au nombre des quatre femences froides mineures; elles tempèrent la foif, l'ardeur de l'eftomac & des inteftins, nourriffent légérement, modèrent l'ardeur des urines, calment la colique néphrétique par des graviers avec difpofition inflammatoire. La racine rend la fecrétion & l'excrétion des urines plus abondantes. On donne les femences triturées, depuis demi-drachme, jufqu'à une drachme en macération au bain-marie dans fix onces d'eau, & l'ufage de leurs racines eft comme celui de la chicorée amère.

Quant à leurs propriétés alimentaires, elles font affez connues: l'apprêt des chicorées n'eft pas de notre compétence; elles font une très-bonne nourriture pour les moutons, les chèvres & le bétail.

CHICOT. Refte d'un arbre qui fort de terre, & que les vents ont coupé ou abattu. Ce mot a une autre acception en fait de jardinage: on défigne par lui une branche morte, sèche, vieille ou mourante, défectueufe en tout genre, remplie de chancres, &c. ou une partie confidérable d'une telle branche, que, par négligence, on n'a pas ôtée. Le chicot diffère donc de l'*argot*, en ce que celui-ci n'eft qu'un morceau de bois, oublié d'être coupé fur une branche ou fur un tronc. Ceux qui *pincent* fouvent leurs arbres, font fujets à avoir beaucoup d'argots, qui échappent à la vigilance de celui qui les taille: alors on dit qu'il *chicotte.* Tout bois mort, tout chicot, tout argot, qui empêchent que l'écorce ne recouvre la plaie, nuifent effentiellement à l'arbre.

CHIEN, ÉCONOMIE RURALE. Quand M. de Buffon a dit que le premier art de l'homme a été l'éducation du chien, & le premier fruit de cet art, la conquête & la poffeffion paifible de la terre, il me femble qu'il a oublié le fruit bien plus précieux que toutes fes conquêtes, celui de l'acquifition d'un ami, dans lequel il trouve fans ceffe un compagnon fidèle, un aide adroit & induftrieux, & un défenfeur courageux & prêt à chaque inftant à facrifier fes jours pour les fiens. Voilà, je crois, le vrai point de vue fous lequel il faut confidérer le chien. Cet être, le chef-d'œuvre & le plus parfait des animaux, puifqu'il réunit une efpèce d'efprit, beaucoup de mémoire, & plus que tout cela, du fentiment. Au-deffous de l'homme, parce qu'il ne jouit pas, comme lui, de ce rayon lumineux, de cette ame intellectuelle, qui le fépare des brutes & le rapproche de la divinité; il eft à la tête de la claffe immenfe des animaux, & il femble leur être infiniment fupérieur. Quoi de plus beau, de plus régulier, qu'un chien de belle race, & que la domefticité n'a pas fait dégénérer! Forme élégante & agréable, belle robe, couleur tranchante, foupleffe réunie avec la vigueur des membres, la tête haute

& l'air courageux. Mais c'eſt trop peu de le diſtinguer par des beautés extérieures que le temps, l'éducation, les haſards détruiſent & changent néceſſairement. Il en eſt que rien n'efface dans le chien, ce ſont ſes qualités intérieures. Orgueilleux, fier vis-à-vis des autres animaux, ennemi déclaré de quelques-uns, ou par néceſſité ou pour notre plaiſir; terrible même pour ceux qui le ſurpaſſent en force & en grandeur; avec l'homme, c'eſt un ami qui, pour lui plaire, n'a plus de fierté & de hauteur, qui cherche ſans ceſſe à captiver ſon attachement par une eſpèce d'abnégation totale de ſoi-même; il n'a plus de volonté, ou plutôt il n'en a qu'une, & qui ſe renouvelle à chaque inſtant, celle de ſervir ſon maître & de lui prouver ſon amour. Cette idée l'occupe ſans ceſſe, elle dirige ſes actions, anime ſes mouvemens, enfante ſes talens & développe ſon eſprit.

Aimer & chercher à l'être, voilà ſon but; obéir, travailler, ſouffrir, combattre, mourir, enfin, au ſervice & pour ſon maître, voilà ſa félicité. Ce n'eſt pas par intérêt qu'il agit; un meilleur traitement, une nourriture plus abondante ou plus délicate, ne ſont pas le but de ſes actions; un regard, un ſourire qui annonce qu'il n'eſt pas indifférent, eſt ſa récompenſe la plus flatteuſe. Son maître, ſon ami eſt un ingrat, qui oublie ſes ſervices, qui eſt inſenſible à ſon dévouement, qui ne voit en lui qu'un vil eſclave qu'il a dompté, & qu'il nourrit pour en être ſervi: n'importe, ſon maître eſt ſon maître, ſon ami eſt ſon ami; ce n'eſt que pour lui ſeul qu'il vit. Il ne calcule pas ſi la reconnoiſſance équivaudra le bienfait; il

a rendu le bienfait, cela lui ſuffit: quel exemple pour l'homme! Eſt-il aimé, au contraire, il croit toujours n'en pas faire aſſez; il n'a pas aſſez de facultés pour témoigner, pour prouver ſon plaiſir. Geſtes, actions, regards, voix même, tout parle en lui, tout dit qu'il eſt heureux. A-t-il déplu par une faute qu'il n'a pu prévoir? voyez avec quelle ſoumiſſion il s'approche pour en recevoir le châtiment; il ſouffre ſans murmurer, il oublie auſſitôt les mauvais traitemens qu'il vient de recevoir; il en profite pour ſe corriger, pour mieux faire, & trouve encore un nouveau moyen de plaire, par ſon redoublement d'exactitude & de docilité. La main qui l'a frappé ſemble lui devenir plus chère, & loin que les juſtes châtimens aigriſſent ſon caractère & l'éloignent de ſon maître, il excuſe ſa ſévérité, craint de la renouveler, & s'attache davantage à lui.

Quel eſt l'animal qui réuniſſe tant de qualités faites pour être chéries & même adorées! Pardonnons donc à l'homme de payer quelquefois d'un retour ſi marqué, d'une préférence preſque excluſive, tant de ſoins, tant de ſagacité, tant de talens, tant de ſervices; diſons tout, tant d'amour. Que l'on traite les autres animaux en raiſon des ſervices qu'ils nous rendent; ce ſont des mercénaires, des eſclaves, ſi l'on veut; il eſt de notre intérêt de veiller ſur leur conſervation, ils ſont une partie de nos biens & de notre fortune; mais il eſt bien doux de voir dans le chien, un ami qui nous aime pour nous, pour notre perſonne, pour nos plaiſirs: le bien-être qu'il trouve dans notre ſociété, n'entre pour rien dans ſon calcul. Le malheureux qui doit ſa ſubſiſtance quelquefois à la générosité, souvent à la pitié que la vue de sa misère inspire, & presque toujours à l'importunité que la nécessité cruelle fait mettre dans ses demandes, partage encore son insuffisante nourriture avec son chien; il vit avec lui, ils existent ensemble; son chien le conduit, le flatte & le console, & ses caresses allègent son infortune. *Qui m'aimera dans le monde, si vous m'ôtez mon chien!* s'écrioit un pauvre abandonné de tout l'univers, qui partageoit avec lui le morceau de pain qu'on lui donnoit, & duquel on exigeoit le sacrifice de son compagnon de peines & de souffrances. Se pliant à tous les caractères, docile à toutes les impressions, il se conforme à toutes les habitudes de son maître; ses travaux & ses plaisirs sont les siens, & il les partage autant qu'il est en lui.

Mais l'homme veut-il bien lui céder une partie de son empire sur les animaux? dès cet instant, ennobli, pour ainsi dire, par cette confiance, il commande, il règne par sa vigilance & son exactitude; son maître dort tranquillement, & se repose sur lui du soin de son troupeau: le chien veille, & comme le dit M. de Buffon, avec tant d'énergie & de vérité, « la » sûreté, l'ordre & la discipline sont » les fruits de sa vigilance & de son » activité; c'est un peuple qui lui est » soumis, qu'il protège, & contre » lequel il n'emploie jamais la force » que pour y maintenir la paix ».

Nous ne nous arrêterons pas ici à faire l'histoire naturelle du chien, sa description anatomique, la généalogie de ses différentes espèces & variétés: on peut consulter l'ouvrage de M. de Buffon, sur les animaux,

tome V; on ne peut rien désirer sur ces divers articles après l'avoir lu. Mais il est deux espèces de chiens, dont nous devons parler, le chien de berger, le chien de basse-cour. Tous les deux habitent la campagne avec l'homme; tous les deux y partagent son empire. Il est donc essentiel que nous tracions ici le tableau des qualités qu'ils doivent avoir pour que l'on puisse compter sur leur service. Nous y aurions joint celui du chien de chasse, si notre plan n'étoit de ne pas nous occuper de cet amusement champêtre.

Le chien de berger, ainsi nommé parce qu'il sert à la garde des troupeaux, est, de toutes les espèces de chiens, le plus commode à l'homme; il évite les soins continus & fatigans de la vigilance, les cris, les allées, les venues que seroit obligé de faire un berger en conduisant les troupeaux. Instruit par ses leçons, & docile à sa voix, c'est un nouveau maître qui, fier de la portion d'empire qu'on lui donne, mérite de plus en plus la confiance, par ses soins toujours renaissans. Il rassemble le troupeau, le ramène près de son conducteur, défend les blés, les vignes, que les moutons auroient bientôt dévastés, s'il leur étoit permis de vaguer çà & là. Dans les pays de plaine, & découverts, où l'on n'a rien à craindre des loups, le chien de berger, plus connu sous le nom de chien de *Brie*, est plutôt le conducteur, que le défenseur du troupeau; aussi cette race est-elle plus petite que celle des mâtins. Ces chiens ont les oreilles courtes & droites, & la queue dirigée horizontalement en arrière, ou recourbée en haut, & quelquefois pendante;

le poil long fur tout le corps ; le noir eft la couleur dominante. En général, ce n'eft pas par la beauté que cette efpèce de chien eft recommandable ; mais ce léger défaut eft bien racheté par fes talens & fon induftrie. Dans les pays de bois & de montagnes, où les loups font communs, & font des ravages, on ne doit pas confier le foin du troupeau à un fimple guide ; il faut lui donner des défenfeurs. Choififfez donc à la place du chien de Brie, ou plutôt, uniffez-lui un chien de forte race, vif, hardi, & capable d'attaquer & de terraffer le loup. Vous trouverez ces précieufes qualités dans les mâtins de groffe taille, dont le poil eft fourni & épais, les yeux & les narines noirs, les lèvres d'un rouge obfcur ; la tête forte, les oreilles pendantes, les dents aiguës, le front & le col gros ; les jambes grandes, les doigts écartés, les ongles durs & courts ; en un mot, tout le corps bien formé. Rarement ces chiens qui réuniffent toutes ces qualités extérieures, font-ils pareffeux & lâches, fur-tout fi vous les empêchez de chaffer, que vous les nourriffiez toujours avec le troupeau aux champs & à la maifon. Du gros pain doit être leur nourriture. Il faut de bonne heure les former au combat, les exciter quelquefois à fe battre ; mais fans permettre que le plus foible foit tout-à-fait vaincu, de peur qu'il ne fe rebute & fe décourage. Que fon col foit toujours armé d'un collier de cuir garni de pointes de clous. Sur-tout fi vous prenez un loup, que ce foient vos chiens de troupeau qui les étranglent & les déchirent ; careffez-les enfuite, encouragez-les, c'eft un moyen fûr pour qu'ils ne le

craignent pas dans les champs, qu'ils le pourfuivent & l'attaquent jufques dans fa retraite.

Le chien de baffe-cour a un foin plus noble & plus relevé, celui de défendre fon maître & de protéger fes poffeffions ; il femble croire que tout ce qu'il garde eft à lui. Il le veille comme fon propre bien : lorfque tout le monde fe repofe fur fa vigilance, lui feul ne fe repofe fur perfonne ; l'oreille perpétuellement au guet, le moindre bruit l'inquiète, les foupçons naiffent. Apperçoit-il, fent-il feulement des étrangers paffant auprès de fa maifon ? il les découvre & les annonce par fes aboiemens ; veulent-ils forcer le paffage ? il s'élance contr'eux avec fureur, & le combat avec intrépidité, tandis que fes cris fèment l'alarme & avertiffent du danger : ni le nombre ni la force ne l'épouvantent, il périra plutôt que de trahir fon maître, & fe croira trop heureux de mourir en défendant fes intérêts.

Les chiens que vous deftinés à la garde de la maifon, doivent être forts & vigoureux ; la tête alongée, le front aplati, le corps renverfé ; les jambes nerveufes, la gueule grande & fendue, le col court & gros ; les yeux noirs & étincelans, les épaules larges, la voix haute & épouvantante : ajoutez qu'il foit de bonne guette, le fommeil léger, le caractère pofé & non vagabond ; enfin *médiocrement cruel* : le courage tient fouvent à cette dernière qualité.

On peut le nourrir avec du pain d'avoine ou de gros feigle, & en général, avec tout ce qui fort de la cuifine. Sa loge doit être placée à côté ou en face de la porte par où
l'on

l'on paffe le plus ; le jour on le tient exactement à l'attache, & on le lâche la nuit. M. M.

CHIEN, *Médecine vétérinaire.* Cet animal ne vit point de végétaux ; s'il mange quelquefois le chiendent, ce n'eft que pour fe purger. Cependant fi la faim le preffe, il arrache de terre les raves, mange des fruits, & il eft très-avide de ceux qui tombent du mûrier, lors de leur maturité. Il n'eft même pas rare, à cette époque, de voir les chiens de payfans, ordinairement fort maigres, s'engraiffer complétement en quinze à vingt jours. Sa langue eft un excellent déterfif. Jamais fes plaies n'ont des fuites fâcheufes, quand il peut fe lécher.

Nous allons traiter au long de cet animal.

CHAPITRE PREMIER. *De la variété des Chiens, de leurs allures & de leurs défauts ; des proportions du Chien de berger.*
CHAP. II. *De l'accouplement, de l'accouchement ; des foins que l'on doit avoir des jeunes Chiens, jufqu'au temps de les dreffer ; & de leur éducation.*
CHAP. III. *Du chenil.*
CHAP. IV. *De l'âge du Chien, de la durée de fa vie, de fon utilité après fa mort.*
CHAP. V. *Des maladies auxquelles il eft fujet.*

CHAPITRE PREMIER.

De la variété des Chiens, de leurs allures & de leurs défauts ; des proportions du Chien de berger.

I. *De la variété des Chiens.* M. de Buffon rapporte trente variétés de chiens, fans celles, dit-il, qu'il ne connoît pas. De ces trente, il y en a dix-fept que l'on doit rapporter à

Tome III.

l'influence du climat. Notre objet n'étant pas de nous arrêter ici à la defcription de toutes ces efpèces, nous nous contenterons feulement de diftribuer les chiens, relativement à leur ufage dans l'économie ruftique.

Nous les divifons donc en chiens de baffe-cour, en chiens de chaffe, & en chiens de berger.

Les premiers font ceux qu'on emploie à la garde des maifons ou des granges ; on leur pratique une loge dans un coin d'une cour d'entrée, on les y tient enchaînés le jour, & la nuit on les lâche.

Ces chiens doivent être grands, vigoureux & hardis ; il faut qu'ils aient le poil noir & l'aboi effrayant, & qu'ils foient médiocrement cruels.

Les feconds font les chiens de chaffe, tels que les baffets, les braques, les chiens couchans, les épagneuls, les chiens courans, les limiers, les barbets & les lévriers.

Les baffets viennent de Flandre & d'Artois. Ils chaffent le lièvre & le lapin, mais fur-tout les animaux qui s'enterrent comme les blaireaux, les renards, les putois, les fouines. Leur poil eft ordinairement noir ou roux, & à demi. Ils ont la queue en trompe, les pattes de devant concaves en dedans. On les appelle auffi *chiens de terre* ; ils donnent de la voix & quêtent bien ; ils font longs de corfage, très-bas, & affez bien coiffés.

Les braques font de toute taille, bien coupés, vigoureux, légers, hardis, infatigables & ras de poil. Ils ont le nez excellent, & chaffent le lièvre fans donner de la voix, & arrêtent fort bien la perdrix, la caille, &c.

Les chiens couchans chaffent de

O o

haut nez & arrêtent tout, à moins qu'ils n'aient été autrement élevés ; ils font grands, forts, légers. Les meilleurs viennent d'Efpagne, & font fujets à courir après l'oifeau ; ce qu'on appelle *piquer la fonnette.*

Les épagneuls font plus fournis de poil que les braques, & conviennent mieux dans les pays couverts ; ils donnent de la voix, ils chaffent le lièvre & le lapin, & arrêtent auffi quelquefois la plume. Ils ont le nez excellent, & beaucoup d'ardeur & de courage.

Les barbets font fort vigoureux & muets ; ils fervent à quêter & à détourner le cerf.

Les dogues fervent quelquefois à accueillir les bêtes dangereufes. On met les mâtins dans le vautrait pour le fanglier.

Les lévriers font hauts de jambes, & chaffent de vîteffe & à l'œil, le lièvre, le loup, le fanglier, le renard, mais fur-tout le lièvre. On donne le nom de *charmaignes* à ceux qui vont en bondiffant, foit qu'ils foient francs, foit qu'ils foient métis : de *harpés* à ceux qui ont les côtes ovales & peu de ventre : *dégigotés*, à ceux qui ont les gigots courts & gras.

Les chiens courans chaffent le cerf, le chevreuil, le lièvre. On dit que ceux qui chaffent la grande bête font de race royale ; que ceux qui chaffent le chevreuil, le loup, le fanglier, font de race commune, & que ceux qui chaffent le renard, le lièvre, le lapin, le fanglier, font chiens baubis ou bigles. De quelque poil qu'on les prenne, il faut qu'il foit doux, délié & touffu : quant à leur forme, il faut qu'ils aient les nafeaux ouverts, le corps long de la tête à la queue ; la tête légère & nerveufe, le mufeau pointu, l'œil grand, élevé, net, luifant, plein de feu ; l'oreille grande, fouple, pendante, & comme digitée ; le col long, rond & flexible ; la poitrine large, les épaules chargées, les jambes rondes, droites & bien fournies ; les côtés forts, les reins larges, nerveux, peu charnus, le ventre avalé, la cuiffe détachée, le flanc fec & écharné ; la queue forte à fon origine, mobile, fans poil à l'extrémité, velue ; le deffous du ventre rude, la patte fèche, & l'ongle gros.

Les troifièmes ou les derniers, font les chiens de berger. Ils doivent être hardis, vifs, vigoureux, déliés, de belle taille, armés d'un collier, & attachés aux beftiaux.

II. *Des allures & des défauts des chiens.* Les allures & les défauts des chiens leur ont fait donner différens noms.

On nomme *chiens allans*, de gros chiens employés à détourner le gibier ; *chiens trouvans*, ceux d'un odorat fingulier, fur-tout pour le renard, dont ils reconnoiffent la pifte au bout d'un long-temps ; *chiens battans*, ceux qui parcourent beaucoup de terrein en peu de temps ; *chiens babillards*, ceux qui crient hors la voie ; *chiens menteurs*, ceux qui cèlent la voie, pour gagner le devant ; *chiens vicieux*, ceux qui s'écartent en chaffant tout ; *chiens fages*, ceux qui vont jufte ; *chiens de tête & d'entreprife*, ceux qui font vigoureux & hardis ; *chiens corneaux*, les métis d'un chien courant & d'une mâtine, ou d'un mâtin & d'une lice courante ; *clabauds*, ceux à qui les oreilles paffent le nez de beaucoup ; *chiens de change*, ceux qui maintiennent &

gardent le change ; *d'aigail*, ceux qui chaffent bien le matin feulement ; *étouffés*, qui boitent d'une cuiffe qui ne fe nourrit plus ; *épointés*, qui ont les os des cuiffes rompus ; *alongés*, qui ont les doigts du pied diftendus par quelque bleffure ; *armés*, qui font couverts pour attaquer le fanglier ; *à belle gorge*, qui ont la voix belle ; *butés*, qui ont des nodus aux jointures des jambes.

III. *Des proportions du chien de berger.* La taille que nous exigeons dans le chien de berger, doit être de trois pieds deux pouces de longueur, prife du bout du nez à l'origine de la queue ; fix pouces & demi du bout du nez jufque derrière les oreilles ; neuf pouces dans la longueur du col, prife de derrière les oreilles, près du garrot ; un pied quatre pouces dans fa circonférence ; deux pieds quatre pouces du garrot à terre ; deux pieds quatre pouces des hanches à terre ; trois pieds quatre pouces dans la circonférence du corps, prife derrière les jambes de devant, à l'endroit le plus faillant du ventre ; un pied huit pouces de hauteur du ventre à terre ; deux pieds un pouce de diftance des jambes de devant à celles de derrière ; huit pouces de largeur d'une des commiffures de la gueule à l'autre ; deux pieds fix pouces de la pointe de l'épaule à la pointe de la feffe, & deux pieds de longueur dans la queue, prife à fon origine.

CHAPITRE II.

De l'accouplement, de l'accouchement; des foins qu'on doit avoir des jeunes Chiens, jufqu'au temps de les dreffer ; de leur éducation.

I. *De l'accouplement.* Pour avoir de bons chiens, il faut choifir des chiennes de bonne race, & les faire couvrir par des chiens beaux, bons & jeunes.

La chienne entre en chaleur en décembre & janvier ; cet état dure environ quinze jours.

Le chien eft un animal très-lafcif. On en voit qui s'accouplent en tout temps, & quelquefois avec des animaux d'une autre efpèce, contre laquelle ils ont une antipathie naturelle, mais que l'habitude a rendüe moins odieufe. En 1769, on vit à Paris un animal né d'un chien & d'une chatte, dont le train de devant étoit d'un chat, & celui de derrière étoit d'un chien ; quoi qu'il en foit, le coït, dans cet animal, eft plus long que dans les autres, parce qu'à la racine de fon membre génital, il fe trouve un corps compofé de plufieurs cellules & d'un grand nombre de vaiffeaux, où le fang & les efprits fe portent avec impétuofité dans l'acte ; le volume de cette partie s'accroît au point qu'elle ne peut fortir du vagin, que lorfqu'elle eft affaiffée ; ce qui n'arrive que long-temps après que la femence eft fortie : auffi voyons-nous que dans l'accouplement, le mâle ne peut fe féparer de la femelle, tant que l'état d'érection & de gonflement fubfifte, & que l'un & l'autre font forcés de demeurer unis jufqu'au moment de la confommation de l'acte ; après quoi le mâle change de pofition, fe remet à pied pour fe repofer fur fes quatre jambes, & ce n'eft qu'après de grands efforts qu'il parvient à fe féparer de la femelle.

II. *De l'accouchement.* La chienne fécondée porte pendant deux mois & quelques jours. Il eft poffible de fe procurer des chiens en bonne faifon, en faifant couvrir les lices en janvier; malgré la rigueur de cette faifon, on peut parvenir à mettre ces animaux en chaleur, en les renfermant enfemble dans un chenil : elle fait trois, quatre & jufqu'à huit petits à la fois. Le petit chien naît avec les yeux fermés, & ne les ouvre que neuf jours après la naiffance.

III. *Des foins que les Chiens exigent depuis le moment de leur naiffance, jufqu'au temps de les dreffer.* On met fur la paille, dans un endroit bien chaud, les chiens qui viennent en hiver. On nourrit bien la mère, en lui donnant de la foupe deux fois le jour. Il faut, au bout de quinze jours, couper le bout de la queue aux petits; on les laiffe avec la mère jufqu'à trois mois. Ce temps arrivé, on donne les jeunes chiens à nourrir au village, jufqu'à l'âge de dix mois. Les perfonnes chargées d'en avoir foin, ne leur laifferont point manger de la charogne, ni aller dans les garennes, parce que cela leur fait du mal. Leur nourriture fera de pain de froment, & non de feigle, celui-ci paffant trop vîte, & étant d'une fubftance trop légère, & par conféquent peu propre à donner du rable aux chiens. Cet entretien doit durer jufqu'à l'âge de dix mois, ou un an, qui eft l'époque où on les dreffe; alors on les rend dociles, en les accouplant les uns avec les autres, en les promenant, en leur donnant du cor, & en leur apprenant la langue de la chaffe.

IV. *Manière de dreffer les Chiens, ou de leur éducation.* Le jour choifi pour les leçons des jeunes chiens, on place les relais; on met à la tête de la jeune meute quelques vieux chiens bien inftruits, & cette harde

fe place au dernier relais. Quand le cerf en eft là, on découple les vieux, pour dreffer les voies aux jeunes; on lâche les jeunes, & les piqueurs armés de fouets, les dirigent, fouettent les pareffeux, les indociles, les vagabonds, & lorfque le cerf eft tué, on leur en donne la curée comme aux autres. Les effais doivent fe réitérer autant qu'il le faut.

L'éducation du chien courant confifte à bien quêter, à obéir, à arrêter ferme. On commence à lui faire connoître fon gibier. Quand il le connoît, il faut qu'il le cherche; quand il le fait trouver, on l'empêche de le pourfuivre; quand il a acquis cette docilité, on lui forme tel arrêt qu'on veut; quand il fait tout cela, il eft élevé, parce qu'il a appris la langue de la chaffe en faifant fes exercices; il s'agit feulement de lui montrer à rapporter, à aller en trouffe, & s'enhardir à l'eau.

C H A P I T R E I I L.
Du Chenil.

Ce qu'on entend par Chenil, & de fa conftruction. Nous entendons par chenil, le lieu deftiné à contenir les chiens de chaffe.

Il doit être compofé de plufieurs pièces à rez-de-chauffée, pour féparer les chiens felon leur efpèce; à côté de ces différentes pièces, doivent être pratiquées des cours pour leur faire prendre l'air, & des fontaines pour les abreuver. Ordinairement auffi l'on pratique de petits fours pour cuire le pain, & des cheminées dans chaque appartement, parce que ces animaux ont befoin de feu pour fe fécher, lorfqu'ils viennent de la chaffe, froids &.

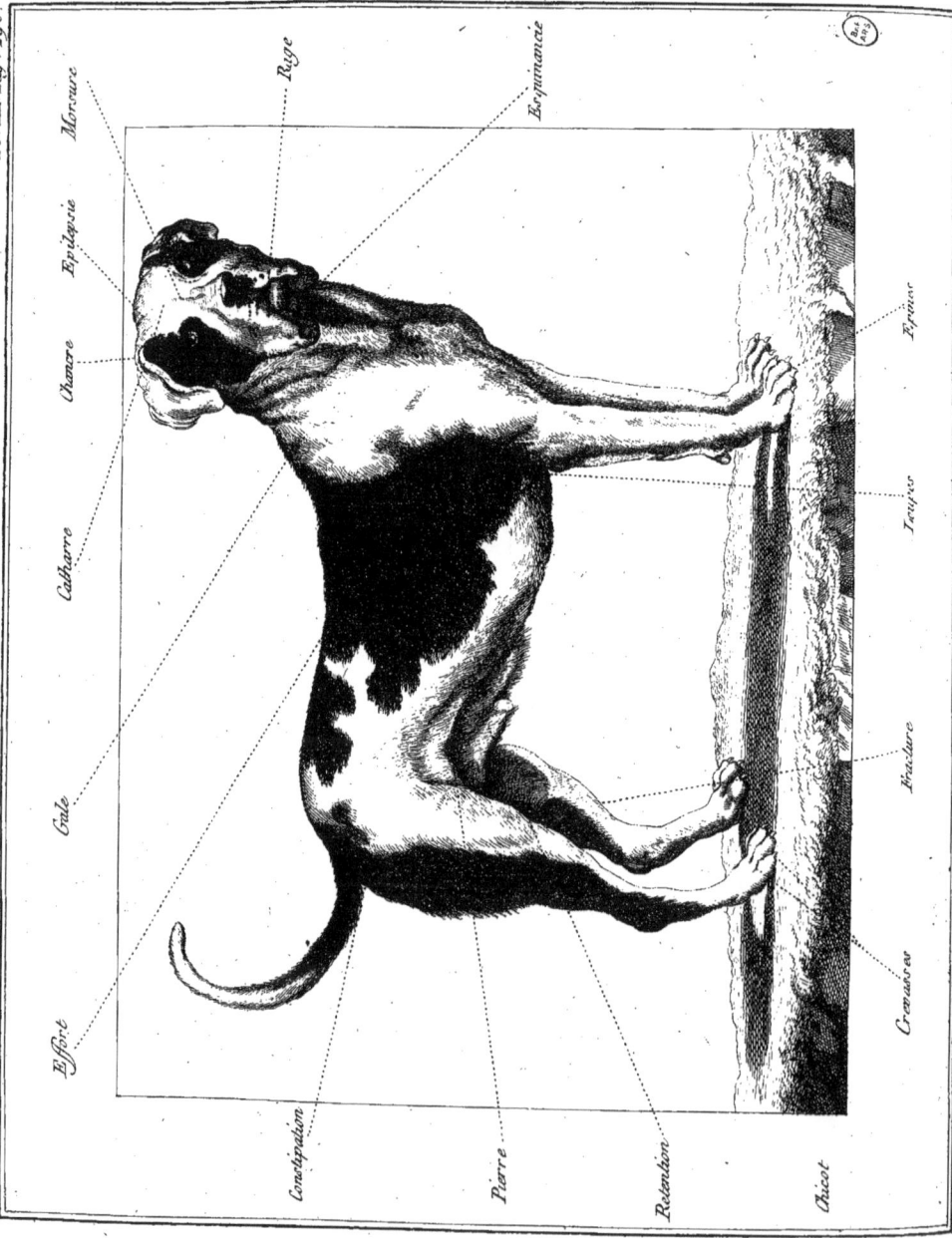

Tom. III.

Pl. IX. Pag. 293.

Rage
Esquinancie
Morsure
Epilepsie
Chanvre
Catharre
Gale
Effort
Constipation
Pierre
Retention
Chicot
Crevasses
Fracture
Javves
Epines

humides , fans quoi ils rifquent de contraĉter la gale. (*Voyez* GALE DES CHIENS) Il faut auffi que le chenil foit proportionné à la meute , & que les chiens foient bien tenus , bien panfés , & que la paille fur laquelle ils couchent , foit fouvent renouvelée.

CHAPITRE IV.

De l'âge du Chien ; de la durée de fa vie, de fon utilité après fa mort.

I. *De la connoiffance de l'âge.* Quinze jours après que le chien eft né , il lui perce quatre dents , une de chaque côté de la gueule , deux deffus , & deux deffous ; quelques jours après , les incifives lui percent, les unes après les autres, de manière que dans peu la mâchoire eft armée de quarante dents , vingt deffus & autant deffous. Les premières ou les dents canines , tombent pour faire place à d'autres plus grandes & d'une couleur moins blanche, & ainfi fucceffivement des autres. Nous obfervons aux dents incifives , une éminence de chaque côte du corps de la dent, qui , avec l'éminence qui réfulte de la pointe de la dent, forment à peu près une fleur-de-lis. Cette pointe s'efface à mefure que le chien avance en âge ; & lorfque cette même pointe fe trouve à niveau de deux éminences placées de chaque côté du corps de la dent, & qu'on n'y trouve plus de trace de fleur-de-lis, nous difons que l'animal a atteint l'âge de cinq ans. A fix ans, les dents s'accroiffent & deviennent jaunes de plus en plus , jufqu'à l'âge de douze ans ; alors des poils blanchâtres qui paroiffent fur le mufeau, & le fon de la voix , annoncent fa décrépitude.

II. *De la durée de fa vie , & de fon utilité après fa mort.* La durée de la vie du chien eft pour l'ordinaire de quatorze à quinze ans. Il peut y en avoir cependant qui outre-paffent ce terme.

Après fa mort , cet animal n'eft point inutile à l'homme. Les tanneurs emploient fa peau. Les gants de peau de chien adouciffent les mains. Les médecins font ufage de fa graiffe ; fa fiente eft connue en médecine , fous le nom d'*album græcum*. Ce remède eft irritant & réfolutif. On fait encore, des petits chiens qui viennent de naître , une huile réfolutive & nervine, dont on frotte les membres attaqués de rhumatifme.

CHAPITRE V.

Des maladies auxquelles le Chien eft fujet.

Nous les divifons en maladies *intérieures & extérieures.*

I. *Maladies intérieures.* L'étourdiffement , l'épilepfie , le vertige , l'efquinancie , la rage, la péripneumonie ou inflammation de poitrine; les coliques, la rétention d'urine, les vers, le flux de ventre , la pierre & la conftipation.

II. *Maladies extérieures.* Le catarre, la morfure des bêtes venimeufes, le chancre des oreilles, la perte de l'odorat, la démangeaifon , la gale, les dartres, la loupe , les fraĉtures, les crevaffes aux pieds, le chicot & les épines.

Quant au fiège de ces maladies , & au traitement qui leur eft analogue, *confultez* la planche ci-jointe , & l'ordre du Diĉtionnaire, M, T.

CHIENDENT, *ou* GRAMEN, *ou*
PIED DE POULE. (*Voyez Planche 6*,
page 196) M. Tournefort l'appelle
*gramen dactylon, radice repente five
officinarum*, & le place dans la troifième fection de la quinzième claffe,
qui comprend les fleurs à étamines,
vulgairement nommées *plantes graminées*, parmi lefquelles plufieurs font
propres à faire du pain. M. von Linné
le claffe dans la triandrie digynie, &
le nomme *panicum dactylon*.

Fleur B, compofée de trois étamines & d'un piftil renfermé dans une
balle ou calice. La balle eft divifée
en trois valvules, dont l'une eft imperceptible : dans la balle on trouve
deux autres valvules, ovales & aiguës, qui tiennent lieu de corolle.
C fait voir l'état de l'étamine après
qu'elle a fécondé le piftil D.

Fruit E ; il confifte dans une graine
ovale, attachée par fa bafe au fond
de la balle.

Feuilles, roides, courtes, velues,
embraffant le chaume, & plus longues fur les nœuds du fommet.

Racine A, longue, noueufe, ge-
nouillée, farmenteufe, rampante.

Port. Le chaume s'élève depuis fix
jufqu'à douze pouces, il retombe
alors ; & pour peu qu'il trouve la
terre ameublie, il pouffe des racines
par tous les nœuds qui la touchent.
Au fommet du chaume font placés
trois ou quatre épis, ouverts, étroits,
violets, velus à leur bafe intérieure,
& difpofés à peu près comme les
doigts des pattes des poules ; d'où lui
eft venu le nom de *pied de poule*.

Propriétés. Le chiendent, ainfi que
fa racine, ont une faveur fucrée, &
je ne doute point que, fi on opéroit
fur une grande maffe, on n'en retirât
un véritable fucre, fur-tout de celui

qui croît dans les lieux fecs & bien
expofés au foleil, avec un bon fond
de terre. Cette plante eft rafraîchiffante, un peu apéritive, légèrement
diurétique, & aftringente.

Ufages. Son plus grand emploi eft
dans les tifanes, les décoctions, les
apozèmes apéritifs & diurétiques. On
ne fait pas affez attention qu'avant
d'employer cette plante, on doit ou
ratiffer fon écorce, afin de l'enlever,
ou la jeter dans l'eau bouillante, l'y
laiffer pendant quelques minutes, la
retirer enfuite ; jeter cette eau & remettre le chiendent bouillir dans une
autre eau. La première eau bouillante
enlève une portion extrato-réfineufe,
qui la rend aftringente, échauffante,
&c. On fe fert des tiges mondées de
leurs feuilles, depuis demi-once jufqu'à deux onces, en décoction dans
huit onces d'eau. Lorfque le befoin
l'exige, on donne la plante mêlée
avec le foin aux animaux.

Il y a une autre efpèce de gramen,
appelé par M. Tournefort *gramen lo-
liaceum, radice repente, five gramen
officinarum*, & par M. von Linné,
nommé *triticum repens*. La fleur reffemble à celle du froment, les calices font étroits, barbus, en forme
d'alêne, & renferment trois fleurs.
Les femences font oblongues, brunes, à peu près de la forme de celles
du froment. Quatre ou cinq feuilles
d'un beau vert embraffent la tige par
leur bafe, en manière de gaîne, d'un
demi-pied de longueur, & finiffent
en pointe. Les chaumes s'élèvent à
la hauteur de deux pieds, droits,
noueux ; les fleurs naiffent au fommet en épis contractés, rangés fur
deux rangs, d'étage en étage. Les
racines font blanchâtres, fibreufes,
rampantes, noueufes par intervalles.

entrelacées les unes dans les autres.
Cette plante a les mêmes propriétés
que la précédente, & s'emploie au
même usage. Les habitans du nord,
dans le temps de disette, font une
sorte de pain avec sa racine pulvé-
risée & réduite en farine.

Ces plantes multipliées dans les
champs, dans les vignes, &c. sont
le fléau du cultivateur, & annoncent hautement sa négligence. Il en
est sévèrement puni par le tort réel
qu'elles font aux moissons. M. Dian-
court a imaginé une espèce de râteau, capable d'arracher le chiendent.
Qu'on se figure la tête d'un râteau
ordinaire, mais beaucoup plus longue & plus large, armée d'un rang
de longues dents de fer, terminées en
crochet, qui entrent dans la terre; & à
mesure que l'animal attaché pour tirer
ce râteau, ou espèce de herse, avance,
les dents arrachent le gramen & le
portent à la superficie du terrein. Ce
moyen & tant d'autres proposés, sont
des amusettes. La pioche seule est capable de les détruire, & il faut être
très-soigneux à ne pas laisser, je ne
dis pas l'apparence des racines, mais
même des tiges brisées, parce que
toutes les plantes graminées, naturellement vivaces, poussent, avec une
facilité extrême, de nouvelles racines
à chaque nœud: dès-lors on ne doit
plus être surpris qu'une seule tige de
chiendent ait recouvert plusieurs
toises de largeur, dans le courant
d'une à deux années. Je le répète,
il faut la pioche, la charrue le détruit très-imparfaitement.

CHIFFONE. (Branche) Expression employée par quelques jardiniers, pour désigner, soit un amas de
bourgeons, petits & multipliés sur une
même branche, ou ce qui revient aux
branches en forme de tête de saule.

CHOLERA-MORBUS, ou
TROUSSE-GALANT, *Médecine rurale.*
Le cholera-morbus, ou trousse-galant, est une maladie aiguë, dans laquelle le malade rend, par haut &
par bas, une quantité prodigieuse de
substances aigres, bilieuses, jaunes,
vertes & noirâtres: ces évacuations
abondantes sont précédées & suivies
d'anxiétés, de tranchées, de foi-
blesses, d'évanouissement & de convulsions.

Le cholera-morbus a son siège dans
le premier des intestins, celui qui
communique à l'estomac, & qu'on
désigne sous le nom de *duodenum.*

C'est dans l'automne que cette maladie a coutume de paroître, plutôt
que dans les autres saisons de l'année,
sur-tout si l'été a été très-chaud, si les
fruits aigrelets ont été rares, si on en a
négligé l'usage pour tempérer l'acrimonie de la bile, & si on a mangé
beaucoup de fruits cruds, lourds &
indigestes.

Cette maladie peut encore exercer
ses ravages, lorsqu'un sujet quelconque est tourmenté depuis long-temps
par des passions violentes & profondes, & qu'il est forcé, par les circonstances de la vie, de les renfermer
dans son sein. Après des indigestions
fortes & souvent répétées, soit par
la gourmandise, soit par la foiblesse
des organes de la digestion, il n'est
pas rare de voir paroître le *cholera-
morbus.* L'usage des émétiques & des
purgatifs violens; l'usage des plantes
vénéneuses & des poisons tirés des
autres règnes de la nature, donnent
aussi naissance à cette affreuse maladie.

Elle eſt des plus meurtrières ; ſouvent on la confond avec l'indigeſtion , & on donne des remèdes chauds , & des émétiques qui précipitent la mort du malade. Il n'eſt pas rare de voir les tempéramens les plus forts ſuccomber aux violentes ſecouſſes du mal, en moins de trois jours : les perſonnes qui réuniſſent toutes les cauſes qui peuvent déterminer l'apparition de cette maladie , ſuccombent dans un eſpace de temps moins long. Nous en avons obſervé , ſur-tout dans les grandes villes, où tous les fléaux deſtructeurs du genre-humain ſemblent s'être réunis à l'envi; nous en avons vu, diſons-nous , expirer en moins de vingt-quatre heures.

Le malade attaqué du choleramorbus ou trouſſe-galant, éprouve d'abord des anxiétés vers les trobicules du cœur , dans la région de l'eſtomac , les nauſées ſe font ſentir, le vomiſſement ſuit ; il eſt compoſé de matières bilieuſes, jaunes, vertes, mucilagineuſes & noirâtres. Les foibleſſes s'emparent du malade ; la diarrhée ſuit le vomiſſement ; elle eſt annoncée par des coliques plus ou moins violentes , & les matières qui ſortent par cette voie, ſont de même nature que celles qui ſe font fait jour par le vomiſſement; il eſt tourmenté par la ſoif la plus ardente. Les ſyncopes ſuivent ces évacuations, & elles ſont plus ou moins rapprochées, ſuivant la quantité des évacuations, ſoit par le vomiſſement, ſoit par la diarrhée.

Les évacuations ſont quelquefois ſi prodigieuſes, qu'on voit le malade maigrir ſenſiblement d'une heure à l'autre ; ſes extrémités deviennent froides ; le poulx ſe concentre , &

il eſt petit & foible pendant toute la durée de cette criſe violente ; le malade expire bientôt dans un état convulſif.

Le traitement de cette maladie eſt d'autant plus difficile , qu'elle eſt effrayante , & que le plus ſouvent la terreur s'empare des gens qui environnent le malade, & qu'ils précipitent les ſecours ſans ordre & ſans intelligence.

Quoique cette maladie ſoit le plus ſouvent mortelle , elle eſt moins meurtrière de nos jours qu'elle l'étoit autrefois : les anciens employoient les ſaignées & les purgatifs, & aucun malade ne réchappoit : les ignorans n'ont conſervé des anciens que cette méthode pernicieuſe, & ils ont les mêmes ſuccès.

Lorſqu'un malade eſt attaqué du cholera-morbus, ou trouſſe-galant, il faut lui faire boire abondamment l'eau de poulet, ou de veau très-légère, de la diſſolution de gomme arabique dans de l'eau , ou le mucilage des graines de lin & autres , & de temps en temps quelques verres de lait d'amandes ou émulſion.

Il faut lui baigner les pieds dans l'eau tiède , & lui donner ſouvent des lavemens compoſés comme les boiſſons ci-deſſus, qu'il faut rendre plus épaiſſes.

En uſant de ces moyens , on adoucit l'acrimonie de la cauſe matérielle de la maladie , on en facilite la ſortie ; au lieu que ces ſubſtances fortes & ſpiritueuſes, renferment, par leur action aſtringente, cette même cauſe matérielle , & la gangrène s'empare rapidement du malade.

Lorſque les évacuations ſont ſuffiſantes, & que les forces du malade commencent à s'épuiſer, on applique
ſur

ſur ſon eſtomac, des cordiaux, de la thériaque & autres ; on lui donne quelques petites cuillerées de bon vin, mais il faut la plus grande modération ; & on lui fait prendre des calmans, pour parer aux accidens préſens, & pour prévenir ceux qui menacent : cet inſtant eſt le ſeul dans lequel on puiſſe placer les calmans ; donnés avant, ils retiendroient la cauſe matérielle dans les parties, & nuiroient beaucoup. Nous ignorons quel eſt le médecin qui, le premier, a employé les calmans dans cette maladie, & à l'époque preſcrite : nous lui rendons le tribut d'éloges qu'il mérite, pour le ſervice qu'il a rendu à l'humanité. Le calmant qui réuſſit le mieux, c'eſt le *laudanum* liquide de *Sydenham*, donné à dix gouttes, dans une cuillerée d'eau diſtillée quelconque : on en continue l'uſage, en obſervant eſſentiellement de ne pas en porter la doſe au point de le rendre ſomnifère, mais de le donner comme calmant. L'expérience doit diriger l'intelligence du médecin dans l'adminiſtration de ce remède. Lorſque les accidens effrayans ſont calmés, & même diſparus, il faut continuer encore quelque temps l'uſage du *laudanum*, pour éviter les rechutes ; & terminer la guériſon par des purgatifs amers & à petite doſe : c'eſt dans l'uſage de ces derniers moyens qu'il faut les lumières & la prudence d'un homme conſommé dans la ſcience de la médecine.

Les bains, la diſſipation, le régime & le calme dans l'ame, doivent achever de rétablir la ſanté dans ſon état floriſſant. C'eſt à la cauſe qui a déterminé la maladie, qu'il faut porter l'attention la plus ſcrupuleuſe. M. B.

Tome III.

CHOPINE. Meſure pour le fluide, qui contient une livre d'eau, poids de marc, & forme la demi-bouteille. La chopine ſe diviſe en deux demi-ſeptiers ; chaque demi-ſeptier contient deux poiſſons, & le poiſſon eſt de ſix pouces cubes.

CHOTTÉ. Mot uſité dans quelques provinces, pour déſigner le blé paſſé à la chaux avant de le ſemer, afin de détruire la pouſſière noire qui provient de la carie. La plus petite quantité de cette pouſſière attachée ſur un grain, altère le germe, & fait carier l'épi. Il eſt démontré, par les expériences les plus déciſives, qu'en répandant de cette pouſſière noire, qu'on appelle encore *charbon*, ou *blé charbonné*, ſur les grains les plus ſains, on eſt ſûr qu'on aura du blé carié. Ce charbon eſt vraiment une *maladie épidémique*, ſi on peut ſe ſervir de cette expreſſion. (*Voyez* le mot CHAULAGE)

CHOU. M. Tournefort le place dans la quatrième ſection de la cinquième claſſe, qui comprend les herbes à fleurs régulières diſpoſées en croix, dont le piſtil devient une ſilique diviſée en deux loges ſéparées par une cloiſon, & il l'appelle *braſſica*. M. von Linné le nomme auſſi *braſſica*, & le claſſe dans la tetradynamie ſiliqueuſe. M. von Linné renferme ſous le genre de *braſſica*, les choux, la roquette, les raves, les navets ; mais comme ce *Dictionnaire* n'en eſt pas un de botanique, & que cette ſcience y eſt purement acceſſoire, je traiterai tous ces articles ſous leurs lettres reſpectives. C'eſt donc en agriculteur, & non en botaniſte que je vais parler de la nom-

P p

breufe famille des choux. D'après ce point de vue, je crois que l'on peut la divifer en ordres ; la première comprendra les efpèces dont on mange les boutons de fleurs, tels font les choux-fleurs & les brocolis; la feconde, les choux pommés ; la troifième, les choux non pommés, & cultivés dans les jardins ; la quatrième, des choux à racines femblables à celle des raves; & la cinquième, les choux deftinés à la nourriture du bétail, & que l'on cultive en grand, pour retirer, par l'expreffion, une huile de leur graine.

PLAN du travail fur les CHOUX.

CHAPITRE PREMIER.

Defcription du Genre.

Le calice eft divifé en quatre folioles droites, vertes, linéaires, creufées un peu en gouttière, & renflées à leur bafe. La fleur eft compofée de quatre pétales en forme de croix ; chaque pétale eft prefque ovale, ouvert, attaché au fond du calice par un onglet; quatre glandes ovoïdes font à la bafe, & renferment cette portion mielleufe, que les abeilles y recherchent avec tant d'avidité ; les étamines font au nombre de fix, dont deux plus longues, & quatre plus courtes; le piftil eft cylindrique, de la longueur des étamines, & fon fommet eft en manière de tête. Ce piftil fe change en une longue filique, prefque arrondie, mais légèrement aplatie des deux côtés, à deux loges, à deux valvules, moins longues que la cloifon mitoyenne qui les fépare. La graine eft rouffâtre & arrondie ; en général, les feuilles de toutes les efpèces de chou font épaiffes, plus rondes que longues.

CHAPITRE II.

Des Efpèces.

Il n'eft pas poffible de décrire toutes les *efpèces* connues par les jardiniers dans les différens pays ; la culture, le climat les ont fait varier à l'infini, & nous admettons ici, comme *espéces jardinières*, ce que les botaniftes confidèrent comme de fimples variétés. Pour fuivre l'ordre naturel, il auroit peut-être été convenable de commencer les defcriptions par celle du chou des champs, & ainfi de fuite pour celles qui en font aujourd'hui le moins éloignées ; mais il faut parler ici aux cultivateurs, & non aux naturaliftes.

SECTION PREMIÈRE.

Des Efpèces dont on mange les boutons de fleurs raffemblés en groupe. Choux fleur, brocoli.

I. CHOU FLEUR. *Braffica oleracea. Botrytis.* LIN. *Braffica cauli flora.* BAUH. Quelques écrivains fur le jardinage, diftinguent plufieurs efpèces de chou fleur, & affez mal à propos. Ils les défignent par *chou fleur d'Italie*, de *Turquie*, de *Chypre*, d'*Alexandrie*, d'*Alep*, de *Malthe*, de *Hollande*, &c. ; ces dénominations indiquent les lieux dont on tire la graine, & qu'il eft bon de renouveler après certain nombre d'années, parce qu'elle dégénère dans nos provinces feptentrionales ; mais elles produifent tout au plus des variétés, & non pas des *efpèces jardinières*. (*Voyez* le mot ESPÈCE) Je ne connois réellement que deux efpèces de chou fleur, le *hâtif* ou *tendre*, & le *tardif*, nommé par quelques-uns *chou fleur de demi-dur*, & *dur*, ou d'*Angleterre* ; trois dénominations qui défignent plutôt des variétés l'une de l'autre, que des efpèces.

Le chou fleur & le brocoli font-ils des variétés du chou pomme, dont il fera queftion dans la fection fuivante ? Dans ce cas, les parties de la fructification paroiffent avoir abforbé, & s'être approprié la fubftance qui auroit dû fe porter à la maffe énorme des feuilles du chou cabus, tout comme les fleurs doubles, cultivées dans nos jardins, (*voyez* ce mot) la nourriture deftinée aux parties de la génération ou de la fructification, qui font complétement anéanties ou mutilées, au point qu'elles ne donnent point de graines capables de les reproduire.

Dans nos provinces méridionales, il n'eft pas rare de voir des tiges ou troncs de choux fleurs s'élever jufqu'à dix-huit & vingt-quatre pouces ; dans celles du nord, au contraire, les tiges ont communément un pied de hauteur, & fouvent moins. Du fommet du tronc s'élancent des feuilles, dont la pointe s'élève fur un angle plus ou moins ouvert : au centre de ces feuilles, commencent à paroître quelques points blancs, qui font les rudimens des germes des fleurs. Ces points augmentent en nombre & en maffe en tout fens, & font prendre à quelques feuilles une pofition horizontale, & les autres fervent à garnir les côtés. Souvent quelques folioles pénètrent à travers cette maffe de points blancs. Ces germes, en forme de mamelons, font plufieurs enfemble, réunis fur une des divifions de la tige ; & cette tige, ainfi que ces divifions, s'élèvent & s'alongent comme celles des choux ordinaires, lorfqu'elles veulent fleurir ; de manière que chaque mamelon fe transforme enfuite en une fleur décidée, femblable à la fleur des autres choux.

Outre ce caractère fi marqué, on diftingue encore le chou fleur par

P p 2

la forme de ses feuilles, qui est un ovale alongé & pointu : elles sont entières, presqu'unies à leurs bords, d'un vert clair, & parsemées de nervures blanches. Quelquefois on trouve des espèces de découpures à la base des premières feuilles, qu'on peut regarder comme des appendices ou oreillettes. La différence des choux fleurs se prend particulièrement de la plus ou moins grande finesse dans les mamelons, & de la manière dont ils sont pressés les uns contre les autres, de la grosseur de la pomme, & des époques auxquelles il convient de les semer ; d'où est venu la dénomination de *hâtif* & de *tardif*.

II. LE BROCOLI. On en compte deux espèces ; le *violet*, & le *commun*. On nomme encore le premier, *brocoli de Rome* ou de *Malthe*, lieux d'où on en tire la graine.

Les jardiniers désignent sous le nom de *brocoli*, les brotons des choux dont on laisse le tronc en terre pendant l'hiver, après en avoir coupé la pomme, & lorsqu'il pousse au printemps. Ces rejetons ont quelque ressemblance, il est vrai, avec le brocoli ; mais l'espèce dont je parle, est véritablement une *espèce*. (*Voyez* ce mot)

Cette espèce de chou pomme est à peu de chose près, quant à la forme, comme le chou fleur, avec cette différence que ses mamelons sont des boutons à fleur, plus développés, mieux formés & plus distincts ; en un mot, ils ont une apparence décidée de boutons à fleur. De l'aisselle de chaque feuille, il naît un rejeton ou branche tendre, bien nourrie, terminée par un bouquet,

grenu & violet dans le brocoli d'Italie, & vert sur les pieds du brocoli commun. Le centre ou sommet de la tige offre des faisceaux de pareils rejetons, séparés les uns des autres par de petites feuilles, & quelquefois elles sont à peine visibles. Les bords des feuilles sont peu froncés dans la partie supérieure, profondément découpés vers leur base, & les feuilles du brocoli sont d'un vert plus foncé que celles du chou fleur ordinaire. La tige s'élève communément à la hauteur de dix-huit à vingt-quatre pouces. Lorsqu'on a coupé la pomme, le tronc pousse des drageons, encore nommés brocolis, qu'on prépare & assaisonne comme les asperges ; ce qui a engagé Bauhin à les désigner par cette phrase, *Brassica asparagodes crispa*. On peut regarder le brocoli, soit violet, soit vert, comme une espèce jardinière du chou fleur.

SECTION II.

Des Choux pommé ou pomme, ou cabus ou capus.

Sous la dénomination de *chou pomme*, je comprends le chou *cabus* ordinaire ou chou *commun*, le chou pomme de *Saint-Denis* ou d'*Aubervilliers*, le chou pomme *rouge* ou *violet lustré*, le chou pomme *blanc-hâtif* ou de *Bonneuil*, le petit chou pomme *frisé-précoce* ou chou *pointu d'Angleterre*, le chou pomme de *Strasbourg* ou d'*Allemagne*, le chou pomme de *Milan* & ses variétés.

I. CHOU POMME ou CABUS. C'est le *brassica oleracea capitata alba*. LIN. Ne seroit-il pas le type de toutes les autres espèces de chou pomme ?

Il y a lieu de le préfumer, puifque fi on examine bien un quarré de choux, femé de la même graine, on obfervera des différences, fouvent affez marquées, d'un individu à un autre. Que fera-ce donc, fi on tranfporte la graine dans un pays éloigné, ou dont le fol & fa pofition feront de nature oppofée au premier? La conftitution des faifons, d'une année à l'autre, produit fouvent ces variations, quoique dans le même lieu.

Le franc chou cabus a une tige courte, groffe, peu garnie de feuilles. Sa pomme eft aplatie, large, ferme, compacte, formée par des feuilles qui fe recouvrent fucceffivement les unes & les autres. Sa végétation eft quelquefois fi active, que les feuilles intérieures ne pouvant fe multiplier avec facilité, & faifant fans ceffe des efforts contre l'extérieur, font éclater la pomme. Les feuilles font rangées circulairement fur la tige : les extérieures touchent prefque la tige par leur bafe; le milieu eft traverfé par une large nervure ou côte. Elles font froncées, & comme découpées fur leurs bords, vertes, affez fouvent mêlées de bleu ou de violet.

Du milieu de la pomme s'élance une tige qui fe divife peu à peu en un grand nombre de rameaux, chargés d'un grand nombre de fleurs jaunes.

II. CHOU POMME DE SAINT-DENIS OU D'AUBERVILLIERS. Il diffère du précédent, 1°. par la hauteur de fa tige plus élevée; 2°. garnie d'un plus grand nombre de feuilles, dont la couleur eft celle du vert foncé; 3°. par fa pomme un peu pointue à fon fommet. Elle eft ferme & blanche : c'eft l'efpèce la plus commune des environs de Paris.

III. CHOU POMME ROUGE, ou plutôt VIOLET LUSTRÉ. Sa pomme eft très-groffe, fouvent large, de huit à douze pouces de diamètre, chargée de veines & de nuances plus ou moins foncées. Sa couleur le fait aifément diftinguer de tous les autres.

IV. CHOU POMME BLANC HATIF, ou de BONNEUIL. Il mûrit après les deux précédens, mais il a fur eux l'avantage d'avoir une pomme plus groffe, un peu aplatie, fort ferrée & tendre; fa tige eft baffe; fa feuille eft ample, ronde, d'une couleur verte, mêlée de bleu.

V. PETIT CHOU POMME FRISÉ PRÉCOCE. C'eft avec raifon qu'on l'appelle précoce. Il ne refte pas ordinairement plus de quarante jours à pommer, à dater de celui où il a été replanté. Sa tige eft fort baffe, fes feuilles font frifées fur les bords, leur couleur eft d'un vert clair; fa pomme eft ferme, blanche, très-petite. Il eft tendre & très-bon.

VI. CHOU POMME POINTU D'ANGLETERRE, ou CHOU PAIN DE SUCRE. Je le regarde comme une variété du précédent; il en diffère feulement par fa pomme en forme de pain de fucre, & par un goût plus délicat. Les amateurs le préfèrent à tous les autres. Les jardiniers ordinaires s'occupent peu de la culture de ces deux efpèces, parce que les pommes en font trop petites.

VII. CHOU POMME DE STRASBOURG & D'ALLEMAGNE. Il eft très-peu connu en France, le plus cultivé en Allemagne, & celui qui demande le moins de foins. Ses feuilles font d'un vert pâle, & grandes; fa tige est baffe; fa pomme est blanche, ferrée, plate, fort évafée, entourée de feuilles qui font la coquille, volumineufes à l'excès, proportion gardée avec la groffeur des autres choux pommes. On en voit qui pèfent trente à quarante livres, & un particulier m'a affuré en avoir vu un qui pefoit quatre-vingts livres. Cette efpèce de chou, fi volumineufe & fi pefante, est peut-être une variété perfectionnée du chou pomme de Strasbourg. L'au-teur de l'*Ecole du Jardin Potager* en fait une efpèce distincte. Comme il ne l'a jamais cultivée, ni moi non plus, je vais rapporter ce qu'il en dit d'après d'autres : « La pomme » n'est pas auffi ferrée que celle des » autres efpèces, par la raison qu'il a » la côte extrêmement groffe, ce qui » l'empêche de fe coiffer parfaite-» ment ; fa feuille extérieure est d'un » gros vert, liffe, précédée d'une lon-» gue queue un peu rougeâtre. Il est » constant que dans nos provinces » méridionales, le chou pomme de » Strasbourg y devient le plus gros » des choux ; mais jamais il n'y pèfe » trente à quarante livres. »

VIII. CHOU POMME DE MILAN; le plus délicat de tous les choux, & celui qui produit le plus de varié-tés ; on en distingue quatre princi-pales. Tous ces choux ont une fleur blanche.

1. *Chou de Milan à groffe tête.* Sa tige est haute, très-garnie de feuilles frifées, & d'un vert foncé ; fa tête est groffe & ferme.

2. *Petit Chou de Milan.* Sa tige est courte, très-chargée de feuilles d'un beau vert, & très-frifées ; fa

tête est ferme, & de moitié moins groffe que celle du précédent.

3. *Chou frifé court.* Sa tige est plus baffe que celle des deux précé-dens ; fes feuilles font arrondies, d'un vert tirant fur le bleu, frifées & clo-quetées ; fa tête de la groffeur du pe-tit chou de Milan, est très-ferrée.

4. *Chou à tête longue, bas de tige;* fes feuilles font d'un beau vert, extrê-mement cloquetées & alongées ; fa pomme est jaune, tendre, a la forme d'un œuf, de même groffeur que celle du N°. 2.

SECTION III.

Des Choux non pommés, & cultivés dans les jardins.

I. CHOU VERT A GROSSES CÔTES. *Braffica oleracea viridis.* La tige est baffe ; les feuilles rondes, unies, épaiffes, traverfées par une groffe côte blanche ; la couleur des feuilles est d'un vert foncé.

II. CHOU BLOND A GROSSES CÔTES. C'est une variété du premier; il en diffère par fes feuilles, dont la couleur est d'un vert jaunâtre. Si ces efpèces de chou font placées dans une terre qui leur convienne, ils donnent une petite pomme ; le dernier est plus tendre & plus déli-cat que le premier.

III. CHOU PANCALIER, *ou* CHOU VERT FRISÉ. Sa feuille est verte, frifée & froncée fur les bords ; fa côte est très-groffe & tendre ; il ne fait prefque pas de pomme. Ces choux tiennent le milieu entre les choux pommes & les choux fau-vages,

CHO

303

SECTION IV.

Des Choux à racine semblable à celle des raves.

On peut regarder le chou à racine de rave, & celui à racine de navet, comme une variété l'une de l'autre; mais il est difficile de décider celle qui a produit l'autre. Ces espèces jardinières, ou variétés botaniques, ne seroient-elles pas plutôt des *espèces hibrides*, (*voyez* les mots ESPÈCES HIBRIDES & ÉTAMINES) formées par le mélange des *étamines* d'un chou quelconque, avec la fleur de la rave, ou des étamines de la rave, avec la fleur de quelques choux. Cette hibridicité est très-fréquente, lorsque plusieurs espèces de courges, citrouilles ou potirons sont plantées les unes près des autres, ou mélangées entr'elles. C'est le *brassica napobrassica*. LIN.

I. CHOU RAVE, *ou* CHOU DE SIAM. Ces dénominations indiquent, l'une, la forme de sa racine, & l'autre, le pays d'où on la tire. M. von Linné l'appelle *brassica oleracea gongyloides*. Sa tige, au lieu de s'élever comme celle des autres choux, reste dans la terre où elle s'enfle comme celle des raves, en prend la forme, & y acquiert un diamètre de trois, six ou huit pouces. L'intérieur a la même consistance que celui de la rave; il est blanc, & l'écorce extérieure est jaunâtre, un peu rouge. Les feuilles naissent près de terre, & partent du centre de la tige comme celle des raves.

II. CHOU NAVET. *Brassica napobrassica.* LIN. Un auteur a regardé cette espèce comme un chou fleur dégénéré. Si cela est, ce que je ne crois pas, elle est singulièrement éloignée de son origine. La différence de celui-ci au précédent, consiste dans la forme de sa racine, imitant celle des navets, c'est-à-dire, alongée en manière de fuseau.

SECTION V.

Des Choux destinés aux usages économiques, & non pour la cuisine.

I. CHOU COLZA. *Brassica arvensis.* LIN. *Brassica campestris perfoliata flore luteo.* LŒFLING. Le jardinier méprise cette espèce, & le cultivateur de nos provinces septentrionales en fait le plus grand cas. Plusieurs auteurs ont confondu le *colza* avec la *navette*, parce qu'ils ne connoissoient pas les plantes sur lesquelles ils écrivoient. Le colza est décidément un *chou*, & la *navette* une rave. Ils ont encore été induits en erreur, parce que des semences de ces deux plantes, on retire une huile par expression, qui forme une branche de commerce, non-seulement très-étendue dans ces provinces, mais encore dans toute l'Allemagne: enfin, parce que leurs huiles sont en général vendues sous les dénominations d'huile de *navette*.

Il diffère peu des autres choux par les parties de la fructification; son caractère spécial se tire des feuilles. On remarque successivement trois différentes espèces de feuilles, les *séminales*, celles qui partent de la *racine*, & celles des *tiges*. Les premières sont le développement des lobes de la graine; elles sont en forme de rein, un peu échancrées dans le milieu, & elles tombent dès que la plante a poussé ses premières feuilles. Celles qui leur succèdent sont portées par un pétiole ou queue, long,

charnu, quelquefois creufé en gouttière à fa partie inférieure; l'extérieure eft arrondie. Ces feuilles font
légérement découpées à leur bafe,
prefque rondes à leur fommet, légérement finuées, & les finus obtus.
La bafe des feuilles eft découpée en
oreillettes, & ces découpures varient beaucoup; toutes ces feuilles
font entièrement liffes, douces au
toucher, & leur couleur approche
de celle du vert de mer.

Les feuilles des tiges font entières,
faites en forme de cœur alongé par
la pointe, & embraffent la tige par
leur bafe; de manière qu'on diroit
qu'elle fort du milieu de la feuille.

La racine eft pivotante, menue,
fibreufe. Lorfque la plante eft venue
fans culture, & naturellement, fa tige
s'élève depuis douze jufqu'à dix-huit
pouces, & jufqu'à cinq pieds, &
même plus, lorfqu'elle eft convena-
blement cultivée. Cette tige fe divife
à fon fommet en un grand nombre
de rameaux alternativement placés,
& en manière de fpirale, recouverts
par une feuille dans l'endroit de leur
infertion à fa tige. Les fleurs naiffent
au fommet des rameaux; elles font
jaunes, & la filique qui leur fuccède,
eft ordinairement jaunâtre dans fa
maturité, & quelquefois rougeâtre,
fuivant les coups de foleil que le fruit
a éprouvé.

On connoît deux variétés du col-
fat; l'une nommée *colza blanc*, parce
que les pétales ou feuilles de la fleur,
font blancs; & le *colza froid*, dont
les feuilles font plus grandes & plus
épaiffes. Cette dénomination lui vient
de ce qu'il fupporte mieux les rigueurs
de l'hiver.

II. CHOU EN ARBRE, *ou* CHOU

CHÈVRE, *ou* GRAND CHOU VERT.
La première dénomination indique
la hauteur de la plante, proportion
gardée avec celle des autres choux;
la feconde, qu'elle eft deftinée aux
animaux de la ménagerie, & la troifième, la couleur de fes feuilles en
général. De toutes les efpèces de
choux, c'eft une de celles qui a produit le plus grand nombre de variétés.
C'eft le *braffica arborea*, de Morifon.

Ce chou s'élève ordinairement à
la hauteur de fix pieds; il pouffe le
long de fa tige, depuis le pied jufqu'à
la tête, des feuilles qu'on peut cueillir d'un jour à un autre, à mefure
qu'elles fe multiplient. N'eft-ce point
auffi par le retranchement fucceffif de
ces feuilles que la tige s'élève, parce
que la fève eft obligée de fe porter
vers les feuilles du fommet, qui l'attirent avec force, jufqu'à ce que la
grande maffe foit retenue en partie
par les feuilles qui naiffent de nouveau vers le bas? Il eft certain que
fans ce retranchement, la tige parvenue à une certaine hauteur, &
garnie de fes feuilles, pommeroit,
& qu'elle acquéroit plus de confiftance, au lieu de filer. Les feuilles,
foutenues par de longs pétioles, ou
côtes prefque rondes & dures, font
grandes, peu épaiffes, plates & peu
frifées fur leurs bords. Il y a une autre
efpèce, dont les bords des feuilles
font prefque auffi frifés que des chicorées; d'autres, dont les feuilles
frifées font panachées de jaune, de
rouge, &c.; & par la bigarrure de
leur couleur & de leur forme, elles
offrent un coup d'œil très-agréable.
Ces variétés de choux vivent deux
ans. Ces dernières efpèces font le
braffica fabellica, du chevalier von
Linné. On l'a défigné en françois,
fous

ſous la dénomination de *chou frangé*, ou de *chou d'Eſpagne*.

CHAPITRE III.

De la culture des Choux.

Tous les choux, en général, demandent un bon terrein, bien ſubſtantiel & frais. Il réuſſit mal dans les terreins maigres, ſablonneux, même malgré les irrigations. Leś ſols forts, nouvellement dérompus, leur ſont très-profitables. J'ai vu des choux cabus, monſtrueux par la groſſeur, dans un plantier de vigne, dont le terrein avoit été défoncé à dix-huit pouces. Ils n'auroient pas ſi bien réuſſi dans les provinces méridionales, à cauſe de la ſéchereſſe des étés.

SECTION PREMIÈRE.

De celle des Choux du premier ordre, ou Chou fleur & Brocoli.

I. *Chou fleur.* Plus cette eſpèce s'éloigne des pays méridionaux, plus elle diminue de qualité & de groſſeur; il convient donc, dans les provinces du nord, de prendre de grandes précautions, afin de ſe procurer de bonne heure cette agréable production.

Chou fleur hâtif. Si on déſire jouir de bonne heure, il convient de ſemer le chou fleur tendre ou hâtif, le premier. Il n'eſt pas le meilleur au goût, mais il eſt plus printanier. A Paris & dans ſes environs, où le fumier de litière ſurabonde, on le ſème en janvier ſur une *couche* (*voyez* ce mot) qui a jeté ſon grand feu. La graine eſt jetée de diſtance en diſtance, dans

l'eſpace que peut recouvrir une cloche de verre; elle eſt enterrée, & la cloche miſe par-deſſus. Si, au contraire, la couche eſt établie ſous un châſſis, on ſème à la volée, ſur toute ſa ſuperficie, & on rabat le châſſis, en obſervant cependant, ainſi que pour la cloche, d'en tenir une partie légérement ſoulevée, afin de laiſſer reſpirer la plante, & faciliter l'iſſue de la grande humidité qui s'élève de la couche. Si après le ſemis, & lorſque la jeune plante commence à ſortir de terre, la ſaiſon devient trop rigoureuſe, le froid âpre & très-vif, c'eſt le cas de recouvrir le tout avec de la paille longue, pendant la nuit, de la retirer pendant le jour, lorſque le ſoleil paroît, & autant de fois qu'il eſt poſſible. Sans cette précaution, la plante s'étioleroit; & ſi l'*étiolement* (*voyez* ce mot) eſt conſidérable, la plante réuſſira mal dans la ſuite.

Dès que la graine a germé, dès qu'elle a pouſſé hors de terre ſon premier dard, que ſes deux yeux entr'ouverts ont formé ſes deux feuilles ſéminales, qui ont là forme d'un rein, c'eſt le moment de tranſporter ces plantules ſur une autre couche, de les eſpacer d'un demi-pouce, de les arroſer légérement, afin de ſerrer la terre contre leurs radicules; enfin, de les couvrir avec des *cloches*, ou avec un *châſſis*. (*Voyez* ces mots)

En mars, on les tranſplante de nouveau ſur une autre couche, depuis douze juſqu'à dix-huit lignes de diſtance les uns des autres, & on les recouvre avec les cloches, ou avec les châſſis. On leur donne ſouvent de l'air, ſoit afin de les y accoutumer, lorſqu'ils ſeront en pleine terre, ſoit pour les endurcir contre les

Tome III.   Q q

viciſſitudes de l'atmoſphère. Cette ſeconde tranſplantation me paroît inutile, & même pourroit être ſupprimée,
ſi, à la ſeconde, on donnoit plus ļe diſtance d'un pied à l'autre. Il eſt bien
difficile que les racines encore tendres, & la plante même, ne ſouffrent pas toujours un peu de ces
tranſplantations multipliées. Comme
l'hiver, dans nos provinces du nord,
eſt, pour ainſi dire, une ſaiſon
morte, relativement au jardinage,
ces petits ſoins ne dérangent, &
n'occupent pas beaucoup les maraîchers.

Dès qu'on ne craint plus les rigueurs de la ſaiſon; c'eſt-à-dire, vers
la fin d'Avril, c'eſt le cas de replanter à demeure & en plaine, les jeunes choux; ils ont alors ſix, ſept ou
huit feuilles bien formées. On aura
eu ſoin auparavant de défoncer la
terre profondément, de ne pas y épargner les engrais les plus conſommés,
mais non pas au point d'avoir perdu
leur feu, leur énergie. Enfin, à la
diſtance de deux pieds, en tout ſens,
on ouvre de petits trous, qu'on remplit de terreau; & avec une cheville,
on plante dans chacun un pied de
chou fleur hâtif, qu'on y enterre juſqu'au-deſſus du collet. Auſſitôt après
on retire la terre qui avoiſine le collet, afin de former autour de lui un
petit baſſin, qui retiendra l'eau des
arroſemens. Le premier a lieu auſſitôt après que le plançon eſt mis en
terre, afin qu'elle s'attache aux racines, & que ce terrein, juſqu'alors
ſi meuble, ſe plombe. Quinze jours
après, un ſecond arroſement ſuffit;
mais, cette époque paſſée, il faut
arroſer de deux en deux jours, à
moins que la pluie n'y ſupplée. Si
l'on déſire plus de groſſeur dans les

pommes, il faut biner tous les mois;
& débarraſſer le ſol de toute herbe
inutile, &, de temps à autre, ajouter
du fumier, non pas auſſi conſommé
que le premier; il aidera à la vigou-
reuſe végétation de la plante, &
maintiendra l'humidité de la terre,
en empêchant ſon évaporation.

Il eſt eſſentiel, après que les choux
ont été replantés à demeure, de les
viſiter ſouvent, & preſque juſqu'au
moment où l'on coupe la pomme.
Il s'agit d'examiner ſi tous les plants
ont repris; s'il y en a de foibles, de
languiſſans, de les arracher, & de
leur en ſubſtituer de nouveaux; s'il
s'en trouve de *borgnes*, ou ſans
œil, de les arracher, ainſi que ceux
dont la feuille, qui doit avoiſiner la
pomme, a été détruite, ou très-en-
dommagée d'une manière quelconque : ſi, ſur des tiges foibles, la
pomme paroît, & devance le temps
ordinaire, c'eſt le cas de butter la
tige avec de la terre, de former un
baſſin tout autour, & de multiplier
les arroſemens; enfin, lorſque la
pomme eſt ſortie, & qu'elle a acquis la groſſeur du poing, de lier
les feuilles par l'extrémité, ou de les
rompre par le milieu, afin que, recouvrant la pomme, elle blanchiſſe
& augmente de volume au-deſſous
de cette enveloppe. Telle eſt la méthode des environs de Paris, & qui
peut s'appliquer aux provinces plus
ſeptentrionales, ſi elles ont la facilité
d'avoir des fumiers pour les couches.
Le mérite de l'eſpèce de chou dont
on vient de parler, eſt d'être plus
printanière que les autres, de proſ-
pérer mieux dans les années ſèches,
& dans les terres fortes. Il eſt donc
d'une grande reſſource pour le jardinage des provinces du nord; mais,

comme les prix des primeurs ne font pas par-tout auſſi hauts qu'à Paris, le jardinier n'a pas les mêmes moyens : je lui conſeille de conſtruire des châſſis en papier, ſemblables à ceux dont les hollandois ſe ſervent pour les ſemis du tabac. (*Voyez* le mot *châſſis*) Un coin de mur qui abrite bien, un encaiſſement fait groſſièrement avec des planches, & environné de toutes parts par la terre, ou placé dans une foſſe faite exprès, ſuffira pour ſes ſemis ; & la paille jetée par-deſſus le châſſis & la terre environnante, pendant les jours les plus rigoureux, les préſervera des trop fortes impreſſions du froid.

Dans les provinces du centre du royaume, on peut ſemer dans un bon abri, dès la fin de février, & dans les méridionales, en janvier même ; car les froids de ce mois y ſont ordinairement moins actifs que ceux de février, lorſqu'ils s'y font ſentir. Des abris, une terre bien préparée & bien fumée, une couche, *ſi on le peut*, ſuffiſent : il eſt inutile de tranſplanter auſſi ſouvent qu'à Paris ; le plançon ne doit ſe lever du lieu du ſemis, que pour être mis à demeure dans la terre qu'on lui deſtine.

Dans ces provinces, on ne fait, *en général*, aucune différence entre le chou fleur hâtif, & le chou fleur tardif ; ils ſont ſemés tous en même temps. Comme on ne leur donne pas les mêmes ſoins qu'à Paris, on les cueille un peu plus tard. Il n'eſt pas rare de voir dans cette Capitale des choux fleurs hâtifs dès le mois de Juin ; & ceux qui les cultivent dans nos pays méridionaux, les récoltent en juillet & en août.

Du chou fleur tardif. La pomme de ce chou eſt plus groſſe que celle du précédent, & elle eſt plus délicate à manger. Dans les provinces méridionales, on les ſème en janvier, février, avril, juin, août & octobre, & on les mange depuis le mois de novembre, juſqu'à celui d'avril. On doit obſerver que cette indication générale ſouffre des modifications, ſouvent d'un lieu à un autre peu éloigné, à cauſe du plus ou du moins d'intenſité de chaleur, de la qualité du ſol, de la facilité des irrigations, &c. Il faut encore obſerver que les arroſemens, dont on a parlé plus haut, ſont ſuffiſans dans les provinces du nord & du centre du Royaume, mais que vingt hommes, employés toute la journée à charier des arroſoirs pleins d'eau, ne ſuffiroient pas pour donner l'eau néceſſaire aux plantes d'un jardin de deux arpens, ſitués au midi du Royaume, où on eſt forcé d'arroſer par *irrigation*. (*Voyez* ce mot) Comme les chaleurs ſont vives, & l'évaporation conſidérable, on ne plante pas les choux fleurs, ni les brocolis dans des carreaux, mais tout le long du bord du petit foſſé ou rigole, qui diſtribue l'eau ſur toutes les parties du carreau. De cette manière, ces eſpèces de choux, qui aiment beaucoup l'humidité, ſont fréquemment & abondamment arroſées. Si, dans le nord, on ſuivoit la méthode des provinces méridionales, on auroit de bien chétives productions, & ainſi tour à tour.

M. Deſcombes, dans ſon *Ecole du jardin potager*, ouvrage très-bien fait pour le climat de Paris, décrit ainſi la culture du chou fleur tardif. Je le copie mot pour mot.

« On le ſème de deux manières : » les uns le ſèment fort clair, à la fin

» d'août, à l'abri du nord, dans des
» baquets remplis de terre & de ter-
» reau mêlés ensemble, qu'ils ont
» soin d'arroser à propos, & ils les
» laissent dans cette situation jus-
» qu'aux gelées : ils les enferment
» alors dans de grandes serres pen-
» dant tous les froids, & les remet-
» tent à l'air aussitôt que le temps se
» radoucit. Le mois de mars arrivé,
» ils les replantent en place, & les
» arrosent.

» Cette manière n'est pas fort
» usitée, par la raison que ce plant,
» souvent enfermé dans la serre,
» jaunit lorsque les hivers sont un
» peu longs, s'attendrit ensuite lors-
» qu'on le met en plein air; mais si
» leur prison dans la serre n'est pas
» longue, & si on a l'attention de
» sortir de temps en temps ces ba-
» quets, lorsqu'il survient de beaux
» jours, on peut être sûr que le plant
» réussira bien, & qu'il donnera son
» fruit le premier. S'ils ont besoin
» d'un peu d'eau, on leur en donne.
» La règle est de laisser dans un ba-
» quet de deux pieds de diamètre,
» environ cinquante plants.

» La seconde manière de le semer
» est celle de nos maraîchers : ils le
» sèment le 1er. octobre sur couche,
» avec l'attention, quand il est levé,
» d'ôter les cloches pendant le jour,
» lorsqu'il ne gèle pas, pour l'accou-
» tumer à l'air, & de les remettre
» tous les soirs. On les repique en-
» suite sous cloche, le long d'un mur
» bien exposé, après avoir bien la-
» bouré & bien terreauté la terre : on
» en met vingt à vingt-cinq sous une
» même cloche, & on observe de ne
» pas trop les enterrer ; il suffit qu'ils
» le soient autant qu'ils l'étoient sur
» la couche.

» Au bout de quatre à cinq jours,
» on donne un peu d'air aux cloches,
» si le temps est favorable; & huit
» jours après, on les ôte tout-à-fait
» pendant le jour, pour les endurcir;
» mais on a soin de les remettre le
» soir.

» On les laisse dans cette situation
» jusqu'à la fin de février, auquel
» temps on les repique sur couche,
» & on les remet un peu plus au
» large. Douze à quinze sous chaque
» cloche suffisent : on les tient cou-
» verts pendant quatre à cinq jours,
» jusqu'à ce qu'ils aient bien repris,
» & on leur donne ensuite un peu
» d'air, si le temps n'est pas trop
» rigoureux. Huit jours après, on
» ôte entièrement les cloches pen-
» dant quelques heures du jour, &
» tous les soirs on les remet; car il
» faut qu'ils s'endurcissent à l'air en
» même temps qu'ils profitent.

» Lorsque les plus grands froids
» sont passés, on ôte tout-à-fait les
» cloches, & on bâtit un petit treil-
» lage sur la couche, pour soutenir
» quelques paillassons qu'on jette
» par-dessus, pendant les nuits seu-
» lement, à moins qu'il ne survienne
» encore quelques jours de gelée ou
» de giboulées; auquel cas, on les
» tient couverts.

» On les laisse se fortifier dans cette
» situation jusqu'à la mi-avril, & on
» les replante alors en place, espacés
» de deux pieds ou deux pieds &
» demi, si c'est une terre bien fer-
» tile, & non pas forte; car cette
» dernière qualité de terre ne con-
» vient pas à cette espèce. On ob-
» serve d'y mettre un peu de terreau
» comme au chou tendre; & s'il s'en
» trouve de borgnes, ou qui parois-
» sent disposés à monter, on les re-

» jette. On a attention auſſi que le
» pied ſoit enterré juſqu'aux pre-
» mières feuilles, en obſervant de
» même de ne les mouiller que fort
» légérement, ou point du tout, &
» de les abandonner pendant quinze
» jours.

» Quand ils ſont bien repris, on
» commence alors à les mouiller de
» deux en deux jours; mais dès que
» le mois de mai arrive, il faut les
» mouiller amplement, & régulie-
» rement de deux en deux jours, à
» moins qu'il ne tombe de grandes
» pluies; car les petites ne doivent
» pas en diſpenſer. La bonne doſe
» eſt d'en mettre une cruchée ou
» arroſoir pour trois pieds, & il faut
» la jeter par la pomme, & non pas
» par la gueule de l'arroſoir, comme
» ſont beaucoup de jardiniers, afin
» que les feuilles profitent de ce ra-
» fraîchiſſement, auſſi-bien que le
» pied; & que ſi elles ont reçu quel-
» ques mauvaiſes influences de l'air,
» cette eau les puiſſe laver, & em-
» pêcher d'éclorre les mauvaiſes ſe-
» mences d'inſectes, que les brouil-
» lards, ou autres intempéries y
» apportent. Le puceron, le tiquet,
» les chenilles ſont leurs grands en-
» nemis. »

Sur ce dernier point, je ne ſuis
pas de l'avis de M. Deſcombes: les
brouillards, les intempéries de l'air
peuvent nuire aux choux, en agiſſant
mécaniquement ſur eux; mais il eſt
bien démontré qu'ils n'apportent aucun inſecte, ni les germes de ces
inſectes; que l'irrigation ſur les
feuilles ne ſauroit les détruire,
puiſque les inſectes, toujours pré-
voyans, placent les œufs ſous les
feuilles, & jamais par-deſſus: dès-
lors ils ſont à l'abri des effets de

l'eau des arroſemens, & de celle des
pluies les plus abondantes. Dans
toutes les provinces du Royaume,
où l'on arroſe par irrigation, il eſt
impoſſible que le petit ruiſſeau qui
paſſe au pied des plantes, puiſſe en
arroſer les feuilles; cependant elles
ſont infiniment moins arroſées par
la pluie, que dans les provinces du
nord, puiſque, dans celles du midi,
il y pleut rarement, & que ſouvent, pendant l'été, il s'écoule plus
de trois mois avant qu'il tombe une
ſeule goutte de pluie; cependant les
choux fleurs de toute eſpèce y ſont
de beaucoup plus volumineux que
ſous les climats pluvieux du nord
de la France, & n'y ſont pas plus
attaqués par les inſectes que les autres. Il ne faut donc point attribuer
aux brouillards, ni aux influences
de l'air, la génération des inſectes;
ils ont leur père & leur mère,
comme l'homme, les chevaux, &c.
ont les leurs; & les papillons même,
qu'on appelle *papillons* des choux,
ſont nés ſur le lieu, ou dans un voi-
ſinage peu éloigné. Reprenons la
deſcription de M. Deſcombes.

« Quand les choux commencent
» à groſſir, il faut leur faire un petit
» baſſin au pied, qui retienne l'eau;
» & ſi c'eſt en terre graſſe, un peu
» de grand fumier au pied leur eſt
» très-avantageux; il conſerve la
» fraîcheur, & empêche la terre de
» ſe durcir.

» Leur pomme ſe trouve bonne
» à couper au mois de juin, ſi la
» ſaiſon a été favorable. »

Voici encore une très-bonne obſervation de M. Deſcombes: « Si on
» en trouve une grande quantité qui
» pomme à la fois, & plus qu'on en
» peut conſommer, il faut arracher

» les pieds avant que la pomme foit
» tout-à-fait à fa perfection, & les
» enterrer jufqu'au collet dans un
» endroit frais, la tête penchée, &
» près à près; ils achèvent de groffir,
» & s'entretiennent bons affez long-
» temps. Sans cette précaution, ils
» montent en graine, & on en perd
» beaucoup.

   » Les choux fleurs qu'on veut
» avoir dans l'automne & en hiver,
» exigent une culture plus fimple, &
» différente : on sème la graine affez
» clair au mois de mai, le long d'un
» mur placé au nord, ou au cou-
» chant ; on herfe bien la terre,
» après l'avoir labourée, & on jette
» par-deffus deux pouces de terreau
» ou de crotin de cheval brifé : elle
» lève en peu de jours; & quelque-
» fois à peine eft-elle fortie de terre,
» qu'elle eft dévorée par les tiquets.
» Nous dirons comment on les dé-
» truit, à l'article des ennemis des
» choux. On laiffe fortifier le plant,
» fans autre foin que de le farcler &
» mouiller fouvent, jufqu'à ce qu'il
» foit en état d'être planté à de-
» meure. On les conduit enfuite de
» la même façon que les premiers ;
» mais, fur-tout, il faut les mouiller
» copieufement dans les mois de juillet
» & d'août. Ils commencent à don-
» ner leur fruit en octobre; & il eft
» d'autant plus beau, que l'été s'eft
» trouvé plus pluvieux; car les fé-
» chereffes leur font très-contraires,
» & ils fe fuccèdent les uns aux au-
» tres, jufqu'en décembre. Il s'en
» trouve même une partie dans le
» nombre, qui ne pomme pas en
» place, & qu'il faut mettre dans la
» ferre, où leur pomme fe fait : ce
» font ceux qui fervent pour la fin
» de l'hiver.

» Les précautions à prendre pour
» les enfermer, font de choifir d'a-
» bord un beau jour, quand il n'y a
» ni eau ni humidité fur les plantes;
» &, pour plus de fûreté encore,
» on les pend en l'air par la racine,
» pendant un jour ou deux, dans un
» lieu fort aéré. On leur ôte enfuite
» une partie de leurs feuilles les plus
» baffes, & on les enterre près à
» près, jufqu'au collet, dans des tran-
» chées de profondeur convenable,
» & dans un terrein de fable. S'il eft
» trop fec, on le mouille un peu au-
» paravant, & l'on donne de l'air à
» la ferre, le plus que l'on peut.
» Lorfque les gelées furviennent, on
» calfeutre porte & fenêtre : ils font
» leur pomme dans cette fituation,
» plus petite à la vérité qu'en plein
» air ; mais on eft bien aife de les
» trouver telles pendant tout l'hiver.
» Ils vont quelquefois jufqu'à Pâ-
» ques, quand la ferre eft bonne, &
» qu'on a foin d'ouvrir les fenêtres,
» dès que le temps s'adoucit.

   » Dans les mois de novembre &
» décembre, pendant lefquels ils
» font encore en pleine terre, il faut
» de l'attention pour les préferver
» des gelées, fouvent affez fortes,
» en faifant porter de la grande litière
» bien fecouée, au bord des carrés,
» pour les couvrir diligemment,
» lorfque le temps menace; & à me-
» fure que les pommes font en état
» d'être coupées, il faut les porter
» dans la ferre. On coupe le pied au-
» deffous de la pomme; on les dé-
» pouille de toutes leurs feuilles, juf-
» qu'à fleur de la pomme; c'eft-à-
» dire, on les coupe à fleur, fans les
» éclater, & on les range proprement
» fur des tablettes. Ils fe confervent
» bons, quoique coupés depuis deux

» ou trois mois; mais il faut que la
» ferre ait de l'air, & ne foit pas
» humide; fans quoi, ils moififfent
» & pourriffent. »

M. Defcombes, & avec lui prefque tous les maraîchers des environs
de Paris, diftinguent le chou fleur
tardif *demi-dur*, du chou fleur
tardif, dont on vient de parler. Voici
ce qu'il en dit : » C'eft une efpèce
» qui tient le milieu entre les deux
» autres, & qui fe sème dans le même
» temps, & de la même manière que
» le *dur*; mais on peut également le
» femer fur couche en janvier & en
» février, & il fe trouve bon entre
» les premiers & les derniers. Il n'eft
» pas tout-à-fait fi parfait que les
» durs; mais il n'a pas non-plus le
» défaut du tendre, & il s'accom-
» mode mieux de toute forte de
» terre : il fe foutient mieux auffi
» dans les années, foit pluvieufes,
» foit sèches, que ne le fait le
» tendre ni le dur, qui demandent
» chacun une faifon, & un terrein
» différent. »

II. *Du brocoli.* On diftingue deux
efpèces de chou brocoli; le brocoli
violet, ou de *Malthe* ou de *Rome*, &
le brocoli *commun*, ou *jaune* ou
blanc ou *vert*, variétés de couleur
dans fes bourgeons.

Ce chou, comme le chou fleur,
perd fes qualités, en raifon de fon
éloignement des pays chauds. A
force d'art & de foins, on parvient
à fe procurer, dans nos provinces du
nord, d'affez beaux brocolis, mais
jamais auffi forts & auffi délicats que
dans celles du midi. Ici on les sème
dans le même temps, & de la même
manière que les choux fleurs; on les
tranfplante à demeure, dès qu'ils ont

cinq ou fix feuilles, le long des rigoles fervant à l'irrigation, dont on
bine le terrein une fois ou deux dans
l'année; mais, avant la tranfplantation, il a été foigneufement défoncé,
& fortement fumé.

Dans les provinces du nord, il
fe sème fur couche à la fin de janvier, & fa conduite & fa culture
font les mêmes que celles du chou
fleur hâtif. Si on le sème en pleine
terre, en avril, fa culture eft femblable à celle des autres choux; mais
il faut l'arrofer plus fouvent. Lorfque
la faifon des gelées approche, on
enlève les pieds de terre, & on les
porte dans la ferre, ainfi qu'il a été
dit ci-deffus. Le brocoli commun fe
sème en mars, & fe cultive comme
le premier.

SECTION II.

*De la culture des Choux du fecond
ordre, ou des Choux pommes.*

I. *Chou pomme* ou *cabus*. Dans les
provinces méridionales, on sème ce
chou au commencement d'octobre.
Après fept ou huit jours, il eft hors
de terre, & on le replante en mars
& en avril. Si, avant cette dernière
époque, la faifon devient trop rigoureufe, il convient de couvrir avec
de la paille la pépinière, au moins
pendant la nuit, & avant que le
foleil fe couche; car il eft rare que
le temps foit couvert dans ces provinces pendant le froid. On enlèvera
cette paille auffi fouvent que la faifon
le permettra, afin de donner de l'air
aux plantes, & prévenir leur étiolement. Il eft inutile de répéter que
la terre deftinée à la pépinière doit
avoir été bien défoncée, & largement fumée; & fi on peut fe pro-

curer de bons abris, il faut les préférer à toute autre position.

Les choux femés en octobre, & replantés en mars ou en avril, se hâtent souvent de monter en graine; les chaleurs du printemps les pressent trop; & les irrigations, même les plus répétées, ne modèrent pas toujours leur impétuosité. Il vaut beaucoup mieux retarder les semailles, & attendre le mois de novembre, pour les replanter en mars. Si on a de bons abris, & assez de fumier de litière pour faire des couches, on peut semer en janvier, & replanter dès que les tiges ont cinq à six feuilles. Tant que la plante est en pépinière, elle exige d'être préservée des gelées.

On forme des carreaux entiers avec ces choux, & on les plante à la distance de deux pieds l'un de l'autre, sur un des côtés de l'ados du sillon. Au mot IRRIGATION, je décrirai la méthode de tracer les sillons, parce que, sans leur secours, on ne sauroit arroser. L'autre ados du sillon est garni par des salades & autres menues herbes, qui ont le temps de compléter leur végétation avant que les feuilles du chou puissent leur nuire par leur ombrage, & les priver des bienfaits de l'air. Si on le peut, il convient de replanter pendant des jours pluvieux, malheureusement trop rares dans ces provinces, lorsque l'hiver a terminé son cours.

On laisse communément à demeure, & pour monter en graine, les choux placés à l'extrémité du sillon, opposée à celle par où l'eau entre. Comme cette extrémité est fermée, & que l'eau ne sauroit aller plus loin, l'écume, l'engrais, en-

traînés par l'eau de l'irrigation, s'y rassemblent, & le chou est ordinairement le plus beau. Si on ne prend pas ce parti, on laisse un rang à la tête, ou à l'extrémité du carreau; de manière qu'aussitôt que la récolte des choux est finie, on peut travailler tout de suite la terre du carreau, & la couvrir de nouveaux plants, ou la semer. D'autres transplantent quelques-uns des plus beaux pieds, afin de garnir entièrement les carreaux; ils les mettent dans un lieu abrité. Les froids du mois de février 1782, qui ont fait beaucoup de mal aux oliviers, n'ont nullement endommagé les choux destinés pour la graine. L'intensité du froid a été de sept degrés.

Dans les environs de Paris, on sème le chou cabus en août, & on le plante en octobre, dans un lieu à l'ombre, où il passe l'hiver, en le garantissant des effets des gelées, ainsi qu'il a déjà été dit plus haut; mais si la gelée les surprend avant qu'on ait pu les en garantir, il faut attendre que le soleil les ait fait dégeler, & on les couvre ensuite. On leur donne de l'air quand on le peut, &c.

On replante ce chou en mars, à deux pieds ou deux pieds & demi de distance en tout sens : on commence à en manger au mois d'août, & sa pomme ne se conserve pas longtemps. Si on sème en mars, la pomme du chou cabus sera bonne en septembre, octobre & novembre.

Tous les choux pomme, en général, ont une tendance à crever ou à se fendre : dès-lors la pluie pénétrant dans l'intérieur de la pomme, la fait pourrir. L'expérience a démontré aux maraîchers, qu'avec un peu de soins, il est possible de

prévenir

prévenir cette rupture qui les prive de leur plus douce espérance, au moment de jouir. Voici leur procédé : lorsque la pomme est parvenue au point de sa grosseur, ils arrachent la plante à moitié, & la force de la végétation est ralentie par le brisement d'une partie des racines. Celles qui restent intactes reprennent une nouvelle vigueur, & semblent vouloir dédommager la plante de la perte de nourriture qu'elle avoit faite. En effet, elles parviendroient à rétablir le cours de la végétation, si on ne se hâtoit pas, dès qu'on s'apperçoit de sa reprise, d'arracher entièrement le pied de terre, & d'enlever, de dessus la tige, toutes les feuilles, excepté celles qui forment la pomme. Après cette opération, on étend sur la terre, dans un lieu abrité du soleil, chaque pied de chou l'un près de l'autre, la tête tournée au nord, & on jette de la terre sur les racines. On commence de la même manière un second, un troisième rang, & ainsi de suite, jusqu'à ce que tous les pieds soient en sûreté. En suivant cette méthode, on les conserve fort long-temps ; mais s'il survient de fortes gelées, il est essentiel de les couvrir avec de la litière longue & sèche.

Les pieds ainsi disposés, on choisira ceux qui auront le mieux passé l'hiver, & on les conservera pour grainer. Après la saison des froids, c'est-à-dire, en mars, on les replantera à demeure. A mesure que le renouvellement de chaleur commence à se faire sentir, la tige s'élance du milieu de la pomme qui crève ; elle se charge de rameaux de fleurs, ensuite de siliques qui renferment la graine, vertes d'abord, ensuite jau-

Tome III.

nâtres, & quelquefois rouges. Dès qu'on s'apperçoit que les siliques commencent à s'ouvrir, c'est le moment de couper la plante par le pied, & de l'exposer perpendiculairement, & pendant un jour, à l'ardeur du gros soleil.

Il y a deux observations à faire. La première est, que les feuilles qui forment la pomme du chou, sont si serrées les unes contre les autres, que la tige n'a pas la force de les pénétrer, & de s'ouvrir un passage. Elle soulève ces feuilles autant qu'elle peut, les détache en partie les unes des autres ; l'air & l'humidité les pénètrent ; enfin, elles pourrissent & font pourrir la tige. Dès qu'on reconnoît cette résistance, qui s'oppose à l'élancement de la tige, il faut fendre en croix la masse des feuilles, mais prendre garde de ne pas attaquer la tige ; & il vaut mieux revenir, pendant plusieurs jours de suite, à l'opération, que de trop brusquer la première.

La seconde observation consiste à cueillir, pour son usage seulement, les graines de la tige du milieu, & on sera assuré d'avoir de beaux choux dans la suite : elles sont toujours les plus saines & les mieux nourries. Les marchands de graines potagères achètent de toutes mains, & les graines des rameaux qui naissent sur les côtés de la tige, sont très-inférieures aux premières, soit parce qu'elles sont moins bien nourries, soit parce qu'elles n'étoient pas assez mûres, lorsqu'on a coupé la plante par le pied. On ne doit donc pas être étonné, si plus de la moitié des graines qu'on achète chez ces marchands, ne lèvent pas, ou lèvent mal. Ce qui vient d'être dit du chou

R r

cabu, s'applique à tous les choux pomme.

Pomme de Saint-Denis ou *d'Aubervilliers.* On le sème dans les environs de Paris, en mars & en août, & il y eſt cultivé de la même manière que le chou cabu, dont on a parlé : c'eſt le chou pomme qu'on y mange pendant tout l'été. Dans les provinces méridionales, on le sème en janvier & février, & ſa culture n'a rien de particulier.

Pomme blanc-hâtif ou *de Bonneuil.* Dans le nord, on le sème en janvier ſur couche, & en août, en pleine terre. Il eſt bon à manger à la fin de juin : vers le midi, on le sème & on le cultive comme le précédent.

Pomme rouge ou *violet.* Il eſt déſagréable à la ſoupe, à cauſe de la couleur qu'il donne au bouillon, très-bon pour les apprêts, & ſur-tout pour confire au vinaigre comme des cornichons. Dans les environs de Paris, on le sème & le cultive comme le chou de Saint-Denis ; & au midi, on le sème en janvier & en février. Il y paſſe fort bien l'hiver en pleine terre ; tout au plus faut-il le couvrir d'un peu de paille pendant les fortes gelées. Il n'a donc pas beſoin d'être replanté pour grainer.

Pomme cabu friſé précoce. Si on le sème en août, ſi on le repique en octobre, & ſi on le garantit des gelées, on peut en avoir de bien pommés au mois de mai ſuivant. Il eſt très-peu connu dans les provinces méridionales.

Pomme pain de ſucre, ou *pointu d'Angleterre,* également preſque inconnu dans les provinces du midi,

On le sème, dans le nord, pendant le mois d'août ; on le repique en pépinière dans un bon abri, & on le replante en février & mars, & ſa tête eſt formée en mai.

Pomme de Strasbourg, ou *d'Allemagne.* Dans les environs de Paris, on le sème en mars, & on le replante en mai. Si on le sème en août, ſi on le repique en octobre, il paſſe l'hiver en le garantiſſant légérement des gelées. C'eſt le chou le plus commun d'Allemagne ; des champs entiers en ſont couverts. Après avoir bien défoncé & amplement fumé la terre, on trace de profonds ſillons avec la charrue. Quelques-uns garniſſent les ſillons au plantoir ; d'autres couchent les pieds dans ces ſillons à diſtance égale, & par une ſeconde raie avec la charrue à verſoir, ils recouvrent le premier ſillon, & par conſéquent enterrent le tronc & les racines. Ces deux manières d'opérer ſuppoſent néceſſairement une chaleur modérée de l'atmoſphère, & une fréquence de pluie inconnue dans les pays méridionaux. Ce premier travail n'eſt pas ſuffiſant. On doit, de temps à autre, travailler les choux au pied, les ſerfouir, & détruire les mauvaiſes herbes. C'eſt avec ce chou que les allemands préparent le *ſaur-kraudt,* dont on parlera dans un des chapitres ſuivans.

Pomme de Milan.... *De Milan à groſſe tête.* Il ne craint point les rigueurs de l'hiver, ce qui permet de le ſemer, dans le nord, en mars & en avril. On peut encore le ſemer en août, le repiquer en pépinière en octobre, & le replanter en mars. Il eſt bon à manger en juillet, mais il n'eſt pas auſſi délicat que celui qui a été attendri par la gelée. Dans les provinces du midi, on le fème en février.

Petit Chou de Milan, très-tendre, très-délicat ; il fe fème comme le premier, craint plus la gelée, & fa pomme crève facilement. *Voyez*, pour fa confervation, ce qui a été dit à ce fujet, dans l'article du *chou cabu*. Dans les provinces du midi, on le fème en février.

Chou frifé court. Au nord, on le fème fur couche en février ; en avril, en pleine terre ; en juin, à l'ombre ; il craint peu les gelées : au midi, en février.

Chou de Milan à tête longue, excellent au goût, craint beaucoup les gelées : on le fème comme le précédent.

SECTION III.

Des Choux du troifième ordre, non pommés, & cultivés dans les jardins.

Du Chou vert, & du Chou blond à groffes côtes. Le blond eft plus délicat au goût que l'autre, plus tendre quand il a effuyé quelques petites gelées ; mais il craint le grand froid ; le vert fupporte toutes les intempéries de la faifon, & même elles l'attendriffent ; & pour les avoir dans leur perfection, il convient de les cueillir, & de les faire cuire lorfqu'ils font chargés de glaçons : on les fème à la fin de juin ; on les repique en août, & on les plante jufqu'à la mi-feptembre : le blond que l'on veut garder pour graine, demande à être couvert pendant les gelées. Dans les provinces du midi, on les fème en janvier & février. On les cultive plus

pour leurs feuilles, que pour leur pomme prefque fans groffeur.

Chou pancalier, s'attendrit par les neiges & les frimats. Au midi, il fe fème en janvier & février, & au nord, en mai & en avril. Ce chou eft d'une grande reffource dans les pays montagneux & froids.

SECTION IV.

Des Choux à racine femblable à celles des navets.

Chou rave, ou *Chou de Siam*. Cette plante, plus cultivée pour fa tige, ou pour mieux dire, pour fa racine, eft employée dans les cuifines, comme les groffes *raves* du Dauphiné, de Savoie. (*Voyez* ce mot) On le fème en avril, & on le replante dans le courant de juin. Il demande beaucoup d'eau, fi on ne veut pas que la racine fe corde. A l'entrée de l'hiver, un peu avant les gelées, on l'arrache de terre ; & après l'avoir dépouillé de fes feuilles, on amoncèle fes racines dans un lieu à l'abri des gelées. Les pieds qu'on deftine à grainer, font ménagés & enterrés dans le même lieu. Dès que la faifon des froids eft paffée, on les replante de nouveau, & ils donnent leurs graines dans le temps défigné par la nature, & fouvent très-différent, à raifon des climats. Dans les provinces du midi, on le fème en janvier & en février.

Chou navet. Il fe fème, fe cultive & fe conferve comme le précédent ; il n'en diffère que par la forme de fa racine.

Les jardiniers font peu de cas de ces deux efpèces, & les cultivent plutôt par curiofité que pour donner du profit. L'agriculteur a des yeux différens, il en fait le plus grand cas, parce que ces plantes offrent une nourriture d'hiver précieuse au bétail.

SECTION V.

Des Choux non cultivés dans les jardins, mais destinés aux usages économiques.

Chou colza. La culture de cette plante est d'un grand produit dans le nord; elle fournit la meilleure huile qu'on y puisse retirer des productions du sol. Dans les pays du centre du royaume, l'huile de noix supplée à celle du colza : aussi on le cultive peu. Cependant, depuis un certain nombre d'années, sa culture y prend faveur, & je ne désespère pas qu'avec le temps tous les noyers ne disparoissent. Rien de si casuel que la récolte des noyers, rien de plus sûr que celle du colza. L'huile de colza bien faite l'emporte, à mon avis, sur celle de noix : il est donc raisonnable de rendre aux grains, le terrein immense que le noyer couvre de son ombre. D'ailleurs la récolte en blé, qui suit celle du colza, est toujours excellente, parce que la racine de cette plante pivote & n'effrite, & n'appauvrit pas la superficie ni les six pouces de profondeur de terre dans laquelle la racine de cette plante s'enfonce. Cette culture mériteroit des encouragemens de la part de l'administration, afin d'avoir, pour la consommation intérieure du royaume, assez d'huile, sans être obligé de recourir à l'étranger. Ce que je dis ne peut pas s'étendre, jusqu'à un certain point, aux provinces méridionales, parce que la chaleur

y est très-forte, & la pluie très-rare, à moins qu'il ne fût possible de détourner des eaux, & d'arroser les champs plantés en colza. Dans ce cas, il vaudroit beaucoup mieux les convertir en prairies, le produit seroit beaucoup plus considérable. Je vais donner une certaine étendue aux détails sur sa culture, à cause de son importance.

Le colza ne se plaît pas dans les terres légères, sablonneuses, caillouteuses, elles laissent trop facilement écouler l'eau; la tige file, prend peu de consistance; la graine est petite, son écorce coriace, & son amande est sèche. Cependant l'huile qu'on retire des grains de ce colza, est plus délicate. Dans un terrein trop gras, trop argileux, & qui retient l'eau, le colza jaunit promptement, y végète avec peine; il y pousse avec lenteur une tige fatiguée, produit des siliques étiques, des grains petits, remplis d'eau surabondante de végétation, & ils contiennent peu d'huile. C'est donc une bonne terre végétale que le colza exige. Celle à froment lui convient, si son fond est d'un pied de profondeur. Il seroit ridicule de proposer de convertir nos terres à froment en terres à colza; on verra bientôt que la culture de l'un ne nuit point à celle de l'autre.

I. *Examen des manières de semer.* Il y a deux méthodes de semer le colza. Dans les pays du nord, où cette culture est en si grande recommandation, on le sème en pépinière pour le replanter ensuite : dans l'intérieur du royaume, où cette culture commence à prendre faveur, on le sème comme le grain; sans doute qu'on ne la connoît pas assez parfaitement, mais peu à peu l'expérience deffillera les yeux de l'agronome, & lui apprendra à connoître fes véritables intérêts.

Les avantages des pépinières fe réduifent, 1°. au choix du terrein, & il eft aifé de trouver un petit efpace convenable ; 2°. la pépinière eft ordinairement près de l'habitation, & le terrein qui l'environne eft toujours la partie la mieux cultivée ; 3°. on défonce plus facilement une parcelle de terre qu'une vafte étendue. La proximité, l'occafion, l'emploi de plufieurs momens qu'on auroit perdus, contribuent fingulièrement à améliorer ce petit fonds ; 4°. on y voiture à moins de frais les engrais, dès-lors ils y feront plus abondans ; 5°. fans ceffe fous les yeux du propriétaire, la pépinière eft mieux foignée, mieux dépouillée des mauvaifes herbes ; 6°. les femences confiées à une terre ainfi préparée, dans le temps le plus avantageux, germeront & végéteront avec plus de vigueur ; 7°. le colza blanc, qui germe fi difficilement, y réuffira, tandis qu'on l'auroit confié en pure perte à un autre fol ; 8°. une plante ainfi élevée, eft plus garnie de chevelus, dès-lors fa reprife eft plus affurée ; 9°. enfin, la pépinière laiffe tout le loifir convenable de préparer parfaitement le champ qui doit recevoir le colza, & permet le choix du moment propice pour fa tranfplantation.

Les avantages du femis en grand, fe réduifent à économifer un peu fur le temps, puifqu'un homme femera, dans un jour, un champ, tandis qu'il faudra une femaine entière pour replanter la même étendue de terrein ; mais fi l'on confidère combien il faudra de journées pour arracher les plants furnuméraires, on verra que la dépenfe fera la même, fans compter la perte de la valeur au moins de trois quarts de femence de plus.

II. *De la culture du Colza femé comme le grain.* Les travaux fe réduifent à donner à la terre, les engrais convenables & en quantité fuffifante, à travailler le terrein, à femer, à herfer, à farcler.

1°. *Engrais.* Lorfqu'on moiffonne un champ à blé, & qu'on deftine l'année fuivante à porter du colza, il faut couper la paille affez haut. Ce chaume devient un engrais, léger à la vérité, mais il tient les molécules de terre foulevées, ce qui produit un bon *amendement.* (*Voyez* ce mot) Le terrein qu'on appelle vulgairement & fort mal à propos, *froid*, exige plus d'*engrais* qu'un terrein léger. (*Voyez* ce mot) Il n'eft pas poffible de fixer la quantité de fumier néceffaire à chaque genre de terrein ; les nuances des uns aux autres font trop multipliées. L'abondance en ce genre ne nuit pas ; le trop feul eft nuifible, fur-tout fi le fumier n'eft pas bien confommé avant de l'enfouir dans la terre. C'eft au propriétaire à étudier & à connoître la nature du fol de fon champ. Le colza ordinaire exige moins d'engrais que le colza blanc, & le blanc moins que le colza froid.

2°. *Préparation du terrein.* Dès que le bled eft coupé, on fe contente de donner auffitôt un labour : la terre battue & ferrée par les pluies d'hiver & du printemps, endurcie par la chaleur de l'été, n'eft point affez divifée ; & la raifon dicte, je ne faurois trop le répéter, que le défoncement doit toujours être en raifon de la forme des racines d'une plante. Si la racine est pivotante, & qu'elle ne puisse pas s'enfoncer aisément dans le sein de la terre, qu'elle soit obligée de gagner en surface ce qu'elle auroit acquis en profondeur, que peut-on en attendre ? C'est, de propos délibéré, contrarier les loix de la nature. Ainsi, un seul sillon ne soulève pas assez de terre, & la soulève en mottes; il faut absolument croiser & recroiser, & encore cette méthode est-elle vicieuse, parce qu'on est obligé de donner les labours coup sur coup. Semez en pépinière, & vous aurez le temps de semer vos champs.

3°. *Des semailles.* La moindre distance à donner, est d'un pied d'une plante à une autre, & même de dix-huit pouces : mais, en semant aussi épais la graine que le blé, que de plantes à arracher ! On ne pourra enlever hors de terre les plants surnuméraires, sans endommager la racine pivotante de ceux qui restent en place.

Si on veut absolument semer le colza, il vaut mieux le faire sur le second sillon, & le couvrir par un troisième coup de charrue. Dès-lors les semences seront soustraites à la voracité des oiseaux, des mulots, &c. moins exposées à l'action directe du soleil qui les dessèche, moins rassemblées en masse par la pluie, dans un même sillon, si elle est abondante, & sur-tout sur les terreins un peu en pente. Enfin, on ménagera, de distance en distance, des sillons de communication, afin d'écouler les eaux, & de prévenir les courans.

4°. *Herser.* La herse doit être armée de dents de six pouces de longueur, espacées les unes des autres à la dis-

tance de six pouces, & le derrière de cette herse, garni de broussailles chargées par une pièce de bois, afin d'unir le terrein.

5°. *Sarcler.* Il ne s'agit pas seulement d'extirper les mauvaises herbes; il faut encore enlever, aussi souvent qu'il est nécessaire, les plants surnuméraires, éviter de les casser près du collet, mais les arracher complettement avec leurs racines. Cette opération ne sera jamais bien faite qu'après la pluie. Le meilleur sarclage se fait la piochette à la main, & il équivaut alors à un petit labour.

III. *Des travaux nécessaires pour la conduite d'une pépinière.* Le propriétaire qui songe plus à la quantité qu'à la qualité, choisira pour sol de la pépinière un terrein semblable à celui dont on a parlé : l'amateur de la qualité, au contraire, préférera un terrein sablonneux, parce que la germination qui s'exécute dans ce terrein, diminue une grande partie de l'esprit recteur, & que c'est la combinaison de cet esprit, avec l'huile grasse, ou plutôt sa réaction sur elle, qui lui communique l'acrimonie dont on se plaint. C'est ce que l'on fera connoître en parlant des huiles.

Ces deux genres de terrein seront exactement défoncés, bien fumés, sur-tout le premier, & le labour le plus avantageux sera celui fait à la *bêche*; (*voyez* ce mot) il suppléera à tous les autres.

Le terrein de la pépinière sera divisé par planches ou tables, larges de cinq pieds seulement. On sarcle celles-ci plus commodément, & on n'est pas contraint de fouler la terre, & de piétiner les jeunes plants.

On doit pratiquer un foſſé d'un pied de largeur, entre chaque table. La terre de ce foſſé ſera jetée ſur la table, & on la bombera le plus qu'il ſera poſſible. Le foſſé ſert à l'écoulement des eaux, & de ſentier par lequel les femmes & les enfans paſſent pour ſarcler.

Un point eſſentiel eſt de ne pas ſemer trop épais la graine de colza. S'il faut beaucoup de ſujets, il vaut mieux agrandir la pépinière.

L'uſage des pépinières permet le choix du temps pour ſemer : l'on doit donc choiſir un beau jour, & lorſque la terre n'eſt ni trop ſèche ni trop humide. Il vaut mieux tracer des ſillons eſpacés de huit à dix pouces, & les ſemer, que de ſemer à la volée. Ces ſillons procurent la facilité de piocheter, de temps à autre, entre chaque rang, ſans endommager les jeunes plants.

On ſème communément par-tout au mois de juillet : je préférerois le mois de juin, parce que lorſqu'on le ſortiroit de nourrice en octobre, c'eſt-à-dire, au temps de la replantation, il craindroit moins les rigueurs de l'hiver, ſur-tout le colza blanc.

Celui qui aura ſemé en terrein ſablonneux, doit avoir de l'eau à ſa diſpoſition, afin d'arroſer ſa pépinière beaucoup plus ſouvent que celui qui aura ſemé dans une bonne terre végétale, & il tranſplantera, dès que la plante aura la conſiſtance néceſſaire ; car, malgré ſes ſoins & ſes arroſemens, les plantes rabougriroient, s'il attendoit plus long-temps.

IV. *Des travaux qu'exige le champ deſtiné à la replantation du Colza.* Le cultivateur, qui fait uſage des pépinières, ne ſera pas harcelé par le temps & les circonſtances, afin de donner à ſon champ les labours convenables. Il a, pour le préparer, depuis que le blé eſt coupé, juſqu'au commencement d'octobre, qu'il doit le replanter : ainſi, même après la moiſſon la plus tardive, il lui reſte deux mois ; tandis que celui qui ſème d'abord après la récolte, eſt forcé de travailler auſſi-tôt, quelque temps qu'il faſſe.

On doit choiſir le temps le plus avantageux à chaque labour. Ceux donnés lorſque la terre eſt trop mouillée, ſont plus nuiſibles qu'utiles ; & ceux pendant la grande ſéchereſſe, ne fouillent pas la terre aſſez profondément.

Avant de commencer le premier labour, il faut fumer largement : le premier labour, donné avec la charrue à verſoir ou à large oreille, enterrera le fumier. Celui qui reſtera expoſé à l'ardeur du ſoleil, pendant l'été, s'y conſumera en perte.

Le ſecond labour ſera donné dans le milieu du mois d'août, en obſervant de ne pas croiſer les ſillons, mais de les prendre obliquement : la terre en eſt plus ameublie. Le troiſième labour, donné peu de jours avant de tranſplanter, croiſera les deux premiers, & toujours obliquement ; il reſtera moins de terre grumelée.

Si on travaille ſon champ à la *bêche*, cette opération ſuppléera tous les labours. (*Voyez* au mot BÊCHE, les avantages de ce labour.)

Soit qu'on laboure le ſol avec la charrue, ſoit à la bêche, il convient de diſpoſer le terrein en tables, & de les bomber dans le milieu. La terre qu'on ſortira des petits foſſés, ſervira à les bomber. Le colza craint l'humidité ; cette précaution eſt donc eſſentielle dans les pays où les pluies ſont fréquentes.

V. *Du temps , & de la manière de replanter le Colza.* Le commencement d'octobre eſt la ſaiſon convenable ; les roſées ſont plus fortes , les pluies plus douces, le ſoleil moins chaud, & la plante reprend plus facilement que dans tout autre temps. Plus on retarde , moins l'on réuſſit.

On choiſira, s'il eſt poſſible, pour cette opération, un temps diſpoſé à la pluie, ou un temps couvert, à moins qu'on ait la facilité d'arroſer la nouvelle plantation. Le ſoleil trop ardent deſſèche les feuilles , & les feuilles ſont auſſi eſſentielles à la repriſe de la plante, que les racines mêmes.

Il faut avoir ſoin, quand on enlève les plants de la pépinière, de les ſoulever avec une manette de fer, de ne point briſer les feuilles, de ne point endommager les racines, & ſurtout de ne pas faire tomber la terre qui les recouvre ; ce qui s'exécutera commodément, lorſque la terre ſera humide, & ſur-tout ſi la pépinière a été diſpoſée en ſillons. Si, dans ce moment, le terrein étoit trop ſec, il conviendroit de l'arroſer l'avantveille & la veille, ſans prodiguer l'eau.

De toutes les erreurs, la plus abſurde eſt d'imaginer qu'on doive châtrer les racines, & couper les ſommités des feuilles : autant vaudroit couper les doigts des pieds d'un homme, afin de le faire marcher plus vîte. Au mot RACINE, je démontrerai l'abus de cette ſuppreſſion.

A meſure que l'on enlève les plants de la pépinière, il faut les diſpoſer, rang par rang, dans des paniers, dans des corbeilles, ou ſur des claies, & les recouvrir avec des linges épais & mouillés, & on n'arrachera que ce qui peut être planté dans une matinée, ou dans la ſoirée ; il vaut mieux retourner plus ſouvent à la pépinière, que de laiſſer faner les plantes.

On ſera encore très-ſcrupuleux ſur le choix des plants : les verreux & les languiſſans ſeront ſévèrement rebutés. On ne peut en attendre aucun profit réel.

On ſe ſert communément d'un plantoir de bois pour faire les trous : ce plantoir preſſe trop les côtés, les parois de la terre, & ſurtout du fond. Cet inconvénient n'aura pas lieu ſi on ſe ſert d'une manette de fer à demi-ceintrée, d'une grandeur convenable, & ſemblable, pour la forme, à celle des fleuriſtes. Comme elle n'a que deux à trois lignes d'épaiſſeur, elle comprime peu le terrein, lorſqu'on l'enfonce, & il eſt aiſé, en la faiſant tourner, d'enlever, par ſon moyen, la terre du trou. Je conviens que l'opération ſera plus longue que celle du plantoir ; mais elle ſera meilleure : d'ailleurs, des femmes & des enfans peuvent s'y occuper.

Preſque par-tout règne la manie de faire des trous à la diſtance d'un demi-pied les uns des autres, & à celle d'un pied ſur le côté. Je demande un pied, & même dix-huit pouces en tout ſens ; ce ſera peu, relativement au bon terrein. Chaque trou recevra une plante ſeulement, & on l'enterrera juſqu'au collet. Je penſois autrefois qu'elle ne devoit être enterrée que dans les mêmes proportions que le pied l'étoit dans la pépinière ; l'expérience, comparée

des

des deux manières, a démontré mon erreur, & je l'avoue de bonne foi.

Pour accélérer cette plantation, un homme fait les trous, il est suivi par un enfant, ou par une femme qui porte le panier dans lequel sont placés les jeunes plants. Cette femme les place donc dans chaque trou, & une seconde femme, armée d'un plantoir ou d'une manette de fer, serre la terre des environs du trou contre les racines & contre la tige. Enfin, pour bien réussir, il faut, s'il est possible, que la plante ne s'apperçoive pas avoir changé de terrein ou de nourrice.

VI. *Des soins que le Colza exige jusqu'à sa maturité.* Ils sont peu nombreux, indispensables, & jamais donnés inutilement. Le premier est d'enlever les mauvaises herbes lorsqu'elles paroissent, & sur-tout la petite pioche à la main; ce qui équivaut à un petit labour. Le second, de remplacer, le plus promptement possible, les plants qui n'auront pas repris, & d'arracher ceux qui languissent pour leur en substituer d'autres. Le troisième, de nettoyer le fossé qui environne les planches ou tables; savoir, au commencement de novembre, à la fin de février & d'avril. Cette terre, entraînée par les pluies, & jetée sur les tables, servira d'engrais, recouvrira les pieds trop déchaussés, & le piochettement, lors du sarclage, la mêlera avec l'autre. Point d'engrais plus naturel que celui des terres rapportées.

VII. *Du temps & de la manière de récolter le Colza.* Suivant le climat, la semence est ordinairement mûre à la fin de juin ou de juillet. La saison & l'exposition concourent beaucoup à devancer ou à retarder l'époque de

sa maturité. La tige abandonne successivement sa couleur verte, pour en prendre une jaunâtre, & quelquefois tirant sur le rouge, lorsqu'elle a souffert. Ce changement de couleur est l'effet de la dessiccation du *parenchyme.* (*Voyez* ce mot) L'épiderme n'a point de couleur par elle-même; elle transmet simplement celle du parenchyme qu'elle recouvre.

Si l'on veut récolter le colza ainsi qu'il convient, on n'attendra pas que les siliques s'ouvrent d'elles-mêmes, la récolte seroit perdue. Si on les recueille trop vertes, la femence remplie de l'eau surabondante de la végétation, se ridera en se desséchant, & donnera peu d'huile. C'est la maturité qui forme l'huile; le coup d'œil en décide.

On coupera la plante avec une faucille, dont le tranchant soit bien affilé, & on évitera de couper par saccades; les graines trop mûres tomberoient. Il conviendroit d'enlever aussitôt les plantes, de les porter sous des hangars aérés de toutes parts, afin de les faire sécher entièrement. La place destinée sous ces hangars sera spacieuse, battue, nette & très-propre. Les petits faisceaux ne seront ni entassés ni pressés. Il est nécessaire de laisser entr'eux un libre courant d'air, & ils se dessécheront beaucoup plus vîte, si on les dresse les uns contre les autres au nombre de trois ou quatre.

Si l'éloignement de la métairie ne permet pas un prompt transport, on étendra les tiges sur terre, comme le blé qui vient d'être moissonné, & elles resteront ainsi étendues pendant deux ou trois beaux jours. Dès que la plante sera suffisamment séchée dans le champ ou sous le hangar, on amoncèlera les faiſceaux, & on les diſpoſera en meule, comme le blé, c'eſt-à-dire, que le côté des ſemences ſera én dedans, & on aura ſoin de mettre un rang de paille entre chaque faiſceau. Si le ſol du gerbier, (précaution indiſpenſable) eſt plus élevé que le terrein qui l'avoiſine, & forme un monticule, on préviendra les ſuites funeſtes de l'humidité & des pluies. Le gerbier ſera recouvert avec de la paille, afin que l'humidité ne puiſſe pas pénétrer dans l'intérieur, autrement le gerbier s'échaufferoit, fermenteroit, & la pourriture ne tarderoit pas à ſe manifeſter.

Si la plante reſte dans le champ, on préparera au pied de la meule, avant de la défaire, un eſpace de terrein battu & égaliſé; en un mot, on le rendra ſemblable à celui où l'on bat le blé.

Les graines ſe vannent comme le blé, ou bien on les nettoie aux moyens de cribles faits exprès, dont il y a de deux ſortes; les uns à trous ronds, par où paſſent les grains & la pouſſière, & les autres à trous longs, où paſſent la pouſſière & les débris des ſiliques. Règles générales, plus la graine eſt propre & nette, moins elle attire l'humidité; moins elle attire l'humidité, moins elle fermente; moins elle fermente, plus l'huile eſt douce, & mieux elle ſe conſerve dépouillée de mauvais goût.

VIII. Des moyens de conſerver la graine. Dès qu'elle ſera battue, propre & nette, on la mettra dans des ſacs, & on les portera au grenier. Je conſeille d'étendre une toile quelconque ſur ſon plancher, parce que les planches ou les carreaux joignent ordinairement fort mal, & qu'il y auroit une perte évidente de grains,

attendu leur petiteſſe. Quelque peu de paille étendue ſur toute la longueur de la toile, faciliteroit l'exſiccation de la graine. Elle ne doit pas être amoncelée, & on la remuera ſouvent pendant les premiers jours. La toile indiquée en facilite les moyens.

Les fenêtres du grenier ſeront exactement fermées pendant les jours de pluie ou de brouillard; en un mot, on empêchera qu'elles attirent le moins d'humidité poſſible, afin qu'elles ſèchent promptement. Si on néglige ces précautions, une moiſiſſure blanchâtre s'établira ſur les graines, elles ſe colleront les unes contre les autres, par paquets de dix à vingt, & ſi on n'y remédie ſur le champ, tout eſt gâté. L'huile que l'on en rètirera perdra en qualité, ſuivant le plus ou le moins de fermentation & de moiſiſſure que la graine aura éprouvée.

Ceux qui déſirent vendre leur récolte en nature, ſe hâteront, parce qu'elle diminue beaucoup, & pour le poids & pour le volume; ceux qui voudront la faire moudre, éviteront le temps des fortes gelées, ils y perdroient.

La maſſe reſtante après l'extraction de l'huile, vulgairement nommée *trouille*, ou *pain de trouille*, forme une nòurriture d'hiver aſſez bonne pour les beſtiaux.

On voit par ce qui vient d'être dit ſur la culture du colza, que cette récolte ne nuit point à celle des blés; & qu'au contraire elle devient un bénéfice réel & ſurnuméraire pour les provinces où l'on eſt dans la fatale habitude de laiſſer les terres en jachère pendant une année. Le colza ſe replante en octobre, c'eſt-à-dire, dans la même année que la terre a donné du grain; il fe récolte en juillet de l'année fuivante. On a donc le temps néceffaire à la préparation du fol, foit pour le colza, ou pour le blé qu'on fèmera après; & loin de nuire à fa végétation, il engraiffe la terre par le débris de fes feuilles; en un mot, c'eft *alterner* les terres, (*voyez* ce mot) & augmenter leur produit des deux tiers. Je ne veux pas dire pour cela, qu'il faille tous les deux ans planter le même champ en colza; au contraire, il ne doit l'être que tous les quatreans. Je le répète, cette méthode mérite d'être introduite dans toutes nos provinces où il pleut affez régulièrement dans le printemps; elle feroit très-cafuelle dans nos provinces méridionales, à caufe de la rareté des pluies. D'ailleurs je ne puis encore parler d'après l'expérience.

Je n'entre ici dans aucun détail fur la manière d'extraire l'huile de cette graine. Au mot HUILE, j'indiquerai les procédés néceffaires, & la manière de la dépouiller de fon goût fort, & de fon odeur défagréable.

Le colza deftiné uniquement à la nourriture du bétail, fe fème en juin, dans un champ préparé à cet effet: on peut commencer à cueillir les grandes feuilles en novembre; mais il vaut mieux attendre que les autres fourrages verts manquent, ou foient couverts par la neige, & réferver ces feuilles pour le temps que le bétail ne peut fortir de l'écurie. Après l'hiver, l'on coupe les tiges à quelques pouces au-deffus de terre, & elles fourniffent une feconde récolte de feuilles au printemps.

Chou en arbre, ou *Chou chèvre*. On le fème en pépinière en mars & en avril, dans le nord; & on le replante, à la cheville, dès qu'il a cinq à fept feuilles. La terre doit être bien fumée, & profondément labourée. La diftance d'un chou à un autre doit être de deux pieds en tout fens, & il exige quelques légers labours pendant l'été. Si l'année eft un peu pluvieufe, la récolte des feuilles eft très-abondante. Dans les provinces où l'on nourrit beaucoup de chèvres, beaucoup de vaches, & même des troupeaux, on voit des champs entiers couverts de ce chou. Il eft diftingué de toutes les autres plantes de fon efpèce, par fon caractère vivace. Il n'a pas befoin d'être femé & replanté chaque année.

CHAPITRE IV.

Des ennemis des Choux, & des moyens de les detruire.

Le puceron & le tiquet font les ennemis du chou fleur. On croit les détruire en arrofant fouvent, & faifant tomber l'eau de la grille de l'arrofoir fur les feuilles. Cette méthode produit peu d'avantages; la nature a indiqué à l'infecte les moyens de s'y foustraire. Si l'eau eft plus froide que la température de l'air, elle nuit à la plante; fi elle eft à cette température, elle fatigue l'infecte, & ne le tue pas. Quelques rayons de foleil fuffiront pour le fécher & ranimer fes forces.

Le tiquet fait beaucoup de mal dans les pépinières de chou. On a confeillé de remplir un tamis fin, avec de la cendre, d'en faupoudrer les jeunes plantes pendant la rofée, de manière que la cendre la plus fine les couvre. Il eft clair que d'après cette méthode, le tiquet s'éloignera de la pépinière ; mais cette enveloppe cendrée, qui recouvre les feuilles, empêche la transpiration de la plante, & elle languit & souffre jusqu'à ce que le vent ou la pluie l'ait enlevée. Le remède est pire que le mal.

La punaise des jardins, dont le corcelet & les étuis sont rouges, marqués de points noirs, est encore l'ennemi des pépinières ; les plus grands arrosemens les dérangent, les incommodent, & ne sauroient les détruire.

Les limaces sans coquilles, & les limaçons à coquilles, sont à craindre s'ils sont multipliés. La surface du terrein garnie de sable fin, ou cendres sèches, autant de fois qu'il est besoin, les empêchent d'y pénétrer ; parce que la partie de ces animaux, chargée d'une bave épaisse, se couvre de leurs petits grains, ils forment un mastic avec la bave, & ce mastic les empêche de marcher.

L'ennemi le plus terrible des choux, soit en pépinière, soit plantés à demeure, est la chenille. Les choux ont deux espèces de chenilles qui leur sont affectées, ou plutôt la nature semble avoir destiné les choux à la nourriture de ces deux espèces de chenilles. Nous nous plaignons des dégâts qu'elles leur causent : n'auroient-elles pas plus de droit de se plaindre de l'homme qui les écrase ? La première doit son être au grand *papillon blanc du chou* : sa couleur est blanche, avec quelque différence, suivant le sexe. Le mâle est blanc en dessus ; il a le bout des ailes supérieures noir ; deux taches noires sur les mêmes ailes, & une troisième petite tache au bord intérieur de l'aile. La femelle n'est pas parée de ces points noirs ; elle a seulement le bout des ailes noir. Le

dessous des ailes du mâle & de la femelle sont nuancés d'un jaune pâle, ou de couleur de soufre. Après l'accouplement, la femelle voltige sur les feuilles de chou, ne touche point la partie supérieure, & dépose sur l'inférieure ses œufs. Chaque fois qu'elle les touche, on est assuré d'y trouver un œuf. L'œil suit avec peine les mouvemens du papillon ; & dans moins d'une heure, les œufs y sont par centaines. L'œuf, à l'abri du soleil, de la pluie, des frimats, ne tarde pas à éclore, & il sort en chenille, dont on ne connoît la présence que par ses ravages.

Lorsqu'on a semé une pépinière en sillons, il est aisé de suivre chaque plante l'une après l'autre, & de détruire les œufs. Il faut de grand matin, & avant que le soleil se soit beaucoup élevé sur l'horizon, visiter le dessous de chaque feuille, & on y trouve les chenilles amoncelées les unes près des autres, afin de se garantir de la fraîcheur du matin ; alors avec un morceau de bois, ou telle autre chose, on les écrase contre la feuille, sans l'endommager, ou bien, avec ce même morceau de bois, on les détache & on les fait tomber dans un vase plein d'eau fraîche, d'où on les tire ensuite, soit pour les écraser, soit pour les jeter au feu.

Le jardinier prudent n'attend pas, pour visiter ses pépinières, que les œufs soient éclos, il devance cette époque ; & dès qu'il s'apperçoit que les papillons commencent à voltiger, il recherche les feuilles, & écrase les œufs. C'est une opération tout au plus d'une heure par semaine, quelque grande que soit la pépinière, parce que tous les plants sont rapprochés.

Ce feroit peu de chofe, fi la ponte des papillons étoit unique ; mais l'efpèce dont je parle, fe reproduit plufieurs fois dans un été, & par conféquent les choux font plufieurs fois expofés à leur ravage. Les premiers papillons fortent de leur *chryfalide*, dès que la chaleur commence à renaître ; j'en ai vu même en février dans les provinces méridionales ; mais ils font peu à craindre, parce que la fraîcheur des matinées punit bientôt leur fortie précipitée. La feconde race paroît en juin & juillet ; la troifième en feptembre, & leurs chenilles font celles qui reftent le plus long-temps en état de chenille. On ne doit donc pas être étonné fi des champs entiers font dévaftés, & fi les choux font dévorés jufqu'à la côte.

Lorfque la chenille a éprouvé fes maladies, occafionnées par le changement de peau ; lorfqu'elle eft à la brife, en cela femblable au ver à foie, elle ne mange pas, mais elle dévore pendant quelques jours, puis elle cherche le lieu qui doit lui fervir de retraite pendant fon état de chryfalide. Qui croiroit que fouvent elle traverfe plus de cinquante toifes de terrein, pour gagner le mur d'une maifon, fur lequel elle grimpe, & ne s'arrête que lorfqu'elle eft arrivée fous le forget du toît où elle fixe fa demeure pendant l'hiver. Les chenilles des pontes précédentes font moins coureufes, le premier arbre qu'elles rencontrent leur fuffit. Elles prévoient qu'elles auront moins à fouffrir de l'inclémence de l'air. Si toutes les chenilles de la dernière ponte, changées en chryfalide, fe métamorphofoient au printemps en papillons, il feroit pref-

qu'impoffible de les détruire ; mais heureufement tous les oifeaux qui paffent l'hiver parmi nous, en font très-friands. Les moineaux furtout tirent grand parti des chryfalides fixées contre les murs. Les araignées même en font très-avides.

Ce que je viens de dire des métamorphofes de cette chenille, s'applique, je penfe, encore à deux autres efpèces, à celle du papillon *blanc veiné de vert*. Il eft tout blanc en deffus, fans taches ni points ; le bout de fes ailes fupérieures eft noirâtre. Il eft moins commun que le précédent.

L'autre efpèce eft une phalène jaunâtre en deffus, dont les ailes couchées fur le corps, font garnies de trois bandes tranfverfales, d'une couleur fauve-pâle. Sa chenille a feize pattes, de couleur jaune un peu verte, avec fix rangées longitudinales de petits points noirs, & quelques poils clair femés.

Comme je n'ai pas fuivi auffi exactement la manœuvre de ces deux dernières efpèces, je m'abftiens d'en parler.

Le puceron, malgré fa petiteffe extrême, eft encore un animal redoutable : fon corps eft vert, farineux ; il habite le deffous des feuilles, & le long des tiges encore tendres. J'ignore comment il fe multiplie ; mais il fe multiplie à l'infini en très-peu de temps. Armé d'un petit aiguillon, il cherche fa nourriture dans l'intérieur des côtes & des feuilles. Les plaies qu'il y fait font fi multipliées, & il abforbe une fi grande quantité de fève, que les feuilles fe fannent, fe deffèchent & périffent. Dès qu'on s'en apperçoit, il faut, avec un bouchon de paille, l'écraser en frottant, ou contre la feuille, ou contre les côtes.

Je ne parlerai pas ici de la courtillière ou taupe-grillon, elle n'est pas l'ennemi plus décidé des choux que des autres plantes d'un jardin. (*Voyez* le mot COURTILLIÈRE)

On a proposé divers expédiens pour détruire ces insectes ; je vais les rapporter ici sans en garantir aucun. J'emprunte ce que je vais dire, du *Dictionnaire Economique*. Je n'ai fait aucune expérience à ce sujet.

I. *Contre le gibier.* Prenez pour un arpent de terre, une once d'*assa-fœtida*, tel qu'on le vend dans les boutiques. Mettez-le dans un petit pot rempli de jus de fumier, & faites bouillir le tout jusqu'à ce que l'*assa-fœtida* soit entièrement dissous. Transvasez ensuite cette matière dans un baquet, ajoutez-y une ou deux pintes de jus de fumier : remuez bien le tout avec un morceau de bois, & le faites porter dans le champ que vous voudrez planter. Vous aurez avec vous une personne qui prendra, avec ses deux mains, autant de plantes qu'elle en pourra empoigner, & les trempera dans la matière préparée, ensorte que chaque plante en soit exactement mouillée. Cela fait, elle les mettra par terre, par tas, & répandra un peu de terre légère sur les racines. Elle distribuera ensuite ces plantes mouillées, pour les planter sur le champ dans les trous. On préfera la terre contre les plantes, avec un morceau de bois consacré à cet usage ; & le gibier s'enfuira.

Que je plains de bon cœur, le propriétaire dont les productions sont dévorées par l'énorme quantité de gibier qui couvre tous les champs des environs de la capitale, & à plu-

sieurs lieues à la ronde ; mais encore quel gibier !

Il seroit à désirer que la méthode proposée produisît son effet. Il pleut souvent dans les environs de Paris, les pluies auront bientôt dissipé la mauvaise odeur. Malgré cela, on doit craindre que le chou ne contracte l'odeur désagréable de l'*assa-fœtida*. On sait que le souci communique son goût & son odeur au vin, que l'aristoloche a le même défaut, pour peu que ces plantes soient multipliées dans une vigne : à plus forte raison l'*assa-fœtida* doit agir sur le chou.

II. *Contre les chenilles & autres insectes.* 1°. Ensemencez de chanvre tout le bord du terrein dans lequel vous voulez planter des choux. Quand même, dit-on, tout le voisinage seroit infecté de chenilles, il ne s'en trouve pas une seule dans l'espace enfermé par le chanvre.

C'est donc l'odeur du chanvre qui fait fuir les chenilles ? mais le chanvre est mûr dans le mois d'août : si on le laisse sur pied, il n'aura plus d'odeur en septembre ; & pour peu que l'automne soit chaud, les choux seront exposés à la voracité des chenilles.

2°. Les chenilles, limaces & pucerons détruisent les jeunes choux. On prétend qu'il est possible d'y remédier par la composition suivante. Prenez un seau d'eau de fumier : mettez-y pour six deniers d'*assa-fœtida*, pour trois deniers de guède, pour trois deniers d'ail, pour autant de baies de laurier concassées ; une poignée de feuilles de sureau, & une poignée de carline. Laissez infuser le tout pendant trois fois vingt-quatre heures. Quand vous voudrez vous servir de cette fauffe, vous prendrez un bouchon de paille de feigle, vous le tremperez dans cette eau, & en arroferez les plantes infeétées des infeétes qui périront bientôt.

Voilà, fans contredit, une compofition bien bizarre, & qui ne mérite pas plus de confiance que la première.

3°. Dans le *Journal Economique*, d'Oétobre 1753, on lit: « Les che-» nilles n'attaquent point les choux » dont la graine, après avoir trempé, » durant une demi-heure, dans égales » quantités de fuie, d'eau-de-vie & » d'urine, a été féchée & enfuite fe-» mée ». Comment cette infiniment petite portion de fubftance étrangère peut-elle fe communiquer enfuite à toute la plante ? C'eft connoître bien peu les loix de la végétation. Je ne rapporterai pas les autres fingularités publiées à ce fujet, parce qu'elles font toutes marquées du même fceau. Agiffez directement fur les œufs, fur les infeétes, par des recherches fréquentes, & vous parviendrez, finon à les détruire tous, au moins à diminuer leur grand nombre. Sur la foi d'un auteur fur le jardinage, qui jouit d'un réputation très-méritée à bien des égards, j'ai fait brûler du foufre, d'abord en affez petite quantité, fur le bord de quelques rangées de choux ; nous étions plufieurs, armés de foufflets, afin d'exciter la flamme du foufre, augmenter fa vapeur, enfuite la faire rabattre fur les choux : je puis affurer qu'elle ne fit aucune impreffion fur les chenilles. J'augmentai la dofe du foufre & le nombre des feux, l'effet fut le même ; enfin, pour favoir à quel degré d'intenfité de vapeur l'infeéte fuccomberoit, je mis, au pied de plufieurs

choux, du foufre allumé, les chenilles ne périrent que lorfque la feuille fut endommagée. Sur ces mêmes choux fi délabrés, fi imprégnés des vapeurs du foufre, je trouvai, quelques jours après, des chenilles qui finiffoient de dévorer le peu de verdure reftée fur quelques-unes. Je rapporte ce fait, afin de détruire la confiance qu'on pourroit mettre dans le vafte catalogue des recettes en ce genre.

CHAPITRE V.

Des propriétés économiques des Choux, relatives aux hommes & aux animaux.

I. La graine de toute efpèce de chou fournit de l'huile : celle du colza eft à préférer. Cette huile a un petit goût âcre, & une odeur affez forte. J'indiquerai, en parlant des *huiles*, la manière de la dépouiller de fes mauvaifes qualités.

Je n'entrerai ici dans aucun détail fur les préparations, & fur les apprêts des choux dans les cuifines ; ce feroit m'écarter de mon objet : je m'aftreins feulement à quelques pratiques ifolées, & peu connues parmi nous. Il convient de les rapporter à caufe de leur utilité.

Les hollandois dépouillent les têtes ou pommes des choux fleurs de toutes leurs feuilles. Les uns coupent ces pommes par tranches ; d'autres en divifent perpendiculairement les rameaux, les jettent dans une eau légèrement falée, & la font bouillir pendant une minute ou deux. Auffitôt ils retirent ces morceaux de l'eau, & les rangent fur une claie, pour les laiffer égoutter ; après quoi, ils expofent ces claies au foleil. Deux ou trois jours après, on les porte dans un four à demi-chaud ; opération qu'on réitère jufqu'à ce que les tronçons foient fecs. Pour lors, on les renferme dans du papier, afin de les fouftraire à l'humidité. Lorfqu'on veut s'en fervir, on les fait revenir dans l'eau tiède pendant quelques heures, & cuire enfuite à l'eau bouillante, pour recevoir l'affaifonnement convenable.

Les habitans de quelques montagnes du Forez, coupent perpendiculairement la pomme des choux cabus en fix ou huit parties, fuivant fa groffeur, les jettent, pendant quelques minutes, dans l'eau bouillante, les en retirent, les laiffent égoutter, enfin les plongent dans le vinaigre, qu'ils ont foin de changer de temps à autre, fur-tout dans le commencement, & y ajoutent un peu de fel. Il eft certain que ces deux préparations feroient très-utiles fur mer pour les voyages d'un long cours. La première réunit l'agréable & l'utile, & la feconde feroit un remède excellent contre le fcorbut.

Le chou de Strasbourg ou d'Allemagne fert à la préparation du *faur-kraut*, en allemand, ou *faur-kraut*, en anglois ; ce qui veut dire *chou aigre*. Depuis que le célèbre & trop infortuné Capitaine Cook a publié la relation de fon *Voyage autour du monde*, on ne doute plus, & même il eft démontré jufqu'à l'évidence, que ce chou préparé fournit un aliment très-fain, mais encore un des meilleurs anti-fcorbutiques connus. On fait que cet illuftre navigateur, accompagné de cent dix-huit hommes, a fait un voyage de trois ans & dix jours dans tous les climats,

depuis le cinquante-deuxième degré du nord, jufqu'au foixante-onzième du fud, fans *perdre un feul homme de maladie*. Quel exemple à propofer à ceux qui commandent fur mer ! Puiffent-ils l'imiter !

Je penfe que la majeure partie de nos provinces maritimes, ou celles qui leur font limitrophes, pourroient s'adonner à la culture de cette efpèce de chou, & en préparer des provifions pour la marine. Nos provinces méridionales font les feules, peut-être, qui feroient privées de cet avantage : mais, comme elles tirent des bœufs falés d'Irlande pour le fervice de la marine, elles tireroient également du Hâvre, de Breft, de Rochefort le faur-krout : voici la manière dont le Capitaine Cook l'a fait préparer.

On prend des têtes de choux, qu'on hache, & qu'on met enfuite dans une efpèce de caiffe, qui s'avance peu à peu fur une machine femblable à celles dont on fe fert pour couper les concombres en tranches. Les taillans de fer qui coupent les choux en tranches, ont de douze à dix-huit pouces de longueur. Tandis que la caiffe eft tirée en avant & en arrière fur cette machine, il faut preffer doucement les têtes de choux, & y en mettre de temps en temps de nouvelles. Les choux fe découpent en tranches minces, & tombent dans un grand trou qui aboutit à la machine. Il y a des perfonnes qui mettent dans ces tranches de chou, du fel & des graines de *carvi* ; (*voyez* ce mot) & d'autres, du fel & de la graine de genièvre. On les bat dans un tonneau, ou dans une cuve dont on a défoncé le haut, jufqu'à ce qu'elles donnent du jus. L'inftrument

L'inſtrument dont on ſe ſert pour cela, eſt un gros bâton, d'environ cinq à ſix pouces de diamètre, ou un grand & fort battoir de beurrière. Les grains de carvi ſont préférables au genièvre : en effet, ils ſont très-nourriſſans ; & toutes les nations tartares, aprèſ les avoir moulus, les font cuire avec le lait de leurs jumens ; d'ailleurs, ils donnent, par la fermentation, une plus grande quantité d'*air fixe*. (*Voyez* ce mot) Ils ont la propriété de rendre le lait aux nourrices qui n'en ont plus ; & ces dernières qualités ſuffiroient ſeules pour leur donner la préférence ſur le genièvre. Si la futaille, dans laquelle on prépare le *ſaur-krout*, a contenu du vin, de l'eau-de-vie, du vinaigre, la fermentation réuſſit mieux, & procure au *ſaur-krout* un goût plus vineux. Quelquefois on frotte l'intérieur du tonneau avec le levain du ſaur-krout, pour l'accélérer; mais on peut omettre cette précaution, ſi on a aſſez de temps pour que les choux paſſent par une fermentation graduelle. On conduit enſuite le tonneau dans une température modérée, &, s'il eſt poſſible, de plus de cinquante à ſoixante degrés du thermomètre de Fahrenheit; ce qui revient à peu près de treize à ſeize degrés de celui de Réaumur. Ce dégré de chaleur hâte beaucoup la fermentation vineuſe. Dès que le ſaur-krout commence à être acidulé, ce qui arrive en dix, douze ou quatorze jours, ſuivant le degré de chaleur dans lequel on tient ce tonneau, on peut le retirer dans le cellier où on veut le garder. Dans le commencement, on trouve une certaine quantité de jus au haut des choux en fermentation, & on fait avec un bâton un trou au milieu

Tome III.

du tonneau, pour que la liqueur en fermentation circule mieux. Si le chou eſt deſtiné à un long voyage de mer, on l'ôte de ſon jus; & quand il eſt dans cet état de ſécachereſſe, on en remplit d'autres futailles, où on a ſoin de le comprimer; mais ſi on veut le conſommer ſur les lieux, on couvre le ſommet du tonneau avec un couvercle bien propre, ſur lequel on met un gros poids, pour comprimer le chou fermenté. Cette préparation eſt très-recherchée en Allemagne, en Danemarck, en Suède, en Ruſſie; & à peine eſt-elle connue en France, hors des provinces de Flandre, d'Alſace & de Lorraine.

II. *Des propriétés économiques, relatives aux animaux.* Plus la ſaiſon rigoureuſe d'hiver eſt longue dans un pays, plus l'on doit multiplier les eſpèces de choux que l'on peut tenir en réſerve, ou celles qui ne craignent point le froid. Tels ſont les choux verts & blonds à groſſes côtes, le colza, le pancalier, le chou en arbre ou chou chèvre. Le mouton, la brebis, nourris au ſec pendant l'hiver, *fondent leur ſuif*, ſuivant l'expreſſion des bergers; mais ſi on leur donne quelque peu de verdure, ils conſervent leur embonpoint. (*Voyez* l'article MOUTON) On voit par-là quelle reſſource précieuſe offrent les différentes eſpèces de choux, de raves, navets, carottes, betteraves, &c. Le paſſage preſque ſubit de la nourriture en verd à celle du ſec, produit ſur eux les plus mauvais effets, ſur-tout ſi les pluies, la neige & les frimats les contraignent de reſter pendant longtemps à l'étable, tandis que, par la nourriture mixte, ils s'apperçoivent à peine de leur repos forcé.

T t

C H O

On donne aux beftiaux, en général, les feuilles de choux en nature, & ce n'eft pas la plus économique ni la meilleure nourriture. Voici une méthode pratiquée avec le plus grand fuccès dans plufieurs de nos provinces. Un bétail nombreux fuppofe un certain nombre de perfonnes pour le fervice de la métairie, & un feu prefque continuel à la cheminée de la cuifine. Un chaudron de la plus grande capacité eft toujours fur ce feu, & à mefure qu'on le vide, on le remplit continuellement avec des feuilles de choux, avec les groffes côtes, les tronçons de ceux qui fervent à la nourriture des valets. Il en eft ainfi des raves, des navets, des citrouilles, des courges, des autres herbages que l'on confomme. Une certaine quantité d'eau furnage toujours les plantes & leurs débris; quelques poignées de fon & un peu de fel font leur affaifonnement. Lorfque la chaleur & l'eau ont attendri ces herbages, c'eft-à-dire, lorfqu'ils font à moitié cuits, on les retire du chaudron, & on en met une certaine quantité, avec l'eau dans laquelle ils ont cuit, dans des baquets de bois, ou auges : chaque animal a le fien, & une auge doit fervir tout au plus à deux. On laiffe tiédir cette préparation, avant de la donner foir & matin aux bœufs, aux vaches, aux chèvres, aux agneaux, moutons, &c. Il eft peu de nourriture qui les entretienne mieux en chair, & qui augmente plus le lait des vaches, chèvres, &c. Comme ce vaiffeau eft jour & nuit fur le feu, il profite de toute fa chaleur, & il ne fe confomme pas plus de bois dans la métairie, que s'il n'y avoit point de chaudron fur le feu. J'avoue que

cette économie bien entendue, nullement embarraffante, & qui met tout à profit, m'a fait le plus grand plaifir à voir. On n'oublie jamais de jeter dans ce vaiffeau l'eau graffe que l'on retire après la lavure des vaiffelles.

CHAPITRE VI.

Des propriétés alimentaires & médicinales du Chou.

Les auteurs modernes, & même quelques anciens font peu d'accord fur les qualités des choux. La queftion paroîtroit décidée, fi on s'en rapportoit au témoignage de Pline, qui leur donne la préférence fur tous les légumes appelés *verdures*. Théophrafte, Caton, &c. en font le plus grand cas. On les voyoit figurer fur les tables des Empereurs & du peuple; cependant ce goût n'étoit pas général. On lit que le fameux *Apicius* ne les aimoit point; qu'il en avoit dégoûté *Drufus*, fils de *Tibère*, & que cet Empereur eut à ce fujet une querelle avec *Drufus*. Mais laiffons les anciens, & occupons-nous des modernes, fans rapporter ici les opinions pour & contre, qui ferviroient feulement à groffir le volume, fans inftruire davantage. Je vais parler d'après mon expérience, fuivie pendant plufieurs années fur ce fujet.

Les choux forment une bonne nourriture, mais en même temps très-mal-faine, très-venteufe; & ceci paroît un paradoxe, dont voici la folution.

Les choux d'été font plus venteux que ceux d'hiver, qui ont éprouvé les gelées. Les choux d'été font plus venteux, plus indigeftes, lorfqu'on les mange auffitôt après qu'ils ont été coupés dans le jardin, & portés dans nos cuifines : mais fi on donne le temps à leurs feuilles de laiffer évaporer l'air de végétation, ou l'*air fixe* (*voyez* ce mot) qu'elles contiennent; en un mot, fi on les laiffe fe faner pendant plufieurs jours, alors ils n'occafionnent aucun rapport défagréable, aucun vent dans l'eftomac, aucun borborygme dans les inteftins, & ne troublent en aucune manière la digeftion. Quant aux choux d'hiver, éprouvés & attendris par le froid, la gelée a produit fur eux ce que la defficcation, ou plutôt la flétriffure des feuilles a opéré fur les choux d'été. De ce que je viens de dire, & que je certifie conftant, d'après ma propre expériencè, à moins que mon eftomac ne foit différent de celui des autres, on peut établir cette règle générale : le chou, mangé trop frais, donne un aliment moins falutaire que le chou dont les feuilles font fanées, ou qui n'ont pas éprouvé la gelée. Cette fimple obfervation prouve que les auteurs d'un fentiment oppofé avoient également raifon. Il auroit été plus prudent à eux d'examiner pourquoi les choux étoient fains ou mal-fains.

On regarde en Allemagne la faumure, ou jus du faur-krout, comme un remède fouverain pour guérir les inflammations naiffantes de la gorge, & pour les brûlures. Le fimple vinaigre, étendu dans l'eau, feroit peut-être un remède préférable.

Le chou fe plus communément employé en médecine, eft le chou pomme rouge. La faveur de fes feuilles eft fade, légérement âcre ; elles nourriffent, tiennent le ventre libre,

rendent l'expectoration plus facile dans la toux effentielle, la toux catarrale, l'afthme pituiteux, & la phtifie pulmonaire effentielle. Il vaudroit mieux lui préférer l'ufage de la groffe *rave*. (*Voyez* ce mot)

On donne le fuc exprimé des feuilles, depuis demi-once, jufqu'à trois onces, & la décoction des feuilles, depuis demi-once, jufqu'à quatre onces, dans fix onces d'eau.

On prépare avec fes feuilles récentes un firop jaunâtre, d'une odeur nauféabonde, d'une faveur fade & douce, très-légérement âcre, dont la dofe eft depuis demi-once jufqu'à deux onces, feule, ou en folution dans cinq onces d'eau. Pour le compofer, on fait cuire au bain-marie deux livres de feuilles récentes dans une livre d'eau de fontaine; il faut paffer, exprimer légérement, clarifier la colature avec quelques blancs d'œuf, & filtrer enfuite & faire fondre dans une livre de cette colature, deux livres de fucre blanc.

C H A P I T R E V I I.

Obfervations détachées fur les Choux.

Ils formoient autrefois une branche de commerce très-confidérable en Italie. Les habitans des pays montagneux du royaume fe pourvoyoient de jeunes plants dans la plaine. On doit juger par-là de leur prix, & des avantages d'y avoir de grands femis. J'en ai vu tranfporter à plus de dix lieues. La ville de Saint-Brieux vend annuellement à peu près pour cent mille écus de ces jeunes choux. Ils font exportés, pour la plupart, aux îles de Jerfey, de Guernefey, & en Angleterre. Il en eft ainfi des oignons & des aulx du village de la Tranche, dans le bas Poitou. (*Voyez* le mot AIL)

M. Bowles, dans son ouvrage intitulé *Introduction à l'Histoire naturelle d'Espagne*, &c. dit : « J'ai vu chez » un gentilhomme de la *Reinosa*, une » manière de cultiver les choux, qui » mérite d'être rapportée. Il avoit » dans son potager plusieurs pierres » plates d'environ trois pieds en quar- » ré, de deux pouces d'épaisseur, & » percées au milieu. Il plantoit dans » le trou l'espèce de chou qu'on ap- » pelle *lanta* dans le pays. Ce chou y » croissoit, & s'étendoit prodigieu- » sement : j'en mangeai, & le trouvai » très-tendre & très-délicat. Je crois » que cette invention pourroit être » fort utile pour les légumes, & » même pour les arbres qui languis- » sent, faute d'être humectés dans » les pays chauds & secs. Ces pierres » empêcheroient l'évaporation de » l'humidité, & conserveroient à la » terre sa fraîcheur. »

Sur le témoignage de M. Bowles, j'ai répété l'expérience dans mon jardin, près de Béziers, & il faut observer que, depuis le 16 mai jusqu'au 1er. septembre, il n'est pas tombé une seule goutte de pluie, & que les chaleurs s'y sont soutenues comme à l'ordinaire, c'est-à-dire, fortes.

Ne pouvant me procurer les pierres plates dont il est question, j'ai fait faire des carreaux de neuf pouces de largeur, sur autant de longueur, & d'un pouce d'épaisseur ; les uns troués dans le milieu, sur une étendue de vingt à vingt-quatre lignes, & les autres très-entiers. Le devant de la planche étoit garni de carreaux non troués, ainsi que ses alentours. Sur

le second rang, étoit placé un carreau troué, & un carreau non troué à côté ; de manière que les carreaux troués se trouvoient toujours entre quatre carreaux entiers, & par conséquent chaque pied de chou devoit se trouver espacé de dix-huit pouces. Après avoir bien fait défoncer & fumer le terrein, je plantai trente choux fleurs ou brocolis, sur la fin d'avril : ils furent légérement arrosés après la plantation, afin de serrer la terre contre les racines ; &, depuis cette époque, ils n'ont pas eu une seule goutte d'eau, sinon celle de la pluie tombée le 16 mai, qui ne pénétra pas la terre à six lignes de profondeur.

La reprise fut lente, parce que la chaleur du soleil, réfléchie par les carreaux sur les tiges & les feuilles, les affectoit vivement : enfin ils reprirent.

Les courtilières, dont j'ai trouvé mon jardin rempli en arrivant dans ce pays, & sans doute plusieurs autres insectes ont attaqué ces choux dans la partie de la tige qui touchoit le carreau. Dix ont été entièrement détruits : les vingt qui subsistent, dont quelques-uns ont été également attaqués par les insectes, ont bien poussé, & j'espère qu'ils donneront les premiers choux fleurs du jardin ; mais la vérité exige que j'annonce que ces choux ne sont point aussi beaux, aussi forts que ceux mis dans une planche voisine, pour servir de pièce de comparaison, & qui ont été très-fréquemment arrosés par irrigation, c'est-à-dire, copieusement. Malgré cette comparaison, on peut dire que ces choux ne sont pas laids.

J'ai préféré planter des choux fleurs à des choux pommes quelconques, parce que, pour peu que ceux-là réuffiffent, on fera bien plus affuré du fuccès des autres, qui exigent beaucoup moins d'eau.

Je regarde donc l'invention du gentilhomme de la *Reinofa*, comme une excellente innovation, fur-tout pour les jardins des provinces méridionales, où l'eau & la pluie font rares. D'ailleurs, quand on n'éviteroit que l'embarras & les foins de l'irrigation ou de l'arrofement, ce feroit beaucoup, & il feroit poffible, par ce moyen, de couvrir des champs de plants de chou.

Si on objecte la dépenfe des carreaux, on verra qu'elle fe réduit à peu de chofe, & que c'eft une avance une fois faite pour toujours. Quelle reffource pour la nourriture d'hiver des hommes & des troupeaux de ces provinces !

CHRYSALIDE. La chryfalide eft le fecond période de la vie de la chenille. Sous cette forme, l'infecte eft enveloppé d'une membrane épaiffe, qui tient les membres du papillon emmaillottés. Dans cet état, il attend fa dernière métamorphofe. (*Voy.* CHENILLE) M. D. L. L.

CHRYSTE MARINE. (*Voyez* CRISTE MARINE)

CHUTE, MÉDECINE RURALE. Il n'eft pas rare de voir quelqu'un tombé de cheval, ou d'un lieu élevé quelconque, ne plus donner figne de vie : en effet, tous les fymptômes apparens font détruits. Il en eft ainfi des afphyxiés par les vapeurs du charbon, des fubftances fermentantes, & par la fubmerfion. Auffitôt on appelle le chef de la juftice du lieu; il dreffe fon procès-verbal fur le rap-

port du chirurgien, & le malheureux eft relégué dans la maifon la plus prochaine, ordinairement jeté dans l'endroit le plus bas ou le moins fréquenté de la maifon, quelquefois même abandonné fur le chemin, jufqu'à ce que le curé vienne le prendre & l'enfévelir. Il réfulte de ces cruelles inattentions, que l'on enterre fouvent des hommes qui ne font pas morts : des fecours fagement adminiftrés les auroient rappelés à la vie. On croit avoir tout fait, lorfqu'un chirurgien a tenté de les faigner, & on décide que l'homme eft mort, très-mort, lorfque le fang ne coule pas. Les fonctions vitales font fufpendues; il ne fauroit donc couler.

Dans ces circonftances fâcheufes, le premier point, & le plus effentiel, eft de rappeler la chaleur animale. A cet effet, dépouillez l'homme de tous fes vêtemens; mettez-le dans un lit chaud, couché fur le côté droit, & la tête élevée fur un traverfin. Avec des linges échauffés, frictionnez-le doucement, jufqu'à ce qu'on ait pu fe procurer & faire chauffer des cendres en affez grande quantité pour en former un lit fur lequel on le couchera. Avec les mêmes cendres chaudes on couvrira fon corps, c'eft-à-dire, qu'on l'y enterrera; & le tout fera garni d'une couverture, qui retiendra la chaleur des cendres. La tête, le col & le haut du corps feront toujours tenus élevés; la tête feule fera hors du lit de cendres; &, de temps à autre, on préfentera fous le nez du malade des effences fpiritueufes, les plus actives que l'on trouvera. L'*alcali volatil* (*voyez* ce mot, *tome I, page 388*) eft un remède excellent. Si on peut fe procurer partie égale de fel ammoniac

en poudre, & de chaux vive également en poudre, unis enfemble,
& agités dans un vaiffeau bouché,
ils produiront le même effet, ainfi
que l'eau de luce; & dans la privation de ces remèdes, le plus fort
vinaigre qu'on pourra trouver, &c.
Si ces fecours, continués pendant
plufieurs heures de fuite, font infuffifans, on foulèvera les cendres, &
on lui donnera un lavement fait avec
une décoction de tabac. Si on avoit
du tabac d'Efpagne, ou du tabac
ordinaire, bien fec, il faudroit lui
en fouffler dans les narines. Dès qu'il
commencera à donner figne de vie,
que les fonctions vitales feront réta-
blies, c'eft alors le cas d'examiner
les parties qui ont été endommagées
par la chute; ce qui regarde le chirurgien. La faignée, les vulnéraires,
enfuite les calmans doivent être adminiftrés. Que le lecteur fe mette à
la place de celui qui arrache fon femblable du tombeau, où l'ignorance
& la précipitation alloient le plonger,
& il fentira quel doux faififfement,
quelle joie pure enivre alors l'ame
de ce généreux citoyen! Quel mortel
ne voudroit pas être à fa place! On
ne doit pas fe laffer de prodiguer
les fecours dont on vient de parler:
le fuccès ne fera décidé, fouvent
qu'après trois ou quatre heures de
travail.

On affure qu'on prévient les fuites
funeftes des chutes violentes, & qui
ne fufpendent pas les fonctions vitales, en faifant avaler fur le champ
à la perfonne un demi-verre d'huile
d'olive.... Je ne l'ai pas éprouvé.

Si tout le corps eft meurtri, on
écorchera un ou plufieurs moutons,
veaux, &c. & le malade fera enveloppé avec ces peaux. Le lit de cendres chaudes vaut tout autant, &
peut-être mieux, parce qu'il conferve plus long temps fa chaleur.

L'ufage des décoctions vulnéraires
ne doit pas être négligé, & on doit
le difcontinuer dès que la fièvre fe
manifefte. Les faignées font très-
utiles.

CHUTE, *Médecine vétérinaire.* Nous
comprenons ici fous ce nom, les
accidens qui arrivent lorfqu'un cheval, une mule ou un bœuf, tombent
du haut d'une muraille ou d'un chemin, dans un foffé, dans un ruif-
feau, ou bien dans un précipice.

Les accidens qui accompagnent
ordinairement les chutes, font l'é-
chymofe, les contufions, les diflo-
cations, les fractures, & plufieurs
autres, felon que la chute a été plus
ou moins violente.

Traitement.

Lorfque la chute n'eft pas grande,
il eft toujours prudent de faire prendre un breuvage vulnéraire à l'animal, afin de diffoudre le fang extravafé dans le poumon ou dans quelque
autre partie: pour cet effet, prenez
feuilles de pervenche, de pied de
lion, de véronique, de lierre ter-
reftre, de chaque une poignée; l'une
des deux dernières plantes citées fuffiroit. Faites bouillir dans environ
trois livres d'eau commune, jufqu'à
diminution d'un tiers; coulez, ajoutez deux onces miel rofat, & donnez
à l'animal.

Mais fi l'animal a la fièvre, s'il eft
abattu, trifte, s'il bat des flancs, s'il
refpire difficilement, s'il jette du fang
par les nafeaux ou par la bouche, il
faut le faigner promptement, & répéter même la faignée, en la propor-

tionnant toujours à l'âge, au tempérament & à l'intensité des symptômes, eu égard aux autres accidens qui peuvent accompagner les chutes. (*Voyez* ÉCHYMOSE, FRACTURE, MEURTRISSURE)

CHUTE DE L'ANUS *ou* DU FONDEMENT, *Médecine vétérinaire.* On appelle du nom d'*anus ou de fondement*, dans les animaux, l'extrémité du canal intestinal, ou l'orifice qui permet les déjections, c'est-à-dire, la sortie des excrémens.

Causes. Le ténesme, une toux violente, la foiblesse des muscles, l'abondance des humeurs qui abreuvent cette partie, peuvent en occasionner la chute. Cet évènement, qui est néanmoins assez rare, arrive encore au cheval à la suite de la trop fréquente introduction de la main & du bras du maréchal, qui n'agit point avec toute la précaution nécessaire lorsqu'il vide cet animal pour le disposer à recevoir un lavement.

Traitement. La cure de cette maladie consiste non-seulement à remettre l'intestin, mais encore à le maintenir dans sa place. La réduction en doit être faite sur le champ, après quoi il faut bassiner la partie d'abord avec du vin chaud ; faire ensuite avec un linge trempé dans ce même vin, des compresses légères, que l'on doit placer sur les côtés de la portion qui se trouve près de l'anus, & les soutenir toujours avec attention, en repoussant doucement l'anus, pour le rétablir peu à peu dans sa situation naturelle. Cette manœuvre ne présente pas beaucoup de difficultés, lorsque l'enflure & l'inflammation ne sont pas considérables ; mais dans les cas où elles s'opposeroient au remplacement de l'anus, il convient de saigner le cheval à la veine jugulaire, & d'employer des fomentations d'une décoction des feuilles de patience & de bouillon blanc, jusqu'à ce qu'il soit disposé à la réduction. Aussitôt qu'elle sera faite, il faut appliquer des compresses trempées dans du vin, dans lequel on aura fait bouillir & infuser des racines de bistorte, de tormentille, de l'écorce de grenade, des noix de galle, & de l'alun. Si, malgré tous ces remèdes, l'intestin retomboit en conséquence des efforts que l'animal fait pour fienter, le moyen le plus sûr à mettre en usage, est de bassiner toujours avec le même vin composé, de saupoudrer la partie avec du bitume, & de la noix de galle pulvérisés ensemble, de réduire l'intestin de nouveau, & d'appliquer encore des compresses trempées dans le même vin, & soutenues par un bandage en forme de ℔ M. T.

CHUTE DU MEMBRE, *ou* DE LA VERGE, *Médecine vétérinaire.* [Cet article nous a été communiqué] Cette maladie est très-fréquente dans les animaux, tels que le cheval, l'âne, le mulet & le jumart ; elle consiste dans un relâchement & un affaissement total des parties destinées à soutenir & à maintenir le membre dans l'état naturel, ainsi que dans une espèce de paralysie des muscles érecteurs & accélérateurs. Une atonie totale du ligament suspenseur de la verge, peut seule y donner lieu.

Elle a souvent pour cause des efforts. Les chevaux & les mulets destinés à porter & à tirer des faix lourds, y sont en effet plus disposés que les autres. Elle peut dépendre encore d'un priapisme auquel le cheval &

le mulet font affez fujets, d'une érection de trop longue durée fans priapifme, d'un fpafme violent dans les
parties de la génération, dont le relâchement & l'atonie font les fuites.

Des cordons farcineux, logés dans
les parties fupérieures des ars & fur
le périnée, faifant obftacle au jeu des
mufcles, & bridant, en quelque
forte, le ligament, ont donné lieu
à un paraphimofis, après avoir pro-
voqué la chute du membre.

Des poireaux qui furchargent cette
partie fur laquelle ils ont pris naiffance, l'attirent encore par leur
poids en contre-bas; la force du
fardeau l'emportant fur la réfiftance
des mufcles & des ligamens.

Un grand feu, des excès de coïts,
des rétentions d'urine, des douleurs
néphrétiques, des tranchées violentes, occafionnent la rétraction des
tefticules, principalement dans des
pays chauds; & l'on voit après cette
rétraction de pareilles chutes.

Il en eft de même après l'adminiftration des diurétiques âcres, tels
que les réfineux, les cantharides, &
lorfque l'animal a été fatigué long-
temps par l'introduction de la fonde,
introduction très difficile, fi l'on veut
pénétrer un peu avant, & d'où ne
réfultent que trop fouvent de fauffes
routes, fi l'inftrument n'eft pas guidé
par une main habile & exercée.

L'action d'inférer dans le membre,
par l'efpoir de provoquer l'urine,
des poireaux, la poudre des mouches
cantharides, du poivre, & même des
infectes, des poux &c. donnent lieu,
fur-tout celle de poudres, à des ir-
ritations, & a des titillations violentes, fans autres effets que ceux
qui arrivent de l'abord du fang &
des efprits dans les corps caverneux;

cette érection forcée laiffe bientôt
après cette partie pendante, comme
il arrive fouvent encore dans la
ftrangurie, certaines fièvres inflammatoires, &c.

On peut ajouter à toutes ces caufes, des coups donnés fur le membre
pendant l'érection ou l'écoulement
de l'urine, des tiraillemens forcés de
la verge au dehors, dans la vue de
nétoyer ces parties, &c. &c.

Cet accident diffère du paraphimofis, en ce qu'ici la fortie du membre du fourreau dépend abfolument
de la foibleffe des parties, & que fa
rentrée n'éprouve d'autre obftacle
que celui de leur inertie. Quoi qu'il
en foit, le membre ainfi flafque &
pendant fe trouve infiltré d'une
matière ichoreufe ou glaireufe, qui
coule goutte à goutte.

Les fymptômes font toujours en
raifon des caufes; cette chute doit-
elle être attribuée à des efforts? ces
efforts fe manifeftent-ils fur les reins?
l'animal fe traîne plutôt qu'il ne marche: provient-elle d'un priapifme,
d'une érection longue & pénible?
l'animal eft trifte, dégoûté, foible,
& dans une forte d'épuifement. Quant
aux cordons farcineux, aux poireaux
& autres tumeurs indolentes, leur
apparition fuffit pour voir la fource
du mal. Elle eft auffi connue dès qu'on
peut en accufer des rétentions d'u-
rine, des tranchées violentes; &
tous les fignes qui l'accompagnent,
font les fignes indicatifs de ces maladies. Enfin, l'ufage des diurétiques
âcres, la fatigue de la fonde, l'infertion des poudres de cantharides dans
le membre, font manifeftés par l'oc-
cupation dans laquelle eft l'animal,
de montrer lui-même le lieu de la
fenfation incommode qu'il éprouve,

en

en cherchant à chaque instant à atteindre la partie avec son pied de derrière qu'il lève & qu'il dirige sans cesse contre elle.

La chute du membre, dans les chiens, provient de la violence avec laquelle ils ont été quelquefois excités à se défaccoupler. Cette action toujours forcée par la brutalité des enfans, & même d'autres personnes qui se font un plaisir cruel de pourfuivre & de battre un chien & une chienne liés, est une des causes de cette chute dans le mâle, & quelquefois de celle du vagin & de la matrice dans la femelle. L'un & l'autre de ces accidens ont été dissipés par la saignée, des breuvages tempérans, des lavemens térebenthinés; par l'immersion du membre dans des spiritueux; des injections de vin chaud dans la vulve, chez la femelle, après avoir enduit la matrice de compresses imbibées de cette liqueur, & un suspensoir.

Quant aux volatiles, nous avons eu occasion de remédier deux fois à cet événement, dans l'oie & le canard; les douches, les lotions & les bains de vin chaud, aiguisés de teinture d'aloës avant & après la réduction, ont opéré avec le plus grand succès.

Cette maladie n'est pas commune dans les moutons & dans les bétes à cornes; mais elle peut leur arriver. Le verrat en est plus souvent attaqué: celui-ci est, comme on le fait, très-lubrique; il fatigue des demi-journées entières sa femelle, il la couvre plus ou moins de fois sans fortir du vagin, & après un congrès excessif, la verge demeure aisément pendante, & ne peut être retirée dans le fourreau.

Tome III.

On comprend, au surplus, que, d'après l'exposé des causes diverses qui donnent lieu à cette maladie, elle ne sauroit être soumise à un traitement général, qu'il doit être nécessairement relatif aux circonstances qui l'ont fait naître, ainsi qu'aux symptômes qui l'accompagnent, & aux maux qui la compliquent le plus souvent.

Celle qui provient d'efforts doit être traitée par des charges fortifiantes & résolutives, appliquées sur les lombes; par des vulnéraires térébenthinés & nitrés, donnés en breuvages; par des lavemens diurétiques, animés par l'essence de térébenthine; enfin, par des fortifians résolutifs & spiritueux sur la partie malade, sous la forme de bains, de lotions, de fomentations, & un suspensoir.

Celle qui est le produit des douleurs néphrétiques, d'un grand feu dans le sang & dans les parties de la génération, sera combattue par des médicamens d'une vertu diamétralement opposée: la saignée, les calmans, les mucilagineux, les rafraîchissans, tant en breuvages qu'en lavemens, sauf, lorsque l'inflammation sera passée, à donner de l'activité à ces médicamens, en leur associant des diurétiques légèrement stimulans, dont on augmentera peu à peu la vertu; & quant à la partie locale, vous la suspendrez, & elle sera tenue constamment humectée de vin chaud, auquel on ajoutera, par la suite, les teintures spiritueuses, telles que celles d'aloës, de myrrhe, &c.

Celle qui provient de l'abus des diurétiques âcres, est plutôt une espèce de semi-érection, qu'une véritable chute du membre: il en est de

V v

même de celle qui dépend de l'introduction réitérée de la sonde, &c.; elles cèdent facilement l'une & l'autre aux lavemens, aux breuvages, aux douches & aux lotions émollientes, aiguisées de camphre dissous par la trituration, avec un jaune d'œuf. Mais si la sonde a fait de fausses routes, il faut injecter dans l'urètre cette même liqueur, avec addition du baume de commandeur.

Celle qui a pour cause l'inertie & la paralysie des parties, demande l'application des vessicatoires au périnée, & notamment sur les muscles érecteurs, & lorsqu'ils sont insuffisans, le cautère actuel doit en seconder les effets; on pénètre ces muscles de pointes de feu, & on renouvelle l'application des vessicatoires, qu'on unit alors à l'onguent nervin; on donne des breuvages & des lavemens de décoction de sabine & de rue, que l'on anime encore par une très-légère quantité de poudre de cantharides ou de scarabées, si besoin est; mais il faut être très-prudent dans l'emploi de ces substances. (*Voyez* CANTHARIDE) On panse le membre avec des liqueurs spiritueuses, telles que l'eau-de-vie ou l'esprit-de-vin, dans lesquelles on a fait infuser du quinquina, & dissoudre du camphre.

Si le mal est plus grave, & que la gangrène soit à craindre, on scarifie le membre dans plusieurs points de sa surface, & on l'enveloppe de compresses imbibées d'essence de térébenthine, chargées de quinquina en poudre très-fine.

Si le membre est infiltré, on substitue à ce composé, la teinture de quinquina dans l'esprit-de-vin, on l'anime par l'eau de rabel, & dans

l'un & dans l'autre de ces cas, on donne pour breuvage le vin blanc, dans lequel on a fait infuser du quinquina & du safran de mars; on donne encore des lavemens faits d'une forte décoction de ce quinquina, que l'on fait garder au malade le plus qu'il est possible. Si tous ces secours sont insuffisans, & si la gangrène fait des progrès, on procède à l'amputation du membre. (*Voyez* PARAPHIMOSIS, PHIMOSIS.)

La chute du membre, occasionnée par des tumeurs farcineuses aux aines, doit être traitée par les remèdes qui conviennent à la maladie essentielle. Les tumeurs extirpées, (*voyez* FARCIN) cautérisez les ulcères, remplisssez-les d'onguent nervin & mercuriel; suspendez le membre après l'avoir scarifié, enveloppez-le de plumaceaux chargés de ces onguens que vous aurez saupoudrés d'une suffisante quantité de quinquina en poudre.

Celle qui est le produit de poireaux & de fongosités qui tuméfient, gorgent & surchargent la verge, se traite à peu près de même. Nous ouvrons le fourreau par sa partie inférieure, nous découvrons les corps caverneux dans leur partie supérieure, nous extirpons toutes les excroissances, nous en attaquons les racines avec le feu, & nous pansons comme dans les cas précédens; mais les dépuratoires que cette maladie exige sont donnés, partie en breuvages, partie en lavemens. Nous avons souvent observé que ces derniers, aiguisés d'essence de térébenthine opéroient plus efficacement; mais si, comme il arrive souvent, les corps caverneux sont presque détruits, & que l'inertie de l'organe foit abfolue , il faut avoir recours à l'amputation.

La chute du membre dépendante de tranchées , n'eft le plus fouvent que momentanée. Le membre rentre le plus ordinairement, dès que les fymptômes de la maladie effentielle font paffés. Lorfque les chofes ne fe paffent pas ainfi, l'immerfion de la partie dans l'eau froide, aiguifée de fel ammoniac, & des lavemens térébenthinés , opèrent d'une manière qui ne laiffe rien à défirer.

A l'égard de celle produite par des calculs, des caillots de fang dans la veffie , la cure dépend abfolument de l'extraction de ces corps.

On doit fe régler , pour le traitement de celle qui eft due à des coups, à des tiraillemens, fur les fymptômes : s'il y a chaleur, douleur, tenfion , faignez & donnez les tempérans ; fi , au contraire , il y a relâchement , employez les fortifians indiqués, felon les circonftances.

Mais celle dépendante de la fupuration & de la détérioration des parties du baffin , eft toujours mortelle , ainfi que la maladie qui lui donne lieu.

CHYPRE. (Prune de) *Voyez* le mot PRUNE.

CIBOULE. Cette plante eft de la même claffe que l'*ail* , fuivant M. von Linné, qui l'appelle *allium fiftulofum.* M. Tournefort en fait un genre à part , & il l'appelle *cepa oblonga.* (*Voyez* la defcription de l'AIL) Elle en différe fpécifiquement par fa tige, qui eft nue & de la grandeur des feuilles , & par fes feuilles cylindriques & renflées dans le milieu.

I. Nos jardiniers en diftinguent trois efpèces : la *commune* , celle de *Saint-Jacques*, & la *vivace*. Celle de Saint-Jacques eft une variété de la commune. La vivace eft l'*allium fchœno-prafum.* LIN. M. Tournefort la défigne ainfi : *cepa fterilis junci folia perennis.*

1. CIBOULE COMMUNE. La bulbe ou *oignon* eft alongée & formée par plufieurs tuniques en recouvrement les unes fur les autres. De cette bulbe mère, il en fort une infinité d'autres qui forment un groupe tout autour, ou *touffe*.

La tige s'élève à la hauteur de vingt-quatre à trente-fix pouces, droite, liffe, creufe, renflée dans fon milieu, terminée par une tête conique , femblable à celle de l'*ail*, & dont elle en retient une légère odeur.

Les feuilles qui environnent cette tige , font creufes, terminées en pointes, menues, hautes de huit à neuf pouces.

2. CIBOULE VIVACE ; elle eft originaire des lieux incultes de la Sibérie. Son caractère fpécifique eft d'avoir fes bulbes aplaties, elliptiques ; fes feuilles très-menues, cylindriques, pointues, à peu près de la longueur de la tige qui eft terminée par un groupe de fleurs de couleur pourpre, mais claire, marquées, dans leur milieu, par une raie plus foncée ; fes fleurs, proportion gardée avec leur volume, font plus longues que celles des autres aulx , que je crois être l'*allium fchœnoprafum pyramidalis.* LIN. ou la ciboule de Saint-Jacques, dont les feuilles font plus courtes, un peu renflées dans leur milieu , & couchées fur terre. Les fleurs

raffemblées en forme de tête au fommet de la tige, font en pyramide.

Nos jardiniers en admettent encore trois variétés, qu'ils défignent fous le nom de *cive*, ou *ciboule de Portugal*, *groffe cive d'Angleterre*, & *petite cive*. Elles ne diffèrent entr'elles que par le plus ou moins de longueur & de groffeur de leurs feuilles.

II. *De la culture des Ciboules*. Dans les provinces méridionales, on fème la ciboule annuelle, depuis la fin de février jufqu'à celle du mois d'août; celle de février paffe mieux l'hiver fuivant. La ciboule vivace fe multiplie par rejetons, & non par la graine. Dans les provinces du nord, on fème dès qu'on ne craint plus les gelées, & on en fème de quinze en quinze jours également jufqu'au mois d'août, afin de l'avoir plus tendre.

La terre deftinée aux femis, doit être bien fumée & bien travaillée; & la femence, jetée affez épaiffe, doit être recouverte d'un pouce de terreau. La pépinière exige d'être tenue dans la plus grande propreté, & exempte de toutes mauvaifes herbes.

Dès que la ciboule eft affez forte pour être levée de la pépinière, on la répique en joignant trois ou quatre bulbes enfemble. Les trous font à fix pouces de diftance, & on leur en donne trois de profondeur.

Les amateurs, qui aiment à jouir de cette plante pendant toute l'année, garantiffent des froids les femis du mois d'août, ou les pieds repiqués en automne; alors, on peut, au printemps, en couper les feuilles pour les ufages ordinaires, & attendre la nouvelle ciboule.

C'eft de ces touffes qu'on recueille la graine en juin, juillet & août, fuivant le climat. Si on vanne cette graine auffitôt après qu'elle eft fèche, elle fe conferve bonne à femer, feulement pendant deux ans; fi lors de la maturité de la graine, on coupe les tiges, on les lie par bottes, on les enveloppe avec du papier, & que, dans cet état, elles reftent quelques jours expofées au foleil, puis fufpendues dans un lieu fec, alors la graine fe conferve bonne pendant quatre ans. Toutes les graines, en général, devroient être confervées dans les enveloppes que la nature leur a données: il femble que l'homme s'attache à contrarier fes vues jufque dans les plus petites chofes, comme s'il n'avoit pas toujours le temps de nettoyer la graine au moment de la femer.

Il n'eft pas furprenant que la ciboule vivace, & celle de Saint-Jacques, fupportent, dans nos jardins, la rigueur des hivers les plus froids; il fuffit de confidérer quel eft leur pays natal. Elles perdent tout au plus leurs feuilles dans cette faifon, & elles reparoiffent auffitôt que les premiers beaux jours échauffent l'atmofphère. Le printemps & l'automne font les deux époques auxquelles on peut féparer les touffes, & d'une feule en faire jufqu'à dix ou douze. La ciboule vivace eft, fans contredit, l'efpèce qui mérite le plus d'être cultivée: quoique moins délicate au goût que la ciboule annuelle, elle exige bien moins de travail.

Dans nos provinces du nord, on fépare des mères-tiges une certaine quantité de bulbes que l'on tranfporte dans la ferre, & qu'on plante dans une tranchée, afin d'en jouir pendant tout l'hiver. Dans les provinces méfidionales, cette précaution eft fuperflue.

CICATRICE, Médecine Rur. Marque qui refte après la guérifon des plaies & des ulcères, & qui dénote que les parties ont été divifées. Cette marque eft une peau nouvelle, plus dure, plus blanche, moins régulière, moins fenfible & moins poreufe que la première. La peau eft la feule partie qui fe régénère; on doit donc la ménager avec le plus grand foin, dans le traitement des plaies & des ulcères. Si les chairs fe régénéroient, comme on le penfoit autrefois, il n'y auroit point de cicatrice, puifque la chair reprendroit la même forme qu'elle avoit auparavant. La petite vérole en offre un exemple frappant; le bouton a rongé la chair, le creux refte, & la peau renouvelée le recouvre: il en eft ainfi de toutes les plaies. On doit donc conclure de quelle inutilité eft cette longue fuite d'onguens & d'emplâtres appelés *incarnatifs, régénératifs*, & tous les fyftêmes enfantés pour expliquer la cicatrifation.

CICATRICE, *jardinage*. Il eft étonnant que M. l'abbé Roger-Schabol, qui a fait une étude fi particulière de l'anatomie humaine, & des arbres, dife: *quand une plaie cicatrife à un arbre, il fe fait la même chofe qu'en nous, lorfque le fuc nourricier fait de nouvelles chairs & de nouvelle peau, & que la plaie fe recouvre*. Il eft de fait que le méchanifme eft le même dans l'homme & dans le végétal, nous ne ceffons de le répéter & de le prouver depuis le commencement de cet ouvrage; mais fi on veut une expérience décifive, & qui démontre

que le bois détruit ne fe régénère pas, on peut, avec un emporte-pièce, enlever l'écorce d'un arbre, & un peu du bois du deffous. L'écorce aura bientôt formé fon bourrelet tout autour, & à force de s'accroître, les bords fe toucheront, fe réuniront, & la plaie fera fermée. Sur le même arbre, & même affez près de la première plaie, faites-en une feconde dans le même genre, & bouchez l'entaille pratiquée dans la fubftance du bois, par exemple, avec une pièce d'argent de douze ou de vingt-quatre fols; & plufieurs années après, vous retrouverez ces mêmes pièces fous l'écorce, & non recouvertes par le bois. La fubftance ligneufe dans l'arbre, & charnue dans l'homme, ne fe régénère pas.

CIDRE. Boiffon préparée avec le jus de pomme, & rendue vineufe par la fermentation.

L'ufage de cette boiffon n'eft pas ancien en Normandie, & encore moins en Picardie. On trouve, dans les abbayes de Normandie fur-tout, des réglemens économiques pour la fubfiftance des religieux; leur boiffon y eft défignée ou en vin, ou en bière; & il n'y eft fait nulle mention du cidre: plufieurs rentes feigneuriales font également ftipulées en vin. Il y a beaucoup d'apparence que l'origine de la plantation des pommiers à cidre, ne remonte pas au-delà de 1300. Les religieux des abbayes de Saint-Etienne de Caen, de Jumièges, du Bec, de Fécamp, de Saint-Ouen, &c. pourroient, en confultant leurs archives, fournir une époque plus certaine, & je les prie de me communiquer le réfultat de leurs recherches.

On demandera peut-être pourquoi les normands ont substitué le cidre au vin ? L'abaissement des abris qui mettoient les vignes à couvert du vent du nord, & qui facilitoient la maturité du raisin, en est la première cause, & la plus déterminante. (Voyez *la description du bassin de la Seine*, au mot AGRICULTURE.) Le climat n'étant plus propre à la vigne, il a fallu recourir à une autre boisson. La seconde est peut-être l'amour de la nouveauté, & le besoin de suppléer, par une liqueur agréable, au vin, dont la qualité dégénéroit de jour en jour.

On sait que, dans le quatorzième siècle, les rois de Navarre, de la branche d'Evreux, avoient de très-grandes possessions dans la Haute & dans la Basse-Normandie. Il y avoit alors des correspondances & des relations fréquentes entre les navarrois & les normands.

On sait encore que dans la Navarre espagnole, & dans la province de Pampelune, on y cultive, de temps immémorial, le pommier à cidre, & qu'il y est appelé *cidra*, ainsi que la liqueur qu'on obtient.

L'analogie du mot françois & du mot espagnol, de même que les liaisons établies autrefois, ont sans doute engagé les normands à transporter d'Espagne, des pommiers ou des greffes, & à naturaliser cet arbre dans leur province ; avec cette différence cependant, que les pommiers de Navarre n'ont pas besoin d'être greffés pour donner du bon cidre, tandis que ceux de Normandie, non greffés, donnent un cidre détestable. Ce fait seul prouve que c'est de cette partie espagnole que les normands ont tiré le pommier à cidre, qui est

exotique à leur province, & indigène à cette partie d'Espagne. Enfin, dans plusieurs cantons de Normandie, le pommier à cidre porte le nom de *biscait*, ce qui désigne complétement qu'il en a été tiré.

Olivier de Serre, un de nos plus anciens & meilleurs écrivains, dans son *Théâtre d'Agriculture*, dit : *l'invention du sidre a premièrement paru en Cotentin, partie basse de la Normandie, ainsi qu'on le recognoist par plusieurs titres antiques de divers seigneurs de fief, dont les terres ont été baillées aux habitans, sous les charges, entre autres, de cueillir les pommes & faire les sidres.*

C'est de Normandie que la fabrication de cette liqueur a passé en Bretagne, & aujourd'hui elle commence à prendre faveur en Picardie, où il faut espérer que dans peu elle fera disparoître l'usage de la bière.

M. Turgot, pendant qu'il étoit Intendant de Limoges, fit venir beaucoup de pieds de Normandie, ainsi que des greffes de ces arbres. Après les avoir multipliés dans les pépinières, ils furent distribués aux habitans du Haut-Limosin, avec une instruction imprimée, sur la manière de les cultiver & d'en préparer le cidre.

Il seroit bien à désirer que, dans toutes les provinces privées de vin, ou à un prix trop haut pour le commun des habitans, les seigneurs de paroisses y introduisissent cette culture, & qu'ils en consignassent, dans les papiers publics, les époques, afin de suivre les progrès ou la filiation de ce genre de culture.

M. le Marquis de Chambray, dans l'*Art de faire le bon Cidre*, avance que ce pommier a été porté d'Afrique en

Efpagne. Je ne nie pas le fait; mais, comme ce zélé citoyen ne donne aucune preuve de fon affertion, je ne vois pas qu'elle foit démontrée.

A l'article POMMIER, je parlerai de la culture & des efpèces de pommiers à cidre. Il ne fera ici queftion que de la manière de préparer cette liqueur. Je dois à M. d'*Ambournai*, fecrétaire de l'Académie des Sciences de Rouen, fi connu par fon goût & fes travaux fur l'agriculture, les détails que je vais publier, ainfi qu'à l'ouvrage de M. de *Chambray*, parce que je n'ai jamais été dans le cas de faire du cidre. Comme le premier a écrit dans le nord de la province, & l'autre au midi, je crois ce rapprochement de manipulation utile.

I. *De la cueillette du fruit.* M. d'Ambournai confeille de cueillir à la fois, & par un beau temps, toutes les pommes qui font mûres enfemble, & d'en former, fous un toît, un tas commun, fuppofé qu'il n'y ait pas, dans leur goût particulier, des différences qui n'en permettroient pas le mélange.

M. de Chambray dit que fi les plants font enclos de haies ou de foffés capables de les garantir de l'approche des beftiaux, la meilleure façon eft de laiffer mûrir les pommes fur l'arbre, au point que la plus grande partie tombe d'elle-même; après quoi, en fecouant les branches des arbres, le refte tombe fans effort. Par ce moyen, l'arbre n'eft point battu avec la gaule; le bourgeon, qui doit produire l'année fuivante, n'eft point détruit, les arbres rapportent plus fouvent & davantage. On laiffe ces pommes fous les arbres, elles y mûriffent; & lorfque le tout eft tombé, on pofe les pommes dans

des bâtimens, pour les piler lorfqu'elles font à leur vrai point de maturité. Il ne faut jamais tranfporter les pommes dans les bâtimens, lorfqu'elles font mouillées par la pluie ou par la rofée: cela les fait noircir, pourrir, & ôte la qualité des cidres. Pour les pommes qui ont mûri fur les arbres, fi elles font à leur jufte point, on peut les porter tout de fuite fous la roue du preffoir. Au mot PRESSOIR, je décrirai celui dont on fe fert à cet ufage.

M. d'Ambournai veut, comme il a été dit, que les pommes foient amoncelées en un feul tas, s'il eft poffible; qu'elles reffuent ainfi amoncelées; qu'elles exhalent une forte odeur de fruit, & qu'on en trouve un peu de noires & de pourries. Si je juge par comparaifon du raifin avec les pommes, je ne vois pas l'avantage qui réfulte des pommes pourries. J'ai trouvé, à tous les cidres que j'ai bu, & même aux plus renommés des environs de Rouen, un petit goût de pourri, dont ne s'apperçoivent pas les habitans du pays, à caufe de l'ufage journalier de cette boiffon, mais très-fenfible pour ceux qui n'y font pas accoutumés. Lorfque le cidre eft moufleux, c'eft-à-dire, lorfque fon air de combinaifon, ou *air fixe*, (*voyez* ce mot) tend à fe dégager, alors le petit goût de pourri eft plus mafqué; cependant il eft bien fenfible.

M. de Chambray confeille de ne pas mêler, dans les bâtimens, les pommes avancées avec les tardives: les unes feroient trop mûres, & même pourries, que les autres feroient encore vertes; il n'en réfulteroit qu'un jus imparfait. On a donc foin de porter dans chaque grenier les pommes qui font de la même claffe, & qui doivent être pilées dans le même temps. Quant à celles qui fe trouvent dans les terres labourables , & qui font expofées aux beftiaux, on envoie tous les matins, pendant les mois de feptembre & d'octobre, ramaffer ce qui eft tombé pendant la nûit. On les pile de bonne heure, pour en faire du petit cidre, parce que la plûpart font verreufes. Lorfque le fruit des arbres eft fuffifamment mûr, on fait la cueillette générale, en fecouant & gaulant les branches, pour le faire tomber. C'eft alors qu'il y a bien du bois brifé, & que l'arbre fouffre ; mais il eft impoffible de parer à cet inconvénient.

Cette impoffibilité ne me paroît pas auffi réelle qu'à M. de Chambray. Rien n'empêche que le fruit ne foit recueilli par des femmes, des enfans montés fur des *échelles d'engin*. (*Voyez* la gravure qui repréfente les outils du jardinage, au mot JARDIN.) Faites-en en bois de faule ou de peuplier ; elles font très-légères : en les promenant tout autour des arbres, on feroit la cueillette, fans caffer un feul bouton à fruit pour l'année prochaine. Il y auroit tout au plus à gauler la fommité des branches, & une perfonne, placée dans l'intérieur de la tête de l'arbre, rempliroit cette fonction. C'eft ainfi que travaillent ceux qui veulent en même temps fe procurer de la bonne huile, & ménager les oliviers. Toutes les olives font cueillies à la main, quoiqu'infiniment plus petites que les pommes : il en eft ainfi des feuilles de mûrier. Le problême fe réduit à ceci : *La petite dépenfe, occafionnée par la cueillette des pommes à la main, feroit-elle*

compenfée par le produit des boutons à fruit que l'on ménageroit ? Je ne fuis pas à même de le réfoudre : je prie ceux qui feront des effais en ce genre, de me communiquer leurs obfervations. Revenons à notre objet. Les pommes ainfi cueillies, continue M. de Chambray, on les porte dans les bâtimens qui leur font deftinés : on peut les mettre fur l'herbe, dans un lieu clos, proche le preffoir ; elles y mûriront bien, l'air ne les endommagera pas ni les pluies : il n'y auroit à craindre qu'une gelée trop forte ; une pomme gelée ne donne jamais du bon cidre. On s'en garantira, fi on les couvre de feuilles ; elles confervent parfaitement les pommes. On ne doit piler les pommes que lorfqu'elles font bien mûres. On connoît la maturité à leur couleur jaune, à la bonne odeur qu'elles répandent, & enfin, lorfque quelques-unes commencent à pourrir : c'eft-là ce qui indique le vrai degré de maturité. Je le répète, je penfe que l'on ne devroit pas mettre fous le preffoir les pommes pourries, & qu'on doit les féparer des autres. Tout fruit pourri eft un fruit décompofé, qui éprouve une nouvelle manière d'être dans fes principes. La partie fucrée, il eft vrai, n'a pas entièrement difparu ; mais la majeure partie de l'air fixe, le feul lien des corps, & leur confervateur, n'exifte plus dans ce fruit.

II. *Du choix des efpèces de pommes.* On doit réunir enfemble toutes les efpèces de pommes analogues entr'elles, foit pour la qualité, foit pour la maturité. Sans cette attention, l'on porteroit au preffoir des pommes, dont les unes feroient encore vertes, tandis que les autres feroient pourries, & il n'en réfulteroit qu'une très-mauvaife

mauvaife boiffon. Au contraire, avec ces foins, on fait des cidres divers, mais bons chacun dans leur genre. Les uns font prêts à boire dans trois mois, les autres fe gardent pendant deux ou trois années, s'ils font entonnés dans de groffes futailles. Au refte, il faut juger par les pommiers qui exiftent dans le pays, quelles font les efpèces auxquelles le terrein convient le mieux, & s'y borner dans la plantation en grand; mais il eft bon d'en planter une petite quantité, pour effayer d'ennoblir la qualité par des greffes des meilleures pommes des pays éloignés. Tel eft l'avis de M. d'Ambournai.

M. des Pommiers, dans fon Livre, intitulé, *L'Art de s'enrichir promptement par l'Agriculture*, dit que les pommes d'un *doux-amer*, quelques-unes un peu aigres, font les feules propres à donner de bon cidre. M. de Chambray obferve à ce fujet, que les normands eftiment feulement les pommes douces & amères-douces, & qu'ils regardent les pommes un peu aigres comme contraires à la bonne qualité du cidre. Si cette affertion eft vraie pour toute la Normandie, il paroît probable que M. des Pommiers aura été féduit par le témoignage d'Olivier de Serre, qui s'exprime ainfi dans l'ouvrage déjà cité : « Remarquera-t-on curieufe-» ment ceci, que de ne confondre les » efpèces de pommes en leur emploi; » ains diftinguer les douces d'avec les » aigres, pour de chacune à part en » faire des fidres féparés, tant pour » la bonté, que pour la durée. En » quoi il y a matière pour s'employer » avec contentement, pour l'abon-» dance des pommes que Dieu a don-» nées de ces qualités, douce & aigre, » des deux fortans boiffons féparées,

Tome III.

» chacune requife à la maifon pour » la diverfité du traitement. Ainfi les » pommes douces donneront du fidre » pour la première table : & les aigres » qu'en Normandie on appelle *fures*, » pour la feconde, dont toute la fa-» mille fera accommodée. Joint que » la longue durée du fidre fortant de » ces pommes-ci, fait que la boiffon » en eft quelquefois opportunement » recherchée pour les plus délicates » perfonnes ». Il eft donc clair que, du temps d'Olivier de Serre, à la fin de 1500, on faifoit en Normandie du cidre avec des pommes aigres. L'expérience a fans doute démontré aujourd'hui qu'il eft plus avantageux d'employer feulement les pommes douces, & les pommes douces-amères.

Le mêlange de diverfes pommes produit fouvent d'excellent cidre; mais, comme les noms particuliers de chacun de ces fruits varient d'un village à l'autre, on ne peut les défigner pofitivement. Il feroit intéreffant de faire des effais prefque partout, en pièces au moins de cent pots. Il convient de tenir une note exacte des quantités & qualités de chaque fruit, pour adopter en grand le mélange qui aura le mieux réuffi.

III. *De la façon de faire le cidre.* Chacun a la fienne, dit M. d'Ambournai, & la vante comme la meilleure; mais toutes fe réduifent aux conditions fuivantes :

1°. De bien faire triturer les pommes dans quelque machine que ce foit, propre à cette opération en grand, en y ajoutant un peu d'eau, c'eft-à-dire, environ quatre pots par fomme de cheval;

2°. De laiffer, environ pendant fix heures, le marc dans une grande

X x

cuve couverte , pour colorer le jus ;

3°. D'asseoir ce marc sur une faiscelle, en un quarré de quatre pieds, sur six pouces d'épaisseur, bien dressé & pressé par les quatre côtés, avec une règle de bois. On étend sur cette première assise , trois à quatre poignées de longue paille , dont les brins excéderont de quatre pouces tout à l'entour. On recommence un nouveau lit de pommes pilées, & on garnit de nouvelle paille, mais en sens contraire, & ainsi de suite, jusqu'à la hauteur de quatre pieds. Il faut que cette masse soit bien d'aplomb sur toutes ses faces, & que la dernière assise soit encore couverte de paille, sur laquelle on pose doucement le tablier du pressoir : ensuite, au moyen d'une vis centrale, ou d'un arbre transversal; (voyez le mot PRESSOIR) on serre & l'on presse à diverses reprises. Le suc qui coule , est reçu dans une cuve, d'où on le puise pour le verser dans des futailles, à l'aide d'un entonnoir à large pavillon, qui est surmonté d'un tamis de crin. Ce tamis retient les portions du marc qui auroient pu échapper du tas.

4°. On place les futailles pleines, à deux pouces près, dans un lieu tempéré, où la fermentation s'établit naturellement en trois ou quatre jours. La liqueur bout, & jette une grande quantité de pulpe, en forme de purée. Pour faciliter cette éjection , il faut remplir les tonneaux de temps à autre. Enfin, lorsqu'elle cesse, on bonde les futailles; mais si elles dévoient être déplacées, il faut, au bout d'un mois, les soutirer, afin que la lie, déposée au fond, ne se remêle pas avec le cidre. Quand il

est destiné pour l'usage de la maison, & sans déplacement, on peut le laisser sur la lie pendant environ six mois.

Voici la méthode de M. le Marquis de Chambray : lorsqu'on veut faire du cidre parfait, lorsque les pommes sont à leur point de maturité, à mesure qu'on les prend sur la pelle de bois, pour les mettre dans la corbeille, & les porter dans les auges du pressoir, une ou deux femmes enlèvent toutes les pommes noires ou pourries, & les gardent pour le repilage : mais, comme tout le monde ne veut pas faire cette petite dépense, voici l'usage ordinaire pour bien piler les fruits : je dis *bien piler*, parce que les trois quarts des normands ont des cidres troubles & de mauvais goût, par le peu de soin qu'ils mettent à les façonner.

Le cheval qui sert au pilage, ayant suffisamment fait tourner la meule de bois ou de pierre, qui sert à écraser les pommes, on les porte ainsi écrasées sur le *tablier* du pressoir, que M. d'Ambournai nomme *faiscelle*, & qu'on devroit appeler la *maye*, ou *table*, & on les range en forme carrée, ainsi qu'il a été dit, &c.

Lorsque le cidre sort du pressoir, il tombe dans le *beslon*, d'où on le transporte dans des futailles bien reliées; mais si on a, près du pressoir, des cuves contenant deux, quatre ou six queues, plus ou moins; (la queue contient deux barriques de deux cent vingt à deux cent trente bouteilles chacune) on y jette tout le cidre qui sort du beslon. Il reste trois à quatre jours sans monter, suivant le degré de chaleur de l'atmosphère, & la maturité du fruit; au bout defquels il fermente très-fort. Toute la lie monte comme l'aine du vin ; & quand on voit que cette croûte commence à s'abaiffer, il eft temps de tirer le cidre, & de le porter dans les futailles. Par ce moyen, il ne fe trouve point dans la futaille cette affreufe quantité de lie, dont les cidres des payfans font furchargés, &c. le cidre ne s'aigrit pas fi promptement ; il eft plus clair, & fa couleur eft plus belle & plus nette.

La méthode de M. de Chambray fe rapproche beaucoup de celle dont on fait les vins rouges ; & la mé- thode de M. d'Ambournai, de celle dont on fait les vins blancs. Je ferois porté à croire la première préfé- rable, fur-tout fi la cuve eft prefque pleine, & recouverte, afin d'empê- cher l'évaporation de l'air fixe, qui fe trouve, au moyen de la couver- ture, obligé de fe recombiner avec la liqueur fermentante ; mais fi la cuve n'eft pas recouverte, je penfe que le cidre fe confervera moins.

Si les cidres, par la nature du ter- rein, ne font pas fuffifamment colorés, continue M. de Chambray ; ce qui arrive fouvent, il faut laiffer le mâ- quer, les pommes pilées, pendant quelques heures, c'eft-à-dire, dif- férer d'en faire fortir le jus après qu'elles font pilées. Par ce moyen, on donne au cidre autant de couleur qu'on juge à propos.

Ne pourroit-on pas traiter le cidre comme le vin ? Lorfqu'on veut l'avoir plus coloré, & fur-tout dans les années pluvieufes, on ajoute la pellicule des grains de raifins à la maffe de celle qui fermente, & même la pellicule des grains de raifins déjà fermentés & preffés. Quoique l'ef-

prit ardent ait déjà enlevé, lors de la fermentation, une grande quantité de la réfine colorante, il en refte encore affez dans cette pellicule. D'après l'analogie, ne pourroit-on pas peler une certaine quantité des pommes les plus faines, quoique très-mûres & très-colorées, & les jeter dans la cuve en fermentation ? L'efprit ardent qui s'y forme, dif- folveroit la partie colorante attachée à ces pelures.

Quand les tonneaux font pleins, il faut les laiffer fans les bonder, ainfi qu'il a été dit ; mais les ayant bondés, il faut regarder fouvent aux futailles, pour leur donner de l'air, s'il eft be- foin ; car fouvent les cidres font fauter les cercles, fur-tout fi on a bondé trop tôt. Les Parifiens ne trou- vent jamais le cidre affez doux : fi on veut en avoir qui conferve fa dou- ceur très-long-temps, qui mouffe bien, & qui ait une très-belle cou- leur, il faut mettre plein un grand chaudron de fer ou de cuivre, con- tenant à peu près trois feaux de cidre fortant du beffon, le faire bouillir fans interruption, depuis le matin jufqu'au foir, en forte qu'il fe réduife en un firop épais. Lorfque ce firop eft à peu près à fon degré de cuiffon, on y jette une demi-livre de bon miel ; on le fait encore bouillir un peu, & on jette le firop par le trou de la bonde d'une pipe qui contient cinq cents pintes. On la roule fur tous les fens ; on entonne dedans le cidre fortant de la cuve : au bout de très-peu de temps, on a du cidre très-clarifié, très-doux, piquant & agréable. Cette recette eft encore meilleure pour des cidres qui n'ont pas beaucoup de qualité par eux- mêmes : elle feroit très-inutile à

Isigny, & en bien d'autres endroits de la Normandie. Ce sirop se garde, si l'on veut, pendant très-long-temps dans des pots : il y reste en consistance de miel ; & quand on veut en faire usage dans les rhumes, il faut le battre avec de l'eau chaude : il est très-bon pour la poitrine.

Si le cidre n'éclaircissoit pas dans les tonneaux ; ce qui arrive quelquefois, sur-tout à ceux qui ont des pommes dont le jus est gras & limoneux, il faudroit, pour une demi-queue de deux cents pintes, broyer un pain de blanc d'Espagne, autrement craie de Briançon, y joindre le poids de deux liards de soufre en poudre, jetter le tout dans la futaille par la bonde, remuer le cidre avec un bâton fendu en quatre ; il sera bientôt clair-fin. C'est la manière de le coller.

J'observerai à M. de Chambray, que je ne vois pas l'utilité du soufre. Est-ce parce que ses parties divisées sont spécifiquement plus pesantes que la colonne de cidre à laquelle elles répondent ? En ce cas, celles de la craie, toutes seules, précipiteront aussi-bien le mucilage, que le feroient les parties du soufre, puisqu'à volume égal, elles sont spécifiquement plus pesantes que celles du soufre. Est-ce par quelques principes du soufre, analogues au mucilage du soufre ? C'est ce qu'il faudroit prouver : cette discussion nous mèneroit trop loin. Je vois dans la craie, au contraire, une substance calcaire, qui neutralise l'acide du cidre, & le rend plus doux, & en même temps fait la fonction de précipitant du mucilage.

Au mois de mars, on met en bouteilles le cidre qu'on destine pour la

table des maîtres, en observant de ne le boucher à demeure qu'au bout de quelques jours ; autrement il casseroit bien des bouteilles. Ce cidre mousse, pique le palais, porte au nez, monte à la tête, plaît beaucoup ; mais ce ne seroit pas une boisson convenable pour l'ordinaire ; elle a trop de violence. Les normands boivent rarement du cidre sans eau : il faut donc voir l'usage journalier qu'on peut faire du cidre.

Pour avoir une boisson agréable & saine, il faut mettre quelques seaux d'eau dans les auges du pressoir, en pilant les pommes. On règle cela, selon le degré de force qu'on veut donner au cidre. Lorsqu'il est ainsi tempéré, il est très-sain : on l'appelle la *tisane des normands* ; mais ce cidre, mêlé à l'eau, ne passe guère l'année, il s'aigrit à la fin ; au-lieu que du cidre de bon crû se conserve mieux, & est souvent très-potable au bout de six ou sept ans.

Je ne vois pas la nécessité de mettre le cidre en bouteilles en mars, & je vois un très-grand inconvénient à laisser les bouteilles débouchées pendant deux à trois jours. Au retour des premières chaleurs du printemps, toutes les liqueurs spiritueuses, tenues en masses, éprouvent un renouvellement de fermentation ; &, dans toute fermentation, *l'air fixe*, (*voyez* ce mot) qui est le lien des corps, cherche à s'en séparer. On facilite cette séparation, en laissant la bouteille débouchée. Si le cidre pétille encore après que la bouteille a été bouchée, c'est une continuation de cette tendance à s'échapper, & de sa foible agrégation avec les principes aqueux, sucrés & aromatiques de la liqueur. Le bouchon empêche cette déperdition ; mais si cet air se débande jusqu'à un certain point, le bouchon part avec éclat ; & s'il resiste plus que les parois de la bouteille, le verre cède à la violence de cet air fixe. On est presqu'entièrement revenu des vins mousseux de Champagne : cette fureur n'a eu qu'un temps ; il en sera peut-être ainsi des cidres pétillans. Si on a de bonnes caves, (voyez ce mot) ne vaudroit-il pas mieux mettre en bouteilles dans les jours froids de février, ou bien attendre que la fougue de la fermentation du printemps soit cessée ? On seroit sûr alors d'avoir un cidre bien sain, & on ne craindroit plus la perte du verre. Les mêmes accidens arrivent en Champagne aux vins mousseux.

IV. *Des petits cidres*. Je préviens que je suis toujours l'ouvrage imprimé de M. le Marquis de Chambray ; il seroit odieux de m'approprier le travail d'un si zélé citoyen.

« Si on buvoit le cidre pur à son » ordinaire, ce seroit comme si on » ne mettoit jamais d'eau dans son » vin. Il n'est point de boisson plus » légère & plus rafraîchissante que » le petit cidre : il n'a aucun des » inconvéniens des gros cidres, qui » souvent gonflent, & nourrissent » trop ; mais il faut que le petit cidre » soit bien fait. Pour y parvenir, » voici comment on doit procéder.

» Le gros cidre étant tiré du marc » des pommes pilées, on exhausse » l'arbre du pressoir, &c. On relève » le marc des pommes par couches, » qui sont marquées par les lits de » paille dont on a parlé. On met le » marc dans une futaille défoncée par » un bout, sur un des coins de la » maye du pressoir, & dans les auges

» à piler. Si on a besoin de pépins » pour semer, c'est dans ce moment » qu'on les met à part. On jette de » l'eau sur le marc qui est dans les » auges ; & quand il est imbibé, on » attèle le cheval à la meule, pour » le piler de nouveau. Lorsqu'il est » suffisamment repilé, on le porte à » pelletées sur la maye du pressoir ; » &, de ce repilage on fornie une » nouvelle motte, comme on a fait » pour le gros cidre ; ainsi de suite, » comme pour le cidre moyen, si on ne » veut pas faire cuver le petit cidre ; » ce qui cependant le rendroit meil- » leur, & le débarrasseroit de la plus » grande partie de sa lie. Pour savoir » la quantité d'eau qu'il faut mettre » sur le marc, la règle est d'y en » mettre autant qu'on en a tiré de » gros cidre : c'est-là la boisson des » domestiques. Si on veut qu'elle » serve aux maîtres, & qu'elle soit » d'une qualité plus forte, on jette » dans le repilage quelques pelletées » de pommes.

» Il y a une autre façon de faire » du cidre mitoyen pour les maîtres, » & c'est la plus convenable. Elle » consiste à jeter deux, trois, quatre » seaux d'eau dans chaque pilée de » pommes, lorsqu'elles sont bien écra- » sées, & à faire ensuite tourner la » meule, pour que le tout s'incor- » pore. Plus le tour du pressoir est » grand, plus il contient de boisseaux » de pommes : ainsi on peut déter- » miner sur cette grandeur combien » on mettra de seaux d'eau à la pilée, » & le propriétaire en jugera facile- » ment. Il y a des crûs qui ont moins » de qualité, & le jus des pommes » est moins spiritueux ; dans ce cas-là, » il faudra moins d'eau. Le cidre » moyen se façonne comme le gros

» cidre ; il ne diffère que par l'eau
» que l'on y met, pour rendre cette
» boiſſon plus convenable à la ſanté :
» elle nourrit & rafraîchit. »

Par la diſtillation, on retire du
cidre un eſprit ardent, dont je parlerai à l'article EAU-DE-VIE.

Je me ſuis permis quelques obſervations ſur le mémoire que M. d'Ambournai a eu la bonté de me communiquer, & ſur l'ouvrage imprimé de
M. le Marquis de Chambray. Comme
je ne puis juger de l'art de faire du
cidre, que par analogie avec celui
de faire du vin, mes obſervations
peuvent être fauſſes, ou peu exaĉtes :
auſſi je prie ces Meſſieurs, & ceux
qui liront cet ouvrage, de me faire
connoître mes erreurs, & elles ſeront
bientôt retraĉtées publiquement.

CIGUË. (grande) (*Voyez*, *Pl. 6*,
page 196) M. Tournefort la place
dans la première ſeĉtion de la ſeptième claſſe, qui comprend les herbes
à fleurs en roſe & en ombelle, dont
le calice devient un fruit compoſé de
deux petites ſemences cannelées, &
il l'appelle *cicuta major*. M. Von Linné
la nomme *conium maculatum*, & la
claſſe dans la pentandrie digynie.

Fleur B, compoſée de cinq pétales
égaux, & en forme de cœur C, renfermant cinq étamines, & un piſtil D.
L'enveloppe générale de l'ombelle
eſt compoſée de pluſieurs folioles
très-courtes, ainſi que la partielle.

Fruit E, ſtrié, obrond, diviſé en
deux ſemences F, convexes, hé-mi-
ſphériques, cannelées extérieurement, & aplaties intérieurement.

Feuilles, embraſſent la tige par
leur baſe : elles ſont ailées dans chacune de leurs diviſions très-multipliées & très-fines, & la ſurface liſſe.

Racine A, en forme de fuſeau,
jaunâtre en dehors, & blanche en
dedans.

Port. La tige s'élève quelquefois
à la hauteur d'un homme, ſuivant
le ſol ſur lequel elle végète. Elle eſt
liſſe, branchue, parſemée de quelques
taches brunes, tirant ſur le violet.
L'ombelle naît au ſommet, & les
feuilles ſont placées alternativement.

Lieux. Les terreins aquatiques : elle
ſe cultive, ſe multiplie aiſément, &
fleurit en mai ; la plante eſt bienne.

Propriétés. Toute la plante eſt nau-
ſéeuſe par ſa ſaveur & par ſon odeur.
Plus elle approche de ſa maturité,
plus l'une & l'autre augmentent. Celle
qui croît dans les pays chauds, eſt
beaucoup plus aĉtive que celle qui
végète dans les pays froids : on la
regarde comme réſolutive & narcotique. Il arrive très-ſouvent, par
l'imprudence ou l'ignorance des cui-
ſiniers ou des cuiſinières, qu'ils prennent la ciguë encore jeune pour du
perſil, ou des carottes, &c. & qu'ils
en préparent nos alimens. Cette
mépriſe funeſte excite un engourdiſ-
ſement quelquefois ſubit, le vertige,
l'obſcurciſſement de la vue, le délire,
les convulſions, le vomiſſement, le
hoquet, l'ardeur & la douleur d'entrailles, l'écoulement du ſang par les
oreilles, l'écume à la bouche, &c.
C'eſt un vrai poiſon, qui porte ſon
aĉtion ſur l'eſtomac : il l'enflamme,
& le cautériſe.

Auſſitôt qu'on commence à s'appercevoir des premiers effets de la
ciguë, il faut ſe hâter de débarraſſer
les premières voies par l'émétique, ou
par l'uſage copieux de l'eau chaude,
comme il ſera dit au mot ÉMÉTIQUE,
ſur-tout lorſqu'on ne ſera pas à même
de ſe procurer promptement du tartre

émétique. Si les fignes de l'inflammation fe font déjà manifeftés, la faignée
eft néceffaire, & on aura recours
aux *délayans*, aux *rafraîchiffans* &
aux *adouciffans*. (*Voyez* ces mots.)

Voici quelques caractères effentiels, & faciles à faifir, même par
les perfonnes les plus ignorantes, &
qui les mettront dans le cas de diftinguer le perfil avec la ciguë. La couleur
de la feuille du perfil eft d'un vert plus
gai que celui de la ciguë, qui eft brun.
Le perfil, froiffé & écrafé dans les
doigts, les imprègne d'une odeur
aromatique, & la ciguë, d'une odeur
défagréable & nauféeufe. La longue
queue qui fupporte les feuilles du
perfil, eft pleine, & celle des feuilles
de ciguë eft cylindrique, c'eft-à-dire,
creufe.

M. Stork, célèbre médecin de
Vienne en Autriche, a publié un
recueil d'obfervations fur les effets
de la ciguë, fur fes pilules : les effais
fouvent répétés en France, n'ont pas
eu le même fuccès en Allemagne.
L'ufage intérieur de cette plante demande à être dirigé par une main
prudente ; &, pour ne rien hafarder
fur l'emploi d'une plante auffi dangereufe, je vais rapporter ce qu'en
dit M. Vitet, dans fon excellente
Pharmacopée de Lyon.

L'extrait de ciguë, à haute dofe,
caufe une efpèce d'anxiété & de douleur fourde dans la région épigaf-
trique ; il étourdit, caufe des renvois, tient le ventre libre, fans
augmenter fenfiblement la fueur &
cours des urines. A dofe modérée,
il ne produit fenfiblement aucun accident fâcheux ; il retarde les progrès du cancer occulte & du cancer
ulcéré ; quelquefois il guérit le cancer
formé depuis peu de temps, & eft

capable de fupporter l'application des
feuilles récentes. Il eft indiqué dans
les écrouelles, dans les tumeurs dures
& rebelles à l'action des autres remèdes. Dans les ulcères invétérés &
de mauvais caractère, l'ufage de la
racine a été quelquefois accompagné
d'un fuccès heureux dans les efpèces
de maladies décrites ci-deffus, où
l'extrait des feuilles n'avoit pas réuffi ;
comme dans les tumeurs fquirreufes
du fein, des aines & des aiffelles ;
dans les obftructions du foie & de
la rate.

Pour préparer l'extrait, prenez du
fuc exprimé des feuilles, faites-le
évaporer au bain-marie, jufqu'à confiftance d'extrait, molle & épaiffe.
Cet extrait eft d'un brun noirâtre,
d'une odeur médiocrement virulente, d'une faveur nauféabonde,
légèrement âcre. On le donne depuis
trois grains jufqu'à une drachme par
jour, incorporé avec fuffifante quantité de racine de *régliffe*, (*voyez* ce
mot) pulvérifée ; ou, fuivant l'indication, des feuilles de ciguë pulvérifées, pour former des pilules de
trois grains chacune. Si vous voulez
obtenir de bons effets de cet extrait,
perfiftez pendant plufieurs mois à fon
ufage interne, augmentez-en la dofe
par degrés infenfibles, donnez le
petit lait pour boiffon, faites entrer
dans la nourriture beaucoup de
plantes urinaires, purgez par intervalle avec les fels neutres, en folution dans du petit lait ; appliquez des
feuilles récentes fur la tumeur, tant
qu'elles ne l'enflamment pas ; faites
recevoir à la partie affectée la vapeur
d'une forte décoction de feuilles ;
tenez le ventre libre par des lavemens, maintenez la tumeur à un degré
de chaleur modérée, foutenez les

forces de l'eſtomac par des fortifians amers, réitérez la ſubmerſion de la partie ou de tout le corps, ſuivant l'indication, dans une forte infuſion de feuilles de ciguë.

On donne la racine pulvériſée, depuis trois grains juſqu'à demi-drachme, délayée dans trois onces d'eau, ou incorporée avec un ſirop; depuis quinze grains juſqu'à une drachme, en infuſion dans huit onces d'eau.

CIGUË AQUATIQUE. (*Voyez, Planche 6*, page 196.) MM. Tournefort & von Linné la placent dans la même claſſe que la grande ciguë. Le premier l'appele *cicutaria paluſtris tenui folia ;* & le ſecond, *phellandrium aquaticum.*

Fleur B, compoſée de cinq pétales C, égaux, ovales, & en forme de cœur. Le piſtil D eſt compoſé de deux ſtyles; le calice E eſt un tube d'une ſeule pièce, membraneux, diviſé à ſon extrémité en cinq dentelures qui couronnent l'ovaire.

Fruit F ſuccède à l'ovaire, compoſé de deux graines G, ovoïdes, cannelées à leur ſurface extérieure, & aplaties à leur ſurface intérieure.

Feuilles ailées ſur pluſieurs rangs: celles du bas de la tige ont juſqu'à quatre ailes, tandis que celles du ſommet n'en ont quelquefois qu'une ou deux. Les ailes ſont elles-mêmes ailées, & les folioles diſtribuées, ainſi que les ailes, deux par deux, & terminées au ſommet par une impaire: les folioles ſont découpées irrégulièrement, & comme par lobes.

Racine A, en forme de fuſeau garni de fibres.

Port. Ses tiges s'élèvent à la hauteur de trois pieds; elles ſont can-

nelées, creuſes, rameuſes. Les feuilles ſont alternativement placées; les fleurs naiſſent au ſommet, diſpoſées en ombelle. L'enveloppe univerſelle eſt ſouvent nulle; quand elle exiſte, elle eſt compoſée d'une à trois feuilles menues; les enveloppes partielles ſont communément de trois à quatre feuilles linéaires.

Lieu. Les terreins aquatiques, les marais.

Propriétés ; plus vénéneuſe que la grande ciguë, à laquelle on peut la ſubſtituer avec beaucoup de prudence. Son contre-poiſon eſt indiqué dans l'article précédent. Le lait, les bouillons gras, & autres liqueurs ſemblables ne ſont pas inutiles.

CIGUË. (Petite) *Voyez Planche 10, page 352,* de la même claſſe que les deux précédentes. M. Tournefort l'appelle *cicuta minor petro ſelino ſimilis,* & M. von Linné *æthuſa cynapium.*

Fleur B, compoſée de cinq pétales C, étroits à leur baſe, larges, arrondis & recourbés à leur extrémité, & en forme de cœur; le piſtil D eſt compoſé de deux ſtyles & de deux ſtigmates.

Fruit. L'ovaire ſe ſépare à la maturité, produit deux capſules E, ſoutenues par un double pédicule, & renfermant les graines F.

Feuilles, grandes ailées, ſur trois à quatre rangs & terminées en pointe; les folioles qui compoſent les ailes, ſont découpées profondément & irrégulièrement, & les découpures diminuent graduellement juſqu'à l'extrémité.

Racine A, en forme de fuſeau, peu fibreuſe.

Port. Les tiges s'élèvent à la hauteur de deux pieds environ, elles ſont creuſes,

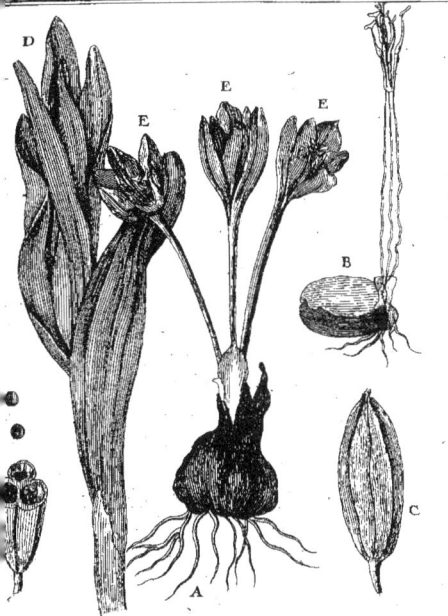

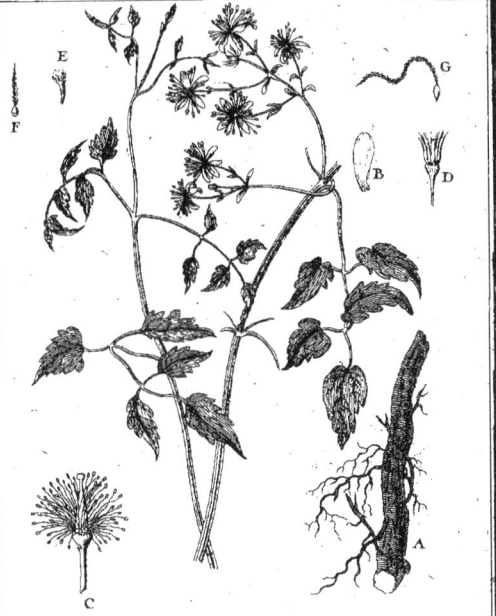

Colchique.

Clématite, Herbe aux Gueux.

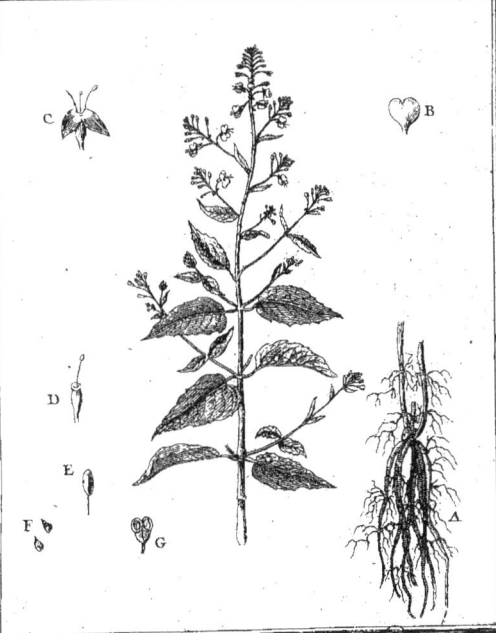

Ciguë petite.

Circée.

creufes, cannelées, tachetées fur la furface de marques brunes ; l'ombelle naît au fommet, compofée de fix à dix rayons, portant chacun, à leur extrémité, une ombelle partielle.

Lieu. Dans les jardins, où elle ne fe mêle que trop fouvent avec les herbages, les terreins ombragés & humides. La plante eft annuelle.

Propriétés. Il eft aifé de la diftinguer du perfil, du cerfeuil, &c. par fa faveur femblable à celle de l'ail, quoique moins forte. Elle eft nauféeufe, réfolutive, calmante intérieurement; c'eft un cauftique trèsdangereux à l'extérieur.

Ufages. On n'emploie que l'herbe; on pourroit, dans le befoin, la fubftituer à la grande ciguë. Ses contrepoifons font les mêmes. Elle eft moins vénéneufe que les deux précédentes; mais elle l'eft encore beaucoup. Il faut préférer, pour remède, la grande ciguë. On a décrit les deux autres efpèces, afin de les faire connoître, & de prévenir par-là les accidens funeftes qu'elles occafionnent.

CIMENT. Pour ne pas morceler cet article, qui tient à beaucoup d'objets, *voyez* le mot MORTIER; il fera queftion, dans cet article, des différens *cimens.*

CINNERATION. (*Voyez* ÉCOBUER)

CIOUTAT. *Raifin.* (*Voyez* VIGNE)

CIRCÉE, HERBE AUX MAGICIENNES, *ou* HERBE DE SAINT-ÉTIENNE. (*Voyez Pl 10, page 352*) M. Tour- *Tome III.*

nefort la place dans la neuvième feƈion des herbes à fleurs de plufieurs pièces régulières & en rofe, dont le calice devient un fruit fec, & il la défigne, d'après Bauhin, par cette phrafe *circæa folani folia diƈa major.* M. von Linné la nomme *circæa lutetiana,* & la claffe dans la dyandrie monogynie.

Fleur, compofée de deux pétales B, chaque pétale eft en forme de cœur, attaché fur les bords du calice C, compofé de deux feuilles, renfermant toutes les parties de la fleur avant fon épanouiffement, & perfiftant jufqu'à la maturité du fruit. La fleur n'a qu'un piftil & deux étamines, repréfentés dans la *Figure* C. Le piftil D eft placé au fond du calice, avec lequel il fait corps.

Fruit, capfule E, velue à deux loges, à deux valves, dans chacune defquelles eft renfermée une femence F. La capfule eft repréfentée en G, coupée tranfverfalement, afin de faire voir la place qu'occupent les femences.

Feuilles, portées par des pétioles, fimples, prefqu'en forme de cœur, pointues, dentées, prefque égales en longueur à celles des pétioles.

Racines A, rameufes, traînantes.

Port. La tige s'élève à la hauteur d'un pied, droite, velue, quelquefois liffe, rameufe; les feuilles font oppofées; des fleurs purpurines clair, naiffent au fommet des rameaux.

Lieu, les bois de l'Europe. Elle eft vivace.

Propriétés, très-fufpeƈtes; on la fait connoître, afin de prévenir contr'elle.

CIRCULATION DE LA SÈVE. (*Voyez* SÈVE)

Y y

CIRE.

TABLEAU du travail fur la CIRE.

SECTION PREMIÈRE.

D'où provient la Cire originairement?

Tous les auteurs dont les obfervations & les découvertes ont étendu nos connoiffances dans l'hiftoire naturelle, conviennent que la cire eft, dans fon origine, cette pouffière contenue dans de petites capfules, fous les *anthères* ou fommet des *étamines* des fleurs, (*voyez* ces mots) qui, dans le temps de la fécondation, vivifie le germe de la plante. M. Bernard de Juffieu s'eft affuré par les expériences qu'il a faites fur la pouffière des étamines de toutes fortes de fleurs, qu'elle contient les principes de la cire parfaite : il a obfervé que les grains de cette pouffière, qu'il

avoit mis dans l'eau, s'y gonfloient jufqu'à crever, & qu'au moment où un de ces grains fe crevoit, il en fortoit un petit jet de liqueur onctueufe & huileufe, qui furnageoit l'eau fans jamais fe mêler avec elle. Il a très fouvent répété cette expérience fur la pouffière des étamines de différentes fleurs, & elle lui a toujours montré les mêmes effets. Cette pouffière des étamines des fleurs eft, par conféquent, la matière première de la cire, puifqu'elle en contient les principes, quoiqu'ils n'y foient pas combinés & réunis comme ils le font dans la cire parfaite, ainfi que le prouvent les expériences même de M. Bernard de Juffieu ; & fi cela étoit, nous n'aurions pas befoin du fecours des abeilles pour avoir de la cire.

Cette matière à cire, comme l'a obfervé *Swammerdam*, eft un affemblage de petits globules plus ou moins arrondis & alongés, dont chacun peut être confidéré comme un petit fac membraneux rempli de cire, ou d'une matière très-prochaine à le devenir. Tous ces petits globules d'une même fleur font femblables, & leur figure varie felon les différens genres de plante. Dans un mémoire de M. Geoffroi, qui fe trouve dans *la Collection Académique des Sciences*, publiée en 1711, page 210, on y lit que ce célèbre obfervateur a remarqué que ces globules, dans la plupart des plantes, font en forme de boule, quelquefois un peu alongée, & que dans d'autres, ils ont des figures tout-à-fait différentes, & extrêmement variées.

SECTION II.

Sur quelles espèces de plantes les abeilles ramassent-elles la matière à Cire, & comment font-elles cette récolte ?

Les abeilles qui connoissent parfaitement la matière qu'elles doivent employer, vont ramasser sur toutes sortes de fleurs la poussière de leurs étamines. Aristote assure que l'abeille, en faisant sa récolte, ne change point d'espèce de fleur, & que si elle a commencé à faire sa charge de la poussière des étamines du lys, elle n'ira pas à la tulipe pour finir la boule de cire brute qu'elle veut emporter. M. de Réaumur a remarqué, au contraire, qu'elle va indifféremment d'une espèce à l'autre ; il est certain cependant que les deux petites pelotes qu'elle porte à ses jambes sont toujours de la même couleur, & qu'on n'en voit pas une être jaune, & l'autre brune : peut-être qu'en changeant d'espèce de fleur, elle ne va qu'à celles dont la couleur de la poussière des étamines est la même que celle dont elle est déjà chargée. Il semble que M. Maraldi ait pensé que l'abeille trouvoit la cire brute où il ne peut y en avoir, lorsqu'il dit : » qu'elle » recueille la cire sur les feuilles d'un » grand nombre d'arbres & de plan- » tes, & sur la plupart des fleurs qui » ont des étamines. »

Les abeilles ne recueillent la matière à cire que sur les fleurs qui ont des étamines qui fournissent cette poussière qu'elles vont chercher, & non pas sur les feuilles des arbres & des plantes où elles n'existent point, mais une matière sucrée & gluante. (*Voyez* le mot MIELLÉE)

Lorsqu'une abeille, dont le corps est couvert d'un poil épais & touffu, entre dans le calice d'une fleur dont les étamines sont bien chargées de cette poussière, elle cherche à frotter avec les diverses parties de son corps le sommet des étamines, & la poussière dont il est couvert, ses poils très-pressés les uns contre les autres, retiennent cette poussière, & en peu de temps elle en fort toute poudrée : quelquefois on voit arriver à la ruche des abeilles tellement couvertes, qu'elles paroissent jaunes, brunes, rouges, selon la couleur de la poussière qu'elles apportent ; cependant il est plus ordinaire qu'elles la ramassent pour en faire deux petites pelotes qu'elles appliquent dans la cavité triangulaire qui est à chaque jambe de la troisième paire. Leurs quatre jambes postérieures étant fournies d'une brosse plate, les deux premières étant aussi couvertes de poils entre la quatrième & cinquième articulation, on conçoit qu'il leur est facile d'ôter de dessus toutes les parties de leur corps la poussière dont il est couvert ; pour cet effet, elles passent leurs brosses sur les diverses parties de leurs corps où la poussière est arrêtée : à mesure que la brosse travaille, la jambe de la première paire passe à celle de la seconde les petits grains qu'elle a ramassés ; & celle-ci les place sur la palette triangulaire de la troisième paire, où elle les aplatit en donnant par-dessus quelques petits coups très-précipités. La grande activité que met l'abeille dans tous ses mouvemens, ne permet pas d'observer, comme on le désireroit, toute la suite de cette opération extrêmement curieuse : en voyant sur la palette triangulaire de chaque

Y y 2

jambe de la troifième paire, une petite boule de la groffeur quelquefois d'un grain de poivre, on juge
que toute l'action dont on a été témoin, tendoit à y placer fucceffivement par petits morceaux la petite
boule qu'on y apperçoit.

Lorfque les anthères ou capfules
qui renferment la pouffière des étamines ne font pas ouverts, l'abeille
qui fait qu'elles contiennent la pouffière dont elle veut fe charger, y porte
auffitôt les dents, qui, étant en forme
de pinces, font très-propres à déchirer ces capfules : étant parvenue
à les ouvrir, elle faifit avec fes dents
les petits globules de pouffière qui
en fortent, & auffitôt une des jambes de la première paire s'approche
pour s'en faifir & les paffer à la jambe
de la feconde paire, qui l'empile dans
la palette triangulaire des jambes poftérieures. Cette opération extrêmement précipitée eft faite tour à tour
par les jambes de chaque côté ; enforte qu'une jambe de la première
paire ne s'eft pas plutôt retirée, après
avoir faifi au bout des dents les petits
globules de pouffière, que celle de
l'autre côté s'avance tout de fuite
pour faire la même chofe, & ainfi
fucceffivement l'une après l'autre.

Si les fleurs font bien épanouies,
& que le fommet des étamines foit
ouvert, une abeille a bientôt fait fa
charge, & placé la petite pelote dans
la palette triangulaire : c'eft alors
les broffes des jambes de la dernière
paire qui font le plus d'ouvrage ;
elles fe donnent réciproquement les
grains de pouffière qu'elles ont ramaffés, & en paffant deffous le ventre, elles conduifent la broffe qui
eft chargée de pouffière au bord de
la palette de l'autre jambe, qui par

fes frottemens s'en décharge, les
raffemble dans la palette triangulaire,
& les y fixe en les frappant. Après
que la charge eft faite, on part tout
de fuite pour aller la dépofer au lieu
de fa deftination.

A toutes les heures du jour, les
abeilles retournent des champs plus
ou moins chargées de cette matière
à cire : le matin eft le moment le plus
favorable à cette récolte, parce que
cette matière, encore imprégnée de
la rofée ou de la liqueur qui tranfpire
des étamines, rend leur travail plus
court & plus aifé ; elles façonnent &
arrangent ces petits grains pour les
emporter avec plus de facilité que
quand ils font defféchés par l'ardeur
du foleil : l'humidité dont ils font
pénétrés aide à leur réunion pour
en former une maffe : auffi on remarque que les abeilles qui rentrent
vers le milieu de la journée, font
bien moins fournies, & leurs pelotes
font plus petites que fi elles avoient
fait leurs voyages le matin.

L'abeille de retour de la campagne,
& qui rentre dans l'habitation avec
une bonne charge de matière à cire,
bat des aîles en marchant fur les
gâteaux, pour inviter fes compagnes
à venir la foulager du poids de fon
fardeau : trois ou quatre fe rendent
auffitôt à fon invitation, s'approchent & s'arrangent autour d'elle
pour l'en débarraffer ; chacune prend
avec fes dents une petite portion de
la pelote, la broie, la mâche, &
après l'avoir avalée, en reprend une
autre portion, jufqu'à ce que la pour-
voyeufe foit entièrement déchargée.
Si elle eft feule à fe débarraffer de
fon fardeau, l'opération eft bien plus
longue : on la voit fe contourner pour
prendre avec fes dents une partie de

la pelote qu'elle porte à ses jambes postérieures, & se redresser ensuite: ses dents alors agissent l'une contre l'autre de droite à gauche, avec une vîtesse surprenante, & quand elles ont suffisamment broyé & mâché la petite portion de cire brute dont elles s'étoient saisie, elle tombe dans la bouche, & la langue par ses inflexions, la pousse vers l'œsophage, d'où elle passe dans l'estomac.

SECTION III.

Quel est le laboratoire où l'abeille prépare la Cire, & comment l'en fait-elle sortir ?

La cire brute acquiert sa perfection dans le corps de l'abeille, où elle devient de la cire parfaite : son second estomac est le laboratoire destiné par la nature, à l'altération, digestion, & décoction de la poussière des étamines des fleurs, pour être changée en cire parfaite ; c'est-là où les principes de la vraie cire, qui se trouvent dans la matière première, sont analysés, combinés & réunis pour former de la cire ; il faut donc que l'abeille mange & digère la poussière des étamines des fleurs, pour construire ses édifices qui sont en cire.

Swammerdam qui n'avoit point découvert la bouche des abeilles, ne se doutoit pas que la poussière des étamines des fleurs fût convertie en cire dans leur estomac, ne connoissant d'autre ouverture pour conduire les alimens dans leurs corps, que celle qu'il supposoit au bout de la trompe : ces globules ne lui paroissoient pas de nature à y être introduits, quoiqu'ils soient extrêmement petits. M. Maraldi pensoit, ainsi que lui, que pour convertir la cire brute en cire

parfaite, les abeilles y ajoutoient quelque liqueur, étant persuadés l'un & l'autre qu'il ne leur suffisoit point de la broyer & de la pétrir avec leurs pattes. L'observateur Hollandois, qui avoit remarqué au bout de l'aiguillon de l'abeille une goutte de cette liqueur venimeuse, qu'elle insinue avec son dard dans la piqûre qu'elle fait, se condenser, se durcir, & rester transparente, avoit soupçonné qu'elle avoit une qualité propre à changer en cire la poussière des étamines des fleurs ; il croyoit avoir fait des expériences favorables à son opinion ; il se pourvut en conséquence d'une quantité suffisante de cette liqueur, pour répéter son expérience en grand : comme il ne dit rien du résultat de cette dernière, c'est une preuve qu'elle n'a pas réussi comme il s'en étoit d'abord flatté.

M. de Réaumur a mêlé la cire brute avec du miel, & une autre fois avec la liqueur venimeuse ; toutes ces expériences n'ont pas eu le moindre succès : il a enlevé aux abeilles la petite pelote de cire brute qu'elles apportent attachée à leurs jambes postérieures, pour s'assurer si ce n'étoit point de la cire toute faite, il l'a pétrie entre ses doigts, sans que les grains de cette poussière se soient jamais ramollis, ni devenus flexibles. Les ayant ensuite examinés à la loupe, il a reconnu que cette petite masse n'étoit qu'un assemblage de petits globules, dont chacun, malgré la pression, conservoit sa forme & sa figure. D'autres fois il a mis ces petites masses de cire brute dans une cuillère d'argent sur le feu ; elles ont conservé leur figure, se sont desséchées par la chaleur, ont été réduites en charbon, mais jamais elles ne se font liquéfiées. Qu'on sorte la cire brute des alvéoles où elle est renfermée depuis six à sept mois, & imbibée de miel ; qu'on la pétrisse, qu'on lui fasse subir les épreuves du feu, elle ne sera pas plus fusible, ni ductile que celle qu'apportent journellement les abeilles. Il ne leur suffit donc point de pétrir la cire brute avec leurs pattes, pour la convertir en vraie cire.

On observe que les petites pelotes qu'apportent les abeilles, & qui sont attachées à leurs jambes postérieures, sont de diverses couleurs, suivant les différentes espèces de fleurs sur lesquelles est ramassée cette poussière des étamines dont elle est formée : cette diversité de couleurs peut encore être remarquée dans la cire brute qu'on sort des alvéoles, quoique d'une manière moins sensible. La cire, au contraire, a constamment une couleur uniforme : quand elle sort du laboratoire de l'abeille, elle est toujours d'un très-beau blanc, & en jaunissant, à mesure qu'elle vieillit, elle conserve l'uniformité de couleur. Si les abeilles n'y apportoient pas d'autre préparation que celle de la pétrir & de la broyer, sa couleur seroit bigarrée, c'est-à-dire, un mêlange de plusieurs couleurs réunies, dont le résultat ne seroit jamais un beau blanc, tel qu'elle l'a au sortir de l'estomac de l'abeille.

Un essaim qui part, & qu'on place tout de suite dans une ruche, y commence d'abord les premières ébauches d'un gâteau, souvent même à l'arbre où on l'a pris ; cependant aucune des abeilles dont l'essaim est composé, ne porte de pelote de cire à ses jambes, à moins qu'il n'y en ait quelqu'une de celles qui retour-

noient de la provision, lorsque l'essaim est parti, & qui ait été entraînée par le tumulte qui s'est fait au moment du départ ; & leur provision apparente n'est jamais capable de fournir les matériaux nécessaires qu'emploie dans un jour un essaim pour bâtir un gâteau de dix-sept à dix-huit pouces de long, sur quatre ou cinq de large, sans qu'il soit sorti pour aller à la récolte : c'est ce qu'on peut observer soi-même en tenant renfermé un essaim pendant vingt-quatre heures, immédiatement après l'avoir placé dans une ruche. Qu'on sorte enfin brusquement des abeilles de leur habitation pour les placer dans une autre, dans la saison qu'elles travaillent en cire : ne s'attendant point à ce délogement précipité, elles ne pourront certainement pas se pourvoir & emporter à leurs pattes de petites pelotes de cire qu'on ne leur donne pas le temps de préparer : cependant elles seront à peine dans leur nouvelle habitation qu'elles y travailleront, & commenceront un gâteau. Qu'on ouvre leur estomac, on le trouvera rempli de cire sous la forme d'une liqueur un peu épaisse ; souvent les globules de poussière auront encore leur première figure : il est aisé de s'en convaincre, en les observant avec une forte loupe.

Pour peu qu'on ait observé des abeilles avec attention, lorsqu'elles construisent leurs alvéoles, on est convaincu que la cire qu'elles emploient, sort de leur bouche en forme de liqueur mousseuse ou d'écume très-blanche. Il n'est donc point possible de croire que la cire brute soit conduite dans leur estomac, comme un aliment dont l'excédent de ce qui a servi au renouvellement de leur subsrance, ne doit fortir que fous la forme d'un excrément inutile. L'eftomac qui travaille, & qui contient la cire, eft capable de contraction, comme celui des animaux qui ruminent, & c'eft par ce mouvement que la cire eft renvoyée à la bouche. Lorfque l'abeille veut employer la cire qu'elle a en réferve dans fon laboratoire, les diverfes parties de fon eftomac, en fe contractant, fe rapprochent fucceffivement du centre; la cire qui s'y trouve contenue fous une forme liquide, étant comprimée, elle remonte & fort par l'œfophage; & arrivée à la bouche, la langue, par fes inflexions, aide à fa fortie, & l'applique où elle eft néceffaire.

M. Wilhelmi, en rendant compte à M. Bonnet, dans une lettre du 22 août 1768, des nouvelles découvertes de la *Société Économique de la haute Luzace*, rapporte qu'on avoit obfervé que les abeilles effluent la cire par les anneaux dont la partie poftérieure de leur corps eft formée. Cette fociété s'étoit convaincue de ce fait, en tirant avec la pointe d'une aiguille l'abeille qui travailloit en cire dans l'alvéole; en lui alongeant le corps, on vit fous ces anneaux la cire dont elle étoit chargée, fous forme de petites écailles. M. de Homboftel, qui avoit fait la même découverte, n'héfite point à affurer que l'abeille produit la cire par tranffudation; ces petites écailles qu'on trouve fous les anneaux du corps des abeilles, font les éclats de cire qui fe trouvent aux parois des cellules, & qui fe gliffent fous les anneaux des abeilles, quand elles fe retirent après avoir travaillé dans l'intérieur. M. Wilhelmi en eft convenu dans fa réponfe à la lettre de M. Bonnet, qui lui témoignoit fa

furprife fur un fait de cette nature, en lui difant: » que M. de Réaumur » avoit démontré que la cire fortoit » de la bouche de l'infecte en forme » d'écume, & que ce qu'il avoit vu » & revu, étoit chofe certaine. »

M. Arthur Dobbes, dans un mémoire qu'il a donné au *Journal économique*, du mois d'octobre 1753, pag. 163, prétend que la cire qu'employent les abeilles pour bâtir leurs édifices, fort de leur corps par l'anus, & qu'elle n'eft que le marc de la pouffière des étamines, que les abeilles ont digérée, dont la partie la plus fubftantielle fort par la bouche, & eft dépofée dans les cellules pour fervir de nourriture aux vers. Il a obfervé des abeilles fe promener avec vîteffe fur un gâteau, & en battre la fuperficie avec l'anus, en continuant cette manœuvre tant qu'elles avoient quelque chofe à y dépofer, & que d'autres les fuivoient pour façonner avec leurs dents la matière que les premières y avoient laiffée. Il témoigne de la furprife que ce fait ait échappé à M. de Réaumur, qui a fait mille obfervations pour découvrir comment les abeilles travailloient en cire. Mais comment M. Arthur qui croit avoir mieux vu que M. de Réaumur, n'a-t-il pas obfervé que les dents de l'abeille étoient en mouvement, & agiffoient dès qu'elle avoit frappé la furface du gâteau avec l'anus, fans retourner en arrière pour travailler la matière qu'il affure qu'elle avoit dépofée par cette voie! il ne feroit point étonnant qu'il fortît par l'anus quelque goutte liquide dans le moment que l'eftomac à cire, qui en eft très-voifin, fe contracte afin de renvoyer à la bouche, par ce mouvement de contraction, la matière dont il eft rempli. Lorfqu'une abeille travaille en cire, le mouvement de contraction que fait fon eftomac eft néceffairement la caufe que l'anus frappe de temps en temps la furface où elle fe trouve.

L'opinion de M. Arthur annonce une perfonne peu verfée dans *l'Hiftoire Naturelle de l'Abeille*, dont il eft néceffaire de connoître parfaitement l'organifation, pour rendre raifon de fes ouvrages. Il eft donc certain, ainfi que l'a obfervé M. de Réaumur, que l'abeille ne rend par l'anus que les féces du miel & de la cire brute qu'elle a digérée ; & quoiqu'ils fe coagulent, ils ne font pas plus de la cire parfaite que la goutte de venin que Swammerdam avoit vu fe condenfer & fe durcir au bout de l'aiguillon. Il n'eft point furprenant que M. Arthur leur ait trouvé une odeur de cire , & une qualité glutineufe ; l'abeille qui fe nourrit de miel & de cire brute , doit rendre des excrémens qui participent à leurs qualités.

Lorfqu'on obferve une abeille occupée à travailler à fes alvéoles, on voit fa tête fe contourner, fes dents fe défunir, & fa langue, par fes inflexions, aider à fortir la liqueur qui eft dans la bouche : elle paroît alors fous la forme d'une liqueur mouffeufe, ou d'écume blanche , que la langue qui fait l'office d'une truelle, applique aux endroits ou elle eft néceffaire, & que les dents travaillent tout de fuite en la battant pour l'aplatir ; elle eft toujours très-blanche quand elle fort de la bouche de l'abeille, ce n'eft qu'en vieilliffant qu'elle devient jaune ; le miel qui eft contenu dans les alvéoles, & qui eft jaune lui-même, contribue à lui donner cette couleur quand elle eft

encore toute fraîche : mais l'éclat de fa première blancheur eft encore plus altéré par le féjour que font les vers dans les cellules, & par les vapeurs de la ruche qui font toujours très-confidérables.

SECTION IV.

De quels ufages eft aux abeilles ; la grande quantité de Cire brute qu'elles amaffent?

Nous venons de remarquer que les abeilles emploient la pouffière des étamines des fleurs, à faire la cire dont elles fe fervent pour bâtir leurs édifices : mais de toute cette matière qu'elles apportent en grande quantité dans leur ruche, une très-petite partie eft convertie en vraie cire : ainfi que le miel , la cire brute fert de nourriture aux abeilles dans les temps de difette où elles ne trouvent pas de quoi vivre dans la campagne. Les anciens, fuivant le langage de leurs poëtes la nommoient l'ambroifie des abeilles, & le miel leur nectar : Pline eft du fentiment qu'elles s'en nourriffent lorfqu'elles travaillent. Dans la Hollande, la Flandre, le Brabant, elle n'a pas d'autre nom que celui de pain des abeilles. Swammerdam affure qu'il eft contre toute vraifemblance qu'elles prennent une nourriture auffi folide ; cela n'eft point étonnant, puifqu'il dit qu'elles n'ont ni bouche ni gofier, ni enfin d'autre organe pour le paffage des alimens, que la trompe. M. de Réaumur, qui a découvert les organes par lefquels les alimens paffent dans leur eftomac, & que Swammerdam ne connoiffoit point, a fait l'expérience la plus décifive, pour démontrer que les abeilles fe nourriffent de cire brute,

&

& qu'elles en font une confommation qui paroît étonnante.

Il s'étoit affuré que dans une ruche de dix-huit mille abeilles, chacun faifoit par jour quatre à cinq voyages, ce qui faifoit environ quatre-vingt-quatre mille par jour, qui dévoient produire un pareil nombre de boules de cire brute, à réduire même les chofes à moitié : il pefa huit de ces boules de cire, qui donnèrent le poids d'un grain. En divifant 84000 par 8, on a donc le poids des boules de cire ramaffées dans une journée qui eft de 10500 grains : or, la livre n'eft compofée que de 9216 grains : la récolte de cire brute faite dans une journée pèfe par conféquent plus d'une livre. Il y a dans une année plufieurs jours d'une récolte auffi abondante ; fouvent il y en a plus de quinze depuis le mois de mai jufqu'à la fin de juin, & dans les jours les moins favorables elles ne laiffent pas d'en apporter une certaine quantité. Pendant fix à fept mois qu'elles fortent, elles doivent donc en faire une provifion très-grande : cependant fi au bout de l'année on fort la cire d'une ruche, à peine y trouvera-t-on quelquefois deux ou trois livres de cire. Les abeilles n'extraient par conféquent qu'une très-petite portion de cire de cette immenfe quantité de pouffière des étamines qu'elles ramaffent : la plus grande partie fert à les nourrir, & fort enfuite de leurs corps en forme d'excrémens. Il faut encore remarquer que les fauxbourdons, dont le nombre eft fouvent de huit à neuf cens & plus, ne mangent que du miel, du moins on n'a jamais trouvé dans le conduit ni dans le dépôt des alimens, de la cire brute, quelque nombre qu'on en ait ouvert.

Quoique les édifices foient conftruits, les ouvrières continuent toujours à recueillir & à apporter de la cire brute : il faut bien remplir les magafins, & fe précautionner pour les temps de difette où la campagne n'offrira plus de récolte à faire, & pourvoir à la nourriture de la famille qui naît tous les jours ! On ne ceffe donc point d'apporter de cette provifion tant qu'on en trouve à ramaffer: l'abeille qui arrive avec fes deux petites pelotes de cire brute, lorfque les édifices font conftruits, que les gâteaux rempliffent la ruche, n'invite plus fes compagnes à venir la décharger de fon fardeau : fon bourdonnement & fes battemens d'ailes feroient inutiles, elles ne fe rendroient point à fes invitations, parce qu'elles font raffafiées de la provifion qu'elles apportent, & qu'il n'y a plus d'édifices à bâtir : elle va donc toute feule dépofer dans les magafins la provifion qu'elle a ramaffée. Arrivée à fa deftination, elle s'accroche par fes jambes antérieures contre les bords de l'alvéole où elle veut entrer pour fe débarraffer de fon fardeau ; elle recourbe fon corps en-deffous, en le rapprochant de fa tête pour faciliter fon entrée dans l'alvéole. Lorfqu'elle y eft entièrement, le bout des jambes de la feconde paire, frappe & pouffe au fond de la cellule la petite pelote dont les dernières jambes font chargées, & elle part tout de fuite pour aller faire d'autres provifions. A peine eft-elle fortie, qu'une autre arrive, entre la tête la première, & va pétrir avec fes dents, & enfuite avec l'extrémité de fes jambes, les pelotes qui viennent d'être dépofées contre le fond de la cellule, afin qu'elles ne forment qu'une maffe

beroient la valeur de la gratification.

Je conviens que cette diminution
de taille feroit pendant dix années une
perte pour le tréfor royal : ne feroit-
elle pas compenfée par l'argent qui
refteroit dans le royaume, & fur-
tout par cet argent précieux qui cir-
culeroit dans nos campagnes, qui
en ont un fi grand befoin !

Nous ne parlerons pas ici de la
manière de préparer la cire, de fon
blanchiment, &c. Ces pratiques
concernent les arts, & non pas l'a-
griculture.

CISEAUX A TONDRE. Ils font
de la forme des cifeaux ordinaires,
& en diffèrent par la longueur & la
largeur des lames, ordinairement d'un
à deux pieds, fuivant l'ufage auquel
on les deftine. Les deux branches du
manche font renverfées & implantées dans un manche de bois, au
moins d'un pouce de diamètre, fur
fix à fept pouces de longueur; ce qui
donne la facilité & la force aux deux
mains pour les bien faifir. On s'en
fert pour tondre les buis, les petits
arbres d'agrément, & ceux des maf-
fifs. Ces cifeaux feront repréfentés
dans la gravure deftinée aux *inftru-*
mens du jardinage. (*Voyez* cette
Gravure)

CITERNE. Lieu fouterrein &
voûté, dont le fond pavé, glaifé,
ou couvert en fable, eft deftiné à
recevoir, & à conferver les eaux
de la pluie. La manière la plus économique, la plus expéditive & la
plus fûre eft en *béton.* (*Voyez* ce mot)
L'excavation faite fur la profondeur
& largeur convenues, on fait le fond
ou plancher, & on lui donne depuis

douze jufqu'à dix-huit pouces d'épaiffeur. Si on peut fe procurer facilement une bonne argile, bien liante
& bien corroyée, on fera très-bien
d'en faire un lit fur le fol, de le bien
battre, de le bien piétiner avant de
jeter le lit de béton. Cette couche de
glaife empêchera la terre inférieure
d'abforber une partie de l'humidité
dont le béton eft imbibé, & qui eft
effentielle à fa criftallifation ou prife.

Le fondement une fois fait, il faut
fonger aux côtés, &, fi l'on peut,
commencer, le jour même, & pour
le plus tard deux jours après, à jeter
le béton pour les murs de côté; ce
qui fuppofe deux précautions qu'on
doit avoir prifes auparavant; 1°. couvrir le fond de planches, afin que la
terre ne fe mêle point avec le béton,
& ces planches doivent laiffer entr'elles & les parois de la terre de
côté, l'efpace que doit occuper le
mur des côtés; 2°. avoir des planches
d'une ou de plufieurs pièces, & auffi
longues que les côtés, moins l'épaiffeur des murs; elles feront clouées
fur des pièces de bois droites, de
quatre pouces d'épaiffeur, & plus,
fuivant la hauteur que devra avoir
le mur. Enfin, quand on aura fait
l'encaiffement intérieur, puifque la
terre des côtés forme l'encaiffement
extérieur, on remplira ce vide avec
le béton, ainfi qu'il eft dit au mot
Béton. On fent bien que, malgré
la force des pièces de bois, placées
perpendiculairement pour foutenir
les planches d'encaiffement, ces bois
devroient néceffairement s'écarter à
caufe de la preffion du béton. On y
remédie, 1°. en formant un affemblage général de ces pièces de bois,
par des mortoifes qui les lient par
le haut & par le bas; 2°. en les buttant

& contre-buttant de part & d'autre, ainfi que la gravure le repréfentera au mot CAVE. L'encaiffement une fois fait, & bien affujetti, on coule le béton qui doit faire les murs de côté, & on a foin auparavant de bien nettoyer, de toute terre & autre ordure, la partie du béton du plancher qui doit porter les murs. Le même encadrage doit fubfifter fur les planches qui couvrent le béton du fol : fans cette précaution, celui des côtés prefferoit fur le béton du fond, & il s'amonceleroit dans le milieu, au-lieu de refter dans fon encaiffement.

On aura à craindre ce refoulement, fi le béton eft trop noyé d'eau; mais s'il eft bien fait, c'eft-à-dire, bien broyé, & d'une confiftance que l'expérience feule apprend à connoître, on pourra couler la voûte de la citerne, ainfi que je l'ai dit, en parlant de celle d'une *cave*. (*Voyez* au mot CAVE, la manière de conftruire cette voûte, *Tome 2*, page 608.) Si on veut éviter les dépenfes qu'entraîne l'encaiffement intérieur, ou noyau en bois, on peut ouvrir des tranchées, ainfi qu'il a été dit auffi au mot CAVE; & dans ce cas, après avoir enlevé le terrein qui faifoit le noyau, on bétonnera le fond, après avoir établi un fort corroi de glaife fur le fol.

La feconde manière de citerner utilement eft de conftruire le fond, les côtés & la voûte en maçonnerie, dont le mortier fera moitié chaux, un quart fable fin & pur, & un quart *pouzzolane*. (*Voyez* ce mot) Cette terre volcanique n'eft plus aujourd'hui fi rare en France qu'elle l'étoit autrefois, depuis qu'on fait que des volcans fans nombre ont cal-

ciné le fol d'une très-grande partie de nos provinces. La maçonnerie en pouzzolane s'exécute comme celle faite avec le mortier ordinaire; mais l'ouvrier doit avoir grand foin que les pierres groffes & petites foient toutes bien noyées dans le mortier, & qu'il ne refte aucun vide entr'elles. Lorfque la citerne eft finie, il ne s'agit plus que de recrépir les parois du mur par deux couches de ce mortier, données à huit jours de diftance l'une de l'autre; les bien unir, &, de temps à autre, repaffer la truelle par-deffus, afin de boucher les petites gerçures, s'il s'en forme dans le mortier, en féchant.

Troifième manière de citerner. Si on ne peut fe procurer de la pouzzolane, on bâtira en bonnes pierres avec le mortier ordinaire; & à la place du fable, on fubftituera la brique, la tuile, pilées & paffées à un tamis affez fin. Ce que l'on retirera du tamis, fera pilé de nouveau, afin qu'il ne refte aucun petit grain, fur-tout pour les trois couches de mortier, dont on doit revêtir la maçonnerie. Quelques auteurs confeillent de remplir d'eau cette citerne, afin d'examiner les endroits par où elle auroit pu fuir, de la vider enfuite, & de frotter tous fes parois avec du fort vinaigre. Je ne vois pas quel peut être fon avantage. Il doit faire effervefcence avec l'*alcali* de la chaux, (*voyez* ALCALI) & des briques pilées, & décompofer la partie fur laquelle agit cette effervefcence. Je préférerois paffer une couche d'huile, lorfque le mortier eft encore frais. Il abforbe cette huile, malgré l'eau qu'il contient, parce que cette eau étant très-alcaline, forme avec elle un favon, qui produit une efpèce de vernis fur la couche exté-

cuite à la première fonte; auffi faut-il toujours fe défier de toute cire qui n'eft pas jaune. Quand elle eft en pain & qu'elle paroît affez blanche, c'eft fouvent parce qu'on a ufé de fupercherie pour lui donner cette couleur, en y mêlant quelques pincées de poudre à poudrer, lorfqu'elle eft fondue.

SECTION VII.

Des moyens induftrieux qu'on a mis en ufage pour augmenter le produit de la Cire.

Dès qu'on a reconnu l'utilité de la cire, on s'eft occupé d'en augmenter le produit; on a imaginé pour cet effet de faire voyager les abeilles, & de les conduire d'un pays dans un autre, pour les mettre à portée d'en moiffonner les richeffes. Les égyptiens font les premiers qui aient imaginé ces voyages; le peuple qui habite aujourd'hui les riches contrées de l'Egypte, fuit encore l'exemple de fes ancêtres. Dans la haute Egypte les productions de la terre font plus précoces de fix femaines que dans la baffe : afin que les abeilles en profitent, vers la fin d'octobre, les habitans de la baffe Egypte qui ont des ruches, les mettent dans des bateaux, & leur font remonter le Nil: chaque ruche fur laquelle eft écrit le nom du propriétaire, eft numérotée & infcrite fur un regiftre au moment de l'embarquement ; elles arrivent dans la haute Egypte dès que le Nil eft retiré, & au moment que les campagnes déjà fleuries offrent à ces ouvrières d'abondantes moiffons. Toutes les ruches reftent fur les bateaux où elles font arrangées les unes fur les autres en forme de pyra-

mide ; lorfqu'on juge que les abeilles ont recueilli aux environs toute la matière à cire, les bateaux defcendent le fleuve, & s'arrêtent trois ou quatre lieues plus bas que l'endroit dépouillé par les abeilles. Après le féjour néceffaire pour ramaffer la récolte que leur offre le nouveau canton, les bateaux defcendent encore la rivière, en s'arrêtant toujours dans les endroits où les abeilles peuvent ramaffer des provifions. On arrive enfin dans la baffe Egypte, d'où on étoit parti au commencement de février, qui eft le temps où la campagne offre à fon tour une très-grande abondance aux abeilles; alors chaque propriétaire va reconnoître fes ruches & les retirer, & profiter ainfi des récoltes faites dans la haute Egypte.

Les italiens habitans les rivages du Pô, ainfi que les grecs, fuivent l'exemple tracé par les égyptiens. Au rapport de Columelle, les grecs tranfportoient leurs abeilles de l'Achaie dans l'Attique, parce qu'elle donnoit des fleurs quand celles de l'Achaie étoient paffées. Bien des perfonnes, dans le pays de Juliers, portent les ruches aux pieds des montagnes & des côteaux où abondent les fleurs qui font paffées dans les plaines. Cet ufage eft connu en France, & fur-tout en Bretagne, & pas affez fuivi ailleurs; un particulier d'Yèvres-la-ville, diocèfe d'Orléans, envoyoit fes ruches dans la Beauce ou dans le Gâtinois, quelques fois même en Sologne. Les gâteaux étoient bien affujettis dans les ruches par quelques petits bâtons mis en travers: l'ouverture étoit fermée avec une toile claire, afin que l'air pût fe renouveler fans laiffer fortir les abeilles;

on mettoit les ruches deux à deux de front fur une charrette, en obfervant que l'ouverture fût en haut, ou de côté, fi on en mettoit plufieurs les unes fur les autres. Arrivées à leur deftination, il les logeoit de côté & d'autre, jufqu'à ce que la faifon ne permît plus aux abeilles de travailler : alors il les ramenoit chez lui avec les mêmes foins qu'il avoit pris pour leur départ. C'eft un fait connu de tout le monde.

SECTION VIII.

Des différens ufages auxquels la Cire eft employée.

La confommation de la cire eft très-grande dans tous les pays. Le luxe l'a rendue d'une néceffité indif-penfable pour les befoins de la vie domeftique & pour les arts ; outre la quantité immenfe de bougies qu'on en fait pour nous éclairer dans nos appartemens & pour brûler dans nos temples, la pharmacie la fait entrer dans prefque tous les onguens & dans quelques baumes ; la chirurgie en fait des anatomies qui reffemblent parfaitement à la nature, & qui épar-gnent à ceux qui l'étudient l'horreur & le dégoût qu'infpire la diffection des cadavres. Les arts de curiofité en font toutes fortes d'ouvrages, & l'em-ploient à nous repréfenter la nature des objets dans l'éclat de leur plus grande beauté, en leur donnant cet air de reffemblance & ce ton de fraîcheur, capables de réjouir agréa-blement notre imagination en trom-pant nos yeux. M. D. L. L.

La France ne produit pas le quart de la cire qu'elle confomme ; notre luxe, plus que nos befoins réels, paie à l'étranger une contribution immenfe.

Cependant, en moins de dix ans, le gouvernement pourroit mettre au pair le produit en cire du royaume avec fa confommation ; il ne s'agit pas de promettre & même de donner des gratifications, le payfan croit que fon impofition fera augmentée en raifon de la gratification qui lui aura été ac-cordée ; dans combien de provinces n'a-t-on pas refufé de planter des mûriers diftribués gratuitement par MM. les intendans ! la crainte a rete-nu ces plantations, & eft encore un obftacle invincible ; il eft ridicule, foit ; mais il n'exifte pas moins, & j'en ai les preuves les plus claires.

A mon avis, le feul moyen qui me paroît efficace eft une déclaration du roi dont l'effet auroit lieu pendant dix ans, dans laquelle il feroit fpécifié 1°. que tout taillable poffeffeur de dix ruches, chacune du poids de dix livres, déduction faite du bois, feroit exempt de taille d'un écu par ruche ; 2°. que le poffeffeur de huit ruches du poids ci-deffus énoncé, feroit exempt de quarante fols par ruche ; 3°. que ceux qui n'auroient qu'une ruche ou jufqu'à fept inclufivement, feroient exempts de trente fols par ruche ; 4°. que toutes ruches au-deffous du poids des dix livres, feroient réputées être de la claffe de celles du N°. 3 ; 5°. que cette remife d'im-pofition ne pourroit être reverfible fur aucune autre impofition, comme vingtièmes, capitation, logement de gens de guerre ; & avec une fem-blable déclaration, le propriétaire retiendroit la gratification dans fes mains, & ne feroit pas obligé de faire fouvent des voyages infructueux dans la capitale de la province, ou auprès des fubdélégués des intendans. Les frais de femblables voyages abfor-

qu'elle a foin d'aplanir , en rendant fa furface parallèle à l'ouverture de la cellule. Cette cire brute, pétrie & humeĉtée avec le miel qui fort de la bouche de l'abeille, eſt moins fujette à fe deſſécher, ou à une fermentation qui la corromproit. Souvent l'abeille qui apporte fa proviſion , prend elle-même avant de fortir , le foin de l'entaſſer , & de l'arranger comme il convient qu'elle le foit pour fe conferver.

SECTION V.

De la manière de préparer la Cire, quand on l'a fortie de la ruche.

Les gâteaux ou rayons qu'on fort d'une ruche , & qui font remplis de miel , font la cire que les abeilles ont travaillée : lorfqu'on en a parfaitement féparé le miel par les diverfes opérations dont il eſt parlé à l'*article du miel* : on met cette cire tremper deux ou trois jours dans de l'eau bien claire ; on a foin de la remuer de temps en temps, afin d'en féparer toutes les parties de miel qui pourroient y être reſtées malgré la preſſion qui a été employée pour les faire fortir. Il ne faut point laiſſer cette cire expofée aux abeilles pour qu'elles profitent & enlèvent le miel qui s'y trouve : elles la broieroient toute en petits morceaux, & la diſſiperoient entièrement ; quand elle a trempé fuffifamment dans l'eau claire, & que le miel en eſt bien féparé, on la met alors dans un chaudron, en y ajoutant de l'eau jufqu'à ce qu'il foit rempli aux deux tiers, & on le met fur un feu clair & très-modéré ; à mefure que l'eau bout, & que la cire fe fond, on la remue avec une fpatule de bois, afin qu'elle ne fe brûle pas en s'atta-

chant aux bords du chaudron ; il ne faut pas trop laiſſer cuire la cire, elle deviendroit caſſante & brune , & le blanchiſſage ne remédieroit point ou difficilement à ces défauts. Quand elle commence à fondre, il eſt bon de diminuer le feu , & dès qu'elle eſt fondue, on la verfe tout de fuite avec l'eau dans laquelle elle a été fondue , dans des facs d'une toile forte & claire, qu'on met tout de fuite à la preſſe, ſi on en a une, & au-deſſous de laquelle on a eu la précaution de placer des vafes pour la recevoir, dans lefquels on a verfé un peu d'eau chaude, afin que tout corps étranger aille au fond ; la preſſe doit être propre, & avoir été bien lavée auparavant de s'en fervir, afin qu'aucune faleté ne fe mêle avec la cire pour en altérer la qualité & la couleur. Avant d'y mettre le fac, on la mouille avec un balai trempé dans l'eau fraîche, on preſſe tout de fuite & doucement , pour que la cire n'aille pas au-delà du vafe qu'on a placé pour la recevoir.

Quand on n'a point de preſſe, on peut fe fervir d'un fac de toile groſ-fière & forte, fait en forme de capuchon pointu, dont l'ouverture foit large. Avant d'y verfer la cire, il faut le tremper dans l'eau chaude , & le tordre enfuite légérement : par ce moyen l'eau qui en fortira par la preſſion, ne réjaillira pas contre ceux qui le preſſeront quand on y aura verfé la cire. On attache à deux endroits de l'ouverture du fac, une corde qui fert à le fufpendre à un clou qu'on enfonce à la poutre ou à une des folives de la chambre où l'on fait cette opération ; après avoir verfé l'eau & la cire dans le fac fous lequel on a placé un vafe pour la recevoir, on le preſſe entre deux gros bâtons bien unis & humectés avec de l'eau fraîche : on preffe d'abord légérement en conduifant avec affez de vîteffe les deux bâtons , depuis l'ouverture jufqu'au bout du capuchon ; on réitère la preffion en ferrant plus fort jufqu'à ce que la ciré foit toute ou en grande partie fortie du fac. On remet le marc qui refte dans l'eau fraîche, dans laquelle on le laiffe deux ou trois jours fe dépouiller de toute ordure ; on le fait refondre une feconde fois, enfuite on le preffe comme on a déjà fait.

La première cire qui eft fortie du fac fe fige & fe fépare de l'eau à mefure qu'elle fe refroidit ; quand elle en eft bien féparée, on la retire, & on enlève avec un couteau les ordures qui reftent attachées au-deffous de chaque morceau. Pour en former des pains, on la remet dans une chaudière avec une moindre quantité d'eau que celle qu'on a mife la première fois : on la fait fondre fur un feu petit & clair ; quand elle eft fondue & qu'elle a été écumée, on la verfe dans des vafes dont l'ouverture fera beaucoup plus large que le fond , on la laiffe refroidir fans toucher aux vafes, qu'on peut couvrir , fi l'on craint que la pouffière aille s'y repofer. Quand elle eft parfaitement refroidie & qu'on fort le pain , on le ratiffe par-deffous pour ôter les faletés. Afin d'avoir plus d'aifance pour le fortir du vafe, on prend une petite corde qu'on noue par les deux bouts, on la paffe à un bâton qu'on met en travers fur les bords du vafe , la corde demeure attachée à la cire à mefure qu'elle fe refroidit ; & quand on veut fortir le pain du vafe , on le tire par cette corde.

SECTION VI.

Quelles qualités doit avoir la Cire, pour être bonne ?

Il y a beaucoup de différence entre les cires faites par diverfes abeilles : elle confifte principalement en ce que les unes font plus aifées à blanchir, tandis qu'on réuffit plus difficilement à d'autres. Il y en a qui n'acquièrent jamais un degré parfait de blancheur, malgré tous les foins & toutes les peines qu'on prend pour y parvenir : telle eft la cire que fourniffent les abeilles de la forêt de Fontainebleau ; celle des montagnes fur lefquelles il y a beaucoup de buis, eft toujours d'un plus beau blanc que celle des pays en plaine. La cire de l'île de Corfe , tant eftimée des romains par rapport à fa blancheur, tiroit cette qualité de la quantité de buis que les abeilles y avoient à leur difpofition. La moififfure qui altère confidérablement fa qualité, l'empêche d'acquérir jamais un beau blanc au blanchiffage. Quand elle a été trop cuite à la première fonte, ou qu'elle a été brûlée , le blanchiffage lui fait perdre difficilement la couleur brune qu'elle a prife dans la chaudière.

La cire diffère auffi beaucoup par l'odeur : celle des montagnes où les abeilles ont à difcrétion toutes fortes de plantes aromatiques, à une odeur plus agréable que celle des plaines & des pays gras. La meilleure cire doit être jaune, graffe , unie, légère & d'une bonne odeur : on peut lui donner la couleur qu'on defire, elle dépend des ingrédiens qu'on y mêle ; pour l'ordinaire on a recours à cet expédient, lorfqu'elle n'eft pas d'une bonne qualité, où qu'elle a été trop

Z z 2

rieure; alors ce vernis devient in-diffoluble, & impénétrable à l'eau.

Quatrième manière de citerner, ou *procédé de la cendrée de Tournai.* On appelle *cendrée* une efpèce de ciment compofé de chaux & de cendres de charbon de terre. Ce ciment a la propriété de fe confolider dans l'eau, & de devenir, après quelques années, plus dur que les pierres aux-quelles il fert de liaifon. Plus la pierre calcaire eft pure, plus elle approche du marbre, & meilleure eft la chaux. Ce qu'on va dire de la chaux de Tournai, s'applique à toutes les bonnes chaux calcinées par le charbon de terre.

On diftingue trois qualités de chaux, 1°. la chaux & cendre, telle qu'on la retire du four; 2°. la chaux pure, c'eft-à-dire, la chaux féparée de la cendre; 3°. la cendrée pure, qui n'eft autre chofe que la cendre du charbon de terre, mêlée d'une infinité de par-ticules de chaux, extrêmement divi-fées par l'action du feu : elle pèfe un quart plus que la chaux pure. Il feroit bon d'effayer fi la cendrée de la chaux calcinée au charbon de bois, ne pro-duiroit pas le même effet : au moins je le penfe.

C'eft avec la cendrée pure que fe fait le ciment pour bâtir contre l'eau. On commence par en mettre une demi-*manne* en un tas, que l'on ouvre enfuite, pour y jeter un peu d'eau, & éteindre les particules de chaux fans aucun mêlange.

Cette demi-manne étant éteinte, on en éteint encore une autre, que l'on entaffe avec la première, & ainfi de fuite, jufqu'à ce qu'il y en ait une quantité fuffifante pour entretenir l'ouvrier pendant un jour & plus. On peut laiffer repofer ce tas auffi long-temps qu'on veut, pendant l'été, fans

aucun danger, & même la chaux fe bonifie, pourvu qu'elle foit à l'ombre. Il n'en eft pas de même en hiver, loin de fe bonifier, elle fe gâte.

La cendrée ainfi éteinte, on en remplit une auge de deux pieds en quarré, jufqu'aux deux tiers ou en-viron. Les bords font élevés de neuf pouces, afin que la cendrée ne s'é-chappe pas en la battant. La quantité qu'on en peut mettre, eft d'une demi-manne; cette quantité fe nomme *battée*.

Il eft néceffaire d'écrafer la cen-drée, jufqu'à ce qu'elle faffe une pâte unie & douce au toucher, par la feule force du frottement, & fans y mettre que le peu d'eau néceffaire pour l'éteindre, & dont on a parlé.

Pour faciliter le travail de l'ou-vrier, on place l'auge contre un mur, dans lequel on enfonce le bout d'une perche, dont l'extrémité op-pofée vient répondre au milieu de l'auge. L'on conçoit que fa fituation doit être horizontale; les manœu-vres l'appellent *reget*.

On fufpend au bout de cette perche une efpèce de *demoifelle*, que les ou-vriers nomment *batte*, avec laquelle on pile la cendrée. Cette demoifelle eft de fer, ou de bois armé de fer, & a trois pieds de hauteur, fur deux pouces & demi à trois pouces de diamètre; elle en a moins, lorfqu'elle eft de fer. Sa forme eft un cône, fur-monté d'un anneau mobile, par où l'on paffe une corde, par le moyen de laquelle, la demoifelle eft fuf-pendue au bout de la perche qui fait le reffort, comme celle dont fe fer-vent les tourneurs. Ainfi le manœuvre n'a d'autre peine, que d'appuyer la demoifelle fur le mortier, & de la conduire;

conduire ; la perche ayant, par fon élaſticité, une force ſuffiſante pour l'enlever par un mouvement contraire au ſien. Il eſt aiſé de ſentir, par cette manœuvre, que l'auge doit être faite de pierre dure, & capable de réſiſter à la chute, & aux coups réitérés de la demoiſelle.

L'ouvrier a ſoin de ramaſſer, de temps en temps, le mortier avec une pelle au milieu de l'auge, dont le tour ne peut être que de bois, mais dont le fond doit néceſſairement être de pierre. Il continue de piler chaque *battée*, pendant une demi-heure environ ; après quoi, il la retire de l'auge, & en fait un tas. Comme l'ouvrage eſt de onze heures de travail, hors le repas, en fait environ vingt battées dans un jour d'été.

Il ne ſuffit pas de battre ce ciment une première fois : on doit laiſſer repoſer le tas, juſqu'à ce qu'il ait atteint le dernier point de ſéchereſſe, qui permet encore de rebattre la cendrée, ſans y mettre d'eau, & au-delà duquel, elle deviendroit ſi dure, qu'elle feroit une maſſe abſolument intraitable & inutile.

L'uſage ſeul peut apprendre quand il eſt temps de recommencer à battre un tas de cendrée. Comme cette matière eſt très-ſujette aux influences de l'air, on doit ſe régler ſur la température du froid ou du chaud. C'eſt beaucoup que d'attendre trois jours dans les grandes chaleurs du nord du royaume, & cet eſpace ſera plus rapproché dans les provinces du midi. Dans une grande humidité, ce n'eſt pas trop de ſix.

L'on ne riſque jamais rien de battre la cendrée auſſi ſouvent, & auſſi long-temps qu'on le veut, fût-ce pendant une année ; car plus elle eſt

Tome III.

broyée & battue, mieux elle vaut : il y a cependant des bornes à ce travail.

En effet, à force de battre la cendrée, on la réſout en une pâte qui devient toujours plus liquide ; & ſi l'on continuoit trop long-temps de ſuite, elle deviendroit au point de perdre ſon nerf, & une ſorte de conſiſtance qui lui eſt néceſſaire pour être battue. C'eſt pourquoi l'on reſtreint le broiement de chaque battée à une demi-heure, après lequel temps on la laiſſe repoſer deux ou trois jours : alors on la reprend pour la remettre au même état qu'elle étoit quand l'ouvrier l'a quittée.

Toutes les fois qu'on rebat la cendrée, l'économie veut qu'on le faſſe toujours à propos, c'eſt-à-dire qu'on attende le moment qui précède immédiatement celui où il commenceroit à être trop tard de le faire. Avec ces intervalles, il ſuffit de rebattre dix fois la cendrée, pour qu'elle acquière un degré de bonté, dont on doit ſe contenter ; au-lieu qu'en la rebattant coup ſur coup, on recommencera plus de vingt fois, ſans qu'elle ſoit meilleure que ſi on ne l'avoit rebattue que dix fois dans les temps convenables. Par ce moyen, les frais de main d'œuvre, qui ſont les plus conſidérables, ſe trouveroient doublés en pure perte.

La cendrée étant ainſi préparée, s'il ſurvient un embarras qui empêche de l'employer, on ne doit pas diſcontinuer de la rebattre tous les trois jours, plus ou moins, ſuivant les ſaiſons ; ſans quoi elle ſe durciroit, & ne ſeroit propre à aucun uſage.

En prenant ces meſures, un tas de cendrée peut ſe conſerver pen-

A a a

dant des années entières, mais on fent qu'alors l'excellence du mortier feroit trop achetée par la dépenfe & la fujétion du rebattage ; il peut cependant y avoir des cas où cette dépenfe eft encore préférable à la perte d'un tas de cendrée dont la préparation a déjà coûté beaucoup de frais. Il faut en pareille circonftance la dépofer dans un fouterrein ou dans un endroit inacceffible aux rayons du foleil & à la chaleur : l'humidité qui y règne, s'infinue à travers les pores du mortier, l'entretient dans fon état de pâte molle, qu'il conferve une fois plus long-temps que s'il étoit dans un lieu fec ; on eft par conféquent obligé de rebattre la cendrée moitié moins fouvent ; ce qui diminue les frais dans la même proportion.

L'excès du froid & du chaud eft également nuifible ; on remédie aux grandes chaleurs en recouvrant l'ouvrage d'une couche de terre glaife, de paillaffons, de planches, &c. & en oppofant aux rayons du foleil une épaiffeur qu'ils ne puiffent pénétrer. Il y a moins de remède pour la gelée qui détache la cendrée lorfqu'elle la faifit avant qu'elle ait pu fécher ; une faifon tempérée, ou même humide, eft celle qui convient le mieux : fi la cendrée a le temps de fécher fans être atteinte de la gelée ou d'une chaleur exceffive, elle devient inaltérable à l'une comme à l'autre, & le temps qui détruit tout, ne fait qu'augmenter fa folidité, en forte qu'il eft beaucoup plus aifé de pulvérifer les pierres & les briques, que de la pulvérifer elle-même.

La cendrée pourroit être confacrée à tous les ufages auxquels on emploie les mortiers de fable & de chaux, mais fur-tout à la maçonnerie deftinée à conferver l'eau, ou à empêcher qu'elle ne filtre de dehors en dedans. Quelques minutes après qu'elle a été appliquée, elle a la propriété merveilleufe de faire corps avec la pierre ; après quoi il n'y a nul inconvénient de lâcher l'eau contre l'ouvrage, pourvu qu'elle dorme comme dans un baffin.

Une muraille ainfi conftruite durera plufieurs fiècles au milieu d'une rivière, fans qu'il foit à craindre que fa violence, quelque grande qu'elle foit, la faffe écrouler ni endommager, voilà pour la folidité ; mais pour empêcher que l'eau ne filtre, il faut bâtir ainfi qu'on va le dire.

Les briques doivent avoir huit pouces de longueur, quatre pouces de largeur, deux pouces d'épaiffeur. Le *plan* d'une brique eft fa furface confidérée fur fa longueur & fur fa largeur ; le *champ* eft la furface d'une brique confidérée fur fon épaiffeur.

On pofe une brique fur fon plan, enforte qu'elle préfente en dehors, non pas le bout, mais le côté fur toute fa longueur : cette brique ainfi pofée, commence à donner quatre pouces d'épaiffeur à la muraille.

On plâtre, c'eft-à-dire, qu'on applique fur le champ de la brique, une couche de cendrée de fix lignes d'épaiffeur, la brique étant fur fon plan ; il eft évident que cette couche doit avoir une fituation horizontale.

Derrière cette première brique, on en pofe une feconde fur fon champ, qui fait une épaiffeur de deux pouces, & qui en donne par conféquent moitié moins à la muraille, que la brique pofée fur fon plan.

On continue ainsi, rang par rang, de telle sorte qu'une brique soit toujours posée de façon qu'elle coupe, autant qu'il est possible, le joint qui se trouve entre deux autres briques, & augmente le nombre des rangs de briques, suivant l'épaisseur qu'on veut donner à la maçonnerie; mais si le mur a été bien fait, le parement de deux briques d'épaisseur, dont on a parlé, suffit.

On lie toutes ces briques par une couche de cendrée, épaisse de six lignes, plus ou moins, selon la forme régulière ou irrégulière qu'elles portent, étant absolument nécessaire qu'elles soient toutes placées horizontalement.

Palladius s'explique ainsi, sur la manière dont on doit faire les citernes : « On leur donnera telle dimension qu'on jugera à propos, » suivant ses facultés, pourvu qu'elles » soient plus longues que larges, & » on les clorra de murs construits en » ouvrage de *Signia*. Le sol, à l'exception des égouts, sera consolidé » par une bonne épaisseur de broussailles, sur laquelle on étendra, pour » la régaler, un mortier de terre cuite » qui tiendra lieu de pavé; c'est-à-» dire, fait avec la brique pilée; on » polira ensuite ce pavé avec tout le » soin possible, jusqu'à ce qu'il soit » devenu luisant, en le frottant con-» tinuellement avec du lard qu'on » aura fait bouillir; lorsqu'il sera bien » sec, & qu'il ne restera plus d'hu-» midité capable d'occasionner des » crevasses en quelque endroit, on » couvrira également les murailles » d'une couche pareille, & lorsque » le tout sera absolument sec depuis » long-temps, on y fera entrer l'eau » à demeure : voici comme on répa-

» rera les crevasses & les cavités des » citernes, des lacs & des puits, » ainsi que les fentes des rochers à » travers lesquelles l'eau pourroit » s'écouler : prendre telle quantité » qu'on le jugera à propos de poix » liquide, à laquelle on ajoutera pa-» reille quantité de graisse connue » sous le nom d'axunge ou de suif; » on jettera le tout ensemble dans un » vase, on la fera cuire jusqu'à ce » que l'écume monte, après quoi on » le retirera du feu. Quand ce mélange » sera refroidi, on le saupoudrera » de chaux très-menue, & on le » brouillera bien pour n'en faire qu'un » seul tout, dont on formera une es-» pèce de pâte entre ses doigts; on » introduira cette pâte dans les en-» droits gâtés, & à travers lesquels » l'eau s'écoulera, & après l'avoir » pressée pour la rendre compacte, » on la foulera bien. »

J'ai beaucoup insisté sur les différens procédés pour construire des citernes, afin de mettre les habitans de plusieurs de nos provinces dans le cas de choisir celui qui sera pour eux le plus facile & le moins coûteux à exécuter.

Si on connoissoit l'usage des citernes, par exemple, dans la plupart des cantons de la Normandie, on ne seroit pas dans le cas de manquer d'eau, ou d'être réduit à boire celle des mares toujours trouble, & souvent croupie pendant l'été; ceux qui habitent les terreins marécageux, aquatiques, boivent sans cesse une eau dangereuse.

Les habitans d'une partie de la Bresse, de la Sologne &c. n'auroient pas la fièvre au moins pendant six mois de l'année, si leur eau étoit salubre. Combien de métairies situées aux bords de la mer n'ont qu'une eau saumâtre ; enfin , combien d'habitations, placées sur des lieux élevés, sont obligées d'aller au loin & à grands frais chercher une eau si nécessaire à la vie ! Les hollandois, les flamansfrançois & autrichiens, au milieu de leurs marais , de leurs canaux , boivent une eau salubre, lorsqu'ils ont des citernes.

Ce n'est pas assez de considérer l'importance de la boisson pour l'homme , il faut encore songer à celle des bestiaux ; ces animaux sont souvent forcés à aller chaque jour pendant l'été à une & même à deux lieues chercher l'eau croupie d'une mare ; & j'ai eu la douleur de voir des endroits où l'on faisoit payer, chaque jour, deux fois par tête d'animal. Les citernes préviendroient ces inconvéniens, & fourniroient pendant toute l'année une boisson saine pour l'homme & pour les bestiaux.

On a long-temps agité cette question : *l'eau de la pluie est-elle salubre ?* il valoit autant demander , si l'eau distillée étoit pure ? L'eau de pluie est une vraie eau distillée , sublimée par la chaleur , & soutenue en vapeurs dans les nuages qu'elles forment ; c'est la meilleure eau connue, la plus pure , la moins imprégnée de corps étrangers, & la plus saine pour la boisson.

Cette assertion mérite cependant des restrictions. La première pluie qui tombe après une sécheresse , pendant un orage, n'a pas les qualités bienfaisantes des eaux de pluie de l'hiver, du printemps & de la fin de l'automne; non, parce qu'elles contiennent en elles-mêmes quelque chose d'impur, mais parce qu'en traversant l'atmosphère , elles entraînent & s'im-

prègnent des exhalaisons élevées de terre , suspendues dans cette atmosphère : de telles eaux ne doivent point être reçues dans les citernes. Il n'en est pas ainsi de celles qui succèdent à l'orage, parce que l'atmosphère est épurée, les toits des maisons sont lavés , & toutes les ordures accumulées dans les tuyaux , & les chanées de fer blanc sont entraînées. Le fauxbourg de Lyon, appellé de la *Croix-Rousse*, n'a d'autre eau pour boire que celle recueillie des toits & conduits dans les citernes ; cependant ce fauxbourg est composé de plus de six mille ames. Palladius dit en parlant des citernes : » L'eau du ciel est si » préférable à toutes les autres pour » servir de boisson, que quand on » pourroit s'en procurer de courante, » on ne devroit l'employer qu'aux » lavoirs & à la culture des jardins. » *Liv. 1 , chap. 17.* »

Il est inutile de garnir le fond des citernes avec du sable ; les vents y entraînent toujours un peu de poussière, quoiqu'on les tienne fermées : cette poussière se précipite, & forme un limon qui se mêle avec le sable , & avec l'eau lorsqu'elle est agitée par celle qui tombe. Il vaut mieux nettoyer plus souvent le fond de la citerne , & toutes les fois sur - tout qu'elle est à sec.

Il est prudent de ménager un dégorgeoir dans le haut de chaque citerne, & ce dégorgeoir doit répondre à un puits perdu, ou à un chemin , &c., afin que si on n'a pas eu le temps ou la précaution de détourner les eaux lorsque la citerne est pleine, il n'arrive point d'inondation, point de dégât, &c.

Quelle grandeur doit avoir une citerne , pour fournir aux besoins d'une métairie ? Le nombre de perſonnes qui l'habitent, & le nombre de beſtiaux à abreuver, doivent décider la queſtion. Il vaut bien mieux qu'elle ſoit de beaucoup trop grande que trop juſte pour les beſoins, ſur-tout dans les provinces où il pleut rarement dans l'été, & où l'on éprouve de fortes chaleurs, & ſouvent de grandes ſéchereſſes. Voici le point de fait d'où l'on peut partir, afin de calculer le nombre de pieds cubes d'eau.

Il tombe par an, ſur la ſurface de la terre, de dix-huit à vingt-deux pouces de hauteur d'eau. Les exceptions de cette loi générale ſont fort rares.

Toute maiſon de quarante toiſes de ſuperficie, couverte de toits, peut ramaſſer chaque année, 2160 pieds cubes d'eau, en prenant ſeulement dix-huit pouces pour la hauteur de ce qu'il en tombe, qui eſt la moindre hauteur que l'on obſerve communément. Ces 2160 pieds cubes valent 75600 pintes d'eau, à raiſon de 35 pintes par pied. Si l'on diviſe donc ce nombre par les 365 jours de l'année, on trouvera 200 pintes par jour. On voit par-là que, quand il y auroit dans une maiſon comme celle qu'on ſuppoſe, vingt-cinq perſonnes, elles auroient chacune à dépenſer par jour, 8 pintes d'eau. Tel eſt le calcul fait par M. de la Hire, inſéré *page* 68, du volume de l'*Académie des Sciences*, année 1703.

Il n'exiſte point de métairie ſeulement de deux paires de labourage, dont les toits des bâtimens n'excèdent de beaucoup quarante toiſes de ſurface ; il eſt encore évident qu'une pareille métairie n'eſt jamais habitée par plus de ſix ou huit perſonnes,

& que la ſeule eau de pluie eſt plus que ſuffiſante pour la boiſſon des hommes & des animaux.

Il en coûte, il eſt vrai ; la conſtruction d'une citerne eſt diſpendieuſe ; mais une fois faite, & bien faite, elle dure des ſiècles, ſur-tout ſi elle eſt en béton. La conſerve d'eau des romains exiſte encore à Lyon dans ſa plus grande intégrité ; elle eſt formée par quatre rangs de piliers qui ſoutiennent la voûte ; on la voit dans la vigne des religieuſes Urſulines de Saint-Juſt. Si on prend la peine de monter dans les vieux châteaux forts, conſtruits ſur la pointe d'un rocher, on trouvera, ſous leurs ruines, de pareilles citernes, très-entières & remplies d'eau. Je pourrois citer vingt exemples de ce que j'avance. Si on ſe plaint de ne pas avoir d'eau, & d'eau ſalubre, c'eſt donc la faute des propriétaires.

CITRON, CITRONNIER. *Voyez* ORANGER, parce que la culture de ces deux arbres eſt la même, à peu de choſe près.

CITRON DES CARMES. *Poire.* (*Voyez* ce mot)

CITRONNELLE.(*Voyez* MELISSE)

CITROUILLE, *ou* POTIRON, *ou* COURGE ; dénominations très-variées, ſuivant les provinces, & qui ont ſouvent fait confondre les eſpèces de concombres & de melons, avec celles des citrouilles ou courges, &c. Il eſt aiſé cependant d'établir un caractère ſpécifique, qui les différencie : le piſtil des fleurs de courges eſt diviſé en cinq parties, celui des concombres en trois ; la ſemence des citrouilles eſt environnée d'un renflement fur fes bords, formé par la réunion des deux enveloppes coriaces qui renferment l'amande; au contraire, la femence des concombres & des melons, eft pointue des deux côtés, plus en haut qu'en bas, alongée & fans rebord; enfin, ils diffèrent encore par la forme du nectaire. D'après ces caractères, il eft difficile de fe méprendre fur les individus de ces deux fa milles, qu'on a défignées fous le nom général de plantes *cucurbitacées*, tiré du mot latin *cucurbita*.

La dénomination de *citrouille* convient à toutes les *efpèces jardinières*, (*voyez* ce mot) dont le fruit eft gros & rond; celle de *courge* convient plus particulièrement aux fruits longs & de formes variées. Nous ne parlerons pas ici des *concombres*, parce qu'ils font un genre à part. Les concombres, les melons, les citrouilles, les courges & les paftèques, font autant de genres féparés par M. Tournefort, & M. von Linné n'en conftitue que deux; l'un comprend les courges, les citrouilles; & l'autre, les concombres, les melons & les paftèques.

PLAN du travail fur les CITROUILLES, COURGES & POTIRONS.

CHAPITRE PREMIER. *Defcription du Genre.*
CHAP. II. *Des efpèces particulières de Courges, Citrouilles, Potirons, &c.*
CHAP. III. *De la culture des Citrouilles, Courges & Paftèques.*
CHAP. IV. *De leurs propriétés économiques.*
CHAP. V. *De leurs propriétés médicinales*

CHAPITRE PREMIER.

Defcription du Genre.

M. Tournefort place les citrouilles & les plantes dont on va parler, dans la feptième fection de la première claffe, qui comprend les herbes à fleur d'une feule pièce, en forme de cloche, dont le calice devient un fruit charnu, & il l'appelle *pepo*. M. von Linné les claffe dans la monoecie fyngénéfie, & les nomme *cucurbita*.

Les fleurs mâles font féparées des fleurs femelles, quoique fur le même pied. Il en eft ainfi de toutes les fleurs des plantes cucurbitacées. Elles exigent chacune une defcription.

Le calice des fleurs mâles eft d'une feule pièce, en forme de cloche, découpée en cinq dentelures aiguës; la corolle eft de même forme, beaucoup plus grande. A la bafe de la corolle, & tout autour des filamens qui portent l'étamine, on découvre un nectaire rempli d'une liqueur fucrée. Les filets, au nombre de cinq, divifés par leur bafe, & réunis au fommet, forment une efpèce de pyramide, fur laquelle les utricules des étamines font attachés.

La fleur femelle eft facile à diftinguer de la fleur mâle, quoique la forme & la couleur foient les mêmes; ce qui la différencie, eft une groffeur ou ronde ou alongée, directement au-deffous de la fleur qui devient le fruit après la maturité de la fleur, & après qu'elle eft tombée. Le piftil, ou la partie de la génération femelle, porte directement fur l'ombilic de la partie charnue dont on vient de parler, & il eft divifé en cinq à fon fommet.

Si l'on fupprimoit toutes les fleurs mâles avant l'épanouiffement, la fleur femelle ne feroit pas fécondée; elle donneroit cependant fa citrouille, fa courge, &c. mais la graine qui proviendroit, ne produiroit pas une nouvelle plante. Si on veut répéter cette expérience, il faut abfolument n'avoir qu'une feule plante, & être affuré que, dans le voifinage, il n'en exifte point de cette famille, parce que les utricules s'ouvrent avec force, &, par leur mouvement élaftique, lancent au loin la pouffière fécondante. Le vent eft encore un des moyens de la propager. La nature, pour parvenir à fes fins, & pour conferver les efpèces, a beaucoup plus multiplié les fleurs mâles que les fleurs femelles. Si on veut avoir des femences bien franches, il faut avoir foin de planter, dans des carrés très-éloignés, les différentes efpèces de courges, de citrouilles. Sans cette précaution, on aura fouvent des efpèces *hibrides*, (*voyez* ce mot) ou des efpèces dégénérées, ou perfectionnées fuivant la nature du mêlange.

CHAPITRE II.

DES ESPÈCES JARDINIÈRES DE COURGES, CITROUILLES, POTIRONS, &c.

SECTION PREMIÈRE.

Des Citrouilles & Potirons.

Il eft bien difficile de concilier les auteurs botaniftes & les auteurs jardiniers, fur la diftinction de leurs efpèces : ceux-ci l'étendent trop, & ceux-là la reftreignent trop éga'ement. Un autre embarras naît encore de la multiplicité des noms différens donnés au même individu, d'une province à l'autre.

J'appelle du nom de *citrouille* ou de *potiron*, toute plante cucurbitacée,

dont le fruit acquiert une certaine groffeur, & une groffeur régulière, dont la peau ou écorce eft liffe, plus ou moins jaune, plus ou moins verte, plus ou moins marbrée; dont la chair eft ferme, blanche ou jaune, ou orangée; dont l'intérieur du fruit, lors de fa maturité, renferme une cavité, & dans cette cavité, eft contenue une fubftance pulpeufe & fibreufe, où font les graines ; dont la plante, garnie de racines menues, fibreufes, pouffe de longues tiges, appelées *bras ;* elles font rampantes, anguleufes, très-rudes au toucher, à caufe des épines molles qui les recouvrent: dont les feuilles font grandes, entières, découpées. De leur aiffelle il fort une vrille ou main, & une fleur. Tel eft, en général, le vrai caractère des citrouilles & potirons.

Si on a foin de conduire contre un arbre les bras de la plante, elle s'attache à fes branches par fes vrilles, comme le farment de la vigne, à l'échalas ou à la treille, & il eft affez plaifant de voir enfuite des fruits, monftrueux par leur groffeur, pendre des groffes branches de l'arbre, même fans foutenir ces fruits : j'en ai fait l'expérience. Je dois convenir cependant que, fi on les fait foutenir & porter fur une planche, ils deviennent beaucoup plus gros. On doit bien prévoir que fi la branche eft trop mince, elle pliera ou caffera. C'eft un badinage, & je le donne pour ce qu'il eft.

I. CITROUILLE COMMUNE *ou* VERTE, *ou* COURGE DE SAINT-JEAN. C'eft, fi je ne me trompe, le *cucurbita pepo* de von Linné, & le *cucurbita rotundo folio afpero* de Bauhin. C'eft la première prête à manger. On commence, dans les provinces méridionales, à en faire ufage vers la Saint-Jean, d'où elle a tire fon nom. Le fruit eft vert-foncé, très-rarement marbré, aplati par fes deux extrémités, ordinairement de fix à huit pouces de diamètre, & à peu près d'un quart moins de hauteur ; les feuilles, comme celles des autres citrouilles, plus petites, & rarement panachées. Seroit-ce le *potiron hâtif*, dont parle l'auteur du *Nouveau la Quintinye*, & qui dit : « fa » maturité eft dans le commencement » du mois d'août ; fa queue eft jaune, » & non verte. » Cette variété exifte fans doute dans les environs de Paris où l'auteur écrit.

2. CITROUILLE. (groffe) ou POTIRON. De toutes les efpèces jardinières, c'eft celle qui varie le plus pour la groffeur, pour la forme & pour la couleur du fruit, qui varie auffi du jaune au vert. Il y en a qui font aplaties par les deux extrémités, & ont fouvent jufqu'à dix-huit pouces de diamètre ; d'autres, dont la forme approche d'une poire ; d'autres, qui ont des côtes faillantes ; d'autres, qui ont le double de longueur fur la groffeur. Cette efpèce eft fort commune du côté de Perpignan.

3. POTIRON D'ESPAGNE. Je ne l'ai jamais vu, & je vais parler d'après l'auteur cité, N°. 1. Ce petit potiron, qui n'a du potiron que le nom, fait une feule tige droite, fort groffe, cannelée, haute de quinze ou de dix-huit pouces, fur laquelle les feuilles font beaucoup moindres que celles des potirons ; elles naiffent fort près les unes des autres. Les fruits, au nombre de fix à dix, font tellement

ferrés, qu'ils forment comme une grappe. Ils ont rarement plus de fix pouces de diamètre, fur fept ou huit de longueur, de forme prefque conique, étant beaucoup plus renflés vers la queue, que vers l'autre extrémité. Leur couleur eft jaune, peu foncée, quelquefois tachetée de vert. Ces petits fruits fe confervent long-temps, & font auffi bons que puiffent être des potirons. Dans les années pluvieufes, il eft néceffaire de les éclaircir, afin qu'étant moins ferrés les uns contre les autres, ils ne pourriffent pas fur le pied.

Parmi le grand nombre de variétés utiles, on peut compter la citrouille en forme de poire, longue ordinairement de huit à dix pouces, & large de fix à huit. Toute la partie inférieure, & jufqu'au tiers de la hauteur, eft verte, & la fupérieure eft jaune-paille. Ces deux couleurs tranchent d'une manière prononcée. On pourroit, abfolument parlant, la ranger avec les courges.

SECTION II.

Des Courges.

J'appelle *courge*, tout fruit de ce genre, qui affecte une forme fingulière.

1. COURGE LONGUE. *Cucurbita oblonga flore albo, folio molli.* C. B. D. Tige farmenteufe comme celle des citrouilles, s'étendant à plufieurs toifes fur la terre, & s'élevant à vingt, & même trente pieds, lorfqu'elle peut s'accrocher aux arbres. De l'aiffelle des feuilles fortent une fleur blanche, & une vrille ou main, & fouvent deux. La fleur eft velue en dedans, garnie d'un duvet court

en

en dehors; d'une odeur forte & dé-sagréable, ainsi que celle des feuilles, qui sont très-amples, d'un vert brun, quelquefois arrondies à leur sommet, plus souvent terminées en pointe, en forme de cœur à leur base, douces au toucher, quoique couvertes de poils.

Son fruit a la forme d'un long cy-lindre, presqu'égal en grosseur, & se replie de différentes manières. Il ressemble quelquefois à l'instru-ment nommé *serpent*, employé dans nos églises. Sa longueur varie beau-coup : j'en ai plusieurs de six pieds, venus d'une plante que j'avois fait grimper sur un arbre.

2. BONNET D'ÉLECTEUR, *ou* BON-NET DE PRÊTRE, *ou* PASTISSOU. Ses tiges sont sarmenteuses, anguleuses, creuses, dures au toucher; les feuilles portées par de longs pétioles ronds, creux, durs au toucher, sillonnés du haut en bas par des lignes vertes & blanches. La forme de la feuille ap-proche de celle de certaines espèces de vignes : cinq grands lobes pointus composent cette feuille, dentelée tout autour en manière de scie. La fleur est jaune, & de la même forme que celle des citrouilles, mais plus petite. Le fruit est aplati au sommet, comme chantourné par neuf à dix proé-minences; il est moins plat du côté de la queue; sa couleur est jaune, mar-brée de vert.

3. COURGE DE PÉLERIN *ou* CALE-BASSE. *Cucurbita melopepo.* LIN. *Melo-pepo clypei formis.* TOURN. Ses tiges sont plus menues que celles des deux autres, & très-rapprochées de celles du N°. 1, dont elle est peut-être le type; car ses feuilles se ressemblent

Tome III.

bien, quoique moins grandes, plus rondes, point dentelées sur les bords, & la fleur est de la même couleur, & profondément échancrée comme l'autre. On trouve sur toutes les deux la même odeur désagréable. Le fruit est comme étranglé aux deux tiers de sa hauteur, & la partie supérieure est ordinairement moitié moins grosse que l'inférieure. C'est le *cucurbita lage-naria* de von Linné. Ces trois espèces fournissent beaucoup de variétés.

S   CTION III.

Des Pastèques.

On ne peut absolument décider si les pastèques appartiennent plus aux citrouilles, aux courges, qu'aux con-combres: elles paroissent tenir le mi-lieu entr'eux. Je crois devoir les sépa-rer, afin de mieux me faire entendre de ceux qui liront cet Ouvrage.

J'appelle *pastèque* le fruit des plantes cucurbitacées, qui est entièrement charnu, & dont les semences sont implantées dans la chair, sur un, deux à trois rangs.

1. PASTÈQUE *ou* CITROUILLE A CONFIRE. *Cucurbita citrullus.* LIN. *Anguria citrullus dicta.* TOURN. Tige grêle, quarrée, couverte de quelques poils, armée de vrilles qui se divisent en deux. Ses feuilles sont découpées profondément en lobes; les deux lo-bes du bas sont subdivisés en deux au-tres, & une portion de la feuille cou-rante sur la nervure, jusqu'au second lobe supérieur à celui-ci, & ainsi de suite jusqu'au lobe du sommet, tous les lobes sont terminés en pointes, & légèrement dentelés, en manière de scie dans les jeunes pousses, & arrondis dans les feuilles anciennes.

B b b

Sa fleur la rapproche des concombres ; elle est petite, jaune-pâle, découpée en rosette. Son fruit est rond, dur, charnu, & n'a aucune cavité dans sa maturité. Les graines rouges, disposées sur trois rangées, sont implantées dans la chair, à peu près dans le tiers de l'épaisseur du fruit. La couleur de la chair est d'un blanc verdâtre : son écorce est verte, marquée de jolies bandes chinées, qui prennent de la queue au point ombilical.

2. PASTÈQUE - MELON D'EAU. M. von Linné la classe parmi les concombres, & la nomme *cucumis anguria*. M. Tournefort l'appelle *anguria americana fructu echinato eduli*. D'après l'examen le plus suivi, je n'ai vu aucune différence sensible entre ses tiges, ses feuilles, & celles de la précédente. Ce qui la caractérise le mieux, est la forme de son fruit, beaucoup plus long que rond ; son écorce d'un vert foncé, sa chair rouge, très-succulente ; ce qui l'a fait nommer *melon d'eau*. Sa graine est noire, & elle a le caractère de celle des courges, des citrouilles ; cependant ses bords sont moins renflés, & plus que ceux des concombres. Je pense qu'il sera actuellement facile, d'après ces descriptions, de ne plus confondre ces deux espèces de pastèques, ni les citrouilles & courges, avec les concombres & les melons.

Je ne parlerai pas des courges-*oranges*, dont la couleur & la forme ressemblent à celles des oranges ; des courges-*poires*, qui ressemblent, par leur forme, à la poire perle, dont l'écorce est quelquefois singulièrement chamarrée en jaune ou en vert. Elles tiennent plus à l'agrément qu'à

l'utilité ; cependant on fait d'excellens beignets avec la courge-orange, lorsqu'elle est encore tendre.

CHAPITRE III.

De la culture des Citrouilles, des Courges & des Pastèques.

Toutes les plantes cucurbitacées, en général, craignent le froid ; les petites gelées les endommagent, & les font périr, sur-tout quand la plante est encore tendre ; ce qui porte à croire qu'elles ne sont pas originaires de France.

Comme les chaleurs sont modérées dans le nord de ce royaume, sa culture exige plus de soin que dans son midi, afin que les citrouilles aient le temps d'acquérir leur complette maturité avant les froids, & qu'on puisse les conserver pendant l'hiver. A Paris, on les sème sous cloche & sur couche, dès le commencement de mars, & chaque cloche recouvre cinq à six grains seulement.

Je ne rapporterai point ici toutes les puérilités décrites par les auteurs, sur les préparations de la graine : il faut être bien simple pour y ajouter foi. Choisissez de bonnes graines ; plantezles avec les soins nécessaires : voilà le grand, & le plus immanquable de tous les secrets.

Au commencement de mai, & rarement plutôt, à moins que la saison n'y invite, on les replante dans un creux préparé à cet effet. Il faut, autant qu'il est possible, soulever & séparer le jeune plant, sans endommager les racines, & sur-tout sans en détacher la terre, afin que la plante, mise en place, ne s'apperçoive pas d'avoir changé de demeure.

Le trou deftiné à les recevoir eft une foffe de deux pieds de largeur, fur un de profondeur, rempli de fumier & de terreau, & dans chaque foffe on place deux plantes. S'il exifte des *courtillières*, (*voyez* ce mot) ou *taupes-grillons*; attirées par la chaleur de ce fumier, elles y accourront en foule, & les racines feront bientôt dévorées. C'eft pourquoi la prudence exige de réferver plufieurs plants fur les couches, afin de remplacer ceux qui manquent.

Auffitôt que le plant eft à demeure, il eft indifpenfable de lui donner une forte mouillure, & de le garantir de l'ardeur du foleil avec de la paille, des feuilles sèches, &c. jufqu'à ce qu'il ait complétement repris. Dès que le foleil eft couché, on enlève ces parafols, afin que la plante profite de la fraîcheur & de l'humidité de la nuit; & au foleil levant, on les recouvre de nouveau pendant autant de temps qu'exige la reprife de la plante. L'action du foleil eft très-vive fur ces plantes, en raifon de l'aquofité des jeunes pouffes.

Dans les provinces du midi, on sème en février, non fur des couches, ou fous des cloches qui y font inconnues, mais fur les monceaux de fumier deftinés au jardinage. De la paille, ou des feuilles sèches garantiffent les jeunes plants au befoin. Ceux qui n'ont pas de pareils fumiers à leur difpofition, sèment en pleine terre, vers le milieu du mois de mars, & au plus tard au commencement d'avril. Ces plantes ne fauroient profpérer fans la chaleur & fans beaucoup d'humidité, fur-tout quand leurs bras fe font alongés. On y pratique des foffes comme à Paris,

& la terre qu'on en retire refte fur les bords, afin de chauffer les plants lorfque le befoin l'exige. Si le nombre des pieds eft trop confidérable dans ces foffes, on les éclaircit pour les replanter ailleurs; les premiers réuffiront mieux que les feconds, parce qu'ils n'éprouveront point un tranfport qui, tant bien fait qu'il foit, fufpend & dérange toujours un peu le cours de la végétation.

Lorfque les bras fe font étendus à une toife ou une toife & demie, ici commence le travail du jardinier; auffitôt que le fruit eft arrêté, il pince la traînaffe un peu au-deffus du fruit, c'eft-à-dire, à trois feuilles au-deffus. De l'aiffelle de ces feuilles, il fort de nouveaux bras & de nouvelles fleurs, qu'on recouvre de terre de diftance en diftance, fi on les laiffe fubfifter. Cette coutume a lieu également dans beaucoup d'endroits des provinces méridionales. On la regarde comme indifpenfable, parce que, dit-on, les fleurs & les fruits qui naîtront dans la fuite, feront couler le premier fruit noué. Voilà une affertion bien tranchante, & qui a force de loi parmi les jardiniers. Pour moi, qui ai toujours penfé que la nature ne faifoit rien en vain, & que prefque toutes nos pratiques tendoient à contrarier fa marche, j'ai effayé de livrer à eux-mêmes des citrouilles, des courges, des concombres, des melons, & tous m'ont donné beaucoup de fruit. Je le demande; fi on pinçoit ainfi les paftèques, les melons d'eau, la groffe citrouille, la courge longue, &c. quel bénéfice retireroit-on, fur-tout des deux premiers, dont les fleurs femelles, ou à fruit, font toujours placées prefqu'à l'extrémité des branches? Un jardinier des environs de Paris, ne croira jamais qu'il exifte dans le royaume, beaucoup de provinces dans léfquelles on ne pince ni les courges ni les melons, &c. qu'il y exifte des champs entiers couverts de l'un & de l'autre, & femés en pleine terre, dans des fofles, il eft vrai, de dix-huit pouces de diamètre, fur un pied de profondeur, remplies de fumier très-confommé, & prefque réduit à l'état de terreau. Cependant, dans ces provinces, on y mange des courges, des melons délicieux.

Le premier but des jardiniers de Paris a été, fans doute, de raffembler une plus grande maffe de fruit dans un moindre efpace, & c'eft beaucoup; mais comme dans les campagnes on sème les courges, les melons, &c. pour la nourriture des beftiaux autant pendant la fin de l'automne, que pendant l'hiver, je ne confeille, en aucune manière, de pincer, mais, au contraire, de laiffer la plante ramper autant qu'elle voudra. La vérité exige de dire que les premières fleurs femelles, même nouées, avortent quelquefois; mais je n'attribue point cet effet au deffèchement caufé par l'alongement des bras qui font fuppofés l'affamer, mais plutôt aux matinées & nuits froides du mois d'avril, qui agiffent fur un fruit encore aqueux à l'excès. Si la chaleur eft bien décidée, la fleur n'avortera pas; & comme toute plante fe nourrit autant par fes feuilles que par fes racines, la nature fait pouffer des fruits par-tout où elle les peut conduire à leur maturité; elle ne ceffe de produire des fleurs à fruit, que lorfque la chaleur de l'atmofphère diminue.: à cette époque, les dernières fleurs & les

derniers fruits avortent, & tous les pincemens imaginables n'affureront pas leur durée.

On peut cependant juftifier le pincement des jardiniers des environs de Paris, à caufe de la chaleur modérée de ce climat, dont le terme moyen, pendant l'été, eft de dix-huit degrés, & parce que ces plantes exigent beaucoup de chaleur pour nouer ou *aoûter* (*voyez* ce mot) les fleurs femelles qui épanouiffent après les premières.

Lorfque j'ai dit qu'on devoit livrer à elles-mêmes les plantes cucurbitacées, dans les provinces où le terme moyen de la chaleur d'été étoit de vingt, vingt-deux à vingt-quatre degrés, je n'ai pas entendu confeiller de n'en prendre aucun foin. Au contraire, à mefure que les bras s'étendent, à mefure que les fleurs femelles nouent, on doit, tout auprès & au-deffous de la fleur, creufer la terre en détournant les bras, la bien émietter, la mêler avec du fumier confommé, enfuite enterrer le bras à quatre ou cinq pouces de profondeur, & le recouvrir avec la terre tirée de la petite foffe. Si on peut arrofer fur le champ, ce ne fera que mieux. Ces moyens, peu difpendieux, affurent une forte végétation; & fi on les répète de toife en toife, on eft affuré d'avoir des fruits de la plus belle venue. Les cultivateurs moins zélés, ou plus preffés par l'ouvrage, fe contentent de jeter quelques pellées de terre fur les nœuds qui portent les fleurs mâles.

Il convient de farcler fouvent, d'arrofer de temps en temps, lorfqu'on le peut, fur-tout lorfque la plante eft dans la grande vigueur de la végétation. Lorfque le fruit approche de fa maturité, les arrofemens ou les pluies abondantes le font gercer, fendre, & on ne peut plus le conferver pour l'hiver.

Dans les provinces du nord, il convient de faire porter les fruits fur des carreaux, fur des tuiles, & de couper les feuilles qui les ombragent, afin d'accélérer leur maturité. Dans celles du midi, ces précautions font fuperflues, le foleil deffèche les feuilles, le fruit refte expofé à fon ardeur, & il y mûrit complétement.

Lorfque le fruit eft bien mûr, ce que l'on reconnoît à l'écorce, quand l'ongle peut difficilement y faire des impreffions, féparez-le de fa tige, portez-le dans un lieu fec & à couvert, expofé au gros foleil, afin de faire évaporer fon humidité fuperflue. Placez enfuite ces fruits dans un lieu fec, aérée, à l'abri des gelées, & vous les conferverez non-feulement pendant l'hiver, mais jufqu'à ce que les autres foient prêts à être mangés dans l'année fuivante. Je parle des citrouilles, car les courges longues, les bonnets d'électeurs, &c. ne font bons que lorfqu'ils font jeunes.

La meilleure manière de conferver les graines eft de les laiffer dans le fruit, quand même il pourriroit. La pourriture qui attaque la pulpe charnue, n'endommage pas la graine. Si la partie pourrie fe deffèche, comme cela arrive ordinairement, la graine y refte à l'abri des impreffions de l'air. Les rats, fouris, &c. font fingulièrement friands de ces graines, ils percent l'écorce & la pulpe pour les manger.

CHAPITRE IV.

Des propriétés économiques des Citrouilles, Courges & Paftèques.

I. *Relativement aux hommes.* Les plantes cucurbitacées n'ont pas une faveur auffi décidée, dans les provinces du nord, que dans celles du midi; malgré cela elles confervent toujours une chair un peu aromatique, fondante, & qui fournit un aliment de facile digeftion. Le bonnet d'électeur & la courge font à préférer à tous les fruits dont nous venons de parler. Ces fruits offrent une reffource précieufe pour nourrir les gens de la métairie : on en fait des foupes, & on les prépare en ragoût, foit avec du lait, foit en aiguifant un peu avec le verjus, ou avec le vinaigre. Quelques auteurs difent qu'on en fait du pain, & c'eft d'après eux que je vais en décrire la manipulation, car je ne l'ai jamais vu mettre en pratique.

« Si vous avez une grande quantité de citrouilles, ou plus qu'il n'en eft befoin pour nourrir votre famille, vous en mettrez dans le pain de vos domeftiques, & dans le vôtre. Pour cela, vous ferez bouillir la citrouille, de la même façon que celle qu'on veut fricaffer; il faut pourtant qu'elle foit un peu plus cuite; puis vous la pafferez à travers un gros linge, pour en retirer de petites fibres qui s'y rencontrent. Après quoi vous détremperez votre farine avec une citrouille paffée, en ajoutant, s'il eft néceffaire, de l'eau dans laquelle elle aura été cuite, & vous en ferez du pain de la même manière que l'on fait le pain ordinaire. Ce pain eft jaunâtre & de bon goût, un peu gras quand il est cuit, très-sain pour ceux qui ont besoin de rafraîchissement ».

C'est du pain à la citrouille, & rien de plus. Il vaut mieux manger le pain seul, & conserver ces fruits, ou pour l'assaisonnement, ou pour les bêtes.

La pastèque & la courge longue font la base des fruits qu'on jette dans le vin cuit. Ils le rendent moins âpre que les poires, que les coins, & que les pommes : c'est la confiture des gens de la campagne. On mange la pastèque-melon d'eau ; sa chair est sucrée, un peu fade, remplie d'une eau douce & abondante, qui calme singulièrement la soif. La calebasse bien vidée de sa pulpe & de ses grains, lorsqu'elle est sèche, tient lieu de bouteille pour porter du vin dans les champs, & les jardiniers s'en servent pour renfermer leurs graines.

II. *Relativement aux bêtes.* Tout fruit de cucurbitacée, dont la pulpe n'est pas desséchée, fournit pour le bétail, une bonne nourriture d'hiver, & sur-tout pour les troupeaux, dès que la rigueur de la saison les prive de manger du vert : on les donne aux bœufs & aux moutons, coupés par morceaux, & il n'est pas à craindre qu'il en reste. On peut les donner également aux vaches, mais il vaut mieux les passer simplement à l'eau bouillante, & jeter dans cette eau quelques poignées de son, afin qu'elle ait un peu de consistance. Cette nourriture pâteuse entretient leur lait pendant l'hiver.

CHAPITRE V.

Des propriétés médicinales des Ci-trouilles, Courges & Pastèques.

Les semences triturées dans une grande quantité d'eau nourrissent très-peu, tempèrent la soif fébrile, celle occasionnée par de violens exercices, ou par des matières âcres ; elles favorisent le cours des urines, calment l'ardeur d'urine, & l'inflammation des voies urinaires : elles font indiquées, 1°. dans les maladies inflammatoires, avec chaleur âcre, ardeur d'urine sans météorisme, ni penchant des humeurs vers l'acide ; 2°. dans la colique néphrétique produite par des graviers ; 3°. dans l'insomnie, avec pouls fréquent, & agitation du corps ; 4°. dans la gonorrhée virulente. Un trop long usage des semences affoiblit l'estomac, rend la digestion plus lente, cause des renvois, & souvent des coliques. Toutes les semences des potirons, citrouilles & courges font mises au nombre des quatre semences froides majeures. L'huile tirée par expression de ces semences en onction, relâche les tégumens & les adoucit.

La chair du melon d'eau calme singulièrement la soif, & on la prescrit dans les isles d'Amérique, dans les accès de fièvre avec ardeur, & dans toutes les maladies inflammatoires.

Pour faire l'émulsion des semences, prenez des semences récentes, desséchées & mondées de leur écorce, depuis demi-drachme jusqu'à une once ; triturez-les dans un mortier de marbre, ajoutez peu à peu de l'eau de rivière ou de source, ou l'eau de puits, mais filtrée, jusqu'à la quantité de huit onces, passés à travers un linge fin, & vous aurez une émulsion... On les donne pour boisson à la même dose, triturées & en décoction dans douze onces d'eau. L'huile tirée par expression des semences, à la propriété des huiles de noisettes, d'olives, &c.

CIVIÈRE. Sorte de brancard sur lequel deux hommes portent à bras différens fardeaux, du fumier, de la terre, &c. C'est une économie très-mal entendue que de se servir de la civière, elle emploie deux hommes; & une femme mèncroit en un seul voyage, autant de terre, de sable, de pierrailles, dans une *brouette*, (*voyez* ce mot) que les deux hommes avec leurs civières. Il y a donc deux tiers de perte, l'emploi d'un homme de plus, & la différence du prix des journées des hommes, & de celles de la femme.

CLAIE. Ouvrage à claire-voie, en forme de carré long, ordinairement fait de brins d'osier entrelacés, & dont on se sert particulièrement dans le jardinage pour passer les terres. Ces claies sont peu dispendieuses, il est vrai; mais elles s'usent trop vîte, & il faut toujours s'en procurer de nouvelles. Il vaut beaucoup mieux faire la dépense d'une grille en fil de fer, montée sur un cadre fait avec des verges de fér, & garnie de quelques traverses également en fer, afin que la grille ne se déforme pas: c'est une dépense une fois faite pour longues années.

CLAIRIÈRE, *ou* CLARIÈRE. Endroit dégarni d'arbres dans une forêt. Lorsqu'on a semé une forêt, lorsque les arbres qui la forment sont dans leur quatrième ou cinquième année, c'est le cas, plus que jamais, de résemer ou replanter les clairières; on voit alors plus clairement les places vides: il faut ou les resemer

après avoir bien défoncé la terre, ou les replanter avec soin. Si on attend plus tard, les racines des arbres du voisinage s'étendront du côté de la clairière, & peu à peu la rempliront; il ne sera plus temps alors de songer à replanter, parce que ces racines auront bientôt gagné & pénétré dans cette terre nouvellement remuée, & elles profiteront aux dépens des racines de l'arbre replanté. Le semis est à préférer, parce que la racine pivotante, poussée par la graine, s'implante profondément en terre, & souffre moins du voisinage des racines horizontales. Si on diffère de quelques années, ce sera peine perdue.

Outre la non-valeur du terrein qui reste dégarni, les arbres qui avoisinent la clairière, ne s'élèvent jamais aussi haut que ceux de l'intérieur de la forêt; ils prennent en largeur des branches, ce que le tronc auroit gagné en hauteur. Je n'en donnerai pas ici les raisons, ce seroit une répétition inutile. (*Voyez* au mot BALIVEAU, *page* 143, *Tome II.*)

Plusieurs causes concourent particulièrement à former les clairières; la dent des animaux, les gelées, les grêles, les coups de soleil, les coups de vent, les baliveaux prescrits par l'ordonnance, &c.

Tout jeune arbre brouté, sur-tout pendant les renouvellemens de sève, buissonne, se rabougrit & périt. Les gelées tardives, ou du printemps, brûlent les jeunes pousses, & l'arbre est obligé d'en produire de latérales: la grêle produit le même effet, en brisant & meurtrissant, par ses coups redoublés, les jeunes bois. Certains coups de soleil d'une ardeur extrême, sur-tout à la sève du mois d'août, calcinent prefque fubitement toutes les feuilles d'un arbre, & il eft rare qu'il ne périfle pas. Les coups de vents, fi extrêmes, fi défaftreux, lorfqu'ils agiffent en tourbillon, déracinent, renverfent, fracaffent les plus gros arbres, & par leur chute précipitée, brifent toutes les branches des arbres voifins. L'ordonnance, ainfi qu'il a été dit au mot BALIVEAU, prefcrit d'en laiffer feize par arpent, & ils font la ruine des forêts & des taillis Depuis le moment où les arbres ont été coupés par pied, jufqu'à ce que les branches pouffées des racines aient acquis la hauteur de celles des baliveaux, tout ce qui les a environné a fouffert de leur ombre, & ces mêmes baliveaux ont profité de cet efpace de temps, pour étendre leurs branches auffi loin qu'il leur a été poffible; de manière que toutes les fouches, ainfi ombragées, ont commencé par fouffrir, & il a fallu périr enfuite. Je fuppofe que ce baliveau foit devenu un arbre majef-tueux; le temps de l'abattre viendra un jour, & voilà feize clairières éta-blies fur un arpent de taillis, & dix fur un arpent de forêt. C'eft bien pis encore pour les bois des gens de main-morte. (voyez l'article BOIS, pag. 332) Au mot BALIVEAU, vous trouverez la manière d'y remédier; & au mot ARBRE, la marche de la progreffion des branches.

CLAPIER. Trou où les lapins fe retirent. On auroit peine à fe per-fuader, fi le fait étoit moins commun, que des feigneurs de terres en font creufer exprès, pour loger cette mau-dite engeance. De tels feigneurs font les tyrans de leurs vaffaux, plutôt que leur père & leur protecteur; &,

pour avoir la petite fatisfaction de tuer & de manger des lapins, ils mettent la plus pefante de toutes les impofitions fur les terres qui les avoi-finent. En veut-on la preuve la plus convaincante? M. le-Cardinal de la Rochefoucauld avoit, fur fa terre de Gaillon, près de Rouen, une ga-renne, dont la chaffe étoit affermée 13000 livres. Il fit le facrifice de cette garenne, & la même année, la dîme augmenta de 1000 liv. On peut juger combien elle a été augmentée dans les années fuivantes. Ce que ce ref-pectable prélat a fait uniquement par zèle, & pour le bien-être des habitans qui l'environnent, tous les feigneurs de terres le doivent pour leur propre intérêt. Il n'exifte aucun animal plus deftructeur: il ronge & coupe tout ce qu'il rencontre, non pas qu'il foit preffé par la faim, mais pour avoir le plaifir cruel de détruire. Pourquoi détruit-on les loups, & laiffe-t-on fubfifter les lapins? Quelle incon-féquence! Les dégâts caufés par les loups, font un tort moins réel, quoi-que plus apparent au premier coup d'œil, que celui des lapins.

CLARIFICATION, CLARIFIER LE VIN. (Voyez le mot VIN)

CLASSE DES PLANTES, BOTA-NIQUE. Pour bien entendre tout ce que nous allons dire fur les claffes des plantes, il faut lire ce que nous avons dit fur la nomenclature de la Botanique, au mot BOTANIQUE, fection III. Nous y avons développé ce qu'il falloit entendre par les mé-thodes naturelles & artificielles, & les fyftèmes; nous y avons vu que toute méthode ou fyftème étoit di-vifée en plufieurs parties; que chaque

partie

partie étoit désignée par un terme général qui la caractérisoit ; comme celui de *classe*, de *genre*, d'*espèce*, d'*individu*. Toute la nature, quoiqu'elle ne paroisse être qu'une, & ne former qu'un tout, se divise naturellement en trois grandes familles ou règnes, qui ont un caractère particulier, qui les fait distinguer les unes des autres. Chaque règne, à son tour, se divise naturellement en *classes* ; par conséquent les caractères qui constituent les classes, sont plus circonscrits, & n'appartiennent pas à un aussi grand nombre d'objets que ceux des règnes ; mais ils sont plus étendus, & embrassent beaucoup plus d'objets que ceux qui caractérisent les genres. On sent facilement que les caractères généraux qui établissent les classes, ne peuvent pas également convenir aux divisions des trois règnes. Le même caractère qui détermine un arbre, & le différencie d'une herbe, ne sera pas le même qui déterminera un quadrupède ou une pierre, & les différenciera d'un volatile, ou d'un métal, ou d'un sel. Chaque règne a donc son caractère propre, qui divise ses classes. Puisque ce caractère distinctif des classes est moins général que celui des règnes, & plus que celui du genre, la classe est donc un terme moyen, une division intermédiaire entre le règne & le genre. Rendons ceci sensible par un exemple analogue au sujet que nous traitons. Le règne végétal a pour caractère particulier, de renfermer des êtres qui ont une espèce de vie, sans annoncer aucun acte de volonté, & de sentiment réel & animal ; mais ces êtres n'ont pas tous la même forme, la même grandeur, le même port. Les uns sont d'une certaine élévation,

Tome III.

d'une consistance dure & ligneuse, & ont une vie qui se prolonge plusieurs années : les autres, au contraire, tendres & herbacés, vivent à peine un ou deux ans. Nous avons donc dans le règne végétal deux grandes classes générales & premières, les arbres & les herbes : mais cette division, frappante au premier coup d'œil, rapproche encore trop cette multitude d'êtres végétans. Qui distinguera les arbres les uns d'avec les autres ? qui apprendra à ne pas confondre cette herbe avec sa voisine ? Si l'on trouvoit une ou plusieurs parties qui, communes dans toutes les plantes, eussent pourtant un caractère différenciel pour telle ou telle quantité de plantes, dès ce moment ce caractère serviroit de ligne de démarcation, pour les arbres & les herbes, qui diviseroit tout le règne végétal en autant de portions différentes, & tranchantes les unes sur les autres : ces divisions formeroient autant de classes. Si, à présent, chacune de ces divisions étoit encore trop nombreuse & trop confuse, on pourroit y mettre de l'ordre, en considérant un caractère moins apparent, à la vérité, que celui de la classe, mais aussi général, ou des rapports constans dans leurs parties essentielles ; on auroit alors les sections & les genres.

Ce caractère classificateur doit donc être facile à saisir, tranchant, & à la portée des yeux les moins accoutumés à voir. Sans cela, il entraîneroit nécessairement de la confusion, & augmenteroit le cahos que l'on auroit voulu débrouiller.

Chaque Botaniste qui a bâti un système, ou créé une méthode, a cherché ce caractère, & a cru l'appercevoir dans les différentes parties de la plante : mais quiconque voudra compofer de nouvelles claffes, doit s'attacher uniquement aux véritables rapports qui font entre les genres ; & ces rapports doivent néceffairement fe trouver entre tous les genres d'une même claffe. La fleur & le fruit offrent naturellement ces divifions & ces caractères claffificatifs ; auffi prefque tous les auteurs les ont-ils tirés de ces parties, comme nous allons le voir.

C'eft Gefner qui, le premier, ait apperçu qu'il valloit mieux chercher ce caractère dans les parties de la fructification, que dans toutes les autres, fur-tout les feuilles ; mais il eft mort avant d'avoir pu former une méthode d'après ce plan. Céfalpin l'exécuta en partie, & vint à bout de féparer d'abord les arbres & arbriffeaux d'avec les herbes, de les divifer en plufieurs *bandes*, & de fubdivifer encore chaque bande en quinze *claffes*. Moriffon marcha fur fes traces, rectifia fa méthode, & en donna une, où toutes les plantes, divifées par les fruits, étoient rangées en dix-huit claffes. Ray réforma encore les méthodes de Céfalpin & de Moriffon, & rapprocha plufieurs claffes de l'ordre naturel. Les fruits furent la bafe de fes divifions ; mais il eut recours aux pétales dans quelques cás particuliers. Nous paffons fous filence tous les Botaniftes fubféquens & antérieurs de M. Tournefort, parce qu'ils n'ont fait que varier, fans les perfectionner abfolument, toutes les méthodes qu'ils avoient trouvées avant eux. Enfin, M. Tournefort parut ; &, au-lieu de confidérer d'abord les fruits, il porta fes premières vues fur les pétales, comme

la partie des fleurs la plus apparente & la plus frappante, & fon caractère claffificateur fut tiré de la corolle, en confidérant fa préfence ou fon abfence, fa difpofition fimple ou compofée, le nombre des pétales qui la conftituent monopétale ou polypétale, enfin, la figure des pétales, régulière ou irrégulière. Les monopétales régulières lui donnèrent les deux premières claffes, & les irrégulières, la troifième & la quatrième. Les polypétales régulières lui fournirent les cinq, fix, fept, huit & neuvième claffes ; les irrégulières, la dixième & la onzième. Les compofées établirent les douzième, treizième & quatorzième claffes, & les fleurs apétales ou fans pétales, les quinzième, feizième & dix-feptième claffes. Il divifa les arbres & arbuftes d'après les mêmes principes, mais dans un ordre inverfe à celui des herbes. Les fleurs apétales formèrent la dix-huitième claffe ; les apétales amentacées, la dix-neuvième ; les monopétales, la vingtième ; les polypétales régulières, rofacées, la vingt-unième ; enfin, les polypétales irrégulières, papilionacées, la vingt-deuxième.

M. le Chevalier von Linné fuivit une autre route ; & au-lieu de confidérer, comme M. Tournefort, fimplement les enveloppes des parties de la fructification, il s'eft arrêté principalement aux parties même de la fructification, & fa claffification porte effentiellement fur ces mêmes parties : les étamines, qui font les parties mâles, & les piftils, qui font les parties femelles, confidérés fuivant leur apparence ou leur occultation, leur union ou leur féparation, leur fituation, leur infertion, leur réunion, leur proportion & leur

nombre. Ces sept observations fournissent les caractères de vingt-quatre
classes. Les treize premières sont divisées par le nombre des étamines
uniquement, à l'exception de la douzième & de la treizième, qui le sont
aussi par leur insertion; la quatorzième & la quinzième, par leurs proportions respectives; les seizième,
dix-septième, dix-huitième, dix-neuvième & vingtième, par leur réunion en quelques parties; les vingt-
unième, vingt-deuxième & vingt-
troisième, par leur union avec le
pistil, ou leur séparation d'avec lui;
enfin, la vingt-quatrième, par l'absence, ou le peu d'apparence des
étamines.

M. de Jussieu, Démonstrateur de
Botanique au Jardin royal de Paris,
a tiré son caractère classificateur de
la semence ou *graine*. (*voyez* ce mot)
La graine est pourvue de lobes ou
cotylédons, ou en est privée; ce
qui lui fournit naturellement trois
grandes classes primitives, qui sont
les plantes, dont la semence est aco-
tylédone, ou sans cotylédons; mo-
nocotylédone, ou à un seul cotylé-
don; & dicotylédone, ou avec
deux cotylédons. Les organes sexuels
viennent au secours de ces grandes
divisions, qui pourroient être trop
générales. La position relative des
pistils, & l'insertion ou point d'attache des étamines, complettent la
classification naturelle, & fournissent
quatorze classes. D'abord sont les
acotylédones, & c'est la première
classe; puis les monocotylédones,
dont les étamines, attachées au support, désignent la seconde classe:
attachées au calice, la troisième; &
attachées sur le pistil, la quatrième.
Ensuite viennent les dicotylédones

qui forment les classes suivantes; savoir la cinquième, qui est composée
des apétales à étamines attachées au
calice; la sixième, des apétales attachées au support; la septième, des monopétales dont la corolle est attachée
au support; la huitième, des monopétales dont la corolle est attachée au calice; la neuvième, des monopétales
dont la corolle est attachée sur le pistil, & dont les anthères sont réunies:
la dixième n'en diffère que parce que
les anthères sont distinctes; la onzième, des polypétales à étamines &
corolle attachées sur le pistil; la douzième, à étamines & corolle attachées
au support; la treizième, à étamines
& corolle attachées au calice. Enfin,
la quatorzième renferme les dicotylédones irrégulières, dont les étamines
sont séparées du pistil.

Voyez, pour de plus longs détails
sur les classes de Tournefort, de von
Linné & de Jussieu, le mot SYSTÈME,
où l'on développera les principes fon-
damentaux de leur méthode. M M.

CLAVEAU, CLAVELLÉE,
PETITE VÉROLE, PICOTTE DES
MOUTONS. *Médecine Vétérinaire.* Le
claveau est une maladie épizootique,
contagieuse, & d'un genre inflammatoire, qui attaque les bêtes à laine.

Nous distinguons trois espèces de
claveau; le *discret* ou *benin*, le *cris-*
tallin, le *malin* ou *confluent*.

I. *Symptômes du claveau discret.* Le
premier est le moins dangereux, &
le plus fréquent: il est rarement accompagné de symptômes fâcheux.
Le dégoût, la tristesse, la fièvre, qui
s'y joignent, sont de peu de conséquence. Les boutons sont en petite
quantité, & d'un volume médiocre;
ils se montrent sur les parties dénuées

de laine, telles que l'intérieur des cuiffes & des épaules, le ventre, & & le deffous de la queue. La peau n'eft pas enflammée, & il eft rare que la tête & les yeux en foient affectés.

II. *Symptômes du claveau criftallin.* Le fecond, ou le criftallin, ne fe manifefte qu'après que le mouton a été deux ou trois jours, plus ou moins, dégoûté, trifte, abattu. Ici, les puf-tules, ou les boutons qui le carac-térifent, font en plus grand nombre; elles font prefque toujours blanches à leurs extrémités, & affectent indif-tinctement toutes les parties, & les enflamment.

III. *Symptômes du claveau malin ou confluent.* Le troifième, ou le con-fluent, eft le plus dangereux & le plus meurtrier. L'animal perd l'ap-pétit, ne rumine plus; les yeux font larmoyans, obfcurs; les boutons fe touchent, font violets; & au-lieu de s'élever & de blanchir, ils s'apla-tiffent, & deviennent mols. Il fur-vient une difficulté de refpirer, avec battement des flancs; l'haleine & la matière contenue dans les boutons, font d'une puanteur infupportable; une matière épaiffe, tenace, coule avec abondance des nafeaux. L'inté-rieur de la bouche eft garni de puf-tules; les yeux fe ferment, l'animal meurt le troifième ou quatrième jour de l'éruption, & ne paffe pas le fixième.

Des temps, ou époques qu'on obferve dans le Claveau.

L'ordre que fuit affez régulière-ment cette maladie dans fa marche, nous y fait diftinguer quatre temps, ou quatre époques, qui ne font bien

fenfibles que dans le claveau de la troifième efpèce. Ces quatre temps ou époques font défignés par le nom d'*invafion*, d'*éruption*, de *fuppuration* & d'*exficcation*.

I. *De l'invafion.* C'eft ici le temps où le venin, admis dans le fang, y circule avec ce fluide, fans fe montrer au-dehors, & où la nature prépare l'humeur à l'évacuation qu'elle mé-dite : c'eft ce que nous appelons *l'in-vafion* de la maladie. Cet état eft annoncé par le mal-aife, l'inquié-tude, la pareffe, la foibleffe, le dé-goût, la trifteffe, le battement des flancs & la ceffation de la rumination. Plus ces fymptômes font apparens & graves, plus la maladie approche du fecond temps, ou de la feconde époque.

II. *De l'éruption.* C'eft le moment où les puftules paroiffent, & fe mon-trent fur la furface extérieure de la peau de l'animal. Les fymptômes, ci-deffus décrits, augmentent d'in-tenfité. La furface extérieure du corps de l'animal eft très-chaude; les yeux font enflammés; la bouche eft plus ou moins fèche, & la foif plus ou moins ardente; la refpiration très-laborieufe, la fièvre très-développée; les mouvemens du cœur font plus ou moins forts, & plus ou moins appercevables par des coups très-violens contre les côtes; la tête eft très-baffe, & le mouton eft d'autant plus accablé, que ces fymptômes font graves; & ils le font toujours en raifon du caractère de la malignité du claveau. Ils font à peine fenfibles dans le claveau de la première efpèce, plus marqués dans la feconde, & tou-jours très-alarmans dans la troifième.

III. *De la fuppuration.* L'éruption faite, la fuppuration eft établie dans

les puftules : c'eft ici la troifième époque. La nature eft triomphante : la
plus grande partie des fymptômes difparoît, fur-tout fi l'éruption a été
bien complette, & fi elle n'a pas
attaqué des parties effentielles, telles
que les yeux, le palais, les lèvres &
l'anus ; fi elle s'eft faite de manière
à fe répandre également par-tout, fi
l'inflammation qui environne la bafe
de chaque puftule, eft diffipée, &
fi la peau, à l'exception des parties
tuméfiées, eft dans fon état naturel.

IV. *De l'exficcation.* La quatrième,
ou dernière époque, eft celle où l'humeur féparée rompt les tégumens,
fe fait jour au dehors, s'évacue &
laiffe l'ulcère à fec : c'eft pourquoi
nous l'appelons *exficcation.*

M. Haftfer, dans fon ouvrage fur
la *manière d'élever & perfectionner les
bêtes à laine,* attribue la caufe du
claveau à l'abondance des humeurs ;
& plufieurs autres auteurs, à des miaf-
mes venimeux, & à un levain héré-
ditaire. Nous ne difcuterons point
ici la queftion de fon origine, ni de
fa nature ; ce feroit s'éloigner de
notre but. Ce détail, d'ailleurs, ne
feroit que de pure curiofité, & fa-
tisferoit peu des cultivateurs plus
occupés du foin de fauver leurs troupeaux, que des difcuffions fcientifi-
ques. Nous nous bornerons feulement à prefcrire ;

1°. Les précautions qu'il convient
de prendre, lorfque le claveau a pénétré dans une paroiffe ; 2°. d'indiquer les moyens curatifs contre cette
maladie.

Indication du premier cas. Le claveau étant une maladie contagieufe,
la véritable manière d'éviter la contagion, eft de la fuir. Il faut donc,

1°. Séparer les animaux fains des

malades, & envifager ceux-ci,
comme ayant plus ou moins participé au premier temps de la maladie,
c'eft-à-dire, à l'invafion.

2°. Ceux-ci feront tenus dans la
plus grande propreté ; la bergerie
fera parfumée régulièrement deux
fois le jour, avec les baies de gé-
nièvre, macérées dans le vinaigre,
& expofées fur des charbons ardens.

3°. Les bergers, chargés du foin
de ces animaux, laveront leurs mains
avec le vinaigre, & changeront
d'habit, s'ils veulent approcher les
bêtes faines.

4°. On fe gardera des animaux
domeftiques : les chiens, les chats,
les poules portent la maladie.

5°. Les cadavres feront enterrés
profondément, & dans des terreins
très-éloignés du paffage des troupeaux fains. C'eft ce qu'on ne pratique guère à la campagne ; auffi
voyons-nous que cette imprudence
rend cette maladie durable, & de
plus en plus contagieufe.

6°. Un bloc de fel, placé dans la
bergerie, que les moutons lécheront
tour à tour, fera auffi un moyen
facile & peu difpendieux d'éviter
la contagion.

7°. Il importe que la bergerie foit
très-aérée.

Indication du fecond cas. Cette
maladie n'eft point au-deffus des
reffources & du pouvoir de l'art,
comme la plupart des cultivateurs le
prétendent. Cette erreur, qui tient
encore dans plufieurs provinces de
France, caufe les plus grands maux.

Le médecin vétérinaire Suédois,
M. Haftfer, prefcrit des remèdes fudorifiques, fous une forme fèche,
pour guérir cette maladie. Il prof-
crit la boiffon, tant que les moutons

font malades. Cette méthode, nous l'avouons, peut être bonne pour la Suède, pays froid, où la transpiration est peu abondante, les plantes plus aqueufes, & le fang très-féreux; mais elle n'auroit aucun fuccès en France, & fpécialement en Provence & en Languedoc, où les alimens font plus fecs, & où ils portent par conféquent moins d'humidité dans le fang.

Le traitement, qui convient donc dans le pays que nous habitons, & dont nous avons retiré les plus grands fuccès, confifte dans la méthode fuivante.

1°. Dans le temps de l'invafion, outre les précautions ci-deffus indiquées, & relatives à la propreté des bergeries, & aux parfums, on donnera un breuvage le matin, & un autre le foir, compofé de la manière qui fuit :

Prenez orvales des prés, racines de perfil, & graines de lentille, deux poignées de chaque : faites bouillir un quart d'heure dans environ quatre pintes d'eau commune ; retirez du feu, laiffez infufer deux heures, coulez; ajoutez à la colature, camphre diffous dans un jaune d'œuf, un gros; vinaigre de vin, un verre à liqueur; miel, quatre onces : mêlez & donnez tiède pour un breuvage, à la dofe d'un grand verre pour les forts moutons, d'un petit pour les brebis, & d'un demi pour les agneaux.

2°. La nourriture fera ménagée; il ne faut pas que les moutons aillent aux champs. On ne donnera qu'un peu de bon foin, bien récolté, à ceux chez lefquels la rumination s'exécutera, & dont les fymptômes maladifs feront de peu de conféquence; car, pour peu qu'ils foient triftes, dégoûtés, foibles & abattus,

il vaut beaucoup mieux fupprimer toute nourriture folide, & leur donner un breuvage de plus fur le midi.

3°. Dans le temps de l'éruption, il s'agit d'aider les forces de la nature, & de pouffer par conféquent le virus variolique du centre à la circonférence. Le breuvage précédent conviendra dans le cas où l'éruption fe fera avec force & énergie; mais, dans celui où elle ne fe fera que difficilement, on ajoutera, fur la totalité des breuvages précédens, une once de fel ammoniac, & le camphre fera diffous dans deux onces d'efprit de vin, au-lieu de jaune d'œuf. C'eft précifément à cette époque que les cultivateurs, pour chercher à précipiter l'éruption, adminiftrent de forts cordiaux, fous le prétexte d'échauffer les malades, & de pouffer fortement vers la peau la matière variolique. L'expérience doit les convaincre qu'une pareille méthode ne peut qu'être meurtrière.

4°. La diète fera des plus févères; & dans l'intervalle des deux breuvages prefcrits, l'un le matin, l'autre le foir, on donnera un bon verre d'une infufion d'une once de baies de genièvre, & d'une demi-once de quinquina, dans une pinte de vin.

5°. Si l'éruption eft accompagnée de flux par les nafeaux, il faudra injecter fouvent, dans ces parties, une décoction d'orge & de ronces, fur une pinte de laquelle on aura fait diffoudre une once de miel commun.

Le troifième temps de la maladie, c'eft-à-dire, la fuppuration, fera traité de même, en obfervant cependant, que fi elle eft accompagnée de malignité, fi les boutons, au-lieu de s'élever & de blanchir, s'affaiffent, s'aplatiffent, & deviennent violets, de paffer un féton à la partie latérale interne de la cuiffe, ou à la partie fupérieure & latérale de l'encolure, dans le cas où les puftules affecteroient fingulièrement la tête. Les fétons feront frottés avec de l'onguent bafilicum, fur quatre onces duquel on aura incorporé quatre gros d'euphorbe, & autant de mouches cantharides en poudre. Si nous préférons l'ufage des fétons à celui des veficatoires, c'eft que l'expérience prouve que l'emplâtre de levain, de vinaigre & de cantharides, quoique long-temps appliqué, après avoir avoir coupé la laine, mord avec peine fur la peau des moutons. On aidera les effets des fétons, en multipliant la dofe de breuvages prefcrits.

Le quatrième temps de la maladie, c'eft-à-dire, l'exficcation, eft très-pénible, fur-tout dans le claveau malin. Il ne faudra pas s'en rapporter à la nature pour la rupture des puftules; on hâtera, au contraire, la fortie de la matière, en les piquant, les unes après les autres, avec un canif; on les preffera, & on en fera fortir toute l'humeur contenue. Les mêmes breuvages feront continués, de même que les injections, fuivant les circonftances qui en requerront l'emploi. L'exficcation faite, il eft effentiel de purger les moutons qui auront eu le claveau confluent, avant que de les mener aux champs, & de les mettre à la nourriture ordinaire.

La médécine fera compofée ainfi: prenez fené, une once; jettez dans une chopine d'eau bouillante, & retirez du feu dès le moment que vous aurez ajouté le fené; couvrez, laiffez infufer deux heures, coulez; ajoutez aloès en poudre, deux drachmes; mêlez, & donnez une demi-dofe aux plus forts moutons, & un quart de dofe aux brebis.

Les puftules de la petite vérole affectent quelquefois fi particulièrement certaines parties extérieures du corps de l'animal, qu'il importe de prendre un foin particulier de celles qui font maltraitées. On ouvrira donc les puftules qui fe feront fixées fur les paupières ou fur l'œil, dès qu'elles commenceront à blanchir, afin de ne pas donner le temps à la matière de creufer & de dénaturer ces parties, parce que nous voyons des moutons qui perdent un œil, & d'autres qui deviennent aveugles. Cela fait, on fera des lotions avec un collyre d'une décoction d'orge & de ronces, fur une pinte de laquelle on ajoute une drachme de vitriol blanc. Les lotions feront les mêmes, quant aux puftules qui viennent à l'anus, aux lèvres, au palais, &c. mais, eu égard à celles qui fe forment dans les fabots, il faudra tremper le pied de l'animal dans l'eau chaude, dans laquelle il reftera une bonne demi-heure, après quoi on ouvrira les puftules; & fi elles font fixées dans l'ongle, on extirpera la partie de la corne qui les recouvre, fans avoir égard au lieu, ni à l'endroit où elles fiègent. L'opération faite, on appliquera fur la plaie parties égales de térébenthine de Venife & de jaune d'œuf, maintenues au moyen d'un plumaceau & d'un bandage.

Il eft auffi d'autres puftules qui s'amoncèlent fur une partie du corps, & qui la gangrènent, fi l'on n'y fait attention. Pour lors, les fcarifications faites dans toute la longueur & toute l'étendue de la tumeur de la partie affectée, emportent tout ce qui eft mortifié, & on finit la cure, en lavant les ulcères qui en réfultent, avec une forte décoction de quinquina, animée avec un verre d'eau-de-vie camphrée, fur une pinte de cette décoction.

Remarques. La nature du claveau ayant donné des vues fur la manière de le traiter, pourquoi n'en donneroit-elle pas fur l'art de l'inoculer? On a inoculé de nos jours, & l'inoculation a réuffi ; témoin, M. Venel, profeffeur en médecine de Montpellier. Ce Docteur célèbre inocula un troupeau de cent cinquante moutons, & il n'en mourut que trois. Prefque tous les médecins confeillent l'inoculation dans les maladies inflammatoires & épizootiques. Nous efpérons, dans le cours de nos travaux, d'éclairer les habitans de la campagne fur l'avantage de cette opération, après l'avoir pratiquée. Les fuccès que nous en attendons, fuffiront, fans doute, pour les convaincre d'une pratique auffi falutaire. M. T.

CLÉMATITE, *ou* HERBE AUX GUEUX. (*Voyez Planc.* 10, pag. 352) Cette dernière dénomination lui a été donnée à caufe de l'ufage fréquent qu'en font les mendians, afin de faire venir des ulcères fur les parties couvertes d'un cataplafme préparé avec cette plante, & exciter, par ce moyen, la commifération & les aumônes ; les ulcères font larges à volonté, & peu profonds : pour les guérir, il fuffit de fupprimer le cataplafme, de tenir de la charpie sèche fur la plaie, ou des linges, afin d'empêcher le contact de l'air. La feuille de poirée ou bette, fuffit pour diffiper l'inflammation : une volée de

coups de bâtons feroit enfuite un topique excellent.

M. Tournefort la place dans la feptième fection de la fixième claffe, qui comprend les herbes à fleur de plufieurs pièces, de forme régulière & rofacée, dont le piftil devient un fruit compofé de plufieurs femences difpofées en manière de tête, & il l'appelle *clematitis filveftris latifolia.* M. von Linné la claffe dans la polyandrie polygynie, & la nomme *clematitis vitalba.*

Fleur, ordinairement compofée de quatre pétales B, quelquefois de cinq ; lâches, en forme de fer de lance ; la fleur eft fans calice : le nombre des étamines varie de quinze, vingt à trente ; elles font repréfentées en C.

Fruit. Le piftil D devient le fruit, compofé d'environ cinquante ovaires raffemblés fur un difque E ; un des ovaires eft repréfenté féparément en F, & une des graines en G ; elles font barbues, chevelues & très-longues.

Feuilles, difpofées en manière d'ailes, rangées ordinairement au nombre de cinq fur une côte, les folioles font en forme de cœur, & dentelées inégalement.

Racine A, brune en dehors, groffe, longue & fibreufe.

Port, plante grimpante, jetant des farmens, gros, rudes au toucher, plians & anguleux ; les fleurs naiffent en grappe ou en manière d'ombelle, les feuilles font oppofées.

Lieu, les haies. Cet arbriffeau fleurit en juillet, ou août.

Propriétés, âcre, un goût fans odeur, fon ufage intérieur eft pernicieux. Les feuilles récentes & froiffées enflamment la portion des tégumens

tégumens fur laquelle elles font appliquées ; au bout de vingt-quatre ou
de trente-fix heures elles y produifent
des veffies ; elles font indiquées dans
les efpèces de maladies où il faut entretenir un écoulement d'humeur
féreufe : alors elles s'appliquent derrière les oreilles , fur la nuque du
col, aux bras , &c. elles font utiles
fur les ulcères des jambes, lorfqu'il
faut y rappeler une humeur puru-
lente ou féreufe fupprimée. L'écorce
moyenne , appliquée fur le poignet
des perfonnes attaquées de fièvres
intermittentes , rebelles au kina , a
fouvent réuffi , particulièrement
lorfque les premières voies ne contiennent pas fenfiblement des matières
hétérogènes, que le malade a éprouvé
un grand nombre d'accès , & qu'il a
fait pendant long-temps ufage des
diurétiques & des fortifians amers.

Les botaniftes comptent douze efpèces de clématites dont il eft inutile
de parler ici : mais quelques-unes
d'entr'elles méritent qu'on s'en occupe à caufe du coup-d'œil agréable
qu'elles préfentent dans les bofquets
d'été ; l'art doit un peu aider la nature , afin de faire courir d'arbre
en arbre les branches ou tiges fouples
& pliantes des clématites ; mais le
grand art eft qu'il ne paroiffe pas. Il
eft aifé de multiplier ces efpèces : dès
que les premiers pieds font plantés &
bien repris , il fuffit d'ouvrir la terre
en plufieurs endroits fuivant la longueur du farment ; de l'enterrer dans
chaque trou , & de les remplir de
terre : la partie qui n'eft pas enterrée
pouffe de nouveaux jets, & à la fin
de la feconde année on peut féparer
& couper chaque pied. J'en ai multiplié beaucoup de la forte, fur-tout
avec la clématite maritime à fleur

Tome III.

d'un beau blanc , dont la feuille
reffemble beaucoup à celle du jafmin
ordinaire. Toutes les clématites fe
multiplient par bouture , mais elles
ne reprennent pas toutes auffi facilement que celle de la clématite maritime. On peut encore fe les procurer par le femis; quelquefois & même
fouvent la graine ne lève qu'à la
feconde année.

Les efpèces à rechercher font la
clématite d'Efpagne, à fleur pourpre
fimple & double , & celle à fleur
rouge fimple ; la clématite orientale ,
la clématite à fleur bleue , fimple ou
double.

CLIMAT. Ce terme, reftreint à fon
influence fur l'agriculture , fe dit
lorfqu'on parle d'une région, d'un
pays, eu égard particulièrement à la
température de l'air. Cette température dépend des abris , les abris des
chaînes des montagnes, & fur-tout de
leurs pofitions ; enfin des rivières
dont le cours a été défigné par les
chaînes des montagnes, & des rivières ont formé les vallons & les
plaines. *Voyez* au mot AGRICUL-
TURE ce qui a été dit des circonftances phyfiques de l'agriculture des
différens climats du royaume.

Outre les caufes générales dont on
vient de parler, il en eft encore de
purement locales qui changent la manière d'être de quelques climats, &
ils en auroient une différente fi elles
n'exiftoient pas. Telles font les grandes
forêts, les lacs, la multiplicité des
étangs, les abris placés au nord ou au
midi, les défrichemens, &c. Toutes
ces caufes concourent à changer ou
à modifier les branches de l'agriculture, & il eft bien démontré que la
chaleur des climats change. Je ne dirai

D d d

pas avec M. de Buffon, que le feu central diminue, & par conféquent, que peu à peu la terre fera à fon tour une maffe glacée, telle que la lune l'eft aujourd'hui : comme je ne puis me perfuader l'exiftence de ce feu central, je vais rechercher des caufes moins éloignées, & qui me paroiffent fuffire à la démonftration du changement des climats. La brillante région des hypothèfes eft trop au-deffus de ma portée ; il faut des faits plus rapprochés de l'entendement d'un fimple cultivateur.

La chaleur ou le froid des climats augmentent ou diminuent fuivant les circonftances phyfiques qui opèrent le changement : c'eft ce qu'il faut prouver.

Les phyficiens & les naturaliftes conviennent que les montagnes s'abaiffent & que les plaines s'élèvent infenfiblement : cette affertion feroit la preuve la plus complette de ce que j'avance, fi des points de fait n'étoient pas plus concluans.

Du temps des romains l'hiver étoit plus âpre & plus rude en Italie qu'il ne l'eft aujourd'hui ; il fuffit d'ouvrir les ouvrages de Pline & de Virgile pour s'en convaincre ; cependant cette heureufe contrée étoit parfaitement cultivée du temps des romains, & on fait que tout pays bien labouré eft plus chaud que celui qui ne l'eft pas. Plus la furface de la terre eft unie, moins elle abforbe de chaleur, elle la renvoie au contraire ; auffi dans les pays chauds, la furface de la terre eft, pendant l'été, plus chaude que celle de l'eau ; & pendant l'hiver des pays tempérés, la furface de l'eau eft moins froide que celle de la terre.

Ovide relégué fur les bords de l'Euxin, dit que cette mer gèle chaque hiver, fans que la pluie ni le foleil puiffent en fondre la glace, & même qu'en plufieurs endroits elle y eft permanente pendant deux années de fuite. Virgile tient le même langage en parlant des bords du Danube. Pline le jeune, en décrivant fa maifon de campagne, fituée en Tofcane, dit que le ciel en eft froid & glacial pendant l'hiver, ce qui ne permet pas la culture des myrtes, des oliviers, &c. voilà à peu près le climat de Paris. Horace & Juvénal parlent des neiges qui couvroient les rues de Rome, & des glaces du Tibre : cependant il eft très-rare de voir de la neige à Rome, & les rivières glacées. Les campagnes de Tofcane, de la Romanie, &c. font actuellement couvertes d'oliviers, de myrtes. On éprouve donc aujourd'hui dans toute l'Italie, une maffe de chaleur plus forte & plus foutenue qu'autrefois. Voilà donc un climat entièrement changé ; la raifon en eft fimple. Pour expliquer une métamorphofe auffi frappante, il fuffit de franchir les bornes étroites de l'Italie, de traverfer la Hongrie, la Pologne, l'Allemagne, qui font au nord de Rome, & on verra que ces pays immenfes étoient peu peuplés du temps des romains, qu'ils étoient peu cultivés, que d'énormes & antiques forêts couvroient prefque toute la fuperficie de la terre ; que les lacs étoient multipliés, que des rivières fans lits fe répandoient fur les plaines ; enfin, que les rayons du foleil pénétroient rarement jufques fur terre, & ne pouvoient en échauffer la fuperficie : il s'élevoit de ces contrées incultes des vents du nord perçans, qui fe répandoient comme un torrent e.

Italie, & y caufoient de grands froids. L'atmofphère d'Italie a changé fucceffivement, à mefure que la Hongrie, la Pologne, l'Allemagne fe font peuplées, que les terres ont été défrichées jufque fur les bords de la mer Baltique & de l'Océan Germanique. Enfin, plus la Ruffie mettra de terres en valeur, moins le froid y fera cuifant, & plus l'intenfité de chaleur augmentera dans les climats du midi.

Dans l'efpace de cinquante ans, on a vu le climat confidérablement changer dans la Penfilvanie par le feul défrichement : c'eft un point de fait attefté par tous les habitans. Que fera-ce donc, lorfque la liberté fera rendue à ce peuple cultivateur, lorfque fa population fera augmentée? Encore un fiècle, & les vignes affez multipliées, rendront les vins d'Europe un objet de luxe & non de néceffité.

Des pays très-étendus acquièrent un degré de chaleur confidérable, tandis que d'autres perdent fucceffivement, & deviennent de jour en jour plus froids.

On fait que l'empereur Profper permit aux efpagnols & aux gaulois de planter des vignes & de faire du vin ; la même permiffion fut accordée à l'Angleterre. Les raifins, fans le fecours de l'art, n'y mûriroient pas aujourd'hui ; & on a vu à l'article GIDRE, que l'on cultivoit des vignes en Normandie, dont on a été forcé d'abandonner l'ufage & de le fuppléer par les pommiers, vers le treizième fiècle.

Le cadaftre du Languedoc, levé en 1561, fait mention des ténemens occupés par de grands vignobles, &

où il eft impoffible que les raifins rougiffent feulement aujourd'hui.

On lit dans l'*Hiftoire de Mâcon*, qu'en 1552 les huguenots fe retirèrent à Lancié, village dans le voifinage de cette ville, & y burent du vin mufcat *du pays*, & en fi grande quantité, que, s'étant un jour enivrés, les catholiques profitèrent de cette ivreffe pour les écharper... Ces vignes en mufcat, fuppofent donc qu'alors le climat de Lancié étoit à la même température, ou à peu près, que celle du Languedoc, telle qu'elle eft de nos jours, puifque le mufcat ne fauroit à préfent mûrir à Lancié pour en faire du vin.

M. Bufchin dit dans fa *Géographie*, que, felon les anciennes defcriptions, le Groënland produifoit en quelques endroits de très-bon froment, mais que cet avantage n'exifte plus ; que dans l'Iflande on ne peut à préfent faire arriver le blé à fa maturité ; mais que cependant il y a plufieurs raifons de croire que les anciens habitans avoient cultivé le blé ; qu'il en eft fait mention en termes exprès dans les anciens écrits iflandois, & que ce fut vers le quatorzième fiècle que les iflandois abandonnèrent cette culture. Je ne finirois pas fi je voulois rapporter toutes les citations connues en ce genre ; & tous nos lecteurs trouveront, fans fortir de leur canton, des preuves fenfibles qui atteftent, ou une augmentation ou une diminution de chaleur.

L'augmentation de chaleur tient à de grandes caufes ; celles au contraire de la diminution font prefque toujours locales & plus rapprochées; l'abaiffement des montagnes & l'élévation des plaines font les caufes déterminantes. Ces montagnes jadis chargées de bois,

& aujourd'hui fi fèches, fi arides ; diminuent journellement de hauteur ; toute la terre végétale a été entraînée par les eaux des pluies, par les vents impétueux : n'ayant plus les racines pour la retenir, elle eft defcendue dans la plaine, & a laiffé le tuf à nu. Ce tuf, quoique naturellement très-dur, fe détruit à fon tour. Dès qu'il fe trouve une fciffure, une crevaffe, l'eau pluviale y pénètre, le froid furvient, l'eau fe convertit en glace ; l'eau glacée augmente de volume, acquiert la force du levier ; enfin, preffant de tous côtés, le plus foible cède, les blocs fe détachent ; de nouvelles pluies, de nouvelles gelées furviennent ; la terre ou les pierrailles qui maintenoient encore le bloc dans fon équilibre, font entraînées, & celui-ci détaché de fa maffe, fe précipite avec fracas dans le fond du vallon. Il faut fouvent un grand nombre d'années pour opérer ces fortes féparations : on les remarque, parce qu'elles produifent de grands effets, & il n'en eft pas ainfi des changemens journaliers & petits. Auffi, un homme d'un certain âge, eft tout étonné de découvrir de fon habitation, des tours, des maifons, &c. qu'il n'appercevoit pas dans fa jeuneffe. Il n'eft point de pays un peu montueux, coupé par des coteaux cultivés, qui ne fourniffe des exemples multipliés de ce que je dis. La terre defcend toujours, & ne remonte jamais ; toujours les pluies l'entraînent, & entraînent, à fur & mefure, celle qui fe forme journellement par les débris fucceffifs de la croûte des rochers.

Aux effets permanens & fans ceffe renaiffans des météores, on doit ajouter encore fur ces maffes décharnées, ceux des plantes qui végètent dans leurs gerçures, & même fur leur furface. Le rocher le plus nu paroît recouvert de *lichen*, efpèce de plante qui n'eft guère plus épaiffe qu'une feuille de papier, qui s'étend circulairement, & fe colle fur lui : voilà le deftructeur lent & certain des rocs les plus durs. Ces plantes coriacées ont des racines, elles s'implantent dans les pores, travaillent petit à petit, & dans leur genre, comme les météores ; ce que l'on conçoit fans entrer dans de plus longs détails. Si, par hafard, dans les gerçures de ces rochers, il végète quelque plante à racine pivotante, ce lévier, dont la force augmente parce qu'il agit fans ceffe, foulève des maffes énormes, & il eft prefque toujours la caufe de leur féparation & de leur chute.

Tout confpire donc à abaiffer les montagnes ; cependant leur hauteur formoit ces abris heureux, qui permettoient, dans certains endroits, la culture de l'oranger, de l'olivier ; dans d'autres, celle de l'amandier & de la vigne. Les abris n'exiftant plus, les vents du nord agiffent avec violence, le froid y eft plus âpre, l'intenfité de la chaleur plus foible, &c. & le climat eft changé. Ces vérités font fi palpables, que, peut-être dans moins d'un fiècle, il exiftera bien peu d'oliviers dans le Bas-Dauphiné, & dans ces parties de la Provence & du Languedoc, aujourd'hui dévorées par la rapidité des vents du nord.

L'agriculture & l'avidité des hommes a fingulièrement contribué à changer la température des climats. Peut-être parviendroit-on à ramener une grande partie de cette intenfité de chaleur, fi l'on replantoit en bois les sommets des montagnes & des coteaux un peu renforcés. On a voulu cultiver jusqu'aux pics, abattre les forêts: des récoltes, pendant quelques années, ont souri à la vue du cultivateur, & insensiblement ses yeux n'ont plus eu à parcourir que des rocs décharnés. Quelle leçon pour les possesseurs des pays montueux!

CLOAQUE. Endroit destiné à recevoir les immondices. Il est étonnant qu'on fasse si peu d'attention au choix du local, sur-tout dans les provinces méridionales, où la putréfaction est toujours en raison de la chaleur qu'on y éprouve. Le sens commun apprend qu'on doit l'éloigner, le plus qu'il est possible, de l'habitation; & cependant il est rare que ce cloaque ne soit placé près des maisons, & souvent même dans les cours. Qu'arrive-t-il? les habitans de la métairie prennent des visages plombés, la fièvre les écrase pendant l'été, & ils disent que l'air qu'ils respirent est mal-sain. Mais pourquoi rejeter sur la mauvaise qualité de l'air atmosphérique, ce qui est l'effet de la pure négligence? Supprimez la cause, & le mauvais effet cessera. Ecartez le foyer de cet *air fixe*, (*voyez* ce mot) de cet air mortel qui se mêle avec celui que vous respirez, & les maladies n'assiégeront plus votre domicile.

CLOCHE, BOTANIQUE. Fleur en cloche ou *campaniforme.* (*Voyez* ce mot & ceux de COROLLE ou FLEUR, où nous donnerons le dessin d'une fleur de ce genre.) M. M.

CLOCHE, *jardinage.* Vase de verre qui a la forme d'une cloche, dont le sommet est garni d'un bouton de verre pour la soulever, & dont les jardiniers couvrent les melons & autres plantes, tant pour les garantir du froid, que pour les faire croître plus promptement. On en a représenté dans différentes positions, dans la gravure du mot CHASSIS, *Tom. II, Pl. 5, page* 144 *, Fig. 5.*

Les meilleures cloches & les plus solides, sont celles faites d'une seule pièce. On en construit avec de petits carreaux de verre, maintenus par des plombs, & elles sont à pans coupés. L'entretien de celles-ci est très-dispendieux.

La cloche de verre noir, ou verre de bouteille, est celle qui communique plus de chaleur aux plantes, par rapport à sa couleur qui absorbe mieux les rayons du soleil; celles de verre blanc les réfléchissent davantage, & sont par conséquent moins chaudes; mais les plantes qui en sont recouvertes, sont plus vertes que les autres, parce qu'elles reçoivent plus de lumière, & sans lumière elles blanchissent.

Suivant le degré de chaleur de la saison, la cloche doit être plus ou moins abouchée, ou élevée sur le crochet, à différentes échancrures destinées à l'élever ou l'abaisser. On verra au mot COUCHE, plus particulièrement son usage. On dit une plante, une couche *clochée* ou *déclochée.*

CLOISON, BOTANIQUE. Nous avons remarqué au mot CAPSULE, (*voyez* ce mot) qu'elle étoit souvent divisée en plusieurs loges. Ces divisions sont formées par des cloisons sèches pour la plupart, de la même nature & substance que la capsule,

Quand la capsule est vivante & pleine de suc, la cloison l'est pareillement, & elle se dessèche avec elle. La cloison n'a pas toujours la même position dans tous les fruits. Quelquefois ses deux côtés tranchans s'insèrent dans les sutures des panneaux, & alors on dit qu'elle est parallèle. Elle a cette position dans l'alysson & la lunaire ou bulbonac. Quelquefois ses deux côtés tranchans coupent longitudinalement les panneaux par le milieu, & alors la cloison est transversale, comme dans le thlaspi, la passe-rage. C'est à ces cloisons que les graines sont attachées par un petit cordon ombilical.

C'est Cesalpin qui le premier, en 1583, ait fait quelqu'attention aux loges des fruits, & aux cloisons des siliques & des capsules. M. Tournefort en a tiré un caractère distinctif des différentes sections de sa cinquième classe, qui renferme les fleurs en croix. M. M.

CLOQUE. Maladie commune aux feuilles des arbres, & plus particulièrement à celles du pêcher. Les feuilles se replient sur elles-mêmes, elles se froncent, se rident, changent de couleur, & paroissent former ensemble une touffe de figure très-indéterminée.

Cette maladie inquiète beaucoup, & avec raison, le cultivateur qui me paroît aussi peu instruit de sa cause que des remèdes qu'elle exige. Je vais rapporter ce que dit M. de la Ville-Hervé, neveu & élève de M. l'abbé Roger de Schabol, dans son excellent ouvrage intitulé : *Pratique du jardinage*, & je discuterai ensuite son opinion sur les causes de cette maladie.

« Vers la fin de mars, ou en avril, (c'est l'auteur qui parle,) les fleurs épanouies & nouées du pêcher, ses feuilles verdoyantes, & ses bourgeons déjà alongés, offriront le spectacle brillant d'un vert naissant, lorsque, d'une nuit à une autre, du matin au soir, tout ce superbe appareil se trouve changé en un désastre affreux. Ses feuilles lisses & unies se recoquillent ; à ce beau vert succède une couleur livide, d'un brun noirâtre & rougeâtre tout ensemble. De minces qu'elles étoient, elles ont acquis subitement le double & le triple de leur épaisseur ordinaire ; difformes, repliées, elles sont raboteuses, graveleuses, galeuses. Les bourgeons, dont l'écorce étoit unie, luisante, & dont la figure étoit ronde, sont remplis de bosses, d'inégalités, de calus ; leur grosseur par le haut est le triple de celle du bas, & la gomme en découle de toutes parts ; les fruits naissans, dénués de l'ombrage des feuilles repliées qui se sèchent, sont à la merci des rayons du soleil ; &, bientôt dépourvus de nourriture, par la privation de leurs mères-nourrices, ils se fanent & tombent : enfin, les pucerons vont se loger dans les replis de ces feuilles *brouies*, (*voyez* le mot BROUIR) & achèvent de mettre le comble à la disgrace de ces arbres infortunés ».

« Quelle peut être la cause d'une métamorphose si subite ? Le seul souffle passager d'un vent brûlant peut bien changer l'économie extérieure de l'arbre, & détruire cette brillante harmonie, mais non-pas renverser, en un moment, tout son mécanisme intérieur ».

« Je me suis transporté, lors de la

cloque, en différens cantons, durant nombre d'années, pour obferver & fuivre cette maladie dans tous les terreins & à toutes les pofitions, comme auffi pour recueillir les fentimens des plus experts dans l'art du jardinage. Tous s'accordent à dire que la cloque eft une maladie peftilentielle du pêcher, l'une des plus bizarres & des plus variables de celles qui concourent à fa perte; & ils l'attribuent à un mauvais vent. Mais ce vent pernicieux, auteur de ces défordres, fouffle tous les ans, & eft accompagné de gelées meurtrières; & néanmoins ce n'eft pas toujours alors que cette maladie a lieu. Quelques feuilles font rôties, quelques bourgeons defféchés, certaines branches viciées meurent, nombre de fleurs avortent, des fruits noués font grillés, fans que tout l'arbre foit maltraité ».

« Il eft démontré que dans un tel événement, il y a un dérangement de nature, occafionné par une caufe accidentelle, qui n'a pas encore été découverte. Cet accroiffement fubit, tant dans les feuilles que dans les bourgeons, qui, immédiatement après cette métamorphofe, pèfent deux ou trois fois plus que les feuilles épargnées, n'eft pas le feul effet du vent. De plus, ayant mis dans le microfcope, & difféqué ces bourgeons & ces feuilles cloquées, je les ai trouvé différemment conformées que les feuilles faines du même arbre. Le flux de gomme qui paroît inceffamment dans le vieux bois, n'annonce-t-il pas un épanchement de fève, mal préparée, mal cuite, mal digérée? Il faut néceffairement fuppofer qu'il s'eft fait dans la tige d'abord, enfuite dans le fervoir de la greffe, puis dans les

groffes branches, & enfin dans les bourgeons, une forte de cacochymie qui a caufé ce bouleverfement univerfel, & que la fève a paffé tout-à-coup dans toutes ces différentes parties, au lieu qu'elle auroit dû y couler fucceffivement, fuivant l'ordre réglé par la nature ».

« Dans les diverfes obfervations que j'ai faites fur un événement auffi fingulier, j'ai remarqué, 1°. que, malgré les paillaffons, la cloque prenoit aux pêchers couverts; 2°. que l'expofition du couchant en étoit la plus maltraitée; 3°. qu'elle n'arrivoit jamais dans un temps mou, brun, obfcur, ni même après les pluies froides du printemps, ni après certaines gelées fortes, durant lefquelles le foleil ne paroiffoit point; 4°. je n'ai jamais vu les pêchers brouis, cloqués lors des plus grands vents du nord, & les plus froids, fi ce n'eft qu'ils fuffent rabattus fur l'efpalier, par quelque toit ou bâtiment voifin, par un mur, par une montagne, &c.; 5°. ces vents deftructeurs foufflent du midi au couchant, en forme de tourbillons, & apportent avec eux des exhalaifons contagieufes, non-feulement aux plantes délicates, telles que les laitues placées fur des coftières, les pois hâtifs, les melons, les concombres avancés fur couche; mais aux plantes robuftes, comme le lilas, le chèvrefeuille. Après la rofée qui accompagne ces vents, on trouve fur ces feuilles brouies, une humeur tant foit peu cotonneufe, qui eft une humidité defféchée & coagulée, que les gens de la campagne appellent *les fils de la bonne Vierge;* 6°. la cloque n'a jamais attaqué un pêcher, après ces vents de galerne, (vents nord-ouest) qu'ils n'aient été précédés & accompagnés, ou suivis de coups de soleil très-ardens, ou de quelque chaleur immodérée pour la saison; 7°. elle ne prend pas toujours uniformément; souvent elle arrive tout d'un coup, d'autres fois peu à peu ; tantôt avec la naissance même des bourgeons, tantôt lorsqu'ils sont à cinq ou six feuilles ». (*Voyez* le mot BOURGEON, afin de savoir en quoi il diffère du *bouton.*)

. « La cloque n'est donc qu'une indigestion en forme, causée par le contraste du froid & du chaud. Elle ne prend, comme je viens de le dire, qu'après que la terre a été, durant quelque temps, échauffée par la douceur des zéphirs, ou après que les rayons pénétrans du soleil ont mis la sève dans un mouvement subit. Alors, par une révolution soudaine, ces vents de galerne apportent des froids morfondans qui l'arrêtent. Cette révolution momentanée de la sève ne lui permet pas de se préparer, ni de séjourner dans ses cribles & dans les canaux propres à la digérer ; elle y arrive grossière. Elle a bien pu monter, mais s'étant morfondue en chemin, elle ne circule plus, & se jette alors dans les parties les plus voisines ; savoir, l'extrémité des bourgeons, & les feuilles vers lesquelles elle a été lancée d'abord. De cette charge brusque & confuse naît le volume énorme de chaque feuille, & le gonflement des bourgeons épaissis par leur extrémité ».

Il n'est pas possible de donner une description mieux détaillée que celle présentée par M. de la Ville-Hervé, ainsi que le précis des sentimens des cultivateurs ; j'aime à penser que cet

auteur si estimable ne me saura pas mauvais gré si mon opinion est différente de la sienne, sur les causes de la maladie. J'ose dire que les insectes sont la cause première des ravages, & que la matière excrémentitielle de la sève, ne pouvant être expulsée audehors par les feuilles, y séjourne, & par une métastase, reflue dans les bourgeons qui acquièrent un plus grand volume à leur sommet. Je ne disconviendrai pas absolument que les vents froids n'augmentent la maladie, ce qui est encore un problême à examiner ; mais il n'en sont jamais la cause première.

Lorsque les feuilles, les fleurs, les jeunes bourgeons sont frappés de la gelée, ils ne se dessèchent pas, ne se réduisent pas en poudre au moindre contact, si les rayons du soleil ne viennent pas brusquement frapper dessus ; dans ce cas, chargées d'humidité intérieurement & extérieurement, couvertes de rosée ou d'une quantité de goutelettes d'eau égales au nombre de leurs pores, cette humidité s'évapore, la feuille reste sèche, & le soleil peut darder ensuite ses rayons sans l'endommager : mais si l'humidité subsiste, chaque goutelette forme une loupe qui concentre les rayons du soleil, & produit l'effet du miroir ardent : comme ces goutelettes sont aussi nombreuses que les pores, il n'est donc pas difficile de se représenter toutes ces petites loupes desséchant & brûlant à la fois la superficie d'une feuille, d'une fleur, &c. Dans la cloque, au contraire, ce phénomène n'a aucune ressemblance avec celui opéré par la gelée ou par la rosée blanche la plus forte. La feuille reste entière, au recoquillage près ; & ce recoquillage provient

provient fimplement de la contraction occafionnée accidentellement
aux nervures principales & particulières des feuilles. La même obfervation a lieu pour les melons, les
laitues, les lilas, &c., & je ne vois
pas comment des vents du fud-oueft
peuvent apporter avec eux des exhalaifons contagieufes, à une époque
à laquelle l'air de l'atmofphère eft
eft toujours falubre. D'ailleurs, fi la
cloque dépendoit de ces exhalaifons,
ou du paffage fubit du chaud au froid,
ou du froid au chaud, toutes les
feuilles d'un même arbre devroient
à la fois être cloquées ou brûlées :
il eft de fait que fouvent il refte une
branche faine, entre deux branches
qui ne le font pas ; & quelquefois la
moitié de l'arbre eft cloqué ; & le
refte conferve fon état de fanté. On
ne peut pas dire que la fève qui
monte dans la branche cloquée, foit
différente de celle de la branche voifine, & non cloquée. C'eft par-tout
la même fève, mais elle fe vicie dans
celle-là ; & elle ne l'eft pas dans
le réfervoir de la greffe, dans le
corps de l'arbre, ni dans les racines.
La cloque eft donc une maladie purement locale, qui ne dépend pas de
maffe générale des humeurs de la
plante. ·

On examine la cloque lorfque le
mal eft confommé, ou lorfqu'il eft
déjà avancé. Ce n'eft pas prendre la
nature fur le fait. Je prie mes lecteurs d'obferver, 1°. que jamais, dans
les vingt-quatre heures, l'arbre entier n'eft cloqué dans toutes fes parties ; (au moins je n'ai rien vu de
femblable) 2°. que le mal gagne de
proche en proche, & fucceffivement;
3°. que, fi l'on obferve bien attentivement, on verra des arbres cloqués

Tome III.

fans qu'il y ait eu des vents de galerne; 4°. qu'ils le font lorfque la
chaleur de l'atmofphère a été pendant quelques jours au-deffus du
fixième degré du thermomètre de
Réaumur. Celle d'un feul jour eft
fouvent fuffifante.

On ne voit jamais de feuilles décidément cloquées fur un arbre, fans
rencontrer, dans leurs replis, de petits pucerons, & prefque toujours
des fourmis. Celles-ci accourent afin
de partager le butin, & fucer l'eau
miellée qui exfude des pores des
feuilles; mais elles ne font point la
caufe du mal. Les petits pucerons
dont j'ai parlé, font armés d'une petite trompe, avec laquelle ils percent
les nervures, foulèvent l'épiderme
de la feuille, dépofent leurs œufs
dans le parenchyme contenu entre
l'épiderme fupérieur & l'inférieur,
& enfin ils vivent du fuc extravafé.
Ces œufs font affez vifibles dans les
véficules qui fe forment fous l'épiderme; ils y éclofent, donnent un
ver; ce ver y fubit différentes métamorphofes ou changemens de
peau; il fe change en chryfalide,
enfin devient infecte parfait, c'eft-à-
dire, puceron. Comme fa vie eft de
très-courte durée, le paffage de
l'état d'œuf à celui de ver, & de ver
à celui de chryfalide ; enfin, à celui
d'infecte eft dans les mêmes proportions; fa multiplication eft prodigieufe. Dès que la partie des feuilles
d'un bourgeon eft fucceffivement
peuplée de vers, les pucerons gagnent les feuilles voifines, & fe partagent les héritages, de manière qu'en
très-peu de temps les bourgeons font
prefque tous attaqués à la fois. J'ai
vu des pontes fe fuccéder, fans interruption, jufqu'à la fin de Juin.

Chaque piqûre d'infecte produit fur les grandes & petites nervures des feuilles, ce qu'une femblable piqûre, mais plus forte, opéreroit fur nos nerfs. Dans pareil cas on refte eftropié, & la partie piquée fe retire. Il en eft ainfi des feuilles ; mais comme les piqûres font faites indiftinctement fur la même nervure, une partie fe recoquille à gauche, l'autre à droite, &c. fuivant qu'elle eft piquée plus ou moins, & à différentes époques. *Voyez* l'article du *charançon rouleur*, *page 26* de ce volume, & vous aurez une preuve plus en grand de ce que les piqûres des infectes opèrent fur les nervures des feuilles, & la forme fingulière qui en réfulte.

Malgré les obfervations les plus fuivies, je ne puis pas dire avoir vu foulever l'épiderme par ces infectes, pour y dépofer leurs œufs ; mais j'ai vu, & très-bien vu, dans les veffi-cules, les œufs & les vers. Comment y ont-ils été introduits ? Je fuppofe l'analogie & un travail femblable à celui des infectes armés d'aiguillons ou de tarières ; enfin, on ne peut nier que le puceron ne foit pourvu d'un aiguillon. La vie de cet infecte, autant que j'ai pu l'obferver, eft de deux à trois jours. Son corps, prefque tout aqueux, fe deffèche, fe colle fur la feuille, au moyen de l'eau miellée qui en fort ; cette eau, à fon tour, fe deffèche, & la feuille femble être couverte d'un duvet blanc, que les payfans ont mal à propos nommé *fil de la Vierge*, *fil de Notre-Dame*. Or, les fils qui méritent ce nom font produits par des araignées ; ils ont fouvent plufieurs toifes de longueur, voltigent dans l'air au printemps, & plus fouvent

en automne, pendant les jours calmes & fereins.

Si, fuivant la mauvaife coutume, on a planté en efpalier des pêchers en mi-tige, & entre-deux des arbres nains, les débris de ces cadavres defféchés tombent fur les feuilles de l'arbre inférieur pendant la chaleur du jour, les recouvrent, & les font beaucoup fouffrir par l'arrêt de tranfpiration. Quelques arrofoirs d'eau, vidés fur ces feuilles, fuffifent pour entraîner ces ordures.

Il ne me paroît pas que les puce-rons des choux, des chèvre-feuilles, des pois, des lilas, foient de la même efpèce, quoique peut-être du même genre. Je n'ai pu parvenir à les diftinguer affez furement pour établir l'ordre de cette famille. Ces individus ont une certaine diffem-blance que je ne puis définir ; les objets font trop petits, & ma vue n'eft pas affez bonne pour les obferver pendant long-temps au microfcope.

La nature a affigné un certain de-gré de chaleur pour faire éclore le ver de chaque infecte. Il n'eft donc pas étonnant que M. de la Ville-Hervé ait obfervé que la cloque commençoit après des jours & des vents chauds ; je n'ai point apperçu de cloque, tant que la chaleur n'a pas été au-deffus de fix degrés. Si ce n'eft pas-là l'époque précife du moment où l'œuf éclôt & donne le puceron, elle en rapproche beau-coup. Malgré tous mes foins, il ne m'a pas été poffible de découvrir ces premiers œufs ; étoient-ils collés fur les branches, fous les enveloppes des boutons ? je l'ignore. D'où font donc arrivés ces infectes ; comment les premiers font-ils parvenus à un arbre qui n'en avoit point auparavant ?

Ce font autant de phénomènes difficiles à expliquer. Il ne paroît pas cependant probable que les œufs foient
apportés par des tourbillons de vents.
La prévoyance des infectes pour affurer la confervation de leur efpèce,
eft admirable, & ils n'attendent furement pas qu'un coup de vent très-
accidentel, les porte directement fur
un pêcher, & non fur un coignaffier,
ou fur tel autre arbre qui ne fourniroit pas à leur nourriture. La nature
ne fe conduit pas ainfi, & le hafard
n'a jamais dicté fes loix.

D'après cet expofé, il eft aifé de
rendre compte du changement de
couleur de la feuille, & de l'augmentation de volume du fommet du
bourgeon.

L'infecte a commencé par piquer
la feuille, afin de faire extravafer le
fuc & s'en nourrir; il a fongé enfuite
à fa réproduction, à donner un
afyle affuré à fes œufs, & une nourriture abondante aux vers qui en
fortiront. Tout cet appareil ne fauroit exifter fans que la feuille en
fouffre; elle s'eft contractée en tout
fens en fuivant la difpofition de la
nervure : elle n'a donc pas pu fe débarraffer, par fes pores, de la matière de la tranfpiration, quoique
l'eau miellée formât une grande partie de la fève. La matière de la fueur
n'eft pas la matière de la tranfpiration : ces deux fécrétions font bien
différentes. Dès-lors il y a eu obftruction & embarras; le parenchyme
s'eft vicié : de vert qu'il étoit, il eft
devenu jaune blanchâtre; & l'épiderme, fans couleur par lui-même,
a préfenté à nos yeux une furface
blanchâtre, &c.

Quant au renflement du fommet
du bourgeon, il a été formé par une
affluence de fève qui n'a pu s'échapper par la tranfpiration des feuilles,
s'y eft accumulée, & n'a pu redefcen-
dre vers les racines. (*Voyez* les mots
ASCENSION, CIRCULATION, SÈVE.)

La caufe de la cloque une fois déterminée, le remède l'eft-il également? C'eft ce qu'il faut examiner.
Pour cela, écoutons encore parler
M. de la Ville-Hervé.

« A Montreuil on ne connoît
d'autre remède à la cloque, que de
laiffer agir la nature fans toucher aux
arbres, ni aux feuilles cloquées qu'on
laiffe tomber d'elles-mêmes. On
attend patiemment que les nouvelles
foient venues, & que les bourgeons,
après s'être réunis, foient fuffifamment alongés pour être paliffés. Les
arbres fe débarraffent feuls de tous
les bourgeons defféchés. En 1749,
nombre de leurs pêchers, dont je
défefpérois prefque, fe font remis
d'eux-mêmes, & étoient en juillet
auffi pleins & auffi verts que ceux
que la cloque avoit épargnés.

« La cloque, difent les montreuil-
lois, a fait pâlir les arbres. La première fève qui a coulé inutilement
leur a occafionné un épuifement.
Leur faire alors pouffer de nouveaux jets, c'eft leur demander au-
deffus de leurs forces actuelles. Mais
laiffez-les fe remettre de leurs fatigues, donnez le temps aux racines
de travailler pour envoyer à la tige
& aux branches de nouveaux fucs,
attendez qu'ils foient en état de les
cuire & de les faire circuler au renouvellement de fève, permettez
aux parties relâchées & affaiffées de
reprendre leur jeu & leur reffort;
alors la nature travaillant à loifir
à réparer ces accidens, le mécanifme fe rétablira peu à peu. »

« Je ne puis qu'applaudir à cette pratique, continue l'auteur, puisqu'elle a pour base un raisonnement aussi juste. Néanmoins, persuadé que la nature veut, en nombre d'occasions, être aidée, & qu'elle m'a paru en avoir grand besoin après la cloque, je pense qu'il est à propos d'administrer aux arbres cloqués des secours pour l'exciter sans la forcer. Je les laisse durant quelque temps sans leur rien faire, afin que la sève se reproduise, & que celle qui est extravasée, rentre en partie pour être mieux élaborée, ou sorte tout à fait, & se décharge. Ce temps ne peut être déterminé que par celui employé, par les arbres, à se remettre de leur crise, c'est-à-dire, quand les feuilles brouies commencent à se faner. Je préviens leur chute, & avant la pousse des nouvelles, je vais les ôter & les recueillir dans un panier, pour les brûler avec celles qui ont pu tomber. La cloque n'arrive jamais qu'elle ne soit suivie d'un déluge de pucerons qui s'attachent aux feuilles devenues extrêmement tendres par l'épanchement trop abondant de la sève. (J'ai dit que les pucerons occasionnoient cet épanchement) En laissant sur terre ces feuilles remplies des œufs de tous ces petits animaux, ils se multiplient à l'infini l'année suivante, & reviennent assaillir les pêchers ». (Je ne suis pas encore ici de l'avis de l'auteur.)

« Après cette première opération, je jette à bas les bourgeons rabougris, étiques & morts, & je fais aux arbres une forte de taille. Les arbres font malades, il faut les soulager; ils font épuisés, il faut leur fournir les moyens de prendre vigueur. Or, si je leur laisse trop de bourgeons à nourrir, combien auront-ils de peine à se remettre, & combien de temps s'écoulera-t-il avant leur rétablissement! Le reste des bourgeons choisis que je conserve, profite en raison de leur moindre quantité. C'est ainsi qu'en 1749, j'ai conduit une infinité de pêchers, & j'ai eu la satisfaction de les voir se rétablir un mois plutôt que ceux de Montreuil ».

« Autour du pied de ces arbres appauvris, je mets du terreau ; s'ils ont été fermés, je jette un peu d'eau. Je répare de cette façon leurs pertes & leur épuisement, & je leur donne le moyen d'agir plus promptement. Je ne dirai point qu'après l'enlèvement de toutes les feuilles cloquées, un labour est essentiel ».

« La cloque ne se borne pas aux effets dont j'ai fait la triste peinture; elle étend sa malignité sur la pousse de l'année & sur le fruit, comme sur ceux des années suivantes. D'abord elle fait avorter à chaque bourgeon cloqué, tous les yeux du bas jusqu'à la quatrième & cinquième feuille, &, par conséquent, nulle espérance de fruit à la taille prochaine, qu'on est obligé d'alonger à ceux des yeux qui ont poussé après coup ».

» Une autre suite non moins fâcheuse de la cloque, est l'avortement de tous les boutons à fruit des bourgeons : en faisant tomber leurs feuilles, elle les force d'ouvrir leurs boutons pour en reproduire de nouvelles, & cette réproduction ne peut se faire qu'aux dépens de la substance de chaque œil qui, dès-lors étant altéré, n'est plus en état de donner du fruit l'année suivante : aussi ne doit-on compter d'en avoir qu'à l'extrémité de quelques branches ».

« Plus d'une année le pêcher se ressent de cette maladie. Après sa guérison, il perce à travers la peau en différens endroits, & fait éclore des *gourmands*, ou des *branches adventices*. (*Voyez* ces mots) Un jardinier entendu, taille d'année en année, le plus long qu'il lui est possible, sur ces sortes de branches, les étend, & rabaisse insensiblement les autres sur lesquelles il rapproche son arbre ».

Cette méthode est, sans contredit, la meilleure, & celle qui remédie le plus au désordre de la cloque. J'avoue avec plaisir & avec reconnoissance envers M. de la Ville-Hervé, que ses leçons m'ont été très-utiles. Voici les observations auxquelles elles ont donné lieu. Un de mes pêchers avoit un seul bouton cloqué ; je l'ai abandonné à lui-même, il s'est desséché. Au temps de la chute de la feuille de l'arbre, le bois mort a été supprimé. L'année suivante presque tous les bourgeons ont été cloqués, & ceux des arbres voisins ne l'ont point été. Je pense que les pucerons, avant de disparoître de dessus cet arbre, ont fait la ponte sur les bourgeons de l'année, & peut-être sous l'écorce des boutons d'où est sorti l'essaim formidable qui a cloqué successivement les bourgeons nouveaux. Ils savent trop bien que la feuille cloquée se dessèche & tombe ; que presque toujours elle est enfouie dans la terre par les labours, ou emportée par les vents, & par conséquent que leurs œufs périroient infailliblement. Je le répète, la nature est trop attentive à la conservation des espèces, pour permettre une telle étourderie aux pucerons. La loi générale, dictée à tout insecte qui dépose ses œufs sur des feuilles annuelles, est que ces œufs seront éclos avant la chute de ces feuilles, & qu'avant cette époque, l'insecte qui doit en sortir aura acquis son état de perfection. Il n'en est pas ainsi pour les feuilles vertes subsistantes sur la plante pendant l'hiver. Si leur renouvellement ou leur chute est fixée au printemps, de l'olivier par exemple, ou plus tard, l'insecte sera parfait à l'époque de l'apparition des feuilles ou des bourgeons nouveaux, afin que ses petits trouvent en sortant de l'œuf, des feuilles tendres & une nourriture analogue à leurs besoins. Je crois donc assez inutile de ramasser les feuilles cloquées, desséchées & tombées à terre ; cependant, la précaution ne sauroit nuire.

J'avois dans un endroit assez éloigné du premier, un autre pêcher dont presque tous les bourgeons étoient cloqués ; j'eus la patience de couper toutes les feuilles avec des ciseaux, & de les rassembler sur un drap étendu par terre, afin de les jeter au feu. Les bourgeons furent plus flétris pendant environ quinze à vingt jours ; ils reprirent un peu de vigueur à mesure que les feuilles nouvelles parurent, des cloques survinrent encore sur plusieurs bourgeons ; & aussi-tôt après que les feuilles eurent été supprimées comme à la première fois, les bourgeons se desséchèrent. Les bourgeons non cloqués reprirent leur force, & vinrent à bien. Un autre pêcher cloqué & abandonné à lui-même, n'a plus eu de pucerons à la fin de juin ; mais toutes les nouvelles feuilles poussées après la chute des premières, ont conservé des formes bizarres & contournées jusqu'à la chute générale des feuilles. Si quelqu'un répète ces expériences, je le prie de m'en communiquer le réfultat, afin de favoir s'il fera exactement le même.

CLOS. Efpace de terrein cultivé, environné de murailles ou de haies, ou de foffés.

CLÔTURE. Il eft étonnant qu'on ait mis en problème, s'il convenoit de clorre fes champs ! A l'article COMMUNAUX, COMMUNES, on fera voir le mal qui réfulte du droit de *parçours ;* il eft également queftion ici des avantages des clôtures en elles-mêmes.

Les gaulois nos ancêtres, & les romains, au rapport de Varron & de tous les anciens auteurs agronomes, faifoient grand cas des clôtures, & en comptoient quatre efpèces ; la *naturelle,* formée par des haies ; la *champêtre,* par des pieux ou des brouffailles ; la *militaire* ou *foffé,* dont le bord intérieur du champ étoit rehauffé par la terre tirée de ce foffé ; l'*artificielle* ou en *maçonnerie.* Cette dernière fe fubdivifoit encore en quatre ; en *pierres,* c'étoit l'ufage du canton de Tufculum ; en *briques cuites,* c'étoit l'ufage des gaulois ; en *briques crues,* dans la terre de Sabine ; enfin, en *terre & cailloux* entaffés entre deux planches, (c'eft le *pifay, voyez* ce mot) tels qu'il s'en trouvoit en Efpagne & dans le canton de Tarente.

Que l'on entoure de murs fes jardins, que l'on foit fermé chez foi, la prudence femble l'exiger ; mais enclorre ainfi de grandes poffeffions, je ne conçois rien à cette jouiffance exclufive, & c'eft l'acheter bien chèrement. Quand même on auroit fur les lieux la pierre, le fable & la

chaux à bon prix, il eft toujours très-difpendieux de mettre lit de pierre fur lit de pierre ; enfin, de bâtir. Si on confidère la mife des fonds, on verra qu'avec la maffe de cet argent mort, on auroit pu prefque doubler fes poffeffions, & avoir l'intérêt de cet argent. Si le temps qui détruit & renverfe tout, refpectoit ces folies, elles feroient plus pardonnables ; mais un jour viendra qu'on fera forcé d'acheter une feconde fois fon terrein, par les réparations, reconftructions & réédifications de ces murs qui, d'un parc, avoient fait une prifon. Hommes riches, jouiffez à votre manière ; je vous la pardonne, parce qu'elle fait vivre des ouvriers ! Les gens fenfés n'imiteront pas votre exemple, & ils emploieront un même nombre d'ouvriers plus utilement. C'eft pour ne pas être expofés aux voleries des payfans. Le prétexte eft fpécieux ! Ils voleront par an pour une piftole, & vous en dépenfez mille en clôture. Ce n'eft pas faire valoir fon argent, & vos murs ne vous empêcheront pas d'être volés, d'être pillés, fi on en a envie, à moins que vos murs ne reffemblent aux clôtures des religieufes ; & encore !

Les clôtures doivent avoir pour objet, 1°. d'empêcher les animaux de pénétrer dans les poffeffions ; 2°. de former des paravents aux arbres, aux moiffons ; &c. 3°. d'accélérer la maturité des récoltes ; 4°. de bonifier les champs.

Une fimple haie d'aubépin ou épine blanche, dans le nord & le centre du royaume, fuffit & forme une barrière impénétrable aux hommes & aux animaux. *Voyez* l'article HAIE, & la manière de les former. Le jonc vaudroit encore mieux, s'il ne talloit pas de racines, & fi fa graine & fes racines ne s'emparoient pas promptement d'une partie du champ. Dans ces provinces méridionales, le grenadier, le portechapeau ou paliure, produiroient le même effet. Je ne connois pas de meilleure clôture que celle d'un fossé bien entretenu; la terre de ce fossé jetée sur le champ, & fes bords couverts d'une haie formée par des arbriffeaux analogues aux climats; mais je demande que ces bords foient plantés d'arbres du pays, & affez près les uns des autres pour forcer leur tige à s'élever, en l'aidant par l'élagage. (*Voyez* le mot BALIVEAU)

Si le terrein est en pente, on fent que la partie fupérieure du fossé retiendra les eaux pluviales, les empêchera de ruiffeler dans le champ, & d'en entraîner la bonne terre. Cette eau fupérieure creuferoit des ravins fur les côtés de la pente, & il faut les prévenir. On creufe, à cet effet, dans toute la longueur de cette pente, de petits réfervoirs; on les multiplie, & on les creufe autant qu'il est néceffaire, jufqu'à ce que la retenue inférieure de chaque réfervoir foit de niveau avec l'endroit où l'eau tombe du réfervoir fupérieur, ou la première eau qui coule dans cette pente. La largeur du réfervoir doit être égale à celle du fossé; fa longueur dépend du niveau, & la force de fa retenue de l'un & de l'autre. Une retenue d'un pied de largeur fuffit lorfque le réfervoir a fix pieds de longueur, fur dix-huit à vingt-quatre pouces de profondeur. On ne rifque rien de donner dix-huit pouces d'épaiffeur. On voit que par ces retenues fucceffives, l'eau coule tou-jours, pour ainfi dire, d'éclufe en éclufe, & que chaque éclufe contribue à maintenir une efpèce de niveau, de manière que la chute de l'eau est peu confidérable, & qu'elle ne peut pas creufer. Une précaution cependant à avoir, confiste, après les grandes pluies, & fur-tout les pluies d'orage, de nettoyer ou recreufer ces petits réfervoirs: cette opération exige fans ceffe l'œil du maître, & que lui ou un homme de confiance foit préfent lors du recurement. Voilà, me dira-t-on, un fujet de dépenfe, j'en conviens; mais je prie d'obferver, 1°. qu'il n'y a jamais de dégradation du fol, fur-tout fi on a eu le foin de tenir la partie fupérieure du fol de la retenue, garnie de gazon fur lequel l'eau coule fans l'endommager; 2°. que la terre qui remplit ces petits réfervoirs est une terre dépofée par l'eau, & que cette terre est un excellent engrais, jetée fur le champ; 3°. que le fol du champ n'est jamais dégradé par des ravins, puifque l'eau de la partie fupérieure qui l'auroit recouvert, est conduite dans les petits réfervoirs, & ainfi de fuite jufque dans le fossé inférieur où fe trouve le dégorgeoir général de toutes les eaux. Si on compare la confervation du champ & le produit de l'engrais, on ne plaindra pas la petite dépenfe occafionnée par l'entretien des réfervoirs. Avec de femblables précautions, on ne verroit pas aujourd'hui une multitude de coteaux, même en pente douce, décharnés jufqu'au vif. L'entretien du feul fossé fupérieur auroit fuffi, & au-delà, à renouveler la terre que les eaux pluviales entraînent fucceffivement du fommet à la partie inférieure; la terre du fossé inférieur serviroit chaque année à diminuer la pente du champ. De pareilles terres font toujours d'excellens engrais.

Si la poffeffion fe trouve dans une plaine, il eft également néceffaire de l'entourer de foffés & de haies : 1°. ces foffés fervent à recevoir & à conduire toutes les eaux du champ dans la partie la plus baffe, & par conféquent à empêcher que les plantes ne foient fubmergées & ne pourriffent par la ftagnation des eaux, fur-tout pendant les hivers pluvieux. 2°. Dans les pays naturellement fecs, ces foffés font autant de réfervoirs qui confervent pendant long-temps, une maffe d'humidité dont la fraîcheur fe communique parallèlement à une très-grande diftance. 3°. Dans les pays plats, comme fur les coteaux, ils défendent l'entrée des champs aux beftiaux & animaux en tout genre. 4°. Rien n'eft auffi utile que les clôtures en haies parfemées d'arbres, pour mettre les moiffons à l'abri des vents. Le pays eft fec ou humide, en raifon du climat, ou par lui-même. Si c'eft un bas fonds, par exemple, comme en Hollande, la terre, enlevée du foffé, & jetée fur fes bords, retiendra l'eau, formera un canal, l'empêchera de fe répandre fur le champ, & des moulins nommés *pouldres*, fans ceffe mus par les vents, porteront les eaux furabondantes dans des canaux fupérieurs, & de canaux en canaux dans la mer : mais comme tous les pays ne reffemblent pas à la Hollande, & qu'on n'eft pas fans ceffe forcé de lutter contre l'eau, dans la crainte de la fubmerfion, je cite cet exemple feulement pour prouver ce que la néceffité fans ceffe préfente a fait imaginer à ce peuple induf-

trieux. Je ne crois pas qu'il exifte en France aucun bas fonds femblable qui foit cultivé : s'il exifte, il eft métamorphofé en étang, & fon produit égale celui qu'on en retireroit par la culture. Laiffons donc les extrêmes pour nous attacher aux circonftances plus communes. Un fonds fimplement aquatique, eft defféché par les foffés, & ce fonds eft néceffairement deftiné aux prairies naturelles qui élèvent graduellement le fol. S'il eft fimplement humide, la clôture eft également néceffaire, parce que l'herbe qui y pouffe eft aigre, & fournit une très-médiocre nourriture au bétail ; mais fi ce fonds eft cultivé, & par exemple femé en blé, il n'eft pas rare de voir les blés verfés, & fouvent périr fur terre avant leur maturité. Les fols bas, en général, font toujours très-productifs, parce qu'ils font les réceptacles de l'*humus*, ou *terre foluble* (*voyez* ce mot) des champs fupérieurs : dès-lors les épis font garnis de beaucoup de grains très-nourris, & par conféquent pefans ; dès-lors la tige fatiguée par le moindre tourbillon de vent, plie fous le poids, s'incline, fe couche fur fa voifine qui ne peut la foutenir, & de proche en proche, toutes les tiges font couchées fur terre. Une haie parfemée d'arbres, fe feroit oppofée au vent, & l'épi feroit refté fur fa tige droite.

Si le champ eft naturellement fec, les haies dont on parle produiront un effet admirable. L'expérience a démontré qu'un terrein boifé eft beaucoup plus couvert de rofée, qu'un terrein qui ne l'eft pas ; que les arbres attirent l'humidité de l'atmofphère, & qu'ils lui en rendent une grande quantité par leur

tranfpiration

tranſpiration qui s'exécute pendant le jour. Les plantes qui ſe trouvent dans la circonférence de pareilles haies, doivent donc jouir de plus de fraîcheur, de plus d'humidité que ſi elles n'avoient point de clôture.

Peut-être conclura-t-on de ce point de fait, qu'il eſt inutile de clorre ainſi les terreins bas, & on aura raiſon, ſi ces terreins bas ne ſont pas environnés de foſſés capables de les deſſécher. En effet, l'herbe de pareils terreins eſt preſque toujours aigre & chargée de rouille.

Si les vents du ſud ou du nord, ou tels autres vents ſont impétueux, comme dans un grand nombre de provinces de ce royaume, ſoit dans l'intérieur des terres, ſoit près de la mer; c'eſt-là que les haies boiſées feront d'un avantage inappréciable. Les vents du nord y produiſent un froid plus grand, proportion gardée, que les gelées mêmes, & un froid de cinq à ſix degrés y eſt plus cuiſant, plus âpre & plus ſenſible qu'un froid de dix degrés derrière un petit abri. L'évaporation eſt en raiſon du courant d'air; de ſorte que cette grande évaporation produit ſur les plantes des effets infiniment plus funeſtes que les grands froids. Entre mille preuves que je pourrois citer, je me contente de parler du froid du mois de février 1782, qui a ſingulièrement endommagé les oliviers expoſés à un courant d'air, & n'a fait aucun mal à ceux abrités par de grands arbres, quoique dans la même poſition. Qu'après des pluies d'été, malheureuſement ſi rares dans nos provinces méridionales, ſurvienne un vent du nord, il eſt toujours violent, & en peu de jours la terre eſt auſſi ſèche qu'avant la pluie. Des haies boiſées

remédieroient à ce fléau, parce qu'elles briſeroient le courant d'air. Les hollandois, peuple patient, infatigable & laborieux, & ſans ceſſe attaché à combattre les élémens qui ne ceſſent de lui faire la guerre, ne ſont parvenus à établir des cultures réglées au Cap de Bonne-Eſpérance, que lorſque leurs poſſeſſions ont été circonſcrites, coupées & recoupées par des liſières de bambou. C'eſt avec ce roſeau, prodigieux par ſon élévation, qu'ils ſont venus à bout de braver les ouragans les plus furieux.

Tout le monde convient que la France eſt à la veille de manquer de bois de chauffage & de bois de conſtruction; mais à quoi ſert de voir le mal, d'en gémir, de ſe lamenter, ſi les propriétaires, protégés par le gouvernement, ne concourent à prévenir avec lui cette diſette? On reſſemble beaucoup au maître d'école de la fable, qui perd un temps précieux à ſermoner un enfant tombé dans l'eau, au lieu de l'en tirer.

Je ne vois qu'un ſeul moyen d'y remédier, ſans rien ou preſque rien ôter à la culture. Les haies boiſées, les clôtures des champs le fourniront. La Normandie, l'Angoumois, &c. ont depuis long-temps fourni cet exemple, auquel peu de perſonnes ont fait attention. Chaque propriétaire n'eſt pas en état de faire le ſacrifice du terrein pour des forêts; leur plantation eſt preſque toujours au-delà de ſes forces; mais il eſt toujours aſſez aiſé, s'il veut les clorre par des haies & par les *arbres du pays*. Varron conſeilloit beaucoup ces ſortes de clôtures; mais je vois, avec peine, qu'il conſeille l'ormeau. Je conviens que cet arbre croît auſſi bien dans nos provinces du nord que dans celles du midi ; mais je redoute ſes racines, & je les vois s'étendre ſouvent à plus de dix toiſes ; elles tracent entre deux terres, dévorent la ſubſtance des moiſſons, & ſi on n'a pas le ſoin de détruire les rejetons qui s'élancent des racines, le guéret eſt bientôt couvert de jeunes ormeaux. Je préfère le chêne à tous les arbres : planté près à près, ſouvent élagué, il fait une belle tige, & les émondures, une excellente nourriture d'hiver pour les troupeaux : après lui, le hêtre, le frêne, mais toujours les arbres les mieux venans dans le pays. J'en exclus le mûrier, à cauſe de ſes racines traçantes, & tous les arbres de ce genre. Au mot HAIE, je démontrerai que le terrein occupé par une haie, rapporte plus que tout autre de grandeur égale. Pères de famille, qui aimez vos enfans ! plantez des haies, boiſez-les ; vous y trouverez votre bois de chauffage, & les bois néceſſaires pour les réparations de vos bâtimens, & pour le charronnage.

CLOU ou FURONCLE. Le clou ou furoncle eſt une tumeur ronde, qui s'engendre ſous la peau & dans la graiſſe ; elle eſt accompagnée de chaleur & de douleurs très-vives ; ſa groſſeur n'excède pas ordinairement le volume d'un œuf de poule.

Le clou croît indiſtinctement ſur toutes les parties du corps.

Le clou commence par une petite marque rouge, qui s'élève un peu, & qui croît à la groſſeur que nous venons d'indiquer. La partie rouge du milieu s'élève en pointe, perce

& répand de la ſanie, du ſang & du pus. Jamais la totalité du clou ne ſuppure ; le reſte de la tumeur ſe termine par réſolution : la pointe ſeule ſuppure, quand elle s'ouvre ; il en découle une portion gélatineuſe, qu'on nomme *noyau* ou *bourbillon*, qui ſort avec difficulté, & qui eſt encore ſuivie de ſang & de pus.

Le clou eſt une criſe de la nature, qui tend à ſe débarraſſer des matières putrides qui lui nuiſent ; & le ſang dépoſe ces matières aux extrémités du corps, comme les fleuves qui, en roulant leurs eaux, dépoſent les immondices ſur le rivage.

Le traitement du clou eſt des plus ſimples. Dans le temps de la chaleur, il faut appliquer deſſus des cataplaſmes émolliens, & un oignon cru, coupé par morceaux. Lors de la ſuppuration, il faut aider la ſortie du bourbillon, en faiſant une ouverture ; baſſiner la plaie avec de l'eau tiède, purger le malade, de peur qu'il ne reparoiſſe d'autres clous, & éviter ſur-tout les emplâtres & les onguens, qui ne font qu'irriter le mal, le rendre plus long, & le font quelquefois dégénérer en ulcère de mauvais genre. M. B.

CLOU ou FURONCLE, *Médecine vétérinaire.* C'eſt une tumeur dure, circonſcrite, de la groſſeur d'une noix, accompagnée de chaleur & de douleur, qui paroît ſur les tégumens des bêtes à laine, & qui groſſit juſqu'au temps où la ſuppuration commence à ſe former.

Il eſt très-poſſible, au commencement de la maladie, de la prendre pour le charbon, ſi l'on ne fait attention à l'intenſité des ſymptômes qui accompagnent ce dernier, &

à fes accidens. (*Voyez* CHARBON DES MOUTONS)

Le clou n'eft point dangereux, furtout s'il eft traité de la manière fuivante.

Traitement. Dès qu'il commence à paroître, il faut s'attacher à le conduire à fuppuration. Pour cet effet, on doit couper la laine à l'endroit où fiège la tumeur, & appliquer, fur la partie la plus élevée, un plumaceau chargé d'onguent bafilicum, & continuer cette application jufqu'à ce que la fuppuration foit établie. A cette époque, on plonge le bout d'un canif dans l'abfcès, en ayant foin de preffer doucement les parois de l'ulcère, pour en faire fortir le bourbillon. L'ulcère étant bien évacué, il faut le panfer feulement avec des plumaceaux d'étoupes cardées, jufqu'à parfaite cicatrifation, en obfervant de laver la plaie, à chaque panfement, avec du vin chaud contenant du fel marin ou du fel ammoniac.

On ne fauroit trop s'élever contre les maréchaux qui font ufage, dès l'apparition de quelques gros boutons ou clous fur le corps d'un cheval ou d'un mulet, des aftringens les plus forts & les plus énergiques, tels que le vitriol, les acides végétaux & minéraux, &c. Une expérience malheureufe ne devroit-elle pas leur apprendre que l'emploi de ces fubftances eft prefque toujours dangereux entre leurs mains? M. T.

CLOU DE RUE, *Médecine vétérinaire.* C'eft un clou que le cheval prend à l'écurie, ou dans la rue, ou à la campagne, qui pénètre dans la fole de corne, dans la fole charnue, & quelquefois jufqu'à l'os du pied.

Nous diftinguons, d'après M. Lafoffe, trois fortes de clous de rue; le *fimple*, le *grave*, & l'*incurable*.

I. *Clou de rue fimple.* Le clou de rue fimple, ou le premier, ne perce que la fole ou la fourchette charnue.

Traitement. On connoît qu'un clou de rue eft fimple, lorfqu'il ne fort pas du fang de l'endroit qui a été percé. Dans ce cas, on peut fe difpenfer d'appliquer aucun remède, parce que la guérifon s'opère d'elle-même. Il en eft de même de celui qui perce la fourchette, & qui va de biais pour gagner le paturon. La fourchette n'ayant point de fenfibilité, il ne peut en réfulter aucun danger. Quand même le clou auroit atteint la fole charnue, avec légéreté, l'expérience nous apprend que, fur vingt chevaux piqués ainfi, il y en a la moitié qui guériffent fans aucune application. Il eft néanmoins prudent de pratiquer une petite ouverture, pour y introduire de petits plumaceaux, imbibés d'effence de térébenthine : il faut auffi ne pas manquer d'appliquer des cataplafmes émolliens fur la fole, dans la vue de l'humecter.

Mais fi le clou a atteint l'os du pied, dans ce cas, il eft effentiel, & même indifpenfable de faire une bonne ouverture à la fole de corne, ayant préalablement paré le pied bien profondément, parce que c'eft-là le vrai moyen de donner iffue à l'efquille de l'os. L'ouverture faite, il faut mettre fur l'os, de petits plumaceaux imbibés d'effence de térébenthine. Le premier appareil ne doit être ôté qu'au bout de cinq à fix jours, & le panfement renouvelé de deux jours l'un, jufqu'à ce que l'exfoliation foit faite; ce qui fe porte jufqu'au quarantième jour. La

F f f 2

deffolure eft bien fouvent le moyen le plus fûr & le plus éfficace pour avancer la guérifon.

II. *Clou de rue grave.* Celui-ci, ou le fecond, eft appelé *grave*, lorfque le tendon fléchiffeur du pied a été percé dans le moment.

Traitement. Lorfque le tendon a été percé par le clou, il fort quelquefois de la finovie par le trou, ou non. Le maréchal, pour s'affurer fi le tendon eft offenfé, doit fe munir d'une fonde : s'il fent l'os, c'eft une preuve que le tendon a été percé ; le plus court parti à prendre alors, eft de deffoler l'animal. La deffolure faite, il faut emporter tout ce qui a été piqué dans la fourchette, & débrider, au moyen d'un biftouri dirigé fur la rainure d'une fonde cannellée, le tendon dans une direction longitudinale, & non tranfverfale. L'opération finie, il convient de garnir la fole, à l'exception de l'endroit de la plaie, avec des petits plumaceaux imbibés d'effence de térébenthine ; de remplir le dedans de la plaie avec ces mêmes plumaceaux, & de couvrir le tout de même. Cet appareil doit refter pendant trois jours fur la plaie : ce temps expiré, il faut la panfer une fois tous les jours en hiver, & deux fois en été. Les plumaceaux, appliqués fur la fole charnue, ne feront levés que cinq à fix jours après la deffolure, le maréchal ayant eu foin, pendant ce temps, de les humecter journellement, avec de l'effence dont nous avons parlé ci-deffus.

Une autre attention encore, de la part du maréchal, eft de faire lever le pied de l'animal, très doucement, à chaque panfement. Si, après dixhuit ou vingt jours de ce traitement,

il n'y a point de foulagement ; fi le cheval boite toujours de même, fi le paturon s'engorge, il faut en revenir à la première opération, c'eft-à-dire, à débrider la plaie jufqu'au paturon, de la même manière ci-deffus indiquée. Il eft même avangeux de paffer un féton qui traverfe de la plaie au paturon, en imbibant la mèche avec l'effence de térébenthine. Il faut bien fe garder de fe fervir, à l'exemple de certains maréchaux que nous connoiffons, des onguens cauftiques & corrofifs, qui, attaquant les cartilages de l'os de la noix, caufent un plus grand mal, en rendant la maladie incurable.

Le tendon, une fois piqué, s'exfolie, & l'efcarre tombe. « Les tendons piqués, dit M. Lafoffe, ne » s'exfolient pas de la même manière » que les os : ce qui le prouve, c'eft » qu'après l'exfoliation du tendon léfé, » l'animal refte quelquefois long-temps » boiteux, tandis qu'après l'exfolia- » tion de l'os bleffé, il eft parfaitement » guéri, & marche fans boiter. »

Il y a un ligament qui unit l'os de la noix avec l'os du pied. Ce ligament peut auffi avoir été piqué : dans ce cas, on doit panfer le cheval foir & matin, fans quoi ce ligament pourroit fe gâter par le féjour de la matière.

Le clou a-t-il pénétré dans la partie concave du pied ? Il faut pratiquer une ouverture, afin de donner iffue à l'efquille ; mais un moyen plus fûr encore, eft de deffoler l'animal, de couper le bout de la fourchette charnue avec le biftouri, de la même manière ci-deffus rapportée, en évitant, fur-tout, de fendre le tendon, de crainte qu'il ne s'exfolie à l'endroit de fon infertion ou de fon attache.

L'artère fituée dans cette même

partie concave, a-t-elle été piquée ? l'hémorragie ne tarde pas à paroître, la deffolure convient également. On fait enfuite une ouverture ; on prend de petits plumaceaux chargés de térébenthine de Venife ; on les applique fur l'artère, en faifant compreffion, pour arrêter le fang. Cet appareil doit être feulement renouvelé au bout de cinq jours, & le panfement fait enfuite, tous les jours, de la manière déjà prefcrite.

Le clou a-t-il percé l'arc-boutant, & même le cartilage à fa partie inférieure ? le plus court moyen, alors, eft de procéder à l'opération du javart encorné. (*Voyez* JAVART)

Clou de rue incurable. Le clou de rue eft réputé incurable, 1°. lorfque le tendon fléchiffeur du pied a été piqué, & que la matière, par fon féjour, a rongé le cartilage de l'os de la noix ; 2°. lorfque le maréchal a appliqué des onguens cauftiques & corrofifs, qui, à peu près, opèrent le même effet que la matière fur l'os, 3°. lorfque le clou a touché l'os de la noix ou de la couronne : les os étant revêtus d'une partie cartilagineufe, qui fe ronge petit à petit, fans exfoliation, la plaie ne fe cicatrife jamais, & le mal devient incurable.

Le maréchal veut-il s'affurer de la léfion du cartilage, ou de la carie de l'os ? qu'il prenne une fonde, qu'il l'introduife dans la plaie. S'il fent que la furface de l'os eft égale, unie & polie, c'eft un figne non équivoque qu'il n'y a pas carie de l'os ; mais s'il fent, au contraire, qu'elle foit inégale & raboteufe, c'eft une preuve que l'os eft carié, (*voyez* CARIE) & que, conféquemment, à cet état de l'os, il n'y a aucun efpoir de guérifon.

M. Lafoffe a cependant devers lui plufieurs exemples d'une guérifon parfaite dans de vieux chevaux : il faut l'en croire d'après fes témoignages, & s'empreffer toujours de lui rendre le tribut d'hommage qui appartient à un praticien auffi eftimable.

Nous avons cru devoir indiquer ici les fignes qui caractérifent l'incurabilité du clou de rue dans les jeunes chevaux, dans la vue d'empêcher les cultivateurs de les mettre entre les mains des maréchaux, dont les remèdes & les opérations deviendroient pour eux un objet d'une dépenfe onéreufe & inutile. M. T.

COAGULATION. Action par laquelle une fubftance fluide prend de la confiftance, & perd fa fluidité. C'eft ainfi que la *gomme* fe forme aux arbres. (*Voyez* GOMME)

COCHEMAR *ou* INCUBE. Le cochemar, l'incube ou l'afthme nocturne, eft une maladie, ou plutôt une incommodité qui attaque pendant le fommeil.

Le malade s'imagine reffentir le poids d'un homme qui l'étouffe : il faute de peur, il veut crier, & ne pouffe que des fons fourds & inarticulés. Quelquefois il lui femble qu'on le précipite du haut d'une maifon en bas, qu'on le plonge dans une rivière, ou que quelqu'un le pourfuit pour le tuer.

Cette incommodité arrive à ceux qui couchent fur le dos : ceux qui couchent fur l'un & fur l'autre côté, n'y font pas fujets. Elle a lieu auffi chez ceux qui ont l'eftomac rempli de crudités, chez ceux qui mangent beaucoup le foir, & qui fe couchent avant que la digeftion foit faite ; chez ceux qui font ufage d'alimens venteux; chez ceux qui font peu d'exercice, & chez les gens d'un tempérament nerveux.

Il faut réveiller les gens qui font attaqués du cochemar, pour les tirer de l'état d'angoiffes & de douleurs dans lequel ils fouffrent, & chercher enfuite quelle eft la caufe qui donne naiffance à cette incommodité, afin de la combattre.

Lorfque cette incommodité revient fouvent tourmenter le malade, elle préfage quelque maladie grave du cerveau, telle que l'apoplexie, la paralyfie, la folie, ou la mort fubite.

La caufe de la maladie, une fois connue, il eft facile de la combattre: il faut, fur toutes chofes, éviter de coucher fur le dos, & de manger le foir.

Si le cochemar vient d'un fang trop épais, qui circule lentement, & qui s'arrête dans le cerveau, il faut faire tirer du fang au malade, & le mettre à l'ufage des fucs ou jus de creffon, d'ofeille & de cerfeuil, & lui confeiller l'exercice & le régime; fans ces précautions, il ne tardera pas à être attaqué d'apoplexie, de paralyfie, de folie, ou de mort fubite.

Si le cochemar doit le jour aux crudités de l'eftomac, il faut combattre cette maladie par les abforbans & les purgatifs; mais, furtout, il faut coucher fur le côté, & ne point manger le foir, fi ce n'eft des chofes de facile digeftion, & ne fe coucher que lorfque l'eftomat eft abfolument débarraffé de tout aliment. M. B.

COCHLÉARIA. (*Voyez* HERBE AUX CUILLERS)

COCHON. Cet animal domeftique eft autant connu par fon exceffive mal-propreté, fa voracité, fes goûts bizarres, & fa lafciveté, que par l'ufage général que l'on fait de fa chair dans l'économie ruftique. La fange, la boue, les excrémens de l'homme, font les alimens que ce quadrupède dévore par préférence: mais, quoiqu'il fe nourriffe de chofes infectes & dégoûtantes, il ne fournit pas moins à l'homme une nourriture fucculente & délicate.

Le cochon ne jouit, à proprement parler, que de deux fens; la vue & l'ouie: les autres font obtus, même hébétés. La rudeffe du poil, la dureté de la peau, l'épaiffeur de la graiffe, le rendent peu fenfible aux coups qu'on lui donne. « On a vu, » dit M. de Buffon, des fouris fe » loger fur le dos des cochons, & » leur manger le lard & la peau, » fans qu'ils paruffent le fentir ». Cela ne prouve-t-il pas qu'ils ont le toucher fort obtus? Ils ont auffi le goût fort groffier: on peut en juger par la mauvaife qualité des fubftances dont ils fe nourriffent.

PLAN du Travail fur le COCHON.

CHAP. I. *Parallèle du Cochon avec le Sanglier; de la différence de fa graiffe avec celle des autres animaux; de la confiftance des foies, & de leur variété; de fes proportions.*

CHAP. II. *Du choix du Verrat & de la Truie; de l'accouplement & de l'accouchement; des foins de la Truie après l'accouchement. Manière de nourrir les jeunes Cochons, & de les engraiffer.*

CHAP. III. *Du climat le plus convenable au Cochon; de la durée de fa vie, & de fon utilité après fa mort.*

CHAP. IV. *Des maladies auxquelles il eft fujet.*

CHAPITRE PREMIER.

Parallèle du Cochon avec le Sanglier, & de la différence de sa graisse avec celle des autres animaux ; de la consistance des soies, & de leur variété ; des proportions.

I. *Parallèle du cochon avec le sanglier, & de la différence de sa graisse avec les autres animaux.* Le cochon est assez distingué par ses poils roides, qu'on appelle *soies*, par son museau alongé, & terminé par un cartilage plat & rond, où sont les narines. Il a quatre dents incisives dans la mâchoire supérieure, & huit dans l'inférieure ; deux petites dents en dessus, & deux grandes en dessous : celles-ci sont pointues & creuses, & elles servent de défense à l'animal. Dans le sanglier, les défenses sont plus grandes, le boutoir plus fort, la hure plus longue : il a aussi les pieds plus gros, les pinces plus séparées, & le poil toujours noir. Les premières dents du cochon & du sanglier ne tombent jamais comme dans les autres animaux ; elles croissent, au contraire, pendant toute la vie de l'animal. Le sanglier diffère encore du cochon par l'odorat : les chasseurs savent combien cet animal voit, entend & sent de fort loin, puisqu'ils sont obligés, pour le surprendre, de l'attendre en silence pendant la nuit, & de se placer au-dessous du vent, pour dérober à son odorat les émanations qui s'exhalent de leurs corps & de leurs chiens. Cette différence dans les sensations, ne pourroit-elle pas être attribuée à l'excessive mal-propreté dans laquelle vit le cochon domestique ; mal-propreté qui peut, à la longue, lui faire perdre le sens de l'odorat ?

La graisse du cochon est appelée *lard* : elle est différente de celle de presque tous les autres animaux quadrupèdes, non-seulement par sa consistance & sa qualité, mais aussi par sa position. La graisse des animaux qui n'ont point de suif, comme le chien, le cheval, est mêlée avec la chair assez également. Le suif, dans le bélier, le bouc, le cerf, n'est qu'aux extrémités de la chair, tandis que le lard du cochon n'est ni mêlé avec la chair, ni ramassé à ses extrémités : il la recouvre par-tout, & forme une couche épaisse, distincte & continue entre la chair & la peau.

II. *De la consistance des soies, & de leur variété.* Le cochon, ainsi que nous l'avons déjà dit, est couvert de soies : elles sont droites & pliantes ; leur consistance est plus dure que celle du poil ou de la laine ; leur substance paroît cartilagineuse, & même analogue à celle de la corne. Elles se divisent, à l'extrémité, en plusieurs filets : en suivant les filets, on peut diviser chaque soie d'un bout à l'autre. Les soies, les plus grosses & les plus longues, forment une sorte de crinière sur le sommet de la tête, le long du col, sur le garrot & le corps, jusqu'à la croupe.

Les couleurs des soies sont le blanc, le blanc sale, le jaunâtre, le fauve, le brun & le noir. La plupart des cochons domestiques ont une couleur blanche, en naissant ; mais cette couleur change dans la suite, en ce que les soies prennent, à leur extrémité, une couleur jaunâtre, plus foncée que dans l'état naturel, sans doute, parce que l'animal se vautre souvent dans la poussière & dans la fange. Les plus longues soies ont quatre à cinq pouces : le bout du groin, les côtés de la tête, les environs des oreilles, la gorge, le ventre, le tronçon de la queue, ont très-peu de foies, & font presque nus.

III. *Des proportions du cochon.* Un cochon, d'une taille ordinaire, doit avoir quatre pieds deux pouces de longueur, prise depuis le boutoir, jusqu'à l'origine de la queue ; un pied un pouce de longueur dans la tête, prise depuis le boutoir, jusque derrière les oreilles; & deux pieds de circonférence, prise au-dessus des yeux; six pouces de longueur dans le col, & deux pieds de circonférence; deux pieds un pouce de hauteur, depuis le sol jusqu'au garrot, & deux pieds deux pouces & demi, depuis le bas du pied, jusqu'au-dessus de l'os des hanches; deux pieds dix pouces de circonférence, dans le corps, prise derrière les jambes de devant; trois pieds cinq pouces au milieu du corps, à l'endroit le plus gros; & deux pieds onze pouces devant les jambes de derrière.

CHAPITRE II.

Du choix du Verrat & de la Truie ; de l'accouplement & de l'accouchement ; des soins de la Truie après l'accouchement ; manière de nourrir les cochons, & de les engraisser.

I. *Du choix du verrat & de la truie.* Le cochon mâle est appelé *verrat;* la femelle, *truie.*

Le choix d'un bon verrat n'est point indifférent pour la propagation de son espèce : il doit avoir des qualités corporelles qui annoncent sa vigueur. Il faut donc qu'il ait la tête grosse, le groin court & camus,

de grandes oreilles, des yeux ardens, le col épais & gros, une quarrure large & arrondie, des jambes courtes & fortes; le ventre évidé; des poils rudes & hérissés sur le dos, le poil noir, & les testicules gros.

La truie doit avoir une belle encolure, le ventre large, les mamelles pendantes & un naturel tranquille.

II. *De l'accouplement & de l'accouchement.* La truie est en chaleur presque toute l'année : elle peut faire des petits deux fois par an, en la faisant saillir en novembre, quand on veut avoir des petits au mois de mars; & au commencement de mai, si l'on veut en avoir avant l'hiver. Si on la faisoit saillir en juin ; comme elle ne porte que cinq mois, les cochons qui en proviendroient, naissant au mois d'octobre, n'auroient pas le temps de se fortifier avant l'hiver, &, par conséquent, ne seroient jamais beaux.

Dès que la truie est pleine, il faut la séparer du verrat, & l'enfermer dans une sou ou une étable, sans quoi le verrat pourroit la blesser, & même dévorer ses petits. On doit encore la bien nourrir, lors de l'accouchement, pour empêcher qu'elle ne mange elle-même ses cochonneaux. L'étable où elle sera enfermée, doit être bien pavée, les murs bien solidement construits : on y tiendra, & on renouvellera souvent la litière, & on la nettoiera soigneusement de tout fumier.

III. *Des soins de la truie après l'accouchement.* On doit nourrir amplement la truie, quand elle a cochonné, avec un mêlange de son, d'eau tiède, & d'herbes fraîches; ne lui laisser que les petits que l'on veut nourrir, & vendre les autres; garder

les

les mâles de préférence aux femelles, & ne laisser qu'une femelle sur quatre à cinq mâles.

IV. *Manière de nourrir les cochons, & de les engraisser.* Deux mois après que les cochons sont nés, il est temps de les sevrer. Il faut commencer à les mener aux champs, pour paître l'herbe, si la saison le permet; leur donner soir & matin de l'eau blanchie avec du son ou du petit lait. Les lavures d'écuelles, mêlées avec le petit lait, leur sont très-bonnes. En hiver, on fait tiédir ces lavures sur le feu; puis on les jette dans leur auge, avec un peu de son, & quelques fruits & légumes, ou bien quelques morceaux de graisse. On entretient ainsi les porcs jusqu'au mois d'avril, que les herbes commencent à fournir la meilleure partie de leur nourriture; on les envoie alors aux champs tous les jours, jusqu'à la fin de l'été: quand l'automne vient, il faut les engraisser pour les vendre.

Pour parvenir aisément à engraisser les cochons, il faut commencer par les châtrer. (*Voyez* CASTRATION) L'orge, le gland, les buvées de choux, de navets, de carottes; le rebut des herbes potagères, les légumes cuits dans l'eau de son, forment la nourriture ordinaire des cochons à l'engrais. Il est bon aussi de les conduire dans les forêts, où il y a beaucoup de glands & de châtaignes, & de leur donner le soir, à leur retour des bois, de l'eau de son, dans laquelle on aura mêlé un peu de farine d'ivraie. Dans deux ou trois mois, un jeune cochon est engraissé; il faut plus de temps, lorsque l'animal est vieux, & encore ne devient-il jamais si gras.

CHAPITRE III.

Du climat le plus convenable au cochon; de la durée de sa vie, & de son utilité après sa mort.

I. *Du climat le plus convenable au cochon.* Cet animal craint beaucoup le froid: c'est la raison pour laquelle le climat chaud lui est plus convenable; & voilà pourquoi aussi cette espèce d'animal est abondante en Europe, en Asie, en Afrique. Le climat influe aussi sur le poil de cet individu, puisque nous observons que, dans les climats chauds, les cochons sont tout noirs comme les sangliers, & qu'ils sont communément blancs dans les provinces septentrionales. En Vivarais, par exemple, ces animaux sont tout blancs, tandis que, dans tout le reste de la province de Languedoc, ils sont tout noirs, & à plus forte raison, en Espagne, en Italie, dans les Indes & à la Chine. Un des signes les plus évidens de la dégénération du cochon, sont les oreilles: elles deviennent d'autant plus souples, d'autant plus molles, que l'animal est plus adouci par l'éducation, par le climat & par l'état de domesticité; &, en effet, nous voyons que nos cochons domestiques ont les oreilles beaucoup moins roides, beaucoup plus longues, & plus inclinées que le sanglier, que l'on doit regarder comme le modèle de l'espèce.

II. *De la durée de la vie du cochon, & de son utilité après sa mort.* La vie du cochon est de quinze à vingt ans. Il est rare qu'on le laisse parvenir jusqu'à ce terme; on le tue ordinairement à l'âge de deux ans.

Il suffit d'avoir un peu habité la campagne, pour ne pas ignorer le

Ggg

profit qu'on tire de cet animal. La chair se vend plus que celle du bœuf; le sang, les boyaux, les viscères, les pieds, la langue, se préparent & se mangent. La graisse des intestins & de l'épiploon, qui est différente du lard, forme le sain-doux & le vieux-oing, dont on se sert dans les emplâtres & les onguens. On fait des cribles de sa peau; des vergettes, des brosses, des pinceaux, avec ses soies. Sa chair prend mieux le sel qu'aucune autre, & se conserve plus long-temps. Si la chair de cet animal est proscrite chez quelques peuples, en Arabie, par exemple, c'est parce qu'il n'y a point de bois, point de nourriture, & que la salure des eaux & des alimens, rend le peuple très-sujet aux maladies cutanées. La loi, qui le défend dans ces contrées, est donc purement locale, & ne peut être bonne pour d'autres pays, où le cochon trouve une nourriture presqu'universelle, & en quelque façon nécessaire.

CHAPITRE IV.

Des maladies auxquelles le cochon est sujet.

I. *Maladies internes.* La fièvre, la gourme, la ladrerie, l'esquinancie, la péripneumonie, la jaunisse, la rougeole, la léthargie, la ratelle, le cours de ventre, les tranchées, le pissement de sang & la rage.

II. *Maladies externes.* Le catarre, l'ulcère aux oreilles, le chancre, le charbon, les tumeurs à la ganache, la saleté de la peau, la gale, le pouilleutement, la fracture & les chicots.

On trouvera dans la *Planche* 11, ci-jointe, le siège de ces maladies; & quant au traitement de chacune

d'elles, *voyez* l'ordre du Dictionnaire. M. T.

COCON. (*Voyez* VERS A SOIE)

COEFFE, BOTANIQUE. C'est une enveloppe mince & membraneuse, qui entoure la partie de la fructification dans plusieurs espèces de mousses. (*Voyez*, *Fig.* 7, *Planche* du mot COQUE) Cette coeffe B a la forme d'un capuchon, ou d'un bonnet pointu par l'extrémité. Elle recouvre l'urne A des mousses, & empêche les graines qu'elle renferme de se répandre avant leur maturité, & les défend des injures du temps. Elle n'est pas seule à leur rendre cet important service; car, entre la coeffe & les graines, il se trouve encore l'opercule, qui est un couvercle de forme variée, obtus, ou pointu, ou conique. La coeffe ne protège les parties de la fructification des mousses, que pendant un certain temps, pendant leur jeunesse, peut-être jusqu'au moment où l'opercule a acquis assez de force & de consistance pour pouvoir être chargé seul de cet emploi.

Quoique la nature tende toujours au même but, rarement, pourtant, est-elle absolument uniforme dans ses moyens, & les plus agréables diversité & variété se font admirer presque toujours dans ses ouvrages. Les coeffes des mousses paroissent se ressembler toutes au premier coup d'œil; mais un observateur attentif y découvre encore une variété dans la forme & les couleurs. On peut facilement les distinguer en sept variétés assez frappantes: 1°. coiffe velue, pointue à son sommet, laciniée à son bord inférieur, & d'un blanc-roussâtre, comme dans le mnie polytrique; 2°. coeffe d'un blanc-

Ulcère

Charbon

Ladrerie

Gourme

Catarre

Esquinancie

Galle

Péripneumonie

Rougeole

Pissement de Sang

Pierre

Chicot

Meurtrissure

Diarrhée

Fracture

Jetter Sculp.

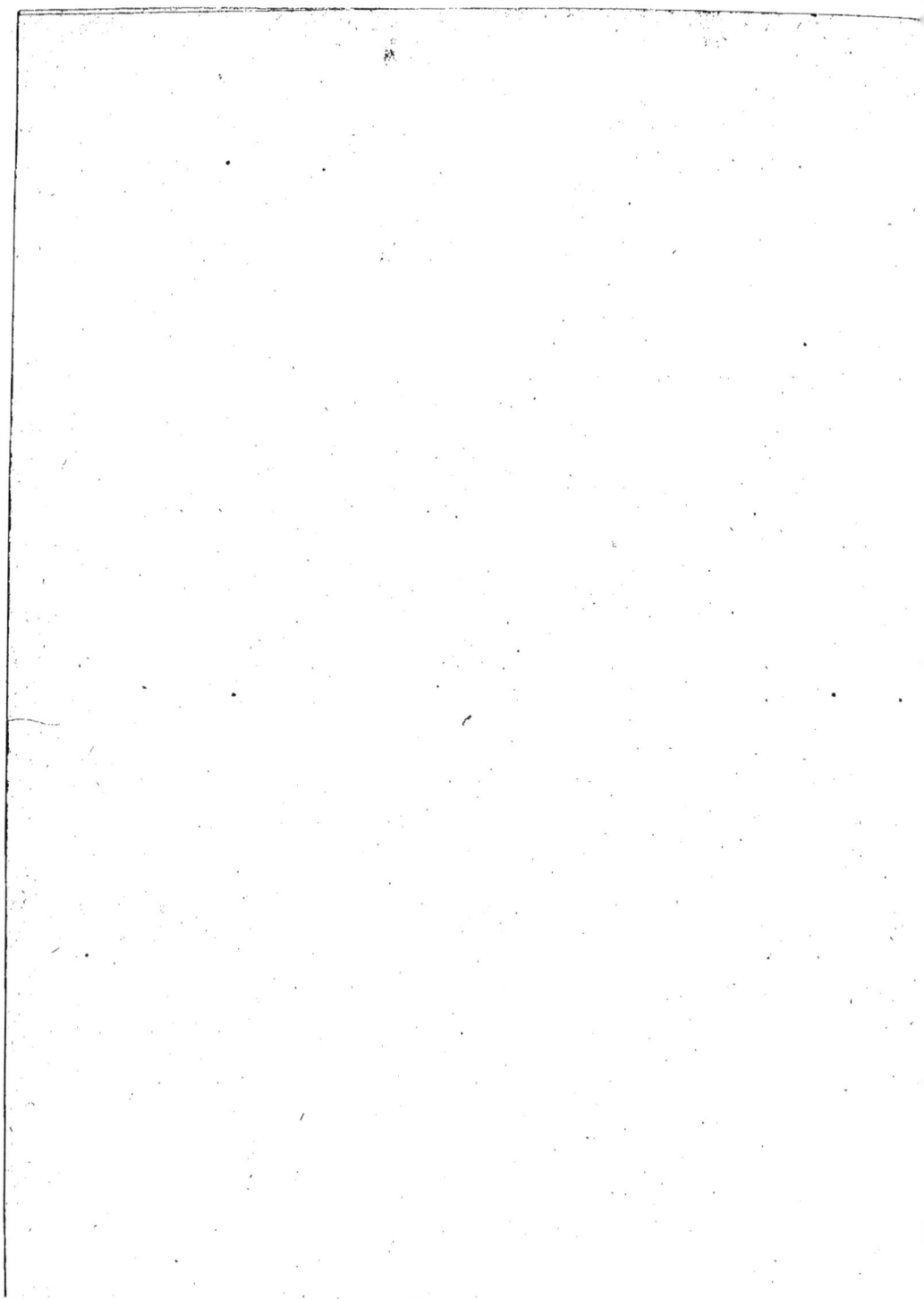

fale à fa bafe, brune & rouffâtre au fommet, mnie tranfparente; 3°. coeffe très-large à fa partie inférieure, terminée en pointe aiguë, droite, ou quelquefois légérement inclinée, mnie hygrométrique; 4°. coeffe enveloppant toute l'urne, longue, conique, pointue, liffe, d'un jaune-verdâtre, reffemblant à un éteignoir, bry éteignoir; 5°. coeffe d'un blanc rouffâtre & très-petite, bry apocarpe; 6°. coeffe très-aiguë, d'un roux pâle, bry tubulé; 7°. coeffe liffe, d'un blanc pâle, hypne aplati.

M. Linné a employé la préfence ou l'abfence de la coeffe dans fa *divifion des mouffes*. M. M.

CŒUR, MÉDECINE RURALE. Le cœur eft cet organe admirable, renfermé dans la poitrine, placé au milieu de cette cavité, & le premier agent d'une des plus importantes fonctions de la vie, de la *circulation du fang*. Le cœur eft une partie creufe, divifée en deux cavités, que l'on nomme *ventricules*, furmontées chacune de deux efpèces de facs, que l'on nomme *oreillettes*.

Tout le fang du corps eft porté au cœur par une quantité prodigieufe de vaiffeaux, que l'on nomme *veines*: ces derniers fe réuniffent en un feul canal, nommé *veine cave*, tombent dans l'oreillette droite du cœur, de-là dans le ventricule droit. Le cœur fe refferre alors, & il chaffe le fang dans les poumons, par le moyen de leurs artères. Le fang, après avoir fubi quelques changemens dans les poumons, par le moyen de l'air, retourne au cœur, porté par les veines des poumons, tombe dans l'oreillette gauche, & de-là dans le ventricule gauche. Le cœur fe refferre encore, chaffe le

fang dans une grande artère, nommée *aorte*; & cette artère, en fe divifant en une infinité prodigieufe de canaux, va porter le fang dans toutes les extrémités du corps : les veines reprennent le fang dans ces extrémités, le reportent au cœur, en fuivant toujours les mêmes loix. Tel eft le mécanifme de la circulation du fang, depuis que l'animal reçoit la vie, jufqu'à l'inftant où il ceffe de vivre. Chez les enfans renfermés dans le fein de leur mère, la circulation fe fait différemment : nous aurons occafion d'en parler à l'article ENFANT, où nous avons raffemblé tout ce qu'il eft intéreffant de favoir fur cet objet, relativement à l'éducation phyfique, & aux maladies de cet âge.

Après avoir donné une idée du cœur, & de la circulation du fang, nous allons parler des maladies de cet organe.

Les maladies du cœur font fort obfcures; l'ouverture des cadavres prouve que cet organe eft fufceptible de toutes les maladies; comme *inflammation, fuppuration, vers, pierre, ulcère, anévrifme,* &c. mais les fignes qui annoncent l'exiftence de ces maladies dans les autres parties du corps, ne nous font point encore connus, relativement au cœur. C'eft pourquoi, nous nous bornons à parler des maladies du cœur qui font le plus connues, telles que les *palpitations, l'oppreffion cardiaque*, & la *fyncope* ou *foibleffe*.

I. *Des palpitations du cœur.* Les palpitations du cœur font un mouvement convulfif de ce vifcère, fi violent & fi terrible, que non-feulement il eft fenfible au toucher, mais encore qu'il eft apperçu par les yeux, & qu'on l'entend même.

Les caufes des palpitations font quelquefois fixées dans le cœur, & quelquefois dans fon enveloppe, qu'on nomme *péricarde*. Ces caufes font tantôt des excroiffances, tantôt l'offification de la grande artère, nommée *aorte ;* des vers dans le cœur même, & dans le péricarde, un abfcès dans le cœur, l'hydropifie du péricarde, une conftitution du fang contre nature, venant de vices, tels que le fcorbut, la vérole, &c. ou le trop grand épaiffiffement du fang, des pierres, les pâles couleurs des filles, la fuppreffion des règles, des anévrifmes venus de caufes internes, comme des vices dont nous venons de parler ; ou des caufes externes, comme des chutes, des coups, &c. des répercuffions de maladies de la peau, des hémorroïdes, de la goutte & du rhumatifme, des maladies de nerfs, des paffions violentes, la joie exceffive, la crainte, les chagrins profonds.

Il eft aifé de diftinguer les palpitations des autres maladies, par le taĉt & par la vue ; mais le jugement qu'on peut porter fur la vraie caufe des palpitations, n'eft pas auffi facile : cependant les palpitations qui viennent de caufe connue, difparoiffent en combattant cette caufe ; mais quand cette caufe eft locale, & que les palpitations perfiftent, & fe manifeftent fans interruption, il faut les regarder comme abfolument incurables.

Les faignées font, en général, très-néceffaires, quand les palpitations viennent de l'épaiffiffement du fang, ou des fuppreffions fanguines, quelconques : alors on les adminiftre fuivant la nature de la fuppreffion. On faigne du pied, fi les palpitations viennent des règles fupprimées ; on

applique des fangfues, fi elles viennent d'hémorroïdes ; & fi la tête eft douloureufe, on met les pieds dans l'eau tiède : mais le premier & le plus efficace de tous les moyens, c'eft le régime. Il faut que la perfonne attaquée de palpitations, calme les mouvemens impétueux de fes paffions, vive de lait, faffe ufage de tifane adouciffante, faite avec les plantes aqueufes, & prenne quelques calmans, comme le quinquina, le camphre, le caftoreum, &c.

Si les palpitations viennent de mauvais levains dans l'eftomac, qui, produifant des matières crues & indigeftes, paffent dans cet état dans le torrent de la circulation, il faut faire ufage de purgatifs, d'amers, & de lavemens purgatifs : l'eftomac fe rétablit, la digeftion fe fait bien, les crudités difparoiffent, & les palpitations ne reparoiffent plus. Si les pâles couleurs ont donné naiffance aux palpitations, les apéritifs, tels que les cloportes, les martiaux, les favons, les purgatifs doivent être mis en ufage.

II. *De l'oppreffion cardiaque.* Cette maladie fe manifefte par une difficulté confidérable de refpirer, par un poids énorme que le malade éprouve fur la région du cœur, par des palpitations, des foibleffes.

Cette maladie doit fa naiffance aux violentes paffions de l'ame, chez les gens irritables & foibles. Les liqueurs fpiritueufes, l'eau de luce refpirée, les frictions fur toute l'habitude du corps, fuffifent quelquefois pour cet état d'anxiété, qui, négligé, conduit infailliblement à la mort.

Nous ne nous étendrons pas davantage fur cette maladie, qui règne particulièrement dans les grandes villes, où toutes les paſſions factices de la ſociété aſſiègent l'homme affoibli par l'intempérance & par l'éducation, & dont les accès violens le privent quelquefois de la vie en peu de temps. Les habitans de la campagne, moins éloignés de la nature, ne ſont pas tant expoſés à ces déſordres des paſſions tumultueuſes.

III. *De la ſyncope* ou *foibleſſe*. La foibleſſe univerſelle du corps, la pâleur du viſage, l'obſcurciſſement de la vue, la diminution, puis la perte du mouvement & du ſentiment, & le froid des extrémités, caractériſent la ſyncope. Ce qui la diſtingue des autres maladies, où le ſentiment & le mouvement ſont, ou diminués conſidérablement, ou perdus, c'eſt l'état du pouls, de la reſpiration, qui, dans la ſyncope, ſont quelquefois diminués à un tel degré, qu'on a réputé morts les gens qui en étoient attaqués: les membres cependant, conſervent encore dans cet état leur flexibilité, & c'eſt le ſeul ſigne de vie qui reſte.

Cette maladie a différens degrés; l'*évanouiſſement*, la *foibleſſe* & la *ſyncope*, qui eſt le dernier degré.

La ſyncope doit ſon exiſtence à l'épuiſement, ſoit par le défaut de nourriture, ſoit par l'excès du travail, des chagrins & des plaiſirs de l'amour. Chez les gens foibles, la vue d'un objet déſagréable fait tomber en ſyncope; les gens épuiſés par de longues maladies, ſont ſujets aux convulſions. La ſyncope eſt un accident dangereux, quand, ſans cauſe apparente, elle reparoît ſouvent: ceux qui en ſont attaqués meurent ſubitement. La ſyncope ne doit jamais le jour aux polypes du cœur; car ces prétendus polypes n'ont jamais été obſervés

au cœur; c'eſt encore une erreur de l'ignorance vulgaire.

Il faut, dans la ſyncope, coucher le malade ſur le dos, lui faire reſpirer un air pur & frais, lui jeter de l'eau froide au viſage, le chatouiller, & lui exciter même de la douleur en le pinçant. On lui fait reſpirer de l'eau de luce, de l'alcali volatil & des ſternutatoires. On applique au creux de l'eſtomac, des linges trempés dans des ſpiritueux, dont on fait avaler quelques cuillerées; il faut regarder la ſaignée comme dangereuſe, quand les malades ont été affoiblis par des pertes quelconques: les lavemens irritans conviennent encore pour donner une ſecouſſe à la machine, & rétablir le jeu des organes de la circulation, & qui, ſuſpendu ou diminué de beaucoup, ne tarde pas à priver le malade de la vie. M. B.

COIGNASSIER. M. Tournefort le place dans la huitième ſection de la vingt-unième claſſe, qui comprend les arbres & arbriſſeaux à fleur en roſe, dont le calice devient un fruit à pepins; & il l'appelle *cydonia vulgaris*. M. von Linné le nomme *pyrus cydonia*, & le claſſe dans l'icoſandrie pentagynie. Cet arbre, de moyenne grandeur, eſt originaire des bords du Danube, où il croît dans les rochers. Si on en juge par les ſoins que les romains donnoient à ſa culture, d'après le rapport de Palladius, ſon fruit devoit être fort eſtimé chez ce peuple-roi.

I. *Deſcription du genre*. Le calice de la fleur eſt d'une ſeule pièce, diviſée en cinq découpures: il eſt permanent, & de la grandeur de la corolle; les pétales ou feuilles de la fleur, font au nombre de cinq, grands, arrondis, creufés en cuilleron. Le milieu eft occupé par vingt étamines environ, & le centre, par cinq piftils. L'embryon, renfermé par le calice, devient un fruit plus ou moins rond, plus ou moins alongé, fuivant l'efpèce. Dans l'intérieur du fruit font cinq loges, difpofées en étoile, dans lefquelles les femences font emboîtées.

II. *Des efpèces.* On ne devroit, à proprement parler, compter que deux *efpèces* jardinières; (*voyez* ce mot) celle à fruit rond, qui eft le coin *pomme*, & le coin *poire*, ou à fruit alongé. L'écorce des coins eft, en général, cotonneufe; le coin non cotonneux forme l'autre efpèce. La forme de ces fruits varie un peu, & l'on a affez mal à propos caractérifé ces différences par la dénomination de coin *mâle* & de coin *femelle*. Le mâle eft le fruit rond, & la femelle, le fruit long.

La meilleure de toutes les efpèces eft le *cydonia lufitanica*, ou coin de Portugal. Ses caractères font fi marqués, que je fuis furpris que M. von Linné n'en ait pas fait une efpèce à part. Le bourgeon fert de péduncule au fruit, qui ne fauroit tomber, lors de fa maturité, fi on ne caffe le fommet du bourgeon; & le coin ordinaire, mâle ou femelle, fe détache de lui-même. Ses feuilles, auffi entières que celles des autres coins, font plus grandes, fouvent du double & du triple, plus ovales, & d'un vert plus foncé. L'arbre fe charge moins de branches chiffonnes. La chair du fruit, affez irrégulier dans fa forme, & imitant un peu celle de la calebaffe, eft plus parfumée, plus tendre & moins graveleufe; chaque

loge contient un beaucoup plus grand nombre de pepins que les coins ordinaires.

III. *De fa culture.* Plus on s'écarte de la marche de la nature dans le choix & la pofition du fol où l'on plante un arbre, moins le fruit eft parfumé, &, par conféquent, moins la liqueur qu'on en retire eft agréable au goût. Il en eft du coignaffier comme de la vigne : un terrein trop fertile augmente le volume du fruit; une humidité, au-delà de fes befoins, le rend aqueux & inodore; enfin, le coin le plus aromatique eft celui dont l'arbre a été planté fur des tertres, dans des rocailles, à une expofition du levant au midi. Le coignaffier de Portugal exige un meilleur terrein que le coignaffier commun : fi le fol eft humide, ou arrofé fouvent, la fleur coule beaucoup, & retient peu.

Si on veut fe procurer des pépinières de coignaffier, il convient de femer & de choifir, par préférence, la graine du coin de Portugal. Tous les coignaffiers, en général, (celui de Portugal moins que les autres) pouffent des brins ou rejetons fur leurs racines : après les avoir enlevés avec foin, en ménageant les racines, on les tranfporte dans la pépinière. Si les coignaffiers ne fourniffent pas de brins, on coupera l'arbre par le pied, ainfi qu'il a été dit au mot ACACIA, *Tome 1*, page 208 ; & chaque racine coupée produira un rejeton.

Cet arbre eft effentiel aux pépiniériftes, & je confeille à tout poffeffeur de jardins, d'avoir chez foi fa pépinière, afin de ne pas être trompé pour la qualité du fruit par les marchands d'arbres, & être affuré d'avoir de bons & beaux pieds à replanter, dont les racines ne soient ni écourtées, ni mutilées.

Le coignassier est susceptible de recevoir la greffe de toutes les espèces de poiriers : il ne convient cependant bien qu'aux poires fondantes; les autres espèces y réussissent mal. M. le Baron de Tschoudi, que j'ai déjà souvent cité, & que je cite toujours avec plaisir, à cause de sa manière de voir & d'observer, s'explique ainsi : « C'est dommage que tous » les poiriers ne s'accommodent pas » également de ce sujet, qui ne con- » vient guère qu'aux poires fon- » dantes, & ne réussit parfaitement » que dans les terres fraîches. Plu- » sieurs poires d'hiver, celles qui ont » des dispositions à se crevasser, n'y » font que peu de progrès. Il est des » espèces qui ne peuvent subsister de » sa sève : de ce nombre sont, en- » tr'autres, quelques - unes, connues » sous le nom de *bergamotte*. Leur » forme arrondie donne lieu de » penser qu'elles tiennent de très- » près aux poiriers sauvages & aux » néfliers, & qu'elles n'ont que très- » peu d'analogie avec le coignassier. » Il est cependant un moyen de trom- » per leur aversion pour cet arbre : » il faut d'abord modifier sa sève, » en y greffant du beurré ou de la » virgouleuse, qui y reprennent très- » aisément. C'est sur le bois pro- » venu de ces greffes, qu'on pla- » cera les écussons de ces poiriers » insociables. Par cette indication, » on les reconciliera avec le coi- » gnassier.

» Mais il est d'autres espèces dont » la sève impétueuse ne peut sympa- » tiser avec la lenteur de la plupart » des coignassiers. D'après cette ob- » servation, je ne doute nullement » que ceux-là ne puissent réussir sur » celui de Portugal. »

La multitude des rejetons fournis par les souches de coignassier, est sans doute la cause déterminante du choix que les pépiniéristes ont fait de cet arbre, pour greffer des poiriers; mais, d'après les principes d'une bonne culture, je pense qu'il faudroit se contenter de cultiver le coignassier seulement pour son fruit, & non pour greffer des poiriers. On vient de voir que plusieurs espèces de poires ne réussissent pas, ou réussissent mal sur cet arbre : voyons actuellement s'il est avantageux d'y greffer des poires fondantes.

Plantez dans un terrein égal en tous points, & à côté l'un de l'autre, deux poiriers; l'un greffé sur coignassier, & l'autre sur franc; le premier n'égalera jamais en grandeur le second; la couleur des feuilles de celui-là sera presque toujours plus pâle, moins foncée que la couleur de celui-ci. Le premier reçoit une sève lente & chétive, & le second une sève plus abondante. De là vient la disproportion pour la hauteur & la longueur des branches. Cependant ce qui flatte le plus le coup d'œil dans un jardin, est de voir des arbres égaux en grandeur, & qui végètent avec une égale force. Enfin, si un espalier fixe nos regards, il est désagréable de voir des places couvertes de verdure, & le triste mur dans d'autres. Cette défectuosité existera toujours, tant que les arbres ne seront pas greffés sur franc.

Le second défaut des arbres greffés sur coignassier, est de ne pas subsister aussi long-temps que ceux sur franc; de manière qu'après un certain nombre d'années, il faut replanter. Qu'arrive-t-il ? On ouvre une foſſe d'une largeur convenable ; on prend beaucoup de ſoins pour regarnir la place vide par un autre arbre, & cependant on eſt tout étonné, trois ou quatre ans après, de voir que cet arbre ne proſpère pas ; que chaque année il décline, & qu'il périt enfin. La raiſon en eſt ſimple : les racines des gros arbres, voiſins & bien portans, touchoient les bords de la foſſe ouverte ; la terre, bien remuée, bien travaillée, & peut-être fumée, les a attirées ; elles y ont travaillé avec vigueur ; le ſujet à baſe de coignaſſier étoit foible, & ſa végétation a été relative à ſa foibleſſe. Il n'eſt donc pas ſurprenant que les racines des arbres bien portans & voiſins ſoient, en vraies paraſytes, venues abſorber la nourriture de ce jeune arbre, & le rendre languiſſant en raiſon de la rapidité de leur accroiſſement.

L'arbre greffé ſur coignaſſier donne, j'en conviens, plus promptement que l'arbre greffé ſur franc, & ce n'eſt pas un petit avantage pour ceux qui aiment à jouir promptement. Quant à moi, qui aime une jouiſſance d'une longue durée, une égalité dans la force de mes arbres, & ſur-tout à ne pas planter & arracher ſans ceſſe, je préfère le franc : il ne s'écarte pas des loix de la nature, & l'on doit à la commodité & à l'avidité des marchands d'arbres, l'introduction des arbres ſur coignaſſiers.

COIFFE. (*Voyez* COÈFFE)

COL, MÉDECINE VÉTÉRINAIRE. Nous comprenons ici ſous ce nom, l'encolure, le col proprement dit, & le goſier.

L'encolure en forme la partie ſupérieure, & eſt garnie des crins ou de la crinière. (Quant à ſa conformation extérieure, *voyez* ENCOLURE.) Le col, proprement dit, en eſt la partie moyenne. C'eſt de cette partie que ſort l'encolure : le goſier en eſt la partie antérieure, & s'étend depuis le deſſous de la ganache, juſqu'à l'entre-deux des épaules.

Des maladies du col. Le col eſt expoſé à l'enflure & à la fiſtule : l'enflure eſt occaſionnée par le frottement réitéré du collier, du joug, & autres corps durs ; les coups donnés avec violence ſur le col, les piqûres faites avec des inſtrumens mécaniques, & par les morſures venimeuſes de quelque animal.

Traitement de l'enflure. Si l'enflure eſt récente, on doit la frotter avec de l'eau ſalée : ſi, au bout de quelques jours, malgré ces remèdes, l'enflure ne paroît pas diminuer, il faut ſaigner l'animal à la veine du plat de la cuiſſe, pour s'oppoſer à tout ce qui pourroit affecter la trachée-artère, les artères carotides & les veines jugulaires, dont l'inflammation, quelque médiocre qu'elle pût devenir, mérite la plus grande attention ; appliquer enſuite ſur l'enflure des étoupes imbibées d'un mêlange d'eau-de-vie & d'eau commune ; donner pour nourriture à l'animal, du ſon humecté, & pour boiſſon, de l'eau blanche. Par ce traitement, on évite la ſuppuration, ordinairement fâcheuſe, lorſqu'elle intéreſſe le tiſſu cellulaire des muſcles du col.

L'enflure du col, qui vient à la ſuite de la morſure d'une bête venimeuſe, exige un traitement analogue & particulier. (*Voy.* MORSURE)

La ſeconde maladie qui affecte le col,

col, eft la fiftule. Elle eft occafionnée lorfque le maréchal, peu inftruit,
ou mal-adroit, en faignant un cheval
ou un bœuf, pique, avec fa flamme,
fur une valvule. On remarque alors
à l'endroit où la faignée a été pratiquée, une élévation en forme de
cul de poule, d'où il fuinte une humeur rouffâtre. La veine jugulaire
fe durcit en cet endroit; & au milieu du cul de poule on obferve un
petit point rouge. C'eft ce que nous
appelons *fiftule.*

Traitement. Pour s'affurer encore
mieux de l'exiftence de la fiftule, le
chirurgien vétérinaire doit fe fervir
de la fonde. La fonde cannelée, introduite dans le trou du cul de poule,
il fondera la veine dans toute l'étendue de la tumeur. C'eft le vrai moyen
de faire évacuer la matiere qui y eft
contenue, & la lymphe qui y féjourne.
Il prendra garde de ne point pouffer
la fonde au-delà de la petite tumeur,
de crainte d'occafionner une hémorragie qui pourroit avoir lieu,
d'autant plus que la faignée auroit
été pratiquée près des glandes paro-
tides, d'où les veines jugulaires partent, ce qui feroit un obftacle à la
ligature. La veine étant donc ouverte
dans fa portion dure & tuméfiée, il
fera fortir les couches de lymphe
qui peuvent s'y trouver; il paffera
aux bords de la peau deux ou trois
cordons, pour maintenir l'appareil;
après quoi il introduira, dans le haut
de la veine & fes parois, de petits plumaceaux chargés de digeftif fimple,
qui feront maintenus par des plumaceaux fecs, placés par-deffus, com-
primés & contenus par les cordons
paffés au bord de la peau. L'efcarre
étant tombée au bout de quelques
jours, il fuffit, pour terminer la cure,

de laver deux fois le jour la plaie
avec du vin chaud. Il faut bien fe
garder, à l'exemple de plufieurs maréchaux de village, d'appliquer des
boutons de feu fur le cul de poule:
l'expérience prouve qu'un ulcère
finueux, tel que celui dont il s'agit,
ne doit être ouvert qu'avec l'inftrument tranchant; que le bouton de
feu ne peut jamais affez ouvrir la
plaie; qu'au lieu de conferver la
peau, qui eft effentielle & néceffaire,
il ne tend, au contraire, qu'à la détruire; & qu'en un mot, le feu rendant la chute de l'efcarre plus tardive, la maladie devient conféquemment plus longue. M. T.

COLCHIQUE *ou* **TUE CHIEN.**
(*Voyez, Planche* 10, page 352)
M. Tournefort la place dans la première fection de la neuvième claffe,
qui comprend les herbes à fleur régulière en lys, d'une feule pièce,
divifée en fix parties, dont le piftil
devient le fruit; & il l'appelle *colchicum commune.* M. von Linné la
nomme *colchicum autumnale,* & la
claffe dans l'hexandrie trigynie.

Fleur E, approchant, pour fa forme, de celle du fafran. Sa corolle eft
divifée en fix parties, fon tube, alongé, & part de la racine. La fleur n'a
point de calice, mais des fpathes
informes. On a repréfenté en B l'oignon coupé tranfverfalement, pour
faire voir les étamines au nombre
de fix, & le piftil divifé en trois,
ainfi que la manière dont les parties
de la fructification s'élancent de
l'oignon.

Fruit C, capfule triangulaire, noirâtre, qui contient des femences.
Cette capfule eft coupée tranfverfalement en F, & fait voir les graines G

arrondies, qui font mûres avant la deſtruction des feuilles & de la tige.

Feuilles **D**, au nombre de trois à quatre, aſſez femblables à celles du lys : elles partent directement de la racine, & elles font droites, planes, fimples & entières.

Racine A ; tubercule aplati d'un côté, fillonné pendant la fleuraifon, couvert de pellicules noirâtres, & rempli d'un fuc laiteux.

Port. La fleur paroît en automne ; elle s'élève de terre à la hauteur de trois à fix pouces : unique, fort immédiatement de la racine ; les feuilles & les fruits paroiffent au printemps.

Lieu, les prés, qu'elle infecte fouvent. La plante eſt vivace.

Propriétés. Toutes les parties de la plante ont une odeur forte, piquante : celle de la racine eſt un peu aromatique ; fa faveur eſt très-âcre, cauftique, caufant à la langue, pendant quelques minutes, la perte du fentiment, avec une efpèce de rigidité. La racine récente eſt un poifon violent : l'émétique, fur-tout le lait chaud font leur contre-poifon ; les feuilles, les racines peuvent être employées extérieurement, mais rarement. Il n'eſt pas prudent de faire ufage intérieurement de cette plante, quoique M. Storck s'en foit fervi avec fuccès. Il faut avoir fa prudence pour en faire ufage ; mais, pour éviter la tentation, je n'indiquerai pas le cas où ce célèbre médecin l'a employée, d'autant plus que plufieurs autres médicamens peuvent la fuppléer.

On emploie la colchique pour empoifonner les loups, en la préparant avec d'autres fubſtances, & du tout on en compofe un appât. Au mot LOUP, on trouvera une méthode plus fimple & infaillible.

Plufieurs auteurs ont confeillé fort férieufement d'arracher des prairies la colchique, parce que cette nourriture étoit nuifible au bétail : ils auroient dû dire, parce que les feuilles de la colchique occupent un efpace qui feroit mieux employé par le fainfoin, le fromental, &c. L'odeur de la plante fuffit pour détourner le bétail. J'ai mis exprès des bœufs dans un pré non fauché, & rempli de colchique ; l'animal a dévoré le foin, & n'a pas touché à la colchique. A l'extrémité de ce pré, j'ai fait couper très-ras le fourrage, & laiffer la colchique intacte ; les bœufs ont brouté, comme ils ont pu, cette herbe rafe ; & quoiqu'ils euffent paffé la nuit fans fourrage, ils n'ont pas touché à la colchique. Voilà comme on fe hâte de prononcer d'après l'analogie, & non d'après l'expérience.

Je fuis porté à croire que la feuille de la colchique, defféchée avec le fourrage qui l'environne, & mêlée avec lui dans le grenier à foin, dans le râtelier, &c. n'eſt, en aucune manière, dangereufe, puifque j'en ai vu fouvent qui a été mangée par le bétail, fans accident. Je crois encore que la qualité cauftique de cette plante, tient à fon eau de végétation, & que lorfque cette eau eſt entièrement évaporée, la plante ne poffède plus aucune qualité vénéneufe. Il en eſt ainfi de la *bryone*, du *manioque*. (*Voyez* ces mots) Je fuis donc bien éloigné de croire que la maladie fur les bêtes à cornes, qui régna en 1774, ait été occafionnée par la colchique.

M. Parmentier a démontré que les racines de colchique contiennent de l'amidon, mais qu'il faut l'extraire de la bulbe. Cette opération fera décrite au mot POMME DE TERRE.

Dans un cas de difette, cet amidon fourniroit une nourriture très-faine; les bulbes doivent être recueillies avant la fleuraifon.

Si on enlève de terre l'oignon, au moment où il va fe développer, & qu'on le place à fec fur une cheminée, il fleurit fans autre fecours.

COLIQUE. On donne, en général, le nom de colique, à toutes les douleurs, plus ou moins vives, qu'on éprouve dans le bas ventre.

Le mot colique vient d'un des inteftins nommé *colon*, que l'on croyoit être le fiège de toutes les coliques.

On diftingue plufieurs efpèces de coliques, en raifon des caufes qui les font naître, & des différentes parties du bas ventre, dans lefquelles les coliques font fixées.

Comme on a donné le nom impropre de colique, à toutes les douleurs vives qui fe font reffentir dans le bas ventre, nous allons donner un tableau de toutes ces maladies nommées *coliques*, avec un renvoi aux articles qui traitent de ces maladies, & nous ne parlerons, dans celui-ci, que des coliques proprement dites.

1°. Coliques de bas ventre, ou inflammation de bas ventre. (*Voyez* VENTRE)

2°. Coliques véroliques, fcorbutiques & hyftériques. (*Voyez* SCORBUT, VAPEURS, VÉROLE)

3°. Colique, dite *trouffe galant*. (*Voyez* CHOLERA MORBUS)

4°. Colique d'indigeftion. (*Voyez* INDIGESTION)

5°. Colique néphrétique. (*Voyez* REIN)

6°. Colique d'eftomac. (*Voyez* ESTOMAC)

7°. Colique vermineufe. (*Voyez* VERS)

Nous allons traiter maihtenant, dans cet article, des coliques fuivantes:

1°. Colique, dite *de miféréré*.

2°. Colique dite *volvulus*, ou *paffion iliaque*.

3°. Colique *bilieufe*.

4°. Colique *venteufe* & *ftercoreufe*.

5°. Colique *métallique, convulfive, nerveufe, de poitou, des peintres & des plombiers*.

I. *Colique de miféréré*. La colique de miféréré, & le volvulus ou paffion iliaque, font le produit des inflammations du bas ventre. Ces deux maladies diffèrent fpécialement de l'inflammation du bas ventre, en ce que, dans cette dernière, tout le canal inteftinal eft enflammé, tandis que, dans la colique de miféréré, & dans le volvulus, quelques inteftins feulement font enflammés. *Voyez*, comme nous l'avons indiqué, le mot VENTRE, où il eft traité de l'inflammation générale des inteftins.

La colique de miféréré fe fait connoître par les fignes fuivans, qui ont leur fiège dans un des inteftins, nommé *jejunum*. Le malade éprouve les douleurs les plus aiguës dans une portion du bas ventre: ces douleurs font fuivies de vomiffemens énormes & continuels, de fièvre dévorante, de renfoncement du ventre, & d'une conftipation opiniâtre. Si le mal perfévère, les forces font anéanties, le pouls fe concentre, les fyncopes fe preffent, & le malade expire.

L'ouverture des cadavres a démontré que la colique de miféréré eft l'inflammation violente de l'inteftin nommé *jejunum*; or, toutes les

Hhh 2

caufes générales de l'inflammation des hernies ou defcentes, les tumeurs fixées dans le bas ventre, & les crifes des autres maladies, peuvent déterminer l'inflammation de cet inteftin.

Nous avons donné un tableau abrégé de cette maladie : entrons maintenant dans quelques détails, afin que nos lecteurs faififfent mieux la marche & le caractère de cette effroyable maladie, qu'on a confondue, & qu'on confond tous les jours avec tant d'autres.

Le malade, attaqué de la colique de miféréré, reffent, vers le nombril, une douleur aiguë & lancinante, que le plus léger mouvement rend encore plus déchirante. La conftipation eft conflante, rien ne fort par les felles ; le vomiffement feul a lieu, il eft continuel. Dans les premiers temps, il n'entraîne que des matières bilieufes, vertes, jaunes, & de toutes couleurs ; il augmente par degrés, & les matières ftercorales fortent enfin par la bouche. L'âcreté de ces matières fait paffer l'inflammation jufqu'à l'eftomac ; la foif devient dévorante, le pouls fe concentre, les fyncopes s'emparent du malade, la conftipation continue, le vomiffement ne fe ralentit pas ; tout l'intérieur du corps brûle, tandis que l'extérieur eft faifi par le froid ; le vifage s'altère fenfiblement en peu de temps ; le ventre s'aplatit, & femble toucher à l'épine du dos. Enfin, après avoir été déchiré par les douleurs les plus infupportables, le malade expire dans des angoiffes violentes, dans l'efpace de vingt-quatre, ou quarante-huit heures au plus.

Le traitement doit être très-actif,

& celui qui convient, eft le traitement rapproché de l'inflammation. Il ne faut pas s'effrayer de la concentration du pouls ; il faut verfer le fang en abondance, faire boire au malade abondamment des tifanes adouciffantes, humectantes & relâchantes, telles que le petit lait, l'eau de veau légère, l'eau de poulet avec les amandes douces ; appliquer des fangfues au ventre & à l'anus. Il faut que le médecin ferme l'oreille aux cris de la populace ignorante, & qu'il infifte avec courage fur ce traitement actif & preffant. Le fuccès fera fa récompenfe, le pouls s'élève & fe développe dans la proportion que le fang coule. Il faut, de plus, que le malade prenne des lavemens émolliens, toutes les deux heures : qu'il les rejette, ou qu'il les garde, le fait doit être indifférent au médecin. Il faut appliquer fur le ventre, des embrocations faites avec des herbes émollientes, avec la flanelle trempée dans les eaux où les plantes émollientes ont bouilli, des veffies pleines de lait ; plonger le malade dans le bain tiède, lui faire boire des huiles douces abondamment, en appliquer auffi fur le fiège de la douleur. Après ces moyens réunis, qui combattent victorieufement l'inflammation, il eft permis, il eft fage même d'employer les calmans ; ils nuiroient avant l'application des différens moyens que nous venons d'indiquer. Il faut affoupir dans ces cas ; mais il ne faut pas endormir : c'eft pourquoi le firop diacode, à la dofe d'une demi-once ou d'une once, l'opium, à la dofe de deux ou trois grains en lavage, & pour toute la journée, conviennent admirablement bien. Les douleurs calmées, on purge le malade ; mais c'eſt dans cette ſituation que la prudence doit veiller à l'emploi des purgatifs : il faut employer les plus doux, la manne & les tamarins en lavage. On termine la guériſon par les purgatifs amers, & on a ſoin d'employer un calmant après leur effet, pour s'oppoſer à l'irritation qu'ils pourroient occaſionner.

II. *Du volvulus* ou *de la paſſion iliaque.* Le volvulus ou la paſſion iliaque ſe fait connoître par les mêmes ſymptômes qui annoncent la colique de miſéréré. La cauſe eſt ici ſeulement différente ; elle dépend d'une portion des inteſtins, rentrée dans une autre portion d'inteſtins. Nous ne pouvons donner une idée ſenſible de cet effet, qu'en le comparant à ce que l'on obſerve dans un gant, dont l'extrémité, par exemple, du doigt, eſt rentrée dans le corps même du doigt : l'ouverture des cadavres a démontré cette analogie ; les hernies ou deſcentes, & l'inflammation produiſent cet effet. Dans l'état naturel, les inteſtins ont un mouvement qu'on nomme *vermiculaire*, qui commence à l'eſtomac, & qui ſe propage de haut en bas, juſqu'à l'anus : dans le volvulus, au contraire, l'ordre naturel eſt renverſé; le mouvement commence par en bas, & remonte vers l'eſtomac. Dans cet état, toutes les matières contenues dans l'eſtomac, & dans les inteſtins, ne peuvent pas ſortir par le fondement; la conſtipation a lieu, & elles enfilent toutes la route de l'eſtomac, & ſont rejetées, même les matières ſtercorales, par la bouche. Dans la précédente maladie, la cauſe a ſon ſiège, comme nous l'avons dit, dans l'inteſtin nommé

jejunum; & dans celle-ci, (le volvulus) elle eſt fixée dans l'inteſtin nommé *ilium*, d'où elle a pris ſon nom de paſſion iliaque.

Le traitement doit être le même que dans la colique de miſéréré ; les narcotiques ne ſont pas auſſi utiles, parce que les douleurs ſont moins fortes. On a conſeillé des pilules de plomb au malade, pour dégager les portions d'inteſtins enclavées les unes dans les autres; mais l'uſage préfère le mercure. Ces différens moyens ſont plus pernicieux qu'utiles, ſi l'inflammation exiſte : dans ce cas, il en faut venir à l'opération. Comme elle eſt la même que celle qui ſe pratique dans les *hernies*, nous renvoyons à ce mot.

III. *Colique bilieuſe.* La colique bilieuſe ſe reconnoît facilement aux ſignes ſuivans : le malade éprouve des douleurs plus ou moins aiguës dans toute l'étendue du ventre & de l'eſtomac; il rend par le haut & par le bas, des vents; il vomit abondamment une matière jaune, verte & fétide; ſes urines ſont en petite quantité, & rouges.

Cette maladie eſt un diminutif de l'inflammation du bas ventre; (*voyez* VENTRE) & ſi on néglige d'y porter remède dans les commencemens, ou ſi les remèdes qu'on emploie ſont âcres, chauds & irritans, l'inflammation du bas ventre paroît, & ſouvent la ſuppuration & la gangrène mettent fin aux ſouffrances du malade. La cauſe de la colique bilieuſe eſt un amas de matières âcres & indigeſtes, produites, ſoit par des accidens, ſoit par des indigeſtions ou autres criſes de maladies.

Si le malade eſt fort jeune & ſanguin, & ſi les douleurs ſont vives, il faut employer, dans cette maladie, le traitement de l'inflammation; il faut verser du sang, faire boire abondamment au malade, du petit lait avec le jus de citron ou d'oseille, & le jus de ces plantes dans l'eau, si on ne peut pas se procurer de petit lait; il faut lui donner des lavemens avec le petit lait, ou l'eau chargée de miel simple; lui faire prendre, toutes les deux heures, un demi-gros de crême de tartre, fondu dans un verre de sa boisson ordinaire; appliquer sur le ventre, des flanelles trempées dans l'eau tiède, où on a fait bouillir de la fraise de veau, ou des herbes émollientes. On ne purge que lorsque les douleurs sont calmées; on ne soutient les forces du malade qu'avec de l'eau de gruau ou de riz, ou de pain. Quelquefois les vomissemens résistent à tous ces moyens, & il faut en venir à l'usage du laudanum, par gouttes, dans une cuillerée d'eau de menthe.

IV. *Colique venteuse & stercoreuse.* La colique venteuse est cet état maladif des intestins & de l'estomac, qui, à la suite de digestions dépravées, donne naissance au développement de l'air qui s'échappe des matières qui ont subi un commencement de putréfaction. *Voyez* l'article ANTISEPTIQUES, où nous avons développé le mécanisme de la fermentation de ces vents, & où nous avons exposé les moyens propres à les combattre.

Les purgatifs amers, précédés de boissons tièdes, & légérement aromatiques, suffisent pour détruire les coliques venteuses. Il existe quelquefois des coliques, qui sont tellement fortes, que le ventre résonne comme un tambour. Nous avons vu plus d'une fois l'application de linges trempés dans l'eau glacée, & la glace elle-même appliquée sur le ventre, rendre à la vie des gens prêts à expirer. Il faut cependant apporter la plus grande attention dans l'administration de ce moyen; car s'il existoit inflammation dans quelques portions d'intestins, ce remède tueroit infailliblement le malade : dans ce cas, il faut faire le traitement de l'inflammation.

On réitère les purgatifs, suivant l'exigence des cas. Pour éviter le retour des coliques venteuses, le malade doit rétablir son estomac par l'usage des eaux ferrugineuses, & par l'usage du quinquina en poudre, mêlé à la rhubarbe, à la dose de douze grains par prise. Il doit, en outre, s'interdire l'usage de liqueurs fermentées, & de liqueurs spiritueuses, qui, malgré l'enthousiasme général, procurent beaucoup plus de mal que de bien dans ces circonstances. (*Voyez* ANTISEPTIQUES)

Les coliques stercoreuses viennent à la suite d'une constipation opiniâtre; les matières stercorales se durcissent considérablement; les principes qui les composent, deviennent très-acrimonieux, l'air s'en échappe, & les intestins sont quelquefois déchirés, excoriés, & ils suppurent.

Le régime humectant & rafraîchissant, les boissons relâchantes, les lavemens légérement purgatifs, & les purgatifs légers lèvent l'obstacle, & l'ordre se rétablit.

V. *Colique métallique de Poitou, des peintres & des plombiers, convulsive & nerveuse.* Cette colique est connue sous ces noms, parce que les peintres, les plombiers, tous ceux qui travaillent aux métaux & aux mines,

& ceux qui boivent des vins adoucis par la litarge, font fujets à des coliques qui fe manifeftent par les fignes fuivans.

Ceux qui font attaqués de cette maladie, reffentent, vèrs le nombril, une douleur des plus lancinantes. Cette douleur, qui arrache les cris les plus aigus, a cela de particulier, qu'elle a fes intermiffions, & que les vomiffemens, le mouvement, les cris, & l'obligation où font les malades d'aller à la felle, & de fe tourmenter, ne font pas renaître la douleur, & ne l'augmentent pas quand elle exifte : la fièvre s'allume quelquefois, & fouvent elle ne paroît pas. Quelques malades ont le vifage altéré, les yeux éteints, & la phyfionomie livide & plombée; le ventre eft fouple, l'urine coule peu, la conftipation a lieu, la peau des extrémités eft fèche & écailleufe; fouvent cette maladie fe termine par la paralyfie.

Les anciens n'ont pas connu cette maladie : Citois, médecin du Cardinal de Richelieu, eft le premier qui en ait donné une defcription exacte.

Le fameux Aftruc plaçoit la caufe de cette maladie dans la moëlle alongée, & il expliquoit, d'après cette idée, les convulfions & la paralyfie qui accompagnent & fuivent cette maladie.

D'autres ont cru, & nous fommes de ce dernier avis, que les particules métalliques s'infinuent dans les nerfs des inteftins. L'expérience parle en notre faveur ; car on ne guérit cette colique, qu'en faifant ufage des purgatifs les plus violens, qui vont pénétrer dans la fubftance nerveufe des inteftins, & qui en chaffent les portions métalliques, fixées dans leur tiffu.

On combat cette maladie par deux méthodes oppofées ; par le traitement adouciffant, & par les purgatifs les plus violens. Ces deux moyens ont des fuccès ; cependant l'obfervation a prouvé que la méthode des adouciffans étoit plus longue, & entraînoit des fuites défagréables après elle, telles que la paralyfie, tandis que la méthode active avoit l'avantage inappréciable d'être plus prompte & plus fûre, & de ne laiffer après elle aucune infirmité.

Cette dernière confifte à employer les émétiques les plus actifs, & les purgatifs très-violens. Confultez les gens de l'art pour ces cas épineux. M. B.

COLIQUES DES ANIMAUX. (*Voyez* TRANCHÉES)

COLLAGE DES VINS. (*Voyez* le mot VIN)

COLLE. Il ne s'agit ici que de la *colle de poiffon*, parce qu'elle eft effentielle pour la clarification des vins. Elle eft ainfi nommée, parce qu'elle fe tire effectivement de têtes, queues, nageoires, arrêtes, cartilages, peaux, en un mot, de toutes les parties exemptes de chair, de graiffe, d'huile, &c. des poiffons fans écailles. Les Anglois & les Hollandois feuls la préparent. On doit choifir la plus blanche & la plus tranfparente : celle qui eft un peu colorée, ou jaune, doit être rejetée. On la vend dans les boutiques, fous la forme de petit rouleau, de la groffeur du petit doigt, & plié en différens fens. Elle acquiert cette contraction, cette forme bizarre, en féchant fur les cordes, lorfqu'on l'a fabriquée.

COLLER LE VIN. (*Voyez* VIN)

COLLET défigne la partie de l'arbre ou de la plante, à laquelle les racines commencent à être attachées : ce font les racines aériennes, c'eft-à-dire, celles qui ont le double emploi, & de pomper ou d'abforber l'air, & d'attirer, comme les autres, l'humidité de la terre, pour la métamorphofer en terre.

COLMAR, *Poire*. (*Voyez* ce mot)

COLOMBIER. Bâtiment en forme de tour ronde ou carrée, garnie de boulins ou de trous, dans toute fa hauteur, pour nicher les pigeons. Il y a deux fortes de colombiers, à pied & fur piliers. On appelle colombier à pied, celui dont la maçonnerie commence aux fondations, & fe continue jufqu'au fommet : la maçonnerie du colombier à piliers commence feulement au-deffus de ces piliers. Dans quelques-unes de nos provinces, le feul feigneur haut-jufticier, & les feigneurs de fiefs, qui ont des cenfives, ont le droit de colombier à pied : les particuliers nobles, ou roturiers, ne peuvent avoir de colombier, mais feulement une volière ou *fuie*, pourvu qu'ils foient propriétaires de cinquante arpens de terre labourable, fitués aux environs de leurs maifons. Dans d'autres provinces, les roturiers ne peuvent avoir des colombiers quelconques, fans la permiffion du feigneur. Il feroit trop long de rapporter toutes les coutumes du royaume à ce fujet, puifqu'elles varient d'une province à l'autre, & fouvent dans la même province. Chacun doit connoître la coutume fous laquelle il vit. Il feroit

cependant important que, dans les provinces où chaque particulier, propriétaire de fonds, a le droit de colombier, que ce droit fût reftreint & proportionné au nombre d'arpens poffédé par ce propriétaire. On abufe du privilège, & fouvent un homme n'a pas dix arpens, que fon colombier contient deux cents paires de pigeons : alors, lorfqu'on enfemence les terres voifines, ces animaux dévorent une quantité de grains, qui nuit fingulièrement à la récolte fuivante. Il feroit dans l'ordre de permettre, par arpent, une feule paire de pigeons, c'eft-à-dire, que le nombre des boulins du colombier feroit proportionné au nombre d'arpens. Eft-il dans l'ordre naturel, que le champ du voifin nourriffe les pigeons d'autrui ?

I. *De l'extérieur du colombier.* La porte d'entrée doit être placée dans la baffe-cour, & ne point être cachée, afin que le propriétaire voie ceux qui entrent ou qui fortent, & cette porte garnie d'une très-bonne ferrure. Toute la façade des murs fera recrépie à chaux & à fable, & bien unie, afin d'empêcher les fouines, les belettes, les rats, de grimper par les murs. Que le colombier foit rond ou carré, il doit régner tout autour une corniche de fix à huit pouces de faillie. Elle a deux objets : le premier eft d'empêcher les animaux grimpans d'aller plus avant, parce qu'ils ne peuvent fe tenir dans une pofition renverfée, & ils tombent. Le fecond, eft de ménager une efpèce de galerie, fur laquelle les pigeons fe promènent, & s'échauffent au foleil. Si la tour eft carrée, on aura foin de garnir les angles, de diftance en diftance, avec des feuilles de fer blanc, à quelques pieds au-dessous de la saillie ou cordon. Les murs ont beau être bien unis, les gros rats des champs montent par les angles ; mais leurs griffes ne trouvant point de prise, ils sont obligés de se précipiter, parce qu'ils ne peuvent se retourner & descendre. La fenêtre du colombier sera placée au midi, & garnie, par-devant, d'une large banquette, afin que le pigeon puisse s'y reposer lorsqu'il vient des champs, & y prendre le soleil ; ce qu'on appelle *s'essoriller.* Quoique ce mot ne soit pas admis dans la langue françoise, il est très-expressif. L'intérieur de cette fenêtre doit être bouché par une planche ou une pierre, ou en plâtre, percé de trous proportionnés au volume du corps de l'oiseau. La même banquette règnera également dans l'intérieur. Je n'approuve point la coutume de construire cette fenêtre sur le toit, en manière de lucarne, ou dans la forme d'un petit pavillon. Dans les orages, on court les risques de voir la charpente emportée ou ébranlée, les tuiles dérangées, le mortier crevassé, &c. ; de manière qu'il se forme sans cesse des gouttières qui pourrissent la charpente : d'ailleurs la pluie, poussée par les vents du midi, pénétrant par les trous, dans l'intérieur du colombier, pourrit le plancher, s'il n'est pas carrelé ; & s'il est carrelé, il conserve une humidité nuisible aux pigeons. Il est essentiel que le toit ait une pente considérable, c'est-à-dire, au moins le tiers de pente sur sa longueur, sur-tout s'il est couvert avec des tuiles. La fiente de pigeon se rassemble dans la gouttière formée entre deux rangs de tuiles ; & pour peu que le toit soit plat, cette fiente

s'amoncèle de distance en distance, forme autant de petits réservoirs où l'eau s'élève jusqu'au-dessous de la tuile du niveau de la tuile supérieure, excède celui de la tuile en gouttière, & pénètre dans le colombier. Plus le toit aura de pente, plus facilement toutes les ordures seront entraînées. Que les chevrons du toit soient recouverts avec des planches, ou que les chevrons eux-mêmes soutiennent les tuiles, suivant la coutume de plusieurs de nos provinces, il est indispensable que chaque tuile soit noyée dans un bain de mortier : leur arrangement est plus solide, l'eau y pénètre plus difficilement, les vents & les moineaux dérangent moins les tuiles. Cette inclinaison du toit offre aux pigeons un excellent abri, & un lieu qu'ils aiment beaucoup pour *s'essoriller*, sur-tout si les murs du nord, du levant & du couchant sont parallèles en hauteur, & élevés d'un pied à dix-huit pouces au-dessus de la naissance du toit, dans sa partie supérieure. Cette toiture est, à tous égards, préférable à celle des pavillons à quatre faces : ces faces de toiture sont nécessairement trop inclinées ; le pigeon y repose difficilement, sur-tout si on a employé de l'ardoise ou des tuiles plates.

Lorsqu'un colombier est garni d'un grand nombre de pigeons, il arrive souvent que la transpiration de ces animaux, que leurs excrémens, &c. vicient l'air, & même souvent le corrompent, au point que l'animal y respire avec peine, y languit, périt, & souvent le déserte entièrement. Cela n'est pas surprenant, puisque l'air ne peut s'y renouveler que par la fenêtre située au midi, & ordinairement placée dans la partie fupérieure. On fait que l'air vicié, ou *air fixe*, (*voyez* ce mot) eft plus pefant que l'air atmofphérique, & par conféquent, qu'il occupe la partie inférieure; mais, comme peu à peu ces couches augmentent, l'air fe trouve fouvent vicié, du plus au moins, jufque vers l'ouverture; auffi, dans de pareils colombiers, on voit les pigeons faire leurs nids dans les boulins les plus élevés. Il y a un moyen bien fimple de remédier à cet inconvénient; c'eft d'ouvrir un larmier fur le plancher du colombier, & à fon niveau; larmier qu'on fermera & ouvrira à volonté : alors l'air fixe ou vicié, plus pefant que celui de l'atmofphère, coulera, par ce larmier, dans le réfervoir de l'air atmofphérique, comme l'eau, contenue dans un vafe, coule, lorfqu'on l'incline; & peu à peu l'air atmofphérique occupera fa place, & on établira ainfi une libre circulation dans l'air atmofphérique. Ce que l'on dit ici de la pefanteur de l'air vicié, paroîtra bien extraordinaire à ceux qui ne connoiffent pas les expériences en ce genre; mais ces phénomènes ne font pas moins démontrés jufqu'à l'évidence. Plus la couleur des tuiles, des ardoifes, &c. approchera du noir, & plus la chaleur fera forte dans le colombier; & elle le fera encore plus, fi le toit eft recouvert en cuivre ou en plomb : cette exceffive chaleur contribue finguliérement à la corruption de l'air.

II. *De l'intérieur du colombier.* 1°. *Du fol du plancher.* S'il eft en bois quelconque, il fera bientôt percé à jour par les rats, & ces animaux font les plus grands deftructeurs des pigeons. Ils caffent les œufs, mangent les pigeonneaux dans le nid,

épouvantent ceux qui dorment, parce qu'ils exercent leur cruauté pendant la nuit. Enfin, les pigeons, fans ceffe tracaffés, fe dégoûtent du colombier, s'enfuient, & vont, dans un autre, chercher la tranquillité pour eux, & la fureté pour leurs petits. Je parle d'après l'expérience... Le plancher doit être carrelé, & le carreau enclavé dans la maçonnerie des murs de côté, fur deux pouces de profondeur, afin que les rats n'aient pas la facilité de fouiller entre le mur & le carreau. Le tout étant bien garni de mortier, lardé de petites pierres, on place, fur le devant, un carreau légèrement incliné, & de champ; de forte qu'il faffe la bafe du triangle, dont le carreau du plancher & le mur feront les deux autres côtés. Ce carreau fera également maçonné, & garni, par derrière, avec des pierrailles & du mortier : de cette manière, il eft prefqu'impoffible que les rats & les fouris puiffent faire des trouées.

Du fol du plancher carrelé, jufqu'à la naiffance des boulins, on laiffera un efpace de quatre pieds au moins, bien recrépi & bien liffé : j'ai vu de gros rats fauter plus haut.

2°. *Des boulins.* La forme des boulins varie fuivant les provinces. Dans quelques-unes, on les fait avec des planches divifées par cafes de huit pouces, en tout fens. Les uns les garniffent d'un rebord d'un pouce, & les autres n'en mettent point. La nature du bois varie fuivant les endroits : le châtaigner *bien fec* eft à préférer à tous les autres, attendu qu'il ne fe déjette jamais; le chêne vient après. Les bois font fujets à fe charger de vermine, qui fatigue beaucoup les pigeons. Les boulins, garnis de rebords, ne peuvent jamais être parfaitement nettoyés : si on leur donne huit pouces de profondeur, le rebord est inutile.

D'autres se servent de paniers : il faut, chaque année, en remplacer le quart à peu près ; & cette dépense, sans cesse renouvelée, ne laisse pas que d'être onéreuse. Ces paniers nichent encore plus sûrement la vermine, que tous les bois quelconques.

Dans certains endroits, on construit exprès des pots de terre : le pigeon y est bien à son aise ; mais il est difficile de placer les échelles pour nettoyer le colombier, & on en casse beaucoup.

Quelques-uns construisent les boulins avec de grandes briques de dix pouces de longueur, sur six de largeur, (elles sont trop étroites ; il faut au moins huit pouces) & les placent en triangle. De cette manière, il y a autant de plein que de vide, puisque la partie du triangle, dont la pointe est en bas, ne sauroit convenir au pigeon qui niche, & il lui seroit impossible de couvrir ses petits pendant le temps de l'incubation. J'ai vu ces mêmes briques, placées de façon que les quatre, réunies par leur bout, formoient autant de carrés. Cette méthode est préférable à la précédente.

Dans les pays où le plâtre est commun, c'est-à-dire, peu cher, on peut employer, pour la construction des boulins, la manière suivante, surtout pour les colombiers de forme carrée. On s'en sert pour les tours rondes ; mais chaque boulin offre un pan coupé dans sa réunion avec le boulin suivant. Cette construction me paroît réunir tous les avantages.

Il faut se pourvoir d'un nombre de tuiles creuses, proportionné avec la grandeur & la hauteur du colombier. Telles sont celles destinées à recouvrir le faîte des maisons, que, dans quelques endroits, on nomme *chanées* ou *cottières*. Elles diffèrent des tuiles ordinaires, en ce que celles-ci n'ont que douze à quatorze pouces de longueur, sur six de largeur, dans la partie supérieure ; les cottières, au contraire, ont dix-huit pouces de longueur ; huit dans leur plus grande largeur, & sept dans le bas. D'ailleurs, ces proportions varient suivant les lieux ; celles que j'indique sont à préférer.

A la hauteur de quatre pieds au-dessus du plancher, on commence par maçonner une banquette tout autour du colombier : son épaisseur sera de quatre à six pouces, sa largeur de douze. Huit pouces sont destinés à supporter la tuile, & il reste quatre pouces de rebords. On peut, pour plus grande sûreté, former, en dessous de la banquette, une espèce de voûte ou de pan coupé, en plâtre, sur la hauteur d'un pied ; la larder de morceaux de tuile & de bois. Lorsque la banquette est finie, on pose à plat, par-dessus & contre le mur, la première rangée de tuiles, & on noye le dessous & les côtés dans le plâtre. L'extrémité la plus étroite de chaque tuile est en recouvrement de deux pouces sur la partie la plus large de la tuile suivante. Sur la partie de ce recouvrement, on monte de champ un petit mur de plâtre & de morceaux de brique, de deux pouces d'épaisseur, sur huit pouces six lignes de profondeur ; de façon que le bord des tuiles soit recouvert par le plâtre. Sur la hauteur de huit à neuf pouces, on recommence un second rang de boulins, après avoir bien recrépi la face du mur de la première rangée; & la longueur de chaque tuile, garnie de son petit mur à ses deux extrémités, forme une case ou boulin, & ainsi de suite, jusqu'à la hauteur convenable pour tous les boulins. Il seroit très-imprudent de les conduire jusqu'au toit; les rats pourroient entrer dans le colombier par les trouées qu'ils auroient pratiquées sous & dans le couvert, quoiqu'on eût pris toutes les précautions indiquées dans l'article précédent : d'ailleurs, les pigeons n'auroient pas une plate-forme intérieure, pour se promener, se caresser & coucher. Il y aura donc au moins l'espace de dix-huit pouces à deux pieds, du dernier boulin au toit. Dans cette partie supérieure, il régnera également une banquette de douze à quinze pouces de profondeur, & qui excédera celle des boulins de quatre à sept pouces; elle régnera tout le tour du colombier. Cette même banquette se propagera également tout le tour de la fenêtre, par laquelle les pigeons entrent ou sortent. On ne sauroit prendre trop de précautions contre les rats, & autres animaux malfaisans.

Le dedans des boulins, les murs de plâtre qui les séparent, les murs du colombier, ainsi que les planches du toit, ou les tuiles, seront peints en blanc : les pigeons aiment singulièrement cette couleur; le dehors du colombier le sera également.

Le larmier, dont j'ai parlé dans l'article précédent, sera fermé par une bascule, ou par une coulisse en bois, & la partie extérieure, garnie d'une grille de fer à mailles très-serrées. Une même grille sera ménagée à la fenêtre d'entrée, s'ouvrira dès le grand matin, & sera fermée à nuit tombante. On ne sauroit croire combien les chouettes, les hiboux, les chats-huans détruisent de nichées pendant la nuit, lorsqu'on ne prend pas cette précaution. Heureux sont ceux qui peuvent s'en passer !

Le colombier construit ainsi que je viens de le dire, on se passe facilement d'échelles, nécessaires dans les autres, lorsqu'on veut prendre les pigeonneaux dans le nid. Chaque tuile de boulin forme, pour ainsi dire, un échelon, sur lequel repose le pied, & les mains s'accrochent aux tuiles supérieures; de sorte que, sans descendre, il est facile de visiter tous les nids. Celui qui veut prendre les pigeons, attache, par un coin, un sac à sa ceinture : d'une main, il se tient aux boulins, &, de l'autre, il saisit les pigeons, & les met dans son sac.

Il est indispensable de tenir les colombiers dans la plus grande propreté, de les nettoyer au moins tous les mois, ainsi que les boulins. Ce n'est point assez de se servir d'une ratissoire : elle enlève les ordures, il est vrai; mais elle n'entraîne pas la vermine. Après avoir passé la ratissoire, il convient de passer, dans l'intérieur du boulin, une brosse à poil rude. Cette pratique paroît minutieuse; cependant elle ne l'est pas.

Les pigeons aiment singulièrement la lavande ; & dans les provinces méridionales, il cassent ses tiges au-dessus des feuilles & au-dessous des fleurs, & en garnissent leurs nids : leur en fournir, seroit une petite précaution qui leur seroit agréable.

Si l'eau est éloignée du voisinage

du colombier, on fera très-bien de leur procurer de l'eau dans le colombier même, soit dans des vases, soit au moyen des pompes semblables, mais plus grandes que celles dont on se sert pour les petites volières.

COLOMBINE. Mot qui désigne spécialement la fiente de pigeon, &, par extension, celle des volailles. En Normandie, on nomme la première *poulnée*. On ne connoît point d'engrais aussi chaud, ni aussi actif: il produit de grands effets, ou de grands maux, suivant la manière dont il est employé.

On lit dans les *Mémoires de la Société d'Agriculture de Rouen*, une manière de préparer la colombine, qui mérite d'être rapportée. Pour tirer parti de la poulnée, on transporte dans le colombier, de temps à autre, du crotin de cheval, dont on couvre, de trois à quatre pouces d'épaisseur, la poulnée qui est sur le plancher du colombier, & que l'on fait tomber des parties supérieures, lorsqu'on le nettoie. On réitère deux à trois fois dans l'année; de sorte que la poulnée & le crotin sont assemblés par couches. On les laisse dans cet état, jusqu'au temps qu'il convient de porter cet engrais sur les terres: on augmente encore cette quantité de la poulnée, en ajoutant du crotin de cheval en proportion.

Cet amas sert à ranimer les blés qui semblent languir, ou à fumer les terres que l'on voudroit ensemencer en lin. Lorsqu'on retire cet engrais du colombier, on mêle le tout, en le réduisant en poudre à force de coups: lorsqu'on le veut employer, on le sème, à la fin de février, ou dans le mois de mars, de la même manière que si on semoit le grain.

Je conviens de la bonté de ce procédé, considéré comme engrais; mais il me paroît démontré que, si on le suivoit dans des provinces plus chaudes que celle de Normandie, l'enfection s'établiroit dans le colombier, & aucun pigeon ne sauroit y demeurer. Il vaudroit beaucoup mieux, même en Normandie, préparer de semblables couches de poulnée, par-tout ailleurs que dans le colombier.

COLEUVRÉE. (*Voy.* BRYONE.)

COLZA *ou* COLSAT. (*Voyez* l'article CHOUX, dans lequel on trouvera la description du colsat, *page* 303, & la manière de le cultiver, *page* 316.)

COMMIS, COMMISSIONNAIRE. C'est un homme chargé par un autre de l'achat, ou de la vente des denrées, moyennant une rétribution convenue, appelée *droit de commission*. Heureux le canton de vignoble, sur-tout, qui peut se passer des secours affreux de cette classe d'homme! Je ne connois point de fléau plus redoutable aux campagnes. Au mot A B O N D A N C E, *page* 177, *Tome 1*, on trouvera une foible esquisse de leurs désastreuses opérations, & il seroit trop dégoûtant d'entrer ici dans de plus grands détails. Je dirai seulement que le commissionnaire trompe celui de qui il achète, & celui pour qui il achète. Tous les commissionnaires sont-ils donc de mal-honnêtes gens? J'aime à croire le contraire; mais il faut convenir que le nombre des commissionnaires honnêtes en est bien circonscrit, & que les spéculations des autres sur le blé, le vin, le cidre, les cocons, la soie filée, &c. ruinent le pays qu'ils habitent. Si le commiffionnaire étoit purement né-gociant, fpéculateur, commerçant, le mal feroit moins grave; 1°. parce qu'il payeroit comptant ce qu'il ache-teroit, ou bien il y auroit des termes fixés pour les paiemens; & le mifé-rable vendeur, obligé de paffer par fes mains, ne feroit pas forcé d'at-tendre fouvent plus de douze, quinze à dix-huit mois fon paiement, 2°. Cet homme devroit fe contenter du droit de commiffion qui lui eft alloué par celui qui le commet pour fes achats : fouvent, au contraire, il retient un droit de commiffion fur le vendeur, & paffe à fon commettant le vin, la foie, &c., à un prix plus haut que celui de la vente. 3°. Pour gagner encore plus, il envoie des effets de feconde qualité, à la place des effets de première, &, le plus fouvent, fait un mêlange de première, de fecon-de, de troifième, &c. Le commet-tant fe plaint, le commiffionnaire fe récrie fur la mauvaife qualité des den-rées de l'année, occafionnée par les pluies, par la fécherefle, &c. & em-ploie mille autres fubterfuges fem-blables. Enfin, les productions d'un canton perdent de leur réputation : ni commettans, ni commiffionnaires n'en demandent plus, & on ne fait plus comment s'y prendre, afin d'a-voir un débouché de fes récoltes. Voilà donc, par exemple, le vin de telle paroiffe, de tel canton, décré-dité, quoique de très-bonne qualité : c'eft ce que demande le commiffion-naire. Alors il le fait acheter par-deffous main, petit à petit, à très-bas prix, & le vend très-cher à fon com-mettant, pour du vin de tel ou

tel autre crû. Je parle d'après ce que j'ai vu, non pas une fois, mais mille : on peut m'en croire; je fuis prêt à donner les preuves les plus authentiques de ce que j'avance.

N'exifte-t-il donc aucun moyen d'arracher le pauvre & fimple cul-tivateur des ferres de ces vautours ? Cela eft difficile, mais non pas im-poffible, fi les feigneurs de paroiffes, les curés & les principaux habitans fe réuniffent, & concurent enfemble à établir une efpèce d'affociation. Ce que je vais dire, paroîtra peut-être une rêverie; mais elle fera celle d'un homme qui détefte l'oppreffion, & dont toute l'ambition fe borne à voir le cultivateur moins malheureux.

Les denrées, & le vin fur-tout fe confomment, ou dans le royaume, ou bien on les exporte chez l'étran-ger : la confommation intérieure fe réduit à l'approvifionnement des vil-les voifines, & de la capitale, qui ab-forbe tout l'argent du royaume, & dont les provinces en retirent, par parcelles, une modique partie. L'ex-portation des vins a pour objet l'ap-provifionnement des colonies & le nord de l'Europe : celle des blés re-garde plus particulièrement les pays méridionaux & les colonies.

1°. *Confommation intérieure.* Je fup-pofe que le feigneur d'un paroiffe, dans un pays de vignoble, dont le vin eft de qualité, s'entretienne avec le curé du lieu & les principaux ha-bitans, & leur dife : Il faut fecouer le joug écrafant des commiffionnai-res, & vendre directement nos ré-coltes. Nous y gagnerons, 1°. le droit que nous payons aux commif-fionnaires; 2°. celui qui leur eft payé par leurs commettans; 3°. le béné-fice qu'ils font fur leurs commettans.

4°. Nos vins ne feront point coupés, altérés, & ils foutiendront la réputation qu'ils méritent. 5°. Enfin, nous parviendrons, petit à petit, à placer directement tout notre vin : mais comment s'y prendre ? Commençons par annoncer, dans la paroiffe, que nous faifons une affociation, à laquelle feront admis tous les particuliers, s'ils veulent y entrer, aux conditions fuivantes :

1°. Les papiers publics annonceront à Paris, & dans les autres grandes villes, que telle paroiffe forme une fociété, afin de fournir du vin de trois qualités, à tel prix, fuivant l'année ;

2°. Qu'on le rendra au lieu de fa deftination, aux époques marquées;

3°. Qu'on garantira le vin pur, franc, naturel, fans mélange, ni addition quelconque.

Voilà quels doivent être les engagemens envers le public. M. le curé, ou tel autre notable, répondra au feigneur : Vos vues font bonnes; mais fuppofons que nous parvenions à fournir le vin néceffaire aux grandes maifons de Paris, il faudra donc que la fociété faffe un traité particulier avec le fommelier de ces maifons ; autrement notre vin, fût-il de qualité cent fois fupérieure, & capable de fe conferver vingt ans, s'aigrira, pouffera entre fes mains, &c.

Le Seigneur. Je fais que ceux qui fourniffent le vin, donnent tant par pièce au fommelier ou au maître d'hôtel ; & ceux-ci, à force de couper, de mêlanger deux barriques de petite qualité, avec une de qualité fupérieure, font une boiffon paffable, & toutes les trois font payées au même prix par le propriétaire ; de manière que les propriétaires font

volés de plus d'un tiers, & même de moitié. S'ils veulent être volés, pillés, nous ne pouvons pas l'empêcher : attachons-nous donc à fournir des particuliers ; c'eft la grande confommation, & la confommation, fans ceffe renouvelée, qui fait le bénéfice. Les particuliers paient comptant, & le maître d'hôtel donne, tout au plus, des à-comptes, & renvoie d'année en année. Si on fert de grandes maifons, il ne faut faire aucun crédit : le duc, le comte, le marquis, &c. dont les affaires font en bon ordre, paieront exactement, & ils feront très-heureux de recourir à nous, puifqu'ils économiferont au moins un tiers fur la dépenfe relative à cet objet, & ils feront affurés d'avoir une boiffon faine, franche & naturelle. Celui, au contraire, qui demande du crédit, annonce que fa maifon eft mal réglée; que les intendans, maîtres d'hôtel, fommeliers ont acquis le droit de griveler fur tout : par conféquent, nulle fureté pour nos ventes.

Le Notable. Je vois la poffibilité de procurer un débouché à nos vins; & je conviens qu'une fois connus, leur réputation fera inaltérable : mais comment fera-t-on convaincu qu'ils foient de telle paroiffe, de telle affociation, &c. ?

Le Seigneur. Un d'entre nous fera député par la fociété, & portera un acte paffé par-devant Notaire, figné de tous les affociés, qui ftipulera ; 1°. nos obligations envers le public ; 2°. qu'on doit le reconnoître, comme nous le reconnoiffons, pour notre agent. 3°. Cet acte fixera le prix du vin, & la qualité. 4°. Cet agent portera avec lui des effais, dont la bouteille fera cachetée du fceau de la société, avant son départ; & cet essai, laissé aux acheteurs, justifiera la qualité du vin à envoyer sur leurs demandes. Il n'y a point à Paris de ménage monté, qui ne préfère acheter un tel vin, plutôt que de boire des vins frelatés, & presqu'au double du prix.

Le Notable. La spéculation est bonne & infaillible, si tous les associés sont de bonne foi.

Le Seigneur. Qui dit association, dit un acte, un accord libre, passé entre plusieurs personnes : il a force de loi pendant un certain nombre d'années. Je pense ; 1°. que les associés ne devroient se lier que pour une année seulement; & s'ils ne prévenoient leur séparation trois mois avant l'expiration, ils seroient censés suivre le même accord pendant la seconde année. Il est prudent de tenter, & de ne pas s'engager sur un simple apperçu.

2°. Cette société, formée pour le bien général de la paroisse, & l'établissant comme la base fondamentale de la société, chaque propriétaire y seroit admis, en se conformant à ses statuts.

3°. Ils se réduiroient, 1°. à payer les frais de voyage, à tant par jour, & le temps d'aller, de séjour & de retour, limité. 2°. Ce député seroit changé toutes les années, afin qu'il ne fût pas dans le cas de s'approprier les maisons, & faire un commerce de vin en son nom. 3°. On n'expédieroit aucune barrique de vin de la paroisse, sans en avoir auparavant reçu la demande, ou par le député, ou par les particuliers qui en désirent; &, sous aucun prétexte quelconque, il n'en seroit expédié de surnuméraires. Le nom & la demeure des demandeurs seroient inscrits sur le registre de la société.

Le Notable. Supposons que la récolte des associés se monte à 500 barriques, chacun voudra que son vin soit vendu le premier; &, dès-lors, brouillerie dans la société.

Le Seigneur. Plusieurs moyens me paroissent simples & suffisans, afin d'établir un ordre, une fois pour toutes. Nous connoissons la qualité & la valeur des vins de chaque propriétaire de ce canton : 1°. divisons ces qualités en trois classes. Dès qu'une fois on sera admis à la société, les trois classes appartiendront à la société, & non aux individus, qui déclareront, & justifieront ne garder chez eux, que la quantité nécessaire à leur consommation; & cette déclaration sera inscrite sur le registre. Alors, le vin étant en commun, on expédiera en proportion de la masse fournie séparément par chaque associé. Ce qui restera, sera, ou conservé en masse, pour l'expédition de l'année suivante, ou le particulier le retirera, afin de le vendre dans les environs, & pour son compte.

2°. Un certain nombre d'associés, nommés à cet effet par le corps, fera la dégustation de tous les vins destinés à être mis en masse commune; & fixera la qualité, &, par conséquent, la classe à laquelle il appartient. La même dégustation aura lieu, lors de l'expédition; & tout vin suspect ou inférieur à celui de la première visite, sera mis à l'écart. Chaque propriétaire restera responsable du coulage de ses barriques, pendant la route.

3°. On sait que le vin diminue dans le tonneau, par le transport, &

on fait, à peu près, de combien il diminue. On proportionnera donc cette perte fur la maffe totale; alors on fera le rempliffage, lorfque le vin arrivera à fa deftination, & cette perte fera fupportée par la communauté; mais jamais on n'enverra de barriques furnuméraires, finon celles deftinées au rempliffage.

4°. Celui qui ne voudra pas fe foumettre à la décifion des déguftateurs, fera le maître de fe retirer, de renoncer à la fociété, &c.

5°. On n'expédiera jamais aucun envoi, fans l'accompagner d'une lettre qui fera remife à l'acheteur, afin qu'il fache, à n'en pouvoir douter; 1°. que le vin eft de telle paroiffe; 2°. qu'il eft de telle qualité & de telle claffe, &, par conféquent, de tel prix; 3°. que le vin eft pur, franc & naturel; 4°. que la fociété lui garantit ce vin, s'il en a le foin convenable.

Etabliffons la confiance, contentons-nous d'un bénéfice raifonnable, & foyons perfuadés que les habitans aifés de Paris aimeront mieux s'adreffer à nous, qu'aux marchands, aux brocanteurs & colporteurs de vin de la capitale.

Ce que l'on dit, relativement à Paris, s'applique, par la même méthode, aux grandes villes de Provinces. Le frelatage des vins y eft moins connu; mais il ne l'eft encore que trop. On s'attacheroit, fur-tout, à fournir les maifons religieufes; & l'agent de la fociété, qui auroit placé un grand nombre de barriques, recevroit une gratification de la fociété, proportionnée au fervice qu'il lui auroit rendu.

Voilà quelle feroit, en général, la bafe & le plan de cette fociété,

Tome III.

fufceptible d'une multitude de modifications relatives aux lieux, aux circonftances que je ne puis prévoir, ni déduire ici. Les hommes, en général, fuivent les fentiers battus, & ne fongent guère à fe frayer une nouvelle route: j'ai cru qu'il étoit important de la leur indiquer, &, fur-tout, d'établir la confiance par les effais, avant de hafarder les frais d'aucune expédition. Je fuis d'autant plus affuré de la réuffite de cette fociété paroiffiale & patriotique, que je fais, par expérience, combien, dans les grandes villes, & dans la capitale, fur-tout, on défire avoir du vin franc, & de bonne qualité. Un particulier de Julienas en Beaujolois m'écrivit, lorfque je demeurois à Paris, afin de lui procurer le débouché de fon vin. Je connoiffois la probité de cet homme, & la bonne qualité de fon vin: je parvins à lui faire placer plus de cent barriques, parce que je répondois qu'on ne feroit pas trompé. Il juftifia mes promeffes; & à la feconde année, il en plaça plus de deux cens. Quelle confiance n'auroit-on donc pas à un homme député par une paroiffe, qui répondroit de la qualité & de la durée du vin? Puiffe un établiffement auffi utile avoir lieu! il s'en formeroit bientôt un grand nombre; & les colporteurs, les commiffionnaires, vraies fangfues du cultivateur, feroient réduits à faire un métier plus honnête, ou du moins ils le rendroient honnête, en fe comportant avec moins d'avidité, & plus de probité.

De l'exportation hors du royaume.
Suppofons la fociété établie, & ayant déjà fait l'effai de fes forces dans l'intérieur du royaume: elle fait que

K k k

COM

la vente à l'étranger est plus profitable, & que bientôt son exemple, suivi par une multitude d'autres paroisses, rendra ses débouchés intérieurs plus resserrés.

Le Notable. Comment pouvons-nous parvenir à établir des correspondances avec l'étranger ?

Le Seigneur. Sur la bonne foi & l'exactitude : sans cette base, notre édifice s'écroulera, & nous serons écrasés sous ses ruines. L'exportation pour l'Angleterre, la Hollande, la Suède, le Danemarck, la Russie, &c. se fait par mer, ainsi que pour tout le nouveau monde : celle pour la Suisse, les Grisons, l'intérieur de l'Allemagne, de la Saxe, a lieu par terre. Nous ne connoissons personne sur cette vaste étendue, & dans ces différentes dominations : sachons faire un sacrifice, & agissons de la manière suivante. L'expérience nous a appris que la confiance publique nous a facilité un vaste débouché dans l'intérieur du royaume : nos récoltes ont été bien vendues, &, sur-tout, bien payées ; notre bénéfice a été honnête. Consacrons-en chacun une légère partie, afin d'étendre nos débouchés : imitons l'homme qui sème ; il fait des avances pour gagner. Je dis donc :

Faisons imprimer le plan de notre société ; &, par nos correspondans, & par nos amis, établis sur les ports de mer du royaume, faisons-en remettre plusieurs exemplaires à tous les capitaines de bâtimens étrangers, qui en sortent, quelle que soit leur destination. Il faudra peut-être intéresser la personne chargée de la distribution de nos imprimés ; la société lui accordera une gratification pour ses peines, & ayant la troisième an-

née, ce distributeur deviendra très-inutile, puisque la société sera connue. Sachons semer à propos, & nous recueillerons ensuite.

Quant à l'exportation par terre, il y a deux manières de l'établir ; 1°. en faisant voyager dans le nord un homme de la société, & en répandant, dans chaque ville, un grand nombre de nos imprimés. Il conviendroit aussi, afin de mieux établir la confiance, que le voyageur y laissât un certain nombre d'essais.

2°. En remettant aux chefs des bureaux des barrières, un certain nombre d'imprimés, qu'ils délivreroient à ceux qui acquittent les droits, & qui arriveroient au lieu de leur destination, avec leur chargement. Je conviens qu'il y auroit beaucoup d'imprimés complétement perdus ; mais, sur mille, si cent portent, la spéculation devient très-avantageuse. Une barrique, offerte à M. le directeur du bureau, seroit un hommage de la reconnoissance de la paroisse envers lui.

Le Notable. Je suppose, en suivant le plan que vous nous tracez, que nous parvenions à faire des expéditions, & même considérables ; mais qui nous cautionnera leurs rentrées ?

Le Seigneur. Si vous supprimez la confiance dans le commerce, il ne peut exister : si la bonne foi en est bannie, il est détruit. Les piémontois, les hollandois, peuples toujours vigilans sur leurs intérêts, tracent eux-mêmes la marche à suivre. Du jour de l'expédition, ils annoncent aux demandeurs, qu'ils tirent sur eux, à tant de jours de date ; & souvent la marchandise n'est pas encore arrivée, que la lettre de change est payée. Il a donc fallu une confiance réciproque entre l'acheteur & le vendeur. Comme le plan de la société sera imprimé, ainsi que les conditions auxquelles on fera les expéditions, ceux qui ne voudront s'y soumettre, ne feront aucune demande, & les autres s'y conformeront : dès-lors nous serons tranquilles. Etablissons la société, & même confédération de plusieurs paroisses limitrophes, & nous aurons le temps ensuite de réfléchir aux détails de réglemens, de police, de comptabilité, &c.

COMMUNAUX, COMMUNES. Mots, par lesquels on désigne les terres & pâturages, où les habitans d'une ou de plusieurs communautés ont droit d'envoyer leurs bestiaux.

On regarde *improprement* comme communaux, les terres, les prés, &c. des particuliers, soumis à la vaine pâture, après que la récolte est levée. Ainsi, la première coupe de foin, par exemple, appartient au propriétaire, & l'herbe qui repousse après, à la communauté ; c'est-à-dire, que chacun a le droit d'y envoyer ses bœufs, ses vaches, ses chevaux ; &, dans quelques cantons, les moutons & les oies. S'il existe une coutume destructive de l'agriculture, c'est certainement celle-ci.

Il y a deux espèces de communaux ; ceux, par lesquels les habitans ne sont tenus, envers le seigneur, d'aucun cens, redevance, prestation, ou servitude ; & ils sont réputés de concession gratuite. Ceux, au contraire, pour raison desquels les habitans sont soumis à une, ou à plusieurs de ces conditions, passent pour avoir été concédés à titre onéreux.

Les communaux s'étendent encore à l'égard des bois, & se divisent en plusieurs classes. Dans la première, les habitans ont le droit d'y envoyer leurs bestiaux, d'y prendre le bois mort, ou gissant par terre, ainsi que le mort bois, ou bois blanc. La seconde se subdivise encore : dans certains cantons, on a le droit de couper toutes sortes de bois pour se chauffer : ici, on peut se pourvoir des bois nécessaires à la construction des outils d'agriculture ; là, de pièces de bois propres à la construction des chaussées, à la charpente des moulins, des bâtimens, des églises paroissiales, &c.

Si les communaux sont de concession gratuite, le seigneur a le droit de s'en réserver le tiers, & même de le séparer du reste. S'ils sont à titre onéreux, le seigneur ne peut y prétendre que l'usage ou la part d'un simple habitant. D'ailleurs, comme chaque province du royaume a des loix ou des coutumes particulières, il seroit trop long de les faire connoître, & ces détails fastidieux ne produiroient aucun avantage à ceux qui vivent sous des coutumes différentes. Le point essentiel est d'examiner s'ils sont utiles, & s'il est possible de les rendre plus utiles.

PREMIÈRE QUESTION.

I. *Les communaux sont-ils utiles ?*

Ils l'ont été, & ne le sont plus. En deux mots, voilà la solution du problême : tant que la France a été peuplée par un très-petit nombre d'hommes libres, & que le reste de la nation étoit serf, il falloit bien, de toute nécessité, que le seigneur concédât des terres à ses esclaves,

Kkk 2

afin de fournir à leur subfiftance , & des communaux indifpenfables à la dépaiflance des troupeaux de tout genre. A mefure que les ferfs ont été émancipés, les feigneurs leur ont accordé en propriété, ou vendu des terres fous des redevances, cenfives, &c. Infenfiblement les propriétés ifolées fe font augmentées, ainfi que les terriers des feigneurs, & les communaux ont fubfifté jufqu'à nos jours, ou à titre onéreux, ou à titre de conceffion gratuite. Ont-ils été ainfi confervés dans leur intégrité ? Il eft bien prouvé qu'une grande quantité a été fucceffivement & heureufement ufurpée à l'avantage de l'agriculture, foit par le feigneur, jadis conceffionnaire, foit par les particuliers : fans cela, plus de la moitié du royaume feroit en communaux ; &, ce qui équivaut à ce mot, cette moitié feroit en friche. Malgré cela, il en refte beaucoup trop, & l'agriculture en fouffre. Croiroit-on qu'à la porte, pour ainfi dire, de la capitale, dans la généralité de Soiffons, 50000 arpens de prés ou de marais communs, ne produifent pas une botte de foin, quoique la quantité déclarée en 1708, fût feulement de 33231 arpens 72 perches, & que cette dernière quantité n'a pas pu fupporter l'impofition de 1 f. 10 d. par arpent ?

Plufieurs recherches faites dans la généralité de Paris, déterminent à croire qu'il y en exifte plus de 150000 arpens. Que l'on parcoure actuellement les provinces de Bourgogne, de Champagne, d'Alface, de Lorraine, de Franche-Comté, de Normandie, d'Auvergne, & fur-tout de Bretagne, de Guyenne, de Périgord noir, de Languedoc,

de la Provence, &c. on fera étonné de l'immenfe quantité de terre facrifiée aux communaux, & j'ajoute, en pure perte pour l'Etat. Cette affertion paroît être un paradoxe, & elle n'eft point paradoxale.

Les communaux font de plufieurs qualités. 1°. C'eft un terrein inculte, cependant fufceptible de culture, ou un terrein aride, dont les frais d'exploitation abforberoient les produits. 2°. Ce font des prairies bonnes en elles-mêmes, & qui produifent une herbe quelconque pour le pâturage, ou des prairies marécageufes, qu'on peut deffécher. 3°. Ce font des bois en bons fonds, & qu'on peut convertir en forêts ; ou des bois, ou plutôt des brouffailles fur un fol aride.

1°. *Des terreins incultes.* Nos meilleures terres actuelles reffembloient prefque toutes, jadis, à des communaux : par la culture, elles font devenues fertiles. Laiffez le meilleur champ fans le travailler ; peu à peu les eaux pluviales entraîneront la terre de la fuperficie, & laifferont à découvert les pierres & les cailloux : la croûte fe durcira, de chétives plantes végéteront çà & là, broutées fans ceffe par les troupeaux ; les lichen couvriront les cailloux ; les mouffes & autres plantes de cette famille s'étendront fur ce fol : enfin, l'herbe n'y croîtra plus, & même l'air atmofphérique, qui eft au-deffus de ce fol, ne recevra plus ces émanations précieufes qui portent la vie & la nourriture aux plantes. *Voyez* les expériences des effets des différens airs, au mot AMENDEMENT, *Tome I*, page 481. Voilà donc une terre, excellente par elle-même, perdue pour l'agriculture, & de nulle valeur pour les troupeaux.

Si le fol eft naturellement aride, foit par le grain de terre, foit par la multiplicité de cailloux, pierres, &c. il fera certainement encore d'une valeur bien inférieure au premier. Quelle reffource doit-on donc en efpérer ? On pardonneroit d'abandonner ce terrein aux communaux, fi le pays manque de bras, & s'il n'eft pas poffible d'appeler des hommes qui travailleroient à mettre en valeur le moins mauvais : ainfi, dans l'un & dans l'autre cas, c'eft du terrein facrifié de gaieté de cœur, en pure perte. Que deviendront les troupeaux, demandera-t-on, fi on défriche tout ? On répondra tout à l'heure à cette objection.

II. *Des prairies & marais.* La même diftinction a lieu : il ne s'agit pas de grands raifonnemens pour prouver que ces communaux font de nulle valeur, puifqu'il eft impoffible de récolter une botte de foin fur l'immenfe quantité de ceux du Soiffonnois. Le feul coup d'œil fur ces prairies, décide la queftion. Toute terre foulée, dans les différentes faifons de l'année, par les pieds des animaux, fe durcit, au point que les racines ne peuvent plus la pénétrer. Toutes herbes, dont les tiges font fans ceffe coupées, dont la végétation eft fans ceffe dérangée & contrariée, dépériffent infenfiblement, ou s'amaigriffent, au point qu'elles ne contiennent plus de fucs, qu'elles font rachitiques, &c. *Voyez* les expériences de M. l'Abbé Poncelet, fur la dégénérefcence du blé, *Tome I*, page 285. Placez un bœuf, une vache, &c. dans une bonne prairie ; & vous verrez que chaque animal gâte, au printemps, vingt & trente fois plus de fourrage qu'il n'en

confomme, lorfque l'herbe commence à pouffer dans les communaux. Que fera-ce donc dans les communaux où l'animal eft forcé de parcourir un efpace immenfe, avant d'avoir trouvé le quart de la nourriture qui lui convient ? Cette herbe eft bientôt dévaftée, & l'animal trouve à peine, dans le refte de l'année, de quoi y brouter. En veut-on une preuve fans replique ? Que l'on confidère ces troupeaux de bœufs, de vaches, de chevaux, qui paffent les journées & les faifons entières au milieu de ces prairies ; & j'ofe affurer qu'on les verra tous maigres, décharnés, & les os prêts à percer la peau. S'il y a des exceptions à cette loi générale, elles font en bien petit nombre : au moins, dans tous mes voyages, je n'en ai pu obferver aucune. Si la chaleur furvient, l'herbe eft rafée de fi près, que la prairie reffemble à une terre pelée, ou plutôt il ne refte que fes racines étiques. Que l'on vante, après cela, l'avantage des communaux !

Si la prairie eft marécageufe, le mal eft encore plus grand, & les animaux en plus mauvais état. Les plantes de la famille des graminées, la vraie nourriture du bétail, y font rares ; les plantes aquatiques y furabondent, & toutes fourniffent un pâturage aigre, délavé, & très-peu fubftantiel. Il n'eft donc pas étonnant que le bétail foit de petite ftature ; que les races s'y abâtardiffent, & que leur amaigriffement foit général & extrême.

A ce vice effentiel, il s'en réunit un fecond, bien plus fatal encore, puifqu'il attaque la fanté des habitans, & principalement dans les pays où le terme moyen de la chaleur de l'été est de vingt degrés du *thermo-mètre* de Réaumur.

On sait aujourd'hui que les marais produisent beaucoup d'*air inflammable* & d'*air* fixe; (*voyez* ces mots) que tous les deux vicient l'air atmosphérique; que l'air atmosphérique que nous respirons, contient seulement un tiers, & même un quart d'*air* pur; que le reste est de l'air fixe, ou air mortel. On doit donc juger combien il s'en exhale de ces gouffres de putridité, par le piétinement, sans cesse renouvelé, des animaux. La preuve vient malheureusement trop ici à l'appui du raisonnement: jetez un coup d'œil sur le visage pâle & plombé des hommes, des femmes, des enfans, habitans près de ces marais; ils sont rongés, dévorés par une fièvre presque continuelle, & le ventre des enfans est ballonné comme une vessie. L'hiver, par-tout si redouté dans les campagnes, arrive toujours d'un pas trop lent au gré de ces malheureux: il suspend les maux qui les abyment; mais leur fureur se ranime avec la chaleur du printemps. Ce tableau n'est point exagéré: je décris ce que j'ai vu en cent lieux très-éloignés les uns des autres. La conséquence à tirer de ce que je viens de dire, se réduit à ce problème: vaut-il mieux conserver, pour le bien de l'état, de mauvais pâturages, destinés à de très-mauvais troupeaux, ou sacrifier les hommes à la conservation de ces troupeaux?

III. *Des bois.* Que l'on me montre, dans tout le royaume, une seule forêt en communaux, en bon état, à moins qu'elle ne soit directement sous la jurisdiction des eaux & forêts; & je passe condamnation sur son utilité. Si c'est un taillis où chaque habitant ait le

droit de couper du bois de chauffage, il sera bientôt dévasté, & plus sûrement encore dévasté & détruit, si le troupeau a la liberté d'y aller. Il ne faut encore ici que les yeux pour juge; & tout voyageur qui découvre de tels taillis, n'est pas dans le cas de demander à qui ils appartiennent. Sur une route de 150 lieues dans le royaume, je ne me suis trompé qu'une fois: la cause de mon erreur fut que le bien étoit, depuis plus de dix ans, en décret; & il y a des siècles que l'état des taillis communaux est quelque chose de pire que le décret. Encore un coup de pinceau, & on jugera, par comparaison, si les communaux sont utiles. J'emprunte ce que je vais dire, d'un excellent ouvrage intitulé: *Traité des Communes*, imprimé à Paris, en 1779, chez Colombier. Il est fâcheux que l'auteur n'ait pas mis son nom: tout ami de l'avancement & des progrès de l'agriculture lui doit de la reconnoissance, & plus encore les pays à communaux, si leurs habitans entendent leurs véritables intérêts. Ce bon patriote va parler.

« Pour connoître non-seulement les » vices d'administration de ces biens, » mais les effets qu'ils produisent dans » la société, relativement à leur état » actuel, il faut calculer les effets, » non-seulement par rapport aux com- » munautés qui les possèdent, mais en- » core par rapport à l'état en général.

» Ces mêmes effets ne peuvent » être connus que par des compa- » raisons du nombre des habitans, de » leurs facultés, & de la quantité de » bestiaux dans les villages qui ont » des biens communs, & dans ceux » qui n'en ont pas, en proportion, » néanmoins, de la quantité d'arpens

» de terre & communes du ban ou
» terroir, & relativement à la qualité
» du fol. Ce n'eft point effectivement
» par le nombre des feux de chaque
» village, que la population doit être
» évaluée, mais par le nombre des
» habitans, dans une quantité quel-
» conque d'arpens de terre, qui foit
» d'une même nature; c'eft-à-dire,
» que fi, dans un fol égal, un vil-
» lage poffède deux mille arpens de
» terre, toute en culture, & qui n'a
» point de communes, contient cent
» ménages, & qu'un autre village,
» qui poffède la même quantité de
» terre, mais dont un tiers eft en
» communes, n'en contienne que
» foixante-dix, il eft au moins vrai-
» femblable que la poffeffion en com-
» munes eft moins favorable à la
» population, que la culture. Si le
» premier de ces villages n'a que
» douze ménages non impofés à la
» taille, pour caufe de pauvreté, &
» que le fecond en ait quinze, les
» communes paroîtront préjudicia-
» bles à la fubfiftance des habitans.
» Enfin, fi cette même première pa-
» roiffe nourrit un plus grand nombre
» de beftiaux, ou feulement un nom-
» bre égal, on pourra penfer que
» leur nourriture & leur multiplica-
» tion ne font point favorifées par
» les communes.

  » C'eft par des états, au vrai, des
» variations furvenues, pendant un
» efpace de quarante ans, dans un
» nombre égal de communautés, dont
» les unes ont des biens communs,
» & les autres n'en ont pas, foit dans
» leur population, foit dans leurs fa-
» cultés, foit enfin dans la quantité de
» beftiaux; c'eft par des dénombre-
» mens exacts du nombre des labou-
» reurs, des manœuvres, des arpens

» de terre en culture, & des arpens
» de terre en communes; enfin, c'eft
» par une diftinction des beftiaux
» nourris par les laboureurs, & de
» ceux que nourriffent les fimples
» particuliers, que l'on a cru pou-
» voir parvenir à la vérité : mais
» l'on fe contentera de préfenter ici
» un de ces états de chaque efpèce,
» & feulement pour prouver qu'on
» y a donné la plus grande attention.
» Tous ces calculs ont été extraits
» fur les rôles des tailles, dans les
» lieux mêmes, & fur ceux des répar-
» titions des charges des commu-
» nautés : ces exemples font pris dans
» la généralité de Soiffons.

  » L'élection de Clermont en Beau-
» voifis, contient cent deux commu-
» nautés, dont cinquante-cinq poffè-
» dent des biens communs, & qua-
» rante-fept, qui n'en ont pas. Pour
» fe procurer un tableau de compa-
» raifon des variations que les unes
» & les autres ont éprouvées depuis
» 1728, tant en nombre d'habitans,
» qu'en facultés, feul moyen de con-
» noître & de calculer les effets des
» biens communs, dans leur état
» actuel, on divifera en trois claffes
» chacune de ces deux efpèces de
» communautés. La première com-
» prendra celles qui, pendant les qua-
» rante années, écoulées depuis 1728,
» font augmentées en nombre de feux;
» la feconde, celles qui font reftées
» au même nombre de feux; la troi-
» fième, celles où ce nombre eft di-
» minué : & la différence des réfultats
» fera voir que ceux qui ont critiqué
» le projet de partager les commu-
» nes, n'ont ni affez approfondi, ni
» affez difcuté les avantages & les
» inconvéniens de cette opération.
» Affectés des clameurs de deux ou

» trois riches propriétaires, dans » quelques paroisses, ils n'ont pas » écouté la voix d'une multitude » d'habitans réduits à la misère, & » que le partage des biens communs » en auroit tirés. Ainsi, ce ne sera » que par des faits assurés, qu'on entreprendra de détruire des préjugés » si contraires au bien de l'état, & » à celui des particuliers.

» Le tableau suivant donne lieu à » six observations importantes. »

TABLEAU des variations survenues dans le nombre & les facultés des ménages de l'Élection de Clermont en Beauvoisis, depuis 1728, jusqu'en 1768.

COMMUNAUTÉS AYANT DES COMMUNES.

CLASSES DIFFÉRENTES	DÉNOMBREMENT DE 1728.			DÉNOMBREMENT DE 1768.					
	LEUR NOMBRE.	FEUX IMPOSÉS.	FEUX TROP PAUVRES.	FEUX IMPOSÉS.	FEUX TROP PAUVRES.	FEUX DE PLUS.	FEUX DE MOINS.	PAUVRES DE PLUS.	PAUVRES DE MOINS.
AUGMENTÉES EN NOMBRE DE FEUX.	28	2487	145	2717	255	370	. . . .	140	. . . .
RESTÉES AU MÊME NOMBRE.	2	201	. . . .	199	22	. . . .	. . . .	32	. . . .
DIMINUÉES EN NOMBRE.	25	2745	120	1977	147	. . . .	141	. . . .	27

COMMUNAUTÉS SANS COMMUNES.

AUGMENTÉES EN NOMBRE DE FEUX.	29	2582	199	2961	757	438	. . . .	16	. . . .
RESTÉES AU MÊME NOMBRE.	2	82	6	95	13	. . . .	. . . .	5	. . . .
DIMINUÉES EN NOMBRE.	17	1085	58	972	72	. . . .	19	74	. . . .

TOTAL, 102 COMMUNAUTÉS.

« La première, que, sur cinquante-cinq communautés qui possèdent » des biens communs, vingt-huit sont » augmentées en nombre de feux.

« Et que, sur quarante-sept qui » n'en possèdent pas, vingt-neuf sont » devenues plus nombreuses. »

« La deuxième, que l'accroissement du nombre des feux, dans » les premières, est de 370 sur » 2632.

« Et l'augmentation des feux dans » les secondes, est de 438 sur 2780. »

« La troisième, que le nombre des « ménages

» ménages, trop pauvres pour être
» impofés à la taille, eft, dans les
» premières, de 140 fur 2632. »

« Et dans les fecondes, ce même
» nombre eft de 58 fur 2780. »

« La quatrième, que, fur cin-
» quante-cinq communautés ayant
» des biens communs, vingt-cinq
» font diminuées en nombre de
» feux.

« Et que, fur 47 qui n'en ont
» point, dix-fept font devenues
» moindres. »

« La cinquième, que la diminution
» des feux a été, dans les premières,
» de 141 fur 2265. »

« Cette diminution eft de 79 dans
» les 1143 feux des fecondes. »

« La fixième, que l'augmentation
» des ménages pauvres & non im-
» pofés, eft, dans les premières, de
» 27 fur 2265. »

« Et dans les fecondes, elle eft de
» 14 fur 1143. »

» La première obfervation prouve
» que les communautés fans com-
» munes, augmentées en nombre
» de feux, font en nombre total des
» communautés de cette efpèce, en
» raifon de $\frac{2}{8}$, lorfque celles qui pof-
» fèdent des biens communs, & qui
» font pareillement augmentées, n'y
» font pas en raifon de moitié dans
» la leur. »

« La feconde fait voir que cette
» augmentation dans les unes & dans
» les autres, relativement aux feux
» qu'elles contenoient en 1728, eft
» à peu près égale, c'eft-à-dire,
» d'à peu près environ $\frac{1}{6}$. »

« Il eft démontré par la troifième,
» que la quantité des ménages trop
» pauvres pour être impofés à la
» taille, n'eft, dans les communau-
» tés fans communes, que d'un 58e,

Tome III.

» ou à peu près, & qu'elle excède
» $\frac{1}{15}$ dans les autres. »

« On voit, par la quatrième,
» que le nombre des communautés
» fans communes, qui font dimi-
» nuées en nombre de feux, eft feule-
» ment d'un $\frac{2}{8}$, tandis que, dans les
» communautés ayant des commu-
» nes, ce nombre monte à $\frac{5}{11}$. »

« La cinquième porte cette dimi-
» nution, eu égard au nombre
» de feux, à $\frac{5}{15}$, dans les communautés
» fans communes, & feulement à $\frac{1}{16}$
» dans celles qui en poffèdent. »

« Il réfulte de la fixième, que le
» nombre des ménages trop pauvres
» pour être impofés à la taille, eft
» à peu près égal dans les unes &
» dans les autres. »

« Par la feconde & par la fixième
» il paroît que ces biens ne leur pro-
» curent aucun avantage particulier;
» la cinquième feule femble être un
» peu favorable aux communes;
» mais on ne peut s'empêcher de
» conclure, de toutes enfemble, que
» ces biens, dans leur état préfent,
» font au moins inutiles aux com-
» munautés. On ne dira qu'un mot
» des élections de Château-Thierry,
» de Soiffons & autres, l'opération
» ayant été la même. »

« Celle de Château-Thierry con-
» tient cent neuf communautés,
» entre lefquelles trente-deux pof-
» fèdent des biens communaux, &
» foixante-dix-fept n'en ont pas. Sur
» les trente-deux qui en poffèdent,
» onze font augmentées en nombre de
» feux, de 152 ménages; vingt autres
» font diminuées de 375, & une
» feule eft reftée au même état. »

« Sur les foixante-dix-fept com-
» munautés fans communes, treize
» font augmentées de 147 feux, qua-

» rante-deux font diminuées de 473,
» & vingt-deux font reftées au même
» nombre. »

« Celui des ménages pauvres, dans
» les trente-deux paroiffes qui poffè-
» dent des communes, eft de 343, &
» il va feulement à 453 dans les
» foixante-dix-fept qui n'en ont pas. »

« L'élection de Soiffons offre un
» exemple frappant de l'inutilité des
» communes pour la population,
» peut-être même des obftacles
» qu'elles y apportent. Trente-deux
» paroiffes de cette élection, qui
» poffèdent entr'elles près de 4000
» arpens de communaux, conte-
» noient enfemble, en 1729, 2479
» ménages; elles font aujourd'hui ré-
» duites à 1689, & par conféquent
» diminuées de 790 fur la totalité. »

« Les autres élections ont varié
» également; un tiers de la furface
» des champs, dans celles de Laon

» & de Guife, eft inculte fous le
» titre de communes, & les habitans
» qui en ont la propriété, font dans
» la plus grande mifère. »

« Une quantité fi confidérable de
» biens-fonds, qui feroit condam-
» née par une loi, à la ftérilité, à
» un état d'inutilité démontrée, fe-
» roit un de ces vices politiques,
» dont l'exiftence ne paroîtroit pas
» poffible. » Et l'impitoyable coutume, & le prétexte abufif des communes, ferme les yeux de la multitude trop indolente fur fes vrais intérêts.

Il eft donc démontré par le tableau
précédent, que la manière actuelle
de tenir les communaux, nuit effentiellement à la fubfiftance des
hommes; & le tableau fuivant va
prouver que les effets n'en font pas
moins pernicieux à la nourriture des
beftiaux de toute efpèce.

ÉTAT de comparaifon du nombre des Habitans, des Artifans ou Laboureurs, des arpens de terre en culture, ou en communes, de 40 Villages de l'Élection de Clermont en Beauvoifis; favoir, de 20 Paroiffes
fans communaux, & 20 autres en ayant, & auffi du nombre de leurs beftiaux.

NOTA. Les états au vrai qu'on préfente, ne s'accordant point avec les déclarations fournies par
les 40 Communautés pour les impofitions royales; quant à la quantité des terres labourables &
communes, on a cru devoir fupprimer leurs noms.

COMMUNAUTÉS AYANT DES COMMUNES.

JOURNALIERS OU ARTISANS.	LABOUREURS.	NOMBRE DES CHARRUES.	NOMBRE TOTAL DES HABITANS.	NOMBRE DES ARPENS DE CULTURE.	NOMBRE DES ARPENS DES COMMUNES.	NOMBRE DE VACHES AUX FERMIERS.	IDEM AUX ARTISANS ET JOURNALIERS	MOUTONS AUX FERMIERS.	IDEM AUX PARTICU-LIERS.
1811	67	139	1878	10480	3026	805	301	10017	991

COMMUNAUTÉS SANS COMMUNES.

JOURNALIERS OU ARTISANS.	LABOUREURS.	NOMBRE DES CHARRUES.	NOMBRE TOTAL DES HABITANS.	NOMBRE DES ARPENS EN CULTURE.	NOMBRE DES COMMUNES.	NOMBRE DES VACHES AUX FERMIERS.	IDEM AUX ARTISANS ET JOURNALIERS	MOUTONS AUX FERMIERS.	IDEM AUX PARTICU-LIERS.
2245	79	205	2344	15412	. . . .	1184	502	13091	2017

» Ces états ont été pris dans un
» même nombre de communautés,
» ayant des communes & n'en ayant
» pas, dans les cantons dont le fol
» eſt également bon. Il eſt vrai que
» la ſomme totale des arpens de terre
» des vingt paroiſſes qui n'ont pas
» de communes, furpaſſe celle des
» paroiſſes qui en ont; & l'on a été
» forcé de prendre ces mêmes pa-
» roiſſes, pour qu'aucune des cir-
» conſtances favorables, telles que
» manufactures, travaux de rivières,
» paſſages de grands chemins, &c.
» n'euſſent contribué à la population
» des unes, au préjudice des autres.

» Il réſulte de ces états, que celles
» qui n'ont pas des communes, ont
» 1906 arpens de terre plus que les
» autres, & on aura égard à cet ex-
» cédent dans les réſultats qu'on va
» préſenter.

» 1°. Les vingt villages, fans com-
» munes, devroient, en fuivant la
» proportion de leur plus grande
» quantité de terres, être plus nom-
» breux feulement de 376 ménages;
» ils en ont 466 de plus. Il eſt donc
» évident que leur population eſt de
» 90 feux plus favorable que dans
» les villages qui poſſédent des biens
» communs.

» 2°. On trouve, dans les pre-
» miers, trente-deux laboureurs de
» plus que dans les autres; &, par
» la même proportion des terres, ce
» nombre devroit feulement être de
» 13. Il eſt donc certain qu'un plus
» grand nombre de citoyens s'adonne
» à la culture d'une même quantité
» de terre, dans les endroits où on
» ne trouve pas de communes.

» 3°. Le nombre des vaches, dans
» les paroiſſes qui n'ont point de
» communaux, eſt en raiſon d'une

» pour 9 arpens $\frac{2}{7}$, tandis que, dans
» les autres, il ne monte qu'à une,
» pour 13 arpens $\frac{4}{15}$, tant cultures,
» que communes.

» 4°. La quantité de moutons,
» dans les premiers, eſt en propor-
» tion d'un pour un arpent $\frac{4}{77}$, lorf-
» que, dans les fecondes, on n'en
» nourrit qu'un pour 1 arpent $\frac{4}{15}$,
» tant terres labourables, que pâ-
» tures.

» 5°. Dans les communautés fans
» communes, 2545 artiſans ou jour-
» naliers, ont entr'eux 542 vaches;
» ce qu'on peut évaluer en raiſon
» d'une fur 5 ménages; & dans les
» autres, 1811 particuliers n'en ont
» que 301, c'eſt-à-dire, une fur
» 6 feux.

» Enfin, dans les mêmes premières
» communautés, 2245 habitans, non
» laboureurs, nourriſſent 2017 mou-
» tons, c'eſt-à-dire, dans la propor-
» tion d'environ 21 entre 20 habi-
» tans; & dans les autres, 38 mé-
» nages n'en nourriſſent que 20. »

L'eſtimable auteur de ces recherches ne parle pas des bœufs, parce
que, dans cette province, tout le
labourage ſe fait avec des chevaux.

Eſt-il poſſible actuellement que l'on
n'ouvre pas les yeux fur l'ancien
abus des communes, & qu'elles trouvent encore des partifans ? S'il en
exiſte; s'ils élèvent encore la voix
pour leur conſervation, ils écoutent
plus celle de leurs intérêts particuliers, que le cri de la raiſon & de
la miſère des habitans qui les environnent. Que deviendront donc ces
communes ? C'eſt ce que l'on va
examiner.

SECONDE QUESTION.

*Eſt-il poſſible de rendre les Communaux
plus utiles ?*

On appelle les communes, le *patrimoine des pauvres*, & il faudroit plutôt les appeler le *patrimoine des riches*, puiſqu'à nombre égal de feux, la proportion ſera, pour ceux-ci, de 500 bêtes contre 30 ou 40 de ceux-là. Quant aux bêtes blanches, la proportion eſt encore plus forte en faveur des riches.

La loi défend de couper l'herbe des communes, autrement qu'à la faucille, & d'en emporter chez ſoi plus d'une braſſée. La loi eſt ſage, mais inutile, puiſque cette herbe à couper eſt toujours raſe. Le pauvre n'a que cette reſſource, & le riche poſſède des prairies qui lui aſſurent des fourrages abondans.

La prairie commune eſt-elle miſe en réſerve, pendant le printemps, afin d'en vendre le fourrage ? le pauvre reçoit, comme par charité, ce que le riche daigne lui laiſſer ; & ſouvent les formalités à remplir par les communautés, & les frais de régie abſorbent la valeur du produit. Les loix les plus ſages n'empêcheront jamais que le pauvre ne ſoit toujours pauvre, à moins que cet artiſan, ce miſérable journalier, dont toute la richeſſe eſt dans ſes bras, ne devienne propriétaire en titre. Le partage des communes peut ſeul ramener, non pas l'abondance, mais le bien-être au ſein de cette claſſe ſi nombreuſe d'indigens. Eſt-il poſſible qu'un journalier, gagnant vingt ſous par jour, & nourriſſant ſa famille ſur ce modique ſalaire, puiſſe jamais devenir propriétaire ? S'il n'eſt pas attaché à

la glèbe par la propriété, il eſt indifférent pour lui de vivre dans ſon village, ou ailleurs : dès-lors il l'abandonne, accourt dans les villes, pour échanger ſes mœurs ſimples, & ſemblables à ſon habit, contre les vices & la livrée chamarrée des laquais. C'eſt ainſi que, de jour en jour, le nombre des travailleurs diminue dans nos campagnes : mais que cet homme devienne propriétaire, il ne les abandonnera pas : les exemples d'une pareille émigration ſont très-rares, & ſuppoſent l'émigrant un très-mauvais ſujet, dont la paroiſſe eſt fort heureuſe d'être débarraſſée.

Il faudroit partager les communes, en raiſon des impoſitions payées par les contribuables : en ce cas, ce qu'on appelle le *patrimoine des pauvres*, deviendroit plus ſûrement le *patrimoine des riches*. Le ſoutien de l'état n'eſt pas qu'il y ait de très-grands tenanciers, mais une grande multitude de tenanciers. Les ſeigneurs de terres, aujourd'hui plus clairvoyans ſur leurs intérêts, commencent à ne plus affermer leurs poſſeſſions à un ſeul homme : ils opèrent, comme auroit opéré le fermier unique ; ils diviſent & ſubdiviſent les lots, & afferment en détail, à beaucoup plus haut prix que celui offert par le fermier général, & jouiſſent du bénéfice qu'il auroit retiré. Il en eſt ainſi pour l'état, dont la véritable richeſſe conſiſte dans la multiplication des familles aiſées, & dans l'abolition de l'indigence : l'indigent reſſemble aux plantes paraſites ; elles ne peuvent vivre ſans le ſecours d'autrui.

Le tiers des communes appartient preſque par-tout au ſeigneur. C'eſt ſon bien, ſon patrimoine ; ce ſont ſes

prédéceffeurs qui en ont fait la conceffion : il eft donc jufte qu'il conferve ce tiers, & même qu'il ait le
choix ; mais, comme les autres habitans font repréfentés par chaque
chef de famille, le partage doit être
égal. On pourroit encore le faire par
habitant, mais celui-ci multiplieroit
les difficultés. Le dénombrement des
chefs de famille une fois établi, il
s'agiroit de connoître exactement l'é-
tendue des communes, & l'arpen-
tement la décideroit. Des eftimateurs
feroient choifis entre le nombre des
habitans, afin de diftribuer cette maffe
en lots de valeur à peu près égale,
non pour le nombre des arpens, mais
pour la valeur de chacun. Je fuis
convaincu que ce partage & cette
eftimation feroient bien faits, puifque
les eftimateurs eux-mêmes courroient les rifques d'être la victime,
ou de leur mauvaife foi, ou de leur
ignorance. Enfin, chaque portion de
terrein, défigné & marqué par des
limites, feroit adjugée par la loi du
fort, en préfence du feigneur du lieu,
& d'un commiffaire nommé par l'intendant, ou de l'intendant lui-même,
ce qui vaudroit encore mieux, & em-
pêcheroit l'effet des protections fourdes & toujours abufives, des fous-
œuvres.

Les grands propriétaires feront les
premiers à s'oppofer à cette diftribution. Le terrible *moi*, l'égoïfme
affreux va crier à l'injuftice, à la ty-
rannie : celui-là contemple d'un œil
fec la mifere de fes femblables, &
fe perfuade que tout lui appartient,
parce qu'il eft riche. Je vois ici la
maffe ; l'individu n'eft rien ; & tout
adminiftrateur raifonnable préférera,
je l'efpère, la maffe, & protégera
le foible contre le fort, dans une dif-

tribution à laquelle le pauvre a le
même droit que l'homme puiffant.

Ce partage ne va ni contre l'ordre
général de la fociété, ni contre l'intérêt d'aucune communauté ; au contraire, tous deux y gagnent. Lorfque
le feigneur du terrein en fit la conceffion, on ne peut douter qu'il
n'eût plus en vue l'avantage des pauvres, que des riches : cela eft fi vrai,
que, par-tout, les communes font
appelées le *patrimoine des pauvres*.
L'opération du partage fe conforme
donc, d'une manière plus certaine,
à l'intention du fondateur, puifqu'elle
abolit l'indigence & la pauvreté dans
fa paroiffe. L'état y trouve le même
avantage, en multipliant le nombre
des contribuables ; & les 33231 arpens & une perche du Soiffonnois,
qui ne peuvent payer 1 f. 6 d. par
arpent, paieront, avant un petit
nombre d'années, au moins 2400 liv.
L'expérience a prouvé qu'un terrein
dégradé par cent ans d'abandon, fe
rétablit en trois ou quatre ans de
culture. Ces parties, mifes en culture, feroient dans le cas énoncé par
l'édit de Louis XV, fur les défrichemens, dont un des articles prefcrit que pour dix ans, les productions
font exemptes de dîmes, &c. (*Voyez*
le mot DÉFRICHEMENT)

Les diftributions dont il eft ici
queftion, ne font pas une nouveauté :
prefque tous nos fouverains, depuis
l'immortel Henri IV, les ont favorifées, foit par des déclarations, foit par
des édits, &c. & je pourrois citer un
nombre affez confidérable de paroiffes dans ce royaume, dont les
habitans ont affez bien connu leurs
intérêts, pour les demander. Enfin,
le partage des communes eft la fuite
néceffaire des principes établis par

les coutumes, & par les loix anciennes & nouvelles.

Si ce que je viens de dire fait
l'impreffion que je défire fur les habitans raifonnables & amis du bien
public; s'ils défirent donner du pain
à l'indigence, fixer les habitans fur
les lieux qui les ont vu naître; enfin,
s'ils veulent établir ce partage, je leur
confeille de fe procurer l'important
ouvrage déjà cité; ils y trouveront
une infinité de détails, dans lefquels
je n'ai pu entrer.

COMPLETTE. (fleur) On
appelle ainfi celle qui renferme toutes
les parties de la génération, c'eft-
à-dire, le calice, la corolle, les étamines & le piftil. La fleur *incomplette*
eft celle qui eft dépourvue de quelques-unes de ces parties. M. M.

COMPOSÉE. (fleur) Ce nom
défigne la réunion de plufieurs petites fleurs dans un calice commun.
Ces fleurs font, ou fimplement à
fleurons, comme celles des artichauts, &c. ou les *flofculeufes*; ou à
demi-fleurons, comme l'herbe à l'é-
pervier ou *hieracium*, les chicorées
&s.; ou *femi-flofculeufes* ou compofées de fleurons & demi-fleurons
tout à la fois comme les radiées, la
reine marguerite, le tuffilage, &c.

On appelle encore *fleurs compofées*,
celles qui, étant raffemblées en
grand nombre, dans une enveloppe
commune, efpèce de calice différent du calice propre. Telles font les
fcabieufes, les ftatices, &c. M. M.

CONCOMBRE. Pour fa def-
cription générale, *voyez* le mot CI-
TROUILLE. M. von Linné a placé les
melons, les paftèques fous le genre
des concombres : comme ces efpèces
font très-diftinftes, il en fera queftion fous leurs dénominations particulières; & les melons & les paftèques fourniront des articles féparés.
Ce qui diftingue botaniquement le
concombre des citrouilles, des courges, eft la femence. Celle du premier
eft pointue par les deux bouts; celle
des autres eft renflée fur fes bords,
& tronquée à fa bafe. Les citrouilles
ont leur piftil divifé en cinq, &
les concombres, divifé en trois.
M. Tournefort l'appelle *cucumis fativus vulgaris*, & M. von Linné,
cucumis fativus.

CHAPITRE PREMIER.
Des efpèces de Concombres.

I. CONCOMBRE COMMUN ou
TARDIF. Sa fleur eft jaune, petite,
en comparaifon de celle des citrouilles, d'une feule pièce, évafée
en forme de foucoupe, découpée
en cinq parties aiguës, ainfi que le
calice : à côté des fleurs, naiffent de
petites vrilles. Les fleurs mâles font
féparées des fleurs femelles, mais fur
le même pied; les fleurs mâles font
en beaucoup plus grand nombre. A
la bafe des fleurs femelles, on voit
une proéminence arrondie, qui eft
le fruit, & fur laquelle porte & s'implante le piftil. Cette proéminence,
ou embryon, s'alonge peu à peu,
devient un fruit cylindrique, dont
les extrémités font arrondies, fouvent courbé en demi-lune, & quelquefois chargé de verrues. Son diamètre, lors de fa perfection, eft
ordinairement de trois pouces, & fa
longueur, de huit à douze : fa couleur
varie du blanc au jaune, au vert.

Ses tiges font rampantes, farmenteufes; leurs feuilles alternativement
placées, découpées peu profondément, & à angles droits.

Cette espèce a fourni les variétés suivantes, ou espèces jardinières.

1°. Le *concombre vert* ou *concombre à cornichons*. Son fruit est extrêmement petit, & on le destine à la confiture dans le vinaigre.

2°. Le *concombre hâtif*, moins gros, & plus précoce que le précédent.

3°. Le petit *concombre hâtif* ou *concombre à bouquet*. Le fruit naît au sommet des tiges, par bouquet de trois à quatre. Les tiges sont alors droites ; & à mesure que le fruit grossit, elles s'inclinent contre terre, & finissent par ramper, sans beaucoup s'étendre ; ce qui rend cette espèce très-commode pour les couches & pour les cloches qui couvrent presqu'entièrement la tige. La longueur du fruit est ordinairement de quatre à cinq pouces, son diamètre, de deux ; son écorce est jaune.

4°. *Concombre vert* ou *perroquet*. Cette dénomination lui a été donnée à cause de sa couleur ; il grossit autant que le concombre commun.

5°. *Concombre blanc*. Il acquiert plus de volume que tous les précédens, & même quelquefois du double, dans les provinces méridionales. A mon avis, c'est le plus délicat.

II. CONCOMBRE SERPENT. *Cucumis flexuosus*. LIN. Quelques auteurs l'appelent *LUFFA*. Sa forme est très-alongée, quelquefois de trois à quatre pieds, sur deux à trois pouces de diamètre. Son extrémité est arrondie, plus grosse que celle qui tient à la queue ou pétiole, & qui est alongée. Son écorce, d'abord verte, est marquée, dans toute sa longueur,

par des sillons réguliers & bien distincts. Ce fruit se replie sur lui-même, souvent en plusieurs cercles, & quelquefois dans la forme des serpens, instrumens de musique. Lors de sa maturité, sa couleur change, devient paille, & finit par celle de jaune doré. Sa feuille est découpée, & ses tiges velues & grêles. L'estimable auteur de l'*Année champêtre* a eu tort, dans un sens, de critiquer la description donnée par Olivier de Serres. Le père d'Ardene n'a pas connu le concombre, dont parle l'auteur du *Théâtre d'Agriculture* : c'est le *cucumis anguinus*. LIN. Voici comment il s'explique : « Autre race de concom-
» bre, que de la commune, se void,
» non sans esbahissement par son es-
» trange figure, ressemblante celle du
» serpent, autant naïvement, qu'on
» diroit que la nature a voulu là re-
» faire son propre ouvrage. Ces con-
» combres croissent entortillés, de la
» longueur de quatre à cinq pieds,
» & davantage, ayans *la tête*, *les yeux*,
» *la bouche* comme les vrais serpens,
» (voilà le fabuleux) toutesfois les
» yeux & la bouche peints sans en-
» foncement, qui descouvre la chose,
» en y regardant de près. Leur cou-
» leur est universellement barrée, en
» veines grises, vertes & jaunes. Ils
» tiennent à la plante par le bout
» de la queue. L'horreur de leur figure
» les rend plus admirables que man-
» geables, encore que leur goût, de
» lui-mesme, soit aussi bon, que des
» autres concombres. Leur semence
» est venue d'Espagne à Toulose. «

Ces deux espèces de concombre sont originaires des grandes Indes. L'auteur de l'*Ecole du Jardin potager*, & celui du *Nouveau Laquintinye*, parlent de deux autres espèces jardinières de concombre, que je ne connois point. Je vais rapporter ce qu'en dit ce dernier.

III. » CONCOMBRE NOIR. *Cucumis » sativus perfoliatus fructu nigricante.* » Ce concombre pousse quelquefois » trois tiges, le plus souvent une ou » deux très-grosses, à cinq faces ou » cannelures, creusées en étoile, lon- » gues de deux à trois pieds, droites, » tant que le fruit ne les fait pas ram- » per. Les feuilles y naissent dans un » ordre alterne, fort près les unes » des autres; elles sont grandes, por- » tées par des queues creuses, de » cinq à six lignes de diamètre sur » douze à quinze pouces de longueur, » portées par des pédicules longs de » trois à quatre pouces. Les fruits » acquièrent au moins un pied de » longueur sur trois à quatre pouces » de diamètre, & sont relevés de » plusieurs petites côtes suivant leur » longueur. Leur écorce raboteuse » devient d'un vert presque noir, » quelquefois marbré ou rayé de » blanc; la chair est sèche, & tire » sur la couleur jaune. Ce concombre » est médiocrement estimable.

IV. » CONCOMBRE DE BARBARIE. » *Cucumis sativus maximus.* Ses far- » mens ou tiges s'étendent presqu'aussi » loin que celles du précédent; ses » feuilles, & toutes les parties de » la plante, sont un peu moindres » que celles du potiron. La plupart » de ses feuilles sont palmées, ou dé- » coupées très-profondément. Les » fruits, qui ont quelquefois près de » deux pieds de longueur, sur neuf » ou dix pouces de diamètre, sont » d'un vert très-foncé, quelquefois » marbrés de vert plus clair, ou de

» blanc, rarement de jaune. La chair » est sèche, & un peu pâteuse. Le seul » mérite de ce gros concombre est » de se conserver en lieu sec, jusqu'à » la fin de janvier. »

CHAPITRE II.

De leur Culture.

On ignore quel est précisément le pays natal du concombre commun; &, par conséquent, si on n'avoit pas l'expérience pour soi, il seroit diffi- cile de décider, au juste, l'époque à laquelle il convient de le semer.

Cette plante est très-sensible au froid, d'où je conclus qu'elle est originaire des pays chauds, & que si l'art n'aidoit pas la nature dans les provinces du nord de ce royaume, les fruits n'y mûriroient pas.

I. *Des semis.* Les habitans des pro- vinces du midi peuvent semer sur de petites *couches*, (*voyez* ce mot) dès le mois de janvier; au mois de mars, en plein air, dans un lieu bien abrité; en avril, en pleine terre, ainsi qu'en mai; & en juin, pour prolonger leurs jouissances. Il est prudent quel- quefois de couvrir, avec de la paille, ces derniers concombres, afin de les garantir, au besoin, des matinées froides de l'automne. Si on aime à jouir, ou plutôt si on veut avoir des primeurs; car ce n'est pas une vraie jouissance, il faut alors imiter l'exemple des jardiniers des environs de Paris.

Quelques auteurs conseillent de semer la graine cueillie depuis deux à trois ans, & disent gravement que les tiges sarmenteuses qu'elles pous- sent, sont moins longues, & plus chargées de fruits que celles prove- nues des graines de l'année. Pourquoi,

ça

En toute occafion, veut-on contrarier la nature ? Si la graine de deux ans valoit mieux que celle de la première année, la nature n'auroit pas donné à cette dernière la facilité étonnante qu'elle a de germer, (ainfi que les femences de toutes les cucurbitacées) dès que la chaleur de l'atmofphère eft au point convenable à fon développement. La germination des graines eft foumife à des loix phyfiques : on aura beau faire, la graine de perfil reftera, de trente à quarante jours, avant de fortir de terre. Celle d'acacia, d'aubépin, &c. germera la feconde année ; & fur cent graines de chaque efpèce, à peine il y en aura dix qui pousseront dans la première. Choififfez la graine la mieux nourrie, & de l'année, & vous aurez de belles plantes ; ce que vous reconnoîtrez par expérience.

Les jardiniers des environs de Paris fèment au commencement d'octobre, & mettent une graine ou deux de concombre hâtif dans de petits pots de quatre pouces de diamètre : ils font remplis d'une terre préparée, moitié terre légère & moitié terreau, & les pots font auffitôt rangés contre de bons abris. Si les deux graines germent, on fupprime, après quelques jours, la moins bien venue.

Tant que la faifon fe maintient belle, ces pots exigent feulement les arrofemens néceffaires : les matinées & les nuits deviennent-elles froides, il faut fe fervir des paillaffons : enfin, la gelée commence-t-elle à fe faire fentir, les paillaffons deviennent infuffifans ; les pots exigent d'être mis fous cloche, ou fous des châffis, & dans une couche ; & à mefure de l'augmentation du froid, vous augmenterez les *réchauds*, (*voyez* le

Tome III.

mot COUCHE) la grande paille fur les cloches.

Dès que les premières fleurs commencent à paroître, on choifit un temps doux ; l'on dépote chaque plante, en prenant le plus grand foin de retenir la terre attachée aux racines ; on la porte & on la plante fur une couche neuve, garnie de fes cloches ; enfin, on l'arrofe légérement.

Si les concombres ont été femés en octobre, ils fleuriront en février, & leurs fruits feront mûrs en avril. Ceux femés en novembre & décembre, fupporteront plus difficilement les rigueurs de l'hiver, & la maturité de leurs fruits fera plus tardive. Telle eft, d'après l'auteur du *Nouveau Laquintinye*, la méthode des jardiniers jaloux d'avoir des primeurs. Voici la méthode ordinaire, telle qu'il la décrit.

» La pratique ordinaire eft de » femer, à la fin de novembre ou dé- » cembre, fur couche, une vingtaine » de graines de concombre hâtif fous » chaque cloche, que l'on borne, & » que l'on couvre de paillaffons ou » de litière, &c. fuivant que le temps » eft plus ou moins rude. Trois fe- » maines, ou un mois après, repi- » quer le jeune plant fur une couche » neuve, (qu'il faut réchauffer exac- » tement) cinq ou fix pieds fous » chaque cloche, & lui donner de » l'air, toutes les fois qu'il eft fup- » portable ; un mois après, le planter » en place & à demeure, à dix-huit » pouces ou deux pieds l'un de » l'autre, fur une troifième & der- » nière couche, chargée de dix à » douze pouces de terre meuble, » mêlée d'une moitié de terreau. Les » *maraîchers*, (*voyez* ce mot) ne la

M m m

» couvrent que de fept ou huit pou-
» ces de terreau, & forment le der-
» nier lit de la couche avec le fumier
» le plus menu, qui fupplée à la trop
» petite épaiffeur du terreau. Lorfque
» ce plant eft affez fort, rabattre la
» tige, en la coupant, & non en la
» pinçant avec l'ongle, au-deffus de
» la feconde feuille : c'eft ce qu'on
» appelle faire la première taille....
» rechauffer la couche au befoin,
» pour y entretenir une chaleur mo-
» dérée ; & non trop forte : ce point
» eft important.... couvrir le plant
» avec foin, le découvrir toutes les
» fois qu'un rayon de foleil, ou un
» temps doux le permet.... arrofer
» avec de l'eau échauffée au foleil,
» ou tiédie au feu, fi la longueur du
» plant en indique le befoin.... lorf-
» que la tige rabattue a pouffé fes
» deux branches ou bras, les arrêter
» à deux yeux ; & lorfque les fecon-
» des branches montrent du fruit,
» les pincer ou couper avec l'ongle,
» à un œil au-deffus du fruit ; &
» tailler de même les branches qui
» fortiront fucceffivement les unes
» des autres. Comme cette multipli-
» cation des branches produiroit de
» la confufion, élaguer, de temps
» en temps, les branches gourman-
» des & ftériles, celles qui font trop
» foibles pour bien nourrir leurs
» fruits; retrancher les feuilles dures,
» & une partie de celles qui font
» éloignées du fruit, qui lui font
» trop d'ombrage, & lui dévorent
» la *sève néceffaire à fa nutrition* (1) ;
» donner de l'air, le plus fouvent

» qu'il eft poffible : fi le plant n'eft pas
» fous châffis, mais fous cloches, &
» que les branches ne puiffent plus
» être contenues fous les cloches, les
» laiffer fortir & étendre en liberté,
» avec l'attention de couvrir la cou-
» che avec des paillaffons foutenus
» par des baguettes, fi l'on eft encore
» menacé de quelque gelée. Enfin,
» lorfque le fruit commence à avan-
» cer, & que la faifon amène des jours
» de chaleur, comme il arrive ordi-
» nairement en avril, il faut com-
» mencer à donner à cette plante,
» qui aime l'eau, des arrofemens
» abondans, & auffi fréquens que le
» befoin l'exige, & avoir grand foin
» de la tailler. Avec ces foins, les
» premiers fruits doivent être bons
» à couper au commencement de
» mai, fi les rigueurs de l'hiver, &
» des premiers jours du printemps,
» n'ont pas été exceffives : mais, en
» fuivant cette méthode, il feroit
» bien plus avantageux d'élever le
» plant dans de petits pots, jufqu'à
» ce qu'ils foient affez forts pour être
» mis en place; parce que, comme
» je le répète pour la dernière fois,
» les tranfplantations altèrent beau-
» coup fa force, & retardent fon
» progrès : les concombres, bien cul-
» tivés, donnent du fruit pendant
» deux ou trois mois.

» Le concombre tardif exige bien
» moins de foins & de dépenfes. Au
» commencement d'avril, on fait,
» dans une plate-bande d'efpalier, ou
» dans un terrein abrité, des foffes
» d'environ un pied cube, éloignées

---

(1) Je fuis bien éloigné de penfer comme l'auteur : l'expérience prouve que les
plantes fe nourriffent plus par leurs feuilles que par leurs racines. Si des feuilles couvrent
le fruit, & le garantiffent des rayons du foleil, on les détournera ; mais on ne les
coupera pas.

» de deux pieds l'une de l'autre ; on
» les remplit de terreau gras, ou de
» fumier bien confommé, recouvert
» d'un peu de terreau fin, ou mieux
» de terre meuble, mêlée d'égale
» partie de terreau. Vers la mi-avril,
» on fème, dans chaque foffe, deux
» ou trois graines : jufqu'à la fin de
» mai, on défend, des gelées tardives,
» les jeunes plants, avec des cloches
» ou des pots renverfés, ou des pail-
» laffons foutenus fur un treillage,
» & bordés de fumier de litière. Lorf-
» que le plant eft en fureté, on ne
» laiffe qu'un pied dans chaque foffe :
» tout le refte de leur culture con-
» fifte à les arrofer abondamment,
» & à les tailler exactement, à me-
» fure que le fruit arrête fur les bran-
» ches. Semés fur couche en mars, &
» mis en place entre la mi-avril &
» le commencement de mai, dans
» les foffes garnies de terreau, ou
» dans une couche fourde, ils ont
» bien plus d'avance, fur-tout s'ils
» ont été élevés dans des pots, &,
» par conféquent, donnent plutôt de
» fruit : d'ailleurs, n'étant fur une
» couche qu'à quatre à cinq pouces
» de diftance, il faut moins de temps
» & de verre, ou de paillaffons, pour
» les défendre du froid.
    » Les amateurs de concombre peu-
» vent s'en procurer jufqu'aux fortes
» gelées. Au commencement de juil-
» let, on fème, à demeure, de la graine
» de concombre tardif fur une couche
» de litière fraîche & de fumier fec,
» mêlés enfemble, & recouverts de
» dix à douze pouces de bonne terre
» meuble. On foigne & on cultive le
» plant, fuivant fes befoins : lorfque
» les nuits commencent à devenir
» froides, ce qui arrive ordinaire-
» ment dès le commencement de

» novembre, on couvre le plant avec
» des châffis vitrés, ou avec des
» cloches, & on ajoute, par la fuite,
» des paillaffons, de la litière, &
» autres couvertures néceffaires pour
» le défendre des grands froids. On
» a foin d'entretenir exactement la
» chaleur de la couche, par des ré-
» chauds,& on peut efpérer de recueil-
» lir du fruit jufqu'aux fortes gelées.
    » Les concombres deftinés à pro-
» duire des cornichons, fe fèment en
» pleine terre, vers la fin de mai.
    » Le concombre noir, & le con-
» combre de Barbarie, fe fèment fur
» couche à la fin d'avril, & fe re-
» piquent dans des foffes garnies de
» fumier confommé, ou dans une
» terre bien fumée ; le noir, à deux
» pieds de diftance, celui de Bar-
» barie, à fix ou fept pieds. Comme
» leur principal mérite eft de fe con-
» ferver fort-avant dans l'hiver, il
» fuffit que leur fruit foit mûr avant
» les gelées, & placé dans un lieu
» fec & aëré : ils n'exigent que d'être
» taillés & mouillés au befoin. »
    Les habitans du centre & du midi
du royaume peuvent actuellement fe
rapprocher du plus ou du moins,
fuivant leurs facultés, de la culture
en ufage dans les environs de Paris :
qu'ils faffent cependant la plus grande
attention à la chaleur de leurs couches, & à l'activité du foleil des provinces méridionales ; tout feroit bientôt détruit: Si on n'excepte quelques
jours, & par fois quelques femaines
de gelées dans les mois de janvier &
de février, la liqueur fe foutient
dans le thermomètre, à la hauteur
de fix, huit à dix degrés au-deffus
du terme de la glace, & les plus
fortes gelées ne paffent pas cinq à fix
degrés : dans ce cas, des paillaffons,

& de la litière sèche, jetée sur les couches, suffisent, & défendent les jeunes plants contre la rigueur de la saison : en un mot, chacun doit se conformer au climat qu'il habite.

La fin d'avril, dans les provinces méridionales, est l'époque à laquelle les concombres, simplement semés sur couches, ainsi qu'il a été dit, sans cloches, sans châssis, commencent à étendre leurs rameaux. On les arrête au second nœud, lorsqu'ils ont six feuilles, & leurs seconds bras, à un œil au-dessus du fruit, lorsqu'il est noué, & ainsi de suite, à mesure qu'ils poussent de nouveaux bras.

En avril ou au commencement de mai, on replante, en pleine terre, les concombres semés en mars, & ceux semés en avril, mai & juin, lorsque les pieds sont assez forts.

Les jardiniers ont, presque par-tout, la coutume absurde de couper les fleurs mâles, qu'ils nomment *fausses fleurs*, au moment qu'elles paroissent ; parce que, disent-ils, elles absorbent la sève des autres, & leur nuisent : comme si la nature faisoit quelque chose en vain ! Ces prétendues fausses fleurs sont absolument essentielles à la fécondation des fleurs femelles ; la nature ne les multiplie pas, & ne leur fait pas devancer les autres sans raison.

Est-il nécessaire de pincer, d'arrêter les bras ? D'où vient cette méthode ? peut-on, sans risque, la supprimer ? Voilà des questions que les jardiniers, jaloux de s'instruire, devroient se faire à eux-mêmes. Il est constant que si, dans un petit espace, comme, par exemple, sur une couche, on veut avoir beaucoup de fruit, on est forcé de serrer les plants, & de retrancher les bras. Il en est ainsi dans

un petit coin de jardin ; mais lorsque l'étendue ne manque pas, il convient de livrer la plante à elle-même. Encore une fois, la nature lui à donné les moyens d'étendre au loin ses tiges sarmenteuses ; ne la contrariez donc pas, elle connoît mieux que vous ses loix & ses fins. On dira peut-être que les fruits en seront plus gros, mieux nourris, parce que la sève y sera plus abondante, &c. C'est un raisonnement captieux, & voilà tout. Je demande, à mon tour, à ces jardiniers : arrêtez-vous les courges, les citrouilles, les potirons, les courges longues, qui occupent une bien plus grande superficie de terrein ? Non : eh ! pourquoi donc arrêter les concombres, qui végètent suivant la même loi que ces plantes vagabondes ? Apprenez donc que le nombre des fruits est toujours en raison des rameaux & des feuilles ; que les racines des arbres même suivent cette proportion. Taillez un ormeau, par exemple, en tête semblable à celle d'un oranger ; ses racines auront très-peu de longueur : livrez cet arbre à ses propres forces, & ses racines iront au loin chercher la nourriture nécessaire à ses branches. Si, dans les plantes cucurbitacées, les racines ne sont pas proportionnées à l'étendue des rameaux, remarquez que la nature les supplée par des feuilles amples & en grand nombre, & que ces feuilles nourrissent la plante & les fruits. Si vous en doutez, supprimez toutes ces feuilles, & vous verrez les tiges, les fruits souvent périr, ou au moins languir, jusqu'à ce que des feuilles nouvelles leur aient apporté de nouveaux sucs, & les aient, pour ainsi dire, rappelés à la vie.

Si vous craignez que les fruits ne

foient pas affez beaux, affez bien nourris, en laiffant courir les rameaux, voici un moyen meilleur que tous vos retranchemens. Mêlez, par avance, une bonne terre végétale, avec moitié ou un tiers de fumier bien confommé : dans l'endroit où vous auriez arrêté, taillé le bras, ouvrez une petite foffe de fix à huit pouces de profondeur, fur un pied ou un pied & demi de largeur ; travaillez le fond de cette foffe, couchez mollement la tige fur cette terre travaillée ; enfin, rempliffez la foffe avec cette terre préparée, de manière qu'elle forme par-deffus une efpèce de monticule, qui imitera celle formée par les taupes, & ainfi de fuite, de diftance en diftance ; arrofez auffitôt cette terre, pour qu'elle fe colle contre les tiges. Par ce procédé, plus conforme au vœu de la nature, on obtient des fruits fuperbes. Je réponds de l'expérience.

II. *Maladie des concombres.* On la nomme le *meunier*, ou *le blanc*. Elle fe manifefte, dans les provinces méridionales, au commencement d'oétobre ; & dans celles du nord, en feptembre, tantôt plutôt, tantôt plus tard ; cela dépend de l'époque des premières fraîcheurs. Les feuilles fe couvrent d'une efpèce de pouffière blanche, ou farine : les unes fe crifpent, les autres périffent, & occafionnent la perte du fruit. Cette fouftraction de feuilles, opérée par la gelée blanche, & qui fait périr le fruit, prouve de nouveau, ainfi que je l'ai remarqué dans la note précédente, combien il eft néceffaire de conferver les feuilles, lorfqu'elles font en bon état, & démontre combien elles font néceffaires aux fruits. Le feul remède eft de couper alors

les feuilles meunières : je les ai fouvent laiffées fécher fur pied, fans le moindre inconvénient. On prévient le blanc, lorfqu'on couvre les plantes, ou avec de la paille, ou avec des paillaffons, dès que l'on craint une nuit ou une matinée froide dans le commencement de l'automne. Ces fraîcheurs font fréquentes, lorfque le vent du nord règne, & que le vent du fud veut entrer. Ce combat de vents dure quelquefois plufieurs jours de fuite, & occafionne fouvent des gelées blanches : les premières font toujours dues à cette caufe. Dans cette circonftance, la rofée tombe de très-bonne heure après le foleil couchant : elle eft très-abondante, les herbes en font chargées ; & un peu avant le foleil levant, elle fe change en rofée blanche. Si ces rofées font funeftes aux concombres, elles ne nuifent point aux vignes, aux champs, & détruifent, ou obligent les infectes à gagner leur retraite.

CHAPITRE III.

Des propriétés des Concombres.

I. Quant à fes propriétés médicinales, *voyez* ce qui a été dit au mot CITROUILLE. Ses femences font au nombre des quatre femences froides. Le fruit nourrit peu : lorfqu'on en a au-delà de fa provifion, on peut en donner aux bœufs, aux vaches, ou cruds, ou cuits à demi avec du fon. Toute efpèce de volaille mange avec plaifir cette préparation ; mais j'ai obfervé que les poulets encore jeunes, & qui en avoient beaucoup mangé, avoient le dévoiement, ainfi que les canetons. Si, au fon & au concombre, on ajoute des feuilles de choux ou de carottes, elles corrigent cette nourriture, & la rendent moins relâchante.

Le concombre blanc, N°. 6, eft, à mon avis, le meilleur & le plus délicat; le concombre ferpent eft beaucoup plus parfumé & plus fucré que tous les autres. Relativement à fa forme fingulière, & lorfqu'il eft farci, il figure bien fur une table.

II. *Manière de préparer les corni-chons.* Le concombre ferpent, confit au vinaigre, lorfqu'il n'a encore qu'un pied ou dix-huit pouces de longueur, eft auffi bon que les corni-chons; mais fon écorce eft plus dure; il faut le peler avant de le manger.

Voici différentes manières, pu-bliées par les auteurs, pour confire les cornichons ordinaires : on choi-fira celle que l'on voudra. Le foin le plus important, eft d'avoir du bon vinaigre de vin, & non celui tiré des lies de vin, ou de poiré ou de cidre, tel qu'eft, en général, le vinaigre vendu à Paris.

Première manière de confire les corni-chons. Mettez du vinaigre & du fel fur le feu, dans un chaudron; lorfqu'ils feront prêts de bouillir, jetez-y vos concombres, & ôtez-les de deffus le feu; enfuite vous les couvrirez d'un couvercle qui les faffe entière-ment baigner; les ayant laiffés ainfi pendant quelques jours, voyez s'ils ont affez de fel & bon goût; puis vous les arrangerez dans de petits barrils avec des pimens blanchis, clous de girofle, poivre en grains, fenouil, ail, eftragon, roquette, perce-pierre ou chrifte marine, cha-cun fuivant fon goût : vous foncerez enfuite les barils, & achèverez de les remplir de faumure.

Cette méthode eft dangereufe, en ce que l'on emploie un vaiffeau de cuivre, & que les fruits y féjournent pendant quelque temps. Ne voit-on pas que l'acide du vinaigre & du fel, corrodent le cuivre, en conver-tiffent une partie en chaux de cuivre, c'eft-à-dire en vert de gris ? Ce fel n'eft pas vifible : les cornichons, j'en conviens, confervent leur couleur naturelle, & même elle eft rehauffée, & cette exaltation de couleur eft due aux parties du vert de gris tenues en diffolution dans le vinaigre. Que faut-il donc penfer des préparations de cornichons faites par plufieurs marc,ands épiciers de Paris ? Après avoir difpofé les cornichons dans des vafes ou des bouteilles à goulot fort évafé, ils y ajoutent un gros fol de cuivre, afin que fa diffolution donne au fruit une belle couleur : j'en ai trouvé de bonne foi fur ce point, ils croyoient ne pas mal faire.

Il faut encore obferver de tenir les cornichons dans des vaiffeaux de faïence ou de terre verniffée. Si c'eft dans du grès, ou dans des vaiffeaux non verniffés, ils décompofent le vi-naigre, & les cornichons fe gâtent, à moins que ces cruches ne fervent depuis long-temps au même ufage; alors, les parties acides, nichées & fixées dans tous les pores des cru-ches, empêchent la décompofition du vinaigre : les premiers font préfé-rables, à tous égards.

Seconde manière. On choifit les plus petits cornichons ; on les met dans un linge blanc ; on les y frotte les uns contre les autres, afin de les dépouiller de leur duvet, après quoi, on les jette dans l'eau bouil-lante : on les y laiffe environ quatre minutes ; on les en retire pour les mettre dans l'eau fraîche, &, on les

Consoude grande

Coq ou menthe Coq.

Sellier Sculp.

Coqueret ou Alkékenge.

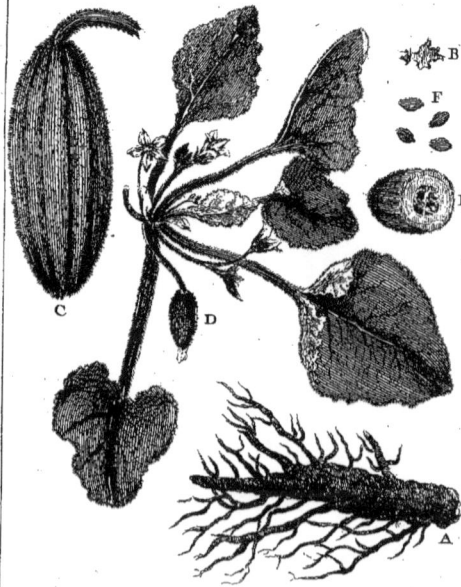

Concombre Sauvage.

laiffe refroidir. On les fait égoutter fur un linge blanc ; & quand ils ont perdu leur eau, on les place dans un pot : on les y arrange les uns fur les autres, en plaçant de diftance en diftance quelques feuilles de laurier & quelques grains de poivre ; après quoi on verfera par-deffus du vinaigre blanc, fi on en a, (au mot VINAIGRE, je décrirai une manière fimple de changer le vinaigre rouge en vinaigre blanc) en ajoutant une once de fel par pinte de vinaigre : cette méthode eft en tout préférable à la première, & la cuite légère dans l'eau, dépouille l'écorce du fruit d'une certaine âcreté.

Troifième manière. Une manière plus fimple, eft, après avoir lavé exactement, & effuyé les cornichons, de les mettre tout uniment dans du bon vinaigre blanc ou rouge : leur couleur fe conferve mieux avec le premier, parce que, à mefure que le cornichon eft pénétré par le vinaigre, fa partie colorante fe fixe fur l'écorce, & y refte attachée ; alors les cornichons perdent leur couleur verte. On y ajoute du fel, une once par pinte : on laiffe le vaiffeau découvert, c'eft-à-dire, fimplement couvert d'une planche, d'un morceau de bois, parce que le vinaigre devient plus acide lorfqu'il eft en contact immédiat avec l'air. Ce couvercle fert feulement à empêcher l'entrée des ordures dans le vafe ; il faut que le vinaigre furpaffe de deux doigts les cornichons, & le recroître de temps à autre ; enfin, avec un poids quelconque, on empêche les cornichons de monter à la furface. La partie hors de l'eau noircit & fe moifit. Si on goûte ce vinaigre un mois après,

on le trouvera fade, le fruit en a abforbé l'acidité, ou du moins une grande partie. Il faut alors lui donner de nouveau vinaigre & changer le premier. J'ai confervé, de cette manière, des cornichons pendant deux ans : on confit ainfi les pimens, les jeunes épis de maïs ou blé de Turquie, les petits melons, &c.

Au mois d'octobre, dans les provinces du midi, & de feptembre dans celles du nord, enlevez tous les concombres qui n'approchent pas de leur maturité, c'eft-à-dire, qui n'ont pas encore perdu leur première couleur ; n'importe la groffeur du fruit, & mettez-les au vinaigre, ainfi qu'on vient de le dire : confervez cette préparation jufqu'à la fin du printemps ; alors, donnez-en fouvent aux valets de la ferme, cette nourriture préviendra beaucoup de maladies caufées par l'effervefcence du fang dans les grandes chaleurs.

CONCOMBRE SAUVAGE.

Planche 12. M. Tournefort le place dans la même claffe, dans la même fection que la citrouille, & l'appelle *cucumis filveftris afininus dictus.* M. von Linné le nomme *momordica elaterium,* & le claffe dans la monoécie fyngénéfie.

Fleur mâle & femelle fur le même pied. Elles font d'une feule pièce, en forme de cloche très-évafée, découpée en cinq parties : la corolle tient au calice d'une feule pièce, & eft divifée en cinq. Les étamines, qui conftituent la fleur mâle, font repréfentées en B : le piftil D, qui caractérife la fleur femelle, fe change en fruit.

Fruit. Ce fruit C eft velu, fillonné dans fa longueur, partagé en quatre loges, comme on le voit en E ; il renferme des femences F, aplaties, liffes & luifantes. Lorfque ce fruit a acquis fa maturité, fi on le touche en le foulevant, il élance, avec force, un fuc fétide, qui entraîne la majeure partie des femences : le vent fuffit fouvent pour le détacher de la tige.

Feuilles, en forme de cœur, en forme d'oreilles par leur bafe, arrondies au fommet, velues en-deffous, & leur pétiole couvert de poils.

Racine A, épaiffe de deux à trois pouces, longue d'un pied, fibreufe, blanche, charnue.

Port. Les tiges épaiffes, piquantes, rudes, couchées fur terre & fans vrilles, comme les courges, les melons, &c. : les fleurs naiffent des aiffelles des feuilles.

Lieux. Les terreins fablonneux, pierreux, les décombres: cette plante eft commune dans les provinces méridionales ; elle fleurit en juin, juillet & août.

Propriété. Cette plante eft connue dans les boutiques, fous le nom d'*elaterium* : la racine eft amère, nauféeufe ; le fuc du fruit amer & fétide. Toutes les parties de la plante font purgatives ; les racines plus que les feuilles, moins que les fruits. Le fuc des fruits, exprimé, purge avec violence, procure une copieufe évacuation de férofités, caufe des coliques vives, des épreintes, & fouvent l'inflammation des inteftins : l'extrait de fon fruit, quoique moins actif, ne peut être employé légérement, & encore moins la racine.

Ufage. La dofe d'elaterium eft, pour l'homme, depuis un grain jufqu'à deux : on s'en fert ordinairement pour aiguillonner les autres

purgatifs. Le fuc, appliqué extérieurement, amollit les tumeurs dures. Quoique ce remède ait été finguliérement vanté par les anciens, il vaut mieux recourir à des purgatifs plus doux, même pour les animaux.

CONCRÉTION. On peut appeler ainfi ces efpèces de petits graviers fi communs dans les coins, dans les poires de bon chrétien, &c.

CONDENSATION, propriété de l'*air*, (*Voyez* ce mot) Cette modification de l'air atmofphérique, agit plus ou moins fur tous les corps de la nature : le vin, dans le tonneau, occupe moins d'efpace ; les plantes font plus refferrées, font plus petites, &c.

CONIFÈRE. (arbre) Mot confacré aux arbres dont le fruit approche de la figure d'un cône ; tels font le pin, le fapin, le melèze, les cèdres, &c.

CONQUE. Mefure pour les grains, employée à Bayonne & dans fes environs : on s'en fert également pour le fel. Une conque de froment pèfe foixante-dix livres ; trente conques font le tonneau de Nantes, qui revient à neuf feptiers & demi de Paris.

CONSOUDE. (grande) *Planche* 12, page 463. M. Tournefort la place dans la quatrième fection de la feconde claffe, qui comprend les herbes à fleur d'une pièce, en forme d'entonnoir, dont le fruit eft compofé de femences renfermées dans le calice, & il l'appelle *fymphitum confolida major*, *flore purpureo* : M. von Linné la nomme *fymphitum officinale*,

officinale, & la claffe dans la pentandrie monogynie.

Fleur B, formée d'un feul pétale en tube, renflée vers fon extrémité, divifée en cinq fegmens. C repréfente le pétale ouvert, fur lequel font attachées cinq étamines : le piftil fort du fond du calice D, également découpé en cinq.

Fruit. Au fond du calice, on trouve quatre femences E, renflées vers le milieu, aiguës à la pointe, & rejointes, en cette partie, avant leur maturité.

Feuilles ovales, alongées en forme de lance, rudes au toucher, & dont la bafe court fur la tige.

Racine A, épaiffe, fibreufe, charnue, noire en dehors, blanche en dedans, vifqueufe, gluante.

Port. La tige s'élève à peu près à la hauteur d'un pied & demi ; elle eft creufe en dedans, velue, rude au toucher : les fleurs font purpurines, quelquefois d'un blanc jaune ; elles naiffent au fommet, difpofées en épi ; les feuilles font placées alternativement fur les tiges.

Lieu. Les prés, les bois, la plante eft vivace, & fleurit en mai & juin.

Propriétés. Le fuc des feuilles & de la racine eft mucilagineux ; cette plante eft fpécialement vulnéraire, aftringente & antidyffentérique. La racine calme la foif caufée par l'âcreté de la falive, quelquefois tempère la chaleur des poumons, modère la toux caufée par des humeurs âcres, diminue l'expeɛtoration ; elle eft indiquée dans le piffement de fang effentiel, dans l'hémorragie par le nez, le flux hémorroïdal trop abondant, les pertes immodérées, les fleurs blanches avec excès ; fouvent calme la diarrhée occafionnée

par de violens purgatifs. Il eft douteux qu'elle foit d'un grand fecours dans l'ulcère effentiel du poumon, dans ceux des reins & de la veffie. Extérieurement on applique le fuc de la racine, ou fa décoɛtion, fur les plaies qu'on veut cicatrifer. La charpie, & une compreffe imbibée d'eau fimple, produiroient le même effet.

Ufage. On donne la racine mondée & féchée, depuis une drachme, jufqu'à une demi-once, en décoɛtion dans huit onces d'eau ; les fleurs defféchées, depuis demi-drachme, jufqu'à une drachme, en infufion dans cinq onces d'eau.

La dofe, pour l'animal, eft de demi-once de la racine en poudre, & en décoɛtion, de deux onces fur deux livres d'eau.

CONSOUDE. (petite) *Voyez* BUGLE.

CONSTIPATION, Médecine RURALE. C'eft la retention des matières ftercorales dans les boyaux ou inteftins, paffé le terme prefcrit par la nature.

Les matières ftercorales font le réfultat de la digeftion ; elles defcendent lentement, en fuivant toutes les circonvolutions des inteftins, & font enfin expulfées au dehors.

Lorfque ces matières font retenues dans les inteftins, plus long-temps qu'il ne le faut, il s'enfuit plufieurs incommodités : elles fe durciffent & s'altèrent ; elles occafionnent de violens maux de tête, quelquefois même des coups de fang, parce qu'elles preffent fur les vaiffeaux fanguins, & font remonter le fang vers la tête. Elles donnent naiffance aux hémorroïdes, en empêchant le retour du fang; (*voyez* HÉMORROIDES) elles font naître des fièvres miliaires chez les femmes, en faifant rentrer, dans la maffe du fang, des particules putrides ; elles facilitent la naiffance de l'afthme, & en redoublent les accès, quand il exifte. Les femmes enceintes doivent redouter la conftipation.

La conftipation reconnoît plufieurs caufes; l'abus des liqueurs fpiritueufes, & des médicamens trop chauds. Si, dans la conftipation, on continue l'ufage de ces moyens, les maladies dont nous venons de parler paroiffent, les inteftins s'enflamment, fuppurent ou fe paralyfent.

Il faut, dans la conftipation, s'abftenir de tout ce qui a pu la faire naître ; il faut faire ufage de lavemens émolliens, avec les décoctions de fon, de graine de lin, de poirée, de pariétaire & de miel; il faut détendre toute l'habitude du corps par des boiffons humectantes, relâchantes, & très-légérement purgatives. Le petit lait, l'eau de poirée, de laitue, l'eau de veau légère, & la diffolution de deux ou trois onces de manne, avec un gros de crême de tartre, dans une pinte des boiffons fufdites, font les moyens les plus propres à détruire la conftipation, & à prévenir les fuites dangereufes qui peuvent en naître. Il faut éviter avec foin tous les remèdes chauds, & tous les purgatifs violens ; l'inflammation ne tarderoit pas à attaquer tout le canal des inteftins: & , d'une légère incommodité, que le régime & des moyens fimples alloient faire difparoître, on verroit fuivre des maladies graves & douloureufes, qui mettroient la vie du malade en danger. M. B.

CONSTIPATION, MÉDECINE VÉTÉRINAIRE. C'eft une difficulté que l'animal a de fienter. Il fait de violens efforts, qui quelquefois font accompagnés d'une quantité plus ou moins confidérable de matière muqueufe : ces efforts durent un moment, reviennent fréquemment, & tourmentent beaucoup l'animal.

Le cheval & le mouton font plus fujets à cette maladie que les autres animaux.

Caufes. Les exercices forcés, les longues marches pendant les grandes chaleurs de l'été, le foin abondant en plantes aromatiques, le trop grand ufage de la luzerne, de l'efparcette, de l'avoine, le défaut de boiffon, les remèdes aftringens, inconfidérément adminiftrés par les maréchaux, font les caufes ordinaires de la conftipation.

Traitement. Dès qu'un cheval, un mulet ou un bœuf, feront attaqués de cette maladie, il faudra les tenir à l'eau blanche, leur donner beaucoup de lavemens d'une décoction de guimauve, fuivis des breuvages de la même décoction, auxquels on ajoutera une once de fel de nitre. Si les tégumens étoient très-échauffés, fi l'animal avoit la fièvre, on feroit très-bien de pratiquer une faignée à la veine jugulaire, & de ne donner à l'animal, pour boiffon, que de l'eau blanche, & pour nourriture, que du fon mouillé.

On injectera, dans l'anus de la brebis qui fera conftipée, du petit lait, & on lui en fera prendre par la bouche. La conftipation, dans cet animal, vient quelquefois d'une chaleur exceffive, à laquelle il a été expofé dans l'été. Pour-lors, l'ufage des bains, fi l'on eft à portée d'une rivière, fera très-avantageux, pourvu que la faifon foit convenable.

On a obfervé que certaines plantes, telles que la pilofelle, &c. confti- poient la brebis. Le cultivateur doit donc prévenir cet inconvénient, en recommandant à fes bergers de ne pas conduire fes troupeaux dans des lieux où ils peuvent ren- contrer ces fortes de plantes. M. T.

CONTAGION. Contagion fignifie communication : c'eft la propriété qu'ont certaines maladies, de faire paffer, d'un corps malade, dans un corps fain, les principes d'une ma- ladie, par le moyen du toucher. La contagion diffère de l'épidémie, en ce que cette dernière répand fes prin- cipes plus actifs dans l'air, & que tous ceux qui refpirent cet air infecté, gagnent la maladie, tandis que la con- tagion exige abfolument le contact du corps du malade, ou des hardes qui le couvrent, pour communiquer les principes du mal au corps fain.

Prefque toutes les maladies font contagieufes, mais à différens de- grés : celles qui le font à un très-haut degré, font les fuivantes : toutes les fièvres malignes, putrides, érupti- ves ; petite vérole, rougeole, co- queluche, mal de gorge gangréneux, dyffenteries, fcorbut, écrouelles, gale, dartres, & généralement tou- tes les maladies des enfans.

La phthifie, & les autres fuppura- tions, tant internes qu'externes, peuvent auffi paffer, du corps du malade, dans le corps fain, mais moins aifément que les maladies dont nous venons de donner l'énu- mération.

Ceux qui, par état, vifitent les malades, tels que les médecins &

les chirurgiens, font expofés à gagner les maladies pour lefquelles ils donnent leurs foins ; mais l'ha- bitude les expofe moins à contracter ces maladies, que les autres claffes d'hommes : cependant, quand les médecins & les chirurgiens ne fe conduifent pas prudemment, ils s'ex- pofent à être les victimes de leur zèle, lorfque les malades qu'ils foi- gnent, languiffent accablés dans les maladies malignes & peftilen- tielles.

L'indifcrétion, le *zèle mal-entendu*, le *défaut d'emplacement* & la *mifère*, font les caufes les plus communes de la contagion.

1°. *L'indifcrétion.* Au même inftant qu'un individu eft attaqué de maladie contagieufe, fon afile eft rempli, à chaque inftant du jour, d'une mul- titude d'hommes, de femmes & d'en- fans : ceux qui font dans l'afile du malade, courent les plus grands rif- ques de contracter fa maladie, & leur préfence nuit beaucoup au malade.

Premièrement, ils ajoutent à l'air qu'il refpire, les différentes émana- tions qui fortent de leurs corps ;

Secondement, ils le fatiguent par leurs propos, & par l'afpect de la douleur répandue fur leur phyfio- nomie.

2°. *Le zèle mal-entendu.* Il eft mal- heureufement dans l'ordre des chofes ordinaires, que les arts les plus utiles à la fociété, & les plus difficiles dans leur étude, foient exercés par des gens qui, dépourvus de toutes con- noiffances dans ces arts, n'ont d'autre aiguillon que l'intérêt ou un zèle indifcret & mal-entendu : or ces gens, ignorant les vraies caufes des maladies contagieufes, & ne con- noiffant pas les remèdes qui peuvent les combattre, & la conduite qu'il faut tenir dans leur adminiſtration, ſont ſans ceſſe auprès des malades, les tourmentent par des remèdes oppoſés à leurs maladies, rendent leurs maux plus douloureux, plus communicatifs, & finiſſent quelquefois par être les victimes d'un zèle reſpectable dans ſes vues, mais indiſcret dans ſa pratique.

3°. Le *défaut d'emplacement*. Dans les grands hôpitaux, on voit communément les maladies contagieuſes légères, devenir très-meurtrières, parce que la grandeur du local ne répond point à la multiplicité des malades, & qu'entaſſés les uns ſur les autres, la contagion circule d'un infortuné à l'autre, par la voie du contact & de l'air qui n'eſt point aſſez renouvelé, & par le ſpectacle déchirant de la fin douloureuſe de ces malheureux. Ces aſiles de l'humanité ſouffrante ſont des gouffres, où ſont engloutis preſque tous ceux que la douleur & la miſère y entraînent.

Il exiſte des moyens pour détruire ou pour diminuer ces fléaux terribles qui moiſſonnent la claſſe des hommes la plus utile, diſons mieux, la plus méritante.

La reſpectable Madame *Neker* s'occupe de cet intéreſſant objet pour la ville capitale. Ne ſeroit-il pas poſſible que le gouvernement aidât les efforts que les ſeigneurs de terres feroient infailliblement pour conſtruire des hoſpices dans leurs poſſeſſions? Nous avons médité long-temps ſur ces établiſſemens, & nous eſpérons communiquer, dans peu au public, nos idées ſur ce travail.

4°. *La miſère*. Rien de plus commun, pour les gens de l'art, que

d'avoir ſans ceſſe ſous les yeux, les tableaux multipliés & déchirans de la douleur, réunis & confondus avec ceux de la miſère; de voir ces êtres malheureux privés du néceſſaire, attaqués de maladies contagieuſes, renfermés dans un lieu étroit, humide, & à peine éclairé, environnés de femmes, d'enfans, de pères & de mères déſolés, mourant de faim, & commençant à reſſentir les effets funeſtes de la contagion, invoquer, d'une voix expirante, la mort, dont ils ſont les images. De quelle utilité peut être l'art le plus ſalutaire, dans des circonſtances auſſi affreuſes? Eſt-ce par de ſtériles vœux, eſt-ce par des larmes qu'on peut éloigner la deſtruction? Non, ſans doute: que les ames bienfaiſantes jettent un inſtant les yeux ſur ces tableaux, leurs cœurs ſaigneront; & des hoſpices s'élèveront, à la place de ces autres antres de mort, pour arrêter les progrès de la contagion.

En attendant qu'un jour auſſi pur brille pour l'humanité ſouffrante, donnons du moins des conſeils à ceux qui, par état, ſoignent les malheureux attaqués de maladies contagieuſes, & à ceux qui les viſitent par zèle, afin qu'ils ne ſoient pas victimes de leur amour pour l'humanité, & afin que la contagion mette un terme à ſes ravages.

Il faut que ceux qui ſoignent ou qui approchent les perſonnes attaquées de maladies contagieuſes, éloignent des malades tous les gens dont les ſecours ne ſont pas abſolument néceſſaires aux ſouffrans; qu'ils les entretiennent proprement; qu'ils emploient tous les moyens qui ſont en leur puiſſance, pour purifier l'air qu'ils reſpirent; qu'ils tranquilliſent leurs ames par des conseils sages, & par la douceur de leur conversa-tion ; enfin, qu'ils administrent les remèdes indiqués par la maladie con-tagieuse dont ils sont attaqués. Voilà pour les malades ; venons maintenant aux moyens qui convien-nent à ceux qui les soignent.

Ceux qui soignent les malades attaqués de maladies contagieuses, ne doivent jamais avaler leur salive, tant qu'ils restent auprès des malades : ils doivent, au contraire, cracher souvent ; ils doivent faire brûler du vinaigre & de l'encens dans la cham-bre du malade, & laisser évaporer de l'eau dans de grands vases. Ces moyens sont autant utiles aux ma-lades, qu'aux gens qui les soignent. Ils doivent se frotter les mains avec du vinaigre & en respirer, mâcher quelques acides ou quelques amers, & ne se permettre aucun excès dans aucun genre. Si la maladie conta-gieuse est pestilentielle, le meilleur moyen de s'en préserver est de se faire ouvrir des cautères, & de suivre le régime que nous avons prescrit. *Voyez* l'article PESTE , dans lequel nous avons réuni tout ce qui a rap-port à cet objet. M. B.

CONTAGION , MÉDECINE VÉTÉRINAIRE. Nous entendons par ce mot, un état morbifique, qui peut passer, d'un animal malade à un animal sain.

De quelles manières la contagion peut-elle se transmettre ? La contagion peut se propager ou se transmettre d'un corps à un autre, de plusieurs manières : à une certaine distance, par le moyen de l'air ; de proche en proche, par la voie des selles, brides, couvertures, harnois, jougs, qui

ont servi à l'animal malade ; & par contact, c'est-à-dire, par attouche-ment immédiat.

Comment divise-t-on les maladies contagieuses ? Nous les divisons en maladies aiguës & chroniques. Les fièvres malignes, putrides, éruptives, la petite vérole des moutons, la dys-senterie, le charbon pestilentiel, &c. sont mis au rang des premières. (*Voy.* CHARBON , CLAVEAU , DYS-SENTERIE , FIÈVRE MALIGNE) Les se-condes sont, la morve des chevaux, la gale, les dartres, le farcin, &c. Parmi toutes ces maladies, il en est d'épizootiques, d'enzootiques & de sporadiques. (*Voyez* EPIZOOTIQUE)

Les maladies contagieuses aiguës sont toujours plus dangereuses que les autres : leur terminaison est prompte, tandis que les autres font des progrès plus lents.

La contagion est encore bénigne ou maligne, en raison des symptô-mes qu'elle produit. Elle est bénigne, par exemple, lorsque l'abattement de l'animal malade n'est pas excessif, & qu'elle ne porte pas un grand trouble dans les fonctions : elle est maligne, au contraire, quand elle se trouve avec des symptômes effrayans, quand leur marche est irrégulière, quand les individus qu'elle attaque, tombent tout-à-coup dans l'abatte-ment & la langueur, & qu'elle élude tous les secours de la médecine vé-térinaire.

Moyens de prévenir & d'arrêter la contagion. Il est de l'intérêt des cul-tivateurs, de prendre les mesures les plus exactes pour prévenir les ma-ladies contagieuses, & pour les ar-rêter.

1°. Un cheval ou une mule, par exemple, qui auront la gourme ou la morve, doivent être féparés de bonne heure des animaux fains, fi l'on ne veut pas que ces dernies foient bientôt atteints de la maladie.

2°. Dans les temps où le claveau attaque les bêtes à laine, on doit également féparer les bêtes faines de celles qui font malades, parce qu'en donnant des bornes au mal, il eft plus facile de le prévenir, ou du moins de le rendre moins funefte. (*Voyez* CLAVEAU)

Mais, dans la circonftance d'une fièvre maligne, putride, gangréneufe & peftilentielle, femblable à celle qui a détruit dernièrement les bœufs de quelques provinces, & qui a plongé les habitans dans la mifère, les moyens à employer font de la plus grande importance. Il s'agit,

1°. De tenir toutes les bêtes faines enfermées, & même féparées, s'il eft poffible, parce qu'un animal peut être malade pendant quelques jours, fans qu'on s'en apperçoive, & que, dans cet état, il peut communiquer aux autres animaux le mal dont il eft infecté.

2°. D'empêcher que les animaux fains ne foient approchés par les hommes qui fréquentent, ou qui foignent les bêtes malades. L'expérience n'a malheureufement que trop prouvé, que les hommes & leurs habits pouvoient tranfporter la contagion, non-feulement d'une étable à l'autre, mais auffi, des granges infectées dans les granges faines, & à cinq ou fix lieues de diftance, puifqu'on a vu des maréchaux, après avoir foigné les bêtes malades à une journée de leur domicile, porter la maladie dans leur propre étable, en rentrant chez eux.

3°. De fe mettre en garde contre les hommes qui viennent des villages voifins, & ne point les laiffer approcher des animaux fains, non plus que les charlatans qui s'annoncent pour guérir la maladie : ces coureurs perfuadent aux habitans de la campagne, que leurs bêtes font malades, tandis qu'elles font faines ; leur donnent des remèdes pendant quelques jours, fe vantent enfuite de les avoir guéris, fe font donner des certificats qu'ils vont mettre à profit, de village en village, aux dépens d'un peuple trop crédule & mal inftruit fur les vrais fymptômes de la maladie. Bien loin de guérir le mal, ils ne fervent qu'à l'augmenter, en portant la contagion dans les lieux fains.

4°. De faire vêtir ceux qui foignent les bêtes malades, d'une fouquenille de toile cirée, pour être moins fujets à prendre & à tranfporter avec eux le virus peftilentiel, de leur faire laver les mains & les habits avec du vinaigre, avant que d'approcher aucune bête faine, fans quoi ils rifqueroient de l'infecter.

5°. De fe garder contre les feaux, les auges, les râteliers, les harnois, & autres uftenfiles qui auront fervi aux animaux malades. Le plus fûr eft de les brûler, ou de les enterrer avec les animaux, ainfi que leurs fumiers.

6°. De ne point ouvrir, fans précaution, les cadavres des animaux, ou de les dépouiller de leur peau. Deux hommes du pays de Gévaudan périrent en deux jours, au mois de décembre 1774, pour avoir écorché des bœufs morts d'une femblable maladie. Pareils accidens font arrivés dans d'autres provinces : il eft donc important que les animaux foient enterrés, avec leurs peaux, dans des fosses très-profondes.

7°. De ne point traîner fur la terre les cadavres des animaux infectés : il faut, au contraire, les conduire, & les tuer au bord des fosses qui doivent les recevoir. S'il en est quelques-uns qui meurent dans les étables, on les conduira fur des charriots qui n'auront point d'autre usage. Les fosses seront pratiquées dans des lieux écartés, & éloignés du passage des bêtes faines : elles auront au moins dix pieds de profondeur ; on les remplira de terre bien battue : si, dans la fuite, il s'y forme des crevasses, il faudra les remplir. Ces endroits seront entourés de pierres & d'épines, ou bien de petits murs, pour en défendre l'accès aux animaux fains, qui pourroient, dans la fuite, y reprendre l'infection en cherchant leur pâture au milieu des exhalaisons putrides.

8°. De ne point laisser périr & pourrir, en pleine campagne, les animaux malades. Cette imprudence, qui n'est malheureusement que trop commune à la campagne, rend les maladies durables, & de plus en plus contagieuses : les chiens & les animaux carnassiers étant attirés par ces charognes, portent la maladie, & la répandent de tous côtés.

9°. De fe garder des animaux domestiques. On est fondé à croire que les chiens, les chats, les moutons, les poules, &c. portent la contagion d'une étable à l'autre : c'est souvent ce qui fait périr tous les animaux du village, lorsqu'il en est attaqué fans en connoître la caufe.

10°. De nettoyer parfaitement les étables des animaux infectés, de les purifier par des fumigations, de les gratter & de les laver par-tout. On peut employer, pour les lavages, le vinaigre, ou bien une eau antiputride, qu'on peut préparer foi-même, à peu de frais, en mettant un gros d'huile de vitriol dans une pinte d'eau. Cette liqueur peut servir à laver les auges, les chariots, les feaux & autres uftensiles. Pour purifier l'air des étables, il est prouvé que les vapeurs acides font préférables aux fumigations aromatiques : celles-ci ne fervent qu'à dissiper la mauvaise odeur, fans corriger la nature de l'air. Pour cet effet, on met, dans une terrine, du fable ou des cendres, dans lesquelles on place un verre à moitié rempli de fel marin ; on chauffe le tout, & on le porte dans l'étable que l'on veut désinfecter ; on verse fur le fel environ une once d'huile de vitriol, & on fe retire, en fermant la porte & les fenêtres. Les baies de genièvre, macérées dans le vinaigre, & expofées fur des charbons ardens, peuvent aussi remplir le même objet.

11°. De paffer des fétons & des cautères au poitrail des chevaux, ou au fanon des bœufs. Tous les médecins fe réuniffent ici pour donner le même avis : Ramazzini dit que tous les bestiaux de M. Borromée moururent, excepté un, auquel on avoit fait un féton ; Lancifi fait grand cas de ce moyen préfervatif. M. Leclerc dit qu'il n'a vu périr aucun des bestiaux auxquels, de bonne heure, on avoit fait un féton. Nous fommes convaincus journellement, par notre expérience, de l'utilité de ce moyen. En plaçant un féton, ou un cautère, on ne fait que feconder la nature : c'est pour cette raifon, dit M. Vicq-d'azyr, que les mendians ou autres perfonnes qui ont des ulcères pendant la pefte, n'en font prefque jamais attaqués. Si le féton n'a pas toujours des fuccès heureux, c'eft moins à fes propriétés delétères & dangereufes, qu'à l'intenfité du mal, qu'il faut rapporter fon infuffifance.

12ᵉ. De diminuer la nourriture des animaux, de la réduire d'un tiers, de mêler au fourrage fec, des herbes fraîches, telles que le chiendent, la laitue, l'ofeille, la poirée, le laiteron, la mauve, la fcorfonère, &c. de faire une eau blanche nitrée, en employant deux onces de nitre fur dix pintes d'eau; de les étriller & frotter, deux fois par jour, avec des bouchons de paille trempés dans du vinaigre, où l'on aura fait infufer quelques gouffes d'ail; de leur rafraîchir les entrailles par des lavemens des plantes ci-deffus, & de les faire faliver avec des nouets.

Tels font les moyens préfervatifs contre la contagion: ils demandent, comme on le voit, de l'exactitude, de la vigilance & de l'activité de la part des agriculteurs. Pourroient-ils méconnoître des fecours auffi précieux, auffi puiffans, auffi falutaires, qu'on leur indique fi généreufement? M. T.

CONTOURNÉ, fe dit d'une ou de plufieurs branches qui s'écartent de l'ordre naturel, & auxquelles on a donné une tournure gênée ou forcée: ces branches produifent un mauvais effet à la vue, & dérangent la fève dans fa circulation.

CONTRACTION. Diminution de l'étendue des dimenfions d'un corps où d'un refferrement de fes parties. M. Roger de Schabol a fait l'appli-

cation de ce mot à différens objets du jardinage: il appelle une branche contractée, lorfqu'au lieu d'être fuivant l'ordre de la nature, elle eft gênée, forcée ou torfe.

J'ajoute que le mot *contraction* a, dans le jardinage, le même fens que dans la phyfique. Lors des grandes féchereffes, des vents violens, des rayons brûlans du foleil, des grands froids, &c. tous les végétaux fe contractent, toutes leurs parties perdent leur mobilité & leur reffort; de même, quand l'impreffion de l'air les frappe trop vivement: c'eft ce qui arrive, fur-tout aux arbres qu'on fait voyager, aux plantes trop long-temps hors de terre avant d'être replantées; alors la peau fe flétrit, & toutes les parties, tant internes qu'externes, fe contractent: pour y remédier, nous baignons ces arbres pendant une demi-journée, ou pendant une nuit; puis nous les laiffons reffuyer une couple d'heures, afin de ne point faire une forte de maftic avec la terre fur les racines, après quoi nous plantons. Nous faifons plus: après avoir planté, nous arrofons amplement en différens temps, & peu à peu l'arbre ne fe fent plus de fa contraction.

CONTRE-ALLÉE. (*Voyez* ALLÉE)

CONTRE-ESPALIER. Haie ou treillage formé par des arbres placés en avant d'un efpalier: on leur donne communément quatre pieds de hauteur. Eft-il dans la bonne règle du jardinage d'établir ces contre-efpaliers? Je ne le crois pas; l'expérience a prouvé que les pêches y réuffiffent mal, que les
poiriers

poiriers bergamote, petit mufcat, bon chrétien, &c. y éprouvent le même fort ; la vigne feule a du fuccès : au mot VIGNE, j'indiquerai la manière de la tailler. Suppofons un mur placé au midi ou au nord, relativement au jardin, & fuppo-fons-lui de neuf à douze pieds de hauteur. Qui ne voit pas que le contre-efpalier recevra le vent par rafale, qu'il fe rabattra fur lui, après avoir franchi le mur dont il eft queftion ? Si on le place plus près du mur, les racines des arbres en efpalier, & celles des arbres en contre-efpalier, fe réuniront mutuellement : il convient donc de laiffer une diftance de dix à douze pieds du contre-efpalier au mur.

Je n'appelle point contre-efpalier les arbres plantés en bordure, & taillés en éventail le long des carrés du jardin, qui correfpondent vis-à-vis ceux en efpalier le long du mur; mais fi entre l'allée & ce mur il fe trouve une rangée d'arbres, tenus bas, & à peu de diftance de ce mur, c'eft un véritable contre-efpalier. C'eft donc la pofition & la forme de l'arbre, qui caractérife le contre-efpalier : on le tient bas, afin de laiffer à ceux qui fe promènent dans l'allée, la liberté de voir l'arbre qui tapiffe le mur, & afin que les branches de celui-là ne portent pas leur ombre fur celui-ci.

Les arbres à planter en contre-efpalier, font néceffairement foumis à un état forcé ; ils font contraints de s'étendre fur le côté, & non en hauteur : il faut donc difpofer les premières branches, le plus qu'il eft poffible, fur la ligne horizontale, & incliner les fecondes & les troifièmes, fur l'angle de cin-

Tome III.

quante à cinquante-cinq degrés. Lorfque ces mères branches auront cette direction, il fera aifé de garnir la hauteur de quatre pieds avec les bourgeons, & on obfervera de tailler long ces premières, & de les affujettir contre le treillage qui forme le contre-efpalier. Le peu de hauteur que les arbres doivent acquérir, indique la diftance à laquelle il convient de les planter, c'eft-à-dire, au moins à dix-huit pieds, & pour le mieux, de vingt à vingt-quatre : cet efpace paroi-tra immenfe au premier coup-d'œil, lorfque l'on plantera, & cette prétendue défectuofité eft toujours la caufe qu'on plante trop près, parce qu'on ne voit que le moment préfent, fans fonger à l'avenir. Je n'approuve point la manie de placer des arbres en contre-efpalier, il vaut mieux les confacrer à la vigne.

CONTRE-POISON. (*Voyez* ALEXIPHARMAQUE)

CONTUSION, MÉDECINE RURALE. Bleffure ou plaie forte, avec épanchement fous la peau, faite par le choc d'un corps rond. (*Voyez* PLAIE) M. B.

CONTUSION, MÉDECINE VÉTÉRINAIRE. On donne le nom de contufion aux effets qui réfultent de l'impreffion fubite & violente d'un corps rond & contondant, fur les parties charnues de l'animal. La contufion diffère de la plaie, en ce que dans la première il n'y a point de perte de fubftance, ni de folution de continuité à la peau. (*Voyez* PLAIE)

Dans les fortes contufions, le fang & la lymphe s'extravafent

O o o

ordinairement hors des vaiffeaux deftinés à les contenir; il fe forme alors
des tumeurs dans les aponévrofes,
dans les ligamens & les tendons,
des boffes à la tête, qui, négligées
par le maréchal, produifent quelquefois des ankylofes, lorfqu'elles
s'étendent jufqu'aux articulations.

Les contufions font ou fimples
ou compliquées; elles diffèrent encore entr'elles par les lieux qu'elles
occupent, par les parties qu'elles
intéreffent; & auffi en raifon
de la force & de la violence du
corps contondant, & par la commotion qu'il produit dans tout le
genre nerveux. « La feule preffion
» de l'air, agité avec violence, dit
» M. Vitet, eft capable de produire
» de fortes contufions : on a vu
» des boulets de canon, au milieu
» de leur courfe rapide, bleffer ou
» tuer des chevaux fans les toucher,
» & fans laiffer d'autres marques
» d'un effet fi funefte, qu'une grande
» contufion. »

Il eft certain que des affections
de cette efpèce menacent toujours
d'un danger éminent, relativement
à la grande commotion dont elles
font une fuite, fur-tout lorfqu'elles
intéreffent les tégumens de la tête,
puifque dans des contufions femblables, le cerveau eft expofé à
des épanchemens, ou à une inflammation qui emporte tout à coup
l'animal.

Traitement. Les indications que
l'artifte vétérinaire ou le maréchal,
ont à remplir, confiftent, 1°. à réfoudre le liquide épanché; 2°. à
prévenir l'inflammation violente, la
fuppuration & la gangrène.

Si la contufion eft légère, il fuffit
d'appliquer par-deffus des fubftances

falines, telles que la diffolution de
fel ammoniac dans l'eau commune;
fi elle eft récente, il faut employer
les fpiritueux, tels que l'eau de
vie, &c.; mais s'il y a commotion,
plaie, & difpofition à l'inflammation, l'eau de vie camphrée eft à préférer. On ne doit point oublier, fi le
coup a été violent, de faigner l'animal
à la veine jugulaire, de répéter même
la faignée, fi l'inflammation prend
de l'accroiffement, & de mettre
l'animal au régime humectant &
rafraîchiffant; mais lorfque l'épanchement du fang & de la lymphe
occupe une grande étendue, &
que l'on a à craindre des accidens
violens, il ne faut pas feulement
s'en tenir à la fimple application des
topiques prefcrits, il faut encore fe
hâter de fcarifier les parties, afin de
prévenir des fuppurations douloureufes, la gangrène, & peut-être même
le fphacèle : les fcarifications faites,
on couvre la plaie avec des compreffes
imbibées de la décoction fuivante.

Prenez feuilles de fauge, d'ab-
fynthe, de romarin & de fabine,
une poignée de chaque; coupez ces
plantes bien menu; faites infufer
pendant une heure, dans environ
deux livres de vin rouge bouillant;
coulez, ajoutez un verre d'eau de
vie camphrée, trempez les plumaceaux ou les compreffes dans cette
liqueur, & couvrez-en la contufion,
en les renouvelant d'heure en heure.

Dans les contufions accompagnées d'une commotion violente
dans le fyftême nerveux, fur-tout
dans le cerveau, on ne doit pas
négliger de faire prendre en breuvage à l'animal, des remèdes actifs;
tels que la bétoine, la véronique
mâle, la fauge, le romarin, la racine

de perfil, &c. : on peut auffi lui adminiftrer deux fois par jour, & trois s'il le faut, un bol compofé de parties égales de racines de gentiane pulvérifée & de camphre, incorporées dans fuffifante quantité de miel. La faignée fera préférable à tous les remèdes, fi l'animal eft d'un tempérament fanguin & pléthorique, s'il y a fièvre & battement de flancs : la nourriture, dans l'un & l'autre cas, fera de fon mouillé, & de l'eau blanche feulement.

Les contufions de la poitrine font, pour l'ordinaire, moins dangereufes que celles de la tête ; on doit les traiter de même : celles qui affectent le dos, la croupe & les extrémités, font dangereufes en tant qu'elles bleffent la moelle épinière & les principaux nerfs. Un mulet, qui ne vouloit point fe laiffer ferrer, fut atteint d'un violent coup de brochoir, par un garçon maréchal, fur l'épine dorfale, exactement entre la dernière fauffe côte, & la première vertèbre lombaire ; il tomba tout à coup, & perdit l'ufage des extrémités poftérieures.

Quant à la manière de remédier aux contufions qui affectent les tendons, voyez NERFERURE ; mais à l'égard de celles qui réfultent de la compreffion de la fole, ou de la fubftance cannelée, voyez COMPRESSION DE LA SOLE. M. T.

CONTUSION DE L'OS. Celle - ci s'annonce par le gonflement du périofte, par la fenfibilité que témoigne l'animal, & principalement par la rougeur de l'os : les fuites de cette contufion ne font point dangereufes, fi dans le commencement on emploie les émolliens, en raifon de la fenfibilité & de l'inflammation, fuivis des réfolutifs fpiritueux, dont nous avons parlé plus haut ; il eft quelquefois néceffaire de recourir au feu, fi la contufion eft violente, fi l'os eft noir, & s'il y a carie. (Voyez CARIE) M. T.

CONVULSION, MALADIES CONVULSIVES. On donne le nom de convulfion, à tous les mouvemens qui s'exécutent fans l'ordre de la volonté.

On diftingue des convulfions de plufieurs efpèces.

On donne le nom de fpafmes ou d'érétifmes, aux mouvemens qui s'exercent dans les nerfs & dans les vaiffeaux, & le nom de convulfions, proprement dites, à tous les mouvemens irréguliers qui s'exercent, fans la participation de la volonté, dans les mufcles deftinés, par la nature, à faire mouvoir les différentes parties du corps.

Les convulfions font générales ou partielles : générales, elles attaquent toutes les parties du corps, comme dans cette maladie convulfive, connue fous les noms différens, de mal d'hercule, mal de St. Jean, haut-mal, mal caduc, épilepfie : partielles, elles ne fe font fentir que dans quelques parties ifolées du corps.

Les caufes qui peuvent faire naître les maladies convulfives, font en grand nombre : en général, les maladies convulfives dépendent de l'obftruction du cerveau ; ces caufes peuvent être phyfiques ou morales.

Les caufes phyfiques font la mauvaife conformation du cerveau, les maladies héréditaires, toutes les maladies qui peuvent fe déplacer & aller se fixer dans le cerveau.

Les causes morales, sont les passions excessives, les mouvemens imprévus de joie & de terreur, les chagrins profonds, les méditations abstraites.

L'histoire ancienne & moderne fourmille d'exemples funestes, qui ont dû le jour à la violence des passions. Diagoras, voyant son fils vainqueur aux jeux olympiques, mourut de joie. Une dame romaine expira subitement de douleur, en apprenant la mort de son fils, tué à la bataille de Cannes : on a vu des personnes expirer, en peu de minutes, de joie & de colère.

On a attribué tous ces effets subits & effrayans, à la suspension de la circulation d'un fluide éthéré, que l'on dit couler dans les nerfs, & donner la sensibilité & le mouvement à toutes les parties de la machine humaine ; mais tout ingénieuse que soit cette hypothèse, il s'en faut de beaucoup que l'existence de ce fluide éthéré, magnétique ou phosphorique, soit prouvée.

Il est seulement constant, d'après l'observation, que, quelle que soit la cause qui comprime, qui dessèche, qui relâche, qui irrite ou qui détruit les nerfs dans leur principe, qui est le cerveau, ou dans leur marche; il est constant, disons-nous, que les maladies convulsives sont les produits de ces différens agens. Il est encore prouvé que la foiblesse générale du corps ou de quelques organes, quelle qu'en soit la source, détermine l'apparition des maladies convulsives : les gens des villes y sont plus sujets que les gens de la campagne :

affoiblis dès le sein de leur mère, l'éducation molle & efféminée qu'ils reçoivent, & les différens vices de la société, auxquels ils sacrifient, ne font qu'ajouter à la foiblesse de leur constitution, & les disposent à toutes les maladies des nerfs : les gens de la campagne, plus robustes, à la suite d'une éducation rustique, ont des organes vigoureux, & bravent impunément, en général, les maladies nerveuses.

Les maladies convulsives sont toujours des maladies graves, tant par elles-mêmes, que par les suites qu'elles traînent après elles. Dans les violens mouvemens des convulsions, le resserrement des parties s'oppose à la libre circulation du sang & de la lymphe : ces fluides sont arrêtés, ils croupissent & s'altèrent, & il n'est pas rare de voir l'inflammation & la gangrène, être les produits des convulsions. C'est aussi d'après ces effets qu'on éprouve, à la suite des convulsions, des douleurs & des lassitudes dans les membres, jusqu'au moment où la circulation a repris son cours ordinaire.

Lorsque ces maladies viennent de naissance, ou sont compliquées avec d'autres maladies, il n'y a point d'espoir de guérison : lorsqu'elles sont accidentelles, c'est-à-dire, quand elles sont le produit des autres maladies, on peut espérer de les détruire, en combattant la cause qui leur a donné le jour.

Ces maladies sont toujours effrayantes, & ne sont pas toujours mortelles : si le malade est jeune & bien organisé, on les guérit aisément.

Dans les maladies quelconques, les convulsions qui ne durent qu'un ou deux jours, font fouvent falutaires, & annoncent des crifes heureufes; mais au-delà de ce terme, elles annoncent la mort. Les convulfions font fouvent falutaires dans la paralyfie univerfelle : après des hémorragies ou pertes quelconques, confidérables, le hoquet & les convulfions font toujours des fignes fâcheux. Les vieillards attaqués de convulfions font menacés d'apoplexie, de paralyfie ou d'afthme convulfif : toutes les évacuations fupprimées qui reparoiffent dans les convulfions, en annoncent une terminaifon heureufe : une dent cariée entretient quelquefois des convulfions.

Nous ne donnons point ici de traitement général fur les convulfions, & fur les maladies convulfives, parce que ce traitement doit être en raifon des caufes & des efpèces de maladies convulfives. (*Voyez* DANSE DE ST. GUI, ÉPILEPSIE, MAL DE MER, ou MAL HYSTÉRIQUE ou VAPEURS, POSSESSIONS, TETANOS, & *convulfions des enfans*, à l'article ENFANT.) M. B.

COQ. (*Voyez* POULE)

COQ D'INDE. (*Voyez* DINDE)

COQ DES JARDINS ou MENTHE-COQ, (*Planche 12, page* 463.) M. Tournefort la place dans la troifième feftion de la douzième claffe, qui comprend les herbes à fleur à fleuron, qui laiffent après elles des femences fans aigrettes, & il l'appelle *tanacetum hortenfe, folio & odore menthæ*. M. von Linné la nomme *tanacetum balfamita*, & la claffe dans la fingénéfie polygamie égale.

Fleurs, jaunes, compofées de fleu-

rons hermaphrodites dans le difque, & de fleurons femelles dans la circonférence. B, repréfente un fleuron hermaphrodite; C, un fleuron femelle. Le tube du premier eft cylindrique, évafé à fon extrémité, divifé en cinq fegmens pointus; le fleuron du fecond eft moins évafé, & eft divifé en trois parties. Tous les fleurons font raffemblés autour d'un réceptacle convexe & nu, qui fe trouve placé au fond de l'enveloppe D, compofée de plufieurs feuilles linéaires, foutenues par un corps écailleux, repréfenté en E, où l'on voit fon enveloppe pardeffous.

Fruit F, femences folitaires, oblongues, nues & brunes.

Feuilles, ovales, entières, dentées en manière de fcie; celles du bas des tiges font portées par des pétioles; celles des tiges leur font adhérentes.

Racine A, oblique, longue, fibreufe, brune à l'extérieur.

Port. Tiges hautes de deux pieds environ, velues, rameufes, blanchâtres, pâles : les fleurs naiffent au fommet, difpofées en bouquet; les feuilles font alternativement placées fur ces tiges.

Lieu. Les provinces méridionales de France; la plante eft vivace, & fleurit en Juillet & août.

Propriétés. Toute la plante eft un peu amère, mais aromatique, agréable, ayant l'odeur de menthe; elle eft ftomachique, anti-émétique, céphalique, anti-narcotique, vulnéraire, réfolutive : la femence & les feuilles font quelquefois mourir les vers contenus dans l'eftomac & dans les inteftins : les feuilles fortifient les organes de la digeftion, dérangés par des humeurs féreufes ou pituiteufes : elles réveillent les forces vitales & échauffent beaucoup; elles font indiquées, dans le dégoût, par des humeurs pituiteufes ; dans le météorifme fans difpofition inflammatoire ; dans la fuppreffion des règles, par l'impreffion des corps froids, avec foibleffe des forces vitales & mufculaires; elles font très-rarement utiles dans l'affection hyftérique.

Ufages. Les feuilles fèches fe donnent depuis demi-drachme, jufqu'à une once, en infufion dans fix onces d'eau, ainfi que les fommités fleuries : on en prépare une huile par infufion, utile, dit-on, contre les contufions ; la décoction de la plante eft à préférer dans ce cas. La dofe, pour les animaux, eft de deux onces, fur deux livres d'eau: on peut fe fervir des feuilles & des fommités pour cette décoction.

COQUE. Enveloppe particulière de certaines femences, compofée d'une feule pièce qui s'ouvre de bas en haut, d'un feul côté, & fans future; telle eft, par exemple, l'enveloppe ou coque du laurier-rofe. On pourroit confondre la coque avec la gouffe; mais la différence de la pofition des femences, eft un caractère qui empêchera facilement de les confondre : les femences font attachées, dans la coque, à une tige particulière ou *placenta*, & n'adhèrent point à la coque; quelquefois les femences y font enveloppées d'une pulpe, comme dans le *tabernæ montana* : quand la coque n'eft pas remplie de cette pulpe, elle eft ordinairement gonflée par l'air. Dans la *Figure 13, Planche 13*, nous avons

repréfenté les deux coques (ou gaînes, comme les nomme M. Tournefort) du dompte-venin. La Figure A repréfente une coque ouverte, & vue en devant, pour laiffer appercevoir la difpofition des graines, arrangées les unes au-deffus des autres, en recouvrement; B eft une coque encore fermée; mais à travers de fon ouverture, paffent les filets des aigrettes, dont chaque femence eft garnie. M M.

COQUELUCHE, Médecine rurale. Le nom de cette maladie tire fon origine de l'ufage où l'on étoit anciennement de couvrir, avec un capuchon, la tête des gens attaqués de cette maladie.

Tout ce qui peut troubler la digeftion, & arrêter la tranfpiration, donne naiffance à la coqueluche; cette maladie eft tellement connue, que nous n'en donnerons point de defcription: elle attaque plus communément les enfans que les adultes.

Le but qu'on doit fe propofer, c'eft de rétablir la digeftion, en faifant fortir les matières qui alimentent la toux par leur féjour dans l'eftomac, & de favorifer la tranfpiration; & pour obtenir ce qu'on fe propofe, il faut fe comporter de la manière fuivante.

La coqueluche a différens degrés, & les moyens doivent être proportionnés à ces degrés: il faut nourrir le malade avec des bouillons gras fimples, lui faire boire de l'eau de poulet, & une tifanne faite avec l'hyfope & le miel: on a obfervé que le changement d'air étoit fi falutaire, que fouvent il réuffiffoit feul fans qu'on fût obligé d'employer d'autres remèdes.

Pl. XIII. Pag. 478.

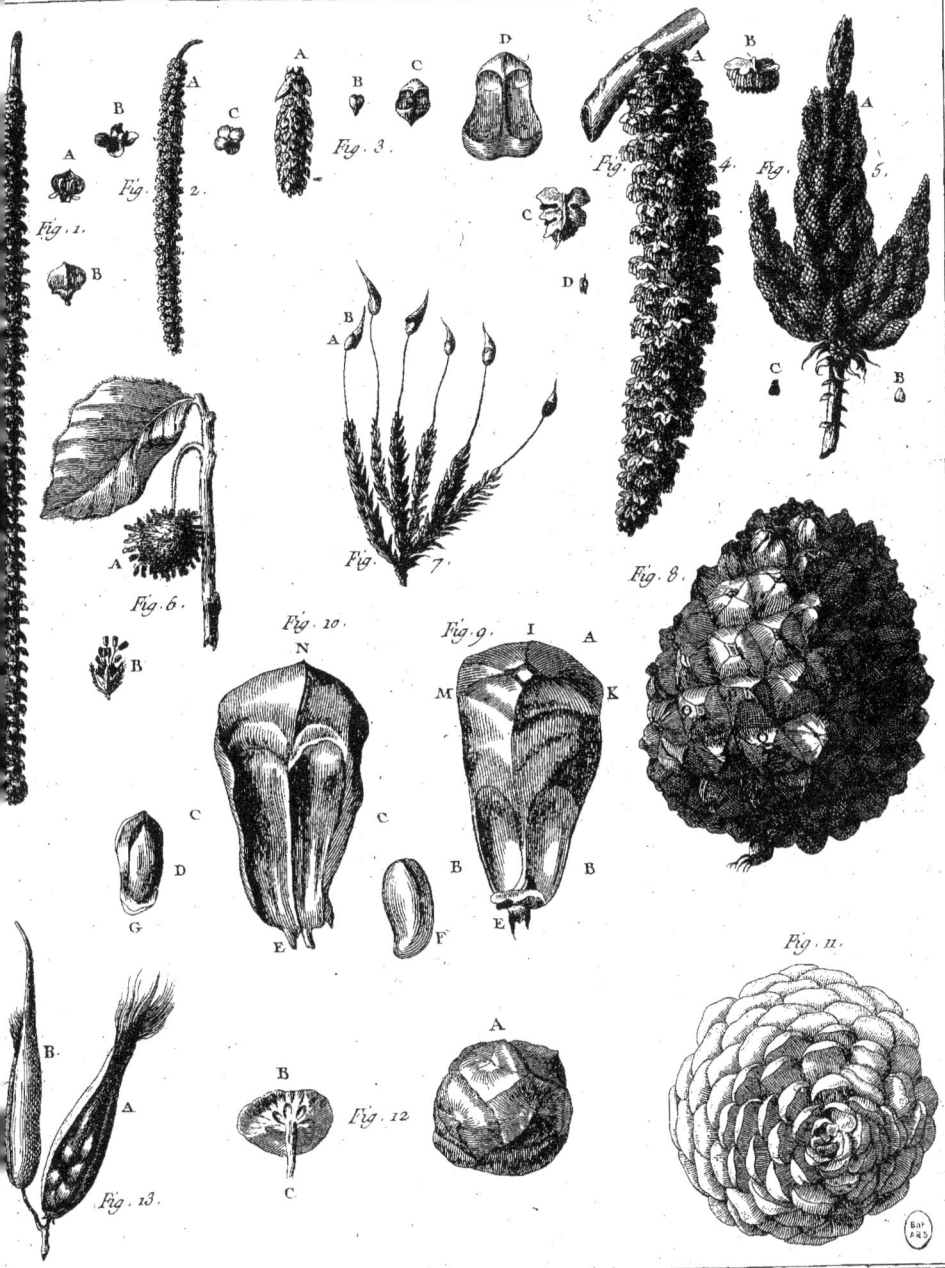

Fig. 1.

Fig. 2.

Fig. 3.

Fig. 4.

Fig. 5.

Fig. 6.

Fig. 7.

Fig. 8.

Fig. 9.

Fig. 10.

Fig. 11.

Fig. 12.

Fig. 13.

Il faut faire vomir le malade ; il n'eſt pas fort aiſé de faire avaler les remèdes aux petits enfans , il faut abſolument les tromper dans l'adminiſtration des remèdes; & on réuſſira parfaitement dans le but qu'on ſe propoſe, s'ils ſont plus indociles que de coutume , en uſant des moyens ſuivans : on fera infuſer vingt-quatre ou trente-ſix grains d'ipécacuanha dans une chopine d'eau bouillante ; on maſquera cette infuſion avec un peu de lait & de ſucre, &, de temps en temps, on en fera boire une taſſe au petit malade. Lorſque le vomiſſement paroît , on ceſſe l'uſage de l'infuſion , & on en règle l'uſage ſur les degrés , & ſur la nature du vomiſſement. Il ſuit deux effets avantageux de ce remède ; l'eſtomac eſt débarraſſé de la cauſe matérielle de la coqueluche, & la reſpiration eſt rétablie. On purge enſuite le petit malade avec le ſirop de rhubarbe.

Il eſt important de défendre abſolument l'uſage des ſubſtances graſſes & huileuſes; abus dans lequel on tombe tous les jours.

Si le petit malade ne veut point faire uſage de ſirop de rhubarbe, on emploie encore le ſtratagême, & on le purge avec les feuilles de ſené, cuites dans les pruneaux.

Si le mal perſiſte , on a recours au kermès minéral : on le donne à la doſe d'un quart de grain, trois fois par jour , mêlé avec du ſucre dans une cuillerée de bouillon ou de tiſane, dans l'âge d'un an, & à la doſe de demi-grain, à l'âge de deux ans.

Si, malgré ces moyens, la coqueluche perſiſte opiniâtrément, il faut avoir recours aux calmans: on donne le laudanum à la doſe de trois, quatre,

cinq & ſix gouttes. Si la toux étoit trop forte , & menaçoit de rompre quelques vaiſſeaux , il faut tirer un peu de ſang. Mais rarement on eſt obligé d'en venir à cette extrémité , lorſque les moyens que nous avons indiqués ont été exactement ſuivis. Quand la coqueluche eſt négligée, & qu'elle règne épidémiquement, elle emporte un très-grand nombre d'enfans.

Il arrive encore quelquefois que la coqueluche réſiſte à tous les remèdes ; alors il faut appliquer les véſicatoires, & elle diſparoît.

Si la fièvre paroît, on la combat avec le quinquina & le caſtoreum ; le premier, à la doſe de huit à dix grains, & le ſecond, à deux ou trois gouttes; mais il faut avoir fait précéder les remèdes dont nous avons parlé plus haut, ſur-tout l'ipécacuanha. M. B.

COQUERET ou ALKEKENGE. (Pl. 12 , page 463.) M. Tournefort le place dans la ſeptième ſection de la ſeconde claſſe, qui comprend les herbes à fleur en entonnoir, en forme de roſette, dont le piſtil devient un fruit mou & charnu; il l'appelle alkekengi officinarum. M. von Linné le nomme phiſalis alkekengi, & le claſſe dans la pentandrie monogynie.

Fleur, d'une ſeule pièce. La corolle eſt un tube C, évaſé à ſon extrémité, diviſé en cinq ſegmens ; elle eſt repréſentée ouverte en B, & laiſſe voir cinq étamines attachées à ſes parois : D repréſente le piſtil ; E, le calice d'où part le piſtil.

Fruit. Baie renfermée dans une veſſie membraneuſe F : la baie eſt molle, ronde, charnue. En G, on la voit dans fa veffie ouverte ; en H, elle eft coupée tranfverfalement, & montre l'arrangement de fes graines I, qui font en forme de rein, aplaties & chagrinées.

Feuilles. Deux à deux à chaque nœud, très - entières, oblongues, pointues, foutenues par de longs pétioles.

Racine A, genouilleufe, articulée, grêle, fibreufe.

Port. Tiges d'une coudée, un peu velues & branchues : les fleurs folitaires, placées à l'oppofite des feuilles.

Lieu. Les vignes, les lieux ombragés ; la plante eft vivace, & fleurit en juin & juillet.

Propriétés. Le fruit eft d'abord acide, enfuite un peu amer ; c'eft, fuivant les uns, un puiffant diurétique ; fuivant d'autres, il augmente à peine le cours des urines : malgré cette diverfité d'opinions, on s'accorde à regarder les baies comme très-utiles dans la colique néphrétique caufée par des graviers, avec inflammation ou difpofition vers cet état : le fruit eft rafraîchiffant.

Ufage. Les baies récentes, depuis demi - once, jufqu'à deux onces, en décoction dans fix onces d'eau ; deffechées & pulvérifées, depuis une drachme, jufqu'à demi-once, incorporées avec un firop, ou délayées dans cinq onces d'eau. On peut avaler de quatre à fix de ces baies crues : leur fuc récent & fermenté avec du moût de raifin blanc, fe donne le matin à jeun, à la dofe de quatre onces. Pour les animaux, les baies récentes fe donnent à la dofe de quatre onces ; deffechées & pulvérifées à la dofe d'une à deux onces, dans une livre & demie d'eau.

COQUILLAGE, COQUILLE.

C'eft à ces fubftances, c'eft au débris des madrépores, des lithophites ; en un mot, à tous les débris des logemens des infectes, foit de mer, foit d'eau douce, que l'on doit attribuer la formation des faluns immenfes de Tourraine ; c'eft à ces débris pulvérifés & atténués à l'excès, que la craie doit fon origine, ainfi que la pierre calcaire, les marbres, &c. Pour rendre raifon de ces phénomènes, il faut confidérer les coquilles fous trois points de vue différens.

I. Les coquilles entières ont été raffemblées en maffe, & fouvent par couche de plufieurs pieds : tels font ces grands bancs d'huitres, longues fouvent de près d'un pied, fur trois à quatre pouces de largeur, & dont on dit que fon analogue vivant fe trouve aujourd'hui aux grandes Indes. L'on trouve ces bancs, devenus foffiles, dans le bas Dauphiné, la baffe Provence, le bas Languedoc, & ces huitres font mêlées avec de l'argile plus ou moins pure ; quelques-unes font encore dans leur premier état, & d'autres ne font lapidifiées qu'en partie. Je crois que la fubftance même de l'animal eft une des caufes principales qui a le plus concouru à la lapidification : dans cet état, les coquilles ne contribuent pas plus à la bonification des champs, qu'un morceau de pierre calcaire.

Si la coquille a refté dans fon état naturel, & que, dans cet état, elle ait été brifée par parcelles, alors le frottement des unes contre les autres les a ufées, les a limées, & en a converti une certaine quantité en chaux naturelle : alors ces détritus peuvent former un excellent engrais.

Si

Si ces coquilles & leurs parcelles ont toutes été réduites à l'état de pouſſière, ſemblable à celle de la chaux éteinte à l'air ; ſi cette pouſſière forme des amas conſidérables, ou a des bancs de craie : ſi, enfin, la la pouſſière la plus atténuée a été unie à de l'argile bien pure & bien fine, voilà l'origine de la marne, & le principe de ſa fécondité.

Comment ces coquilles ont-elles été arrachées du fond de la mer, des rochers auxquels elles étoient attachées ? comment & quand ont-elles été deſſéminées ſur notre terre, pour y paroître, ſoit en bancs, ſoit en maſſes énormes, ſoit répandues çà & là ? Ce ſont autant de problêmes que je n'entreprendrai pas de réſoudre, & deſquels on n'a donné, juſqu'à ce jour, aucune ſolution parfaitement ſatisfaiſante. Pluſieurs hypothèſes, publiées ſur ce ſujet, ſont très-ingénieuſes ; mais elles ont toujours un côté foible, & ne ſont d'aucune utilité pour l'agriculture.

II. Les coquilles, madrépores, coraux ; en un mot, les anciens logemens des animaux, & fabriqués par eux, ſont aujourdhui dans deux états ; ou ils ſont foſſiles c'eſt-à-dire, changés en pierre; ou ils n'ont éprouvé aucune altération. Dans le premier cas, ils forment la pierre calcaire, que nous réduiſons en *chaux* ; (*voyez* ce mot) & cette chaux ſert à bâtir nos maiſons, & à amender les terres. Dans le ſecond, c'eſt-à-dire, lorſque la coquille eſt telle qu'elle ſort de la mer, on trouve un puiſſant engrais : portée ſur nos champs, elle leur communique d'abord le ſel marin dont elle eſt imprégnée ; enſuite elle ſe décompoſe peu à peu par l'action des météores, par le frottement de la charrue, &c.

Tome III.

& fournit peu à peu la ſubſtance calcaire, qui s'uniſſant avec les débris des végétaux, forme l'*humus* ou *terre végétale* par excellence ; (*voyez* TERRE VÉGÉTALE) en un mot, la ſeule qui ſoit véritablement ſoluble dans l'eau, & la ſeule qui forme la charpente des plantes.

Il y a pluſieurs manières de fertiliſer les champs avec des coquilles. 1°. Si elles ſont foſſiles & en corps ſolide, en les réduiſant en poudre fine, au moyen des bocards, pilons, &c. 2°. Si la nature les a déjà réduites en pouſſière, & ſi cette pouſſière, ou ſeule, ou unie à d'autres portions terreuſes, forme des maſſes ſolides, il faut encore recourir aux pilons. 3°. Si la conſiſtance de ces maſſes eſt lâche, peu ſerrée, peu compacte, le frottement, des chocs légers ſuffiront pour détruire l'adhéſion de ces parties; telles ſont les craies. 4°. Enfin, cette pouſſière eſt ſimplement unie à une terre quelconque, ſans être ſolidifiée, telle que la marne, elle ſe diſſoudra ſur nos champs par le ſeul contact de l'air, du ſoleil, des pluies, &c. Voilà pour les coquilles foſſiles, ou réduites à un état de chaux par les mains de la nature.

III. Les coquillages, tels qu'ils exiſtent aujourd'hui, tels qu'on les tire du ſein de la mer, ou qu'on les ramaſſe ſur ſes bords, deviennent, par l'induſtrie de l'homme, un excellent engrais, ſuivant les circonſtances & la nature du ſol qui doit être engraiſſé. (*Voyez* les mots AMENDEMENT, ENGRAIS) Il y a pluſieurs manières de les employer ;

1°. Ou en les faiſant calciner comme la pierre calcaire ; & alors on les réduit en véritable chaux, telle que celle employée pour le mortier. (*Voyez* ce qui a été dit à l'article CHAUX)

2°. En leur faifant éprouver un degré de chaleur capable de pénétrer leurs parties, fans les convertir en chaux ;

3°. En les portant fur le champ, telles qu'on les retire de la mer.

Par la première méthode, le champ eft engraiffé auffitôt : par la feconde, l'opération eft plus longue ; il l'eft dans l'année même, parce que la chaleur imprimée à la fubftance de la coquille, commence à détruire le lien d'adhéfion de fes parties, & peu à peu l'air, la pluie, &c. en ifolent chaque partie : enfin, par la troifième, l'engrais s'établit infenfiblement, à la longue & d'année en année, par la décompofition de la coquille. Je préférerois cette derniere méthode pour nos provinces méridionales, & fur-tout pour les terreins peu riches en végétaux, & dont le fol a peu de ténacité. De ces principes de théorie, venons à la pratique qui doit les confirmer : je vais emprunter les expériences fuivantes du *Journal économique* du mois d'août, année 1743. Cet article a été tiré des *Journaux anglois*. Le mémoire eft intitulé : *Manière d'engraiffer les terres avec des coquillages de mer, dans les provinces de Londonderry & de Donnegall en Irlande, publiée par l'Archevêque de Dublin.* » Sur la côte de la mer, l'engrais ordinaire confifte en coquillages : vers la partie orientale de la baie de Londonderry ; il y a plufieurs éminences que l'on apperçoit prefque dans le temps de la marée baffe : elles ne font compofées que de coquillages de toutes fortes, fur-tout de pétuncles, de moules, &c. Les gens du

pays viennent avec des chaloupes, pendant la baffe eau, & emportent des charges entières de ces coquillages : ils les laiffent en tas fur la côte, jufqu'à ce qu'ils foient fecs ; enfuite ils les emportent dans des chaloupes, en remontant les rivières, & après cela, dans des facs fur des chevaux, l'efpace de fix à fept milles dans les terres : on emploie quelquefois quarante, jufqu'à quatrevingts barils pour un arpent. Ces coquillages font bien dans les terres marécageufes, argileufes, humides, ferrées, dans les bruyères ; mais ils ne font pas bons pour les terres fablonneufes. Cet engrais dure fi longtemps, que perfonne n'en peut déterminer le terme : la raifon en eft vraifemblablement, que les coquillages fe diffolvent tous les ans, petit à petit, jufqu'à ce qu'ils foient entièrement épuifés ; ce qui n'arrive qu'après un temps confidérable, au-lieu que la chaux opère tout d'un coup ; mais il faut obferver que le terrein devient fi tendre en fix ou fept ans, que le blé y pouffe trop abondamment, & donne de la paille fi longue, qu'elle ne peut fe' foutenir. Pour lors, il faut laiffer repofer la terre un an ou deux, afin de ralentir fa fermentation, & d'augmenter fa confiftance ; après quoi la terre rapportera, & continuera de le faire pendant vingt ou trente années. Dans les années où on ne laboure point la terre, elle produit un beau gazon, émaillé de marguerites ; & rien n'eft fi beau, que de voir une montagne haute & efcarpée, qui, quelques années auparavant, étoit noire de bruyères, paroître tout d'un coup couverte de fleurs & de verdure. Cet engrais rend le gazon plus fin, plus

Cornouiller.

Cresson de Fontaine.

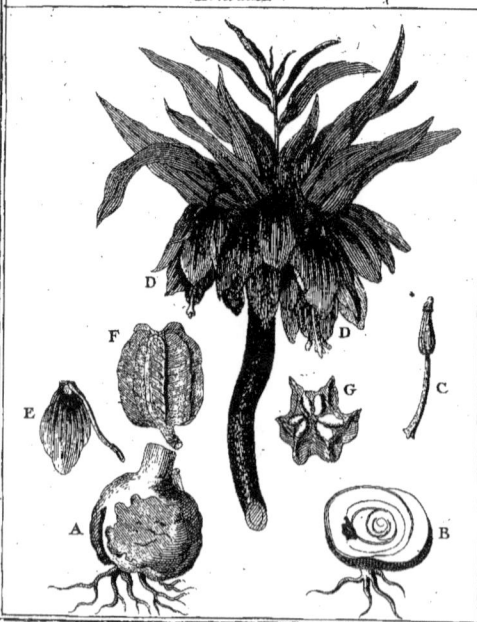

Sellier Sculp.   Couronne Impériale.

Coriandre.

épais & plus court : cet amendement contribue à détruire les mauvaises herbes, ou du moins il n'en produit pas comme le fumier. Telle est la méthode dont on se sert pour améliorer les terres stériles & marécageuses. »

« Les habitans du pays répandent un peu de fumier ou de litière sur la terre, & sèment par-dessus des coquilles, lorsqu'ils veulent faire croître des pommes de terre, & ils les plantent, ou à un pied les unes des autres, ou quelquefois dans des sillons, à six ou sept pieds de distance. Au mot POMME DE TERRE, on trouvera la manière de les cultiver dans ce pays. »

« Les trois premières années, les pommes de terre occupent le terrein ; on le laboure à la quatrième & on y sème de l'orge : la récolte est fort bonne pendant plusieurs années de suite. »

« On remarque que les coquilles réussissent mieux dans les terreins marécageux, où la surface est de tourbe, parce que la tourbe est le produit des végétaux réduits en terreau, & dont les parties salines ont été entraînées par l'eau. »

« En creusant à un pied de profondeur, dans presque tous les endroits autour de la baie de Londonderry, on trouve des coquilles & des bancs entiers qui en sont faits ; mais ces coquilles, quoique plus entières que celles qu'on apporte de Shell-Island, ne sont pas si bonnes pour amender des terres. » (Il auroit fallu indiquer la différence qui se trouve entre les espèces de ces coquilles, & les premières, ou si ce sont les mêmes. Je regarde les coquilles d'huîtres comme les meilleures, parce qu'elles sont

plutôt attaquées par les météores à cause de leur porosité, & des couches écailleuses dont elles sont formées.) »

« La terre, près de la côte, produit du blé passable, & les coquilles seules ne produisent pas l'effet qu'on en attend, si on n'y met un peu de fumier. »

Cette dernière remarque de l'Archevêque de Dublin justifie le principe que j'ai si souvent répété, (voy. le mot AMENDEMENT) & que je répéterai plus souvent encore dans le cours de cet Ouvrage. Pour qu'un engrais agisse, il faut qu'il soit réduit à l'état savonneux, afin qu'il soit soluble à l'eau, &, que, dans cet état, il puisse s'insinuer dans les conduits séveux de la plante. (Voyez le mot ENGRAIS) Mais pourquoi l'engrais de coquillages réussit-il dans les parties éloignées de la mer, & non pas sur ses bords, jusqu'à une certaine distance ? C'est que le terrein qui l'avoisine, ne manque pas de sel ; il y est entraîné & porté par les vents humides de mer, & déposé avant que ces vents aient pénétré à un éloignement dans les terres. Ce sol n'a donc pas besoin d'engrais purement salin, mais d'engrais animal, huileux, graisseux, &c. afin que ce sel se combine avec ce dernier, & fasse avec lui un corps savonneux. Dans les pays, au contraire, éloignés de la mer, la partie saline est en trop petite quantité ; c'est pourquoi la chaux, la marne, les coquillages, &c. produisent le meilleur effet : la partie animale y est assez abondante ; de manière que le sel marin, ou sel de cuisine, est ici un très-bon engrais, & là il devient nuisible. Ce n'est pas tout : si on

P p p 2

employoit fans reftriction, dans les pays chauds & fecs, la méthode publiée par l'Archevêque de Dublin, on perdroit fes récoltes en grains : la chaleur eft trop forte, les pluies trop peu abondantes, & l'activité du fel nuiroit à la végétation. Etudions le pays que nous habitons, & voyons s'il fe trouve dans la même circonf-tance que celui dont on parle, avant d'adopter les pratiques, bonnes en elles-mêmes, mais en général mau-vaifes. L'emploi des coquilles peut être très-utile dans les cantons natu-rellement froids & pluvieux, comme en Normandie, en Bretagne, en Ar-tois, en Flandres, en Picardie ; &c. mais, comme tel, nuifible en Pro-vence, en Languedoc, le long du rivage.

Malgré ce que je viens de dire, j'adopte très-fort fon ufage, même pour ces provinces, avec la reftric-tion fuivante. Je voudrois qu'on fît, dans une foffe où l'on pourroit con-duire l'eau à volonté, un lit de coquillage, un lit de fumier ; ce dernier double du premier, & ainfi de fuite, jufqu'à ce que la foffe fût remplie d'eau : fi c'eft dans l'été, la rem-plir d'eau, afin que cette eau, aidée par la chaleur du fumier lors de fa fermentation, pénétrât les couches dont la coquille eft formée ; peu à peu la combinaifon favonneufe s'éta-bliroit ; enfin, lorfqu'on tireroit de la foffe, un ou deux ans après, la coquille, elle feroit prefque détruite, ou du moins entièrement pénétrée par le fuc du fumier. Si on donne trop d'eau à ce fumier, la fermentation fera foible ; il faut fimplement entre-tenir fon humidité, & rien de plus. La première eau fera bientôt éva-porée dans les pays chauds : on

doit concevoir que l'activité du fel calcaire eft diminuée ; que, par fon union avec la fubftance graif-feufe, il a déjà formé la fubftance favonneufe ; enfin, que la maffe de la coquille eft plus fufceptible d'être décompofée par l'air, par le foleil, par les pluies, &c.

Je défire encore que ces coquilles, que ce fumier, foit jeté fur les terres qui repofent ou font en jachères dès le mois de novembre, & qu'il foit auffitôt enterré par un fort coup de charrue à verfoir : il travaillera admirablement pendant cette année de repos, & ne brûlera pas la ré-colte de l'année fuivante.

COR AUX PIEDS. Les cors font de petits durillons ou excroiffances qui viennent aux doigts des pieds.

Des perfonnes qui fe fervent de chauffures étroites ; des coups reçus fur cette partie, déforganifent quel-quefois la peau, & donnent naif-fance aux cors.

Les charlatans font encore en droit de guérir feuls les cors, fuivant l'opinion populaire ; & ils réuffifent dans cette incommodité, comme dans les autres, c'eft-à-dire, qu'ils ex-pofent les malades à être extropiés : ils fe fervent de cauftiques, d'on-guens âcres ; & il fuit de l'ufage de ces moyens, des incommodités plus dangereufes que celles qu'ils veulent guérir. On a fouvent vu des éryfi-pèles, des inflammations, des ulcéres de mauvais genre, & des cancers mêmes, naître à la fuite du trai-tement que les charlatans font aux cors.

Le peuple ne croit point aux moyens fimples ; & le merveilleux reçoit feul fes hommages, dût - il être victime de son enthousiasme : rien cependant n'est plus simple que la guérison des cors.

Il faut renoncer aux chaussures étroites ; baigner le pied dans l'eau tiède un espace de temps suffisant pour attendrir & ramollir le cor ; lorsqu'il est en cet état, on l'enlève facilement par portion, & on s'arrête quand la douleur se fait sentir : on continue à baigner le pied, on le couvre avec un linge imbibé de miel ou d'huile, & on parvient, par ces moyens simples, non-seulement à empêcher le cor de dégénérer en ulcère & en cancer, mais à le faire disparoître entièrement. M. B.

CORAIL DES JARDINS. (*Voyez* POIVRE DE GUINÉE)

CORALINE *ou* **HELMINTHO-CHORTON.** C'est le meilleur vermifuge connu ; il résulte de l'excellent Mémoire de M. de la Tourrette, imprimé dans le *Journal de Physique*, sept. 1782, que cet individu n'appartient point au règne animal, & par conséquent que ce n'est point une coraline, mais une véritable plante, qui croît sur les rochers de Corse, baignés par la mer : elle y adhère, comme une mousse distribuée en buisson, par petites touffes de la hauteur d'un pouce, environ ; sa couleur dominante est fauve, passant quelquefois au gris, avec une teinte rougeâtre. Lorsque l'helminthochorton est desséché, tel qu'on le trouve dans le commerce, il est cassant, répand une forte odeur de marée ; mais par la combustion, il ne donne aucun principe volatil, il exhale une simple odeur végétale,

semblable à celle d'un fragment d'herbe ou de bois, qui, après avoir long-temps trempé dans l'eau de la mer, auroit été desséché & brûleroit : si on le met dans l'eau, bientôt il se dilate en tout sens, toutes ses parties se développent, & l'on reconnoît facilement que c'est une plante du genre des *fucus*, & doit être appelée *fucus helminthochorton*. On l'emploie, avec le plus grand succès, contre les vers lombricaux ; mais les deux espèces de *tœnia*, c'est-à-dire, le ver solitaire & le ver cucurbitain lui résistent, & il ne paroît avoir aucune action contre les vers ascarides. On le prescrit en poudre ou en décoction. On vend dans les boutiques, une espèce nommée coraline, qui appartient réellement au règne animal, & qui, quoique vermifuge, est très-inférieure, par ses effets, à la plante dont nous parlons.

CORBEILLE. Elévation de terre placée ordinairement au milieu d'un jardin, d'un parterre, ou dans des compartimens, entourée d'un grillage bas, mais proportionné à sa hauteur & à son diamètre, pour placer des fleurs. Si on veut qu'une corbeille soit toujours garnie de fleurs, il faut avoir en réserve une certaine quantité de pots garnis des plantes de chaque saison ; de manière que, dès qu'une espèce de fleur est passée, on la supplée par des pots d'une fleur qui lui succède : on peut, par ce moyen, varier agréablement les couleurs, & offrir un coup-d'œil gracieux.

CORDE, CORDEAU, grosse ficelle de trois à quatre lignes d'épaisseur (suivant sa longueur) dont les jardiniers fe fervent pour tracer des alignemens. Le cordeau eft garni, à chacune de fes extrémités, d'un piquet ou forte chevillé d'un bois dur & pointu par le bas. L'économie exige d'entourer le haut d'une petite bande de fer, afin que fa tête n'éclate pas, lorfqu'on l'enfonce en terre à coups de maffe ou de marteau: A fix pouces au-deffous de l'anneau, le piquet eft percé d'un trou dans lequel paffe une cheville, qui excède chacun de fes côtés de la longueur de fix pouces : l'homme qui aligne tient cette cheville des deux mains, & elle lui facilite les moyens de donner à la corde fa plùs grande extenfion. Ces chevilles fervent encore, lorfque l'ouvrage eft fini, à rouler fur elles & tout au tour le cordeau. Si on le tient dans un lieu humide, on doit s'attendre, lorfqu'on voudra s'en fervir, à le voir fe tordre fur lui-même, parce que la corde fera renflée &, dans le befoin, on aura beau vouloir donner la plus grande extenfion à la corde, on n'y parviendra que lorf-qu'elle aura perdu à l'air l'humidité dont elle eft pénétrée. Un cordeau, tenu au fec, durera nombre d'années, & il fera bientôt pourri dans un lieu humide.

CORDE DE FARCIN. (*Voyez* FARCIN)

CORDIAL. On donne ce nom à tous les remèdes qui rétabliffent les forces. Du vin bon & très-vieux eft le meilleur cordial pour ceux qui en boivent rarement. (*Voyez* RESTAU-RANT.)

CORDON OMBILICAL, BOTA-NIQUE. Nom tiré de l'anatomie du règne animal, & que l'on a appliqué à quelques parties des plantes chez lefquelles on a trouvé de l'analogie avec le cordon ombilical du fœtus animal. La partie principale que les botaniftes défignent fous ce nom, eft un petit filet ou pédicule qui attache les femences dans les différens péri-carpes, & fur-tout dans la filique, & qui leur fournit la nourriture, juf-qu'à ce qu'elles foient mûres ; mais il eft une autre partie qui fait les fonctions du cordon ombilical plus directement, c'eft le pédicule des lobes d'une graine, ou plutôt la radi-cule qui, après avoir jeté des filets dans les deux lobes, & s'être réunie dans un feul corps, foutient enfuite la plume de la graine. Ceci eft trop intéreffant pour bien entendre ce que nous dirons au mot *germination*, pour que nous n'entrions pas dans quelque détail.

Les lobes d'une graine, comme l'ob-ferve très-bien M. Vaftel, doivent être confidérés comme un vrai placen-ta. La radicule féminale qui s'y ramifie des deux côtés, repréfente la veine, les deux artères ombilicaux, & toutes les ramifications qui vont du fœtus au placenta par le cordon ombilical. La partie de la radicule qui va, du point de réunion des faifceaux de la radicule féminale à la plume, eft donc exacte-ment le cordon ombilical qui va des lobes au germe. La *Figure* du mot COUCHE LIGNEUSE, *Pl. 1*, rend ceci très-fenfible. A eft la tête de la radicule qui doit percer la terre avant que la plume B forte d'entre les lobes E ; D eft le pédicule de la plume, ou le vrai cordon ombilical, dont les ramifications s'apperçoivent en CC. Toutes ces ramifications fe réuniffent au point A, pour former la radicule & le pédicule de la plume. Dans l'animal, les vaiffeaux du cordon ombilical s'étendent & fe ramifient pour former le placenta ; dans le végétal, les fibres CC du pédicule A D, s'étendent & fe ramifient pareillement pour former les lobes. Comme le cordon ombilical tient & communique au placenta, & au fœtus, le pédicule pareillement tient aux lobes & à la plume. Les lobes nourriffent donc la plume, comme le placenta nourrit le fœtus, le pédicule ou la racine féminale lui tient lieu du cordon ombilical. Au mot LOBE, nous pouflerons l'analogie plus loin, & nous démontrerons clairement que les lobes rempliffent exactement toutes les fonctions du placenta, & nourriffent la plume ou l'embryon, comme celui-ci le fœtus. (*Voyez* GERMINATION & LOBES)

Quoique nous ayons donné le nom de *pédicule* à la partie de la radicule qui eft entre fa tête & la bafe de la plume, il ne faut pas en conclure que tous les pédicules des fleurs, ou les pétioles des feuilles foient comme celui des lobes des cordons ombilicaux : le tronc ou les branches ne font pas des placenta, & les fleurs ou feuilles ne font pas des germes & des embryons; ils fervent feulement à les foutenir & à leur tranfmettre de la nourriture. M. M.

CORIANDRE. (*Voy. Pl. 14*) MM. Tournefort & von Linné l'appellent *coriandrum majus*. Le premier la place dans la troifième fection de la feptième claffe, qui comprend les fleurs en rofe & en ombelle, dont le calice devient un fruit arrondi ; & le fecond la claffe dans la pentandrie digynie.

Fleur, jaune-pâle, compofée de cinq pétales. En C, on voit leur forme, leurs difpofitions; en B, la manière dont les étamines font placées ainfi que le piftil; les pétales tombent promptement, & le fommet des étamines eft rougeâtre.

Fruit, obrond, contenant deux femences D, vues féparées ; la capfule qui les renferme eft défignée en E.

Feuilles, embraffant la tige par leur bafe, ailées, les inférieures arrondies & dentées ; les fupérieures découpées profondément & partagées en lanières étroites, terminées par une impaire.

Racine A, en forme de fufeau & très-fibreufe.

Lieu. L'Italie, cultivée dans les jardins ; la plante eft annuelle & fleurit en mai & juin.

Port. La tige eft herbacée, creufe & rameufe, de la hauteur de trois à quatre pieds ; l'ombelle naît au fommet fans enveloppe univerfelle ; la partielle eft divifée en trois folioles linéaires ; les feuilles font alternativement placées fur les tiges.

Propriétés. La femence fraîche eft d'une odeur défagréable, elle devient plus douce en féchant; les femences échauffent, augmentent fenfiblement la force & la vélocité du pouls, fortifient l'eftomac affoibli par des humeurs féreufes ou pituiteufes: longtems mâchées, elles excitent la falivation; elles font utiles dans les coliques venteufes fans inflammation, fouvent dans la fièvre quarte. On donne aux animaux la poudre, à la dofe d'une once. Quant aux préparations de la coriandre, elles font pour l'homme, comme celles de l'*anis*. (*Voyez* ce mot)

CORINTHE BLANC. *Raifin*. (*Voyez* ce mot.)

CORMIER. (*Voyez* SORBIER)

CORNE. Nom impropre donné aux vrilles ou mains de la vigne, des courges, des melons, &c. (*Voyez* VRILLE)

CORNE, *Médecine Vétérinaire*. La corne est une partie dure, épaisse de près d'un travers de doigt, qui règne autour du sabot du cheval & du bœuf. (*Voyez* SABOT) M. T.

F CORNE DU BŒUF, *Médecine Vétérinaire*. La tête du bœuf est armée de deux cornes, d'une substance cartilagineuse, plus dure, moins élastique que celle qui revêt les extrémités; cette corne est disposée par couches, qui s'étendent depuis les cerceaux annulaires, jusqu'à l'extrémité supérieure de la corne. Chacune de ces couches admet, dans sa composition, d'autres couches démontrées par la seule macération. Entre les petites couches, on ne peut observer aucun vaisseau, à l'aide du microscope & de l'injection. La corne, en environnant l'os qui lui sert comme de noyau, se termine inférieurement par une lame cartilagineuse, souple, mince & couverte de l'épiderme, qui paroît se confondre avec elle. Plus la corne s'élève au-dessus de l'os frontal, plus elle acquiert de l'épaisseur, & offre extérieurement des nœuds annulaires, ou cerceaux plus ou moins éloignés les uns des autres, & hérissés de lames annulaires, dont le premier donne origine à la couche la plus interne; & du dernier cerceau qui regarde l'extrémité supérieure de la corne, naît la couche la plus extérieure. Ces cerceaux servent à connoître l'âge du bœuf. (*Voyez* BŒUF) Les cornes ne doivent leur formation ni leur accroissement à l'épiderme ou à la peau proprement dite : nous devons la rapporter, d'après M. Vitet, à la membrane qui revêt l'os de la corne, parce qu'en détruisant ou en altérant cette membrane, on suspend l'accroissement de la corne.

Un des accidens le plus ordinaires aux cornes, est la fracture. (*Voyez* FRACTURE DE LA CORNE.) M. T.

CORNE DE CHAMOIS, *Médecine Vétérinaire*. C'est une corne pointue d'un animal appellé *Chamois*, dont les maréchaux se servent pour détacher les veines qu'ils veulent barrer au cheval, les tendons qu'ils ont envie de couper, & pour saigner les chevaux à la mâchoire supérieure où ils ne peuvent porter la flamme; c'est ce qu'on appelle *donner un coup de corne*. Cette opération étant inutile & dangereuse, nous nous dispensons de la décrire. M. T.

CORNÉE, MÉDECINE VÉTÉRINAIRE. Membrane de l'œil. (*Voyez* ŒIL)

CORNÉE TRANSPARENTE, (Lésion de la) *Médecine Vétérinaire*. La cornée transparente est très-exposée à l'action des corps étrangers, & par conséquent très-susceptible d'être meurtrie, piquée & déchirée.

Tous les accidens se manifestent par la blancheur de la membrane, par le grand écoulement des larmes, par des petites pellicules qui s'enlèvent de dessus la cornée, par son affaissement sur l'uvée, ou par une couleur rouge dans toute son épaisseur.

Ce

Ce mal eft prefque toujours fuivi d'une inflammation de la conjonctive. (*Voyez* CONJONCTIVE)

Traitement. On commence par faigner le cheval à la veine jugulaire, puis on le met à la paille, & à l'eau blanche, & on lui baffine l'œil avec de l'eau fraîche feulement; il faut bien fe garder de fuivre la méthode dangereufe de certains maréchaux, qui foufflent dans l'œil de l'animal des poudres corrofives, telles que le vitriol, &c.; outre qu'après un ou deux jours d'une femblable opération, le cheval redoute l'abord de l'homme, & devient plus ou moins féroce & plus ou moins intraitable. Les remèdes cauftiques & corrofifs, tendent à épaiffir les autres couches de la cornée; ce qui doit engager l'artifte, loin de recourir à un traitement auffi nuifible, à mettre en ufage les légers réfolutifs, tels que l'eau fraîche, ou bien l'eau vulnéraire M. T.

CORNICHON. (*Voyez* CONCOMBRE)

CORNICHON BLANC. *Raifin.* (*Voyez* ce mot)

CORNOUILLER, improprement appellé MALE, (*Pl.* 14, p. 487) placé par M. Tournefort dans la neuvième fection de la vingt-unième claffe, qui comprend les arbres & arbriffeaux à fleur en rofe, dont le calice devient un fruit à noyau, & il l'appelle *cornus hortenfis mas.* M. von Linné le nomme *cornus mas,* & le claffe dans la tétrandrie monogynie.

Fleurs A, de couleur jaune, raffemblées dans une efpèce de calice commun B, difpofées en rofe, compofées de quatre pétales ovales &

Tome III.

pointues. C repréfente une fleur vue de face; D la fait voir par-deffous, & montre le calice particulier de la fleur; E les quatre étamines environnant le calice.

Fruit F, le plus communément rouge, quelquefois jaune ou blanc dans certaines variétés; G, fon noyau; H fait voir les deux loges qu'il contient, & I fon amande.

Feuilles, fimples, très-entières, ovales, terminées en pointe, jamais dentelées, relevées en-deffous par des nervures faillantes.

Racine, ligneufe, rameufe.

Port, grand arbriffeau qui jette beaucoup de rameaux; fon écorce eft verte ou cendrée, fon bois dur, fes fleurs difpofées en manière d'ombelle, enfin, fes feuilles oppofées.

Lieu, les bois, les haies, fleurit en mars, avril & mai.

Propriétés. Ses fruits font appelés *cornes, cornouilles,* font fans odeur, d'une faveur légèrement acerbe & un peu auftère, ainfi que les feuilles & l'écorce; l'on peut manger les fruits, ils font rafraîchiffans & aftringens; les feuilles & les boutons font acerbes & defficatifs.

Le fruit fec & réduit en poudre, fe donne à l'homme, à la dofe de demi-once en infufion dans huit onces d'eau, & d'une once dans une pinte d'eau pour l'animal; extérieurement on emploie les boutons & les feuilles en décoction. Ce remède eft contraire aux eftomacs délicats. On mêle encore avec fuccès les cornouilles dans le vin, pour arrêter les dévoiemens; il faut dix livres de fruit fur cent livres de bon vin; on laiffe le tout fermenter pendant quinze jours, après quoi on foutire dans des bouteilles qu'il faut bien boucher.

Qqq

On trouve, en Provence, une variété de cet arbre, elle produit de gros fruits & on l'appelle *acurnier*. Ce genre renferme plufieurs efpèces, 1°. le cornouiller fanguin, vulgairement appellé *femelle cornus fanguinea*, Lin. dénomination qui lui vient de la couleur de fon écorce. Cette efpèce offre plufieurs variétés, les unes à feuilles alternes, très-larges; les autres à feuilles oblongues, ovales, blanchâtres par-deffous; celles-ci à feuilles étroites, en fer de lance, vertes des deux côtés, & les nervures du deffous, rougeâtres. Le fanguin d'Amérique a les feuilles très-blanches.

Ces arbres figurent très-bien dans les bofquets d'été: on voit, près de Zurich, des cornouillers taillés au cifeau comme la charmille, foit en boule, foit en if, foit en encaiffement au pied des arbres; enfin, il y fert, comme l'aubépin, à la formation des haies. Le fanguin ou cornouiller femelle pourroit-il être ainfi traité? C'eft un fait à examiner, & que je ne puis, à caufe que ce grand arbriffeau eft indigène au pays que j'habite. Sa graine femée, lève fouvent à la feconde année feulement: comme l'arbre trace beaucoup, on le multiple encore mieux par marcottes. *Voyez* ce qui a été dit au mot ACACIA, fur la manière prompte de fe procurer beaucoup de marcottes. Le tronc coupé, les drageons feront plus nombreux.

Les tiges droites du cornouiller fourniffent les meilleurs cerceaux connus, à caufe du pliant du bois, & fur-tout par rapport à fa dureté, & les fauffets pour les tonneaux. Le vin, lors de fa fermentation, ne les pénètre point, & la liqueur ne s'échappe point en dehors, & ne forme pas cette efpèce de croûte fpongieufe, molle, & de couleur vineufe, qui pourrit peu à peu la douve, & rend fes pores comme des fiphons. Lorfqu'on ne peut fe procurer du forbier ou cormier, pour faire les alluchons de lanterne des moulins, il faut préférer le bois de cornouiller à tout autre. Enfin, il fournit aux vignes des échalas fupérieurs à ceux de chêne & de châtaigniers, fur-tout fi on a le foin de le dépouiller de fon écorce. Ces qualités fi effentielles doivent engager les propriétaires des forêts de multiplier cet arbriffeau, non dans l'intérieur, mais fur les lifières .... Les jeunes pouffes du fanguin peuvent fuppléer l'ofier, pour attacher la vigne contre l'échalas.

COROLLE, BOTANIQUE. La corolle diffère effentiellement du calice de la fleur, comme nous l'avons remarqué au mot CALICE; elle eft la première enveloppe, l'enveloppe immédiate des parties de la fru¢tification. C'eft elle qui les protège, qui les défend des intempéries de l'air; elle veille à leur confervation, à leur développement, & dans plufieurs plantes, à l'a¢te même de la fécondation. Ces organes fi délicats & fi tendres, expofés dire¢tement à la pluie, ou aux rayons du foleil, au froid des brouillards, de la rofée, ou aux ardeurs deffléchantes de l'atmofphère & de certains vents, avorteroient ou tromperoient les vues de la nature, en laiffant échapper les atomes de pouffière fécondante, qui doivent exciter le développement des germes.

La corolle eft implantée entre le

calice & les parties de la fructification; c'est positivement cette partie
de la plante la plus brillante, la plus
agréable, & qui nous intéresse le plus,
soit par la vivacité & la variété de
ses couleurs, soit par les parfums
qu'elle exhale. Le commun des hommes l'appelle ordinairement *fleur*, &
les botanistes lui ont donné le nom
de *fane* ou *pétale*. Il faut cependant
observer ici que corolle & pétale ne
doivent pas être regardés comme
exactement synonymes. Le nom de
pétale, proprement dit, n'appartient
qu'aux pièces dont la corolle est
composée. Une corolle d'une seule
pièce, comme celle du grand liseron,
est une corolle entière; & celle de
la tulipe est une corolle à quatre pétales. Les botanistes n'ont pas fait
assez d'attention à cette distinction,
& cet oubli a entraîné souvent de
l'obscurité & de la confusion dans
leur système. Comme c'est une des
parties les plus apparentes de la fleur,
c'est aussi une de celles qui ont été
le plus étudiées : quelques botanistes
même en ont tiré les caractères de
classification de leur système; sa présence ou son absence, sa forme, sa
situation, sa régularité, son irrégularité, sa couleur, ont fourni des
caractères distinctifs. Depuis Mori-
son, jusqu'à Tournefort, qui a fait
de la corolle la base fondamentale
de son système; depuis Ruppius, jusqu'à M. Adanson, tous les botanistes
y ont reconnu des indices de divisions, des lignes de démarcation,
qu'ils ont cru avoir été tracées par
la nature elle-même. Ce n'est pas ici
le lieu d'entrer dans de grands détails
sur cet objet; nous l'examinerons plus
particulièrement au mot SYSTÊME.
Nous allons nous contenter d'exa-

miner ici l'histoire naturelle de la
corolle, les parties dont elle est
composée, ou qui l'accompagnent
quelquefois, sa formation, son développement, sa durée, sa destination, & l'emploi que la nature lui
a assigné dans l'économie végétale;
ensuite nous passerons à l'examen de
sa forme, de sa régularité, de ses
divisions, du nombre des pièces dont
elle est composée, du lieu de son
insertion, & de sa couleur.

§. I. *Des parties de la Corolle.*

La corolle, considérée à la vue
simple, semble organisée comme une
feuille; elle offre une substance végétale, arrondie communément sur
ses bords, d'une certaine épaisseur,
garnie de côtes & de nervures, lisse
d'un côté, colorée sur les deux surfaces, terminée par un onglet plus
ou moins long, par lequel elle
adhère, ou au germe ou au calice;
en un mot, à la partie qui la supporte : mais si vous pénétrez dans
dans l'épaisseur de la corolle, &
qu'à l'aide d'un microscope vous
analysiez son intérieur, vous trouverez que toute corolle est composée
d'une écorce, d'un réseau cellulaire,
d'un parenchyme, d'utricules & de
vaisseaux aériens ou trachées; l'é-
corce elle-même est composée de
deux parties très-distinctes, d'une
membrane extérieure ou de l'épiderme, & du réseau cortical. Que de
richesses ! quelle multiplicité d'organes ! combien la nature est-elle
belle, & infinie dans ses productions !

Tâchons d'étaler aux yeux tous
ces trésors, & développons tous ces
objets d'admiration. M. Desaussure,
dans ses observations sur l'écorce des

feuilles & des pétales, nous a mis sur la voie; marchons sur ses traces.

Si vous prenez une feuille de rose, ou une pétale de pavot, & que vous la déchiriez de côté, vous remarquerez que rarement se fend-elle nettement, qu'au contraire elle se fend obliquement à son épaisseur; de façon qu'à l'œil nu, vous pourrez facilement distinguer au moins trois parties; l'écorce supérieure, l'écorce inférieure, & le parenchyme qui se trouve entre deux. Si, au-lieu de déchirer la feuille, vous enlevez une partie de cette écorce avec la pointe d'un canif, vous pouvez aisément en détacher un lambeau considérable. Appliquez ce lambeau sur le porte-objet d'un microscope, & examinez-le avec une loupe un peu forte; le spectacle le plus superbe s'offrira tout d'un coup à votre vue : un réseau assez régulier, formant des mailles à plusieurs côtés, règne sur toute la superficie de ce lambeau d'écorce ; des vaisseaux transparens s'entrelacent & s'anastomosent pour le former, & sont adhérens, jusqu'à un certain point, sur une membrane extérieure, qui est proprement l'épiderme de la corolle. Cette adhérence avec l'épiderme, est plus forte qu'avec le parenchyme ; ce qui est cause que lorsqu'on écorce une pétale, le réseau cortical s'en va presque toujours avec le lambeau de l'écorce.

On voit, (*Fig. 4, Pl.* du mot COUCHES LIGNEUSES) un morceau du réseau cortical de la corolle d'un pavot, vu à une très-forte lentille d'un microscope. Ce morceau a été détaché de l'écorce supérieure : on y distingue les filets ou vaisseaux transparens A, qui s'entrelacent & forment des mailles; & les mailles B, ou intervalles

remplis de petits corps sphériques transparens, qui sont des utricules. Ces utricules appartiennent-ils au réseau cortical, ou au parenchyme ? C'est ce dont l'observation la plus exacte ne m'a pas assuré : je crois cependant qu'ils appartiennent au réseau, & qu'ils sont, dans l'écorce de la corolle, les mêmes fonctions que les glandes corticales font dans l'écorce des feuilles.

Les mailles du réseau cortical de la corolle, du côté de l'écorce inférieure, sont plus serrées, & les fibres, qui les composent, beaucoup plus rapprochées. En général, elles sont alongées & étroites du côté de l'onglet ou de la base, & elles se racourcissent & s'élargissent en s'en éloignant. Ces mailles sont assez régulières dans presque toutes les fleurs, sur-tout dans les pétales de la citrouille, de l'althéa, de la rose, de la balsamine, du géranium, de la giroflée, &c. Leur figure offre un hexagone régulier, excepté dans les dernières, où l'on remarque souvent des hexagones mêlés avec des rectangles, comme on le voit dans la *Fig. 4, Pl. citée plus haut* : elles sont fort irrégulières dans le souci & dans plusieurs mauves.

Dans toutes ces fleurs, dont une partie a été observée par M. Dessaussure, & l'autre par moi, les côtés des mailles du réseau cortical sont rectilignes : il n'en est pas de même de celles de la bourrache & du chrysanthemum des jardins; ces côtés y sont très-tortueux.

Les vaisseaux, qui forment les mailles du réseau cortical des pétales, sont transparens & sans couleur : rarement sont-ils d'un diamètre égal dans toute leur longueur; ceux du pavot, cependant, paroissent assez cylindriques.

La substance qui paroît immédiatement près l'écorce, composée, comme nous l'avons dit, de l'épiderme & du réseau cortical, c'est le parenchyme, substance spongieuse, vasculaire, & toujours imbibée d'un suc propre, que je crois susceptible de fermentation par la chaleur ou le contact de l'air, & par-là capable de prendre diverses couleurs. (*Voyez* le mot COULEUR DES PLANTES) Le parenchyme est divisé, en tout sens, par deux espèces de vaisseaux bien différens, & par leur nature, & par leurs fonctions; les vaisseaux lymphatiques, & les trachées.

La macération dans l'eau est un moyen assez facile pour les rendre sensibles. Laissez macérer, pendant plusieurs jours, un pétale dans l'eau, les vaisseaux se rempliront d'eau, grossiront, & se détacheront du parenchyme. Les vaisseaux lymphatiques font d'abord les plus apparens; mais les trachées ou vaisseaux en spirale le deviendront bientôt après; & si vous plongez cette macération un peu plus long-temps, on peut venir à bout de les détacher les uns des autres. La *Fig. 5, même Planche*, représente un pétale qui a séjourné plusieurs jours dans l'eau, & dont les gros vaisseaux font devenus sensibles.

Les trachées, renfermées dans les pétales, & qui en font la plus grande partie, font sans doute l'organe par lequel ils pompent l'air extérieur; & l'on peut croire que les vaisseaux lymphatiques renferment le suc propre & odoriférant de la fleur. Les nervures que l'on apperçoit à l'œil nu, sur quantité de corolles, ne font autre chose que ces gros vaisseaux; & examinés au microscope, on voit qu'ils font creux, & qu'ils doivent par conséquent laisser passage à un fluide.

Une singularité dans l'écorce des pétales, comme dans celle des feuilles, observée par M. Desaussure, & que j'ai confirmée à chaque expérience microscopique que j'ai faite, est la force avec laquelle elle tend à se rouler sur elle-même de dehors en dedans. Si, avec la pointe d'un canif, vous enlevez un lambeau de l'écorce du pétale d'une rose, d'un pavot, &c. quelques secondes après ce lambeau se roule sur lui-même dans le sens des nervures, & forme un petit cylindre. Cette propriété singulière est très-incommode pour les observations, parce qu'on est obligé de dérouler ensuite ce petit cylindre, pour l'étendre sur le porte-objet, & très-souvent il se déchire dans cette opération. Je pense, avec M. Desaussure, que c'est à cette propriété qu'il faut attribuer la faculté que les feuilles ont de se rouler en séchant.

§. II. *Formation, développement & durée de la Corolle.*

En connoissant bien toutes les parties qui concourent à la composition de la corolle, nous pouvons reconnoitre d'où elle tire son origine; & nous pensons, avec Grew, qu'elle est formée du corps ligneux. En effet, nous y retrouvons l'épiderme, le tissu cellulaire, l'écorce, le parenchyme, des vaisseaux propres, des trachées & des utricules. On peut donc dire que le bouton à fleur, qui renferme la corolle, est formé par le prolongement du pédoncule, dont toutes les parties se divisent en autant de faisceaux séparés, qu'il y a de portions détachées dans la corolle, ou de pétales : mais il faut encore un très-grand nombre d'observations pour confirmer & développer cette idée.

Les pétales ne sont pas tous disposés, dans les boutons, de la même façon, & la variété que l'on observe dans ce genre, est très-considérable : nous en allons citer quelques-unes seulement. Dans le bouton de la rose, les pétales sont couchés les uns sur les autres, en se contournant un peu vers l'extrémité, où ils forment une petite pointe : l'œillet offre le même arrangement. Dans les renoncules ils sont seulement appuyés les uns contre les autres, à peu près à la même hauteur. Ils sont ployés dans les pois & le coriandre, & ces plis sont simples ; ils sont doubles dans les bluets & les jacées. Il se trouve des fleurs, suivant la remarque de Grew, où les pétales sont en même temps ployés & couchés les uns sur les autres, comme dans les soucis & les marguerites ; car, quand ces fleurs commencent à s'ouvrir, on voit que les pétales sont couchés les uns sur les autres ; & quand ils sont presque tout développés, il est aisé de remarquer qu'ils font chacun deux plis. Dans la clématite, ils sont roulés en dedans ; dans les mauves, ils sont contournés en vis ; dans les liserons, les pétales sont ployés en même temps qu'ils sont disposés en spirale, depuis le haut jusqu'en bas.

A mesure que les sucs nourriciers affluent dans les pétales du bouton, par les vaisseaux qui s'abouchent à leur base, les nervures, ou, comme nous l'avons remarqué plus haut, les

gros vaisseaux acquièrent de la force, & en même temps de la roideur ; les trachées prennent de l'élasticité par leur forme spirale ; le mouvement, principe de vie, s'établit, & le développement se fait ; (voyez le mot ACCROISSEMENT) les pétales se déroulent, s'élargissent, se colorent, se parfument ; enfin, ils acquièrent ce point de perfection que la nature leur a marqué pour charmer tous nos sens.

Mais tout passe dans la nature : plus l'être vivant se perfectionne, & plus aussi il tend vers sa dégradation & sa mort. Aussi, à peine la corolle a-t-elle atteint son terme, qu'elle commence à se passer : l'évaporation insensible étant plus considérable que la quantité de substance apportée par les sucs nourriciers, la réparation n'est pas égale à la perte : les vaisseaux se dessèchent & s'obstruent, sur tout à l'onglet ; le suc, que contient le parenchyme & les utricules du réseau cortical, se décompose par la fermentation dont il est susceptible ; il altère la substance même du pétale ; il languit fané & sans vie ; il se détache de son support, & tombe. La vie de la corolle est très-courte, en comparaison de toutes les autres parties du végétal : c'est un instant ; souvent le même jour qui la voit naître, la voit aussi mourir ; & ce chef-d'œuvre de la nature, qui, le matin, captivoit nos regards & nos hommages, est oublié ou rejeté le soir même. Tel est le sort infortuné de la beauté.

§. III. *Destination de la Corolle.*

Mais la nature, qui ne fait rien sans vues & sans desseins, pourquoi a-t-elle donné une vie si courte à la corolle ? N'eft-elle qu'un ornement inutile ? Non, ne le croyons pas : plus nous étudierons fes merveilles, & plus nous admirerons fa fageffe. La fonction de la corolle embraffe plufieurs objets ; elle protège le jeune embryon, & les parties mâles & femelles, c'eft-à-dire, les étamines & les piftils, & les défend des intempéries des faifons. En effet, les pétales ne fe développent que lorfque ces organes ont acquis affez de force & de confiftance pour n'avoir rien à redouter de la pluie, de la rofée, de la chaleur, &c. Il paroît même, d'après plufieurs obfervations, que l'on peut regarder les pétales comme les rideaux du lit nuptial, où fe confomme la fécondation végétale ; car, dans quelques plantes, ce myftère eft opéré avant l'épanouiffement de la fleur. M. le Chevalier de Muftel a fait une expérience qui vient à l'appui de ce que j'ai dit. Elle lui a prouvé que fi on coupe les pétales, lorfque la fleur commence à s'épanouir, toutes les autres parties périffent ; mais fi l'on attend que ces mêmes parties foient bien formées, & que l'on prévienne de quelques jours la chute des pétales alors inutiles, l'embryon ne fe fortifie que mieux.

Comme l'organifation des pétales eft la même que celle des feuilles, aux glandes corticales près, dont les premiers font privés, on peut, fans crainte, leur attribuer les mêmes fonctions qu'aux feuilles, c'eft-à-dire, la dernière préparation du fuc nourricier. Les pétales tranfpirent & afpirent ; c'eft un fait botanique dont je me fuis affuré plus d'une fois. M. Bonnet a obfervé que des pétales, pofés fur l'eau, foit par

leur furface fupérieure, foit par leur furface inférieure, tiroient, par leurs pores, affez de nourriture, pour n'être fanés entièrement que le neuvième jour après avoir été détachés de la fleur. Les deux furfaces des pétales font donc pourvues de pores afpirans, par lefquels elles pompent les fucs aériens qui, par l'acte de la végétation, doivent devenir principes nourriciers. Nous avons vu, au mot AIR, (voyez ce mot) comment l'air atmofphérique fe décompofe dans la plante en deux parties, en air fixe & en air déphlogiftiqué. Le premier devient partie conftituante de la plante, & le fecond eft rejeté par la tranfpiration infenfible des feuilles & des tiges. Quand il y a une furabondance d'air fixe, alors la plante s'en dépouille & la rejette. Il paroît, d'après les expériences de M. Ingen-Houze & de Marigues, que les fleurs font fpécialement chargées de cette fonction, puifque leurs exhalaifons ou odeurs font toujours méphitiques. (Voyez le mot FLEUR, où nous donnerons le détail de ces expériences) On peut donc regarder les pétales comme un organe très-intéreffant à la végétation ; mais il ne faut pas en conclure qu'il foit abfolument néceffaire, puifque nous avons des plantes qui fourniffent des femences & des fruits auffi parfaits qu'ils peuvent l'être, quoiqu'elles foient privées de pétales. Le frêne commun eft dans ce cas-là. Ces exceptions font très-rares ; & M. le Chevalier de la Marck, dans fa Flore françoife, affure qu'il ne connoît pas dix plantes, dont les fleurs foient totalement dépourvues d'enveloppe ; car la nature, infiniment variée & féconde dans fes productions, a presque toujours soin de suppléer à l'absence de la corolle, par d'autres moyens équivalens. C'est ainsi que la balle, (*voyez* ce mot) dans les gramînées, tient lieu de la corolle.

§. IV. *Du nombre des pièces dont la Corolle est composée.*

La corolle est, comme nous l'avons dit en commençant, l'enveloppe immédiate des parties de la fructification : quelquefois elle est d'une seule pièce, d'autres fois elle est composée de plusieurs. Quoique les mots de corolle & de pétale soient synonymes, & que nous les ayons employés jusqu'ici pour désigner la même chose, on peut, pour plus grande facilité, les distinguer l'un de l'autre, & dire que la corolle est la partie de la fleur la plus apparente, ordinairement colorée, quelquefois odoriférante, & souvent divisée en feuilles. Ce sont ces feuilles que nous désignerons sous le nom de *pétale.*

On distingue deux parties principales à la corolle, comme au pétale ; l'onglet, & le limbe. L'onglet est la partie inférieure, par laquelle ils adhèrent, ou au calice, ou au germe, & le limbe est le bord supérieur. Ces deux parties ne sont pas semblables dans toutes les fleurs ; l'onglet est fort long dans l'œillet, le carnillet ; il est fort court, au contraire, dans la renoncule, le pavot, la pivoine, &c. Le limbe est entier & uni dans le *volubilis* ou liseron, & denté dans l'œillet. On donne encore le nom d'*épanouissement* ou de *lame* à la partie du pétale aplatie, qui est entre le limbe & l'onglet.

Outre le pétale, & à l'extrémité inférieure de certaines corolles, on remarque le nectaire, ou la partie qui contient le miel que les abeilles vont cueillir. (*Voyez* MIEL & NECTAIRE)

§. V. *De la régularité, de la forme, des divisions, de l'insertion & de la couleur de la Corolle.*

La corolle, qui est d'une seule pièce, & dont les divisions, si elle en a, ne sont point prolongées jusqu'à sa base ou l'onglet, elle est alors *monopétale*, & elle devient *polypétale*, lorsque les divisions s'étendent jusqu'à la base, & qu'elle est composée de plusieurs pièces qui peuvent se détacher les unes après les autres. La *découpure* diffère de la *division*, en ce qu'elle ne s'étend jamais jusqu'à la base de la corolle, & qu'elle se termine au limbe ou à la lame.

La corolle est *régulière*, lorsque toutes ses divisions sont uniformes, & qu'elles présentent un ensemble symétrique ; elle est *irrégulière*, lorsque le tout a un contour bizarre, soit que la corolle soit monopétale ou polypétale. Les pétales peuvent être réguliers, quoiqu'*inégaux*, s'ils ont tous la même forme, mais qu'ils soient de grandeur différente.

La corolle monopétale régulière, est campaniforme, quand elle a la forme d'une cloche, ou qu'elle est évasée sans tuyau, comme dans le liseron ; tubulée, lorsqu'elle est terminée par un tuyau un peu alongé, comme dans la gentiane ; *infundibuliforme*, quand elle offre la forme d'un entonnoir, comme dans la cynoglosse ; *hippocrateriforme*, lorsqu'elle ressemble à la soucoupe des anciens, c'est-à-dire, que le limbe est plane, & la partie inférieure, tubulée

tubulée ou cylindrique, comme dans le jasmin ; en roue, lorsqu'elle ressemble à une roue, & que le limbe est très-aplati sans tube sensible, comme dans la bourrache.

La corolle monopétale irrégulière est labiée, ou en gueule ou en masque, lorsque son limbe forme deux lèvres, l'une supérieure, qui imite souvent un casque, & l'autre inférieure, que l'on nomme barbe, comme le basilic ; lorsque ces fleurs ont un prolongement ou nectaire en manière de cône, on l'appelle éperon, & cette corolle, éperonnée : le muflier est dans ce cas.

La corolle polypétale régulière est cruciforme, lorsqu'elle est composée de quatre pétales disposés en croix, &. les étamines sont au nombre de six dans les plantes de cette fleur, & on leur donne le nom de plantes crucifères, comme le choux, la moutarde ; rosacée, lorsqu'elle est composée de plusieurs pétales égaux, disposés en rose, comme le pavot, l'amaranthe. Si dans cette espèce on considère le nombre de pétales, elle peut être dipétale, tripétale, quadripétale, pentapétale, &c.

La corolle polypétale irrégulière est papilionacée, lorsque ses pétales, au nombre de quatre ou cinq, offrent une forme bizarre, que l'on a cru pouvoir comparer à un papillon, comme dans la réglisse, le pois commun.

La corolle peut être encore flosculeuse, semi-flosculeuse & radiée ; & dans ces trois cas là, la fleur est composée, parce qu'il se trouve plus d'une corolle dans un calice.

La corolle peut être attachée sur la plante, de trois manières, & le point de son insertion peut être sur

Tome III.

l'ovaire, & alors on la nomme supérieure, comme dans le chardon ; sous l'ovaire, ou sur le réceptacle de l'ovaire, & alors on la nomme inférieure, comme dans la gentiane, la prime-vère, ou enfin sur le calice ; & dans ce cas, elle est toujours polypétale, comme dans la rose. Ces trois positions ont fourni à M. de Jussieu, des caractères généraux, qui, combinés avec celles des étamines & la situation du calice, servent de base à sa distribution des familles naturelles.

Enfin, la corolle, considérée par rapport à sa couleur, est ou aqueuse, ou blanche, ou cendrée, ou brune, ou violette très-foncée, faussement appelée noire, ou jaune, ou rouge, ou pourpre, ou bleue, ou enfin panachée de différentes nuances : (voyez au mot COULEUR DES PLANTES, ce que l'on peut dire de plus certain sur le principe colorant des plantes.) Au mot FLEUR, se trouveront les dessins de différentes corolles dont nous venons de parler. M. M.

CORPS DE BALEINE. Tout est bien, sortant des mains de la nature, a dit un des plus éloquens philosophes de notre siècle, & tout dégénère entre les mains de l'homme ; nous ajouterons : Et tout dégénère entre les mains des hommes aveuglés par l'ignorance & par les préjugés.

L'usage d'enfermer les enfans dans des boîtes de baleine, est un des plus pernicieux que nous connoissions ; il nuit aux développemens des différentes parties, & leur fait prendre souvent une direction opposée aux vues de la nature. Parcourons

R r r

les inconvéniens qui réfultent de l'ufage des corps de baleine.

Les corps nuifent premiérement à la poitrine, en ce que leur forme eft oppofée à celle de la poitrine: cette cavité repréfente une hotte renverfée, dont la pointe eft en haut & l'ouverture en bas: or, les corps font larges par le haut & étroits par le bas; d'où il fuit qu'ils ne font pas moulés fur la forme de la poitrine, & que ferrant la poitrine par le bas, ils nuifent à la refpiration. Il eft prouvé, par l'expérience, que les femmes qui continuent l'ufage des corps pendant leur groffeffe, pour conferver ce que l'on appelle les belles tailles, dònnent le jour à des enfans fujets à la charte.

Le philofophe de nos jours, que nous avons cité au commencement de cet article, compare, avec raifon, les tailles que fe font nos femmes avec leur corps de baleine, à des guêpes.

Il exifte encore d'autres incommodités, qui font les fuites de l'ufage des corps; les hanches des femmes, que la nature a formé très-évafées pour contenir le fruit précieux du mariage, font écrafées & rentrées en dedans; & il n'eft pas rare de voir ces femmes délicates par la déformité de la poitrine, ne pouvoir conduire à terme leur groffeffe, & rifquer leur vie dans les travaux de l'accouchement.

L'eftomac, toujours comprimé par les corps, eft gêné dans la fonction intéreffante de la digeftion: de-là naiffent les maux de nerfs, fi communs dans les grandes villes, & toutes les maladies qui tirent leur fource dans la dépravation des fucs de la digeftion.

Nous nous fommes un peu étendus fur cet article, non pas que l'ufage des corps foit admis généralement dans les campagnes, mais pour défabufer ceux qui veulent admettre les modes des villes, & pour engager ceux qui font affez fages pour fuivre la nature, à n'écouter jamais que la voix de cette mère prévoyante; ils ne donneront pas, il eft vrai, à leurs filles, des tailles fines & élégantes, mais ils leur procureront une bonne & folide fanté, capable de foutenir les travaux de la maternité; & aux yeux des fages & des amateurs de la belle nature, les belles formes l'emporteront fur les tailles élancées & factices des villes. M B.

CORROSIF. On donne ce nom à tous les corps capables de ronger, de corroder, de confumer les parties, au moyen des molécules falines, âcres ou acides, dont ils font pourvus; tels font la pierre infernale, la pierre à cautère, &c. ce font de vrais *cauftiques*. Les humeurs qui découlent des chancres, des cancers, de certaines plaies, font corrofives, puifqu'elles confument les chairs; il en eft de même dans les arbres. Un mûrier, par exemple, auquel on fupprime de très-groffes branches pendant la fève du mois d'août, laiffe échapper, par les bords de la plaie, une fève qui devient âcre, les noircit, & fouvent les corrode; le bois fe trouvant à nu, pourrit, & la carie le gagne infenfiblement. La gomme produit le même effet fur les arbres à noyaux, dès que les jardiniers la laiffent féjourner.

CORYMBE. C'eft un compofé de fleurs, raffemblées en bouquet

fur une branche, portées par des pédoncules propres, lesquels partent d'un pédoncule commun : ces corymbes ont une forme arrondie, comme dans le *spirea à feuille d'obier*, & la *mille-feuille* fert d'exemple pour les corymbes aplatis.

COSSE, COSSAT. Se dit des deux panneaux qui forment le *légume*, proprement dit, ou gousse. Les bords des cosses sont réunis par des futures longitudinales ; les femences sont attachées, par un cordon ombilical, à la future supérieure ; tels sont les fruits des pois, des fèves, des haricots, &c.

COSSON. (*Voyez* CHARANÇON **)**

COTON, COTONNIER. M. Tournefort le place dans la sixième section de la première classe des herbes à fleur d'une seule pièce, & en forme de cloche, dont les étamines sont réunies, & dont le piftil devient un fruit à plusieurs loges ; il l'appelle *xilum five goffipium herbaceum.* M. von Linné le nomme *goffipium herbaceum*, & le classe dans la monaldelphie polyandrie. Comme je n'ai pas cultivé les autres espèces de coton, je me contente de les indiquer.

1º. *Coton de la Barbade*, à feuilles très-entières, & à trois lobes très-entiers ; sous la côte des feuilles on trouve trois glandes : *goffipium barbadenfe.* LIN.

2º. *Le coton en arbre* a ses feuilles palmées ; es lobes, en fer de lance, la fleur rouge.

3º. *Le coton velu* a ses feuilles découpées à trois ou à cinq lobes aigus ; sa tige eft rameuse & velue, la plante eft annuelle.

4º. *Coton herbacé.* Fleur, en forme de cloche, d'une seule pièce, ouverte, divifée en cinq lobes ; son calice eft double, l'extérieur eft compofé de trois feuilles, comme dans les mauves.

Fruit, pointu dans le haut, formé par une capfule, obronde à quatre loges, à quatre battans, renfermant plufieurs femences ovales, enveloppées d'un duvet qu'on nomme *coton ;* il eft fi ferré dans chaque loge, qu'après l'en avoir retiré, il feroit impoffible de le remettre tout entier dans la même place : le fruit s'ouvre de lui-même par le haut.

Feuilles, découpées en cinq lobes, foutenues par de longs pétioles.

Racine, rameufe.

Port. La tige eft herbacée, cylindrique, rameufe ; la fleur naît des aiffelles, & les feuilles font placées alternativement fur les tiges.

Lieu. L'Orient, l'Amérique ; il eft annuel.

J'ai femé cette efpèce fur couche, à la fin de mars ; elle fut tranfplantée dès qu'elle eut fix feuilles, & le vafe placé contre un bon abri ; à la fin du mois d'août, j'ai eu le plaifir de cueillir des fruits bien mûrs, remplis de coton. Je fuis convaincu que cette plante, mife en culture réglée, réuffiroit très-bien dans la partie de la baffe Provence bien abritée ; par exemple, depuis Marseille jufqu'à Nice, ainfi que dans plufieurs endroits du bas Languedoc, & vers Perpignan. Depuis nombre d'années, elle a été naturalifée dans l'île de Malthe, en Sicile, & on la naturaliferoit de même en Corfe, fur-tout dans la partie qui avoisine la Sardaigne.

Je ne fais pas, & même je doute

que nous puiſſions, même dans nos provinces, & nos poſitions les plus méridionales, élever le cotonnier arbre; cependant on lit dans le *Journal économique*, année 1765, p. 301, qu'un particulier de Marſeille y a ſemé les graines du cotonnier des Antilles, qu'elles ont produit des arbriſſeaux, dont il n'avoit point encore pu en recueillir le fruit. S'il y a un moyen de réuſſir pour la naturaliſation de cet arbre, c'eſt par les ſemences; peut-être réuſſira-t-on, à la longue, à force de répéter les ſemis, à l'accoutumer à nos climats.

On lit, dans le *ſupplément du Dictionnaire* encyclopédique, au mot *cotonnier*, que tout terrein convient à ce dernier, dès qu'il eſt une fois hors de terre; quand il eſt parvenu à la hauteur de huit pieds, on lui caſſe le ſommet, & il s'arrondit. On coupe auſſi la branche qui a porté ſon fruit à maturité, afin qu'il renaiſſe, des principaux troncs, de nouveaux rejetons, ſans quoi l'arbriſſeau périt en peu de temps : c'eſt pour la même raiſon qu'on coupe le tronc tous les trois ans, afin que les nouveaux jets portent un coton plus beau & plus abondant. On choiſit pour cela un temps de pluie, afin que les racines donnent plus de pouſſe. L'arbre donne du coton au bout de ſix mois : il y a deux récoltes, une d'été, une d'hiver; la première, qui eſt la plus abondante & la plus belle, ſe fait en ſeptembre & en octobre; l'autre, qui ſe fait communément en mars, eſt moins avantageuſe, par rapport aux pluies qui ſaliſſent le coton, & aux vents qui fatiguent l'arbre.

Pour bien cueillir le coton, un nègre ne doit ſe ſervir que de trois doigts; & pour ce travail, il n'a point beſoin que d'un papier, dans lequel il met le coton, qu'on expoſe enſuite au ſoleil pendant deux ou trois jours; après quoi on le met en magaſin, prenant garde que les rats ne l'endommagent, car ils en ſont fort friands : on ſe ſert enſuite de moulins à une, deux, quatre paſſes pour l'éplucher, & pour en ſéparer la graine, puis on les emballe.

Le cotonnier *herbacé* ſe ſème dans un champ labouré, & il eſt bon à couper environ quatre mois après: on dit qu'il faut arroſer la graine avec de l'eau & de la cendre, pour l'empêcher d'être rongée des vers.

COTONNEUX. Se dit des feuilles, des tiges, des fruits, &c. dont l'écorce ou l'épiderme eſt couverte d'un duvet, imitant le coton, c'eſt-à-dire, couverte de petits poils ſi ſerrés, que la vue ne les diſtingue pas ſéparément, mais que le tact annonce...... On dit encore qu'un fruit eſt *cotonneux*, lorſqu'il eſt pâteux & ſans goût.

COTYLEDON, Botanique. Ce mot a deux ſignifications en botanique. 1°. Il déſigne les parties de la ſemence, qui enveloppent le germe & la radicule, & alors il prend le nom de *lobes*. 2°. Il déſigne les deux premières feuilles qui ſortent de terre avec la tige, & que l'on nomme quelquefois feuilles ſéminales. Sous ces deux acceptions, les cotyledons méritent tout l'intérêt du philoſophe curieux, d'étudier la nature & de la ſuivre dans ſa marche. Nous allons examiner leurs différens ufages dans les deux états.

1°. *Des cotyledons ou lobes.* Pour bien entendre l'anatomie du cotyledon que nous allons faire, il faut avoir fous les yeux une femence d'un gros volume, comme une graine de melon, de citrouille, de fève, de haricot, &c. & fuivre exactement des yeux, & mieux encore une loupe à la main, ce que nous dirons. Plus la femence fera groffe, & plus on découvrira facilement les parties conftituantes & organiques qui la compofent. Afin de les rendre encore plus fenfibles, on peut la faire macérer quelques inftans dans l'eau chaude. La graine, (*voyez* ce mot) offre ordinairement à l'extérieur une forme ovale alongée, quelquefois ronde, quelquefois auffi comprimée dans différens fens. Cette dernière forme n'eft qu'accidentelle, & elle eft due à la preffion que la graine a éprouvée dans le péricarpe, lorfqu'elle a pris fon accroiffement, environnée de tous côtés d'autres graines. Les enveloppes font les premières parties extérieures de la graine, & ces enveloppes font au nombre de trois. L'extérieure, que l'on peut comparer à l'épiderme, eft auffi la plus épaiffe, elle fe détache quand la graine commence à germer & à fe dévelober. Lorfque la graine eft encore tendre & verte dans le péricarpe; cette peau eft très-peu adhérente. Cette épiderme eft donc caduque. La feconde ou celle qui eft immédiatement au-deffous, eft une membrane plus fine qui forme plufieurs plis, & qui eft tiffue par des fibres très-fines, très-délicates & pleines de vaiffeaux fecrétoires, qui communiquent de la fubftance des cotyledons à l'extérieur,

par les pores de la première peau. Dans les graines à deux lobes en général, & dans beaucoup d'autres qui n'en ont qu'un, comme le blé, on diftingue une troifième peau nommée *cuticule*, qui eft extrêmement fine & tranfparente, qui recouvre féparément chaque lobe en entier. Elle s'infinue entre l'interftice qui les fépare. C'eft entre la feconde & la troifième enveloppe, qu'eft placée *la fubftance glutineufe* dans les grains qui la contiennent. Dans l'analyfe du cotyledon, il ne faut pas oublier de remarquer une petite ouverture placée au gros bout de la graine, & par où pointe la racine féminale.

Ces trois enveloppes détachées, on découvre le corps même du cotyledon ou des lobes. C'eft un corps farineux compofé de l'entrelacement d'une infinité de vaiffeaux en forme de réfeau très-délié, & qui font terminés par des globules, réfervoirs du fuc nourricier ou fubftance muqueufe. *Voyez* le développement du cotyledon du blé, & les deffins des trois enveloppes & du corps du lobe au mot BLÉ, *fection I, p. 287.* Le vaiffeau principal GG, *Fig. 25, Pl. X. Tome II*; ou FF, *Fig. 1, Pl.* du mot COUCHES LIGNEUSES, *Tome III*, eft une efpèce de cordon ombilical, qui porte la nourriture, préparée par les lobes, au germe qui doit fe développer. Dans les grains à deux lobes, toutes ces petites ramifications de vaiffeaux qui commencent aux tuniques, après beaucoup d'anaftomofes, fe réuniffent en plufieurs gros vaiffeaux, & forment trois troncs principaux: deux GG (*même Fig.*) fe rendent de chaque lobe dans la petite racine A, tandis que le troifième D s'élève de cette racine, en ligne droite, jufqu'au germe B.

Ce feroit peut-être ici le lieu d'expliquer le mécanifme admirable par lequel toutes ces différentes parties agiffent mutuellement les unes fur les autres, & conjointement enfemble pour produire le premier acte de la végétation, & le principe de tous les autres, la germination, fi la fimple vue de ces deux parties fuffifoit ; mais il eft néceffaire de bien connoître auparavant toutes les caufes premières qui donnent la première impulfion, & c'eft au mot GERMINATION, auquel nous renvoyons qu'elles doivent être placées naturellement. Cependant il eft néceffaire, d'en avoir au moins une idée pour entendre ce que nous allons dire fur la feconde efpèce des cotyledons ou feuilles féminales, La chaleur de la terre & l'humidité pénétrant à travers les trois enveloppes dont nous avons parlé plus haut, produifent une efpèce de diffolution de la partie farineufe renfermée dans les lobes ; il s'établit bientôt une fermentation ; chaque molécule acquiert un mouvement, le développement s'établit, la vie commence, & le premier degré d'accroiffement paroît par l'enflure des cotyledons. Le cordon ombilical, ou la réunion de tous les vaiffeaux qui y font difféminés, porte la nourriture & à la radicule & au germe. La radicule pouffe hors des lobes ; & dans certaines efpèces de graines, le germe ou la jeune tige s'élève vers la fuperficie de la terre défendue par les deux cotyledons, qui, fitôt qu'ils voient le jour, s'entrouvrent en devenant des efpèces de feuilles d'une nature particulière.

II. *Des cotyledons ou feuilles féminales.* Il arrive deux phénomènes bien intéreffans dans la germination

d'une graine : ou toute la fubftance des lobes paffe dans la radicule & le germe au moment des premiers développemens, & après cette tranfmiffion, les organes & les vaiffeaux des lobes fe défsèchent & s'obftruent dès que la racine peut feule fournir à la nourriture de la jeune plante ; alors les cotyledons périffent dans la terre, & ne deviennent pas feuilles féminales : ou la racine ne tire pas d'abord affez de nourriture, & ne la prépare pas affez parfaitement, & alors, les cotyledons fe chargent de cette fonction, ils élaborent les nouveaux fucs qui affluent dans leur fubftance par ces mêmes vaiffeaux, par lefquels ils paffoient auparavant des lobes à la radicule. L'accroiffement fe faifant infenfiblement dans toutes les parties à la fois qui ont une vie, il a toujours lieu dans celles qui en jouiffent d'un plus grand degré. Auffi la tige, qui réunit les lobes au germe, croît avec le germe, & fort de terre avec lui. La *Figure* 2 offre une tige de pois, telle qu'elle eft dix à douze jours après que la graine a été mife en terre. A eft la racine ; B la tige qui, dans la *Fig.* 1, eft défignée par F D ; C font les cotyledons hors de terre devenus feuilles féminales ; E D le germe, où l'on diftingue déja deux feuilles ftables, & un petit bouton entre deux. Ces feuilles féminales ont été nommées par Grew, *feuilles diffimilaires*, à caufe de leur différence conftante & marquée avec les autres feuilles.

On peut connoître, au premier coup d'œil, une feuille féminale ou cotyledon, d'avec les autres de la même plante. D'abord elle conferve affez généralement une figure, qui a un très-grand rapport avec la forme du lobe qui l'a formée ; enfuite cette feuille prend différentes teintes fucceffives de couleur jufqu'à fa mort. Au fortir de terre, elle a la couleur blanchâtre du lobe ; ce blanc paffe au jaune & du jaune au vert ; à ce point elle repaffe à une couleur brune jaunâtre, qui dégénère bientôt eu celle de feuille morte, caractère extérieur de fon entier dépériffement Enfin, une feuille féminale croît en longueur, en largeur, mais jamais en épaiffeur. Au contraire, elle devient mince de plus en plus. Cette dégradation eft due à l'alongement & à fon extenfion. Pour bien concevoir ce fingulier accroiffement, il faut fe reffouvenir que les vaiffeaux & les fibres qui ont formé la racine, font les mêmes exactement que ceux des lobes ; ainfi, ces derniers une fois fortis de leur enveloppe, & le fuc affluant toujours dans ces canaux, l'accroiffement fe doit faire fuivant leur direction qui n'eft qu'un épanouiffement en largeur & en longueur, & point en épaiffeur. (*Voyez* au mot ACCROISSEMENT comment il s'opère.)

La quantité de nourriture que la racine & les feuilles tirent, l'une de la terre & les autres de l'atmofphère ; la qualité de cette nourriture plus forte & plus fubftantielle que la matière farineufe & oléagineufe fournie par les lobes, font les caufes du dépériffement & du defféchement des feuilles féminales. Il fe forme des obftructions à l'orifice des vaiffeaux qui communiquent de la feuille féminale à la tige. Fourniffant perpétuellement de fa fubftance, fans réparer cette déperdition, elle maigrit & meurt d'épuifement. On pourroit auffi foupçonner que la feuille fémi-

nale ne peut pas tirer de l'atmofphère une nouvelle nourriture. Sa forme particulière exclut peut-être les pores abforbans propres à cette fonction.

Il eft donc conftant, que les feuilles féminales font d'un très-grand fecours pour la jeune plante, en lui fourniffant une nourriture appropriée à fa délicateffe. Les expériences que M. Bonnet a faites fur cette partie intéreffante, le prouvent encore plus. Il coupa toutes les feuilles féminales de haricots & de farrazin qu'il avoit femés en même temps que d'autres de la même efpèce, mais qu'il ne mutila pas pour lui fervir de terme de comparaifon. Douze jours après, ayant mefuré les premières feuilles des haricots, auxquels il avoit laiffé les feuilles féminales, il trouva qu'elles avoient trois pouces & demi de longueur fur autant ou à peu-près de largeur ; au lieu que les premières feuilles des haricots privés des feuilles féminales, n'avoient que deux pouces de longueur fur un peu moins de largeur.

Une différence analogue a fubfifté entre ces plantes pendant toute la durée de l'accroiffement. Il a toujours été très-facile de diftinguer les uns des autres. Les premiers ont porté plus de fleurs, plus de filiques, & des filiques plus grandes que les feconds.

Le retranchement des feuilles féminales a eu de plus grandes fuites dans le farrazin : prefque toutes les plantes qui ont fubi cette opération, ont péri, les autres font demeurées fi chétives & fi petites, qu'elles ont toujours été, à l'égard des premières, ce qu'eft le plus petit nain à l'égard du plus grand géant, ou ce que font les plantes qui ont cru dans le terroir le plus ingrat, à celles qui ont cru dans le plus fertile terroir.

Ces expériences ayant si bien réuſſi à M. Bonnet, il a voulu eſſayer de priver abſolument le germe, de la nourriture préparée par les lobes, même avant ſa ſortie de terre, & de l'abandonner entièrement aux ſucs terreſtres. Cette expérience devoit néceſſairement conduire à la démonſtration évidente de l'utilité des cotylédons pour la jeune plante. Il enleva donc le germe d'entre les lobes, & coupa avec la pointe d'un ſcalpel, les deux faiſceaux de fibres qui le réuniſſent avec eux. Cette opération réuſſit facilement, ſi l'on a ſoin de mettre la fève quelque jours auparavant dans une éponge imbibée d'eau. L'humidité la fait enfler, & il eſt alors plus facile de diviſer les lobes & d'en ſéparer le germe ſans l'offenſer. Le germe eſt un petit corps de trois à quatre lignes de longueur, de figure conique, & d'un blanc aſſez vif; ſes feuilles artiſtement ployées les unes dans les autres, ſont inclinées vers la racine.

Le 10 du mois d'août, il planta un certain nombre de ces germes dans un vaſe plein de terre de jardin. Il ne négligea aucun ſoin pour faire réuſſir cet eſſai, & l'expérience combla ſes deſirs. Tous les germes prirent racine; mais il fallut douze jours pour ſe redreſſer & ſe déployer, il auroit été difficile alors de reconnoître ces plantes pour ce qu'elles étoient, & un botaniſte qui auroit démêlé qu'elles étoient des haricots, les auroit pris pour une nouvelle eſpèce de haricot nain, remarquable ſurtout par ſon extrême petiteſſe. Le 19 octobre elles commencèrent à fleurir, & ce fut alors que M. Bonnet les

compara avec des haricots de même eſpèce & de même âge, mais qui n'avoient ſubi aucune opération. La hauteur de ces derniers étoit d'un pied & demi; leurs plus grandes folioles avoient ſept pouces de longueur & cinq de largeur. La hauteur des premiers n'étoit que de deux pouces; leurs plus grandes folioles n'avoient que quinze lignes de longueur ſur ſept de largeur. Les fleurs étoient d'une grandeur proportionnée & en fort petit nombre. Les premiers froids arrêtèrent leur développement & ces petites plantes périrent.

C'eût été une expérience très-curieuſe, de ſemer les graines que ces très-petits haricots auroient produit, s'ils euſſent été plantés plutôt. Les plantes qui ſeroient provenues de ces graines, auroient, ſans doute, participé à la petiteſſe de leurs mères; mais dans quelle proportion? Et s'il eût été poſſible de faire, ſur les germes de cette ſeconde génération, la même expérience que ſur ceux de la première, quelle dégradation n'auroit-on pas occaſionné par-là dans la taille de quelques individus! Comme elle ſeroit très-difficile ſur de très-petites fèves; on pourroit ſe borner à retrancher les feuilles ſéminales à un certain nombre d'individus, immédiatement après leur ſortie de terre.

La concluſion que l'on doit tirer de ces charmantes expériences, c'eſt que les cotylédons conſidérés, & comme lobes dans le ſein de la terre, & comme feuilles ſéminales, ſont de la plus grande utilité pour la nourriture de la jeune plante.

Il ne nous reſte plus à remarquer, au ſujet des cotylédons, que M. de Juſſieu a établi ſur leur préſence,

ou

ou leur abfence une nouvelle claffification botanique, que nous développerons au mot SYSTÊME. M. M.

COUCHE. C'eft un amas de fubftances fufceptibles d'acquérir & de conferver, pendant un certain temps, une chaleur capable d'opérer l'accroiffement des plantes, malgré que la chaleur de l'atmofphère ne foit pas au point qui leur convient; telles font les couches faites avec du fumier, du tan, des feuilles de certains arbres, ou avec le marc des raifins.

On diftingue trois efpèces de couches; la *chaude*, la *tiède* & la *fourde*. (*voyez* Planche 5, page 144 de ce volume.)

La *chaude* A, eft celle qui vient d'être conftruite, & qui conferve toute fa chaleur, dont on laiffe évaporer une partie pendant huit jours avant d'y femer. On appelle encore *couches chaudes*, celles qui font renfermées dans les *ferres chaudes*, (*voyez* ce mot) & dont la chaleur eft entretenue par les tuyaux de chaleur qui les environnent, ou qui paffent par-deffous. Souvent ces couches font compofées de fable, & renfermées par un encaiffement dans lequel on range les vafes : on devroit plutôt les appeler *couches fourdes que chaudes*.

Couche tiède, eft celle qui a confervé fa chaleur néceffaire, & qui eft garnie de cloches B. Cette expreffion exige encore une exception: on appele *couche tiède* celle qui a perdu trop de chaleur, & qu'il faut ranimer par des réchauds. Cette feconde couche tiède, qui feroit trop foible pour des ananas, feroit encore trop chaude, par exemple,

Tome III.

pour des laitues; cette diftinction eft néceffaire.

Couche fourde C, eft celle qui eft enterrée à fleur de terre, c'eft-à-dire, c'eft une foffe quelconque remplie de fumier, ou de telle autre matière fermentefcible.

Les payfans n'ont aucune idée des couches artificielles, excepté ceux qui habitent dans le voifinage des villes; ils ont vu que des graines enfévelies dans la couche de terre, dont on recouvre les monceaux de fumier, afin de les faire plutôt pourrir, germoient de bonne heure, & y acquéroient une belle végétation. De-là l'idée leur eft venue d'y femer les poivres d'Inde ou de Guinée, les aubergines, les melons, &c. pour les replanter enfuite, & ils n'ont pas été plus loin : c'eft en partant de cette idée fimple, que les jardiniers & les amateurs ont porté, depuis un fiècle environ, les couches à leur plus grande perfection. Les gens riches trouvent un grand plaifir d'avoir forcé la nature à couvrir leurs tables de différens fruits ou légumes, dans le temps qu'elle eft par-tout ailleurs engourdie, d'avoir devancé les faifons, &c. Eh bien, jouiffez à votre manière, confidérez ces fruits avec admiration! Moins preffé de jouir que vous, l'homme du peuple & le cultivateur raifonnable, feront amplement dédommagés de leur attente; ils mangeront plus tard que vous ces fruits, ces légumes; mais pleins de goût, tout parfumés, fuivant leurs qualités différentes, & il ne vous envieront pas un légume, dont la faveur eft l'eau & le fumier.

Je ne crains pas de dire, duffé-je être contredit par tous les maraîchers des environs de Paris, que

S s s

l'ufage des couches eft fuperflu, & qu'il eft feulement utile pour la culture des ananas, par exemple, ou de telles autres plantes exotiques, incapables de réfifter aux rigueurs de nos climats : ces falades fi vantées, ces légumes que l'on mange à Paris, & qui doivent leur exiftence au fumier des couches, font déteftables; cependant on les trouve bons, parce qu'on n'en connoît pas de meilleurs, & qu'on n'eft pas à même de juger par comparaifon. Laiffons les couches livrées à l'ufage des gens riches, & foyons affez fages pour mieux employer nos fumiers, & nous contenter des fruits & des légumes que la nature nous prodigue dans chaque faifon : je pafferois volontiers fous filence ce qui regarde les couches, fi cet Ouvrage n'étoit pas confacré également à traiter de toutes les parties du jardinage & de l'agriculture.

I. *Des matériaux.* Le cheval, l'âne & le mulet fourniffent le fumier dont on fe fert pour les couches; le dernier eft préférable. Il ne faut pas que la paille ait refté plus d'une nuit ou deux fous les bêtes, il fuffit qu'elle foit pénétrée de leur urine. Lorfqu'on l'enlève, en met de côté le crottin, & on en laiffe le moins que l'on peut : cette litière peut être employée tout de fuite, ou mife en réferve dans un lieu fec & à l'abri de la pluie pour s'en fervir au befoin.

Le fumier de vache, de mouton, mérite de trouver place dans les couches, comme il fera dit enfuite, ainfi que la vanne du blé, (*gluma*) & fur-tout de l'orge. Un des matériaux les plus précieux, eft le tan, qui eft l'écorce de chêne

ou de bouleau, réduite en poudre groffière, telle que les ouvriers l'emploient pour préparer les cuirs.

II. *Du choix du lieu de la couche.* Ce choix eft important : s'il eft humide, il abforbe la chaleur de la couche; s'il eft froid, expofé à un grand courant d'air, il la diffipe. Il eft donc à propos d'enclorre de murs le terrein des couches, afin de leur former de bons abris; &, comme je l'ai dit, en parlant des *châffis*, de ne pas les appuyer contre les murs, ils abforberoient, en pure perte, fa chaleur, & priveroient de la facilité de donner des réchauds. Je confeille de couvrir le fol avec des planches percées de beaucoup de petits trous, & pofées fur un lit de fable fin de deux à trois pouces; elles retiendront fa chaleur, & empêcheront les courtilières d'y pénétrer : il faudroit encore les environner par le bas avec des planches de fix pouces de hauteur, ce qui formeroit une efpèce d'encaiffement. (*voyez* le mot CHASSIS)

III. *De la manière d'élever les couches fimples.* Leur grandeur eft relative aux befoins & à l'emplacement; il n'en eft pas ainfi pour leur largeur; plus elles font larges, moins il eft facile de maintenir leur chaleur par les réchaux. On commence par porter fur le terrein, d'après les dimenfions données, une rangée de fumier pailleux, ou frais ou fec, dont on a parlé; on l'étend avec la fourche, & on en forme un premier lit. Le jardinier a foin de retrouffer, fur l'alignement, toutes les pailles qui l'excèdent; enfuite il bat ce lit, foit avec des morceaux de bois fixés à un manche, foit avec des maffes; il le piétine d'un bout

à l'autre, & obferve fcrupuleufe-
ment qu'il ne refte point de cavité :
il continue ainfi de lit en lit, jufqu'à ce que la couche ait acquis
fa hauteur. Les bords doivent être
beaucoup plus battus que le milieu ;
plus la paille eft battue & ferrée,
mieux la chaleur fe conferve, &
plus elle eft forte. Si la litière eft
fèche, il faut légérement la mouiller
avec l'arrofoir à grille : trop d'eau
exciteroit une trop prompte fermentation, & la chaleur dureroit peu.
Lorfque tout eft bien rangé, bien
difpofé, on couvre la couche, foit
avec le terreau formé par une vieille
couche, foit avec de la bonne terre
franche bien amendée, paffée à la
claie, & préparée par avance depuis
plufieurs mois. Le terreau laiffe plus
facilement évaporer la chaleur de la
couche, que la terre franche. Plufieurs jardiniers difent que cette terre
fera brûlée par la première chaleur
de la couche, c'eft-à-dire, que cette
chaleur fera diffiper les principes
utiles à la végétation qu'elle contient.
Cette obfervation mérite qu'on y
faffe attention. Un peu avant de femer, on peut la changer & lui en
fubftituer une autre, tenue auparavant dans un lieu chaud, & approchant du même degré de chaleur que
celui de la couche, afin de ne la
point refroidir lors du changement.
On laiffe enfuite cette couche livrée
à elle-même ; peu à peu la fermentation s'établit, la chaleur devient
fenfible & fucceffivement très-forte,
& trop forte pour prefque toutes
les plantes. On connoît la diminution
de fa chaleur par l'affaiffement de la
couche, & fur-tout en enfonçant
la main dans le terreau. Dès qu'elle
eft au point, on régale le terrein,

c'eft-à-dire, on l'unit, on l'aplatit.
Cette opération n'eft pas fuffifante ;
il faut tenir avec le genou, contre
les parois de la couche, une planche, & ferrer le terreau ou la
terre contre cette planche, & par-
deffus, & ainfi tout autour de la
couche, afin que cette bordure n'é-
boule pas dans la fuite, & qu'elle foit
affez preffée pour fervir de rempart
à la terre qui l'avoifine. La nature
des plantes qu'on veut femer ou repiquer fur couche, décide de l'épaiffeur du lit de la terre. Le melon,
le concombre, les petites raves demandent plus de terreau que les laitues, &c. C'eft donc fur la manière
d'être des racines, qu'il faut fe régler pour l'épaiffeur de la terre.

Une femblable couche, depuis
l'inftant qu'elle a jeté fon feu, fe
foutient dans un état de chaleur convenable, pendant douze, jufqu'à
quinze jours, & quelquefois moins,
fuivant la manière dont elle a été
piétinée & battue, &, fur-tout, fuivant l'efpèce de paille qui a fervi à
la litière. La paille d'orge s'échauffe
plus promptement, & fa chaleur dure
moins : celle d'avoine conferve mieux
fa chaleur que celle de feigle, &
moins que celle de froment. Je ne
crois pas que perfonne ait encore fait
ces obfervations : je préfère celle de
froment ; je m'en fuis convaincu,
non pas pour des couches, mais en
faifant des expériences fur la chaleur
de la fermentation de différens engrais. Je prie ceux qui font dans le
cas de faire des couches, de me communiquer leurs obfervations fur
l'effet des différentes pailles.

On peut faire des couches avec
le tan feul ; elles durent très-long-
temps.

IV. *Des couches compofées.* Toutes les fubftances fufceptibles de fermentation, agiffent d'une manière plus prompte ou plus lente. On eft parti de ce principe, pour prolonger la durée de fa chaleur des couches. On fait que le tan eft long à fermenter ; que fa chaleur dure plus que celle des autres fumiers ; que le fumier de vache, de bœuf fermente moins vîte que celui de cheval ; enfin, que les *balles* du blé, de l'orge, de l'avoine, &c. (*voy.* le mot BALLE) lorfqu'elles font un peu humectées, & en maffe, acquièrent une forte chaleur.

On garnit le fond de la couche avec un pied de fumier de cheval, par-deffus fix pouces de fumier de vache, fix pouces de fumier de mouton, mêlé avec la balle des graminées. Le tout fera exactement affaiffé, battu & piétiné, comme il a été dit. On recommence ainfi, jufqu'à ce que la couche foit parvenue à une hauteur convenable ; mais il faut toujours finir par un lit de fumier de cheval. Après qu'elle eft faite, on l'arrofe, afin d'établir la fermentation : huit jours après, on la piétinera, on l'affaiffera de nouveau, & on la couvrira de terreau.

V. *Du diamètre des couches.* Tous les fluides tendent à fe mettre en équilibre ; c'eft pourquoi, lorfque la chaleur de l'atmofphère eft nulle, c'eft-à-dire, que le froid eft de plufieurs degrés au-deffous du terme de la glace du thermomètre de M. de Réaumur, l'air froid attire, en raifon de fon intenfité, la chaleur de la couche. Si, au contraire, l'air étoit auffi chaud que celui qu'on refpire au Sénégal, il communiqueroit à la couche fon intenfité de chaleur, fi

elle en avoit moins que lui. D'après ce principe, il faut donc proportionner le diamètre des couches à la faifon ; ainfi les couches que l'on fera pendant les mois rigoureux de l'hiver, feront plus hautes que larges. Trois pieds formeront leur hauteur, & deux pieds à deux pieds & demi, leur largeur : lorfque la faifon s'adoucit, la hauteur diminue d'un pied, & la largeur s'étend jufqu'à quatre ; enfin, en avril, (climat de Paris) une couche d'un pied fuffit.

VI. *Des réchauds*, c'eft-à-dire, des fubftances qui réchauffent une feconde, une troifième fois, &c. Ce font les mêmes que celles employées dans la couche, Nº. 3. On élève ces fumiers nouveaux tout autour des couches, on les arrange comme les premiers, dès qu'on s'apperçoit que la chaleur de la couche commence à trop diminuer : alors ce réchaud, prefqu'auffi large que la couche, fermente & communique fa chaleur à la couche ; enfin, on les renouvelle au befoin, & on parvient, par leur moyen, à conferver les plantes malgré les rigueurs de l'hiver.

Il feroit impoffible que les plantes puffent fubfifter pendant les froids, fi elles étoient expofées au contact de l'air, tandis que leurs racines feroient environnées de chaleur ; ce contrafte les tueroit infailliblement. Pour prévenir cet inconvénient, chaque plante eft recouverte de fa *cloche*, (*voyez* ce mot) ainfi qu'on le voit, *Planche 3, Fig. 5...* La cloche eft abaiffée pendant les gelées, & recouverte par-deffus avec de la litière longue & des paillaffons, au befoin. Si le froid rigoureux dure pendant long-temps, & que fon âpreté ne permette pas de foulever les cloches pour laisser diminuer l'humidité, les plantes courent grand risque de pourrir : il faut donc, aussitôt qu'on le peut, donner de l'air au moins pendant quelques instans, & le donner avec grande précaution.

VII. *Des couches sourdes.* Celles-ci conservent mieux leur chaleur que les couches élevées, parce que leur surface seule est en prise à l'action de l'air. Si cette couche est faite sur un sol naturellement humide, cette humidité, excellent conducteur de la chaleur, en dépouillera bientôt la couche. On doit donc choisir un terrein sec, pierreux, sablonneux, & pour les raisons énoncées ci-dessus, faire un encaissement en bois. La longueur & la largeur sont indifférentes, puisqu'on ne peut leur donner des réchauds. Quant à la profondeur, une fouille d'un pied suffit; & la terre, jetée sur les bords de droite & de gauche, l'exhaussera encore, si l'on veut, & empêchera l'eau des pluies d'y pénétrer.

La conduite des couches exige un jardinier exercé à ce genre de culture; autrement il brûlera beaucoup de plantes, & en fera geler un grand nombre.

COUCHES LIGNEUSES, BOTANIQUE. S'il est un phénomène, dont la solution soit intéressante en physiologie végétale, c'est, sans contredit, la production des différentes couches ligneuses dont les arbres sont composés. Un très-grand nombre de physiciens ont cherché à le résoudre : presque tous offrent nonseulement des raisonnemens, mais encore des faits & des expériences qui semblent démontrer leur sentiment, ou du moins qui lui donnent

cet air de vraisemblance, qui approche si fort de la vérité, que souvent on les confond. Se sont-ils tous trompés, & l'apparence les a-t-elle conduits d'erreurs en erreurs; ou bien la nature a-t-elle plus d'un moyen de parvenir à ses fins ? Je serois porté à le croire ; & plus on étudie ses opérations & sa marche dans le règne végétal, plus on admire sa fécondité dans ses moyens, & sa sureté dans son exécution : développement, germination, accroissement, fécondation; en un mot, dans tout ce qu'elle fait, elle se propose, à la vérité, un seul but, celui de la réproduction & de la conservation de l'espèce végétale ; mais elle emploie mille ressorts, mille combinaisons, dont, à peine connoissons-nous les plus simples. La difficulté & les épines dont est semé le sentier qui conduit à son sanctuaire, le voile épais & l'obscurité dont il est perpétuellement couvert, doivent-ils nous décourager, nous arrêter, & suspendre nos efforts ? Non, certes, & les vérités que nous avons déjà découvertes, doivent être pour nous un aiguillon sans cesse agissant, qui redouble notre ardeur.

Si l'on scie un arbre un peu considérable horizontalement, on remarque, sur les deux parties sciées, des couches concentriques, qui se distinguent, les unes des autres, par un tissu plus ou moins serré, & par une couleur différente de celle des parties qui séparent ces zones. Si, par le moyen d'un rabot ou d'un autre instrument, on polit la surface sciée, on apperçoit encore des filets qui, partant de la moëlle de l'arbre, se propagent à travers les couches ligneuses, & parviennent enfin jusqu'à l'écorce. Au centre de toutes ces couches, on remarque un corps spongieux, la moëlle, dont ces filets ne sont que des productions ; & l'écorce enveloppe le tout : mais, entre l'écorce & les couches dures, il s'en trouve toujours quelques-unes moins dures que les autres, & presqu'encore herbacées, qui portent le nom d'*aubier*. Dans la coupe horizontale d'un arbre, d'un chêne, par exemple, l'on distingue facilement cinq parties principales ; la moëlle, les couches ligneuses dures, les couches ligneuses tendres ou aubier, les productions médullaires, & l'écorce qui contient elle-même des couches corticales. Nous ne nous occuperons ici que des couches ligneuses, que nous considérerons par rapport à leur composition, à leur formation, à leur régularité & à leur excentricité.

§. I. Des parties qui composent les Couches ligneuses.

Le bois, proprement dit, est composé de quatre parties principales ; des vaisseaux lymphatiques ou fibres ligneuses, des vaisseaux propres, des trachées, de la moëlle & de ses productions médullaires. Toutes ces parties sont disposées circulairement autour d'un centre commun, occupé par la moëlle : mais quel est l'ordre que gardent entr'eux les trois espèces de vaisseaux dont nous avons parlé ? L'étude la plus exacte du règne végétal, l'anatomie la plus détaillée des individus qui le composent, n'ont rien offert de certain aux Malpighi, aux Duhamel, &c. Il est seulement constant que, dans chaque couche ou zone, on les remarque tous les trois à la fois, & l'intervalle sensible qui se rencontre entre deux couches

coupées horizontalement, est plutôt indiqué par les cavités des utricules, que par l'absence des vaisseaux lymphatiques, propres ou aériens. Les fibres ligneuses s'élèvent depuis la racine jusqu'à l'extrémité de l'arbre, se distribuent dans le pédicule des fruits & des feuilles : il est très-facile de les distinguer. En coupant obliquement un morceau de bois, ou en le fendant dans sa longueur, on les voit se séparer d'elles-mêmes, comme de petits filets qui auroient été collés les uns contre les autres. C'est à cette disposition qu'est due la facilité de fendre le bois, suivant son *fil*, comme s'expriment les ouvriers.

Les vaisseaux propres, ceux qui contiennent le suc propre de l'arbre, montent parallèlement avec les fibres ligneuses auxquelles ils adhèrent fortement. Dans certains arbres, les vaisseaux propres sont confondus avec ces fibres ; dans d'autres, au contraire, sur-tout dans la classe des arbres résineux, les vaisseaux propres sont séparés des premiers, & forment une couche à part. On les reconnoît facilement à leur couleur, plus foncée que celle des couches des fibres ligneuses. Dans le temps que la séve & tous les sucs sont en action dans l'arbre, coupez une branche de pin ou de sapin, vous remarquerez aisément les gouttelettes de résine suinter circulairement d'entre les couches blanchâtres, dont on ne voit sortir aucune liqueur : leurs traces indiqueroient les orifices des vaisseaux propres. Mais que, de ces expériences on n'aille pas croire que, dans tous les arbres, cette disposition est la même ; nous sommes portés à croire, au contraire, d'après nos observations, que, dans les autres

Pl. XV. Pag.

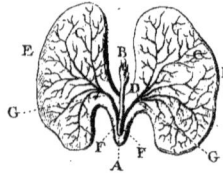

Fig. 1.

Fig. 3.

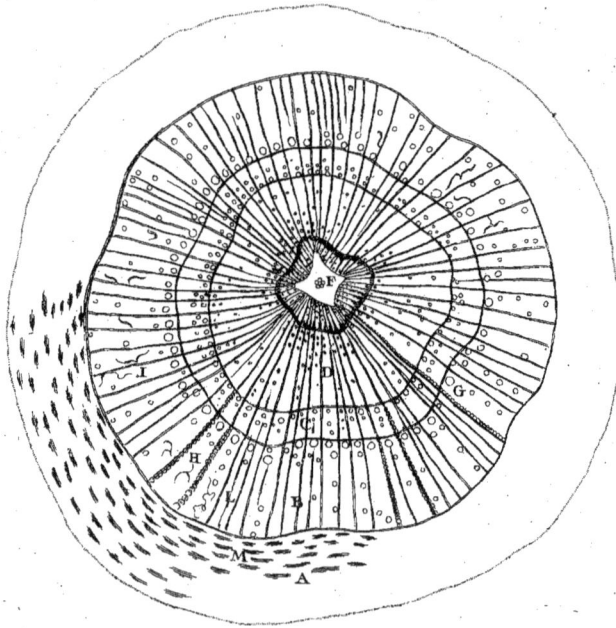

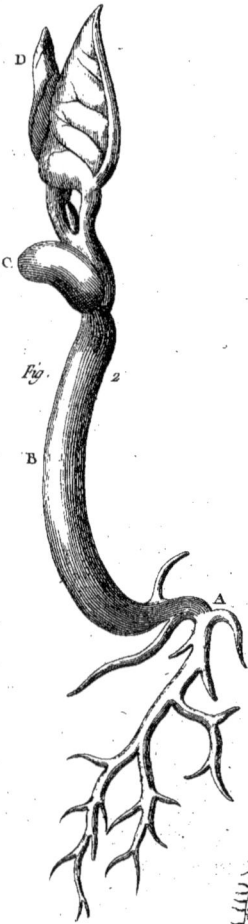

Fig. 2.

Fig. 5.

Fig. 4.

Fig. 6.

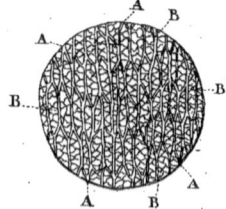

Sellier Sculp.

efpèces d'arbres, les vaiffeaux propres font entremêlés avec les fibres
ligneufes, ainfi que les trachées ou
vaiffeaux à air, dont l'exiftence vient
d'être niée par le chevalier de Muftel,
dans fon *Traité de la végétation*, mais
qui fera bien démontrée au mot
TRACHÉE.

Tous ces vaiffeaux font entrelacés
des productions de la moëlle, ou du
tiffu cellulaire qui part de la moëlle,
& fe rend à l'écorce, en enveloppant de fes rameaux toutes les parties
que nous venons de décrire. Pour
rendre ceci plus fenfible, nous allons
décrire exactement l'afpect que préfente la coupe horizontale d'une tige
de marronier de trois ans & demi :
Malpighi, qui l'a obfervé au microfcope, fera notre guide. La *Fig. 3*,
Pl. 15, offre cette coupe. A défigne
l'écorce ; on voit qu'elle eft compofée de huit paquets de fibres, entremêlés d'utricules. Le corps ligneux
eft formé des quatre cercles B, C,
D, E, emboîtés les uns dans les
autres. Le cercle fupérieur, ou celui
qui eft le plus près de l'écorce, eft
plus épais que les autres ; mais il eft
moins denfe & moins folide : c'eft
lui qui forme l'*aubier*. (*Voyez* ce
mot) Les orifices des trachées G,
font plus ouverts & plus apparens.
On diftingue facilement les productions médullaires F L, qui partent de
la moëlle, & vont fe rendre à l'écorce.
Le long de ces productions, & entre
les paquets de fibres ligneufes, on
découvre des rangs d'utricules H,
qui ne vont pas toujours, fans interruption, de l'écorce à la moëlle ;
il fe forme, de temps en temps, de
nouveaux rangs. On apperçoit encore, dans quelques endroits, des
appendices I, qui ne font que des

portions des utricules tranfverfaux.
Enfin, au centre eft la moëlle F,
qui conferve encore les traces de la
figure originelle de la jeune branche
qui avoit cinq côtés.

On retrouvera cette même difpofition, plus ou moins fenfible, dans
la coupe horizontale de tous les autres arbres. Plus le bois fera rare &
léger, plus on fuivra facilement toutes
les parties ; mais, au contraire, s'il
eft dur, compacte, ferré, alors il faudra la plus grande attention, & la
loupe même, pour les fuivre.

Il fe préfente ici plufieurs queftions
à réfoudre, fur-tout deux principales.
Pourquoi l'épaiffeur des couches
n'eft-elle pas la même dans toutes,
& pourquoi celles qui avoifinent la
moëlle, font-elles plus minces que
celles qui approchent de l'écorce ?

On peut répondre à la première
queftion, que la variété que l'on
remarque dans l'épaiffeur des couches, vient de la plus grande abondance de nourriture que l'arbre a
tirée, l'année où la couche a été
produite. Reprenons la *Fig. 3 :* nous
avons quatre couches ligneufes, B,
C, D, E ; les couches B & D font
plus épaiffes que les couches C & E.
Il n'eft pas difficile de rendre raifon
de l'épaiffeur de la couche B, puifqu'on doit la regarder comme l'*aubier* ou bois imparfait ; mais la couche D, placée entre les couches minces C & E, forme toute la difficulté,
qui fe réfoudra d'elle-même, lorfque
l'on fera attention qu'il peut très-bien
fe faire, & que tout porte à le croire,
que l'année où cette couche a été
formée, étant plus favorable à la végétation, que la précédente & la
fuivante, toutes les productions ont
dû fe reffentir de cette furabondance ;

les fibres ligneuses, les vaisseaux propres & aériens, & les utricules ont été formés d'une substance plus nourrie, & par conséquent plus épaisse; ou, ce qui reviendroit encore au même, cette couche qui, à l'œil simple paroît unique, à la loupe, paroît composée elle-même de plusieurs autres plus petites, auroit été formée, cette année, d'un beaucoup plus grand nombre, que celle qui a été produite dans une année plus sèche ou moins favorable à la végétation.

La réponse à la seconde question est aussi facile à concevoir. En général, les couches qui avoisinent la moëlle, sont plus minces que les autres, & l'on observe une dégradation marquée depuis l'écorce jusqu'à la moëlle. A mesure que les couches D, C, B, *Fig. 3*, ont été formées, elles ont pressé du côté du centre, & la couche E a supporté tous leurs efforts réunis; la première année, celui de la couche D seule; la seconde, celui de la couche C & de la couche D; la troisième, celui des trois couches, & ainsi de suite. D'après cela, on conçoit que le diamètre des couches intérieures doit diminuer en raison de l'augmentation en nombre des couches extérieures. Bien plus, à mesure que l'arbre vieillit, & que le bois durcit, les couches ligneuses se dessèchent, & perdent, par la transpiration, la lymphe & les sucs qu'elles contenoient. La compression perpétuelle qu'elles éprouvent, hâte encore cette dessiccation; les parties succulentes sont toujours à l'extérieur; & plus les arbres sont vieux, plus leur *cœur*, ou l'intérieur, est dur & serré.

§. II. *Origine & formation des Couches ligneuses.*

En coupant à différens âges, des arbres, ou simplement leurs branches, on remarqua d'abord, que plus les arbres étoient jeunes, & moins le nombre des couches étoit considérable, & qu'il augmentoit en proportion de l'augmentation de l'arbre en grosseur: on en a conclu avec raison, que cet accroissement étoit dû à la production des nouvelles couches, tant corticales que ligneuses. Mais qu'elle étoit la cause productrice de ces mêmes couches, & d'où tiroient-elles leur origine? Voilà ce qui a embarrassé tous ceux qui ont voulu suivre la nature dans ses opérations. Plusieurs savans ont imaginé des systêmes où le plus souvent ils ont développé leurs idées, sans rencontrer le secret de la nature. Comme tous renferment de très-bonnes observations de physiologie végétale, nous allons parcourir les principaux en les analysant. Ils se réduisent à cinq, celui de Malpighi, celui de Grew, celui de M. Hales, celui de M. le Chevalier de Mustel, & le sentiment commun. Que l'on ne perde pas de vue, pour bien entendre l'exposition de ces différens sentimens, que l'écorce A *Figure 3*, est composée du côté du bois, dans la partie qui touche l'aubier B, du liber M, formé lui-même par des feuillets très-minces; & que c'est entre A & B, au passage M, que se produisent les nouvelles couches ligneuses.

I. *Sentiment de Malpighi.* Pour bien entendre ce sentiment, il faut remarquer, que l'écorce du côté du bois est formée de plusieurs petits feuillets extrêmement minces, auxquels

on

on a donné le nom de *liber*. C'eſt à ces différens feuillets, que Malpighi attribue la production des couches ligneuſes, & par conſéquent, l'accroiſſement en groſſeur des arbres. La nature, ſuivant cet auteur, a deſtiné l'écorce à deux fonctions principales: à l'élaboration de la sève, & à l'accroiſſement des arbres, qui ſe fait par l'addition des nouvelles couches ligneuſes. Pour ce dernier effet, le liber eſt formé de plans de fibres longitudinales, deſtinées à porter la nourriture, tant que leur ſoupleſſe les rend propres à cet uſage; mais qui, devenues roides & fermes par l'obſtruction des vaiſſeaux, s'attachent d'elles-mêmes, aux couches du bois précédemment formées, & produiſent ainſi de nouvelles zones concentriques aux premières. D'après ces idées, Malpighi regarde le liber, comme la partie la plus eſſentielle de l'arbre; puiſqu'il eſt deſtiné à la préparation de ſa nourriture & à ſon accroiſſement. La preuve qu'il en donne, c'eſt que la partie ligneuſe d'un arbre, qui a été dépouillée de l'écorce, ne prend aucun accroiſſement. La même cauſe qui produit les couches ligneuſes du tronc & des branches, produit auſſi celles des racines. Les lames du liber les plus proches du bois, contractent avec lui une adhérence, par le moyen des productions du tiſſu utriculaire, & du ſuc ligneux qui les affermit.

II. *Sentiment de Grew.* Dans la partie intérieure du *liber* il ſe forme, tous les ans, un nouvel anneau de vaiſſeaux ſéveux. Ces vaiſſeaux ou petites fibres ſont pouſſés du corps ligneux dans le parenchyme de l'écorce. L'eſpace qu'ils laiſſent entr'eux ſe remplit enſuite de nouvelles

fibres, & qui forment à la fin toutes enſemble un cercle entier qui devient, en ſe durciſſant & ſe deſſéchant, une couche ligneuſe. La peau de l'écorce eſt une portion du *liber*, qui ayant été tous les ans pouſſée vers l'extérieur, eſt devenue, en ſe deſſéchant, une véritable peau ſemblable à la dépouille des vipères, quand il s'eſt formé au-deſſous une peau nouvelle. Mais pour le bois, il doit ſa formation à une ſubſtance vaſculeuſe, compoſée de l'entrelacement des vaiſſeaux qui ſe mêlent au parenchyme de l'écorce; & en deux mots, un anneau de vaiſſeaux ſéveux du liber, forme tous les ans un anneau qui eſt propre à devenir bois, & qui le devient d'années en années.

Le ſentiment de Grew différe de celui de Malpighi, en ce qu'il ne croit pas, comme lui, que les couches du liber, proprement dit, deviennent bois; car il penſe, au contraire, qu'entre le liber & le bois, il ſe forme des couches ligneuſes, qui ne ſont à la vérité que des émanations de l'écorce.

III. *Sentiment de M. Hales.* Ce fameux obſervateur anglois, croit que les dernières couches du bois formé produiſent la nouvelle couche, qui, par ſon endurciſſement, fait l'augmentation de groſſeur du bois: car on doit penſer, ajoute-t-il, que les couches ligneuſes, de la ſeconde, troiſième année, &c. ne ſont pas formées par la ſeule dilatation horizontale des vaiſſeaux, mais bien plutôt par une extenſion des fibres longitudinales & des vaiſſeaux qui ſortent du bois de l'année précédente, avec les vaiſſeaux duquel ils conſervent une libre communication.

Ce fentiment fe réduit donc à ceci, les fibres de la dernière couche du bois, s'étendent non-feulement horizontalement, mais encore longitudinalement du côté de l'écorce, & le réfultat de cette extenfion, eft la production d'une nouvelle couche. Ainfi M. Hales différe de Malpighi & de Grew, en ce qu'il attribue au bois la production de la nouvelle couche ligneufe qui, fuivant eux, n'eft qu'une émanation de l'écorce.

IV. *Sentiment de M. le Chevalier de Muftel.* Ce favant académicien de Rouen, dans un ouvrage qu'il a publié en 1781, intitulé *Traité de la végétation*, prétend, que les dépôts de la fève montante, joints aux émanations du corps ligneux, forment un liber qui enfuite fe convertit en aubier; & que le même effet de la fève défcendante, joint aux émanations intérieures de l'écorce, forme auffi un autre liber, qui fe convertit en une nouvelle couche corticale; ainfi, il fe produit pendant l'été deux feuillets de différens libers, dont l'un appartient au bois, & l'autre à l'écorce. La fève nouvelle les fépare au printemps, pour en former de nouveaux entr'eux.

On voit, que ce fentiment tient le milieu entre les trois premiers, & qu'il tire de l'écorce du bois, & des dépôts des deux fèves, l'origine des couches, tant ligneufes que corticales.

V. *Sentiment commun.* Tous ceux qui n'ont pas fait une étude particulière du règne végétal, s'imaginent & croient naturellement qu'il s'introduit entre l'écorce & le bois une liqueur quelconque; que cette liqueur s'épaiffit, qu'elle s'organife, & qu'enfin, en prenant encore plus

de folidité, elle parvient à former une couche ligneufe.

Ces différens fentimens fe réduifent donc à trois points généraux. Les couches ligneufes font produites, ou par l'écorce ou par le bois, ou par une fubftance nouvelle dépofée ou filtrée entre le bois & l'écorce.

Pour chercher la vérité, & tâcher de découvrir le fecret de la nature, M. Duhamel a tenté un très-grand nombre d'expériences fort ingénieufes, qui, fans lui donner abfolument le mot de l'énigme, l'ont conduit à des vérités inconteftables, & qui jettent le plus grand jour fur la formation des couches ligneufes. Il feroit trop long de rapporter ici toutes ces expériences; on les trouvera détaillées dans fa *Phyfique des arbres;* nous nous contenterons de rapporter la conclufion qu'il en tire.

1°. L'écorce étant entamée, foit qu'elle s'exfolie, ou que l'exfoliation foit peu fenfible, la partie qui refte vive, peut produire une nouvelle écorce.

2°. L'écorce peut, indépendamment du bois, faire des productions ligneufes.

3°. Quand on tient un lambeau d'écorce, féparé du bois par un de fes bords, il fe forme un appendice ou lèvre ligneufe qui fe recouvre en-deffous d'une nouvelle écorce.

4°. Les couches corticales, qui ne font point partie du liber, reftent toujours corticales, fans jamais fe convertir en bois.

5°. Les couches les plus intérieures du liber, ou fi l'on veut, la couche la plus intérieure de l'écorce fe convertit en bois, quoiqu'il y ait apparence, que cette couche n'eft pas de même nature que les autres couches corticales.

6°. Enfin, le bois peut produire un écorce nouvelle, sous laquelle il paroît tout de suite des couches ligneuses.

Il paroît assez démontré, d'après tout ce que nous venons de dire, que c'est à l'écorce, ou plutôt au dernier feuillet du *liber*, qu'il faut attribuer l'origine des couches ligneuses. Mais, comment se peut-il faire, dira-t-on, que ce feuillet de liber qui est si mince, devienne ensuite une couche qui a quelquefois une ligne & même davantage d'épaisseur. La réponse est facile : tant que ce feuillet n'est que liber, les vaisseaux & toutes les parties qui le composent, n'ont pas acquis l'épaisseur & le diamètre qui leur sont nécessaires ; c'est au moment, où de liber il devient bois, que cet accroissement s'opère. L'affluence d'une nourriture plus abondante & plus élaborée, produit ce développement merveilleux, & met toutes ces parties dans l'état ou elle doivent être pour être réputées bois.

§. III. *De la régularité, de l'excentricité & du nombre des Couches ligneuses.*

La régularité, l'excentricité & le nombre des couches ligneuses sont trois points très-interessans de la physiologie végétale ; ils offrent des phénomènes capables de piquer toute la curiosité d'un digne observateur de la nature.

1°. *De la régularité des couches ligneuses.* En général, on remarque une sorte de régularité assez exacte dans la disposition de toutes les couches ligneuses. Elles enveloppent la moëlle comme autant de zones, & plus l'arbre vieillit, plus, en même temps, elles semblent s'arrondir & perdre des contours réguliers. Les tiges d'un très-grand nombre d'arbres, dans leur jeunesse, ne sont point exactement cylindriques ; elles affectent des pans assez sensibles, & l'on compte jusqu'à quatre, cinq, six & même huit côtés. Si, dans cet état, vous coupez la tige horizontalement, vous distinguerez facilement ces côtés, & vous verrez les couches se plier & se courber suivant ces directions. Laissez croître l'arbre & sciez-le, lorsqu'il est parvenu à son état d'accroissement parfait plus de canelure, plus de pans, tout est arrondi, & les couches ont une direction circulaire, presqu'aussi exacte, que si elle avoit été tracée avec le compas. A mesure que l'arbre grandit, son accroissement se fait en tout sens, (*voyez* le mot ACCROISSEMENT) par la dilatation de toutes les parties. Cette dilatation paroît agir du centre à la circonférence, ou de la moëlle à l'écorce, avec une égale force, parce que nous supposons que tous les vaisseaux qui apportent la substance nutritive, l'apportent également de tous côtés. De plus, le dépôt de cette substance, se faisant circulairement, le développement doit prendre insensiblement la même direction, ce qui, au bout de quelques années, arrondira la tige, au point que l'on ne trouvera la forme primitive & élémentaire de la tige, qu'aux extrémités des branches, dans les jets d'un ou deux ans.

II. *De l'excentricité des couches.* Si les couches ligneuses affectent, en général, une régularité dans leurs contours, très-souvent on remarque qu'elles ne font pas concentriques, qu'elles font plus larges d'un côté que d'un autre , & quelquefois même l'excentricité des dernières couches eft de plufieurs pouces. Plufieurs perfonnes ont cru voir une régularité dans ce jeu de la nature ; mais les unes ont prétendu , que la plus grande excentricité fe trouvoit du côté du nord; les autres, au contraire, du côté du midi. De-là on en a conclu précipitamment, que cette obfervation pourroit être d'un trèsgrand fecours pour des voyageurs égarés dans un bois, que cette efpèce de bouffole naturelle pourroit leur fervir de guide, & les remettre dans leur chemin. Un fait mal obfervé, que l'on veut enfuite expliquer, entraîne néceffairement des raifonnemens faux & illufoires. Ceux qui prétendent que les couches font plus épaiffes du côté du nord, difent qu'il faut attribuer cet effet au foleil, qui defsèche le côté du midi , & ils appuient leur fentiment fur le prompt accroiffement des arbres des pays feptentrionaux, qui viennent plus vîte & groffiffent davantage que ceux des pays méridionaux. Ceux qui croient que les couches font plus épaiffes du côté du midi, difent que le foleil étant le principal moteur de la fève, il doit la déterminer à paffer avec plus d'abondance dans la partie où il a le plus d'action, pendant que les pluies qui viennent fouvent du vent du midi, humectent l'écorce, la nourriffent ou du moins préviennent le deffèchement que la chaleur du foleil auroit pu caufer.

Ces raifonnemens, juftes en euxmêmes, ne prouvent rien, puifqu'il eft de fait que l'épaiffeur des couches & leur excentricité n'eft, pas

en raifon de la pofition horizontale , mais en raifon de l'affluence plus ou moins grande de la fève, & des principes nourriffans d'un côté ou d'un autre. Les obfervations multipliées de MM. Duhamel & Buffon , les ont pleinement convaincus que la vraie caufe de l'excentricité des couches ligneufes eft la pofition des racines , & quelquefois des branches; qu'elles étoient toujours plus épaiffes du côté où étoit une groffe racine, où fortoit une groffe branche , parce qu'il arrivoit néceffairement une plus grande abondance de fucs nourriciers par cette branche ou cette racine; que fi l'afpect du midi ou du nord influe fur les arbres pour les faire groffir inégalement, ce ne peut être que d'une manière infenfible, puifque, dans tous les arbres qu'ils ont coupés, tantôt c'étoient les couches ligneufes du côté du midi, qui étoient le plus épaiffes , & tantôt celles du côté du nord ou de tout autre côté; & que, quand ils ont coupés des troncs d'arbres à différentes hauteurs, ils ont trouvé les couches ligneufes tantôt plus épaiffes d'un côté, tantôt d'un autre.

III. *Du nombre des couches ligneufes.* Il s'eft encore gliffé une autre erreur qui eft généralement répandue ; c'eft que le nombre des couches ligneufes indique précifément l'âge de l'arbre. L'obfervation détruit abfolument cette affertion: comptez les couches ligneufes d'un chêne de quatre-vingt ans, d'un autre de cent ans, d'un autre de deux cents ans, vous n'y trouverez pas une très-grande différence , fur-tout une différence du double. Bien plus; coupez tranfverfalement une jeune tige de quelques années feulement, où les couches foient bien diftinctes à l'œil nu, vous n'en conterez peut-être que fept ou huit, à l'aide de la loupe, vous en diftinguerez un très-grand nombre d'intermédiaires entre chaque couche vifible. Dès-lors, peut-on conclure, que ces couches indiquent précifément l'âge d'un arbre; il faudroit d'abord démontrer qu'il ne fe produit qu'une couche par année, & que toutes les années il s'en produit une. Cette démonftration n'eft pas facile à donner, & on pourroit prouver, au contraire, que le renouvellement de la fève du mois d'août doit produire le même effet que celui de la fève de mars, & dans ce cas, on auroit deux couches par année. M. M.

COUDE, Médecine Vétérinaire. C'eft la partie fupérieure & poftérieure de l'avant-bras, qui réfulte de l'apophyfe, appelée olecrane.

Situation du coude. L'extrémité fupérieure, ou la pointe du coude, doit être directement vis-à-vis le graffet, (*voyez* GRASSET) & en oppofite à cette partie. Si le coude eft trop en dedans, il fe trouve néceffairement tourné & ferré contre les côtes; cette pofition s'oppofe à la liberté de fon action, & de celle de toute l'extrémité : telle eft fa conformation dans le cheval appelé *panard*, c'eft-à-dire, dans le cheval dont les pieds font tournés en dehors. Si le coude eft trop en dehors, cette fituation produit un défaut directement contraire, puifqu'alors les pieds font tournés en dedans; &, foit que l'animal marche, foit qu'il fe campe, nous voyons que les pinces fe regardent dans ce

dernier, tandis que les talons fe regardent dans le premier : l'un & l'autre de ces défauts mettent le cheval hors du degré & du point de force dans lequel il doit être : en effet, comment peut-il fe foutenir à marcher franchement & fûrement, fi la maffe de fon corps, élevé fur les quatre jambes, comme fur quatre colonnes, ne porte & ne repofe fur une bafe fixe & folide, c'eft-à-dire, fur toute l'étendue de fon pied ? C'eft ce qui a lieu dans le cheval *panard* & *cagneux* : dans le premier, la maffe eft plus rejetée fur les quartiers de dedans du pied, que fur les quartiers de dehors; tandis que, dans le fecond, les quartiers de dehors en fupportent, au contraire, la plus grande partie; ce qui fait que le cheval, dans l'un & l'autre cas, ne peut qu'être abfolument hors de cet équilibre & de ce point de fermeté, qui eft le principal fondement & le premier foutien de l'édifice.

Maladies du coude. Nous appercevons quelquefois à la pointe du coude, une tumeur dure de la nature de la loupe; quelquefois nous n'y rencontrons qu'une fimple callofité; l'un & l'autre de ces maux conftituent la maladie appelée du nom d'*éponge*; dénomination qu'elle tire & qu'elle reçoit de la caufe qui la produit, puifqu'elle n'eft due qu'au contact violent & réitéré des éponges du fer, qui appuient contre cette partie, lorfque le cheval fe couche en-vache, c'eft-à-dire, lorfqu'étant couché, fes jambes font repliées de manière que les talons répondent au coude, & fupportent prefque tout le poids de l'avant-main.

À l'égard du traitement convenable à ces maladies, *consultez* les mots CALLOSITÉ, ÉPONGE LOUPE, M.T.

COUDÉE. Mesure de longueur, prise sur l'étendue qu'il y a depuis le coude jusqu'au bout du doigt du milieu; ce qui fait un pied & demi.

COUDRIER. (*Voyez* NOISETIER)

COULER. (*Voyez* COULURE)

COULEUR DES PLANTES. BOTANIQUE. Quel est l'homme qui a pu se promener dans un pré émaillé de fleurs, dans un jardin décoré de tout ce que la nature offre de plus riant, de plus vif, de plus varié en couleurs, sans être émerveillé ? Quel est l'esprit froid qui n'a pas été saisi d'admiration ? Qui n'a pas dit une fois en sa vie, quelle douceur dans la nuance de la rose ? Quelle force dans la couleur de l'oreille d'ours ? Quelle vivacité, quel lustre dans cette anemone ? Quelle profusion dans la tulipe ? C'est l'éclat de l'or ; c'est le brillant de l'argent ! Mais quel est ce morceau de pourpre qui se perd humblement dans cette touffe d'herbe ? Quelle couleur vermeille & entière ! Comme la teinte en est égale & sure ! C'est la pensée qui, modeste dans son port, & ne demandant rien, fait cependant nous fixer par sa douce odeur & la beauté de sa nuance ! Quel charme répandu sur tous ces êtres brillans ! Comme la nature a su mêler ses couleurs ! Comme elle les a distribuées & opposées ! Savante dans la fonte de ses nuances, jamais de ces tons faux & désagréables, qui fatiguent & repoussent l'œil ; jamais de ces contrastes mal-adroits, de

ces écarts ignorans ; toujours des beautés & de l'intelligence. Sur un fond vert, de différentes teintes, elle a dessiné ses grouppes avec une variété infinie. Si quelquefois le vert est triste & la couleur sombre, défiez-vous de l'individu qui en est coloré, il est dangereux. Les sucs qui circulent dans ses vaisseaux, portent avec eux le désordre & la mort : la nature vous avertit du danger ; mais ne regardez pas toujours cette loi comme générale : hélas ! souvent les appas de la beauté cachent un cœur perfide, & le poison est couvert des plus riches couleurs ; redoutez le rose léger de l'anemone des bois, le violet foncé de l'anemone pulsatille, le pourpre éclatant de la grande digitale, le jaune doré de la vermiculaire brûlante, le tendre incarnat de la lauréolle gentille & du pain de pourceau, l'indigo de la lobélie brûlante, le gris blanchâtre de la pomme épineuse, &c. &c. *Nimium ne crede colori.*

Nous contenterons-nous simplement d'admirer les charmes & les beautés de la nature; de les détailler, & de les contempler les unes après les autres, d'accorder notre hommage à chaque fleur ? Ne chercherons-nous pas à pénétrer son sanctuaire, à la voir travailler & broyer ses couleurs ? Quels principes, quelles substances emploie-t-elle pour dessiner ses tableaux ! N'a-t-elle qu'un seul moyen, qu'elle modifie à volonté, & qui, dans ses mains ingénieuses, prend toutes les nuances qu'elle désire, ou bien la matière colorante qu'on peut extraire des plantes, les terres qui entrent dans leur compsition, le fer que l'analyse y rencontre, forment-ils la bafe de fes couleurs ? Ou enfin, la lumière & la préfence du foleil font-ils, les pinceaux avec lefquels la nature colore fes brillantes productions ?

Le philofophe qui ne fe contente pas d'admirer, mais qui réfléchit fur ce qu'il obferve, à peine a-t-il vu une fleur, que déjà il brûle de connoître la caufe de fa beauté ; il penfe, il combine, il décompofe, il travaille ; & fier de fon fuccès, il fe dit à lui-même : la nature agit ainfi. Heureux, mille fois heureux, quand il a découvert fon fecret : mais que trop fouvent il couronne fes erreurs, à la place de la vérité !

On a imaginé plufieurs fyftêmes pour expliquer la caufe de la couleur des plantes : nous allons les parcourir. On peut les diftinguer en trois claffes ; dans le premier, chaque plante, chaque partie de plante portoit un fuc propre, dont le parenchyme & tout le tiffu étoient intimément pénétrés, & qui donnoit à la plante, en général, & à telle portion en particulier, la couleur qui lui convenoit, & qui fervoit à la diftinguer d'une autre. Ce fyftême avoit pris fa naiffance dans l'obfervation affez conftante, qu'en broyant une partie verte d'une plante, elle laiffoit une trace verte ; une fleur rofe, donnoit du rofe ; une jaune, du jaune, &c. &c. Content d'avoir rencontré ce principe colorant, on n'avoit pas été plus loin ; fon exiftence fuffifoit pour tout expliquer, & l'on s'arrêtoit-là, fans penfer à des recherches ultérieures fur la caufe qui coloroit ce principe lui-même. La jafpure d'une feuille de tulipe, par exemple, s'expliquoit par autant de principes colorans

différens, que l'on comptoit de nuances ; quelques fécules colorantes prouvoient encore en fa faveur.

On fent facilement combien ce fyftême eft infuffifant pour rendre raifon de tous les phénomènes que nous offrent les couleurs des plantes, leur marche progreffive, leur mélange & leur dégradation ; mais il eft à remarquer fur-tout, que, par rapport aux fécules même colorantes, rarement, après leur préparation, ont-elles la couleur propre à la plante : l'indigo & le roucou en font la preuve.

Les chymiftes qui, par le moyen du feu & des menftrues, fcrutent la nature de plus près, mais qui, en même temps, dénaturent & donnent fouvent de nouvelles modifications aux principes qu'ils obtiennent par l'analyfe, ont cru reconnoître, dans ces mêmes principes, l'origine de toutes les couleurs des plantes.

M. Geoffroy a donné à l'Académie des fciences en 1707, un mémoire fur les couleurs des feuilles & des fleurs, où il prétend prouver qu'elles dépendent des foufres, & de leurs différens mélanges avec les fels. On ne fera peut-être pas fâché de trouver ici la manière dont ce favant donnoit l'explication des différentes nuances : le vert, felon lui, qui eft la couleur la plus ordinaire des feuilles, peut être l'effet d'une huile effentielle, raréfiée dans les feuilles, & mêlée avec les fels volatils & fixes de la fève, lefquels reftent engagés dans les parties terreufes de la plante, pendant que la plus grande partie de la portion aqueufe fe diffipe. La preuve de cette idée fe tire du céleri & de la chicorée ; car ces plantes étant liées & couvertes, de manière que le phlegme ne puiffe pas aifément fe diffiper, elles deviennent blanches, parce que l'huile effentielle fe trouve fi fort étendue dans cette grande quantité de phlegme, qu'elle paroît tranfparente & fans couleur. Les feuilles deviennent rouges, pour la plupart, fur la fin de l'automne, dans les premiers froids, qui refferrent les pores des plantes, retiennent la fève dans les feuilles & y interrompent la circulation : cette fève s'aigrit par fon féjour, parce que l'acide développé détruit l'alcali & fa couleur verte ; de forte que ces foufres reparoiffent auffitôt dans leur propre couleur, qui eft le rouge. Dans les fleurs, toutes les nuances, depuis le citron jufqu'à l'orangé ou jaune de fafran, paroiffent venir d'un mêlange d'acide avec l'huile effentielle : toutes les nuances de rouge, depuis la couleur de chair jufqu'au pourpre & au violet foncé, font les produits d'un fel volatil urineux, uni avec l'huile. Le noir, qui peut paffer, dans les fleurs, pour un violet très-foncé, eft l'effet d'un mêlange d'acide, furabondant au violet pourpré du fel volatil urineux. Toutes les nuances du bleu proviennent du mêlange des fels alcalis fixes, avec les fels volatils urineux, & les huiles concentrées ; enfin, le vert, dans les fleurs, eft produit par ces mêmes fels, mêlés avec des huiles beaucoup plus raréfiées.

Pour démontrer la vérité de ce fyftème, qui n'eft fondé que fur les combinaifons que M. Geoffroy a faites, de l'huile de thym avec des acides & des alcalis, il faudroit prouver que les huiles effentielles de toutes les plantes fuffent les mêmes, & fe comportaffent de la même façon ; auffi a-t-il été abandonné, ou plutôt n'a-t-il jamais été fuivi.

Des analyfes mieux faites, & plus générales, ont conduit MM. Rouelle, Macquer & Dambournay à des obfervations fur lefquelles on peut compter.

Il n'eft prefque point de parties dans les végétaux, qui ne contiennent des parties colorantes ; tous leurs organes en abondent. Il arrive fouvent que la même plante renfermera dans fon fein plufieurs couleurs à la fois : les racines, les tiges, les feuilles & les fleurs, non-feulement varieront pour les nuances, mais encore pour les couleurs oppofées. De plus, très-fouvent une matière végétale qui n'a point de couleur apparente, en prend une très-marquée par les manipulations particulières, comme la fermentation ou le mêlange avec des menftrues. On ne peut nier que ces parties colorantes intérieures n'influent, pour beaucoup, fur la couleur extérieure ; & dans ce fens, ce troifième fyftème rentre dans le premier dont nous avons parlé plus haut. Si l'on réfléchit un peu fur les expériences des chymiftes modernes, on verra qu'ils nous ont donné moins l'hiftoire de la matière colorante, principe ellemême, que celle de fes combinaifons avec telle ou telle bafe, qui la rend ou extractive & diffoluble dans l'eau, ou réfino-terreufe, & compofée d'extraits favonneux & de réfines, ou purement réfineufe & infoluble dans l'eau. (Voyez au mot VÉGÉTAL, l'explication de ces différentes matières colorantes.)

Quelques

Quelques chymistes rencontrant une très-grande quantité de fer dans les cendres des végétaux, ont pensé que leurs couleurs étoient dues à ce métal, parce que, dans les opérations chymiques, soit naturelles, soit artificielles, il est susceptible de prendre toutes fortes de couleurs ; mais, pour qu'on pût admettre cette hypothèse, il faudroit supposer que dans chaque nuance particulière, le fer se trouvât exactement combiné avec le principe qui lui fait prendre cette couleur, & c'est ce qui n'a pas encore été démontré suffisamment.

Les mêmes difficultés se présentent dans l'hypothèse de M. Opoix & de M. le Chevalier de Mustel, qui trouvent, dans le phlogistique, la cause principale des couleurs végétales.

Le dernier système sur l'origine des couleurs des plantes, est de les rapporter à la lumière qui les éclaire. Les nombreuses expériences de plusieurs savans, & entr'autres de MM. Bonnet, Meese & Sennebier ont paru le confirmer jusqu'à présent, ou du moins, il est certain que la lumière a la plus grande influence sur les couleurs des plantes ; que sa présence les anime, & que son absence les dénature & les fait disparoître, principalement la couleur verte : elle passe insensiblement à l'ombre, & la plante devient malade & languissante, lorsqu'elle est privée de ce principe vivifiant. Cette maladie de langueur se nomme *étiolement.* (*Voyez* ce mot & celui de LUMIÈRE)

Telle est, en peu de mots, l'analyse des différens systêmes, imaginés pour expliquer l'origine des couleurs qui décorent les fleurs ; ils ne s'éloignent pas absolument les uns

Tome III.

des autres, & il pourroit se faire que dans leur réunion, on trouvât l'explication de ce phénomène : quelques observations que nous avons faites, plusieurs expériences que nous avons ou répétées ou tentées, nous portent à le croire, & nous allons exposer ici notre sentiment, en le soumettant au jugement des savans.

Nouveau Systême sur les couleurs des Plantes.

La couleur des plantes dépend d'une matière colorante propre, qui réside dans le parenchyme, & dont la nature est susceptible de différens degrés de fermentation, qui produisent, ou les diverses nuances, ou le passage de l'une à l'autre.

Les différentes expériences chymiques nous ont démontré que dans toutes les parties des plantes il existoit une substance colorante, ou extractive, ou résineuse, ou extracto-résineuse, & cette substance réside dans le parenchyme.

Prenez de la gaude, de la garance, du bois d'Inde, &c. ; laissez-les macérer dans l'eau, & vous aurez une dissolution extractive, jaune ou rouge, suivant la nature des plantes que vous aurez employées. Si vous faites bouillir fortement dans de l'eau, du brou de noix, du sumac, de l'écorce d'aune, &c., la substance résineuse qu'elles contiennent se dissoudra dans l'eau à l'aide de la chaleur & de la partie extractive dissoute ; mais elle se précipitera à mesure que l'eau se refroidira. Ici nous avons dans la même matière colorante, plus ou moins fauve, deux principes, l'un dissoluble dans l'eau, qui est l'extractif, & l'autre

V v v

indiffoluble, qui eft le réfineux. Mettez du rocou, du paftel, de l'indigo dans de l'efprit de vin, & vous en extrairez bientôt la teinture orangée du rocou, & bleue du paftel & de l'indigo. En général, toutes les parties vertes des végétaux ne font folubles que dans l'efprit de vin, excepté la partie verte des épinards, qui l'eft auffi dans l'eau; enfin, quelques-unes, comme l'orcanète, ne fe diffolvent que dans l'huile, où la racine rouge d'une efpèce de buglofe.

Sans avoir recours aux opérations chymiques, veut-on diftinguer, à l'œil nu, la matière colorante d'un très-grand nombre de plantes, furtout dans les parties les plus colorées, il fuffit d'enlever adroitement l'écorce d'une feuille ou d'une corolle de fleur; vous appercevrez le tiffu réticulaire dans les mailles duquel eft retenu le parenchyme coloré.

Dans cette expérience, on remarque quatre chofes : 1°. l'écorce compofée de l'épiderme qui par lui-même n'eft point coloré, & qui eft très-tranfparent; (voyez ÉPIDERME) il fait, dans ces parties, le même effet que l'epiderme de la peau d'un nègre; la couleur noire ou cuivreufe d'un nègre ne réfide pas dans l'épiderme, mais feulement au-deffous dans une fubftance muqueufe, gélatineufe, nommée le réfeau de Malpighi; 2°. l'écorce, proprement dite, que M. Defauffure nomme le réfeau cortical, qui renferme les glandes corticales; 3°. le réfeau ou le tiffu réticulaire, dont le filet des mailles, plus dur & plus ferme que que le refte, eft de la même nature que les fibres ligneufes dont il ne paroît être que la prolongation;

4°. enfin, une efpèce de fubftance fpongieufe englobée dans les mailles, & qui eft proprement le parenchyme : c'eft ce parenchyme qui contient & fournit la matière colorante.

Nous avons déjà obfervé que l'épiderme d'une feuille ou d'un pétale reffembloit à l'épiderme d'un nègre; pareillement le parenchyme végétal reffemble au parenchyme animal, ou à cette fubftance gélatineufe qui forme le réfeau de Malpighi, & qui eft noire dans les nègres, blanche dans les habitans de la zône tempérée, brunâtre dans les individus bafanés, marquetée dans les taches rougeâtres de la peau.

Quoique nous ayons dit que l'épiderme fût tranfparent, & que par conféquent ce n'eft pas fa couleur que l'on apperçoit, mais feulement celle du parenchyme qui en eft recouvert, cependant il influe dans la couleur, par rapport à fon intenfité. Si vous enlevez cet épiderme fur une feuille verte, le parenchyme paroît d'un vert un peu différent de celui qu'avoit la feuille auparavant; & cette couleur revient dès que vous recouvrez le parenchyme de l'épiderme; cette différence eft fur-tout frappante dans les feuilles du paftel, dans celles du pavot, du fouci, du rofier. On l'obferve encore dans les pétales, avec cette diftinction que l'épiderme refte prefque toujours adhérent avec le parenchyme, & qu'alors il paroît lui-même coloré; mais avec un peu d'attention il eft facile de l'en détacher : les pétales de rofe, fur-tout, offrent cette obfervation, ainfi que celles du géranium & du fouci.

Suivant M. Defauffure, l'écorce, proprement dite des pétales, contribue pour beaucoup plus à leur coloration que le parenchyme, & c'eft à elle que l'on doit les vives & riches couleurs de la penfée, de la balfamine, du laurier-rofe; car il croit que le parenchyme de prefque toutes les fleurs eft blanc, fi l'on en excepte celui de la bourrache & de quelques efpèces de curcubitacées; mais l'écorce n'eft colorée que par le fuc fourni par le parenchyme, & qui, par le contact de la lumière & du foleil, fermente & prend une nuance qu'il n'avoit pas encore dans le parenchyme. Je m'en fuis affuré pour les pétales de la rofe, du pied d'alouette, du pavot, du géranium & du fouci.

Le parenchyme dépouillé de l'épiderme, & écrafé fur du papier blanc, laiffe les traces de la couleur dont il étoit imbu; mais cette couleur ne conferve pas fa nuance, le contact de l'air & de la lumière lui en donne une nouvelle : ainfi le rofe de la rofe & du navet devient violet; le rouge même du géranium paffe au violet pourpre, &c.

La matière ou fuc colorant eft fufceptible d'une fermentation infenfible, qui la fait paffer par différentes teintes : nous avons vu plus haut qu'elle étoit, ou extractive ou réfineufe, ou qu'elle tenoit également des deux principes. Dans la plante, cette matière eft diffoute dans une fuffifante quantité d'eau, elle eft divifée autant qu'elle peut l'être; dans cet état, à l'aide de la chaleur propre à tout végétal vivant, & à celle de l'atmofphère, elle peut entrer en fermentation, &, felon toutes les apparences, elle en éprouve une

continuelle, depuis le moment où la plante fe développe, jufqu'à celui où elle meurt. Cette fermentation forme de nouvelles combinaifons qui donnent de nouvelles couleurs : les effets de la fermentation en grand, nous prouvent affez cette vérité. Les fucs exprimés des raifins n'ont qu'une couleur pâle & blanchâtre : à peine commencent-ils à entrer en fermentation, que leur couleur devient plus foncée, jufqu'à ce que la fermentation paffant à fon dernier état de fpiritueufe, le rouge violet fe développe, & devient leur couleur fixe. Si l'on arrête la fermentation à ce point, cette couleur fe conferve; mais fi on abandonne ces fucs vineux à eux-mêmes, la fermentation fpiritueufe paffe à l'acide; & la couleur charmante & fi agréable du vin fe change dans la couleur trifte & fale du vinaigre, qui dégénère de plus en plus, fi la fermentation putride s'établit.

Pour rendre notre explication plus vraifemblable, fuivons les effets de la fermentation fur la matière colorante des plantes : examinons des fruits, des feuilles & des fleurs adhérentes aux tiges qui leur fourniffent les fucs néceffaires à la vie.

Le fruit. Une pomme, par exemple, quand elle eft dans l'état d'embryon, eft d'un vert jaunâtre; mais à peine a-t-elle vu la lumière, qu'elle devient verte. Dans cet état, les fucs qu'elle contient font acides : à mefure qu'ils s'adouciffent par la fermentation végétale, & que le fruit approche de fa maturité, ce vert difparoît, pour laiffer place au jaune ou au rouge, que le contact des rayons du foleil rend plus ou moins vifs. Le temps de la maturité paffé,

& la fermentation putride s'établiſſant, ces jolies couleurs s'évanouiſſent infenſiblement ; une couleur brune & livide lui ſuccède, & annonce, par ſa préſence, la maladie du fruit, qui le conduit à ſon entière décompoſition.

Les fleurs éprouvent le même ſort. Choiſiſſez celle que vous voudrez : prenons la reine des.fleurs, celle qui l'emporte ſur toutes les autres, & par ſon odeur, & par ſon port, & par ſes couleurs ; la roſe. Lorſque le bouton commence à ſe former, ſi vous le dépouillez de ſon calice, vous appercevez les pétales qui ont alors une couleur verte, très-tendre & preſque blanche. A meſure qu'elle avance vers ſon développement, la couleur roſe paroît, & anime les pétales les plus intérieurs : dans les endroits où le calice ſe fend, le roſe eſt un peu plus vif; c'eſt l'effet du contaƐt de l'air & de la lumière. L'entier développement établi, elle offre ſa couleur dans toute ſa vivacité; mais bientôt

.... Elle a vécu ce que vivent les roſes,

L'eſpace d'un matin.

elle s'effeuille ; & ces mêmes pétales, ſi brillantes un jour auparavant, ſe terniſſent, blanchiſſent & prennent une couleur ſale de feuilles mortes. Preſque toutes les fleurs ſuivent cette même gradation : blanches dans leur berceau, elles ſe colorent à leur état de perfeƐion, & plus elles approchent de leur mort, plus elles changent & prennent une couleur ſale & déſagréable. Le pied d'alouette eſt verdâtre à ſa naiſſance, bleu à ſa fleuraiſon, & blanc à ſa mort. Le ſouci, ainſi que la giroflée jaune-double, eſt verdâtre à ſa naiſſance,

jaune dans ſa beauté, & d'un blanc jaune-ſale à ſa mort ; l'embryon du géranium eſt vert, ſa fleur ponceau; & ſa fanne tombée & mourante, prend une couleur violette-terne. La pivoine, d'un blanc-verdâtre en bouton, prend un beau violet-rouge, & finit par être d'un blanc-ſale, &c. (*Voyez*, au mot COROLLE, des détails ſur la couleur de cette partie de la plante.)

Les feuilles nous offrent un pareil ſpeƐacle. Preſque toutes les feuilles ſéminales de toutes les plantes ſont d'un jaune nuancé de vert en ſortant de terre, & elles ne prennent la couleur verte que par progreſſion : d'abord un vert tendre & herbacé, qui ſe fortifie de plus en plus, & gagne du côté de l'intenſité ; mais enfin la ſaiſon de l'automne amenant les frimats, & les feuilles vieilliſſant, elles prennent bientôt la livrée de cet âge, qui eſt une couleur terne; elles paſſent au jaune, quelques-unes au rouge; mais toutes finiſſent, en mourant & en ſe deſſéchant, par prendre une couleur brune qui leur eſt propre, dont on a emprunté la nuance en peinture, ſous le nom de *couleur de feuille morte*. Qui eſt-ce qui n'a pas remarqué, vers les mois d'oƐobre & de novembre, où la végétation ſe ralentit & ceſſe tout-à-fait, que la nature prend un air triſte & languiſſant ? Les arbres, qui conſervent leur verdure tout l'hiver, a.quièrent une nuance ſombre. Le cyprès, le buis, le ſapin, &c. n'ont rien qui récrée la vue. La partie colorante des feuilles, qui eſt naturellement verte, s'altère & ſe décompoſe inſenſiblement, & paſſe par différens degrés, avant que de ceſſer d'animer la nature. Quelquefois, à la vérité , elles offrent pour un moment de nouvelles nuances qui féduifent par leur apparition , fans plaire par leur agrément. C'eft ainfi que les feuilles des peupliers , de l'érable , des tilleuls , paffent à un très-beau jaune avant que de tomber, & celles des cornouillers , de la vigne, des forbiers, des ronces, acquièrent un rouge extrêmement vif. Les feuilles de quelques plantes éprouvent le même fort, comme celles du millepertuis, du géranium ou bec de grue robertin , de la renouée liferone , &c. &c.

Ce que nous avons dit précédemment , démontre affez clairement que tous ces paffages font dus aux différens degrés, comme aux différentes efpèces de fermentations que la matière colorante éprouve dans le parenchyme, depuis le moment de la naiffance de la feuille ou de la fleur, ou du fruit, jufqu'à fon entier deffeéchement. Une preuve affez convaincante nous eft fournie par l'altération que les chenilles *mineufes* des feuilles nous préfentent. Elles s'introduifent dans l'épaiffeur d'une feuille, & rongent infenfiblement tout le parenchyme, fans attaquer l'épiderme, ni les nervures ou fibres ligneufes. Par cette opération, elles découpent très-joliment une feuille, mais lui enlèvent abfolument tout ce qui peut lui donner de la couleur; auffi n'en change - t - elle plus , & qu'elle que foit fon efpèce, le réfeau qui refte ne prend ni la couleur jaune , ni la couleur rouge dont certaines feuilles font fufceptibles en vieilliffant.

Il ne faut pas croire que, dans ce fyftême, la lumière ne foit pour rien. Elle joue un très-grand rôle ;

c'eft fa combinaifon avec la matière colorante qui hâte fa fermentation , & qui feule, peut-être, la fait monter au degré néceffaire, pour produire telle ou telle couleur. Mais il ne faut pas penfer auffi qu'elle eft la caufe unique de la coloration des plantes ; puifque l'analyfe chymique retrouve les matières colorantes extraétives & réfineufes dans les plantes étiolées, comme dans celles qui ne le font pas. La lumière eft un principe confervant & développant des plantes, comme l'air eft un de leurs principes nourriffans; auffi fon abfence produit-elle toujours une maladie affez grave, l'étiolement. (*Voy.* ce mot)

La lumière & la fermentation naturelle ne font pas les feules caufes qui font changer les couleurs des fleurs & des plantes : la chaleur, le climat, le terrein, la culture ont fouvent la plus grande influence ; nous le voyons tous les jours dans nos jardins. La variété infinie des oreilles d'ours, des renoncules, des tulipes, des anemones, &c. n'eft due qu'aux foins que les fleuriftes & les amateurs ont mis à les cultiver, On a tenté différens moyens de colorer les fleurs artificiellement fur plantes, par des teintures dont on les arrofoit ; mais ces effais ont toujours été affez infruétueux, pour qu'on ne pût pas y compter. Laiffons faire la nature : merveilleufe dans fes produétions, elle fe joue dans les nuances variées dont elle colore les plantes. Elevons & cultivons avec foin les heureux hafards qu'elle nous offre, & nous multiplierons nos richeffes.

Après avoir parlé des couleurs des plantes, ce feroit ici le lieu de dire quelque chofe fur les panachures.

& les marbrures des feuilles & des fleurs. Ces accidens locaux, mais qui peuvent se perpétuer de race en race, quelques beaux & agréables qu'ils soient, n'en sont pas moins souvent un vice & une maladie de l'individu. Je compare ces panachures, sur-tout celles des feuilles, aux tâches de rousseur qui affectent la peau de quelques personnes. Il faut cependant en distinguer les panachures des tulipes, des tricolors &c., qui sont de vraies couleurs, & qui dépendent d'une matière colorante propre, dont le parenchyme de ces fleurs est pénétré dans certains endroits. Nous entrerons dans des détails plus circonstanciés au mot PANACHURE.

Le passage du vert au blanc, dans les plantes qui sont à l'ombre, ou que l'on prive du contact de l'air & de la lumière, est un vrai *étiolement*, (*voyez* ce mot).

Il est un art ingénieux de fixer, jusqu'à un certain point, les couleurs des fleurs, & de les empêcher de s'altérer même après leur mort; nous en donnerons la manipulation au mot FLEUR.

Une remarque assez générale sur la distribution des couleurs dans les différentes parties des plantes, que l'on peut faire en finissant; c'est que le blanc est plus commun dans les fleurs du printemps que dans celles des autres saisons; au contraire, le rouge & le jaune dans les fleurs d'été & d'automne, le vert tendre est la couleur générale des filets & des stiles; le jaune, des anthères & de leur poussière: le rouge, le jaune, le bleu & le violet, enluminent les corolles; tandis que le vert est la couleur ordinaire des feuilles & des calices; le violet très-foncé, impro-

prement nommé *noir* en terme fleuriste, se rencontre dans quelques corolles; mais le vrai noir & même un noir luisant, est la couleur de quantité de graines; les racines sont presque toujours brunes ou jaunâtres; les bois blancs ou d'un blanc-sale tirant sur le jaune ou le brun: quelques-uns sont cependant colorés en violet & en rouge, mais leur nombre n'est pas considérable; toutes les tiges herbacées sont plus ou moins vertes. Les fruits n'ont ordinairement qu'une seule couleur. Ils sont ou verts, ou rouges, ou violets, &c. rarement jaspés. M. M.

COULEUVRÉE. (*Voy.* BRIONÉ)

COULURE DES FLEURS, DES FRUITS. Cette expression signifie ne point nouer, en parlant des fruits, ou avortement, en parlant des fleurs. Pour bien saisir la valeur du mot *coulure*, il convient de lire l'article *fleur*, afin de connoître quelles sont les parties qui les composent, comment se fait l'acte de génération de la semence, & par quelles voies il s'exécute. On a déjà vu dans la description des plantes, au mot ARBRE, que leurs *étamines* portées par les *anthères*, constituent les parties mâles de la génération, & le *pistil*, les parties femelles; que les fleurs sont ou *hermaphrodites*, (*voyez* ce mot) c'est-à-dire, qu'elles portent les mâles & les femelles, ou seulement les mâles, ou seulement les femelles; que les fleurs mâles dans quelques unes, sont sur la même tige, la même branche que les fruits femelles mais séparées: enfin, que ces fleurs mâles ou femelles sont quelquefois sur des arbres différens. Cette union des sexes dans une même fleur, ou des fexes féparés dans certaines fleurs, font un point de fait démontré aujourd'hui jufqu'à l'évidence, & d'où dépend effentiellement toute efpèce de fructification ; c'eft une loi immuable de la nature ; il faut dans tout & par-tout le concours du mâle & de la femelle pour produire. Il eft aifé de concevoir qu'une copulation auffi délicate, exige, pour être fuivie de fon effet, le concours des circonftances & une faifon propice à caufe de la ténuité des parties. Une pluie ou trop forte ou trop froide, un vent impétueux ou froid la dérangent; la fleur avorte & le fruit coule.

Au moment de la fécondation, les anthères s'ouvrent avec élafticité ; ce réfervoir de la femence répand fur la partie femelle, une multitude incroyable de globules, d'où fort une vapeur fécondante qui, pénétrant le piftil, va animer le germe. Ce mécanifme bien connu, l'homme peut produire fur les fleurs, d'une manière auffi décidée, l'avortement ou la ftérilité. S'il coupe les anthères avant la projection des étamines, la graine fera inféconde, malgré fa maturité, comme l'œuf d'une poule, qui n'a pas éprouvé les approches d'un coq ; c'eft un fecond genre d'avortement.

Il eft aifé de conclure, que le froid refferre les parties de la génération, empêche le développement des étamines; qu'un vent trop chaud deffèche la vapeur fécondante ; qu'elle ne peut pénétrer dans le piftil chargé de l'eau de pluie ; que cette pluie l'entraîne &c. Quel habitant de la campagne n'a pas remarquée, que de la bonne fleuraifon des vignes, des blés, dépend l'abondance ; que cette abondance fuit tou-

jours une belle faifon, & que de-là eft venue cette expreffion, *mes vignes, mes blés ont bien paffé fleur.* Si le tems a été froid, agité par de grands vents ou trop froids ou trop chauds, il dit triftement mes *vignes ont coulé.*

La coulure, comme je l'ai déjà dit, eft pour les fruits, & l'avortement pour les fleurs. La coulure fuit toujours l'avortement, & n'a que trop fouvent lieu après une bonne fécondation. Si quelques temps après la fleuraifon, il furvient des pluies, des froids, le grain fe *fond* : cette expreffion,quoique métaphorique,eft très-jufte; il fe deffèche, fouvent prefqu'en un clin d'œil; il tombe, & ne laiffe pas même fur la grappe, par exemple, le plus léger veftige de fon exiftence, quoique la petite queue qui portoit ce grain, fît corps avec la grappe générale. Il en eft ainfi pour le blé & pour toutes les fleurs en général. Cultivateurs infortunés, claffe fi dédaignée par les gens riches, que d'inquiétudes vous devez avoir à l'époque de la fleuraifon, que de rifques vous avez à courir depuis le moment que vous confiez votre grain à la terre, jufqu'au moment ou vous le récolterez! Peut-être, en vous inftruifant fur le myftère de la génération des plantes, vais-je encore augmenter vos alarmes, fans pouvoir vous offrir aucun expédient capable de prévenir l'avortement des fleurs, & la coulure des grains, des fruits, &c. Sachons donc nous foumettre aux circonftances, &, pour notre confolation, difons : tout ne fera pas perdu, & une bonne année dédommagera d'une médiocre.

COUPE, FAUSSE-COUPE.

COUPER. C'est séparer un corps continu avec un instrument tranchant. mot *fausse-coupe*. Le désigne une branche coupée trop en bec de flûte : cette forme empêche le recouvrement de la plaie par l'écorce, & cause presque toujours l'avortement du bouton placé au-dessous de la fausse-coupe, & quelquefois la mort de la branche. Au mot *taille* on entrera dans de plus grands détails.

COUPE BOURGEON. (*Voyez* LISETTE)

COUPEROSE. (*Voy.* VITRIOL)

COUPURE. (*Voyez* PLAIE)

COUPS DE SOLEIL, ET COUPS REÇUS. Lorsque les rayons du soleil dardent sur une partie du corps, ou sur plusieurs à la fois, il s'ensuit une maladie nommée *coup de soleil*, & cette maladie est plus ou moins grave, suivant l'importance de la partie sur laquelle les rayons solaires se font réunis.

A la suite d'un coup de soleil, il paroît sur la partie frappée des plaques rouges, brunes ou noires, suivant que le coup est plus ou moins fort.

On a vu des ivrognes périr subitement, après avoir reçu un coup de soleil sur la tête, parce que ces gens ont la pernicieuse habitude de se coucher la tête nue au soleil ; croyant, quand il leur reste quelques étincelles de raison, que le soleil dissipe l'ivresse.

Le coup de soleil, lorsqu'il est fort, diffère peu de l'apoplexie. Ceux qui ne succombent pas à cette attaque, gardent long-temps des maux de tête violens ; quelques-uns perdent la vue,

ou ont ce sens prodigieusement affoibli ; quelques autres enfin demeurent imbéciles.

Les gens de la campagne, qui passent des journées entières, occupés aux travaux multipliés de l'agriculture, & exposés à toute l'ardeur du soleil d'été, sont sujets aux coups de soleil, & quelquefois cette maladie dégénère en fièvre chaude.

Lorsque le coup de soleil est moins fort, le ravage se porte sur les yeux qui se gonflent beaucoup & deviennent très-rouges. M. Tissot parle de maladies semblables arrivées à des gens qui s'étoient endormis la tête nue vis-à-vis d'un grand feu.

Les gens attaqués de violens coups de soleil éprouvent tous les symptômes de la fièvre chaude nommée *frénésie* ; (*voyez* ce mot) ils sont déchirés par des maux de tête horribles, leurs yeux sont secs & brillans ; ils sont dévorés par une soif inextinguible ; ils ont des convulsions à la tête, le sommeil n'approche point de leurs paupières, & le délire ne tarde pas à s'emparer d'eux. M. Tissot parle d'un homme qui, exposé long-temps aux rayons brûlans du soleil, mourut, en peu de temps, dans tous les symptômes de la rage.

Il faut traiter cette maladie, comme on traite la frénésie ou fièvre chaude ; il faut verser le sang du bras, du pied & de la gorge, & en proportionner la quantité à la gravité des symptômes & à la force du malade ; il faut plonger les pieds dans l'eau tiède, conseiller les remèdes émolliens & adoucissans, faire boire abondamment au malade, du petit lait, de l'eau de veau légère émulsionnée en jetant l'eau de veau bouillante sur une douzaine d'amandes d'amandes douces écrasées, de l'oxi-crat & de la limonade; il faut baffiner la partie frappée du soleil avec l'oxi-crat, faire, en un mot, le traitement de la grande inflammation, & em-ployer les purgatifs acides, les tama-rins à la dose de trois onces, lors-qu'il y a rémiffion, détente ou dimi-nution bien marquée des fymptômes caractériftiques.

On a confeillé l'ufage des bains froids, & l'expérience a prononcé victorieufement en leur faveur; mais il faut, auparavant de les employer, avoir vuidé fuffifamment les vaif-feaux; fans cette précaution les acci-dens croîtroient; on joint encore à ces moyens, les douches d'eau froide fur la tête.

Pour éviter les coups de foleil, il faut ne jamais s'y expofer la tête nue, pendant l'été fur-tout, & ne jamais s'endormir au foleil, après avoir mangé. Le foleil fait fur la tête l'effet d'un véficatoire, il pompe & fait remonter dans cette partie toutes les humeurs indigeftes.

Des coups reçus. Il arrive fouvent qu'après des coups reçus fur diffé-rentes parties du corps, & notam-ment fur la tête, l'on refte dans un état d'afphyxie, femblable à celui des noyés, & réputé pour mort par des gens qui ne portent pas une attention fcrupuleufe fur cette fitua-tion alarmante. Comme les malheu-reux qui font dans cet état, font abfo-lument comme ceux qui ont été faifis par le froid, *voy.* ASPHYXIE&NOYÉS, pour les moyens qu'il convient d'em-ployer, afin de rendre à la vie ces infortunés prêts à être engloutis en-core vivans dans les tombeaux. M. B.

COURBATURE. Les courbatu-*Tome III.*

res, l'échauffement & l'abattement, font plutôt des difpofitions à la ma-ladie que la maladie elle-même.

Les perfonnes attaquées de cour-bature éprouvent des laffitudes dans différentes parties du corps, des maux de tête, des étourdiffemens, des infomnies, des dégoûts; au plus léger travail qu'elles font, elles font fatiguées confidérablement; elles font tourmentées par des diarrhées ou dévoiemens qui fe terminent quel-quefois par des fueurs ou par des éruptions à la peau.

Cet état, fi on n'y remédie promp-tement, conduit à une maladie grave. La matière propre à faire naître telle ou telle maladie, roule dans le torrent de la circulation, irrite par fon acrimonie les parties fenfibles, s'arrête par portion, fur tel ou tel organe, & produit tous les phéno-mènes dont nous avons fait plus haut l'énumération. Les veilles ex-ceffives, les alimens échauffans ou de mauvaife qualité, l'étude ou le travail portés au-delà des forces, les excès dans les plaifirs de l'amour, la mafturbation, les maladies de la peau rentrées, les fueurs fupprimées, les hémorroïdes & les règles arrêtées, les paffions violentes ou profondes, la difette, & l'excès des fatigues, font les caufes qui donnent naiflance à la courbature.

Peu d'indifpofition mérite autant d'attention que la courbature: la mé-decine qui s'occupe des moyens de prévenir les maladies prêtes à exer-cer leurs ravages, n'a peut-être pas encore acquis affez de confiance de la part des hommes, & affez d'atten-tion de la part des officiers de fanté: pourquoi faut-il que le bien éprouve tant d'obftacles, tandis que le mal

X x x

chemine rapidement fans être troublé dans fa courfe ? Ces réflexions n'ont pour but que de préfenter les avantages que les hommes peuvent recueillir en s'occupant des moyens de prévenir les maladies graves qui les menacent, & qui font prefque toujours annoncées par des fignes faciles à connoître, pour peu qu'on veuille les foumettre à l'obfervation.

Si l'abus des remèdes eft dangereux dans toutes les maladies, c'eft dans la courbature, fur-tout, que leur adminiftration doit être fixée par des gens fages & éclairés, obfervateurs de la marche, des efforts & des reffources de la nature.

Après un examen réfléchi, on doit faifir la caufe des courbatures, & proportionner les moyens à l'intenfité, au genre & à l'efpèce de la caufe.

Chez les gens de la campagne, la courbature, figne avant-coureur d'une maladie grave, reconnoît fouvent pour caufe, la difette, l'excès des fatigues qui épuifent le corps après des travaux forcés, les fueurs rentrées, & les évacuations naturelles fupprimées.

Dans ces circonftances, le repos, des alimens fains & de facile digeftion, de bons bouillons, & du vin de bonne qualité, fuffifent fouvent pour arrêter les progrès du mal, fans qu'on foit forcé d'en venir à l'emploi des remèdes, qui, dans des cas femblables, tueroient infailliblement le malade : il n'exifte malheureufement que trop de gens dans l'art de guérir, qui ne voient par-tout que l'ufage indifpenfable des faignées, des émétiques & des purgatifs, & qui ne connoiffant pas les reffources de la nature, en font plutôt les bour-

reaux que les miniftres. Le peuple lui-même eft tellement féduit par les préjugés, qu'il refufe entièrement de foumettre à fa raifon les obfervations les plus lumineufes, qui lui font faites par des gens initiés dans la connoiffance de la nature, & que, rejetant tous les moyens fimples, qui feuls rétabliffent fa fanté, préviennent les maladies qui les menacent, & combattent celles qui exiftent : il ne donne fa confiance qu'aux moyens actifs, violens, & fur-tout fecrets, que le vulgaire des foi-difans guériffeurs lui prône, & le force d'accepter. L'entêtement de l'habitude & de l'ignorance eft tel que les exemples les plus finiftres ne jettent point de jour fur ces préjugés.

Si la courbature doit fon origine aux évacuations fupprimées, arrêtées ou rentrées, il faut en folliciter doucement l'apparition.

Si la courbature vient de mauvais levains dans l'eftomac, il faut en folliciter la fortie par des boiffons légères & abondantes, & faire enfuite ufage des acides légers en boiffon, & des lavemens légèrement purgatifs. Il faut fe comporter de cette manière dans les différentes caufes de la courbature; fi on n'eft pas affez heureux pour prévenir la maladie qui menace, il eft certain, du moins, qu'on en diminuera confidérablement l'activité, fi, à tous les moyens que nous venons d'indiquer, on joint le régime, remède le plus falutaire dans ces circonftances douteufes. M. B.

COURBATURE, *Médecine vétérinaire.* La courbature eft une inflammation du poumon, occafionnée par un travail forcé, ou une fatigue outrée ou exceffive.

Le cheval eſt beaucoup plus ſujet à cette maladie que le bœuf.

Symptômes. Il eſt triſte, dégoûté; il porte la tête baſſe, a la fièvre, bat des flancs, reſpire difficilement, touſſe & jette par les naſeaux une humeur glaireuſe, tantôt jaunâtre, tantôt ſanguinolente.

Cauſes. L'engorgement du poumon, dans la courbature, peut provenir de deux cauſes : ou de la raréfaction du ſang, ou de ſon épaiſſiſſement. 1°. Le ſang étant mis en mouvement, s'échauffe, ſe raréfie, & ſe porte en abondance ſur ce viſcère; 2°. ce fluide étant appauvri, & mis, pour ainſi dire, à ſec, par des ſueurs abondantes, à la ſuite des exercices outrés, il s'épaiſſit, circule difficilement, s'arrête en partie, & engorge les vaiſſeaux capillaires du poumon; & de-là la courbature.

Traitement. D'après cette théorie, on doit bien ſentir qu'il n'y a pas de temps à perdre, ſi l'on veut ſauver la vie du cheval : la réſolution étant le moyen le plus ſûr & le plus prompt, il faut ſe hâter de la procurer. La ſaignée à la veine jugulaire ſera donc pratiquée; on la répétera même de quatre en quatre heures, & toujours en raiſon de l'état des ſymptômes. Il eſt à obſerver que les ſaignées au commencement de la courbature, ſont plus efficaces que lorſqu'elle eſt dans ſon état, & qu'elles deviennent inutiles les cinquième & ſixième jour. Dans l'intervalle des ſaignées, on adminiſtrera à l'animal, des breuvages d'une décoction de mauve & de guimauve, auxquels on ajoutera deux onces de miel, & une once de ſel de nitre pour chaque : les lavemens émolliens ne ſeront pas oubliés., Si au bout du quatrième jour de ce traitement, la fièvre & les autres ſymptômes paroiſſent diminuer, c'eſt une preuve que la réſolution veut ſe faire; l'artiſte doit ſaiſir ce moment pour la favoriſer, en donnant à l'animal des breuvages d'une forte décoction des baies de genièvre dans l'eau commune. Si l'on voit, au contraire, que l'animal jette, par les naſeaux, une matière jaunâtre & ſéreuſe, il faut favoriſer la ſuppuration qui eſt établie, en faiſant reſpirer au cheval la vapeur des herbes émollientes, telles que la mauve, le bouillon-blanc, &c. &c. L'expérience prouve qu'en pareil cas les fumigations ſont un remède auſſi prompt qu'aſſuré, d'autant plus qu'elles calment les douleurs, diminuent l'aréthiſme des vaiſſeaux du poumon, détachent les humeurs, & en facilitent la ſortie par les naſeaux; mais il faut prendre garde que la décoction, de laquelle les vapeurs doivent émaner, ne ſoit pas bouillante, ni trop près des naſeaux du cheval; elles feroient alors plus de mal que de bien; l'animal battroit des flancs juſqu'à la fin des fumigations; il riſqueroit même de ſuffoquer, ſur-tout ſi ſa tête étoit couverte de manière à s'oppoſer à la diſſipation des particules qui s'exhalent de l'eau bouillante, en les dirigeant dans les naſeaux. Ces fumigations doivent ſe faire deux fois par jour, en obſervant de n'ôter la décoction de devant l'animal, que lorſqu'elle ne donne plus de chaleur. M. T.

COURBE, MÉDECINE VÉTÉRINAIRE. C'eſt un gonflement de la partie inférieure & interne du tibia, ou de l'os qui forme la jambe, à l'endroit même des apophifes condyloïdes, qui font de ce côté. La forme de la courbe eft oblongue ; elle eft plus étroite à fa partie fupérieure & à fon origine, qu'à fa partie inférieure.

Caufes. La courbe vient ordinairement à la fuite d'un effort dans le jarret, ou d'un exercice outré. Les fibres des ligamens, tiraillées & diftendues, perdent leur reffort, & favorifent l'arrêt & la ftagnation de la lymphe, laquelle fe durciffant, forme quelquefois une exoftofe dans cette partie. (*Voyez* EXOSTOSE)

Traitement. Dans le commencement de la courbe, il y a ordinairement chaleur, douleur, inflammation ; c'eft ici le cas d'appliquer les émolliens en fomentations & en cataplafmes; mais fi, malgré l'ufage de ces remèdes, la tumeur devient dure & fquirrheufe, le plus court parti eft d'en venir à l'application du feu, après avoir néanmoins effayé les frictions réfolutives avec l'eau de vie camphrée, & les frictions mercurielles. M. T.

COURBURE. Inflexion donnée à une branche droite. Toutes branches droites s'emportent, produifent des gourmands, ou font elles-mêmes des *gourmands* (*voyez* ce mot) qui épuifent l'arbre. Si ces branches donnent du fruit, il eft en petite quantité : fur les branches inclinées, on voit rarement des gourmands, & toujours beaucoup de fruits, lorfque la faifon les favorife. Pour dompter un gourmand qui s'élance avec impétuofité, il fuffit de le courber petit à petit en cerceau, non pas en cerceau entier, mais à demi ; car la fève fe

porteroit difficilement à la partie qui excéderoit la moitié, & cette partie périroit peu à peu. La courbure eft un des meilleurs moyens, & des plus expéditifs pour mettre une branche à fruit.

COURGE. (*Voyez* CITROUILLE)

COURONNE , BOTANIQUE. Efpèce d'appendice, dont quelques graines font garnies à la partie antérieure : cet appendice n'eft autre chofe que le calice propre de la fleur, qui fubfifte & refte adhérent à la femence ; & comme il forme un efpèce de couronne, on lui en a donné le nom. Les graines de la fcabieufe, de l'œnanthé, de l'anthémis, &c. portent une couronne.

On connoît encore en botanique, des fleurs couronnées ; mais elles font plus connues encore fous le nom de *fleurs radiées.* (*Voyez* ce mot)

Parmi les différentes manières de greffer, il y en a une que l'on appelle greffe en couronne, & dont on donnera le détail au mot GREFFE. M. M.

COURONNE , *Médecine vétérinaire.* La couronne eft la portion qui environne la partie fupérieure du fabot, & qui eft plus compacte que le refte de la peau.

Quant à fa conformation, nous exigeons qu'elle accompagne la rondeur de l'ongle ou du fabot, fans la déborder : la couronne de derrière eft plus étroite que celle de devant.

Maladies de la couronne. L'enflure de cette partie, le hériffement des poils, une craffe farineufe, une humeur fétide qui fuinte de cette partie, font des fymptômes affurés de la maladie à laquelle nous donnons le nom de *peignes*. (*Voyez* PEIGNES) Il en eſt une autre qui ſe manifeſte par des petites crevaſſes autour de la couronne, que nous connoiſſons ſous le nom de *mal d'âne*. (*Voyez* MAL D'ANE) M. T.

COURONNE , COURONNER UN ARBRE. Je vais emprunter cet article de la *Théorie du jardinage*, de M. l'Abbé Roger de Schabol, parce qu'il eſt ſingulièrement bien fait & très-inſtruĉtif. « Couronner un arbre, ſuivant le *diĉton* univerſel des jardiniers, c'eſt tailler toutes les branches fortes ou foibles à la même hauteur, de façon que tout arbre taillé préſente , par en haut, une ſurface égale ; ils taillent par conſéquent une branche qui a ſix pieds de haut & un pouce de groſſeur , par ſuppoſition, à ſix pouces ſeulement , & une qui n'eſt pas plus groſſe qu'un fétu , également à ſix pouces : voilà donc l'arbre couronné , & le jardinier ſe mirant dans ſon ouvrage , eſt bien content de lui-même. Or , qu'arrive-t-il ? A la pouſſe, la groſſe branche, réduite à ſix pouces, dont le canal regorge de ſève , fait des jets prodigieux ; la petite , au contraire , dont le diamètre eſt très-circonſcrit , & qui, par conſéquent, ne peut contenir qu'une quantité de ſève très-bornée, fait des jets fluets & meſquins. Que devient donc alors le couronnement fait à la taille ? Un tel arbre , pendant l'hiver, & dans le temps où l'on ne fréquente pas les jardins , paroît couronné & ſymétriſé, & lors de la pouſſe, il eſt hideux & épaulé , & ſouvent pour toujours. Le principe & la règle, qui ne ſont autres que le bon ſens, c'eſt de tailler chaque branche ſuivant ſa force , ſauf, lors de la pouſſe, de la rabattre & la ravaler. Il faut avouer que la pratique du jardinage eſt bien informe, & que par-tout règne, dans cet art, l'ignorance groſſière & la ſtupidité.

Il eſt encore un autre couronnement , où la routine n'agit pas moins à rebours du bon ſens ; ſavoir , de tailler auſſi dans le même goût, à l'égalité, toutes les pouſſes du tour des buiſſons ; & c'eſt ce que les jardiniers vulgaires appellent *double couronne* : ſuivant notre méthode, on ne taille point les branches du tour ; mais on caſſe , ſauf à *rapprocher.*» (*Voyez* ce mot)

COURONNE IMPÉRIALE *ou* FRITILLAIRE. *Voyez* Planche *14, p.* 487. M. Tournefort la place dans la quatrième ſeĉtion de la neuvième claſſe, qui comprend les herbes à fleur régulière en lis, formée par ſix pétales, & dont le piſtil devient le fruit, & il l'appelle *corona imperialis.* M. von Linné la nomme *fritillaria imperialis* , & la claſſe dans l'hexandrie monogynie.

Fleur D , en forme de cloche, compoſée de ſix pétales E , oblongue, parallèles évaſés. A la baſe intérieure de chaque pétale , on trouve un neĉtaire hémiſphérique , concave , creuſé en forme de petite foſſe remplie d'une liqueur mielleuſe : le piſtil C eſt compoſé d'un ſeul ovaire, les étamines ſont au nombre de ſix.

Fruit F , diviſé en trois loges, repréſenté en G , coupé tranſverſalement, afin de démontrer l'arrangement des graines , planes d'un côté & un peu concaves en dehors.

Feuilles, adhérentes à la tige ; simples, très-entières, rangées presqu'en spirale, affez semblables à celles du lis, quelquefois tachetées comme la peau d'un serpent.

Racine A, bulbe, à doubles écailles qui l'enveloppent à moitié. Du bas de l'oignon partent de petites racines : en B, la bulbe est repréfentée coupée tranfverfalement, afin de montrer l'ordre de l'emboîtement des tuniques ou écailles.

Port. La tige s'élève depuis un pied & demi jufqu'à deux ; elle eft nue à fa bafe, feuillée dans le milieu, couronnée dans le haut. Les fleurs naiffent au fommet, du milieu du groupe des feuilles dont elles font furmontées, & elles s'inclinent contre terre.

Lieu. Cette plante fut apportée de Perfe en 1570 : on la cultive dans les jardins ; elle eft vivace, & fleurit en mai.

Propriétés médicales. Sa racine eft âcre, piquante, défagréable au goût, rongeante & même vénéneufe prife intérieurement.

Propriétés d'agrément. C'eft une des plantes les plus pittorefques que nous ayons ; elle figure fingulièrement bien dans les parterres; fa culture eft comme celle des lis. On peut la multiplier par femence ; ce qui eft fort long & fort cafuel, parce qu'elle aoûte difficilement, fur-tout dans nos provinces du nord : il vaut mieux la multiplier par cayeux. Quelques cultivateurs enlèvent de terre fes oignons, lorfque la tige & les feuilles font fanées, pour les replanter enfuite en feptembre ou en oftobre : cette opération eft affez inutile. Je réponds, d'après ma propre expérience, qu'ils peuvent refter en terre pendant nombre d'années, & qu'après trois ou

quatre ans, on trouve un nombre confidérable de cayeux. Depuis que cette fleur eft cultivée dans nos jardins, elle a beaucoup varié pour fa couleur : il y en a de jaunes, de panachées, de rouges, de couleur de feuille morte.

COURONNÉ. Terme foreftier ; qui défigne un arbre dont les branches de la cime font mortes, & qui annoncent fon dépériffement. Confultez le mot ARBRE, *page 631, Tome I,* & vous verrez ce qui conftitue effentiellement l'arbre *couronné.*

COURONNÉ, *Médecine vétérinaire.* Nous difons qu'un cheval eft couronné, lorfque le genou eft dénué des poils, ce qui fuppofe que l'animal tombe & s'abat. Les chevaux arqués y font fujets. (*Voyez* ARQUÉ) On doit fe défier, en pareil cas, de la bonté des jambes de l'animal, à moins qu'on ne foit pofitivement fûr qu'il s'eft couronné par accident, comme, par exemple, lorfqu'il heurte du genou contre l'auge ou la muraille. M. T.

COURS DE VENTRE. (*Voyez* DYSSENTERIE)

COURSON. Sarment rabaiffé à un œil ou deux. La même expreffion a lieu pour les arbres fruitiers. Lorfqu'on veut avoir un fort farment ou une branche forte, on taille bas une branche forte, & elle produit alors du bois pour garnir les places vides : voilà l'avantage du courfon; cependant il ne faut pas le multiplier fans une néceffité urgente, dans la crainte de multiplier les *gourmands,* (*voyez* ce mot,) & d'épuifer l'arbre.

COURSON.(Magdeleine de) *Pêche.* (*Voyez* ce mot)

COURTPENDU. *Pomme.* (*Voyez* ce mot)

COURTILLIÈRE. (*Voy.* TAUPE-GRILLON.) Au mot INSECTE, on donnera sa figure.

COUSIN. Insecte malheureusement trop connu dans nos provinces méridionales & dans les pays aquatiques. Le cousin, dans son état parfait, dépose ses œufs à la surface de l'eau : ils éclosent, & il en sort une larve ou ver qui se précipite dans l'eau, où elle vit pendant quinze à vingt jours, suivant la saison. Après ce temps, sa tête grossit, & l'insecte passe à l'état de nymphe très-agile, très-sémillante. Huit ou dix jours après, l'animal se dépouille de l'enveloppe qui le tenoit emmailloté : enfin, porté sur l'eau comme dans une nacelle, il déploie ses ailes & s'envole. Une seule femelle pond depuis deux cents jusqu'à trois cent cinquante œufs, fait plusieurs pontes, &, dans une même année, on peut compter jusqu'à six générations. Quelle fécondité !

Chacun a proposé des remèdes contre la piqûre des cousins, & je puis répondre d'après ma propre expérience, que presqu'aucun ne produit l'effet qu'on en attend. Les étrangers qui voyagent dans nos provinces méridionales, sont abymés par ces insectes ; ils se jettent sur eux par préférence, & leurs piqûres sont plus fâcheuses que pour les habitans du pays. Lorsque j'ai eu fixé ma retraite dans le bas-Languedoc, j'ai payé bien cher le plaisir de vivre sous un beau ciel, ainsi que les personnes venues avec moi : nos corps ressembloient à ceux des lépreux, & la nuit & le jour nous étions en proie à l'avidité de ces insectes. On peut croire que, dans cette perplexité, j'ai éprouvé tous les remèdes indiqués, sur-tout l'alcali volatil fluor, qui peut produire de bons effets à Paris, & non pas ici : le sel marin ou sel de cuisine m'a passablement réussi. J'en porte avec moi, réduit en poudre, & dès que je suis piqué, j'humecte la plaie avec de la salive, & la couvre de sel marin ; il sèche, la démangeaison diminue, & cesse si le sel a été mis aussitôt après la piqûre. Le second moyen a eu un succès plus marqué, mais il n'est pas fort agréable. Je dînois, un cousin de l'espèce noire, plus cruelle que la première, me piqua au front : tout-à-coup la peau s'éleva, blanchit de la largeur d'une pièce de six sols, & la douleur fut vive. Je ne sais par quel instinct je coupai un morceau de fromage de gruyères de la largeur d'une pièce de vingt-quatre sols, d'une ligne & demie d'épaisseur environ, & je l'appliquai sur l'endroit douloureux. Ce morceau de fromage se colla fortement sur ma peau ; la chaleur occasionnée par la piqûre & l'enflure, diminua en la proportion que le fromage fondit dans la partie qui touchoit la peau relevée en bosse ; enfin, jusqu'à ce que toute cette proéminence eut fait son moule dans le fromage, ce qui fut l'affaire d'un quart d'heure. Aujourd'hui les piqûres des cousins sont moins funestes pour nous, & nous jouissons *presque* du privilége des natifs du pays. Règle générale, tous les remèdes sont inutiles, s'ils ne sont appliqués sur le champ, *d'après mon expérience.* L'eau fraîche , la glace même font des moyens inutiles, quoique très-vantés.

La chaleur du climat oblige , lorf-que le foleil eft paffé , de tenir fes portes & fes fenêtres ouvertes , pour établir un courant d'air , & ramener la fraîcheur dans les appartemens ; la plus petite lumière appelle les cou-fins d'une quart de lieue à la ronde. Mon feul expédient a été de garnir les portes & fenêtres avec du canevas clair , cloué fur des châffis ou cadres mobiles. Alors on voit par centaine contre ce canevas , les coufins faire des efforts inutiles pour entrer. Si on connoît des expédiens plus fûrs , je prie de me les communiquer.

Si , près de votre habitation , vous avez des réfervoirs , des pièces d'eau , &c. , il s'en élèvera , chaque foir , des nuées entières : peuplez ces pièces d'eau d'un très-grand nombre de petits poiffons qui les dévore-ront dans leur état de larve , de ver , fans en laiffer un feul.

COUSSON. Dans quelques pro-vinces du royaume, on nomme ainfi une vapeur qui s'élève de terre , & brûle les bourgeons les plus tendres des vignes , quand elles commen-cent à pouffer. Les vignes dont le cep eft tenu bas , & celles dont le cep eft taillé près de terre , y font plus fujettes que les vignes élevées de quelques pieds au - deffus de la furface du fol. Ce couffon a lieu, lorfque le vent du nord règne , & que le vent du midi veut entrer. Dans cette circonftance la rofée eft très - abondante ; fouvent elle fe change en gelée blanche ; le ciel eft pur & ferein ; le foleil fe lève , pa-roît , agit dans toute fa force fur cette rofée qui cherche à s'élever,

& qui fouvent forme une efpèce de vapeur ou de brouillard autour du cep , enfin brûle les jeunes bour-geons & les réduit en pouffière.

Il y a deux moyens de prévenir cet inconvénient : ou en tenant le cep beaucoup plus haut ; ou lorf-qu'on craint cette fâcheufe cataf-trophe , de faire des monceaux de paille humide ou de feuilles , & de les placer à l'endroit d'où le vent fouffle, d'y mettre le feu au moment du lever du foleil, afin que fes rayons ne puiffent traverfer la fumée qui environne & couvre la vigne. Le couffon a rarement lieu fur les hau-teurs ; il n'eft que trop fréquent dans les bas - fonds.

COUTEAU DE CHALEUR. Morceau de vieille faulx , avec le-quel on abat la fueur du cheval.

COUTEAU DE FEU , *Médecine vétérinaire.* Inftrument de fer , dont le maréchal fe fert pour mettre le feu aux jambes du cheval. (*Voyez* FEU , *appliquer le feu.*)

COUTRE. (*Voyez* CHARRUE)

COUVAIN. (*Voyez* ABEILLE)

CRAIE, CRAYON. Terre *calcaire* , (*voyez* ce mot) quelquefois friable, farineufe , plus fouvent en maffe ou couches folides jufqu'à un certain point , privée de faveur & d'odeur , faifant plus ou moins effervefcence avec les acides , s'attachant à la langue , attirant l'acide de l'air , & formant à fa furface , par fon union avec lui , un fel nitreux.

La craie eft formée par le débris des coquillages réduits en poudre ou en parcelles. Si elle eft pure , fans mêlange de terre argileufe , c'eft alors

alors la *marne* la plus pure. Il eft très-rare d'en trouver de pareille. Cependant, au milieu des maffes, on voit des noyaux de craie, plus blancs, plus friables que le refte; & même fouvent la coquille des ourfins, ou de tel autre animal marin, leur fert encore d'enveloppe.

Au mot AGRICULTURE, on trouvera, dans l'article du *Baffin de la Seine*, l'indice de la couche immenfe de craie qui traverfe une très-grande partie du royaume de l'orient au nord-oueft , & fe propage jufque dans l'intérieur de l'Angleterre. Il s'agit actuellement d'examiner s'il eft poffible de rendre la craie productive ; enfuite, de quelle utilité elle peut être aux terres de qualité différente, dans les arts & en médecine.

CHAPITRE PREMIER.

Examen fur la poffibilité de rendre la Craie productive.

Ce qui rend infertiles les pays à craie, eft fa ténacité & fon imperméabilité à l'eau. Divifez la craie, uniffez-la aux fubftances animales & végétales , & elle deviendra très-productive , parce qu'elle contient un fel *alcali*, (*voyez* ce mot) très-foluble dans l'eau, & qui s'unit intimément aux fubftances graiffeufes & animales, ainfi qu'il eft dit plus au long au dernier article du mot CULTURE, où j'établis mes principes fur l'agriculture.

Il eft aifé de dire , *divifez la craie*, &c. mais qu'il y a loin du confeil à la pratique ! malheur à celui qui le fuivroit en grand, à moins qu'il ne fût immenfement riche, & que, par motif de charité, il ne voulût faire gagner le pain aux malheureux

qui le mendient ou qui en manquent. La divifion de la craie n'eft pas le plus difficile ; le point capital eft de la rendre perméable à l'eau , & de la tenir en même temps foulevée, afin qu'elle ne revienne pas à fon premier état de folidité. La feule addition d'une autre terre friable peut opérer cet effet. On doit dès-lors juger à quelle dépenfe prodigieufe on fera entraîné. Quel eft le cultivateur en état de s'y livrer ? Auffi voit-on la pauvreté régnante dans prefque tous les pays à craie : c'eft un fol fans herbe & fans arbres. La vue du voyageur qui parcourt la Champagne pouilleufe , eft fingulièrement flattée, lorfqu'après en être forti , elle fe repofe enfin fur des champs couverts de verdure, & chargés d'arbres. L'effet de la blancheur de la neige n'eft guère plus funefte aux yeux que celle de la craie, augmentée par les rayons du foleil. On peut donc regarder ces pays comme prefque entièrement nuls pour l'agriculture : on les laboure cependant en partie, & les plus chétives récoltes en feigle , en farrafin , font le produit de cette culture. Il vaudroit mieux que le propriétaire labourât moins d'étendue, dérompît le fol à la profondeur de douze à dix-huit pouces , après l'avoir chargé de fable & d'engrais. Je ne demanderois pas du blé à ce terrein ainfi préparé, mais une maffe d'herbe quelconque ; je le fèmerois en prairie , ou en efparcette, vulgairement appelée *fainfoin*, afin que, par le débris des feuilles, des animaux , des infectes qu'elles auroient nourris, il fe formât de nouvelle terre végétale, & une quantité de fubftance animale , proportionnée à celle du fel alcali contenu dans la

craie. Enfin , après quelques années, ou dès que l'herbe ne pourroit plus étendre ses racines , ce
qui seroit annoncé par son dépérissement , je retournerois profondément cette terre, & elle produiroit
enfin du blé. Ce n'est pas tout : après
la première récolte du blé dont on auroit laissé le chaume très-haut, on l'en-
terreroit par un fort coup de labour,
& on sèmeroit par-dessus du sarrasin
ou blé noir qui, à son tour, seroit
enfoui dans la terre, du moment
qu'il seroit en fleur. La paille du
chaume & celle du sarrasin tien-
droient la craie soulevée pendant
l'hiver ; l'eau pénétreroit la craie ;
& celle de la superficie, bien divisée,
bien triturée, se pénétreroit de l'air
atmosphérique , de ses principes &
de ceux de la lumière ; enfin les gelées la diviseroient à une plus grande
profondeur : voilà une théorie certainement établie sur de vrais principes. Cependant, agriculteurs, qu'elle
ne vous séduise pas ! consultez vos
moyens avant de vous livrer à la
pratique : rappelez-vous qu'à force
de dépenses & de travail, on parvient à rendre fertiles les rochers les
plus nus ; mais laissez aux gens riches
la satisfaction d'abaisser les montagnes & de combler les vallées. Con-
tentez-vous donc, chaque année, de
mettre en réserve une somme proportionnée à vos moyens ; & lorsque
le moment sera venu, défrichez,
ainsi que je le dis, une portion de
terrein, & que la dépense, sur-tout,
n'excède pas vos réserves : petit à
petit vous créerez un sol végétal,
&, à la longue, de bonnes récoltes
vous dédommageront de votre per-
sévérance.

On lit, dans le *Journal économique*

du mois de juillet 1762, un mémoir
dans lequel l'auteur prescrit de planter des mûriers dans la craie bien
défoncée. Ce conseil me paroît diamétralement opposé aux loix de la
végétation. Il est démontré que, dans
la craie, les racines d'un arbre quelconque n'y peuvent pas plus pénétrer que dans l'argile pure ; il faut
donc , de toute nécessité, qu'elles
tracent. Le cultivateur qui aura défriché, ainsi que je l'ai dit, est assuré
que toutes les racines majeures du
mûrier traceront au moins de dix
pieds par année ; qu'elles absorbe-
ront la substance des grains ; que l'arbre sera toujours de médiocre valeur, ses feuilles jaunes, miellées, &c.
& que s'il plante des ormeaux, le
mal sera encore plus grand. Il faut
qu'il se contente de multiplier les
herbes, & non les arbres ; de former
de la terre végétale, afin de la combiner avec la craie. Peu à peu cette
combinaison lui fera perdre sa couleur blanchâtre , qui s'oppose aux
effets des rayons du soleil, parce
qu'elle les réfléchit, & par conséquent cette terre est moins échauffée
qu'une terre dont le sol est de couleur rousse ou brune.

Quelques auteurs ont encore conseillé de brûler les chaumes sur place,
afin de fertiliser la craie : mais ils
n'ont donc pas fait attention que les
sels ne manquent pas dans cette terre,
& que cette surabondance est plus
nuisible qu'utile ? Ce qui lui manque,
je le répète, c'est la substance animale, qui doit être convertie en
savon par la combinaison du sel alcali avec elle & la terre friable, pour
tenir ses parties séparées. Le sable
pur produira ce dernier effet ; &
s'il est mêlé avec des engrais, la

défagrégation des molécules de la craie, & la combinaifon de fes principes auront lieu : enfin, on faura une terre propre à la végétation.

Malgré ces additions, il ne faut pas penfer que toute faifon foit propre au labourage d'une pareille terre, quand même le fable domineroit fur la craie. Si le fol eft humide, la charrue preffera contre les fillons, & le foulèvera en mottes qui fe duciront à l'air. Un laboureur intelligent choifira un temps fec ; les bêtes auront plus de peine à la vérité, mais le travail en vaudra mieux.

Si, au contraire, on laboure fur une craie non préparée, choififfez le temps où elle eft paffablement humectée, & le foc de la charrue ira plus profondément ; mais il faut que cette terre ait le temps d'être élaborée par l'air, fans quoi, pour me fervir de l'expreffion ufitée, on mettroit la terre *crue* par-deffus, & la bonne par-deffous, de forte qu'on n'auroit point de récolte. Il en eft ainfi de toutes les terres qui ne font pas végétales par elles-mêmes : auffi ne gratte-t-on, chaque année, que la fuperficie des terres crayeufes, parce que cette terre *crue* furabonde de fels non combinés, qui détruifent les plantes, en racorniffant leurs racines.

Que doit-on encore penfer du mélange de l'argile avec la craie, propofé par plufieurs auteurs ? Je l'ai déjà dit : s'il exifte de la craie pure, c'eft la marne pure, friable, pulvérulente ; mais la craie ordinaire doit en partie fon opacité à l'argile tenue en diffolution avec elle lors de la formation des grands bancs. Ces deux fubftances font imperméables à l'eau ; ainfi ce mélange eft ridicule. Il faut du fable, de la terre végétale,

& fur-tout des engrais : tout autre combinaifon eft difpendieufe & en pure perte.

CHAPITRE II.

De la Craie confidérée comme Engrais.

La craie eft une chaux naturelle non calcinée ; elle agit plus foiblement qu'elle, & d'après les mêmes principes : fon emploi exige les mêmes précautions que celui de la chaux, & convient dans les mêmes cas, fur-tout pour les terres argileufes. Cette affertion paroît fe contredire avec l'obfervation rapportée plus haut ; mais on fera attention que, dans le premier cas, il eft comme impoffible que la terre argileufe fe trouve mêlée moitié par moitié, par exemple, avec la craie, quantité néceffaire pour bonifier la craie ; tandis que, dans le fecond cas, il n'en faut qu'une portion étendue fur l'argile, & mêlée avec elle par les labours. La meilleure manière d'employer la craie fur l'argile, eft de la laiffer pendant plufieurs mois fe combiner avec les engrais animaux. (*Voyez* ce qui a été dit à l'article CHAUX) Si on a des troupeaux, c'eft le cas de les faire parquer fur ces terres mélangées, & de labourer tout de fuite la partie du terrein fur laquelle le troupeau a paffé une ou plufieurs nuits.

CHAPITRE III.

De la Craie, relativement aux Arts.

La craie du commerce eft appelée *blanc d'Efpagne*, *blanc de Troyes*, *blanc d'Orléans*, &c. & les barbouilleurs, foit en huile, foit en détrempe, la fubftituent fouvent au blanc de cérufe, qui eſt une chaux de plomb. On ne doit pas confondre ces blancs avec la *craie de Brianç̧on*, qui eſt ſubſtance talqueuſe, graſſe au toucher, compoſée de petites lames ou feuillets, & qui ne ſe réduit point en chaux par la calcination : au lieu que la craie, proprement dite, fait une chaux paſſable, ſi elle eſt d'un grain ſerré & compaɕte.

Dans quelques endroits de la Champagne, on fait des briques avec la craie : après l'avoir briſée avec des maſſes, & l'avoir réduite en pouſſière, on la paſſe alors à la claie, afin de ſéparer les parties groſſières; on la mouille, on la piétine à peu près comme l'argile, enfin on la moule. Cette eſpèce de brique, ſéchée au ſoleil, acquiert de la conſiſtance, & on s'en ſert dans la conſtruction des maiſons : il eſt eſſentiel qu'elles ſoient parfaitement ſèches avant les gelées.

Pour la fabrication du blanc, on laiſſe eſſuyer la craie à l'air; on la bat avec des maillets armés de clous, afin de la réduire en une pouſſière groſſière qu'on paſſe au crible; on l'arroſe enſuite, on la braſſe pendant long-temps, & on la porte dans cet état ſous une meule de moulin fort ſerrée. Au ſortir du moulin, elle eſt verſée dans un tonneau plein d'eau, où elle repoſe pendant ſept ou huit jours; elle ſe précipite, & on retire l'eau doucement: on étend la craie précipitée ſur des treillis poſés ſur une couche de craie brute & ſèche, qui attire l'humidité de la craie préparée. Au bout de vingt-quatre heures, celle-ci a acquis une conſiſtance de pâte ſuſceptible d'être formée en pains; il ne

s'agit plus que de les porter dans un lieu ſec, à l'ombre, & expoſé à un grand courant d'air.

Les pauvres habitans de ces pays infortunés, pourroient s'occuper de ces manipulations, & leur travail adouciroit leur ſort. Leurs facultés ne leur permettant pas de ſe procurer des meules, & tout l'attirail qu'elles exigent, voici une méthode plus économique pour eux. Choiſiſſez un tertein un peu incliné, & ſur lequel vous puiſſiez conduire un filet d'eau à volonté; creuſez quatre ou cinq baſſins à la ſuite les uns des autres, & qui puiſſent tous dégorger les uns dans les autres : il faut que l'un des côtés de ces baſſins ſoit percé de pluſieurs trous, faciles à boucher, & placés à des hauteurs graduées. Rempliſſez aux trois quarts le baſſin ſupérieur, qui doit être le plus vaſte, avec de la craie réduite en poudre; donnez l'eau modérément; ſaſſez; remuez fortement cette craie avec des broyons, afin que l'eau la pénètre, &, lorſque le tout ſera parvenu à une eſpèce de fluidité, donnez de l'eau ſans interruption, & ſans interruption broyez la maſſe. L'eau du premier baſſin, chargée des particules de craie, coulera dans le ſecond, & après l'avoir rempli, dans le troiſième, & ainſi de ſuite. Lorſque tous ſeront pleins, ceſſez de donner de l'eau au premier. Quand la craie ſe ſera précipitée, que l'eau de chaque baſſin ſera claire, débouchez les trous, elle s'écoulera; enfin, lorſque la craie aura la conſiſtance d'une pâte, préparez-en les pains : ce qui reſte dans le baſſin ſupérieur eſt à rejetter; la craie du ſecond baſſin eſt moins pure que celle du troiſième, & ainſi de ſuite.

CHAPITRE IV.

Des propriétés médicales de la Craie.

Elle est à préférer, lorsqu'elle est bien pure, à toutes les substances calcaires, dans les espèces de maladies avec existence ou surabondance d'acide dans les premières voies, parce que sa combinaison avec les acides est plus prompte, & qu'elle s'en empare sans nuire aux tuniques des premières voies. Il est d'observation que les fortifians amers favorisent ses bons effets, quand l'estomac est foible, & lorsqu'il faut en continuer long-temps l'usage. La dose est depuis six grains jusqu'à une drachme, incorporés avec un sirop, ou délayés dans quatre onces de véhicule aqueux.

Si on veut engraisser des agneaux dans la bergerie, & pendant qu'ils tettent, on fera très-bien de mettre près d'eux une pierre de craie, afin qu'ils la lèchent : cette terre absorbante les garantit du dévoiement auquel ils sont sujets dans cette circonstance, & qui les empêche d'engraisser.

CRAMPE. On donne le nom de crampe à une espèce de convulsion qui attaque l'estomac ou les extrémités du corps, les bras, les mains, les cuisses & les jambes.

1°. *Crampe de l'estomac.* La violente douleur qu'on ressent dans l'estomac pendant la crampe, vient quelquefois de la rentrée des maladies de la peau, ou de l'humeur goutteuse ou rhumatismale : dans ces cas, il faut rappeler à la peau, & aux extrémités du corps, la cause qui a donné naissance à la crampe. (*Voyez* ces maladies)

Quelquefois elle vient de convulsions des nerfs de l'estomac : dans cette circonstance, si le malade a de violentes envies de vomir, il faut lui faire boire abondamment de l'eau tiède, & ne jamais hasarder de lui donner des émétiques, même les plus légers ; l'inflammation de l'estomac seroit la suite de ce traitement ignare. On donne en lavement le *laudanum*, à la dose de soixante grains, parce que, donné en boisson, il excite quelquefois le vomissement, & son effet calmant est perdu. Toutes les quatre heures, on donne un bol fait avec un gros de *thériaque* & dix grains de *musc*, qu'on partage en deux ou trois prises. Si le vomissement cesse, on substitue au bol la potion suivante, à la dose d'une cuillerée toutes les trois heures : *mucilage de gomme arabique, trois gros ; eau de menthe & de canelle, une once, & musc, un scrupule.* On applique sur l'estomac des vessies pleines de lait, ou des linges trempés dans l'eau tiède : si les accès étoient trop violens, malgré l'usage des moyens indiqués, & si on redoutoit l'inflammation de l'estomac, il faudroit saigner le malade au pied, & lui appliquer des emplâtres de vésicatoires aux jambes.

2°. *Crampes des extrémités.* Après avoir resté long-temps dans la même position, le sang est gêné dans son retour ; il gonfle les veines : ces dernières pressent sur les nerfs, & il suit des engourdissemens, des convulsions, même locales. Il faut, dans ces cas, placer la partie malade sur des corps froids, & la frotter fortement avec des linges secs ; la circulation se rétablit, & la crampe disparoît.

Les crampes souvent répétées, dénotent le mauvais état du sang, & une maladie cachée du ventre & de la poitrine : il faut alors porter une attention réfléchie sur ces parties, & employer les remèdes convenables. M. B.

CRAMPE, *Médecine Vétérinaire.* Maladie dont le caractère principal est une roideur, ou la contraction d'une partie qui disparoît bientôt, mais qui est quelquefois très-douloureuse. Le jarret du cheval est la partie la plus sujette à la crampe, & elle arrive sur-tout, lorsqu'il sort le matin de l'écurie : la roideur est quelquefois si grande, que l'animal a beaucoup de peine à fléchir la jambe, ce qui provient, sans doute, de la circulation du sang qui comprime les filets nerveux.

La crampe passe ordinairement, lorsque le cheval a fait quelques pas. Il peut cependant arriver qu'elle dure un demi-quart d'heure ; dans ce cas, les frictions à rebrousse-poil, faites avec une brosse ronde, suffisent pour la faire cesser. M. T.

CRAPAUD, MÉDECINE VÉTÉRINAIRE. (*Voyez* FIC A LA FOURCHETTE)

CRAPAUDINE, MÉDECINE VÉTÉRINAIRE. C'est une espèce d'ulcère provenant d'une atteinte que le cheval se donne lui-même à l'extrémité du paturon, sur le milieu de cette partie, en passageant ou en chevalant.

Ce mal se traite de même que l'atteinte simple. (*Voyez* ATTEINTE)

CRAPAUDINE HUMORALE, *Médecine Vétérinaire.* Celle-ci naît le plus souvent de cause interne, & elle est infiniment plus dangereuse que celle que nous venons de définir ; elle est située, comme l'autre, sur le devant du paturon, directement au-dessus de la couronne ; elle se manifeste par une espèce de gale d'environ un pouce de diamètre ; le poil tombe, & la matière qui en découle est extrêmement puante, & elle est même quelquefois si corrosive, & tellement âcre, qu'elle sépare l'ongle, & qu'elle provoque la chute de l'ongle ou du sabot. (*Voyez* SABOT) On doit concevoir, par conséquent, combien il importe de remédier promptement à ce mal.

Traitement. On y parvient aisément par les remèdes suivans. On doit débuter par les remèdes généraux, & non par l'application des topiques desiccatifs, plutôt nuisibles dans le commencement, que salutaires : il faut en conséquence, pratiquer une saignée à la veine du col, donner à l'animal des lavemens émolliens pendant trois jours, & des lavages de même nature, afin de le disposer au breuvage purgatif, qu'on lui administrera le quatrième jour de la saignée, le matin à jeûn, & dans lequel on n'oubliera point de faire entrer l'*aquila alba*, ou mercure doux. Selon les progrès du mal, on réitérera le breuvage purgatif, qui sera toujours précédé par beaucoup des lavemens émolliens & des boissons de même nature, d'autant plus nécessaires dans cette circonstance, qu'ils préviennent les tranchées & les coliques dangereuses que l'usage des substances purgatives occasionne presque toujours dans le cheval & les animaux de la même espèce. L'animal suffifamment évacué , on le mettra à l'ufage du fafran des métaux, autrement dit , *crocus metallorum* , à la dofe d'une once par jour, donnée chaque matin, dans une jointée de fon, à laquelle on mêlera d'abord quarante grains d'*æthiops minéral* , que l'on augmentera chaque jour, de dix grains , jufqu'à la dofe de cent : l'on continuera l'ufage du *crocus* & de l'*æthiops*, à cette même dofe de cent grains, encore fept ou huit jours, plus ou moins, felon les effets de ces médicamens, effets dont il fera aifé de juger, par l'infpection des parties fur lefquelles le mal a établi fon fiège. La tifane des bois fudorifiques eft encore, dans ces fortes des cas, d'un très-grand fecours. Pour cet effet, on fait bouillir de falfe pareille , fquine, faffafras, gayac, égale quantité, c'eft-à-dire, trois onces de chaque , dans environ quatre pintes d'eau commune, jufqu'à réduction de moitié : on paffe cette décoction ; on y ajoute deux onces *crocus metallorum* ; on remue & l'on agite le tout ; on humecte le fon, que l'on préfente le matin à l'animal, avec une chopine de cette tifane, qui doit être chargée plus ou moins proportionnément au befoin & à l'état de l'animal malade. Il peut arriver que l'animal refufe cet aliment ainfi détrempé : dans ce cas, il faut lui donner la tifane avec la corne.

Quant aux remèdes externes, l'hypiatre ne doit jamais en tenter l'ufage , que lorfque le cheval a été fuffifamment évacué , & qu'il aura été tenu quelques jours à celui du *crocus metallorum* , & au traitement ci-deffus indiqué. Il eft rare, qu'après l'adminiftration des remèdes internes, les fymptômes fe montrent tels qu'on

les a vus ; l'inflammation eft diffipée, la partie fe deffèche d'elle-même, & il ne s'agit alors que de laver la plaie avec du vin chaud, & de la maintenir nette & propre, fans avoir recours aux emplâtres & onguens. On apperçoit quelquefois à l'endroit de la plaie un léger écoulement: dans cette circonftance, il s'agit de fubftituer au vin en lotion, de l'eau de vie & du favon , & fi le flux eft toujours confidérable , il faudra baffiner la partie avec de l'eau dans laquelle on aura fait bouillir de la couperofe blanche & de l'alun, ou bien avec de l'eau de chaux feconde, & l'on finira la cure par purger l'animal, qui parviendra à une guérifon parfaite , fans le fecours de cette foule de recettes & d'eaux, d'emplâtres & d'onguens, fi inutilement employés par certains maréchaux des villes, & prefque par tous ceux de la campagne. M. T.

CRASSANE. *Poire.* (*Voyez* ce mot)

CRECHE. La mangeoire des bœufs , des vaches, des moutons & autres animaux femblables. Cette mangeoire doit être très-baffe pour les moutons , afin qu'en tirant leur nourriture, l'herbe ne tombe pas fur eux, & ne fe mêle pas avec leur laine. (*Voyez* le mot BERGERIE)

CRESSON DE FONTAINE. (*Pl.* 14, page 487.) M. Tournefort le place dans la quatrième fection de la cinquième claffe, qui comprend les herbes à fleur de plufieurs pièces régulières, difpofées en croix, & dont le piftil devient une filique compofée de deux loges, & il l'appèle *fifymbrium paluftre repens nafturtii.*

folio. M. von Linné le nomme *fiſymbrium ſilveſtre*, & le claſſe dans le tetradynamie ſiliqueuſe.

Fleur, compoſée de quatre pétales égaux C, de ſix étamines D, dont quatre plus longues & deux plus courtes. Le piſtil eſt repréſenté dans le calice B, également à quatre feuilles égales & ovales. Il eſt auſſi repréſenté en E.

Fruit F, ſuccède à la fleur; c'eſt une ſilique compoſée de deux valves partagées par une cloiſon membraneuſe qui s'ouvre de bas en haut G, & renferme des ſemences H ovoïdes & liſſes.

Feuilles, ailées avec une impaire, les folioles en forme de lance & dentées.

Racine A, fibreuſe.

Port; pluſieurs tiges longues d'un pied, herbacées, creuſes, cannelées, liſſes, rameuſes, rampantes; les fleurs blanches au ſommet des tiges.

Lieu, les fontaines, les foſſés, les ruiſſeaux; la plante eſt vivace & fleurit en juin & juillet; on peut la cultiver dans les jardins, en la tenant dans un endroit humide.

Propriétés. Les feuilles ont une ſaveur âcre & une odeur piquante, lorſqu'on les froiſſe: toute la plante eſt diurétique, antiſcorbutique; intérieurement apéritive & déterſive.

C'eſt une des meilleures plantes employés en médecine, parce que ſes effets ne ſont point douteux. Les feuilles font expectorer avec plus de facilité dans l'aſthme pituiteux, la toux catarrhale, la phthiſie pulmonaire eſſentielle & commençante; quelquefois elles contribuent à la déterſion de l'ulcère des poumons, lorſqu'il eſt récent avec peu de fièvre & de toux. Elles guériſſent le ſcorbut & particulièrement le ſcorbut de

mer. Elles ſont ſouvent d'un grand avantage dans les fièvres avec abattement de forces vitales & aſſoupiſſement. Elles fortifient l'eſtomac affoibli par des alimens de mauvaiſe qualité; elles échauffent peu; elles font rarement utiles aux perſonnes dont le genre nerveux eſt irritable. Extérieurement, les feuilles mâchées ou leur ſuc en gargariſme, raffermiſſent les gencives, le voile du palais, détergent les ulcères ſcorbutiques de la bouche & les aphtes.

Uſages. L'eau diſtillée des feuilles eſt aſſez inutile; le ſirop de creſſon a les mêmes vertus que le ſuc qu'on donne depuis demi-once juſqu'à quatre onces. Pour faire le ſirop, prenez ſuc exprimé des feuilles, une livre & demie; rempliſſez-en les trois quarts d'un matras, que vous boucherez exactement avec une veſſie de cochon; plongez le matras dans de l'eau échauffée graduellement, juſqu'à ſoixante degrés environ au-deſſus de la glace du thermomètre de Réaumur; laiſſez refroidir le matras, filtrez le ſuc à travers le papier gris; faites fondre au bain-marie, dans une livre de ſuc ainſi dépuré, deux livres moins trois onces de ſucre blanc, & vous aurez le ſirop de creſſon de fontaine, tranſparent, d'une couleur verdâtre, d'une odeur piquante, d'une ſaveur douce & âcre. Sa doſe eſt depuis demi-once juſqu'à une once, ſeule ou en ſolution dans cinq onces d'eau.

On donne aux animaux le ſuc de creſſon à la doſe de ſix onces, & les infuſions ou macérations dans du vinaigre, à la doſe d'une poignée ſur une demi-livre de cette liqueur.

CRESSON DES PRÉS, (*Planche 16*)
de

Cresson Alenois.   *Cuscute.*

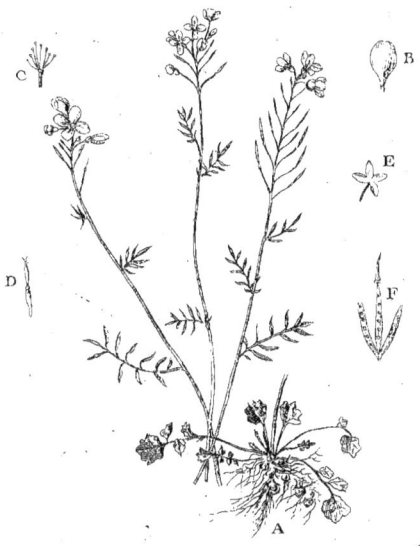

ellier Sculp.   *Culen ou thé à Foulon.*   *Cresson des Prés.*

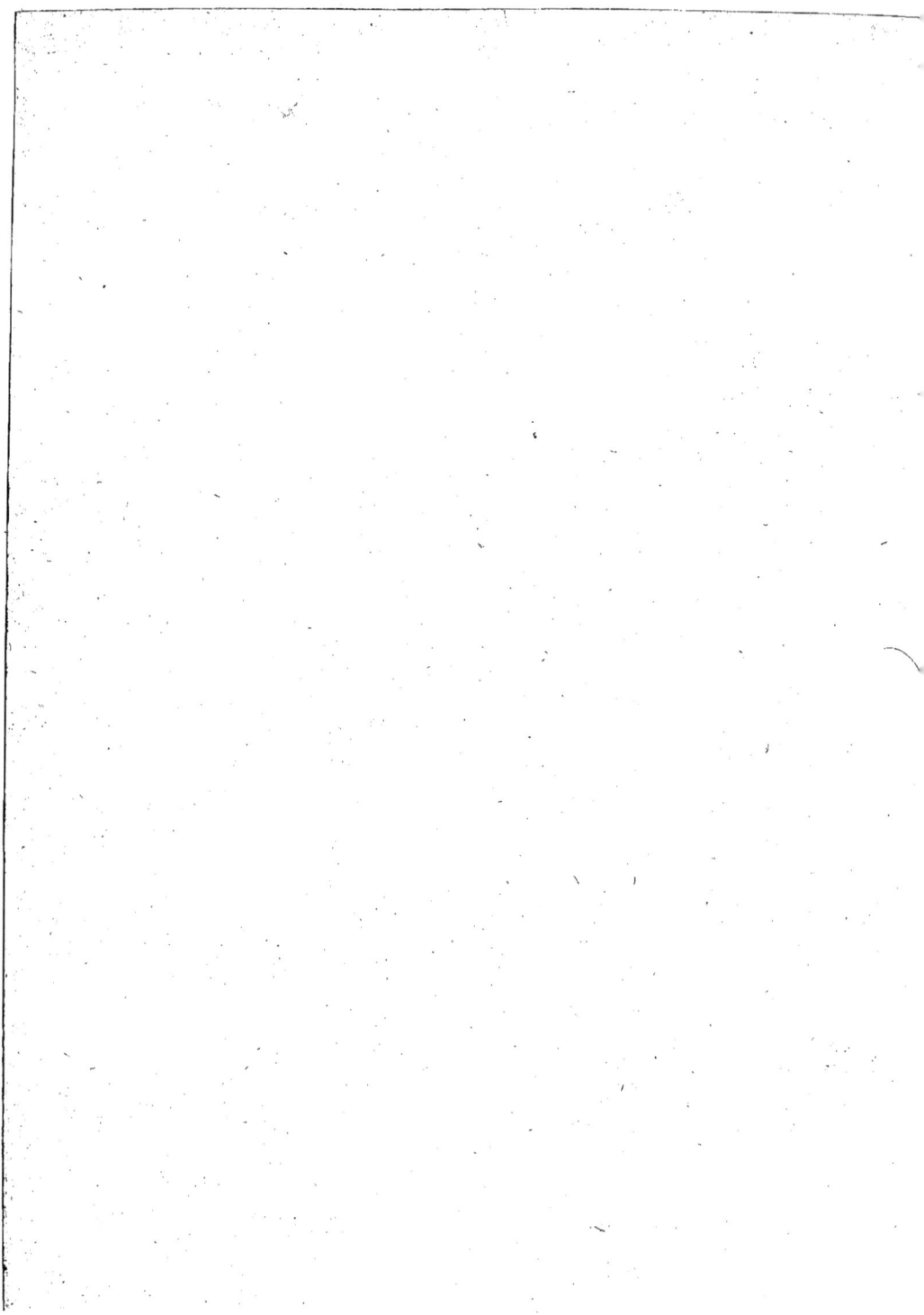

de la même claffe que le précédent dans les fyftêmes de MM. Tournefort & von Linné. Le premier l'appelle *cardamine pratenfis*, *magno flore purpurafcente*, & le fecond, *cardamine pratenfis*.

Fleur, compofée de quatre pétales violets & en croix ; on en voit un en B ; les étamines font repréfentées en C, le piftil en D, & le calice en E.

Fruit. Le piftil devient une filique F, à deux loges remplies de femences prefque rondes. Les lames de la filique, lors de fa maturité, fe détachent de la membrane du milieu, fe roulent en volute, & répandent les femences de part & d'autre.

Feuilles. Celles des racines, obrondes, quelquefois dentées, prefqu'ailées ; celles des tiges, étroites, alongées.

Racine A, fibreufe.

Port. La tige s'élève du milieu des feuilles de la racine, à la hauteur d'un pied : les fleurs naiffent au fommet.

Lieu, les prés, les terreins humides. Elle eft vivace, & fleurit en juin & juillet.

Propriétés ; abfolument les mêmes que celles du creffon de fontaine.

CRESSON ALENOIS *ou* CRESSON DES JARDINS *ou* NASITORT. M. Tournefort le place dans la feconde fection de la cinquième claffe, qui comprend les deux plantes précédentes, mais dont le piftil devient une filique courte, & il l'appelle *nafturtium hortenfe vulgarius*. M. von Linné le nomme *lepidium fativum*, & le claffe dans la tetradynamie filiculeufe. (*Voy.* Planche 16, page 544)

Fleur B, compofée de quatre pé-

Tome III.

tales C, ovales, terminés par un onglet attaché au fond du calice D, compofé de quatre folioles concaves. Le piftil E part du centre de ce calice, ainfi que les fix étamines, dont quatre plus grandes, & deux plus courtes.

Fruit F. Le piftil E fe change en une filicule obronde, aplatie, partagée en deux loges par une cloifon G, à laquelle font attachées les graines H, ovales & terminées en pointe.

Feuilles, oblongues, à plufieurs découpures, varient fouvent dans leur forme, quelquefois ovales ou en forme de lance, dentées au fommet.

Racine A, fimple, ligneufe, blanche, garnie de fibres menues.

Lieu, les jardins. On ignore fon pays natal : la plante eft annuelle, & fleurit en juin & juillet.

Propriétés. La racine eft moins âcre que les feuilles ; la plante eft déterfive, diurétique, emménagogue, incifive, antifcorbutique, fternutatoire. Les feuilles échauffent & irritent plus que celles du creffon : leur utilité, dans les efpèces de maladies où les feuilles du creffon de fontaine font indiquées, n'eft pas auffi complétement démontrée. Le mot *nafitort* eft fynonyme de ceux-ci, *herbe qui fait tordre le nez*, parce que le nafitort étant mis dans le nez, y excite un mouvement convulfif qui fait éternuer. On dit que fes femences & fes feuilles, mêlées avec du faindoux, font utiles contre les ulcères fordides, la teigne, la gale, &c.

Aux animaux on donne le fuc à la dofe de quatre onces, & l'infufion, à la dofe d'une poignée dans une livre d'eau.

Z z z

Culture. Le creffon *alenois*, & non pas *à la noix*, comme difent les jardiniers, a produit par la culture plufieurs variétés. La première eft à feuilles frifées; la feconde à feuilles très-frifées, & la troifième à feuilles dorées : elles ne diffèrent que par le coup d'œil.

Dans les provinces méridionales, on le fème en février fur couche ; en mars, mai & octobre, en pleine terre; dans celles du nord, également fur couche en février, & de quinze en quinze jours, pendant les trois autres faifons. En été, il faut le femer à l'ombre, & le mouiller fré-quemment. Dans les provinces du midi, il monte trop facilement en graine, lorfqu'on le fème pendant les mois d'été, quelques précautions que l'on prenne. Il procure une agréable fourniture pour les falades.

CRESSON D'INDE. (*Voyez* CA-PUCINE.

CRÊTE DE COQ. (*Voy.* AMA-RANTHE)

CREVASSES, MÉDECINE VÉTÉ-RINAIRE. Les crevaffes font des ger-çures ou des fentes fituées dans les plis des paturons, foit au devant, foit au derrière de l'animal, d'où fuintent des eaux plus ou moins fé-tides, & qui font fouvent accom-pagnées d'enflure, & d'une inflam-mation plus ou moins forte.

Traitement. Les crevaffes, recon-noiffant les mêmes principes que les eaux aux jambes, & la crapaudine humorale, on les traite de même : ainfi, *voyez* CRAPAUDINE HUMO-RALE, EAUX AUX JAMBES. M. T.

CREVASSES, *Jardinage.* On fe fert de cette expreffion pour défigner les fentes qui fe montrent fur le tronc des arbres encore affez jeunes; elles furviennent par une abondance de fève trop forte pour être contenue dans fes canaux; ils fe gonflent, fe diftendent & font éclatter l'écorce. Si, au contraire, la fève eft en trop petite quantité, la peau fèche, & l'écorce fe crevaffe. (*Voyez* le mot FENTE)

CRIBLE, CRIBLURE. Inftrument percé d'un grand nombre de trous, par le moyen duquel on fépare le bon grain du mauvais & d'avec les ordures. Le mot *criblure* indique les ordures & les mauvais grains que l'on a féparés du bon par le moyen du crible : elles fervent à nourrir la volaille pendant l'hiver. La *Plan-che 11*, au mot BLUTOIR, *Tome II*, page 309, *Figure 11*, repréfente un crible.

Dans les provinces où l'on ignore l'ufage du *van* pour nettoyer le grain, on emploie deux fortes de cribles. Le premier eft percé de trous ronds, de deux à trois lignes de diamètre, & on l'appelle le *paffe-tout*, parce que toute efpèce de grain y paffe; il ne refte dans le crible que les pierres & les pailles. Le fecond eft nommé l'*émondeur* : une rangée de trous eft ronde, & l'autre de forme longue, & les trous font beaucoup plus petits que ceux du premier. Ces cribles font foutenus à une certaine hauteur, par des cordes qui leur laiffent la facilité d'être mus en tout fens. Quant au premier, on le pouffe en avant, & on le retire à foi : par ce mouvement droit, le grain tombe plus facilement. Quant au fecond, il faut que le grain y éprouve un mouvement circûlaire, afin de raffembler dans le milieu les ordures & les graines étrangères, & trop groffes pour paffer par les trous ; enfin, on continue ce mouvement circulaire, jufqu'à ce qu'on ait enlevé tout grain étranger. Celui-ci eft particulièrement deftiné, après ce premier ufage, à féparer la pouffière & les petites graines. Cette manière d'opérer, qui demande un coup de main affez difficile pour jeter le grain hors du crible, & pour raffembler dans le milieu les grains étrangers, ne vaut pas l'opération du van, plus fimple & plus expéditive. Il faut encore cribler de nouveau les grains féparés, parce qu'il a été impoffible de les féparer de la maffe du bon grain, fans en enlever beaucoup.

CRIN ou CRINIÈRE, MÉDECINE VÉTÉRINAIRE. Le crin ou la crinière eft la partie fupérieure de l'encolure, formée par les crins qui fe montrent depuis la nuque jufques au garrot.

Les crins doivent être longs & en petite quantité ; l'encolure ne doit point en être furchargée, mais médiocrement garnie. Une crinière large & trop fournie gâte cette partie, & elle exige les plus grands foins de la part du laboureur. Elle eft affez ordinairement trop épaiffe dans les chevaux entiers : il eft facile d'y remédier, en arrachant une certaine portion des crins qui la forment. Les chevaux de labourage, en qui ce défaut exifte, fur-tout près du garrot, & à l'encolure defquels on obferve quantité de plis, font fujets à une efpèce de gale qui corrode le poil, & fait tomber les crins. Cette efpèce de gale eft connue fous le nom de *roux-vieux*. (*Voyez* ROUX-VIEUX) M. T.

CRISES CRITIQUES. On a nommé crifes ou combat, les différens efforts que fait la nature pour chaffer hors du corps, la caufe matérielle des maladies. Ces différens efforts donnent naiffance à un changement en bien ou en mal, & établiffent une différence entre les crifes falutaires & celles qui ne le font pas.

Les crifes diffèrent entr'elles, en raifon des lieux où elles fe font, ou par les voies ordinaires, c'eft-à-dire par les felles, par les fueurs, par les crachats & par les urines, ou bien par d'autres voies comme par les dépôts.

Dans les fièvres malignes, il fe forme quelquefois fous l'oreille une tumeur, vers le dix-feptième jour de la maladie ; cette tumeur abfcède, on nomme cette crife, crife par dépôt : on donne à cette tumeur le nom de parotide, parce qu'elle fe fait dans une glande qui porte ce nom.

Les crifes diffèrent encore, en ce que la matière qui fort, eft de bonne ou de mauvaife qualité : les premières crifes font bonnes & favorables ; les fecondes, au contraire, font nuifibles.

Les crifes diffèrent enfin, en raifon des accidens qui les fuivent ; il exifte des crifes falutaires, il en exifte de très-pernicieufes : par exemple, fi l'humeur qui alimente une fièvre fimple, va fe porter au cerveau, les accidens qui fuivent ce déplacement de l'humeur, font plus dangereux que ceux qui exiftoient, à caufe de l'importance du cerveau.

Les anciens & leurs partifans enthoufiaftes, prétendent que, dans les maladies aiguës, il fe fait une crise complète tous les sept jours, & que tous les jours impairs, il se fait de petites crises pour préparer la grande, la crise du septième jour. Il est certain que l'observation démontre tous les jours la vérité de cette doctrine; mais cette même observation prouve aussi que les crises viennent dans des jours différens de ceux qu'indiquent les anciens & leurs sectateurs.

Il est très-certain que les crises viennent les jours pairs des maladies, comme les jours impairs, le cinq comme le huit, & le dix comme le treize. Il est impossible de soumettre au calcul une opération de la nature, aussi voilée que celle-là. Comment peut-il tomber sous les sens que la crise, qui n'est autre chose qu'un changement favorable qui se fait dans le cours d'une maladie, par des loix qui nous sont entièrement inconnues, soit toujours invariablement fixée au même temps? S'il est démontré clairement que les hommes diffèrent entr'eux, autant par les traits de la physionomie & par la diversité des tempéramens, que par les caractères, &, si, de plus, on admet différens dégrés dans la maladie, toutes ces choses seront démontrées. Il faut à la nature d'autant plus de temps pour préparer les crises & pour les réunir, que la maladie est plus dangereuse, la différence des tempéramens ajoute encore des modifications dans la marche plus ou moins rapide que suit la nature dans le travail des crises.

Si le tempérament fournit des différences pour le temps des crises, dans les maladies, combien l'âge le sexe la manière de vivre, les passions & les maladies qui ont été précédé, ne fourniffent-elles pas de nuances à la réflexion?

Les preuves sur lesquelles nous avons appuyés nos raisonnemens pour combattre l'invariabilité des crises dans les maladies, à des jours marqués, nous paroissent d'autant plus lumineuses, qu'elles sont posées sur la base de l'expérience journalière. Cette méthode de la variabilité des crises, est non-seulement démontrée fausse par l'expérience, mais elle est encore sujette à donner naissance à des erreurs très-pernicieuses.

Il est prouvé, 1°. que tous les malades n'éprouvent pas des crises; 2°. que lorsqu'ils en ont, toutes les crises ne sont pas parfaites: or, est-il raisonnable, de calculer un traitement méthodique & semblable pour ces malades? Non sans doute, ce seroit le comble de l'entêtement & des préjugés: les soi-disans partisans & émules de la nature, dans l'attente d'une crise, s'occupent à regarder tranquillement la nature succomber sous le fardeau, sans lui prêter une main secourable; & presque toutes les maladies aiguës, sont mortelles entre les mains de ces sages amateurs de la belle antiquité.

Peut-être de nos jours a-t-on donné dans un excès contraire, ou pour le moins aussi dangereux: on a prétendu que la nature, & ses crises étoient entièrement inutiles dans les maladies aiguës, & que le médecin devoit seul être l'agent actif. Cette nouvelle méthode est défectueuse; jettons un coup d'œil sur les erreurs qu'elle entraîne avec elle, & tâchons de saisir la vraie marche de la nature.

La nature n'excite des crises que

pour chasser loin du corps les matières étrangères qui croupissent dans telle ou telle partie : or, les efforts que fait la nature sont différens les uns des autres, & ces différences naissent, 1°. de la variété des tempéramens ; 2°. de la différence des âges & des sexes ; 3°. de la nature des matières qui font maladie, & de leur présence sur telle ou telle partie plus ou moins essentielle à l'entretien de la vie, & au libre exercice des fonctions qui constituent la vie & la santé, 4°. des efforts, soit violens, soit foibles, que fait la nature pour chasser la matière principe de la maladie.

Or, dans toutes ces circonstances, il ne faut jamais abandonner la nature à elle-même : si les efforts qu'elle fait, dans le principe des maladies, sont trop violens, il faut calmer ces efforts, par les saignées & par les rafraîchissans ; si ces efforts sont foibles & languissans, comme dans les fièvres malignes, il faut ranimer les forces de la nature par des remèdes légérement toniques : on trouve réuni dans un seul (dans l'application des vésicatoires) tout ce que l'on peut désirer sur cet objet.

Il suit de cette conduite que, dans le premier état, la nature égarée par la fougue impétueuse de ses mouvemens désordonnés, ne pourroit jamais travailler utilement à la coction ; que le désordre croîtroit rapidement, & que la destruction en seroit le terme. Or, en employant les saignées & les relâchans, la fougue se calme, la nature se reconnoît ; elle travaille à la coction, & la convalescence commence à paroître.

On entend par coction, un mouvement intérieur, par le moyen du-

quel une matière infecte passe insensiblement à un état moins corrompu ; nous ignorons entièrement par quel mécanisme se fait la coction ; mais il nous suffit d'avoir observé qu'elle se fait, & qu'il est utile qu'elle se fasse. On sait qu'à la suite de là fermentation, on voit paroître un principe qui n'existoit pas avant : or, pour se former une idée de la coction, on peut la considérer, à peu de chose près, comme la fermentation : on sait que la chaleur accélère la fermentation, & qu'une trop grande quantité d'eau la retarde : cet exemple peut jeter du jour sur la coction & sur son méchanisme.

Dans le second état, la nature opprimée de tout côté, languit, est incapable d'exciter une crise salutaire, & elle est, à chaque instant, sur le point de succomber sous le poids énorme des matières malfaisantes qui enchaînent son activité : donnez alors, donnez de la vigueur à la nature ; elle sort de sa léthargie ; elle travaille à la coction, & tous les symptômes qui annonçoient une fin prochaine, s'évanouissent : diminuez, ajoutez & aidez, voilà tout l'art de la médecine.

De tout ce que nous venons de dire, on doit conclure, qu'il existe un temps dans les maladies, où il faut abandonner aux soins de la nature le travail de la crise, mais qu'il ne faut jamais la perdre de vue : on excite, on diminue la chaleur suivant l'âge, le tempérament, la nature, la force & le dégré de la maladie. Lorsque la coction est faite, si la nature ne chasse pas la cause matérielle de la maladie, on se charge de ce travail ; si elle se prépare seulement, on lui prête des secours ; s'il existe des amas de matières indigeftes dans les premières voies , un léger émétique les fait fortir ; & fi la fièvre eft ardente, on verfe du fang ; on diminue les forces de la nature, en employant toujours les précautions que nous avons pref-crites : il ne faut pas lui ôter toutes fes forces , il faut feulement les di-minuer.

En fuivant cette conduite éclairée, l'ennemi le plus redoutable peut s'apprivoifer. « La nature, dit le cé-lèbre docteur A. Petit, eft femblable à un jeune enfant ; dès qu'il peut prendre fon effor, il faut le laiffer aller feul , fans cependant quitter en-tièrement fa lifière, & lui fournir les alimens dont il a befoin pour fe foutenir ».

Il ne faut jamais contrarier la marche de la nature , il faut appla-nir les routes qu'elle veut prendre: fi elle indique la voie des urines, donnez de légers diurétiques ; fi elle prend le chemin des fueurs, laiffez le malade dans fon lit ; chargez l'air qu'il refpire de particules hu-mides, pour obtenir la détente de la peau, & faciliter la fortie de la fueur, faites-lui boire abondamment quelques infufions légères, qui por-tent à la peau ; &, dans toutes ces circonftances, évitez avec la plus fcrupuleufe attention, de donner au malade des purgatifs. Si la nature n'eft pas difpofée à fuivre cette route, vous la troublerez dans fa marche, & vous donnerez naiffance à des maladies mortelles, par votre con-duite indifcrette & ignorante.

Les évacuations font-elles très-abondantes , n'employez aucun moyen pour les exciter ; fuivez la marche de la nature. Mais dans une maladie, lorfque la nature n'indique

nullement les lieux par où elle veut faire fortir la caufe matérielle, quel parti faut-il prendre ? Quelle route faut-il fuivre ? Rien de plus fimple : il faut confulter l'expérience , & elle vous inftruira : elle vous apprendra que, dans les maladies aiguës, de la poitrine , par exemple , la nature chaffe , par la voie des crachats, la caufe matérielle ; vous écouterez fes avis, & vous faciliterez la fortie des crachats.

Elle vous apprendra encore, que dans certaines fièvres putrides & bilieufes, la nature fuit la voie des felles , &, dès le commencement de la maladie, le traitement de l'in-flammation fait , vous folliciterez doucement l'écoulement des matières par les felles.

En vous conduifant de cette ma-nière dans toutes les maladies, vous ferez fuir les fléaux deftructeurs, & l'humanité vous comptera, avec complaifance , au petit nombre de fes bienfaiteurs.

Nous nous fommes un peu étendus fur cet article, afin de jeter du jour fur cette importante matière, fi né-gligée & fi peu connue, dans les campagnes fur-tout. M. B.

CRISTE-MARINE, ou BACILE, ou PERCE - PIERRE ou PASSE-PIERRE. Ce dernier mot n'eft en ufage que parmi le peuple : on la nomme encore FENOUIL MARIN. M. Tournefort la place dans la qua-trième fection de la feptième claffe, qui comprend les herbes à fleurs en rofe , difpofées en ombelle, dont le calice fe change en deux femences affez petites, & il l'appelle *crithmum feu fœniculum minus*. M. von Linné la nomme *crithmum maritimum*, &

la claffe dans la pentandrie digynie.

Fleur, compofée de cinq pétales ovales, courbés, prefqu'égaux ; l'enveloppe générale, d'où partent toutes les fleurs, eft de plufieurs pièces, & fes petites feuilles, en forme de lance obtufe ; l'enveloppe particulière du fommet des rayons de l'ombelle, eft divifée en plufieurs petites folioles linéaires.

Fruit, ovale, comprimé, divifé, en deux femences, planes d'un côté & cannelées de l'autre.

Feuilles, embraffent la tige par leur bafe, font deux fois ailées ; les folioles, en forme de fer de lance, charnues, fucculentes, blanchâtres.

Racine, en forme de fufeau, un peu fibreufe.

Lieu. Les bords de la mer fur les rochers, cultivée dans les jardins ; la plante eft vivace.

Propriétés, apéritive, diurétique, emménagogue.

Ufages. On mêle les feuilles avec la fourniture des falades tant qu'elles font vertes : on les confit au vinaigre comme les cornichons, & fouvent on les mêle avec eux : à cet effet, on choifit les tiges les plus tendres ; quelques-uns les gardent dans de l'eau falée, & y ajoutent un peu de poivre. Ce que j'ai dit des cornichons, relativement a leur ufage fréquent pour la nourriture des gens de la ferme, s'applique également à la crifte-marine confite dans le vinaigre. Dans nos provinces méridionales, fituées au bord de la mer, il eft inutile de la cultiver ; les rochers en font couverts.

Culture. Au midi du royaume on la fème, en mars, dans un lieu bien abrité, & on la replante en mai, dans l'endroit le plus chaud du jardin ;

elle aime fingulièrement la forte chaleur, & a befoin de peu d'arrofemens. Le mois de feptembre eft à peu près l'époque à laquelle on la confit dans le vinaigre. Pour la conferver pendant l'hiver, on chauffe fon pied avec de la terre, & on la couvre de paille pendant les grandes gelées.

Dans les provinces du nord du royaume, on la fème fur couche en février, ou à la fin d'avril, en pleine terre, dans un lieu bien abrité : il faut que le fol ait du fond, car fa racine pivote beaucoup. On la replante dès qu'elle eft affez forte, & on la couvre d'une cloche.

CROCHET, Botanique. On donne ce nom aux poils longs & fermes, & dont l'extrémité fe courbe en crochet : le nom & la defcription de cette partie végétale annoncent affez fon ufage ; la bardane en eft pourvue. (*Voyez* le mot Poil) M. M.

CROISER. Se dit des branches que l'on fait traverfer fur d'autres branches ; méthode ridicule à l'œil & préjudiciable à l'arbre, parce que la branche fupérieure empêche l'inférieure de jouir du bénéfice de l'air. On ne doit abfolument croifer, que lorfqu'il s'agit de garnir des places vides, & encore faut-il bien obferver de ne pas donner aux branches, des tournures forcées.

CROISSANCE DES ARBRES. (*Voyez* le mot Accroissement)

CROISSANT. Terme de Jardinage, qui défigne un inftrument de fer fait en forme de croiffant, garni d'une douille pour recevoir un long manche : les ouvriers s'en fervent pour tondre les paliffades.

CROIX (Fleur en) *ou* CRUCIFORME, Botanique. Nom que l'on a donné à la forme particulière de certaines fleurs. Tournefort, en claffant toutes les plantes qui lui étoient connues, les a nommées le plus fouvent dans le rapport direct de leur port & de leur figure. Ainfi, ayant rencontré des fleurs dont les pétales, au nombre de quatre, étoient toujours difpofés en croix, il en a fait une claffe perticulière, qu'il a diftinguée fous le nom de *cruciforme*, & les plantes qui offrent cette efpèce de fleur, fous celui de *crucifères*. Le chou, le navet, la moutarde, &c. font de cette claffe. Au mot Fleur, nous donnerons le deffin d'une fleur cruciforme. Les fleurs en croix ont communément fix étamines, quatre plus longues & deux plus courtes. M. M.

Croix de Malthe. (*Voyez* Lychnis)

CROSSETTE. Mot particulièrement confacré à la vigne : c'eft un farment de l'année, bon, fort, fain & vigoureux, que l'on coupe fur le cep, en lui laiffant pour bafe une couche ou portion du bois de l'année précédente, en quoi elle diffère de la *bouture*. (*Voyez* ce mot) On dit une croffette de faule, d'olivier, &c.

Le nom de croffette vient de la forme de croffe, que préfente ce morceau de l'ancien bois, joint au nouveau. Dans quelques provinces où l'idiome a confervé l'ufage des mots latins, on l'appelle *maillole, malleole*, du mot *malleolus*, qui

fignifie petit maillet. Ce morceau de bois, laiffé à la bafe du farment, eft pour lui ce que la greffe eft pour l'arbre. Si on plante un farment fans être garni de fa croffette, il n'eft pas franc. C'eft par le bois de l'année précédente que les premières racines s'élancent ; la fève qu'elles pompent eft élaborée dans les fibres de ce vieux bois ; elle monte moins groffière dans les fibres droites du nouveau, & lorfque le farment a bien repris, il n'a pas befoin d'être *provigné* (*voyez* ce mot) pour être franc.

En taillant la vigne, on fait alors le choix des croffettes. Le bois de chaque cépage doit, aux yeux du vigneron inftruit, indiquer l'efpèce de raifin qu'il porte; cependant, crainte de méprife, l'amateur qui défire ne planter que des plans choifis, doit, lorfque le raifin eft fur le cep, marquer, avec des fils de foie de différentes couleurs & foncées, l'efpèce qu'il défire : cette méthode eft plus fûre que la fcience du vigneron ; il eft, lors de la taille, fi aifé de fe tromper !

Quand faut-il tailler la vigne ? Quand faut-il planter les croffettes ? Nous l'examinerons à l'article Vigne. Je dois feulement prévenir ici que auffitôt qu'on a coupé la croffette, il faut la porter à l'ombre, la recouvrir de terre, afin que le foleil & l'air ne la déffèchent point. Lorfque l'ouvrier fe retire du travail, il fait de petits fagots des croffettes coupées dans la journée, en obfervant que la bafe de toutes foit de niveau : à cet effet, il les tient par le haut perpendiculairement à la terre, & écartant les doigts de fes mains, il les laiffe couler jufqu'à ce que le bois

bois de l'année précédente touche la terre. Alors, avec des ofiers ou tels autres liens, il met deux ou trois attaches à chaque paquet, les ferre légèrement, & feulement affez pour que les farmens ne fe dérangent point. Arrivé chez lui, il ouvre dans le voifinage de l'eau une foffe proportionnée au nombre des paquets, il les y place droits, recouvre leurs pieds avec de la terre à la hauteur de fix pouces, & la ferre avec le pied. Il faut entretenir habituellement de l'humidité tout autour : j'ai vu de femblables croffettes éprouver les rigueurs du plus grand froid, être environnées & ferrées par la glace la plus épaiffe, reprendre & pouffer très-bien au printemps fuivant.

Je préfère planter la croffette au moment qu'elle eft coupée fur le cep. Au mot VIGNE, j'entrerai dans de plus grands détails.

CROTTE, CROTTIN. Excrémens des chevaux, des chèvres, des moutons, &c. Cet engrais eft excellent; celui d'été eft préférable à celui d'hiver : on l'emploie, ou après qu'il a refté plufieurs mois réuni en maffe, & qu'il a paffé fon feu, ou auffi-tôt après qu'on l'a ramaffé : ceci demande quelques réflexions. Si on doit femer quelques temps après qu'on a répandu l'engrais, on aura très-bien fait de l'avoir tenu en maffe, parce que, de cette époque à celle des femailles, il n'aura pas eu le temps de combiner fes principes avec ceux de la terre; mais, par exemple, fi on le répand tout frais pendant l'hiver de l'année de jachère, & qu'on le recouvre auffitôt par un fort coup de charrue,

Tome III.

alors il aura le temps de travailler, & d'amender les terres, qu'on appelle froides.

Si le crottin refte pendant l'été expofé à l'action du foleil, il fe deffèche, fes principes s'évaporent; fi la pluie furvient, ils font délavés & entraînés avec elle, de forte que, de manière ou d'une autre, il ne refte plus qu'un *caput mortuum* fans efficacité : de-là réfulte la néceffité indifpenfable de labourer avec la charrue à verfoir le terrein fur lequel les moutons, les bœufs, les chevaux, &c. ont paffé quelques nuits.

CROUPE, MÉDECINE VÉTÉRINAIRE. La croupe eft cette partie du cheval, qui s'étend depuis la terminaifon des reins jufqu'au haut de la queue.

Sa largeur dépend de la diftance & de l'éloignement proportionné des os des îles, c'eft-à-dire, des os qui forment les hanches. Nous exigeons que la croupe foit arrondie & divifée par une efpèce de canal régnant dans fon milieu, qui eft une continuation de celui dont nous parlerons à l'article *Reins*. (*Voyez* le mot REINS.) Toute croupe coupée, avalée ou tranchante, eft un défaut dans le cheval. Nous appelons *croupe coupée*, celle qui, regardée de profil, paroît étroite, & ne pas avoir fa rondeur & fon étendue; *croupe avalée*, celle qui tombe trop tôt, ce qui fait que l'origine de la queue eft plus baffe, & par conféquent mal placée; *croupe tranchante*, celle dont les cuiffes du cheval font très-aplaties : telle eft celle des mulets & des chevaux efpagnols. Cette imperfection, à la vérité, n'eft défagréable qu'à la vue; nous voyons même que, dans les

Aaaa

chevaux, elle se trouve réparée par la vigueur de leurs membres, la force de leurs reins, & la beauté de l'action & du jeu de l'arrière-main. M. T.

CRUCIFÈRE, CRUCIFORME. (*Voyez* CROIX, Fleur en croix.)

CRYPTOGAMIE, BOTANIQUE. Mot dérivé du grec, & composé de κρυπτος caché, & de γαμος noces. Le Chevalier von Linné a employé ce mot pour désigner la dernière classe de son système sexuel, dans laquelle les fleurs sont renfermées dans le fruit, ou presqu'invisibles. Comme tout son système roule sur le mariage des fleurs, ou sur l'usage des étamines & des pistils, il a caractérisé ses différentes classes par la présence ou l'absence, ou la position des parties mâles & femelles ; mais, dans la classe des fougères & des mousses, ne pouvant distinguer ces parties, & partant du principe, qu'elles devoient exister quoiqu'elles ne fussent pas apparentes, il a supposé que les *noces* se faisoient en secret dans l'intérieur de la plante, & loin des yeux du vulgaire : voilà pourquoi il lui a donné le nom de *cryptogamie* ou de *noces cachées*. Depuis le Chevalier von Linné, on a découvert les graines de plusieurs plantes de cette classe : la loupe & le microscope ont été d'un grand secours pour cette découverte. (*Voyez* GRAINE & SYSTÊME) M. M.

CRYSALIDE. (*Voyez* CHRYSALIDE)

CUCURBITACÉE, (Plante) tiré du mot latin *cucurbita*, qui désigne la famille des courges, citrouilles, concombres, potirons, melons, &c.

CUEILLETTE DES FRUITS. Il n'est pas possible d'entrer dans le detail de la cueillette ou récolte de tous les individus renfermés sous ces dénominations. Voici des règles générales.

Un amateur cueille les fruits d'été seulement quelques heures avant de les faire servir sur table : ils ont le temps de perdre la chaleur qui leur a été communiquée par les rayons du soleil, & sur-tout de laisser évaporer une partie de l'eau surabondante de végétation qu'ils contiennent, & peut-être de leur *air fixe*. (*Voyez* ce mot) L'expérience journalière prouve que la même quantité de fruit, prise sur l'arbre, & mangée aussitôt, incommode, donne des vents, dérange l'estomac, souvent occasionne le dévoiement, tandis que la même quantité, mangée plusieurs heures après avoir été cueillie, n'incommode point. Le fruit cueilli pendant la grande chaleur, & mangé aussitôt, est moins mal-faisant que celui cueilli le matin, & chargé de rosée.

Il n'y a aucune comparaison a faire entre le goût & le parfum d'un fruit mûri sur l'arbre, & celui d'un semblable fruit cueilli trop tôt, qui a complété sa maturité sur la paille ou sur des planches.

Le fruit d'hiver doit rester sur l'arbre aussi long-temps qu'il est possible de le conserver, sans craindre les gelées : les petites rosées blanches de l'automne ne l'endommagent pas. On a un signe bien certain de l'époque à laquelle il doit être cueilli, dans les feuilles même de l'arbre. Tant qu'elles restent vertes, qu'elles ne jaunissent, ne rougissent point, c'est une marque évidente que la sève monte encore dans les branches, & que le fruit profite fur l'arbre. Pourquoi donc, par une avidité ou une précaution mal-entendue, devancer ce moment ? Conformez-vous aux loix de la nature ; c'eft le parti le plus fage.

Lorfque le moment de la cueillette approche, il faut attendre, autant qu'il eft poffible, que le vent du nord ait foufflé depuis quelques jours ; que le ciel ait été beau, fans nuage, & la chaleur forte, relativement à la faifon : il fera moins pénétré d'humidité, & fe confervera mieux. Le moment de le cueillir eft depuis midi jufqu'à trois heures, & jufqu'à quatre tout au plus.

On détachera de l'arbre chaque fruit feparément & à la main, que l'on placera doucement dans un panier, fans caffer la queue, ni meurtrir le fruit : tout fruit meurtri, preffé, ou dont la peau a été endommagée d'une manière quelconque, ne fauroit fe conferver. Au mot FRUITIER, nous indiquerons la manière de le conduire ; & au mot PHARMACIE, la manière de cueillir les écorces, les bois, les herbes & les racines pour le fervice domeftique, en cas de maladie.

CUILLERON, BOTANIQUE. Le cuilleron eft, à proprement parler, la partie creufe d'une cuiller, & on a adopté ce mot en Botanique, pour défigner la figure concave de certaines parties des plantes, comme les pétales & les feuilles. M. M.

CUISSE, MÉDECINE VÉTÉRINAIRE. La cuiffe formée par l'os appelé *fémur*, eft articulée fupérieurement avec les os des îles, par l'ef-

pèce d'union mobile que l'on nomme *genou*, & inférieurement avec le tibia ou l'os qui forme la jambe, par celle que nous appelons *charnière*. Cette partie eft encore confondue à la campagne avec les hanches.

Quant à fa conformation, la cuiffe doit fuivre & accompagner la rondeur des hanches. Si elle eft aplatie, elle rend la croupe tranchante. (*Voy.* CROUPE)

Maladies de la cuiffe. Cette partie eft expofée aux efforts & à l'abfcès. Une chute, un écart, qui communément ont lieu en dehors, font les caufes de la première, c'eft-à-dire, de l'effort. (*Voyez* EFFORT DE CUISSE) La feconde ou l'abfcès fe manifefte le plus fouvent au plat de la cuiffe, par une groffeur plus ou moins confidérable, qui dégénère promptement en abfcès, que l'on guérit aifément, en le faifant fuppurer pendant quelques jours, avec le digeftif fimple, & en injectant du vin miellé dans le fonds de l'ulcère. M. T.

CUISSE MADAME. *Poire.* (*Voy.* ce mot)

CUL DE POULE, MÉDECINE VÉTÉRINAIRE. Ulcère dont les bords fe renverfent en arrière. (*Voyez* FARCIN) M. T.

CULEN, ou THÉ A FOULON (*Voyez Pl. 16.* pag. 544.) Cet arbufte apporté en France en 1744, fe rapporte à la feconde fection de la vingt-deuxième claffe de M. Tournefort, qui comprend les arbres à fleur en papillon, & dont les feuilles font difpofées trois à trois fur chaque pétiole. M. von Linné l'a placé dans

A a a a 2

la diadelphie décandrie, & l'a nommé *pſoralca glandulofa*. Il mérite d'être multiplié dans nos provinces méridionales.

Fleur, papilionacée, légérement violette, compoſée de l'étendard A ou pétale ſupérieur ; des aîles ou pétales latéraux ; on en voit un en B, de la carenne C, ou pétale inférieur. Les parties ſexuelles ſont repréſentées dans le calice D dépouillé de la corolle. Les étamines au nombre de dix réunies par leur baſe à l'exception d'une ſeule ; êlles ſont repréſentées en E environnant le piſtil. Celui-ci vu en F eſt placé au fond du calice.

Fruit G ; le piſtil devient un légume ovale, rond à ſa baſe, terminé en pointe ; en H il eſt vu coupé tranſverſalement, & renferme une ſeule graine I en forme de rein.

Feuilles, placées alternativement à chaque articulation des branches, raſſemblées trois par trois ſur le même pétiole, oblongues, entières ſur leurs bords, d'un vert foncé.

Lieu, originaire du Pérou.

Port. Cet arbriſſeau s'élève à une hauteur médiocre ; ſon bois eſt ſouple ; ſes branches creuſes, moëlleuſes ; les jeunes branches, avant d'avoir acquis la conſiſtance ligneuſe, ſont quadrangulaires ; les fleurs naiſſent des aiſſelles des feuilles, & au ſommet des branches diſpoſées en épi.

Propriétés ; les jeunes branches ſont couvertes d'une matière gluante, leur odeur eſt forte & aromatique ; la ſaveur des feuilles eſt aromatique & amère. Les feuilles ſont employées en infuſion en manière de thé contre toutes les maladies de la peau, & particulièrement contre la gale. On s'en ſervira utilement pour les moutons.

CULOTTE DE SUISSE. *Poiré.* (*Voyez* ce mot)

CULTIVATEUR. Ce mot à deux exceptions. Par la première on déſigne l'homme qui cultive lui-même ſes champs ou ceux d'autrui ; par la ſeconde, celui qui fait travailler ſous ſes yeux, ſes propres champs ou ceux qu'il a affermés. Cette ſeconde acception a encore un ſecond ſens, en ce que le mot *cultivateur*, déſigne un homme inſtruit, qui fait travailler non par routine, mais d'après des principes fondés ſur l'expérience & ſur l'obſervation : le nombre de ceux-ci eſt plus rare que celui des prétendus cultivateurs dans leur cabinet, qui tracent aveuglément des règles ſur une ſcience qu'ils ignorent, & qui font des mémoires, en copiant par - ci par - là, des lambeaux pris ſouvent dans des livres, dont les auteurs ſont auſſi peu inſtruits qu'eux. Ces écrivains ſe perſuadent que la méthode de tels villages, de tels petits cantons, doit réuſſir dans tout le royaume, comme ſi l'ardeur du ſoleil de la Provence, & la ſiccité de ſon climat avoient quelque rapport avec l'air humide & vaporeux de la Flandre françoiſe, & avec ſon atmoſphère très-tempéré. La médecine, la chirurgie, &c. tous les arts enfin ont leurs charlatans ; mais je doute qu'ils ſoient plus nombreux que ceux de l'agriculture. Que de choſes doit ſavoir un cultivateur ! & je ne penſe pas qu'il y ait une ſcience plus étendue que celle de l'agriculture : auſſi je répète encore une fois avec Columelle : « Lorſque je conſi- » dère cet art dans le grand, & lorſ- » que je l'enviſage, formant un corps » d'une très-vaſte étendue, & enſuite

» defcendant dans toutes les parties
» qui compofent fa totalité, je crains
» de voir la fin de mes jours, avant
» d'en avoir pu acquérir la connoif-
» fance entière ».

CULTIVATEUR. Nom donné à une
efpèce de charrue par M. de Châteauvieux. (*Voyez* le mot CHARRUE)

CULTURE : travail qu'on donne
aux terres, aux arbres & aux plantes
pour en augmenter le produit. Nous
reftreindrons ici ce mot général à la
culture des terres deftinées aux grains.
Sous ce point de vue, on entend par
le mot *culture*, l'art & l'action de
préparer la terre à recevoir la femence qu'on lui confie. La diverfité
des climats a fait imaginer plufieurs
manières de cultiver, & chaque pays
a, pour ainfi dire, la fienne. La culture
des terres eft-elle établie fur des
principes certains, ou feulement fur
une routine qui fe tranfmet de pères
en fils; enfin, peut-on établir une loi
générale utile à tous les pays ? Il eft
conftant que les principes, d'après
lefquels & par lefquels la végétation s'exécute, font un dans
tous les pays, parce que la marche
de la nature eft par-tout la même;
mais cette marche, uniforme dans
fon principe, varie en raifon de
modifications que chaque efpèce de
végétal lui préfente. Il eft donc effentiel de diriger la culture conformément à ces modifications & à la
manière d'être du climat que l'on
habite.

Plufieurs écrivains fe font occupés
de dicter des loix fur la culture, &
a appelé leur code un *fyftême*. On
en compte plufieurs principaux, que
nous allons faire connoître.

CHAPITRE PREMIER.

Syftême de Culture ancienne, tiré des meilleurs Auteurs.

I. *Sur quels principes ils établiffoient leur méthode.* Les premiers principes
de culture qu'ont établi les anciens
agronomes, confiftoient à divifer la
terre pour des labours, à la fumer
pour la rendre fertile, & à lui donner
du repos, c'eft-à-dire, la laiffer en
jachère, après avoir recueilli fes
productions; ils ne connoiffoient
point affez le mécanifme de la végétation, pour établir fur ce principe
des règles certaines de culture,
comme l'ont fait quelques auteurs
modernes. Les agriculteurs, qui
joignoient à cet art quelques connoiffances de l'hiftoire naturelle,
croyoient que les racines des plantes
étoient les feuls organes deftinés à
pomper les fucs qu'ils tranfmettoient
aux végétaux; que les molécules de
la terre, extrêmement atténuées, mêlées avec certains fels, étoient le feul

aliment analogue à chaque efpèce de plantes : Avec de telles idées, eft-il étonnant que leur manière de cultiver n'eût qu'un rapport immédiat avec les racines ? Sur ce principe, les labours furent établis afin de bien atténuer la terre pour le rendre propre à être introduite dans les canaux des racines. Ils produifoient cet effet, en faifant ufage, après les labours, des herfes, des rouleaux & des râteaux. Malgré toutes ces opérations la terre s'épuifoit quand elle avoit donné plufieurs récoltes confécutives ; & pour prévenir cet épuifement, il fallut avoir recours aux engrais, établir des jachères ou tems de repos.

Dans fes géorgiques, Virgile prétend que les principes & la pratique de la culture doivent être établis & fondés fur la connoiffance particulière de la nature du fol. Voici à peu près comment il s'explique à ce fujet. Avant de mettre la main à la charrue, il eft effentiel que le laboureur connoiffe l'efpèce de terre qu'il fe propofe de mettre en valeur, pour favoir ce qu'elle peut produire. Il y en a qui font propres à donner de belles moiffons, d'autres font favorables à la culture de la vigne : dans les unes il eft facile de former d'agréables vergers ; dans d'autres on peut faire croître avec fuccès une herbe abondante pour la nourriture des beftiaux. De cette manière de raifonner, il conclut qu'il faut abfolument connoître la nature, les qualités des différentes terres qu'on exploite, afin de les enfemencer relativement à la nourriture qu'elles font capables de fournir à la végétation des plantes.

Varron, dans fes principes de culture, ne s'éloigne pas de ceux de

Virgile ; il les établit, 1°. fur la connoiffance du terrein & des parties qui le compofent ; 2°. fur celle des différentes plantes qu'on peut y cultiver avec avantage. Parmi les anciens agronomes, aucun n'eft entré dans un auffi grand détail des différentes qualités de terres, relativement à leurs productions, que Palladius.

Pour la faifon & le temps des travaux de culture, les anciens étoient dans l'ufage de fe régler fur le cours des aftres. Virgile difoit qu'il falloit interroger les cieux avant de fillonner la terre, & avant de recueillir fes productions : fuivant fon fentiment, le cinquième jour de la lune étoit funefte aux travaux de la campagne, le dixième, au contraire, étoit très-favorable. En général, les anciens agriculteurs, & tous ceux qui ont donné des méthodes de culture, étoient perfuadés qu'on pouvoit vaquer aux occupations champêtres, tant que la lune croiffoit ; mais qu'il falloit les interrompre quand elle étoit fur fon déclin.

II. *Des labours.* Les labours font une fuite néceffaire de l'opinion des anciens agronomes, touchant le mécanifme de la végétation. Malgré cette opinion, les labours n'étoient point auffi multipliés qu'ils auroient dû l'être relativement à leur fyftême : ils employoient différens inftrumens capables de produire, en partie, cet effet. 1°. La charrue étoit d'abord mife en ufage pour fillonner & ouvrir la terre. 2°. Les râteaux à dents de fer brifoient enfuite les mottes : à leur défaut, une claie d'ofier rendoit à peu près le même fervice. 3°. Le rouleau perfectionnoit la culture : on le faifoit paffer fur toute la fuperficie du terrein, afin de l'unir & de l'égalifer parfaitement. Le nombre des labours néceffaires avant d'enfemencer, n'étoit point fixé : fuivant leurs principes, ils auroient dû être très-multipliés ; nous obfervons, au contraire, qu'ils labouroient moins fréquemment que nous. Virgile s'eft éloigné, dans fes préceptes fur la culture, de la méthode de fes contemporains : il prétend que deux labours font infuffifans pour difpofer une terre à être enfemencée. Si l'on veut avoir des moiffons abondantes, il penfe qu'on ne doit point fe borner à deux ni à quatre, mais agir felon le befoin des terres. Caton paroît n'en prefcrire que deux, lorfqu'il dit : « Une bonne » culture confifte, premièrement, à » bien labourer ; fecondement, à bien » labourer ; troifièmement, à fumer ».

Les anciens agronomes étoient dans l'ufage de donner le premier labour très-légérement, perfuadés que les racines des mauvaifes herbes étoient mieux expofées à l'air, & plutôt deffechées par l'ardeur du foleil. Les labours fuivans n'étoient guère plus profonds ; leur charrue, peu propre à fouiller la terre, ne pouvoit ouvrir des fillons que de cinq à fix pouces de profondeur. Quoique leurs inftrumens de labourage fuffent moins propres que les nôtres à la culture des terres, ils avoient cependant foin de proportionner l'ouverture du fillon à la légéreté ou à la ténacité du fol. Dans un terrein léger & friable, le labour étoit fuperficiel ; profond dans un terrein dur, & autant que la charrue pouvoit le permettre. Virgile infifte beaucoup fur cette méthode, afin de ne pas donner lieu à l'évaporation de l'humidité néceffaire à la végétation, en faifant de profonds fillons dans un fol large. Dans un terrein fort & argileux, il veut qu'on ouvre de profonds & larges fillons, pour développer les principes de fécondité, qui feroient nuls pour la végétation, fans cette pratique.

Suivant l'opinion des anciens, toutes les faifons n'étoient point également propres à labourer les terres. Virgile condamne les labours faits pendant les chaleurs de l'été & pendant l'hiver, comme étant très-nuifibles à la fertilité : le temps le plus favorable, felon lui, étoit lorfque la neige fondue commençoit à couler des montagnes. La faifon des labours dépendoit encore de la qualité des terres. Le même auteur prefcrivoit de labourer après l'hiver un fol gras & fort, afin que les guérets fuffent mûris par les chaleurs de l'été ; quand, au contraire, il étoit léger, fablonneux ou friable, il prétendoit qu'il falloit attendre l'automne pour le labourer.

Columelle n'étoit pas du fentiment de Virgile ; il vouloit, au contraire, qu'une terre forte, fujette à retenir l'eau, fût labourée à la fin de l'année, pour détruire plus facilement les mauvaifes plantes.

Les anciens agronomes ont ignoré la méthode de cultiver les plantes annuelles pendant leur végétation : toute leur culture, à cet égard, fe reduifoit au farclage ; à faire paître par les moutons, les fommités des fromens trop forts en herbe, avant l'hiver ; à répandre du fumier en pouffière, lorfqu'ils n'avoient pas pu fumer leur terre avant de les enfemencer.

III. *Des engrais.* Les anciens croyoient rendre raifon de la caufe de la ftérilité d'une terre autrefois fertile, en difant qu'elle vieilliffoit. Parmi eux, quelques-uns avoient imaginé que, dans cet état de vieilleffe, elle étoit incapable de donner des productions comme auparavant. C'étoit le fentiment de Tremellius ; il comparoit une terre nouvellement défrichée, à une jeune femme qui ceffe d'enfanter à mefure qu'elle avance en âge. Columelle s'élève fortement contre cette opinion, capable de décourager le cultivateurs : une terre, fuivant lui, ne ceffe jamais de produire par caufe de vieilleffe ou d'épuifement, mais parce qu'elle eft négligée.

La méthode de bonifier les terres par le moyen des engrais, eft prefqu'auffi ancienne que l'art de cultiver. Tous les auteurs agronomes prefcrivent cette pratique, comme étant très - propre à augmenter la fertilité de la terre, & capable d'empêcher fon dépériffement. L'hiftoire de la Chine nous apprend que *Yu*, le premier Empereur des *Yao*, fit un ouvrage fur l'agriculture, dans lequel il parloit de l'ufage des excrémens de différens animaux. La méthode de les améliorer en les fumant, d'arrêter leur dépériffement, de prévenir la décompofition du terreau, fi néceffaire à la végétation, s'eft établie fucceffivement : dès qu'on s'eft apperçu qu'un champ, après plufieurs récoltes, ceffoit d'en produire d'auffi abondantes, on a eu recours aux engrais pour lui rendre fa première fertilité. *Pline* affuroit que l'ufage de fumer les terres étoit très-ancien : dans fon dix-feptième livre, chap. 9, il dit que, felon *Homere*, que le vieux roi *Laertes* fumoit fon champ

lui - même. Le fumier fut d'abord employé en Grece par *Augias*, roi d'Elide : *Hercule*, après l'avoir détrôné, apporta cette découverte en Italie, où l'on fit un Dieu du roi *Stercutus*, fils de *Faunus*.

Dans le détail des engrais, Virgile recommande principalement les fèves, les lupins, la vefce ; il eft perfuadé que le froment vient avec fuccès après la récolte de ces fortes de grains, capables de bonifier la terre, loin de l'épuifer, comme feroient d'autres efpèces de légumes. Les chaumes brûlés après la moiffon, font encore, fuivant fon opinion, très-propres à fumer les terres, parce leurs cendres y laiffent de nouveaux principes de fertilité.

Columelle diftingue trois fortes d'engrais, dont l'ufage lui avoit paru le plus capable de bonifier les terres ; 1°. les excrémens des oifeaux ; 2°. ceux des hommes ; 3°. ceux du bétail : la fiente de pigeon étoit, felon lui, le meilleur ; enfuite celle de la volaille, excepté celle des canards & des oyes. En employant les excrémens humains ; il avoit foin de les mêler avec d'autres engrais ; fans cette précaution, leur grande chaleur auroit été nuifible à la végétation. Il fe fervoit de l'urine croupie pendant fix mois pour arrofer les arbres & les vignes ; le fruit qu'ils donnoient enfuite en grande abondance, étoit d'un goût excellent. Parmi les fumiers des beftiaux, Columelle préféroit celui des ânes à tout autre ; celui des brebis & des chèvres, à la litière des chevaux & des bœufs : il profcrivoit abfolument le fumier des cochons, dont plufieurs agriculteurs de fon temps faifoient ufage.

Varron

Varron employoit, avec fuccès, le fumier ramaffé dans les volières des grives : les anciens, très-friands de cette efpèce d'oifeaux, les nourriffoient pour les engraiffer, comme on fait aujourd'hui des ortolans : cette forte d'engrais étoit répandue principalement fur les pâturages dont l'herbe étoit enfuite très-bonne pour engraiffer promptement le bétail. Caton, afin de bonifier les terres, y faifoit femer des lupins, des fèves ou des raves; il employoit auffi le fumier du bétail des fermes, fur-tout lorfque la litière des chevaux, des bœufs, étoit faite avec les longues pailles de froment, de fèves, de lupins, ou avec les feuilles d'yeufe, de ciguë, & en général avec toutes les herbes qui croiffent dans les faufaies & les marais.

Pour fertilifer les terres froides & humides des plaines de Mégare, les grecs employoient la marne, nommée, felon lui, *argile blanche.* Dans la Bretagne & dans la Gaule, cet engrais étoit auffi connu & employé; ce n'étoit qu'après le labourage qu'on le répandoit : fouvent même il falloit le mêler avec d'autres fumiers, pour qu'il ne brûlât pas les terres.

Les anciens avoient coutume de répandre les engrais avant de femer, ou lorfque les plantes étoient levées: la première méthode étoit la plus fuivie. Lorfque les circonftances n'avoient pas été favorables pour fumer avant les femailles, immédiatement avant de farcler, on répandoit le fumier en pouffière. Columelle confeille de tranfporter les engrais, & de les répandre dans le mois de feptembre, pour femer en automne; dans le courant de l'hiver, & au

Tome III.

déclin de la lune, quand on ne fème qu'au printemps. Dans cette dernière circonftance, il falloit laiffer le fumier en tas dans les champs, pour ne le répandre qu'immédiatement avant le premier labour. Selon le befoin des terres, il fuivoit la méthode d'un de fes ancêtres; elle confiftoit à mêler la craie avec les terres fablonneufes, & le fable avec les crayeufes. Il obfervoit cette pratique pour les terreins en vigne, comme pour ceux à froment : rarement il fumoit les vignes, perfuadé que les engrais, en augmentant la quantité du vin, en altéroient la qualité. Quand un cultivateur n'avoit pas les fumiers néceffaires pour l'exploitation de fes terres, il confeilloit d'y femer des lupins, & de les enterrer avec la charrue avant qu'ils fuffent parvenus à maturité.

IV. *Des jachères.* Quoique les anciens fuffent perfuadés que les molécules de la terre, extrêmement atténuées par les labours, étoient l'aliment pompé par les racines des plantes, pour fournir à la végétation, ils s'apperçurent cependant que la trituration des parties terreftres n'étoit pas toujours un moyen efficace pour procurer aux végétaux la nourriture néceffaire à leur accroiffement. Malgré la fréquence des labours, ils obfervèrent que les plantes languiffoient dans un terrein prefque ftérile après plufieurs productions. Quelques agriculteurs crurent avoir trouvé la caufe de ce phénomène, en difant que la terre vieilliffoit. Après avoir obfervé un terrein abandonné & laiffé fans culture, produire cependant de mauvaifes herbes, ils imaginèrent qu'au bout d'un certain temps, la terre reprenoit fa première

B b b b

fertilité, & qu'elle étoit capable de produire des végétaux comme auparavant. Suivant cette opinion, la terre susceptible d'épuisement par des productions trop fréquentes, pouvoit se lasser de fournir des sucs aux végétaux. L'épuisement & la lassitude furent donc considérés comme la suite & l'effet d'une culture trop continue, & d'un labourage trop fréquent.

Pour obvier à ces inconvéniens, & éloigner le terme de la vieillesse de la terre, les anciens ne crurent pas que le secours des engrais pût suffire. Il fallut donc établir des jachères ou temps de repos absolu : pendant cet intervalle, plus ou moins long, relativement à la qualité des terres, elles n'étoient ni labourées ni ensemencées ; toute culture cessoit, afin de ne point les forcer à donner leurs productions. Virgile a fait, des jachères, un principe important d'agriculture : quoiqu'il conseille les fréquens labours pour diviser & atténuer la terre, il exige cependant qu'après avoir été moissonnée, elle soit, pendant une année entière, sans être cultivée. Si l'on ne veut pas perdre la récolte d'une année, le seul parti qu'il y a à prendre, selon lui, consiste à l'ensemencer de lupins, de fèves, de vesces ou autres légumes, après la récolte desquels il n'y a point d'inconvénient d'ensemencer une terre en froment, parce que ces sortes de légumes, loin de l'amaigrir, la bonifient.

Columelle n'adopte point le système des jachères : selon son sentiment, une terre bien fumée n'est jamais exposée à s'épuiser ni à vieillir. Aucun des agronomes anciens n'a aussi bien connu que lui les moyens propres à prévenir le dépérissement des terres.

CHAPITRE II.

Méthode adoptée par M. LIGER, dans la Maison Rustique.

L'Auteur de *la Maison rustique* n'est point jaloux d'établir une méthode particulière, ni de proposer de nouveaux principes touchant l'exploitation des terres. Il dit « que » l'on ne peut donner d'autres règles » à suivre, que l'usage des lieux » qu'il faut croire fondé en bonnes » expériences ; si mieux on aime » éprouver la fertilité de son fonds, » mais sans épargner les engrais, » & sans vouloir opiniâtrement forcer ou épuiser la terre.

Les principes sur lesquels M. Liger est persuadé qu'on peut établir une bonne méthode de cultiver, se réduisent :

1°. A labourer fréquemment les terres fortes & grasses, afin de les ameublir & de détruire les mauvaises herbes.

2°. A donner peu de labours aux terres légères ou sablonneuses ; parce qu'ayant peu de substance & d'humidité, un labourage trop répété les altéreroit.

3°. A ne point labourer lorsque la terre est trop sèche : si elle est légère, sa substance se dissipe ; si elle est forte, la charrue ne peut point y entrer.

4°. A améliorer les terres par des engrais & par le repos, afin de leur faire recouvrer les sels que les végétaux ont consommés.

Nous ne nous arrêterons point à développer les autres principes de culture de la Maison rustique : ce seroit préfenter au lecteur, le tableau des opérations qu'il peut voir par lui-même, dans la plupart des campagnes.

M. Liger a adopté toutes les re-cettes merveilleuses, qui promettent les récoltes les plus abondantes, lorfqu'on s'en fert pour préparer les grains avant de les femer. La grande confiance qu'il a dans ces liqueurs prolifiques, dont quelques agro-nomes ont fait ufage pour hâter le développement du germe, & forti-fier fa végétation, l'a porté à croire qu'on pouvoit s'en fervir avec fuccès, non-feulement pour toutes fortes de végétaux, mais encore pour les ani-maux, en mettant tremper dans ces liqueurs l'herbe ou les grains dont on les nourrit. « L'effet de » ces liqueurs prolifiques, eft, » dit-il, d'ouvrir les conduits des » germes contenus à l'infini dans la » graine de toutes les plantes, & » d'y attirer & animer la fève né-» ceffaire pour mettre au jour tout » ce qu'il y a de reffources natu-» relles. » Voici les avantages qui réfultent des procédés qu'il confeille de fuivre, en faifant ufage des li-queurs prolifiques.

« 1°. Jamais la terre ne fe repofe; » 2°. elle peut même porter tous les » ans du froment; 3°. point de fu-» mier à y mettre; 4°. un feul labour » fuffit; 5°. on ne fème qu'à demi-» femence, ou les deux tiers au plus; » 6°. il faut moins de chevaux ou » bœufs pour labourer; 7°. les blés » réfiftent mieux aux pluies, aux » vents, &c.; 8°. ils font moins » fujets à la nielle, & ne craignent » point les brouillards; 9°. dans les » bonnes terres, les tiges font des » rejetons, & pouffent de nouveaux » tuyaux pour la feconde année; fur

» ce pied-là, fans labourer ni femer, » on a une feconde récolte : 10°. En » fuivant les procédés que nous indi-» quons, on fait la récolte quinze » jours plutôt ».

D'après cet expofé, il eft facile de juger quel degré de confiance mérite un auteur qui annonce des chofes fi étonnantes ; cependant ce même homme a très-bien vu dans une infi-nité d'objets de détails, & fon ou-vrage mérite d'être lu attentivement.

CHAPITRE III.

Syftême de Culture de M. TULL, Agriculteur Anglois.

M. Tull affure qu'il a dirigé fes opérations, & fait fes expériences fur la culture des terres, felon les principes du mécanifme de la végé-tation. Cette connoiffance l'a obligé d'introduire une nouvelle méthode de cultiver, qu'il croit plus utile que l'ancienne, parce qu'elle eft plus ana-logue à leur végétation. Avant d'en-trer dans le détail de fes principes de culture, il eft à propos de con-noître fon opinion fur le mécanifme de la végétation en général, afin de juger de la liaifon qui fe trouve entre fa pratique & la théorie qu'il établit.

I. *Du mécanifme de la végétation.* L'auteur confidère les racines des plantes comme les feuls organes defti-nés à porter les fucs néceffaires à leur accroiffement ; les feuilles, comme des organes par lefquels elles tranfpirent, c'eft-à-dire, rejettent une furabondance de fève, qui pourroit devenir nuifible à leur végétation. Les racines font donc les feules nour-rices qui fourniffent aux plantes l'ali-ment qui leur convient. C'eft par cette raifon que les labours, les

engrais, les arrofemens, agiffent principalement fur les racines, & ont un
rapport immédiat avec cette partie
des végétaux.

L'auteur anglois diftingue deux
fortes de racines dans toutes les
plantes en général, relativement à
la direction qu'elles prennent dans la
terre. Il nomme les unes *pivotantes*,
& les autres *rampantes*. (*Voyez* le
mot RACINE)

Une racine qui s'étend, multiplie,
fuivant M. Tull, les bouches qui
fourniffent à la nourriture de la
plante. Pour avoir la facilité de s'é-
tendre, il faut qu'elle fe trouve dans
une terre dont les molécules aient
entr'elles peu d'adhérence. L'extenfion des racines eft donc, felon notre
auteur, abfolument néceffaire à la
végétation & à l'accroiffement de la
plante : fi elle n'avoit pas lieu, la
terre qui les entoure étant bientôt
épuifée, feroit incapable de leur
fournir les fucs qu'elles pompent
continuellement.

L'auteur anglois n'a pas affez connu
l'office des *racines*. (*Voyez* ce mot)
Sur cette marche des racines, M. Tull
établit la néceffité des labours, afin
de prévenir, par une culture fréquente, la cohérence des molécules
de la terre, qui feroit un obftacle à
leur extenfion. Les labours ont encore un autre avantage relatif aux
progrès de la végétation : les inftrumens de culture rompent fouvent les
racines primitives ; elles ne s'alongent plus, il eft vrai, mais elles en
produifent quantité d'autres qui s'é-
tendent dans la terre nouvellement
remuée, comme autant de nouvelles
bouches ou fuçoirs, qui portent dans
le corps de la plante une abondance
de fève dont elle étoit privée aupa-

ravant, parce qu'il n'y avoit pas affez
de canaux pour lui donner iffue.

Les feuilles font fans doute très-
utiles aux plantes : M. Tull, convaincu de cette vérité, n'héfite point
à les confidérer comme des organes,
fans lefquels la plupart ne pourroient
fubfifter. En conféquence de ce principe, il condamne l'ufage des cultivateurs qui font paître par les moutons, les blés, fous prétexte qu'ils
font trop forts en herbe : mais,
comme la culture n'a pas un rapport
immédiat avec cette partie des végétaux, il laiffe aux phyficiens à dif-
cuter fi les feuilles ne font que les
organes par lefquels la plante fe
décharge de la furabondance de la
fève ; ou fi elles ne contribuent pas
auffi à la végétation, en recevant, à
l'orifice des canaux qui font à leur
furface, l'humidité de l'atmofphère
(*Voyez* l'idée qu'on doit en avoir,
au mot FEUILLE)

II. *De la nourriture des plantes.*
M. Tull confidère la terre réduite
en parcelles très-fines, comme la
principale partie de la nourriture des
plantes, puifqu'elles fe réduifent en
terre par la putréfaction. Les autres
principes, c'eft-à-dire, les fels, l'air,
le feu, l'eau, ne fervent, felon lui,
qu'à donner à la terre une préparation qui la rend propre à fervir
d'aliment aux plantes. (*Voyez* le mot
AMENDEMENT) Les fels, par
exemple, en atténuant les molécules
de la terre, afin qu'ils foient enfuite
aifément pompés par les canaux des
racines des plantes ; l'eau, en étendant, divifant, combinant fes parties
par voie de fermentation ; l'air &
le feu, en donnant le degré d'activité
convenable, qui combine les parties
pour les faire entrer en fermentation,

La furabondance de ces principes eſt contraire à la végétation ; au lieu qu'une grande quantité de terre n'endommage jamais les plantes, pourvu qu'elle ne ſoit point trop compacte.

Avec la quantité d'eau & le degré de chaleur, qui ſont néceſſaires à la végétation des plántes, relativement à leurs différentes eſpèces, M. Tull croit que le même ſol peut nourrir toute ſorte de végétaux, puiſqu'on élève dans nos climats des plantes étrangères, qui ſe trouvent par conſéquent dans une terre tout-à-fait différente de celle où elles ſont nées. De quelque nature que ſoit la ſubſtance qui ſert à la végétation, il eſt perſuadé qu'elle eſt la même pour chaque eſpèce. Cette matière homogène, qui contribue à la végétation de toutes les plantes qui différent eſſentiellement entr'elles par leurs formes, leurs propriétés, leur ſaveur, prend néceſſairement diverſes formes, toutes analogues aux différentes eſpèces. Si chaque plante végétoit par des ſucs qui lui fuſſent propres excluſivement, il ſeroit donc très-inutile de laiſſer repoſer un terrein qui auroit donné quelques productions : en variant l'eſpèce des plantes, chacune prendroit la portion de ſubſtance qui lui eſt analogue, ſans nuire à celle qui doit lui ſuccéder ; mais l'expérience apprend, ſuivant M. Tull, 1°. qu'une terre où l'on a fait une récolte, n'en produira qu'une ſeconde médiocre, quand même l'eſpèce de grain ſeroit changée, ſi on l'enſemençoit tout de ſuite, ſans réparer les pertes par des labours faits à propos ; 2°. que les plantes de différentes eſpèces ſe nuiſent réciproquement dans un même terrein. Or, ſi les ſucs étoient par-

ticuliers à chaque eſpèce, cet inconvénient n'auroit point lieu. Par cette conſéquence, M. Tull paroît ne plus ſe reſſouvenir de la diſtinction qu'il a faite de la forme des racines. Le petit trèfle nuit-il au fromental dans un pré ? Sa concluſion eſt trop vague.

Dans l'exploitation des terres, pluſieurs cultivateurs ont coutume de ſemer de l'orge ou de l'avoine, après avoir recueilli du froment, & non pas cette dernière eſpèce de grain : il ne ſuit pas de cette pratique, dit M. Tull, que la terre ſoit épuiſée des ſucs propres au froment, & qu'il ne lui reſte que ceux qui ſont analogues à l'avoine, à l'orge. Ces plantes, moins délicates, n'exigent pas que la terre ſoit préparée par pluſieurs labours, comme il ſeroit néceſſaire qu'elle le fût pour recevoir du froment ; de ſorte qu'elles viennent bien après deux labours, qui ne ſuffiroient pas pour ſemer du blé. Si l'on avoit tout le temps néceſſaire pour faire les labours, qui ſont indiſpenſables quand on veut préparer la terre d'une manière convenable à être enſemencée en froment, cette eſpèce de grain y réuſſiroit auſſi bien que les autres. On eſt donc obligé de ſemer l'eſpèce de grains qui exige le moins de culture, quoique la terre ne ſoit pas épuiſée des ſucs qu'il faut pour la végétation des plantes plus utiles.

Une terre en friche produit, pendant les premières années qui ſuivent ſon défrichement, des récoltes très-abondantes : pourquoi cette abondance, puiſqu'elle devroit être épuiſée par les mauvaiſes herbes qu'elle a nourries lorſqu'elle étoit en friche ? M. Tull répond, qu'on ne doit point attribuer l'abondance des récoltes aux fucs particuliers à l'efpèce de plantes qu'on y cultive , dont les mauvaifes ne s'étoient point emparées , parce qu'ils n'étoient point analogues à leur végétation , mais à la bonne culture donnée à cette terre pour développer les principes de fa fertilité.

De ce raifonnement plus captieux que folide , M. Tull conclut, 1°. que tout terrein fournit aux différentes efpèces de plantes les fucs dont elles ont befoin feulement du plus au moins, relativement à leurs qualités ; 2°. que tous les végétaux fe nourriffent des mêmes fucs, & qu'on doit attribuer la variété des faveurs de leurs fruits aux modifications de la féve dans les organes de la plante ; 3°. que les végétaux fe nuifent réciproquement dans un même terrein, parce qu'ils cherchent tous à prolonger leurs racines, pour afpirer les fucs nourriciers, analogues à toutes les efpèces.

M. Tull, confidérant les molécules de la terre, comme les parties qui contiennent les fucs propres à la végétation de toute forte de plantes, eft perfuadé qu'on ne peut mettre les racines dans la pofition favorable d'en profiter , que par une bonne culture de préparation, & par des labours fréquens, lorfque la plante prend fon accroiffement. Convaincu, que les terres, en général, font affez fertiles par elles-mêmes, il penfe que les cultivateurs doivent moins s'occuper à les pourvoir, par le fecours des engrais, des fubftances néceffaires à la végétation, qu'à les cultiver, afin que les labours procurent aux racines la facilité de recueillir les fucs répandus en abondance dans prefque toutes les terres.

Expofé de la manière d'exploiter les terres felon la méthode de M. TULL.

I. *Des labours & des inftrumens néceffaires.* M. Tull ne croit pas qu'une même charrue foit propre à éxécuter les labours, dans toute forte de terres, fans diftinction de leurs qualités, ni de l'efpèce de culture qui leur convient. Toutes les charrues ne lui ont pas offert des inftrumens capables de remplir fon objet à cet égard : il en a imaginé deux avec lefquelles il prétend divifer mieux la terre, faire des labours plus profonds ; l'une eft deftinée à cultiver les terres fortes ; l'autre, celles qui font légères. (*Voyez-en* la defcription au mot CHARRUE)

Pour rendre la terre fertile, l'agriculteur anglois infifte fur la néceffité de multiplier les labours, foit de préparation, foit de culture : il affure qu'ils font également avantageux aux terres fortes & légères. Voici comment il s'explique à ce fujet. « Une » terre forte eft celle dont les parties » font fi rapprochées, que les racines « ne peuvent y pénétrer qu'avec beau- » coup de difficulté. Si les racines » ue peuvent point s'étendre libre- » ment dans la terre, elles n'en tire- » ront point la nourriture qui eft né- » ceffaire aux plantes, qui après avoir » été languiffantes, feront abfolu- » ment épuifées. Quand on aura di- • vifé ces terres à force de labours, » qu'on aura écarté leurs molécu- » les les unes des autres, les racines » pourront alors s'étendre, parcourir » librement tous ces petits efpaces, » & pomper les fucs qui font néceffaires à la végétation des plantes, » qui croîtront avec beaucoup de » vigueur. Par une raifon contraire,

» les labours font également utiles
» aux terres légères : leur défaut étant
» d'avoir de trop grands efpaces entre
» leurs molécules , la plupart n'ayant
» pas de communication les uns avec
» les autres, les racines traverfent
» toutes ces grandes cavités, fans
» adhérer aux molécules de terre ;
» par conféquent , elles n'en tirent
» aucune nourriture , · & fouvent
» même elles ne peuvent point s'é-
» tendre faute de communication.
» Quand on eft parvenu, par des
» labours réitérés à broyer les petites
» mottes , on multiplie les petits in-
» tervalles aux dépens des grands ;
» les racines qui ont alors la liberté
» de s'étendre , fe gliffent entre les
» molécules , en éprouvant une cer-
» taine réfiftance qui eft néceffaire
» pour fe charger du fuc nourricier
» que la terre contient, mais qui n'eft
» pas affez confidérable pour empê-
» cher l'extenfion des racines ».

M. Evelyn , qui penfe, ainfi que
M. Tull, que la feule divifion des
molécules de la terre fuffit pour la
rendre fertile , affure que fi l'on pul-
vérife bien une certaine quantité de
terre, qu'on la laiffe expofée à l'air
pendant un an , en ayant attention
de la remuer fréquemment, elle fera
propre à nourrir toutes fortes de
plantes; d'où M. Tull conclut, mal à
propos, que la grande fertilité ne
dépend que de la divifion des molécules : par conféquent, plus on laboure une terre , plus on la rend
fertile. On ne doit donc pas fe borner, principalement pour les terres
fortes, aux trois ou quatre labours
qui font d'ufage avant d'enfemencer;
il y a des circonftances où il eft
néceffaire d'en faire un plus grand
nombre : alors les terres produifent

beaucoup plus que fi elles avoient
été fumées. L'auteur affure que l'expérience a toujours confirmé la vérité de fes principes touchant la fréquence des labours.

Des différentes façons de labourer
les terres, c'eft-à-dire à plat, par
planches, par billons , M. Tull préfère cette dernière, comme étant la
plus avantageufe au produit des
terres. (*Voyez* le mot BILLON)

Il diftingue deux fortes de labours:
ceux de préparation & ceux de culture.
Les premiers font faits pour difpofer
la terre à recevoir la femence : les feconds, pour tenir fes molécules dans
un état de divifion, tandis que les
plantes croiffent, afin que leurs racines
ayent la facilité de s'étendre. Il exige
au moins quatre labours de préparation, avant de femer : le premier doit
être fait fur la fin de l'automne ; les
fillons doivent être très-profonds,
autant que la qualité du terrein peut
le permettre ; le fecond, au mois de
mars, fi la faifon eft favorable ; le
troifième en juin, & le quatrième au
mois d'août. Ces quatre labours, ajoute-t-il, peuvent fuffire dans les terres
qui ne produifent pas beaucoup de
mauvaifes herbes ; mais fi elles deviennent abondantes, il faut labourer
plus fouvent afin de les détruire.
Dans les terres fortes, glaifes, argileufes, il ne veut point qu'on y
mette la charrue , fi elles font trop
humides, parce que les pieds des
chevaux la pétriffent & la durciffent confidérablement : il y a moins
d'inconvéniens à labourer les terres
légères , lorfqu'elles font humides.
Cependant il croit que les meilleurs labours font ceux qu'on fait
dans un temps où la terre n'eft ni
trop fèche, ni trop humectée. Il

vaut mieux labourer quand la terre est trop-feche, que lorfqu'elle eft trop humide : dans la première circonftance on ne peut point nuire à la fertilité du fol ; on peut, il eft vrai, rifquer de brifer les charrues ; mais en employant celle à quatre coutres, on n'eft point expofé à ce danger; au lieu que, dans la feconde circonftance, on durcit exactement la terre, qui permet alors difficilement aux racines de s'étendre.

Par la manière dont M. Tull divife une pièce de terre pour l'enfemencer, il eft facile de donner des labours de culture aux plantes, pendant qu'elles croiffent. Il fe fert pour cet effet de la houe à chevaux, qu'il fait paffer dans les plates-bandes qui font entre les billons. Il donne le premier labour de culture au mois de mars, & plufieurs autres jufqu'à la moiffon, relativement à la dureté du terrein, & aux mauvaifes herbes qu'il peut produire.

II. *De l'enfemencement des terres*. Peu fatisfait de la manière ordinaire d'enfemencer les terres, & perfuadé qu'une partie de la femence, ou eft enterrée trop profondément, ou ne l'eft pas affez ; enfin, qu'elle n'eft point diftribuée régulièrement, notre auteur a imaginé un inftrument qu'il nomme *dril*, c'eft-à-dire *femoir*, qui fait des fillons où les grains font placés à une diftance convenable les uns des autres, & enterrés à la profondeur qu'on a jugée à propos. Cet inftrument diftribue la quantité de femence néceffaire, enterre les grains en couvrant les fillons. (*Voyez* fa defcription au mot SEMOIR) Toutes les efpèces de grains ne levant point quoique placés à la même profondeur, on difpofe le femoir de

façon que les grains font enterrés autant qu'il eft néceffaire pour avoir la facilité de germer. M. Tull défire qu'on faffe foi-même des expériences pour s'affurer à quelle profondeur il faut placer la femence pour qu'elle germe & lève facilement. Il propofe les plantoirs avec des chevilles qui les traverfent à un, deux, trois, quatre pouces, &c. de leur extrémité qui entre dans la terre : la cheville qui arrête le plantoir, détermine la profondeur du trou. Après s'être affuré, par ces expériences, à quelle profondeur les grains doivent être enterrés pour lever; on difpofe le femoir de façon que les grains font placés précifément à la profondeur qu'on a jugée convenable.

En divifant une pièce de terre par billons, on forme des planches dans lefquelles on fème trois ou quatre rangées de grains, en laiffant entre les planches ou billons, un efpace qu'il nomme plate-bande, fans être femé, afin de pouvoir cultiver les plantes à mefure qu'elles croiffent. La largeur de cet efpace varie felon l'efpèce des plantes : pour le froment, il eft affez communément large de cinq à fix pieds. Le femoir devant être difpofé pour diftribuer plus ou moins de grains dans les billons, relativement à chaque efpèce, il veut qu'on obferve la place que doit occuper une plante forte & vigoureufe de l'efpèce de grain qu'on fème, parce qu'il prétend qu'en fuivant fa méthode, les végétaux parviennent au meilleur état où ils puiffent arriver.

Afin de prouver par des faits la vérité de ce principe, M. Tull rapporte une expérience qu'il a faite pour s'affurer de la bonté de fes procédés,

procédés, en fuivant fa nouvelle méthode d'enfemencer. Il avoit planté
des pommes de terre, felon l'ufage
ordinaire, dans la moitié d'un champ
maigre, mais bien fumé: l'autre moitié fut plantée par planches, & labourée quatre fois pendant que les
pommes étoient en terre. Ces pommes de terre parurent d'abord mieux
réuffir dans la partie du champ femée à l'ordinaire: dans la fuite, celles
qu'on avoit plantées & cultivées
felon fa méthode, profitèrent tellement, que la récolte en fut très-
abondante; tandis que les autres ne
méritoient pas qu'on prît la peine de
les arracher. Ce n'étoit pas le cas de
tirer de ces expériences des conféquences pour les blés. Il feroit trop
long de démontrer leur fauffeté.

L'efpace laiffé par M. Tull, entre
les planches, devant être labouré
pendant que les plantes croiffent; il
confeille de le laiffer plus confidérable pour les plantes hautes en tige,
& pour celles qui reftent long-temps
en terre, que pour celles qui font
baffes, ou qu'on recueille plutôt. Le
froment, par exemple, eu égard à la
hauteur de fa tige & au temps qu'il
demeure en terre, exige un plus
grand efpace que les autres grains:
il laiffe ordinairement fix pieds de
plate-bande, entre les billons de
cette efpèce de grain. Après l'hiver,
il fait donner un labour de culture
avec la houe à chevaux, au terrein
qui fépare les planches ou les billons: la terre qui s'étoit durcie, s'a-
meublit par cette culture, deforte que
les racines ont la facilité de s'étendre.
En donnant trois ou quatre labours
aux plantes pendant qu'elles croiffent,
M. Tull prétend qu'elles profitent
confidérablement; les tuyaux ayant

Tome III.

la nourriture dont ils ont befoin pour
fe développer, fe fortifient & produifent des épis très-fournis de grains.
M. Tull fait toujours donner le dernier labour dans le temps que le
grain commence à fe former dans
l'épi, perfuadé que c'eft le moment
où il a befoin d'une plus grande
quantité de fubftance, dont il feroit
privé fans le fecours des labours de
culture.

L'auteur ne regarde point le choix
de la femence comme une chofe
indifférente au produit qu'on en attend; il eft dans l'ufage de préféter
celle qu'on a recueillie dans un terrein meilleur que celui qu'on veut
enfemencer. Il choifit les grains d'une
terre bien cultivée, préférablement
à ceux d'une autre qui l'eft mal. Au
refte, il affure qu'en fuivant fa nouvelle méthode, on eft difpenfé dans
la fuite de changer de femence;
parce que fa manière de cultiver
eft la plus propre pour détruire les
mauvaifes herbes, & pour faire produire aux plantes des grains d'une
bonne qualité.

Suivant cet expofé, il eft donc
certain que M. Tull regarde les engrais comme très-inutiles pour contribuer à la fertilité des terres; il
croit que les feuls labours fuffifent
à la production des récoltes très-
abondantes.

Pour enfemencer les terres dans
une faifon convenable, M. Tull fe
règle fur leurs différentes qualités:
quand elles font légères, il fait les femailles prefqu'auffitôt que la moiffon
eft finie. Il n'enfemence, au contraire,
les terres fortes que dans le courant
du mois d'octobre; 1°. parce qu'il
leur fait donner des labours de préparations, à larges & profonds fillons;

C c c c

2°. parce que fi elles étoient enfemencées plutôt, la terre fe durciroit;
les racines auroient alors beaucoup
de peine à s'étendre. Il ne fème point
trop tard, afin que les plantes aient
le temps de fe fortifier & de réfifter
aux rigueurs de la faifon.

M. Tull prévient l'objection qu'on
peut lui faire relativement à la nouvelle méthode qu'il fait dans l'exploitation des terres, qui ne font
jamais une année fans donner une
récolte en grains hivernaux ou en
grains de mars. Pour femer des grains
hivernaux, il a établi en principe,
qu'il falloit préparer la terre par
quatre labours faits dans des faifons
où la terre doit être vide : en fuivant cette méthode, il ne feroit donc
pas poffible de femer tous les ans
du froment dans la même pièce de
terre. M. Tull répond, qu'il n'exige
ces quatre labours de préparation,
que pour les terres qu'il veut foumettre à fa nouvelle méthode. Ses
principes adoptés & mis en pratique,
la terre des plates-bandes, qu'on a
labourée pendant la végétation des
plantes dans les billons, fe trouve bien
ameublie par tous les labours de
culture qu'on a faits; de forte qu'elle
eft en état d'être enfemencée après
un ou deux labours de préparation,
qui difpofent la terre en billons ou
en planches. Si l'on veut, au contraire, femer des grains de mars,
on a encore plus de temps pour
préparer la terre, puifqu'on ne fème
qu'après l'hiver.

M. Tull penfe qu'il faut employer
plus de femence dans les terres légères, que dans celles qui font
fortes, parce qu'elle talle davantage
dans ces dernières que dans les autres. Si le blé eft trop épais dans une

terre forte, il eft expofé à verfer :
quand il eft trop clair dans un terrein
léger, les mauvaifes herbes prennent
le deffus & l'étouffent. Il fe règle
encore fur la légéreté & la ténacité
du fol, pour enterrer la femence
plus ou moins profondément : il ne
la recouvre que d'un pouce dans
une terre forte, & de deux ou trois,
quand elle eft légère, parce qu'elle
eft plus fujette que la première à
laiffer évaporer l'humidité néceffaire
au développement du germe & à
la végétation des plantes.

A la fin de l'hiver, on fait labourer les plates-bandes, en ayant l'attention de faire verfer la terre du
côté des plantes : quelquefois on fait
donner un labour, même avant
l'hiver, dès que les plantes ont pouffé
quelques feuilles. Si la terre eft
trop battue quand le blé commence
à monter en tige, on donne un
fecond labour; un troifième, lorfque le grain eft prêt à fe former
dans l'épi : fouvent on laboure une
quatrième fois, fur-tout fi les mauvaifes herbes pouffent avec vigueur.
Il proportionne le nombre des labours à la qualité du terrein : il fait
labourer plus fouvent ceux qui font
fujets à produire beaucoup de mauvaifes herbes, & moins ceux qui en
produifent peu. Un terrein léger eft
plus fouvent cultivé qu'un autre qui
eft fort, pour le mettre plus en état
de profiter de la pluie & des rofées.

Lorfque la moiffon eft faite, les
plates-bandes font changées en planches ou en billons, pour être enfemencées tout de fuite : ayant reçu
plufieurs labours de culture pendant
la végétation des plantes, la terre
fe trouve fuffifamment remuée pour
être en état de recevoir la femence.

La place qui a été moiſſonnée ſert de plate-bande, & l'année ſuivante elle eſt enſemencée : de cette manière, la terre n'eſt jamais en jachère. Quoiqu'elle ne ſoit point entièrement enſemencée, puiſqu'il y en a plus de la moitié qui reſte vide, elle produit autant que ſi elle étoit remplie.

Voilà les procédés ſuivis par M. Tull, dans ſa méthode très-compliquée & très - diſpendieuſe. Notre but a été de donner une idée générale de ſes principes, dont chacun peut faire l'application qu'il jugera convenable, en faiſant la différence de ſon climat à celui d'Angleterre.

CHAPITRE IV.

Syſtême de Culture de M. DUHAMEL-DU MONCEAU.

Les principes de culture de M. Duhamel, ſe réduiſent en général à ces objets ; 1°. au choix des inſtrumens de labourage ; 2°. à la fréquence des labours, & à la manière de les exécuter ; 3°. à l'épargne de la ſemence ; 4°. à la façon de cultiver les plantes pendant qu'elles végètent, &c. M. Duhamel eſt perſuadé, que pour faire une culture convenable, il faut choiſir des inſtrumens de labourage propres à cultiver les terres, ſuivant qu'elles l'exigent, relativement à leur qualité. Il croit qu'une charrue légère, qui pique peu, qui eſt propre à cultiver un terrein léger, ou qui a un fonds de terre peu conſidérable, ne feroit qu'un mauvais labour dans un ſol fort, argileux, qui demande à être fouillé à une grande profondeur ; ce qu'on ne peut exécuter ſans une forte charrue,

autrement dite, à verſoir. (*Voyez* le mot CHARRUE)

L'uſage du ſemoir paroît à M. Duhamel une invention très-utile pour ſe procurer d'abondantes récoltes, en épargnant la ſemence. Par le moyen de cet inſtrument, elle eſt diſtribuée de manière que tous les grains lèvent & produiſent des plantes vigoureuſes, étant placées à une diſtance convenable les unes des autres. Suivant cette manière de ſemer, & à l'exemple de M. Tull, il adopte la culture par planches.

Pour procéder avec ordre dans l'expoſition des principes de culture que ſuit M. Duhamel dans l'exploitation des terres, nous les conſidérerons, 1°. ſuivant leur état inculte, ou en friche ; 2°. dans l'état de culture où elles ſont entretenues par les labours.

SECTION PREMIÈRE.

Des Terres non cultivées.

Sous le nom de *terres incultes*, M. Duhamel comprend toutes celles qui ne ſont point dans l'état de culture ordinaire, c'eſt-à-dire, qui n'ont jamais été cultivées, ou qui ne l'ont pas été depuis long-temps. Il range ces terres en quatre claſſes ; 1°. celles qui ſont en bois ; 2°. celles qui ſont en landes ; 3°. celles qui ſont en friche ; 4°. celles qui ſont trop humides.

I. *Des bois.* Pour enſemencer une terre, il faut la fouiller : c'eſt le cas où ſe trouvent les bois ; mais ils offrent des obſtacles qu'on ne peut vaincre ſans des travaux conſidérables. Autrefois on ſe contentoit d'y mettre le feu ; aujourd'hui, plus éclairé ſur ſes propres intérêts, on enlève les grosses racines, & la vente de leur bois paye les frais de l'opération.

Aussitôt après on égalise le terrein autant qu'il est possible, pour donner ensuite un labour, en automne, avec une forte charrue, afin que les gelées d'hiver brisent les mottes, fassent mourir les mauvaises herbes. Au premier printemps, on donne un second labour, après lequel on sème des grains de mars, qui produisent une récolte très-abondante. On continue à cultiver ces sortes de terreins, comme ceux qui sont en bon état de culture.

Si ces sortes de terreins en bois sont encore remplis·de genêts, d'aubépine, de bruyères & d'autres broussailles, un labour avec une forte charrue ne suffit pas pour les mettre en bon état. Dans ces circonstances, M. Duhamel fait fouiller la terre, pour arracher les racines, avant d'y faire passer la charrue, qu'on risqueroit de briser à cause des obstacles qu'elle rencontreroit, à tout instant, de la part des racines & des broussailles. Cette opération très-coûteuse, exécutée à bras, est faite à peu de frais en employant la charrue à coutres sans soc : il la fait passer deux fois dans toute l'étendue du terrein, en ayant attention de croiser les premières raies au second labour : par ce moyen, toutes les racines sont coupées. Un second labour avec une forte charrue, renverse aisément la terre, parce qu'il n'y a pas d'obstacle qui s'oppose à la direction qu'elle suit dans sa marche. Ces terres, qu'on pourroit appeler *vierges*, relativement aux grains, fournissent, pendant plusieurs années, d'excellentes récoltes sans le secours des engrais, &

elles peuvent en produire de semblables, lorsque la terre commence à diminuer de force, en minant ce terrein; c'est-à-dire, en lui donnant une culture à la bêche, & en faisant une espèce de fossé de dix-huit à vingt pouces de profondeur : on le comble à mesure qu'on creuse le suivant, & ainsi successivement, l'un après l'autre. Cette opération, longue & coûteuse, rend à la terre sa première fertilité. Aux cultivateurs effrayés par cette dépense, M. Duhamel propose l'observation suivante : « Qu'on » fasse attention que les frais d'une » telle culture sont une avance faite, » dont on sera amplement dédom- » magé par les récoltes qui la sui- » vront. Les fumiers qu'on auroit été » obligé de mettre pendant plusieurs » années, seroient un objet de dé- » pense au moins aussi considérable » que la façon de cette culture; & » ils ne bonifieroient pas le terrein » avec autant d'avantage ».

II. *Défrichement des landes.* L'auteur nomme *landes*, les terres qui ne produisent que des broussailles en général; c'est-à-dire, du genêt, de la bruyère, des genevriers, &c. Il veut réduire ces sortes de terreins en état de culture, par le moyen du feu, ou en coupant & arrachant toutes ces plantes. Si l'on n'a pas un grand intérêt à profiter du bois, le feu est le meilleur moyen & le plus court : voici les raisons qu'il en donne. 1°. Les cendres de toutes ces mauvaises productions améliorent le terrein. 2°. Le feu, qui a consumé toutes les plantes jusqu'aux racines, est cause qu'elles ne repoussent plus, quand même il en resteroit quelques-unes dans la terre. 3°. En consumant toutes ces mauvaises plantes, il brûle auffi leurs graines, qui auroient germé l'année fuivante. *Il y a bien des précautions à prendre, quand on veut brûler des landes voifines des bois : fouvent il arrive que le feu s'étend & gagne la forêt.*

Après avoir brûlé toute la fuperficie d'une lande, les racines des plantes fubfiftent. M. Duhamel confeille de les arracher avec la pioche. Lorfque cette opération eft faite, on donne un labour après les premières pluies d'automne, en ouvrant de larges & profonds fillons; on fent aifément fes motifs.

Au printemps fuivant il fait donner un fecond labour, après lequel on fème des grains de mars. La feconde année, il fait préparer la terre par trois labours, pour y femer du froment. Quand le terrein eft fort & d'une bonne qualité, il ne confeille de femer du froment que la troifième année, parce qu'il feroit à craindre qu'il ne pouffât beaucoup en herbe, & ne verfât enfuite avant la moiffon. Ce n'eft qu'à force de labours qu'on entretient ces terres en bon état de culture, en détruifant peu à peu les racines des plantes qui reftent toujours, quelque foin qu'on prenne de les arracher.

M. Duhamel fuit une autre méthode, lorfqu'il veut profiter du bois des landes, foit pour brûler, ou pour en faire des fagots qu'on enterre dans les foffés des vignes, afin de les fumer. Après avoir coupé toutes les plantes, pour éviter l'opération longue & coûteufe de la pioche, il fait paffer la charrue à coutres fans focs, tirée par quatre à cinq paires de bœufs, felon que le terrein oppofe plus ou moins de difficultés : des perfonnes qui marchent derrière,

ramaffent toutes les racines coupées· Le terrein étant labouré dans toute fa longueur, on le laboure en largeur, afin de croifer les premières raies, & de détacher les racines qui auroient pu refter entrer les fillons du premier labour. En automne ou au printemps, on fait les autres cultures à l'ordinaire, avec une forte charrue à foc.

III. *Des terres en friche.* L'auteur comprend fous ce nom les prés, les luzernes, les fainfoins, les trèfles, & généralement toutes les terres couvertes d'herbes, qui n'ont point été labourées depuis long-temps. Pour les réduire en état de culture ordinaire, afin de les enfemencer, il ne fuffit pas de couper le gazon, il faut encore le renverfer fens deffus deffous, afin qu'il puiffe bonifier le terrein. La charrue ordinaire paroît peu propre à produire cet effet, quand même elle feroit affez forte pour furmonter, fans fe brifer, les obftacles qu'elle rencontre dans un fol fi difficile à ouvrir. Pour fe difpenfer de la culture à la bêche, longue & difpendieufe, M. Duhamel confeille d'employer la charrue à coutres fans focs, en la faifant paffer deux fois en croifant à la feconde les premières raies. Une forte charrue entre enfuite aifément; elle renverfe, fans beaucoup de peine, les pièces de gazons coupées par les coutres. Ce labour fait en automne, les mottes font brifées par la gelée, & la terre eft en état d'être enfemencée au printemps. Après la récolte des grains de mars, on donne plufieurs labours, afin de préparer la terre à recevoir du froment.

L'auteur obferve qu'il n'eft pas toujours avantageux de femer du froment, la même année qu'on a réduit une prairie en état de culture réglée : si la terre est d'une très-bonne qualité, il vaut mieux attendre la troisième année, parce que le froment, qui demande plus de subftance que les autres grains, fe trouvant dans un fol neuf capable de lui en fournir beaucoup, poufferoit fi confidérablement en herbe, qu'il verferoit. Il remarque encore que cette plante, étant plus vivace que celle des autres grains, refteroit plus long-temps verte, le grain mûriroit par conféquent trop tard : pour éviter cet inconvénient, il y fait femer de l'avoine, des légumes ou du chanvre pendant les deux premières années.

A l'égard des prairies maigres, remplies de mouffe, fituées fur un mauvais fol ; des terres qui ont été en jachère pendant plufieurs années, parce qu'elles font peu fertiles, & dont la furface eft couverte de gazons, M. Duhamel propofe de les *écobuer*; (*voyez* ce mot) pour les brûler, afin que les cendres du gazon & des plantes fertilifent le terrein. Cette opération, qu'il regarde comme très-utile, quand elle eft faite à propos, peut être nuifible, fi on ne la fait pas avec beaucoup de précautions. Lorfque le feu eft trop vif, il calcine la terre, confume les fucs propres à la végétation ; elle n'eft plus alors qu'un fable ftérile, ou une brique réduite en pouffière, incapable de fertilifer.

· IV. *Des terres humides & pierreufes.* Lorfqu'une pièce de terre eft humide, parce qu'elle a un fonds de glaife ou d'argile, qui ne permet pas à l'eau de fe filtrer, ou qu'elle eft fituée de façon à recevoir les eaux des champs limitrophes, elle forme une efpèce de marécage qui produit toutes fortes de plantes aquatiques, qu'on a bien de la peine à détruire entièrement. M. Duhamel exige qu'auparavant de labourer un terrein de cette efpèce, on procure un écoulement à l'eau.

Lorfqu'un terrein a de la pente, il eft très-aifé de le procurer, & chacun fait que les foffés en font le moyen ; & la terre qu'on en retire à la longue, devient un excellent engrais.

Après cette operation, les joncs & toutes les plantes aquatiques, privées de leur élément, fe deffèchent vifiblement. Lorfque le terrein eft bien defféché, l'auteur confeille de l'écobuer pour le brûler ; ou d'y paffer la charrue à coutres fans foc, avant de lui donner un labour de culture, pour le difpofer à être enfemencé.

Si le fol eft d'une qualité à retenir l'eau, & qu'il ne foit marécageux que pour cette raifon, il ne fuffit pas de l'entourer de foffés, il faut encore en creufer quelques-uns de diftance en diftance dans l'étendue du terrein, en les faifant aboutir à celui qui eft le plus bas. Quand on veut que la pièce de terre ne foit point coupée par tous ces foffés, il faut les combler avec des cailloux, en remettant enfuite la terre par-deffus ; mais alors on fera obligé de les rouvrir tous les cinq ou fix ans, parce que la terre qui fera placée dans tous les vides que laiffoient entr'eux les cailloux, ne permettra plus à l'eau de s'écouler. Après toutes ces opérations, l'on réduit aifément ces fortes de terreins en état de culture ordinaire, fi toutefois le champ vaut la dépenfe néceffaire pour fon deffèchement.

SECTION II.

Des Terres en culture.

Exploiter une terre, c'est la mettre en état, en la travaillant, de donner les productions dont elle est capable. Pour cet effet, on laboure, on met des engrais, l'on sème, on cultive. M. Duhamel ne croit pas que les labours tiennent lieu d'engrais dans toutes les circonstances.

I. *Des labours.* Selon M. Duhamel, l'objet du cultivateur doit être de rendre ses terres fertiles, afin que leurs productions le dédommagent de ses soins & de sa dépense. Il ne connoît que deux moyens capables de produire cet effet : l'un par les labours, l'autre par les engrais. Quoiqu'il soit persuadé de l'utilité de ceuxci, il lui paroît bien plus avantageux de rendre une terre fertile par les labours, lorsqu'elle est d'une qualité à n'avoir pas besoin d'autre secours. Pour qu'un terrein soit en état de fournir aux plantes les sucs qui contribuent à leur accroissement, ses parties doivent être divisées, atténuées, afin que les racines ayent la facilité de s'étendre. Le fumier, suivant M. Duhamel, produit en partie cet effet par la fermentation qu'il excite ; mais il pense que l'instrument de culture l'opère d'une manière plus efficace : outre qu'il divise la terre, il la renverse encore sens dessus dessous ; par conséquent, les parties qui étoient au fond sont ramenées à la surface, où elles profitent des influences de l'air, de la pluie, des rosées, du soleil, qui sont les agens les plus puissans de la végétation ; les mauvaises herbes qui épuisent la terre sont détruites &

placées dans l'intérieur, où elles portent une substance qui accroît les sucs dont les plantes ont besoin. Une terre où l'on se dispense de quelques labours, soit de préparation ou de culture, sous prétexte des engrais qu'on y met, se durcit à la surface : elle ne peut donc point profiter de l'eau des rosées, de la pluie qui coule sans la pénétrer. M. Duhamel observe que le fumier exposé à des inconvéniens qu'on n'a point à craindre des labours ; 1°. la production des plantes fumées est d'une qualité bien inférieure à celles qui ne le font point ; 2°. les fumiers contiennent beaucoup de graines qui produisent des mauvaises herbes ; ils attirent des insectes qui s'attachent aux racines des plantes & les font périr. Toutes ces considérations l'ont décidé à multiplier les labours des terres d'une bonne qualité, au lieu de les fumer. Aussi, en recommandant les engrais, il conseille toujours de les réserver pour les terres peu fertiles & de labourer fréquemment celles qui ont un bon fonds.

En établissant pour premier principe de culture la fréquence des labours, l'auteur observe, que la plûpart des cultivateurs imaginent qu'elle est nuisible à la fertilité de la terre, qui perd une partie de sa substance quand elle est trop souvent cultivée. Il répond à cette futile objection ; 1°. que l'évaporation n'enlève jamais que les parties aqueuses & non point celles de la terre ; 2°. que dans bien des circonstances cette évaporation est utile ; 3°. en supposant que les labours donnent lieu au soleil d'enlever les parties humides nécessaires à la végétation, les pluies qui arrivent, après que la terre a été remuée, lui rendent d'une manière plus avantageuse l'eau qu'elle a perdue. Il conclut donc que la fréquence des labours est très-utile pour rendre les terres fertiles, pourvu qu'ils soient faits à propos.

M. Duhamel distingue, ainsi que M. Tull, deux sortes de labours; ceux de préparation & ceux de culture. Pour ces derniers il a imaginé des charrues légères qu'il nomme des *cultivateurs*, capables de remplir assez bien son objet. (*Voyez*-en la description à l'article CHARRUE.)

Pour préparer la terre à être ensemencée suivant M. Duhamel, on ne sauroit faire des labours trop profonds. Cependant, dans la pratique, il a soin de proportionner la profondeur des sillons à la qualité du terrein, qui doit être relative au fonds de bonne terre plus ou moins considérable. En général, il fait labourer les terres fortes avec des charrues qui prennent beaucoup *d'entrure*, c'est-à-dire, qui piquent à une profondeur considérable, &, pour celles qui n'ont pas de fonds, des labours légers suffisent.

Lorsque la terre est sujette à retenir l'eau, il fait labourer par planches ou par billons plus ou moins larges, afin de procurer l'écoulement des eaux qui resteroient à la surface, si l'on ne donnoit pas une pente à leur cours. Quand elle n'est point exposée à cet inconvénient, les labours sont faits à plat, & on ouvre, de distance en distance, de grands sillons qui donnent issue aux eaux.

II. *Des labours de préparation & de culture.* Avant d'ensemencer une terre en grains hivernaux, principalement en froment, M. Duhamel

exige qu'elle ait reçu quatre labours de préparation. Le premier doit être fait avant l'hiver, afin que la gelée brise les mottes, pulvérise la terre, fasse mourir les mauvaises herbes : ce premier labour s'appelle *guéreter*. Le second nommé *binage*, est fait dans le courant de mars, pour disposer la terre à profiter des influences de l'atmosphère, & sur-tout des rayons du soleil. Le troisième appelé *rebinage*, est fait au mois de juin, pour détruire les mauvaises herbes qui ont poussé depuis le *binage*. Le quatrième nommé *labour à demeure*, est fait immédiatement après les moissons. M. Duhamel ne croit point que ces quatre labours suffisent dans toutes les circonstances, ni pour toute sorte de terreins. Si le printemps est chaud & pluvieux par intervalles, l'herbe pousse avec vigueur : il ne faut pas alors s'en tenir aux labours d'usage; il est à propos de les multiplier afin d'arrêter la végétation des mauvaises herbes.

Pour semer les grains de mars, il exige que la terre soit préparée au moins par deux labours, & condamne la méthode des cultivateurs qui sèment après un seul labour fait en février ou en mars. Il prétend que la terre ne peut être bien disposée sans un labour fait avant l'hiver, immédiatement après les semailles des hivernaux, & par un second fait après l'hiver. « L'expérience, ajoute-» t-il, prouve évidemment la néces-» sité de deux labours, puisque les » avoines, les orges, faites après un » seul labour, ne sont jamais aussi » belles que quand la terre a été » préparée par deux ».

Un des grands avantages de la méthode de cultiver adoptée par

M.

M. Duhamel, confifte à pouvoir cultiver les plantes annuelles pendant leur végétation. Lorfque le printemps eft favorable , celles qui ont réfifté à la gelée pouffent vigoureufement ; c'eft donc alors , dit-il , qu'il faut aider à leur accroiffement par des labours de culture. Quoique la terre ait été bien ameublie par le labourage de préparation, elle a eu le temps de fe durcir, & de former à la fuperficie une croûte qui la rend impénétrable à l'eau. Pour obvier à cet inconvénient & rendre facile la culture des plantes annuelles, M. Duhamel a imaginé de divifer une pièce de terre par planches, comme on le verra dans la fuite, afin de pouvoir donner quelques labours aux plantes pendant qu'elles croiffent. Il fait ordinairement donner le premier labour de culture après l'hiver, afin de difpofer la terre à profiter des pluies, des rofées : à mefure que la mauvaife herbe pouffe, on en donne un fecond pour la détruire ; lorfque le grain commence à fe former, on fait le troifième labour de culture, parce que c'eft le temps où la plante a befoin d'une plus grande partie de fubftance pour parvenir à donner des épis longs & bien fournis en grains. Le nombre des labours de culture eft relatif à la qualité des terres fujettes à produire plus ou moins de mauvaifes herbes ; M. Duhamel les multiplie en proportion de ce défaut ; mais non pas dans le temps pluvieux.

Cet auteur n'eft pas du fentiment des anciens, qui ne laboureroient point les terres lorfqu'elles étoient fèches, humides, gelées ; il penfe, au contraire, qu'un labour de préparation, fait pendant la féchereffe,

Tome III.

ne peut point être nuifible : dans cette circonftance , on détruit les mauvaifes herbes avec bien plus de fuccès. Un labour fait pendant la féchereffe, loin d'épuifer la terre, la prépare au développement des principes de fa fertilité, en la mettant dans l'heureufe difpofition de profiter des influences bienfaifantes de l'atmofphère, dont elle feroit privée tant que fa furface formeroit une croûte impénétrable à l'eau. Quoique l'auteur obferve que les labours faits pendant la féchereffe ou pendant la gelée, font utiles à la terre, il préfère ceux qu'on exécute par un temps ni trop fec ni trop pluvieux.

III. *Des engrais.* Les terres fur lefquelles il n'eft pas poffible de multiplier les labours, ont befoin d'engrais. L'auteur s'eft occupé des moyens de les employer utilement : il penfe qu'un temps pluvieux eft la circonftance la plus favorable aux tranfports des fumiers, parce que la terre ne perd rien de leur fubftance, qui s'évapore facilement, fi le foleil eft trop vif. Comme on n'eft pas toujours libre de choifir le temps le plus convenable à leur tranfport, dans pareille circonftance, il faut mettre tous les fumiers en tas, les couvrir de terre, afin d'empêcher l'évaporation, & les répandre feulement avant de labourer : fans cette précaution, il ne refteroit que de la paille à enterrer, qui ne feroit pas d'un grand fecours pour améliorer le terrein. Quand les fumiers font tranfportés, dans l'intention de les enterrer tout de fuite, il faut les étendre à mefure qu'on laboure, pour les couvrir avant la pluie ; autrement l'eau qui les délaveroit, en-

D d d d

traîneroit la meilleure partie de leur fubftance.

M. Duhamel conseille de tranf-porter les engrais avant le labour à *demeure*, de les étendre tout de fuite, & de les enterrer. Il y a des culti-vateurs qui étendent les fumiers feu-lement avant de femer, & les enter-rent avec la femence. Cette méthode eft vicieufe, parce qu'il y a des grains qui peuvent fe mêler avec des tas de fumier où ils pourriffent, quand ils ne font pas dévorés par les infectes qui s'y trouvent.

SECTION III.

Comment une pièce de terre doit être préparée, pour femer felon la mé-thode de M. DUHAMEL.

La nouvelle méthode d'enfe-mencer les terres, introduite par M. Duhamel, fe trouve conforme à celle de M. Lignerolle : voici de quelle manière le terrein eft difpofé.

« Suppofons, dit M. Duhamel, une » pièce de terre bien labourée à plat & » fort unie, prête à recevoir la fe-» mence, & à prendre la forme qu'on » voudra lui donner; fuppofons en-» core que la terre foit affez bonne, » qu'elle ne foit point trop difficile à » travailler, & qu'on veuille y faire » des planches de quatre tours de » charrue, ou de huit raies, qui pro-» duiront fept rangées de froment : » comme c'eft la première fois qu'on » enfemence cette pièce fuivant la » nouvelle culture, il faut la difpofer » de façon qu'il y ait alternativement » une planche de guéret & une en-» femencée; ce qui fervira tant qu'on » la cultivera fuivant la nouvelle mé-» thode. En commençant par laiffer » à une rive de la pièce la planche

» de guéret, il faut compter 1, 2, 3, » 4, 5, 6, 7, 8, 9, 10 raies de » guéret : voilà la planche qui refte-» ra en guéret cette année, & qu'on » enfemencera l'année prochaine ; » parce qu'il faut dix raies de guéret » pour faire une planche de quatre » tours, formant huit raies de plan-» ches, qui produifent fept rangées » de blé. Pour enfemencer, on » compte 1, 2, 3, 4, de ces dix » raies ; on fait répandre du blé à la » main fur les deux cinquièmes raies » qui doivent former le milieu de la » planche ; ainfi les cinquièmes raies » fe trouvent adoffées par les qua-» trièmes, en même temps qu'on » forme une enréageure : par ce tour » de charrue, ou par les deux traits, » la femence qu'on a répandue, fe » trouve enterrée fur le milieu de » la planche, & quoiqu'on ait ré-» pandu du grain dans les deux raies » 5, il n'en réfultera à la levée, » qu'une forte rangée qui équivaudra » à deux.

» Après avoir fait répandre du » grain dans les deux fillons qu'on » vient de former, on pique un peu » moins dans le guéret; on fait un » fecond tour de charrue qui re-» couvre le grain qu'on vient de » femer, & on forme deux nouvelles » raies.

» Ayant fait répandre du grain » dans les raies à mefure qu'on les » forme, & ayant fait un troifième » & quatrième tour, la planche eft » entièrement formée par huit raies, » qui ne doivent donner que fept » rangées de froment, les deux pre-» mières n'en produifant qu'une, qui » eft, à la vérité, plus forte que les » autres.

» Il eft bon de faire attention à

» 1°. qu'afin que les planches aient
» leur égout dans les raies qui les
» féparent, il faut qu'elles faffent un
» ceintre furbaiffé : c'eft pour cela
» qu'on pique profondément les raies
» 4, 4, & qu'on en renverfe la terre
» fur les raies 5, 5, pour former ce
» qu'on appellé l'*ados* d'une planche;
» & on pique de moins en moins les
» raies 3, 3, 2, 2, 1, 1, afin que
» la pente foit bien conduite depuis
» l'*ados*, jufques & comprife la der-
» nière raie.

» 2°. Qu'il faut huit raies de guéret
» pour quatre tours de charrue, for-
» mant huit raies de planches, qui
» ne produifent que fept rangées de
» froment ; parce que, comme il a
» été dit, l'*ados* n'en produit qu'une
» forte, qui équivaut à deux. Si
» l'on veut faire les planches plus
» étroites, on ne prend que huit
» raies de guéret pour trois tours
» de charrue, formant fix raies de
» planches, qui ne produifent que
» cinq rangées de froment. Si on ne
» prenoit que fix raies pour deux
» tours de charrue, formant quatre
» raies de planches, on n'auroit que
» trois rangées de blé : ces planches
» font très-étroites, & bordées de
» deux fillons. Quand il n'y a que
» l'*ados* formé de deux raies pouffées
» l'une contre l'autre par-deffus les
« deux du milieu qu'elles couvrent,
» on forme ce qu'on nomme un *billon*,
» qui ne porte qu'une rangée de fro-
» ment. On conçoit que la charrue
» à verfoir opère le labour, d'abord
» en pouffant deux raies l'une contre
» l'autre, qui forment l'*ados*, & deux
» fonds de raies de chaque côté, qui
» fourniffent des enréageures pour
» former fucceffivement le nombre
» des raies qui doivent compofer une

» planche, de quelque largeur qu'elle
» foit, laquelle finit & eft bordée
» par deux fonds de raies ou fillons,
» dans lefquels on enréage, quand
» on bine, pour remettre la terre
» où on l'avoit prife au premier la-
» bour : ainfi elle change de place,
» comme quand on laboure avec les
» charrues à tourne-oreille.

» Les foins dont on vient de parler
» pour les premières façons, n'ont
» pas lieu lorfqu'on guérète ou lorf-
» qu'on bine : comme alors il n'eft
» point important de donner un
» égoût aux eaux, on ne fait point
» d'*ados*, & on pique également dans
» toute la largeur des planches.

» Le grain qui fe trouve répandu
» fur les deux raies dont l'*ados* d'une
» planche eft formé, doit réuffir,
» parce qu'il étend fes racines dans
» le guéret fur lequel on le répand,
» & dans la terre des deux raies qu'on
» creufe pour former l'*ados*; de forte
» que le grain jouit prefque de la
» terre de quatre raies. Le grain des
» deux rangées qui fuivent immédia-
» tement, eft encore bien pourvu
» de terre, puifqu'il jouit du revers
» des deux premières raies de l'*ados*,
» & des deux fecondes raies qui le
» couvrent. Les troifièmes rangées,
» qui font les cinquièmes de la plan-
» che, quoique moins relevées que
» les précédentes, fourniffent encore
» affez de fubftance au grain, parce
» qu'il eft affis fur un bon guéret, &
» recouvert de la terre qu'on prend
» aux-dépens de la dernière qui refte
» pour couvrir la feptième & der-
» nière rangée. Ces rangées, qui ter-
» minent les deux côtés de la planche,
» font par conféquent les plus mal
» fituées, & les moins fournies de
» guéret : on s'en apperçoit à la

» récolte , car elles font les plus
» foibles de toutes ; ainfi elles ont
» plus befoin que toutes les autres
» des fecours qu'elles ne peuvent re-
» cevoir qu'en pratiquant la nouvelle
» culture , par l'adoffement qu'on
» peut leur donner aux dépens de la
» planche voifine qui refte en guéret.
» Les labours que les plantes de ces
» rangées reçoivent au printemps ,
» fuffifent pour leur donner autant de
» vigueur qu'à celles du milieu des
» planches. Cette pratique s'étend
» également fur tous les autres grains,
» la luzerne , le fainfoin , &c. ».

SECTION IV.

*De la Culture des plantes pendant
leur végétation.*

M. Duhamel eft perfuadé que rien
ne contribue plus aux progrès des
végétaux, que des labours faits à
propos pendant l'accroiffement des
plantes. L'expérience lui a découvert
trois principaux moyens, afin d'obtenir des récoltes abondantes : ils
confiftent , 1°. à faire produire aux
plantes beaucoup de tuyaux; 2°. à
faire porter un épi à chaque tuyau;
3°. à cultiver de façon que chaque
épi foit entièrement rempli de grains
bien nourris. Comme on ne peut ,
dit-il, opérer ces effets que par des
labours réitérés, ce n'eft pas en fuivant la manière ordinaire d'enfemencer, qu'on les obtiendra, parce qu'il
n'eft pas poffible de cultiver les
plantes pendant leur végétation.

Si on veut que les plantes profitent des labours de culture, il eft
important de les faire dans des circonftances favorables. M. Duhamel
penfe, ainfi que M. de Châteauvieux,
que le premier labour de culture a

pour objet ; 1°. de procurer l'écoulement des eaux ; 2°. de préparer la
terre à être ameublie par les gelées
d'hiver. Il eft donc effentiel de faire
ce premier labour avant que la terre
foit gelée : en conféquence de ce
principe, M. Duhamel eft du fentiment de donner une culture au blé,
dès qu'il a trois ou quatre feuilles ,
en ayant la précaution de border
les planches par un petit fillon, pour
recevoir les eaux. Après les grands
froids , ou , au plus tard , lorfque
les plantes commencent à pouffer ,
il fait donner un fecond labour : fi
l'on attendoit plus long-temps, il ne
feroit point auffi avantageux ; il ne
ferviroit tout au plus qu'à faire alonger les tuyaux des plantes, fans les
faire taller. Ce fecond labour eft très-
utile pour faire produire aux plantes
plufieurs tuyaux chargés d'épis.

Avant que les blés foient défleuris,
M. Duhamel, à l'exemple de M. de
Châteauvieux & de M. Tull, fait donner plufieurs labours pour fortifier
les plantes, alonger les tuyaux, donner de la groffeur aux épis, & détruire
les mauvaifes herbes. Il ne détermine point le nombre de ces labours,
ni le temps convenable pour les faire :
ils dépendent , felon lui , de l'état
des terres, qu'on ne doit point labourer dans cette faifon, fi elles font
trop humides. Quand la faifon eft
favorable, on peut multiplier les labours à fon gré : il confidère celui
qu'on fait immédiatement avant que
l'épi forte du tuyau , comme le plus
indifpenfable pour faire croître l'épi
en groffeur & en longueur. Lorfque
les fleurs font paffées , alors il eft
néceffaire de faire donner le dernier
labour de culture, afin que le grain
puiffe prendre toute la fubftance dont

il a befoin, pour être auffi beau à la pointe de l'épi qu'au commencement.

Les labours de culture n'étant point praticables dans les planches entre les rangées de froment, il faut, dit M. Duhamel, fe contenter de labourer les plates-bandes, en ouvrant les raies auffi près des dernières rangées, qu'il eft poffible. Il feroit à défirer, ajoute-t-il, qu'on pût trouver la manière de faire paffer un cultivateur entre les rangées de froment; ces plantes deviendroient bien plus vigoureufes. En attendant qu'on ait trouvé ce moyen, il ne faut point négliger d'arracher les mauvaifes herbes : ce travail peu difficile ne porte aucun dommage au froment, comme il arrive dans la manière ordinaire de cultiver & de femer.

CHAPITRE V.

Syftéme de Culture de M. PATULLO.

L'extrait que nous donnons de la méthode de cultiver fuivie par M. Patullo, eft le même qu'on trouve dans M. Duhamel ; nous l'avons mis à la fuite du fien, afin qu'on pût juger de la différence des deux méthodes fuivies par ces auteurs.

1°. On effaiera, dit M. Patullo, de défricher en automne, afin que les gelées d'hiver mûriffent la terre & faffent périr les herbes.

2°. Au printemps, auffitôt que la terre fera reffuyée, on donnera un fecond labour.

3°. On y tranfportera les amendemens convenables à la nature du terrein.

4°. Sur le champ on donnera un troifième labour profond, & on herfera, s'il eft néceffaire, pour brifer les mottes.

5°. Dans le mois d'août on donnera un quatrième labour.

6°. On femera en octobre du froment, dont on aura lieu d'efpérer une bonne récolte.

7°. Auffitôt après la moiffon on retournera les chaumes.

8°. Dans le mois de mars on donnera un fecond labour, & on femera de l'orge, qu'on recueillera comme les avoines dans le mois d'août.

9°. Auffitôt après cette récolte, on retournera le chaume d'orge, & l'on paffera la herfe pour brifer les mottes.

10°. On donnera un fecond labour en feptembre, pour femer du froment en octobre.

Voilà la méthode de M. Patullo pour les terres fertiles. A l'égard des terres fablonneufes, graveleufes & légères ; il fuffit dit M. Patullo,

1°. De leur donner trois labours ; après le fecond on portera les engrais ; après le troifième on femera du froment qu'on enterrera avec la charrue.

2°. Auffitôt après la récolte, on brûlera les chaumes, on donnera un labour léger, & on femera des turnips ou gros navets.

3°. Après la récolte des navets, on donnera un profond labour, & l'on femera des pois blancs.

4°. Après la récolte des pois, on labourera la terre & on femera des navets, comme on avoit fait l'année précédente.

5°. Au printemps fuivant, ayant préparé la terre par un ou deux labours on y femera de l'orge.

6°. Après la récolte de l'orge, on labourera la terre, on la herfera, & on femera en feptembre du trèfle, fi la terre eft peu humide ; on profitera des gelées d'hiver pour y voiturer des engrais fur le trèfle.

7°. Dans l'automne de la troifième année, on labourera le trèfle ; on donnera, au printemps, un fecond labour, & on fèmera de l'orge.

8°. Après la récolte de l'orge, on donnera deux labours, & on fèmera du froment.

9°. On pourra faire, dans l'année fuivante, une feconde récolte de froment avant la récolte des menus grains, ou bien on fuivra les récoltes, comme il a été dit plus haut; mais à la fin de la troifième année, on fèmera du trèfle, ou, fuivant la qualité du terrein, d'autres herbages.

CHAPITRE VI.

SYSTÈME DE CULTURE, ÉTABLI DANS UN OUVRAGE INTITULÉ, LE GENTILHOMME CULTIVATEUR.

SECTION PREMIÈRE.

Du Labourage.

Le labourage eft confidéré par l'auteur, comme la principale & la plus effentielle des opérations d'agriculture : qu'on ne foit donc point étonné, dit-il, des différentes efpèces de charrues inventées pour perfectionner cette partie, ni de la variété des préparations données à la terre relativement à fes qualités, pour la rendre fertile, & propre à la végétation des plantes dont nous attendons les productions. Tous les fols ne fe prêtent pas aux mêmes méthodes de cultiver; s'il ne falloit les travailler qu'en fuivant des principes uniformes, l'agriculture ne fe-

roit plus un art, mais un fimple jeu, peu fait pour mériter les foins des hommes célèbres qui fe font appliqués à nous tracer la vraie route que leur avoit indiqué l'expérience.

I. *Principes d'après lefquels l'auteur établit l'utilité des labours.* Pour rendre la terre fertile, il faut rompre & divifer fes parties. On opère la divifion de fes molécules, de deux manières ; 1°. par l'inftrument de culture qui fouille la terre & divife fes parties; 2°. par les fumiers dont la fermentation empêche la réunion des molécules, féparées par le labourage. Ces deux manières font communément combinées enfemble : fouvent la première eft employée toute feule, mais jamais la feconde. Notre auteur eftime qu'il eft bien plus avantageux de contribuer à la fertilité de la terre par les labours que par les fumiers, dont il eft rare d'avoir la quantité néceffaire dans les grandes exploitations ; au lieu qu'il eft toujours en notre pouvoir d'augmenter les labours à notre volonté. L'auteur, fans donner dans l'excès de M. Tull, qui bannit abfolument les engrais de l'agriculture, obferve qu'il eft à propos d'en faire un ufage très-modéré, & de les remplacer par des labours, autant que les terres peuvent fe prêter à cette pratique; parce qu'ils corrompent en quelque forte le goût naturel des productions, comme l'expérience nous en convainc tous les jours dans les plantes potagères.

Lorfque la terre eft améliorée par le labourage, elle n'eft point expofée à l'épuifement caufé par les mauvaifes herbes; toutes fes parties reçoivent fucceffivement les influences de l'atmofphère, lorfqu'un labour les remet au fond pour ramener les autres à la furface, afin qu'elles profitent des mêmes avantages ; elles y portent des principes certains de fertilité qui n'altéreront point le goût primitif des productions des plantes, dont elles aident merveilleufement la végétation.

Les terres légères ont des interftices trop groffiers entre leurs molécules ; de forte que les racines qui s'étendent dans ces cavités, ont peine à toucher leur furface & par conféquent à pomper les fucs nourriciers. L'effet du labourage, dans ces efpèces de terres, confifte donc à opérer une plus grande divifion de molécules, que celle qui exiftoit déjà. Il faut obferver, ajoute notre auteur, que les racines dans leur extenfion, doivent néceffairement éprouver une certaine réfiftance, afin d'attirer les fucs nourriciers ; fans cette preffion réciproque des racines & des molécules la végétation languit, parce que les racines paffant fur les parties terreftres fans toucher leur furface, elles ne peuvent point enlever les fucs dont les molécules font chargées. Sans les labours, les terres légères feroient par conféquent peu propres à la végétation.

Quoique le fumier, par la fermentation qu'il excite dans l'intérieur de la terre, divife auffi fes parties, ce feroit une erreur, felon l'auteur, de le croire auffi avantageux que les labours dont l'effet eft bien plus certain : il porte à la vérité, des principes de fertilité très-utiles à la végétation ; mais auffi il eft fujet à des inconvéniens nuifibles aux productions de la terre : ainfi qu'il a déjà été dit plufieurs fois ; la méthode la plus ordinaire d'améliorer les terres,

étant d'avoir recours au fumier, notre auteur indique un moyen affuré de faire mourir les infectes qui y font ; pour cet effet, avant de commencer le tas, on met une couche de chaux vive, & à mefure qu'il avance, on répand de temps en temps quelques couches de la même chaux ; en ayant cette précaution, on détruit les infectes & les graines des mauvaifes herbes, qui pouffent en quantité dans les terres bien fumées.

L'auteur confidére la herfe, dans les mains du laboureur ignorant, comme l'inftrument d'agriculture le plus dangereux, lorfqu'il en fait ufage pour fe difpenfer des labours qu'il devroit au contraire multiplier ; il imagine que cet inftrument rompt & divife fuffifamment la terre, fans faire attention que les chevaux, dont il fe fert, font plus de mal avec leurs pieds, que la herfe ne fait de bien.

II. *Des moyens d'entretenir la terre en vigueur par le labourage.* Selon les principes de l'auteur, lorfqu'on veut conferver un terrein en vigueur par le labourage, il eft effentiel de multiplier le nombre des labours, afin d'accroître, ou pour mieux dire, de développer les principes de fertilité : mais il faut obferver de mettre un intervalle de temps convenable entre chaque labour ; fans cette précaution, on les multiplie fans que la terre en reçoive aucun avantage. Un terrein médiocre, bien labouré, eft bien plus fertile qu'un autre d'une qualité meilleure, mais qui n'eft point amendé par les labours. Une terre nouvellement rompue & fuffifamment ameublie, eft, comme une terre neuve, pour tous les ufages auxquels on veut l'employer ; d'où il conclut que les labours produifent les mêmes effets que les engrais. Les fols légers fuivant fes obfervations, deviennent plus ferrés & plus lourds, lorfque la terre eft bien rompue & divifée par les labours, dont l'effet eft de donner plus d'adhérence à fes parties après leur divifion. Les terres fortes, au contraire, deviennent plus légères, par la même opération qui raffermit celles qui font trop friables; leurs molécules étant divifées par la culture, elles perdent en partie la ténacité & l'adhérence qui s'oppofent à l'extenfion des racines.

L'auteur entre dans ce détail, pour faire comprendre au cultivateur qui ne veut employer d'autres moyens pour améliorer fes terres, que le feul labourage, combien il eft effentiel de les multiplier s'il veut réuffir dans fon entreprife : fans cette connoiffance, cette méthode, très - avantageufe, peut être nuifible à fes terres.

Suivant la méthode ordinaire de cultiver, l'effet du premier labour, fuivant lui, eft peu fenfible; celui du fecond l'eft un peu plus : ce n'eft qu'après avoir fait l'un & l'autre, qu'on doit regarder la terre comme préparée à être labourée. Le troifième & le quatrième labour commencent à produire des avantages réels, & tous ceux qu'on donne enfuite, deviennent infiniment plus efficaces que les premiers pour rendre la terre fertile. Il eft certain, ajoute notre auteur, que rien n'eft plus propre à faciliter & à augmenter les effets de engrais, que les labours donnés à un terrein nouvellement fumé. Au bout de trois ans, une terre qui a été fumée, fe trouve communément épuifée; en lui donnant un double labour moins difpendieux que le fumier,

on la remettra en vigueur pour fix ans; & plus on augmentera le nombre des labours, plus elle pourra fe paffer du fecours des engrais.

Quoique l'auteur approuve la fréquence des labours, pour maintenir les terres dans un état propre à la végétation, il penfe cependant que le meilleur moyen eft de joindre les engrais aux labours, c'eft - à - dire, après qu'un terrein a été long-temps fertile par les labours, il faut le fecourir par les engrais, afin de le ranimer : quand, au contraire, il a été porté à un grand degré d'amélioration par les fumiers, il convient alors de multiplier les labours; cette alternative eft, ajoute-t-il, la vraie méthode de conferver les bons effets, tant des labours que des engrais. Il ne trouve aucune raifon qui puiffe empêcher le cultivateur de fe comporter autrement, parce que les labours & les engrais ne produifent pas des effets qui foient oppofés les uns aux autres.

III. *De la manière de labourer, relativement à la qualité des terres & à leur pofition.* Selon les principes du *Gentilhomme cultivateur*, on ne peut point établir une méthode uniforme de labourer les terres, parce qu'elles varient infiniment dans leurs qualités & leurs pofitions. Communément on regarde un labour profond, comme très-avantageux pour rendre un fol fertile; cependant il y a des circonftances où il feroit nuifible. Toutes les terres n'ont pas autant de fonds les unes que les autres; elles n'exigent donc point d'être fouillées à la même profondeur. La charrue doit piquer beaucoup dans les terres nommées *pleins-fols*, parce qu'on ne craint point de ramener à la furface une terre de mauvaife qualité; mais lorfque

lorfque le fol n'a que quelques pouces de profondeur, & qu'on trouve enfuite une terre non-végétale, on doit prendre garde à ne point faire piquer la charrue trop avant, & à ne pas ramener à fa fuperficie la mauvaife terre.

Les terres humides exigent une culture plus analogue à leur qualité. Il y a deux principales fortes de fols fujets à être refroidis par l'humidité; ceux qui fe trouvent fur des montagnes où il y a un lit de glaife au-deffous de la fuperficie, & ceux qui, fitués horizontalement, font fort profonds & très-fermes. « La caufe du » mal dans ces terreins eft très-évi- » dente : les eaux des pluies filtrant » à travers la terre molle qui forme » la fuperficie, font retenues par la » glaife qui fe trouve en-deffous, & » dont les parties font fi intimément » liées & compactes, qu'elles font im- » pénétrables aux eaux ; de forte que » de nouvelles pluies fuccédant, les » eaux en font retenues par les pré- » cédentes : le fol étant alors en- » gorgé; elles remontent vers la fu- » perficie, fe mêlent avec la terre » molle, qui abreuvée fe gonfle & » fe lève au-deffus de fon niveau ». Voici de quelle manière l'auteur procède dans la culture de ces fortes de terreins.

Le labourage n'eft que d'une foible reffource dans ces fortes de terres; on ne peut donc point fe difpenfer de couper des tranchées en travers du terrein, afin de donner une pente à l'eau pour qu'elle puiffe s'écouler : on ferme ces tranchées en comblant avec de groffes pierres recouvertes enfuite de terre, afin que la charrue puiffe y paffer comme fur une furface horizontale.

Lorfqu'on a lieu d'efpérer de re-
Tome III.

tirer quelqu'avantage, en réduifant ces fortes de terres en état de culture réglée, pour l'entreprendre avec fuccès, il faut labourer en dirigeant les rayons tranfverfalement, & leur donner une pente oblique. Si les rayons étoient dirigés tranfverfalement en ligne droite, ou de bas en haut & toujours en ligne droite, on conçoit combien ces méthodes feroient défectueufes : en fuivant la première, l'eau n'auroit point d'écoulement, puifque les guérets la retiendroient; par la feconde, on lui procureroit un écoulement trop précipité, de forte qu'elle entraîneroit toute la fubftance de la terre.

Pour rendre l'écoulement plus parfait, notre auteur exige qu'il n'y ait point de cavité dans les fillons, & que leur extrémité foit l'endroit le plus bas de toute leur longueur. Quant au degré d'obliquité qu'il convient de donner, foit aux rayons & aux fillons, il doit toujours être relatif à la pofition du terrein, c'eft-à-dire, l'obliquité doit être moins fenfible pour une terre dont la pente eft très-confidérable, que pour une autre qui l'eft moins.

Quoiqu'un terrein fitué fur le plan incliné d'un côteau ou d'une montagne, ne foit point fujet à retenir l'eau, on ne doit pas fe difpenfer, en le labourant, de tracer des raies tranfverfales, afin de donner un écoulement aux eaux trop abondantes, & d'empêcher qu'elles n'entraînent les terres.

Lorfqu'un fol profond & ferme eft horizontal, en le labourant tranfverfalement, tantôt d'un côté, tantôt de l'autre, il eft fujet à être froid & humide, parce que l'eau y féjourne long-temps. Pour remédier à ces inconvéniens si nuisibles à la végétation, il faut, en le labourant, le disposer en rayons obliques. L'auteur fait, à ce sujet, des observations pour détourner les cultivateurs de la méthode de labourer transversalement, afin de leur faire adopter la pratique des rayons, comme la plus propre à favoriser les productions de la terre. 1°. Le labour transversal, dit-il, est plus ordinairement désavantageux qu'utile, parce qu'il ne procure pas un écoulement aux eaux, indispensable dans les terres humides. 2°. Le cultivateur craint de perdre du terrein, s'il ne suit pas sa méthode de labourer transversalement; mais il est certain qu'un champ labouré en rayons, a plus de superficie que quand il est labouré à plat. « Si, par cette méthode, nous don» nons deux pieds sur seize pour un » sillon vide, la différence de sur» face, qui se trouvera entre le ter» rein labouré à plat, & le terrein la» bouré en raies, se trouvera à l'avan» tage du fermier; parce que toute » la surface étant ainsi élevée en » rayons, est en état de porter du » blé, & que le fermier, par consé» quent, gagnera autant de terrein » de plus ». (*Voyez* ce qui est dit au mot BILLON) Outre qu'on gagne une augmentation réelle en labourant en rayons, l'auteur est persuadé que, par cette méthode, on rend le sol sec & chaud, parce que les rayons se servent réciproquement d'abri les uns aux autres, & se garantissent des vents froids: d'ailleurs, il ajoute que si le terrein se trouve épuisé, après avoir beaucoup produit, on a l'avantage de se procurer un terrein neuf, très-fertile, en remettant les sillons en rayons.

SECTION II.

De l'Exploitation des terres en friche, pour les disposer a être ensemencées.

L'auteur, à l'imitation de M. Duhamel, comprend, sous le nom de terres en friche, celles qui sont en bois, en bruyères, en prairies artificielles ou naturelles; en un mot, toutes celles qui n'ont point été ensemencées depuis long-temps; ce qui nous dispense d'entrer dans de plus grands détails sur la manière de les cultiver. Notre auteur s'éloigne seulement du système de M. Duhamel, relativement aux prairies artificielles ou naturelles, converties en terres à blé: il les regarde avec raison comme de vraies jachères, relativement au blé, parce que leurs racines n'ont pas épuisé la surface; & il conseille que la première récolte soit en turnips, & non en grains, qui verseroient dans une pareille terre.

SECTION III.

De la manière de préparer un terrein en état de Culture réglée, avant de l'ensemencer en froment.

Le *Gentilhomme cultivateur* n'entre point dans le détail du nombre des labours qu'il convient de donner à la terre avant de l'ensemencer; il se contente de vanter les bons effets du labourage, afin d'exciter les cultivateurs à remuer souvent la terre, pour l'améliorer & la rendre propre à la végétation des plantes. Il observe cependant, que quoiqu'il soit très-avantageux de détacher les parties de la terre, de les ameublir, afin qu'elles s'imprègnent aisément des rosées, des pluies, de l'air, il convient de conferver au terrein une certaine confiftance ou fermeté analogue au grain qu'on veut y femer ; autrement les plantes feroient expofées à être renverfées par le vent, leurs racines n'étant point affurées. Pour obvier à cet inconvénient, il approuve la méthode de faire paffer le rouleau, ou de faire parquer les moutons fur un champ femé en froment, quand on a lieu de préfumer que le fol n'a pas toute la confiftance qu'il faut pour tenir les racines dans un état de fermeté.

Il ne faut jamais trop furcharger les terres d'aucune forte d'engrais ou d'amélioration. Lorfqu'elle eft trop fertile, rarement elle produit une récolte abondante en grains : la paille y abonde, & le cultivateur a manqué fon objet. Si le terrein eft trop riche, c'eft une fage précaution de le dégraiffer, en y femant de l'avoine, avant d'y mettre du froment. Il confidère la marne, la chaux, la craie, le fel, comme les meilleurs engrais que la terre puiffe recevoir avant d'être enfemencée, lorfqu'ils font adminiftrés avec intelligence & avec modération, parce qu'ils n'apportent point dans la terre les femences d'aucune mauvaife herbe, comme la plupart des fumiers, fouvent remplis d'infectes qui rongent les racines des plantes, & les font mourir.

Le trèfle eft un des meilleurs préparatifs que puiffe recevoir un terrein où l'on fe propofe de femer du froment : cette plante n'exige pas affez de culture ni d'engrais pour que les mauvaifes herbes puiffent monter en graine, & fe multiplier par leurs femences. Lorfque la terre a befoin d'être améliorée par des engrais, on peut les tranfporter fans

danger en octobre & en février : l'herbe étant coupée avant ce temps, il ne refte plus de mauvaifes plantes dont on doive craindre de faciliter la végétation. Les turnips procurent les mêmes avantages, parce qu'outre les principes de fertilité qu'ils laiffent dans la terre, les labours de culture qu'on eft obligé de leur donner, l'ameubliffent parfaitement, & détruifent toutes les mauvaifes herbes. Après une récolte de fèves, de pois, on peut efpérer de recueillir du froment en abondance. Les lentilles, & plufieurs autres grains & herbes, quand ils font enterrés avec la charrue, fourniffent à la terre un engrais admirable qui la prépare parfaitement à recevoir du froment. Il ne faut pas femer du froment après avoir recueilli de l'orge ordinaire ; elle rend le terrein trop léger, & lui enlève une grande partie de fa fubftance.

Quant à la manière de préparer la terre par les labours, l'auteur croit s'être fuffifamment expliqué, lorfqu'il a dit, que la façon de labourer devoit varier fuivant les différentes natures des fols. Il adopte, comme M. Duhamel, la culture des plantes pendant leur végétation.

CHAPITRE VII.

SYSTÊME DE CULTURE DE M. FABRONI.

SECTION PREMIÈRE.

Des Principes fur lefquels on devroit établir la Culture.

M. Fabroni, dans fes réflexions fur l'agriculture, confidère les principes fur lefquels cet art eft établi, comme étant prefqu'inventés pour s'oppofer aux progrès des végétaux : il prétend que les foins prodigués par le cultivateur, loin d'être fimplement inutiles, contribuent, au contraire, à leur donner une exiftence foible & languiffante. Pour voir la nature dans toute fa force & fa beauté, il nous invite à porter nos regards dans les lieux les plus incultes ; dans les forêts les plus antiques : c'eft-là que les végétaux, qui ne font point foumis aux procédés barbares du cultivateur, y jouiffent de la vigueur qui leur eft propre dans leur état naturel : les plantes cultivées dans nos poffeffions y dégénèrent par un excès de foins qui ne font point analogues à leur manière de végéter.

Pour perpétuer les végétaux, la nature, fuivant M. Fabroni, avoit fagement établi que les débris des individus qui fe pourriffent, fourniroient les fucs néceffaires au développement des graines de chaque efpèce qui leur fuccède. La preuve en eft évidente dans les forêts : les végétaux y croiffent avec beaucoup de facilité, parce que la terre végétale n'eft formée que des plantes décompofées par la putréfaction : l'agriculture, au contraire, arrache celles qui fourniroient de la terre végétale ; par ce moyen, les plantes que nous cultivons par préférence, font privées d'un fecours fi utile à leur végétation.

Les principes de culture les plus fuivis, font, fuivant M. Fabroni, des préjugés dont il faut fe défaire, fi l'on veut rendre à la terre fa fertilité primitive : mais, en changeant de méthode, il faut prendre la nature pour modèle, en dirigeant nos foins à former beaucoup de terreau : c'eft

le feul moyen d'avoir des droits à l'abondance des productions de la terre, que nous épuifons par notre culture exceffive. Le fecret de la nature, pour former la terre végétale, confifte dans la multiplication & la réproduction continuelle des végétaux, & non pas dans les labours, les jachères, ni dans les fumiers. Suivant M. Fabroni, en faifant produire à nos terres le plus grand nombre poffible de végétaux, nous pourrons nous flatter d'avoir trouvé le véritable moyen d'abolir le repos, d'épargner beaucoup de labours, & de nous paffer des engrais.

M. Fabroni obferve que la nature, en produifant les végétaux, a foin de mêler, dans un même fol, les efpèces de différente grandeur : de cette manière, les fucs qui fe dégagent de la terre, pour nourrir les plantes, ne font point perdus, à mefure qu'ils s'élèvent à différentes hauteurs. D'après ces voies fuivies par la nature, notre auteur conclut que le blé ne doit point être feul en poffeffion d'occuper nos campagnes, quoiqu'il foit une des plus riches productions que nous puiffions cultiver. Il eft perfuadé qu'en ne femant & ne moiffonnant que du blé, nous agiffons contre nos vrais intérêts, en même temps que nous nous éloignons des véritables principes d'agriculture. « La vigne, dit-il, le mû- » rier, tous les arbres fruitiers, & » même les légumes, doivent par- » tager avec les céréales le droit de » végéter fur nos terreins. C'eft alors » feulement qu'il nous fera inutile » de rechercher s'il y a une jufte pro- » portion entre les prés, les champs » & les vignes : nos terres doivent » être à la fois vignes, champs &

» prés. » Cette manière de cultiver a le plus grand succès, suivant notre auteur, en Italie & dans le Tirol, où l'on voit de vastes campagnes, dans lesquelles les arbres de toute espèce, la vigne, toute sorte de grains, les légumes, les herbes des prés, &c. végètent en même temps.

M. Fabroni, pour exciter le cultivateur à suivre la méthode qu'il voudroit introduire, ne se contente pas de nous offrir le tableau de la pratique suivie en Italie & dans le Tirol ; il perce dans l'antiquité la plus reculée, pour nous montrer les avantages de ses principes. Quand on a lu les ouvrages de Pline, on n'ignore pas la prodigieuse fertilité du terroir de *Tucape :* selon notre auteur, elle étoit une suite des principes de culture qu'il veut établir. Ce pays, dont l'étendue n'avoit qu'une lieue de diamètre, étoit situé dans des sables, entre les Syrtes & la ville de Neptos : ses habitans étoient parvenus, par leur industrie, à changer la nature de ce terrein fablonneux, & l'avoient rendu très-fertile. « Ils avoient, dit » M. Fabroni, d'abord mêlé les her-» bes aux arbres, & ils les avoient » distribués suivant l'ordre de leur » hauteur. Le palmier, le plus grand » de tous les végétaux, étoit en pre-» mier lieu ; le figuier étoit planté » sous son ombrage ; l'olivier venoit » ensuite ; après celui-ci, le grena-» dier ; & enfin la vigne. Au pied de » la vigne, on moissonnoit le blé ; à » côté du blé, on y cultivoit les » légumes ; & après les légumes, les » herbes potagères ». Notre auteur observe, d'après le récit de Pline, que toutes ces productions multipliées donnoient une abondance dont on ne peut pas se former une idée,

quand on ne connoît que les procédés de notre agriculture. En parlant de la fertilité de Tucape, Pline ne fait aucune mention des labours, des fumiers, ni des jachères : si ce peuple heureux, vivant dans l'abondance, eût fait usage de ces moyens, l'auteur latin étoit trop exact pour les laisser ignorer.

La manière dont les plantes attirent les sucs nécessaires à la végétation, devroit, suivant M. Fabroni, servir de règle pour établir les principes qu'il convient de suivre en agriculture. Il est persuadé que la plupart des auteurs anciens & modernes se sont trompés touchant la nutrition des plantes. Les uns ont considéré les racines, comme les seuls organes qui pompoient, & transmettoient au corps de la plante, les sucs nourriciers : d'autres ont pensé que les substances terreuses, atténuées par les labours, fournissoient la seule nourriture analogue à la végétation. Ces erreurs, selon lui, ont donné lieu aux labours, aux jachères, aux engrais, afin de prévenir l'épuisement de la terre, ou de réparer ce qu'elle avoit perdu de sa substance. Notre auteur, au contraire, par une suite d'expériences qu'il a faites, est persuadé que toutes les parties extérieures des végétaux reçoivent des sucs qu'ils transmettent au corps de la plante ; que les véritables principes de leur vie sont l'*air inflammable,* l'*élément de la lumière* absorbés par les feuilles, l'*eau* & l'*air fixe,* (*voyez* ces mots) pompés par les racines & les autres parties extérieures des plantes. L'*air fixe* & l'*air inflammable* proviennent du *gas aériforme,* qui se développe des substances en putréfaction. Suivant ces principes, M. Fabroni croit que la meilleure méthode d'agriculture, doit confifter à mêler dans un même terrein tous les végétaux poffibles; les grands, les petits, afin que l'*air fixe* & l'*air inflammable*, qui échappent aux uns, ne foient pas perdus pour les autres.

SECTION II.

Des Labours.

Parmi les moyens qu'on a imaginé pour réparer le dépériffement de la terre, empêcher fa ftérilité, faciliter la végétation des plantes, les labours ont paru, à prefque tous les agronomes, très-propres à remplir en partie ces objets. M. Fabroni s'élève contre cette méthode, qu'il croit nuifible à la végétation. Il ne voit d'autres effets des fréquens labours, que d'accélérer la décompofition de la terre végétale, & de changer en déferts les campagnes les plus fertiles. Pour prouver les fuites funeftes des labours, il fait le parallèle de l'agriculture romaine ancienne avec la moderne. Les anciens romains fe plaignoient que leurs terres vieilliffoient, qu'elles étoient fatiguées, & qu'elles devenoient progreffivement ftériles. Ces mêmes terres font aujourd'hui auffi fertiles que des terres neuves. « On ne peut, dit » M. Fabroni, rendre raifon de ce » phénomène, qu'en fe rappelant » que les anciens romains labou-» roient exceffivement leurs terres, » & que ceux à qui ces mêmes terres » font confiées aujourd'hui, les la-» bourent le moins qu'ils peuvent. » Ce fait devroit lui feul nous faire » revenir de notre erreur, & nous

» porter à la réforme de la plus » grande partie de nos labours ».

Le but que fe propofent les agriculteurs en donnant à la terre de fréquens labours, eft de l'ameublir, d'atténuer fes molécules, de détruire les mauvaifes herbes. M. Fabroni prétend, 1°. qu'il y a dans la nature des moyens très-efficaces d'atténuer la terre, fans le fecours de la charrue, ni des autres inftrumens de culture. Qu'on obferve, dit-il, que la terre » des prés fertiles & des bois anciens » eft toujours meuble & légère. Cette » foupleffe, cette légéreté qu'on s'ef-» force en vain d'imiter par le labour, » dépend du nouveau terreau qui fe » forme chaque année à la chute » des feuilles, des branches ou des » fruits, & qui empêche que celui » de l'année précédente, frappé par » les pluies ne fe refferre & ne fe » durciffe. Le grand nombre auffi des » plantes qui y végètent, & qui pé-» nètrent de tous côtés la terre qui » les environne, contribue beau-» coup à la rendre très-fouple, puif-» qu'elles agiffent comme autant de » petits coins, & la divifent beau-» coup mieux que les labours répétés » avec le foc ou avec tout autre » inftrument. » 2°. Les labours ne détruifent qu'imparfaitement les mauvaifes herbes; la figure du foc, fuivant M. Fabroni, n'eft pas bien propre pour cet ufage; il ne fait que les déplacer ou les couvrir de quelques pouces de terre, ce qui ne les empêche pas de végéter.

En fatigant fouvent la terre par de fréquens labours, M. Fabroni eft perfuadé qu'on accélère l'évaporation des principes nourriffons, qui fe feroient détachés peu à peu pour entretenir la végétation des plantes;

qu'on enlève par ce moyen peut-être les trois quarts de l'aliment deftiné aux végétaux. Quoique M. Tull, dont tout le fyftême de culture eft établi fur la fréquence des labours, ait obfervé que de deux portions d'un même champ, celle qui avoit reçu un plus grand nombre de labours, donnoit une récolte plus abondante, M. Fabroni ne regarde point cette expérience comme décifive en faveur du labourage ; il ne confidère dans la fuite de cette méthode qu'un effet trompeur, qu'on doit attribuer à l'inégalité de la furface du champ rendue telle par les labours fréquens ; en conféquence de cette inégalité, le terrein offroit donc une plus grande furface aux rayons du foleil, qui ont augmenté en proportion l'évaporation ordinaire des principes volatils. L'abondance de la récolte étoit par conféquent, fuivant M. Fabroni, une fuite néceffaire de l'évaporation des fucs nourriciers & non pas des labours.

Pour ménager le terrein & ne pas accélérer fa fterilité, M. Fabroni eft du fentiment de labourer très-peu; quoique les labours paroiffent d'abord contribuer à la fertilité & à l'abondance des végétaux, il eft perfuadé que leur effet apparent a féduit MM. Tull & Duhamel.: s'ils avoient répété l'expérience dont nous venons de parler, pendant plufieurs années de fuite fur le même terrein, il croit que la portion du champ la plus labourée auroit acquis une fertilité très-grande dans les premières années ; mais s'épuifant peu à peu par l'évaporation forcée qu'auroient occafionnée les labours, elle auroit été réduite dans la fuite à une ftérilité totale ; tandis que la moins la-

bourée n'auroit encore donné aucune marque de dépériffement.

Dans l'état actuel de l'agriculture, M. Fabroni ne reconnoît que deux labours véritablement utiles pour préparer la terre à être enfemencée en froment. Le premier eft celui qu'on doit donner immédiatement après la moiffon, pour renverfer & enterrer les chaumes qui fervent d'engrais en bonifiant le terrein ; le fecond, celui qu'on fait pour difpofer la terre aux femailles. Il prétend même qu'on pourroit abfolument fe difpenfer du premier, qu'il fuffiroit d'arracher le chaume à la main, tout de fuite après la moiffon, & de le répandre fur toute la fuperficie du champ : en fe décompofant par une fermentation lente, il fertiliferoit le fol d'une manière peu fenfible, il eft vrai, mais plus durable qu'étant enfoui.

Il eft inutile & même fouvent très-nuifible, felon M. Fabroni, de fillonner la terre à une trop grande profondeur. Voici les raifons fur lefquelles il fe fonde pour improuver la méthode des profonds labours : 1º. la plupart des plantes annuelles n'enfoncent pas leurs racines à plus de fix pouces : par conféquent, fi l'on ameublit la terre pour leur procurer une libre extenfion, il fuffit de donner aux fillons fix pouces de profondeur. 2º. Les meilleurs terreins n'ont qu'un pied environ de terre végétale : en faifant des fillons de dix-huit pouces de profondeur, fous prétexte de ramener à la furface la terre qui n'eft pas épuifée par les productions des végétaux, on s'expofe à enfouir la terre fertile ; à ramener à la fuperficie, du gravier, du fable ; enfin une terre qui n'eft pas végétale. Voilà les inconvéniens du labourage trop profond.

SECTION III.

Des Jachères.

Les jachères, selon le sentiment de M. Fabroni, sont nuisibles aux progrès de l'agriculture, & inutiles pour la fin, même qu'on se propose. En établissant les jachères, on a eu principalement en vue d'accorder un temps de repos à la terre, fatiguée par les productions des végétaux qu'elle a nourris, & de la préparer ensuite, par de nouveaux labours, à être ensemencée. Notre auteur pense que le repos est un moyen infructueux, d'entretenir la terre dans la fertilité; il croit, au contraire, qu'on ne parvient à la rendre plus fertile, qu'en lui faisant nourrir continuellement le plus grand nombre possible de végétaux.

M. Fabroni ne comprend pas comment on a pu se décider à établir des jachères, dans l'espérance de faire acquérir à la terre de nouveaux principes de fertilité : ne devoit-on pas être convaincu, qu'il n'y a point de terrein plus couvert de végétaux, qui nourrisse un plus grand nombre de plantes que les bois & les prés qui ne sont jamais en jachère ? A l'aspect de tant de productions, il est étonné que les agriculteurs n'aient point conçu l'erreur ridicule de leur opinion sur les jachères. Suivant ses principes, elles sont donc inutiles pour la fin qu'on se propose; 1°. puisque la terre n'est fertile qu'autant qu'elle nourrit continuellement beaucoup de plantes, dont les débris forment un terreau qui entretient sa fertilité; 2°. la terre n'a pas besoin de

ce temps de repos, pour qu'on puisse lui donner les labours nécessaires avant les semailles, puisqu'il pense que deux suffisent, & qu'on pourroit même en retrancher un sans inconvénient.

Notre auteur, après avoir prouvé combien les jachères sont inutiles, relativement à l'objet qu'on se propose, prétend encore qu'elles sont nuisibles aux progrès de l'agriculture. Elles privent le cultivateur d'une portion considérable des fruits de la terre; il est évident qu'en les adoptant, il renonce à la moitié ou au tiers de la récolte qu'il pourroit espérer; mais l'effet le plus dangereux qu'elles produisent, est, selon lui, de hâter le dépérissement de la terre. Il appuie son sentiment à ce sujet, de celui de Desbiey qui prétend avoir appris par l'expérience, que les terres de l'espèce de celles des landes, se perdent entièrement par l'usage des jachères.

En agriculture, l'expérience & le succès sont, suivant M. Fabroni, la meilleure méthode qu'on puisse proposer. Dans plusieurs pays, on fait d'abondantes récoltes toutes les années, sans que les cultivateurs accordent jamais à la terre un temps de repos. En Chine le terrein, dit-il, n'est pas d'une meilleure qualité que le nôtre, cependant on y fait plusieurs récoltes dans une année, & jamais la terre n'est en jachère. En Europe, dans une grande partie de l'Angleterre, du Brabant, de la Flandre, de la Normandie, du Tirol, du Piémont, de la Lombardie, de la Toscane, &c. on recueille, tous les ans, à peu près le même produit, sans laisser reposer la terre. Notre auteur rapporte tous ces exemples,

pour

pour prouver que son opinion sur les jachères n'est pas un système hypothétique fondé sur des idées peu vraisemblables ; mais sur l'expérience qui nous apprend tous les jours qu'on peut changer les terreins les plus stériles en campagnes fertiles : pour opérer ce changement, il faut les forcer à produire le plus grand nombre des végétaux possible, sans accorder à la terre aucun repos.

SECTION IV.

Des Engrais.

Selon les méthodes établies de cultiver les terres, les engrais ont une influence très-grande dans la végétation & dans le produit des récoltes : à mesure qu'on cultive du blé dans un champ, il devient, suivant M. Fabroni, de plus en plus stérile. Les engrais viennent heureusement à son secours pour réparer ses pertes, en suppléant en quelque façon au terreau qui se décompose. En adoptant la manière de cultiver que propose M. Fabroni, les engrais seroient absolument inutiles : lorsque la nature est en liberté, il est persuadé que la végétation continuelle, le dépérissement des végétaux anciens, leurs débris répandus sur la terre, sont les seuls moyens qu'elle employe pour procurer l'abondance dans le règne végétal. Quand il y a un très-grand nombre de plantes dans un terrein, M. Fabroni a observé que la couche de terre végétale est plus épaisse que lorsqu'il y en a peu ; par conséquent, il doit produire selon cette proportion : il conclut de ce principe, que pour rendre les terres fertiles, & supprimer les engrais, il faut multiplier les

Tome III.

végétaux afin qu'ils produisent beaucoup de terreau.

Dans l'état actuel de l'agriculture, M. Fabroni considère les engrais, comme absolument nécessaires pour remplacer le terreau, que nous ne pouvons point nous procurer par les végétaux, tant que nous serons attachés à notre méthode de cultiver. Pour employer les engrais avec avantage, il est important de connoître les principes qui nourrissent les plantes, & les différens organes qui absorbent l'aliment qui leur est propre. Selon M. Fabroni, il résulte de la connoissance qu'il a de ces principes, que le meilleur des engrais est celui qui peut fournir le plus d'*air fixe* aux racines, & d'*air inflammable* aux feuilles. Il ne parle point de l'eau ni de la lumière, parce que la nature fournit elle-même abondamment ces deux principes.

Les trois règnes de la nature offrent des substances qui contiennent plus ou moins d'air fixe & d'air inflammable, lequel se développe par la fermentation, par la putréfaction, ou par quelqu'autre voie. Selon M. Fabroni, les engrais tirés du règne animal sont les plus défectueux : la fermentation qu'ils excitent n'est que momentanée ; l'effet qu'ils produisent dure par conséquent très-peu. Ils ont encore l'inconvénient de favoriser la multiplication des insectes, qui font souvent beaucoup de mal aux germes & aux racines des plantes. Il préfère ceux qu'on tire du règne minéral, parce que leur effet moins actif est plus durable. Leur défaut est de durcir & de resserrer le terrein ; ce qui est cause qu'ils ne sont pas propres à toute sorte de terres. Ceux du règne végétal sont

F f f f

les meilleurs de tous, suivant notre auteur; ils sont destinés, par la nature même, à réparer le terreau qui se décompose, & à fertiliser nos terres.

M. Fabroni considère la craie, comme le meilleur des engrais minéraux : elle fournit promptement, & en grande quantité, les principes qui fertilisent les terres, & contribuent efficacement à la végétation des plantes. Il croit qu'on ne peut employer la chaux comme engrais, qu'autant qu'elle est capable de produire les mêmes effets que la craie : de même les marnes, &c. dont on se sert pour améliorer les terres, ne remplissent cet objet qu'en raison du plus ou moins de craie qu'elles contiennent.

Il n'y a point d'engrais qui réunisse autant d'avantages que les *cendres*. (*Voyez* ce mot, & ce qu'il faut en penser) M. Fabroni est persuadé qu'elles conviennent à toute sorte de terres : elles les rendent fertiles pendant plusieurs années, sans autre secours. Leur effets ne consistent pas seulement à ameublir la terre, & à y porter des principes de fertilité; elles sont encore très-propres pour empêcher la multiplication des vers, des insectes; pour détruire la mousse, les lichens qui étouffent l'herbe des prés; pour garantir les blés de plusieurs maladies, principalement de la nielle & du faux ergot. Pour employer les cendres avec succès, M. Fabroni est du sentiment de les mêler avec différens amendemens fossiles, suivant le nature du sol qu'on veut fertiliser : voici comment il conseille de faire ce mélange. « Pour les terres légères & » chaudes, on devroit les mêler avec » une certaine portion d'argile; pour » les terres fortes, il le faudroit avec » de la craie; pour les terres sablon- » neuses, de l'argile pourrie; & pour » les argileuses, du gravier & de la » craie. La méthode d'en faire usage, » seroit celle de les répandre sur le » sol avec la semaille, ou bien d'en » couvrir la semaille. Pour les vigno- » bles, on ne doit les employer que » lorsque les *vignes*, (*voyez* ce mot, » & ce qu'on doit penser des engrais) » ont poussé les feuilles. Quant aux » prés, le mieux est de les jeter sur » le sol, au commencement du prin- » temps ».

Quoique M. Fabroni ait démontré l'excellence des cendres pour amender les terres, il n'approuve point l'usage qu'on a de brûler les plantes, à moins qu'elles ne soient dures & ligneuses. Lorsqu'on se contente d'enterrer les végétaux, ou qu'on les laisse simplement sur le terrein; pénétrés par l'humidité, frappés par la chaleur du soleil, ils se décomposent par une fermentation lente : alors le *gas* nourricier qu'ils contiennent en abondance, est tout mis à profit, parce qu'il ne s'échappe que peu à peu. La seule circonstance, où l'incinération puisse être utile, est, suivant M. Fabroni, lorsqu'on met le feu aux chaumes après la moisson: souvent même il arrive que le terrein n'en reçoit pas un grand avantage, parce que les cendres sont dispersées par le vent, ou entraînées par les pluies.

En faisant l'analyse des différentes méthodes de culture qui sont en usage, notre but a été, 1°. de présenter un tableau des systêmes des agronomes qui ont écrit sur cet art; 2°. de montrer les progrès qu'on a faits dans l'agriculture ; 3°. d'offrir le parallèle de l'agriculture ancienne avec la moderne ; 4°. de foumettre au jugement des lecteurs inftruits dans la manière de cultiver, les principes fur lefquels chaque auteur a établi fa méthode. M. D. L. L.

CHAPITRE VIII.

DES PRINCIPES D'APRÈS LES-QUELS IL PAROIT QU'ON PEUT SE RÉGLER SUR LA CULTURE DES TERRES.

Je n'entrerai dans aucun détail fur la comparaifon ou l'utilité des fyftêmes d'agriculture qui ont eu de la célébrité, & que M. *de la Laufe* vient de préfenter dans le plus grand jour. Le lecteur jugera facilement en quoi mes principes s'en rapprochent ou s'en éloignent, & prononcera fur les uns comme fur les autres. Je puis peut-être avoir bien vu, & peut-être m'être trompé : l'article CULTURE, tel que je le préfente aujourd'hui, a fervi de bafe à tous ceux que j'ai imprimés jufqu'à ce jour, ainfi qu'à plufieurs mémoires fur des objets particuliers d'agriculture, qui ont paru à différentes époques.

On doit juger avec quel plaifir j'ai lu les *Réflexions fur l'état actuel de l'Agriculture*, imprimées à Paris en 1780, fans nom d'auteur, chez *Nyon* l'aîné, à caufe de la conformité de plufieurs principes de l'anonyme avec les miens. J'ai appris, depuis, que l'auteur étoit M. *Fabroni*, Tofcan de nation, auffi bon phyficien, qu'excellent cultivateur.

Je n'ambitionne point la gloire de créer un fyftême, ni de l'élever fur le débris des autres : ce que je vais dire, eft le réfultat de mes lectures, de mes obfervations, de mes méditations & de mes expériences. Si le lecteur trouve ce réfultat conforme aux loix de la faine phyfique, appliquées à l'agriculture, j'aime à croire qu'il fe conduira d'après ces principes. Cependant, malgré la juftefle dont ils me paroiffent, & malgré la précifion des conféquences que je crois devoir en tirer, je l'invite à ne point bouleverfer fa manière de cultiver, parce que fa perfuafion doit naître de fes propres expériences : alors il faura pofitivement, & non fur parole, fi mes principes font conformes à la marche de la nature.

SECTION PREMIÈRE.

Principes de la Végétation.

I. L'eau, le feu, l'air & la terre concourent à la végétation.

II. L'eau eft fon véhicule; le feu, fon moteur ; l'air, fon agent ; la terre, la matrice dans laquelle elle s'opère.

III. L'eau, confidérée comme élément, n'eft pas pure ; comme fève, elle eft très-compofée. Sans humidité, point de végétation.

IV. Le feu eft ici regardé comme *chaleur* & comme *lumière*. Sans chaleur, la végétation eft nulle ; fans lumière, elle languit, les plantes s'*étiolent* & meurent. (*Voyez* ce mot)

V. L'air, comme atmofphérique, eft le réfervoir de toutes les émanations de la nature ; c'eft-là où elles fe combinent. Après avoir été air atmofphérique, il devient *air fixé* dans les plantes. Suivant leur nature, il eft ou air inflammable, ou air mortel, nommé *air fixe* ; (*voyez* les mots AIR *fixe* & AIR *inflammable*) & fouvent l'un & l'autre, incorporés dans la même plante.

F f f f 2

CUL

VI. La terre, en général, est un composé du débris des pierres, des végétaux & des animaux : elle est fertile, si ces débris sont en proportions convenables ; infertile, si les uns ou les autres dominent en trop grande abondance.

VII. La terre, comme terre *en général*, ne contribue à la végétation, qu'autant qu'elle sert de matrice à la semence, & de lien aux racines. (*Voyez* les belles expériences de M. Tillet, décrites au mot AMENDEMENT.) L'eau seule, combinée & aidée par des agens, produit la végétation.

VIII. Les débris des animaux & des végétaux forment *seuls* la terre végétale ou *humus*. C'est la seule terre parfaitement soluble dans l'eau ; c'est la terre *calcaire*, (*voyez* ce mot) la plus pure, la plus atténuée & la plus élaborée.

IX. Elle est disséminée plus ou moins abondamment dans la terre *matrice*, suivant la quantité de débris animaux ou végétaux, portés dans son sein par des causes quelconques, ou sur sa superficie.

SECTION II.

Comment s'opère la Végétation.

On vient de voir quelles sont les substances qui constituent la végétation ; il s'agit actuellement d'examiner comment elles se combinent pour les produire. L'analyse chymique des plantes démontre jusqu'à l'évidence la plus palpable & la plus matérielle, que l'on en retire, 1°. de l'air ; 2°. de l'eau ; 3°. de l'huile ; 4°. des sels ; 5°. de la terre. Si ces substances existoient dans la plante analysée, elles existoient donc auparavant, en partie dans la terre, & en partie dans l'atmosphère, puisque c'est dans ces deux immenses réceptacles qu'elle a végété. Leur existence est hors de toute contestation.

I. La terre végétale, ou *humus*, quoique soluble dans l'eau, ne pénétreroit pas dans les infiniment petits calibres des racines, si elle ne formoit de nouvelles combinaisons avec d'autres substances ; & quand même elle y monteroit seule avec l'eau, cela ne suffiroit pas pour la végétation.

II. Les autres substances, à combiner avec la terre *soluble*, sont les différens sels contenus dans la terre & les substances graisseuses & huileuses, fournies par la décomposition des plantes, des insectes, & de toute espèce de matière animale.

III. Les premières contiennent surtout de l'air ; & les dernières, outre l'air fixe, de l'air inflammable.

IV. La lessive faite à la manière des salpêtriers, prouve qu'il existe un sel dans la terre ; que le sel qu'on en retire est neutre & à base calcaire, autrement dite alcaline ; mais un sel neutre est toujours le résultat de la combinaison d'un sel acide & d'un sel alcali : il y a donc dans la terre plusieurs espèces de sels, puisque la lixiviation fournit un sel neutre. Le sel acide est, en général, dû aux plantes, & le sel alcali aux animaux.

V. Les substances graisseuses & huileuses sont multipliées naturellement en proportion de la plus, ou moins grande quantité de plantes qui végètent, & qui ne sont pas chaque année enlevées de dessus la terre. Telles sont les prairies, &c.

VI. Chaque plante nourrit au moins une espèce d'insecte qui lui est parti-

C U L C U L 597

culière, souvent plusieurs espèces &
quelquefois un très-grand nombre.
On compte près de cent espèces
d'insectes qui vivent sur le chêne.

VII. Tout insecte, pendant sa vie,
produit plus de trois fois son volume
en excrémens. Tout insecte commence
par être un ver ou chenille; ce ver
se dépouille plusieurs fois de sa peau,
avant de se métamorphoser en chrysalide, d'où il sort en insecte parfait.
Quelles quantités de dépouilles sur
les champs couverts de plantes! que
de vers, que d'insectes vivent dans
cette terre, & se nourrissent des racines, tandis que les oiseaux à bec
long, y vivent aux dépens de toutes
espèces d'insectes! Fouillez les entrailles d'une terre inculte, à peine
y trouverez vous quelques vers, les
oiseaux même s'y reposeront seulement en passant, parce qu'ils n'y
trouveront pas leur nourriture. Voilà
les matériaux employés par la nature, & qu'elle combine.

VIII. L'eau, l'air, les sels, l'huile,
la terre soluble ou *humus*, se combinent dans la terre matrice. L'eau
dissout *l'humus* & les sels; chargée
de l'un & des autres, elle devient mis-
cible à l'huile & à la graisse, &
leur mélange seroit impossible sans
les sels qui sont le moyen de jonction
de l'huile & de l'eau.

IX. Une semblable eau chargée
de sel, & unie avec une huile ou
une graisse, forme un vrai savon,
dans lequel est incorporé *l'humus*,
ou terre soluble, ou terre végétale,
en raison de la grande atténuité de
ses parties.

X. Toute substance savonneuse est
susceptible de la plus grande solubi-
lité & de la plus grande extension,
sans discontinuité de ses parties. La

bulle de savon que l'enfant souffle
avec un chalumeau de paille, en est
la preuve; & c'est une infiniment
petite goutellette d'eau qui produit
une bulle souvent de six pouces de
diamètre.

XI. De cette perpétuelle combinaison préparée par les mains de la
nature, dans son immense & iné-
puisable laboratoire, la sève est enfin formée.

XII. La sève est donc une substance
savonneuse, qui porte dans la plante
les élémens ou principes qui la constituent, & qu'on en retire par l'a-
nalyse.

XIII. Les trois principes les plus
matériels n'auroient point entr'eux
un lien d'adhésion sans l'air fixe,
1°. qu'ils contiennent, chacun séparément, avant de s'unir, & qu'ils
combinent entr'eux par leur union;
2°. par le même air fixe répandu
dans l'atmosphère, que la plante absorbe à mesure qu'elle végète. L'E-
ternel formant notre atmosphère,
l'a établi pour le réceptacle de toutes
les émanations des corps qui végètent & qui se décomposent d'une
manière quelconque.

XIV. La sève ou eau *savonneuse*,
ou eau de *végétation*, aidée par la
chaleur, soit naturelle de la terre,
soit par celle de l'atmosphère, qui
aiguillonne & augmente la première,
rencontre les racines, & humecte
leurs pores absorbans; l'huile lubré-
fie leurs petits canaux; la terre soluble, dans l'état de la plus grande,
de la plus grande atténuation, monte
avec eux, enfin l'air fournit par
donner de la consistance à ces fluides
dans la plante.

XV. Ces fluides sont encore trop
grossiers, ils demandent à être épurés

dans la plante, & à se combiner en sucs qui soient propres à son accroissement.

XVI. Si les fluides affluoient sans cesse & dans les mêmes proportions, loin de porter la vie à la plante, ils la feroient périr par l'engorgement général de ses canaux: la nature prévient ce désordre de l'économie végétale.

XVII. La chaleur du jour fait monter la sève dans les plantes, y excite une forte transpiration, & par une abondante sécrétion, le végétal se débarrasse d'une fluidité aqueuse & superflue: une grande partie, & la partie la plus élaborée des principes huileux, salins & terreux, restent dans la plante. Si une cause quelconque suspend ou arrête cette sécrétion, il en résulte, pour le végétal comme pour l'animal, les plus grands désordres; souvent il en périt.

XVIII. La fraîcheur de la nuit produit un effet opposé: la sève montée dans le tronc & dans les branches, descend alors vers les racines, & dès qu'elle commence à descendre, les feuilles absorbent, par leur partie inférieure, l'humidité répandue dans l'atmosphère, ainsi qu'une partie considérable de l'air fixe qu'il contient. C'est par ce mécanisme bien simple & bien merveilleux, que la nature purifie l'air que nous respirons.

XIX. C'est donc par une ascension & une *descension* continuelles de la sève, & sur-tout par ses sécrétions que la sève s'élabore; que par les dépôts successifs des principes qui la composent, elle parvient à établir la croissance & le volume de la plante.

XX. Les principes terreux consti-

tuent plus particulièrement sa charpente; les huileux sont les principes de l'odeur qu'elle répand, & de son ignition, à cause de l'air inflammable qu'ils contiennent; les huileux & les salins combinés, les principes de la saveur; enfin l'air fixe, le lien de toutes les parties. Plus un bois est léger, moins il renferme d'air fixe, & peut-être plus d'air inflammable; tels sont les bois blancs.

XXI. On pourroit conclure de ce que je viens de dire, que toutes les plantes devroient avoir la même odeur, la même saveur, puisqu'elles sont formées par les mêmes élémens ou principes constituans. La nature a deux moyens pour établir leur étonnante diversité. Le premier consiste dans les sécrétions; telle plante laisse échapper moins d'eau par sa transpiration; la carde poirée, par exemple: l'autre, plus d'eau, & retient plus de sel; telles sont les plantes dont la fleur est en croix. Celle-ci retient & conserve plus d'huile; tels sont l'oranger, le millepertuis, le gayac: la fraxinelle, la capucine, retiennent plus d'air inflammable, puisqu'il s'allume à l'approche de la flâme d'une bougie, &c. Les arbres ont plus de parties terreuses que les plantes; & les plantes annuelles, moins que les biennes; enfin, celles-ci, moins que les arbustes, les arbrisseaux & les arbres. Le second moyen est dans la semence. L'Auteur de tous les êtres a imprimé à chaque espèce sa saveur propre, & les loix d'après lesquelles elle doit végéter. Comme toute la plante, & le chêne même le plus élevé, est contenu en miniature dans le grain destiné à sa réproduction, il n'est donc pas étonnant que cette semence communique le principe qui modifiera la sève dans tout l'individu. La nature ne complique pas la marche de ses opérations ; elle a placé le principe de saveur à l'orifice des racines de chaque plante. Lorsque l'amande d'une pêche, d'un abricot, &c. commence à végéter, mâchez la radicule, & vous y reconnoîtrez le goût du noyau ; elle sera même plus amère, parce qu'une partie de son principe sucré, développé avant sa germination, a servi à la produire : répétez la même expérience, lorsque cette radicule aura acquis plus d'étendue, & le même goût sera encore sensible. Mais pourquoi telle plante retient-elle plus d'eau, plus d'air, plus de sel, &c. que telle autre ? Nos connoissances ne sont pas encore assez étendues pour donner la solution de ce problème, qui est peut-être le secret de la nature.

XXII. Voilà donc le levain placé à l'orifice des racines, & à l'entrée de tous les pores absorbans de la plante. Ce levain opère sur les sucs qui y affluent, comme le levain sur la pâte, ou comme la salive opère sur les alimens que nous prenons, afin de les assimiler dans notre substance.

XXIII. La sève, comme on l'a démontré, est un fluide dans l'état savonneux, & le levain ou liqueur contenue dans la radicule est dans le même état ; de manière qu'il se trouve entre le fluide de la sève, & celui de la radicule, une affinité respective & la plus grande analogie. De-là naît la facilité d'appropriation de la sève par les racines les plus capillaires, & par leurs pores absorbans.

XXIV. Le but de toute végéta-tion est de préparer le grain qui doit reproduire la plante : c'est-là son chef-d'œuvre, & le *maximum* de la nature. Ce grain est donc la partie la mieux élaborée, & composée des sucs les plus précieux de la plante.

XXV. Cette perfection des sucs s'oppose à l'entromission de tous ceux que la sève présente à l'orifice des racines, parce qu'il n'y a pas assez d'affinité entr'eux ; une partie est rejetée, l'autre est admise dans le torrent, pour être ensuite épurée & mise en mouvement continuel par l'ascension & la *descension* de la sève, servir à l'édifice de toute la plante ; enfin à la formation des semences : l'air inflammable & l'huile sont les principes dominans de ces dernières.

XXVI. Il est facile à présent de concevoir pourquoi dans la terre de la même caisse, la laitue douce, l'oseille acide, le sédum âcre, la jonquille parfumée, la rue puante, végètent & ont chacune le goût & l'odeur qui leur sont propres, puisque ces modifications dépendent des levains des racines.

XXVII. Mais veut-on perfectionner les fruits d'un arbre, ou changer leur manière d'être ? la greffe opère ce miracle. Si on se sert d'un écusson pris sur le même arbre, la sève sera simplement perfectionnée, parce qu'à l'insertion de l'écusson au bois, il s'est formé un bourrelet dont le calibre des canaux est plus petit que ceux par lesquels la sève montoit auparavant. Dès-lors ces canaux étroits & qui n'ont plus leurs lignes directes, ne reçoivent qu'une sève mieux préparée ; aussi la nature a eu grand soin de pourvoir les fruits d'une queue très-petite, proportion gardée avec leur grosseur, afin que les fucs les plus épurés y parvinffent feuls. Voilà le fruit perfectionné & non pas changé en un autre.

XXVIII. Pour changer la nature du fruit, ou plutôt pour la fuppléer par une autre, il faut choifir l'éculfon de la greffe fur un autre fujet. Prenons pour exemple un abricotier greffé fur un prunier. La sève abforbée par les racines, y reçoit le levain du prunier; & fi, dans la partie infé-rieure de l'arbre au-deffous de la greffe, il y a des boutons à fruit, ils donneront des prunes; ce qui eft dans l'ordre naturel; mais cette sève en montant & pénétrant dans les tuyaux de la greffe de l'abricotier, eft obli-gée de changer de manière d'être, & de fe modifier fuivant le levain qu'elle trouve à leur orifice, & par fon changement elle donnera des abricots: il faut cependant qu'il y ait une certaine affinité entre la greffe & le fujet, autrement elle ne réuffi-roit pas; c'eft pourquoi la greffe du poirier manque néceffairement fur le cerifier, comme celle de l'aman-dier fur le pommier &c.

Conclufion : l'humus eft la feule terre végétale, l'autre eft terre ma-trice. Toutes les fubftances qui con-courent à la végétation, doivent être réduites à l'état favonneux pour conftituer la sève; & la sève, uni-forme pour toutes les plantes, s'éla-bore dans leurs calibres, en raifon des levains favonneux qu'elle y trouve. Il y a même de plantes dont les fucs confervent toujours leur état favonneux; la *faponaire* ou *fa-vonnière*, employée en Suède au blan-chiment du linge, en eft une preuve; beaucoup d'autres plantes offrent le même phénomène.

SECTION III.

Application de ces Principes à la Culture.

I. *Des labours & des engrais.* La culture a deux moyens de multiplier la terre foluble & de faciliter fon union avec les fubftances réduites à l'état favonneux. Ce font les labours & les engrais, fous ce mot *engrais* je comprend les herbes.

II. Les labours font ou feuls ou unis aux engrais.

III. Par les labours, on s'eft pro-pofé de divifer les molécules de la terre; 1°. afin de multiplier le nombre de celles deftinées à recevoir les im-preffions des météores; 2°. afin que les racines euffent plus de facilité à s'étendre, & que touchant par un contaft immédiat un plus grand nom-bre de molécules, elles abforbaffent la fubftance favonneufe qu'elles con-tiennent.

IV. Par les engrais, on a voulu rendre à la terre des principes de fertilité, épuifés par les végétations précédentes, c'eft-à-dire, lui fournir les matériaux de la fubftance qui de-viendra favonneufe.

V. Les auteurs fe font perfuadés de pouvoir fuppléer les engrais par la fréquence des labours; ils ont manqué leur but & à la longue, épuifé leurs terres.

VI. Ceux qui ont trop accordé aux engrais, ont eu de chétives ré-coltes pendant les premières années, fur-tout fi elles ont éprouvé la fé-chereffe; & d'excellentes dans les années fubféquentes, parce que la combinaifon favonneufe avoit eu le temps de fe préparer & de s'exé-cuter.

VII.

VII. Les premiers se sont hâtés, sans s'en douter, de produire la combinaison savonneuse, d'ameublir la terre végétale ou *humus*, de l'approprier & de la faire consommer par les plantes qui ont végété sur cette terre si divisée ; mais comme cette terre végétale a été absorbée, & que les labours multipliés n'étoient pas capables de la renouveler, ils ont appauvri leur sol.

VIII. Les seconds, au contraire, ont trop multiplié les substances animales, & il ne s'est pas trouvé dans la terre, & tout à la fois, une quantité suffisante de sels pour les réduire à l'état savonneux. Si cette multiplicité d'engrais, auparavant accumulés en un tas, avoit été unie par exemple avec la chaux, la marne &c., pendant le temps de sa fermentation, alors la combinaison auroit déjà été faite en grande partie, & il n'auroit plus fallu, lors de leur mêlange avec la terre, que son humidité ou quelque pluie pour les dissoudre, puisqu'ils étoient déjà dans un état de combinaison savonneuse.

IX. Les engrais purement salins, tels que la marne, la craie, la chaux, le sel de cuisine & tous les sels quelconques, produisent de bons effets, si la terre qui les reçoit a déjà une suffisante quantité de substance animale ; mais si cette dernière en est dépourvue, ou si elle est en trop petite proportion, leur usage devient funeste. (*Voyez* l'expérience du jardinier de milord *Robin Manner*, décrite au mot ARROSEMENT, *tome II*, page 10, seconde colonne.) Tout engrais purement salin produit en général le plus mauvais de tous les effets sur les champs situés à quelques lieues de la mer ; à moins que le cli-

Tome III.

mat n'en soit très-pluvieux. Par-tout ils exigent des engrais animaux & végétaux, & ces engrais doivent y être répandus lorsque l'on donne le premier labour aux terres, & non au moment de les ensemencer suivant la coutume de plusieurs endroits ; on comprend sur quoi ce principe est fondé.

X. On sait que la marne produit peu d'effet sur les terres pendant les premières années ; mais si on ajoute avec elle des engrais animaux, son action est vive & prompte.

XI. Ces observations donnent la solution du problême proposé deux ou trois fois par différentes académies : *Les labours peuvent-ils suppléer les engrais ?* C'est à l'état auquel la terre est réduite à décider leur nécessité.

XII. A quelle profondeur, combien de fois, & quand faut-il labourer ? Si la terre est bonne, elle sera assez divisée à sept ou huit pouces de profondeur ; puisque les racines des blés ne pénètrent pas plus avant ; pour les luzernes à un pied. Les labours multipliés coup sur coup ne sont utiles qu'autant qu'ils divisent les molécules de la terre ; mais ils troublent & dérangent les combinaisons & les unions des principes qui s'exécutent. Le nombre & le temps le plus propre aux labours, sont d'en faire 1°. un aussitôt après que la moisson est levée, & qui enterre le chaume ; 2°. un à l'entrée de l'hiver, s'il se peut, par un temps sec ; c'est l'époque de répandre l'engrais & de l'enterrer par ce labour ; 3°. un après l'hiver ; 4°. deux labours croisés avant de semer. Voilà pour les partisans des jachères. Tous ces labours doivent être faits à la *charrue* à versoir.

G g g g

(*V.* ce mot) Les terres essentiellement compactes, comme les *argiles*, en demandent un plus grand nombre (*Voyez* les mots Argile & Charrue.) Il s'agit ici des cas ordinaires & non pas des grandes exceptions.

Voilà déjà un grand point éclairci; il s'agit de s'occuper actuellement de la multiplication de l'*humus* ou terre végétale; puisque c'est de cette terre que dépend l'abondance des récoltes, subordonnées cependant aux saisons.

SECTION IV.

*De la formation de l'*Humus*; de la destination des mauvaises herbes & des jachères.*

I. *De l'humus.* 1°. On a dit que l'*humus* étoit la terre calcaire par excellence, qui avoit déjà servi à la charpente des animaux & des végétaux, & qu'ils avoient rendus à la terre matrice par leur décomposition.

2°. Comme il n'est pas facile de se procurer la quantité d'engrais animaux nécessaires à l'exploitation d'une grande métairie, il faut donc recourir aux végétaux pour les suppléer.

3°. *Alterner ses champs* est le moyen le plus simple, le plus économique & le plus sûr. (*Voyez* le mot Alterner qui est très-essentiel à l'objet présent, afin d'éviter les répétitions.)

4°. Toutes les provinces du royaume ne sont pas susceptibles de ce genre de culture; il peut cependant être adopté dans la majeure partie. Les provinces méridionales ont sans cesse à combattre contre la sécheresse; elles sont donc privées de la ressource de semer des grains quelconques, aussitôt après la récolte du blé & même des raves, &c. Dans les mois de septembre & d'octobre; comme dans plusieurs autres cantons: la terre y est si sèche pendant l'été, que la charrue la sillonne avec beaucoup de peine. Quel parti faut-il prendre pour y créer l'*humus?* Je ne connois qu'un seul expédient, donner, après qu'on aura ensemencé tous ses champs, deux forts coups de charrue au terrein destiné à rester en jachère; l'ensemencer avec tous les mauvais grains de froment, de seigle, d'orge, d'avoine, &c., qu'on aura séparés des bons au temps du battage; enfin herser comme à l'ordinaire. Ces plantes semées épais végéteront avant l'hiver; pendant l'hiver elles serviront de pâturages aux troupeaux, & du moment qu'elles approcheront de leur époque de fleuraison, il faut les enterrer par un coup de charrue à verfoir. C'est le cas de faire passer la charrue deux fois dans le même sillon, afin d'enterrer l'herbe le plus qu'il sera possible. Voilà la matière de l'*humus* toute préparée pour les besoins de la récolte suivante. Les meilleures semailles dans les provinces méridionales, sont celles qui ont lieu du 15 octobre au 15 novembre. On peut encore, si l'on veut, semer des fèves, des vesces, des pois & autres légumes semblables, dès qu'on ne craint plus les gelées tardives, & enterrer les plantes au moment où la fleur va épanouir; cette seconde méthode est moins sûre dans ce pays que la première, parce que le printemps y est quelquefois si sec, que leur végétation est bien peu de chose: dans l'un & dans l'autre cas, on perd à la vérité la semence, mais l'herbe qui en provient, formant un bon engrais & servant à la nourriture du bétail, dans un temps où elle est rare, ne dédommage-t-elle pas de la petite perte de la semence ? Dans les autres provinces, au contraire, où les pluies sont moins rares, c'est le cas de semer des raves après la récolte des grains, des panais, des carottes &c.; & après les avoir fait pâturer par le bétail pendant tout l'hiver, de retourner les plantes au premier printemps & de les enfouir dans la terre. On peut également semer dans ce premier printemps, le lupin, la dragée, à la manière de Flandre; enfin, toute la nombreuse famille de plantes légumineuses, n'importe quelle herbe que ce soit, pourvu que ce soit de l'herbe & en quantité.

5°. Si vous alternez vos récoltes par du trèfle semé sur le blé même, ou par des luzernes, ou par des esparcettes, ou par des prairies, chacun suivant sa position & son climat, il est clair que la terre végétale ne manquera pas, lorsque le champ sera semé en grains.

6°. Il est encore bien démontré que, quand même il n'y auroit point eu de décomposition des débris des plantes, le grain réussiroit très-bien après la luzerne, le trèfle, pris pour exemple, parce que la racine de ces plantes, étant pivotante, va chercher sa nourriture profondément dans la terre, & ne consomme pas la terre végétale qui se trouve depuis sa superficie jusqu'à six pouces de profondeur: c'est la raison pour laquelle du blé, semé après un autre blé, trouve cette couche supérieure de terre dépouillée en grande partie de son *humus*. J'ai dit, & je persiste à dire que la seule inspection de la forme des racines d'une plante suffit

Il à un homme instruit pour diriger sa heure.

II. *Des mauvaises herbes.* 1°. Ce nom est impropre, puisque toutes les herbes quelconques, par leur décomposition, forment l'*humus*. Cependant ces herbes deviennent effectivement *mauvaises* par la négligence du cultivateur qui les laisse grener & sécher sur pied. Alors elles s'approprient en pure perte la portion de terre végétale, & en privent les grains utiles: d'ailleurs leurs semences végétant, l'année d'après, avec le grain, lui portent un véritable préjudice, & l'affament : voilà en quoi ces herbes méritent d'être appelées *mauvaises*. La luzerne est une bonne herbe ; mais si elle végète avec le blé, elle lui nuit moins par sa racine que par ses fanes, & parce qu'elle le prive du bénéfice de l'air avant qu'il soit monté en épi. C'est donc la circonstance, ou le petit nombre des herbes, qui les rend mauvaises ; mais, dans quelque circonstance que ce soit, le *chiendent*, (*voyez* ce mot) est toujours nuisible, parce que repoussant sans cesse, & pullulant à l'excès, il absorbe tous les sucs de la terre.

2°. Cette manière de multiplier l'herbe d'une ou de deux ou de trois espèces, détruit les mauvaises. Celles-ci sont en petit nombre, proportion gardée avec celles qui ont été semées; elles doivent donc mal végéter: outre cela, sans cesse tenues à l'ombre par les autres herbes semées très-épais, elles languissent & s'*étiolent ;* enfin le soc de la charrue leur prépare le même sort qu'aux plantes voisines; il les enfouit toutes avant qu'elles aient pu grener pour se reproduire. Il est rare de voir la moindre herbe fur un champ cultivé de cette manière : voilà donc ces mauvaifes herbes, fi redoutées, devenues utiles, enfin détruites & converties en *humus*. Si elles végètent ou repouffent de nouveau, les labours donnés jufqu'au moment des femailles les détruifent & ne leur laiffent plus le temps de grener; de manière que les blés femés fur labours font nets, à moins qu'il ne fe trouve avec eux des graines étrangères, lorfqu'on les fème.

3°. Je vais häfarder une affertion qui me paroît très-vraifemblable, quoique je ne puiffe pas encore la prouver par l'expérience elle n'avoit pas échappé aux anciens; ils difoient que telle plante n'aimoit pas le voifinage de telle autre, fans en donner la raifon, ou du moins une bonne raifon. Ne feroit-ce pas à caufe de la difproportion qui fe trouve entre les fucs & autres principes rejetés par la tranfpiration? Une plante fe plaît plus dans un fol que dans un autre; le faule fe plaît plus au bord d'un foffé rempli d'eau bourbeufe, qu'auprès d'une rivière dont l'eau eft claire, limpide, & le cours rapide: ne feroit-ce pas parce que cette eau bourbeufe lui fournit plus d'air inflammable que l'autre, & qu'il a befoin de beaucoup de cet air pour la végétation? De ces exemples, ne pourroit-on tirer l'explication pourquoi telle plante étrangère aux blés leur nuit plus que telle autre plante? Sans recourir, pour caufe effentielle du dépériffement, à la privation des fucs que fes racines occafionnent, je crois que c'eft autant à l'abforption des principes répandus dans l'atmofphère, dont elle affame fa voifine, & que, dans d'autres cas, les plantes

fe nuifent néceffairement par leurs tranfpirations qui ne font point analogues. Je m'occupe de ces expériences : ferai-je affez heureux pour en retirer quelque principe certain?

III. *Des jachères.* 1°. La longueur du repos laiffé à la terre n'eft pas la même dans tout le royaume. Dans quelques endroits, après une récolte de froment, on fème du feigle, & quelquefois du froment, fuivant la qualité de la terre : dans d'autres, il y a une intermittence d'une année entière ; enfin cette intermittence eft quelquefois de plufieurs années confécutives, lorfque le terrein eft maigre : c'eft donc fur fa qualité qu'on fe décide.

2°. Je ne vois dans aucun pays, dans aucun fol quelconque, l'utilité de la pleine jachère, le fol fût-il autant dénué de principes qu'on le fuppofe. Il vaut mieux femer de l'herbe commune, & l'enterrer enfuite, que de laiffer la terre complétement nue. *Voyez* les expériences citées au mot AMENDEMENT, *T. I*, pag. 481, & ce qui eft dit, pag. 501 du même mot.

3°. Les trop vaftes poffeffions & les petits moyens d'exploitation ont donné l'idée des jachères; mais lorfque je jette les yeux fur la petite portion de terrein qui appartient à un payfan, je vois qu'elle ne chôme point, tandis que celle du grand propriétaire, fon voifin, ne produit des récoltes que tous les deux ans, quoique le fol foit le même. Le payfan, à force de petits foins multipliés, fe procure des terres nouvelles, des engrais, & l'étendue de fon champ n'excède pas la force de fon travail. Vaftes propriétaires! cultivez comme lui, cultivez moins, cultivez mieux,

& vous trouverez la solution du problême des jachères. Souvenez-vous de l'adage de Columelle : « Le » champ doit être plus foible que le » laboureur ; fi le fonds eft plus fort, » le maître fera écrafé » ; c'eft-à-dire, qu'il ne retirera pas de fon fol tout ce qu'il eft en droit d'en attendre.

4°. Les jachères font inconnues en Chine, dans la Flandre françoife, en Artois, &c. & aujourd'hui dans un grand nombre de cantons d'Angleterre, depuis que la culture des turnips, des carottes, &c. y a été introduite. Si votre terre eft bonne, femez du *trèfle*, (*voyez* ce mot) fur vos blés même, & jamais la terre ne repofera : fi le fonds eft de médiocre qualité, du fainfoin ou efparcette, de la luzerne ; enfin des prairies, fi le climat le permet. Enfin, la terre ne doit refter *nue*, que le moins de temps qu'il eft poffible.

Conclufion.

De ce qui a été dit fur l'*humus*, fur les herbes, fur les jachères, il en réfulte néceffairement ces conféquences ;

1°. Que les labours contribuent feulement, d'une manière indirecte, à créer la terre végétale ;

2°. Qu'ils aident fa combinaifon avec les autres fubftances dont la fève eft formée ;

3°. Que de trop fréquens labours, & donnés à des intervalles trop rapprochés, font non-feulement inutiles, mais nuifibles, puifqu'ils mettent obftacle à la combinaifon des principes ;

4°. Que le but des labours eft de divifer les molécules de la terre, afin de faciliter l'accroiffement des racines, & de faciliter à cette terre l'abforption des principes répandus dans l'atmofphère ;

5°. Que les labours feuls, ou unis aux engrais, doivent tenir la terre foulevée au point qu'elle ne retienne ni trop ni trop peu d'eau, mais la quantité proportionnée à la nature de chaque plante. C'eft, à mon avis, le point le plus effentiel de l'agriculture, & après la formation des principes de la fève, celui qui doit le plus occuper le cultivateur.

Je fais que ces principes contrarient prefqu'ouvertement les méthodes reçues. Je ne me cache pas que je heurte de front des coutumes tranfmifes de père en fils, depuis un grand nombre de fiècles : cependant j'ofe dire que j'ai pour moi une fuite de raifonnemens conformes aux loix de la nature ; l'exemple des prairies, foit naturelles, foit artificielles, converties en terres à blé ; enfin, l'exemple de plufieurs peuples qui ont fenti la néceffité & les avantages d'alterner, ou de faire croître des herbes pendant l'année appelée de *jachère*, lorfque le climat ou leur pofition ne leur permettoit pas d'alterner. Si on me prouve que mes principes font faux, & qu'on veuille m'en faire connoître de meilleurs, j'abandonnerai les miens pour adopter les autres ; & je les adopterai avec la plus grande reconnoiffance pour celui qui m'aura inftruit.

CUSCUTE *ou* EPITHYME *ou* AUGURE DE LIN. (*Voy. Pl. 16*, p. 544) M. Tournefort la place hors de rang dans fon *appendix*, il l'appelle *cufcuta major* : M. von Linné la nomme *cufcuta europæa*, & la claffe dans la tetrandie digynie. Elle eft ici repréfentée fur un *chamædris*, parce qu'elle vit aux dépens des autres plantes. L'épithyme eft une variété de la précédente, & eft auffi nuifible.

Fleur B , rougeâtre, d'une feule pièce. C montre la corolle dépouillée du calice, formée par un tube evafé à fon extrémité, & découpée en cinq. Les étamines D, au nombre de quatre, pofées fur les bords du tube de la corolle. Le piftil E eft repréfenté ici dans le calice ouvert.

Fruit F. Capfule à quatre loges & à quatre cloifons en G : il eft vu en deffous, & dépouillé du calice.

Feuilles. Il eft encore à démontrer folidement qu'elle en foit pourvue.

Port. Tiges farmenteufes, prefque capillaires, s'entortillant aux plantes & s'y attachant. Des aiffelles des paquets de fleurs naiffent les tiges.

Lieu ; les prairies & trop fouvent les champs cultivés. La plante eft annuelle, & fe reproduit avec une facilité étonnante.

Propriétés. Malgré les éloges prodigués à la grande cufcute & à l'épithyme , on peut très-raifonnablement douter de fes vertus. On la fait connoître ici, afin que le cultivateur ait le plus grand foin de la détruire. Elle ruine peu à peu les prairies, les houblonnières , & on l'a nommée *augure de lin*, parce que le cultivateur perd l'efpérance de fa récolte, lorfque cette plante parafite s'empare du lin. Dès qu'on la trouve, le plus court eft d'arracher les plantes fur lefquelles elle végète , de les porter hors du champ, d'en faire des monceaux & d'y mettre le feu.

CUTANÉES. (maladies) MÉDECINE RURALE. Ce font certaines maladies qui ont leur fiège fur la peau. On devroit ranger dans cette claffe généralement toutes les maladies de la peau ; mais l'ufage a prévalu : on ne donne le nom de *maladies cutanées* qu'à la gale, aux dartres, à la croûte laiteufe, à la lèpre & aux aphtes ; & l'on range dans d'autres claffes les différentes maladies de la peau, telles que la rougeole, la petite vérole, la porcelaine. (*Voy.* FIÈVRE ÉRUPTIVE)

Les maladies de la peau reconnoiffent pour caufe, des levains étrangers répandus dans le fang, circulant avec ce fluide, & que la nature dépofe enfuite fur la peau. Cet état du fang chargé de levains étrangers fe nomme *cacochimie :* ainfi toutes les maladies de la peau quelconque, le fcorbut, le rhumatifme, la goutte, la vérole, les écrouelles, &c. font des maladies de *cacochimie*. Le traitement doit être proportionné à chacune de ces maladies. Pour les maladies de la peau, *voyez* les différens articles APTHES, CROUTE LAITEUSE, maladie des enfans, à l'article ENFANT; DARTRES , GALE & LÈPRE. M. B.

CUTANÉES. (maladies) *Médecine vétérinaire.* La peau ou les tégumens des animaux font fujets à une infinité de maladies qui viennent de caufe externe ou de caufe interne, auxquelles nous donnons le nom de *maladies cutanées*. Telles font la gale des chiens & des chevaux, les boutons & la picote des moutons, l'éréfypèle & le charbon des bœufs, les verrues, les cors, les poireaux, les échymofes, les plaies , les ulcères de la peau, les brûlures, &c. qui peuvent affecter tous les animaux.

Confultez ces différens articles. M. T.

CUTICULE. Peau végétale, extrêmement fine. (*Voy*. ÉPIDERME)

CUVE. Grand vaisseau garni d'un seul fond destiné à recevoir la vendange, *Planche 17*; la forme de ce vaisseau varie suivant les pays; ici elle est ronde; là, quarrée; dans quelques endroits cerclée en fer; dans d'autres, avec de forts cerceaux faits avec le bois de châtaignier, ou avec celui du bouleau ou avec celui du frêne; la même variété a lieu relativement aux douves qui sont ou de chêne ou de châtaignier ou de mûrier.

I. *De la forme des cuves*. Dans tout le royaume elle est plus large par le bas que par le haut; ordinairement aussi haute que large, & souvent plus haute que large. Dans les environs de Sens, au contraire, la cuve est environ deux fois plus large que haute, & plus large ou au moins aussi large dans le haut que dans le bas. S'il en existe ailleurs de semblables, je l'ignore; ce sont plutôt de vastes cuviers pareils à ceux destinés pour les lessives de ménage, que des cuves.

On a raison de tenir le haut plus étroit, & le degré de resserrement dépend de la main de l'ouvrier, qui diminue plus la largeur de la douve par le haut que par le bas; par ce moyen les douves joignent beaucoup mieux, & les cerceaux quelconques ont une action plus immédiate sur les douves. Si on manioit une cuve comme un tonneau, comme une barrique, il seroit *à la rigueur* moins nécessaire d'élargir le bas & de diminuer le haut; mais une cuve une fois placée ne se dérange plus; il faut donc que, lorsque chaque année on

rebat les cerceaux avant la vendange, que le cerceau ne puisse pas glisser du haut en bas; ce qui arriveroit nécessairement si la colonne formée par la cuve étoit droite, à cause de la retraite prise par le bois, & que la chaleur de l'été rend indispensable. Ainsi que la cuve soit ronde ou quarrée, il est essentiel que le bas soit plus large que le haut.

Les grands propriétaires de vignobles doivent préférer les formes quarrées, puisqu'en supposant la même hauteur & le même diamètre à une cuve ronde, elle tiendra moins qu'une cuve quarrée, parce que celle-ci gagne par ses angles. La quarrée mérite encore la préférence sur la ronde, en ce qu'elle est moins dispendieuse pour l'entretien; quatre *bandes* sur chaque face d'une cuve de six pieds de hauteur, suffisent, & il faudra au moins deux douzaines de cerceaux pour une cuve ronde de la même hauteur. Les cerceaux sont plus communément faits d'une petite partie de cœur de bois & d'aubier que de vrai bois; il n'est donc pas surprenant s'ils sont plutôt vermoulus, & si pour en placer un qui éclate, il faut enlever tous ceux du dessus; au lieu que la *bande* est toujours de bon bois comme il sera dit ci-après, & qu'on peut enlever & la remettre sans le plus léger inconvénient.

En général les cuves n'ont point assez de hauteur sur leur largeur; ce défaut vient souvent du peu de hauteur du plancher du cellier, ou de ce que l'on recherche trop la facilité de jeter la vendange dans la cuve. Si le plancher du cellier est élevé, rien n'empêche de former avec de longues & fortes planches une montée doucement inclinée qui prendroit de la porte du cellier & se continueroit vers la cuve. Je préférerois la cuve placée ainsi que je l'ai dit au mot CELLIER, article à relire à cause de ses rapports avec celui-ci.

Les cuves rondes sont trop connues pour les décrire; les quarrées le sont moins : si elles étoient parfaitement quarrées, aucune bande; même la mieux serrée, ne feroit joindre parfaitement les douves. Il faut donc que l'ouvrier en les préparant, donne quelques lignes de plus à la surface extérieure qu'à la surface intérieure ; il en est de même pour les cuves rondes, mais la diminution sur la partie intérieure de celles-ci doit être plus forte. Un renflement d'un pouce à un pouce & demi sur chaque face, & égal sur toutes, suffit pour une cuve quarrée de cinq à six pieds de diamètre : la bande doit décrire la même courbe, & l'on peut, si l'on veut, le prendre sur son épaisseur; mais il vaut mieux lui faire acquérir cette courbe, ou par le moyen du feu, ou en mouillant le bois & le chargeant de pierres sur les deux bouts, lorsqu'il est assis sur un terrein affermi auquel on a donné à peu près la forme de la courbe, & non pas autant que celle que doit par la suite décrire la bande à force d'être serrée par les clefs.

II. *Des proportions des cuves.* Elle est arbitraire & dépend de la fantaisie de l'ouvrier. Je crois cependant que la bonne règle feroit au moins de dix à douze lignes de resserrement par pied sur la hauteur; alors les bandes ou les cercles joindroient fortement, lorsqu'on enfonceroit les clefs des premières, & lorsque l'on chasseroit les seconds de haut en bas avec

le coin sur lequel doit frapper le maillet. Un autre motif au moins aussi intéressant que le premier, rend précieuse cette inclinaison sur la partie intérieure, & je suis surpris que personne n'y ait encore fait attention : si les parois de la cuve étoient perpendiculaires, la masse fermentante se soulèveroit sans contrainte vers sa surface ; le *chapeau* de la vendange si avantageux à la fermentation, n'auroit presque point de consistance & bomberoit peu dans le milieu; au lieu que ses bords, pressés par le plan incliné donné au douves, sont repoussés vers le milieu & peu à peu les grains de raisins, les pellicules, semblables à autant de coins qui pressent vers le centre, augmentent le volume du chapeau & le font bomber en raison de l'inclinaison des douves. Que l'on considère le chapeau d'une cuve évasée également par le haut comme par le bas, ou d'une cuve beaucoup plus étroite dans sa partie supérieure, & l'on verra une différence bien sensible dans la courbure. Au mot FERMENTATION on reconnoîtra les avantages procurés par le chapeau. Dans le premier cas, il est moins épais que dans le second.

III. *Des cuves quarrées.* Le premier soin du propriétaire est de visiter avant qu'on assemble les pièces, séparément chaque douve du fond & des côtés, & de rejeter sans miséricorde celle qui aura encore quelque portion d'aubier, sur-tout dans les angles; 2°. d'examiner si le bois est parfaitement sec, & a fait son *effet*; 3°. s'il n'est point traversé de part en part par des nœuds qui soient gercés, crevassés; 4°. si chaque pièce a été par-tout bien dressée sur le banc

Pl. XVII. Pag. 607.

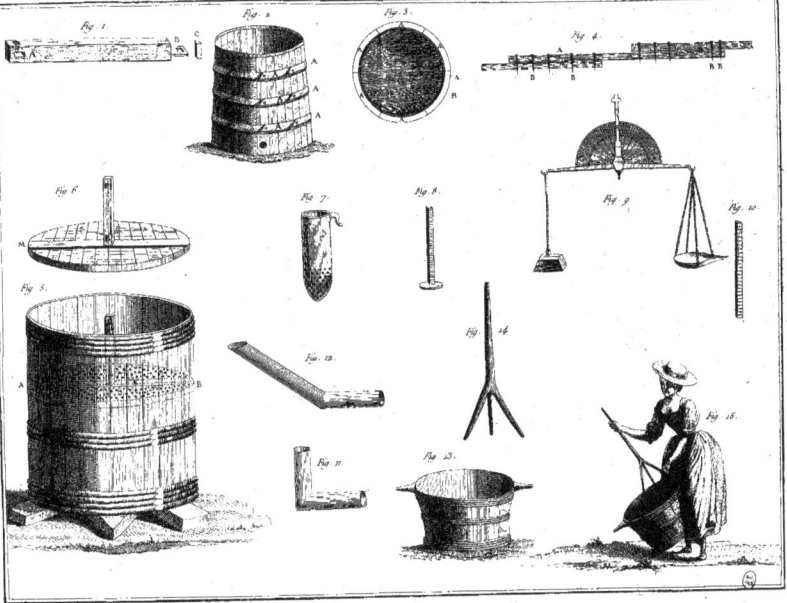

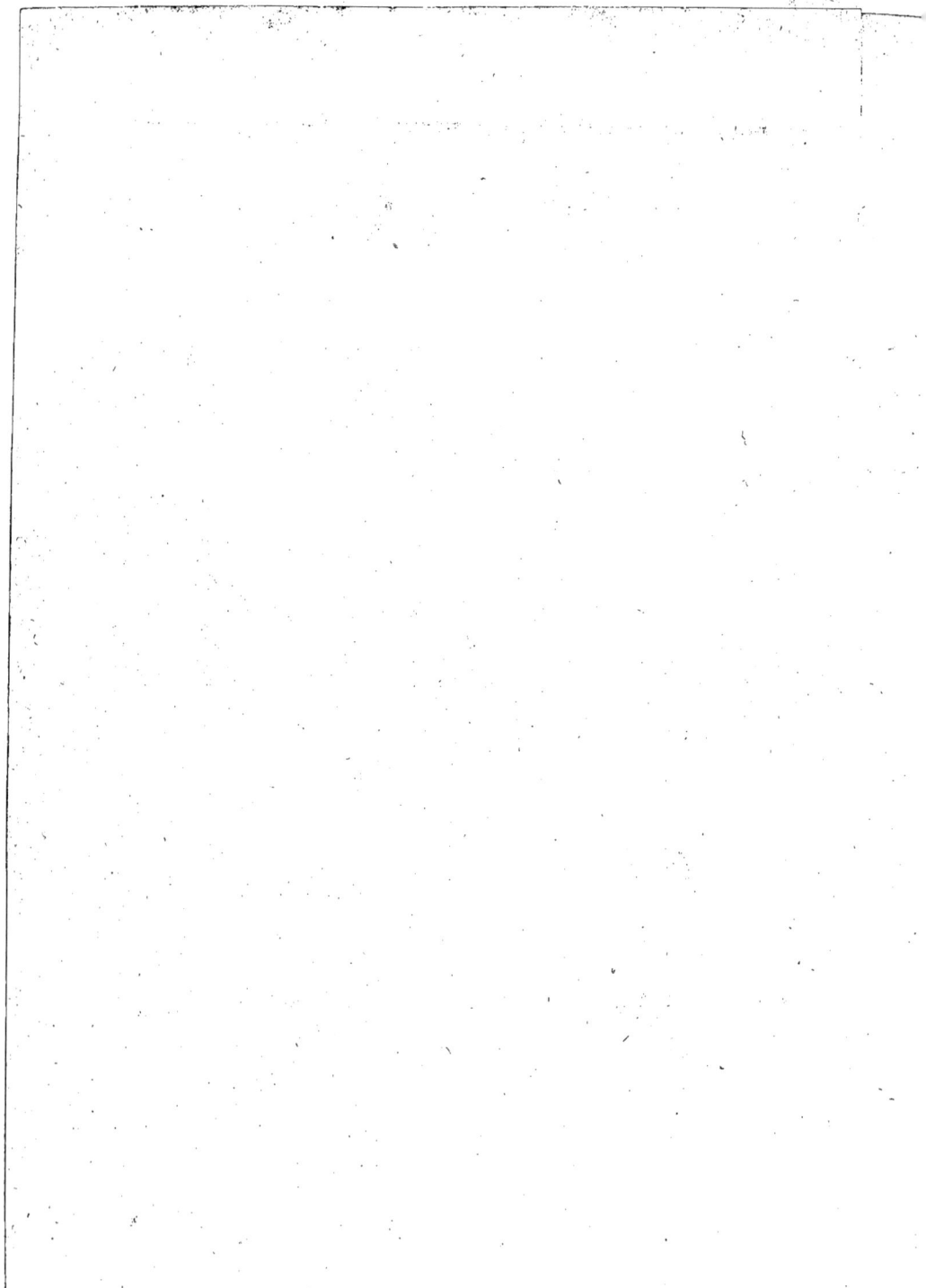

banc ou colombe, afin qu'il ne reste point de vide lorsqu'on la présentera à la douve voisine ; en un mot, si chaque pièce est exactement saine d'un bout à l'autre, & si elles sont toutes de la même épaisseur. On payera bien cher dans la suite ces manques d'attention ou de confiance aveugle dans l'ouvrier.

Un des points importans est que le jable ou rainure, ménagé dans la partie inférieure de la douve, soit large, profond, proportion gardée avec l'épaisseur du bois, & que le clain de la douve le remplisse exactement.

Toutes les pièces qui forment le fond doivent être goujonnées, c'est-à-dire, garnies de chevilles qui les réunissent les unes aux autres par le plan de leur épaisseur ; ce que j'ai dit des douves de la circonférence, s'applique encore plus essentiellement à celles du fond, parce qu'une fois en place, on n'a plus la facilité de les examiner & d'y remédier comme à celles des côtés.

Chaque douve des encoignures doit être taillée en équerre & d'une seule pièce, afin de recevoir les deux douves ses voisines. Si les coins étoient formés par la réunion des deux douves, il seroit bien difficile que la liqueur ne coulât pas ; les coins seroient toujours mal serrés par les bandes.

Toutes les douves d'une cuve quarrée, sont maintenues par quatre rangs de liens ou bandes. La plus inférieure appuie contre les douves du fond, & entre cette extrémité, il reste au moins un espace de quatre à cinq pouces. Cet espace est garni par des traverses de même épaisseur qui soutiennent le fond, & ces traverses & le bas des douves, & le bas du lien

portent sur des pièces de bois sur lesquels la cuve est montée : on peut suppléer ces pièces de bois par des piliers en maçonnerie ou par des murs. Le grand point est que sous la cuve il règne un grand courant d'air & point d'humidité, si on veut en garantir le fond de la moisissure qui entraîne bientôt la pourriture. La seconde bande est placée à peu près à un pied au-dessus de la première ; la troisième & la quatrième à la même distance.

On appelle *bande* ou *lien*, une planche de chêne ou de châtaignier de trois à quatre pouces d'épaisseur, sur une longueur proportionnée au diamètre de la cuve & de six pouces de hauteur, mais qui doit excéder ses bords au moins de huit pouces de chaque côté.

Ce lien, (*Figure 1, Planche 17,* page 607) est percé en A d'une mortoise & garni à son extrémité B, d'un tenon percé dans son milieu d'un trou pour recevoir la clef C. A présent, en supposant ces quatre liens taillés ainsi, on voit qu'une partie est emboîtée, & que l'autre emboîte celle qui s'en rapproche. Ainsi, dans la mortoise A, entre le tenon B du lien voisin, & ainsi successivement, de manière, que lorsque les clefs C sont placées, les quatre liens sont assujettis les uns contre les autres ; ils touchent alors par tous les points les douves des quatre faces : comme les clefs sont faites en coin, plus on les enfonce, & plus les quatre liens serrent les douves ; le tenon B doit être garni d'un petit cerceau de fer à son extrémité, afin que la clef chassée fortement par le marteau, ne le fasse pas éclater. Si la mortoise A occupe

H h h h

la droite dans le lien fupérieur &
fur la face de devant, elle occupera
la gauche fur la même face dans le
fecond lien ; la droite fert pour le
troifième , & la gauche pour le quatrième ; il en eft de même pour tous
les liens de chaque face, dans quelques endroits le lien de devant & de
derrière eft garni d'une mortoife à
chacune de fes extrémités , & les extrémités des deux autres font garnies
par des tenons. Je crois que les douves font plus ferrées par la première
méthode.

IV. *Des cuves rondes avec des liens.*
Dans les provinces méridionales où
les grands cerceaux font prodigieu-
fement coûteux, on a imaginé des
liens moins difpendieux, & la néceffité a fait naître l'induftrie. La *Figure* 2 repréfente une de ces cuves
vue en perfpective, & ces liens marqués A ; la *Figure 3*, fait voir le
fond de la cuve garnie de fes liens A,
pour foutenir les douves perpendiculaires dont la place eft marquée
en B, & dans le jable defquels s'enfonce le clain du fond C; la *Figure 4* offre le profil d'une partie
des courbes qui forment le lien, &
fait voir leur affemblage. Chaque
pièce de bois a communément trois
pieds de longueur, quatre pouces
de largeur & trois pouces de hauteur. Chaque extrémité eft échancrée, ainfi qu'on le voit *Figure 4*,
& les pièces A font réunies par des
chevilles B qui les traverfent de part
en part. Pour trouver la courbe néceffaire, on entaille le bois ; il vaudroit mieux, fi la chofe étoit poffible,
trouver des morceaux de bois qui
euffent la courbure néceffaire, parce
que le bois feroit à droit fil & parconféquent plus folide.

V. *Des cuves en maçonnerie.* Je
préfere celles-ci à toutes les autres
une fois conftruites avec foin, elle
n'exigent plus aucune réparation, &
on peut les appeler des cuves *éter-
nelles.* Je crois même que celles en
bois font plus coûteufes. Cet objet
mérite une attention particulière de
la part des grands propriétaires de
vignobles.

La forme quarrée eft la plus avantageufe, & en même temps la plus
économique, parce que, fi on conftruit trois cuves à côté les unes des
autres, on économife & la matière
& la main d'œuvre de deux murs.
Il y a deux manières de les conftruire, ou en *béton*, ou en *pouzzolane.*
(*Voyez* ces mots) J'ai oublié de dire,
en parlant du béton, que la proportion de la chaux devoit être d'un
cinquième plus forte que pour le
mortier ordinaire, à moins que la
chaux ne foit d'une qualité fupérieure. Je n'ai pas encore affez infifté
fur la qualité du fable : plus il eft
pur, c'eft-à-dire, moins il contient
de parties terreufes, & meilleure eft
la conftruction. Il faut donc laver
le fable à grande eau, afin qu'elle
entraîne les molécules terreufes. Ces
attentions font effentielles dans la
conftruction des cuves.

On ne peut, pour les cuves, employer le béton comme pour les caves & les fondations des édifices : il
faut ici conftruire des encaiffemens
avec des planches bien jointes enfemble, & foutenues par derrière
avec des piquets.

Nous fuppofons qu'un propriétaire veuille conftruire trois cuves
fur un même alignement, & qui fe
toucheront ; nous fuppofons encore
que chacune de ces cuves aura huit

pieds de diamètre fur neuf à dix de hauteur : voici leurs proportions. Si on adoffe ces cuves contre un des angles des murs du cellier, l'épaiffeur de douze à quinze pouces fuffit; celle des murs de féparation, de quinze pouces ; celle des murs de face, de deux pieds quatre pouces par le bas, réduits à dix-huit pouces d'épaiffeur dans la partie fupérieure. L'expérience a juftifié la folidité de ces proportions. Dans les cuves ainfi conftruites, toute la partie intérieure de la maçonnerie eft montée perpendiculairement , & la réduction de vingt-huit pouces à dix-huit eft prife fur la partie extérieure des murs de face.

Avant de fonger à élever ces murs, il faut auparavant avoir fait un maffif de maçonnerie ordinaire, de trente pouces de hauteur au-deffus du fol , & par-deffus étendre un lit de béton d'un pied d'épaiffeur. Cette élévation facilite le fervice de la cuve, lorfqu'on tire le vin; & dans le cas qu'on faffe fermenter des vins blancs, après les avoir mis fur le preffoir, comme on le pratique dans quelques endroits du royaume, on approche la barrique fous la cannelle; elle fe remplit, on ferme le robinet, on remplit une nouvelle barrique , & ainfi fucceffivement.

Ce lit fera incliné vers la partie antérieure de la cuve, afin que le vin puiffe s'écouler entièrement par la cannelle implantée à la bafe du mur de face. C'eft fur ce lit que doivent prendre naiffance tous les murs du pourtour & de féparation.

Un ouvrier adroit & intelligent peut donner même inclinaifon fur la partie intérieure, que dans les cuves en bois; le tout dépend de la manière dont il formera les côtés intérieurs de fon encaiffement ou plutôt de fon moule.

Il eft bien plus effentiel que la criftallifation des murs d'une cuve foit égale par-tout, que pour ceux d'une *cave.* (*Voyez* ce mot) Il eft donc néceffaire de prendre des précautions en les élevant : à cet effet, on formera des couches de béton de trois pouces d'épaiffeur. Des ouvriers, armés de battoirs femelés de fer, maffiveront cette couche, en formeront une nouvelle qu'ils maffiveront ainfi fucceffivement. Pendant les heures des repas des ouvriers, on couvrira ces couches avec de la paille mouillée : fi la chaleur du jour eft forte, on aura la même attention, lorfqu'ils quitteront le travail à l'approche de la nuit. Le lendemain matin, ils enlèveront ce lit de paille , & pafferont fur toute la fuperficie de l'ouvrage une légère couche d'un lait de chaux , & cette couche facilitera l'union intime du travail du jour & du travail de la veille : c'eft ainfi qu'on achèvera les trois cuves , & plus, fi on le défire. Toute l'opération finie, il ne refte plus qu'à tenir les fenêtres du cellier fermées, afin d'y conferver la fraîcheur. La faifon la plus convenable à cette efpèce de conftruction eft le commencement du printemps : dans les grandes chaleurs, le béton criftallife mal, l'évaporation de l'eau furabondante eft trop rapide.

Les cuves montées en la *pouzzolane*, (*voyez* ce mot) fe conftruifent à l'inftar des maçonneries ordinaires. La feule différence confifte à metrre moitié chaux, un quart de fable & un quart de pouzzolane , & lorfque les murs font faits, de paffer

sur la partie intérieure une forte couche de ce mortier en plusieurs reprises différentes, afin que les gerçures formées dans la première
épaisseur soient bouchées par le mortier du second lit, & enfin par le
troisième. Un ouvrier sera, pendant
un jour ou deux, occupé à passer
& repasser sa truelle sur les parois
de la couche, à l'appuyer fortement;
ce qui est une espèce de massivage.

Ceux qui n'auront pas de pouzzolane, peuvent bâtir à la manière de
Lille & de Tournay. (*Voyez* le mot
CITERNER) Je ne conseille point les
mortiers préparés avec la brique
pilée & réduite en poudre, qu'on
substitue à la pouzzolane. J'ai vu une
cuve construite avec ce dernier mortier, donner un mauvais goût au
vin : comme je ne l'ai vue qu'en
passant, sans avoir le temps de l'examiner, je n'insisterai pas davantage.

Je voudrois que les cuves en maçonnerie quelconque, servissent à
deux usages, & pour la vendange,
comme cuves, & pour le vin, comme
foudres. (*Voyez* ce mot) A cet effet,
il faudroit élever, sur le quarré des
murs de face, de seconds murs qui
formeroient un cube, & au point de
leur réunion il ne resteroit que dix-
huit pouces de largeur. Dans ce cas,
les murs de face auroient, sur toute
leur hauteur, deux pieds quatre pouces d'épaisseur, & ceux du cube,
seulement l'épaisseur de quinze pouces dans le haut, & diminueroient
insensiblement d'épaisseur en approchant de la partie supérieure des murs
de face. On conçoit, 1°. que si on
pratique ce cube, les murs de séparation d'une cuve à l'autre doivent
nécessairement avoir l'épaisseur de
deux pieds quatre pouces ; 2°. que

pour maçonner & massiver ces murs
aussi solidement que ceux de la base,
il est nécessaire de leur donner un
fort encaissement, que l'on élèvera
à mesure, au moins extérieurement ;
3°. que la forme cubique est préférable à toute autre, à cause de la
facile construction de l'encaissement,
& de la manière aisée de placer les
supports de cet encaissement ; 4°. que
la hauteur de ce cube dépend de
celle du plancher, & des facilités
qu'on peut se procurer, afin de remplir ces cuves, & des moyens pour
en retirer la vendange avec le secours d'une poulie, des seaux, &c.

On ménagera, dans la partie supérieure du cube, une recoupe de
quelques pouces, destinée à recevoir
un cadre de bon bois de chêne
garni de sa trape, percée d'un trou
dans son milieu qui, au besoin,
sera l'office du trou de bondon des
tonneaux. Dans le temps de la vendange, & pendant celui de la fermentation, ce cadre sera enlevé, & lorsque cette cuve ou foudre sera remplie
de vin, après avoir pressuré la vendange, la même trappe sera remise
en place, & les intervalles qui resteront entre le bois & les parois du
mur, seront fortement mastiqués avec
un mélange de sang de bœuf & de la
chaux réduite en poudre : cette mix-
tion doit former une pâte molle qui,
peu à peu, prendra la consistance la
plus solide.

Je ferai voir, en parlant de la *fermentation* des vins, combien ils gagnent en qualité lorsqu'ils fermentent
dans la plus grande masse possible ;
&, en parlant de leur conservation,
combien il est économique de les
tenir dans des vaisseaux, dont la surface soit aussi petite qu'il est possible.

. VI. *Du couvercle des cuves.* Quelques particuliers se sont apperçus que la vaste surface d'une cuve laissoit échapper inutilement une très-grande quantité des principes du vin, & qui assurent sa durée ; ils ont proposé en conséquence de placer sur la cuve un couvercle formé soit avec de la paille, soit avec des couvertures d'étoffes, soit avec des planches ; mais personne ne s'étoit encore avisé de proposer un couvercle double, semblable à celui de la *Fig. 5.*

« On aura soin de placer, dit l'auteur de cette invention, dans l'intérieur de la cuve, à la distance d'un pied & demi environ du bord supérieur, un liteau fixe, circulaire & saillant, sur lequel on puisse faire reposer un cercle de bois semblable au fond de la cuve, & sur lequel les hommes puissent fouler les grains de raisins, si on n'aime mieux les faire écraser avant de les jeter dans la cuve. Ce cercle ou fond de bois doit être percé de plusieurs trous ronds, assez grands pour que les pellicules des raisins écrasés puissent y passer, & ces trous doivent être évasés par en-bas, afin que rien ne s'y arrête. Si ces trous sont plus étroits, alors ce fond intermédiaire sera composé de deux ou de plusieurs pièces, qu'on lèvera ensuite pour laisser passer les raisins pressés, & qui seront fixés par la traverse K, *Fig. 5.* Ce fond étant appuyé sur le liteau circulaire, qui est un vrai anneau, sera très-solide ; il sera formé comme le fond des tonneaux, comme celui des cuves, & ne différera du fond de la base, que parce que celui-là aura un diamètre plus petit que celui de la double épais-

seur des pièces latérales de la cuve.

» Cette cuve aura un couvercle ou fond supérieur mobile, *Fig. 6,* mais plus large que celui qui fait la base, afin qu'en le mettant sur l'ouverture de la cuve, il puisse la couvrir sans s'enfoncer, quoiqu'une forte pression soit exercée sur lui par une raison semblable. La même solidité est requise pour le fond intermédiaire qui est percé. Ces pressions feront produites par deux pièces de bois, dont l'une CD, *Fig. 5,* sera placée perpendiculairement entre le fond intermédiaire & le fond supérieur, & l'autre EF, *Fig. 6,* entre le fond supérieur de la cuve & le plancher du cellier.

» Leur effet est d'empêcher que, lorsque le vin fermentera dans la cuve & s'élèvera, le fond intermédiaire & le fond supérieur ne soient déplacés & chassés par l'action de la liqueur qui se dilate : mais l'effet des deux fonds est différent, & voici les raisons pour lesquelles on le place ainsi. Le fond intermédiaire, qui est percé de plusieurs trous, sert à empêcher que les pellicules du raisin ne montent au haut de la cuve, parce que ces corps réunis, formant une *croûte légère,* surnageroient bientôt la liqueur, *s'aigriroient* en se desséchant par le contact de l'air, & communiqueroient ensuite aux vins la mauvaise qualité qu'ils ont contractée, comme le *levain* aigrit toute la masse. Ce fond intermédiaire étant percé, permet à la liqueur fermentante de s'élever dans la cuve, en passant par les trous qui ont été ménagés dans toute la surface de ce fond. Le couvercle ou fond supérieur est destiné à arrêter

» la trop grande évaporation des » efprits du vin en fermentation, & » de ce gas qui fe recombine en partie » avec la liqueur. On ne doit pas » craindre que le gas, ainfi concen- » tré, brife la cuve, parce qu'une » partie fenfible s'échappe par les » joints des planches du fond fupé- » rieur, & fur-tout par les vides » qui fe trouvent entre cette efpèce » de couvercle & les bords de la » cuve ».

J'ai cru indifpenfable de faire con- noître la defcription de ce nouveau couvercle de cuve, confignée dans un mémoire couronné par une aca- démie, afin de prévenir la partie du public qui ne réfléchit point, & qui croit fur parole, 1°. que l'exécution de ce double couvercle eft imprati- cable; 2°. que, quand même elle le feroit, elle ne produiroit point l'effet que l'auteur annonce; 3°. que la croûte ou chapeau, formée par les pellicules des grains du raifin égrené & bien foulés, eft très-*épaiffe*, & non une croûte légère; 4°. que cette croûte ne s'*aigrit* point; que, mêlée au vin, elle n'agit pas comme le levain fur la pâte; 5°. que même en fuppofant qu'au moyen de ces cou- vercles, il s'élevât fur la furface du vin aucune grappe, aucune pelli- cule, l'écume qui fe formeroit fur cette furface, auroit autant le goût & l'odeur que l'auteur appelle *aigre*, fans la connoître, que la croûte lé- gère dont il parle; 6°. que l'auteur a fabriqué fon couvercle d'après fon imagination, fans en avoir fait aucune expérience; & que ce qui vient d'être copié d'après fon mémoire imprimé, prouve qu'il n'a jamais fuivi les effets de la fermentation d'une cuve. Toutes ces propofitions feront démontrées

à l'article FERMENTATION. (*Voyez* ce mot)

VII. *De la préparation des bois deftinés à la fabrication des cuves, des grands vaiffeaux vinaires, &c.* Les bois de chêne blanc, & fur-tout de chêne vert & châtaignier, contien- nent un principe d'aftriction & d'a- mertume défagréables, qui fe com- muniquent au vin lors des premières fermentations dans la cuve, ou lorf- qu'on met du vin dans les tonneaux pour la première fois. Ce principe eft dû aux parties extractives con- tenues dans ces bois, & à leurs par- ties colorantes dont la liqueur s'im- prègne. La prudence exige que le propriétaire achète les bois qui doi- vent fervir à la conftruction, une ou deux années d'avance, & qu'à cette époque ils foient déjà fecs. Ces bois débités en douves groffières feront, pendant les mois du printemps & de l'été, plongés & maintenus dans une eau courante, ou dans des foffes dont l'eau puiffe fe renouveler au befoin. Dans ce fecond cas, on verra bientôt cette eau changer de cou- leur, devenir brune, contracter une odeur défagréable. Lorfqu'on renou- vera l'eau pour la feconde, la troi- fième fois, &c. fa couleur fera moins foncée : enfin, lorfque les douves ne coloreront plus l'eau, il fera temps de les tirer de la foffe, de les mettre fécher à l'ombre, dans un lieu ex- pofé à un grand courant d'air. On les range lit par lit, en fens con- traire; & entre chaque lit, on place des taffeaux, afin que les douves ne fe touchent point. Lorfqu'elles font bien fèches, c'eft le cas de doler, de les paffer fur la colombe, enfin de monter les vaiffeaux. Elles ne fau- roient être trop fèches pendant cette

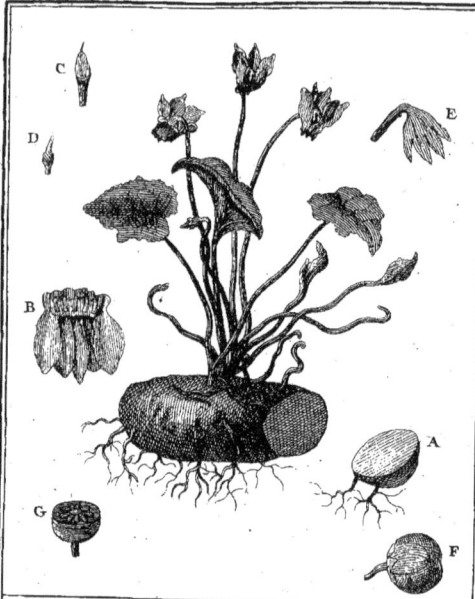

Cyclamen ou pain de Pourceau.

Petit Cyprès.

Cynoglosse ou langue de Chien.

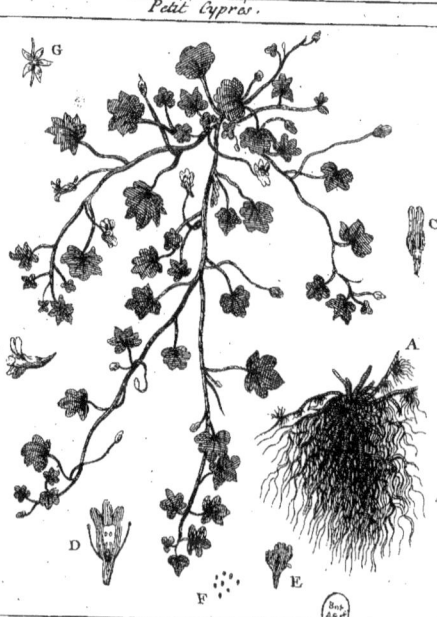

Cymbalaire.

opération, parce qu'elles prendront moins de retraite par la fuite, & les cerceaux ou les liens joindront beaucoup mieux. Avant de fe fervir des cuves pour la vendange, il eft néceffaire, douze à quinze jours par avance, de les remplir d'eau; 1º. afin de s'affurer fi elles ne répandent par aucun endroit; 2º. afin d'achever d'enlever la partie colorante & extractive qu'elles pourroient avoir retenues; 3º. lorfqu'on aura bien égoûté toute l'eau, les fécher avec des linges, des éponges, &c. 4º. y jeter auffitôt après plufieurs chaudronnées de moût bouillant, & on en imbibera tous les parois; 5º. placer des couvertures d'étoffe, & à plufieurs doubles, fur l'orifice de la cuve, afin d'y conferver, le plus long-temps poffible, la chaleur que le moût a communiqué aux douves. On peut même répéter cette opération jufqu'à trois fois, en faifant écouler le moût qui a fervi précédemment. Si on goûte le premier moût, on lui trouvera de l'aftriction, moins au fecond, & point au troifième.

Quant aux cuves déjà employées à des vendanges précédentes, il eft indifpenfable, huit à douze jours avant d'y mettre de nouveau des raifins; 1º. de faire refferrer les cerceaux par un tonnelier, ou ferrer les clés des liens; 2º. d'y jeter de l'eau, (la chaude vaudroit mieux) afin de faire renfler le bois; 3º. de renouveler cette eau chaque jour, de bien imbiber toutes les douves, & de les frotter avec des balais; 4º. enfin, à la veille de la récolte, de faire écouler toute l'eau, de fécher la cuve, d'y jeter une ou deux chaudronnées de moût bouillant, qui en humectera tous les parois. On peut, fi l'on veut laiffer ce moût dans la cuve.

Plufieurs propriétaires, après que la vendange eft tirée de la cuve, la font laver à grande eau : c'eft une opération inutile; il vaut mieux que les douves foient imprégnées de vin que d'eau. Le feul foin qu'elles exigent, eft de les balayer avec foin, & de n'y laiffer ni grappes ni pellicules qui attirant l'humidité, moififfent & communiquent l'odeur au bois. Il eft encore à propos d'enlever le bouchon du fond de la cuve & de la cannelle placée dans fa partie antérieure : ces deux ouvertures établiffent un courant d'air qui empêche toute moififfure. Le propriétaire vigilant ne permettra pas que les poules aillent fe hucher fur le haut de la cuve; que fes gens la prennent pour entrepôt quelconque; que, fous le deffous & entre les chantiers qui la fupportent, il y refte la moindre ordure, ni la plus légère mal-propreté. Toutes ces obfervations font effentielles & de la plus grande conféquence : il eft inutile d'en détailler les raifons, on les fent affez.

Je préviens le propriétaire, que s'il a des réparations à faire à fes cuves, à fes preffoirs, &c. il n'attende pas le moment de la vendange, ni même le mois qui la précède. A ces époques, les ouvriers font trop occupés, ils ne favent où donner de la tête; le travail eft mal fait, la main d'œuvre eft plus chère, & la réparation eft à renouveler. S'il choifit la faifon d'hiver ou du printemps, il économifera beaucoup, & l'ouvrier donnera le temps néceffaire à fon travail.

CYCLAMEN *ou* PAIN DE POURCEAU. (*Voyez Pl. 18.*)

M. Tournefort le place dans la feptième fection de la feconde claffe,
qui comprend les herbes à fleur en
entonnoir imitant une rofette, dont
le piftil devient un fruit mou &
charnu, & il l'appelle *cyclamen*.
M. von Linné le nomme *cyclamen
europæum*, & le claffe dans la pentandrie monogynie.

Fleurs, purpurines penchées vers
la terre. La partie fupérieure de la
fleur, vue intérieurement avec les
cinq étamines, eft repréfentée en B;
C fait voir la réunion des étamines
autour du piftil; D le piftil lui-même
pofé fur l'embryon; E le fond du
calice duquel fort le piftil. Le tube
globuleux de la fleur eft deux fois
plus grand que le calice.

Fruit F, baie fphérique à une feule
loge membraneufe s'ouvrant en cinq
parties, renfermant des femences
ovales, anguleufes, brunes. En G, le
fruit eft repréfenté coupé latéralement, pour faire voir comment les
femences y font diftribuées.

Feuilles, elles partent toutes de
la racine, prefque rondes, fouvent
pointues à leur extrémité, entières,
vertes en-deffus, rougeâtres en-deffous, portées par de longs pétioles.

Racine, tubéreufe, quelquefois
ronde & aplatie, fouvent irrégulière, noire en-dehors, blanche dans
l'intérieur. A, repréfente ce tubercule
coupé dans une de fes extrémités. Il
fort de la maffe des racines chevelues.

Port. Chaque fleur eft portée par
fa tige propre qui part de la racine;
elle eft roulée en fpirale en fortant
de terre; elle eft droite tant que la
fleur fubfifte, courbée lorfque le fruit
eft formé; les racines gardées dans
une chambre pouffent des feuilles &
des fleurs fans eau ni foins.

Lieu. Les bois & les montagnes
froides; fleurit en mai, la plante eft
vivace.

Propriétés. La racine fraîche eft
inodore, mucilagineufe, âcre; dans
cet état elle purge avec plus de force
que deffechée; elle entraîne quelquefois les vers contenus dans les inteftins, donne de vives coliques accompagnées de ténefme; fans aucun
fondement elle eft recommandée
pour expulfer les graviers par les
voies urinaires. Son ufage intérieur
exige beaucoup de prudence dans
celui qui le prefcrit. Extérieurement
fous forme de pulpe, elle réfout des
tumeurs dures, infenfibles, enkiftées,
incapables de prendre un mauvais
caractère, malgré l'inflammation
qu'elle peut y attirer: pulvérifée &
infpirée par le nez, elle fait vivement éternuer.

Ufage. On la donne deffechée &
pulvérifée, depuis fix grains jufqu'à
trente, incorporée avec un firop, ou
délayée dans cinq onces d'eau; l'onguent, fait avec cette racine, appliqué
fur le ventre, eft purgatif; & fur l'eftomac il fait vomir. On appelle cette
plante *pain*, à caufe de fa forme, & de
pourceau, parce que cet animal la
mange avec plaifir.

Culture. Cette plante, fes efpèces
ou variétés font l'ornement des jardins des curieux, & fes variétés
font très-nombreufes. On les diftingue en cyclamen du printemps,
d'automne & d'hiver. Quelques-uns
donnent des fruits pendant toute l'année, & d'autres, pendant l'hiver &
au printemps. En général, ceux du
printemps font, le cyclamen appelé
oriental, celui d'antioche à fleurs
blanches, bordées de pourpre; en
été le cyclamen romain, l'odorant,
celui

célui de Véronne, de celui de Byzance ou de Conftantinople; en automne les cyclamen de Syrie, de Corfou, de Poitiers, du Mont-liban, celui d'Antioche à fleur pourpre; en hiver celui de Chio, celui de Perfe.

Pour les multiplier, il faut choifir la graine bien mûre; on fème au printemps ceux de cette faifon, & ainfi pour ceux des autres faifons. La graine, en germant, ne produit pas des feuilles, mais un tubercule d'où fortent enfuite des racines & des feuilles. Cette graine demande une terre bien meuble & de l'eau dans le befoin, & lorfque chaque tubercule a pouffé un certain nombre de feuilles, on le tranfplante; il vaut mieux attendre que les feuilles foient fanées; ainfi on ne contrariera pas la nature.

Il eft plus court, pour multiplier ces plantes, de partager leurs tubercules en plufieurs morceaux, ainfi qu'on le pratique pour les pommes de terre. Si on peut leur conferver des chevelus, on fera très-bien.

CYMBALAIRE (*V. Pl. 18*, p. 615) M. Tournefort la place dans la quatrième fection de la troifième claffe qui comprend les herbes à fleur d'une feule pièce irrégulière, terminée par un mufle à deux mâchoires, & il l'appelle *cymbalaria*. M. von Linné la nomme *anthirrinum cymbalaria*, & la claffe dans la didynamie angiofpermie.

Fleur, faite en mufle à deux lèvres. Elle eft vue de profil en B, fa lèvre fupérieure eft repréfentée en C, & fa lèvre inférieure en D, toutes deux de couleur légérement violette. On voit en G le calice & le piftil.

Fruit, divifé en deux capfules ou

Tome III.

loges E, remplies de petites femences F, plates, fphériques, bordées d'une très-petite aile.

Feuilles, prefque rondes, divifées en cinq lobes aigus.

Racine A, pródigieufement fibreufe.

Port. Les tiges très-multipliées rampent, fi elles pouffent fur terre, & retombent lorfque la racine végète dans les gerçures des murs; les feuilles foutenues par de longs pétioles; les fleurs naiffent de leurs aiffelles.

Lieu, les vieux murs, les rochers.

Propriétés. On regarde cette plante comme aftringente.

CYNOGLOSSE *ou* LANGUE DE CHIEN, *Pl. 18*, page 615. M. Tournefort la place dans la quatrième fection de feconde claffe, qui comprend les herbes à fleur d'une feule pièce, en forme d'entonnoir, dont le fruit eft compofé de quatre femences renfermées dans le calice; & il l'appelle *cynogloffum majus vulgare*. M. von Linné la nomme *cynogloffum officinale*, & la claffe dans la pentandrie monogynie.

Fleur, légérement violette, quelquefois un peu rouge, formée par un tube découpé à fon fommet en cinq fegmens égaux, compofée de cinq étamines & un piftil; B repréfente le tube; C ce tube ouvert avec les étamines; D le piftil; E le calice.

Fruit F, compofé de quatre capfules G, un peu aplaties, hériffées extérieurement; elles renferment chacune une graine pointue, boffue & liffe.

Feuilles, en forme de fer de lance, cotonneufes, adhérentes à la tige.

Racine A, pivotante, en forme de

I i i i

navet, blanchâtre en-dedans & noi-râtre en-dehors.

Lieu, les pays incultes; la plante est annuelle & fleurit en mai & juin.

Propriétés. L'écorce de la racine a un goût amer, salé, stiptique, gluant; elle passe pour vulnéraire, pectorale & assoupissante. On a beaucoup vanté l'usage de cette plante; elle est très-employée en médecine. Voici les observations de M. Vitet à son sujet. Les feuilles & la racine dimi-nuent les forces vitales & muscu-laires, fatiguent l'estomac, procurent un mal-aise universel très-sensible & souvent dangereux, lorsque les feuil-les & les racines sont récentes & prises à haute dose. Il n'existe point d'observations certaines qui prouvent qu'elle calme les maladies doulou-reuses; qu'elles diminuent & sup-priment la diarrhée bilieuse; la diar-rhée causée par des médicamens âcres, la dyssenterie bénigne, l'hé-moptysie par une toux violente; qu'elles détergent les ulcères des poumons, qu'elles arrêtent les pro-grès & les douleurs de la brûlure récente. Les pilules de cynoglosse font dormir, augmentent la transpi-ration insensible, diminuent pour quelques instans la diarrhée & la dyssenterie; mais en supprimant une partie des matières excrétoires, elles produisent ordinairement des acci-dens fâcheux & rendent le mal plus grave. Elles sont nuisibles dans la pleurésie, dans la péripneumonie & l'asthme. La dose des pilules est de-puis quatre grains jusqu'à vingt-qua-tre; pour les animaux, on donne la décoction des feuilles à la dose d'une poignée sur deux livres d'eau.

CYPRÈS, improprement appelé

FEMELLE. M. Tournefort le place dans la troisième section de la dix-neu-vième classe, qui comprend les arbres à fleurs en chaton, dont les fleurs mâles sont séparées des fleurs fe-melles, mais sur le même pied, & dont le fruit écailleux est en forme de cône, & il l'appelle *cupressus metâ in fastigium convolutâ quæ fœmina plinii.* M. von Linné le nomme *cu-pressus semper virens*, & le classe dans la monoecie monadelphie.

I. *Description. Fleurs* mâles & fe-melles sur le même pied; les mâles composées de quatre sommets d'éta-mines, attachés à la base d'une écaille, & c'est l'assemblage de ces écailles qui forme un chaton ovale; les fleurs femelles sont rassemblées en forme de petits cônes écailleux, composés de germes à peine visibles, placés à la base de chaque écaille.

Fruit, cône presque rond, composé de petites portions rondes & angu-leuses, qui se séparent dans la matu-rité & entre lesquelles on trouve de petites semences anguleuses, aiguës.

Feuilles, espèce de petites écailles verdâtres, pointues, rangées comme des tuiles en recouvrement les unes sur les autres, le long de petits ra-meaux quarrés.

Port, très-grand arbre dans nos provinces méridionales, formant une belle pyramide, ses branches resser-rées les unes contre les autres; le bois odoriférant, presque incorrup-tible; les fleurs & les fruits épars, les feuilles opposées toujours vertes. Dans les provinces du nord, sa cou-leur verte tire sur le noir pendant l'hiver, & son ton est plus bleuâtre dans celles du midi.

Lieu, l'orient; très-commun en Italie, en Provence, en Languedoc.

Propriétés. Le bois répand une odeur pénétrante; il a un goût âpre: les noix de cyprès conſtipent, diminuent quelquefois la diarrhée par foibleſſe de l'eſtomac & des inteſtins, ainſi que les pertes blanches: en gargariſme, elles fortifient les gencives & tendent à déterger les ulcères ſimples de la bouche.

Uſage. On preſcrit la noix de cyprès, depuis demi-once juſqu'à deux onces en macération au bain-marie dans cinq onces d'eau.

II. *Des eſpèces.* 1. *Cyprès* improprement appelé mâle. *Cupreſſus ramos extrà ſe ſpargens quæ mas Plinii.* TOURNEFORT. *cupreſſus ſemper virens β mas,* LIN. On conçoit combien ces dénominations de *mâle* & de *femelle* ſont impropres, puiſque tous les cyprès portent des fleurs mâles & femelles ſur le même pied. Celui-ci diffère du précédent en ce qu'il étend ſes branches çà & là, & non pas reſſerrées contre le tronc comme le premier.

Comme je n'ai pas vu ſes autres eſpèces, je vais tranſcrire ce qu'en a publié M. le Baron de Tſchoudi.

2. *Cyprès* à feuilles aiguës, diſpoſées en écailles & à rameaux horizontaux. Cyprès *étendu,* cyprès d'orient. Il l'appelle *cupreſſus foliis imbricatis, acutis, ramis horiſontalibus.* L'excellente qualité de ſon bois a engagé les candiots à en faire de grandes plantations; ils l'appellent la *dot de leurs filles,* tant elles ſont de bon rapport. Cet arbre croît auſſi vîte que le chêne, devient preſque auſſi gros & plus haut; ſon bois eſt très-dur, très-odorant, inacceſſible aux inſectes, prend un beau poli & une couleur agréable.

3. *Cyprès* à feuilles diſpoſées en écailles, terminées en pointe & à rameaux tombans; cyprès à petit fruit; cyprès de Portugal, cyprès de Goa. Il craint plus le froid que les autres.

4. Cyprès à feuilles oppoſées deux à deux & étendues; c'eſt le *cupreſſus diſticha,* LIN. Cyprès qui perd ſes feuilles; cyprès à feuilles d'acacia; des marais. En Amérique, cet arbre parvient à la hauteur de ſoixante-dix pieds, & ſa groſſeur eſt proportionnée; il y croît dans les endroits ſubmergés.

5. *Cyprès* à feuilles de thuya. C'eſt le *cupreſſus thyoïdes,* LIN. L'emplacement ſur lequel la ville de Philadelphie eſt aujourd'hui bâtie, étoit couvert de cette eſpèce de cyprès; ſon bois a ſervi pour la conſtruction des maiſons.

6. Cyprès à feuilles étroites, détachées & diſpoſées en croix; c'eſt le *cupreſſus juniperoïdes,* LIN. Cyprès nain, cyprès du Cap de Bonne-Eſpérance, cyprès à cônes noirs.

III. *De leur culture.* Les cônes éclatent dès qu'ils ſont mûrs, & laiſſent échapper la graine. Si on les a cueilli avant leur maturité, on les expoſera quelques jours au gros ſoleil pour les faire ouvrir & donner leurs graines. Si on la conſerve enterrée dans du ſable, la graine lève mieux par la ſuite. Lorſqu'on ne craint plus les gelées, on peut ſemer avec les précautions indiquées au mot ALATERNE, & les conduire de même.

IV. *De leur emploi.* Comme cet arbre ſe plaît ſingulièrement dans nos provinces méridionales, c'eſt-à-dire, le cyprès mâle & le cyprès femelle, il eſt étonnant qu'on n'en couvre pas les gerçures des rochers, les champs incultes. En France, nous diſons que le cyprès eſt triſte: en Italie, on penſe différemment : il y produit les effets les plus pittoreſques par l'art avec lequel on le place ; mais qu'im- porte à l'agriculture que ſon coup- d'œil ſoit triſte ou gai ? Vaut-il mieux avoir une longue ſuite de rochers nus & pelés, que des arbres en py- ramide, épars çà & là, & dont le bois eſt ſi précieux & preſqu'incor- ruptible ? Parce que les anciens pla- çoient les cyprès autour des tom- beaux, des grands mauſolées, on a conclu que l'arbre étoit triſte, & qu'ils le regardoient comme tel. Si l'on conſidère ſans prévention le bon effet qu'il produit près des édifices, combien il y groupe artiſtement, combien même il fait reſſortir l'ar- chitecture, on conviendra que les anciens connoiſſoient mieux que nous l'effet de la perſpective. Celui qui multipliera dans nos provinces du midi, le cyprès des candiots, en deviendra le bienfaiteur. Chaque jour on abat le peu de bois qui reſte ſur pied ; on ne replante point, & les troupeaux mangent toutes les renaiſſances. Bientôt ces provinces feront dans la plus affreuſe diſette du bois.

CYPRÈS (petit) *ou* SANTOLINE *ou* GARDE-ROBE *ou* AURONNE- FEMELLE. (*Pl. 18*, p. 615) M. Tour- nefort le place dans la troiſième ſec- tion de la treizième claſſe, qui com- prend les fleurs à fleuron, dont les ſemences ſont ſans aigrettes, & il l'appelle *Santolina foliis teretibus.* M. von Linné la nomme *ſantolina chamæ-cypariſſus*, & la claſſe dans la ſingéneſie polygamie égale.

Fleur. Fleurons hermaphrodites dans le diſque & à la circonférence, en forme d'entonnoir. Ils ſont raſſem-

blées dans une enveloppe com- mune B, compoſée d'un ſeul rang de folioles longues, étroites, garnies d'une écaille C à leur baſe. D re- préſente un fleuron plus gros que de grandeur naturelle.

Fruit. Semences E, ſolitaires, ob- longues, placées dans le calice ſur un réceptacle plane, couvert de lames concaves.

Feuilles, ſimples, étroites, à quatre côtés, reſſemblant à celles du cyprès par leur forme, & non par leur couleur.

Racine A, ligneuſe, rameuſe.

Lieu. Très-commun dans les pro- vinces méridionales de France ; il y fleurit.

Propriétés. Plante âcre, amère, d'une odeur forte, ſtomachique, ver- mifuge, diurétique. Les feuilles échauffent beaucoup, ſont ſouvent mourir les vers lombricaux, cucur- bitains & aſcarides. Elles ſont indi- quées pour les pâles couleurs, pour les fleurs blanches ſans diſpoſition inflammatoire, & avec foibleſſe des forces vitales ; dans l'ictère eſſentiel, exempt de ſpaſmes, dans le météo- riſme ſans penchant vers l'inflamma- tion. Elles excitent la ſueur, lorſque le corps y eſt diſpoſé ; ſouvent elles conſtipent & donnent des coliques aux enfans.

Uſage. On donne les feuilles ſèches, depuis une demi-drachme juſqu'à une once, en infuſion dans ſix onces d'eau. La décoction eſt de demi-once pour les animaux ſur une pinte de fluide.

On avoit appelé cette plante *garde- robe*, parce qu'on lui ſuppoſoit d'em- pêcher les teignes de ronger les étoffes de laine. Du ſavon produiroit un effet plus ſûr : j'en ai la preuve.

CYTISE VELU. M. Tournefort le claſſe dans la ſeconde ſection de la douzième claſſe, qui comprend les arbriſſeaux à fleurs légumineuſes, dont les feuilles ſont au nombre de trois, portées ſur le même pétiole. Il l'appelle, d'après Bauhin, *cytiſus incanus ſiliqua longiore* : M. von Linné le nomme *cytiſus hirſutus*, & le claſſe dans la diadelphie décandrie.

Je me ſerois diſpenſé de décrire cet arbriſſeau, ſi les auteurs anciens n'en avoient fait le plus grand éloge, & ne l'avoient regardé comme très-utile. Les agriculteurs modernes ont copié les anciens, & ont encore renchéri ſur eux; mais j'oſe avancer que peut-être pas un de ceux qui l'ont ſi fort loué, n'ont ſuivi ſa culture, ou fait aucune expérience relative à l'agriculture. Je conviens cependant que pluſieurs ont cultivé les cytiſes par rapport à la décoration des jardins, ou à la botanique, ce qui eſt bien différent.

Fleur, papilionacée ou légumineuſe. Son calice eſt velu, preſqu'adhérent à la tige, d'une ſeule pièce, en forme de cloche, court, diviſé en deux lèvres; la ſupérieure, fendue en deux, & l'inférieure en trois : du calice ſort la fleur. L'étendard eſt ovale, droit, replié en arrière; les ailes de la longueur de l'étendard, droites, obtuſes; la nacelle ou carenne eſt renflée au milieu, pointue.

Fruit. Le piſtil devient la gouſſe qui renferme les ſemences, en forme de rein, & plates. Le légume eſt alongé.

Feuilles. Les feuilles trois à trois, portées par un court pétiole, très-velues en deſſous.

Racine, ligneuſe, très-fibreuſe.

Port. Cet arbriſſeau étend ſes rameaux ſur la terre.

Lieu. Il eſt naturel en Sybérie, en Tartarie, en Autriche & en Italie.

Je ne parlerai pas ici du cytiſe ou *aubours*, parce qu'il eſt plus connu ſous la dénomination d'*ébenier* des Alpes. (*Voyez* ce mot)

2. *Cytiſe* à grappes fleuries, droites, dont les calices ſont recouverts de trois lames dont les feuilles florales n'ont point de pétiole. C'eſt le *cytiſus ſeſſeli folius* de von Linné; il croît naturellement en Italie & en Provence.

3. *Cytiſe* à fleurs latérales, à feuilles velues, à tige droite & cannelée; c'eſt le *cytiſe de Montpellier*, ou cytiſe à feuilles de luzerne.

Il eſt inutile de parler d'un plus grand nombre de cytiſes, relativement à l'agriculture; les autres tiennent plus à l'agrément qu'à l'utilité.

Les grecs & les romains ont loué le cytiſe, & Columelle eſt celui qui en a parlé plus en détail. Je vais copier cet article d'après lui.

« Il ſera très-important d'avoir dans » ſa terre la plus grande quantité de » cytiſe que l'on pourra, parce que » cet arbriſſeau eſt très-utile aux » poules, aux abeilles, aux chèvres, » ainſi qu'aux bœufs & à toutes ſortes » de beſtiaux, tant parce qu'il les en- » graiſſe en peu de temps, & qu'il » donne beaucoup de lait aux brebis, » que parce que l'on peut l'employer » pendant huit mois en fourrage vert, » & paſſé ce temps, en fourrage ſec. » D'ailleurs il prend très - prompte- » ment en toutes ſortes de terres, » même dans les plus maigres, & » rien de ce qui nuit aux autres » plantes ne lui fait tort.

» On peut planter le cytiſe en au- » tomne ou au printemps. Lorſque » l'on aura bien labouré le terrein,

» on fera de petites planches, fur lef-
» quelles on femera en automne la
» graine de cytife ; enfuite on arra-
» chera ces planches au printemps, de
» façon qu'il y ait entre chacune qua-
» tre pieds d'intervalle en tout fens.
» Si vous n'avez pas de graines, vous
» mettrez en terre, au printemps, des
» cimes de cytife, auprès defquelles
» vous entafferez la terre que vous
« aurez fumée auparavant. S'il ne
» vient point de pluie, vous les arro-
» ferez les quinze premiers jours ;
» vous les farclerez dès qu'elles com-
» menceront à montrer les premières
» feuilles, & trois ans après vous les
» couperez pour les donner aux bef-
» tiaux. Il fuffit de quinze livres de
» cytife vert pour le cheval, & de
» vingt livres pour le bœuf : on en
» donne aux autres beftiaux à propor-
» tion de leurs forces. On peut auffi
» planter affez commodément le cy-
» tife en bouture avant le mois de
» feptembre, parce qu'il prend fa-
» cilement, & que rien ne lui fait
» tort. Si vous le donnez fec aux ani-
» maux, il faut le leur épargner plus
» que s'il étoit vert, parce qu'il a
» alors plus de vertu : il faut même
» le tremper auparavant dans l'eau.
» Quand vous voudrez faire fécher
» le cytife, coupez-le vers le mois de
» mois de novembre, lorfque fa
» graine commencera à groffir, &
» mettez-le au foleil pendant quel-
» ques heures, jufqu'à ce qu'il fe
» fane ; faites-le enfuite fécher à
» l'ombre, & ferrez-le après ».

De quelle efpèce de cytife parle

Columelle ? Il n'eft pas aifé de le
décider. J'ai décrit ceux qui croiffent
communément en Italie & dans nos
provinces méridionales ; c'eft fans
doute d'un de ceux-là. Le cytife velu
eft celui qui me paroît mériter la
préférence fur tous les autres, & il
faut placer après lui le cytife de
Montpellier. Que je plains les pays
où l'on eft réduit à traiter les cytifes
en culture réglée ! Labourer, défoncer le terrein, le fumer, farcler,
attendre pendant quatre ans une récolte, toujours chétive dans les fols
maigres, quoiqu'en dife Columelle ;
être obligé de faire tremper dans l'eau
les pouffes, afin de les ramollir avant
de les donner aux beftiaux, font autant de motifs qui engagent à négliger cette culture : celle du fainfoin rendroit plus, & donneroit
moins de peine. Si les fourrages font
rares, culture pour culture, je pré-
fèrerois celle des ers, des vefces, des
fèves, que l'on femeroit dans les pays
chauds, au mois de novembre ; j'ajou-
terois encore la culture de la pimprenelle qui fourniroit une bonne
coupe. Je vois, dans mes environs,
des cytifes, même ceux qui ne font
pas broutés par les troupeaux, &
ils ne me donneront jamais l'envie
de le foumettre à la culture réglée.
Si quelqu'un, malgré ce que je dis,
défire le cultiver, au moins qu'il ne
facrifie pas du bon terrein, d'après
le confeil de plufieurs écrivains modernes : toute autre culture rendroit
beaucoup plus,

DAMAS. (Prune de) *Voy.* le mot PRUNE.

DAMAS AUBERT. *Prune.* (*Voyez* ce mot)

DANDRELIN. (*Voyez* HOTTE.)

DARD. Terme de fleuriste, pour désigner le *pistil* ou la partie femelle de la génération d'une fleur. On dit le dard d'un œillet. Il a la même signification parmi les cultivateurs des arbres & des potagers. Sur plusieurs fleurs, ce *dard* ou *pistil*, (*voy.* ce mot) devient le fruit, comme dans les fleurs de pêchers, d'abricotiers, amandiers, &c. dans les *fleurs en croix*, dans les fleurs *légumineuses*. Lorsque les jardiniers voient ce dard incliné ou flétri, ils savent que le fruit ne nouera pas. Dans beaucoup d'autres, ce dard ne se change pas en fruit, & il tombe aussitôt après la fleuraison. On dit encore *darder*, en parlant des branches qui, au lieu de s'élever, s'élancent en devant ou de côté, comme des dards, des flèches.

DARTRE, MÉDECINE RURALE. Les dartres sont un assemblage de petits boutons plus ou moins élevés, & formant des plaques rouges irrégulières plus ou moins grandes, qui paroissent sur la peau de toutes les parties du corps, & qui sont accompagnées de chaleur & de démangeaisons.

On distingue plusieurs espèces de dartres.

1°. Les dartres *volantes* forment de petites taches à la peau, donnent naissance à de petits boutons, excitent des démangeaisons légères & disparoissent.

2°. Les dartres *hépatiques* se font connoître par des taches jaunes, étendues, entourées de petits boutons; les démangeaisons qu'elles excitent sont supportables, excepté dans le lit où elles incommodent beaucoup.

3°. Les dartres *farineuses* ou blanches, forment sur la peau de petites élévations, semblables à de petits grains de farine, & lorsque l'on touche la peau, on la sent rude au toucher.

4°. Les dartres *miliaires* ont des boutons de la grosseur des grains de millet; dans cette espèce la douleur & la démangeaison sont plus fortes que dans les autres.

5°. Les dartres *vives* & rougeâtres forment des taches peu étendues, mais rondes; les boutons qui croissent sur les taches, versent une humeur âcre, & ils excitent une chaleur & une démangeaison plus vives que dans toutes les autres espèces.

Bien des choses peuvent donner naissance aux dartres: c'est en général un dépôt de matières âcres répandues dans la masse du sang, dont la nature se débarrasse en portant à la peau. Les dartres sont des maladies avantageuses, en ce que, par analogie, elles entraînent avec elles toutes les acrimonies qui roulent dans le sang: les personnes qui habitent les lieux humides, mal-propres, & dans lesquels l'air est peu renouvelé; celles qui vivent de viandes falées ou fumées, qui boivent des eaux ftagnantes, & des vins acerbes, font plus fujettes aux dartres que les autres perfonnes, parce que la fueur, l'infenfible tranfpiration & la digeftion fe faifant mal, les fucs de la digeftion font crus & indigeftes.

Il exifte des dartres qui doivent le jour à la vérole & au fcorbut; d'autres qui font les fuites des maladies des différentes parties du bas ventre, comme obftruction au foie, à la rate, &c.

Il eft enfin une dernière efpèce de dartres, qui ne font pas dues à des matières âcres répandues dans la maffe du fang, & dont la caufe eft fimplement locale, comme les perfonnes très-graffes qui font fujettes à avoir des ceintures de dartres qui ne doivent le jour qu'au frottement: on fent aifément dans quelle erreur on tomberoit, fi on alloit donner des médicamens propres à combattre les dartres à des perfonnes femblables: l'application des onguens donne fouvent naiffance à des dartres de la nature de celles dont nous parlons. De fimples adouciffans & de la propreté fuffifent pour faire difparoître ces dartres; autrement elles pourroient devenir graves, parce que l'humeur contenue dans les glandes de la peau, venant à fe corrompre, occafionneroient des dartres vives & très-douloureufes; on fait que les fubftances graffes deviennent très-âcres en fe ranciffant.

Les dartres ne font pas, en général, des maladies faites pour inquiéter par leurs fuites, à moins qu'elles ne foient irritées, ou qu'on les faffe rentrer indifcrétement; dans ce dernier cas elles fe portent fur des organes très-néceffaires à la vie, en

troublent les fonctions & mettent les jours en danger; beaucoup de maladies graves reconnoiffent pour caufe première la rentrée des dartres, & ces maladies font d'autant plus difficiles à guérir que les malades ont fait beaucoup d'ufage de remèdes.

Le régime feul fuffit quelquefois pour guérir les dartres légères: ceux qui font menacés de dartres, ou qui en ont de légères, doivent fe priver de tous les ragoûts & des liqueurs fpiritueufes, & ne faire ufage que d'herbes potagères, de lait, de bains, refpirer un air pur, & boire quelques taffes d'infufion de fcabieufe.

Les dartres qui reconnoiffent pour caufe la vérole, les fcorbuts, les écrouelles, les obftructions des différentes parties du bas ventre, ou les évacuations naturelles fupprimées, ne cèdent qu'aux moyens propres à combattre les maladies qui les ont fait naître. (*Voyez* chacune de ces maladies)

Si les dartres ne reconnoiffent pour caufe aucune des maladies dont nous venons de parler; il faut employer les dépuratifs: les dartres n'ont pas comme la gale un fpécifique: il eft prouvé que le mercure irrite & fait dégénérer celles qui ne font pas le produit de la vérole.

Les meilleurs dépuratifs font les fuivans: on fait boire au malade le petit lait avec une infufion de feuilles de fcabieufe, pendant cinq à fix jours; on le purge enfuite avec une médecine fimple & proportionnée à fon âge, à fon fexe & à fon tempérament; on répète la purgation plufieurs fois, on lui prefcrit le régime ci-deffus, & les dartres difparoiffent dans la proportion que le malade eft purgé.

Si

Si les dartres font opiniâtres, on fait prendre au malade le fuc de fcabieufe, de cerfeuil & de creffon, à la dofe de trois ou quatre onces par jour, on le met au lait pour toute nourriture , on lui fait boire la décoction de racine de patience fauvage & d'aunée ; on le met enfin à l'ufage des bouillons de vipère & on lui fait prendre les eaux thermales de Balaruc, Plombières, Barège ou d'Aix-la-Chapelle.

Mais fi les dartres font anciennes & croûteufes & réfiftent à tous les remèdes, il eft d'une néceffité indifpenfable d'ouvrir des cautères pour détourner l'humeur qui alimente les dartres ; on baigne le malade, on lui fait prendre les bouillons de vipère, les fucs de creffon, de cerfeuil, de fcabieufe, & on le met au lait pour toute nourriture.

Un médecin anglois prétend avoir guéri des dartres très-anciennes, en faifant faire ufage au malade pendant trois mois, d'un gros de fel de nitre fondu dans une pinte d'eau avec un peu de fucre ; le malade buvoit tous les matins à jeun cette pinte d'eau ainfi préparée : nous n'avons pas effayé l'efficacité de ce remède, mais nous ne le croyons pas dangereux.

D'autres ont confeillé le remède fuivant : prenez antimoine cru & fucre en poudre, de chaque un gros ; divifez en douze paquets ; le malade en prendra trois paquets dans la journée, boira par-deffus une taffe d'infufion de fcabieufe, & continuera tous les jours pendant un an.

Tous les topiques que l'on confeille, tels que la crême, les pommades les onguens & les baumes, font des remèdes dangereux en ce qu'ils facilitent, déterminent même la

Tome III.

rentrée des dartres, & expofent le malade à d'autres maladies plus dangereufes, comme nous l'avons démontrés plus haut. D'ailleurs, jamais un topique ne peut guérir une maladie dont la caufe eft intérieure ; mais le peuple peu accoutumé à comparer des idées ne voit pas plus loin que l'extérieur, & il eft toujours dupe de fon ignorance.

On peut feulement fe permettre, lorfque les démangeaifons font très-fortes, de laver les dartres avec les décoctions de patience fauvage de fleurs de fureau & de chelidoine.

Si les dartres rentrent, il faut, pour faciliter leur apparition & détourner l'orage dont le malade eft menacé, appliquer fur l'endroit même où les dartres fiégeoient, un emplâtre de véficatoires, & faire boire au malade quelques taffes d'infufions fudorifiques légères : enfuite il faut ouvrir des cautères pour fixer l'écoulement de la matière principe, & pour s'oppofer à fa rentrée.

Nous avons rapproché dans cet article, tout ce que l'obfervation & la raifon nous ont donné de plus certain fur les dartres. M. B.

DARTRE, MÉDECINE VÉTÉRINAIRE. Elle eft formée par l'affemblage de plufieurs petites puftules plus ou moins perceptibles, qui s'élèvent & fe répandent par place fur la peau. Ces puftules contiennent *une férofité prurigineufe*, à mefure qu'elle s'accroît dans les petites cavités qui la renferment ; elle y excite *des démangeaifons*, elle en foulève la furpeau, la brife, & s'épanche infenfiblement fur les parties qui l'avoifinent.

Le cheval, ou le mulet, ou le

K k k k

bœuf &c., qui en eſt attaqué, ſe grate avec les dents, quelquefois avec le pied, d'autres fois avec la corne, ou il appuie la partie qui éprouve *le prurit*, contre un ſolide quelconque, & frotte juſqu'à ce que la douleur ou la cuiſſon ſuccède à *la démangeaiſon*.

En écartant le poil qui garnit la partie affectée, on découvre, ou une multitude de petites puſtules preſqu'imperceptibles, qui forment *la dartre farineuſe*, ou une tumeur brûlante accompagnée de pluſieurs puſtules, qui dégénèrent *en dartre vive* ou *rongeante*.

Dans le premier cas, on obſerve que le poil tombe peu à peu, & que tout cet aſſemblage de puſtules ſe couvre d'une infinité d'écailles plaquées l'une ſur l'autre, que l'animal en ſe grattant les fait tomber ſous la forme d'une pouſſière blanchâtre, & que dans peu de temps elles ſont remplacées par d'autres.

Dans le ſecond cas, la *dartre vive* ou *rongeante* ſe manifeſte par des tumeurs brûlantes, accompagnées de petites puſtules qui ſe confondent enſemble. Elle ronge la peau, occaſionne la chute du poil, & creuſe des ulcères d'où découle une ſéroſité ſanguinolente. Les miaſmes ſalins qu'elle contient, ſont quelquefois ſi corroſifs, qu'ils laiſſent des gonfle-mens aux endroits qui en ont été le ſiège & de vives impreſſions à la peau ſur laquelle leur véhicule s'eſt épanché; tant que la ſéroſité eſt imprégnée de ce dégré de malignité; l'animal qui en eſt infecté, ſe gratte ſi fréquemment qu'elle ne peut acquérir aucune conſiſtance.

Si, au contraire, elle eſt moins chargée de ces particules qui détrui-

ſent l'ouvrage de la nature, ſans exciter de grandes démangeaiſons, à meſure que la ſéroſité flue & les baigne dans la cavité qu'elles ſe ſont creuſées, elle s'épaiſſit, elle ſe deſſèche, ſe durcit & forme une groſſe croûte rabouteuſe & griſâtre, dont les bords ſont preſque habituellement humides.

Ces différentes eſpèces de dartres peuvent ſe perpétuer de race en race, ou ſe communiquer d'un animal dartreux à un animal ſain, & même juſqu'aux perſonnes qui les ſoignent ſans précaution.

D'ailleurs, un long repos, ou les travaux exceſſifs auxquels on livre certains animaux, ou les habita-tions humides, mal-propres & obſ-cures dans leſquelles on les loge, ou la mauvaiſe qualité des alimens ſolides & liquides qu'on leur donne, &c. en affoibliſſant les fonctions naturelles & le mouvement animal, peuvent être miſes dans la claſſe des cauſes éloignées qui diſpoſent le chyle à s'aigrir; & dès-lors le ſuc alimentaire, bien loin de réparer con-venablement les pertes que ces ani-maux ont faites, communique ſon acrimonie au ſang, à la lymphe, à la ſéroſité & à toute la maſſe des humeurs, d'où naiſſent des prurits, des puſtules, des ulcères, & enfin des deſſéchemens écailleux & cruſtacés, dans leſquels la partie ſéreuſe du ſang dégénère à meſure qu'elle s'épanche.

Pour que le médecin vétérinaire puiſſe connoître l'état préſent de la maladie, & s'aſſurer à peu près du ſiège qu'elle occupe; il ouvrira la bouche du cheval, ou du bœuf, &c. attaqué de dartres; ſi l'odeur qui s'en exhale eſt aigre, en ſuivant de plus près le malade, il découvrira que cette aigreur eſt quelquefois accompagnée de la toux, de la conſtipation & du téneſme; & en pouſſant ſes recherches plus loin, ſi le mal a déjà fait beaucoup de progrès, il lui trouvera une ſoif exceſſive & un appétit dévorant, ce qui ſera pour le médecin, un préſage non équivoque de l'exiſtence d'une liqueur acide & érugineuſe contenue dans les premières voies.

Si c'eſt le cheval qui éprouve la ſenſation qu'elle y produit, il frappera du pied, il hennira, il cherchera dans ſa mangeoire; ſi quelqu'un entre dans l'écurie, il renouvellera ſes inſtances en regardant le râtelier.

Si c'eſt le bœuf, il mugira & mangera juſqu'à ſa litière à demi-pourrie; l'un & l'autre boiront avec une avidité ſurprenante.

Les dartres peuvent être auſſi l'effet, ou de la réſolution d'une maladie quelconque, ou d'un vice qui a ſon ſiège dans le foie.

Quelques multipliés que ſoient les faits des maladies qui ſe portent à la peau, on ſe bornera à un ſeul trait. Un particulier des Granges de Pierre-Fontaine-les-Vautrans en Franche-Comté, avoit un veau qui étoit attaqué d'une fauſſe péripneumonie, dont l'humeur morbifique ſe porta à la peau. Toute l'habitude du corps de cet animal ſe couvrit, pour ainſi dire, de croûtes horribles qui tomboient par écailles. La faim & la ſoif qu'il éprouvoit étoient ſi cruelles, qu'il rongeoit ſa mangeoire & s'élançoit contre les perſonnes qui l'approchoient, en ouvrant la bouche, tirant la langue & la repliant. Lorſqu'on lui donnoit un peu de fourrage, il le mangeoit avec une voracité étonnante, & ne ſe trouvoit point entiè-

rement déſaltéré même par les boiſſons abondantes.

Si au contraire le bœuf, la vache, ou le veau eſt attaqué de dartres, & qu'en élevant la queue, on apperçoive la face externe de l'orifice de l'anus affectée d'une couleur jaune, il eſt à préſumer que l'éruption provient d'un vice dont le foyer eſt dans le foie. (*Voyez* JAUNISSE DES BŒUFS)

Lorſqu'enfin l'on eſt aſſuré que les pères ou les mères des animaux qui ont des dartres, en étoient infectés, pour ce cas, *v.* MALADIES HÉRÉDITAIRES. Mais ſi elles leur ont été communiquées par d'autres individus *dartreux*, quelque légère, ou quelque violente que ſoit l'infection, il eſt à propos de les traiter de même que s'ils les avoient acquiſes par quelqu'une des poſitions contre-nature, qui ont été décrites. (*Voyez* MALADIES CONTAGIEUSES, & PRÉSERVATIFS)

D'après ces notions on entrevoit pluſieurs ſources d'où peut émaner cette acrimonie acide qui produit une multitude de maladies d'eſpèces différentes, telles que les dartres, la gale, le roux vieux, le farcin, les eaux, les obſtructions, les convulſions, l'irritation du cerveau & des nerfs, le dérangement total de la circulation, &c.

La façon de remédier aux funeſtes effets qu'elle occaſionne dans la maſſe des humeurs & dans le tiſſu de la peau, conſiſte à nourrir les animaux qui en ſont attaqués, d'alimens antiacides, & à employer des médicamens propres à abſorber, délayer, émouſſer, & à évacuer les acides qui ſont contenus dans les premières & ſecondes voies.

L'adminiſtration des ſels d'abfinthe, de nitre fixé, de tartre, des cendres gravelées, &c. dans les décoctions d'origan, de marrube, de chardon bénit, d'abfinthe, &c. en abforbant les acides contenus dans les premières voies, atténueront les liqueurs qu'ils auront coagulées, & rappèleront infenfiblement les fécrétions dans l'individu où elles étoient fouffrantes. Les délayans favoriferont d'autant plus leurs effets, qu'en étendant & en détrempant les fels, ils préviendront l'irritation qu'ils pourroient occafionner. On pourra choifir dans la claffe de ces remèdes qui ont la vertu de délayer en adouciffant, l'eau blanchie par le fon de froment, les décoctions de laitue, d'endive, de bourrache, de buglofe, de mauve, de brancurfine, de pariétaire, &c. mais fi l'acrimonie qui règne dans les humeurs étoit portée à un tel degré que ces fubftances ne puffent la calmer, on auroit recours aux breuvages incraffans qu'on peut obtenir des décoctions de graine de lin, des racines de guimauve, des fleurs & feuilles de bouillon blanc; on pourroit même faire avaler au malade le mucilage de corne de cerf, les huiles nouvellement tirées des femences de lin, des olives, des amandes, &c. &, pour s'affurer un fuccès plus prompt, on ne perdra pas de vue que les excrémens qui font contenus dans les gros inteftins, ou du cheval, ou du mulet, ou du bœuf, &c. font furchargés d'acides, ainfi que les férofités dont ils font imbibés; de forte qu'après les avoir fuffifamment abforbés, délayés & émouffés, il eft effentiel de les chaffer hors du corps de l'animal dartreux par le moyen des purgatifs; car leur féjour, non-feulement retarderoit

l'effet qu'on auroit lieu d'efpérer de l'emploi des remèdes défignés, mais ils altéreroient de plus en plus les folides & les fluides. Le polypode de chêne, le fel de glauber, la rhubarbe, l'aloës, le jalap & l'aquila-alba, rempliront cette indication : mais, comme il eft une méthode particulière à fuivre, pour obtenir des purgatifs qu'on adminiftre aux animaux l'effet que l'on défire, *voyez* P U R G A T I F S. Si, enfin, ces remèdes, adminiftrés pendant un certain temps, ne calment pas les démangeaifons, & n'arrêtent pas le progrès du mal, on aura recours à ceux qui font prefcrits par le traitement de la *gale* & du *farcin*. (*Voy.* ces mots)

. Il arrive fouvent, dans les contrées où la longueur de l'hiver retient le bétail dans les écuries pendant trois, quatre, & quelquefois cinq mois, que les jeunes veaux font attaqués de dartres de différentes efpèces. Un régime bien entendu, l'arrivée de la belle faifon, la bonté des pâturages, l'exercice qu'ils y prennent, & la pureté du nouvel air qu'ils refpirent, diffipent affez communément ces fortes d'éruptions; fans qu'on foit dans le cas de mettre en ufage aucun remède; mais elles exigent un traitement fuivi, lorfqu'à l'entrée de l'hiver ces jeunes animaux en font attaqués, après avoir paffé l'été, & quelquefois une partie de l'automne dans des parcours arides, où fouvent on les a abandonnés à des chaleurs exceffives, à des pluies froides, &c.

Quant aux foins extérieurs qu'on donnera aux dartres farineufes & cruftacées, tant que le traitement interne durera, on les humectera

Digitale ou Gant de notre Dame.

Dictame de Crete.

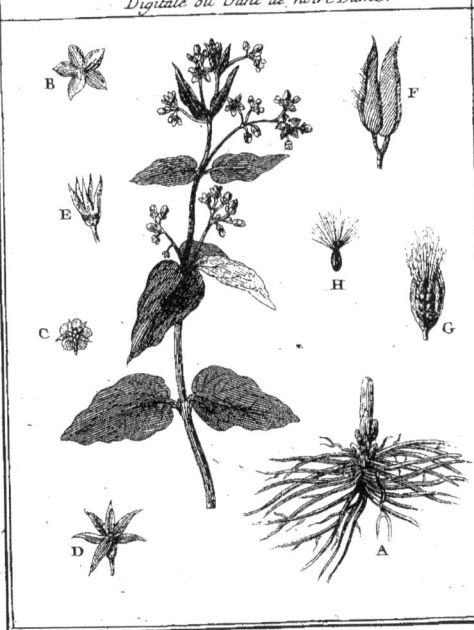

Sellier Sculp.

Dompte venin.

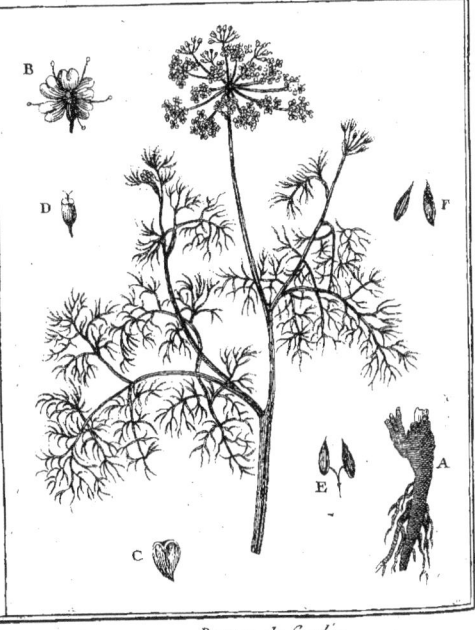

Daucus de Candie.

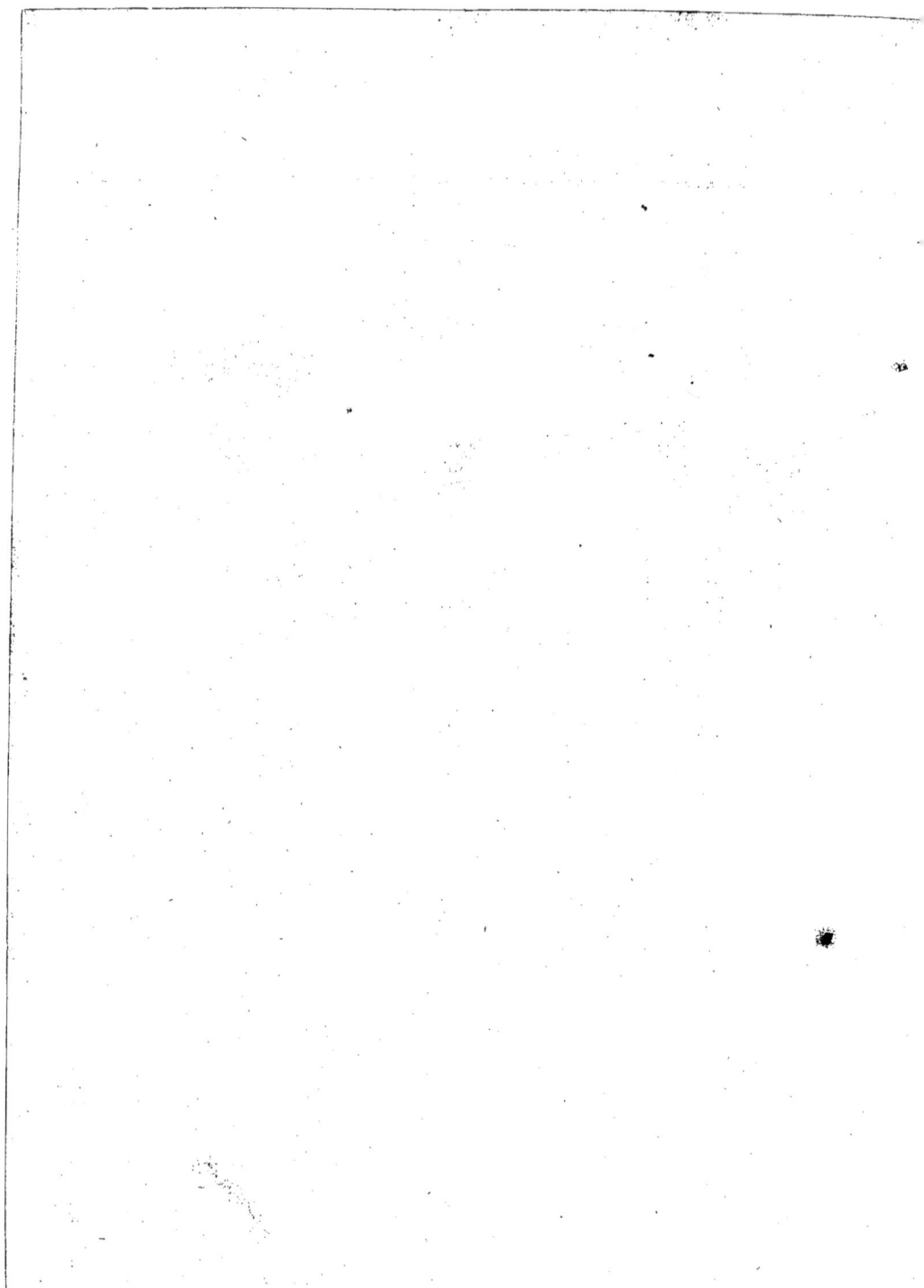

plufieurs fois le jour avec un linge imbibé d'eau tiède, de manière à enlever toute la férofité qui pourroit, en s'écartant fur la fuperficie de la peau, la corroder & augmenter le mal; & pour que ce panfement fe faffe avec fuccès, on rafera le poil de la circonférence des dartres, jufqu'à une diftance qui les mette tellement à découvert, qu'on puiffe aifément en abforber la férofité & les tenir propres. Si ce topique ne fuffit pas, après que les démangeaifons feront calmées par les remèdes internes, on pourra faire ufage de ceux qui font indiqués pour la gale. M. BR.

DATTE. (Prune) *Voy.* ce mot.

DAUCUS DE CANDIE. M. Tournefort le place dans la feconde fection de la feptième claffe, qui comprend les herbes à fleurs en rofe, difpofées en ombelle, dont le calice fe change en deux petites femences, & il l'appelle *daucus foliis fœniculi tenuiffimis*. M. von Linné le claffe dans la pentandrie digynie, & le nomme *atthamanta Cretenfis.* (*Voyez Pl. 19*)

Fleur B, compofée de cinq pétales égaux, dont un eft repréfenté à part en C; les étamines, au nombre de cinq, difpofées, comme on les voit, en B. Le milieu de la fleur eft garni du piftil repréfenté en D; le calice de la fleur peu apparent, & à cinq dentelures prefqu'infenfibles.

Fruit. Le pédoncule qui porte la fleur, fe partage en deux lobes E, lors de fa maturité. Chaque divifion contient une femence F, oblongue, cannelée, légérement velue.

Feuilles. Elles ont la figure de celles du fenouil; doublement ailées, les folioles découpées régulièrement, les découpures linéaires, les ailes rangées par paires fur un pétiole commun.

Racine A, pivotante, fibreufe.

Port. Tiges hautes d'un pied & demi, cylindriques, cannelées, velues, rameufes. Les fleurs naiffent au fommet des rameaux; l'ombelle univerfelle eft compofée de quelques folioles longues & étroites; les partielles, de petites feuilles linéaires.

Lieux. La Candie, nos provinces très-méridionales, les lieux pierreux & montagneux. La plante eft vivace.

Propriétés. La femence eft feule employée en médecine; fon odeur eft aromatique, fa faveur un peu âcre & piquante. On la regarde comme apéritive & carminative : elle contient beaucoup d'huile effentielle & aromatique, qu'on preferit à la dofe de fix à huit gouttes, dans les fpafmes & autres affections caufées par la crifpation des nerfs; la dofe des femences eft depuis un fcrupule jufqu'à un gros, en infufion au bain-marie dans quatre à fix onces d'eau.

DAUPHINE. (Poire) *Voy.* ce mot.

DAUPHINE. (Prune) *Voy.* ce mot.

DÉCAISSER. Terme de jardinage, qui fignifie, ôter de fa caiffe un oranger, un myrte, une plante, &c. pour la mettre dans une autre caiffe ou en pleine terre. Si on l'enlève d'un pot, on dit dépoter. Si l'opération a lieu au printemps ou pendant l'été, il eft à propos de donner une bonne mouillure quelques jours auparavant : l'eau refferre la terre, & la retient contre les racines. Si on donne trop d'eau, la terre fera boueufe, fe détachera facilement des racines, fi on ne diffère pas de plufieurs jours. La chaleur de la faifon, la nature de la plante, & fur-tout le nombre de fes racines, indiquent la quantité d'eau. On décaiffe, en général, les arbres, lorfque les racines rempliffent prefque toute la capacité du vafe, lorfque la terre n'étant plus en proportion à leur nombre & à leur volume, ne retient plus, malgré les fréquens arrofages, une humidité proportionnée à leurs befoins. Lorfqu'on eft affuré de la compacité de la terre, on incline la caiffe ou le pot; &, fuivant la groffeur de l'arbre, un ou deux hommes, appuyant le pied contre le bord de la caiffe, tirent à eux l'arbre, & le féparent du vafe qui le contenoit. Le vafe remis à fa place, on garnit de nouvelle terre, & l'arbre attend que le jardinier, armé d'un inftrument tranchant, mutile le plus grand nombre de fes racines. C'eft un efclave forcé de fe prêter à la loi rigoureufe diétée par fon maître. Après le retranchement des racines, l'arbre eft encaiffé, & la terre bien battue tout autour.

DÉCANDRIE, BOTANIQUE. Dixième claffe du fyftême fexuel de M. le Chevalier von Linné, qui comprend toutes les plantes qui ont des étamines. Les cariophillées appartiennent à cette claffe. (Voyez SYS-TÊME) M. M.

DÉCHALASSER. C'eft enlever les échalas d'une vigne après la vendange. (Voyez le mot ÉCHALAS)

DÉCHARNER. Ce mot eft appliqué aux arbres auxquels on ôte trop de bois, & que l'on taille trop court, de manière qu'ils s'épuifent

à faire de nouveaux bourgeons, & le plus fouvent des bois gourmands. Ces pouffes inutiles, en grande partie, & en pure perte, puifqu'on les retranchera l'année d'après, fatiguent, tourmentent & épuifent l'arbre. Taillez peu, voilà la grande maxime; & vous aurez peu à tailler, fi vous avez foin d'incliner les branches, pour faire perdre à la fève fon canal trop direét.

DÉCHAUSSEMENT, DÉCHAUS-SER. C'eft enlever la terre du pied d'un arbre, lorfqu'il en a trop; par exemple, lorfque la greffe eft enterrée, ou lorfque l'arbre eft planté trop profondément.

DÉCOCTION. Breuvage médicinal, fait de végétaux ou d'autres fubftances. La décoétion fuppofe néceffairement l'ébullition foutenue, en quoi elle diffère de l'infufion. Le but de la décoétion eft de diffoudre les fubftances aétives d'un corps, & de les étendre dans un véhicule convenable.

On doit feulement foumettre à la décoétion les fubftances qui, au degré de chaleur de l'ébullition, ne laiffent point évaporer leurs parties éffentiellement médicamenteufes. Par conféquent, les fubftances aromatiques, celles qui contiennent des principes volatils, exigent feulement l'infufion, & fouvent l'infufion au bain-marie, ainfi que nous avons le foin de l'indiquer.

Plus les fubftances médicamenteufes font compaétes & dures, plus elles exigent une longue ébullition. Lorfque l'on doit faire bouillir, par exemple, plufieurs fubftances végétales dans la même eau, il convient de commencer par les plus dures, fectivement il faut que l'inftrument tels que les bois, enfuite les écorces des bois, les racines, les femences, les herbes. Les fubftances animales, qui ne contiennent rien de volatil, doivent être mifes les premières ; tel eft le veau, le poulet, la vipère. Les Les autres matières animales, faciles à cuire, par exemple les écreviffes, doivent cuire moins long-temps, & les fleurs ne doivent jamais bouillir. Sur la fin de la décoction, on ajoute les fubftances fucrées.

DÉCOLLER. Se dit de la tige d'un arbre, emportée, ou d'un bourgeon qui fe caffe à l'endroit où il a pris naiffance ; ou de la greffe abattue par un coup de vent, ou de cette même greffe qui ne s'eft point attachée à l'arbre, à caufe de la trop grande affluence de la fève, ou à caufe de fa rareté.

DÉCOMBRES. Menus plâtras qui proviennent du plâtre ou du mortier dans la démolition d'un bâtiment. Si vous avez des champs plantés en oliviers, des terres argileufes, fortes, tenaces, gardez-vous bien de jeter ces décombres ; ils produiront le meilleur effet les répandant deffus.

DÉCOURS. (Bois en) Expreffion ufitée en certaines provinces, pour fignifier un arbre qui eft fur le retour, & dont la force eft épuifée. Si on veut en avoir un indice certain, il faut lire les pages 630 & 631 du *Tome I*, concernant les différens âges de l'arbre.

DÉFAILLANCE. *Foibleffe*, *évanouiffement*, *pamoifon*. Le grand air, l'eau fraîche, & fur-tout faire infpirer du bon vinaigre, font les meilleurs remèdes.

DÉFONCER. Ce mot a plufieurs acceptions. Relativement à l'économie, on dit *défoncer un tonneau*, *une barrique*, &c. lorfqu'on enlève les douves qui fervent de fond, & on ne doit jamais faire relier un tonneau, pour y mettre du vin, fans le faire défoncer & râtiffer dans l'intérieur, afin d'enlever la lie & le tartre attachés contre fes parois, & fur-tout afin de s'affurer, *par fes propres yeux*, que le vaiffeau eft propre & net. Sur cet article, ne vous en rapportez qu'à vous-même, fi vous ne voulez pas être trompé.

défigne l'opération par laquelle on

En terme de jardinage, on dit *défoncer*, lorfque l'on creufe, jufqu'à deux ou trois pieds de profondeur, le terrein, foit pour placer du fumier dans le fond, foit pour remplir le vide avec de la terre nouvelle, foit enfin pour que cette maffe de terre foit bien remuée & bien mêlée, & que la partie du deffous fe trouve deffus.

En terme d'agriculture on dit, *défoncer un terrein* pour y planter une vigne, & même c'eft le feul moyen, fi on veut qu'elle travaille promptement & dure long-temps : alors on ouvre une tranchée de la profondeur qu'on croit devoir lui donner, (ordinairement de deux pieds) & on en tranfporte la terre à l'autre extrémité de la pièce à défoncer. Les ouvriers, en avançant toujours, comblent la tranchée qu'ils laiffent derrière eux, en ouvrent de nouvelles, jufqu'à ce qu'ils foient arrivés au terme. Comme il s'y trouve néceffairement un vide, la terre tranfportée fert à le remplir.

On dit encore *défoncer une prairie*, *défoncer une luzernière*, parce qu'ef-

aille jufqu'à une certaine profondeur, afin de couper les racines, & ramener fur la fuperficie la couche de terre inférieure. On défonce de plufieurs manières, ou avec une forte *charrue*, ou avec la *bêche*, (*voyez* ces mots) ou avec la *pioche*. Au mot OUTILS d'agriculture, on fera connoître cette dernière & fes différentes variétés. La bêche & la pioche font, à tous égards, préférables à la charrue ; mais l'opération eft coûteufe : chacun doit confulter fes facultés.

DÉFRICHEMENT. C'eft convertir un terrein inculte, ou chargé de bois ou de brouffailles, ou une prairie, &c. en terres labourables. Le mot *défrichement* fe dit plus communément d'un terrein inculte mis en valeur.

PLAN du Travail.

CHAP. I. *Déclaration du Roi fur les Défrichemens.*
CHAP. II. *Examen fur les avantages & défavantages des Défrichemens.*
CHAP. III. *Des obfervations à faire avant, pendant & après le Défrichement.*

CHAPITRE PREMIER.

Déclaration du Roi, qui accorde des Encouragemens à ceux qui défrichent les Landes & Terres incultes, avec Arrêt du Confeil en interprétation d'icelle, du 2 Octobre 1766.

Donné à Compiègne, le 13 Août 1766.

Regiftrée en Parlement.

I. Les terres de quelque qualité & efpèce qu'elles foient, qui depuis quarante ans, fuivant la notoriété publique des lieux, n'auront donné aucune récolte, feront réputées terres incultes.

II. Tous ceux qui voudront défricher, ou faire défricher des terres incultes & les mettre en valeur de quelque manière que ce foit, feront tenus, pour jouir des priviléges qui leur feront ci-après accordés, de déclarer au greffier de la juftice royale des lieux & à celui de l'élection, la quantité defdites terres, avec leurs tenans & aboutiffans ; il fera par eux payé dix fols à chacun des greffiers, pour l'enrégiftrement de la déclaration. Permettons auffi à ceux qui auront entrepris lefdits défrichemens depuis le premier janvier 1762, de faire les mêmes déclarations dans le délai de trois mois à compter de l'enrégiftrement de notre préfente déclaration, à l'effet de jouir defdits priviléges accordés.

III. Pour mettre les décimateurs, curés & habitans à portée de vérifier ladite déclaration, & fe pourvoir, s'il y a lieu ; favoir les décimateurs & curés, pour raifon de la dixme, devant les juges ordinaires, & les habitans pour raifon de la taille, en l'élection ; ceux qui voudront entreprendre lefdits défrichemens, feront afficher une copie de leur déclaration à la principale porte de l'églife paroiffiale, à l'iffue de la meffe de paroiffe & un jour de dimanche ou de fête, par un huiffier, fergent ou autre officier public requis à cet effet, dont il fera dreffé procès-verbal.

IV. Les entrepreneurs des défrichemens, les décimateurs, curés & habitans, pourront fe faire délivrer toutes les fois qu'ils le jugeront à propos, des copies de ces déclarations, en payant à celui des greffiers qui les délivrera, deux fols fix deniers par rôle ordinaire. Défendons aufdits greffiers de percevoir autres & plus

plus grands droits pour raifon de l'en-régiftrement & expédition defdites déclarations, fous quelque prétexte que ce puiffe être, à peine de con-cuffion.

V. En obfervant les formalités prefcrites par les articles II & III, ceux qui défricheront lefdites terres incultes, jouiront pour raifon de ces terreins, de l'exemption des dixmes, tailles & autres impofitions généra-lement quelconques, même des vingtièmes tant qu'ils auront cours, pendant l'efpace de quinze années, à compter du mois d'octobre qui fuivra la déclaration faite en exécu-tion de l'article II. Défendons, en conféquence, à tous taxateurs, collec-teurs, affeffeurs de les augmenter à la taille, vingtièmes, tant qu'ils auront cours & autres impofitions pour raifon du produit & de l'exploitation defdits défrichemens, pendant ledit efpace de temps; le tout néanmoins à la charge par eux de ne point aban-donner la culture des terres actuel-lement en valeur dont ils feroient pro-priétaires, ufufruitiers ou fermiers, fous peine de déchéance defdites exemptions; nous réfervant au fur-plus de proroger au-delà dudit terme lefdites exemptions, fi après avoir entendu les décimateurs, curés & habitans, la nature & l'importance de ces défrichemens paroiffent l'exi-ger.

VI. Ladite exemption des dixmes ne pourra avoir lieu plus longtemps que celle de la taille, vingtièmes & autres impofitions; enforte qu'après l'expi-ration des quinze années, ou après celle du terme pendant lequel nous aurons cru devoir protéger lefdites exemptions, nous voulons & en-tendons que les terres nouvellement

défrichées, foient affujetties au paie-ment tant defdites dixmes, que de la taille & autres impofitions, fuivant la taxe & la manière qui fera par nous ordonnée.

VII. Les propriétaires de ces ter-reins, de même que ceux à deffé-cher, leurs ceffionnaires ou fermiers, feront tenus de payer aucuns droits d'infinuation, centième & demi-cen-tième denier pour les baux par eux faits relativement à l'exploitation de ces terreins, quoiqu'ils foient pour un terme au-deffus de neuf années jufqu'à vingt-fept & même vingt-neuf ans.

VIII. N'entendons néanmoins rien innover aux difpofitions de l'ordon-nance du mois d'août 1669, ni dé-roger aux arrêts & réglemens pré-cédemment rendus fur les défriche-mens des montagnes, landes & bruyères, places vaines & vagues aux rives des bois & forêts, lef-quelles continueront d'être exécutés fuivant leur forme & teneur.

IX. Les étrangers actuellement occupés auxdits défrichemens ou defféchemens, ou qui fe rendront en France, pour fe livrer à ces travaux, foit qu'ils y foient employés comme entrepreneurs, foit en qualité de fer-miers ou de fimples journaliers, feront réputés regnicoles, & comme tels jouiront de tous les avantages dont jouiffent nos propres fujets: voulons qu'ils puiffent acquérir & difpofer de leurs biens, tant par donation entre-vifs, que pour teftament, co-dicile & tous autres actes de der-nière volonté en faveur de leurs en-fans, parens & autres domiciliés en France, même à l'égard du mobilier feulement en faveur de leurs enfans, parens & autres domiciliés en pays étranger, en se conformant cependant aux loix & coutumes des lieux de leur domicile, ou à celles qui se trouveront régir les lieux où les biens immeubles seront situés ; renonçant, tant pour nous que pour nos successeurs à tous droits d'aubaine, déshérence & à tous autres à nous appartenans sur la succession des étrangers qui décèdent dans notre royaume.

X. Les étrangers ne seront néanmoins tenus pour regnicoles, que lorsqu'ils auront élu leur domicile ordinaire sur les lieux où il sera fait des défrichemens & desséchemens, & qu'ils auront déclaré devant les juges royaux du ressort, qu'ils entendent y fixer leurdit domicile, pour l'espace au moins de six années, & lorsqu'ils auront justifié, après ledit temps, auxdits juges par un certificat en bonne forme qui sera déposé au greffe, signé du curé & de deux syndics ou collecteurs, qu'ils y ont été employés sans discontinuation auxdits travaux, dont il leur sera donné acte par lesdits juges, sans frais, excepté ceux du greffier que nous avons fixé à trois livres.

XI. Si quelques-uns desdits étrangers venoit à décéder dans le cours desdites six années, à compter du jour qu'ils auront fait leur déclaration devant lesdits juges, les enfans, parens ou autres domiciliés en France, appelés à recueillir leur succession, & même à l'égard du mobilier seulement, ceux domiciliés en pays étranger, en auront délivrance, en justifiant par un certificat en la forme prescrite par l'article précédent, que lesdits étrangers étoient employés auxdits défrichemens ou desséchemens.

Régistré ce requérant le Procureur-

général du Roi, pour être exécuté selon sa forme & teneur, à la charge qu'il ne pourra être entrepris aucun défrichement que du gré, consentement ou concession des propriétaires des terreins incultes, des seigneurs à l'égard des terres abandonnées, & sans que de la qualification des terres incultes, donnée par l'article premier à celles qui depuis quarante ans n'auroient produit aucunes récoltes, il puisse être tiré aucune conséquence relativement aux contestations sur la nature & qualité des dixmes ordonnée par ladite déclaration ; comme aussi, sans que l'énonciation d'aucuns arrêts ou réglemens qui n'auroient point été revêtus de lettres-patentes enrégistrées en la cour, puisse être tirée à conséquence, ni suppléer au défaut d'enrégistrement ; & copies collationnées envoyées aux bailliages & sénéchaussées du ressort, pour y être lues, publiées & régistrées. En joint aux substituts du procureur du Roi d'y tenir la main, & d'en certifier la cour dans le mois, suivant l'arrêt de ce jour. A Paris, en parlement, toutes les chambres assemblées, le 22 août 1766. *Signé*, DUFRANC.

Arrêt du Conseil d'État du Roi, rendu en interprétation de la Déclaration du 13 Août 1766, concernant les Privilèges & Exemptions accordés à ceux qui entreprendront de défricher les Landes & Terres incultes.

Du 2 Octobre 1766.

Extrait des Régistres du Conseil d'État.

Sur ce qui a été représenté au Roi, étant en son conseil, qu'entr'autres dispositions, la déclaration du 13 août 1766, porte que ceux qui défricheront des terres incultes, joui-ront pour raison de ces terreins, pendant l'espace de quinze années, de l'exemption des dixmes, tailles & autres impositions généralement quelconques, même des vingtièmes tant qu'ils auront cours ; que les pro-priétaires des terreins incultes, leurs cessionnaires ou fermiers ont été dis-pensés encore de payer les droits d'insinuation, centième denier, pour les baux faits relativement à l'ex-ploitation de ces terreins, quoiqu'ils soient pour un terme au-dessus de neuf années jusqu'à vingt-sept & même vingt-neuf ans : mais que ces baux ne sont pas les seuls actes que les défrichemens donneront lieu de passer ; qu'un particulier qui aura en-trepris de mettre en valeur une cer-taine quantité de terres, ne pourra le plus souvent y parvenir qu'en concédant une partie de ces terres à d'autres personnes, ou en les asso-ciant à son exploitation ; que les traités qui seront faits en consé-quence, les ventes, cessions trans-ports, subrogations, & autres actes semblables paroissent mériter autant de faveur que les baux de vingt-neuf années & au-dessous ; qu'ainsi ces dif-férens actes devroient jouir de la même exemption ; que cependant cette exemption est bornée aux baux uniquement, & qu'elle n'a même pour objet que les droits de cen-tième & demi-centième denier, en-sorte que ceux de contrôle des baux & autres actes continueront à être perçus sur le pied réglé par le tarif du vingt septembre 1722, si Sa Ma-jesté ne se portoit pas à les affran-chir ; qu'indépendamment du con-trôle du centième denier, il se présen-tera quelquefois des cas où les actes

relatifs aux défrichemens, &c. don-neront ouverture aux droits de franc-fiefs & amortissemens, ce qui pour-roit, (si l'exemption de ces droits n'étoit point prononcée également) arrêter les entrepreneurs dans leurs opérations, & les rendre plus diffi-ciles ; qu'enfin les colons & autres particuliers employés aux défriche-mens, seront tenus de payer la capi-tation, parce que cette imposition est personnelle ; mais qu'il paroîtroit à propos de la fixer modérément, afin d'encourager de plus en plus les exploitations. Sur quoi Sa Majesté voulant faire connoître ses intentions & donner de nouvelles marques de sa protection à ceux qui entrepren-dront le défrichement des terres in-cultes, vu la déclaration du treize août 1766 : ouï le rapport du Sr. de l'Averdy, conseiller ordinaire, & au conseil royal, contrôleur général des finances, le Roi étant en son conseil, a ordonné & ordonne ce qui suit.

I. Les propriétaires des terres incultes qui entreprendront de les mettre en valeur, leurs cessionnaires, successeurs ou ayans cause, jouiront pendant le temps porté par la décla-ration du 13 août 1766, de tous les priviléges & exemptions qui leur ont été accordés, en remplissant les formalités ordonnées par les arti-cles II & III de cette déclaration.

II. Jouiront aussi les étrangers qui seront employés aux défrichemens, des priviléges particuliers qui leur ont été prescrits par la même décla-ration.

III. Les cessionnaires ou ayans cause & les entrepreneurs des défri-chemens qui ne seront pas nobles, joui-ront en outre pendant quarante années d'exemption des droits de franc-fiefs pour tous les terreins défrichés; & s'il eſt établi dans l'étendue deſdits défrichemens des égliſes paroiſſiales, ou des paroiſſes ſuccurſales, il ne ſera payé aucun droit d'amortiſſe-ment, pour raiſon de ces établiſſe-mens.

IV. Tous les actes qui ſeront paſſés pendant le même eſpace de quarante années par les propriétaires des terres incultes, leurs ſucceſſeurs, ceſſion-naires ou ayans cauſe, ſoit entr'eux ou avec d'autres particuliers, pour raiſon des défrichemens, ſeront con-trôlés, ſans qu'il puiſſe être exigé autres ni plus grands droits de con-trôle, que dix ſols pour chacun acte, de quelque nature ou eſpèce qu'il ſoit.

V. Et dans le cas où quelques-uns des actes mentionnés à l'article pré-cédent donneront ouverture aux droits d'inſinuation, centième & demi-centième denier, ces droits ne ſeront payés que ſur le pied ſeulement d'un denier par arpent, ſans néan-moins qu'ils puiſſent être perçus pour les baux de vingt-neuf ans & au-deſſous, conformément à l'article VII de la déclaration du 13 août 1766.

VI. Les colons & autres perſonnes employées aux défrichemens, ſeront taxés à la capitation par les ſieurs intendans & commiſſaires départis dans les provinces & généralités du royaume, à raiſon de vingt ſols ſeu-lement par chacun. Enjoint Sa Ma-jeſté, auxdits ſieurs intendans & commiſſaires départis, de tenir la main à l'exécution du préſent arrêt, qui ſera imprimé, publié & affiché par-tout où beſoin ſera. Fait au con-ſeil d'état du roi, Sa Majeſté y étant, tenu à Verſailles le deuxième jour d'octobre 1766.

CHAPITRE II.

Examen des avantages & déſavantages des Défrichemens.

Si les défrichemens augmentent le nombre des citoyens, & ſur-tout s'ils augmentent celui des tenanciers, il n'eſt pas douteux qu'ils ſoient d'un avantage inappréciable; mais s'ils ſer-vent uniquement à multiplier les terres labourables, ils ne produiſent plus aucun effet; au contraire, ils préjudicient à la bonne culture de celles qui exiſtent déjà : ces idées paroîtront paradoxales, au premier coup-d'œil, à celui qui, du fond de ſon cabinet, juge de l'agriculture du royaume. Entrons dans quelques détails.

On ſe plaint dans toutes nos pro-vinces que les bras manquent; que les arts, ou de néceſſité première, ou de luxe attirent les habitans des campagnes dans les villes : la quan-tité étonnante de payſans qui s'y jette pour y augmenter la claſſe la plus mépriſable de tous les hommes, celle des laquais, finit par les dépeu-pler : un ſeul coup-d'œil ſur les pro-vinces voiſines de la capitale, offrira la preuve la plus convaincante de ce que j'avance. C'eſt une race perdue : ayant une fois bu dans la coupe em-poiſonnée des grandes villes, ils ou-blient le lieu qui les vit naître. Le ſoldat, au contraire, gagne à ſortir de ſon pays; il y revient preſque toujours, & rapporte avec lui des idées de cultures différentes de celles de ſon canton, & ſouvent on lui doit des révolutions heureuſes, dont je pourrois citer pluſieurs exemples.

Si, d'après un aveu arraché à la vérité & au beſoin, les bras manquent, il y a donc trop de terrein cultivé en France, puifque chaque propriétaire a la manie d'en exploiter toujours à la hâte, & par conféquent mal, la plus grande étendue poffible. Que gagne donc le gouvernement, dans les défrichemens, en général, qui n'augmentent pas le nombre des propriétaires ? Rien, & encore rien.

Tout terrein inculte, en France, appartient ou au roi ou au gens d'églife, ou au feigneur du lieu, ou aux communautés, ou à de grands tenanciers.

S'il appartient au roi, que de démarches, que de formalités à remplir, avant d'en avoir la conceffion ! & l'habitant de la campagne ne faura comment s'y prendre, ni à qui s'adreffer pour l'obtenir. Le riche propriétaire connoîtra la porte à laquelle il faut frapper, & comment il faut y frapper ; il obtiendra, pour lui feul, ce qui auroit fait le bonheur de vingt journaliers qui feroient devenus tenanciers. Le grand propriétaire deftinera fouvent fon immenfe conceffion à la vaine pâture de fes troupeaux, ou, s'il la cultive, elle ne rendra jamais le quart de ce qu'elle auroit rapporté entre les mains de ces vingt journaliers, parce qu'il n'y a que les petits héritages qui foient bien cultivés.

Les gens d'églife n'aiment point à inféoder ; & l'édit qui leur a défendu d'acquérir, auroit dû leur permettre de vendre : de temps à autre une partie de leurs biens feroit rentrée dans la maffe de ceux de la fociété, au lieu qu'ils en font irrévocablement féqueftrés.

Lorfqu'on leur parle de défricher, ils répondent : nous ne fommes pas affez riches. Inféodez donc ! Nous ne le ferons pas, parce que, peut-être un jour, nous ferons cultiver. Ainfi, d'une manière ou d'une autre, le terrein refte en friche. Cependant cela vaut mieux que s'ils faifoient de grandes inféodations à de grands propriétaires ; ils diminueroient le nombre des bras des environs, au lieu qu'en inféodant par petites parcelles à de fimples journaliers, ils iroient à leurs journées, comme par le paffé, & malgré cela ils trouveroient encore le temps de bien travailler leurs petites poffeffions : j'en ai mille exemples fous les yeux, & je puis dire que le produit de ces petites poffeffions fait honte aux nôtres. La vraie richeffe de l'état eft dans les petites poffeffions ; c'eft elles qui affurent les plus forts produits : celles qui font grandes & très-grandes nuifent au bien de la fociété.

Si le terrein appartient au feigneur, toujours affamé d'argent, il veut vendre ; & comme tous les tenanciers ont autant de terre qu'ils en peuvent travailler, perfonne ne s'empreffe d'acheter du mauvais terrein, & peut-être encore à des conditions très-onéreufes. Je dirois au feigneur : Vous devez, par état, être le père, l'appui, la reffource des malheureux habitans de votre terre : choififfez les plus pauvres journaliers, les plus chargés d'enfans & les plus honnêtes ; divifez vos friches en plufieurs lots, & cédez-leur-en la propriété fous une modique redevance annuelle, dont le premier paiement commencera quatre ou fix ans après le jour de la conceffion : ils béniront la main qui affure leur fubfiftance ; & cette main, qui paroît fi bienfaifante, gagnera plus par les redevances, par les droits de mutations, que fi elle avoit elle-même défriché le terrein.

Les biens des *communes* ou *communautés* d'habitans, font toujours en friche, & ils ne peuvent pas être aliénés : chaque habitant y a droit, ou, ce qui eft la même chofe, a le droit de rendre le fol encore plus mauvais par fes déprédations journalières. (*Voyez* ce qui a été dit au mot COMMUNAUX)

Les grands tenanciers qui ne font pas feigneurs, font, plus que les autres, dans l'impoffibilité de fe deffaifir des friches, & moins dans le cas de les mettre en valeur. Ils peuvent, tout au plus, les concéder fous des redevances un peu fortes : dès-lors il n'y a plus de preneurs. S'ils veulent établir pour eux les droits de mutations, les preneurs auront, par la fuite, à payer ces droits, & au bailleur, & au feigneur ; de forte que ces doubles droits rebuteront les nouveaux acquéreurs. Grands tenanciers! avez-vous des terres incultes & de peu de valeur? petit à petit convertiffez-les en bois ; mais travaillez fans relâche à améliorer les bonnes terres. Si vous êtes pères de famille, vous doublerez ainfi la valeur de l'héritage que vous laifferez à vos enfans.

Qu'eft-il arrivé des grandes & immenfes conceffions que le gouvernement a faites à plufieurs feigneurs, ou à des intrigans qui follicitent tout, pour ainfi dire, auprès des miniftres ? Ils pourfuivoient avec avidité les titres de ces propriétés, non pour faire valoir par eux-mêmes, mais comme un objet de fpéculation. La redevance qu'ils devoient payer à la couronne, étoit, par exemple, de vingt fous par ar-

pent ; ils ont cru enfuite les inféoder à une fomme beaucoup plus forte ; il ne s'eft point préfenté d'acquéreur, & les fonds font aujourd'hui tels qu'ils étoient il y a cinquante ans, avec la différence cependant qu'ils font perdus pour la fociété.

Si, au lieu de concéder à des intrigans, le gouvernement, qui cherche à encourager l'agriculture, eût dit à tout étranger ou à tout françois qui voudra venir habiter en tel endroit : Il lui fera concédé une telle étendue de terrein, & accordé des facilités pour s'y loger, &c. alors le fol auroit été vraiment défriché & bien cultivé, au lieu que l'encouragement accordé par les lettres-patentes, n'a pas produit le bien que le gouvernement pouvoit & devoit en attendre. Deux raifons effentielles s'y font oppofées ; les conditions impofées par ceux qui avoient obtenu les titres des conceffions, & le manque de bras. On a mieux aimé continuer la culture des bonnes terres, que d'entreprendre celle des mauvaifes.

Les terres en friche, en France, le font, ou en raifon des propriétaires, comme on vient de le dire, ou à caufe de la nature du fonds. Un bon fol en friche appartient, ou au Roi, ou à une communauté d'habitans : ainfi, entraves fur entraves pour fon défrichement. Si le fol eft bon, & qu'il appartienne ou à un feigneur ou à des particuliers, quelle eft donc la raifon de fa ftérilité ? L'éloignement des habitations, & fur-tout le manque de bras ; car on ne peut pas fuppofer les hommes affez dénués de bon fens, pour ne pas cultiver un terrein qui dédommageroit

amplement des frais d'exploitation.
Il y a donc toujours, dans ce cas,
quelques raisons morales qui s'y opposent. Si le terrein est mauvais, je
conçois très-bien comment les encouragemens n'ont produit aucun
effet : cependant plusieurs personnes
ont été séduites par l'exemption de
toute dixme & de toute imposition
royale pendant dix ans, & voici le
raisonnement qu'elles ont fait : La
dixme lève, en général, la onzième
gerbe ; cette imposition ecclésiastique
équivaut à la septième gerbe à cause
des avances des frais de culture, &
qu'elle se prend sur le produit le plus
réel. Les impositions royales, sous
toutes les dénominations quelconques, réduisent ces sept gerbes à
quatre gerbes & demie ; de sorte que
nous aurons effectivement un bénéfice de cinq gerbes & demie. Défrichons donc : peu nous importe que
le terrein soit épuisé ou entraîné vers
la dixième année ; notre spéculation
n'en aura pas été moins bonne. Ces
hommes raisonnent bien : tout ce
qu'ils ont dit est arrivé, & le sol est
aujourd'hui plus en friche que jamais ; il faudra peut-être un siècle
pour lui rendre quelques pouces
de terre végétale. Je parle d'après
des faits. Avant cette exploitation,
des troupeaux paissoient & vivoient
sur ce terrein ; aujourd'hui, à peine
ils y trouveroient un brin d'herbe.

Puisque nous avons, en général,
plus de bonnes terres qu'on n'en
peut parfaitement bien cultiver, par
la privation des bras, je crois que
les encouragemens désignés dans la
déclaration du Roi, auroient dû porter seulement sur les bonnes terres
qui sont négligées, soit à cause de
l'éloignement des cultivateurs, soit

parce qu'elles sont marécageuses ou
noyées. Dans ce second cas, il en
seroit résulté la salubrité du canton, & une augmentation de bonnes terres pour les villages qui en
manquent.

Presque tous les pays à côteaux
sont, en grande partie, ruinés depuis
les grands défrichemens. Les sommets étoient garnis d'arbres ou de
broussailles ; il s'y formoit, chaque
année, de la terre végétale ; l'eau
de pluie, retenue par leurs racines,
l'entraînoit peu à peu vers le bas,
& fertilisoit le coteau. Aujourd'hui
ces eaux coulent comme des torrens,
déracinent les pierres, charrient les
terres bonnes & mauvaises, & le
rocher reste à nu. Le grand Duc de
Toscane a permis de défricher les
coteaux jusqu'à une certaine hauteur ; mais avant de commencer cette
opération, il a fallu que le propriétaire plantât en bois la partie supérieure. Avec une pareille modification dans la déclaration du Roi, on
auroit évité la ruine de plusieurs
contrées.

De ces défrichemens portés à l'excès ; car, en France, tout se fait par
enthousiasme, il en est résulté la
diminution des troupeaux, par conféquent des laines, & sur-tout des
engrais qui font le nerf de l'agriculture. Cet exemple est palpable en
Languedoc, parce qu'on a mis en
culture toute espèce de sol, & que,
dans une très-grande partie, il n'y
reste que le roc vif.

On a été tout étonné de voir un
grand nombre d'oliviers périr dans
les hivers de 1766, 1776 & 1781 ;
& même, dans certains endroits, ils
sont complétement perdus. Cela devoit arriver : le sommet des mon-

tagnes, les coteaux, qui leur fervoient d'abris contre les rigueurs du nord, fe font abaiffés par la dégradation des bois & des terres qui les recouvroient ; dès-lors ils ont changé de climat. A peine aujourd'hui exifte-t-il quelques oliviers à Montelimar : voilà la caufe de leur dépériffement fucceffif, &, dans quelques années, il n'en exiftera plus. La même obfervation a lieu pour les pays de vignobles : on fe plaint que les vins de plufieurs cantons ne méritent plus la réputation dont ils jouiffoient autrefois ; cependant on y cultive les mêmes plants, le travail eft le même ; mais les abris ont changé. C'eft encore par la même raifon que les vignobles limitrophes des pays où la vigne ne fauroit profpérer, diminuent chaque année.

Si on vouloit calculer exactement la perte du terrein défriché depuis la déclaration du Roi, & la comparer avec le produit de ce qui a été défriché avec avantage, on trouvera certainement que le premier l'emporte du double fur le dernier. Ce feroit à tort qu'on m'accuferoit de critiquer la déclaration du Roi, que je refpecte, & dans laquelle je vois empreintes les bonnes intentions du Père commun qui veille fur le bien de fa grande famille ; mais je critique avec raifon, & je m'indigne contre l'abus qu'on a fait de cette fage déclaration. Mes compatriotes ! c'eft à vous que je m'adreffe, & que je dis : Cultivons moins, & cultivons mieux ; fi nous défrichons de mauvais terreins, que ce foit pour les planter en bois ; ils vont manquer dans le royaume. Le luxe a introduit l'ufage de dix feux dans une maifon où deux à trois fuffifoient, cinquante à foixante

ans auparavant. Chacun abat les forêts, on n'en replante plus : ayons de la prévoyance, lorfque les autres en manquent, & nos plus chétifs terreins acquerront une valeur dont nous ferons étonnés peut-être avant qu'il foit vingt ans.

CHAPITRE III.

DES PRÉCAUTIONS A PRENDRE AVANT, PENDANT ET APRÈS LE DÉFRICHEMENT.

Il eft bien difficile de prefcrire ici des détails utiles à tout le royaume, puifque chaque climat exige des foins particuliers, & ces foins doivent varier fuivant la nature du fol, & l'objet qu'on fe propofe de cultiver.

En général, les terres reftées incultes ont un fol peu productif, ou bien elles font fujettes à être fubmergées. Ces dernières ne font pas les plus mauvaifes, & fouvent, entre les mains de bons cultivateurs, elles deviendroient les meilleures du pays, parce que les eaux y ont accumulé une grande maffe de terre végétale. On pourroit les appeler des *terres vierges*.

SECTION PREMIÈRE.

Avant le Défrichement.

Un homme raifonnable ne fe laiffe pas féduire par de brillantes chimères, & fur-tout par les écrits des auteurs qui, d'un coup de plume, rendent à l'agriculture des rochers efcarpés, deffèchent des marais, en élèvent le fol, fertilifent l'argile par le fable, & le fable par l'argile, &c. Leur plume reffemble à la baguette des fées, qui produit les enchantemens, les merveilles & les métamorphofes,

phofes. Il commencera par dire, j'ai tant d'arpens à défricher; un homme gagne tant, & fon travail fe réduit à tant. Somme totale, il m'en coûtera tant. Voilà le premier apperçu; paffons au fecond.

J'ai fuppofé que la facilité du travail feroit égale dans toute l'étendue du terrein, & que chaque homme rempliroit exactement fa tâche : deux fuppofitions chimériques, renverfées, ou par la rencontre de quelques rochers, de quelques amas de pierres, ou d'une couche de terre plus dure, &c. & par la différence du travail d'un homme à un autre homme. Ainfi, pour l'article des accidens, je dois compter la moitié en fus de la première dépenfe. Cependant, afin de ne pas être induit en une erreur trop forte, je vais faire fonder en différens endroits; plus je multiplierai ces fondes, moins je craindrai de me tromper dans mes calculs.

Quel fera le parti le plus économique ? Donnerai-je à prix fait, ou ferai-je travailler à la journée ? A prix fait, je ferai fûrement trompé : l'ouvrier, plus accoutumé que moi à juger du travail, exigera un falaire au-deffus de la valeur; & pour gagner encore plus, l'ouvrage fera fait à la hâte. Si je prends le fecond parti, la dépenfe doublera ; & le défrichement fera bien fait, *fi je ne perds pas mes ouvriers de vue* A quoi faut-il donc fe réfoudre ? Au dernier parti, quoique le plus coûteux, ou au premier, fi je m'accommode de toute efpèce de travail.

Un homme qui fait défricher, doit être convaincu qu'il importe peu à l'ouvrier que l'ouvrage foit bien ou mal fait, pourvu qu'il ait de nombreufes journées, & qu'il foit payé. Il en eft ainfi dans toutes les provinces.

Le but du défrichement eft de faire produire à la terre des récoltes qu'elle refufoit auparavant. L'homme fenfé examinera donc, après avoir calculé les frais de culture, & les avoir ajoutés aux premières avances pour les frais du défrichement, fi les récoltes que, *fans prévention*, il efpère en retirer, équivaudront à l'intérêt, 1°. des frais qu'il vient de faire; 2°. fi, outre cet intérêt couvert, il reftera un gain réel ; 3°. fi le bénéfice fera le même pendant les années fuivantes; 4°. quelle augmentation de valets, d'animaux ce défrichement rend indifpenfables.

Tout défrichement, entrepris fans être auparavant précédé d'un femblable & même d'un plus rigoureux examen, ruinera le propriétaire. Le mal fera encore bien plus grand, s'il eft affez fou pour emprunter. Les faifons peuvent déranger les récoltes, & il ne faudra pas moins payer les intérêts & le capital aux époques convenues. Si quelqu'un me confultoit fur un défrichement à faire, je lui demanderois : Combien eftimez-vous qu'il coûtera ? Et je lui dirois, d'après fa réponfe : Avec la même fomme achetez dans votre voifinage un champ en bon état. Je croirois lui donner un confeil fort fage. Un autre confeil vaudroit peut-être mieux ; ce feroit d'employer cet argent à bonifier les fonds que l'on poffède. On auroit toujours affez de terrein, s'il étoit bien cultivé.

Je ne veux pas dire qu'on ne doive, en aucun cas, défricher ; mais le véritable befoin n'en eft pas très-fréquent. Si vous avez mis en pratique les préceptes donnés aux mots

ABONDANCE , AMÉLIORATION ; fi toutes vos poffeffions, vos bâtimens, vos animaux de labourage, vos troupeaux , &c. font dans le meilleur état poffible ; enfin , fi vous avez des avances , vous pouvez défricher en raifon de ces mêmes avances, & *non au-delà*. Dans ce cas, cherchez à arrondir vos champs , & à ne laiffer rien d'inculte dans tout ce qui vous environne. L'exploitation d'un champ éloigné de la métairie, coûte le double par la perte du temps, confommée en allées & venues, & elle refte toujours imparfaite.

Si vous avez près de vous des flaquées d'eau, des parties marécageufes, il ne faut rien épargner jufqu'à ce qu'elles foient en valeur. Il en réfultera deux grands avantages : acquérir un fol précieux , & rendre falubre l'air que l'on refpire.

Si l'objet à défricher eft formé par un fol léger, par un rocher qui fe brife aifément, & dont le grain fe défuniffe & fe réduife avec facilité en terre ; enfin , fi la fituation de ce terrein eft bien expofée au midi, & garantie par un bon *abri*, (*voyez* ce mot) plantez une vigne, & choififfez les plants reconnus pour donner le meilleur vin.

Tout terrein bon par lui-même , & fufceptible de produire du bon grain , ne doit jamais être facrifié aux vignes. Ce feroit mal entendre fes intérêts , & nuire à ceux de la maffe générale de la fociété. (*Voyez* l'article VIGNE)

Si le fol eft maigre & en état de ne produire habituellement que du petit grain , il ne vaut pas la peine d'être mis en culture réglée ; c'eft le cas de le défricher uniquement pour le couvrir de bois.

Toutes ces confidérations une fois bien établies , & après avoir bien raifonné l'opération à laquelle on va fe livrer , le premier foin eft de fonger aux chemins qui doivent y conduire ; fans cette précaution, les bêtes employées aux charrois , & les voitures font plus abîmées dans un an qu'elles ne le feroient en quatre ou cinq , & le prix de l'exploitation augmentera du double. Le fecond , fi le terrein eft en pente, d'ouvrir un foffé fur toute la longueur de la partie fupérieure , afin de détourner les eaux , & les porter fur les côtés où leur donner une iffue qui ne nuife point au fol. Si l'étendue eft vafte, le foffé fupérieur ne fera pas fuffifant ; il eft néceffaire encore de couper le terrein par de nouveaux foffés & dans le fens qui leur convient. On efpèreroit vainement avoir de bonnes récoltes en grains dans une fituation trop droite, il faut que la pente foit au plus de quarante-cinq degrés ; une inclinaifon plus rapide néceffite la culture des bois ou des vignes, fi on eft affez riche pour y élever en pierres fèches, terraffes fur terraffes, comme on le pratique au territoire de Côte-Rôtie & le long du Rhône, depuis Vienne jufqu'un peu au-delà de Tournon.

Si l'endroit à défricher eft en plaine, il eft important de reconnoître le lieu le plus bas & le plus fufceptible de procurer un dégagement facile aux eaux ; fi cette expulfion des eaux eft impoffible , renoncez au défrichement ; au contraire, augmentez leur retenue, convertiffez le fol en étang; mais ayez foin que les bords, même dans les plus grandes eaux, ayent au moins trois pieds de profondeur, fans quoi vous rendrez l'air mal-fain.

(*Voyez* le mot ÉTANG) Si je proposois à un hollandois un pareil desséchement, il me répondroit qu'au moyen d'un *pouldre* ou moulin-à-vent, qui élève les eaux à une certaine hauteur, il viendroit facilement à bout de mettre à sec ce sol humide, & de le convertir en un bon pâturage. C'est ainsi que ces industrieux cultivateurs sont parvenus à dessécher la Hollande, & à se procurer des prairies immenses.

Ce n'est pas assez d'avoir rempli les conditions énoncées ci-dessus, il faut encore enclore l'endroit à défricher par des *haies* vives. (*Voy.* ce mot) Elles garantiront le champ des incursions des animaux, formeront des abris, à leur pied des amas de terre végétale, & si elles sont bien entretenues, elles fourniront par la suite plus de bois à brûler lors de leur tonte, que l'on n'en couperoit sur une pareille étendue de terrein plantée en bois taillis; l'espace occupé par les haies n'est donc point un espace perdu.

Les défrichemens ont pour objet, ou des étendues très-considérables ou de petites portions de terrein. Dans le premier cas, l'endroit est ou éloigné des habitations, ou en est rapproché; la même distinction a lieu pour le second cas.

L'éloignement des habitations rend les défrichemens infiniment coûteux, cependant il est facile d'éviter cet excès de dépense. Personne n'entreprend de grandes opérations, sans auparavant avoir levé le plan de son terrein, & avoir déterminé chaque portion au genre de culture qui paroît la plus favorable; ensuite on s'assure, par les nivellemens, de la situation du local, afin de donner aux eaux un

écoulement naturel ainsi qu'il a déjà été dit. D'après ces dimensions, il est probable, & même il convient que les bâtimens qui doivent composer la métairie, soient placés au centre, & que le plan de ces bâtimens soit tracé sur le papier, de manière qu'il reste seulement à mettre la main à l'œuvre. Un plan général ainsi conçu après de mûres réflexions, réunira le tout dans un ensemble dont chaque parties correspondront les unes avec les autres, & préviendra de grands remuemens de terres aussi inutiles que coûteux.

Sur le lieu où seront dans la suite placés les bâtimens de la métairie, commencez à élever la partie qui formera une des écuries, & construisez de manière qu'il n'y ait pas à y retoucher. Cette portion de bâtimens servira d'hangar, lorsque vous commencerez le défrichement; de logement & de cuisine aux ouvriers, enfin de retraite aux animaux.

Après une telle précaution, il ne reste plus qu'à conduire les ouvriers sur les lieux, & à convenir avec eux qu'ils retourneront à la ville ou au village seulement le samedi soir, reviendront coucher le dimanche soir, & apporteront leur nourriture pour toute la semaine. Sous quelque prétexte que ce soit n'entreprenez pas de les nourrir; vous aurez beau dépenser le double qu'eux, ils ne seront jamais contens; vous doublerez vos frais en pure perte, & ils ne vous en sauront aucun gré; payez en argent, & vous saurez ce que vous dépenserez.

Si le défrichement est d'une étendue médiocre, dans un lieu éloigné, & qu'on ne soit pas dans l'intention d'y construire par la suite une habitation,

M m m m 2

alors une baraque, un hangar proportionné à la quantité d'ouvriers à employer, fera fuffifant. La perte fera peu confidérable, lorfqu'il faudra le renverfer, & les bois & les planches ne feront pas perdus.

Divifez vos ouvriers par compagnie de dix, dont un, le plus intelligent., fera nommé le chef & répondra des autres.

Ayez un infpecteur & plufieurs fous-infpecteurs, fi le befoin l'exige; leur fonction fera, celle de l'infpecteur, de veiller fur les fous-infpecteurs, & ceux-ci fur les ouvriers qu'ils ne perdront jamais de vue. Trois fois par jour l'infpecteur fera l'appel, le matin avant d'aller à l'ouvrage; après le diner & le foir en finiffant le travail, afin de s'affurer que les ouvriers n'ont point été perdre leur temps au village.

C'eft une erreur de penfer qu'il faille mettre un grand nombre d'ouvriers à la fois. Ils en travaillent moins; un feul babillard diftrait tous les autres. Si j'étois dans une pareille pofition, j'aimerois mieux compofer les brigades feulement de cinq, & les placer de manière qu'elles ne fe verroient pas. Qu'un ouvrier ceffe un inftant de travailler, tous les autres l'imitent; qu'il y ait un bloc de pierre à déplacer, ils fe mettront dix, tandis que quatre fuffiroient, & dix autres les regarderont faire. Faut-il abattre un arbre ? le plaifir de le voir tomber les détournera tous, &c. J'ai fuivi les ouvriers, & je connois leurs allures.

Si vous ne fourniffez pas les outils aux ouvriers, que l'infpecteur fe faffe préfenter, chaque famedi foir, ceux dont ils fe fervent. Une pelle, une pioche ufée à moitié de fa longueur

ou de fa largeur, ne fait que fa moitié du travail, & le réfultat eft une demi-journée, au lieu d'une journée entière. Si, par les conventions, les outils font à votre charge, leur nombre doit excéder celui des ouvriers; ils en briferont & uferont beaucoup, & l'ouvrier ne fera rien pendant qu'ils feront à la forge.

Je viens d'entrer dans des détails peut-être minutieux ; mais je demande à ceux qui ont fait beaucoup défricher, s'ils font inutiles ? Les grandes entreprifes ne réuffiffent que par les petits foins de détail ; & ce que l'on appelle *petite économie*, va plus loin qu'on ne penfe.

Si, dans les défrichemens on doit fe fervir de bœufs, de chevaux, de charrues, de charrettes, de tombereaux, &c. il faut un hangar pour loger les voitures, une écurie pour les bêtes, & un local pour les fourrages. Le tranfport des terres à la *brouette*, (*voyez* ce mot) eft le moins coûteux. Si la diftance eft un peu éloignée, le *tombereau* dont on s'eft fervi pendant la conftruction du pont de Neuilly, fera très-utile. (*Voyez* le mot VOITURE) Quant aux charrues, il eft prudent de les avoir doubles, & même triples à caufe des fractures. De ces préparatifs, paffons au défrichement réel.

SECTION II.

De l'opération du Défrichement.

Je donne à toute terre en friche le nom général de *lande*, & j'en diftingue deux efpèces qui peuvent encore fe fous-divifer en un grand nombre. J'appelle la première, *lande maigre*, & communément elle eft couverte de bruyères : fon fol eft une

terre maigre, fans liaifon, & fablonneufe. Tels font les dépôts formés
par les rivières dont le cours eft rapide, ou par la mer. J'appelle *lande
graffe*, la terre qui eft couverte de
fougère, de brouffailles, de bois.
Dès qu'on voit la fougère, & l'yèble
ou petit fureau profpérer & fe multiplier dans un tel fonds, on eft affuré
que la couche de terre eft fufceptible
d'une bonne culture.

I. *Des landes maigres.* Deux caufes
générales concourent à les rendre
telles : la couche fupérieure, & la
couche inférieure. La première eft
ordinairement fablonneufe, & la feconde argileufe. Quelquefois, &
prefque toujours, entre ces deux
couches, il s'en trouve une troifième,
qui eft un dépôt ferrugineux, de plufieurs pouces d'épaiffeur, & comme
en table ; fouvent cette épaiffeur eft
du double ou du triple. Cette uniformité m'a frappé dans toutes les
grandes landes à bruyères que j'ai
vifitées : celles qui règnent prefque
depuis la fortie d'Anvers, jufqu'à
Rocfem fur le territoire de Hollande,
dans les environs de Loo, d'Utrecht,
dans la Gueldre, dans la Sologne,
dans le Bordelois, &c. font en tout
femblables. La couche inférieure empêche de travailler la fupérieure. On
doit, par la raifon de la ténacité de
la couche inférieure, mettre dans la
claffe des landes maigres les terreins
formés de craie dure & folide, &
ceux d'argile pure ou prefque pure.

Il y a deux manières de défricher ;
ou avec le fecours des animaux, ou
à bras d'homme. La lande maigre
dédommagera-t-elle jamais de la dépenfe faite à bras d'homme ? Je ne
le crois pas.

Si j'avois à mettre en valeur un

pareil terrein, je me fervirois de la
charrue, (*voyez* ce mot) montée fur
des roues, armée d'une longue flèche,
d'une forte oreille ou verfoir, & de
tous fes acceffoires tranchans, afin
de couper les racines des mauvaifes
herbes, des bruyères, & de les enterrer fur le champ.

Plufieurs auteurs ont confeillé de
les brûler, parce que leurs cendres,
& les fels alcalis qu'elles contiennent, fertilifent la terre. Je conviens
de ce principe ; mais cet engrais eft
médiocre : la flamme entraîne avec
elle une grande partie des fels ; &
de la cendre ajoutée à une terre qui
manque de lien, eft tout au plus un
engrais momentané. Il vaut beaucoup
mieux enterrer les plantes : par leur
décompofition, elles fourniffent de
la terre végétale, cet *humus* fi précieux, bafe de toute végétation, &
qui forme la charpente des plantes.
Le premier labour doit être donné,
lorfque la majeure partie des plantes
eft en fleur ; 1°. parce que ce moyen
eft le plus prompt pour les détruire,
puifqu'on n'enterre point de graines ;
2°. parce que toute plante, fortement endommagée lors de fa grande
végétation, périt plus facilement ;
3°. parce qu'à cette époque, la
plante eft plus remplie de principes
que dans toute autre circonftance,
& par conféquent rend à la terre
tous les principes qu'elle a abforbés,
fans parler de ceux de l'atmofphère.

Après plufieurs profonds labours,
croifés dans tous les fens, il convient
de paffer la herfe, afin de tirer hors
du champ les plantes qui ne font pas
enterrées, ou qui le font trop peu ;
elles fe deffécheroient à l'air, &
perdroient leurs principes. Si on n'a
pas la facilité de les porter fous les

bêtes, afin de les y faire pénétrer par leur urine & par leurs excrémens, il convient, dans différentes parties du champ, & fur les bords, d'y faire des monceaux compofés d'un lit de bruyères, de mauvaifes plantes & d'un lit de terre. Lorfque le monceau eft fini, & de toute part recouvert de terre, on le bat fortement, afin que les pluies ne le pénètrent pas, & ne délavent pas les principes de végétation qu'il contient, & qui s'y forment : d'ailleurs ces monceaux attirent & s'imprègnent des émanations de l'atmofphère, ainfi qu'il a été dit au mot AMENDEMENT, & dans le dernier chapitre du mot CULTURE.

Si, abfolument, on veut défricher à bras les landes maigres, ce que je ne confeille pas, & ce que je ne confeillerai jamais en grand, on doit également enterrer les herbes. Il ne faut jamais perdre de vue que ce terrein eft dénué de principes, & qu'il s'agit de lui en procurer. Si on eft dans l'heureufe pofition d'avoir beaucoup d'engrais, ils feront, chaque jour, répandus fur la partie qu'on défriche, &, pour ainfi dire, à mefure qu'ils arrivent de la baffe-cour. On en fent facilement les raifons.

Je ne vois qu'un feul cas où des landes maigres doivent être défrichées à bras ; c'eft lorfque la lande touche la métairie. On profite alors des jours d'hiver, pendant lefquels tous les travaux de l'agriculture font fufpendus, & le temps eft employé utilement par les gens de la métairie. Ce travail, j'en conviens, ne vaut pas celui qui feroit fait au printemps; mais on verra, dans le Chapitre fuivant, qu'il ne fera pas perdu.

Sous le nom de *lande maigre*, je

ne prétends point parler de ces rochers friables que l'on défunit & difpofe à recevoir la vigne ; c'eft une opération toute différente, dont il fera queftion au mot VIGNE.

II. *Des landes graffes.* Veut-on convertir un bois en prairies, en terres labourables, & même cette portion de terrein n'étant couverte que de fortes brouffailles; il faut néceffairement appeler des bras ; les animaux attachés à la charrue la briferoient plufieurs fois par jour, & le défrichement feroit encore imparfait. Si le lieu à défricher n'eft pas éloigné d'une ville où le bois ait du débit, il eft conftant que la main-d'œuvre pour le deffouchement fera payée & au-delà. S'il en eft trop éloigné, fi les chemins font trop mauvais, on a la reffource de le convertir en charbon; & fous un moindre volume, il double ou triple de valeur ; la fpéculation eft bonne : que fi, ni l'un ni l'autre de ces partis n'eft praticable, je ne vois pas pourquoi l'on défricheroit, puifque les charrois des récoltes & leurs frais, multipliés en raifon de l'éloignement, abforberoient le produit. Malgré ces vérités, fi on a encore la fureur de défricher, c'eft le cas de brûler fur la place les brouffailles & leurs racines. Ici la pofition eft bien différente de celle des landes maigres : la terre végétale ou *humus* ne manque pas ; elle eft toute formée & en abondance, le fonds eft bon, & une augmentation de fel *alcali* (*voyez* ce mot) eft très-avantageufe.) Ils fe combineront avec les fubftances graiffeufes & animales, les réduiront à un état favonneux, enfin prépareront la fubftance de la fève. (*Voyez* le dernier chapitre du mot CULTURE) D'ailleurs le fol des

landes de cette efpèce, eft ordinairement fort & tenace., & la cendre
des bois brûlés, outre les fels qu'elle
contient, agit mécaniquement fur le
fonds; elle en divife les molécules,
les détache les uns des autres, & leur
donne plus de légéreté. Les auteurs
ont donc eu raifon de confeiller
l'*écobuage*; (*voyez* le mot ECOBUER)
mais ils font tombés dans l'erreur
lorfqu'ils l'ont généralifé.

Un pareil terrein, pour peu qu'il
foit chargé de troncs d'arbres, de
buiffons, de brouffailles, exige néceffairement d'être défriché à tranchée ouverte, autrement on courroit les rifques de voir de nouvelles
tiges pulluler à tous les coins. On a
beau vanter les charrues montées fur
des trains très-élevés, armées de cou-
teaux, &c. jamais on ne parviendra
à détruire complétement les racines,
& par conféquent les rejets. Cependant afin d'éviter la dépenfe, ces
charrues font à préférer, lorfque les
arbres ou brouffailles font en petite
quantité, parce qu'on les arrache
auparavant à bras d'homme. Les forts
labours retourneront la terre, l'ameu-
bliront, & petit à petit la difpoferont
à recevoir la femence, & à décu-
pler au moins fon produit.

Ce que je dis des landes graffes
éloignées de la métairie, s'applique d'une manière plus fpéciale
à celles qui en font plus rapprochées. Elles méritent véritablement
l'attention & toute la vigilance du
cultivateur; je doute même qu'il
y ait un bénéfice réel à cultiver les
premières, quoique leurs produits
foient confidérables. Un agriculteur
intelligent calcule le temps perdu
pour aller travailler ce champ, &
celui pour en revenir; la difficulté

d'y conduire la femence, les engrais,
d'en rapporter la récolte. &c. Que
fera-ce donc fi les chemins font
mauvais, il faudra doubler ou tripler
le nombre des animaux deftinés à
la charrette, &, calcul fait des avantages & des défavantages, fouvent le
produit net fera zéro. Je ne vois
qu'un feul cas où il foit avantageux
de procéder à de grands défrichemens des landes graffes, mais éloignées de l'habitation; c'eft lorfque
l'on veut y conftruire une métairie.
Alors les travailleurs placés dans le
centre du défrichement, ont l'œil à
tout, & leurs bras s'étendent fans
peine fur tous les points de la circonférence; il ne refte plus que le tranfport des denrées, ce qui eft un grand
inconvénient. On y rémedie en prenant un genre de culture différent
de celui des autres métairies; la prudence & l'économie dictent de faire
confommer fur les lieux mêmes tous
leurs produits, foit en multipliant
les troupeaux, en élevant du bétail,
des chevaux, des cochons &c., &
ne confervant des terres à grains,
que ce qui eft indifpenfable pour la
nourriture des habitans de la métairie.

Si dans cet endroit éloigné, le bois
a du débit, laiffez fubfifter celui qui
exifte, & plantez-en de nouveaux.
Cette nature de bien ne reffemble pas
à celle des terres à grains qui, chaque
année ou affez mal à propos tous les
deux ans, donnent un bénéfice; avec
les bois, il faut l'attendre pendant
longues années, à la vérité; mais une
fois venus, ils ne coûtent ni foins, ni
peines, ni dépenfes, & tout-à-coup,
ils donnent de quoi acheter de nouveaux domaines. Si l'on calculoit les
frais qu'entraînent les cultures réglées, ce que l'on paye en impo-

fitions royales ou eccléfiaftiques ;
l'achat & l'intérêt de l'achat des beſtiaux, des inſtrumens aratoires, leur
entretien, leur renouvellement &c.;
que l'on déduiſît ces dépenſes des
produits, enfin, que l'on comparât
les produits nets avec ceux que donnent une coupe de bois; à coup fûr
la balance pencheroit prodigieuſe-
ment en faveur du dernier. Cette
obſervation devroit toujours être
préſente à l'eſprit d'un père de famille qui aime ſes enfans. Voilà des
dots toutes trouvées pour le mariage des filles.

SECTION III.

Des précautions à prendre après le Défrichement.

I. *Des landes maigres.* Je ſuis bien
éloigné du ſentiment de preſque tous
les écrivains ſur l'agriculture, qui
conſeillent de ſemer auſſitôt que l'on
a défriché ; je penſe que l'eſpace de
quinze à dix-huit mois après, eſt à
peine ſuffiſant. Cette aſſertion paroîtra outrée à celui qui ne réfléchit
pas : raiſonnons donc pour lui.

De méchantes bruyères ont peine
à végéter dans les landes maigres ;
une herbe fluette & baſſe tapiſſe de
part en part la ſurface, & le reſte
eſt recouvert par des lichens & autres
plantes coriacées de cette famille. Si
cette végétation eſt languiſſante, il y
a donc un vice eſſentiel : or, croira-
t-on avoir remédié ou détruit ce vice,
en retournant la terre & la diviſant
même avec la charrue, en parties
auſſi atténuées que celle d'un jardin ?
Cette diviſion ne lui fournira pas les
principes alimentaires de la végétation ; mais, tout au plus, elle la
diſpoſera à les recevoir de l'air, des

météores & de la décompoſition
des ſubſtances végétales, enfouies
par la charrue. Cette addition de principes eſt l'effet du temps, & même
un an après les premiers labours, les
bruyères ne ſeront pas encore pourries : cependant c'eſt à leur décompoſition que ſera due uniquement la
petite addition de l'*humus.* (*Voyez*
le mot AMENDEMENT. Ainſi, en ſe-
mant ſur les premiers labours, la
ſemence trouve une terre aride. Je
veux même que la première récolte
ſoit paſſable ; mais préciſément cette
récolte abſorbera, par la végétation,
le peu de terre végétale qui reſtoit,
& la ſeconde ſera de nulle valeur.
Combien n'ai-je pas vu faire de défrichemens, & ſe hâter de ſemer auſſitôt après, ou du grain ou du ſarraſin, &c. ? J'ai vu auſſi qu'il a fallu
abandonner la culture de ces terres :
L'expérience jornalière prouve cette
vérité.

Si j'avois à opérer ſur de pareilles
landes, & que j'euſſe la manie de
leur demander du grain, ſans pouvoir leur multiplier les engrais, je
commencerois, dans le printemps,
à dérompre le terrein, avec une forte
charrue, par quatre labours croiſés :
j'y ſèmerois du grain quelconque,
comme des veſces, des ers, des
lupins, du ſarraſin, &c. & lorſque
ces plantes ſeroient dans leur plus
forte végétation, c'eſt-à-dire, au
moment où la fleur va épanouir, je
les enterrerois avec la charrue. La
même opération ſeroit répétée l'année ſuivante, &, à la troiſième année, je ſèmerois des grains pour les
récolter. Voilà, me dira-t-on, bien
du travail ſans produit : j'en conviens ; mais j'aſſure celui des années
ſuivantes. Ce n'eſt pas tout : afin de
ne

ne pas perdre le fruit de mes premiers travaux, ce fol, après avoir donné une récolte en grain, feroit *alterné*, (*voyez* ce mot).ou par une efpar-cette ou fainfoin, ou par des raves, des carottes, des lupins, &c. A la longue, & à force de foins, je par-viendrois à métamorphofer cette lande maigre en un champ paffable, fi, toutefois, il n'eft pas trop éloigné de la métairie.

Je ne vois qu'un feul moyen effi-cace de tirer parti de ces efpèces de landes; c'eft de les bien travailler, & de les couvrir de pins maritimes, qui exigent un fol léger, ou de tels autres arbres les plus communs du pays. Petit à petit il fe formera de la terre végétale par la chûte an-nuelle des feuilles, & par la décom-pofition des fubftances animales. Enfin, à la longue & par progref-fion, le fol de la lande s'enrichira.

II. *Des landes graffes.* Elles regor-gent de principes, fur-tout fi le bois détruit étoit épais & bien fourni; mais ces principes font, pour ainfi dire, ifolés: chacun eft placé féparé-ment; enfin, ils ne font pas com-binés. On a vu aux mots AMENDE-MENT, ARROSEMENT, CULTURE, de quelle manière la nature les affi-mile les uns aux autres, pour en faire un tout analogue & approprié à la bonne végétation: c'eft pour-quoi je confeille de les défricher auffi-tôt après l'hiver, de les labourer à fond, & de laiffer paffer l'été par-deffus, afin de *cuire la terre*, fuivant l'expreffion vulgaire, ou plutôt afin que chaque partie fermente, fe dé-compofe & recompofe un tout. Ce-pendant fi l'on voit que les mauvaifes herbes foient trop multipliées d'une époque à une autre, & que l'on

Tome III.

craigne leur réproduction par la maturité de leurs femences, il fera très-prudent de les détruire avec la charrue. Heureux qui poffède près de chez foi de pareilles landes! On eft affuré de plufieurs bonnes récoltes confécutives; & lorfqu'elles com-menceront à diminuer, c'eft le cas, non de les laiffer repofer, fuivant l'ufage ordinaire, mais de les *alterner*.

Je n'appelle pas *défrichement*, une prairie, une luzernière, une efpar-cette que l'on convertit en terre la-bourable: c'eft une opération jour-nalière d'agriculture, qui s'exécute avec de bonnes charrues. Le feigle y réuffit très-bien la première année; le froment médiocrement, & il eft fuperbe à la feconde & à la troifième. Le mot *défricher* s'applique fpéciale-ment aux terreins incultes.

DÉGEL. Adouciffement de l'air, affez confidérable pour faire fondre la glace. Il y a deux fortes de dégel; celui qui eft amené infenfiblement par l'élévation du foleil fur notre horizon, élévation qui met un terme à la durée de l'hiver: le froid feroit perpétuel, fi les rayons du foleil tom-boient toujours très-obliquement fur la terre que nous habitons. L'autre efpèce de dégel a lieu pendant l'hi-ver, lorfque les vents du fud re-pouffent les vents du nord, & ap-portent avec eux un air plus chaud, & beaucoup d'humidité. Pendant le dégel, il arrive des phénomènes trop finguliers, relativement aux arbres, pour les paffer fous filence.

I. Pendant plufieurs jours avant le dégel, la vivacité du froid augmente; le vent du nord fouffle avec plus de force, le ciel eft plus net, les étoiles plus fcintillantes; &, chaque foir,

N n n n

avant & au moment que le foleil fe couche, la partie du midi paroît tapiffée d'une couche d'un rouge brun. C'eft le vent du fud qui gagne peu à peu la partie fupérieure de l'atmof-phère, rabaiffe le vent du nord, le rend plus actif fur les individus, par l'évaporation qu'il occafionne, enfin, par les fortes rofées qui, dans ce cas, forment le *givre*. (*Voyez* ce mot) Si les deux vents fe contrarient pendant plufieurs jours, les arbres en feront couverts. J'ai fouvent obfervé que les froids rigoureux & de longue durée étoient dus au combat opiniâtre de ces deux vents. Si, dans cet intervalle, le vent du fud cédoit complétement, la rigueur du froid diminuoit, augmentoit quand il reprenoit un peu, enfin, étoit anéantie, lorf-qu'il parvenoit à dominer & à expulfer fon antagonifte.

II. Au commencement du dégel, le froid paroît diminuer, & diminue réellement; cependant il femble augmenter d'intenfité; par rapport à nous. L'humidité de l'air en eft la caufe.

III. Pendant le froid, les arbres, leurs troncs, les plantes fe contractent, fe crifpent fur eux-mêmes, & occupent moins d'efpace: par le dégel, ils reviennent au même point.

IV. Si le froid eft rigoureux, les arbres fe fendent depuis l'enfourchement de leurs branches jufqu'aux racines. Souvent la fente a plufieurs lignes de diamètre dans les jeunes fujets, & fur les troncs d'arbres elle eft proportionnée à leur groffeur. Au dégel, tout reprend fa même forme, & à peine, dans les jeunes arbres, apperçoit-on les veftiges de cette fente perpendiculaire. Dans la fuite, elle eft recouverte par l'écorce, dont

les deux bords ou lèvres s'identifient ou fe greffent l'un dans l'autre; mais la divifion du bois refte toujours la même, & la réunion des deux lèvres forme une arrête fur le tronc.

V. J'ai obfervé dans nos derniers grands froids, pendant lefquels il y eut plufieurs dégels & plufieurs reprifes alternatives de froid, que la fente dont je parle fe forme au premier dégel, mais qu'au fecond elle refte entr'ouverte. N'eft-ce pas par rapport à cette circonftance que les noyers éclatés en 1709, ont confervé cette fente, & que les deux bords de l'écorce n'ont pu la recouvrir ?

VI. On croiroit peut-être que la fente s'opère du côté du nord; c'eft tout l'oppofé. Je n'en ai vu aucune qui ne fût au foleil de midi ou de deux heures. Outre les raifons de ce phénomène, données au mot BRULURE DES ARBRES, *Tome II*, p. 479, je crois devoir en ajouter une autre. L'arbre fe refferre par le froid, & plus dans la partie du nord que dans toute autre: dans celle du midi, au contraire, l'humidité eft plus extérieure & en plus grande quantité, parce que pendant le jour, les rayons du foleil font couler fur elle l'eau glacée dans les parties fupérieures; d'ailleurs il pénètre cette écorce, ce bois, en ouvre les pores; mais, comme la contraction a lieu du côté du nord, elle tire à elle des deux côtés, & avec égale force, les parties relâchées par la chaleur; elles cèdent à cette force fans ceffe agiffante, n'ont aucune réfiftance à lui oppofer, & la fente s'exécute dans un clin d'œil.

VII. Si, pendant le froid, le ciel eft toujours couvert, le phénomène fera beaucoup plus rare; mais il aura également lieu, fi le froid eft très-rigoureux, parce que la partie du midi du tronc de l'arbre eft toujours plus relâchée qu'aucune autre, parce que le point premier de la crifpation eft au nord, & qu'il s'étend fur les deux côtés.

On ne connoît aucun remède à ce funefte accident : rarement un arbre ainfi fendu profpère ; il végète d'une manière trifte & languiffante, & la plupart des arbres périffent. J'ai vu des noyers, dont le tronc étoit éclaté pendant l'hiver de 1709, & qui, fuivant le rapport des anciens du pays, n'avoient plus augmenté en groffeur ; je les ai toujours vu les mêmes.

DÉGÉNÉRATION ou *dégradation de l'efpèce*, font fynonymes. Les plantes, les animaux dégénèrent-ils ? C'eft un grand problème à réfoudre. Je penfe que tout ce qui a vie ou qui végète dans fon propre pays, & qui ne s'écarte jamais des loix de la nature, ne dégénère point ; mais fi, par le changement de climat, par une nourriture plus abondante & plus fucculente, par un terrein meilleur & mieux cultivé, on eft parvenu à améliorer l'efpèce, (relativement à nous) cette efpèce dégénérera, s'il lui manque une des conditions dont on vient de parler ; elle reviendra au point dont elle eft partie. On ne peut pas appeler ce changement une dégénération, relativement à la nature, puifque cet embonpoint étoit un état forcé. A nos yeux, l'œillet des fleuriftes, fes renoncules, font plus brillans que l'œillet & la renoncule fauvage qui en ont été le type ; & aux yeux de la nature, ce que nous appelons *per-*

fection, n'en eft pas plus une pour elle que celle du *chapon* ou du carpeau fur le coq & fur la carpe. Que le fleurifte néglige ces plantes, auxquelles auparavant il prodiguoit fes foins, on ne verra plus que de chétives fleurs ; de doubles elles redeviendront fimples, mais elles acquerront le précieux avantage de pouvoir fe reproduire par la graine. Dans le chapon, les parties mâles ont été facrifiées pour lui procurer une délicateffe & un volume dont il auroit été privé dans fon état de coq ; & dans les plantes, les parties de la génération fe font métamorphofées en *pétales*. (*Voyez* ce mot)

Sans pouffer cet examen plus loin, difons que toutes les efpèces d'animaux que nous avons affervis, ne font plus dans l'état de nature ; que toutes les plantes que nous cultivons, & dont nous avons perfectionné l'efpèce, exigent de nous des foins perpétuels, afin qu'elles ne dégénèrent pas. Quant aux animaux, la perfection vient du mâle : un bel étalon, foit cheval, taureau, bélier, coq, &c. uni à une belle femelle, donne un bel animal ; uni avec une femelle de médiocre volume, l'individu qui en provient eft plus gros, plus fort que fa mère. Une belle femelle, au contraire, couverte par un mâle chétif, ne donne pas auffi beau qu'elle.

Quant aux plantes, varions fouvent les femences d'un lieu à un autre, cependant analogue ; mais furtout, par des foins affidus, par un travail bien entendu, fourniffons à fa végétation une quantité néceffaire de terre végétale. (*Voyez* les mots ALTERNER, AMENDEMENT, CULTURE)

DÉGOÛT , MÉDECINE RURALE. ☞ Manque d'appétit, répugnance que l'on éprouve à la vue des alimens, & fur-tout de quelques-uns en particulier. Il peut être occafionné par la privation des fucs digeftifs dans l'eftomac, par le vice de la falive, par la diftenfion des fibres de l'eftomac.

Les remèdes curatifs font une privation de tout aliment, & fur-tout des alimens animaux , pendant un, deux & même trois jours, il faut les fuppléer par une abondante boiffon d'eau froide, peu à la fois, & fouvent répétée. Voilà pour ceux qui ne fe complaifent pas à prendre des remèdes : fi le dévoiement furvient, c'eft la meilleure médecine. Pour les autres , il convient d'évacuer l'eftomac de toute crudité, foit par l'émétique ou par les purgatifs ; d'exciter une plus grande fécrétion du fuc gaftrique ; d'émouffer , par les tempérans & les adouciffans , l'acrimonie bilieufe , chaude de la falive ftomacale ; de corriger l'acidité dominante des fermens de l'eftomac par les abforbans.

Les femmes enceintes font fouvent dégoûtées : la diète , non auffi févère que celle dont on vient de parler , eft néceffaire , & fur-tout une abftinence abfolue de tout aliment qui leur répugne , ordinairement les viandes. C'eft le cas alors de vivre de végétaux, de les affaifonner avec des aromates , & fur-tout avec les acides, afin de détruire la tendance à la putréfaction des humeurs. Souvent la nature excite en elles des défirs, des appétits finguliers, qu'il eft très-important de fatisfaire , puifque c'eft la voix du befoin qui s'explique.

DÉGOÛT , *Médecine vétérinaire.*

C'eft une averfion que tout animal a pour la nourriture. Le dégoût peut être produit par plufieurs caufes : il eft des chevaux, des bœufs , des moutons , &c. qui fe dégoûtent pour un brin d'herbe moifie , un peu d'ordure qu'ils auront trouvée dans le foin, dans la paille , dans le fon, dans l'avoine, ou pour avoir bû l'eau mal-propre.

Le dégoût reconnoît encore pour caufe , toutes les maladies qui ont leur fiège dans la bouche, telles que la bleffure des barres , le lampas dans le cheval, les aphtes, le chancre à la langue dans le bœuf , l'inflammation des glandes amyydales, de celles du palais & de l'arrière-bouche ; & la fa faburre de l'eftomac & des mauvaifes digeftions , dans prefque tous les animaux domeftiques.

M. de Soleyfel dit , « que fi l'on » ne connoît pas la caufe pour la- » quelle un cheval eft dégoûté, il » croit qu'il eft à propos au matin , de » lui donner un coup de corne , ou » de le faigner au palais avec la lan- » cette. » Quoique cet expédient pour remettre les chevaux en appétit , foit généralement adopté à la campagne, il nous paroît très - abfurde, & par conféquent peu propre à remplir les vues qu'on fe propofe.

Le traitement, au contraire , qui convient , doit varier fuivant les caufes qui y donnent lieu ou qui l'entretiennent. Le dégoût provient-il de la mauvaife qualité du foin , de la paille , de l'avoine, ou bien de ces alimens pourris, moifis ou gâtés, ou d'une boiffon mal-propre ? les bons alimens y remédient en rappelant l'appétit ? Reconnoît-il pour caufe des aphtes, des ulcères, des chancres dans la bouche ; on y remédiera facilement par les remèdes propres à tous les maux. (*Voy.* APHTES, CHANCRE, ULCÈRES) Mais vient-il de la faburre contenue dans l'estomac, des mauvaises digestions, de la crudité du chyle, les purgatifs rempliront les indications, en un mot, dans toutes les circonstances où le dégoût ne sera que symptomatique, & non essentiel ; on ne pourra rétablir l'appétit de l'animal, qu'en combattant la maladie principale par les remèdes appropriés. M. T.

DÉGRADATION *ou* DIMINUTION DE VALEUR. La main du temps dégrade les bâtimens des métairies, la vieillesse détériore les forêts, diminue le prix du bétail ; mais la négligence de l'homme est plus active que la faulx du temps ; je n'oublierai jamais la belle leçon qu'a donnée l'immortel Franckhn dans un ingénieux délassement de ce grand homme : *Moyen de s'enrichir, enseigné clairement dans la préface d'un vieil almanach de Pensilvanie, intitulé le Pauvre Henri à son aise :* « une petite » négligence peut porter un grand pré- » judice, car faute d'un clou, on a per- » du un fer, faute d'un fer on a perdu » un cheval ; & faute d'un cheval, on » a perdu un cavalier, qui a été sur- » pris & tué par les ennemis ; le tout » faute d'une petite attention à un » clou d'un fer à cheval. » Que de châteaux, de métairies, de fermes, de granges &c. perdus, & qui n'offrent plus qu'un monceau de ruines, le tout pour n'avoir remis en place une tuile dérangée ou qui manquoit ! On doit en dire autant des terres situées aux bords des rivières, des ruisseaux, ou en pente : une pierre

auroit fermé la première petite rigole, le premier petit ravin ouvert par les eaux ; on l'a négligé dans le principe, bientôt la dégradation est à son comble, & toutes les réparations inutiles. Il en est ainsi des domaines & des terres données à ferme : l'agriculteur, vigilant répare sans peine les petites dégradations, & à moins des cas extraordinaires, ses bâtimens, ses champs sont toujours dans le meilleur état possible. *Il n'est pour voir que l'œil du maître ; & cet œil fait plus de besogne que ses deux mains*, comme dit le pauvre Henri.

DÉGRAISSER LE VIN. (*Voyez* VIN)

DÉGRAISSER, *Médecine vétérinaire*. Ce mot se dit d'une opération imaginée par les anciens maréchaux, & pratiquée encore par ceux de la campagne, laquelle consiste, selon eux, à décharger la vue des chevaux.

Cette opération se fait de deux manières ; ou on dégraisse les yeux par le haut, en tirant & en arrachant avec une forte d'érigne, la graisse qui remplit une partie de la fosse zigomatique, & le fond de la cavité orbitaire ; ou on les dégraisse par le bas ; en extirpant la membrane clignotante, & la caroncule lacrymale. (*Voyez* CARONCULE LACRYMALE)

Les maréchaux instruits & éclairés ne pratiquent plus cette opération ; outre que les chevaux n'en retirent jamais aucun avantage, mais plutôt des désordres qui ne se réparent pas aisément dans la suite, c'est que les graisses sont absolument nécessaires pour assujettir le globe infiniment plus petit que la cavité qui le contient, qu'elles lui fervent de couffin, qu'elles le lû-bréfient, le défendent contre la dureté du parois qui l'auroit bleffé, entretiennent les mufcles dans une moleffe qui feule peut affurer & faciliter la continuation & la poffibilité de leurs mouvemens ; « d'où il » eft aifé de juger, dit M. *Bourgelat*, » jufqu'où s'étendent les lumières des » auteurs qui ont confeillé cette opé-» ration » nous pouvons encore ajouter le peu de difcernement des maréchaux qui la pratiquent encore aujourd'hui, à la ville & à la campagne. M. T.

DÉMANGEAISON. On entend par démangeaifon, cet état d'irritation de la peau, caufé par l'âcreté de l'humeur des glandes de la peau, & qui excitant le malade à fe gratter, ne tarde pas à avoir tous les fymptômes de la dartre.

La peau dans la démangeaifon eft tantôt fèche & tantôt humide ; il fe forme quelquefois de petits boutons qui verfent une liqueur âcre quand on fe gratte.

Les perfonnes maigres, bilieufes, ou qui ont dans le fang quelques levains produits par de mauvaifes digeftions, font fujettes aux démangeaifons.

Les démangeaifons font quelquefois rebelles, & elles exigent un traitement femblable à celui des dartres.

Quand les démangeaifons font très-vives ; il faut laver les parties avec des décoctions adouciffantes, telles que l'eau de guimauve, les fleurs de fureau : les bains font encore d'une très-grande efficacité ; il eft inutile de faire obferver que nous voulons parler des bains tièdes ; il faut avoir egard à l'âge, au tempé-rament & aux faifons, & prefcrire au malade un régime analogue à ces différentes circonftances. M. B.

DÉMANGEAISON, *Médecine vétérinaire.* C'eft une fenfation incommode à la peau des animaux, qui les oblige à fe gratter ou à fe frotter contre un corps quelconque.

Le cheval, le bœuf & le chien font plus fujets aux démangeaifons que les autres animaux. Les jambes, les cuiffes, la tête, le col, la queue, & quelquefois tout le corps entier en font attaqués ; ces animaux fe grattent continuellement ; l'endroit gratté fe dénue de poil, & on voit à la place, une farine blanche qui couvre la partie ; plus la démangeaifon eft vive, plus l'animal fe tourmente & s'échauffe, jufque même à y porter les dents, fi la fituation de la partie le permet.

Traitement. Loin de confeiller l'ufage des aftringens les plus forts, à l'exemple de M. de Soleyfel, nous fommes d'avis de prefcrire les remèdes généraux, tels que la faignée, l'eau blanche, le fon, & la paille pour toute nourriture, les lavemens, émoliens & le foie d'antimoine. Dans toutes ces précautions, il feroit à craindre que les topiques, que l'on applique ordinairement à la campagne, ne répercutaffent, dans l'intérieur, l'humeur qui occafionne la démangeaifon, & qu'elle fe fixât fur quelque partie effentielle à la vie.

La queue des chevaux eft quelquefois attaquée de démangeaifons, par des faux crins qui, croiffant au petit bout de tronçon de la queue, fe recoquillant, & fe retrouffant, caufent un prurit d'autant plus grand que l'animal fe frotte continuellement

contre la muraille ou la mangeoire.
Dans ce cas, fans avoir recours à
l'huile de noix, aux onguens de graiffe
& de foufre, à l'huile de cade, il n'y
a autre chofe à faire, qu'à chercher
ces faux crins, & à les arracher, fi
l'on veut faire ceffer cet accident.

Quant aux démangeaifons qui arrivent dans plufieurs maladies de la
peau, telles que la picotte ou petite vérole des moutons, lorfque les puftules
fe fechent dans les dartres & la gâle,
voyez CLAVEAU *ou* PICOTE, DAR-
TRES, GALE; on trouvera dans tous
ces articles, le traitement qu'il convient de faire en pareil cas. M. T.

DEMI-FLEURON, BOTANIQUE;
eft une petite fleur monopétale, qui
n'eft compofée que d'un tuyau étroit,
qui s'évafe par le haut en forme de
languette découpée à fon extrémité;
ce qui a fait donner à cette efpèce
de fleur le nom de fleuron à languette, *Corollula ligulata. Voyez,
Figure* 6 de la Planche 15, page 511,
comment une fleur à demi-fleuron
eft faite. On peut y diftinguer trois
parties principales; le tuyau A du
demi-fleuron, qui enveloppe la
gaine C, formée par les anthères; la languette B, ou l'extrémité
du demi-fleuron, qui s'écarte toujours fous un angle plus ou moins
ouvert; enfin, la graine C, qui porte
les anthères. D eft l'embryon ou la
graine. Cette forme particulière de
fleurs a déterminé M. Tournefort
à en faire un caractère pour fpéci-
fier la treizième claffe de fon fyftême. Le nombre des plantes qu'elle
renferme n'eft pas trop confidérable.
(*Voyez* SYSTÊME) M. M.

DEMI-VIN *ou* PETIT VIN. C'eft

de l'eau paffée fur la râfle ou marc
du raifin, après qu'on en a retiré
tout ce qu'on a pu par l'action du
preffoir. Cette eau & ce marc reftent
pendant quelques jours, où ils fermentent, & on la tire enfuite dans
des tonneaux. Au mot VIN, nous
entrerons dans de plus grands détails.

DEMOISELLE. *Poire.* (*Voyez*
ce mot)

DENT, MÉDECINE RURALE. On
donne le nom de *dent* à des petits
os blancs, enclavés dans la mâchoire;
& deftinés par la nature à couper,
hacher, déchirer & broyer les alimens, pour les difpofer à la digeftion.

On appelle *dentition*, la pouffe
des dents. *Voyez* ENFANS, pour les
maladies qui fuivent ce travail de la
nature.

Nous ne parlerons, dans cet article, que des maladies des dents.

Les dents faines & entières font
tellement néceffaires à la fanté, que
les perfonnes qui les ont perdu par
une caufe quelconque, digèrent infiniment plus mal que celles qui les
ont toutes, & font fujettes à des
infirmités qui fuivent les digeftions
mal faites.

Le mal de dents peut être occafionné par des fuppreffions de tranfpiration, & par toutes les autres
caufes de l'inflammation, par l'abus
des boiffons trop chaudes ou trop
froides, par l'ufage des corps durs,
introduits dans l'intervalle des dents,
pour en faire fortir les portions d'alimens qui s'y font fixées.

Tous ces moyens font éclater, ou
rongent l'émail des dents, & difpofent les dents à la carie, parce
que l'air, qui frappe fur les dents

ainsi découvertes, ne tarde pas à les gâter.

Le mal de dents peut aussi être le produit de la vérole ou du scorbut.

Rien ne réussit mieux dans les violentes douleurs de dents, qu'avec raison on appelle *rage de dents*, que les calmans. C'est pourquoi il faut appliquer sur la dent douloureuse un morceau de coton trempé dans du *laudanum*. Si la dent est creuse, les douleurs ne doivent le jour qu'à l'entrée de l'air dans cette cavité, & en la bouchant exactement, on les fera disparoître. On se sert, pour cet effet, de cire, de coton, &c. mais ce qui réussit avec le plus de succès, est le camphre mêlé avec l'opium.

Les vésicatoires réussissent parfaitement dans les douleurs de dents qui viennent par fluxion.

Mais si les douleurs de dents sont dues à la carie, il faut absolument arracher les dents, de peur qu'elles ne communiquent la carie aux dents saines.

Quand les maux de dents reviennent dans certaines saisons de l'année, on peut les prévenir en se purgeant aux renouvellemens des saisons Si les douleurs de dents reviennent de temps en temps périodiquement, & affectent les gencives sur-tout, le quinquina est un remède salutaire. On a éprouvé que l'attouchement de l'aimant calmoit les douleurs de dents, & nous en conseillons aussi l'usage.

Plusieurs maux de dents viennent souvent des suites de mal-propreté, & nous ne saurions trop recommander d'apporter le plus grand soin à les tenir propres. En les lavant tous les jours avec de l'eau salée, ou avec de l'eau froide simplement, on évi-

tera la corruption des dents, les douleurs atroces qui suivent leur corruption, & la foule de maladies produites par les dépravations de la digestion. M. B.

DENT, *Médecine vétérinaire*. I. *Nombre des dents du cheval*. Leur nombre est, pour l'ordinaire, de quarante dans le cheval, & de trente-six dans la jument. Il est néanmoins des jumens qui en ont autant que le cheval, & qui, comme lui, sont pourvues des crochets : celles-ci sont appelées *bréhaignes*.

II. *Division des dents*. Nous les divisons en incisives, en crochets & en molaires. Les incisives se subdivisent encore en deux pinces, en deux mitoyennes & en deux coins.

III. *De leur différence*. Les pinces sont plus longues que les mitoyennes, les mitoyennes plus longues que les coins, les coins plus couchés que les mitoyennes, & les mitoyennes plus que les pinces. Les incisives diffèrent encore par leur partie extérieure, les coins ayant à peu près une figure triangulaire, les mitoyennes un peu moins, tandis que les pinces sont à peu près ovales.

IV. *Des parties qu'on distingue dans la dent*. Chaque dent est composée de deux parties; de celle qui paroît en dehors, autrement dite *le corps de la dent*, & de la partie enchâssée dans l'alvéole, appelée *la racine*, laquelle est deux fois plus longue que le corps de la dent. Celui-ci est dur, blanc, & recouvert d'une substance très-compacte, que nous nommons *le blanc* ou *l'émail*.

V. *De la situation des dents*. Les pinces sont situées au-devant de la bouche. Il y en a deux à chaque mâchoire,

mâchoire, ainfi que deux mitoyennes, deux coins & deux crochets.
Ces deux dernières font les plus re-
culées de toutes, & l'efpace qui les
fépare des coins, eft appelé *les barres.*
(*Voyez* BARRES) C'eft à caufe de
leur figure qu'elles prennent le nom
de crochets. Les dents molaires ou
mâchelières, qui font au nombre de
vingt-quatre, douze à chaque mâchoire, font plus volumineufes à la
mâchoire antérieure qu'à la mâchoire poftérieure, fi ce n'eft la première & la deuxième qui débordent
en dehors celles de la mâchoire
poftérieure. M. T.

DENTITION, MÉDECINE VÉTÉ-
RINAIRE. (*Voy.* la *Defcription* & la
Planche 20, page 660) Nous donnons ce nom à la fortie naturelle des
dents hors de leur foffette ou alvéole.
Cet ouvrage de la nature s'exécute
de la manière fuivante.

A peine le poulain commence-t-il
à fe former dans l'*uterus* ou la matrice; ce qui arrive, dit M. Lafoffe,
vers le dix-huitième jour, qu'il y a
entre les deux tables de la mâchoire
poftérieure, une gelée d'une confiftance féreufe, qui paroît n'être contenue que dans une efpèce de par-
chemin. Ce n'eft autre chofe alors
que les foffettes ou alvéoles confondues enfemble. Vers le troifième
mois, on découvre aifément une alvéole, qui eft celle de la première
des dents mâchelières ou molaires,
du côté des dents incifives. Cette
alvéole, à cette époque, eft remplie
d'un mucus d'un gris-fale, & de la
groffeur d'une petite noifette. « Si
» l'on examine attentivement cette
» fubftance avec le microfcope, dit
» encore M. Lafoffe, on obferve à
Tome III.

» la partie fupérieure qui regarde
» l'alvéole, de petits points en forme
» de chapelet, qui ne font autre chofe
» que le commencement des fibres
» qui doivent former la dent. Le
» refte eft fimplement muqueux ».
Vers le quatrième mois, la feconde
dent molaire fe montre avec une
petite ligne blanchâtre, & ayant
un peu de confiftance; avec cette
différence cependant, que la partie
inférieure du mucus eft plus épaiffe,
plus fale & plus abondante. Vers le
feptième mois, on diftingue une
troifième dent molaire dans l'état
de la feconde; mais ici le mucus de
la première eft d'une confiftance plus
épaiffe. Vers le huitième mois, on
obferve deux feuillets compofés de
plufieurs fibres, arrangés les uns à
côté des autres, percés toujours dans
une direction perpendiculaire à la
foffette ou alvéole, & repliés en différens fens. Le bord fupérieur de ces
feuillets fe réunit au haut, & leurs
fibres deviennent fi denfes, qu'il n'eft
pas poffible de les diftinguer; ce qui
fait que la dent reffemble à une
veffie. On y obferve alors un creux
dans fes deux bouts, & d'autres feuillets dans fon milieu, qui fe réuniffent
dans le même ordre que dans la première. Vers le dixième mois, les deux
autres dents molaires deviennent fucceffivement plus volumineufes, & la
première dent molaire eft prête à
fortir de fa foffette, & elle en fort en
effet vers la fin de ce mois. La fortie
de la feconde a lieu au commencement du onzième mois, & celle de la
troifième, vers le douzième; en forte
que le fœtus d'un an a douze dents
molaires, fix à chaque mâchoire.

Le dixième ou douzième jour de
la naiffance du poulain, les pinces

qui étoient formées dans la matrice, sortent des alvéoles des deux mâchoires. Quinze jours après, les mitoyennes paroissent, & les coins, vers le quatrième mois. A six mois, les coins sont de niveau avec les mitoyennes. Si l'on examine, à cette époque, les dents, on trouvera que les pinces sont moins creuses que les mitoyennes, & celles-ci beaucoup moins que les coins. Les pinces & les mitoyennes s'usent peu à peu, la cavité s'efface; & à un an, on observe un col à la dent qui, d'autre part, se trouve moins large. A un an & demi, les pinces sont pleines, le col de la dent, dont nous venons de parler, est plus sensible. A deux ans, les pinces ont rasé, & sont d'un blanc clair de lait; les mitoyennes sont dans l'état où les pinces étoient à un an & demi; & celles-ci restent dans cet état jusqu'à l'âge de deux ans & demi, trois ans, époque où elles tombent pour faire place aux pinces de cheval. A trois ans & demi, quatre ans, les mitoyennes tombent aussi; & à quatre ans & demi, cinq ans, les coins. Alors nous disons que le cheval n'a plus de dents de lait, qu'il a tout mis, & il perd le nom de poulain, pour prendre celui de cheval. A cinq ans & demi, les pinces de la mâchoire postérieure sont remplies; la muraille des mitoyennes commence à s'user, la muraille interne des coins est presqu'égale à la muraille externe, & l'on observe une petite échancrure en dedans; le crochet est aussi presqu'en dehors. A six ans, les pinces sont rasées, les mitoyennes sont dans l'état des pinces. A cinq ans, les coins sont égaux par-tout, & creux; leur muraille externe est un peu usée; les crochets

sont entièrement sortis, ils sont pointus, & présentent une figure pyramidale, arrondie en dehors, & sillonnée en dedans. A six ans & demi, les pinces sont entièrement rasées; les mitoyennes le sont plus qu'elles ne l'étoient, la muraille interne des coins est un peu usée, le crochet est un peu émoussé. A sept ans, les mitoyennes sont entièrement rasées, les coins sont plus remplis, & le crochet plus usé. A sept ans & demi, les coins sont remplis, & le crochet est usé d'un tiers de l'étendue des sillons qu'on y observe. A huit ans, les coins ont rasé entièrement, & le crochet est arrondi. A huit ans & demi, neuf ans, les pinces de la mâchoire antérieure rasent à leur tour. A neuf ans & demi, dix ans, les mitoyennes & les coins n'ont plus de sillons. A dix ans & demi, onze ans, & quelquefois douze, les coins ont entièrement rasé. A treize ans, les pinces sont moins larges, plus épaisses; les crochets sont totalement émoussés & arrondis. A quatorze ans, les pinces sont triangulaires, & plongent en avant. A quinze ans, jusqu'à vingt, les dents plongent toujours davantage. A vingt ans, les dents molaires sont usées, & on y remarque trois racines. A vingt-un ans, les premières tombent; à vingt-deux, & quelquefois à vingt-trois, les secondes; à vingt-quatre, les troisièmes; à vingt-cinq, les quatrièmes; à vingt-six, les cinquièmes: les sixièmes restent quelquefois jusqu'à vingt-neuf, trente ans. Il est encore à observer que les dents incisives tombent les dernières, & c'est ordinairement à l'âge de vingt-neuf, trente ans, que les gencives & les alvéoles se rapprochent, deviennent tranchantes, & font office des dents chez les chevaux qui outre-paffent ce terme.

Des chevaux bégus. Il eft des che-vaux & des jumens que l'on croit être bégus, c'eft-à-dire, qui mar-quent toujours. Cette affertion eft fauffe : il eft des chevaux qui, à la vérité, peuvent marquer plus long-temps ; mais il y a toujours des in-dices certains de l'âge par la longueur des dents, par leurs fillons, leur figure, leur couleur & leur implan-tation.

Des chevaux contre-marqués. Il y a des chevaux contre-marqués. Nous appelons de ce nom, ceux dans les dents defquels les marchands ou les maquignons pratiquent une cavité artificielle, quand le cheval a rafé, avec un burin d'acier, femblable à celui que l'on employe pour tra-vailler l'ivoire. Cette fraude n'en impofe qu'à ceux qui ne confidèrent pas attentivement les dents. L'objet du maquignon, en faifant cette opé-ration, eft de perfuader à l'acheteur, que le cheval qu'il a contre-marqué, n'a pas huit ans ; mais il eft très-facile de reconnoître la fraude par les traits du burin, par la facilité d'enlever la marque noire, ou le germe de fève, imité avec l'encre graffe qui a été verfée dans le trou factice ; ou bien par l'impreffion du feu, que l'on re-marque, par un cercle jaunâtre, aux environs de cette même cavité, fur-tout fi l'on a le foin de nettoyer les dents, de l'écume excitée par la mie de pain féchée & mêlée avec du fel, que le maquignon met dans la bouche du cheval. Au furplus, tous les in-dices d'une vieilleffe certaine, autres que ceux dont nous avons parlé, & auxquels la plupart des gens de la

campagne fe rapportent encore, font abfolument faux. Tels font, celui d'un nouveau nœud, ou d'une nouvelle vertèbre de la queue, que l'on croit furvenir à l'âge de quatorze ans, celui des falières creufes, des cils blancs, des plis comptés à la lèvre fupérieure, plis qu'on dit être en même nombre que les années du cheval. Tels font encore les plis con-fervés à la peau de l'épaule, lorf-qu'on l'a pincée, &c. &c.

Des maladies occafionnées par la fortie des dents. La fortie ou l'érup-tion des dents, & fur-tout celle des crochets, eft extrêmement doulou-reufe. Elle caufe des flux de ventre, des diarrhées, des coliques, & quel-quefois l'obfcurciffement de la vue. (*Voyez* COLIQUES, DIARRHÉE, OBSCURCISSEMENT DE LA VUE) Les dents font auffi fujettes elles-mêmes à fe carier. (*Voyez* CARIE) Nous voyons même affez fouvent des chevaux qui ont des furdents, c'eft-à-dire, des dents furnumé-raires, pouffées à l'une & à l'autre mâchoire, foit en dedans, foit en dehors. Ces dents s'avancent quel-quefois tellement en dedans ou en dehors, que n'étant pas dans leur fituation naturelle, elles incommo-dent confidérablement le cheval. On les appelle, pour cette raifon, *dents de loup.* Il eft poffible de réparer cette difformité, en coupant, avec un ci-feau approprié, tout ce qui excède de la dent.

Nous nous difpenfons de joindre ici la dentition du bœuf, du chien & du mouton, d'autant plus qu'on la trouvera dans chacun de ces ar-ticles. Ainfi, *voyez* BŒUF, CHIEN, MOUTON. M. T.

EXPLICATION DE LA PLANCHE 20.

Nous empruntons du grand & excellent Ouvrage de M. Lafosse, intitulé *Cours d'Hippiatrique*, grand *in-folio*, les Figures renfermées dans cette Gravure, ainsi que leur explication.

Fig. 1. Représente la dent du coin, du troisième mois après la naissance, vue de trois côtés. A, face interne; B, face externe; C, face supérieure.

Fig. 2. Dents mitoyennes du deuxième mois après la naissance, vue de trois faces. A, face externe; B, face interne; C, face supérieure.

Fig. 3. Dent de la pince du premier mois après la naissance, vue de trois faces. A, face externe; B, face interne; C, face extérieure.

Fig. 4. Dent du coin d'un cheval de quatre ans, à quatre ans & demi. A, face interne; B, face externe; C, face supérieure.

Fig. 5. Dent mitoyenne d'un cheval de trois ans & demi. A, face externe; B, face interne; C, face supérieure.

Fig. 6. Dent de la pince du cheval âgé de trois ans. A, face externe; B, face interne; C, face supérieure.

Fig. 7. Représente des crochets de six ans. A, face externe; B, face interne.

Fig. 8. Les dents de la pince d'un cheval de sept ans.

Fig. 9. Représente les dents de la mâchoire inférieure d'un cheval de huit ans, vues en dessus. A, la première; B, la seconde, & ainsi du reste.

Fig. 10. Les mêmes, vues dans leurs faces externes & renversées.

Fig. 11. Dents incisives du cheval de sept ans. C, dent de la pince; B, la mitoyenne; A, la dent du coin.

Fig. 12. Les mêmes, vues dans la face interne. C, la dent de la pince; B, la mitoyenne; A, la dent du coin.

Fig. 13. Représente des crochets de sept ans. A, partie supérieure du crochet, vue dans sa face externe; B, face interne.

Fig. 14. Représente les dents de la mâchoire inférieure d'un cheval de huit ans, vues dans leurs faces internes. A, la première; ainsi du reste.

Fig. 15. Représente les dents molaires de la mâchoire inférieure d'un cheval de vingt-cinq à vingt-six ans, vues dans leurs faces externes. A, la première; B, la seconde, & ainsi de suite.

Fig. 16. Les mêmes, vues en dessus. A, la première, & ainsi du reste.

Fig. 17. Les mêmes, vues dans la face interne. A, la première, &c.

Fig. 18. Représente une mâchoire de poulain de six mois. A, première dent de lait; B, seconde dent de lait; C, troisième dent de lait; DC, dent de cheval, qui ne tombe jamais.

Fig. 19. Représente la mâchoire d'un poulain de dix mois.

Fig. 20. Représente une mâchoire d'un poulain de deux ans, dont la première dent molaire de lait est tombée, & la seconde déjà un peu formée. A, dent de cheval, sortant & ayant poussé celle de lait; B, la troisième dent de cheval, déjà un peu formée, la seconde ne tenant plus que par ses racines; D, la sixième dent étant un peu formée, & repliée en forme de corne.

Pl. XX. p. 660.

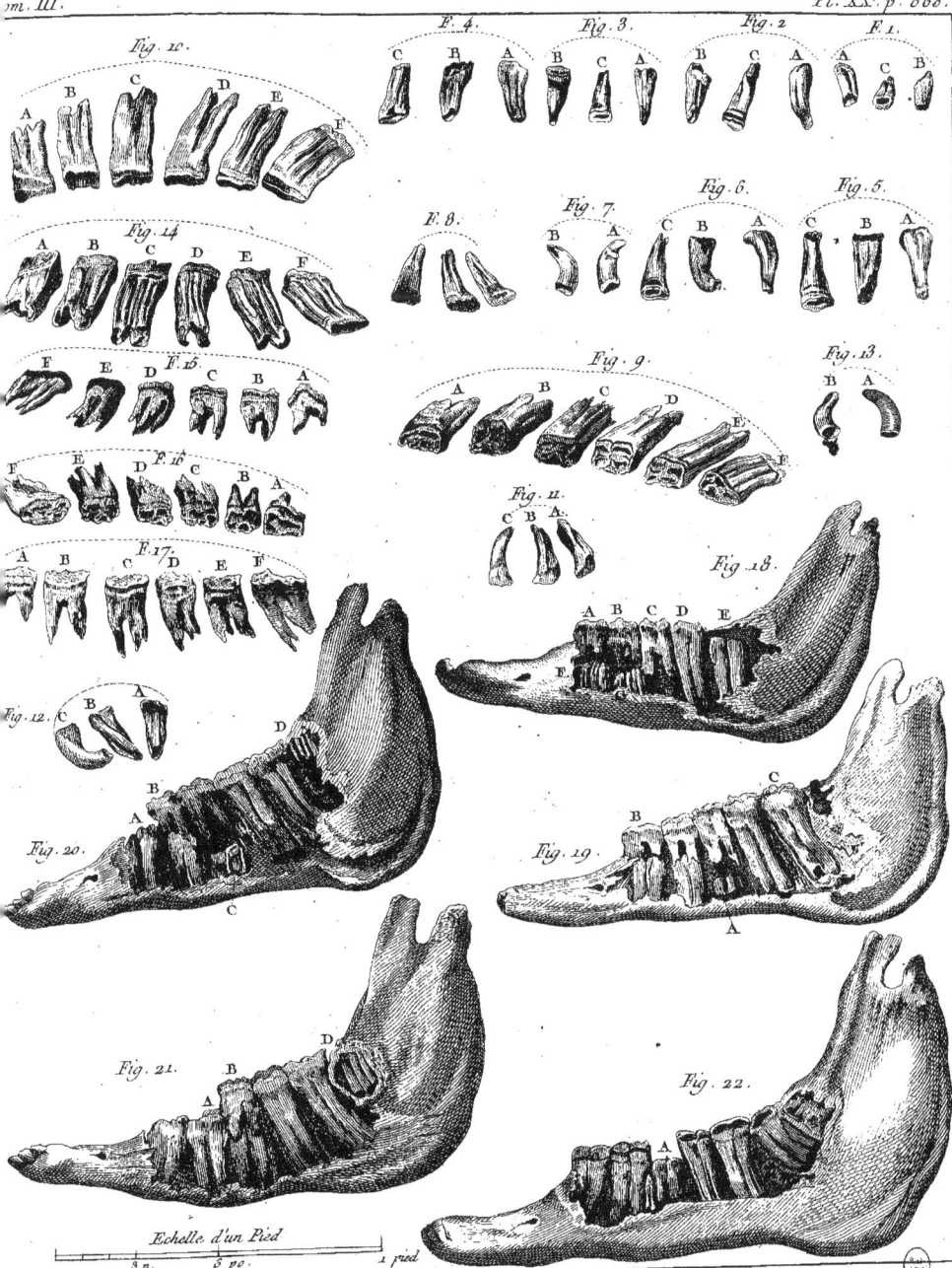

Fig. 10.

Fig. 4.

Fig. 3.

Fig. 2.

Fig. 1.

Fig. 14.

Fig. 8.

Fig. 7.

Fig. 6.

Fig. 5.

Fig. 15.

Fig. 9.

Fig. 13.

Fig. 16.

Fig. 17.

Fig. 11.

Fig. 18.

Fig. 12.

Fig. 20.

Fig. 19.

Fig. 21.

Fig. 22.

Echelle d'un Pied

3 p.   5 po.   1 pied

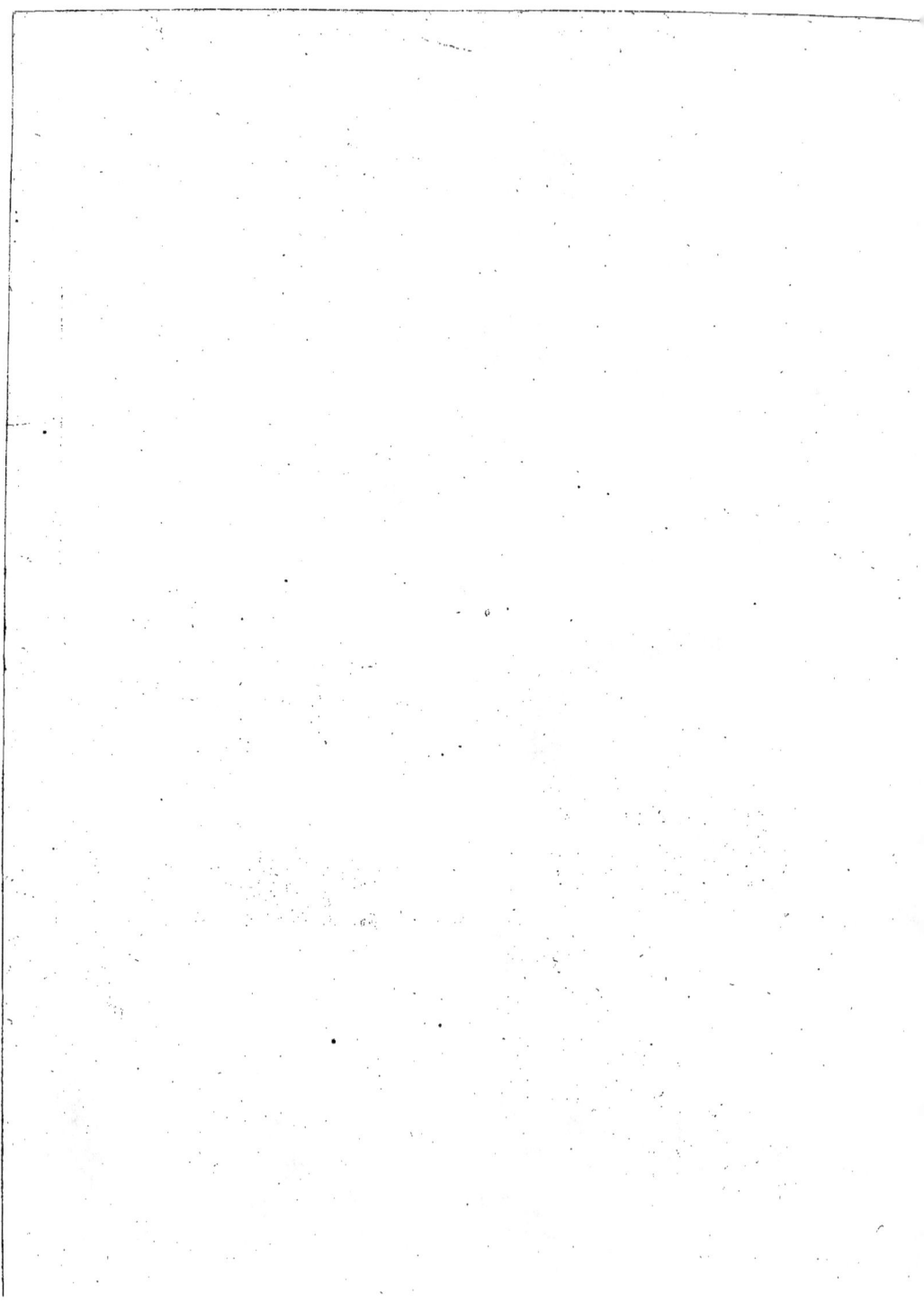

Fig. 21. Repréfente une mâchoire de poulain âgé de trois ans, dont il y a deux dents de lait de tombées, & les deux de cheval pouflées, dont la première eft plus avancée que la feconde. A, la feconde dent de lait étant fortie, mais moins avancée que la première; B, la troifième dent de lait, ne tenant plus que par fes racines; D, la fixième dent déjà fort avancée.

Fig. 22. Repréfente une mâchoire de poulain de quatre ans, dont la troifième dent molaire eft tombée. A, troifième dent de cheval, débordant tant foit peu les alvéoles. L'on voit par-là que les trois dernières dents font fort avancées, & même forties, & cette dernière, avant que les trois premières de cheval foient forties.

DENT DE LION. (*Voyez* PISSENLIT.)

DÉPIQUAGE, DÉPIQUER. Expreffions ufitées dans plufieurs de nos provinces, & qui défignent l'action de féparer le grain de l'épi. (*Voyez* le mot BATTAGE) Le mot *dépiquer* s'applique plus particulièrement à la manière de faire fouler la paille & les épis fous les pieds des animaux; elle fert pour le froment. Cette opération ne peut avoir lieu, lorfqu'il s'agit du feigle, parce qu'il ne fort pas auffi facilement de fa balle que le froment. Il faut le battre au fléau & repaffer au fléau la paille du froment.

DÉPLANTER. C'eft ôter de terre un arbre, un arbriffeau, une plante, pour les planter ailleurs. Il fe dit plus particulièrement des deux premiers. Que fait le jardinier ordinaire? Il commence avec la pelle ou la bêche par enlever la terre tout autour du tronc de l'arbre. A une certaine profondeur il trouve des racines groffes & petites; il les coupe à un pied de diftance du tronc; enfin, fentant que l'arbre n'eft plus retenu dans la terre que par le pivot, il le coupe. Que d'abfurdités dans cette opération! Il falloit s'y prendre d'une manière tout oppofée, plus longue à la vérité, mais conforme aux fimples loix du bon fens.

A fix pieds de l'arbre dont le tronc à deux pouces de diamètre, commencez la fouille. Si vous rencontrez des racines groffes ou petites, ménagez-les, fuivez-les dans toute leur longueur, ne les mutilez ni ne les coupez point; débarraffez-les de la terre qui les environne; creufez jufqu'à ce que vous trouviez l'extrémité du pivot; confervez, autant qu'il eft poffible, la maffe de terre nommée *motte* par les jardiniers, fi l'arbre ne doit pas être replanté dans un endroit bien éloigné: fi au contraire, il doit voyager, dégagez toutes les racines de leur terre fans les endommager; liez-les doucement les unes près des autres & enveloppez-les avec de fa paille. Je fais bien que cette manière d'opérer ne fera pas du goût des marchands d'arbres, des jardiniers affervis à leur aveugle routine; qu'ils la taxeront même de ridicule: leur approbation m'importe peu, j'ai l'expérience pour moi.

Lorfque je me fuis retiré dans le domaine que j'habite actuellement, j'ai trouvé un grand nombre d'arbres nains plantés à fix pieds l'un de l'autre; ils avoient huit ans de plantation, & leur tronc étoit de trois à quatre pouces de diamètre. Je les ai fait déplanter avec les précautions indiquées ci-deffus, fans avoir la peine de ménager le pivot qu'on avoit eu la mal-adreffe de couper dans la pépinière. Ils ont été plantés, taillés comme s'ils n'avoient pas changé de place, & la même année ils m'ont donné prefqu'autant de fruits que leurs anciens voifins reftés en place : fur foixante-dix poiriers ou pommiers, je n'en ai pas perdu un feul ; fur vingt-trois pêchers ou pruniers, j'en ai perdu trois. Il faut être de bonne foi & avouer que les pêchers & pruniers fleurirent très-bien, mais ne retinrent point de fruit. Je demande & je prie quelqu'amateur de la culture des arbres, s'il lui refte le plus léger doute, de répéter l'expérience, & de juger par comparaifon, en confervant autant de terre qu'il pourra autour des racines lors de la déplantation. De quelle manière faut-il planter ? (*Voyez* ce mot.)

DÉPOTER, eft fynonyme avec *décaiffer* ; (*voyez* ce mot) la feule différence eft que la plante eft dans un pot, & l'autre dans une caiffe. On dépote parce que les racines occupent prefque tout fon intérieur, & fes parois font tapiffées de chevelus blancs. Les jardiniers ordinaires ont grand foin d'ôter ce qu'ils appellent la *chevelure*, & ils regardent ces petites ramifications des racines comme inutiles ; la nature fait-elle donc quelque chofe en vain ? Si vous mettez la plante en pleine terre ou dans un vafe beaucoup plus grand qu'elle demande ; ces chevelus perdront bientôt la forme circulaire à laquelle les parois du vafe les avoient réduits, & ils s'étendront ou horizontalement ou perpendiculairement fuivant le befoin de la plante.

DÉRACINER. Ce mot répond à peu près à celui d'arracher, lorfqu'il s'agit de tirer de terre un arbre,

une plante, &c. parce qu'on ne les déracine pas fans caffer, mutiler, ou brifer les racines. Ce mot a une autre fignification ; par exemple, l'eau d'un torrent qui paffe au pied d'un arbre en enlève la terre, met à nu les racines, couche le tronc en tout ou en partie, où l'entraîne ; ce torrent alors *déracine* l'arbre.

DESCENTE. (*Voyez* HERNIE)

DESSÈCHEMENT, fignifie diffiper l'humidité fuperflue & rendre fec. Tout terrein à deffécher eft ou horizontal, ou à une pente quelconque. Dans le premier cas, l'opération eft très-difficile & très-coûteufe ; dans le fecond, rien n'eft plus aifé, quoique difpendieux dans beaucoup de circonftances.

CHAPITRE PREMIER.

Caufes du Nivellement des terreins aquatiques.

Les terreins de niveau font communément formés ;

1°. *Par la mer* qui s'en eft retirée enfuite en accroiffant chaque jour les dunes fur les bords. Une grande partie de la Hollande, de la Flandre-françoife & autrichienne eft dans ce cas, depuis la féparation de l'Angleterre du continent. Pendant fa jonction avec la France, les marées fe trouvant retenues entre les côtes de France, de l'Angleterre, & de la partie élevée de l'Allemagne qui avoifine la mer, s'élevoient beaucoup plus alors qu'elles ne s'élèvent aujourd'hui, & retenoient les fables charriés par le Rhin, & les bonnes terres entraînées par la Meufe, qui fe font fucceffivement dépofées dans la partie dont nous parlons. Ces marées couvroient jadis une étendue immenfe ; mais l'ouverture une fois formée entre Douvres & Calais; elles fe font étendues fur les côtes de Normandie, de Bretagne &c., & une très-grande partie de la Flandre & de la Hollande eft alors fortie de l'eau, c'eft-à-dire, n'a plus été recouverte par la mer. Comme la féparation eft très-petite relativement au volume qui s'y jette avec véhémence, les marées font plus hautes fur les côtes de Bretagne & de Normandie, qu'elles ne le font fur celles du golfe de Gafcogne. Une marée plus haute que les marées précédentes, ou une groffe mer a voituré des fables qui ont formé & élevé les dunes, & les vents violens pouffant les fables mobiles les ont jetés contre les dunes, de manière, qu'en les retenant elles fe font élevées peu à peu. Les dunes une fois formées, les grandes flaquées d'eau ont refté par derrière ; le fol eft & refte fubmergé, fi l'induftrie de l'homme ne furmonte cet obftacle. Il faut la patience & la fage économie des hollandois pour en venir à bout.

2°. *Par les rivières.* Les rivières changent de lit. Le plus petit des obftacles dans les commencemens fuffit pour opérer dans la fuite des révolutions qui étonnent. Un arbre, par exemple, qui fe trouve au milieu d'un champ inondé par un débordement, offre une réfiftance au courant de l'eau ; de chaque côté, le courant acquiert de la force, creufe le fol, forme un petit ravin : celui-ci attire l'eau en plus grande abondance, le ravin s'agrandit & refte tel parce que la rivière fe retire ; une feconde inondation furvient, l'arbre

eft emporté, le ravin a triplé fa largeur & fa profondeur, & voilà un bras de rivière tout formé. Si la pente de ce côté eft plus fôrte que dans le lit de la rivière, elle doit néceffairement abandonner ce lit pour couler dans le nouveau ; & tout le terrein qu'elle ne couvre plus, devient un bas-fonds & de niveau. Si on vouloit examiner attentivement, & rechercher les caufes de ces bas-fonds, on reconnoîtroit que leur origine dépend en général de femblables caufes.

Ces fols fubmergés une partie de l'année, ou au moins marécageux, font le principe de cette quantité de maladies qui affligent les malheureux riverains trop attachés à la glèbe pour l'abandonner : les maladies font moins à redouter dans les provinces du nord de la France que dans celles du midi ; la chaleur y étant moins forte, la putréfaction des débris des végétaux & des animaux y corrompt moins l'air. Dans celles du midi, c'eft une véritable pefte ; le village de Frontignan, fi connu par fes vins blancs, fera peut-être défert avant qu'il foit cinquante ans. Quels remèdes à de tels maux ? Des opérations en grand, ou rien du tout, & alors abandonner le pays.

Le terrein eft au-deffus du lit actuel de la rivière qui l'a abandonné, ou au-deffous du lit de fes eaux pendant les inondations. Dans le premier cas un large foffé, coupé par mille foffés fecondaires, écoulera les eaux dans la rivière. Dans le fecond, le même foffé, revêtu d'une éclufe & de fortes portes, & même d'une levée le long de la rivière, empêchera les eaux des inondations de s'étendre fur le fol, & lorfque la rivière fera rentrée dans fon lit, les portes s'ouvriront & l'eau s'écoulera.

Si, c'eſt une flaquée d'eau de mer de très-peu de profondeur, je ne vois d'autre moyen, que d'employer le pouldre des Hollandois, *voyez* le mot Moulin, (ſi le vent le permet) ou d'élever les bords, afin que les plus hautes eaux ne faſſent point de relaiſſées, & ne s'étendent pas ſur ces mêmes bords; c'eſt-à-dire, qu'il faut rétrecir autant qu'on le peut la largeur de la flaquée, afin qu'elle ait plus de profondeur; alors il s'exhalera très-peu de mauvais air ou *air fixe.* J'ai plus en vue dans ce que je dis la conſervation de la ſanté des habitans, que la nouvelle acquiſition du ſol pour l'agriculture. Il eſt de fait & l'expérience a démontré mille fois, que les deux ou trois années qui ſuccèdent aux grands défrichemens, aux grands deſſéchemens, ſont des années meurtrières, & que le nombre des morts décuple, & celui des malades centuple.

Quant à l'avantage de l'agriculture, cherchons l'inſtruction chez les hollandois, chez les brabançons. La population eſt conſidérable, & toujours proportionnelle, & en général l'induſtrie ſuit la population, parce qu'elle naît du beſoin. Dès qu'une partie du terrein dans une faiſon de l'année ceſſe d'être ſous les eaux, le hollandois dit: Habituellement l'eau s'élève à telle hauteur, j'ai tant de ſurface, il me faut donc tant de pieds cubes de terre, pour élever le ſol au-deſſus des plus grandes eaux. Ainſi par exemple, ſur cent toiſes quarrées, je creuſerai tout autour un foſſé de telle largeur, & je lui donnerai la plus grande profondeur poſſible; chaque année, je profiterai

des ſéchereſſes pour le creuſer encore, & ainſi ſucceſſivement mon terrein ſera élevé. Voilà comme la Hollande eſt ſortie de l'eau en grande partie, ou plutôt comme le terreplein a été élevé aux dépens des foſſés.

Quelquefois un *pouldre* peut ſuffire à deſſécher au moins pendant l'été une très-grande ſuperficie; mais alors le concours unanime de tous les habitans de la circonférence eſt néceſſaire; c'eſt une opération majeure qui exige de grandes avances, ſoit pour la conſtruction du pouldre, ſoit pour celle des canaux, & en France le terrein n'eſt pas auſſi précieux qu'en Hollande; il faut donc, avant de commencer une telle opération, examiner ſi le produit couvrira la dépenſe & donnera du bénéfice. S'il s'agit de la ſanté des habitans, on doit calculer d'une manière toute oppoſée. La vie d'un ſimple payſan eſt préférable à mille journaux de terrein en culture.

CHAPITRE II.

Du Deſſéchement des terreins dont les eaux ſont ſuſceptibles de ſuivre une pente.

Cette pente eſt ou naturelle, ou exige le travail de l'homme pour la procurer.

I. *De la pente naturelle.* Le ſeul cultivateur négligent ou *trop pauvre*, eſt celui dont les champs ſont inondés ou marécageux. En pareil cas, il ne s'agit que de niveler le terrein, creuſer un foſſé principal & des foſſés ſecondaires afin d'égoutter les eaux. On doit à cette négligence la maigre reſſource ou plutôt la coutume de labourer les terres par planche, ou plutôt par *billon.* (*Voyez* ce mot)

Je

je conviens qu'une grande partie du terrein n'eſt plus marécageuſe ; mais l'autre eſt inondée preſque pendant tout l'hiver, & la ſemence ne germe pas, ou ſi elle germe, elle pourrit. Je conſeille les foſſés grands & petits dans les pays dépourvus de pierres & de cailloux ; dans ceux où l'on peut raſſembler de telles pierres à un prix modéré, c'eſt le cas d'ouvrir un foſſé principal qui traverſe tout le champ dans la partie la plus baſſe ; ce foſſé ſera, par exemple, de ſix pieds de profondeur ſur huit de largeur. Il ſera rempli de pierres & de cailloux jettés confuſément enſemble juſqu'à la hauteur de quatre pieds, & les deux autres pieds remplis avec la terre retirée du foſſé, & miſe de niveau avec celle du terrein voiſin. A ce foſſé principal correſpondront tous les foſſes collatéraux, en nombre ſuffiſant, & pratiqués de la même manière. Il eſt impoſſible, ſi l'opération eſt bien faite, que la terre, que le pré, &c. reſtent ſubmergés ou marécageux, quand même l'eau des ſources ſourderoit de toute part dans le champ. De quelque nature que ſoit le grain de terre, même d'argile, le point principal eſt que le grand foſſé ait un écoulement, ce que le niveau indique d'une manière invariable. Il réſulte de cette empierrement, 1°. que l'on a de reſte les deux tiers de la terre tirée des foſſés, & que, voiturée ſur les endroits bas, elle les rehauſſe ; 2°. que l'on purge le champ des cailloux & des pierres inutiles ; enfin, que ſoit pré, ſoit champ, il eſt égoutté dans tous ſes points. La moiſſon, l'herbe n'en ſeront pas moins abondantes ſur le foſſé même, puiſqu'il reſte dix-huit à vingt-quatre pouces de bonne

Tome III.

terre ; aucune racine de plante graminée ne s'enfonce plus de ſix à huit pouces, & la luzerne, qui de toutes les plantes des prairies artificielles pivote le plus profondément, y réuſſit à merveille, même dans les provinces méridionales du royaume où ſouvent la ſéchereſſe eſt extrême ; parce que ſi elle gagne l'empierrement, elle y trouve encore une humidité ſuffiſante à ſa végétation. Je parle d'après ce que j'ai vu & plus d'une fois.

Ces empierremens ſont ſingulièrement bien imaginés ; en effet, à quoi reſſembleroit un champ, une prairie &c. ſans ceſſe coupés & recoupés par des foſſés. Pour peu qu'ils fuſſent en pente, les eaux pluviales agrandiroient les foſſés, leurs bords s'abaiſſeroient, & petit à petit la partie du ſol ſituée entre deux foſſés, imiteroit la forme du dos d'âne, & la pièce ſeroit ruinée pour toujours. Les empierremens, au contraire, permettent de niveler le terrein, & ſur chaque foſſé de tracer les larges ſillons, qu'on nomme *ſangſues*, afin de faire égoutter les eaux. La terre qui recouvre ces empierremens a été remuée pluſieurs fois, de ſorte qu'elle ne forme jamais une maſſe auſſi compacte que la voiſine ; ainſi l'eau la pénètre plus facilement, & quand elle eſt pénétrée autant qu'elle peut l'être, elle fait alors l'office d'un crible ; toute la partie ſuperflue s'égoutte dans l'empierrement.

Mais, dira-t-on, les vides qui exiſtoient dans le temps que l'empierrement a été fait, ſe rempliront peu à peu de terre, ſe combleront ; alors le remède deviendra pire que le mal. Que répondre à ce raiſonnement ?

P p p p

L'expérience décide le problème ; je connois de semblables empierremens faits depuis trente ans, & dont le service est aussi avantageux aujourd'hui que dans les premières années. Supposons que tous les conduits fussent bouchés. Je demande à mon tour : Les récoltes de trente années, ne dédommagent-elles pas amplement de la dépense, dans la supposition qu'il fallut ouvrir de nouveaux ces mêmes fossés? La vérité est que l'eau qui filtre à travers un pied & demi ou deux pieds de terre, entraîne très-peu de terre, & que l'eau rassemblée entre ces pierres & ces cailloux, coule avec assez de rapidité pour expulser le peu de terre qui s'y seroit rassemblée. En un mot, le raisonnement est bon dans le cabinet, mais nul contre l'expérience. Je conviens cependant que si le fossé principal n'a pas un dégorgement suffisant, il s'altèrera peu à peu, finira par devenir inutile & mettra les autres dans le même cas. Ce ne sera plus la faute des fossés, mais celle de l'agriculteur qui aura mal conçu la direction de son ouvrage en le commençant, ou qui l'aura négligé après son exécution. Toutes les fois que vous verrez un champ couvert d'eau pendant des mois entiers, une prairie chargée de joncs, de mousses &c., dites : Ce terrain appartient à un cultivateur négligent ou très-pauvre.

II. *Des pentes qui exigent d'être aidées.* Par des effets singuliers de la nature, ils se trouve des fondrières, des terreins dont la pente est dirigée du côté opposé de l'écoulement naturel ; enfin il y a mille positions, impossibles à décrire. Malgré cela, il est très-peu de cas, où l'on ne

puisse donner un écoulement aux eaux : trancher dans le vif à force de bras, est le plus expéditif & le plus coûteux ; mais à moins que l'opération du desséchement ne soit majeure & de la plus grande importance, je ne le conseille pas. Les obstacles naissent ordinairement ou de la masse des roches, ou des amas de terre ; la mine seule agit sur les premiers ; la brouette, le tombereau suffisent pour les seconds. Quelle dépense pour peu que l'excavation à faire soit profonde ! quel remuement de pierres & de terres ! Avant de l'entreprendre réfléchissez à deux fois : avec le secours du niveau, on pourra en parcourant une bien plus grande surface, procurer l'écoulement. C'est encore le cas de calculer, combien il en coûtera par toise, & d'examiner, 1°. si le prix du déblaiement de ces toises mises bout à bout, l'emporte sur la grande excavation dans l'endroit le plus rapproché ; l'estimation faite, ajoutez à la dépense un grand tiers en sus, afin de ne pas faire de faux calculs, & sur-tout pour ne pas se trouver court en finance. Le chapitre des accidens & des obstacles est immense. Si la valeur de la fondrière équivaut seulement aux frais, il vaut mieux avec cet argent, acheter près de soi des terres de bon rapport.

Les saisons des entreprises de cette espèce, sont l'automne, & le printemps, & quelquefois l'hiver, si la terre est peu imbibée d'eau. Dans le cas contraire, on ne fait pas en trois jours ce qu'on auroit fait en un. Si vous considérez le malheureux journalier comme votre semblable, comme citoyen & sur-tout comme l'individu dont dépend toute la subsistance de sa famille, ne l'appliquez jamais à ce deſſéchement en été. Il travaillera pendant quinze jours, même un mois ; les deux autres mois, il ſera rongé par la fièvre & ſouvent il en périra. Je ne cherche point à répandre une terreur panique, je parle d'après des faits. Si un beſoin urgent oblige de faire travailler ces malheureux pendant l'été, ſoyez humain, prodiguez-leur le vinaigre, & ne leur laiſſez jamais boire de l'eau ſans la rendre légérement acidule. De diſtance en diſtance, le long des travaux établiſſez de grands feux malgré la chaleur, obligez-les de ſe chauffer le ſoir avant d'aller dormir ; donnez-leur un peu d'eau de vie le matin lorſqu'ils iront au travail, mais étendez-la dans ſix fois ſon volume d'eau. Il ſeroit trop long d'expliquer ici ſur quels principes eſt fondé ce régime ; il ſuffit d'être aſſuré que l'expérience a prouvé ſon efficacité. Que la pente exiſte déjà, ou qu'elle ſoit l'effet de l'art, ſi on trouve, à une certaine profondeur, une couche de graviers, il eſt inutile alors d'ouvrir de ſi grands foſſés dans toute la longueur & dans les différens ſens de la pièce : cependant le même nombre de foſſés doit exiſter ; la largeur ſeule de l'empierrement doit être diminuée, parce que le gravier, toujours ou preſque toujours diſpoſé en couche horizontale, donnera paſſage aux eaux, & d'elles-mêmes elles iront former des ſources, peut-être à deux, quatre ou ſix lieues de-là. C'eſt donc la profondeur à laquelle on trouvera le gravier, qui décidera de celle des foſſés & de leur largeur, & de l'épaiſſeur de la couche de terre qui doit recouvrir l'empierrement. Jamais terrein n'eſt aqueux ou marécageux, lorſqu'il

porte ſur un banc de gravier, qu'il eſt élevé au-deſſus du lit des rivières, à moins qu'entre le banc de gravier & la ſuperficie du ſol, il ne ſe trouve des couches d'argile. Peu de cas particuliers ſont exception à cette loi ; par exemple, l'abondance des ſources. Si leur eau eſt ſuperflue ou inutile, il convient, en partant de l'endroit le plus bas de la pièce, d'ouvrir les foſſés dont on a parlé, & de les conduire directement vers ces ſources, ou vers les endroits les plus aqueux.

Toutes ces opérations ſont ſubordonnées au local, que chacun doit étudier, & que je ne puis décrire ; mais il eſt conſtant que les généralités qui viennent d'être décrites, s'appliquent à toutes ſortes de terreins.

DESSÉCHEMENT, *Médecine vétérinaire.* Les parties des animaux, les plus expoſées à cet accident, ſont le pied du cheval & du bœuf, & les mamelles des animaux femelles.

Deſſéchement du pied. La corne qui environne le pied du cheval, & celle qui entoure les deux dernières phalanges du pied du bœuf, ſe deſſéchent lorſqu'elles ſont privées de l'humidité qu'elles reçoivent de la ſubſtance cannelée. Il arrive même que l'animal boite quelquefois, relativement à la compreſſion qu'éprouve cette ſubſtance, compriſe entre la corne & l'os du pied. (*Voy.* PIED)

Les ſuites de cet accident ſont d'autant plus fâcheuſes, que la ſéchereſſe & la ſenſibilité ſont plus conſidérables.

Traitement. Lorſque l'on s'apperçoit que le volume du pied du bœuf & du cheval commence à diminuer, il faut envelopper cette partie d'un cataplafme émollient, fait de feuilles de mauve, de pariétaire, de bouillon blanc, &c. qu'on arrofera de temps en temps avec la décoction de ces mêmes plantes, & qu'on aura foin de renouveler de quatre en quatre heures, jufqu'à ce que la corne paroiffe reprendre fon ancienne humidité. Les huiles, les onguens, les graiffes, que le laboureur a coutume d'employer dans ce cas, ne rempliffent jamais l'objet défiré, en ce que ces fubftances ne peuvent point pénétrer dans les dernières couches de la corne, & qu'elles ne tendent qu'à en lubréfier la furface. Pour être convaincu de ce fait, on n'a qu'à jeter les yeux fur les chevaux qui habitent les terreins bas, humides & marécageux, & on verra qu'ils ont la corne molle, & non defféchée, tandis que, dans ceux qui vivent dans les pays élevés & dans les pays chauds, les pieds font fujets au defféchement, aux feimes, & à tant d'autres accidens, malgré l'ufage fréquent des huiles, des graiffes & des onguens que l'on emploie pour s'y oppofer. Outre les cataplafmes émolliens que nous avons indiqués, l'eau blanche pour boiffon, le fon mouillé, les plantes fraîches pour nourriture, les lavemens émolliens, font encore néceffaires pour concourir au ramolliffement du pied.

Defféchement des mamelles ou *mal fec.* Cette maladie vient à la fuite des grands froids, des chaleurs exceffives, des contufions aux mamelles, des bleffures, des mauvaifes qualités de lait, du fréquent ufage de certaines plantes, de l'inflammation des abcès, des ulcères, & de tous les principes, en un mot, qui,

en diminuant le diamètre des vaiffeaux lactifères, & les obftruant, s'oppofent à la fécrétion du lait, & occafionnent le defféchement des mamelles.

On s'apperçoit de cet accident par le lait, dont la quantité diminue un peu tous les jours, par le défaut de cette humeur, malgré tous les moyens que l'on emploie pour traire, & par le retréciffement des mamelles.

Traitement. Le mal fec, qui arrive à la fuite d'un dépôt laiteux, d'un abcès ou d'un ulcère, eft, pour l'ordinaire, incurable. Celui qui eft dû à un grand froid, ou à la mauvaife qualité du lait, eft fouvent accompagné de l'obftruction des gros vaiffeaux deftinés à le charrier. Dans ce cas, il eft indifpenfable, dans le commencement de la maladie, de fonder doucement le conduit de chaque mamelon, avec une broche de bas, à l'extrémité de laquelle on aura pratiqué un petit bourrelet enduit d'huile d'olive; d'attirer le lait dans les mamelles par de fréquentes frictions, fèches & légères avec la main, & de faire des fumigations avec les baies de genièvre, dans la vue de favorifer la diffipation de la matière qui engorge les vaiffeaux lactifères, & d'opérer une fécrétion plus facile & plus abondante de lait dans les mamelles.

Le defféchement qui eft produit par les grandes chaleurs, les alimens aromatiques, échauffans & peu abondans en mucilage, exige l'ufage des émolliens fur les mamelles, & des alimens mucilagineux & humides. Il faudra donc donner à la vache, à la brebis & à la chèvre, pour nourriture, du fon humecté, de l'eau blanchie avec la farine d'orge, des plantes fraîches & tendres; les tenir chaudement dans l'étable, dont on aura le soin de renouveler l'air deux ou trois fois par jour, exposer les mamelles à la vapeur d'une décoction émolliente plusieurs fois répétée.

Nous observerons, avant de finir cet article, que le desséchement des mamelles ou mal sec est, pour l'ordinaire, contagieux dans les chèvres, & qu'il attaque particulièrement ces animaux pendant les grandes chaleurs de l'été, & lorsqu'ils ont resté longtemps sans boire. On s'en assure en ce que les sources du lait sont taries; les mamelles se dessèchent, l'animal maigrit à vue d'œil, & succombe enfin en peu de jours.

Lorsque le cultivateur s'apperçoit de la contagion, c'est-à-dire, lorsque le mal commence à se répandre, il faut qu'il fasse conduire promptement les chèvres dans des pâturages gras & humides; les faire sortir bien matin, afin qu'elles puissent humer la rosée, & leur frotter, deux fois le jour, les mamelles avec du lait bien gras, & ne pas manquer surtout de les mener boire plusieurs fois dans le jour. M. T.

DESSICCATIF. C'est le nom que l'on donne aux remèdes qui ont la vertu de dessécher & d'absorber l'humidité superflue des plaies & des ulcères. (*V.* PLAIE & ULCÈRE) M. B.

DESSOLER, MÉDECINE VÉTÉRINAIRE. C'est enlever la sole de corne de dessus la sole charnue Quant à la manière de procéder à cette opération, *voy.* DESSOLURE.

DESSOLURE, MÉDECINE VÉ-

TÉRINAIRE. Opération par laquelle le maréchal enlève la sole de corne de dessus la sole charnue.

Manière de dessoler. On doit commencer, 1°. par humecter la sole de corne; les cataplasmes émolliens des feuilles de mauve & de pariétaire, appliqués sur la sole, & renouvelés de quatre en quatre heures, rempliront l'objet destiné, en rendant la sole plus souple, & en évitant par conséquent les douleurs qui accompagnent l'opération.

2°. La sole de corne étant humectée & ramollie par les cataplasmes, on doit abattre du pied, autant qu'il paroît nécessaire.

3°. On doit ensuite le parer dans l'épaisseur de la sole, afin de la diminuer, de la rendre souple & flexible, & par conséquent plus aisée à enlever.

4°. Il faut sur-tout parer la sole le long des côtés de la fourchette, parce que c'est-là le vrai moyen de favoriser sa séparation de la sole charnue.

5°. Le pied étant ainsi abattu, & la sole à demi-parée, on prend un fer à dessolure, pour voir s'il convient au pied, & on le met au feu pour lui donner l'ajusture & la tournure convenables. (*Voyez* FERRURE)

6°. Le fer étant porté sur le pied, il faut avoir l'appareil tout prêt. Cet appareil consiste en quelque plumaceaux d'étoupes cardées, en des éclisses, c'est-à-dire, en des morceaux de bois très-minces, en une ligature, & en quatre ou cinq clous bien courts.

7°. Le pied étant paré, on doit séparer avec la cornière du boutoir, la muraille d'avec la sole, & aller légérement jusqu'au vif, en commençant par la pince, en s'avançant toujours

D E S

du même côté, jufqu'à la pointe du talon, & en revenant de l'autre côté de la même manière.

8º. Le pied étant ainsi préparé, on abat le cheval, (*voyez* ABATTRE) ou bien on le met dans le travail, après quoi on lui lève le pied, & on lui passe un corde dans le paturon. Le maréchal prend alors le boutoir, dont il enfonce la cornière entre la muraille de la sole. Au lieu du boutoir, l'artiste qui a de la sûreté & de la délicatesse dans la main, peut se servir du bistouri, en le tenant du pouce & du doigt indicateur, en appuyant les autres doigts sur les bords de la muraille, en frappant à petits coups redoublés & suivis la lame de cet instrument, en observant sur-tout de ne point déranger les doigts, qui servent de point d'appui, de crainte d'enfoncer trop le bistouri dans la chair cannelée, & en suivant la sole dans toute sa circonférence, pour la séparer de la muraille.

9º. La sole entièrement séparée, il faut prendre le lève-sole; cet instrument n'est autre chose qu'un morceau de fer plat, allongé & applati par le bout. On l'introduit entre la sole de corne & la sole charnue, en commençant par la pince, & en évitant sur-tout de déchirer la sole charnue.

10º. La sole de corne dégagée de la sole charnue d'environ un pouce d'étendue, on doit tenir le lève-sole d'une main, saisir de l'autre des tricoises un peu usées, & les introduire entre les deux soles, pour soulever la première, c'est-à-dire, la sole de corne.

11º. Cela fait, on remet le lève-sole, & on travaille à détacher la sole, en commençant par un côté, & en la renversant sur la fourchette. C'est pour opérer le renversement de

la sole sur la fourchette, que nous avons indiqué ci-dessus d'amincir cette partie, en parant le pied, parce que si on lui laissoit la même épaisseur dans cet endroit, il seroit difficile à l'artiste de renverser les tricoises sur la fourchette, & il se verroit dans la nécessité de suspendre l'opération, pour parer de nouveau la sole dans cet endroit.

12º. La sole une fois détachée, on se met en arrière du pied du cheval, & on tire en droite ligne la sole.

13º. La sole enlevée, on reprend le boutoir pour ôter le reste de corne qui se trouve attachée à la muraille.

14º. L'opération achevée, on ôte la ligature qu'on avoit mise au paturon, on attache le fer, & on met l'appareil, en observant de ne pas faire une trop grande compression sur la sole, ce qui occasionneroit la gangrène.

15º. Le maréchal doit choisir, suivant le genre de mal qui a exigé la dessolure, les médicamens qui doivent être appliqués sur la sole. Dans le cas, par exemple, où le cheval auroit été dessolé relativement à la sécheresse du pied, ou à la compression sur la sole, sans qu'il y eût plaie, il doit panser à sec, c'est-à-dire, se contenter d'appliquel seulement des étoupes sèches, & laisser l'appareil cinq à six jours sans le renouveler. Dans les cas de plaie, il faut panser la sole toutes les vingt-quatre heures, avec un mélange d'eau-de-vie & de vinaigre, ou avec des plumaceaux imbibés d'essence de térébenthine; mais si c'est par rapport à un clou de rue, il faut, au contraire, mettre l'appareil tout autour de la sole charnue, en finissant de le poser dans l'endroit du clou, afin de n'être pas obligé de

découvrir entièrement la fole à chaque panfement, obfervant d'appliquer d'abord de petits plumaceaux,
fuivant la grandeur de la plaie, &
d'en mettre fucceffivement de plus
grands en deffus.

16°. Les plumaceaux ainfi appliqués on met les écliffes, évitant toujours de comprimer la pince ce qui
feroit d'autant plus dangereux, que la
fole étant molle, ne pourroit réfifter
à la compreffion en cet endroit.

17°. Les écliffes pofées, on couvre
les talons de plufieurs gros plumaceaux, qui feront contenus par une
bande d'un large ruban de fil; après
quoi on conduit l'animal dans l'écurie,
on le faigne à la veine jugulaire, s'il a
beaucoup fouffert, ou fi le cas l'exige.

Des cas où il convient de deffoler.
On deffole ordinairement le cheval
& les autres bêtes afines, dans le
clou de rue grave, dans la bleime,
dans le fic à la fourchette, dans les
javarts, les extenfions des tendons,
& dans toutes les circonftances où
il y a de la matière accumulée fous
la fole de corne. (*Voyez* tous ces
mots.) Nous recommandons aux
maréchaux de la campagne, de ne
jamais deffoler les mules & les chevaux encloués, à moins que l'os du
pied n'ait été intéreffé. (*Voyez* En-
clouure) M: T.

DÉTERSIF. Les remèdes déterfifs
ou nettoyans, font les médicamens
qui purifient les plaies, en fondant les
tumeurs épaiffes qui fe collent à leur
furface. (*Voyez* Plaie & Ulcère)

DÉTOUPILLONER. Vieux mot
employé par les jardiniers, pour défigner le retranchement des branches,
qui croiffent par touffe fur les arbres

mal taillés : on appelle ces arbres *des
têtes de faule.*

DÉVOIEMENT *ou* DIARRHÉE,
FLUX DE VENTRE *ou* COURS
DE VENTRE. Le dévoiement eft
cet état dans lequel il fort par le
fondement, quelquefois avec douleur & quelquefois fans douleur,
des matières de nature différente,
& qui varient par l'odeur & par la
couleur ; ces matières font quelquefois tellement fluides & détrempées,
qu'il eft impoffible fouvent que les
malades puiffent les retenir.

Le dévoiement eft ordinaire, ou
il eft fanguin. Pour le dévoiement
fanguin, *voyez* Dyssenterie. Nous
allons, dans cet article, nous occuper
du dévoiement ordinaire.

Le dévoiement ordinaire reconnoît
trois degrés diftingués par des effets
& par des noms différens.

Le premier degré du dévoiement,
eft le dévoiement ordinaire, tel que
nous l'avons décrit plus haut.

Le fecond degré fe nomme *flux
cœliaque*, & fe reconnoît aux fignes
fuivans. Les matières alimentaires
n'ont éprouvé dans les différentes
voies de la digeftion aucune altération, & contiennent le chyle tout
entier ; le chyle détrempe les matières
alimentaires, & leur donne fa couleur blanche : on doit fentir combien
cet efpèce de dévoiement eft dangereux par l'affoibliffement confidérable dans lequel il jette le malade,
qui ne réparant pas fes forces par
le moyen du chyle, tombe par degré
dans l'anéantiffement.

Le troifième degré fe nomme *lienterie*, & fe fait connoître par les
fignes fuivans : dans le fecond degré
nommé *flux cœliaque*, le chyle eft

mêlé aux alimens , & les colore ;
mais dans la lienterie , les alimens
n'ont éprouvé aucune efpèce de
préparation, & ils fortent par le fondement , abfolument dans le même
état où ils étoient, lorfqu'ils ont été
reçus dans l'eftomac.

Ces trois états font , comme il eft
facile de le voir , des degrés de la
même maladie ; mais pour mettre
plus d'ordre dans cet article, & pour
raffembler fous un même point de
vue tout ce qui regarde cette matière , nous allons traiter de ces trois
états féparément , & nous prefcri-
ront les remèdes propres à les combattre.

I. *Du dévoiement ordinaire , diarrhée
ou cours de ventre.* La diarrhée eft
une maladie dans laquelle les alimens
avant d'être digérés , comme l'état
ordinaire l'exige , fortent par le fondement fous la forme fluide , &
caufent, en fortant, plus ou moins
de douleur d'entrailles , & différent
entr'eux par l'odeur & par la couleur.

La diarrhée eft de plufieurs efpèces.
L'une eft effentielle , quand la caufe
a fon fiège dans les inteftins ; l'autre
eft fymptomatique , quand la caufe
eft placée dans les autres parties du
bas ventre. Enfin, il en eft une qu'on
connoît fous le nom de *critique* : cette
dernière termine les maladies aiguës,
telles que les pleuréfies, les fièvres
putrides & malignes. Cette diarrhée
critique eft plutôt une crife falutaire
qu'une maladie effentielle ; & bien
loin de la traiter, il faut laiffer agir
la nature.

Les diarrhées différent encore en
raifon de l'âcreté des matières qui
fortent , & de la nature de ces matières. Quelquefois le pus fort avec
les autres matières , & on les nomme

diarrhées *fuppurées* ; quelquefois auffi
c'eft la graiffe , & on les nomme
diarrhées colliquatives. Ces diarrhées
exiftent dans les fuppurations internes , dans la phthifie , & autres fuppurations de différentes parties contenues dans le bas ventre , & elles
annoncent la fin prochaine du malade. Il exifte encore des diarrhées épidémiques , fur-tout lorfque les fruits
ont été abondans dans l'automne.

Les caufes qui font naître la diarrhée, font le défaut d'action des inteftins fur les alimens, ou l'effet contraire, c'eft-à-dire , une action trop
forte des inteftins fur les alimens.

Dans le premier état, des purgatifs
violens , des alimens âcres irritent
les inteftins, en font fortir une plus
grande quantité de fluide : ce fluide
détrempe les alimens, & les fait fortir
avant le terme prefcrit par la nature à
caufe de l'action violente des inteftins.

Dans le fecond état, lorfque les
matières bouchent les pores des inteftins qui pompent le chyle des matières alimentaires , le chyle refte
mêlé aux alimens, les détrempe, relâche le tiffu des inteftins , & la
diarrhée vient, dans ce cas , par relâchement ; comme elle naît dans le
précédent par irritation : le pus qui
coule des différentes parties du bas-
ventre , venant à parcourir les finuofités des inteftins, y caufe irritation,
& produit la diarrhée par le même
mécanifme que nous venons d'expliquer.

Dans la diarrhée , le malade
éprouve des douleurs d'entrailles ,
des épreintes ; le ventre s'aplatit, la
foif s'allume. Ces fymptômes font
proportionnés aux degrés de l'irritation : les urines coulent en petite
quantité , toute la férofité du fang
coule

coule par les inteſtins; elles ſont alors rouges & épaiſſes, parce que les principes en ſont rapprochés; la peau eſt sèche & rude, parce que l'inſenſible tranſpiration eſt diminuée : le malade maigrit beaucoup, parce que les ſucs nourriciers ſont emportés par la diarrhée.

Quand la diarrhée eſt ſimple & légère, c'eſt une criſe ſalutaire qui tend à la dépuration du corps, & qui provient de maladies graves : Celle qui eſt ſymptomatique, c'eſt-à-dire, qui eſt produite par les maladies des autres parties du bas ventre, eſt dangereuſe en raiſon de l'importance des parties affectées, & des degrés de leur affection. La diarrhée critique eſt toujours ſalutaire, & il faut éviter, avec le plus grand ſoin, d'en arrêter le cours; on troubleroit la marche de la nature, & les plus grands déſordres ſuivroient cette conduite pernicieuſe. Si la diarrhée critique affoiblit trop le malade, il eſt prudent d'en diminuer l'excès; mais c'eſt à la prudence & aux lumières des gens de l'art, de fixer la conduite qu'il faut tenir dans ces cas épineux.

Pour guérir la diarrhée, il faut ſaiſir la cauſe qui l'a fait naître, & ſe conduire d'après la nature de cette cauſe.

Si la diarrhée reconnoît pour cauſe l'irritation, il faut employer les relâchans en lavage; ſi elle eſt le produit du relâchement, il faut preſcrire l'uſage des amers. Voilà pour la conduite générale : entrons dans des détails néceſſaires.

Dans preſque toutes les diarrhées, l'eſtomac eſt le premier ſiège des matières corrompues qui les alimentent : or, l'expérience a prouvé,

Tome III.

d'une manière victorieuſe, que les émétiques donnés à propos arrêtoient les progrès de la diarrhée. Il faut donc donner les émétiques au commencement du traitement, avec cette précaution ſeule, que ſi la diarrhée vient de cauſe irritante, il faut détremper, par des boiſſons humectantes & des lavemens émolliens, avant d'en venir aux émétiques. Si la diarrhée vient de relâchement, il faut, ſans héſiter, placer les émétiques à la tête des remèdes qui déterminent la guériſon, & ſe ſervir de l'ipécacuanha de préférence aux autres émétiques; il a le double avantage d'être émétique amer & aſtringent. Après l'effet de l'émétique, on purge le malade pour nettoyer les inteſtins, on lui fait prendre le ſoir quelques gros de ſirop diacode. On continue l'uſage des lavemens adouciſſans, deux ou trois gros de diaſcordium, le ſeul des électuaires anciens qui ait de la vertu, ſur-tout dans une maladie qui vient d'irritation.

Si elle vient de relâchement, on donne au malade quelques taſſes de décoctions amères; le ſimarouba eſt dans ce cas un remède excellent : on donne de plus, trois ou quatre fois par jour au malade, une pilule faite avec un grain d'ipécacuanha, & ſix de grains de thériaque.

On le purge avec une once de catholicum, ſix grains d'ipécacuanha, deux onces & demie de manne, & un gros de ſel de glauber : on réitère les purgations ſuivant l'exigence des cas, & on diminue les doſes à raiſon de l'âge, du ſexe, du tempérament : on obſerve le régime avec ſcrupule; on ne nourrit le malade qu'avec des alimens ſains, des farineux cuits au gras, des plantes pota-

Q q q q

gères cuites au gras ; on interdit les liqueurs fermentées, les liqueurs fpiritueufes fur-tout, qui caufent dans ces maladies bien des ravages, en retenant les matières dans les inteftins, & en donnant naiffance aux obftructions, aux inflammations, & aux fuppurations des différentes parties du bas ventre. On a foin auffi d'entretenir le ventre chaud, en le couvrant avec des flanelles. Quand la diarrhée vient à la fuite du froid, on baigne les pieds & les mains dans l'eau chaude ; fi elle naît à la fuite d'une évacuation fupprimée, comme hémorroïdes, faignement de nez, règles, &c. il faut rappeler ces évacuations par les moyens connus, & par la faignée fur-tout.

Dans la diarrhée qui vient à la fuite des paffions de l'ame, il faut employer les calmans, la décoction de la racine de valériane fauvage, & quelques gouttes de laudanum tous les foirs ; mais le remède par excellence eft la tranquillité de l'ame.

Il y a encore des diarrhées qui font entretenues par des vers, (voyez VERS) & d'autres, par la foibleffe de l'eftomac. (Voyez ESTOMAC)

Ceux qui ont été fujets à la diarrhée, doivent éviter avec foin l'humidité, & les alimens difficiles à digérer.

2°. *Flux cœliaque.* Le flux cœliaque eft un dévoiement dans lequel le chyle, mêlé aux matières excrémentitielles, coule par les inteftins ; il eft accompagné de gonflement du ventre, de tranchées vives & de foif ardente : cette maladie eft commune aux enfans & aux adultes, mais elle eft très-rare chez les vieillards.

Les caufes du flux cœliaque, font

l'engorgement des glandes du méfentère, c'eft ce qui le rend fréquent chez les enfans qui mangent trop ; les tumeurs des différentes parties du ventre, & toutes les caufes du dévoiement ordinaire.

Cette maladie eft toujours dangereufe, fur-tout quand le flux cœliaque vient à la fuite d'engorgement aux glandes, & aux autres parties du bas ventre.

Les purgatifs légers, & tous les remèdes propres aux *obftructions*, (voyez ce mot) conviennent dans cette maladie : comme le chyle ne peut pas enfiler les voies ordinaires, & qu'il trouve un obftacle dans l'obftruction des glandes du méfentère, il faut nourrir le malade avec des lavemens nourriffans. (Voyez *obftruction du méſentère*, à l'article MÉSENTÈRE.)

3°. *De la lienterie.* La lienterie eft cet état dans lequel on rend par le fondement les alimens tels qu'on les a pris, fans qu'ils ayent éprouvé pendant leur féjour la plus légère altération.

La caufe de la lienterie eft le défaut d'action des inteftins & de l'eftomac fur les alimens ; la bile coule fans ceffe, détrempe les alimens & fe mêle avec eux ; quelquefois la bile perd fa couleur jaune & devient grifâtre ; cet effet a lieu quand le foie eft malade : la dépravation des humeurs, le relâchement général, les indigeftions répétées, les purgatifs violens pris indifcrétement, l'excès des liqueurs fpiritueufes, & les obftructions des différentes parties contenues dans la capacité du bas ventre, font les caufes ordinaires de la lienterie.

Dans la lienterie, il exifte une

évacuation abondante de matières alimentaires non digérées ; le malade est sujet aux nausées, à la soif, à la faim canine ; parce que , comme aucune partie des alimens ne séjourne dans l'estomac`, ce viscère est dans une irritation continue , & éprouve toujours ce sentiment particulier qui constitue la faim ; le fondement est quelquefois déchiré par l'âcreté des matières qui s'écoulent, les matières altérées donnent des tranchées , l'air s'en dégage , le corps maigrit & se dessèche , & la peau est brûlante , parce que les humeurs ne sont pas renouvelées ; l'insomnie s'empare du malade, & il succombe à la fièvre lente.

Cette maladie est souvent la compagne du scorbut, (*voyez* ce mot) elle est toujours grave, elle trouble une des fonctions les plus intéressantes, celle par laquelle le corps se renouvelle à différentes parties du jour: on ne guérit jamais cette maladie chez les vieillards , & quand il y a gonflement , douleurs & obstruction dans le ventre.

On ne guérit la lienterie que quand elle succède à la diarrhée , ou quand elle est le produit du scorbut léger & peu ancien. Il faut faire prendre au malade de légers toniques pour donner aux parties plus de forces: on conseille les calmans, quand les insomnies sont constantes & menacent de jeter le malade dans l'extrême foiblesse ; le sommeil qu'ils excitent répare les forces épuisées ; d'ailleurs l'usage des calmans est d'arrêter les évacuations trop abondantes, & ces remèdes sont très-nécessaires dans cette maladie.

On fait prendre au malade les infusions des plantes amères, & stoma-

chiques, les deux eupatoires, la sanicle , la bugle , la petite centaurée, l'absinthe ; puis on lui fait faire usage des sucs de ces plantes, pour purifier le sang épuisé & corrompu ; il faut couvrir le ventre avec les peaux d'animaux ; si le malade n'est pas trop foible, on lui fait prendre de l'exercice ; on fait des frictions sèches sur tout son corps, on l'expose aux vapeurs des herbes émollientes , afin de rétablir la transpiration ; on applique des vésicatoires pour détourner l'humeur des intestins, on rend au ventre sa souplesse en le frottant avec l'huile de laurier. Il faut éviter que le corps, & sur-tout que le ventre soit exposé au froid : les humeurs se portent alors à l'intérieur, & vont augmenter le désordre qui règne déjà.

L'émétique , l'ipécacuanha , surtout, doit être donné dans le principe du mal ; on peut le donner une seconde fois, mais il ne faut pas abuser de ce moyen, si on voit qu'il ne produit pas les bons effets qu'on en attendoit.

Les purgatifs doux , les eaux minérales rendues purgatives , sont de bons moyens ; à la tête des purgatifs , il faut placer le catholicon double ; les eaux minérales de Forges, de Balaruc, à petite dose , réussissent dans la lienterie. En général , il faut avoir pour principe dans les maladies du bas ventre , de continuer les mêmes remèdes longtemps, & d'augmenter leur dose par degré : le régime doit être le même que celui que nous avons fixé dans la diarrhée. M. B.

DÉVOIEMENT *ou* DIARRHÉE ; *Médecine Vétérinaire.* La diarrhée est une maladie dans laquelle les

Qqqq 2.

matières fécales font évacuées plus fréquemment que dans l'état naturel, & fortent fous une forme liquide.

Caufe. Tout ce qui peut troubler la digestion, affoiblir l'eftomac, dépraver les fucs digeftifs, accumuler, dans les premières voies, des crudités & de la faburre, provoque immédiatement la diarrhée.

Nous allons traiter en particulier de la diarrhée du cheval, du bœuf & du mouton.

Diarrhée du cheval. Elle a lieu ordinairement dans cet animal, 1°. lorsqu'après avoir eu chaud, il boit d'une eau extrêmement fraîche, telle que l'eau de puits ou de neige; 2°. lorsqu'il a brouté de l'herbe couverte de rofée, ou lorsqu'il en a trop mangé.

Dans cette efpèce de diarrhée, les matières n'ont point une couleur extraordinaire, elles ne donnent pas une odeur fétide, & le cheval boit & mange comme de coutume; nous obfervons pour l'ordinaire, qu'elle ne paffe pas les quarante-huit heures. Quand même elle outre-pafferoit ce terme, fi les forces mufculaires & vitales ne paroiffent pas diminuer, fi l'appétit fe foutient, elle n'eft pas à craindre.

Traitement. Il feroit dangereux d'arrêter le cours de cette diarrhée, qu'on doit regarder comme falutaire; mais fi l'animal a de la fièvre, s'il eft trifte, dégoûté, & fi dans les matières fécales, on y apperçoit comme des raclures des boyaux; s'il a des tranchées, il faut appaifer l'inflammation des inteftins, & en modérer la chaleur, en donnant à l'animal des breuvages pris dans la claffe des mucilàgineux, compofés d'une once de racine d'althéa, & de deux onces de graine de lin pour

chaque breuvage, qu'on fera bouillir dans environ quatre livres d'eau commune, jufqu'à ce que la graine de lin foit crevée. On ne donnera à l'animal, pour toute nourriture, que du fon mouillé, du bon foin, obfervant de lui retrancher l'avoine pendant tout le temps du traitement.

Si l'on apperçoit que l'animal ait des coliques violentes lors des déjections, & que les matières foient fanguinolentes, on doit adminiftrer les remèdes qui font propres à la dyffenterie. (*Voyez* DYSSENTERIE)

Diarrhée du bœuf. Le bœuf eft également fujet à la diarrhée, & elle reconnoît les mêmes caufes que celles que nous avons indiquées en parlant de la diarrhée du cheval; elle eft quelquefois dangereufe, fi on la néglige. Il importe donc beaucoup aux cultivateurs, d'en diftinguer l'origine, afin de la modérer, de l'arrêter, d'en prévenir les fuites fâcheufes, en adminiftrant les remèdes convenables.

Dans la diarrhée donc qui furvient ordinairement au bœuf, pour avoir mangé du foin, de la paille moifis ou gâtés, &c. & qui dure plufieurs jours avec amaigriffement fenfible, outre les alimens de bonne qualité, & le fon mouillé avec du vin qu'on doit lui donner, il eft bon de lui faire prendre quelques breuvages d'une décoction d'orge grillé, moulu & arrofé avec du vin rouge; après quoi il convient de le purger feulement avec deux onces de feuilles de féné, fur lefquelles on jettera environ deux livres d'eau bouillante & une once de fel végétal. Si, après l'ufage de ces remèdes, la diarrhée ne s'arrête pas, fi l'animal devient trifte, s'il eft dégoûté, il faut avoir recours aux aftringens, tels qu'au diafcordium, à la dofe d'une once dans une pinte de bon vin, ou bien au cachou, à la dofe de fix gros, dont on continuera l'ufage pendant cinq à fix jours. Ces remèdes conviennent ainfi au cheval dans les diarrhées de la même efpèce. Quant aux autres diarrhées qui peuvent arriver au bœuf, confultez ce que nous en avons dit, en parlant de celle du cheval.

Diarrhée des moutons. Cette maladie attaque auffi les bêtes à laine, & en fait périr un grand nombre.

Caufes. Une indigeftion, une nourriture trop humide, peu propre à rétablir les forces de l'animal; ou gâtée, ou moifie, qui altère les fucs digeftifs, & la débilité de l'eftomac, en font les caufes ordinaires.

Lorfque la diarrhée n'eft point accompagnée de fièvre, de dégoût, de tranchées ou d'autres accidens, on doit la regarder comme un bénéfice de la nature, & ne pas s'empreffer de l'arrêter. On la laiffera donc durer trois ou quatre jours, après quoi, il faudra donner de temps en temps à l'animal, de l'eau de riz, ou bien fi on veut couper plus court, un gros de thériaque dans un demi verre de bon vin. M. T.

DIABETES. (*Voyez* URINE)

DIADELPHIE, Botanique. C'eft la dix - feptième claffe du fyftême fexuel du Chevalier von Linné, & elle renferme les plantes à fleurs vifibles, hermaphrodites, qui ont plufieurs étamines, mais réunies par leur filets en deux corps féparés. Ce mot vient des deux mots grecs δισ αδελφοσ deux frères; les plantes légumineufes appartiennent à cette claffe. (*Voy.* le mot SYSTÊME) M. M.

DIANDRIE, Botanique. C'eft la feconde claffe du fyftême fexuel du Chevalier von Linné, & elle renferme toutes les plantes dont les fleurs vifibles & hermaphrodites, n'ont que deux étamines, comme le jafmin.

Diandrie, vient de deux mots grecs δισ ανιρ deux maris. (*Voy.* le mot SYSTEME) M. M.

DIAMETRE, Botanique. Parmi les variétés que nous offrent le règne végétal, & qui dépendent le plus du climat, de la culture, & de l'âge de la plante, c'eft, fans contredit, les diamètres des tiges, & leur hauteur qui doivent le plus étonner; nous ne confidérerons ici que les diamètres. Cultivez la même plante, le même arbre dans deux terreins différens, dans un fol maigre & marécageux, ou dans un bon fol & dans une terre bien meuble : à la différence du port de ces deux végétaux, vous croiriez d'abord qu'ils ne font pas du même genre & les mêmes : l'un, maigre & peu élevé, annonce fon état de langueur; l'autre, fort & vigoureux, s'élance dans les airs; fes tiges plus nourries & plus fortes, ont une groffeur proportionnée à l'abondante nourriture qu'il pompe de la terre, & qu'il tire de l'atmofphère. Voyez ce chêne antique, qui couvre de fon ombre favorable une furface de terrein immenfe; le temps a creufé fon tronc; le voyageur battu de l'orage s'y réfugie, il trouve fous fes branches, & dans fa cavité une retraite contre la tempête. L'orage ceffe, il en fort gaiement en remerciant fon bienfaiteur; mais tout étonné, il admire l'étendue des branches, l'élévation de la tige & la groffeur du tronc; il cherche autour de lui quelqu'arbre d'une pareille groffeur; il en apperçoit d'aufli vieux, mais nul n'eft auffi confidérable. Quelle en peut être la caufe? Une veine d'excellente terre dans laquelle s'étend fon pivot, eft le principe de cette énorme différence.

Un favant auteur, M. Adanfon, a voulu établir un fyftême de familles des plantes, en confidérant leur diamètre; mais il l'avoue lui-même, cette claffification ne peut être que très-fautive. Rien de conftant, rien de fûr dans cette divifion, tout ce qui dépendra du climat, de la culture & du fol ne pourra jamais devenir un caractère conftant.

Tout ce qui eft extraordinaire dans la nature, a droit à notre intérêt, & on lit avec plaifir les obfervations en ce genre, quand on peut compter fur leur vérité. M. Adanfon, dans la *Préface de fes Familles des plantes*, a recueilli ce qu'on a de plus certain & de plus avéré fur la prodigieufe groffeur de quelques arbres. Peut-être ne fera-t-on pas fâché de le retrouver ici, afin de le comparer avec ce que l'on peut obferver foi-même dans quelques forêts.

« Au rapport d'Evelin, on voyoit à Erford, en Angleterre, un fameux poirier qui avoit dix-huit pieds de tour, c'eft-à-dire, environ fix pieds de diamètre, & il rendoit annuellement fept muids de poires. »

« On a vu des faules creux de vingt-fept pieds de circonférence au tronc, qui avoient par conféquent neuf pieds de diamètre. »

« Pline cite au *liv. 16, chap. 44 de fon Hift. nat.* un yeufe ou chêne vert, qui, d'une feule fouche, avoit produit dix tiges, chacune de douze pieds de diamètre. »

« Le même auteur dit au *chap. 40.* qu'il y avoit en Allemagne des arbres fi gros, que leurs troncs creufés formoient des canots du port de trente hommes. Mais que font ces arbres, ajoute M. Adanfon, en comparaifon des *feiba* ou benten de la côte d'Afrique, depuis le Sénégal jufqu'au Congo, dont on fait des pirogues de huit à dix pieds de large, fur cinquante à foixante pieds de long, capables de porter deux cents hommes, & du port ordinaire de vingt-cinq tonneaux de deux milliers, qui font 50000 pefant. »

« Ray parle d'après Evelin, d'un tilleul mefuré en Angleterre, qui fur trente pieds de tige, avoit feize aunes, ou environ quarante-huit pieds de circonférence, c'eft-à-dire, feize pieds de diamètre, & qui furpaffoit infiniment le fameux tilleul du Duché de Wirtemberg, qui avoit fait donner à la Ville de Neuftat, le nom de *Nieuftat Ander Groffen Lindern*. Ce dernier avoit vingt-fept pieds ½ de circonférence, ce qui fait environ dix pieds de diamètre; le tour de la pomme ou tête avoit quatre cents trois pieds, fur une largeur de cent quarante cinq pieds, du nord au fud, & de cent-dix-neuf pieds, mefuré de l'eft à l'oueft. »

« Ray dit avoir vu en Angleterre plufieurs ormes de trois pieds de diamètre, fur une longueur de plus de quarante pieds: il rapporte encore qu'un orme à feuilles liffes, de dix-fept pieds de diamètre au tronc, fur quarante aunes ou environ cent vingt pieds de diamètre à fa pomme, ayant été débité, fa tête produifit quarante-huit chariots de bois à brûler, & que fon tronc, outre feize billots, fournit huit mille fix cens soixante pieds de planches ; toute sa masse ou matière fut évaluée à quatre vingt-dix-sept tonnes. On a vu dans le même pays un orme creux, à peu près de même taille, qui servit long-temps d'habitation à une pauvre femme, qui s'y retira pour faire ses couches. »

« Le même auteur cite deux ifs très-âgés, dont l'un avoit douze aunes de tour, c'est-à-dire, près de trente pieds, & l'autre de cinquante-neuf pieds de circonférence au tour, qui font près de vingt pieds de diamètre. »

« Harlei rapporte que dans le Comté d'Oxford en Angleterre, un chêne dont le tronc avoit cinq pieds quarrés, dans une longueur de quarante pieds, ayant été débité, ce tronc produisit vingt tonnes de matière, & que ses branches rendirent vingt-cinq cordes de bois à brûler.

« Plot, dans son *Histoire naturelle* d'Oxford, fait mention d'un chêne dont les branches de cinquante-quatre pieds de longueur, mesurées depuis le tronc, pouvoient ombrager trois cent quatre cavaliers ou quatre mille trois cent soixante-quatorze piétons. »

« Au rapport de Ray, on a vu en Westphalie plusieurs chênes monstrueux, dont l'un servoit de cita-delle, & dont l'autre avoit trente pieds de diamètre, sur cent-trente pieds de hauteur. On peut juger de la grosseur prodigieuse de ces arbres, par ce que dit le même auteur de celui dont furent tirées les poutres transversales du fameux Vaisseau ap-pellé *le Royal-Dovereing*, construit par Charles I, Roi d'Angleterre : ce chêne fournit quatre poutres, cha-cune de quarante-quatre pieds de longueur, sur quatre pieds neuf pouces de diamètre ; il falloit que cet arbre eût au moins dix pieds de diamètre, sur une longueur de qua-rante-quatre pieds. L'arbre, continue Ray, qui servit de mât à ce vaisseau, mérite d'être cité, quoique d'un autre genre ; il avoit, dit-il, quatre-vingt-dix-neuf pieds de long, sur trente-cinq pieds de diamètre ; mais cette grosseur nous paroît bien disproportionnée à la hauteur de quatre-vingt-dix-neuf pieds, & à la largeur des plus grands navires qu'il soit possible de cons-truire. »

« Les plus grands baobabs que j'aie eu occasion de mesurer au Sénégal, avoient soixante-dix-huit pieds de cir-conférence, c'est-à-dire, environ vingt-sept pieds de diamètre, sur soi-xante-dix de hauteur, & cent-soixante pieds de diamètre à leur pomme ou tête ; mais d'autres voyageurs en ont vu de plus gros dans ce même pays ; Ray dit, qu'entre le Niger & le Gam-bie, on en a mesuré de si monstrueux, que dix-sept hommes avoient bien de la peine à les embrasser en joignant les uns aux autres leurs bras étendus, ce qui donneroit à ces arbres envi-ron quatre-vingt-cinq pieds de cir-conférence, ou près de trente pieds de diamètre. Jules Scaliger dit qu'on en a vu jusqu'à trente-sept pieds. »

« Ray cite encore le rapport des voyageurs qui ont vu au Brésil un arbre qu'il ne nomme pas, de cent vingt pieds de tour, c'est-à-dire, de quarante-cinq pieds de diamètre, & qu'on conserve religieusement à cause de son ancienneté. »

« Il est dit dans l'*Hortus Malabaricus*, que le figuier appelé *Atti-Meer-Alou* par les Malabares, a communément cinquante pieds de circonférence, ce qui fait environ dix-huit pieds de dia-mètre. Mais Pline en cite de beaucoup plus gros. Il dit, *liv. 12, chap. 5,* que la conquête des Indes par Alexandre, en fit connoître qui avoient pour l'ordinaire soixante pieds de diamètre. »

« Pline, au *chap. 1* du même *livre,* parle d'un platane de plus de quatre-vingt pieds de diamètre, dans la cavité duquel *Mutianus* soupa & coucha avec vingt-une personnes. »

« Pline continue, en citant un autre exemple d'un platane sur lequel le Prince Caïus soupa avec quinze personnes de sa suite. »

« Kirker, dans sa *Chine illustrée,* cite un châtaignier du mont Étna, qui étoit si gros que son écorce servoit de parc, pour enfermer, pendant la nuit, un troupeau entier de moutons, *pecorum.* »

« Nous ne devons pas passer sous silence ces arbres merveilleux, dont il est fait mention dans les dernières histoires de la Chine, quoique nous n'en ayons pas beaucoup de détails. Le premier de ces arbres se trouve dans la province de Suchu, près de la ville de Kien; il s'appelle *Siennich,* c'est-à-dire, arbre de mille ans: il est si vaste, qu'une seule de ses branches peut mettre à couvert les moutons. On ne dit pas le nom du

second; il croît dans la province de Chekiang : il y en a de si gros, que quatre-vingts hommes peuvent à peine en embrasser le tronc, qui a, par conséquent, environ quatre cens pieds de circonférence, ou cent trente pieds de diamètre. »

« Quand même ces divers faits, dont on auroit peine à citer un plus grand nombre d'exemples aussi avérés, n'auroient pas une exacte précision, ils ne peuvent néanmoins laisser aucun doute sur l'existence de certains arbres d'une grosseur qui paroît si disproportionnée à celle des arbres actuellement existans en Europe; & ces baobabs, de vingt-sept pieds de diamètre, que j'ai vus au Sénégal, & ceux de trente à trente-sept pieds, qui ont été vus par tant d'autres voyageurs en Afrique, suffisent, ce me semble, pour constater la possibilité de l'existence des platanes de quatre-vingt-un pieds, cités par Pline, & peut-être des arbres de cent trente pieds vus en Chine. »

DIAPRÉE. *Prune. (Voy.* ce mot)

DIARRHÉE. (*Voy.* DÉVOIEMENT)

DICTAME. (*Voy.* FRAXINELLE)

F I N du Tome troisième.

SUPPLÉMENT A CE VOLUME.

CERF, HISTOIRE NATURELLE. Notre projet, dans cet Ouvrage, n'eſt point d'entrer dans de grands détails d'hiſtoire naturelle, éloignés abſolument de l'objet direct de l'agriculture ou de l'économie rurale. Auſſi, en traitant du cerf, nous ne le conſidérerons que comme animal nuiſible, & produiſant différentes ſubſtances utiles & avantageuſes. Nous laiſſerons aux Traités de Vénerie la deſcription des différentes manières de le chaſſer; & un mot ou deux ſur ſon habitude, ſa vie, ſes mœurs & le parti qu'on en peut tirer, ſuffiront pour en donner une idée à nos lecteurs.

Le cerf eſt ſans contredit un des plus beaux animaux qui vivent au ſein des bois. Son port, ſa taille ſvelte, ſa forme élégante & légère, ſes jambes nerveuſes & flexibles, ſa tête parée, comme dit M. de Buffon, plutôt qu'armée d'un bois vivant, & qui tous les ans ſe renouvelle; ſa grandeur, ſa légéreté, ſa force, enfin, le font aiſément diſtinguer, & le placent à la tête des bêtes fauves. Malgré ſa légéreté & la délicateſſe de ſa taille, l'organiſation extérieure & intérieure de ſes parties le rapproche beaucoup du bœuf, cet animal ſi épais & ſi lourd. Leurs viſcères ne diffèrent, d'une manière apparente, que par le défaut de la véſicule du fiel, qui ne ſe rencontre pas dans le cerf, par la conformation des reins, la figure de la rate & par la longueur de la queue; mais la grandeur de la taille, la forme du muſeau, la longueur & la qualité du poil ſont preſque les mêmes. On retrouve dans le cerf le même nombre d'os figurés & articulés de la même façon que ceux du taureau, quoique plus minces & plus alongés. Enfin, le cerf a de plus que le taureau deux crochets à la mâchoire ſupérieure; ſon bois eſt ſolide & branchu, tandis que les cornes du taureau ſont creuſes & ne portent aucune branche.

La *biche* femelle du cerf, eſt plus petite que lui; ſa tête n'eſt pas ornée de bois; ſes mamelles au nombre de quatre; le temps de la geſtation eſt de huit mois, au bout duquel elle donne le jour à un petit qui porte le nom de *faon*. Dans la nature, & ſur-tout chez les animaux, toute mère n'en oublie jamais ni les ſentimens ni les ſoins, tant que ſon nourriſſon a beſoin de ſes ſecours. Auſſi, avec quelle attention la biche ne veille-t-elle pas ſur ſon jeune faon; le moindre bruit l'inquiète & l'alarme; elle prévient, elle détourne le danger dont il peut être menacé. Les chaſſeurs jettent-ils l'alarme autour de ſa demeure, elle-même ſe préſente à eux, elle ſe fait chaſſer par les chiens; & quand elle les a éloignés de l'objet de ſa tendreſſe, elle ſe dérobe à eux, & revient vers ſon faon. Des careſſes du petit animal reconnoiſſant ſont le prix de ſon adreſſe & de ſon courage. En peut-il être de plus agréables pour une mère?

Vers la ſaiſon du rut, le faon a acquis aſſez de force pour vivre ſeul, ou du moins pour ſe paſſer des ſoins

Tome III.

Rrrr

continués de fa mère : auffi l'éloigne-
t-elle de fes côtés dans ce temps.
L'amour, ce befoin exigeant, cette
loi aveugle & impérieufe chez les
animaux, cette paffion fi douce, ce
fentiment fi flatteur chez les hommes
quand l'honnêteté en eft la bafe, cet
attrait puiffant que le plaifir embellit,
& que le remords ne devroit jamais
fuivre, eft pour les cerfs un tranfport, une fureur plutôt qu'une jouiffance. L'excès du défir change leur
caractère, & cet animal, naturellement doux & tranquille, devient
fier, ardent, impétueux, colère, furieux même. Sa voix s'enfle, il raye
plus fortement, il frappe de la tête
rudement contre les arbres. Dans cet
état de fureur, il eft toujours dangereux ; fon audace lui cache tout péril ;
il attaque de lui-même, homme,
chien, loup ; il court de pays en
pays, jufqu'à ce qu'il trouve des
biches. En a-t-il rencontré quelqu'une ? avant de fatisfaire fes défirs,
il faut encore les pourfuivre, les
contraindre, les affujettir, s'en affurer la poffeffion par mille combats
fanglans contre tous les concurrens
qui fe préfentent. L'amour anime
leur courage : c'eft pour une maî-
treffe qu'ils combattent, ils fe précipitent l'un fur l'autre, ils fe donnent des coups de tête & d'andouillers fi terribles & fi forts, que fouvent ils fe bleffent à mort. Le vainqueur, qui eft ordinairement le plus
vieux cerf, jouit de fa conquête,
lorfque tous fes rivaux font diffipés ;
mais il arrive fouvent que, tandis que
les vieux combattent, les jeunes, qui
feroient obligés d'attendre qu'ils aient
quitté la biche pour avoir leur tour,
fautent adroitement fur elle, & après
avoir joui à la hâte, s'échappent &

fuient promptement. Cette fureur ou
effervefcence amoureufe dure environ trois femaines pour chaque cerf.
Pendant tout ce temps, ils ne mangent que très-peu, ne dorment ni
ne repofent ; ils ne font que courir,
combattre & jouir : auffi fortent-ils
de-là fi défaits, fi fatigués & fi maigres, qu'il leur faut du temps pour
reprendre leur force.

La biche met bas fon faon en
avril ou mai : il vit à peu près trente-
cinq à quarante ans, malgré tout ce
qu'on a débité de fabuleux fur la
durée de fa vie. A fix mois, le bois
commence à paroître fous la forme
de deux tubercules que l'on appelle
boffes ou *boffettes*, & alors le faon
prend le nom d'*hère* ; les boffettes
croiffent & deviennent cylindriques
ou *couronnes*. Le premier bois que
porte le cerf ne fe forme qu'après fa
première année ; il n'a qu'une fimple
tige fans branche ; il prend le nom
de *dague*, comme l'animal celui de
daguet. A trois ans, au lieu de da-
gues, le bois pouffe des branches
que l'on appelle *cors* ou *andouillers* :
alors l'animal eft appelé *jeune cerf*,
nom qui lui refte jufqu'à fa fixième
année, où il prend celui de *cerf de
dix cors*, quoiqu'il en ait fouvent
douze à quatorze. Dans les années
fuivantes, on le nomme *grand vieux
cerf*. Le bois fe détache de la tête du
cerf naturellement, dans le temps de
la mue qui arrive au printemps. Souvent il accélère cette chûte par un
petit effort qu'il fait en s'accrochant
à quelque branche. Rarement les deux
côtés tombent-ils à la fois, & fouvent
il y a un jour ou deux d'intervalle
entre la chûte de chacun des côtés
de la tête : la tête n'eft totalement
refaite que vers la fin de juin. Ce

bois n'est qu'une partie accessoire &, pour ainsi dire, étrangère au corps du cerf; elle a tous les caractères du végétal, par rapport à sa production; & dans l'analyse, elle paroît participer également de la nature des os & de celle de la corne, entre lesquels il tient le milieu.

La couleur du poil du cerf, ou le *pelage*, en terme de vénerie, est le fauve; il s'en trouve de bruns & même de roux. En général, le cerf a l'œil bon, l'odorat exquis, l'oreille excellente. Pour écouter, il lève la tête, dresse les oreilles, & alors il entend de très-loin. A un naturel doux & simple, il joint la ruse & toutes ses ressources, lorsqu'il est poursuivi. Il paroît écouter avec plaisir le son du chalumeau ou du flageolet; il paroît moins craindre l'homme que les chiens; il est même susceptible d'être apprivoisé : alors il devient familier & vient manger dans la main. On a essayé de l'accoutumer à être monté ou à tirer de légers chars. La seconde tentative a réussi beaucoup mieux que la première.

La nourriture du cerf varie suivant les saisons. En automne, après le rut, il cherche les boutons des arbustes verts, les fleurs de bruyères, les feuilles de ronces, &c. En hiver, lorsqu'il neige, il pèle les arbres & se nourrit d'écorce, de mousse. Lorsqu'il fait un temps doux, il va viander (paître) dans les blés; au commencement du printemps, ils cherchent les chatons des trembles, des marsaules, des coudriers; les fleurs & les boutons du cornouiller, &c. En été, ils ont de quoi choisir; mais ils préfèrent les seigles à tous les autres grains, & la bourdaine aux autres arbres. En général, dans tous

les pays où la puissance & la loi du plus fort laissent multiplier les cerfs pour les plaisirs de quelques hommes, les cerfs & les biches font de très-grands ravages dans les jeunes taillis, les blés & les vignes.

La chair du faon est bonne à manger; celle de la biche & du daguet n'est pas absolument mauvaise; mais celle des cerfs a toujours un goût désagréable & fort. La peau du cerf fournit un cuir souple & très-durable; le bois ou la corne est employé par les couteliers & fourbisseurs pour des manches. La corne du cerf est une des substances animales le plus employées en médecine. Elle contient abondamment une gelée douce, très-légère & assez nourrissante. On l'extrait en la faisant bouillir réduite en parcelles très-petites dans huit à dix fois son poids d'eau. Par la distillation, on en obtient de l'esprit volatil, & un sel que l'on emploie avantageusement comme un bon antispasmodique. L'huile de corne de cerf, rectifiée à une douce chaleur, devient très-blanche, très-odorante, très-volatile & presqu'aussi inflammable que l'éther. Elle est connue sous le nom d'*huile animal de Dippel*, Chymiste Allemand, qui l'a le premier préparée. On s'en sert utilement dans les affections nerveuses, l'épilepsie, &c. en l'employant par gouttes.

Nous n'entrerons dans aucun détail sur la chasse du cerf, renvoyant aux ouvrages qui en traitent particulièrement. M. M.

Il seroit à désirer pour le bien de l'agriculture & de l'agriculteur, que ces animaux n'existassent pas. Les champs sont abîmés par eux, les pousses des taillis sont dévorées,

& peu à peu le bois, qui auroit dans la fuite formé une forêt, eft anéanti. Que ceux qui font dévorés du plaifir de la chaffe, imitent l'exemple du grand Duc de Tofcane, ce père du peuple, ce protecteur de l'agriculture ! Chez lui, toute bête fauve eft fermée dans un parc, & il laiffe à chacun la liberté de les tuer dans les campagnes, même fur les terres qui lui appartiennent.

CHARDON MARIE. (*Voy. Pl. 1*, page 43.) M. Tournefort le nomme *carduus marianus albis maculis notatus vulgaris*, & le claffe dans la feconde fection de la douzième claffe. M. Von Linné le place dans la fyngénéfie polygamie égale, & l'appelle *carduus marianus*.

Fleur, compofée de fleurons hermaphrodites dans le difque & dans la circonférence. Les tubes B font égaux entr'eux, renfermés dans un calice renflé, écailleux; fes écailles terminées en pointes cannelées, épineufes à leur extrémité & fur leurs bords. La fleur eft d'une couleur violette-vineufe.

Fruit. Le calice tient lieu de péricarpe, & embraffe les femences C, brunes, couronnées d'une aigrette D, fimple.

Feuilles. Elles embraffent les tiges par leur bafe; elles font triangulaires, terminées en fer de pique, épineufes, marquées de taches blanches.

Racine, longue, épaiffe, fucculente A.

Port. La tige s'élève depuis un jufqu'à deux pieds, cannelée. Les fleurs naiffent au fommet; les feuilles font alternativement placées fur les tiges.

Lieux. Les terreins incultes, les bords des foffés. La plante fleurit en juillet & en août.

Propriétés. Les feuilles font fans odeur, & d'une faveur légérement amère, ainfi que la racine; les femences font un peu âcres; elles font fudorifiques, fébrifuges, apéritives. Les feuilles, les racines, & principalement les femences déterminent le cours d'une plus grande quantité d'urine. On a beaucoup vanté fes propriétés pour faciliter l'expectoration, calmer l'afthme pituiteux, modérer les pertes blanches, diffiper la jauniffe par obftruction des vaiffeaux biliaires, l'hydropifie de matrice, de poitrine, &c. Il eft permis d'en douter jufqu'après un nouvel examen.

Ufage. Le fuc exprimé des feuilles fe donne depuis une demi-once jufqu'à fix; les feuilles récentes, depuis une once jufqu'à trois, en infufion dans cinq onces d'eau; les femences triturées, depuis une drachme jufqu'à une once, en macération au bain-marie dans fix onces d'eau; la racine sèche, depuis demi-once jufqu'à une once, en décoction dans dix onces d'eau. On tient & on vend dans les boutiques une eau diftillée de fes feuilles : l'eau de rivière produira le même effet, quoiqu'on la regarde comme anti-ulcéreufe, anti-cancéreufe, &c. C'eft encore fans fondement qu'on a regardé la femence comme un fpécifique contre la rage.

CÔNE, BOTANIQUE. Le cône eft une efpèce de péricarpe ou de fruit, qui contient les femences d'une famille d'arbres que l'on diftingue fous le nom des *conifères*. Le cône, (voy. *Fig. 8, Pl. 13*, pag. 478) eft un affemblage d'écailles ligneufes, attachées tout autour d'un axe commun : ces écailles, *Fig. 9* & *10*, font très-dures & fort épaiſſes dans la partie N I, qui eſt à l'extérieur, mais elles s'amin-ciſſent à meſure qu'elles rentrent dans l'intérieur, & diminuent d'épaiſſeur juſqu'à l'appendice E E, par lequel elles ſont fixées ſur l'axe commun. La forme de ces écailles eſt trop ingé-nieuſe, pour que nous ne la faſſions pas remarquer: quand le cône n'eſt pas aſſez mûr pour laiſſer échapper les graines qu'il renferme, toutes les écailles ſont ſerrées les unes contre les autres, comme dans la *Figure 8 ;* leur extrémité eſt terminée par une pyra-mide à quatre faces, avec un petit bouton au milieu ; ce bouton eſt déſigné par A, *Fig. 9 ;* les faces de la pyramide ſont formées par les quatre arrêtes L M I K ; l'arête L, prend naiſ-ſance à la ſéparation des deux lobes BB, remonte juſqu'au bouton A; de-là elle reprend à l'angle oppoſé, & redeſcent en N, *Fig. 10*, de l'autre côté de l'écaille pour aller former la ſéparation des deux grands lobes CC. Les deux côtés de l'écaille ne ſont pas ſemblables, comme on le voit dans les *Figures* 9 & 10 ; l'extérieur offre la pyramide A, & les deux petits lobes B B; l'intérieur ſeulement les deux grands lobes C C, dans l'ar-rangement des écailles autour de l'axe, & formant le cône ; c'eſt le côté

intérieur, *Fig. 10*, qui s'applique ſur le côté extérieur *Fig. 9*, mais il n'en couvre que la moitié. Il faut donc deux écailles, *Fig. 10*, pour couvrir tout le côté L de la *Fig. 9*. Dans la *Fig. 8*, cet arrangement eſt très-ſen-ſible ; l'écaille entière P eſt recou-verte par les deux moitiés voiſines des écailles O & Q. Les lobes B B, renferment deux noyaux F G, qui contiennent chacun un amande D.

A la maturité des fruits, le deſſé-chement gagnant de proche en pro-che, la nervure L, comme la plus extérieure, ſe deſſéchant la première, tire à elle tout le reſte, & fait reco-quiller en arrière la partie ſupé-rieure de l'écaille. Alors il ſe forme des vides par leſquels les graines s'échappent. On voit dans la *Fig. 11*, un cône ainſi ouvert.

La forme du cône n'eſt pas la même dans tous les arbres conifères ; elle eſt ovale ou oblongue, & quel-quefois aſſez alongée dans les pins, les ſapins & les mélèzes ; elle eſt courte & obtuſe dans le thuya ; & elle eſt arrondie & preſqu'orbiculaire dans le cyprès, *Fig 12*, A. Chaque écaille, dans ce cône, au lieu de former une pyramide, eſt plutôt un ſegment de ſphère B, ſoutenu par un pédicule C, qui s'attache à l'axe commun. M. M.

F I N du Supplément & du troiſième Volume.

www.ingramcontent.com/pod-product-compliance
Lightning Source LLC
Chambersburg PA
CBHW031535210326
41599CB00015B/1906